Flore complète

de la France

et de la Suisse

POUR TROUVER FACILEMENT

Le nom des plantes, sans mots techniques

par

Gaston BONNIER

MEMBRE DE L'INSTITUT
PROFESSEUR DE BOTANIQUE A LA SORBONNE

et

G. de LAYENS

LAURÉAT DE L'ACADÉMIE DES SCIENCES

———

5338 Figures

———

NOUVELLE ÉDITION REVUE ET CORRIGÉE

PARIS

LIBRAIRIE GÉNÉRALE DE L'ENSEIGNEMENT

1, RUE DANTE (V^e)

Prix : 11 francs.

Flore complète
de la France
et de la Suisse

(Comprenant aussi toutes les espèces de Belgique)

Pour trouver facilement les noms des plantes

SANS MOTS TECHNIQUES

PAR

GASTON BONNIER
MEMBRE DE L'INSTITUT, PROFESSEUR DE BOTANIQUE A LA SORBONNE

ET

G. DE LAYENS
LAURÉAT DE L'ACADÉMIE DES SCIENCES

5338 Figures

REPRÉSENTANT LES CARACTÈRES DE TOUTES LES ESPÈCES

AVEC UNE CARTE DES RÉGIONS DE LA FRANCE

et une carte des régions de la Suisse

CINQUIÈME ÉDITION REVUE ET CORRIGÉE

Ouvrage publié sous les auspices du Ministère de l'instruction publique

---

PARIS
LIBRAIRIE GÉNÉRALE DE L'ENSEIGNEMENT
I, RUE DANTE (Ve ARRt)

ABRÉVIATIONS GÉNÉRALES

1º Époque de floraison. — L'époque où une plante fleurit en général est indiquée par l'abréviation de deux noms de mois, comme on l'a vu plus haut. Exemple : « av.-j. » veut dire : fleurit depuis le mois d'avril jusqu'au mois de juin.

jv.,	janvier.	jt.,	juillet.
f.,	février.	at.,	août.
ms.,	mars.	s.,	septembre.
av.,	avril.	o.,	octobre.
m.,	mai.	n.,	novembre.
j.,	juin.	d.,	décembre.

2º Durée de la vie de la plante. — Après l'indication de l'époque de floraison se trouve une lettre qui fait savoir si la plante est annuelle (c'est-à-dire ne vit que pendant une saison), bisannuelle (c'est-à-dire vit pendant deux saisons), ou vivace (c'est-à-dire peut vivre indéfiniment),

a.,	plante annuelle.
b.,	— bisannuelle.
v.,	— vivace.

3º Dimensions des plantes. — La longueur générale des parties de la plante qui sont au-dessus du sol est ordinairement indiquée à la fin de la description en mètres, ou fraction de mètres. Exemple : « 1-2 d. » veut dire : « la plante a en général un ou deux décimètres de hauteur ».

m.,	mètre.
d.,	décimètre.
c.,	centimètre.
mm.,	millimètre.

Ces abréviations s'appliquent aussi toutes les fois qu'on donne la dimension des organes de la plante. Dans tous les cas, les renseignements sur la grandeur sont donnés par des chiffres. Exemples :

1-2 m.,	de un à deux mètres.
4-5 d.,	de quatre à cinq décimètres.
15-25 c.,	de quinze à vingt-cinq centimètres.
3-4 mm.,	de trois à quatre millimètres.

Pour la taille générale des plantes, ces indications ne sauraient avoir rien d'absolu ; cela signifie seulement que les dimensions les plus ordinaires de la plante sont comprises entre les limites indiquées.

Observations. — 1º On trouvera à la page 426. un décimètre divisé en centimètres et millimètres qui pourra servir lorsqu'on aura une plante ou un organe à mesurer.

2º On trouvera p. II, les abréviations des noms des auteurs qui ont nommé les diverses espèces décrites dans cet ouvrage.

ABRÉVIATIONS POUR LA FLORE DE LA SUISSE

[s]. — Ce signe placé à droite, dans la marge, à la suite de l'indication de la distribution de la plante en France, indique que cette plante se trouve aussi en Suisse.

[s] sub. — Ce signe placé à droite, dans la marge, à la suite de l'indication de la distribution de la plante en France, indique que cette plante se trouve aussi en Suisse, mais seulement à l'état subspontané ou naturalisé.

1s, 2s, 3s, 4s..... 25s.... 102s. — Ces signes placés au milieu des tableaux synoptiques renvoient aux pages 386 et suivantes, où sont décrites les plantes de Suisse qui ne se trouvent pas en France.

ABRÉVIATIONS DES NOMS D'AUTEURS

A. Br.	Alexandre Braun.
Adans.	Adanson.
Ait.	Aiton.
Ail.	Allioni.
Alph. D. C.	Alphonse de Candolle.
And.	Anderson.
Andrz.	Andranz.
Ard.	Ardoino.
Asch.	Ascherson.
Babingt.	Babington.
Balb.	Balbis.
Barla	Barla.
Bartl.	Bartling.
Bast.	Bastard.
C. Bauh.	C. Bauhin.
J. Bauh.	J. Bauhin.
Baumg.	Baumgarten.
Bell., Bellard.	Bellardi.
Benth.	Bentham.
Berg.	Bergeret.
Bernh.	Bernhardi.
Bertol.	Bertoloni.
Bess.	Besser.
Bill.	Billot.
Bluff	Bluff.
Bœnn. Bœnningh.	Von Bœnninghausen.
Boiss.	Boissier.
Boiss. et R.	Boissier et Reuter.
Bonpl.	Bonpland.
Bord., Bordère.	Bordère.
Bor.	Boreau.
Bornet.	Bornet.
Borkh.	Borkhausen.
Bréb.	de Brébisson.
Bromf.	Bromfield.
Brongn.	A. Brongniart.
Brot., Broter.	Brotero.
Bull.	Bulliard.
Burn.	Burnat.
C. A. Mey.	C. A. Meyer.
Camb., Cambess.	Cambessèdes.
Campd.	Campdera.
Cass.	Cassini.
Cav.	Cavanilles.
Chabert	Chabert.
Cham.	de Chamisso.
Chaix	Chaix.
Chaub.	Chaubard.
Choisy.	Choisy.
Clairv.	Clairville.
Clav.	Clavaud.
Clus.	Clusius (L'Écluse).
Cornuti	Cornuti.
Coss.	E. Cosson.
Coss. et Germ.	Cosson et Germain-de Saint-Pierre.
Coult.	T. Coulter.
Crantz	Crantz.
Curt.	Curtis.
Cyr., Cyril.	Cyrillo.
Dalib.	Dalibard.
Dcne.	Decaisne.
DC.	A. Pyr. de Candolle.
Delarb.	Delarbre.
Delast.	Delastre.
Del.	Delile.
Desf.	Desfontaines.
Deség.	Deséglise.
Desp.	Desportes.
Desr.	Desrousseau.
Desv.	Desvaux.
Dietr.	Dietrich.
Dill.	Dillenius.
Don.	Don.
Dub.	Duby.
Duch.	Duchesne.
Duf.	L. Dufour.
Dufr.	Dufresne.
Dumort.	Dumortier,
Dun.	Dunal.
Dupuy	Dupuy.
Dur. Durieu.	Durieu de Maisonneuve.
Ehrh.	Ehrhart.
Endl.	Endlicher.
Engelm.	Engelmann.
Fabre	Fabre.
Fenzl	Fenzl.
Fing.	Fingerhuth.
Fisch.	Fischer.
Fleury	Fleury.
Forst.	Forster.
Frank.	Frankenius.
Fres.	Froesaius.
Fries	Fries.
Fuschs.	Fuschius.
Gærtn.	Gærtner.
Gant.	Gantener.
Garke	Garke.
Gaud.	Gaudin.
Gay	J. Gay.
G. G.	Grenier et Godron.
Gmel.	Gmelin.
Godr.	Godron.
Good.	Goodenough.
Gouan	Gouan.
Greml.	Gremli.
Gren.	Grenier.
Griseb.	Grisebach.
Guép.	Guépin.
Guers.	Guersant.
Guett.	Guettard.
Guss.	Gussone.
Hack.	Hackel.
Hall.	Haller.
Hartm.	Hartmann.
Haw.	Haworth.
Hayne	Hayne.
Herm.	Hermann.
Hoffm.	Hoffmann.
Hoffms.	Hoffmannsegg.
Hook.	Hooker.
Hopp., Hoppe	Hoppe.
Horn.	Hornemann.
Host	Host.
Huds.	Hudson.
Huet	Huet.
Humnicki	Humnicki.
Jacq.	Jacquin.
Jan.	Jan.
Jaub.	Comte Jaubert.
Jord.	Jordan.
Juss.	A. Laurent de Jussieu.
Kern.	Kerner.
Kirschleg.	Kirschleger.
Kit.	Kitaibel.
Koch	Koch.
Kœl.	Kœler.
Kœn.	Kœnig.
Kral.	Kralik.
Krock.	Krocker.
Kœrnck.	Kœrnicke.
Künth	Kunth.
Kütz.	Kutzing.
Lag., Lagas.	Lagasca.
Lah.	Laharpe.
Lam.	Lamark.
Lamt.	Lamotte.
Lange.	Lange.
Lap.	P. de la Peyrouse.
Lat.	Latourette.
Lec.	Lecoq.
Lec. et Lmt.	Lecoq et Lamotte.
Ledeb.	Lebebourg.
Leers	Leers.
Lefèvre	Lefèvre.
Le Gall	Le Gall.
Lehm.	Lehmann.
Lej.	Lejeune.
Leonh.	Leonhardi.
Less.	Lessing.
Lestib.	Lestiboudois.
Leyss.	Leysser.
L'Hérit.	L'Héritier.
Lighf.	Lightfoot.
Lindl.	Lindley.
Link	Link.
Link et Hoffm.	Link et Hoffmann.
L.	Linné.
Lloyd	Lloyd.
Lob.	Lobel.
Lois.	Loiseleur Deslonchamps.
Loret	Loret.
Lor. et B.	Loret et Barrandon.
Loudon	Loudon.
Mab.	Mabille.
M. B.	Marschall von Bieberstein.
Marcilly	Marcilly.
Mart.	Martius.
Mauri	Mauri.
Meisn.	Meisner.
M. et K.	Mertens et Koche.
Mér.	Mérat.
Mert.	Mertens.
Mey.	Meyer.
Michal.	Michalet.
Michx.	Michaux.
Mich.	Micheli.
Mill.	Miller.
Mirb.	Mirbel.
Mœnch	Mœnch.
Moq.	Moquin-Tandon.
Moretti	Moretti.
Moris.	Morison.
Mull.	Muller.
Murith	Murith.
Murr.	Murray.
Mut.	Mutel.
Neck.	Necker.
Nees	Nees von Esenbeck.
Nestl.	Nestler.
Nolte	Nolte.
N.	G. Bonnier et de Layens.
De Not.	De Notaris.
Nutt.	Nuttal.
Nym., Nyman.	Nyman.
Œder	Œder.
Opiz	Opiz.
Oth.	Otths.
P. B.	Palisot de Beauvois.

Abrév.	Nom	Abrév.	Nom	Abrév.	Nom
Pallas	Pallas.	Schnizl.	Schnizlein.	Thuret	Thuret.
Parlat.	Parlatore.	Schrad.	Schrader.	Timeroy.	Timeroy.
Pers.	Persoon.	Schrank	Schrank.	Timb.	Timbal-Lagrave.
Poir.	Poiret.	Schreb.	Schreber.	Tin.	Tinant.
Poit.	Poiteau.	Schousb.	Schousbœ.	Tratt.	Tratt.
Poit. et T.	Poiteau et Turpin.	Schult.	Schultes.	Trin.	Trinius.
Poll.	Pollich.	Schultz	Schultz.	Turcz.	Turczaninow.
Pourr.	Pourret.	Schw.	Schweigger.	Turp.	Turpin.
Presl.	Presler.	Scop.	Scopoli.	Vahl	Vahl.
Rafin.	Rafinesque.	Sebast.	Sebastiani.	Vaill.	Vaillant.
R. Br.	Robert Brown.	S. et M.	Sebastiani et Mauri.	Vallat	Vallat.
Reich.	Reichard.	Ser.	Seringe.	Vauch.	Vaucher.
Rchb.	Reichenbach.	Serres	Serres.	Vent.	Ventenat.
Requien	Requien.	Seub.	Seubert.	Vill.	Villars.
R. et S.	Rœmer et Schultes.	Sibth.	Sibthorp.	Vis.	Visiani.
Retz.	Retzius.	Sm.	Smith.	Viv.	Viviani.
Reut.	Reuter.	Soland.	Solander.	Wahlnb., Wlnbg.	Wahlenberg.
Revel	Revel.	Soleirol	Soleirol.	Waldst.	Waldstein.
Reyn.	Reynier.	Sond.	Sonder.	Wallm.	Wallman.
Rich.	Richard.	Soy.-Will.	Soyer-Willemet.	Wallr.	Wallroth.
Rip.	Ripart.	Spach	Spach.	Walp.	Walpers.
Riv.	Rivinus.	Spenn.	Spenner.	Weeb	Weeb.
Rœm.	Rœmer.	Spreng.	Sprengel.	Wedd.	Weddell.
Roth	Roth.	St.-Am.	Saint-Amand.	Weig.	Weigel.
Rouy	Rouy.	Steinh.	Steinhel.	Weihe	Weihe.
Royer	Royer.	Steud.	Steudel.	W. et N.	Weihe et Nees.
Saint-Hil.	A. de Saint-Hilaire.	Stern	Stern.	W. et K.	Waldstein et Kitaibel.
Salisb.	Salisbury.	Stev.	Steven.		
Salzm.	Salzmann.	Sternb.	Sternberg.	Wend.	Wenderoth.
Santi	Santi.	Stremp.	Strempel.	Wib.	Wibel.
Sauter	Sauter.	Sturm	Sturm.	Wigg.	Wiggers.
Savi	Savi.	Sutt.	Sutton.	Willd.	Willdenow.
Schk., Schkuhr.	Schkuhr.	Sw.	Swartz.	Wimm.	Wimmer.
Schlecht.	Schlechtendal.	Tausch	Tausch.	With.	Withering.
Schleich.	Schleicher.	Ten., Tenore.	Tenore.	Wulf.	Wulfen.
Schleid.	Schleiden.	Thore	Thore.		
Schm.	Schmidt.	Thuill.	Thuillier.		

USAGE DE CE VOLUME

POUR LA

FLORE DE LA FRANCE

(*Voir p.* VIII, *l'Usage de ce volume pour la Flore de la Suisse.*)

Les tableaux synoptiques conduisent à la détermination des familles, des genres et des espèces. On y trouve toutes les espèces de premier ordre ou espèces collectives et les principales espèces de second ordre.

Les caractères des plantes y sont décrits de façon à éviter le plus possible les mots techniques et, grâce aux nombreuses figures qui sont intercalées dans le texte, on peut apprécier d'un seul coup d'œil les ressemblances et les différences des espèces.

Les tableaux ont été rédigés d'après les plantes elles-mêmes, soit d'après l'observation à l'état vivant, au cours de nos nombreuses excursions botaniques dans les diverses régions de la France, soit d'après les échantillons des collections classiques, de l'Herbier de France de la Sorbonne, ou d'après les documents fournis par de nombreux correspondants.

Nota. — Si l'on cherche le nom de plantes récoltées en France, il ne faut tenir aucun compte des signes [s] ou [s] sub. placés en marge, à droite des indications de la distribution des espèces, pas plus que des signes **1s, 2s, ... 102s** que l'on peut rencontrer dans les tableaux de détermination. Tous ces signes se rapportent aux plantes de Suisse.

1° EXEMPLES DE DÉTERMINATIONS.

Voici, en peu de mots, comment on se sert des tableaux de cette Flore pour trouver le nom de famille, de genre et d'espèce d'une plante qu'on veut déterminer.

Supposons qu'il s'agisse de la plante bien connue sous le nom de Muflier ou Gueule-de-loup qu'on cultive dans les jardins et qu'on trouve souvent sur les murs.

On commencera par chercher le nom de la famille en consultant le tableau général de la page **X**.

On lit devant la première accolade à gauche, précédée du signe ✠, la question suivante : « *Plante ayant des fleurs* », et au-dessous, sur le même alignement et précédée du même signe ✠ l'autre question : « *Plante sans fleurs* ». Cela veut dire qu'on a le choix entre les deux questions suivantes :

{ ✠ *Plante ayant des fleurs ?*
{ ✠ *Plante sans fleurs ?*

Notre plante a des fleurs, c'est donc la première question qui convient. Cela nous conduit à deux nouvelles questions :

{ ★ *Étamines et pistils sur la même plante ?*
{ ★ *Toutes les fleurs sans pistil* ou *toutes les fleurs sans étamines ?*

Comme la fleur que nous avons renferme des étamines et un pistil, nous choisissons la première question, ce qui nous conduit à :

{ ⊙ Fleurs *non réunies en capitule ?*
{ ⊙ Fleurs *réunies en capitule ?*

D'après l'explication qui accompagne cette dernière question, il est clair que la plante que nous analysons rentre dans la première catégorie. Cela nous mène à :

{ △ *Fleurs à deux enveloppes* (*calice et corolle*) de couleur et de consistance différentes.
{ △ *Fleurs à une seule enveloppe* ou à deux enveloppes de couleur et de consistance semblables, ou sans enveloppe florale.

La fleur que nous tenons entre les mains a une corolle et un calice de couleur et de consistance différentes, ce qui nous conduit à :

{
  • Corolle *non papilionacée?*
  • Corolle *papilionacée?*
}

Notre fleur n'a pas la corolle papilionacée, ce que l'on voit d'après la description et les figures du tableau ; d'où nous arrivons à :

{
  ⊕ *Pétales libres entre eux* jusqu'à leur base ?
  ⊕ *Pétales soudés entre eux, au moins à la base ?*
}

Notre fleur a les pétales longuement soudés entre eux et leur ensemble est d'une seule pièce. Ceci nous conduit à la **Section B :** Plantes à pétales soudés entre eux → p. XV.

Ouvrons le livre à la page XV et reprenons l'analyse à partir de la **Section B.** Nous choisissons successivement les questions suivantes : ✳ Étamines *soudées à la corolle, au moins* à la base ; ⊙ 2 *étamines ou 4 étamines dont 2 plus petites* (car notre plante a ce dernier caractère), ce qui mène à **9ᵉ GROUPE** → p. XVI, où nous continuons l'analyse en prenant successivement les questions indiquées par les signes ⊖ en bas (la 3ᵉ question) ; ✳ en haut ; ⊙ en bas ; ★ en bas (la 4ᵉ question), ce qui conduit à SCROFULARINÉES, p. 229 ; ainsi donc, notre plante appartient à la famille des Scrofularinées et nous ouvrons le livre à la page 229 pour chercher à quel genre de Scrofularinées elle se rapporte.

La première question ⊕ *Corolle à tube en bosse à la base ou prolongé en éperon*, convient à la fleur de notre plante qui a la corolle en bosse à la base, et nous pouvons reconnaître même que la figure M s'y rapporte. Ceci nous amène au **1ᵉʳ GROUPE** → p. 229.

Nous trouvons ce 1ᵉʳ groupe au-dessous, sur la même page, et la première question nous conduit directement à 2. **ANTIRRHINUM** (*MUFLIER*) → p. 232. Notre plante appartient donc au genre *Antirrhinum*, en français Muflier. Après le nom français, se trouve l'indication [4 esp.] qui nous apprend que ce genre contient quatre espèces de premier ordre ou espèces collectives, dans la Flore de France.

Ouvrons le livre à la page 232. ; nous voyons le genre 2. **ANTIRRHINUM** en haut de la page. Comme les feuilles sont bien plus longues que larges, nous choisissons la deuxième question ⌣ en bas. Comme le calice est deux à cinq fois moins long que la corolle, nous choisissons la deuxième question ☐ en bas, et comme les sépales sont arrondis au sommet (figure M), les fleurs rouges, jaunes ou blanches, nous sommes conduits à l'espèce collective **Antirrhinum majus** L. Donc notre plante appartient à cette espèce collective et la lettre L. (voyez page I l'abréviation des noms d'auteur) signifie qu'elle a été appelée ainsi par Linné. La traduction française est *Muflier majeur* et le nom vulgaire de la plante est indiqué entre parenthèses (Gueule-de-loup). Au-dessus, l'indication *Assez commun* (souvent naturalisé et subspontané) nous donne la distribution générale de la plante.

Remarquons que cette indication de la distribution géographique peut être un utile auxiliaire pour la détermination ; en effet, les deux dernières questions précédées du signe △ donnent à choisir entre l'*Antirrhinum majus* et l'*Antirrhinum sempervirens*. Or, ce dernier n'est indiqué que dans les Pyrénées ; si l'on ne se trouve pas dans cette région, c'est qu'on a affaire à la première espèce.

Avant le nom **Antirrhinum** majus on trouve entre parenthèses les caractères de deux sous-espèces dont l'une est figurée. Notre plante n'ayant pas ces caractères est simplement l'*Antirrhinum majus* type. Les indications entre crochets se rapportent à l'espèce collective tout entière, aussi bien au type qu'aux sous-espèces. Ces indications se terminent par : 2-8 d. ; j.-s. ; *v.* ; ce qui veut dire que cette plante a ordinairement 2 à 8 décimètres de hauteur, qu'elle fleurit en général du mois de juin au mois de septembre, et que c'est une espèce vivace (voyez page I pour ces abréviations).

S'il s'agissait de déterminer, par exemple, la **Véronique officinale** (vulgairement Thé d'Europe), on serait conduit encore à la famille des Scrofularinées en commençant l'analyse au tableau général de la page X. En ouvrant le livre à la page 229, on choisirait successivement ⊖ en bas, ⌣ en haut, ce qui conduit au **2ᵉ GROUPE** → p. 229, d'où par les questions + en bas et = en bas, on arrive au genre 7. **VERONICA** → p. 234. *VÉRONIQUE* [28 esp.], auquel appartient notre espèce.

En ouvrant le livre à la page 234, l'analyse des espèces très nombreuses de ce genre commence par une clef de séries. En prenant successivement ⊙ en bas, (en haut, ⊖ en bas et ⊙ en haut, on est conduit à la **Série 3** → p. 235. Cette série ne renferme que deux espèces et si l'on n'est pas dans les Alpes, on est naturellement conduit à la première rien qu'en jetant un coup d'œil sur l'indication de la distribution géographique à droite et au-dessous des noms d'espèces. Les caractères décrits en face du nom de la première espèce et les figures OF et O serviront de vérification. Si l'on est dans les Alpes, la comparaison de ces caractères avec ceux qui sont écrits au-dessous et de la figure OF avec la figure ALL nous indiquera quelle espèce il faut choisir. La plante est donc le **Veronica officinalis L.**

On trouvera p. 396 et suivantes l'explication des expressions, peu nombreuses d'ailleurs, qui ont été employées pour décrire les différents organes des plantes, ainsi que divers renseignements se rapportant à la forme et à la disposition de ces organes. Plus haut, p. II, se trouvent indiquées les abréviations des noms des principaux auteurs qui ont nommé les espèces, ainsi que (page I) quelques abréviations relatives aux mesures de longueur, au mois de l'année et à la durée des plantes.

2° EXPLICATION DE LA CARTE DES RÉGIONS DE LA FRANCE.

On trouvera aux pages VI et VII de cet ouvrage une carte qui indique les différentes régions dont les noms sont mentionnés au-dessous du nom des espèces. En consultant cette carte on pourra se rendre compte de ce que signifient les expressions comme Région méditerranéenne, Plateau Central, Centre, Ouest, etc., telles qu'on les entend dans cette Flore.

Ajoutons en outre les quelques renseignements suivants :

Midi, désigne l'ensemble des régions nommées sur la carte : Sud-Ouest, et Région méditerranéenne ; souvent même cette expression comprend le sud du Plateau Central.

Montagnes, désigne l'ensemble des Vosges, du Jura, des Alpes, du Plateau Central et des Pyrénées, lorsque la plante se trouve à la fois sur toutes ces montagnes.

Sud-Est, désigne la région où sont écrits les mots « Sud-Est » sur la carte, plus les Alpes, sauf les Alpes de Savoie.

Hautes montagnes, désigne l'ensemble de ces mêmes montagnes dans la zone qui se trouve à la fois au-dessus de la région occupée par les forêts et généralement à une altitude supérieure à 1200 mètres ; cette limite varie avec les différents groupes de montagnes ou suivant l'exposition et peut descendre beaucoup le long des cours d'eau.

(Hautes régions) ou (Région alpine), désigne la partie supérieure de la zone précédente pour un ou plusieurs groupes de montagnes déterminés.

L'indication (rare) ou (très rare) placée à la suite d'une région se rapporte à cette région et à toutes celles qui sont placées avant et séparées des autres par un point et virgule. Par exemple : Centre, Plateau Central ; Sud-Est, Ouest (rare) ; Midi, veut dire que la plante est rare dans le Sud-Est et dans l'Ouest. L'indication : Est, Plateau Central, Centre, Ouest, Sud-Ouest (rare), veut dire que la plante ne se trouve que dans ces régions et y est rare.

L'expression : Commun, sauf dans la Région méditerranéenne, signifie que la plante existe dans la Région méditerranéenne mais n'y est pas commune. Inversement l'expression : Rare, sauf dans le Centre et l'Ouest, signifie que la plante est commune dans le Centre et l'Ouest et rare dans le reste de la France.

— L'Alsace-Lorraine est comprise dans cette Flore. La flore de la Corse, qui est tellement spéciale qu'elle mérite d'être traitée à part, est au contraire exclue.

— On a supprimé toutes les espèces dont la présence n'a pas été constatée d'une manière certaine dans la circonscription de la Flore. On a de même supprimé l'indication des régions dans lesquelles telle ou telle espèce n'a pas été signalée avec précision.

RÉGIONS
DE LA
FRANCE

Echelle

0 25 50 75 100k

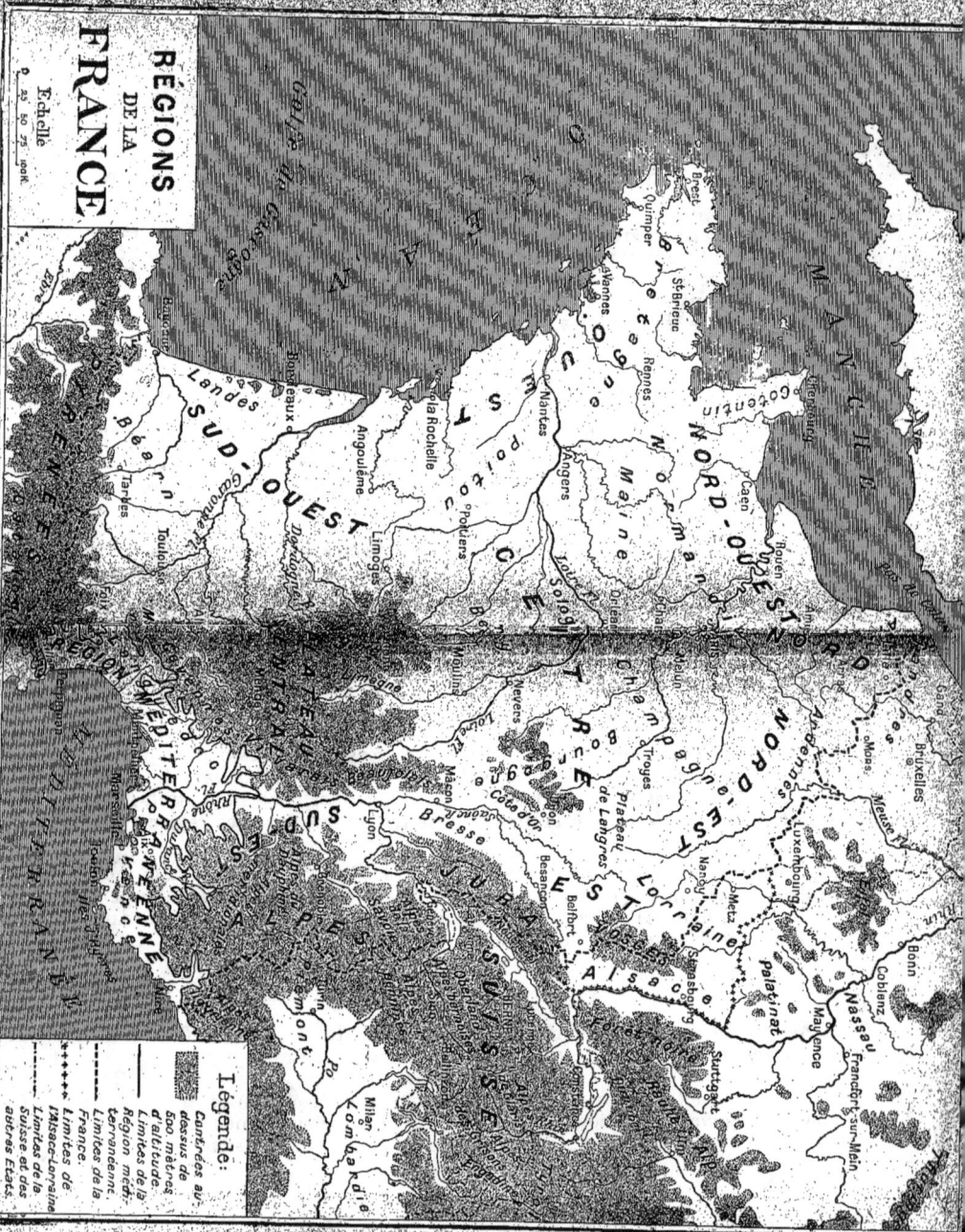

Légende:

- Contrées au-dessus de 500 mètres d'altitude.
- Limites de la Région méditerranéenne.
- Limites de la France.
- Limites de l'Alsace-Lorraine.
- Limites de la Suisse et des autres États.

MANCHE

OCÉAN ATLANTIQUE

Golfe de Gascogne

NORD-OUEST
NORD-EST
SUD-OUEST
CENTRE
EST
SUD-EST
RÉGION MÉDITERRANÉENNE

Bretagne
Normandie
Maine
Poitou
Anjou
Sologne
Berry
Landes
Béarn
PYRÉNÉES
Bourgogne
Plateau de Langres
Champagne
Lorraine
Alsace
Palatinat
Forêt Noire
JURA
SUISSE
ALPES
PLATEAU CENTRAL
Brasse
Dauphiné
Provence
Lombardie

Brest
Quimper
Vannes
St-Brieuc
Rennes
Nantes
Angers
Cherbourg
Cotentin
Caen
Rouen
Orléans
Tours
Poitiers
La Rochelle
Angoulême
Limoges
Bordeaux
Toulouse
Tarbes
Moulins
Nevers
Dijon
Besançon
Belfort
Troyes
Nancy
Metz
Strasbourg
Mayence
Coblenz
Bonn
Francfort-sur-Mein
Stuttgart
Bâle
Genève
Lyon
Grenoble
Marseille
Toulon
Nice
Turin
Milan

Rhin
Rhône
Saône
Loire
Seine
Meuse
Moselle
Garonne
Adour

V. Vion. E. Paris

USAGE DE CE VOLUME

POUR LA

FLORE DE LA SUISSE

Pour trouver les noms des plantes récoltées dans le territoire de la Suisse, on procéde de la même manière que pour trouver le nom des plantes de la France, en commençant par le tableau général de la page X. On peut commencer aussi par n'importe quelle page de l'ouvrage (p. 1 à 385), si l'on sait déjà à quelle famille ou à quel genre appartient la plante de Suisse qu'on se propose de déterminer après avoir cherché aux tables le nom de la famille ou du genre qui renvoie à la page voulue.

Le signe [s], placé à droite, en marge, à la suite de l'indication des régions de France se rapportant à une espèce, indique que cette plante de France se trouve aussi en Suisse.

Le signe [s] sub., placé de même, indique que la plante de France se trouve aussi en Suisse, mais seulement à l'état subspontané.

Ces indications peuvent souvent simplifier la détermination des espèces lorsqu'on se trouve en Suisse ; on peut, en ce cas, éliminer du premier coup toutes celles qui ne sont suivies ni du signe [s] ni du signe [s] sub. — Si, par exemple, on détermine une espèce du genre *Cistus*, p. 34 et 35, on voit qu'une seule espèce de ce genre est marquée, à droite, du signe [s] ; les autres espèces ne sont donc pas à considérer si l'on est en Suisse, et l'on n'a qu'à vérifier les caractères du *Cistus salviæfolius*.

Autre exemple : supposons qu'on soit conduit à chercher le nom d'espèce d'une plante appartenant au genre *Armeria* et récoltée en Suisse. On est amené à ce genre, p. 261. Sur les sept espèces d'*Armeria* qui y sont décrites, il n'y en a que deux marquées du signe [s] ; il n'y aura donc à choisir qu'entre ces deux espèces pour une plante du genre *Armeria* qui aura été recueillie en Suisse.

Remarquons qu'une pareille simplification ne se produira pas toujours. Il y a même d'assez nombreux genres dont toutes les espèces sont à la fois en France et en Suisse. Ainsi si l'on se trouve reporté au genre *Calamintha*, p. 249, on voit que toutes les espèces de ce genre sont marquées du signe [s] ; elles se trouvent toutes en Suisse.

Lorsqu'on détermine une plante récoltée en Suisse, on doit faire attention aux signes 1s, 2s, 3s, ... 102s... que l'on peut rencontrer (quoique rarement) au cours des analyses. Ces signes se rapportent aux espèces de Suisse qui ne se trouvent pas en France et renvoient par ordre aux tableaux des pages 386 à 395 contenant les plantes de Suisse qui ne sont pas dans la Flore de France.

Ces renvois conduisent facilement à la détermination de ces quelques espèces spéciales à la Suisse, que ce soient des espèces de premier ordre (espèces collectives) ou que ce soient des espèces de second ordre. On s'en rendra compte aisément en prenant quelques exemples :

Premier exemple. — Supposons que nous soyons conduit au genre *Rhododendron*, p. 203. Nous voyons, au-dessous des premières lignes, le signe 54s. Ce signe nous renvoie à la page 391, l'une des pages où les signes 1s, 2s, 3s..., 102s, sont par ordre, à la suite les uns des autres, à gauche des pages. Nous trouvons 54s à la page 391. Si la plante que nous avons entre les mains a les feuilles *fortement ciliées*, etc., c'est que nous avons récolté en Suisse le *Rhododendron hirsutum* qui ne se trouve pas en France. Il n'existe en France que le *Rhododendron ferrugineum* reconnaissable à ses feuilles sans poils, etc., qui est décrit p. 203, et qui d'ailleurs se trouve aussi en Suisse puisqu'au dessous du nom de la plante, à droite et en marge, se trouve le signe [s].

Deuxième exemple. — Supposons que nous soyons conduits à la famille des Gentianées, 213, et que nous soyons amenés à choisir une plante de Suisse, entre les deux questions suivantes.

{ Corolle *étalée en étoile dès sa base.*
   60s, p. 391.
  Corolle *à tube allongé.*

Puisque nous sommes en Suisse, nous devrons faire attention au signe **60s** qui se trouve au-dessous de la première question. Ce signe nous renvoie à la page 391, à cette page nous trouvons **60s**.

Là, nous voyons la description d'une espèce de Suisse qui ne se trouve pas en France et dont on ne trouve même pas le genre en France. Si la plante de Suisse que nous analysons ressemble à la figure PL, p. 391, et correspond à la description qui en est donnée à la suite du signe **60s**, à la même page, c'est que nous avons trouvé le *Pleurogyne carinthiaca*, plante de Suisse qui ne fait pas partie de la Flore de France.

Troisième exemple. — Supposons que nous soyons conduits au genre *Botrychium*, p. 381. Si nous sommes en Suisse, nous devrons faire attention aux signes **100s** et **101s** qui nous renvoient ensemble à la page 393.

Les signes ★ nous indiquent qu'il faut comparer deux autres espèces du genre *Botrychium* à celles qui sont en France. Comparons les figures S et V de la p. 393 à la fig. L de la p. 381. (Il est presque inutile de comparer avec la fig. BM, puisque l'absence du signe **[s]** pour le nom de l'espèce qui correspond à cette figure indique que la plante n'a pas été signalée en Suisse). Comparons ensuite les descriptions. Si la plante de Suisse que nous tenons entre les mains se rapporte à la figure V et à la description qui l'accompagne (p. 393), c'est que nous avons trouvé le *Botrychium virginianum*, espèce de Suisse qui ne se rencontre pas en France.

Quatrième exemple. — Supposons que nous soyons conduits à l'espèce *Euphorbia Cyparissias*, p. 281. Si nous sommes en Suisse, nous devons consulter le renvoi indiqué par le signe **76s** qui se trouve placé à la fin de la description d'une espèce. Ce signe est répété à gauche, p. 393. Il est suivi de la description de cette espèce de second ordre, l'*Euphorbia nigata*, signalée non loin du lac de Hutten, près de Zurich. Il pourrait se faire que nous ayons cette espèce rare de Suisse entre les mains. Sinon, c'est bien l'*Euphorbia Cyparissias* type, récolté en Suisse, que nous avions à déterminer.

On voit, à l'aide de ces quelques exemples, par quel mécanisme très simple on complétera les analyses dans les cas où l'on rencontrera dans les tableaux les signes 1s, 2s, 3s, etc. D'ailleurs, comme il a été dit plus haut, ces cas ne se présenteront pas souvent. En effet on ne rencontre en Suisse que 102 espèces qui ne soient pas en France, dont 60 espèces de premier ordre et 42 espèces de second ordre.

Beaucoup de ces plantes sont d'ailleurs rares en Suisse.

On trouvera p. 409 un *Aperçu sur la végétation de la Suisse*, et p. 412 une *Carte des régions de la Suisse*. On voit indiquées sur cette carte de Suisse les régions botaniques, les zones d'altitude et la plupart des localités des plantes spéciales de Suisse énumérées aux pages 386 et suivantes.

Parmi les plantes de la Flore de Suisse, examinées pour établir les descriptions et les dessins de cet ouvrage qui se rapportent aux espèces ne faisant pas partie de la Flore de France, la plupart des échantillons nous ont été aimablement communiqués par le Prince Roland Bonaparte, auquel nous adressons tous nos remerciements.

TABLEAU GÉNÉRAL

✠ **Plante ayant des fleurs**; on y trouve des étamines, un pistil ou les deux à la fois.

★ **Étamines et pistils sur la même plante**, quelquefois dans des fleurs différentes.

⊙ **Fleurs non réu-nies en capi-tule entouré d'une colle-rette de bractées.**

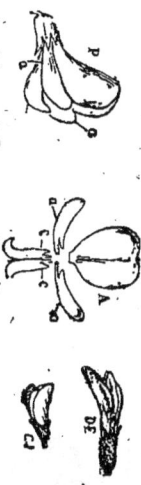

△ **Fleurs à deux enve-loppes (ca-lice et co-rolle), de cou-leur et de consistance différentes.**

• Corolle non papi-lionacée.

⊕ Pétales libres entre eux, jusqu'à leur base ....**Section A:** Plantes à pétales sé-parés → p. x.

⊕ Pétales soudés entre eux, au moins à la base..........**Section B:** Plantes à pétales sou-dés entre eux → p. xv.

• Corolle papilionacée (fig. P, A, DE, Cl) [c'est-à-dire irrégulière avec un pétale supérieur e (éten-dard), deux pétales de côté a, a (ailes), et deux pétales inférieurs soudés cc (ca-rène)]...........**Section C:** Plantes à corolle pa-pilionacée → p. xviii.

△ **Fleurs à une seule en-veloppe ou à deux en-veloppes de couleur et de consistance sem-blables, ou sans en-veloppe florale.**

□ Plante herba-cée ou arbre ou arbuste non résineux; fleurs à stig-mates.

— Arbre ou arbuste résineux, à fleurs sans stigmate ....**Section H:** Plantes gymnosper-mes → p. xxvi.

— Feuilles à nervures non ramifiées [regarder par transparence] et parties semblables de la fleur disposées par 6 ou 3 ....**Section D:** Plante à une seule enveloppe florale → p. xviii.

— Plante n'ayant pas à la fois ces caractères; en général, feuilles à nervures plus ou moins ramifiées....................**Section E:** Plantes monocotylé-dones → p. xxiii.

⊙ **Fleurs réunies en capitule**, c'est-à-dire serrées les unes contre les autres, sans pédoncules et placées sur l'extrémité d'un ra-meau ou d'une tige, entourées d'une collerette de bractées (involucre). [Exemples connus: ce qu'on nomme vulgairement la fleur du Bluet, de la Marguerite, du Chardon sont, en réalité, des capitules de fleurs.]....................**Section G:** Plantes à fleurs en capitule → p. xxvi.

★ **Toutes les fleurs sans pistil, ou toutes les fleurs sans étamines.**....................**Section F:** Plantes t^tes sans éta-mines ou t^tes sans pistil → p. xxiv.

✠ **Plantes sans fleurs**, n'ayant jamais ni étamines, ni pistil....................**Section I:** Plantes cryptogames → p. xxvii.

Section A: PLANTES A PÉTALES SÉPARÉS. —

* **Fleur ayant plus de 12 étamines.**

* Calice à sépales à la fois complètement séparés entre eux ou un peu soudés à la base et non soudés à l'ovaire [exemples: I, H, fleurs coupées en long par la moitié, S, AR]....................**1er GROUPE** → p. xi.

* Calice à sépales plus ou moins lon-guement soudés entre eux [exemples: N, SY, NF] — ou bien calice soudé à l'ovaire qui se trouve placé ainsi en apparence au-dessous de la fleur [exemples: A, O, C, E, fleurs coupées en long par la moitié].

□ Pistil à carpelles entièrement libres ou réunis seulement par le milieu....................**2e GROUPE** → p. xi.

□ Pistil à carpelles soudés en un seul ovaire....................**3e GROUPE** → p. xii.

✠ **Fleur ayant 12 étamines ou moins de 12 étamines.**

= Feuilles épaisses et charnues ....**4e GROUPE** → p. xiv.

= Feuilles n'é-tant pas à la fois épaisses et charnues.

• Arbre ou arbrisseau....................**5e GROUPE** → p. xiv.

• Plante n'étant pas un arbre ou un arbrisseau....................**6e GROUPE** → p. xiv.

- ☐ [Feu]illes *épaisses et cha[rn]ues*, 6 à 20 pétales, ou même plus.
  - — *5 sépales*; carpelles soudés entre eux, sauf au sommet .... **FICOIDÉES**, p. 112.

✠ Étamines et pétales *réunis aux sépales par leur base.* [En enlevant le calice jusqu'à la base, on enlève en même temps les étamines et les pétales.]

- ☐ Feuilles *non charnues*; 4 à 8 pétales les rarement plus.
  - ⊙ *Calice d'un rouge vif*, un peu en forme de toupie PU; *pétales d'un rouge vif*; arbuste à feuilles luisantes, coriaces, simples .... **GRANATÉES**, p. 103.
  - ⊙ Arbuste odorant, à feuilles persistantes, coriaces, *tout à fait entières et sans stipules*; fleurs blanches .... **MYRTACÉES**, p. 107.
  - ⊙ Arbuste *à feuilles dentées opposées et sans stipules, à fleurs blanches très odorantes* .... **PHILADELPHÉES**, p. 106.
  - ⊙ Plante *n'ayant pas ces caractères* .... **ROSACÉES**, p. 92.

✠ Étamines non réunies aux sépales *et réunies entre elles, au moins à la base, ou disposées par groupes.*

- ★ *Arbre ou arbuste.*
  - • Pédoncule *soudé avec la bractée* TI; 5 sépales libres, 5 pétales; feuilles molles, non persistantes .... **TILIACÉES**, p. 54.
  - • Pédoncule *non soudé avec la bractée*; sépales soudés; 3 à 8 pétales; feuilles assez coriaces, persistant pendant l'hiver .... **HESPÉRIDÉES**, p. 62.
- ★ Plante n'étant *ni un arbre ni un arbuste.*
  - + Feuilles *opposées*, entières; 3 à 5 styles; étamines disposées par groupes [ex. : H, A].   .... **HYPÉRICINÉES**, p. 59.
  - + Feuilles *alternes.*
    - = Fleurs *en grappe allongée*, [ex. : LL]; pétales *très divisés*; calice simple .... **RÉSÉDACÉES**, p. 38.
    - = Fleurs *non en grappe allongée*, souvent disposées à l'aisselle des feuilles; calice souvent double MS, AO .... **MALVACÉES**, p. 55.

✠ Étamines non réunies aux sépales *et libres entre elles jusqu'à la base.*

- ○ *Plus de 15 pétales.*
  - ⦶ Plante *flottant sur l'eau ou submergée*, à feuilles dont le bord est entier [NL, NA, coupe de fleurs en long] .... **NYMPHÉACÉES**, p. 11.
  - ⦶ Plante *ni flottante ni submergée*; feuilles profondément découpées .... *Renonculacées*, p. 2.
- ○ *Moins de 15 pétales.*
  - ⊕ Pistil à *un seul ovaire* et pétales *chiffonnés ou tordus sur eux-mêmes* dans le bouton.
    - △ *4 pétales* [ex. : P, C].
      - ✕ *4 sépales*; feuilles plus ou moins arrondies, entières CP. .... **CAPPARIDÉES**, p. 34.
      - ✕ *2 sépales* tombant quand la fleur s'ouvre [ex. : PA, C] .... **PAPAVÉRACÉES**, p. 12.
    - △ *Plus de 4 pétales.*
      - • Feuilles *entières ou faiblement dentées*, souvent opposées .... **CISTINÉES**, p. 34.
      - • Feuilles *très découpées* .... **RENONCULACÉES**, p. 2.
  - ⊕ Pistil, en général, à *plusieurs parties* et pétales *non chiffonnés ni tordus* dans le bouton.
    - ⊖ Fleur *n'ayant pas à la fois 3 sépales et 3 pétales* .... **RENONCULACÉES**, p. 2.
    - ⊖ Fleur ayant à la fois *3 sépales et 3 pétales* S .... *Alismacées*, p. 290.

2e GROUPE :

△ Feuilles *épaisses et charnues* .... **CRASSULACÉES**, p. 140.

△ Feuilles *non charnues*. (→ *Voir la suite de l'analyse à la page suivante*).

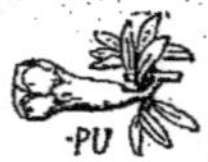

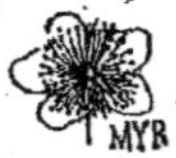

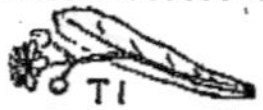

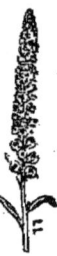

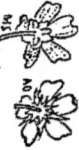

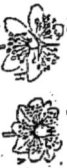

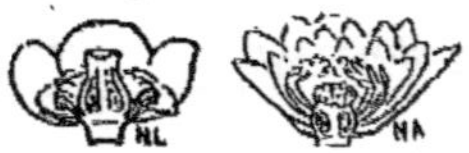

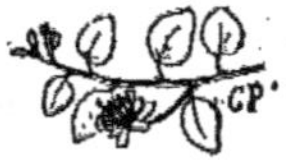

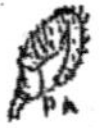

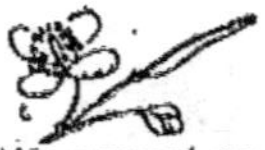

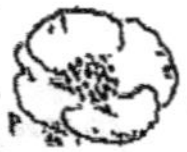

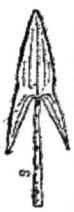

Suite du 2e groupe :

✱ 3 sépales et 3 pétales.
   — Sépales très différents des pétales..**Alismacées**, p. 290.
   — Sépales presque colorés comme les pétales, et fleurs en ombelle........**Butomées**, p. 290a.

✱ Pétales petits, verdâtres, et feuilles entières, COR. coriaces..................................**CORIARIÉES**, p. 63.

   ✱ Pétales en forme de cuiller A, G;  
     feuilles 2 à 3 fois complètement divisées ; plante à odeur forte ; fleurs jaunes.....**RUTACÉES**, p. 63.

⊙ Pétales très divisés ; fleurs en grappes allongées AC.

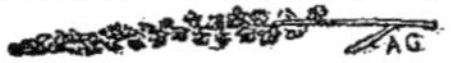

3e GROUPE :

✱ 4 ou 5 sépales et 4 ou 5 pétales.

  ⊙ Plante n'ayant pas ces caractères.
   ⊙ Pétales entiers ou échancrés.
    5 carpelles et 5 stigmates...**Résédacées**, p. 38.
    ✕ Plante n'étant pas un arbre.
    ✕ Arbre à feuilles alternes et composées de folioles distinctes ; 10 étamines...**Térébinthacées**, p. 65.
    = Fleurs petites, verdâtres; feuilles à 3 folioles Sl.............................**Rosacées**, p. 92.
    = Fleurs non verdâtres; 5 stigmates GE; 5 ou 10 étamines....................**GÉRANIÉES**, p. 57.

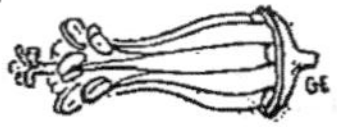

□ Fleurs irrégulières.
  • Carpelles nombreux...**Renonculacées**, p. 2.

  ⊕ 5 sépales ; 5 pétales inégaux [ex : O, Tj.
   — Pétales réunis deux à deux ; fleur prolongée en long éperon courbé l......**BALSAMINÉES**, p. 62.
   — Pétales libres entre eux ; fleurs sans long éperon courbé.....................**Crucifères**, p. 15.

  ⊕ 4 sépales.
   4 pétales, 4 sépales ; fleurs en grappes, parfois serrées.....................**VIOLARIÉES**, p. 36.

  ⊕ 2 sépales; fleurs en grappes ; feuilles très divisées ; fleurs allongées [ex : OR, CO].....**FUMARIACÉES**, p. 13.

□ Fleurs régulières.

  ⊕ 4 étamines dont 2 plus courtes
  [example : Cj.
  ⊕ 10 étamines ; 5 styles, plus ou moins soudés (ex. de la plante : Oj............**CISTINÉES**, p. 15.
  ⊕ 4 étamines ; style très court.

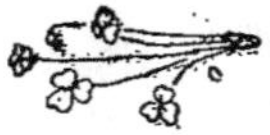

  ⊙ 6 étamines dont 2 plus courtes
  ⊙ feuilles à 3 folioles et feuilles à 10 ou 4 étamines.
   = 5 ou 10 étamines ; 5 sépales, 5 pétales...**OXALIDÉES**, p. 62.
   = 3 étamines ; 3 sépales, 3 pétales ; fruit rond EM................................**BERBÉRIDÉES**, p. 11.

§ Plante n'ayant pas les caractères précédents.
  △ Arbre, arbuste, ou sous-arbrisseau;
   — Arbre à feuilles 2 fois complètement divisées ; à fleurs lilas dont les étamines sont réunies en tube jusqu'au sommet ME........**MÉLIACÉES**, p. 62.
   — Arbuste ou arbrisseau à feuilles très petites, simples ; fleurs roses ou rougeâtres......**TAMARISCINÉES**, p. 107.

§ Feuilles ni opposées ni verticillées.
  △ Plante herbacée.
   ⊕ Arbrisseau épineux ; fleurs jaunes ; fleurs en grappe B ; fruit charnu, devenant rouge........
   — Plante non verte; feuilles réduites à des écailles; MO.........................**EMPÉTRÉES**, p. 278.

§ Feuilles opposées ou verticillées (→ *Voyez la 2e Suite du 3e groupe.*
  ⊕ Plante verte; feuilles non réduites à des écailles (→ *Voyez la 1re Suite du 3e groupe, p. xiii, en haut.*)
  ⊕ Plante verte; feuilles non réduites à des écailles; MO........................**MONOTROPÉES**, p. 204.

2° **Suite du 3° groupe :**

✠ Feuilles non-
breuses ; tom-
le long
de la
tige.

⊕ 2 sépales, tombant lorsque la fleur s'ouvre......................... Papavéracées, p. 12.
⊕ 4 sépales, 4 pétales.

✶ Feuilles complètement divisées en folioles TR, velues-
soyeuses en dessous ; fleurs jaunes........................... Zygophyllées, p. 62.

✶ Feuilles complètement divisées en folioles .... Crucifères, p. 15.

⊕ 5 sépales,

✶ Feuilles non
divisées en
folioles.

≡ Pétales blancs, égaux aux sépales ; feuilles arrondies
au sommet TEL ; ovaire à 1 seule loge.......................

≡ Plante n'ayant pas ces
caractères ; ovaire à
côté SE.

— Fleurs en grappe simple, d'un blanc un
peu verdâtre, toutes tournées du même
côté SE.. Pyrolacées, p. 203.

— Plante n'ayant ni l'un ni l'autre de ces caractères........... Paronychiées, p. 108.

— Plante n'ayant pas ces caractères............................. Linées, p. 53.

✱ Feuilles toutes ou presque
toutes à la base ; parfois
une feuille le long de la
tige.

△ 5 étamines ; anthères tournées en dehors.

• Fleur à 5 écailles glanduleuses ou bien feuilles couvertes de prolongements glanduleux... Droséracées, p. 30.
• Plante n'ayant pas ces caractères............................. Pyrolacées, p. 203.

△ 4 étamines ; anthères
tournées en dedans.

✕ Fleurs jaunes ou orangées........................... Papavéracées, p. 12.
✕ Fleurs blanches.................................... Crucifères, p. 15.

○ Arbre ou arbuste à feuilles dont les nervures sont
disposées en éventail AC, PP ; fruit ailé [ex.: OP].

.... Acérinées, p. 61.

○ Plante de marais à tiges couchées
portant des racines ou plante nageante ; fleurs très petites.

✛ Feuilles renflées en vessie, plante nageante AL ; 5 étamines............

.... Droséracées, p. 39.

✛ Feuilles non renflées en vessie H, E ;
3-4 étamines..

.... Élatinées, p. 53.

○ Plante
herbacée
n'ayant
pas les
caractères
précédents.

□ Feuilles verticillées par 4 au
moins à la base.

— Feuilles dentées ; anthères tournées en dedans............

.... Paronychiées, p. 108.

— Feuilles non dentées ; anthères tournées en dehors............. Élatinées, p. 53.

◫ Calice ayant 8 à 10 divisions ; 4 pétales......................... Linées, p. 53.

◫ Feuilles
non verti-
cillées
par 4.

§ Calice à
4 ou 5
sépales.

•• Pétales entiers et jaunâtres à la base ou d'un jaune soufre ; sépales à 4 cils glanduleux......... Pyrolacées, p. 203.
•• Pétales n'étant pas à la fois
entiers et jaunâtres à la
base ni d'un jaune soufre.

— Pétales peu visibles et ovaire à 4 seul ovule, fruit à 1 seule graine... Paronychiées, p. 108.
— Pétales ordinairement visibles ; plusieurs ovules ; fruit à plusieurs
graines.................................... Caryophyllées, p. 41.

✶ Feuilles
jaunes.

✶ Feuilles complètement divisées en folioles [Voyez la fig. TR, en haut de la page], velues-soyeuses en dessous ; fleurs...... Zygophyllées, p. 62.

4e GROUPE :

✠ Plante *ayant à la fois* un seul ovaire à deux loges, 10 étamines, 2 styles et 5 pétales. . . . . . *Saxifragées*, p. 113.

✠ Plante *n'ayant pas à la fois* ces caractères.
- • Feuilles *opposées*, au moins les inférieures.
  - ⊕ Étamines à *anthères tournées en dehors* ; fleurs roses violettes ou pourprées ; tiges allongées. . . . . . **FRANKÉNIACÉES**, p. 40.
  - ⊕ Étamines à *anthères tournées en dedans*.
    - — Fleurs *peu visibles*, groupées à l'extrémité des rameaux O, F. . . . . .

. . . . . . **PORTULACÉES**, p. 107.
    - — Fleurs *très visibles* ; plante ne ressemblant pas aux figures O et F. . . . . . *Caryophyllées*, p. 41.
- • Feuilles *toutes alternes* ; pistil composé de *carpelles libres* en même nombre que les pétales. . . . . . *Crassulacées*, p. 110.

5e GROUPE :

⊖ Feuilles *divisées*, au moins les inférieures.
- △ *Arbrisseau grimpant ou rampant*, à feuilles alternes.
  - ⋆ Fleurs *non en ombelle* ; pétales verdâtres réunis par le haut ;

plante grimpant par des vrilles. . . . . . **AMPÉLIDÉES**, p. 61.
  - ⋆ Fleurs *en ombelle* H ; plante grimpant par des racines en crampons, ou rampant sur le sol. .

. . . . . . **ARALIACÉES**, p. 136.
- △ Arbre ou arbrisseau *non grimpant ni rampant*.
  - ☐ Feuilles *alternes*
    - Feuilles *non divisées en folioles distinctes* ; pétioles plus petits que les sépales [ex. : R, U]. . . . . .

. . . . . . **GROSSULARIÉES**, p. 113.
    - Feuilles *complètement divisées* en 7 à 13 folioles COR ;

5 étamines, 3 styles. . . . . . *Térébinthacées*, p. 65.
  - ⊡ Feuilles *opposées*.
    - + *Arbre à fleurs irrégulières* à 7 étamines H, rarement 5 à 6 ; feuilles opposées à folioles disposées en éventail. . . . . .

. . . . . . **HIPPOCASTANÉES**, p. 61.
    - + Arbre, arbuste ou arbrisseau à *fleurs régulières* ; feuilles à folioles non en éventail ST. . . . . .

. . . . . . **STAPHYLÉACÉES**, p. 63.

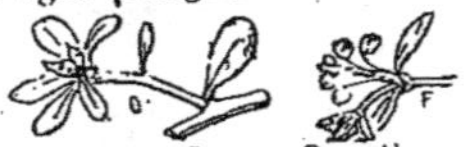

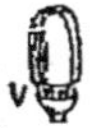

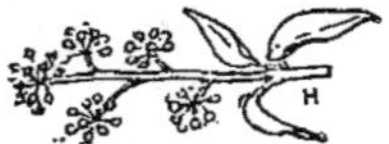

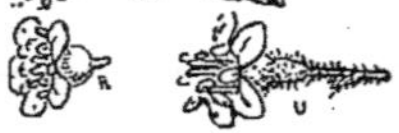

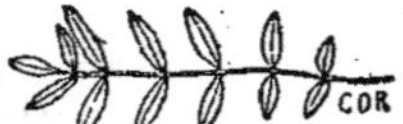

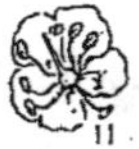

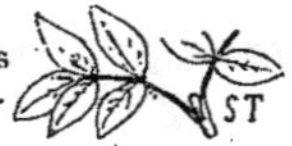

⊖ Feuilles *entières ou dentées*.
- × Feuilles *non opposées* sauf parfois sur les jeunes rameaux.
  - Fleurs *disposées en ombelle*. . . . . . *Ombellifères*, p. 117.
  - Fleurs *non disposées en ombelle*.
    - ⊕ Étamines *opposées aux pétales* R. . . . . .

. . . . . . **RHAMNÉES**, p. 64.
    - ⊕ Étamines *alternes avec les pétales*. . . . . . **TÉRÉBINTHACÉES**, p. 65.
- × Feuilles toutes ou la plupart *opposées*,
  - § Feuilles *finement dentées* EV,

à nervures écartées. . . . . . **CÉLASTRINÉES**, p. 63.
  - § Feuilles *entières*, à nervures se rapprochant au sommet CS, ou feuilles non encore développées quand la plante est en fleur. . . . . .

. . . . . . **CORNÉES**, p. 136.

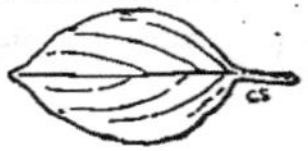

6e GROUPE :

✠ Fleurs *en ombelle* [exemples : DC, F, CY, SIM, R, FR, MA] ;

feuilles *alternes* ; 5 étamines ; 2 styles SA. . . **OMBELLIFÈRES**, p. 117.

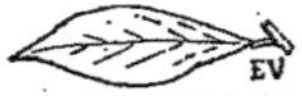

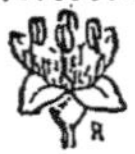

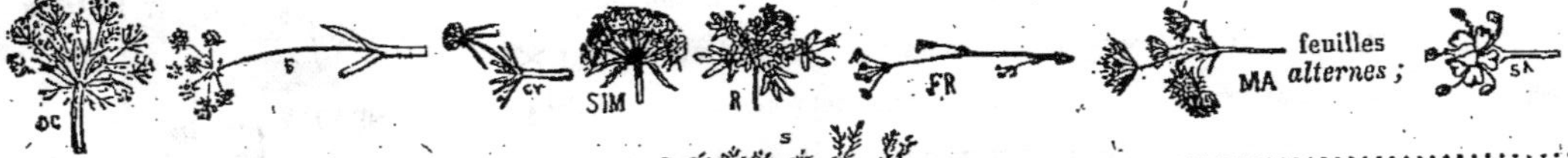

✠ Plante *aquatique submergée*, *à fleurs en verticilles* [ex. : S]. . .

. . . . . . **MYRIOPHYLLÉES**, p. 105.

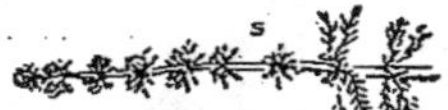

✠ Plante *n'ayant pas les caractères précédents* (→ *Voir la suite de l'analyse à la page suivante*).

⊙ 2 à 5 { ✱ Ovaire non divisé en loges, non soudé au calice; feuilles opposées.
styles. { ✱ Ovaire divisé en 2 loges, libre ou soudé plus ou moins au calice; feuilles alternes, rarement opposées .... CARYOPHYLLÉES, p. 41.

✾ 6 à 12 éta-
mines ou 2
étamines. { ⊙ 1 sty e à
1, 2, 4,
ou 5 stig-
mates. { ✱ 5 pétales. { ✕ Ovaire divisé en 2 loges, libre ou soudé plus ou moins au calice; feuilles allernes, rarement opposées .... SAXIFRAGÉES, p. 113.
✕ Plante non aquatique ; fleurs non jaunes [exemple : fig. MI] .... PYROLACÉES, p. 203.
✾ 2 ou 4 pétales [exemples : H, C]; feuilles non toutes { ✕ Plante aquatique, flottant dans l'eau; fleurs jaunes ....
à la base. .... ONAGRARIÉES, p. 104.

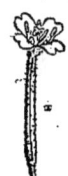

6-12 étamines L, ovaire libre; inflorescence allongée [exemples : LS, LH].

△ Calice à 8-12 dents LY; { • Calice à 8-12 dents [exemple : HS].
{ • 5 sépales, { — Fleurs roses très allongées V,
{ • 4 sépales. { — Fleurs non roses, non très allongées. .... LYTHRARIÉES, p. 106.

✚ Feuilles entières. { — Fleurs roses très allongées V, ... Linées, p. 53.
{ — Fleurs non roses, non très allongées. .... Caryophyllées, p. 41.

3, 4 ou 5
étamines. { = Pistil à un seul ovaire non
divisé extérieurement. .... PARONYCHIÉES, p. 108.
{ = Pistil à 3 ou 4 carpelles séparés BV .... Crassulacées, p. 110.

⊕ Feuilles lobées SE ou très divisées H. .... Ombellifères, p. 117.

Section B : PLANTES A PÉTALES SOUDÉS. —

✱ Étamines non soudées à la corolle.
✱ Étamines soudées à la corolle, au moins à la base.
[En détachant la corolle jusqu'à la base, les étamines
se trouvent enlevées en même
temps.] { ⊙ 3 étamines ou une seule étamine .... 7e GROUPE → p. xv.
{ ⊙ 2 étamines ou 4 étamines, dont 2 plus petites .... 8e GROUPE → p. xvi.
{ ⊙ 4 étamines égales { Pas de feuilles .... 9e GROUPE → p. xvi.
{ ou plus de 4 éta-
mines. { Feuilles non opposées ni verticillées, ni toutes à la base .... 10e GROUPE → p. xvi.
{ Feuilles verticillées, au moins celles qui sont vers la base de la plante .... 11e GROUPE → p. xvii.
{ Feuilles opposées ou toutes à la base .... 12e GROUPE → p. xvii.

7e GROUPE :
☐ Arbrisseau, par-
fois très petit. { = Ovaire soudé au calice .... VACCINIÉES, p. 200.
{ = Ovaire libre .... ÉRICINÉES, p. 201.
☐ Plante herbacée (→ Voir la suite de l'analyse à la page suivante).

☐ Fleur régulière.
  ○ Feuilles toutes à la base L, et plante aquatique à fleurs peu visibles.
  ○ Plante n'étant pas à la fois et aquatique à feuilles toutes à la base et aquatique à fleurs peu visibles.
    ● Ovaire soudé au calice. .... *Plantaginées*, p. 258
    ● Ovaire libre; fleurs jaunes. .... **CAMPANULACÉES**, p. 196.
    .... *Linées*, p. 53.

☐ Fleur irré-gulière.
  ○ Fleurs bleues sans éperon [exemples : UR, LA]; calice vert. .... **LOBÉLIACÉES**, p. 195.
  ○ Feuilles entières ou dentées
    ○ Fleurs jaunes à éperon I; pétales soudés 2 à 2; calice coloré. .... *Balsaminées*, p. 62.
    8 sépales parfois très petits [exemples : FO, CO, D, OF]; pétales peu soudés.

8° GROUPE

Calice régulier à 2-3 sépales ; feuilles un peu charnues ;
  ☐ Feuilles très divisées
    ✖ 5 sépales colorés, dont un à éperon [exemples : D, ST]. .... *Fumariacées*, p. 13.
    ✖ 5 sépales F non soudé à l'ovaire; fleurs jaunes. .... *Renonculacées*, p. 2.
  ✖ Calice soudé à l'ovaire.
    ✖ Pétales non soudés en tube ; fleurs jaunes ou d'un jaune verdâtre. ...... *Cucurbitacées*, p. 107.
    ✖ Pétales soudés en tube [exemples : CA, C]. .... *Portulacées*, p. 107.

9° GROUPE

  ✖ Arbre ou arbrisseau et fleurs à 2 étamines.
    — Feuilles alternes]A; fleurs jaunes à 5-8 pétales soudés en tube. .... **VALÉRIANÉES**, p. 144.
    — Feuilles opposées.
      ☐☐ Fleurs jaunes; fleurs petites, peu visibles, par groupes F. .... **JASMINÉES**, p. 211.
      ☐☐ Fleurs régulières; ovaire non divisé extérieurement. .... *Labiées*, p. 245.
                                                                        OLÉINÉES, p. 211.
  ① Plante non-verte, à feuilles réduites à des écailles, parasite [exemples : GA, R].
    ⊙ Ovaire divisé en 4 parties distinctes A, B [regar-der au fond du calice d'une fleur passée];
      ✖ Fleurs à bractées épineuses ; fleurs d'environ 4 c. de longueur, blanches ou rougeâtres; feuilles irré-gulièrement divisées ACA, AC. .... **OROBANCHÉES**, p. 244.
    ⊙ Ovaire non divisé extérieure-ment en 4 parties.
      ✖ Fleurs presque régulières V, lilas, en épi allongé; feuilles opposées à divisions profondes VE; fruit se séparant en 4 parties à la maturité. .... feuilles opposées ; tige souvent à 4 angles. .... **LABIÉES**, p. 245.
                                                                        .... **ACANTHACÉES**, p. 258.
  ① Plante n'ayant pas les ca-ractères pré-cédents.
    ⊙ Ovaire non divisé extérieure-ment en 4 parties.
      ✖ Feuilles toutes à la base, entières et sans pétiole P; ou plante submergée à feuilles découpées en fines lanières V. .... **VERBÉNACÉES**, p. 258.
                                                                        .... **LENTIBULARIÉES**, p. 204
  ✖ Plante n'étant pas un ar-brisseau à folioles disposées en éventail.
    ✖ Plante n'ayant pas les caractères précédents; fruit sec à plusieurs graines. .... **SCROFULARINÉES**, p. 229.
  ✖ Arbrisseau à folioles disposées en éventail VI. .... *Verbénacées*, p. 258.

10° GROUPE.

⊙ Ovaire divisé extérieurement en 4 parties [regarder au fond du calice]. (10 étamines ; feuilles charnues......; 5 étamines; feuilles non charnues) ....BORRAGINÉES, p. 212.
Crassulacées, p. 110.

⊙ Ovaire non divisé extérieurement en 4 parties.

✠ Plante n'ayant pas les caractères précédents.

✠ Plus de 12 étamines ; pétales à peine soudés par leur base ; ....Malvacées, p. 55.

✠ Plante sans feuilles, non verte,
{ — Plante à tiges minces s'enroulant autour d'autres plantes CS; corolle de moins de 2 cm. de longueur....CUSCUTACÉES, p. 218.
{ — Plante ne s'enroulant pas autour des autres plantes; corolle violette de 4 à 5 cm. de longueur....OROBANCHÉES, p. 244.

✠ Sépales libres dont 2 plus grands PV, colorés ;  PV   8 étamines soudées en 2 groupes.....POLYGALÉES, p. 40.

✠ Arbuste à feuilles épineuses I, au moins les inférieures ; fleurs blanches.....ILICINÉES, p. 63.

✠ Plante grimpante, à étamines libres entre elles, à corolle en entonnoir (exemples : S, A).....CONVOLVULACÉES, p. 216.

— Feuilles composées de nombreuses folioles PO.  PO .....POLÉMONIACÉES, p. 216.

⌂ Plante n'étant pas à la fois grimpante et à étamines libres entre elles.

△ 2 à 5 stigmates.
{ Feuilles simples .....Campanulacées, p. 196.
{ • Ovaire soudé au calice [en apparence sous la fleur]; { 3 styles ; corolle en entonnoir [exemples : LI, LA].

△ 1 stigmate.
{ ○ Ovaire libre [ovaire dans la fleur]; { ≡ 5 styles plus ou moins soudés ; fleurs plus ou moins serrées.....Plombaginées, p. 201.
{ ○ Ovaire soudé au calice [en apparence sous la fleur] ; fleurs plus ou moins serrées.....Convolvulacées, p. 216.

⌂ Fleurs en grappe très allongée, ou en épi et 5 étamines inégales [exemple : LY, BTA].

□ Étamines soudées par leurs filets autour du pistil.....Asclépiadées, p. 212.

□ Étamines libres ou soudées par leurs anthères.
{ ⊕ Étamines opposées aux pétales ; ovaire non divisé ni intérieurement. BTA VERBASCÉES, p. 228.
{ ⊕ Étamines opposées aux pétales ;  { 5 styles; corolle en entonnoir [exemples : LI, LA].

○ Plante n'ayant pas à la fois soudées par leurs anthères.
{ ⊕ Étamines alternes avec les pétales.
{ ⊕ Ovaire divisé intérieurement en 2 parties.....Primulacées, p. 205.
{ Ovaire divisé extérieurement en 2 ou 4 loges....SOLANÉES, p. 226.
{ Ovaire divisé extérieurement en 2 ou 4 parties,

11° GROUPE.

Ovaire soudé au calice [c'est-à-dire placé en apparence sous la fleur; exemples : GR, G, S; exemples :
M, VE, B]. Fleurs jaunes ou d'un jaune mêlé de pourpre ; feuilles supérieures embrassant la tige comme par 2 oreilles. VE RUBIACÉES, p. 138.
{ ○ Fleurs à calice ou à corolle membraneux, ou à épi serré ou en capitule.....Plantaginées, p. 238.

Ovaire non soudé au calice [placé dans la fleur]; { □ Plante herbacée, étamines opposées aux pétales.....Primulacées, p. 205.
{ ✱ Plante n'ayant pas ces caractères.
{ ✱ Arbrisseau à fleurs roses, étamines alternes avec les pétales.....Apocynées, p. 213.
{ ... corolle en apparence sous la fleur.

12e GROUPE :

✠ **Fleurs non membraneuses.**

⟡ Fleurs à calice ou à corolle *membraneux*, lilacées, violettes ou blanches, en capitules avec une longue bractée, renversée (ex. : MAR), ou fleurs en ou en capitule en-touré de bractées.

⟡ *Ovaire divisé en 4 parties* [calice des fleurs passée].

⟡ Styles plus ou moins soudés, 4 stigmates ; fleurs roses, disposées en épi serré, longue bractée, renversée (ex. : MAR), ou fleurs en grappes plus ou moins serrées (ex. : CR, AR)........ **PLOMBAGINÉES**, p. 261.

⟡ *1 style simple ;* fleurs en capitule sans bractée renversée en dessous ou en épi serré.
- Tige à 4 angles ; 4 étamines .... **PLANTAGINÉES**, p. 258.
- Tige non à 4 angles ; 5 étamines .... Labiées, p. 245.
                                             Borraginées, p. 219.

⟡ *Feuilles épaisses, un peu charnues, 3 ou 5 styles ; et fleurs petites, peu visibles* O, F. .... Portulacées, p. 107.

⊕ Ovaire non divisé exterieu-rement en 4 par-ties.

△ Plante n'ayant pas à la bacée à feuilles opposées.

★ Arbuste dressé ou grimpant.
  ✕ Fleurs verdâtres, en masse globuleuse ....
  ✕ Fleurs colorées.

○ Étamines soudées par leur filets en un tube plus ou moins long .... = Arbre ; fleurs à 12 étamines ST........ **STYRACÉES**, p. 210.
  = Plante herbacée ; 5 étamines .... **CAPRIFOLIACÉES**, p. 136.

○ Étamines atta-chées en face des pétales.
  - 1 style simple, 1 stigmate .... **ASCLÉPIADÉES**, p. 212.
  - 5 styles plus ou moins soudés et 5 stigmates [exemples des fleurs : LM, MO, PLU] .... **PRIMULACÉES**, p. 205.
    Plombaginées, p. 261.

○ Étamines attachées entre les pétales.
  - Style prolongé au-delà du stigmate qui est en anneau ; fleurs bleues rarement blanches et tiges rampantes ; 2 gros nectaires alternant avec les carpelles .... **APOCYNÉES**, p. 212.

□ Feuilles toutes à la base RA, et plante couverte de longs poils roux .... **RAMONDIACÉES**, p. 218.

□ Plante n'ayant pas les caractères précédents........ **GENTIANÉES**, p. 213.
  Caprifoliacées, p. 136.

□ Étamines 4 dont 2 plus courtes ; tige rampante à feuilles arrondies et pétiolées.

Section C : PLANTES A COROLLE PAPILIONACÉE. —

⊕ Arbre à fleurs roses paraissant avant les feuilles ; feuilles simples, rondes, échancrées à la base CS .... **CÉSALPINIÉES**, p. 92.

⊕ Plante n'ayant pas ces caractères........ **PAPILIONACÉES**, p. 65.

Section D : PLANTES A UNE SEULE ENVELOPPE FLORALE. —

⟡ Arbre, arbuste ou arbrisseau.
  △ Plante grimpante.
  △ Plante non grimpante.
  = Feuilles ou bourgeons opposés.
  = Feuilles ou bourgeons non opposés........ **13e GROUPE →** p. XIX.

⟡ Plante n'étant ni un arbre, ni un arbuste, ni un arbris-seau ; plante grasse parfois très déve-loppée.
  ★ Plante sans tiges ni feuilles constituées par des lames vertes flottant ordinairement sur l'eau .... **14e GROUPE →** p. XIX.
  ★ Feuilles verticillées, au moins les inférieures ; ★ mant une gaine qui entoure plus ou moins la tige [ex. : H, T, AV, A].
    = Une ou deux enveloppes florales (calice, ou calice et corolle) .... **15e GROUPE →** p. XIX.
    = Pas d'enveloppe florale .... **16e GROUPE →** p. XX.
  ★ Feuilles verticillées et ★ Feuilles non développées réduites ou plante à feuilles développées parasite sur des branches d'arbres........
  ☉ Feuilles à stipules réunies au pétiole for-mant une gaine .... **17e GROUPE →** p. XX.
  ☉ Feuilles non développées réduites ou en écailles ou plante à feuilles développées parasite sur des branches d'arbres........ **18e GROUPE →** p. XX.
  ⊕ Feuilles sans stipules ou à stipules non réunies au pétiolé, avec ou sans gaine.
    • 6 étamines ou plus de 6 étamines ayant des anthères........ **19e GROUPE →** p. XXI.
    • 0 à 5 étamines ayant des anthères........ **20e GROUPE →** p. XXII.

13° GROUPE:

⋏ Fleurs blanches à étamines nombreuses C; ... plante grimpant par le pétiole des feuilles; feuilles composées de folioles distinctes.............Renonculacées, p. 2.

14° GROUPE:

⋏ Fleurs vertes à 5 étamines; ... plante grimpant par des vrilles; feuilles à nervures partant d'un même point.............Ampélidées, p. 61.

⊕ Calice coloré en rose; corolle petite, globuleuse, à l'intérieur du calice.............Éricinées p. 201.

⊕ Calice et corolle verdâtres ou jaunâtres; feuilles à nervures en éventail.............Acérinées, p. 61.

★ Feuilles composées de folioles F; ... fleurs en groupes compacts.............Oléinées, p. 211.

⊕ Plante n'ayant pas à la fois calice et corolle.

★ Feuilles simples.

⊙ Plante maritime charnue; ovaire à une seule loge et à un seul ovule; fruit à une graine.............Salsolacées, p. 265.

⊙ Arbuste parfois très petit, à feuilles non développées; rameaux articulés DI; ... opposés.............GNÉTACÉES, p. 374.

⊙ Plante n'ayant pas ces caractères.
  ≡ Fleurs en groupes compacts; arbrisseau à feuilles persistantes, ovales.............Euphorbiacées, p. 278.
  = Fleurs en épi allongé; feuilles non persistantes.............Salicinées, p. 286.

15° GROUPE:

⊙ Plante n'ayant pas des fleurs à étamines en épi.

⊖ Feuilles composées de folioles distinctes [exemple : CA, fragment de feuille].............CÉSALPINIÉES, p. 99.

⊖ Feuilles simples.

✱ Fleur à 5 étamines ou moins de 5 étamines.

  ⊙ Feuilles simples.
    • Fleurs en ombelle, feuilles entières.............Ombellifères, p. 117.
    • Feuilles, comme argentées, au moins en dessous.............Eléagnées, p. 277.
    □ Plante n'ayant pas ces caractères.
    □ Arbre.
      - Fleurs blanchâtres; feuilles pointues CE dont les nervures sont très saillantes en dessous.............CELTIDÉES, p. 283.
      - Fleurs verdâtres à sépales soudées entre eux U;  feuilles souvent rudes en dessous.............ULMACÉES, p. 283.
    ◦ Arbrisseau
      ◻ Plante maritime plus ou moins charnue.............Salsolacées, p. 265.
      ◻ Plante non maritime.
        △ Arbrisseau épineux B à feuilles non argentées.............Rhamnées, p. 64.
        △ Arbre non épineux à feuilles argentées.............Tiliacées, p. 54.

✱ Fleur à 6 étamines ou plus de 6 étamines.

  ✕ 6 étamines.
    △ Arbrisseau épineux B à feuilles non argentées.............Berbéridées, p. 14.
    △ Arbre non épineux à feuilles argentées.............Éléagnées, p. 277.
  ✕ Étamines nombreuses; feuilles simples et en cœur à la base.............DAPHNOIDÉES, p. 275.
  ✕ 8 étamines.
    - Fleurs entourées par une enveloppe charnue; fruit charnu; fleur pistillée à 2 styles A.............MORÉES, p. 283.
    - Fleurs non entourées par une enveloppe charnue; fruit non charnu.............Cupulifères, p. 293.

⊙ Plante ayant des fleurs à étamines groupées en épis plus ou moins compacts.
  § Feuilles simples
  § Feuilles composées J.............JUGLANDÉES, p. 284.

16e GROUPE :

✠ * Arbrisseau à feuilles opposées ; 2 styles, 2 stigmates.. *Lycinées*, p. 290.

✠ * Arbre ou arbris-
seau résineux.
{
  • Arbre à feuilles X   9 styles, 2 stigmates.
  allongées ; pas   Rameaux tous dressés contre la tige, à feuilles appliquées CP; fruit
  de stigmates.   X globuleux CPS...................................... *Cupressinées*, p. 373.
  ⊕ Arbre ou arbuste X Arbre n'ayant pas les deux stigmates............................ *Abiétinées*, p. 372.
}

⊕ Arbre ou arbuste laissant écouler un suc blanc lorsqu'on brise les feuilles ou les rameaux; fleurs ou fruits disposés en forme de ligue................. *Juglandées*, p. 284.

⊕ Feuilles composées de folioles distinctes.

✠ Arbre, ar-
buste ou
arbrisseau
non rési-
neux.
{
  ⊕ Feuilles à nervures en éventail PL, fleurs groupées en boules................. *PLATANÉES*, p. 280.

  ⊕ Plante n'ayant
  pas les ca-
  ractères pré-
  cédents.
  {
    ⋎ Bourgeons à 2 écailles dont une très grande ou à une seule écaille ; fruit à 2 valves, à graines poilues............ *Salicinées*, p. 286.

    ⋎ Bourgeon à
    écailles
    nombreuses.
    {
      ≡ Fleurs pistillées disposées en épi [ex. : B, G]; pas d'in-
      volucre autour du fruit. .... *BÉTULINÉES*, p. 289.

      ≡ Fleurs pistillées isolées ou par 2 à 5 ; un involucre au-
      tour du fruit ou des fruits [ex. : P, CB, S]. .... *CUPULIFÈRES*, p. 285.
    }
  }
}

17. GROUPE :

* Plante fixée sur les branches d'arbres ; fleurs à 4 parties ; plante d'un vert un peu jaunâtre; feuilles opposées, VI. .... *LORANTHACÉES*, p. 136.

* Plante sans tiges ni feuilles, constituée par des lames vertes T, M ; △△ plante flottant ordinairement sur l'eau. .... *LEMNACÉES*, p. 317.

* Feuilles profondément
découpées.
{
  • Fleurs réunies par groupes successifs au sommet S ; feuilles verticillées par 4. .... *MYRIOPHYLLÉES*, p. 105.

  • Fleurs non réunies par
  groupes successifs.
  {
    △ Fleurs peu visibles ; feuilles par verticilles superposés. .... *CÉRATOPHYLLÉES*, p. 106.
    △ Fleurs très visibles, colorées ; un seul verticille de feuilles. .... *Renonculacées*, p. 2.
  }
}

* Feuilles
entières.
{
  ◐ Fleurs à 4 étamines, peu visibles Ht; plante aquatique. .... *HIPPURIDÉES*, p. 105.

  ◐ Fleurs à 8 étamines, rarement 10 ; plante à 4 feuilles larges PA, rarement 3. .... *Lilacées*, p. 292.

  ◐ Fleurs à 4-5 étamines ; corolle à pétales soudés entre eux, au moins à la base. .... *Rubiacées*, p. 138.
  {
    ◒ Pas de corolle ; 8 à 6 étamines (fig. CY). .... *GYTINÉES*, p. 277.

    ◒ Corolle à pétales réunis entre
    eux.
    {
      ⊖ Plante non enroulée autour des tiges. .... *Orobanchées*, p. 241.
      ⊖ Plante enroulée autour des autres plantes à tiges grêles portant des suçoirs. .... *Cuscutacées*, p. 218.
    }
  }
}

* Feuilles non déve-
loppées, réduites
à des écailles.
{
  ◒ Corolle à pétales séparés
  jusqu'à la base.
  {
    ⊖ Plante non verte, parasite (fig. MO). .... *Monotropées*, p. 204.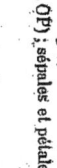
    ⊖ Plante verte, grasse, non parasite (fig. OP) ; sépales et pétales nombreux. .... *CACTÉES*, p. 112.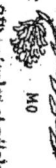
  }
}

18° GROUPE :

⊕ Fleurs en ombelle ; fleurs à 5 étamines ; feuilles alternes.......... *Ombellifères*, p. 117.

✳ Feuilles très divi-sées, ou dentées et en éventail;

⊙ Étamines réunies aux sépales par leur base ; feuilles de la base non plusieurs fois complètement divisées.... *Rosacées*, p. 92.

⊙ Étamines libres jusqu'à la base ; feuilles plusieurs fois complètement divisées [ex. : M, AL]; .... *Renonculacées*, p. 2.

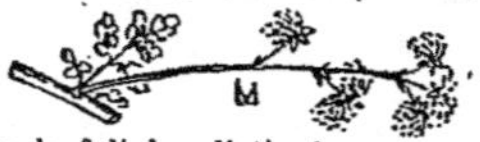

⊕ Plante n'ayant pas ces carac-tères.

étamines nom-breuses ou 1 à 4 étamines.

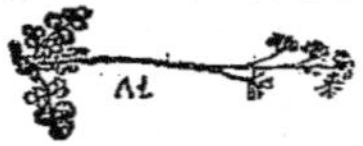

⊙ Étamines 10, soudées en un long tube ; feuilles composées de folioles distinctes.... *Papilionacées*, p. 65.

✳ Feuilles entières ou presque entières ; 4 à 9 étamines.

• Calice à 1-4 divisions, verdâtre, ou n'existant pas et à 1-4 étamines.... *Potamées*, p. 314.

• Fleur n'ayant pas à la fois moins de 3 divisions au calice et moins de 5 étamines.... **POLYGONÉES**, p. 270.

19° GROUPE :

⊖ Tige à liquide blanc qui s'écoule lorsqu'on casse la tige ; ovaire à trois carpelles soudés, porté sur une petite tige P, E, Pl.

✶ Fleurs nombreuses entourées d'une grande bractée en cornet [exemple : A R]; (l'ensemble est l'inflorescence et non la fleur); les fleurs sont en épi, 12 éta-mines. .... **EUPHORBIACÉES**, p. 278.

✶ Pas de grande bractée en cornet.

• Pistil non divisé, à carpelles soudés entre eux, 4 pétales (2 sépales dans le bouton).... *Papavéracées*, p. 12.

• Plante n'ayant pas ces caractères.... *Renonculacées*, p. 2.

✕ Fleurs réunies en une masse globuleuse A;

.... étamines à filets divisés en deux, de sorte qu'il semble qu'il y ait 8 à 10 étamines.... *Caprifoliacées*, p. 136.

✕ Feuilles en cœur à la base E; calice coloré, en cornet Cl. ou en cloche E.

Tige sans liquide blanc qui ne s'écoule lorsqu'on casse la tige.

⊕ Carpelles non en long cône. ⊕

⊙ Carpelles nombreux formant un cône allongé au milieu de la fleur.... *Renonculacées*, p. 2.

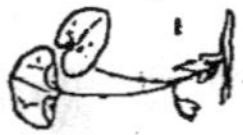

⊙ 10 styles courts ; fleurs en longues grappes simples PH....  **PHYTOLACCÉES**, p. 265.

.... **ARISTOLOCHIÉES**, p. 277.

Aroïdées, p. 317.

✕ Fleurs non en masse globuleuse et feuilles non en cœur à la base.

6 à 12 éta-mines.

⊙ 3 à 5 styles courts.
— = Ovaire divisé en 3 parties ; feuilles alternes blanchâtres; fleurs de deux sortes.... *Euphorbiacées*, p. 278.
— Ovaire non divisé en 3 parties ; feuilles opposées.... *Caryophyllées*, p. 41.

⊙ 2 styles
✛ Calice jaune à 4-5 sépales.... *Saxifragées*, p. 113.
✛ Calice vert à 3 sépales.... *Euphorbiacées*, p. 278.

⊙ 1 ou 0 style; fleurs ver-dâtres ou rosées.
✳ Feuilles étroites, alternes.... *Crucifères*, p. 15.
✳ Feuilles ... { = 6 étamines, dont 2 plus courtes.... *Daphnoïdées*, p. 275.
= 8 étamines.

✳ Feuilles ovales, opposées PP....  *Lythrariées*, p. 106.

20ᵉ GROUPE :

✠ Feuilles à nervures en éventail; fleurs vertes ou verdâtres.

✠ Plante n'ayant pas ces caractères.

★ Plantes ni à fleurs en ombelle, ni à feuilles rondes attachées au pétiole par le milieu.

⊕ Fleurs verdâtres, au moins en dehors, n'ayant pas à la fois calice et corolle.

• Fleur à plusieurs stigmates.

⊕ Fleur en cœur; fleurs ayant à la fois étamines et pistil............................. Violariées, p. 36.

✠ Feuilles non en cœur C. H; fleurs toutes staminées ou toutes pistillées................ CANNABINÉES, p. 284.

⊕ Fleur en ombelle DC, F, rarement réduite à 2 rayons HI; 2 styles, 5 étamines [exemple; SA]... Ombellifères, p. 117.

⊕ Feuilles rondes, attachées au pétiole par le milieu H.

{ ✠ Feuilles jaunes régulières; 4 étamines............... Aroïdées, p. 317.
  ✠ Fleurs jaunes régulières; 4 étamines.................... Papavéracées, p. 12.
  ✠ Fleurs jaunes irrégulières; calice coloré à éperon; 5 étamines; 4 pétales réunis 2 par 2.. Balsaminées, p. 62.
  □ Fleurs bleuâtres, blanches ou roses { 1 à 3 étamines....... Valérianées, p. 144.
                                        { 5 étamines.......... Primulacées, p. 205. }

⊕ Fleurs entourées d'une grande bractée en cornet [exemple : AR]...................

⊕ Fleurs à corolle colorée (calice coloré comme la corolle ou soudé à l'ovaire).

⊙ Plante aquatique; 4 étamines; calice à sépales soudés I.................... Onagrariées, p. 104.

{ ⊖ Fleur à un seul stigmate.
  ⊙ Plante non agui- tique.
    + Plante sans poils ou presque sans poils; à feuilles très étroites; fleurs en grappe TH.T; ovaire soudé au calice; stigmate non en pinceau; fleurs d'un blanc jaunâtre en dedans........ SANTALACÉES, p. 276.
    + Plante n'ayant pas les caractères précédents; stigmate en pinceau; feuilles à dents arrondies.. Géraniées, p. 57.
      ✠ Fleurs bleuâtres, blanches ou roses { 1 à 3 étamines........... Valérianées. }

⊖ 5 étamines à anthères et 5 étamines sans anthères, et 5 styles réunis en colonne qui s'allonge après la floraison; feuilles à dents arrondies.. Géraniées, 57.

⊖ 5 étamines et 5 petits filaments, rarement moins, représentant les pétales; plante à tiges ordinairement nombreuses, étalées sur la terre; feuilles réunies par deux ou à stipules membraneuses [exemples : HI, A, CL, IJ.

  • 1-2 étamines; calice à 2 sépales; fleurs isolées CA........... CALLITRICHINÉES, p. 106.
  • 4 étamines; calice à 4 sépales; fleurs en épi................... URTICÉES, p. 283.

⊖ 1 à 5 éta- mines non ac- compa- gnées de filaments.
  ⊙ Plante aquatique submer- gée ou flottante.
    = Feuilles toutes allongées et très étroites; fruit à 4 valves SP;......... Potamées, p. 314.
    = calice à sépales séparés jusqu'à la base; 4 étamines........... Caryophyllées, p. 41.

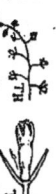

⊙ Plante non submergée ni flottante.
  = Fleurs entourées de bractées membraneuses.
    ✠ Feuilles à divisions arrondies............. Cruciferes, p. 15.
    ✠ Feuilles non à divisions arrondies............ AMARANTACÉES, p. 265.
  = Plante n'ayant pas ces carac- tères.
    ⊙ Fleurs entourées de bractées membra- neuses.. AMARANTACÉES, p. 265.
    ⊙ Fleurs non entourées de bractées membra- neuses............
    △ Plante sans poils ou presque sans poils, à feuilles très aiguës P; membraneuses sur les bords à leur base; 2 styles..... Paronychiées, p. 108.
    △ Plante n'ayant pas les carac- tères......
    △ Feuilles non à divisions arrondies.......... Amarantacées, p. 265.

⟨ Plante à fleurs de deux sortes; fruit divisé extérieurement en 3 parties; 3 styles; feuilles blanchâtres.. Euphorbiacées, p. 278.
⟨ Plante n'ayant pas les caractères précédents.. SALSOLACÉES, p. 265.

① Enveloppe florale à moins de 6 parties.

Fleurs très-irrégulières ayant l'ovaire placé en apparence sous la fleur et semblant souvent être le pédoncule de la fleur ; 1 seule étamine sou-dée au stigmate ou 2 étamines [exemple : PA, F, EN, PV, MF, A.] .... **ORCHIDÉES**, p. 307.

21ᵉ GROUPE :

Fleurs régulières, ni vertes, ni membraneuses, colorées.

Fleurs vertes et membraneuses ou non vivement colorées.

1, 2, 3 ou 4 éta- ⊙⊙ Plante à 3 étamines dont les anthères sont tournées en dehors ... **21ᵉ GROUPE→** p. XXIII.
mines, ou étamt ⊙⊙ Plante à 2, 3, 4 ou nombreuses étamines dont .... **22ᵉ GROUPE→** p. XXIII.
nes nombreuses. les anthères sont tournées en dedans.

⚹ Plante piquante ou à un seul verticille de feuilles ou à 2 feuilles en haut de la tige.
— Plante aquatique n'ayant ni l'un ni l'autre de ces caractères .... **IRIDÉES**, p. 303.
.... Liliacées, p. 292.
.... Hydrocharidées, p. 313.

⚹ 6 étamines ....

⊕ 3 sépales verts ; 3 pétales colorés ; plante aquatique.
⊕ Enveloppe flo-rale entière-ment colo-rée. { △ Feuilles non développées quand les fleurs paraissent ; fleur à très long tube ... **AMARYLLIDÉES**, p. 305.
△ Feuilles déve-loppées en même temps que les fleurs. { □ Corolle à tube très long sortant d'un bulbe à 3 styles soudés sur une grande longueur V. **COLCHICACÉES**, p. 291.
□ Plante n'ayant pas à la fois ces caractères .... **LILIACÉES**, p. 292.

⚹ 8 ou 10 étamines ; feuilles verticillées ; fleurs verdâtres .... **BUTOMÉES**, p. 290.

⚹ 9 étamines ; fleurs presque en ombelle BU. • Plante aquatique à fleurs roses ....
• Fleurs jaunâtres en épi serré C, et feuilles de 1 à 2 c. de largeur .... **ALISMACÉES**, p. 290.
.... **Aroïdées**, p. 317.

22ᵉ GROUPE :

① Enveloppe florale à 6 parties (3 pétales et 3 sépales tous semblables). { △ Fleurs vertes, blan-châtres ou jaunâ-tres non membra-neuses. { • Plante n'ayant pas ces carac-tères et dont l'inflorescence ne ressemble pas à la fig. C.
+ Feuilles larges, obtuses ; anthères s'ouvrant en travers ; fleurs blanchâtres en inflorescence rameuse ALB ; plante de 8-12 d. ... **Colchicacées**, p. 291.
+ Feuilles très allongées ; anthères s'ouvrant en long [ex : TR, SC.] { ⚹ Enveloppe florale à 6 divisions avec involucre à 3 folioles ; fleurs jaunes ou jaunâtres en grappe ; fruit globuleux ..
⚹ Fleurs sans involucre en groupe .... **Joncaginées**, p. 313.

△ Fleurs membraneuses ; pistil à ovaire non divisé extérieurement .... **JONCÉES**, p. 319.

§ Plante sans tiges ni feuilles [exemple : T. M.] .... { × Fleurs réunies en boules.
× Fleurs non en boules. { • Plante n'ayant pas ces carac-tères et poussant dans la mer. { = 4 étamines ...... **Typhacées**, p. 318.
= 1 étamine. { — Feuilles très étroites, au moins 15 fois plus longues que larges ... **LEMNACÉES**, p. 317.
— Feuilles 3 à 6 fois plus longues que larges, opposées ou par 3. **POTAMÉES**, p. 314.
.... **NAIADÉES**, p. 316.

① Enveloppe florale à 6 parties. { ① Plante submergée nageante. { § Plante ayant une tige et des feuilles. { × Fleurs en boules. ↻ Plante croissant dans la mer. [exemples : MA, CY.]
.... **ZOSTÉRACÉES**, p. 316.

① Plante ordinairement non nageante et à feuilles de la base ayant une longue gaine (→ Voir la suite à la page suivante).

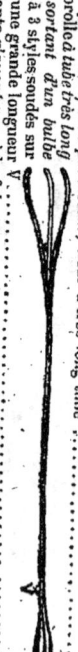
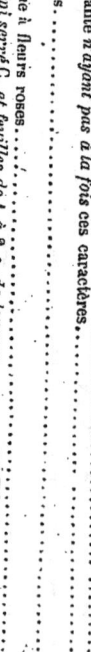
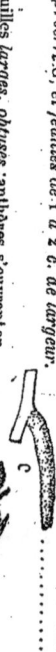
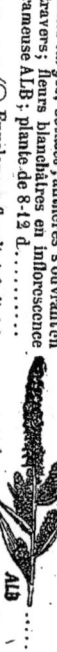
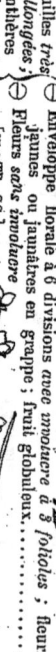

□ Fleurs réunies en boules S ou en cylindres bruns A..TYPHACÉES, p. 318.

□ Fleurs en épi serré dans une grande bractée en cornet A.

  ⊙ Gaine de la feuille fendue en long.

    ✱ Fleurs en une seule masse avec une bractée presque piquante C......................................Aroïdées, p. 317.

□ Fleur ni en boules ni en cylindres bruns, ni dans une grande bractée en cornet.

  ⊙ Gaine de la feuille fendue en long.

    ✱ Plante n'ayant pas ces caractères..

  ⊕ Gaine de la feuille non fendue.

    ✤ Anthères en forme d'x allongé G ;..} GRAMINÉES, p. 339.

      tige non à 3 angles..

  ⊕ Anthères non en forme d'x allongé C ;..CYPÉRACÉES, p. 323.

    tige souvent à 3 angles, au moins sur une partie de sa longueur...............................Cypéracées, p. 323.

Section F. PLANTES A FLEURS TOUTES SANS ÉTAMINES OU TOUTES SANS PISTIL. —

✧ Deux enveloppes florales (calice et corolle) de consistance et de couleur différentes...23e GROUPE → p. xxiv.

✧ Une seule enveloppe florale ou deux enveloppes florales semblables...24e GROUPE → p. xxv.

✧ Enveloppe florale réduite à une écaille, ou pas d'enveloppe florale...25e GROUPE → p. xxv.

23e GROUPE :

  ○ Fleurs en ombelles..Ombellifères, p. 117.

  ○ Fleurs non en ombelles.

    ◐ Feuilles opposées COR et fleurs en grappes..Coriariées, p. 63.

    ◐ Feuilles alternes ou opposées ; fleurs non en grappes dressées..............................Rhamnées, p. 64.

    • Arbre ou arbrisseau.

    + Feuilles charnues et carpelles distincts..Crassulacées, p. 11

    • Plante herbacée.

    + Plante n'ayant pas à la fois les feuilles charnues et les carpelles distincts..............Caryophyllées, p. 41.

    ⊕ Feuilles complètement divisées..Rosacées, p. 92.

    ⊕⊕ Feuilles à 3-5 lobes profonds ; petit arbuste à fleurs jaunâtres et à fruits charnus rouges.......Grossulariées, p. 113.

    △ 3 pétales ; 3 sépales verts.

    ≒ Plante aquatique, herbacée..HYDROCHARIDÉES, p. 313.

    ≡ Plante non aquatique ; petit arbrisseau..Empétrées, p. 278.

  ✧ Feuilles entières.

    — Arbre à feuilles entières DI..ÉBÉNACÉES, p. 210.

  ✧✧ Pétales réparés les uns des autres jusqu'à la base.

    — Plante herbacée à tige grimpant par des vrilles ou à feuilles pétiolées, en triangle......Cucurbitacées, p. 107.

  ④ Pétales soudés entre eux.

    — Feuilles opposées ; corolle blanche ou rosée..Valérianées, p. 144.

    ✧✧ Feuilles toutes à la base..Plantaginées, p. 258.

□ Feuilles opposées au moins au sommet des branches.

: Feuilles très divisées, à nervures au éventail H. C.

‡ Feuilles à poils irritante.......................... Urticées, p. 283.
‡ Feuilles à poils non irritante.......................... Euphorbiacées, p. 278.

.... CANNABINÉES, p. 284.

⊙ Feuilles à stipules engainantes ; calice à 6 sépales ; fleurs souvent rougeâtres.......................... Polygonées, p. 270.

△ Feuilles sans stipules engainantes.

Calice à { Ⓓ Plante n'étant ni un arbre ni un arbuste.......................... Salsolacées, p. 265.
5 sé- { Arbre ou arbuste sans stipules ; calice brun.......................... Térébinthacées, p. 65.
pales. { Ⓛ Arbre à stipules petites, aiguës, tombant facilement ; calice rougeâtre.......................... Césalpiniées, p. 92.

□ Feuilles non opposées.

⊙ Feuilles sans stipules engainantes.

△ Enveloppe florale à 6 divisions, formées par 3 sépales et 3 pétales tous semblables.

Plante grim- { ⊙ 1 ou 2 vrilles à la base des feuilles SM.......................... Lilacées, p. 302.
pante et { feuilles en { ⊙ Pas de vrilles à la base des feuilles TA.
cœur SM, D.

Plante non à la { fois grimpante { × Fleurs en grappes allongées nichées aux feuilles
et à feuilles en { .... Dioscorées, p. 303.
cœur.

△ Enveloppe florale à 2-4 divisions.

⊕ Fleurs non en om- { × Plante ne ressemblant pas à la figure Di.......................... Lilacées, p. 302.
belles.

⊕ Fleurs en ombelles (fig. des fleurs LAU, LA).

Feuilles entières (fig. OSY).......................... Santalacées, p. 276.

Feuilles très divisées.......................... Rosacées, p. 92.

.... LAURINÉES, p. 276.

△ Enveloppe florale DI, opposées. DI.......................... ÉLÉAGNÉES, p. 277.

.... Guetacées, p. 374.

□ Plante sans feuilles développées, à rameaux articulés DI.......................... Cypéracées, p. 393.

25e GROUPE :

Plante n'étant ni un arbre ni un arbrisseau.

§ Feuilles entières, allongées, à nervures non parallèles.......................... Cannabinées, p. 284.

§ Feuilles simples, étroites, allongées, épaisses { Feuilles et courte période, disposées sur 2 rangs sur les rameaux ; arbre ou.......................... TAXINÉES, p. 373.
et coriaces, allongées épaisses { arbuste sans résine.......................... CUPRESSINÉES, p. 373.

Arbre ou arbrisseau, { Arbuste très odorant ; feuilles ovales.......................... MYRICÉES, p. 380.
parfois très petit. { § Feuilles simples plus ou moins élargies.......................... SALICINÉES, p. 366.
{ § Feuilles composées de foliole distinctes.......................... Oléacées, p. 311.

Section G : PLANTES A FLEURS EN CAPITULES. —

⊙ **Capitules tous semblables et corolle non papilionacée.**

⊙ Capitules de deux sortes, les uns à fleurs staminées, les autres à fleurs pistillées.

  ○ Arbre à feuilles dont les nervures sont disposées en éventail ; capitules en boules........................ *Platanées*, p. 289.

  ○ Plante herbacée.

    • Involucre à épines ; feuilles pétiolées X, S. ....**AMBROSIACÉES**, p. 195.

    • Involucre n'ayant pas ces caractères........................ *Composées*, p. 149.

⊙ Corolle papilionacée (Voyez les figures qui sont en haut de la page x). Capitule plus ou moins globuleux....**Papilionacées**, p. 65.

  ★ Fleurs bleues, rarement blanches ; chaque fleur du capitule à 5 pétales presque séparés jusqu'à la base ; anthères s'étalant à la fin en étoile blanche ; plusieurs graines........................ *Campanulacées*, p. 196.

□ Étamines peu distinctes, soudées en un tube au travers duquel passe le style.

  ★ Chaque fleur du capitule à pétales soudés en tube, au moins à la base........................ **COMPOSÉES**, p. 149.
    [Exemples : T, L].

□ Étamines libres entre elles.

  ✳ Plante à feuilles coriaces, épineuses ; involucre épineux E. .... *Ombellifères*, p. 117.

  ✳ Plante à feuilles non épineuses.

    ⊕ 5 étamines.

      ✧ Pas de bractée renversée au-dessous du capitule ; ovaire soudé au calice .... *Campanulacées*, p. 196.

      ✧ Bractée renversée au-dessous du capitule AR ; tige sans feuilles au-dessous du capitule ; fleurs roses ou lilas, parfois blanches. .... **PLOMBAGINÉES**, p. 261.

      △ Corolle membraneuse .... *Plantaginées*, p. 258.

    ⊕ 4 étamines.

      △ Corolle non membraneuse.

        • Fleurs en petits capitules ovales portés sur de longs pédoncules communs ; ovaire libre. .... *Verbénacées*, p. 258.

        • Plante n'ayant pas de capitules ainsi disposés ; ovaire soudé au calice. .... **DIPSACÉES**, p. 147.

      ⊕ Feuilles alternes GL ; 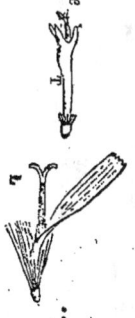 ovaire libre. .... **GLOBULARIÉES**, p. 264.

    ⊕ 6, 3 ou 2 étamines.

      ✕ Tige ayant un bulbe à la base. .... *Liliacées*, p. 292.

      ✕ Tige sans bulbe.

        ⩵ Fleurs réunies en plusieurs boules .... *Typhacées*, p. 318.

        ⩵ Fleurs non en boules.

          — Enveloppe florale à 6 divisions distinctes .... *Joncées*, p. 319.

          — Enveloppe florale à 5 lobes........................ *Valérianées*, p. 144.

          — Enveloppe florale non visible ou formée par des poils .... *Cypéracées*, p. 320.

Section H : PLANTES GYMNOSPERMES. —

✧✧ Feuilles non développées, réduites à des gaines à lobes arrondis........................ **GNÉTACÉES**, p. 374.
✧✧ Feuilles nettement développées ou en forme d'écailles. (→ *Voir la suite de l'analyse à la page suivante*).

Suite de la section H :

○ Fruit renfermant *au moins* 2 graines.
  - ⚭ Étamines à 2 loges; fruits réunis en une masse dure, plus ou moins allongée, à grand nombre d'écailles ligneuses..... ABIÉTINÉES, p. 372.
  - ⚭ Étamines à 3-8 loges; fruits en une masse dure, globuleuse, ayant environ 10 écailles ligneuses ou formant de petites boules charnues..... CUPRESSINÉES, p. 373.

○ Fruit renfermant *1 seule graine* entourée d'une enveloppe charnue..... TAXINÉES, p. 374.

Section 1 : PLANTES CRYPTOGAMES. —

✠ Plante ayant des *racines* partant de la tige souterraine ou de la plante flottant sur l'eau.

⊙ Bulbilles en ombelles; tige ayant un bulbe à la base (→ *Voyez Allium*, p. 297.)

⊙ Plante à feuilles simples, étroites, allongées et en touffes LA, sans tiges rampantes ni flottantes..... ISOËTÈS, p. 384.

⊙ Plante *n'ayant pas ces caractères réunis*.

  △ Sporanges renfermés dans un fruit glo-buleux (exemples : P, SA, PI, MP)..... MARSILIACÉES, p. 382.

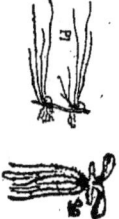

  △ Sporanges non dans un fruit globuleux.
    ⊕ Deux feuilles dont l'une à sporanges et l'autre sans sporanges (exemples : L, OV)..... OPHIOGLOSSÉES, p. 381.
    ⊕ Feuilles ne présentant pas la disposition ci-dessus..... FOUGÈRES, p. 374.

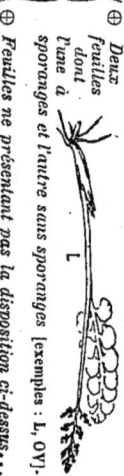

  ✱ Feuilles *très développées*, tige souter-raine ou rampante.

  ✱ Feuilles *très peti-tes par rapport aux tiges*; tiges aé-riennes et souter-raines.
    ✱ Rameaux verticillés AR; feuilles en petites collerettes AV..... ÉQUISÉTACÉES, p. 383.
    ★ Rameaux non verticillés (exemples : S, CLA, HE); feuilles non réunies en collerettes..... LYCOPODIACÉES, p. 385.

✱ Plante sans tiges ni *feuilles*, constituées par des lames vertes, ordinairement flottant sur l'eau et à fines racines..... (→ *Voyez Lemnacées*, p. 317.)

✱ Plante *sans racines*, portant parfois des poils absorbants à leur partie inférieure.
  - ⎰ MUSCINÉES (Mousses, Sphagnées, Hépatiques) [1].
  - ⎱ THALLOPHYTES (Algues, Lichens, Cnampignons) [2].

[1] Voyez pour les Mousses, les Sphagnées et les Hépatiques, la *Nouvelle Flore des Mousses et des Hépatiques*, par M. Douin (Librairie générale de l'Enseignement : prix : 5 fr.). — Voyez pour les Lichens, la *Nouvelle Flore des Lichens*, par M. Boistel (Librairie générale de l'Enseignement; prix : 5 fr. 50).

[2] Voyez pour les Champignons, la *Nouvelle Flore des Champignons*, par MM. Costantin et Dufour (Librairie générale de l'Enseignement : prix : 5 fr. 50).

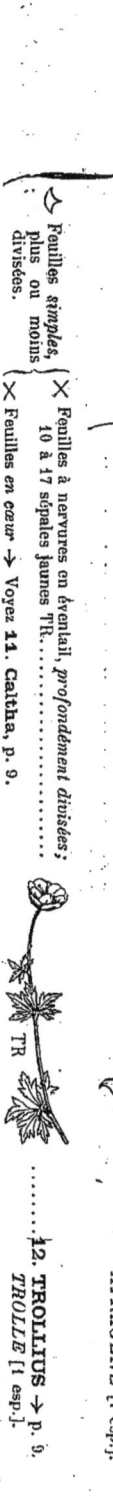

RENONCULACÉES

△ Pistil ayant *plus de 12 carpelles*, ordinairement disposés en boule ou en cône.

{ — *3 sépales verts ou non* ; ou *5 sépales verts ou verdâtres* .... **1er GROUPE**, → p. 2.
{ — *Plus de 3 sépales, tous colorés comme des pétales*........... **2e GROUPE**, → p. 2.

△ Pistil ayant *1 à 12 carpelles*, ordinairement non disposés en boule ni en cône. { O Fleurs en casque ou à éperons (Voyez les figures AN, A, AL, AV, D, ST, p. 3). **4e GROUPE**, → p. 3.
{ O Fleurs sans casque ni éperons............. **3e GROUPE**, → p. 3.

1er GROUPE :

☐ *3 sépales.* ......

+ Feuilles à limbe divisé en 3 lobes HT ;

{ fleurs *bleues, roses* ou *blanches*, ayant un involucre à 3 petites feuilles vertes ressemblant à 3 sépales H....... **5. HEPATICA** → p. 6. *HÉPATIQUE* [1 esp.].

Θ Feuilles à limbe en cœur F;

+ fleurs d'un *jaune doré*,....... **10. FICARIA** → p. 9. *FICAIRE* [1 esp.].

☐ *5 sépales.*

✱ Sépales sans éperon.

Θ Pétales ayant à sa base une petite fossette CF ou une écaille R, ou rarement plante sans pétales.

{ ✱ Carpelles terminés par un *style moins de 2 fois plus long que le reste du carpelle*....... **9. RANUNCULUS** → p. 6. *RENONCULE* [34 esp.].

{ ✱ Carpelles terminés par un *style 4 à 5 fois plus long que le reste du carpelle* CER....... **8. CERATOCEPHALUS** → p. 6. *CÉRATOCÉPHALE* [1 esp.].

Θ Pétales sans fossette ni écaille,....... **6. ADONIS** → p. 6. *ADONIS* [5 esp.].

✱ Sépales terminés en éperon à la base ; carpelles disposés sur le fruit en un cône très long MM ;....... **7. MYOSURUS** → p. 6. *MYOSURE* [1 esp.].

2e GROUPE :

O Un involucre au-dessous de la fleur [exemples : A, Pl, AN].

{ ⌒ Feuilles composées de folioles distinctes.

{ •• Pétales nombreux en dedans des 4 sépales colorés AT, fleurs violettes....... **2. ATRAGENE** → p. 4, *ATRAGÈNE* [1 esp.].

{ • Pas de pétales en dedans des 4 ou 5 sépales colorés C, F....... **1. CLEMATIS** → p. 4, *CLÉMATITE* [3 esp.].

⌒ Feuilles simples, plus ou moins divisées....... **4. ANEMONE** → p. 5. *ANÉMONE* [11 esp.].

O Pas d'involucre.

{ ⌒ Feuilles simples, plus ou moins divisées ;....... **12. TROLLIUS** → p. 9. *TROLLE* [1 esp.].

{ ✕ Feuilles à nervures en éventail, *profondément divisées* ; 10 à 17 sépales jaunes TR.......

✕ Feuilles en cœur → Voyez **11. Caltha**, p. 9.

GROUPE :

☐ Feuilles en cœur CA ; fleurs à sépales d'un jaune doré comme des pétales ; pas de pétales CP .... 11. CALTHA → p. 9. CALTHA [1 esp.].

CA   HF   E

☐ Feuilles en éventail. [Exemples : HF, E].

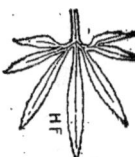

= Étamines plus longues que l'enveloppe florale.

+ Fleurs verdâtres ou d'un blanc rosé .... 14. HELLEBORUS → p. 9. HELLÉBORE [2 esp.].

CP

+ Fleurs jaunes, ayant au-dessous de la fleur un involucre qui ressemble à un calice ayant 3 sépales .... 13. ERANTHIS → p. 9. ÉRANTHIS [1 esp.].

EP

• Calice et corolle tombant facilement (regarder dans le bouton) [Voyez les fig. AC, AS] .... 21. ACTÆA → p. 11. ACTÉE [1 esp.].

AC

• Calice ; pas de corolle TU ....

AS

⊙ Plus de 3 carpelles ; pas de pétales en dedans des sépales colorés TU .... 3. THALICTRUM → p. 4. PIGAMON [7 esp.].

TU

⊙ 1 à 3 carpelles ; pétales petits en cornet entourés par les sépales blancs .... 15. ISOPYRUM → p. 10. ISOPYRE [1 osp.].

N

☐ Feuilles ni en cœur, ni en éventail.

= Étamines plus courtes que l'enveloppe florale ou aussi longues.

× Fleurs blanches ou bleues ou d'un vert mêlé de blanc et de rose.

⊛ Feuilles divisées en lanières.

★ Sépales bleus, rarement blancs, plus longs que les pétales .... 17. NIGELLA → p. 10. NIGELLE [2 esp.].

★ Sépales d'un blanc mêlé de rose et de vert plus courts que les pétales .... 16. GARIDELLA → p. 10. GARIDELLE [1 esp.].

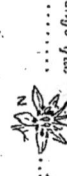

G

⊛ Feuilles non divisées en lanières étroites.

× Fleurs jaunes → Voyez 9. Ranunculus, p. 6.

× Fleurs rouges ou roses ; feuilles irrégulièrement divisées en folioles [exemple : Pj] .... 22. PÆONIA → p. 11. PIVOINE [2 esp.].

P

4e GROUPE :

○ Fleur en casque, le sépale supérieur recouvrant le reste de la fleur AN, A, AL .... 20. ACONITUM → p. 11. ACONIT [4 esp.].

AN

AL

○ Fleur à éperons.

✿ 5 éperons AV, formés par les 5 pétales ; fleur régulière .... 18. AQUILEGIA → p. 10. ANCOLIE [2 esp.].

AV

✿ 1 éperon [exemples : D, ST], formé par le sépale supérieur : fleur irrégulière .... 19. DELPHINIUM → p. 10. DAUPHINELLE [7 esp.].

D   ST

1. CLEMATIS. CLÉMATITE. —

△ Tiges herbacées, dressées, creuses; fleurs à 4 ou 5 sépales blancs, un peu poilus sur les bords.
[Bois, endroits incultes; fl. blanches; 5-15 d.; jt.-a.; v.]
→ **Clematis recta L.** *Clématite droite. Alpes, Pyrénées, Région méditerranéenne.* [S]

△ Tiges ligneuses, contournée et grimpantes.

✕ Sépales velus sur les bords de la face extérieure; étamines à anthères égalant à peu près le filet F.
[Haies, bois, endroits incultes; fl. blan-ches; jt.; v.]
→ **Clematis Flammula L.** *Clématite Flammette. Région méditerranéenne.*

✕ Sépales velus en dedans et en dehors; étamines à anthères plus courtes que le filet C.
[Haies, buissons, bois; fl. blanches; j.-at.; v.]
→ **Clematis Vitalba L.** *Clématite Vigne-blanche*~(Herbe aux [gueux]. *Commun.* [S]

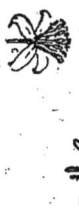

2. ATRAGENE. ATRAGÈNE. — (→ Voyez fig. AT, p. 2). Feuilles à folioles très divisées et pointues; fleurs violettes.
[Rochers, buissons; j.-at.; v.]
→ **Atragene alpina L.** *Atragène des Alpes. Alpes.* [S]

3. THALICTRUM. PIGAMON. —

□ Sépales blancs, plus grands que les étamines TU; racines tuberculeuses.................. **Série 4 → p. 4.**

□ Sépales plus courts que les étamines; racines non tuber-culeuses.

⊙ Carpelles mûrs ayant beaucoup moins de 1 c. de longueur AN; Fl..
  + Grappe tout à fait simple; feuilles presque toutes à la base AL.... **Série 1 → p. 4.**
  + Grappe plus ou moins ramifiée; feuilles non toutes à la base........... **Série 2 → p. 4.**

⊙ Carpelles mûrs ayant près de 1 c. de longueur, ailés ou à nervure en réseau M........... **Série 3 → p. 4.**

Série 1 : Feuilles deux fois divisées; pédoncules courbés en arc après la floraison.
[Prés, tourbières, rochers; fl. verdâtres; 1-15 c.; at.-s.; v.]

• Feuilles de la base très étroites : *T. exaltatum* Gaud. [Endroits humides; fl. jaunes; 5-18 d.; j.-jt.; v.]

• Feuilles de la base ordinairement non très étroites; anthères très pointues et fleurs non pen-dantes : *T. medium* Jacq. [Bois, prés, rochers; fl. jaunâtres; 3-15 d.; jt.-a.; v.]

→ **Thalictrum flavum L.** *Pigamon jaune. Commun.* [S]
→ **Thalictrum angustifolium L.** *Pigamon à feuilles étroites. Est, Sud-Est, Centre.* [S]

Série 2 : Folioles des feuilles du milieu, presque aussi larges que longues. (Parfois folioles des feuilles de la base de 2 à 4 c. de largeur : *T. majus* L.) — ou plante glanduleuse à folioles de moins de 8 mm. de largeur : *T. foetidum* L.
[Bois, rochers, pâturages; fl. verdâtres ou jaunâtres; 1-10 c.; j.-at.; v.]

→ **Thalictrum alpinum L.** *Pigamon des Alpes. Alpes, Pyrénées.* [S]
→ **Thalictrum minus L.** *Pigamon mineur. Assez commun.* [S]

Série 3 : Feuilles ou fruits très rapprochés; carpelles à 3 angles ailés A.
[Coteaux boisés; fl. blanches ou rosées; 5-15 d.; m.-jt.; v.]

• Fleurs ou fruits très écartés les uns des autres; carpelles à nervures en réseau M. [Rochers; fl. jaunes; 3-7 d.; j.-jt.; v.]

→ **Thalictrum aquilegifolium L.** *Pigamon à feuilles d'Ancolie. Jura, Alpes, Pl. Centr., Pyrénées.* [S]
→ **Thalictrum macrocarpum Gren.** *Pigamon à grands fruits. Pyrénées* (très rare). [S]

Série 4 : Feuilles à folioles arrondies; carpelles striés en long; racines renflées en tubercules allongés.
[Pelouses; fl. blanchâtres; 2-6 d.; j.-jt.; v.]

→ **Thalictrum tuberosum L.** *Pigamon tubéreux. Pyrénées, Corbières.*

4. ANEMONE. ANÉMONE.

○ Styles velus devenant plumeux **V.** .... **Série 3 → p. 5.**

○ Styles noir plumeux {✕ Involucre, à folioles sans pétiole, très différentes des feuilles .... **Série 2 → p. 5.**
[Voyez plus bas : B,
NE, RA]. {✕ Involucre, à folioles pétiolées, assez semblables aux feuilles .... **Série 1 → p. 5.**

Série 1

▢ Carpelles très ve-
lus, serrés en
forme de fraise
B; fleurs blan-
ches ou rosées.

    ፆ Feuilles de la base à lobes ayant de longs pétioles BA;
plante de moins de 20 c.
[Débris de rochers; **A.** blanches; 5-20 c.; jt-a.; v.]
    ፆ Feuilles de la base à lobes sans
pétioles ou à pétioles très courts
SI; plante de plus de 20 c., en
général.
[Bois, coteaux; fl. blanches; 9-5 d., m.-j.; v.]

    Anemone baldensis L.
    Anémone du mont Baldo.
    Alpes. [S]

    Anemone silvestris L.
    Anémone silvestre.
    Çà et là. Manque dans l'Ouest, le Midi,
les Alpes, le Plateau Central et les
Pyrénées. [S]

▢ Carpelles à poils
courts très dis-
tincts les uns
des autres NE,
RA.

    Fleurs blanches ou rosées,
très rarement lilas; pé-
doncules courbés après la
floraison NE;

    styles largement courbés NE; involucre à
3 feuilles nettement séparées AN.
[Bois; 1-2 d.; ms.-av.; v.]

    Anemone nemorosa L.
    Anémone des bois (Sylvie).
    Commun, sauf dans la région médi-
terranéenne. [S]

    feuilles à lobes formant à la base un angle très aigu.
    ou peu courbés après la floraison P; [Bois, prés; 1-3 d.; ms.-av.; v.]
    RA; styles très recourbés;

    Anemone ranunculoides L.
    Anémone Fausse-Renoncule.
    Çà et là. Manque dans l'Ouest et la
    région méditerranéenne. [S]

△ Carpelles sans poils; ordinairement plusieurs fleurs blanches au-dessus de l'involucre. [Prairies et bois; 2-5 d.; j.-jt.; v.]

    Anemone narcissiflora L.
    Anémone à fleurs de Narcisse.
    Vosges, Jura, Alpes, Pyrénées. [S]

Série 2

△ Carpelles velus-
laineux; or-
dinairement
une seule fleur
au-dessus de
l'involucre.

    ⊙ Feuilles de la base très divisées CO;

    fleurs rouges, d'un bleu violet, lilas ou jaunes,
[Lieux cultivés, prés, bois; 2-6 d.; ms.-av.; v.]

    Anemone coronaria L.
    Anémone couronnée.

    ⊙ Feuilles de la base à 3-5 lobes sans
pas divisées; fleurs de couleurs variées. [Prés, bois, lieux cultivés ou incultes; 2-6 d.; ms.-av.; v.]

    involucre dont les folioles ont, à 3 à 6 divisions étroites;

    Anemone hortensis L.
    Anémone des jardins.

    Midi. [S]
    Anemone palmata L.
    Anémone palmée.
    Provence (rare).

    ⊙ Feuilles de la base toutes arrondies P;

    fleurs d'un jaune pâle.
    [Endroits incultes, vignes; 1-3 d.; ms.-av.; v.]

    Anemone vernalis L.
    Anémone du printemps.
    Alpes de la Savoie et du Dauphiné;
    Plateau Central (rare); Pyrénées. [S]

Série 3

✠ Fleurs violettes, pourpres ou lilas,
rarement blanches ou jaunes;
étamines extérieures sans anthères; involucre Pl. assez dif-
férent des feuilles de la base.

    • Feuilles à 3-5 divisions principales non en lanières V.
    [Pâturages, bruyères; fl. blanches violacées, violettes ou jaunes; 5-15 c.; av.-jt.; v.]

    Anemone Pulsatilla L.
    Anémone Pulsatille.
    Assez commun (rare dans la région
    méditerranéenne). [S]

    • Feuilles poilues à lanières étroites PS, H.
    (Parfois feuilles à divisions moins étroites :
    A. Halleri All.)
    [Pelouses, bois, coteaux secs; fl. d'un violet
    pâle, lilas ou très foncé; 1-4 d.; ms.-jt.; v.]

    Anemone alpina L.
    Anémone des Alpes.
    Montagnes. [S]

✠ Fleurs blanches, d'un blanc rosé ou jaune; étamines toutes avec anthères; involucre à foliloles à presque semblables
aux feuilles de la base.
[Rochers, pâturages; 1-9 d.; m.-jt.; v.]

5. HEPATICA. HÉPATIQUE. — (→ Voyez fig. HT et H, p. 2). Feuilles luisantes épaisses, persistant pendant l'hiver; carpelles velus.
[Bois, lieux couverts; fleurs bleues, quelquefois roses ou blanches; 5-15 c.; ms.-av.; v.]

6. ADONIS. ADONIS. —

× Plante bisannuelle à racine grêle, croissant ordinairement dans les champs.

× Plante vivace à tige souterraine épaisse, ne croissant pas ordinairement dans les champs; fleurs jaunes.

△ Carpelle attaché par une base *aussi large que lui*; et à bord supérieur ayant une dent;

○ Carpelle attaché par une base *moins large que lui.*

△ Carpelle de la base à limbe très développé P.

○ Feuilles de la base à gaines développées V.

sépales jaunâtres. [Moissons; fl. rouges, rarement jaunes; 2-5 d.; m.-jt.; a. ou b.]

= Style droit A; sépales sans poils;

= Style courbé Fl; sépales plus ou moins poilus;

[Moissons; fl. rouges; 2-5 d.; m.-s.; a. ou b.]

[Moissons; fl. rouges; 2-5 d.; j.-at.; a.]

et à limbe très réduit V. [Endroits incultes; bois; fl. jaunes; 1-4 d.; av.-m.; v.]

[Rochers, pâturages; fl. jaunes; 1-4 d.; j.-jt.; v.]

7. MYOSURUS. MYOSURE. — (→ Voyez fig. MM, p. 2). Feuilles très étroites et toutes à la base. [Champs, murs; fl. jaunâtres; 2-12 c.; av.-j.; a.]

8. CERATOCEPHALUS. CÉRATOCÉPHALE. — (→ Voyez fig. CF, CE et CEH, p. 2). Feuilles découpées en lanières étroites; styles recourbés en arc. [Champs, endroits incultes; fl. jaunes; 3-10 c.; ms.-av.; a.]

9. RANUNCULUS. RENONCULE. —

+ Feuilles entières ou légèrement dentées.........

+ Feuilles plus ou moins découpées.

✱ Feuilles ou moins découpées.

✱ Feuilles plus ou moins découpées.

•• Plante tout à fait aquatique.

•• Plante ordinairement non aquatique, croissant dans les montagnes.........

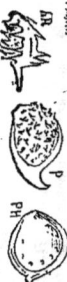

⊙ Carpelles lisses ou ridés, ou à fins tubercules, visibles seulement à la loupe.

⊙ Carpelles épineux ou tuberculeux AR, P, PH.........

⊙ Carpelles disposés en tête ovale SC.........

⊙ Carpelle allongé, cylindrique.........

= Aucune feuille en lanières très étroites H.........

= Feuilles toutes ou quelques-unes en lanières très étroites.........

+ Pédoncule non sillonné A.........

+ Pédoncule sillonné S.........

△ Carpelles disposés en tête arrondie.

△ Carpelles disposés en tête ovale SC;

△ réceptacle allongé, cylindrique.........

Fleurs blanches ou rosées.

Fleurs jaunes.

Série 1 [Feuilles toutes à 3-5 lobes principaux, arrondis au sommet ; ordinairement style sur le côté du carpelle HE. (Parfois style presque au sommet du carpelle LE, et pétales dépassant ordinairement 5 mm. : **R. Lenormandi** Schultz).

✕ Style placé sur le côté du carpelle mûr AQ, TR.

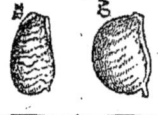

✕ Style placé presque au sommet du carpelle mûr HO.

Série 2

△ Calice à sépales poilus.

✶✶ Réceptacle sans poils ; feuilles divisées en longues lanières rapprochées FL ; fleurs de 1 à 2 c. de largeur. [Rivières, eaux courantes ; fl. blanches à onglet jaune ; 5-60 d.; m.-s.; v.]

⚈ Réceptacle très poilu.

= Fleurs d'environ 8-25 mm. de largeur, à pétales ordinairement 2 à 3 fois plus grands que les sépales A ; AQ fruit. *ctophyllus* Chaix. ;
(Parfois pédoncules de 2 à 3 c. et 6 à 13 étamines : **R. tri**-
grands que les feuilles ; fl. blanches à onglet jaune ; 1-60 d.; av.-s.; v.]
[Mares, fossés, ruisseaux ; fl. blanches à onglet jaune ; 1-50 d., av.-s.; v.]

== Fleurs d'environ 4-6 mm. de largeur à pétales à peine plus longs que les sépales T ; TR fruit.
[Mares, fossés, ruisseaux ; fl. blanches souvent jaunes à T ; 5-15 d.; m.-j.; v.]

⚈ Pétales blancs jusqu'à la base ; feuilles non en éventail sous l'eau : **R. hololeucos** Lloyd.

⚈ Pétales jaunes à la base ; feuilles disposées en éventail DI, même sous l'eau, de couleur vert de bronze.
[Mares, rivières ; m.-j.; v.]

⚈⚈ Pétales dents dents pointues
[Onglet : 1-5 d.; m.-j.; v.]

+ Lobes principaux des feuilles sans petites dents pointues
sur de longs pétioles secondaires ; sépales non de couleur de rouille.
(Parfois pédoncules sans poils ou presque sans poils, et toutes les
feuilles à divisions longuement en pointe : **R. platanifolius** L.)
[Prés, bois ; fl. blanches ; 2-12 d.; m.-a.; v.]

+ Lobes principaux des feuilles sans petites dents pointues
et portés sur de longs pétioles secondaires GL;

sépales couleur de rouille [Rochers ;
fl. blanches, rosées ou purpurines ;
5-15 c.; ji.-s.; v.]

Série 3

△ Calice à sépales sans poils.

⊙ Fossette à la base des pétales ayant une languette ; feuilles à lobes pointus SE ; carpelles très poilus, à style très recourbé [Rochers ; fl. blanches ; 5-15 c.; j.-at.; v.]

⊙ Fossette à la base des pétales sans languette.

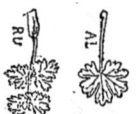

✶ Feuilles de la base à limbe aussi large que long AL.;

✶✶ Feuilles de la base à limbe plus long que large RU ;

réceptacle plus long que large [Rochers ; fl. blanches; 5-15 c.; j.-at.; v.]

réceptacle aussi large que long
fl. blanches-rougeâtres ; 5-20 c.; j.-at.; v.]

Série 4

✶ Calice à sépales très poilus ; toute la plante, ordinairement brune ou rougeâtre, est couverte de longs poils mous ; limbe des feuilles
ordinairement ovale en pointe, très rarement étroit [Rochers ; fl. blanches ou rosées ; 5-20 c.; jt.-at.; v.]

✶ Calice à sépales sans poils ou presque sans poils ; feuilles à limbe beaucoup plus long que large. (Parfois tiges et pédoncules sans poils ;
feuille moyenne embrassant la tige par la base : **R. amplexicaulis** L.) [Rochers, pâturages ; fl. blanches ; 5-40 c.; j.-at.; v.]

Ranunculus hederaceus L.
Renoncule Lierre.
Assez rare. (Manque en Provence.)

[Marais, fossés, endroits tourbeux ; fl. blanches ;
5-30 c. av.-s.; v.].

Ranunculus fluitans Lam.
Renoncule flottante.
Commun. [S]

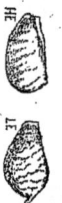

Ranunculus aquatilis L.
Renoncule aquatique (Grenouillette).
Très commun. [S]

Ranunculus tripartitus DC.
Renoncule tripartite.
Centre, Ouest, Sud-Ouest.

Ranunculus divaricatus Schrank.
Renoncule divariquée.
Commun. [S]

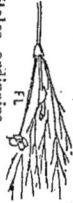

Ranunculus aconitifolius L.
Renoncule à feuilles d'Aconit.
Montagnes. [S]

Ranunculus glacialis L.
Renoncule des glaciers.
Alpes, Pyrénées (Htes régions). [S]

Ranunculus Seguieri Vill.
Renoncule de Séguier.
Alpes.

Ranunculus alpestris L.
Renoncule alpestre.
Jura, Alpes, Pyrénées (Htes ré-
gions). [S]

Ranunculus rutæfolius L.
Renoncule à feuilles de Rue.
Alpes, Pyrénées (rare) (Htes régions).

Ranunculus parnassifolius L.
Renoncule à feuilles de Parnassie.
Alpes, Pyrénées (Htes régions). [S]

Ranunculus pyrenæus L.
Renoncule des Pyrénées.
Alpes, Pyrénées (Htes régions). [S]

Série 5

⊙ Toutes les feuilles *plus longues que larges*.

Une grande feuille *plus large que longue* TH; racines épaissies à leur base. [Prés, bois ; fl. d'un jaune clair; 1-3 d.; j.-jt.; v.]

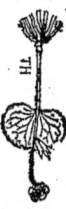

□ Fleurs *sans* pédoncules.

= Carpelles à style *plus court que* le reste du carpelle ND ; feuilles généralement entières N. [Endroits humides ; fl. jaunes; 5-30 c.; ms.-av.; a. ou b.]

= Carpelles à style *plus long que* le reste du carpelle LAT; feuilles souvent dentées. [Endroits humides; fl. jaunes; 1-4 d.; av.-m.; a. ou b.]

□ Fleurs *pédonculées*.

= Feuille de la base en *spatule* OP et feuilles moyennes *arrondies* au sommet ; carpelles ayant de petits tubercules sur les deux faces. [Endroits humides ; fl. d'un jaune soufre; 1-4 d.; av.-j.; v.]

= Feuilles de la base en spatule OP et feuilles moyennes arrondies au sommet ;

△ Sépales *plus ou moins velus* ; plante aquatique.

* Feuilles moyennes pétiolées; pédoncules sillonnés. 50 carpelles; pédoncules sillonnés. [Endroits humides ; fl. jaunes; 1-4 d.;j.-s.; v.].

* Feuilles moyennes sans pétiole; pédoncules non sillonnés. 50 carpelles; pédoncules non sillonnés. [Endroits humides; fl. jaunes; 8-15 d.;j.-a.; v.]

△ Sépales sans poils ; feuilles de la base entourées par les débris des feuilles détruites GR. [Bois, montagnes, coteaux ; fl. jaunes; 1-5 d.; av.-j.; v.]

+ Plus de 15 carpelles ; feuilles de la base à lobe du milieu pétiolé. [Endroits humides ; fl. jaunes ;

+ Moins de 10 carpelles → Voyez *R. arvensis*, p. 8.

Série 6

= Carpelles *arrondis* PH;

= Carpelles à *tubercules arrondis.*

× Carpelles ayant de nombreux tubercules aigus ou des pointes sur les deux faces P. AR, M.

× Sépales *renversés*; carpelles à faces non luisantes.

○ Feuilles de la base à limbe *en coin à la base*; carpelles ordinairement à pointes sur les deux faces AR. [Champs ; fl. d'un jaune pâle; 2-4 d.; m.-j.; a. ou b.]

○ Feuilles de la base à limbe *en cœur à la base* ; carpelles à tubercules terminés par un crochet P. [Champs, bords des chemins et des haies ; fl. jaunes; 1-4 d.; m.-j.;a. ou b.]

× Sépales *non renversés*; carpelles à *faces luisantes.*

○ Feuilles de la base à limbe *en coin à la base* et à pointes en crochet M; feuilles de la base à limbe en cœur à la base. [Endroits humides ; fl. jaunes ;

Série 7

△ Fleurs *sans* pédoncules.

□ Fleurs *pédonculées*.

□ Fleurs n'ayant pas à style *extrêmement court* S ;

△ Fleurs ayant plus de 1 c. de largeur ; carpelles à style *plus long que le 1/3 du carpelle mûr.*

* Feuilles de la base à 3 divisions principales dont les lobes ne sont *jamais très étroits* MO;

* Feuilles de la base à la plupart divisées en *lobes nombreux et étroits* C; fleur ayant en général plus de 2 c. de largeur. [Prés, bois; fl. jaunes luisantes; 2-5 d.; av.-jt.; v.]

tige creuse; pétales aussi courts que les sépales SCB. [Endroits humides ; fl. d'un jaune pâle; 1-12 d.; m.-s.; b.]

fleurs de moins de 2 c. de largeur. (Rarement pédoncules non épaissis au sommet; 20 à 30 carpelles; tiges grêles : *R. Carroti* Coss.) [Coteaux, bois; fl. jaunes luisantes; 5-20 c., av.-j.; v.]

Ranunculus Thora L.
Renoncule Thora.
Jura, Alpes, Pyrénées. [S]

Ranunculus nodiflorus L.
Renoncule nodiflore.
Centre, Ouest, Midi (rare).

Ranunculus lateriflorus DC.
Renoncule à fleurs latérales.
Dépt. de la H[te]. *Loire* et de l'*Hérault* (très rare).

Ranunculus ophioglossifolius Vill.
Renoncule à feuilles d'Ophioglosse.
Centre, Ouest, Midi.

Ranunculus Flammula L.
Renoncule Flammette (Petite Douve).
Commun. [S]

Ranunculus Lingua L.
Renoncule Langue (Grande Douve).
Peu commun. [S]

Ranunculus gramineus L.
Renoncule à feuilles de graminée.
Assez rare; manque dans le Nord et le Nord-Est. [S]

Ranunculus philonotis Ehrh.
Renoncule des marais.
Commun. [S]

Ranunculus sceleratus L.
Renoncule scélérate.
Commun, sauf dans la région méditerranéenne. [S]

Ranunculus parviflorus L.
Renoncule à petites fleurs.
Centre, Ouest, Midi. [S] sub.

Ranunculus arvensis L.
Renoncule des champs.
Commun. [S]

Ranunculus muricatus L.
Renoncule à petites pointes.
Midi. [S] sub.

Ranunculus chaerophyllos L.
Renoncule Cerfeuil.
Assez rare, sauf dans l'Ouest. Manque dans le Nord et l'Est. [S]

Ranunculus monspeliacus L.
Renoncule de Montpellier.
Sud-Est, Région méditerranéen[ne].

✳ Sépales renversés BU ;
tige plus ou moins renflée en bulbe à la base ; carpelles lisses B ou presque lisses. (Rarement plante ayant un bulbe peu développé et des racines épaisses. 30 à 40 carpelles : *R. Aleæ* Willk.)
[Prés, champs, coteaux ; fl. jaunes ; n-50 c.; av.-s.; v.]
⊙ → Ranunculus bulbosus L. / Renoncule bulbeuse. / Très commun. [S]

✳ Sépales étalés A ;
tige non renflée en bulbe à la base.

⊙ Feuilles de la base à lobe du milieu pétiolé RP ;
carpelles à style courbé en arc; tige souvent rampante RE. [Prés, fossés, bois ; fl. jaunes ; 2-8 d.; av.-o.; v.]
→ Ranunculus repens L. / Renoncule rampante. [S]
1s, p. 386.

⊙ Feuilles de la base à lobe du milieu non pétiolé N ;
carpelles à style plus ou moins roulé sur lui-même. [Bois, prés; fl. jaunes; 1-7 d.; av.-o.; v.]
→ Ranunculus nemorosus DC. / Renoncule des bois. / Assez commun, sauf dans la région méditerranéenne. [S]
Depis du Var et des Alpes-Maritimes.
→ Ranunculus velutinus Ten. / Renoncule veloutée. [S]

Calice à sépales renversés ; feuilles de la base soyeuses et dont la division du milieu est plus grande et plus large que les autres V;

= Réceptacle poilu SY;
carpelles sans poils et à style recourbé. (Parfois feuilles inférieures velues : *R. Villarsii* DC.)
[Bois, prés, rochers ; fl. jaunes ; 5-30 c.; m.-jt.; v.]
△ → Ranunculus montanus Willd. / Renoncule des montagnes. / Jura, Alpes ; Auvergne (très rare) ; Pyrénées. [S]

Calice à sépales étalés
[Voyez la fig. A, au-dessus.]

= Réceptacle sans poils AC.

△ Carpelles sans poils ACR;
+ Carpelles à style un peu recourbé ACR ;
plante plus ou moins velue, ordinairement sans longs poils bruns.[Prés, bois frais; fl. d'un jaune doré et brillant; 2-8 d.; av.-s.;v.]
→ Ranunculus acris L. (Bouton d'or). / Très commun. [S]

+ Carpelles à style très recourbé LN ;
plante à longs poils bruns, à feuilles supérieures non divisées en lanières étroites. [Prés, bois; fl.jaunes; 2-8 d.; j.-at.; v.]
→ Ranunculus lanuginosus L. / Renoncule laineuse. / Jura, Alpes. [S]

△ Carpelles couverts de petits poils AUR, et à style recourbé;
fleurs sans pétales, ou à 1, 2, 3, 4 pétales AU, ou à 5 pétales. [Prés, bois; fl.jaunes; 2-5 d.; av.-m.; v.]
→ Ranunculus auricomus L. / Renoncule Tête-d'or. / Commun ; rare dans la région méditerranéenne. [S]

10. FICARIA. FICAIRE. — (→ Voyez fig. B ...)
9 pétales. [Endroits humides, bois frais; fl. jaunes luisantes; 1-2 d.; ms.-m.; v.]
→ Ficaria ranunculoides Mœnch. / Ficaire Fausse-Renoncule. / Très commun. [S]

11. CALTHA. POPULAGE. — (→ Voyez fig. CA, CP, p. 3). Feuilles d'un vert sombre en dessus, épaisses; tige creuse et sillonnée.
[Endroits humides, bord des eaux; fl. d'un jaune doré; 1-6 d.; av.-j.; v.]
→ Caltha palustris L. / Populage des marais. [S]

12. TROLLIUS. TROLLE. — (→ Voyez fig. TR, p. 2). Fleur de 3-4 c. de largeur; pétales nombreux, étroits, carpelles ridés dans leur partie supérieure. [Pâturages, bord des eaux, prés; fl. d'un jaune pâle; 2-4 d.; j.-a.; v.]
→ Trollius europaeus L. / Trolle d'Europe. [terranéenne. [S] / Montagnes.

13. ERANTHIS. ÉRANTHIS. — (→ Voyez fig. E et ER, p. 3). Pétales en forme de cornet à 2 lèvres; feuilles de la base à divisions étroites et rayonnantes. [Endroits humides; fl. jaunes; 7-16 c.; f.-ms.; v.]
→ Eranthis hyemalis Salisb. / Eranthis d'hiver. / Est, Centre, Nord-Ouest, Alpes (rare). [S]

14. HELLEBORUS. HELLÉBORE. —

⊙ Sépales rapprochés les uns des autres quand la fleur s'ouvre F; étamines plus longues que les pétales en cornet. [Rochers, coteaux; fl. vertes, roses au sommet; 3-8 d.; jv.-av.; v.]
→ Helleborus foetidus L. / Hellébore fétide (Pied de Griffon). / Assez commun. [S]

⊙ Sépales s'écartant les uns des autres quand la fleur s'ouvre V; étamines à peu près de la longueur des pétales en cornet. [Rochers, bois, prés; fl. vertes; 2-5 d.; ms.-av.; v.]
→ Helleborus viridis L. / Hellébore vert. / Peu commun. [S]

○ *Plusieurs carpelles* ; pétales libres.

15. ISOPYRUM. ISOPYRE. — (→ Voyez fig. I, p. 3). Feuilles divisées en nombreuses folioles arrondies au sommet, à stipules libres ; sépales tombant facilement.
[Bois, rochers frais ; fl. blanches ; 10-35 c.; ms.-av.; b.]
Isopyrum thalictroides L.
Isopyre Faux-Pigamon. Montagnes (sauf les Vosges) et *çà et là* dans le Centre, le Nord-Ouest, l'Ouest et le Sud-Ouest. **[S]**

16. GARIDELLA. GARIDELLE. — (→ Voyez fig. G, p. 3). Pétales à 2 languettes étroites et en cornet à la base; feuilles de la base à divisions plus courtes que celles sinuées plus haut.
[Endroits incultes; fl. mêlées de vert, de blanc, de jaune et de rouge; 2-5 d.; m.-j.; v.]
Garidella Nigellastrum L.
Garidelle Nigelle. Sud-Est (très rare); *Provence.*

17. NIGELLA. NIGELLE. —

⊕ Feuilles *réunies en involucre au-dessous de la fleur* D; fruit plus long que large A ;

D fruit aussi long que large, à 5 carpelles soudés entre eux.
[Champs, endroits incultes; fl. bleuâtres ou blanchâtres; 2-4 d.; m.-jt.; α.]
Nigella damascena L.
Nigelle de Damas. Sud-Est, Ouest (rare); *Midi.* **[S]** sub.

⊕ Feuilles *non réunies en involucre ;* fruit *plus long que large* A ;

pétales en cornet ayant au sommet 2 petits renflements amincis en filet à la base ; 2 carpelles soudés entre eux dans plus des 3/4 de leur longueur : *N. hispanica* L.!
[Moissons; fl. d'un bleu pâle ; 1-3 d.; j.-jt.; α.]
Nigella arvensis L.
Nigelle des champs. Çà et là; rare dans l'Ouest et le Plateau central. **[S]**

18. AQUILEGIA. ANCOLIE. —

☐ Écailles intérieures aux étamines *obtuses au sommet* V ;

pétales à éperons brusquement courbés en crochet à l'extrémité, un peu dépassés par les étamines.
[Bois, prés ; fl. bleues, violettes ou blanches; 3-10 d.; m.-jt.; v.]
Aquilegia vulgaris L.
Ancolie vulgaire (Gants de Notre-Dame). *Assez-commun.* **[S]**

☐ Écailles intérieures aux étamines *aiguës au sommet* AL;

pétales à éperons droits ou courbés dans toute leur longueur, dépassant les étamines.
[Rochers, pâturages; fl. bleues; 1-7 d.; jt.-at.; v.]
Aquilegia alpina L.
Ancolie alpine. Alpes, Cévennes, Pyrénées **[S]**.

19. DELPHINIUM. DAUPHINELLE. —

⊙ Un seul carpelle C, A ; pétales (à l'intérieur des sépales colorés) soudés en un seul.

△ Style égalant *le 1/3 ou le 1/4 du reste* du carpelle mûr C;

sépales couverts de petits poils et pétales sans poils ou presque sans poils.
[Champs; fl. blanches ou blanchâtres; 1-5 d.; j.-at.; α.]
Delphinium Consolida L.
Dauphinelle Consoude (Pied d'alouette). *Commun.* **[S]**

△ Style égalant le *1/6 ou le 1/5 du* reste du carpelle mûr A;

pédoncules généralement écartés de la tige.
[Champs; fl. bleues, roses ou blanches; 1-4 d.; j.-o.; α.]
Delphinium Ajacis L.
Dauphinelle d'Ajax. Çà et là (souvent subspontané). **[S]** sub.

⊙ Éperon *plus long ou plus long que le* reste de la fleur.

△ Éperon *aussi long que le* reste de la fleur.

= Feuilles de la base à pétiole plus long que le limbe P;

pédoncules généralement dressés.
[Champs; fl. bleues, blanches ou roses; 4-10 d.; j.-jt.; α.]
Delphinium peregrinum L.
Dauphinelle voyageuse. Ouest, Midi.

= Feuilles de la base à pétiole plus long que le limbe F; E;
plante vivace.

• Feuilles à lanières *très étroites* F;
[Coteaux, bois, rochers; fl. d'un beau bleu ; 8-15 d.; j.-jt.; v.]
Delphinium fissum L.
Dauphinelle fendue. Alpes méridionales, Région méditerranéenne (rare).

• Feuilles dont les lobes principaux ont *plus de 1 c. de largeur* E, à pétioles non très élargis en gaine.
[Prés, rochers, bois; fl. bleues ou panachées de blanc; 8-15 d.; j.-at.; v.]
Delphinium elatum L.
Dauphinelle élevée. Alpes, Pyrénées.

△ Éperon *presque aussi long que le reste du sépale* R; carpelles mûrs *de moins de 1 c. de largeur.*
[Endroits incultes; fl. bleues ; 3-15 d.; m.-j.; v.]
Delphinium Requienii DC.
Dauphinelle de Requien. Iles d'Hyères et de Porquerolles.

△ Éperon *beaucoup plus court que le reste du sépale* ST; carpelles mûrs de plus de 1 c. de largeur.
[Endroits incultes; fl. bleues; 8-15 d.; m.-j.; a. ou b.]
Delphinium Staphysagria L.
Dauphinelle Staphysaigre. Région méditerranéenne.

20. ACONITUM. ACONIT. —

△ Fleurs *jaunes* ou *jaunât.*

  × Feuilles inférieures découpées en lanières très étroites ; pétales supérieurs (en dedans du sépale en casque) à éperon contourné en limaçon ;
    sépale supérieur en casque presque aussi large que long AN. [Rochers, prés ; fl. jaunes ; 3-6 d. ; jt.-s. ; v.]

Aconitum Anthora *L.*
Aconit Anthore.
Jura, Alpes, Pyrénées. [S]

  × Feuilles inférieures non en lanières étroites ; sépale inférieur en casque plus long que large A L ; pétales supérieurs (en dedans du sépale en casque) à éperon courbé en crosse. [Parfois fleurs d'un jaune assez vif, plante toute couverte de poils jaunes ; feuilles très découpées : *A. pyrenaïcum Lam.*]
    [Prés, bois, rochers ; fl. d'un jaune pâle ou vif ; s-10 d. ; j.-s. ; v.]

Aconitum Lycoctonum *L.*
Aconit Tue-Loup.
Montagnes. [S]

  = Fleurs *rapprochées* les unes des autres ; pétales supérieurs (en dedans du sépale en casque) à éperon peu courbé N ; feuilles très divisées. [Prés, rochers ; fl. bleues, violacées ou blanches ; 5-8 d. ; j.-s. ; v.]

Aconitum Napellus *L.*
Aconit Napel (Char de Vénus),
Montagnes et çà et là dans le Centre et le Nord-Ouest. [S]

  = Fleurs *écartées* les unes des autres ; pétales supérieurs (en dedans du sépale en casque) à éperon très courbé en dehors P ; feuilles souvent peu profondément divisées. [Prés, bois ; fl. d'un bleu violacé, blanches ou panachées ; 3-9 d. ; jl.-s. ; v.]

Aconitum paniculatum *Lam.*
Jura, Alpes. [S]

△ Fleurs *bleues*, rarement blanches.

21. ACTÆA. ACTÉE. — (→ Voyez fig. AC et AS, p. 3).

○ Fleurs en grappe simple ; fruit charnu. [Bois ; fl. blanches ou blanchâtres ; 4-7 d. ; m.-j. ; v.]

Actæa spicata *L.*
actée en épi.
Montagnes. (Manque dans les plaines de l'Ouest et du Midi) ; rare ailleurs. [S]

22. PÆONIA. PIVOINE. —

○ Feuilles sans poils en *dessous* ; feuilles de la base à divisions principales elles-mêmes divisées P et à limbe aiguës ; fleurs en grappe simple ; fruit charnu. [Bois ; fl. rouges ; 3-8 d. ; m.-j. ; v.]

Paeonia peregrina *Retz.*
Pivoine voyageuse.
Alpes du Dauphiné et méridionales, Cévennes, Pyrénées-Orientales, Dép. du Var. [S]

○ Feuilles *plus ou moins* poilues en dessous ; feuilles de la base à folioles séparées les unes des autres et entières C. [Rochers, bois ;
  se prolongeant sur le pétiole. [Rochers, bois ; fl. rouges ; 3-8 d. ; m.-j. ; v.]

Paeonia corallina *Retz.*
Pivoine corolline.
Côte-d'Or, Centre (subspontané).

  Fleurs très grandes par rapport à la tige, divisées en folioles un peu luisantes, à dents

BERBÉRIDÉES

☐ Arbrisseau épineux ; feuilles simples denticulées B ;   fleurs à 6 sépales et 6 pétales..........

1. BERBERIS → p. 11.
BERBÉRIS [1 esp.].

☐ Plante herbacée sans épines ; feuilles composées de 3 à 5 folioles en cœur renversé E ;   fleurs à 4 sépales et à 4 pétales.........

2. EPIMEDIUM → p. 11.
ÉPIMÉDIUM [1 esp.].

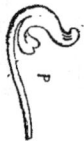

1. BERBERIS. *BERBÉRIS.* — Fleurs en grappes penchées B ; fruits rouges charnus. [Haies, montagnes, coteaux ; fl. jaunes ; 1-3 m. ; m.-j. ; v.]

Berberis vulgaris *L.*
Berbéris commun (Épine-Vinette).
Assez commun. [S]

2. EPIMEDIUM. *ÉPIMÉDIUM.* — Tige poilue, à renflement, portant à la base des feuilles réduites à des écailles ; fleurs en grappes ; fruit non charnu. [Bois, prés ; fl. rougeâtres ; 1-3 d. ; m.-jl. ; v.]

Epimedium alpinum *L.*
Epimedium des Alpes.
Naturalisé (très rare). [S]

NYMPHÉACÉES

✠ Fleurs *blanches* ; 4 sépales ; pétales ovales ; étamines réunies à l'ovaire par leur base NA......

1. NYMPHÆA → p. 12.
NYMPHÆA [1 esp.].

✠ Fleurs *jaunes* ; 5 sépales ; pétales arrondis ; étamines non réunies à l'ovaire NL.............

2. NUPHAR → p. 12.
NÉNUPHAR [3 esp.].

1. NYMPHÉA *NYMPHÆA*. — (→ Voyez fig. NA, p. 11). Fruit plus ou moins globuleux marqué par les cicatrices des étamines; fleurs de 5 à 12 c. de largeur environ); [Eaux; fl. blanches; longueur variable; j.-s.; v.] **4a, p.386.**

2. NUPHAR. *NÉNUPHAR*. — (→ Voyez fig. NL, p. 11). Fruit rétréci supérieurement, non marqué par les cicatrices des étamines; fleurs de 3 à 7 c. de largeur environ. (Parfois sépales d'environ 15 mm de largeur; pétales à limbe brusquement rétréci à la base : *N. pumilum* Smith.)
[Eaux; fl. jaunes; longueur variable; j.-s.; v.]

- **Nymphæa alba** *L.* (Nymphéa blanc) *Nymphéa blanc* (Nénuphar blanc). *Commun.* [S]
- **Nuphar luteum** *Sibth. et Smith.* Nénuphar jaune. *Commun.* [S]

PAPAVÉRACÉES

⊙ Fruit ayant au sommet 4 à 20 stigmates en rayons A, R, M.
  × Suc incolore ou blanc (lorsqu'on brise la tige); *pas de style* [Exemples A, R]; fleurs rouges, jaunes, blanches ou rosées; boutons à sépales restant unis par en haut PA. .... A ... PA ... **1. PAPAVER** → p. 12. *PAVOT* [6 esp.].

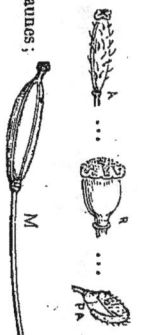

  × Suc jaune; *un style court* M; fleurs jaunes; fruit sans cloisons. .... M ... **2. MECONOPSIS** → p. 13. *MÉCONOPSIS* [1 esp.].

△ Fruit ayant 1 ou 2 stigmates
  ≡ Suc incolore (lorsqu'on brise la tige); fruit très long G, divisé en deux par une cloison épaisse et s'ouvrant en deux valves
    • Fleurs violet-tées, à péta-les chiffon-nés dans le bouton; .... fruit non strié, s'ouvrant à partir de la base CH ... **4. GLAUCIUM** → p. 13. *GLAUCIENNE* [1 esp.].
    •• Fleurs jaunes, à pétales enroulés sur eux-mêmes dans le bouton; sépales se détachant d'abord par en haut C; .... fruit strié en long et à poils raides R, s'ouvrant à partir du sommet ... **3. ROEMERIA** → p. 13. *ROEMÉRIE* [1 esp.].

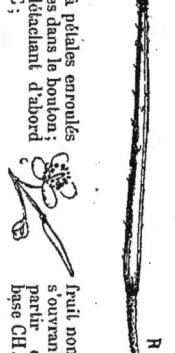

  ≡ Suc jaune; fruit non divisé en deux par une cloison. .... **5. CHELIDONIUM** → p. 13. *CHÉLIDOINE* [1 esp.].

⊙ Étamines nombreuses.

△ 4 étamines H;
  ≡ 2 stigmates aigus; fruit divisé à la maturité en autant d'articles qu'il y a de graines. .... **6. HYPECOUM** → p. 13. *HYPÉCOUM* [2 esp.].

1. PAPAVER. PAVOT. —

⊙ Feuilles du milieu de la tige *embrassantes* et peu divisées, glauques, épaisses et inégalement dentées; fleurs rarement d'un rouge franc. (Fruit mûr de plus de 5 c. de largeur : *P. officinalis* Gmel.; — fruit mûr de moins de 4 c. de largeur : *P. hortensis* Hussenot.; — feuilles terminées par un poil raide de 3 à 4 mm. de longueur : *P. setigerum* DC.)
[Endroits incultes, champs; fl. rougeâtres, violettes, blanches ou rosées et tachées de noir à la base; 3-12 d.; j.-jt.; a. ou b.]
Papaver somniferum *L.* Pavot somnifère. Cultivé et subspontané; quelquefois spontané sur le littoral de la Méditerranée. [S]

△ Feuilles du mi-lieu de la tige non em-brassantes et plus ou moins divisées; fleurs rouges.
  ⟲ Fruit *presque globuleux* R, et à stigmates dont les lobes se recouvrent par leurs bords. [Champs, chemins; fl. rouges tachées de noir à la base 1-8 d.; m.-s.; a. ou b.]
    Papaver Rhœas *L.* Pavot Coquelicot. *Très commun.* [S]

  ⟲ Fruit *allongé* D, et à stigmates dont les lobes ne se recouvrent pas par leurs bords. (Rarement feuilles non divisées en lanières PI et fruit très allongé : *P. pinnatifidum* Moris. — Parfois, moins de 7 stigmates, étamines renflées au sommet. → Voyez *P. Argemone*, p. 13.) [Champs, chemins; fl. rouges; 1-6 d.; av.-s.; a. ou b.]
    Papaver dubium *L.* Pavot douteux. *Commun.* [S]

□ Ovaire ou fruit à poils raides
A. H.

= Fleurs rouges.

  ✗ Fruit très allongé A. [Champs, chemins; fl. d'un rouge vineux; 2-5 d.; m.-at.; a. ou b.]

  ✗ Fruit ovale H. [Champs, chemins; fl. d'un rouge assez clair; 2-5 d.; m.-at.; a. ou b.]

= Fleurs jaunes, blanches ou rosées; sépales à poils appliqués; tiges rampantes.

2. MÉCONOPSIS. *MÉCONOPSIS.* — (→ Voyez fig. M, p. 12).
[Rochers, éboulis de la région alpine; 1-2 d.; a.-s.; v.]

3. RŒMERIA. *RŒMÉRIE.* — (→ Voyez fig. R, p. 12). Feuilles profondément découpées en lobes nombreux, terminés chacun par un petit poil.
[Endroits incultes; 2-4 d.; j.-at.; v.]

4. GLAUCIUM. *GLAUCIENNE.* — (→ Voyez fig. G, p. 12). Plante très glauque, à feuilles irrégulièrement divisées; le fruit peut atteindre 2 d. (Parfois fruits et pédoncules poilus; fleurs ne dépassant pas 25 mm. de largeur, jaunes, tachées de noir à la base: *G. corniculatum* Curt.)
[Endroits incultes; fl. jaunes parfois tachées de noir; 2-7 d.; j.-at.; b.]

5. CHELIDONIUM. *CHÉLIDOINE.* — (→ Voyez fig. CH et C, p. 12). Feuilles divisées en lobes à dents arrondies, molles, glauques en dessous; fleurs en ombelle.
[Murs, champs; fl. jaunes, parfois tachées de noir à la base; 2-8 d.; av.-j.; v.]

6. HYPECOUM. *HYPÉCOUM.* —

△ Fleurs d'un jaune clair; fruits pendants; feuilles très nombreuses à la base et divisées en lanières très étroites.
[Champs, chemins; 1-3 d.; ms.-j.; a. ou b.]

△ Fleurs d'un jaune orangé; fruits redressés; feuilles très nombreuses à la base et plus ou moins aplaties sur le sol, à lanières courtes. (Rarement sépales aigus; fleur de 10 à 12 mm. de largeur: *H. grandiflorum* Benth.)
[Champs, chemins; 1-3 d.; ms.-j.; a. ou b.]

FUMARIACÉES

△ Tiges non ligneuses à la base; fleurs blanches, roses, jaunâtres avec taches pourpres ou entièrement jaunes.

  ○ Fleur à éperon à peu près aussi long que large; graine et ne s'ouvrant pas, souvent arrondi au sommet FO......

    fruit à 3 nervures saillantes, de chaque côté, peu pointu au sommet, ne s'ouvrant pas......**2. SARCOCAPNOS → p. 14. SARCOCAPNOS [1 esp.].**

  ○ Fleur à éperon plus long que large CO;

    fruit à plusieurs graines et s'ouvrant par 2 valves, pointu au sommet......**1. CORYDALLIS → p. 14. CORYDALLE [3 esp.].**

△ Tiges ligneuses à la base; fleurs jaunes avec taches pourpres au sommet, à éperon droit S;

    fruit à une seule ......**3. FUMARIA → p. 14. FUMETERRE [5 esp.].**

Papaver Argemone L.
Papot Argémone.
Comunaux. [S]
Papaver hybridum L.
Papot hybride. [S]
Assez rare; commun dans la région méditerranéenne.
Papaver alpinum L.
Papot des Alpes.
Alpes, Pyrénées. [S]
Meconopsis cambrica Vig.
Méconopsis du Pays-de-Galles.
Centre, Ouest (rare); Région méditerranéenne.
Roemeria hybrida DC.
Roemérie hybride. [S] sub.
Sud-Est, Ouest (rare); Région méditerranéenne.
Glaucium luteum Scop.
Glaucienne jaune.
Littoral, Midi et çà et là. [S]
Chelidonium majus L.
Chélidoine grande (Grande-Éclaire);
Commun. [S]
Hypecoum pendulum L.
Hypécoum pendant.
Ouest, Région méditerranéenne.
Hypecoum procumbens L.
Hypécoum couché.
Région méditerranéenne.

1. CORYDALLIS. CORYDALLE. —

: **Fleurs** *jaunes* ; style souvent non persistant au sommet du fruit CS.

: : **Fleurs** *jaunes* . ou *d'un blanc jaunâtre* ; tiges non tuberculeuses.

: : **Feuilles** *sans vrilles* ; fleurs *jaunes* ; style persistant au sommet du fruit CS.

: : : **Feuilles** terminées par des *vrilles ramifiées* CL ;

fleurs d'un *blanc jaunâtre* ; style souvent non persistant. [Champs, chemins ; 2-7 d.; j.-jt.; a.]

× **Fleurs** *roses ou blanches* ; tiges tuberculeuses à la base ; feuilles plusieurs fois divisées en lobes pétiolés 3 par 3 ; bractées entières CV ou divisées S ; quelques feuilles en forme d'écailles. (bractées ordinairement entières, fig. CV, éperon renflé et nettement courbé, tubercule creux : *C. cava* Schweigg. ; — bractées entières ou découpées, éperon presque droit, non renflé au sommet, tubercule plein : *C. fabacea* Pers. ; — bractées ordinairement divisées, fig. S, éperon aminci au sommet, un peu courbé, tubercule plein : *C. solida* Sm.)

2. SARCOCAPNOS. SARCOCAPNOS. — (→ Voyez fig. S, p. 13.) Tiges en touffe, plus ou moins contournées ; fleurs peu nombreuses sur chaque grappe ; feuilles sans vrilles et à folioles ordinairement arrondies. [Endroits incultes, rochers ; fl. jaunes à taches foncées ; 5-10 c.; j.-a.; v.]

3. FUMARIA. FUMETERRE. —

⊕ **Fruit** *ovale, aplati* et pointu au sommet SP ; fleurs en grappes courtes et très serrées ;

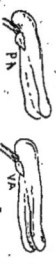

sépales aigus, plus étroits que la corolle ; fl. plus ou moins pourprées ; 1-4 d.; m.-jt.; a. ou b.] [Champs, endroits incultes.

⊕ **Fruit** *non aplati*, arrondi ou un peu pointu au sommet.

⊘ **Fleur** à *sépales plus étroits* ou à peu près de la même largeur que l'extrémité du pédoncule PA, VA ; [Champs, chemins ; fl. blanches ou pourprées ; 2-6 d ; av.-a.;

fruit un peu pointu P ou arrondi V, n'ayant pas de petites fossettes au sommet. (Assez souvent, feuilles à lanières aplaties ayant, en général, 1 mm. de largeur ; sépales égalant 1/8 à 1/10 du pétale inférieur et fruit arrondi V : *F. Vaillantii* Lois.)

⊘ **Fleur** à sé-pales *plus beaucoup plus larges* que l'extrémité du pédon-cule D, OF, S.

— Sépales *beaucoup plus larges que la corolle* D ; fruit non creusé de 2 petites fossettes au sommet. [Champs ; fl. roses ou pourprées ; 2-6 d.;

— Sépales *moins larges que la corolle* OF ; fruit creusé de 2 petites fossettes au sommet O.(Quelquefois fruits un peu en pointe n'étant pas plus larges que longs : *F. Wirtgeni* Koch.) [Champs, murs ; fl. pourprées ; 1-7 d.; ms.-s.; a. ou b.]

⊙ **Fleurs** ayant 3-9 mm. de longueur to-tale ; *pétale inférieur* (vu par sa face interne) *très élargi au sommet* OFF.

⊙ **Fleurs** ayant en général 7-15 mm. de longueur totale (vu par sa face interne) *peu élargi au sommet* CA ;

fruit creusé de 2 petites fossettes au sommet FC. (Quelque-fois fleurs de 7-11mm. de longueur et sépales égalant environ le 1/3 de la corolle : *F. Loiseleurii* Clavaud ; ou pédon-cules des fruits dressés et sépales égalant environ le 1/4 de la corolle : *F. agraria* Lag.) [Champs, haies ; fl. blanches, roses ou pourprées ; 2-10 d.; av.-s.; a. ou b.]

— sépales ordinaire-ment plus larges que la corolle S ;

fruit un peu pointu au sommet. [Champs, m.-jt.; a. ou b.]

Corydallis lutea DC.
Corydalle jaune.
Nord, List, Sud-Est, Centre, Ouest
(naturalisé). [S]

Corydallis claviculata DC.
Corydalle à vrilles.
Plateau Central, Ouest ; très rare
ou manque ailleurs.

Corydallis bulbosa DC.
Corydalle bulbeuse.
Montagnes et çà et là. [S]

Sarcocapnos enneaphylla DC.
Sarcocapnos à 9 folioles.
Pyrénées-Orientales.

Fumaria spicata L.
Fumeterre en épi.
Région méditerranéenne.

Fumaria parviflora Lam.
Fumeterre à petites fleurs.
Assez commun.

Fumaria officinalis L.
Fumeterre officinale.
Très commun. [S]

Fumaria densiflora DC.
Fumeterre à fleurs serrées.
Çà et là.

Fumaria capreolata L.
Fumeterre grimpante.
Çà et là. [S]

CRUCIFÈRES

△ Fleurs *franchement* } = Feuilles *entières ou dentées*............ 1er GROUPE, → p. 15.
jaunes. { = Feuilles *profondé-ment divisées*. 2e GROUPE, → p. 16.

△ Fleurs blan-ches, jau-nâtres, roses, violettes ou rou-geâtres.
{ = Feuilles *pro-fondément divisées*. 3e GROUPE, → p. 16.
{ = Feuilles *entières ou dentées*.

O Fruit au moins 4 fois plus long que large [exemples : R, CS, IT, BI.].

O Fruit moins de 4 fois plus large [exemples : O, R, OB, SIJ.].

× Fleurs jaunes { = Fleurs de 1 à 3 *millimètres de longueur*.
{ + Fleurs de 4 à 12 *millimètres de longueur*.

× Feuilles *entières ou dentées*.

• Valves du fruit sans nervures allant d'un bout à l'autre [exemple : O]. .... 4e GROUPE, → p. 17.

• Valves du fruit ayant une ou plusieurs nervures allant d'un bout à l'autre [exemples : OB, B, SIJ]. .... 5e GROUPE, → p. 17.

❊ Feuilles du milieu de la tige ayant 2 oreillettes à la base [exemples : G, H, ALL]. .... 6e GROUPE, → p. 18.

❊ Feuilles du milieu de la tige sans oreillettes à la base.

× Feuilles du milieu de la tige ayant 2 oreillettes à la base [exemples : G, H, ALL]. → 7e GROUPE, → p. 18.

× Feuilles du milieu de la tige sans oreillettes à la base. → 8e GROUPE, → p. 19.

• Pétales du milieu de la tige [exemple : I]. → 9e GROUPE, → p. 19.

• Pétales plus ou moins inégaux [exemple : I]. → 10e GROUPE, → p. 20.

{ + Pétales égaux.
{ + Fruit mûr de moins de 40 mm. → 11e GROUPE, → p. 20.

Fruit mûr de 40 à 70 mm. de longueur... → 12e GROUPE, → p. 20.

Fruit mûr au moins 2 fois plus long que large... → 13. ERYSIMUM [4 esp.].

Fruit mûr de moins de 2 fois plus long que large... → 12. CHEIRANTHUS → p. 23. GIROFLÉE [1 esp.].

Fruit mûr de plus de 3 mm. de lar-geur ; sépales souvent violets ; 2 stigmates en lames, distincts dans la fleur CH ..... → Voyez 7. Erucastrum, p. 22.

Fruit mûr de moins de 3 mm. de largeur ; slig-mates peu distincts l'un de l'autre dans la fleur.

Feuilles infé-rieures en pointe ST, à pelites dents régulières ; plante ayant ordinairement plus de 7 déchrées.

Feuilles inférieures non en pointe et irrégulièrement dentées ; plante ayant ordinairement moins de 7 d. → Voyez 17. Sisymbrium, p. 24.

valves du fruit à 3 nervures allant d'un bout à l'autre OB. → Voyez 4. Brassica, p. 21.

valves du fruit à 1 nervure allant d'un bout à l'autre OB. → Voyez 2. Sinapis p. 21.

1er GROUPE.

× Fleurs jaunes ordinairement veinées de brun, ayant en général plus de 12 mm. de longueur ; fruit insensiblement terminé par un style aplati Rl.

× Fleurs jaunes ordinairement non veinées de brun, ayant en général moins de 12 mm. de longueur ; fruit brusquement terminé par un style cylindrique R.

= Plante sans poils.

= Plante poilue.

O Sépales dressés ES ;

O Sépales plus ou moins étalés AR ;

2e GROUPE :

▲ Feuilles à lobe terminal plus grand et arrondi au sommet [exemples : NG, OF].

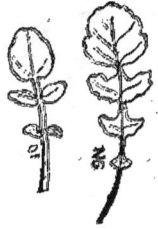

⊙ Style renflé en boule [fig. H] ; fruits appliqués contre la tige................

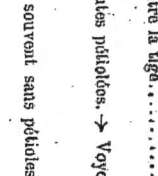

    + Sépales étalés AR ; feuilles toutes pétiolées. → Voyez 4. **Brassica**, p. 21.

    + Sépales dressés V ; feuilles supérieures souvent sans pétioles. → Voyez 14. **Barbarea**, p. 23.

    ⊙ Style non renflé en boule. valves du fruit à nervures principales................

        → Voyez **5. HIRSCHFELDIA → p. 21.**
        HIRSCHFELDIA [1 esp.].

▲ Feuilles à lobe terminal plus grand et en forme de fer de hallebarde [exemples : OFF, Cj ;

    * Feuilles 2 à 6 fois profondément dentées SF ;

    ⊙ fruits mûrs, plus de 15 fois plus longs que larges................

        17. SISYMBRIUM → p. 24.
        SISYMBRE [8 esp.].

    ⊙ Fruit couvert de petits tubercules AS.

        ** Fruits dressés et rapprochés les uns des autres ; feuille du milieu de la tige sans pétiole HU.
        .... → Voyez 19. **Nasturtium**, p. 25.

        ** Fruits étalés et s'écartant les uns des autres ; feuille du milieu de la tige pétiolée SI.
        .... → Voyez **18. HUGUENINIA → p. 24.**
        HUGUENINIA [1 esp.].

▲ Feuilles n'ayant pas les lobes précédentes [exemples : SF, NG, SI].

    * Feuilles non 2 à 6 fois profondément dentées ; fruits moins de 15 fois plus longs que larges.

    ◇ Fruit lisse................. → Voyez 19. **Nasturtium**, p. 25.

    ◇ Fruit de 12-16 nervures R ;................. → Voyez 1. **Raphanus**, p. 21.

3e GROUPE :

✕ Calice à sépales très inégaux dont 2 sont en éperon à la base LI ;

    ⊙ Graines disposées sur 2 rangs [fig. 2] ; feuilles toutes ou presque toutes à la base...............

        + Valves du fruit à 3-5 nervures d'un bout à l'autre N1.
        → Voyez **6. DIPLOTAXIS → p. 22.**
        DIPLOTAXIS [4 esp.].

        + Valves du fruit à 1 nervure principale d'un bout à l'autre BR.
        → Voyez **2. DIPLOTAXIS**, p. 22.

✕ Calice à sépales peu inégaux dont 2 à peine bossus à la base ; fruit ayant moins de 5 nervures sur chaque valve.

    ○ Graines disposées sur 1 rang [fig. 1 et 1'].

        ◇ Sépales étalés AR.
        = Fleurs de 7-12 mm. de longueur.
        → Voyez **6. Diplotaxis**, p. 22.
        = Fleurs de 4-5 mm. de longueur.
        → Voyez **17. Sisymbrium**, p. 24.

        ◇ Sépales dressés ES.
        graines séparées les unes des autres par 2 cloisons.
        → Voyez **1. Raphanus**, p. 21.

    □ Feuilles à lobe terminal plus grand et arrondi au sommet [exemples : NG, OF, en bas de cette page, à gauche].

    ✠ Feuilles supérieures à lobes en lanières ; valves du fruit à 3 nervures d'un bout à l'autre.
     → Voyez **9. Hesperis**, p. 22.

    ✠ Feuilles supérieures ovales en pointe ; fleurs d'environ 8-12 mm. de longueur. → Voyez 9. **Hesperis**, p. 22.

    ○ Graines disposées sur 2 rangs [fig. 2] ;
     = Sépales à poils raides au sommet C ; valves du fruit à 3 nervures. → Voyez **2. Sinapis**, p. 21.

    ○ Graines disposées sur 1 rang [fig. 1] ;
     = Sépales sans poils raides au sommet ; valve du fruit à 2 nervures. → Voyez 7. **Erucastrum**, p. 22.

□ Feuilles à grande lame à limbe ferme à surface délicate.

4e GROUPE :

① Feuilles de la base découpées ARE...

Ⓒ Feuilles de la base composées ou presque composées de folioles :

× Graines disposées sur plusieurs rangs ; fruit un peu courbé O;

× Graines disposées sur un seul rang ÇA et valves du fruit s'enroulent en dehors ÇA.

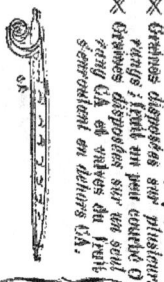

ARE enflée à sépales très inégaux dont 2 sont en éperon à la base. → Voyez **21. Arabis**, p. 28.

O fleurs blanches .... → **19. NASTURTIUM** → p. 20. *CRESSON* [3 esp.].

= Tige souterraine à écailles charnues Pl......

= Tige souterraine sans écailles charnues,
Feuilles supérieures portant des oui-
villes à leur aisselle D;
Feuilles supérieures sans bulbilles ...

Ⓑ Feuilles supérieures portant des oui... → **23. DENTARIA** → p. 28. *DENTAIRE* [3 esp.].

Ⓒ Feuilles supérieures sans bulbilles ... → **22. CARDAMINE** → p. 27. *CARDAMINE* [11 esp.].

5e GROUPE :

□ Fleurs de 1-8 mm.
de longueur.

□ Fleurs de 8-12 mm.
de longueur.

· Fleurs d'un jaune clair ; valves du fruit à
3 nervures d'un bout à l'autre Si, SU ; ...

· Fleurs blanches ; valves du fruit à 1 nervure d'un bout à l'autre Vi ; ...

= l'ombe couverte de poils luisants ; fleurs de 7-12 millimètres de longueur .... → Voyez **17. Sisymbrium**, p. 24.

= ..... fruit en-
touré de
15 à 16
nervures allant d'un bout à l'autre Rj ... → **11. MATTHIOLA** → p. 22. *MATTHIOLE* [4 esp.].

* Feuilles de la
base à tige
terminal plus
grand et se
fendant Kk;

* Feuilles de la
base en poin-
te au sommet
LA ;

= graines sépa-
rées les unes
des autres par
des cloisons
en travers ... → **1. RAPHANUS** → p. 24. *RADIS* [2 esp.].

= fruit à 1 nervure allant d'un bout à l'autre CM ... → Voyez **9. Hesperis**, p. 22.

△ Fleurs blan-
ches un
lilas:

△ Fleurs de 4-6 mm. de longueur ; graines disposées
sur 2 rangs (lig. 9) ;

Ⓒ Fleurs blan-
ches un
lilas:

Ⓒ Fleurs de 4-6 mm. de longueur ;

+ Feuilles supé-
rieures dis-
posées ÎA;

+ fleurs lilas ... → **10. BRAYA** → p. 24. *BRAYA* [1 esp.].

□ valves du fruit à 3 nervures allant d'un bout à l'autre Bi ... → Voyez **17. Sisymbrium**, p. 24.

] valves du fruit à 1 nervure allant d'un bout à l'autre CM... → **4. BRASSICA**, p. 21.

Ⓒ Calice à sé-
pales éta-
lés ou pres-
que étalé à
la base;

Ⓒ Fleurs d'un
pâle, d'un lilas
jaune roux clair :

+ Feuilles su-
périeures
non divisées
en lanières :

+ Feuilles su-
périeures
divisées
en lanières :

□ Fruit à bec court Oi; graines disposées sur un seul rang ; → Voyez **4. Brassica**, p. 21.

= Fruit à bec court Oi; graines disposées sur 2 rangs ... → **7. ERUCASTRUM** → p. 22. *ERUCASTRE* [2 esp.].

= Fruits plus ou
moins dressés ... → **6. Diplotaxis**, p. 22.

= Fruits très étalés ... → Voyez **4. Brassica**, p. 21.

④

Ⓒ Calice à sépales
égaux ou pres-
que égaux à
la base, sans
éperon

Fruit à bec allongé, presque aussi long que le fruit ; graines disposées sur 2 rangs ... → **8. ERUCA** → p. 21. *ROQUETTE* [1 esp.].

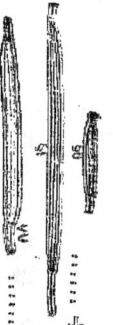

6ᵉ GROUPE :

⊕ Fleurs blanches, roses, lilas, violettes ou rougeâtres.

+ Feuilles inférieures sans pétiole ou à pétiole moins long que le limbe.

☐ Fruit non terminé en cornes.

⊙ Anthères jaunes ; fruit à nervures saillantes ; feuilles plus ou moins en cœur à la base A ; → Voyez 22. Cardamine, p. 27.

⊙ Anthères violettes ; feuilles ; fruit sans nervures saillantes ; feuilles en cœur à la base AS, ou ovales AL; plante à odeur d'ail......... **15. AILLAIRE** → p. 33. *ALLIAIRE* [1 esp.].

✱ Fleur à stigmates 2 formant 2 lames rapprochées HM.

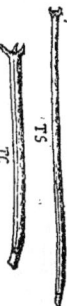

Plante glauque et sans poils ; feuilles moyennes embrassant la tige MO; plante à poil laineux. → Voyez **11. Matthiola**, p. 23.

✶ Plante poilue.

Feuilles en pointe MA, nombreuses tout le long de la tige ;

Feuilles n'étant pas nombreuses tout le long de la tige ; fleur à stigmates en 2 lames allongées ML.

fleur à stigmate en 2 lames obtuses HM, fleurs roses, ou violettes veinées, de 7-12 mm. de longueur; graines sur 2 rangs........... **8. MORICANDIA** → p. 22. *MORICANDIE* [1 esp.].

.... **9. HESPERIS** → p. 22. *JULIENNE* [1 esp.].

.... **10. MALCOLMIA** → p. 22. *MALCOLMIE* [4 esp.].

✱ Fleur à stigmates non en 2 lames ; fleur de 1-4 mm. de longueur; feuilles souvent disposées en rosette.

• Fruit non tordu sur lui-même, graines sur 2 rangs........... → Voyez 30. Draba, p. 29.

• Fruit tordu sur lui-même L.

△ Feuilles du milieu de la tige sans poils.

△ Feuilles du milieu de la tige poilues ; fruit ordinairement plus ou moins aplati......

× Feuilles pointues TU ; graines ordinairement disposées sur 2 rangs........... **21. ARABIS** → p. 25. *ARABETTE* [16 esp.].

× Feuilles arrondies au sommet EO ; graines disposées sur un rang. .... **20. TURRITIS** → p. 25. *TOURETTE* [1 esp.].

7ᵉ GROUPE :

⊕ Fleurs jaunâtres ou d'un blanc jaunâtre.

✱ Fruits plus longs que larges IT, A,

✶ Fruits plus larges que longs BL, CI, se fendant en deux BL.

Feuilles du milieu de la tige entières → Voyez 13. Erysimum, p. 23.

plus ou moins dressés lorsqu'ils sont mûrs..... **42. ISATIS** → p. 31. *PASTEL* [2 esp.].

plus ou moins pendants lorsqu'ils sont mûrs..... → Voyez 43. Biscutella, p. 31.

△ Fruit aplati IT, A, BL, CI.

△ Fruit non aplati CS, MY, CS, N.

⊙ Plante sans poils ou presque sans poils, au moins dans les deux tiers supérieurs.

⊙ Plante couverte de poils.

✚ Fruits plus longs que larges IT, A,

(= Fruit en forme de poire, à 3 loges CI, 3 loges NY, feuilles plus ou moins courbé.

(= Fruit allongé, à 2 loges R, à graines nombreuses et s'ouvrant par 2 valves.... **36. MYAGRUM** → p. 30. *MIAGRUM* [1 esp.].

.... **32. RORIPA** → p. 30. *RORIPA* [3 esp.].

• Fruit ovale CS, à graines nombreuses..... **37. CAMELINA** → p. 30. *CAMELINE* [1 esp.].

• Fruit presque globuleux N, à une seule graine et ne s'ouvrant pas..... **38. NESLIA** → p. 30. *NESLIE* [1 esp.].

△ Fruit 2 fois plus long que large : F, RA, AM, MU, AL).

⊙ Fruit *aplati comme une feuille* et ovale en pointe F ; — fleurs de 15-20 mm. de longueur ; plante laineuse........................**25. FARSETIA** → p. 28. *FARSÉTIE* (1 esp.).

⊙ Fruit *à 2 loges superposées, la supérieure renflée ;* — la loge inférieure du fruit semble un faux pédoncule. RA. **53. RAPISTRUM** → p. 34. *RAPISTRE* (1 esp.).

⊙ Fruit n'ayant pas les formes précédentes.

= Plante *sans poils*; fruit sans nervures, à stigmates sur le fruit beaucoup plus large que le style AM. — Voyez **32. Roripa**, p. 30.

= Plante *poilue* ; stigmate sur le fruit non plus large que le style.

: Fruit *non couvert de poils en étoile* MU ou A ; pas de rameaux ligneux. — Voyez **30. Draba**, p. 29.

: Fruit *couvert de petits poils en étoile* AL ; plante ayant des rameaux ligneux........ → Voyez **27. Alyssum**, p. 28.

△ Fruit moins de 2 fois plus long que large (exemples : BL, Cl, BU, V, Cl.).

❊ Fruit *plus large que long* BL, Cl, et *se fendant en deux* BL ; — chacune des deux parties du fruit se détache avec la graine unique qu'elle renferme..............**43. BISCUTELLA** → p. 31. *LUNÉTIÈRE* (3 esp.).

❊ Fruit *à 4 arêtes portant des crêtes* BU ; — feuilles de la base à lobes nombreux et dentés...**41. BUNIAS** → p. 31. *BUNIAS* (1 esp.).

❊ Fruit *n'ayant pas les caractères précédents* ; plante couverte de petits poils en étoile.

+ Fruit *renflé en vessie* V ; — filets des étamines sans ailes ni dents............**26. VESICARIA** → p. 28. *VÉSICAIRE* (1 esp.).

+ Fruit *non renflé en vessie.*

: Fruit *mince, plat, bordé d'une aile,* à 1 seule graine C ; — fruit ne s'ouvrant pas; fleurs de moins de 2 mm. ....**29. CLYPEOLA** → p. 29. *CLYPÉOLE* (1 esp.).

: Fruit *sans aile plate autour,* à plusieurs graines et s'ouvrant par 2 valves. ....**27. ALYSSUM** → p. 28. *ALYSSON* (10 esp.).

△ Valves du fruit aplaties ou bombées ; cloison aussi large que la plus grande largeur du fruit (coupes du fruit en travers, fig. 1 et 2).

□ Fruit *2 fois plus long que large ou plus long.* → Voyez **30. Draba**, p. 90.

□ Fruit *moins de 2 fois plus long que large.*

╳ Feuilles *à oreillettes obtuses* G ; — valves du fruit à une nervure principale ; plante d'un vert glauque. → Voyez **34. Cochlearia**, p. 30.

╳ Feuilles *à oreillettes aiguës.*

★ Fruit *globuleux,* — sans nervures en réseau ; plante d'un vert foncé. → Voyez **35. Kernera**, p. 30.

★ Fruit *terminé en corne,* à nervures en réseau ; — pétales inégaux ; plante un peu glauque.........**39. CALEPINA** → p. 31. *CALÉPINE* (1 esp.).

△ Valves du fruit très creuses ; cloison moins large que la plus grande largeur du fruit (coupe du fruit en travers, fig. 3).

○ Fruit *en triangle* BP ; — sans aile sur le bord............**48. CAPSELLA** → p. 33. *CAPSELLE* (1 esp.).

○ Fruit *non en triangle.*

+ *Plusieurs graines dans chaque loge du fruit* (fig. 5 représentant la moitié du fruit coupé en long).. ....**47. THLASPI** → p. 32. *TABOURET* (4 esp.).

+ *Une seule graine dans chaque loge du fruit* (fig. 4 représentant la moitié du fruit coupé en long). → Voyez **50. Lepidium**, p. 33.

10° GROUPE :

— Pétales très inégaux ; fruit n'ayant qu'une graine dans chaque loge (voy. fig. 4 au bas de la p. 19) ; feuilles souvent disposées tout le long de la tige. 44. IBERIS → p. 31. IBÉRIS [9 esp.].

11° GROUPE :

⊙ Pétales peu inégaux ; fruit ayant deux graines dans chaque loge (voy. fig. 5 au bas de la p. 19) ; feuilles presque toutes à la base, en rosette. 45. TEESDALIA → p. 32. TEESDALIE [1 esp.].

⊙ Fruit mûr de *moins de 90 mm.* de longueur.

⊙ Fruit mûr *de 40 à 70 mm. de longueur* aplati comme une feuille LU, B ;
 : Pétales *profondément divisés en deux* ; fruit mûr de 7-10 mm. de longueur à valves assez aplaties BE ;
   feuilles pétiolées et en cœur à la base......24. LUNARIA → p. 28. LUNAIRE [2 esp.].

:· Pétales *profondément divisés en deux* ; fruit mûr de 7-10 mm. de longueur à valves assez aplaties BE......28. BERTEROA → p. 29. BERTÉROA [1 esp.].

·· Pétales *non profondément divisés.*

+ Fruit à 2 parties superposées CK, dont la partie inférieure persiste CM ;
  plante sans poils et glauque......52. CAKILE → p. 34. CAKILIER [1 esp.].

+ Fruit *non à 2 parties superposées.*

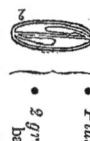

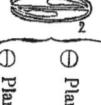

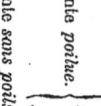

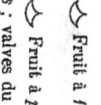

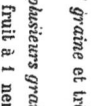

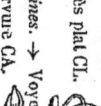

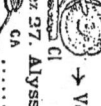

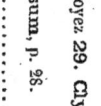

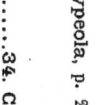

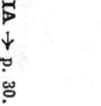

= Plante aquatique à feuilles très étroites S......40. SUBULARIA → p. 31. SUBULAIRE [1 esp.].

= Plante *non aquatique.*

△ Cloison *aussi large* que la plus grande largeur du fruit (coupe en travers du fruit : fig. 2).
  • 2 graines dans chaque loge (Voy. fig. 5, en bas de cette page)......31. PETROCALLIS → p. 30. PÉTROCALLE [1 esp.].
  • Plus de 2 graines dans chaque loge......30. DRAVE → p. 29. DRAVE [6 esp.].

△ Cloison *moins large* que la plus grande largeur du fruit (coupe en travers du fruit : fig. 3)......49. HUTCHINSIA → p. 33. HUTCHINSIE [3 esp.].

12° GROUPE :

□ Fruit bordé d'une aile large, ondulée et à nervures rayonnantes AS......46. ÆTHIONEMA → p. 32. ÉTHIONÈME [2 esp.].

□ Fruit à nervures en réseau ARM, CO, D ; feuilles de la base très divisées.
  ✕ Sépales dressés ; tiges dressées, creuses ; fruit presque large que long ARM......33. ARMORACIA → p. 30. ARMORACIE [1 esp.].
  ✕ Sépales étalés ; tiges plus ou moins étalées ; fruit plus large que long CO, D......51. SENEBIERA → p. 33. SÉNÉBIÈRE [2 esp.].

□ Fruit globuleux K, CR, et sans nervures en réseau.
  ✕ Fruit mûr de 2 à 4 mm. de longueur, non en deux parties superposées K......35. KERNERA → p. 30. KERNÉRA [1 esp.].
  ✕ Fruit mûr de 10 à 12 mm. de longueur, en 2 parties superposées, la supérieure globuleuse CR......54. CRAMBE → p. 34. CRAMBÉ [1 esp.].

□ Fruit n'ayant pas ces caractères.
  ✕ Cloison *aussi large* que la plus grande largeur du fruit (exemple de coupe du fruit en travers : fig. 1 et 2).
     ⊕ Plante potagère......34. COCHLEARIA → p. 30. COCHLÉARIA [3 esp.].
     ⊕ Fruit à 1 graine et très plat Cl. → Voyez 29. Clypeola, p. 29.
     ⊕ Fruit à plusieurs graines. → Voyez 27. Alyssum, p. 28.
  ✕ Cloison *moins large* que la plus grande largeur du fruit (exemple de coupe du fruit en travers : fig. 3).
     • Une graine attachée au sommet dans chaque loge (fig. 4)......50. LEPIDIUM → p. 33. PASSERAGE [7 esp.].
     • Plusieurs graines attachées sur le côté dans chaque loge (fig. 5) ; valves du fruit à 1 nervure CA. → Voyez 49. Hutchinsia, p. 33.

1. RAPHANUS. RADIS. —

↶ Racine très renflée ; fruit mûr non en chapelet ;
[Champs, ch. jaunes ou violettes ; 4-10 d. ; m.-j. ; a. ou b.]

fruit ne se séparant pas en fragments successifs à la maturité.

↷ Racine non très renflée ; fruit mûr en chapelet R. L.
[Champs, chemins ; fl. jaunes, violettes ou blanches avec veines violettes ; 2-9 d. ; m.-jl. ; a., b. ou v.]

(Parfois fruit à style n'ayant que 2 fois la longueur du dernier renflement L ou plus court ; plante maritime, vivace : **R. Landra** Moretti).

2. SINAPIS. MOUTARDE. —

⊙ Calice à sépales étalés et sans poils raides au sommet.

  = Feuilles supérieures sans pétiole ; fruit à bec ordinairement plus grand que le reste du fruit Al., à nervures non rassemblées vers le milieu de chaque face du bec. [Champs, chemins ; fl. jaunes ; 3-8 d. ; m.-at. ; α.]

  = Feuilles ordinairement toutes pétiolées ; fruit à bec ordinairement plus court que le reste du fruit A (rarement l'égalant), à nervures rassemblées vers le milieu de chaque face du bec. [Champs, chemins ; fl. jaunes ; 3-8 d. ; av.-o. ; α.]

3. ERUCA. ROQUETTE. — Sépales dressés et appliqués sur les pétales et plus longs que le pédoncule de la fleur ; fruits mûrs dressés.
[Champs, ruines, décombres ; fl. blanches ou jaunâtres, veinées de brun ou de violet ; 2-8 d. ; av.-jl. ; a. ou b.]

⊙ Calice à sépales dressés et ayant des poils raides au sommet C ; feuilles glauques, à lobe terminal n'étant pas beaucoup plus grand que les autres ;
[Endroits sablonneux ; fl. jaunes ; 3-10 d. ; m.-s. ; v.]

fruit à bec court C.

4. BRASSICA. CHOU. —

△ Étamines peu inégales et toutes dressées Ol. ; sépales dressés Ol. ; fruit mûr à bec dix fois plus court que le reste du fruit Rk ; feuilles épaisses, glauques, sans poils. (Généralement sur le littoral méditerranéen, les fruils sont très écartés de la tige qui est presque ligneuse : **B. Robertiana** Gay.) [Champs, falaises ; fl. jaunes, rarement blanches ; 3-15 d. ; m.-jl. ; b.]

  ✕ Sépales écartés les uns des autres N ;

    ❋ Fruits appliqués contre la tige NR ; feuilles inférieures très divisées NG. [Champs, endroits frais ; fl. jaunes ; 6-12 d. ; j.-at. ; α.]

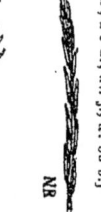

    ❋ Fruils écartés de la tige R ; feuilles inférieures irrégulièrement dentelées. [Rochers, prairies ; fl. jaunes ; 2-5 d. ; jl.-s. ; v.]

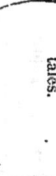

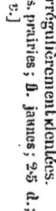

  ✕ Sépales dressés et appliqués contre les pétales.

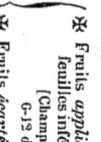

  feuilles embrassant la tige par la base et prolongées en oreillettes des 2 côtés de la tige, fruit mûr à bec 5 à 6 fois plus court, que le reste du fruit. (Feuilles sans poils : **B. Napus** L. ; feuilles inférieures poilues : **B. Rapa** L.)
[Champs ; fl. jaunes ; 2-9 d. ; av.-jl. ; a. ou b.]

5. HIRSCHFELDIA. HIRSCHFELDIE. — (→ Voyez fig. III, p. 16). Pédoncule plus large au sommet ; fruits plus ou moins tordus.
[Champs, chemins ; fl. jaunes ; 4-9 d. ; m.-s. ; a. ou b.]

Étamines très inégales, les 2 plus courtes s'écartant en dehors [exemple : N.]

Sinapis alba L.
Moutarde blanche.
Assez commun (et cultivé ou naturalisé). [S]

Sinapis arvensis L.
Moutarde des champs (Séné, Sénevé).
Très commun. [S]

Sinapis Cheiranthus Koch.
Moutarde Giroflée.
Assez commun (rare dans le Nord et la région méditerranéenne). [S]

Eruca sativa L.
Roquette cultivée.
Çà et là, surtout dans le Midi (subspontané et naturalisé). [S]

Brassica oleracea L.
Chou potager.
Cultivé ; falaises et rochers du littoral de Dieppe au Pas-de-Calais, de la Somme, Seine-Inférieure, Charente-Inférieure, Var et Alpes-Maritimes. [S]

Brassica sativa Clavaud.
Chou cultivé.
Cultivé et subspontané. [S]

Brassica nigra Koch.
Chou noir (Moutarde noire).
Nord-Ouest, Ouest, Sud-Ouest et çà et là. [S]

Brassica Richerii Vill.
Chou de Richerius.
Alpes (H[tes] régions).

Hirschfeldia adpressa Mœnch.
Hirschfeldie appliquée.
Midi et çà et là. [S]

Raphanus sativus L.
Radis cultivé.
Cultivé et subspontané. [S]
Raphanus raphanistrum L.
Ravenelle.
Commun. [S]

6. DIPLOTAXIS. DIPLOTAXIS. —

☐ Fleurs *blanches* ou *lilas* ; pédoncules plus courts que les fleurs épanouies ; feuilles profondément découpées ment subspontané ailleurs. [S] sub.
[Champs ; 2-5 d.; av.-j.; a. ou b.]

        presque pétiolées.

☐ Fleurs *jaunes*.

  + Pédoncules ayant environ *9 à 3 fois* la longueur des fleurs épanouies T;
fleurs d'environ 10 mm. de largeur ; feuilles sans poils presque glauques. [Chemins, talus, murs ; 4-8 d.; av.-o.; v.]

  + Pédoncules ayant à peu près *la même longueur* que les fleurs épanouies M;
fleurs d'environ 5-6 mm. de largeur ; feuilles vertes plus ou moins velues. [Endroits incultes, talus, murs; 1-4 d.; m.-s.; a. ou b.]

  + Pédoncules *plus courts* que les fleurs épanouies V;
plante sans poils à feuilles toutes à la base ;
fleurs d'environ 2-3 mm. de largeur.
[Champs, vignes ; 1-3 d.; j.-o.; a. ou b.]

Diplotaxis erucoides DC.
Diplotaxis Fausse-Roquette.
Région méditerranéenne ; rarement subspontané ailleurs. [S] sub.

Diplotaxis tenuifolia DC.
Diplotaxis à feuilles ténues.
Assez rare. [S]

Diplotaxis muralis DC.
Diplotaxis des murailles.
Assez commun. [S].

Diplotaxis viminea DC.
Diplotaxis des vignes.
Région méditerranéenne et çà et là.

7. ERUCASTRUM. *ÉRUCASTRE.* —

☐ Feuilles *toutes à la base* ; graines non aplaties ; fruit mûr plus ou moins à angle droit avec la tige ou même renversés ; fl. jaunes : **E. Pollichii** N.
[Rochers ; fl. jaunes ; 5-20 c.; jt.-a.; v.]

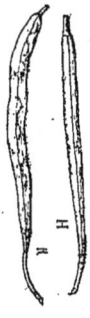

   Feuilles du milieu de la tige à pétiole portant *2 oreillettes* à la base OB, O; bractées non développées à la base des fleurs.
[Endroits incultes ; fl. jaunes ; 5-6 d.; m.-s.; v.]

   Feuilles du milieu de la tige à pétiole *sans oreillettes* PO, P; bractées développées à la base des fleurs inférieures.
[Décombres, endroits sablonneux ; fl. jaunâtres ; 2-5 d.; m.-s.; v.]

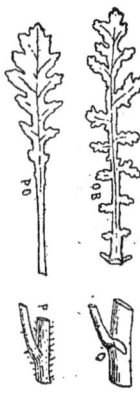

☐ Feuilles *non toutes à la base* ; graines aplaties ; en général, aplaties.

Erucastrum repandum N.
Erucastre étalé.
Alpes. Région méditerranéenne (rare).

Erucastrum obtusangulum Rchb.
Erucastre à angles obtus.
Région méditerranéenne, Pyrénées et çà et là. [S]

Erucastrum Pollichii Spenn.
Erucastre de Pollich.
çà et là. [S]

8. MORICANDIA. *MORICANDIE.* — (→ Voyez fig. MO, p. 18). Feuilles en cœur à la base, entières, semblant traversées par la tige ; plante glauque.
[Champs, endroits incultes ; fl. lilas ; 3-4 d.; m.-j.; b.]

Moricandia arvensis DC.
Moricandie des champs.
Dépt. des Alpes-Maritimes (Très rare : à l'ouest de Menton.) Naturalisé à Cette.

9. HESPERIS. *JULIENNE.* — (→ Voyez fig. HM, MA, p. 18). Feuilles ovales aiguës, denticulées ou dentées, nombreuses tout le long de la tige ; fleurs d'environ 8 à 12 mm. de longueur. (Parfois feuilles inférieures profondément divisées, fruits plus ou moins écartés de la tige, plante à petits poils glanduleux : **H. tactirata** All.) [Chemins, bois, rochers ; fl. lilas, blanches, jaunâtres ; 4-8 d.; m.-jt., b. ou v.]

Hesperis matronalis L.
Julienne des dames.
Assez rare (et naturalisé ou subspontané). [S]

10. MALCOLMIA. *MALCOLMIE.* —

✕ Sépales presque égaux ; pétales beaucoup plus longs que larges A. [Champs ; fl. violettes ; à la base A, P; fleurs 1-4 d.; m.-j.; a. ou b.]

   • Grappes ayant des feuilles au-dessus du fruit le plus inférieur ;
pétales à peine plus longs que larges P.
[Sables ; fl. violettes ; 5-35 c.; m.-j.; a. ou b.]

   • Grappes sans feuilles au-dessus du fruit le plus inférieur ;
fleur plus longue que large Ll.
[Sables ; fl. purpurines ; 1-4 d.; m.-jt.; a.]

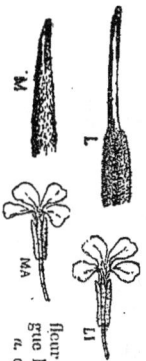

✕ Sépales inégaux à la base ;
   ✤ Style jaune ; fruit à style cylindrique Ll;
fleur à peu près aussi large que longue MA. [Sables ; fl. violettes ; 1-4 d.; m.-jt.; a. ou b.]

✕ Sépales *inégaux à la base* ; 2 sépales en cœur (éperon L; MA; fleurs de moins de 5 mm. de largeur, en général.
   ✤ Style vert ; fruit à style en cône M;

✕ Sépales *presque égaux* à la base A, P; fleurs de plus de 5 mm. de largeur, en général.

Malcolmia africana R. Br.
Malcolmie d'Afrique.
Région méditerranéenne.

Malcolmia parviflora DC.
Malcolmie à petites fleurs.
Littoral de la méditerranée.

Malcolmia littorea R. Br.
Malcolmie du littoral.
Littoral du dépt. des *Bouches-du-Rhône.*

Malcolmia maritima R. Br.
Malcolmie maritime.
Littoral de l'Océan et de la Méditerranée. [S]

11. **MATTHIOLA.** *MATTHIOLE.* —

△ Fruit *aplati*, sur un pédoncule d'environ 5-15 mm. [exemple : S].

⊙ Fruit *sans poils glanduleux*; feuilles inférieures toujours entières. [Rochers, falaises ; fl. violettes ; 3-8 d.; m.-jt.; v.]

Matthiola incana R. Br.
Matthiole blanchâtre.
Littoral de la Méditerranée et du Sud-Ouest.

⊙ Fruit *convert de poils glanduleux*; feuilles inférieures ordinairement profondément divisées. [Bord de la mer ; fl. purpurines ou d'un rose lilas ; 2-6 d.; m.-jt.; b.]

Matthiola tricuspidata R. Br.
Matthiole à 3 pointes.
Dép¹ du Var (Très rare : environs d'Hyères).

△ Fruit en *cylindre arrondi* TC, TS, sur un pédoncule d'environ 1-3 mm.

⊙ Feuilles de la base ayant, en général, plus de 5 mm. de largeur; fruit à 3 pointes écartées en dehors TC. [Bord de la mer ; fl. purpurines ou blanches ; 1-4 d.; m.-jt.; b.]

Matthiola sinuata R. Br.
Matthiole sinuée.
Littoral.

⊙ Feuilles de la base ayant, en général, moins de 5 mm. de largeur; fruit à 3 pointes arrondies et rapprochées TS. [Rochers ; fl. rougeâtres ; 1-3 d.; m.-jt.; v.]

Matthiola tristis R. Br.
Région méditerranéenne. Dép¹ de la *Savoie* (rare).

12. **CHEIRANTHUS.** *GIROFLÉE.* — (→ Voyez fig. GH, p. 16). Feuilles d'un vert clair; tige portant à la base les cicatrices des feuilles tombées ; fleurs odorantes. [Ruines, murs ; fl. jaunes ; 2-7 d.; m.-jt.; v.]

Cheiranthus Cheiri L.
Giroflée Violier.
Communs sauf dans la région méditerranéenne et les Pyrénées. [S]

13. **ERYSIMUM.** *VÉLAR.* —

⊖ Plante *sans poils* et glauque; feuilles du milieu embrassant la tige EO; feuilles de la base à limbe se rétrécissant vers la base. [Champs ; fl. blanchâtres ; 2-8 d.; m.-jt.; v.]

Erysimum orientale R. Br.
Vélar d'Orient.
T.C. et T.R. [S]

⊖ Fleurs de *moins de 4 mm. de largeur*, en général; fruits de moins de 3 c. de longueur, redressés sur leurs pédoncules CS. [Décombres, champs ; fl. jaunes ; 1-6 d.; j.-o.; a. ou b.]

Erysimum cheiranthoides L.
Vélar fausse-Giroflée.
Assez commun, sauf dans le Midi. [S]

⊖ Fleurs de *plus de 4 mm. de largeur*. [Rochers, endroits incultes ; fl. d'un jaune plus ou moins vif ; 5-50 c.; m.-jt.; v.]

Erysimum hieracifolium L.
Vélar à feuilles d'Épervière.
Centre, Jura, Alpes, Cévennes. [S]

6, p. 386.

⊖ Plante à tiges ligneuses à la base, à rameaux souterrains terminés chacun par une rosette de feuilles étroites, couvertes de poils simples ou seulement divisés en 2 branches. [Rochers, endroits incultes ; fl. d'un jaune plus ou moins vif ; m.-jt.; b. ou a.]

Erysimum Cheiranthus Pers.
Vélar Violier.
Jura, Alpes, Pyrénées, Provence. [S]

☀ Plante potive.

⊖ Plante à racine principale très développée, ordinairement sans rameaux souterrains portant chacun une rosette de feuilles étroites, couverte de poils *divisés en 3 branches ou en étoile.* (Pleurs ordinairement de 6-8 mm. de largeur, feuilles ondulées presque entières : E. *virgatum* Roth ; fleurs de 4-7 mm. de largeur, feuilles entières et dentées : E. *strictum* Fl. Weih.; fleurs de 9-15 mm. de largeur, fruits de largeur, feuilles ondulées et dentées : E. *virgatum* Roth ; fleurs de 4-7 mm. ; grisâtres, feuilles ondulées et dentées : E. *strictum* Fl. Weih.; fleurs de 9-15 mm. de largeur, fruits blanchâtres, verts sur les angles : E. *elneirostrorum* Wallr.). [Endroits incultes ; fl. d'un jaune plus ou moins vif ; 1-4 d.; m.-jt.; b. ou a.]

6, p. 386.

14. **BARBAREA.** *BARBARÉE.* — (→ Voyez fig. V, p. 16). Plante ordinairement sans poils ou presque sans poils; tiges plus ou moins cannelées; fruits sur des pédoncules relativement très courts, étalés-dressés. [Endroits humides ; fl. d'un jaune plus ou moins vif ; 2-8 d.; av.-ah.; b. ou v.]

Barbarea vulgaris R. Br.
Barbarée vulgaire.
Commun. [S]

15. **ALLIARIA.** *ALLIAIRE.* — (→ Voyez fig. A, p. 16.). Fruits mûrs d'environ 3-4 c. de longueur; feuilles à grandes dents arrondies. [Chemins, bois ; fl. blanches ; 4-10 d.; av.-j.; b. ou v.]

Alliaria officinalis Andrz.
Alliaire officinale.
Commun. [S]

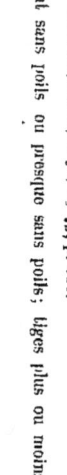
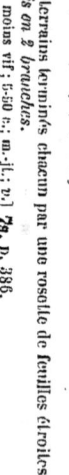
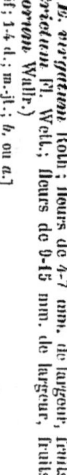
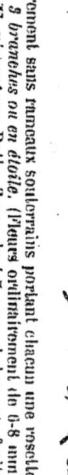
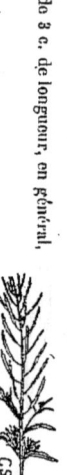

TS TC S

EO CS

16. BRAYA. BRAYA. —

⊙ Fleurs et fruits tous placés directement au-dessus des bractées BS';

graines disposées sur 2 rangs; plante sans tiges souterraines développées.
[Endroits humides; fl. blanches; 1-6 d.; j.-a.; α. ou b.]

Braya supina Koch.
Braya couchée.
Peu commun; manque dans le Midi. [s]

⊙ Fleurs et fruits sans bractées, sauf parfois une par grappe PF;

graines disposées sur 1 rang; plante à tiges souterraines développées.
[Rochers, pâturages; fl. blanches; 3-15 c.; j.-at.; v.]

Braya pinnatifida Koch.
Braya pinnatifide.
Alpes de la Savoie et du Dauphiné,
Plateau central, Pyrénées. [S]

17. SISYMBRIUM. SISYMBRE. —

⊙ Feuilles du milieu de la tige et supérieures à lobes très étroits, pres-que en lanières SF, PA.

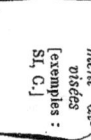

  × Feuilles *toutes très divisées* SF;

sépales dressés; fruits mûrs de moins de 25 mm. de longueur, en général.
[Murs, décombres; fl. d'un jaune pâle; 2-10 d.; av.-o.; α.]

Sisymbrium Sophia L.
Sisymbre Sagesse. (Sagesse des chirur-giens.)
Assez rare, très rare dans le Midi. [S]

  × Feuilles inférieures à *lobes larges* et plus ou moins tournés vers le bas, les supé-rieures à lobes étroits PA;

sépales étalés; fruits mûrs de plus de 60 mm. de lon-gueur, en général.
[Collines de grès; fl. d'un jaune pâle; 5-10 d.; m.-jt.; b.]

Sisymbrium pannonicum Jacq.
Sisymbre de Hongrie. (Quelquefois sub-spontané.) [S]

⊙ Feuilles du milieu de la tige non divisées S1, C.;

  •• Fruits *appliqués sur la tige* OF et velus SO; feuilles en hal-lebarde OFF;

fruits plus larges à la base qu'au sommet.
[Endroits incultes; fl. jaunes; 2-8 d.; m.-s.; α.]

Sisymbrium officinal Scop.
Sisymbre officinal. (Herbe aux chantres, Vélar.)
Très commun. [S]

feuilles en hallebarde au sommet.
[Décembres; fl. d'un jaune pâle; 1-4 d.; j.-at.; c.]

Sisymbrium polyceratum L.
Sisymbre à cornes.
Midi. [S] sub.

  •• Fruits *ni appliqués, ni groupés par 2 à 3.*

  •• Fruits *la plupart groupés par 2 à 3* et entremêlés de feuil-les P; renflés à la base;

Sisymbrium Irio L.
Sisymbre Irio.
Assez rare, manque dans l'Est. [S]

⊕ Fruits mûrs, ayant *moins de 4 c. de longueur*; fleurs, en général, non dépassées par les fruits A.
[Rochers; fl. jaunes; 2-6 d.; m.-jt.; b. ou v.]

  ✳ Feuilles de la tige à lobes *dirigés en haut* S1.
[Champs, chemins; fl. d'un jaune pâle; 2-4 d., av.-o.; a ou b.]

Sisymbrium austriacum Jacq.
Sisymbre d'Autriche.
Jura, Alpes, Pyrénées, dép' de la Charente-Inférieure. [S]

  ✳ Feuilles de la base à lobes *dirigés en bas* C.
[Endroits incultes; fl. d'un jaune pâle; 2-6 d.; j.-jt.; b.]

Sisymbrium Columnae Jacq.
Région méditerranéenne, dép' de la Vendée et de la Charente-Inférieure. [S]

⊕ Fruits mûrs ayant *plus de 4 c.* de lon-gueur.

fleurs odorantes d'un jaune brillant; fruits écartés de la tige.
[Chemins, rochers; fl. jaunes; 8-15 d.; j.-jt.; v.]

Sisymbrium strictissimum L.
Sisymbre raide.
Alpes de la Savoie et du Dauphiné. [s]

18. HUGUÉNINIA. HUGUÉNINIA. — (→ Voyez fig. HU, p. 16). Feuilles divisées en 11 à 25 folioles dentées; sépales étalés; fruit mûr de 8 à 10 mm. de largeur environ. [Pâturages, rochers; fl. jaunes; 2-8 d.; j.-at.; v.]

Feuilles *toutes entières ou dentées* ST;

Huguéninia tanacetifolia Rchb.
Huguéninia à feuilles de Tanaisie.
Alpes, Pyrénées. [S] sub.

19. NASTURTIUM. *CRESSON.* —

✕ Fleurs *blanches* ; feuilles découpées en lobes arrondis OF ; fruits un peu courbés O ; tiges rampant sur le sol ou à la surface de l'eau.
[Ruisseaux, mares ; 1-25 d. ; j.-s. ; v.]

✕ Fleurs *jaunes*.

⟨ •• Pétales ayant environ 2 *fois la longueur des sépales* ;
    fruits sans aspérités et un peu courbés (S, fruit jeune).
    [Sables des rivières ou des marais ; 1-3 d. ; m.-jl. ; a. ou b.]

    •• Pétales *à peine plus longs que les sépales* ; fruits couverts d'aspérités AS, non courbés.
    [Endroits humides ; 1-5 d. ; m.-a. ; v.]

20. TURRITIS. *TOURETTE.* — (→ Voyez fig. TU, p. 18). Fruits appliqués sur la tige ; fruits mûrs 4 à 7 fois plus longs que leurs pédoncules ; plante raide à tige non rameuse. [Endroits arides ; fl. blanchâtres ; 4-10 d. ; m.-jl. ; b.]

21. ARABIS. *ARABETTE.* —

⊙ Fleurs *blanches*,
    jaunâtres ou
    rosées.

△ Feuilles du milieu de la tige à limbe prolongé en dessous à droite et à gauche de leur point d'attache [exemples : H, B].

△ Feuilles du milieu de la tige en coin ou arrondies à la base, à limbe *non prolongé au-dessous de leur point d'attache*.

  = Fruits *dressés*, presque tous appliqués sur la tige (exemple : fig. AS ou mêmes fruits plus appliqués que sur cette figure)...........

  = Fruits *écartés* de la tige................

    {— Feuilles de la base *non profondément divisées*.
    {— Feuilles de la base *profondément divisées*............

⊙ Fleurs *bleues, bleuâtres, violettes ou lilas*.

  Pédoncules des fruits mûrs *très écartés de la tige* AT, ayant plus de 1 c. de longueur ; feuilles poilues ;
  fleurs de moins de 5 mm. de largeur.
  [Endroits pierreux ; fl. blanches ; 1-3 d. ; av.-j. ; a.]

❀ Feuilles poilues.

  ❀ Feuilles presque sans poils, luisantes ; fruits aplatis B, proches de la tige M. [Rochers ; fleurs blanches ou rosées ; 1-3 d. ; m.-j. ; v.]

  88, p. 386.

    = Fruits mûrs en général plus de 9 c. de longueur.

    = Fruits mûrs ayant moins de 9 c. de longueur.

  ⟨ ⟩ Fleurs d'un blanc jaunâtre ; pédoncules des fruits mûrs *un peu écartés* de la tige ST. [Endroits pierreux ; fleurs d'un blanc jaunâtre ; 5-13 c. ; m.-j. ; v.]

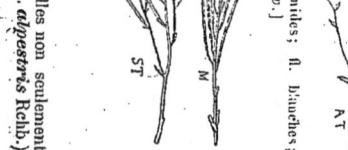

  ⟨ ⟩ Fleurs blanches ou rosées ; pédoncules des fruits mûrs *tout à fait rapprochés* de la tige M. [Pâturages humides ; fl. blanches ; 1-3 d. ; j.-jl. ; v.]

  •• Pétales *étalés en dehors* PU ;
    fleurs de 5-7 mm. de largeur. [Rochers ; fl. blanches ; 5-15 c ; j.-jl. ; v.]

  •• Pétales *dressés* SP ;
    fleurs de moins de 5 c. de largeur. [Parfois feuilles non seulement ciliées sur les bord mais couvertes de poils : *A. alpestris* Rchb.)
    [Rochers ; fl. blanches ; 5-30 c. ; j.-jl. ; b.]

□ Pédoncules des fruits mûrs *peu écartés* de la tige [exemples : B, M et ST] et ayant pour la plupart 1 c. ou moins.

Nasturtium officinale R. Br.
Cresson officinal. (Cresson de fontaine).
Très commun. [S]

Nasturtium silvestre R. Br.
Cresson sauvage.
Assez commun. [S]

Nasturtium asperum Coss.
Cresson rude.
Rare ; manque dans le Nord, l'Est et le Nord-Ouest.

Turritis glabra L.
Tourette glabre.
Assez commun, sauf dans le Nord, l'Ouest et la région méditerranéenne.
              [S]

Arabis Thaliana L.
Arabette de Thalius.
Commun. [S]

................**Série 2** → p. 26.

................**Série 3** → p. 26.

{ ....**Série 1** → p. 25.
{ ....**Série 4** → p. 26.

Arabis bellidifolia Jacq.
Arabette à feuilles de Pâquerette.
Alpes, Pyrénées. [S]

Arabis muralis Bertol.
Arabette des murailles.
Jura, Alpes, Cévennes, Provence. [S]

Arabis stricta Huds.
Arabette raide.
Jura, Alpes du Dauphiné, Cévennes, Pyrénées (rare). [S]

Arabis pumila Jacq.
Arabette naine.
Alpes (Iles régions ; rare). [S]

Arabis ciliata Koch.
Arabette ciliée.
Jura, Alpes, Pyrénées. [S]

Série 2 : Feuilles à limbe plus ou moins prolongé au-dessous de son attache, couvertes de poils à deux branches, (Feuilles à 2 oreillettes développées, plus ou moins appliquées sur la tige; fruit de plus de 5 c.: *A. sagittata* DC.).
— ou plante presque sans poils, fruits de moins de 3 c.: *A. Allionii* DC.)
[Bois, prés, coteaux; fl. blanches; 1-9 d.; m.-ji.; v.]

Arabis hirsuta *Clar.*
Arabette hérissée.
Commun. [S]

△ Fruits mûrs d'environ ½ mm. de largeur non écartés les uns des autres; feuilles les plus grandes, de plus de 2 c. de largeur.

✕ Plante sans poils; fleurs blanches; fruits non tout à fait rejetés d'un côté BR.
[Coteaux, bois; fl. blanches; 5-10 d.; m.-ji.; v.]

Arabis brassicæformis *Wallr.*
Arabette Faux-Chou.
Montagnes (sauf l'Auvergne), *Nord-Est, Côte-d'Or.* [S]

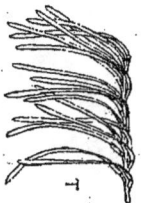

✕ Plante couverte de poils simples et rameux; fleurs d'un blanc jaunâtre; fruits tout à fait rejetés d'un côté T.
[Bois, rochers; fl. d'un blanc jaunâtre; 3-7 d.; m.-ji.; v.]

Arabis Turrita *L.*
Arabette Tourette.
Montagnes, Centre, Midi. [S]

△ Fruits mûrs d'environ 1 mm. de largeur, écartés les uns des autres; feuilles les plus grandes ne dépassant pas, en général, 2 c. de largeur.

○ Pétales étalés au dehors AL.;

AL. ... pédoncules des fruits mûrs de 6-16 mm. de longueur; feuilles molles.
[Rochers; fl. blanches; 1-4 d.; j.-ât.; v.]

Arabis alpina *L.*
Arabette des Alpes.
Jura, Alpes, Plateau Central, Pyrénées; Midi (rare). [S]

○ Pétales dressés SA.

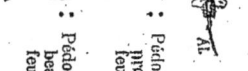

Pédoncules de 8-20 mm. de longueur et presque aussi larges que le fruit AU;
feuilles molles.
[Rochers; fl. blanches; 1-3 d.; av.-j.; a. ou b.]

Arabis auriculata *Lam.*
Arabette à oreilles.
Jura, Alpes, Plateau Central, Pyrénées, Provence. [S]

Pédoncules de 2-6 mm. de longueur et beaucoup plus étroits que le fruit SX;
feuilles raides.
[Rochers; fl. blanches; 2-3 d.; m.-j.; a. ou b.]

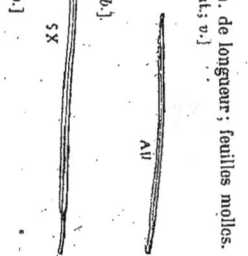

Arabis saxatilis *All.*
Arabette des rochers.
Jura (rare); *Alpes; Corbières* (rare).
[S]

Série 4

△ Plante de plus de 4 décimètres, en général, feuilles pétiolées et largement dentées; tige souterraine, ligneuse et ramifiée.
[Bois; fl. violettes; 4-7 d.; j.-ât.; v.]

Arabis cebennensis *DC.*
Arabette des Cévennes.
Plateau central (rare).

✲ Feuilles de la base très profondément divisées [exemple : ARE]
ou au moins très dentées.
[Bois, coteaux; fl. lilas, rarement blanches; 1-4 d.; av.-s.; a. ou b.]
§§, p. 386.

Arabis arenosa *Scop.*
Arabette des sables.
Nord-Est ; Est (commun); *Centre, Nord-Ouest.* [S]

⧓ Feuilles de la base n'ayant que 2 à 5 dents dans leur moitié supérieure C.E.
[Rochers; fl. blanches; 3-6 c.; ji.s.; c.]

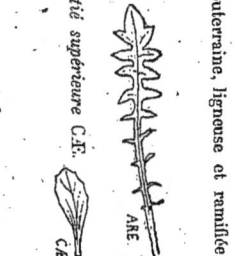

Arabis cærulea *Jacq.*
Arabette bleue.
Alpes (hautes régions). [S]

△ Plante n'ayant pas à la fois les caractères précédents.

≡ Fleur épanouie à calice plus court que le pédoncule.

≡ Fleur épanouie à calice plus long que le pédoncule et à poils ciliés V.
[Bois, coteaux; fl. violettes; 10-30 c.; av.-m.; n.]

Arabis verna *R. Br.*
Arabette du printemps.
Région méditerranéenne.

22. CARDAMINE. *CARDAMINE.* —

□ Fleurs de *1 à 4 mm. de largeur*; pétales ordinairement dressés.

  ⟨ Feuilles *n'ayant pas* à la base deux lobes formant comme deux oreillettes qui embrassent la tige...................**Série 1** → p. 27.

  ⟨ Feuilles *ayant* à la base deux lobes formant comme deux oreillettes qui embrassent la tige [exemple: fig. 1. ci-dessous]...**Série 2** → p. 27.

□ Fleurs de *5 à 15 mm. de largeur*; pétales ordinairement étalés en dehors.

  ⟨ = Plante ayant des feuilles à *plus de 3 folioles*..............**Série 3** → p. 27.

  ⟨ = Feuilles *toute entières ou à 3 folioles*.....................**Série 4** → p. 27.

Série 1

○ Feuilles composées H, PV.

  • Folioles des feuilles inférieures plus ou moins *arrondies* H; fruits presque sur le prolongement de leur pédoncule. (Parfois feuilles de la base moins grandes que celles du milieu, 6 étamines : **C. sylvatica** Mœnch.) [Endroits humides, bois; fl. blanches; 1-3 d.; av.-j.; a. b. ou v.]

    Cardamine hirsuta L.
    Cardamine hérissée.
    Assez commun. [S]

  • Folioles des feuilles inférieures *ovales allongées ou très élroites* PV; fruits formant un angle avec leur pédoncule. [Endroits humides; fl. blanches; 1-3 d.; m.-jt.; a.]

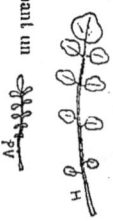

    Cardamine parviflora L.
    Cardamine à petites feuilles.
    Centre (rare); *Ouest*, **Midi.** [S]

○ Feuilles *simples* AL;

  AL

  feuilles inférieures entières et longuement pétiolées AL; fruits dressés se terminant tous à peu près à la même hauteur. [Pâturages, rochers; fl. blanches; 2-7 c.; jt.-s.; v.]

    Cardamine resedifolia L.
    Alpes, **Pyrénées.** [S]

Série 2

✻ Anthères *violettes*; feuilles inférieures à lobe terminal plus long que large A, à 5-11 folioles; fleurs d'environ 1 c. de largeur. [Endroits humides; fl. blanches; rarement lilas; av.-j.; v.]

    Cardamine amara L.
    Cardamine amère.
    Montagnes, rare ailleurs; manque dans le Midi. [S]

✕ Feuilles du milieu de la tige à *3-7 divisions* R;

  R

  , fruits presque arrondis au sommet. [Endroits humides, pâturages; fl. blanches; 2-12 c.; jt.-s.; v.]

    Cardamine alpina Willd.
    Alpes, *Plateau Central*, *Pyrénées.* [S]

✕ Feuilles du milieu de la tige à *11-17 divisions*; fruits très pointus au sommet. [Endroits ombragés; 1-6 d.; m.-jt.; b.]

  PR

    Cardamine impatiens L.
    Cardamine impatiente.
    Assez commun dans les régions montagneuses, plus rare ailleurs. [S]

Série 3

✕ Feuilles du milieu de la tige à foliole terminale *allongée*, à 9-15 folioles PR;

  PR

  feuilles de la base à folioles arrondies P, parfois réduites à 3 ou 1 foliole. [Endroits humides; fl. lilas, quelquefois blanches; 2-5 d.; av.-jt.; [v.]

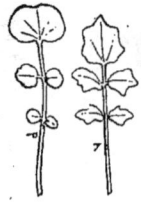

    Cardamine des prés (Cresson des prés).
    Cardamine pratensis L. *Commun*, sauf dans la région méditerranéenne. [S]

= Feuilles du milieu de la tige à foliole terminale *arrondie* LA, à 9-13 folioles;

  LA

  ★ Fleurs lilas, rarement blanches, de *12-15 mm. de largeur*; feuilles à 3-9 folioles;

    ★ Fleurs blanches de *6-8 mm. de largeur*; feuilles à 3-9 folioles inégales LA; la terminale en cœur à la base. [Rochers; fl. blanches à onglet jaune; 4-12 c.; jt.-at.; v.]

      Cardamine thalictroides All.
      Cardamine faux-Pigamon.
      Alpes du Dauphiné.

    ★ Feuilles blanches à 3-5 folioles T, la terminale en cœur à la base. [Rochers; fl. blanches à 3-5 folioles T, la terminale en cœur

      T

      Cardamine latifolia Vahl.
      Cardamine à larges feuilles.
      Cévennes, Pyrénées.

Série 4

○ Feuilles *toutes simples* et arrondies AS, luisantes et toutes pétiolées, à limbe en cœur à la base;

  AS

  anthères violettes. [Rochers; fl. blanches; 3-4 d.; jt.-at.; v.]

    Cardamine asarifolia L.
    Cardamine à feuilles d'Asaret.
    Alpes méridionales. [S]

○ Feuilles la plupart à *3 folioles*, TR;

  TR

  anthères jaunes. [Endroits ombragés ou humides; fl. blanches; 1-3 d.; av.-j.; v.]

    Cardamine trifolia L.
    Cardamine à trois folioles,
    Jura (très rare). [S]

23. DENTARIA. DENTAIRE. —

⊙ Feuilles ayant des *bulbilles* à leur base D; tige souterraine grêle à petites écailles;

feuilles supérieures simples D, les inférieures à 3-7 folioles à dents arrondies. [Bois; fl. blanches ou d'un lilas pâle; 2-4 d.; av.-j.; v.]

Dentaria bulbifera L.
Dentaire à bulbilles.
Nord, Nord-Ouest, Ouest, Alpes (rare). [S]

⊙ Feuilles *sans bulbilles*; tige souterraine épaisse à écailles charnues Pl.

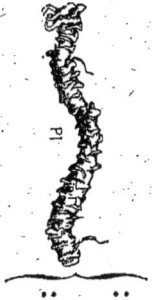

: : Folioles *non toutes attachées au même point* PN. [Bois; fl. blanches ou lilas; 2-6 d.; av.-j.; v.]

Dentaria pinnata Lam.
Dentaire pennée.
Montagnes, Centre. [S]

: : Folioles *toutes attachées au même point* DG. [Bois; fl. roses, lilas ou blanches; 2-5 d.; m.-jn.; v.]

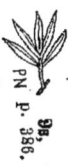

Dentaria digitata Lam.
Dentaire digitée.
Montagnes. [S]

PN P. 386.

DG

24. LUNARIA. LUNAIRE. —

Pl.

✚ Fruit *aigu* au sommet et à la base LU;

feuilles supérieures pétiolées. [Rochers ombragés; fl. violacées; 5-15 d.; m.-jt.; v.]

Lunaria rediviva L.
Lunaire vivace.
Montagnes et régions montagneuses de l'Est. [S]

LU

✚ Fruit *arrondi* B; feuilles supérieures souvent sans pétiole. [Rochers, bois; fl. roses ou purpurines; 6-12 d.; av.-m.; b.]

Lunaria biennis Mœnch.
Lunaire bisannuelle.
Çà et là (Échappé de jardin ou naturalisé). [S]

B

25. FARSETIA. FARSÉTIE. — (→ Voyez fig. F, p. 19). Feuilles simples, rétrécies au sommet et à la base. [Ruines; fl. d'un jaune pâle; 3-7 d.; av.-m.; b.]

Farsetia clypeata R. Br.
Farsétie en bouclier.
Depuis le Cher et du Rhône (très rare), (Naturalisé.) [S] sub.

23. VESICARIA. VÉSICAIRE. — (→ Voyez fig. V, p. 19). Feuilles supérieures sessiles; les inférieures atténuées en pétiole à la base et arrondies au sommet. [Rochers; fl. jaunes; 2-3 d.; m.-j.; v.]

Vesicaria utriculata L.
Vésicaire renflée.
Alpes. [S]

Série 1 → p. 29.

27. ALYSSUM. ALYSSON. —

△ Fleurs *jaunes* au moins lorsqu'elles sont jeunes.....................

Alyssum calycinum*L.
Alysson à calice persistant.
.... *Série 1* → p. 28.

△ Fleurs toujours *blanches*.............

Alyssum calycinum*L.
Alysson à calice persistant.
Commun, sauf dans le Nord et l'Ouest. [S]

□ Style ayant *moins du cin- guième* de la longueur du reste du fruit mûr C, CP.

✕ Calice *persistant* à la base du fruit mûr C; feuilles supérieures arrondies au sommet. [Champs, murs; fl. jaunes, puis blanches; 5-20 c.; m.-j.; a.]

Alyssum campestre L.
Alysson champêtre.
Littoral de l'Océan, Midi; Auvergne et Centre (très rare). [S] sub.

✕ Calice *non persistant* à la base du fruit mûr CP; feuilles supérieures aiguës au sommet. [Champs, murs, sables maritimes; fl. d'un jaune pâle, puis blanches; 1-3 d.; m.-j.; a.]

Alyssum montanum L.
Alysson des montagnes.
Jrsea, Alpes, Cévennes, Pyrénées. [S]

□ Style ayant *le cinquième ou plus du cinquième* de la lon- guer du fruit mûr M, Al.; plantes vivaces à tiges sou- terraines ligneuses et ra- meuses.

✕ Fruit *arrondi* M. (Parfois sépales persistant à la base du fruit mûr CP; feuilles supérieures arrondies au sommet.) [Champs, murs, sables maritimes; 5-20 c.; m.-j.; a.] **10s**, p. 887.

✕ Fruit *arrondi* M. (Parfois sépales persistant à la base du fruit et style à peu près aussi long que le fruit : *A. cuneifolium* Ten.) [Endroits secs; fl. d'un beau jaune; 1-2 d.; m.-jt.; a.]

Alyssum alpestre L.
Alysson alpestre.
Centre, littoral des Bses-Pyrénées. [S]

✕ Fruit *aigu* au sommet S. (Parfois fruit peu aigu au sommet S, graines régulièrement ailées tout autour : *A. serpyllifolium* Desf.) [Rochers; fl. jaunes; 1-2 d.; j.-at.; b.]

Alpes, Cévennes, Pyrénées, Dép't du Var. [S]

C

CP

M

Al

S

CRUCIFÈRES : DENTARIA, LUNARIA, ALYSSUM.

28

Série 2

□ Fleurs *blanches* ou lilas.

○ Vieux rameaux en forme d'épines.

  ⊠ Fruit mûr d'environ 3 mm. de largeur (fig. SP, grandeur naturelle); pétales se rétrécissant peu à peu du sommet à la base. [Coteaux secs, rochers; fl. blanches; 1-3 d.; m.-j.; v.]

  ⊠ Fruit mûr d'environ 5 mm. de largeur (fig. MC, grandeur naturelle), renflé en vessie; pétales se rétrécissant brusquement vers la base. [Rochers; fl. blanches; 1-3 d.; m.-j.; v.]

○ Vieux rameaux non en forme d'épines.

  : Fruits poilus PY, MR.

    + Style presque aussi long que le fruit (fig. SP, grandeur naturelle); qui est couvert de poils serrés. [Endroits incultes; fl. blanches; 1-2 d.; m.-a.; v.]

    + Style 3 à 5 fois moins long que le fruit mûr MR qui est couvert de poils espacés çà et là. [Rochers; fl. blanches; 3-4 d.; m.-j.; v.]

  : Fruits sans poils.

    ↶ Fruit un peu allongé P; pétales entiers. (Parfois pétales brusquement rétrécis à la base, graines ailées : *A. lutenifolium* L.) [Rochers; fl. blanches; 2-4 d.; m.-j.; v.]

    ↶ Fruit arrondi AG; pétales à 2 lobes profonds. [Vieilles murailles; fl. jaunes; 2-5 d.; m.-j.; v.]

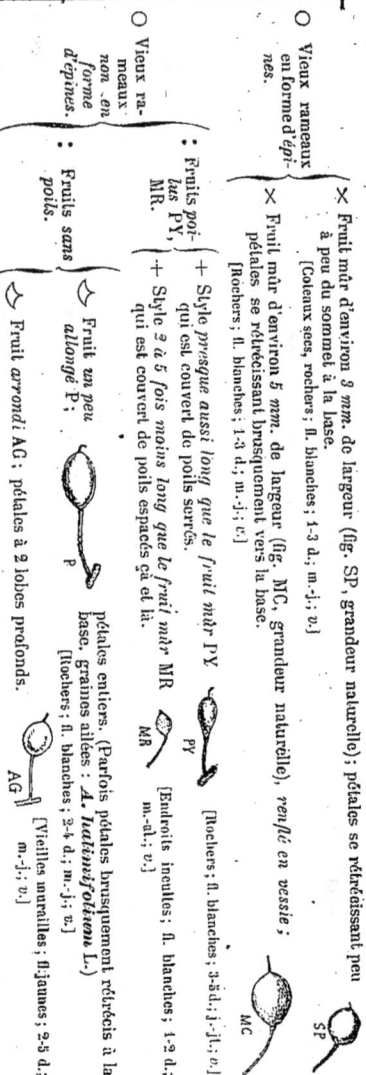

28. **BERTEROA. BERTÉROA.** — (→ Voyez fig. BE, p. 20). Feuilles de la base presque entières. [Rochers; fl. blanches; 2-5 d.; j.-o.; b.]

29. **CLYPEOLA. CLYPÉOLE.** — (→ Voyez fig. C et J, p. 19). Plante à laquelle les poils donnent un aspect brillant. [Endroits pierreux et sablonneux; Rochers, sables; fl. jaunes; 2-15 c.; av.-j.; a.]

30. **DRABA. DRAVE.** —

⊙ Pétales profondément divisés en 2, de façon que la fleur semble avoir 8 pétales VE;

  ✱ Feuilles nombreuses le long de la tige, au-dessus de la rosette de la base. = Fruit non aigu au sommet et non tordu sur lui-même MU. [Champs, prés, murs; fl. blanches; 2-25 c.; ms.-av.; a.]

  ✱ Feuilles toutes à la base. = Fruit aigu et ordinairement tordu sur lui-même I. [Rochers; fl. blanches; 1-3 d.; m.-jt.; v.]

⊙ Pétales non profondément divisé en deux.

  ✱ Feuilles nombreuses le long de la tige; feuilles toutes ou presque toutes à la base V. (Présente de nombreuses formes.)

    = Fruit mûr au sommet MU.

    = Feuilles toutes ou presque toutes à la base TO; plante de moins de 15 c.; pédoncules des fruits dressés. (Parfois fruits sans poils : **D. frigida** Sauter.) [Rochers; fl. blanches; 2-13 c.; j.-at.; v.]

□ Fleurs *jaunes*.

  ✱ Feuilles nombreuses le long de la tige; style extrêmement court N.

  ✱ Feuilles toutes à la base DA; style allongé A.

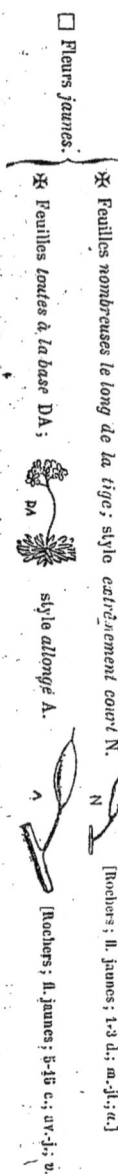

Alyssum spinosum L.
  Alyssum épineux.
  Régts du *Gard*, de l'*Hérault* et du *Var*.

Alyssum macrocarpum DC.
  à gyros & gyros fruits.
  Cévennes, Pyrénées-Orientales.

Alyssum pyrenaicum Lapeyr.
  Pyrénées-Orientales.

Alyssum maritimum Lam.
  Alyssum maritime.
  Littoral de la Méditerranée, re-
  monte çà et là à l'intérieur. [s] sub.

Alyssum perusianum Gay.
  Alpes méridionales, Pyrénées-
  Orientales.

Alyssum gemonense L.
  Dép. du Lot; Ruines du Château d'Assier.

Berteroa incana DC.
  Est et çà et là introduit ou naturalisé.

Clypeola Jonthlaspi L.
  Jura, Alpes, Cévennes, Pyrénées,
  Régi. médit.; dunes des Bes Pyré.

Draba verna L.
  Drave du printemps.
  Commun. [s]

Draba muralis L.
  Drave des murailles.
  Ouest, Midi, rare ailleurs; manque
  dans le *Nord*. [s]

Draba incana L.
  Drave blanchâtre.
  Alpes du Dauphiné, Pyrénées.

Draba tomentosa Wahl.
  Drave tomenteuse.
  Alpes, Pyrénées. [s]

Draba nemorosa L.
  Drave des bois.
  Alpes de la Savoie (très rare); *Py-*
  rénées-Orientales.

Draba aizoides L.
  Drave faux-Aizoon.
  Montagnes; Plateau de Langres
  (très rare); manque dans les *Vosges*. [s]

31. PETROCALLIS. *PÉTROCALLIS.* — Feuilles luisantes, ciliées vers leur base, en rosette. [Rochers; fl. roses ou lilas, rarement blanches;

Petrocallis pyrenaica *R. Br.*
Pétrocallis des Pyrénées.
Alpes, Pyrénées. [S]

32. RORIPA. *RORIPE.* —

◇ Fruit égalant environ son pédoncule R;

sépales à peu près égaux aux pétales; fleurs profondément divisées.
[Endroits humides; fl. d'un jaune pâle; 1-15 d.; m.-o.; b.]

× Feuilles du milieu de la tige *profondément divisées*, à divisions étroites et parallèles PY.
[Endroits incultes; fl. jaunes; 1-2 d.; m.-j.; v.]

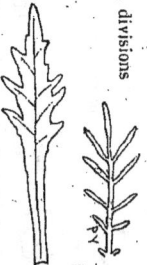

× Feuilles du milieu de la tige *entières ou dentées* A.
[Endroits aquatiques; fl. d'un jaune vif; 4-9 d.; m.-jt.; v.]

Roripa nasturtioides *Spach.*
Commun. [S]

Roripa pyrenaica *Spach.*
Roripe des Pyrénées.
Çà et là. [S]

◇ Fruit environ 3 à 4 fois plus court que son pédoncule RM;

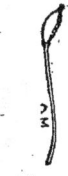

sépales plus courts que les pétales.

Roripa amphibia *Bess.*
Roripe amphibie.
Commun. [S]

33. ARMORACIA. *ARMORACIE.* — (→ Voyez fig; ARM. p. 20). Feuilles de la base à longs pétioles; feuilles du milieu de la tige divisées; les supérieures allongées, entières ou crénelées. [Bord des rivières; fl. blanches; 8-12 d.; m.-jt.; v.]

Armoracia rusticana *Koch.*
Armoracie rustique.
Çà et là. [S]

34. COCHLEARIA. *CRANSON.* —

⚥ Feuilles, au moins les supérieures, embrassant la tige par 2 oreillettes;

· Feuilles *toutes entières* C;

· Feuilles supérieures dentées O;

tige se ramifiant dès la base. (Parfois feuilles de la base largement ovales et non arrondies en cœur et style de plus de 1 mm. de longueur: *C. anglica* L.; — ou grappe fructifère très lâche et allongée et graines finement tuberculeuses: *C. pyrenaica* DC.)
[Endroits incultes, sables, bords des ruisseaux; fl. blanches; 1-3 d.; av.-jt.; b. ou v.]

tige se ramifiant dans sa partie supérieure.
[Bord de la mer; fl. blanches; 3-8 d.; m.-jt.; a.]

fruit ovale, à valves tombant très facilement CA.
[Bord de la mer; fl. blanches ou roses; 8-15 c.; ms. j.; a.]

⚥ Feuilles pétiolées (exemple: CO) sans oreillettes;

Cochlearia glastifolia L.
Cranson à feuilles de Pastel.
Déps du Gard et des Bouches-du-Rhône (très rare).

Cochlearia officinalis L.
Cranson officinal.
Littoral de l'Océan; Auvergne (rare), Pyrénées. [S]

Cochlearia danica L.
Cranson de Danemark.
Littoral de l'Océan et de la Manche.

35. KERNERA. *KERNÉRA.* — (→ Voyez fig; K, p. 20). Feuilles inférieures en rosette, les autres sans pétiole; fruit mûr n'ayant pas plus de 2 mm. de largeur. [Rochers; fl. blanches; 6-25 c.; j.-a.; a.]

Kernera saxatilis *Rchb.*
Kernéra des rochers.
Montagnes. [S]

36. MYAGRUM. *MYAGRUM.* — (→ Voyez fig; MY, p. 18). Feuilles presque entières, glauques, sans pétiole et embrassantes; fruits appliqués contre la tige. [Champs, chemins; fl. jaunes; 2-7 d.; m.-jt.; a.]

Myagrum perfoliatum L.
Myagrum perfolié.
Çà et là, surtout dans le Midi. [S]

37. CAMELINA. *CAMÉLINE.* — (→ Voyez fig; CS, p. 18). Feuilles entières ou dentées; pétales beaucoup plus longs que larges; fruits mûrs beaucoup plus courts que leur pédoncule. [Champs; fl. jaunâtres; 3-12 d.; j.-jt.; a.]

Camelina sativa *Crantz.*
Caméline cultivée.
Commun. [S]

38. NESLIA. *NESLIE.* — (→ Voyez fig; N, p. 18). Plante couverte de poils rameux; fruits très étalés en dehors, beaucoup plus courts que leur pédoncule. [Endroits incultes; fl. jaunes; 3-6 d.; m.-jt.; a.]

Neslia paniculata *Desv.*
Neslie paniculée.
Assez commune, sauf dans le Nord et le Nord-Est. [S]

39. CALEPINA. *CALÉPINE*. — (→ Voyez fig. CC, p. 19). Feuilles plus ou moins divisées, celles de la base à lobes faisant un angle droit avec la nervure principale; fruits plus courts que les pédoncules.
[Champs; fl. blanches; 1-4 d.; m.-j.; a.]

40. SUBULARIA. *SUBULAIRE*. — (→ Voyez fig. S, p. 20). Plante croissant ordinairement dans l'eau; feuilles toutes à la base, très allongées et étroites.
[Étangs; fl. blanches; 1-8 c.; j.-jt.; v.]

41. BUNIAS. *BUNIAS*. — (→ Voyez fig. BU, p. 19). Plante rude, à feuilles supérieures sans pétioles; feuilles inférieures pétiolées.
[Endroits incultes; fl. jaunes; 3-6 d. j.-jt.; a.]

42. ISATIS. *PASTEL*. —

⊕ Plante à peine ligneuse à la base à racine principale développée; feuilles *sans stipules*.

⊕ Plante ligneuse à rosettes de feuilles persistantes développées au-dessus de la base des tiges. (Parfois sépales à bords membraneux et blanchâtres : *I. graeceana* All.;— ou à stipules qui tombent facilement.

□ Feuilles *entières* ou à peine dentées.

□ Feuilles *fortement dentées* ou *profondément divisées*, au moins celles de la base.

△ Sépales *non prolongés* en éperons I.E;

△ 2 des sépales *prolongés en éperons* en éperons I.E;

43. BISCUTELLA. *LUNETIÈRE*. —

× Fruit mûr *en cœur à la base* IT, de moins de 5 mm. de largeur;

× Fruit mûr *presque arrondi à la base* A, de plus de 6 mm. de largeur;

44. IBERIS. *IBERIS*. —

= Éperons presque aigus C;

= Éperons étalés en dehors;

= Éperons obtus AU;

Tiges et feuilles ayant des cils raides ou au moins à la base des feuilles.

Feuilles sans cils.

pétales plus ou moins dressés; fruit dont l'aile ne se prolonge pas sur le style BL;

fruit à faces tuberculeuses, parfois lisses, à aile *ne se prolongeant pas* sur le style Cl.

fruit à faces tuberculeuses, parfois lisses, à ailes *se prolongeant* sur le style Cl.

feuilles inférieures presque aiguës au sommet. [Endroits incultes; fl. jaunes; 4-14 d.;

feuilles inférieures arrondies au sommet. [Pâturages; fl. jaunes; 1-5 d.; m.-a.; v.]

[Rochers; fl. jaunes; 1-7 d.; j.-a.; v.]

[Rochers; fl. jaunes; 3-7 d.; j.-a.; a.]

[Endroits incultes; fl. jaunes; 3-7 d.; m.-jt.; a.]

feuilles du milieu de la tige avec quelques dents. (Parfois feuilles très divisées à longs pétioles, rapprochées au sommet des rameaux non fleuris : *I. pandurava* G.) [Champs; fl. blanches ou lilas; 1-2 d.; j.-o.; a. ou b.]

Fruit ordinairement *plus large que long* S; feuilles inférieures, en général, en forme de spatule; pédoncules des fruits mûrs ayant environ 1/2 mm. de largeur; [Rochers; fl. blanches; 6-30 c.; m.-jt.; v.]

Fruits mûrs à pédoncules *écartés* les uns des autres AM; fruit A; [Rochers; fl. lilas; 9-12 c.; j.-jt.; v.]

Fruit ordinairement *plus long que large* B; feuilles inférieures à limbe très allongé; pédoncules des fruits mûrs ayant moins d'un demi-mm. de largeur; (Parfois sépales à bords colorés et fruit à ailes formant deux pointes au sommet B; *I. Bernardiana* G. G.) [Rochers; fl. blanches ou lilas; 1-3 d.; j.-jt.; a. ou b.]

Fruits mûrs à pédoncules *rapprochés* les uns des autres P; feuilles ordinairement très divisées P. [Champs, coteaux; fl. blanches ou lilas; 1-2 d.; m.-jt.; b.]

Calepina Corvini Desv.
Calépine de Corvin.
Midi et çà et là. [S]

Subularia aquatica L.
Subulaire aquatique.
Vosges et Pyren.-Orientes (très rare).

Bunias Erucago L.
Bunias Fausse-Roquette.
Centre, Midi. [S]

Isatis tinctoria L.
Pastel des teinturiers.
Assez commun. [S]

Isatis alpina All.
Pastel des Alpes.
Départ des H^tes-Alpes (rare).

Biscutella laevigata L.
Lunetière lisse.
Montagnes et çà et là. [S]

Biscutella cichoriifolia L.
Lunetière à feuilles de Chicorée.
Alpes, Dépt de l'Ain, Pyrénées, Midi. [S]

Biscutella auriculata L.
Lunetière à oreillettes.
Provence.

Iberis sempervirens L.
Iberis toujours-vert.
Est, Midi, Pyrénées. [S]

Iberis amara L.
Iberis amer.
Assez commun. [S]

Iberis pinnata Gouan.
Est, Midi. [S]
Iberis pinnée.

Iberis spathulata Berg.
Iberis spatulé.
Pyrénées.

Iberis ciliata All.
Iberis cilié.
Provence, Pyrénées.

⊕ Pédoncules des fruits à bases un peu écartées les unes des autres IN;

fruits à ailes terminées par 2 dents pointues écartées; feuilles toutes étroites et allongées aiguës au sommet. (Fruits 2 à 3 fois plus étroits au milieu qu'au milieu, à dents 3 à 4 fois plus courtes que le style, feuilles plates : **I. Prostii** Soy.-Will.; — fruits 2 à 3 fois plus étroits au sommet qu'au milieu, à dents plus longues que la moitié du style, feuilles presque charnues, bombées d'un côté : **I. Violetti** Soy.-Will.; — fruits non 2 fois plus étroits au sommet qu'au milieu, à dents égalant à peu près le style ou plus longues, feuilles plates : **I. intermedia** Guers.)

IN

Iberis Soyerii N.
Iberis du mont Aurouse.
Alpes du Seyer.
Çà et là.

[Endroits incultes, rochers; fl. lilas, roses ou blanches; 1-6 d.; j.-at.; a ou b.]

⊖ Pédoncules des fruits à bases rapprochées, presque en ombelle UM.

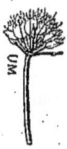

△ Plante ayant moins de 20 c. de hauteur; feuilles inférieures en forme de spatule AU; fruits n'ayant pas plus de 5 mm. de largeur.

[Rochers; fl. lilas ou blanches; 3-15 c.; j.-at.; v.]

UM

△ Plante ayant, en général, plus de 20 c. de hauteur.

AU

: : Fruit à peine ailé L;

: : Fruit largement ailé U;

feuilles du milieu de la tige ayant moins de 5 mm. de largeur, en général.
[Coteaux arides; fl. lilas, rarement blanches; 2-7 d.; j.-at.; b.]

feuilles du milieu de la tige ayant plus de 7 mm. de largeur, en général. [Rochers; fl. lilas, quelquefois blanches; 2-7 d.; m.-at.; v.]

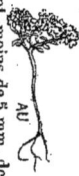

L

Iberis aurosica Vill.
Iberis du mont Aurouse.
Alpes du Dauphiné et de la Savoie.

Iberis linifolia L.
Iberis à feuilles de Lin.
Région méditerranéenne.

Iberis umbellata L.
Iberis en ombelle.
Dépt. des Alpes-Maritimes (Quelquefois échappé des jardins). [S] sub.

45. TEESDALIA. TEESDALIE. — Plante à feuilles réunies en rosette à la base, ayant souvent des tiges partant de la base et s'écartant en dehors TB; style très court, au fond de l'échancrure; feuilles de la base pétiolées, entières ou divisées. (Quelquefois pétales ne dépassant pas les sépales, 4 étamines, fruits en cercle, feuilles de la base aiguës au sommet :
T. Lepidium DC.)
[Endroits sablonneux; fl. blanches; 3-5 c.; ms.-m.; a.

TB

fruit à plusieurs graines. [Rochers;
fl. violettes; 1-3 d.; m.-at.; v.]

Teesdalia nudicaulis R. Br.
Teesdalie à tige nue.
Assez rare. [S]

:.: ÆTHIONEMA. ÆTHIONÈMA. —
＋ Feuilles du milieu de la tige allongées et aiguës au sommet S;

fruit à une graine, rarement deux.
[Rochers; fl. violettes;
1-4 d.; j.-at.; v.]

S

Ethionema saxatile R. Br.
Æthionéma des rochers
Juras, Alpes, Cévennes, Pyrénées-Orientales, Provence. [S]

＋ Feuilles du milieu de la tige plus ou moins arrondies au sommet P;

feuilles embrassant la tige par 2 lobes aigus AR.
[Champs; fl. blanches; 1-4 d.; m.-o.; a.]

P

Ethionema monospermum R. Br.
Æthionéma à une graine.
Pyrénées-Orientales. [S]

47. THLASPI. TABOURET. —
Fruit tout à fait plat, presque circulaire TH, de 1 c. de largeur environ quand il est mûr;

× Feuilles à oreillettes aiguës (Voy. fig. AR); plante à odeur d'ail prononcée.

TH

AR

Thlaspi arvense L.
Tabouret des champs.
Assez commun. [S]

× Feuilles à oreillettes arrondies PE; plante sans odeur d'ail. (Quelquefois fruit dont l'échancrure n'est pas plus large que profonde, tige raide et pédoncules des fruits ordinairement dressés :
T. virgatum G. et G.)
[Champs; fl. blanches; 1-4 d.; ms.-j.; a. ou b.]

Thlaspi alliaceum L.
Tabouret alliaceum L.
Çà et là.

⊙ Anthères d'un violet noirâtre...............
feuilles inférieures réunies en rosette MO, les supérieures à oreillettes arrondies. (Quelquefois anthères jaunâtres, fruit peu échancré au sommet AL; **T. alpestre** Jacq.; — ou anthères violettes, fruit plus ou moins échancré au sommet : **T. alpestre** L.)
[Rochers, coteaux, pâturages; fl. blanches; 7-30 c.; av.-j.; b. ou v.]

MO

Thlaspi perfoliatum L.
Tabouret perfolié.
Assez commun. [S]

Thlaspi montanum L.
Tabouret des montagnes.
Montagnes et coteaux; manque en Auvergne. [S]

⊙ Anthères lilas ou jaunâtres.

PE

:.: IBERIS. — ...
☽ Fruit plus ou moins bombé.

★ Style à peine distinct dans l'échancrure du fruit mûr AP.

★ Style aussi long que l'échancrure du fruit mûr ou même plus long AL;

AP

AL

48. CAPSELLA. CAPSELLE. — (→ Voyez fig. BP, p. 19). Feuilles de la base en rosette, ordinairement divisées.
[Chemins, champs, lieux incultes; fl. blanches; 1-6 d.; toute l'année; α.]

⊙ Plantes n'ayant pas ces caractères.

□ Feuilles entières ou peu dentées R, arrondies, charnues;

49. HUTCHINSIA. HUTCHINSIE. —

□ Feuilles de la base en rosette, ordinairement divisées.

× Feuilles profondé-
ment divi-
sées et non
charnues.

○ Pétales ayant environ 2 fois
la longueur des sépales A;

○ Pétales à peine plus longs
que les sépales P;

△ Feuilles du milieu
embrassant la tige
par 2 lobes C.

× Feuilles du milieu
embrassant la tige
par 2 lobes C.

△ Feuilles entières ou peu dentées R, arrondies, charnues;

50. LEPIDIUM. PASSERAGE. —

⊙ Plante glauque, sans poils, ayant des fruits de plus de 5 mm. de largeur et sur des pédoncules dressés contre la tige; fruits
échancrés et ailés S.
[Champs; fl. blanches; 3-5 d.; j.-jt.; α.]

△ Feuilles du milieu de la tige de 3 à 7 c. de largeur, en général; fruit rond I recouvert de quelques poils fins.
[Endroits incultes; fl. blanches; 3-7 d.; m.-jt.; v.]

• Fruit échancré au sommet et ailé dans sa partie supérieure L. (Parfois anthères régulières ou violettes, fruit ailé dans son tiers supérieur : **L. heterophyllum**
Benth.; — ou anthères violettes lorsque la fleur se fane, fruit ailé dans son quart
supérieur : **L. pratense** Serres; — ou, anthères toujours jaunes, fruit ailé dans
sa moitié supérieure : **L. hirtum** DC.)
[Près, champs; fl. blanches; 2-5 d.; m.-jt.; b. ou v.]

• Fruit non échancré, sans aile D.

fruit pointu au sommet et à style court. [Rochers, pâturages; fl. blanches;
3-12 c.; av.-j.; v.]

fruit arrondi au sommet et sans style
distinct B. Parfois 6 à 8 graines dans
chaque loge; grappe de fruits allongée : **H. procumbens** Desv.
[Endroits incultes; fl. blanches; 3-30 c.;
av.-m.; a.]

feuilles opposées.
[Rochers; fl. violettes ou roses, rarement blanches; 7-15 c.; j.-jt.; v.]

❋ Fruit à sommet aigu non échancré G;
feuilles supérieures entières et aiguës C.
[Endroits incultes; fl. blanches; 3-10 d.; j.-s.; v.]

❋ Fruit à sommet
arrondi et
échancré RU,
V.

= Fruit plus long
que large RU;
feuilles supérieures entières. [Endroits incultes; fl. blanches; 1-4 d.; j.-at.; α.]

= Fruit aussi long
que large V;
feuilles supérieures à quelques dents marquées.
[Endroits incultes; fl. blanches; 1-5 d.; m.-at.; α.]

× Feuilles du mi-
lieu n'em-
brassant pas
la tige par
2 lobes.

△ Feuilles
de 2 c. de
largeur.

△ Feuilles de
moins de
2 c. de
largeur.

51. SENEBIERA. SENEBIÈRE. —

+ Fruit arrondi, plus long que son pédoncule CO;
plante sans poils. [Décembres, bord des rivières; fl. blanches; 1-4 d.; j.-s.; α.]

+ Fruit échancré en haut et en bas, plus court que son pédoncule D;
plante plus ou moins velue. [Décombres; fl. blanches; 1-4 d.; j.-s.; α.]

Capsella Bursa-pastoris *Moench.*
Capsella Bourse à Pasteur.
Très commun. [S]

Hutchinsia rotundifolia *R. Br.*
Hutchinsie à feuilles rondes.
Alpes (Htes régions). [S]

Hutchinsia alpina *R. Br.*
Hutchinsie des Alpes.
Jura, Alpes, Auvergne, Pyrénées.
Assez commun. [S]

Hutchinsia petraea *R. Br.*
Hutchinsie des pierres.
Assez commun. [S]

Lepidium campestre *R. Br.*
Passerage des champs.
Assez commun. [S]

Lepidium Draba *L.*
Passerage Drave.
Assez rare. [S]

Lepidium latifolium *L.*
Passerage à larges feuilles.
Assez rare. [S]

Lepidium graminifolium *L.*
Passerage à feuilles de graminée.
Midi, Centre. [S]

Lepidium ruderale *L.*
Passerage des décombres.
Assez commun. [S]

Lepidium virginicum *L.*
Passerage de Virginie.
Sud-Ouest (naturalisé). [S]

Lepidium sativum *L.*
Passerage cultivé.
Cultivé. [S]

Senebiera Coronopus *Poir.*
Senebière Corne-de-Cerf.
Commun. [S]

Senebiera didyma *Pers.*
Senebière didyme.
Çà et là (naturalisé). [S]

□ Flours *jaunes ou blanches.*

52. CAKILE. *CAKILIER.* — (→ Voyez fig. CK et CM, p. 20). Feuilles charnues, épaisses; tiges très rameuses. [Sables, rochers; fl. lilas;
1-4 d.; j.-s.; a.]

Cakile maritima Scop.
Cakilier maritime.
Bord de la mer. [S] sub.

53. RAPISTRUM. *RAPISTRE.* — (→ Voyez fig. RA, p. 19). Plante plus ou moins velue; feuilles de la base à lobe terminal plus grand.
[Chemins, décombres; fl. jaunes; 2-5 d.; m.-s.; a.] **Us,** p. 387.

Rapistrum rugosum All.
Rapistre rugueux.
Est, Plateau Central, Midi. [S]

54. CRAMBE. *CRAMBE.* — (→ Voyez fig. CR, p. 20). Feuilles charnues et glauques, étamines ayant une dent allongée au-dessous de l'anthère.
[Sables, rochers; fl. blanches; 3-5 d.; m.-j.; v.]

Crambe maritima L.
Crambe maritime.
Littoral du Nord et de l'Ouest.

CAPPARIDÉES

CAPPARIS. *CÂPRIER.* — Plante produisant chaque année des tiges en touffe; fleurs d'environ 4 à 5 c. de largeur; ovaire porté sur un
très long pied; fruit charnu.
[Murs, rochers; fl. d'un blanc rosé; 1-2 m.; j.-s.; v.]

Capparis spinosa L.
Câprier épineux.
Région méditerranéenne. [S] sub.

CISTINÉES

1. CISTUS. *CISTE.* —

⊙ Calice à 5 sépales dont les 2 extérieurs sont presque égaux aux 3 autres ou sont plus grands; ovaire à 5-10 loges...............

1. CISTUS → p. 34.
CISTE [9 esp.].

⊙ Calice à 5 sépales dont les 2 extérieurs plus petits ou calice à 3 sépales.

  △ Toutes les étamines à anthères développées H; fleurs jaunes, blanches ou roses.

    + Fleurs de plus de 3 c. de largeur; ovaire à 5 ou 10 loges.
    + Fleurs de moins de 3 c. de largeur; ovaire à 1 ou 3 loges...............

2. HÉLIANTHÈME → p. 35.
HELIANTHEMUM [11 esp.].

  △ Étamines extérieures à anthères non développées F; fleurs jaunes; ovaire à 1 ou 3 loges...............

3. FUMANA → p. 36.
FUMANA [2 esp.].

---

1. CISTUS → p. 34.

Cistus albidus L.
Ciste cotonneux.
Midi.

Cistus crispus L.
Ciste crépu.
Région méditerranéenne.

Cistus ladaniferus L.
Ciste à gomme.
Région méditerranéenne.

Cistus laurifolius L.
Ciste à feuilles de Laurier.
Midi.

Cistus hirsutus Lam.
Ciste hérissé.
Bretagne (naturalisé).

Cistus monspeliensis L.
Ciste de Montpellier.
Région méditerranéenne.

CISTUS. *CISTE.* —

⊙ Fleurs roses ou pourpres.

  ⊙ Pédoncules ayant environ 2 fois la longueur du calice AL.
  ⊙ Pédoncules beaucoup plus courts que le calice CR.

= Feuilles sans pétiole net LD;

= Feuilles étant très nettement pétiolées LAU;

↘ Calice à 3 sépales.

↘ Calice à 5 sépales.

× Feuilles sans pétiole net.

× Feuilles nettement pétiolées. (→ Voir la suite de la page suivante).

• Fleurs de 5 à 9 c. de largeur environ; sépales tout à fait en cœur à la base H.
[Endroits incultes; fl. blanches à onglet jaune; 2-6 d.; j.-jt.; v.]

• Fleurs de 2 à 4 c. de largeur environ; sépales à peine en cœur à la base M.
[Endroits pierreux, bois; 8-20 d.; m.-jt.; v.]

pédoncules sans poils ou presque sans poils, mais à petites glandes.
[Endroits pierreux, bois; fl. blanches, un peu tachées de rouge à la base; 8-30 d.; m.-j.; v.]

pédoncules *très velus.*
[Endroits pierreux, bois; fl. blanches, jaunes à la base; 8-30 d.; m.-j.; v.]

[Coteaux, bois; fl. d'un rouge pourpre; 1-3 d.; m.-jt.; v.]

[Coteaux, bois; fl. roses; 3-9 d.; m.-ji.; v.]

fleurs jaunes; ovaire à 1 ou 3 loges.

□ Calice à 5 sépales dont 2 plus petits.

⊕ Feuilles en cœur à la base P;

⊕ Feuilles non en cœur à la base S, L0.

* Fleurs, en général, plus de 5 c. de largeur; bractées larges et tombant facilement.

fleur ayant, en général, plus de 5 c. de largeur; bractées larges et tombant facilement.
[Endroits pierreux, bois; fl. d'un blanc jaunâtre; 8-15 d.; m.-j.; v.]

Cistus populifolius L.
Ciste à feuilles de Peuplier.
Région méditerranéenne.

* Fleurs, en général, isolées S; feuilles velues; pédoncules 2 à 4 fois plus longs que le calice S.
[Endroits pierreux, bois; fl. blanches, devenant jaunes par la dessiccation; 2-8 d.; m.-j.; v.]

Cistus salviaefolius L.
Ciste à feuilles de Sauge.
Est, Plateau Central (rare); Ouest, Midi. [S]

* Fleurs groupées L0; feuilles presque sans poils en dessus et velues-cotonneuses en dessous; pédoncules à peu près de la même longueur que le calice L0.
[Endroits pierreux, bois; fl. blan-ches; 8-15 d.; m-j.; v.]

Cistus nigricans Pourr.
Ciste noircissant.
Corbières.

2. HELIANTHEMUM. HÉLIANTHÈME. —

□ Calice à 3 sépales.

❋ Fleurs jaunes; feuilles ovales A;

style presque égal à l'ovaire; fleurs souvent en ombelle U.
[Bois, landes; 2-5 d.; av.-j.; v.]

Helianthemum umbellatum Mill.
Hélianthème en ombelle.
Centre, Ouest, Midi.

style non développé.
[Bois, landes; 3-8 d.; m.-j.; v.]

Helianthemum alyssoides Vent.
Hélianthème Faux-Alysson.
Centre, Midi.

❋ Fleurs blanches; feuilles étroites allongées UN;

fruit (avec le calice)
fl. jaunes; 2-4 d.; m.-j.; a. ou b.]

Helianthemum niloticum Pers.
Hélianthème du Nil.
Région méditerranéenne (rare).

□ Calice à 5 sépales.

⊙ Pétales plus longs que le calice; style courbé ou non développé.

⊙ Pétales ordinairement plus courts que le calice; style droit, dressé.

• Pédoncules plus courts que les sépales N, et dressés;

• Pédoncules plus longs que les sépales SA, et courbés;

= Sépales velus sur les nervures seulement V; le reste des sépales presque sans poils ou à poils beaucoup plus petits;

fruit (avec le calice) ayant moins de 1 c. de largeur. [Rarement fruit mûr dépassant à peine la moitié de la largeur des sépales et de moins de 3 mm. de largeur : **H. intermedium** Thib.] [Endroits incultes; fl. jaunes; 1-2 d.; m.-j.; v. ou b.]

Helianthemum salicifolium Pers.
Hélianthème à feuilles de Saule.
Centre, Plateau Central, Ouest, Midi. [S]

+ Fleurs jaunes, rarement roses ou blanches; graines nombreuses; fruit mûr à peu près de la longueur des sépales. [Prés secs, bois; 1-3 d.; m.-j.; v.]

Helianthemum vulgare Gærtn.
Hélianthème vulgaire.
Commun. [S]

+ Fleur blanches, jaunes à la base. → Voyez **H. pilosum**, p. 35.

= Sépales velus sur toute leur surface P.

* Sépales étroits et très aigus L;

* Sépales ovales en pointe ou arrondis PO, Hl; grappes de fleurs isolées.

✕ Fruit à peu près de la même longueur que le calice PO. (Parfois feuilles très étroites et très roulées en dessous par la base; sépales glabres sauf sur les nervures : **H. pilosum** Pers.) [Endroits secs; fl. blanches, jaunes à la base; 1-3 d.; m.-j.; v.]

Helianthemum lavandulaefolium DC.
Hélianthème à feuilles de Lavande.
Région méditerranéenne.

✕ Fleur groupées pour la plupart par 2 ou 3; plante grise-argentée.
[Endroits secs; fl. jaunes; 2-5 d.; m.-j.; v.]

Helianthemum polifolium DC.
Hélianthème à feuilles de Polium.
Çà et là (manque dans le Nord). [S]

✕ Fruit moins long que le calice Hl.
[Endroits secs; fl. jaunes ou blanches; 1-2 d.; m-j.; v.]

Helianthemum hirtum Pers.
Hélianthème hérissé.
Région méditerranéenne.

↷ Stipules à toutes les feuilles.

↷ Pas de stipules aux feuilles inférieures. (→ Voir la suite à la page suivante).

Suite de l'analyse des Helianthemum :

① Tiges *ligneuses* ; sépales très velus, blanchâtres ; feuilles poilues, blanchâtres, au moins en dessous, ovales ŒL. (Parfois feuilles ayant en dessous un duvet cotonneux à poils étalés : *H. canum* Dun. ; ou feuilles presque en cœur à la base et terminées par une petite pointe : *H. marifolium* Dun.)
[Endroits secs ; fl. jaunes ; 1-3 d. ; m.-jt. ; v.]

Helianthemum œlandicum *DC.*
Hélianthème d'Œland.
Çà et là (manque dans le Nord, le Nord-Est, l'Auvergne et l'Ouest). [S]

① Tiges *herbacées* :

  + Sépales *velus* ; plante *sans rosette de feuilles à la base* ; pétales presque toujours avec une tache d'un brun violacé G.
[Endroits sablonneux ; fl. jaunes, tachées ou non de violet à la base ; 1-3 d. ; j.-jt. ; a.]

Helianthemum guttatum *Mill.*
Hélianthème à gouttes.
Çà et là (manque dans le Nord et l'Est).

  + Sépales *sans poils* ; *feuilles en rosette à la base sur des rameaux courts* ; grappes de fleurs peu allongées TU.
[Endroits secs ; fl. jaunes ; 23 d. ; j.-jt. ; v.]

Helianthemum tubraria *Mill.*
Hélianthème Tubéraire.
Région méditerranéenne.

3. FUMANA. *FUMANA.* —

Feuilles *sans stipules* ; pédoncules des fruits pour la plupart *renversés* VU. (Parfois pédoncules toujours plus longs que les feuilles et rameaux redressés : *F. Spachii* G. G.)
[Endroits secs ; fl. jaunes ; 1-3 d. ; m.-jt. ; v.]

Fumana vulgaris *Spach.*
Fumana vulgaire.
Çà et là. [S]

Feuilles *à stipules* de même forme que les feuilles ; pédoncules des fruits *étalés* L. (Parfois style droit, pédoncules velus et visqueux : *F. viscida* Spach.)
[Endroits secs ; fl. jaunes ; 2-4 d. ; m.-j. ; v.]

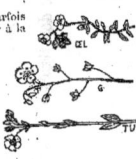

Fumana lævipes *Spach.*
Fumana à pédoncules grêles.
Région méditerranéenne.

VIOLARIÉES

VIOLA. *VIOLETTE.* —

☐ *Les 2 pétales supérieurs seuls dressés* (exemple : II).

= Pédoncules *tous à la base*, partant du sol, soit de l'extrémité de la tige souterraine, soit de tiges rampantes,

  : Stigmate *arrondi* P ; plante sans poils ou à feuilles très divisées..........**Série 1** → p. 37.

  : Stigmate *aigu et courbé* HR ; plante plus ou moins poilue, à feuilles non divisées.....................**Série 2** → p. 37.

= Pédoncule *partant à une certaine distance au-dessus du sol*, sur des tiges aériennes plus ou moins dressées et feuillées.

  ⋆ Limbe des feuilles de la base *nettement plus long que large*..........**Série 3** → p. 37.

  ⋆ Limbe des feuilles de la base *aussi large ou presque aussi large que long*..........**Série 4** → p. 37.

☐ *Les 4 pétales supérieurs dressés* (exemple : T).

⊙ Feuilles à limbe *plus large que long*, arrondi, crénelé et en cœur à la base BI ;

  fleurs jaunes ; pétales entiers ; stigmate *sans paquets de poils à la base* et formant deux masses arrondies B.........**Série 5** → p. 37.

⊙ Feuilles n'ayant pas le limbe à la fois plus large que long et crénelé ; stigmate *ayant deux paquets de poils à la base* TR.

  ✕ Éperon *plus de 2 fois plus long* que les prolongements des sépales inférieurs CR, CLC..........**Série 6** → p. 37.

  ✕ Éperon *2 fois ou moins de 2 fois plus long* que les prolongements des sépales inférieurs TRI..........**Série 7** → p. 38.

Série 1

△ Feuilles très divisées Pl; à lobes disposés en éventail; [Rochers; prés; fl. violettes; 4-13 c.; j.-at.; v.]

△ Feuilles non divisées VP; finement dentées tout autour; fleurs sur de longs pédoncules courbés au sommet avant la floraison; fruit plus ou moins arrondi au sommet. [Marais, fossés, tourbières; fl. d'un bleu pâle veiné de violet; 3-15 c.; m.-j.; v.]

Viola pinnata L.
Violette pennée.
Alpes de la Savoie et du Dau-phiné (rare) (hautes régions). **[S]**

Viola palustris L.
Violette des marais.
Montagnes et çà et là. **[S]**

Série 2

⊕ Fleurs non odorantes; pétales, en général, tous nettement échancrés H [Bois, prés; fl. violettes, rarement blanches; 3-20 c.; ms.-m.; v.]

⊕ Fleurs ordinairement plus ou moins odorantes.

  + Pétale inférieur seul nettement échancré O. [Endroits frais; fl. violettes ou blanches; longueur variable; ms.-m.; v.]

  + Pétales tous entiers. → Voyez V. mirabilis, p. 37.

Viola hirta L.
Violette hérissée.
Commun. **[S]**

Viola odorata L.
Violette odorante.
Très commun. **[S]**

Série 3

□ Tiges aériennes ligneuses, à écorce grise;

□ Tiges aériennes herbacées; feuilles à limbe assez large ordinairement; tiges aériennes fleuries situées sur le prolongement même des divisions de la tige souterraine; stipules ciliées C ou dentées VB; feuilles ovales CA ou très allongées VE. [Espèce à formes nombreuses.] [Endroits incultes, bois; fl. d'un bleu violacé, blanchâtres ou jaunâtres; 3-40 c.; av.-j.; v.]

feuilles à limbe très allongé AR, beaucoup plus long que leur pétiole. [Endroits incultes; fl. violettes; 7-20 c.; s.-o.; v.]

Viola arborescens L.
Violette arborescente.
Région méditerranéenne (rare)

Viola canina L.
Violette des chiens.
Montagnes et çà et là (très rare dans les plaines méridionales). **[S]**

Série 4

◇ Fleurs sans odeur; stipules divisées ou frangées S;

◇ Tiges aériennes fleuries situées ordinairement au-dessous d'une ou plusieurs feuilles, de façon que les ramifications de la tige souterraine se terminent par 1, 2 ou plusieurs feuilles en rosette. [Espèce à formes nombreuses.—Parfois fruit polilu, tiges grises, feuilles de la base obtuses: **V. arenaria** DC.] [Bois; fl. violettes, d'un violet-bleu ou bleues; 1-3 d.; ms.-m.; v.]

fleurs toujours de 2 sortes, celles de la base colorées, celles des tiges aériennes sans pétales. [Bois, coteaux; fl. bleuâtres ou d'un bleu rougeâtre, rarement blanchâtres; 1-3 d.; av.-m.; v.]

Série 5. — Fleurs relativement petites, jaunes, avec des stries brunes; souvent 2 par tiges; tiges et pétioles grêles. [Sous les rochers, endroits humides; fl. jaunes; 5-30 c.; j.-at.; v.]

Viola mirabilis L.
Violette étonnante.
Est, Alpes, Cévennes (rare). **[S]**

Viola biflora L.
Violette à deux fleurs.
Jura, Alpes, Auvergne, Pyrénées (hautes régions). **[S]**

Série 6

★ Feuilles du milieu de la tige à limbe en cœur à la base;

★ Feuilles du milieu de la tige à limbe un peu en cœur à la base CO;

  = Feuilles ordinairement dentées, toutes à stipules développées.

  = Feuilles entières; les inférieures sans stipules CE;

Fleurs odorantes; stipules entières bordées de cils fins MI;

tiges allongées portant de nombreuses feuilles tout le long. [Prés, rochers; fl. bleues ou d'un bleu violacé; 5-40 c.; j.-at.; v.]

  = Feuilles disséminées le long de la tige. → Voyez V. tricolor, p. 38.

  =• Feuilles réunies en touffes CAL. [Rochers, prés; fl. violettes ou jaunes; 6-30 c.; j.-at.; a., b., ou v.]

éperon de 4 à 8 mm. de longueur, en général. (Parfois plante plus ou moins poilue-blanchâtre, à stipules divisées en plus de 3 lobes: **V. valderia** DC.) [Prés, rochers; fl. bleues ou lilas; 5-25 c.; at.-s.; v.]

Viola silvestris Lam.
Violette des bois.
Commun. **[S]**

Viola calcarata L.
Violette éperonnée.
Jura, Alpes (hautes régions). **[S]**

Viola cornuta L.
Violette cornue.
Pyrénées.

Viola oenisia L.
Violette du mont Cenis.
Alpes, Pyrénées (hautes régions). **[S]**

Série 7

★ Feuilles *entières* et à limbe arrondi N ; | fleurs à éperon moins long que la moitié de la longueur des sépales. [Rochers, prés ; fl. violettes ; 3-8 c. ; at.-s. ; v.] | **Viola nummularifolia** *All.* *Violette à feuilles de Nummulaire.* *Alpes méridionales* (très rare).

★ Feuilles *dentées*, toutes ou la plupart *allongées* ; stipules des feuilles supérieures relativement grandes (Espèce à formes nombreuses). [Champs, prés, sables, rochers ; fl. mêlées de blanc, de violet ou de jaune T, ou violettes, ou jaunes ; 5-40 c. ; ms.-s. ; a.. b. ou v.] | **Viola tricolor** *L.* *Violette tricolore* (Pensée sauvage). *Commun.* [S]

RÉSÉDACÉES

⊖ Carpelles *soudés entre eux et formant un seul ovaire* R ; | fruit largement ouvert au sommet ; 10 à 40 étamines ; fleurs jaunâtres, blanchâtres ou verdâtres .... | **1. RESEDA** → p. 38. *RÉSÉDA* [6 esp.].

⊖ Carpelles *séparés les uns des autres* A ; | fruit mûr à carpelles étalés en étoile (→ Voyez fig. SE. CL, p. 39) ; 5 à 15 étamines ; fl. blanchâtres en grappe très allongée et étroite AC. 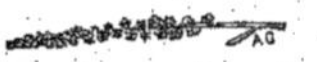 | **2. ASTEROCARPUS** → p. 39. *ASTÉROCARPE* [2 esp.].

RESEDA. RÉSÉDA. —

△ Calice à 6 sépales LA.

★ Pétales *jaunes* ou *d'un jaune verdâtre* ; feuilles du milieu de la tige ordinairement à plus de 3 divisions L, RL. [Endroits incultes ; fl. d'un jaune verdâtre ; 2-7 d. ; j.-at. ; b.] | **Reseda luteã** *L.* *Réséda jaune.* *Commun.* [S]

★ Pétales *blancs* ou *d'un blanc verdâtre* ; feuilles du milieu de la tige ordinairement entières ou à 3 divisions.

: Feuilles du milieu de la tige à sommet arrondi ; pétales supérieurs à 9-11 lobes P.  | [Endroits incultes ; fl. blanchâtres ; 1-8 d. ; j.-s. ; a.] | **Reseda Phyteuma** *L.* *Réséda Raiponce.* *Sud-Est* et région méditerranéenne, rare ou manque ailleurs. [S]

: Feuilles du milieu de la tige à sommet aigu, en général, pétales supérieurs à 5-7 lobes J.  | [Endroits incultes ; fl. blanchâtres ; 4-8 d. ; m.-at. ; a.] | **Reseda Jacquini** *Rchb.* *Réséda de Jacquin.* *Cévennes.*

△ Calice à 5 sépales S.

▽ Feuilles à *divisions nombreuses* et *inégales* ; fruit *bien plus long que large* SU. [Endroits incultes ; fl. blanches ; 2-7 d. ; m.-s. ; a. ou b.] | **Reseda suffruticulosa** *L.* *Réséda sous-arbrisseau.* *Littoral de la Méditerranée* (peu commun).

▽ Feuilles *entières* et *très étroites* ; fruit à peu près aussi large que long G. [Rochers ; fl. blanches ; 2-6 d. ; jt.-s. ; v.] | **Reseda glauca** *L.* *Réséda glauque.* *Pyrénées.*

△ Calice à 4 sépales RLL ; | fleurs en grappe très allongée ; fruits à pédoncules courts LL. [Endroits incultes ; fl. jaunâtres ; 2-15 d. ; j.-at. ; b.] | **Reseda luteola** *L.* *Réséda jaunâtre* (Gaude). *Commun.* [S]

≡ *11 à 15 étamines* à filets sans poils; styles *pres-*
— *que au sommet des carpelles mûrs* SB;

≡ *7 à 9 étamines* à filets plus ou moins poilus;
styles *sur le côté des carpelles mûrs* CL;

feuilles de la base ordinairement desséchées quand la plante fleurit.
[Rochers, pâturages; fl. blanchâtres; 5-30 c.; j.-at.; v.]

Asterocarpus sesamoides Gay.
Astérocarpe Faux-Sésame.
Plateau Central, Pyrénées.

feuilles de la base en rosette ordinairement développées quand la plante fleurit.
[Sables, bois; fl. blanchâtres; 2-5 d.; j.-at.; v.]

Asterocarpus Clusii Gay.
Astérocarpe de De l'Ecluse.
Centre, Ouest, Sud-Ouest, Basses-Cévennes (rare).

DROSÉRACÉES

☐ Plante *flottante* ou *submergée* à *feuilles verticillées* AL;

fleur à 5 écailles, en éventail à divisions glanduleuses...... 3. PARNASSIA → p. 39.
PARNASSIE [1 esp.].

⊙ Fleurs *isolées* PP;

fleur à 5 écailles; fruit plus long que les sépales.

⊙ Fleurs en *„grappe*; fleurs sans écailles en éventail; feuilles couvertes de lobes glanduleux en forme de poils........... 1. DROSERA → p. 30.
ROSSOLIS [3 esp.].

☐ Plante *non flottante*
ni submergée (Voy.
fig. PP et fig. DR, DL,
ci-dessous).

fleurs isolées, les unes des autres, à 5 styles........ 2. ALDROVANDIA → p. 30.
ALDROVANDIE [1 usp.].

1. DROSERA. ROSSOLIS. —

⬦ Plante *flottante à feuilles verticillées* AL;

stigmate en forme de boule; fruit plus long que les sépales.
[Endroits tourbeux; fl. blanches; 6-20 c.; j.-s.; v.]

Drosera rotundifolia L.
Rossolis à feuilles rondes.
Montagnes et çà et là, manque dans la Provence. [S]

⬦ Feuilles à *limbe arrondi, brusquement*
aminciées en pétiole DR, en général,
toutes appliquées sur le sol;

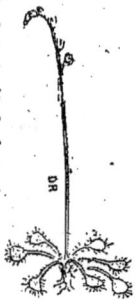

* Tige fleurie *dressée dès la base et*
sortant du milieu de la rosette
de feuilles DL; stigmate en
forme de massue et blanchâtre.
[Endroits tourbeux; fl. blanches; 1-2 d.;
j.-s.; v.]

Drosera longifolia L.
Rossolis à feuilles longues.
Montagnes et çà et là, manque dans le Midi.

Feuilles à *limbe allongé*
insensiblement amincies
en pétiole, en général,
dressées DL, DL.

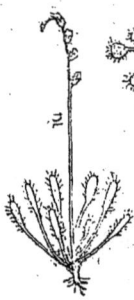

* Tige fleurie courbée à la base et sortant du côté de la rosette de feuilles DL; stigmate à
peu près plat et rougeâtre.
[Endroits tourbeux; fl. blanches; 4-10 c.; j.-s.; v.]

Drosera intermedia Hayne.
Rossolis intermédiaire.
Çà et là, manque dans la région méditerranéenne. [S]

2. ALDROVANDIA. ALDROVANDIE. — (→ Voyez fig. AL, ci-dessus).

Feuilles de la base en rosette; celle de la tige ovale et embrassant la tige.
Tiges grêles et très feuillées; feuilles verticillées par 6 à 8, ren-
flées en forme d'outres.
[Mares, étangs; fl. blanches; 1-2 d.; j.-s.; v.]

Aldrovandia vesiculosa L.
Aldrovandie à vessies.
Dép. de la Gironde et des Bouches-
du-Rhône (très rare).

3. PARNASSIA. PARNASSIE. — (→ Voyez fig. PP, ci-dessus).

[Endroits humides; fl. blanches; 1-4 d.; j.-s.; v.]

Parnassia palustris L.
Parnassie des marais.
Assez commun, surtout dans les
montagnes; rare dans la région méditerranéenne. [S]

POLYGALÉES

POLYGALA. *POLYGALA.*

⊙ Corolle *ne formant pas une houppe* CH; [figure] feuilles persistantes; [Bois, rochers; fl. jaunes, tachées de rouge au sommet; 1-2 d.; m.-jt.; v.]

Polygala Chamæbuxus L.
Polygala Petit-Buis.
Alpes. [S]

⊙ Corolle en forme de houppe ou azant [exemple : VL.]

□ Grands sépales ayant au milieu *une large bande verte* RU,E, sans nervures prononcées.

⬦ Grands sépales de plus de 4 mm. de longueur [RU, grandeur naturelle] ; [figure] tiges ligneuses à la base. [Endroits incultes; fl. d'un blanc verdâtre; 1-2 d.; m.-j.; v.]

Polygala rupestris Pourr.
Polygala des rochers.
Région méditerranéenne (rare).

⬦ Grands sépales de moins de 4 mm. de longueur [E, grandeur naturelle] ; [figure] tiges herbacées à la base. [Endroits incultes; fl. blanchâtres ou roses; 3-12 c.; j.-jt.; a.]

Polygala exilis DC.
Polygala grêle.
Sud-Est, Région méditerranéenne (rare).

= Plante fleurie *ayant une rosette de feuilles à la base.*

★ Grands sépales (a, fig. CL) ayant 3 mm. ou plus de largeur près du fruit mûr [CL, fleur passée, vue en dedans]. (Nervures du milieu des grands sépales reliées aux autres par des ramifications: **P. amarella** Crantz; — ou non nettement reliées : **P. austriaca** Crantz.) [Bois, prés; fl. bleues, rarement roses ou blanchâtres; 1-2 d.; m.-j.; v.]

Polygala calcarea Schultz.
Polygala des sols calcaires.
Peu commun, sauf dans l'Est. [S]

★ Grands sépales (a, fig. PA) ayant moins de 3 mm. de largeur près du fruit mûr [PA, fleur passée, vue en dehors]. [Endroits incultes; fl. d'un bleu pâle ou verdâtre; 2-30 c.; m.-j.; b. ou v.]

Polygala amara L.
Polygala amère.
Vosges, Jura, Alpes, Pyrénées, rare ou manque ailleurs. [S]

□ Grands sépales sans rosette verte et à nervures ramifiées.

: Feuilles à sommet *très aigu ;* grands sépales 2 fois plus longs que larges MO, [figure] ovales aigus. [Endroits incultes; fl. d'un blanc verdâtre; 1-3 d.; m.-jt.; a.]

Polygala monspeliaca L.
Polygala de Montpellier.
Région méditerranéenne, départ. de la *Charente-Inférieure* (rare).

= Plante fleurie *sans rosette de feuilles à la base.*

: Feuilles à sommet *non très aigu ;* grands sépales moins de 2 fois plus longs que larges (a, a, fig. D et V). (Parfois feuilles inférieures opposées et à rameaux couchés sur le sol : **P. depressa** Wend.; — à grands sépales d'environ 8 à 10 mm. de longueur et à tiges très ligneuses à la base : *P. rosea* Desf.) [Bois, prés; fl. blanches, violettes, bleues ou roses; 1-3 d.; m.-jt.; v.]

Polygala vulgaris L.
Polygala commune.
Très commun [S]

FRANKÉNIACÉES

FRANKENIA. *FRANKÉNIE.* —

△ Feuilles *ovales arrondies* P et comme couvertes de poussière en dessous; [figure] plante à racine grêle. [Bord de la mer; fl. d'un violet pâle; 1-2 d.; j.-a.]

Frankenia pulverulenta L.
Frankénie pulvérulente.
Littoral de la Méditerranée.

△ Feuilles étroites L, l.

+ Tiges *sans poils* L; [figure] calice sans poils ou presque sans poils. [Bord de la mer; fl. d'un rouge violacé; 1-3 d.; j.-al.; v.]

Frankenia lævis L.
Frankénie lisse.
Littoral de la Méditerranée et de l'Océan.

+ Tiges *velues* l; [figure] calice poilu. [Bord de la mer; fl. violacées; 1-3 d.; av. at.; v.]

Frankenia intermedia DC.
Frankénie intermédiaire.
Littoral de la Méditerranée.

CARYOPHYLLÉES

△ Sépales réunis entre eux, au moins jusqu'au tiers du calice. . . . . **1er GROUPE** (*SILÉNÉES*) → p. 41.

△ Sépales non réunis entre eux ou un peu réunis à leur base. . . . . ·2e **GROUPE** (*ALSINÉES*) → p. 41.

1er GROUPE : (*SILÉNÉES*).

✠ 5 ou 6 styles.

✠ 3 styles.
- .. Fruit charnu ne s'ouvrant pas CC; . . . . **3. LYCHNIS →** p. 45: *LYCHNIS* [9 esp.].
- .: calice en cloche, à sépales réunis ♥*au plus jusqu'à la moitié ;* . . . . **1. CUCUBALUS →** p. 42. *CUCUBALE* [1 esp.].
- .: Fruit sec s'ouvrant au sommet; calice à sépales réunis entre eux jusqu'à plus du milieu. . . . . . . feuilles supérieures pétiolées C. . . . . . **2. SILENE →** p. 42. *SILÈNE* [26 esp.].

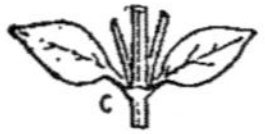

✠ 2 styles.

∧ Tube du calice entouré à sa base de bractées appliquées formant comme un involucre autour du calice (→ Voyez les fig. P¹, RB, I, CII, etc., P. 47). . . . . . .
- ★ Pétales *très brusquement amincis* dans leur partie inférieure P¹ GA et serrés les uns contre les autres, au niveau du sommet du calice. . . . . . **7. DIANTHUS →** p. 46 *ŒILLET* [15 esp.].
- ★ Pétales *non brusquement amincis* dans leur partie inférieure T¹ et non serrés les uns contre les autres. . . . . . **6. TUNICA →** p. 46. *TUNIQUE* [1 esp.].

∧ Tube du calice non entouré à la base de bractées appliquées.
- ⊡ Calice *moins de* 6 *fois plus long que large* V. . . . .
  - ⊟ Calice *membraneux*, à 5 angles. . . . . . **8. VELEZIA →** p. 48. *VÉLÉZIE* [1 esp.].
  - ⊟ Calice *non membraneux*, sans angles marqués. . . . .
    - ★ *Calice environ* 10 *fois plus long que large* V. . . . . . **5. GYPSOPHILA →** p. 46. *GYPSOPHILE* [2 esp.].
    - ★ Fleurs de moins de 6 mm. de longueur en général, plus ou moins verdâtres → *Voyez Silene Otites,* p. 44 . . . . . **4. SAPONARIA →** p. 46. *SAPONAIRE* [6 esp.].
    - ★ Fleurs de plus de 10 mm. de longueur en général, blanches ou roses → *Voyez* **3. Lychnis,** p. 45.

2e GROUPE : (*ALSINÉES*).

✠ 0 styles.
- ⊙ Fleurs de plusieurs sortes sur la même plante : staminées, pistillées et stamino-pistillées. . . . . . .
  - | Feuilles *charnues*; plante du littoral. . . . . . **13. HONCKENEJA →** p. 51. *HONCKÉNÉA* [1 esp.].
  - | Feuilles *non charnues*; plante des montagnes. . . . . **12. CHERLERIA →** p. 51. *CHERLÈRIE* [1 esp.].
- ⊙ Fleurs *toutes de même sorte,* ayant à la fois des étamines et un pistil (→ *Voyez la suite de l'analyse à la page suivante*).

⊕ Feuilles ayant de pe-
tites stipules mem-
braneuses à leur
base (fig. SA, SR),
pétales entiers.

  ✳ 5 styles AR; feuilles comme en faisceau SA; fruit à 3 valves............ **20. SPERGULA** → p. 53.
        SPERGULE [2 esp.].

  * 3 styles Ri; feuilles non en faisceau SR; fruit à 3 valves........ **21. SPERGULARIA** → p. 53.
        SPERGULAIRE [2 esp.]

⊕ Feuilles *sans stipules*.

∢ 2 styles.
  ✳ Calice à 4 sépales........
  ✳ Calice à 5 sépales G......

∢ 3 styles.
  ≡ Fleurs *presque en ombelle* HU; pétales à petites dents irrégulières H..............
  = Fleurs non en ombelle.

    △ Pétales *entiers ou un peu échancrés*........
    △ Pétales *divisés en deux plus ou moins profondément*.

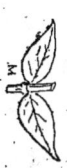

∢ 4 ou 5 styles.
  × Pétales *divisés en deux plus ou moins pro-fondément*.
  × Fleurs non en ombelle.

    ✳ Sépales *environ 3 fois plus longs que larges*, bordés d'une membrane blanchâtre; fruit s'ouvrant au sommet par 8 à 10 dents..........
    ✳ Sépales *environ 2 fois plus longs que larges*, ordinairement verts; fruit s'ouvrant par 4 ou 5 valves. → Voy. 15. Stellaria, p. 51.

△ 5 styles placés en face des intervalles des sépales; pétales divisés jusqu'à la base simulant 8 pétales; feuilles du milieu de la tige un peu en cœur à la base M.................

△ Styles *non placés en face des intervalles des sépales*.

○ Feuilles *poilues*; fruit à dents plus ou moins inégales VL, AL................. **17. CERASTIUM** → p. 52.
    CÉRAISTE [7 esp.].

○ Feuilles *sans poils*; fruit à dents égales CS;
  • 5 styles............ **18. MOENCHIA** → p. 52.
    MOENQUIE [1 esp.].
  • 3 styles → Voy. 15. Stellaria, p. 51.

○ Feuilles *poilues*; fruit à dents plus ou moins inégales VL, AL..... **9. STELLARIA** → p. 51.

Pétales *entiers ou à petites dents*.............. **15. STELLARIA** → p. 51.
  STELLAIRE [8 esp.].

pétales à petites dents irrégulières H..... **16. HOLOSTEUM** → p. 52.
  HOLOSTÉE [1 esp.].

Pétales *plus ou moins profondément divisés*........ **11. ARENARIA** → p. 49.
  SABLINE [24 esp.].

Calice à 4 sépales........ **10. BUFFONIA** → p. 48.
  BUFFONIE [3 esp.].

Calice à 5 sépales G....... **14. GOUFFEIA** → p. 51.
  GOUFFEIA [1 esp.].

.... **19. MALACHIUM** → p. 52.
  MALAQUIE [1 esp.].

---

1. CUCUBALUS. CUCUBALE. — (→ Voyez fig. CC, c, p. 40).
Plante à tiges minces et faibles, souvent grimpantes; fleurs à pétales très écartés les uns des autres, divisés en deux; fruit noir luisant. [lieux, endroits humides; 5-15 d.; j.-s., v.]

Cucubale à baies.
Cucubalus bacciferus L.
Assez commun, sauf dans le Nord, l'Est et l'Ouest. [S]

2. SILENE. SILÈNE. —

▢▢ Calice jeune en forme de petite outre ou beaucoup plus large à la base qu'au sommet.
  ⊙ Calice jeune non en forme d'ou-tre ni plus large à la base qu'au sommet.

  • Fleurs de moins de 14 mm. de longueur, en général; souvent moins.
    ⊙ Calice velu.
    ⊙ Calice sans poils ou ayant seulement les dents ciliées, parfois rude au toucher.

  • Fleurs de 14 mm. de longueur ou plus en général.

    * Pétales *entiers ou à petites dents*................ **Série 1** p. 43.
    * Pétales *entiers ou à petites dents*............... **Série 2** p. 43.
    * Pétales *plus ou moins profondément échancrés*... **Série 3** p. 43.
    ≡ de 3 pédoncules au delà de la dernière paire de bractées.
    * Pétales *plus ou moins profondément échancrés*.. **Série 4** p. 43.
    au-dessus de la dernière paire de bractées.
    = Fleurs de 14 mm. de longueur ou plus en général; souvent 3 pédoncules au-dessus de la, dernière paire de bractées.
    ≡ Pétales *échancrés ou à 4 petits lobes*..... **Série 5** p. 44.
    = Pétales *profondément divisés en deux*..... **Série 6** p. 44.

Série 1

⊕ **Calice non resserré au sommet** lorsqu'il entoure le fruit, à 20 nervures principales saillantes IN ;

fruit porté sur un pied épais dans le calice ; plante ordinairement sans poils, plus ou moins glauque. (Parfois pétales ayant deux petites languettes pointues au bas du limbe : *S. maritima* With. ; ou seulement une ou deux fleurs sur chaque tige fleurie : *S. alpina* Thom. ; ou feuilles très épaisses et charnues : *S. Thorei* L. Duf.)
[Champs, prés, endroits incultes ; fl. blanches, rosées ou violettes ; 1-9 d. ; m.-s. ; v.]

Silene inflata Sm.
Silène enflée.
Assez commun. [S]

⊕ Calice *non resserré au sommet* lorsqu'il entoure le fruit, à 20 à 30 nervures principales non saillantes CN ;

fruit non porté sur un pied
CNC, CND. (Parfois fruit 3 fois plus large à la base qu'au sommet CND:
[Champs, chemins ; fl. roses ou blanches ; 4-30 o. ; j.-a. ; v.]

S. conoidea L.)

pétales dépassant, beaucoup les sépales G.
[Champs, chemins ; fl. roses ou blanches ; 2-7 d. ; j.-jt. ; a.]

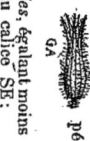

pétales dépassant à peine les sépales ou à peu près égaux ; fleurs de 3-4 mm. de largeur environ. [Rochers, bord de la mer ; fl. roses ; 3-12 c. ; av.-m. ; a.]

Silene conica L.
Silène conique.
Assez commun, sauf dans le Nord, l'Est et l'Auvergne. [S]

Silene gallica L.
Silène de France.
Assez rare. [S]

Silene sedoides Jacq.
Silène Franz-Sédum.
Silène ciliata Pourr.
Littoral des Basses-des-Rh. (rare).

Série 2

△ Calice à dents très étroites égalant le 1/3 ou la 1/2 de la longueur du calice GA ;

 GA

△ Calice à dents larges, arrondies, égalant moins du quart de la longueur du calice SE ;

 SE

✴ Pétales n'ayant pas sur les 2 faces une couleur très différente ; plante non visqueuse ; feuilles non charnues. [Rochers, près ; fl. blanches, rougeâtres ou roses ; 1-1½ d. ; jt.-s. ; v.]

✴ Pétales blancs en dessus et verts ou pourprés en dehors ; plante visqueuse ; feuilles un peu charnues. [Bord de la mer ; fl. roses ; 3-12 c. ; av.-m. ; v.]

Calice *non épaissi au sommet* après la floraison NO ;
et pétales dépassant à peine le calice ou plus courts ; fleurs écartées de la tige à la floraison NO ;
[Champs, chemins ; fl. blanches en dessus, verdâtres, vertes ou jaunâtres en dehors ;

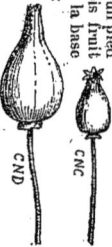 NO

fruit allongé 4 ou 5 fois plus long que le pied dans la calice.
fruit arrondi un peu plus court que le pied qui le porte dans le calice.
[Bord de la mer ; fl. blanchâtres ou verdâtres ; 1-3 d. ; j.-jt. ; a.]

Silene sedoides Jacq.
Silène Franz-Sédum.

Silène ciliata Pourr.
Littoral des Basses-des-Rh. (rare).

Silene nicaeensis All.
Auvergne (rare). *Pyrénées.*
Silène de Nice.

Silene nocturna L.
Silène nocturne.
Littoral des dép. du *Var* et des *Alpes-Maritimes.*

Silene sericea All.
Silène soyeux.
Sud-Ouest (rare), *Région médi-*
terranéenne.

Silene trachysepetala DC.)
Sud-Est, Région méditerranéenne.

Série 3

⊕ **Calice resserré au sommet** lorsqu'il entoure le fruit, à 20 nervures principales non saillantes CN ;

[Champs, prés, endroits incultes ; fl. blanches, rosées ou violettes ; 1-9 d. ; m.-s. ; v.]
CNC, CND.

△ Feuilles assez étroites dans toute leur longueur [exemple : CI].

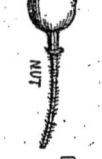 CI

△ Feuilles inférieures beaucoup plus larges vers le haut [exemple : NOC].

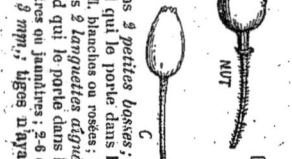 NOC

* Pétales dépassant, beaucoup les sépales G.

* Fleurs penchées N ; fruit beaucoup plus long que le pied qui le porte dans le calice NUT.

⊕ Pétales ayant en dedans 2 petites bosses ; fruit à peu près de même longueur que le pied qui le porte dans le calice IT.
[Endroits incultes ; fl. blanches ou rosées ; 2-7 d. ; m.-a. ; v.]

* Fleurs dressées ; fruit plus court que le pied qui le porte dans le calice C.
[Champs, chemins ; fl. blanchâtres ; 50 c. à 2 m. ; m.-jt. ;

⊕ Pétales ayant en dedans 2 languettes aiguës et à 2 pointes ; fruit plus long que le pied qui le porte dans le calice P.
[Rochers ; fl. blanchâtres ou jaunâtres ; 2-6 d. ; jt.-a. ; v.]

 C
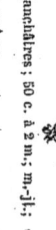 NUT
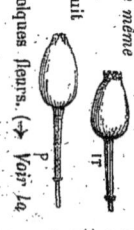 IT

Silene nutans L.
Silène penché.
Commun. [S]

Silene nemoralis W. et K.
Silène des bois.
Dép. de l'Aveyron, des *Pyrénées-Or.* et des *Alpes-Maritimes* (rare).

Silene italica Pers.
Silène d'Italie.
Sud-Est, Région méditerr. [S]

Silene paradoxa L.
Silène paradoxal.
Sud-Est.

Série 4

□ Bractées ordinairement très étroites (3 mm. ou moins) ; même à la base des pédoncules inférieurs ; en général, tiges très fleuries.

✳ Calice de moins de 18 mm. de longueur, en général.

+ Calice de plus de 18 mm. de longueur, en général.

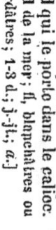

□ Bractées des pédoncules inférieurs ayant, en général, plus de 9 mm. tiges n'ayant souvent que quelques fleurs. (→ *Voir la suite de l'analyse à la page suivante*.)

✕ Bractées *semblables, aux feuilles et très rap-*
prochées des fleurs CO;

✕ Bractées *n'étant pas à la fois*
semblables, aux feuilles et très
rapprochées des fleurs.

Série 5

⊙ Fruit bien plus long
que le pied qui le
porte dans le ca-
lice NFL;

feuilles du milieu des tiges ordinairement plus grandes, que
les autres.
[Rochers ; fl. blanches, jaunâtres en dessous ; 1-2 d., jt.-at.; v.]

fleurs à calice très
poilu NP, s'ouvrant la
nuit.
[Champs, chemins;

fl. roses en dessus, jaunâtres en dessous ; 5-40 + ; jt.-s., α.]

⊙ Fruit presque aussi
long que le pied
qui le porte VAL;

fleurs à calice
ayant des poils
courts, s'ouvrant
le jour.

△ Calice *de plus de 4 c. de longueur ; fleurs*
ordinairement nombreuses, beaucoup
plus longues que les larges et serrées
les unes contre les autres AR;

feuilles moyennes de plus de 1 c. de largeur, en général.
[Endroits incultes, bois ; fl. roses, parfois blanches ; 1-6 d., jt.-s., α.]

△ Calice *de*
moins de
4 c. de
longueur ;
feuilles de
1 c. de lar-
geur.

⚤ Pétales à 4 dents sur le
bord Q; fruit globuleux.

✱ Feuilles moyennes de plus de
3 mm. de largeur, en général, et écartées les unes des
autres RP ; plante glauque.

✱ Feuilles moyennes de moins de
1 c. de largeur, en général, et serrées
les unes contre les autres AC; plante non glauque ; tiges en touffes.
[Rochers, torrents ; fl. roses, parfois blanches ; 3-8 c; jt.-s ; v.]

⚤ Pétales
échancrés
RU, AC;
fruit plus
ou moins
ovale.

fleurs à pédoncules très courts ; pétales ayant en
dedans une languette à deux pointes aiguës.
[Endroits secs ; fl. rouges ; 15-60 c ; j.-jt.; v.]

☆ Bractées égalant ou
dépassant la fleur
qui se trouve au-
dessus MU;

◯ Fleurs roses peu nombreuses CR, de plus de 6 mm.
de longueur;

fleurs toutes staminio-pistillées.
[Champs (surtout de lin);
fl. roses ; 2-5 d., j.-at.; α.]

☆ Bractées beau-
coup plus
courtes que
la fleur qui
se trouve au-
dessus CR;

◯ Fleurs verdâtres,
ordinairement nombreuses, de moins
de 6 mm. de longueur, stamino-pistillées.

fl. roses ; 1-6 d.; j.-jt.; α.]

Série 6

☐ Pétales dépassant à peine le calice IN;
sans languettes en dedans.

fleurs terminées par une pointe aiguë. [Endroits secs;
[Endroits incultes ; 1-5 d., m.-at.; v.]

☐ Pétales
dépassant
beaucoup
le calice
ayant
une petite
languette
en dedans.

• Feuilles ordinairement toutes plées en gouttière et très étroites; fruit
plus court que le pied qui le porte dans le calice POR.
[Sables ; fl. blanches en dessus, rougeâtres en dessous ; 1-3 d., j.-s., α.]

✻ Base du calice ayant
ordinairement 4 mm.
ou moins de largeur
[SAX, grandeur naturelle];

feuilles du milieu portant
de petites dents crochues
sur toute la longueur.
[Rochers ; fl. blanches, d'un vert jaunâtre
ou rougeâtre en dehors ; 1-2 d., j.-s.; v.]

☐ Feuilles
les plus
larges
ayant
de
moins de
5 mm.
de
largeur.

☐ Feuilles
les plus
larges
ayant de
5 mm.
de
largeur.

◻ Pétales
dépassant
beaucoup
le calice
[Sables; ...

▷ Feuilles plu-
tés pour la
plupart.

✻ Base du calice ayant
environ 2 mm. de
largeur [CA, gran-
deur naturelle];

feuilles du milieu portant de
petites dents crochues vissi-
bles seulement à la base.
[Rochers, pâturages; fl. blan-
châtres, d'un blanc verdâtre ou rougeâtre en dessous ; 1-2 d.; m.-at.; v.]

Silène cordifolia All.
Silène à feuille en cœur.
Alpes maritimes.

Silène noctiflora L.
Silène de nuit.
Est, Centre, Sud-Est (rare).

Silène Valleaia L.
Silène du Valais.
Alpes (peu commun). [s]

Silène Armeria L.
Silène Arméria.
Centre, Plateau Central, Sud-Est.
Région méditerranéenne. [s]

Silène quadrifida L.
Silène à 4 dents.
Jura et Alpes (rare), *Pyrénées.* [s]

Silène rupestris L.
Silène des rochers.
Montagnes (Manque dans le Jura). [s]

Silène acaulis L.
Silène à tige courte.
Alpes, Pyrénées. [s]

Silène muscipula L.
Silène attrape-mouche.
Région méditerranéenne.

Silène cretica L.
Silène de Crète.
Ouest, Midi, Pyrénées. [s] sub.
Silène Saxifraga L.
Alpes, Plateau Central, Pyrénées. [s]

Silène Otites Sm.
Silène Otites.
Assez commun, sauf Nord et Est. [s]

Silène inaperta L.
Silène fermé.
Midi.

Silène portensis L.
Ouest, Midi.
Silène Saxifraga L.
Silène des ports.

Silène Campanula Pers.
Silène Campanule.
Alpes-Maritimes. [s]

3. LYCHNIS, LYCHNIS. —

⊙ Pétales plus ou moins profondément divisés.

□ Pétales divisés extérieurement en 4 lanières étroites FC;

△ Plante à fleurs ayant à la fois des étamines et un pistil.

∗ Feuilles petites, presque arrondies PY, celles de la base en forme de spatule; fleurs de 6 à 8 mm. de longueur.......... **Série 1 →** p. 45.

∗ Feuilles très longues, en pointe; fleurs de 15 à 25 mm. de longueur, en général......... **Série 2 →** p. 45.

△ Plante toutes à fleurs staminées DI, ou toutes à fleurs pistillées LD. **Série 3 →** p. 45.

⊙ Pétales entiers ou très peu émarginés. **Série 4 →** p. 45.

□ Pétales non divisés extérieurement en 4 lanières.

Série 1

Fleurs de 15 à 25 mm. de longueur, en pointe P3, de plus de 10 mm. de largeur;

Fleurs de 6 à 10 mm. de longueur, en général.

Fleurs sur des pédoncules 3 à 10 fois plus longs que le calice C, SAX.

Fleurs sur de courts pédoncules, très rapprochées les unes des autres AL; sépales très obtus A; pétales ayant en dedans deux languettes obtuses.
[Rochers, pâturages; fl. roses, parfois blanches; 4-12 c.; jl.-s.; v.]

⤬ Calice à dents très aiguës C;

+ Calice à dents peu allongées SAX; feuilles ayant de petites dents crochues tout autour. → Voy. *Silene saxifraga*, p. 44.

feuilles sans poils, sauf à la base; calice sans poils à 10 côtes; tige à poils renversés. [Endroits humides; fl. roses, parfois blanches; 2-6 d.; m.-jl.; v.]
Lychnis Flos-Cuculi L.
Lychnis Fleur-de-Coucou.
Commun. [S]

plante très velue. [Prés; fl. rouges; 2-6 d.; j.-at.; v.]
Lychnis Flos-Jovis Lam.
Lychnis Fleur-de-Jupiter.
Alpes. [S]

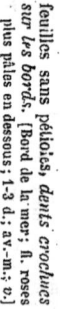

feuilles sans poils sur les bords. [Bord de la mer; fl. roses plus pâles en dessous; 1-3 d.; av.-m.; v.]
Lychnis corsica Lois.
Lychnis de Corse.
Dép⁵ des *Alpes-Maritimes* et du *Var* (rare).

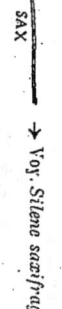

Lychnis alpina L.
Lychnis des Alpes.
Alpes, Pyrénées. [S]

Série 2

= Plante velue, non visqueuse.

⤬ Sépales plus courts que les pétales CO;

⤬ Sépales plus longs que les pétales Gl;

feuilles moyennes ovales aiguës, de plus de 1 c. de largeur, en général.
Lychnis Coronaria DC.
Lychnis Coronaire.
Centre, Plateau Central, Midi; Alpes, Pyrénées (rare). [S]

feuilles moyennes étroites allongées, de moins de 1 c. de largeur, en général.
[Champs, chemins; fl. d'un rose pourpré, rarement blanches ou lilas; 3-12 d.; j.-at.; a.]
Lychnis Githago Lam.
Lychnis Nielle.
Très commun. [S]

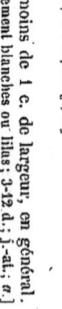

Série 1 bis

= Plante sans poils, très visqueuse dans sa partie supérieure; pétales ayant en dedans deux languettes non aiguës V;

feuilles beaucoup plus longues que larges.
[Prés, bois; fl. couleur lie de vin ou lilas; 2-12 d.; m.-jl.; v.]
Lychnis Viscaria L.
Lychnis Viscaire.
Est, Centre, Nord-Ouest, Plateau Central, Sud-Est, Pyr. orientales. [S]

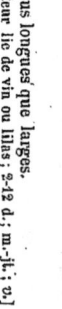

Série 3

Série 3 : Tiges plus ou moins étalées, sans poils; feuilles d'un vert glauque. (Voyez la figure PY, en haut de la page.)
[Rochers; fl. blanches; 5-18 c.; m.-j.; v.]
Lychnis pyrenaica Berg.
Lychnis des Pyrénées.
Pyrénées occidentales.

Série 4

Série 4 : Plantes à fleurs ordinairement toutes staminées sur un pied, et toutes pistillées sur un autre pied; feuilles ovales aiguës à la base et au sommet; calice velu; fleurs de 13 à 25 mm. de longueur, en général. (Parfois fleurs odorantes s'ouvrant le soir; plante à poils glanduleux : **L. vespertina** Sibth.; — fleurs roses rarement blanches, fruit à dents recourbées en dehors lorsqu'il est ouvert; calice à sépales aigus au sommet; fleurs peu odorantes s'ouvrant dans la matinée; plante ordinairement sans poils glanduleux : **L. diurna** Sibth.; — fleurs blanches ou roses; fruit à dents recourbées en dehors lorsqu'il est ouvert; fruit plus long que les précédents (plus de 2 c.), plante à poils glanduleux : **L. macrocarpa** Boissier.)
[Prés, champs, bois; fl. blanches ou roses; 4-12 d.; m.-s.; v.]
Lychnis dioica L.
Lychnis dioïque. [S]
Très commun.

4. SAPONARIA. SAPONAIRE. —

⬠ Fleurs toutes
réunies en
une masse
très serrée,

∷ Feuilles toutes très étroites L (moins de 4 mm. de largeur);

∴ Feuilles de la base très étargies au sommet B (les plus larges de plus de 1 c. de largeur);

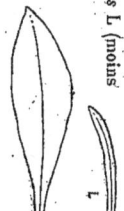

tiges entre venues lors de la floraison.
[Rochers, pâturages; 4-12 c.; jl.-at.; v.]

Saponaria lutea L.
Saponaire jaune.
Alpes de Savoie (rare). [S]

tiges devenant sans poils, à la floraison.
[Rochers; 2-3 d.; j.-jl.; v.]

Saponaria bellidifolia Sm.
Saponaire à feuilles de Pâquerette.
Aveyron (très rare).

⟨⟩ Fleurs
jeunes.

⟨⟩ Fleurs *roses* ; feuilles de la base très étroites C (moins de 4 mm. de largeur);

feuilles en touffes serrées à la base des tiges fleuries.
[Rochers; 4-15 c.; jl.-s.; v.]

Saponaria cæspitosa DC.
Saponaire gazonnante.
Pyrénées (rare).

⟨⟩ Calices *sans poils* S;

⊕ Calices *sans poils* S;

pétales ayant 2 petites languettes en dedans; fleurs ordinairement de plus de 2 c. de longueur.
[Chemins, bord des eaux ; fl. d'un rose pâle ou lilas; 3-7 d.; jl.-o.; v.]

Saponaria officinalis L.
Saponaire officinale.
Assez commun. [S]

⊕ Calice
poilu
OC.

* Pétales *ayant 2 languettes en de-dans* ; feuilles ovales aiguës OCY;

tiges souterraines rameuses.
[Rochers, chemins ; fl. roses, rarement blanches; 1-4 d.; m.-jl.; v.]

Saponaria ocymoides L.
Saponaire faux-Basilic.
Jura, Plateau Central, Alpes;
Midi, Pyrénées. [S]

Fleurs *non toutes*
réunies en une
masse très ser-
rée.

* Pétales *sans languettes en de-dans* ; feuilles amincies peu à peu en pétiole OR;

tiges souterraines non développées.
[Endroits incultes; fl. roses; 1-2 d.; m.-j.; a.]

Saponaria orientalis L. [S]
Saponaire d'Orient.
Pyrénées-Orientales (rare).

5. GYPSOPHILA. GYPSOPHILE. —

⬜ Feuilles moyennes *ovales*, de plus de 1 c. de largeur, en général;
pétales rapprochés les uns des autres au niveau du sommet du calice SV;

fleurs ordinairement de plus de 10 mm. de longueur.
[Champs, chemins ; fl. roses; 3-7 d.; j.-at.; a.]

Gypsophila Vaccaria Sibth.
Gypsophile des vaches.
Assez commun. [S]

⬜ Feuilles moyennes *allongées* G, de moins de 4 mm. de largeur, en général ; pétales écartés les uns des autres au niveau du sommet du calice; fleurs ordinairement de moins de 5 mm. de longueur. (Quelquefois tiges souterraines très développées et tiges fleuries couchées à la base : *G. repens* L.)
[Rochers, sables ; fl. roses, blanches ou mêlées de blanc et de rose; 1-3 d.; jl.-at.; a. ou v.]

Gypsophila muralis L.
Gypsophile des murailles.
Assez commun, sauf dans le Nord. [S]

6. TUNICA. TUNIQUE. — (→ Voyez fig. T, p. 41).

Plante sans poils; feuilles très étroites réunies entre elles à leur base par une lame plus ou moins membraneuse; étamines à anthères presque globuleuses.
[Rochers; fl. roses; 1-2 d.; j.-at.; v.]

Tunica saxifraga Scop.
Tunique saxifrage.
Sud - Est, Région méditerra-néenne. [S]

7. DIANTHUS. ŒILLET. —

⊙ Pétales *divisés en lanières étroites......*

× fleurs *réunies en lanières étroites......*

≡ Ensemble des bractées entourant le calice à la base, *ayant moins du quart de la longueur du calice*; pétales bractées obtuses au sommet terminées en pointe très courte ou presque nulle [exemple fig. CS];
.............**Série 1** → p. 47.

× Fleurs *isolées*
les unes des
autres,

≡ Ensemble des bractées entourant le calice à la base, *ayant plus du quart de la longueur du calice*; bractées ordi-nairement aiguës ou terminées par une pointe longue.......
.............**Série 2** → p. 47.

⊙ Pétales *non divisés en lanières étroites,*

× Fleurs *réunies en groupes serrés......*
.............**Série 3** → p. 47.

× Fleurs *isolées les unes des autres......*
.............**Série 4** → p. 47.

Série 1

⊙ Feuilles moyennes ayant en général plus de 3 c. de longueur, à sommet aigu ; pétales à limbe divisé en lanières, *au moins jusqu'au milieu* S, MO. (Parfois limbe divisé seulement au sommet, et feuilles moyennes très étroites (2 mm. environ) : **D. monspessulanus** L.; ou feuilles moyennes ayant en général moins de 2 c. de longueur, à sommet obtus ; pétales à limbe divisé en lanières assez larges (3 à 6 mm.) : **D. superbus** L.) [Rochers, prés, bois ; fl. roses, parfois blanches ; 1-4 d. ; jl.-s. ; v.]

⊙ Feuilles moyennes ayant en général moins de 2 c. de longueur, à sommet obtus ; pétales à limbe divisé en lanières à peine jusqu'au tiers GA ; plante un peu glauque, à fleurs souvent isolées. [Sables du bord de la mer ; fl. roses ou blanches ; 1-3 d. ; j.-a. ; v.]

Série 2

△ Feuilles moyennes ovales aiguës B, de plus de 1 c. de largeur, en général ;

plante sans poils, ayant beaucoup de fleurs serrées les unes contre les autres. [Prés, rochers ; fl. roses ou blanches ; 2-4 d. ; jl.-s. ; v.]

⟡ Bractées qui entourent le calice sans pointe ou à pointe très courte P, membraneuses et coriaces ;

calice à angles alternativement verts et membraneux. [Endroits secs ; fl. roses ; 1-4 d. ; m.-s. ; a.]

fleurs très étroites, ne dépassant pas la longue bractée qui est à leur base. [Coteaux, bois ; fl. d'un rose plus ou moins foncé ; 1-6 d. ; jl.-s. ; v.]

≡ Plante velue dans le haut ; bractées les plus extérieures du calice vertes au milieu, de la base au sommet, à pointe dépassant le calice A ;

✕ Bractées qui entourent le calice, vertes au milieu de la base au sommet, à pointe allant souvent presque jus- qu'au sommet du calice Ll ;

plante souvent un peu glau- que ; pétales à petites taches pourpres. [Endroits incultes, rochers ; fl. roses ; 2-6 d. ; j.-s. ; v.]

plante d'un vert assez clair ; pétales d'un rose pourpre. [Bois, prés secs ; d'un rouge pourpre plus ou moins foncé ; 6-40 c. ; j.-o. ; v.]

✕ Bractées qui entourent le calice membraneuses et coriaces, non vertes en général, plus courtes que le calice CM ;

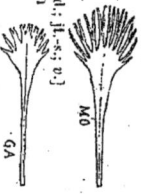

plante à d'un vert... irrégulièrement dentés ; fleurs de 17 à 30 mm. de marqués d'une ligne pourpre en A. : **D. vétérineus** L.; ou fleurs inodores : **D. sit-**

Série 4

☐☐ Feuilles moyennes et supérieures *plus courtes que les entre-nœuds*, en général.

⊕ Feuilles plates SE.

⊕ Feuilles en gouttières HI, au sommet ;

** Feuilles de la base *arrondies* au sommet DE et beaucoup plus courtes que les autres ;

** Feuilles de la base non arrondies au sommet.

Feuilles moyennes de moins de 5 mm. de lar- geur, en général.

△ Bractées qui entourent le calice à pointe longue A, Ll, CM.

* Pétales non velus à la base du limbe.

* Pétales velus ou barbus à la base du limbe.

— Feuilles piquantes, étroites, de moins de 2 mm. de largeur ;

— Feuilles non piquantes, de plus de 2 mm. de largeur.

— Feuilles souvent étroites (1 à 2 mm.) ;

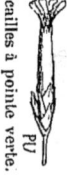

[Lieux incultes ; fl. roses ; 1-4 d. ; jl.-s. ; v.] Voyez **D. attenuatus**, p. 47.

— Feuilles souvent assez larges (3 à 4 mm.) ; bractées en- tourant le calice dépassant ordinairement le tiers du calice. (Quelquefois bractées plus courtes que le tiers du calice CUE.

[Rochers, montagnes ; fl. d'un rose pourpre ; 2 c. ; m.-jl. ; v.]

Série 3 : Bractées à la base du calice non terminées par une arête (Voy. CS, p. 46) ; pétales à limbe vert PU.

vestris Wulf.) [Rochers, endroits arides, près ; fl. roses, blanches ou mêlées de blanc et de pourpre ; 1-85 c. ; jl.-s. ; v.]

Plante d'un vert *franc* ; feuilles souvent étroites (1 à 2 mm.) ; **D. silvaticus** Hoppe)

Plante d'un vert glauque ; feuilles ne dépassant pas le tiers du calice CE.

Dianthus fimbriatus *Lam.*
Œillet à lanières.
Çà et là. [S] Manque dans le Nord et l'Ouest. [S]

Dianthus barbatus *L.*
Œillet barbu.
Dép. du Cantal (rare), *Pyrénées*. [S] sub.

Dianthus gallicus *L.*
Œillet de France.
Littoral de l'Océan. [S].

Dianthus prolifer *L.*
Œillet prolifère.
Assez commun. [S]

Dianthus Armeria *L.*
Œillet Arméria.
Assez commun. [S]

Dianthus liburnicus *Bartl.*
Œillet de Croatie.
Provence.

Dianthus Carthusianorum *L.*
Œillet des Chartreux.
Assez commun, sauf dans le Nord, l'Ouest, et le Midi. [S]

Dianthus Caryophyllus *L.*
Œillet Giroflée.
Nord, Centre, Ouest, Sud-Ouest, Jura et Alpes. [S]

Dianthus attenuatus *Sm.*
Œillet atténué.
Pyrénées-Orientales.

Dianthus deltoides *L.*
Œillet à delta.
Montagnes (manque dans le Jura) et *Alpes méridionales*. [S]

Dianthus pungens *Gr. et Godr.*
Œillet piquant.
Alpes, Pyrénées. [S]

Dianthus Seguieri *Chaix..*
Œillet de Séguier.
Plateau Central, Alpes, Pyrénées. [S]

Dianthus caesius *Sm.*
Œillet bleuâtre.
Jura, Alpes de la Savoie et du Dauphiné, Plateau Central. [S]

(→ *Voir la suite de l'analyse à la page suivante*.)

⊙ 5 sépales.

Suite de la série 4 :

△ Bractées qui entourent le calice ne dépassant pas la moitié du calice SU;

△ Bractées qui entourent le calice dépassant ou égalant presque le tube du calice N;

calice strié dans sa partie supérieure; feuilles courtes et étroites S.
[Rochers, pelouses ; fl. roses ; 3-10 c.; j.-at.; v.]

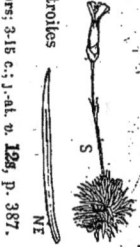

calice strié de haut en bas ; feuilles étroites allongées NE.
[Prés, rochers, fl. roses, souvent jaunes en dehors; 3-15 c.; j.-at. v. **128**, p. 387.

Dianthus subacaulis Vill.
Œillet à tige courte.
Alpes du Dauphiné.

Dianthus neglectus Lois.
Œillet négligé.
Alpes, Pyrénées.

Velezia rigida L.
Vélézie raide.
Région méditerranéenne.

8. VELEZIA. VÉLÉZIE. — (→ Voyez fig. V, p. 41).
Plante à poils glanduleux; fleurs et fruits ressemblant au premier abord à des feuilles étroites ; fleurs extrêmement allongées.
[Endroits arides, champs incultes; fl. roses; 5-20 c.; m.-j.; v.]

△ 4 sépales.

9. SAGINA. SAGINE. —

* Pédoncules pour la plupart *fortement recourbés en crochet après la floraison* PU; tiges en touffes couchées, portant des racines adventives.
[Endroits humides ou pierreux, sables ; fl. verdâtres ou blanches; 3-12 c.; av.-o.; a.]

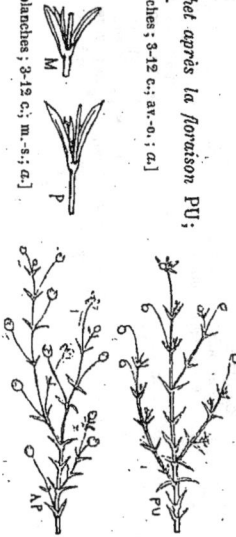

Sagina procumbens L.
Sagine couchée.
Commune. [S]

* Pédoncules peu ou pas recourbés après la floraison AP; tiges redressées et sans racines adventives, en général; feuilles ordinairement terminées par une pointe P; pétales nuls ou développés. (Parfois feuilles et sépales sans pointe au sommet M : **S. maritima** Don.)
[Sables, endroits humides, bord de la mer ; 3-12 c.; m.-j.; v.]

✶ Plante à poils *glanduleux* ; pédon-cules courbées après la floraison SU.

✶ Plante *sans poils* ; pédoncules plus ou moins courbés Ll, penchés après la floraison, redressés quand le fruit est mûr.

étamines ayant environ le quart de la longueur des sépales.
[Endroits incultes ; fl. blanches, verdâtres; 1-4 d., jt.-at.; a.]

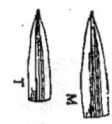

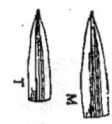

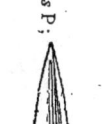

Sagina subulata Wimm.
Sagine subulée.
Ça et là (peu commun). [S]

étamines ayant environ le sixième de la longueur des sépales.
[Endroits incultes ; fl. blanches, verdâtres; 5-30 c.; j.-at.; d.]

Sagina Linnæi Presl.
Sagine de Linné.
Montagnes (manque dans les Vosges).

= Pétales égaux aux sépales ou plus courts SU, Ll.

= Pétales beaucoup plus longs que les sépales N.

• • Styles beaucoup plus courts que l'ovaire G;

feuilles toutes à peu près semblables.
[Pâturages, endroits humides; 3-10 c.; j.-at.; v.]

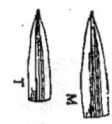

Sagina glabra Willd.
Sagine glabre.
Alpes. [S]

feuilles supérieures 10 à 20 fois plus courtes que les inférieures.
[Endroits humides, sables ; fl. blanches; 6-30 c.; m.-at.; v.]

Sagina apetala L.
Sagine sans pétales.
Commune. [S]

= = Styles environ de la longueur de l'ovaire NO;

[Endroits humides, sables ; fl. blanches ; 2-10 c.; m.-s.; v.]

Sagina nodosa Fenzl.
Sagine noueuse.
Commune. [S]

10. BUFFONIA. BUFFONE. —

= 2, 3 ou 4 étamines MA;

— Sépales à 5 nervures principales N;

— Sépales à 3 nervures principales T;

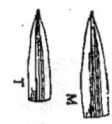

étamines ayant environ la moitié de la longueur des sépales.
[Endroits incultes ; fl. blanches; 1-3 d., jt.-a.; v.]

Buffonia macrosperma Gay.
Buffone à grosses graines.
Centre, Plateau Central, Sud-Est.

Buffonia tenuifolia L.
Buffone à feuilles étroites. [S]
Région méditerranéenne.

✕ 8 étamines PE;

sépales à 5 nervures principales P;

Buffonia perennis Pourr.
Buffone vivace.
Région méditerranéenne.

11 ARENARIA. SABLINE.—

△ Feuilles n'étant pas plus larges au milieu qu'à la base ou, feuilles 20 à 30 fois plus longues que larges.

⊙ Sépales obtus au sommet ST ; pétales plus grands que le calice................................ **Série 1** → p. 49.

⊙ Sépales aigus au sommet.

✴ Sépales blancs avec une ou deux lignes vertes au milieu.................................. **Série 2** → p. 49.

✴ Sépales verts.

△ Feuilles étant plus larges au milieu qu'à la base.

✴ Calice velu { = Pétales dépassant le calice d'une longueur égale à plus du tiers des sépales......... **Série 3** → p. 49.

✴ Calice sans poils { = Pétales égaux aux sépales ou plus courts ou ne dépassant pas les sépales de plus du tiers... **Série 4** → p. 50.

✴ ou cilié. { .... **Série 5** → p. 50.

.... **Série 6** → p. 50.

Série 3

□ Feuilles non *charnues* ; tiges dressées ou couchées.

Série 2

• Plante nou *glanduleuse*.

○ Plante glanduleuse se au moins dans la partie supérieure.

Série 1 :

Sépales membraneux sur les bords (Voyez plus haut, fig. S) ; fleurs de plus de 7 mm. de largeur, en général ; feuilles allongées étroites ordinairement de moins de 1 mm. de largeur. (Tantôt sépales à trois nervures saillantes jusqu'au sommet des sépales ou plus court ou ne dépassant pas les sépales de plus du tiers... ta L.; — tantôt sépales à trois nervures saillantes jusqu'aux deux tiers des sépales : *A. stria-* [Rochers ; fl. blanches ; 1-3 d. ; jl.-s.; v.]

× Sépales un peu plus courts que les sépales J ;

× Pétales 3 fois plus courts que les sépales J ;

× Pétales un peu plus courts que les sépales M ;

× Pétales *em* peu plus longs que les sépales S ;

⊕ Feuilles très longues MU, les moyennes de 1-3 c. de longueur environ ; [Rochers ; fl. blanches ; 1-3 d. ; jl.-s.; v.]

⊕ Feuilles moyennes de moins de 1 c. de longueur, en général, épaisses PO ;

§ Sépales à 1,3,5,7 nervures saillantes RE ; plante plus ou moins ligneuse à la base.

§ Sépales sans nervures MO ;

§ Feuilles sans nervures distinctes (sur le frais) STR ;

✴ Feuilles à nervures distinctes TN, surtout à la base où l'on voit 3 nervures et 2 autres sur les bords ;

pédoncules ordinairement égaux aux feuilles situées à leur base ou plus courts ; fl. blanches verdâtres ; 1-3 d. ; jl.-at.; α.)

pédoncules plus longs que les feuilles qui sont à leur base. [Endroits incultes, rochers ; fl. blanches ; 5-35 c.; m.-jl.; v.) *A. dasyphylla N.*

pédoncules 3-6 plus longs que les feuilles qui sont à leur base ; sépales à nervures vertes au milieu. [Endroits incultes ; fl. blanches ; 1-9 d.; jl.-at.; v.]

sépales sans nervures saillantes à leur face intérieure ; 4 ou 5 sépales. (Parfois sépales à trois nervures principales visibles sur la face extérieure : *A. triflora* L.)

sépales à 3 nervures blanches, saillantes à leur face intérieure ; 4 ou 5 sépales. [Rochers ; fl. blanches ; 6-30 c.; j-jl.; v.]

Feuilles non épaisses et pétiolées ayant moins de 2 fois la longueur des sépales. [Rochers ; fl. blanches ; 6-16 c.; j-o.; v.]

Feuilles épaissies et en touffes RE. [Rochers ; fl. blanches ; 6-15 c.; j-o.; v.]

Feuilles sans poils sur les faces mais ayant quelquefois cils sur les bords, en touffes ; pétales ayant plus de 2 fois la longueur des sépales A.G. (Parfois tiges fleuries portant 1 à 4 fleurs : *A. triflora* L.) [Rochers, endroits incultes, champs ; fl. blanches ; 4-10 c.; j-jl.; α.]

pétales presque sans nervure partie droite à la base ; racines grêles. [Endroits incultes ; fl. blanches ; 4-15 c.; j-at.; v.]

tiges sans feuilles développées dans leur partie supérieure ; [Marais, tourbières ; fl. blanches ; 5-15 c.; jl.-s.; v.]

tiges ayant dans toute leur longueur des feuilles développées ; pétales arrondis à la base. [Rochers ; fl. blanches ; 6-18 c.; j-at.; v.]

tiges ayant dans toute leur longueur des feuilles développées AT ; pétales rétrécis à la base. [Murs, endroits sablonneux ; fl. blanches ; 4-20 c.; m.-s.; α.]

• Pétales arrondis à la base → Voy A. verna, p. 49.

Non → Voy. A. Villarsii. P. 50.

+ Pétales en coin à la base. 12a, p. 387.

- *Arenaria lariciofolia* DC.
  Sabline à feuilles de Mélèze.
  Jura, Alpes, Cévennes, Pyrénées-Orientales. [S]

- *Arenaria Jacquini* N.
  Sabline de Jacquin.
  Jura, Côte-d'Or, Alpes, Cévennes. [S]

- *Arenaria mucronata* DC.
  Sabline mucronée.
  Alpes, Plateau Central, Pyrénées, Midi. [S]

- *Arenara setacea* Thuil.
  Sabline sétacée.
  Centre. [S]

- *Arenaria muscosa* N.
  Sabline Mousse.
  Montagnes (manque dans les Vosges). [S]

- *Arenaria polygonoides* Wulf.
  Sabline fausse-renouée.
  Alpes de la Savoie et du Dauphiné, Pyrénées-Orientales. [S]

- *Arenaria grandiflora* All.
  Sabline à grandes fleurs.
  Jura, Alpes, Pyrénées, Centre (rare). [S]

- *Arenaria modesta* Duf.
  Sabline modeste.
  Région méditerranéenne. [S]

- *Arenaria stricta* N.
  Sabline raide.
  Jura (rare). [S]

- *Arenaria verna* L.
  Sabline du printemps.
  Alpes, Pyrénées (Iles régions, rare). [S]

- *Arenaria tenuifolia* L.
  Sabline à feuilles étroites.
  Commun. [S]

Série 4

⊕ Sépales à 3 nervures très saillantes VII. ;

⊖ Sépales à 5-7 nervures peu saillantes ; feuilles plus ou moins glanduleuses sur les faces, 3-5 fois plus longues que larges CR ;

feuilles moyennes, environ 10 fois plus longues que larges VI ; calice cylindrique ; pédoncules glanduleux.
[Rochers ; fl. blanches ; 5-15 c. ; jt.-s. ; v.]

△ Feuilles les plus larges de plus de 3 mm. de largeur, rétrécies à la base MON, franchement vertes ;

tiges longuement rampantes ; sépales égalant les 3/4 du fruit mûr.
[Rochers ; fl. blanches ; 2-10 c. ; jt.-a. ; v.]

✕ Feuilles de moins de 3 mm. de largeur et ordinairement d'un vert cendré.

fleurs ayant, en général, plus de 15 mm. de largeur ; sépales intérieurs un peu membraneux sur les bords.
[Bois, endroits incultes ; fl. blanches ; 1-3 d. ; j-jt. ; v.]

✕ Tiges à poils non glanduleux ; feuilles très aiguës III, n'étant pas plus courtes que les entre-nœuds CI ; sépales ayant une sorte de crête ciliée et saillante au milieu.
[Rochers ; fl. blanches ; 1-3 d. ; j-jt. ; v.]

✕ Tiges à poils glanduleux ; feuilles beaucoup plus courtes que les entre-nœuds dans la moitié inférieure de la tige. (Parfois, sépales sans poils, feuilles peu ou pas velues, les plus larges d'environ 1 mm. et tiges à poils glanduleux très courts ;.
[Coteaux, endroits incultes ; fl. blanches ; 4-15 c. ; j-jt. ; v.]
A. controversa Boiss.

Arenaria Villarsi, Balb.
Sabline de Villars.
Alpes.

Arenaria cerastiifolia Ram.
Sabline à feuille de Cériaste.
Pyrénées (rare).

Arenaria montana L.
Sabline des montagnes.
Ouest, Sud-Ouest, Ce-
ntre.

Arenaria cinerea DC.
Sabline cendrée.
Alpes méridionales (rare).

Arenaria hispida L.
Sabline hérissée.
Cévennes.

Série 5

◁ Pétales plus longs que les sépales ou égaux aux sépales.

□ Sépales à 3-7 nervures saillantes LA ;

✱ Sépales à 1 nervure Ll ;

✱ Feuilles à 1 seule nervure ; tige à poils glanduleux : A. li*gerica* Lec. et Lmt.

□ Pétales plus courts que les sépales ;

✱ Pétales à un pétiole S, de moins de 5 mm. de largeur ;

✱ Feuilles inférieures pétiolées TR de plus de 5 mm. de largeur ;

✱ Feuilles à plusieurs nervures, non bordées de cils LAN, plus longues que les entre-nœuds ;

✱ Feuilles à plusieurs nervures bordées de cils CIL, plus courtes que les entre-nœuds ;

sépales non membraneux.
[Endroits incultes, champs ; fl. blanches ; 3-30 c. ; j-jt. ; a. ou b.]

pétales égaux aux sépales.
[Rochers ; fl. blanches ; 2-8 c. ; jt.-a. ; v.]

pétales plus longs que les sépales.
[Rochers ; fl. blanches ; 5-15 c. ; jt.-at. ; v.]

sépales largement membraneux sur les bords.
[Bois, endroits humides ; fl. blanches ; 1-3 d. ; m.-at.; a. ou b.]

Arenaria lanceolata All.
Sabline lancéolée.
Alpes (région alpine). [S]

Arenaria ciliata L.
Sabline ciliée.
Jura (rare), Alpes, Pyrénées. [S]

Arenaria serpyllifolia L.
Sabline à feuilles de Serpolet.
Commun. [S]

Arenaria trinervia L.
Sabline à 3 nervures.
Commun. [S]

Série 6

◁ Sépales à 1 seule nervure.

⊕ Feuilles non bordées d'un bourrelet blanc.

○ Feuilles toutes arrondies au sommet B ;

○ Feuilles non bordées d'un bourrelet au sommet.

○ Feuilles toutes arrondies au sommet ;

✱ Feuilles les plus larges d'un bourrelet blanc, les supérieures aiguës TT ;

✱ Feuilles les plus larges d'environ 2 mm. de largeur.

✱ Feuilles bordées de cils PP, à 1 seule nervure principale ;

✱ Feuilles bordées de cils TT, à 1 seule nervure principale ;

feuilles raides et recourbées en dehors TT ; sépales bordés d'un bourrelet blanc ; feuilles de la base serrées sur 4 rangs.
[Rochers ; fl. blanches ; 1-6 c. ; j-jt. ; v.]

pédoncules réunis par 2 au sommet des rameaux ; plante sans poils, à tiges couchées sur le sol.
[Rochers ; pâturages ; fl. blanches ou vertes ; 2-15 c. ; jt.-s. ; v.]

✱ Voyez A. ciliata, p. 50.
fruit cylindrique s'ouvrant au sommet par 6 dents.
[Rochers ; fl. blanches ou rosées ; 2-7 c. ; jt.-at.; v.]

→ Voy. A. hispida, p. 50 (et, pour la Suisse, voy. 14s, p. 387).

Arenaria biflora L.
Sabline à 2 fleurs.
Alpes de la Savoie et du Dauphiné (région alpine). [S]

Arenaria tetraquetra L.
Sabline à 4 rangs.
Alpes méridionales et Haute-Provence, Pyrénées.

Arenaria purpurascens Ram.
Sabline pourprée.
Pyrénées (région alpine).

⊕ Feuilles sans pétiole.

12. CHERLERIA. CHERLÉRIE. — (→ Voyez fig. C, p. 41).
Tiges rampantes presque ligneuses ; feuilles en petites touffes séparées les unes des autres ; pétales souvent avortés. [Rochers, pâturages; fl. ver-dâtres ou blanches; 1-6 c.; jl.-s.; v.]

13. HONCKENEJA. HONCKÉNÉJA. — (→ Voyez fig. H, p. 41).
Tiges aplaties sur le sol, très rameuses ; rameaux fleuris à feuilles plus petites régulièrement disposées ; plante charnue. [Sables; fl. d'un blanc verdâtre; longueur variable; j.-at.; v.]

14. GOUFFEJA. GOUFFÉJA. — (→ Voyez fig. G, p. 42).
Feuilles étroites, ne dépassant pas, en général, 8 mm. de longueur ; sépales à 3 ou 5 nervures principales disposées ; plante sans poils ou presque sans poils. [Coteaux; fl. blanches; 1-3 d.; av.-m., b.]

15. STELLARIA. STELLAIRE. —

⊕ Feuilles inférieures pétiolées.

△ Feuilles à limbe non en cœur à la base M;

* Pétales plus longs que les sépales Gl.; sépales ayant environ 5-6 mm. de longueur;

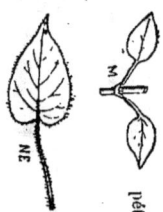

pétales ne dépassant pas les sépales. [Chemins, champs, murs; fl. blanches ou verdâtres; 5-40 c.; jv.-d.; a.]

feuilles coriaces, plus ou moins glauques, à bords lisses. [Bois, frais, endroits humides; fl. blanches; 2-6 d.; j.-at.; v.]

feuilles molles, plus ou moins glauques, ciliées à la base. [Endroits humides; fl. blanches verdâtres; 1-3 d.; j.-at.; a. b. ou v.]

△ Feuilles à limbe en cœur à la base NE;

pétales dépassant les sépales ; plante ayant souvent de longues tiges rampantes, sans fleurs. [Bois humide, montagnes; fl. blanches; 2-5 d.; j.-jl.; v.]

* Pétales plus courts que les sépales A; sé-pales ayant environ 2-3 mm. de longueur;

× Pétales non divisés jus-qu'à la base H, SH;

× Pétales divisés jusqu'à la base G; sépales à 3 nervures saillantes GR;

⟜ Bractes non ciliées sur les bords;

* Feuilles ni épaisses ni à poils glanduleux, s'amincissant en une longue pointe très aiguë au som-met.

159, p. 387.

× Pétales non divisés jus-qu'à la base H, SH;

bractes vertes ; sépales sans nervures saillantes. [Bois, haies; fl. blanches; 3-8 d.; m.-j.; v.]

bractées membraneuses. [Bois, prés, champs; fl. blanches; 3-8 d.; j.-at.; v.]

⟜ Bractes ciliées ou ciliées glandu-leuses sur les bords;

* Feuilles épaisses ou à poils glan-duleux ne s'a-mincissant pas en une longue pointe très ai-guë.

— Feuilles sans poils et presque charnues CR;

— Feuilles ciliées VI, à poils glanduleux;

pédoncules renversés après la floraison. [Rochers, pâturages; fl. blanches; 1-3 d.; jl.-s.; v.]

pédoncules non renversés après la floraison. [Endroits incultes; fl. blanches; 1-4 d.; av.-j.; a.]

Cherleria sedoides L. Cherlérie Faux-Sedum. **Alpes,▲ Pyrénées** (région alpine). [s]

Honckeneja peploides Ehrh. Honckénéja Faux-Pourpier. Littoral.

Gouffeia arenarioides Rob. et Cast. Gouffeia Fausse-Sabline. Dép.ts des Bouches-du-Rhône et du Var.

Stellaria media Vill. Stellaire intermédiaire (Mouron des oi-seaux). Commun. [S]

Stellaria nemorum L. Stellaire des bois. Montagnes. Rare ou manque ailleurs. [S]

Stellaria glauca With. Stellaire glauque. Rare. Manque sur le Plateau Central et dans la région méditerranéenne. [S]

Stellaria uliginosa Murr. Stellaire des marais. Assez commun. Manque dans les plaines de la région méditerranéenne. [S]

Stellaria Holostea L. Stellaire Holostée. Commun. Manque dans les plaines de la région méditerranéenne. [S]

Stellaria graminea L. Stellaire graminée. Commun. Rare dans la région méditer-ranéenne. [S]

Stellaria cerastioides L. Stellaire Faux-Céraiste. Alpes, Pyrénées (région alpine). [S]

Stellaria viscida M. B. Stellaire visqueuse. Midi, Centre, Ouest (rare).

16. HOLOSTEUM. HOLOSTÉE. — (→ Voyez fig. HU et H, p. 49). Feuilles ovales allongées, en pointe, presque pétiolées à la base; tige à poils glanduleux. [Bois, champs, chemins; fl. blanches; 3-25 c.; av.-m.; α.]

Holosteum umbellatum L.
Holostée en ombelle.
Assez commun, sauf dans le Midi. [S]

17. CERASTIUM. CÉRAISTE. —

□ Plante vivace à tiges souterraines développées.

○ Bractées non membraneuses aux bords; fruit à dents égales AL;

× Feuilles ovales en pointe; sépales ayant en général plus de 5 mm. de longueur; fleurs épanouies ayant ordinairement plus de 1 c. de largeur. [Souvent bractées supérieures non munies d'un étroit pourtour membraneux et pétales et étamines dépourvus de cils; *C. latifolium.* L.; — ou bractées comme précédemment et pétales et étamines ciliés à la base :

Cerastium alpinum L.
Céraiste des Alpes. [S]
Alpes, Auvergne, Pyrénées. [S]

Cerastium latifolium. L. —

× Feuilles environ 2 à 3 fois plus longues que larges; fruit un peu courbé VL. [Chemins, champs, bois; fl. blanches; 3-70 c.; j.-d., b. ou v.]

C. pyrenaicum Gay.)
[Prés, rochers; fl. blanches; 4-10 c.; at.-s.; v.]

○ Bractées membraneuses au bord, VU; fruit à dents inégales [exemple: VU].

× Feuilles environ 4 à 10 fois plus longues que larges; fleurs ayant, en général, plus de 1 c. de largeur, à pétales bien plus longs que les sépales AV; fruit très peu courbé. [Champs, chemins, rochers; fl. blanches; 3-70 c.; av.-jl.; v.]

Cerastium vulgatum L.
Céraiste vulgaire.
Commun. [S]

Cerastium arvense L.
Céraiste des champs.
Commun. [S]

□ Plante *annuelle* ordinairement à racine grêle et sans tiges souterraines développées.

∥ Pédoncules plus courts ou à peine plus longs que les bractées [exemple: G].

× Sépales sans poils au sommet SI; plante ayant généralement moins de 12 c. (Parfois pédoncules renversés pour la plupart après la floraison : *C. Riœi* Desm. [Pelouses, endroits incultes; fl. blanches ou verdâtres; 4-12 c.; m.-j.; α.]

Cerastium siculum Guss.
Céraiste de Sicile.
Région méditerranéenne.

× Sépales poilus au sommet GL; plante ayant souvent plus de 12 c. [Endroits incultes, sables; fl. blanches; 5-40 c.; av.-jl.; α.] 16s, p. 387.

Cerastium glomeratum Thuill.
Céraiste aggloméré.
Commun. [S]

∥ Pédoncules beaucoup plus longs que les bractées [exemple: B].

* Poils du calice dépassant en général le sommet des sépales (comme GL, fig. au-dessus). [Champs, chemins; fl. blanches ou verdâtres; 5-40 c.; a::-jl.; α.]

tige velue, ordinairement à poils glanduleux; étamines sans poils. (Sépales et bractées à petites dents au sommet, étamines 5, parfois 10: *C. semidecandrum* L.; — ou sépales et bractées sans petites dents au sommet, étamines 10, parfois 4 à 5: *C. pumilum* Curt.

Cerastium brachypetalum Desp.
Assez commun, sauf dans le Nord et l'Est. [S]

* Poils du calice ne dépassant pas le sommet des sépales SM.

** Sépales aigus SM;

Cerastium varians Coss. et Germ.
Assez commun, sauf dans la région méditerranéenne. [S]

** Sépales obtus VG. → Voyez *C. vulgatum*, p. 52.

18. MOENCHIA. MŒNQUIE. — (→ Voyez fig. ME, p. 49).
Feuilles pointues; tiges raides; sépales aigus; parties semblables de la fleur tantôt par 4, tantôt par 6; plante glauque. [Endroits incultes, chemins; fl. blanches; 5-30 c.; av.-m.; α.]

Moenchia erecta Fl. d. Wett.
Mœnquie dressée.
Assez commun, sauf l'Est, le Sud-Est et la région méditerranéenne. [S]

19. MALACHIUM. MALAQUIE. — (→ Voyez fig. M, p. 49).
Tiges aqueuses et cassantes, couvertes de poils glanduleux; feuilles presque sans poils d'un vert clair. [Endroits humides; fl. blanches; 3-8 d.; m.-t.; v.]

Malachium aquaticum Fr.
Malaquie aquatique.
Commun, sauf dans la région méditerranéenne. [S]

20. SPERGULA. SPERGULE. —

≃ Feuilles à limbe roulé en dessus formant un sillon AV; graines presque globuleuses, à bord étroit; feuilles ayant souvent plus de 25 c. de longueur. [Champs sablonneux; fl. blanches; 1-4 d.; m.-s.; a.] **Spergula arvensis L.** Spergule des champs. Commun. [S]

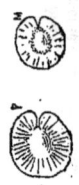

= Feuilles sans sillon en dessus; graines aplaties, entourées d'une aile membraneuse très large P. M; feuilles ayant ordinairement moins de 2 c. de longueur. (Parfois graines à ailes rousses et munies de petits tubercules sur leur pourtour : *S. Morisonii* Bor.) [Endroits sablonneux; fl. blanches; 5-30 c.; ms.-m.; a.] **Spergula pentandra L.** Spergule à 5 étamines. Assez commun dans le centre, l'Ouest, et le Plateau Central, rare ailleurs.

21. SPERGULARIA. SPERGULAIRE. —

⊙ Sépales aigus; fleurs ayant ordinairement moins de 4 mm. de longueur. [Champs; fl. blanches verdâtres; 5-10 c.; m.-j.; a.] **Spergularia segetalis Fenzl.** Spergulaire des moissons. Peu commun. [S]

⊙ Sépales sans poils SS; fleur ayant souvent plus de 4 mm. de longueur; fruit plus court ou plus long que le calice MR. **Spergularia rubra Pers.** Spergulaire rouge. Assez commun. [S]

⊙ Sépales obtus, poilus RU, MR; fleur ayant plus long que le calice, feuilles charnues, graines ailées ou non : *S. media* (Parfois fruit plus long que le calice, feuilles charnues, graines ailées ou non : *S. media* Fenzl.) [Sables, chemins; fl. roses, rarement blanches; 5-25 c.; a. b. ou v.]

ÉLATINÉES

ÉLATINE. ÉLATINE. —

△ Feuilles verticillées E; calice à 4 sépales soudés inférieurement; 4 pétales plus longs que les sépales; 4 étamines. [Fossés, étangs; fl. blanches ou roses; longueur variable; j.-s.; v.] **Elatine alsinastrum L.** Élatine Fausse-Alsine. Çà et là. [S]

↯ Fleurs à 3 étamines, sans pédoncules; calice divisé en deux; 3 pétales; 3 styles; fouillis à pétiole très court TR. [Fossés, étangs; fl. roses; 4-15 c.; jt.-at.; v.] **Elatine triandra Schk.** Élatine à 3 étamines. Jura.

★ Fleurs presque sans pédoncules et feuilles pétiolées HY; 4 pétales; 8 étamines; [Fossés, étangs; fl. roses; 2-15 c.; j.-at.; a.] **Elatine Hydropiper L.** Élatine Poivre-d'eau. Est, Sud-Ouest, Pyrénées (très rare). [S]

△ Feuilles opposées.

★ Fleurs à 6 ou 8 étamines.

★ Fleurs à pédoncules allongés et feuilles à pétiole plus court que le limbe PA; 3 ou 4 pétales; 6 ou 8 étamines. (Parfois 3 sépales plus courts que les 3 pétales, 6 étamines, fruit à 3 valves : *E. hexandra* DC. — 4 sépales plus courts que les 4 pétales, 8 étamines, fruit à 4 valves, graines à peine courbées : *E. major* A. Braun; — 4 sépales plus larges que les 4 pétales, 8 étamines, fruit à 4 valves, graines un peu courbées : *E. macropoda* Guss.; — 4 sépales souvent plus larges que les 4 pétales, 8 étamines, fruit à 4 valves, graines courbées en fer à cheval : *E. campylosperma* Seub.) [Fossés, étangs; fl. roses ou blanches; 2-20 c.; jl.-a.; a.] **Elatine paludosa Seub.** Élatine des marais. Ouest, rare ailleurs. [S]

LINÉES

□ 5 sépales entiers au sommet, 5 pétales, 5 étamines, 5 styles............. **1. LINUM → p. 54.** LIN [10 esp.].

□ 4 sépales divisés au sommet, 4 pétales, 4 étamines, 4 styles; fleurs très petites, feuilles opposées R.......... **2. RADIOLA → p. 54.** RADIOLE [1 esp.].

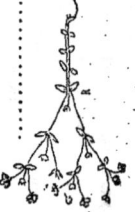

6

⊕ Fleurs *jaunes ou jaunâtres.*

1. LINUM. LIN. —

* Pétales soudés entre eux en un tube; feuilles ayant deux petits nectaires arrondis à leur base [exemple : NO].

✕ Fleurs d'un jaune doré d'environ 3 c. de largeur; feuilles étroitement membraneuses sur les bords, ovales allongées GL, d'un vert clair.
[Endroits incultes; 1-3 d.; m.-j.; v.]

Linum glandulosum *Manch,*
Lin à glandes.
Région méditerranéenne.

✕ Fleurs d'un jaune pâle d'environ 1 à 2 c. de largeur; feuilles membraneuses sur les bords; allongées, un peu en spatule NO.
[Endroits incultes; 1-5 d.; m.-j.; v.]

Linum nodiflorum L.
Lin à fleurs sessiles.
Dép⁹ du Var et des Alpes-Maritimes.

* Pétales libres entre eux; feuilles sans nectaires nets à la base.

style brusquement épaissi en stigmate; fleurs écartées GA ou serrées ST.
[Endroits incultes; fl. jaunes; 1-3 d.; j.-at.; v.]

Linum maritimum L.
Lin maritime.
Région méditerranéenne.

= Fruit plus court que le calice GAL.

feuilles à 3 ou 5 nervures principales; feuilles supérieures, bractées et sépales bordés de cils glanduleux.
[Rochers; 1-3 d.; j.-at.; v.]

Linum gallicum L.
*Lin de France,
Midi, plus rare ailleurs; manque dans le Nord-Est et le Nord.* [S]

= Fruit aussi long que le calice MA.

style peu à peu épaissi en stigmate; feuilles à 3 nervures principales.
[Endroits incultes; fl. jaunes;1-5 d.; av.-at.; v.]

□ Feuilles *sans poils ou presque sans poils.*

⊕ Fleurs *bleues, lilas ou roses.*

□ Feuilles couvertes de poils V; fleurs roses veinées de violet.

feuilles très nombreuses, en général, de moins de 2 mm. de largeur. (Tantôt fleurs d'un lilas pâle et uniforme et tiges fleuries sans poils : **L. tenuifolium** L.; — tantôt fleurs d'un rose couleur de chair, plus foncé vers la base de la fleur et tiges fleuries poilues : **L. suffruticosum** L.)
[Coteaux; 1-3 d.; j.-at.; v.]

Linum viscosum L.
Dép⁹ des Alpes-Maritimes et Pyrénées-Orientales (rare).

Linum biforme *Clavaud.*
Assez commun, sauf dans le *Nord.* [S]

= Feuilles bordées de cils raides et très petits; sépales à longue pointe, ordinairement plus longs que le fruit T?, NA.

+ Fleurs bleues; sépales de plus de 1 c. de longueur, sans poils glanduleux NA.

feuilles rudes sur les bords, sépales à 3 nervures principales NA.
[Rochers; 2-7 d.; j.-ji.; v.]

Linum narbonense L.
*Lin de Narbonne.
Région méditerranéenne.*

= Feuilles lisses sur les bords.

+ Fleurs d'un lilas pâle ou roses; sépales de moins de 1 c. de long, bordés de cils glanduleux T;

+ Sépales tous non ciliés; sépales intérieurs obtus Ab;

styles brusquement renflés en stigmate. (Tiges fleuries dressées et pédoncules dressés après la floraison : **L. montanum** Schl.; — tiges étalées Schulz; — ou pédoncules étalés d'un côté ou renversés après floraison : **L. austriacum** L.)

Linum alpinum L.
Lin des Alpes. [S]

Linum montanum Schl.
Montanas et çà et là. [S]

+ Sépales à cils glanduleux, au moins les inférieurs, tous aigus U;

styles peu à peu renflés en stigmates.
[Champs; fl. bleues; 2-7 d.; m.-ji.; v.]

Linum usitatissimum L.
Lin usuel.
Cultivé et subspontané. [S]

Linum catharticum L.
*Lin purgatif,
Commun.* [S]

2. RADIOLA. RADIOLE. — (→ Voyez fig. R, p. 33). Fleurs et fruits de moins de 2 mm. de largeur; feuilles ovales ayant ordinairement moins de 3 mm. de largeur. [Endroits sablonneux et humides; fl. d'un blanc verdâtre; 2-6 c.; j.-at.; a.]

△ Bourgeons et jeunes rameaux sans poils ou presque sans poils; fruit sans côtes saillantes SI;

Radiola linoides Gmel.
*Radiole Faux-Lin.
Assez commun,* sauf dans le Nord, le Sud-Est et la Région méditerranéenne.

TILIACÉES

TILIA. TILLEUL. —

△ Bourgeons et jeunes rameaux velus; fruit à côtes épaisses et saillantes PL;

feuilles ayant des poils sur toute la surface inférieure.
[Bois des montagnes; fl. d'un blanc jaunâtre; arbre de taille variable; j.-jt.; v.]

Tilia platyphylla Scop.
*Tilleul à grandes feuilles.
Est (et planté)* [S]

△ Bourgeons et jeunes rameaux sans poils ou presque sans poils; fruit sans côtes saillantes SI;

feuilles n'ayant de poils en dessous qu'aux bifurcations des nervures. [Bois; fl. d'un blanc jaunâtre; arbre de taille variable; j.-jt.; v.]

Tilia silvestris Desf,
*Tilleul sauvage.
Commun.* [S]

MALVACÉES

⊙ En général, *fleurs par 2 ou plus* à l'aisselle des feuilles développées les plus hautes ; feuilles peu profondément divisées.

□ Calice doublé en dessous par un calicule ; fleurs non jaunes.

△ Calicule formé de 3 bractées libres entre elles [exemples : MP, MA, MM.]

△ Calicule formé de bractées soudées entre elles [exemples : MR, AO].

□ Calice *sans calicule,* fleurs jaunes ; feuilles en cœur à la base et terminées par une longue pointe A;

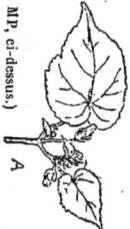

○ Calicule *non soudé au calice,* formé de bractées réunis en une masse globuleuse..........

○ Calicule *soudé au calice,* formé de bractées *non en cœur à la base* MA, MM ; carpelles disposés en cercle........

= Stigmates *non renflés* AL.

= Stigmates *renflés en tête* Hi ;

× Calicule à 3 *divisions* [example : MR].

× Calicule à 6-9 *divisions* [exemple : AO]........

ovaire et fruit à 5 loges ; calicule à nombreuses divisions..........

fruit ayant 5 à 30 carpelles soudés entre eux et ne s'ouvrant qu'au sommet..........

1. MALOPE. *MALOPE.* —(→ Voyez fig. MP, ci-dessus.)

Feuilles parfois divisées en trois ; fleurs de 2 à 3 c. de largeur ; carpelles ridés. [Coteaux, bord de la mer ; fl. roses striées; 1-3 d.; j.-jt.; v.]

2. MALVA. *MAUVE.* —

En général, *une seule fleur à l'aisselle des feuilles développées* ; feuilles ordinairement très divisées, rarement entières ; calicule formé de bractées ovales MA ou étroites MM. (Parfois bractées du calicule très étroites et carpelles très ridés sur les côtés avec quelques poils, seulement sur la face extérieure : **M. Tournefortiana L.**)

□ Pétales ayant environ 3 à 4 *fois la longueur des* sépales MS; étamines réunies en un tube de petits poils en étoile ;

:: Bractées du calicule ovales, moins de 2 fois plus longues que larges NI;

:: Bractées du calicule étroites, au moins 3 fois plus longues que larges MR;

carpelles couverts de rides disposées en réseau sur la face extérieure SI. [Endroits incultes ; fl. roses striées; 2-7 d.; m.-at.; a. ou b.]

carpelles mûrs ridés en réseau extérieurement N. [Endroits incultes ; fl. d'un violet bleuâtre; 2-6 d.; m.-jt.; a.]

carpelles mûrs non ridés en réseau. [Coteaux, talus; fl. roses ; 3-12 d.; j.-s.; v.]

□ Pétales ayant environ 2 *fois la longueur des sépales*, étamines réunies en un tube couvert de petits poils simples.

:: Pétales ayant environ la longueur des sépales ; étamines réunies en un tube couvert de petits poils simples.

carpelles ridés en travers sur le dos PV. (Parfois calice ne devenant pas rougeâtre et ne se développant pas beaucoup à la maturité: **M. microcarpa** Desf.) [Endroits incultes ; fl. d'un blanc rose ou lilacé ; 1-5 d.; av.-jt.; a.]

□ Pétales souvent *plus longs que les sé-* pales; étamines réunies en un tube sans poils ou presque sans poils ; calicule à bractées très étroites P;

carpelles ridés en travers sur le dos PV. [Endroits incultes ; fl. blanchâtres ou roses striées; 1-6 d.; m.-o.; a.]

→ **1. MALOPE** → p. 55. *MALOPE* [1 esp.]

→ **2. MALVA** → p. 55. *MAUVE* [5 esp.]

→ **3. LAVATERA** → p. 56. *LAVATÈRE* [6 esp.]

→ **4. ALTHÆA** → p. 56. *GUIMAUVE* [3 esp.]

→ **5. HIBISCUS** → p. 56. *KETMIE* [1 esp.]

→ **6. ABUTILON** → p. 56. *ABUTILON* [1 esp.]

Malope malacoides L. *Malope Fausse-Mauve.* Depuis du *Var* et des *Alpes-Maritimes.*

Malva silvestris L. *Mauve silvestre.* Commune. [s]

Malva Alcea L. *Mauve Alcée.* Assez commune. [s]

Malva nicæensis All. *Mauve de Nice.* Ouest, Midi.

Malva rotundifolia L. *Mauve à feuilles rondes.* Commune. [S]

Malva parviflora L. *Mauve à petites fleurs.* Région méditerranéenne.

3. LAVATERA. LAVATÈRE. —

* Carpelles recouverts par une sorte de disque porté sur un pied T;

fleurs pouvant atteindre 5 à 7 c. de largeur; feuilles d'un vert clair peu velues.
[Rochers; fl. roses striées; 2-8 d.; j.-jt.; a.]

Lavatera trimestris *L.*
Lavatéra d'un trimestre.
Toulon, Marseille (subspontané).

★ Carpelles *non recouverts par un disque.*

⟨ *Plusieurs fleurs à l'aisselle des feuilles moyennes.*

= Calicule *plus grand* que le calice AR; carpelles *ridés* en dehors A.
[Rochers; fl. violettes ou lilacées; 1-3 m.; m.-jt.; v.]

Lavatera arborea *L.*
Lavatéra arborescente.
Littoral (rare).

= Calicule *plus court* que le calice CR; carpelles *presque lisses* en dehors C.
[Bord de la mer; fl. violettes ou lilacées; 5-18 d.; av.-ji.; b.]

Lavatera cretica *L.*
Lavatéra de Crète.
Littoral.

⟨ *Une seule fleur à l'aisselle des feuilles moyennes.*

⊖ Pédoncules de moins de 1 c. de longueur en général; carpelles *velus* O;
plante presque ligneuse; feuilles inférieures en cœur renversé.
[Rochers; fl. roses, pourpres à la base des pétales; 5-15 d.; j.-jt.; v.]

Lavatera olbia *L.*
Lavatéra d'Hyères.
Littoral de la Méditerranée.

⊖ Pédoncules de plus de 1 c. de longueur en général; carpelles *sans poils ou presque sans poils* lil.

+ Plante *presque ligneuse*; calicule restant plus petit que le calice MR;
feuilles *très blanches, velues*; plante couverte de poils étoilés.
[Rochers; fl. roses; 8-25 d.; j.-jt.; v.]

Lavatera maritima *Gouan.*
Lavatéra maritime (rare).
Littoral de la Méditerranée.

+ Plante *herbacée*, calicule devenant aussi grand que le calice PU;
feuilles *d'un vert blanchâtre*, un peu velues; plante couverte de poils non étoilés en général.
[Champs; fl. roses ou lilas; 2-8 d.; j.-jt.; a.]

Lavatera punctata *All.*
Lavatéra ponctuée.
Littoral des Dépts du **Var** et des **Alpes-Maritimes.**

4. ALTHÆA. GUIMAUVE. —

△ Feuilles *toutes à dents peu profondes*; fleurs *groupées*; calicule à divisions étroites A0;
feuilles blanchâtres et soyeuses, les inférieures en cœur à la base.
[Marais et champs; fl. d'un blanc rosé; 5-18 d.; j.-at.; v.]

Althaea officinalis *L.*
Guimauve officinale.
Littoral, Près salés de l'intérieur et çà et là. **[S]** sub.

△ Feuilles, au moins les supérieures, *profondément divisées*; fleurs *isolées.*

: Sépales couverts de poils très courts, en étoile CA;
feuilles plus ou moins profondément divisées; tiges dressées. (Quelquefois feuilles blanches velues sur les deux faces: *A. narbonensis* Pourr.)
[Chemins, champs; fl. roses; 8-25 d.; j.-jt.; v.]

Althaea cannabina *L.*
Guimauve froux-Chanvre.
Ouest et Plateau Central (rare);
Midi.

: Sépales couverts de longs poils *raides et dressés* HI;
feuilles inférieures en cœur à la base et crénelées; tiges souvent couchées inférieurement.
[Chemins, champs; fl. roses; 1-4 d.; m.-jt.; a.]

Althaea hirsuta *L.*
Guimauve hérissée.
Assez commun, sauf dans le **Nord** et l'**Est. [S]**

5. HIBISCUS. KETMIE. — (→ Voyez fig. III, p. 55).

Plante ayant ordinairement plus de 1 m. de hauteur; fleurs ouvertes de plus de 10 c. de largeur en général; feuilles ovales en pointe, blanchâtres en dessous.
[Marais; fl. roses; 8-16 d.; j.-jt.; v.]

Hibiscus roseus *Thore.*
Ketmie rose.
Sud-Ouest (rare).

6. ABUTILON. ABUTILON. — (→ Voyez fig. A, p. 55).

Plante ayant ordinairement 1 à 2 m. de hauteur; feuilles isolées les unes des autres, portées sur des pédoncules beaucoup plus courts que les feuilles; fruit velu, à carpelles aigus.
[Marais; fl. jaunes; 8-25 d.; jt.-at.; v.]

Abutilon Avicennae *Presl.*
Abutilon d'Avicenne.
Région méditerranéenne (rᵉ rᵉ ci-subspontané). **[S]** sub.

⊙ Dix étamines ayant des anthères GE;

⊙ Cinq étamines à anthères et cinq filets sans anthères ER;

carpelles mûrs restant retenus par le haut et se roulant en arc G. ········ 1. GÉRANIUM → p. 57. GÉRANIUM [10 esp.].

carpelles mûrs se détachant et se roulant en tire-bouchon E. .. 2. ERODIUM → p. 58. ERODIUM [10 esp.].

1. GÉRANIUM. GÉRANIUM. —

△ Fleurs ne dépassant pas 1 centimètre de largeur, en général;

△ Fleurs ayant, en général, plus de 1 centimètre de largeur.

Série 1

★ Feuilles profondément divisées en lobes distincts jusqu'à la base RT;

★ Feuilles à limbe divisé environ jusqu'au milieu et à contour arrondi.

⊕ Feuilles non en lanières à 3-5 lobes plus ou moins inégaux DIV;

⊕ Feuilles découpées en lanières; carpelles non ridés.

+ Sépales sans poils et ridés en brins LU;

+ Sépales velus non ridés RO;

═ Sépales non recourbés en dehors sur les bords D;

═ Sépales à bords recourbés en dehors, presque en cœur à la base C;

╳ Pétales entiers ....
╳ Pétales plus ou moins échancrés ...
╳ Pétales entiers ou crénelés au sommet.
═ Pétales plus ou moins échancrés ...

sépales plus longs que larges, velus

carpelles ridés; fleurs à sépales allongés en pointe aigu;

carpelles lisses; fleurs à sépales velus et à pointe courte.

plante souvent rougeâtre; poils glanduleux au sommet. (Parfois pétales dépassant peu les sépales et non deux fois plus longs: *G. purpureum* Vill.) [Chemins, bois; fl. d'un rose plus ou moins vif, ou pourpré; 1-5 d.; av.-n.; α.]

[Décombres, murs; fl. roses; 1-4 d.; m.-at.; α.]

[Décombres, chemins; fl. roses; 1-6 d.; m.-o.; α.]

pétales non ciliés vers la base; carpelles ridés en travers et velus; plante à longs poils entremêlés de petits poils glanduleux. [Endroits incultes; fl. roses; 2-5 d.; j.-jt.; α.]

pétales dépassant assez longuement les sépales N; [Chemins, prés; fl. roses; 1-4 d., m.-o.; α.]

pédondules, plus courts que les feuilles voisines; carpelles *velus*. [Endroits incultes; fl. d'un rose pourpré; 1-5 d.; j.-s.; α.]

pédoncules plus longs que les feuilles voisines; carpelles *sans poils ou presque sans poils*. [Endroits incultes; fl. d'un rose pourpré; 1-6 d.; j.-s.; α.]

plante à odeur d'encre de Chine par le frottement.

Série 2

⋋ Pétales environ de la même longueur que les sépales.

⋋ Pétales plus grands que les sépales P, M.

• Carpelles sans poils MO;

• Carpelles poilus PU;

pétales dépassant peu les sépales P. [Prés, bois; fl. d'un rose violet;]

pétales souvent presque renversés PH; [Prés, bois; fl. violacées; 2-7 d.; m.-jt.; v.]

1-4 d.; m.-o.; α.]

Série 3

⋋ Carpelles fortement ridés en travers au sommet [exemple : GP]

□ Carpelles fortement ridés en travers au sommet; — Carpelles non ridés en brins [exemple : GP] — Carpelles sans poils; étamines MA, sépales MA. [Prés; fl. roses; 2-7 d.; m.-jt.; v.]

□ Carpelles non ridés en travers au sommet (→ *Voir* la suite de l'analyse à la page suivante).

pétales beaucoup plus longues que les sépales, violacées; 2-7 d.; m.-o.; α.]

Carpelles sans poils GP; — Carpelles *velus* GP;

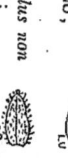
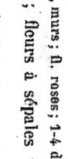
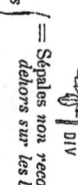
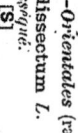

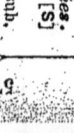

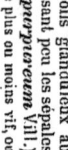

Série 1 → p. 57.
Série 2 → p. 57.
Série 3 → p. 57.
Série 4 → p. 58.

Geranium Robertianum L.
Geranium l'Herbe-à-Robert.
Très commun, sauf dans la Région méditerranéenne. [S]

Geranium lucidum L.
Geranium luisant.
Assez rare. [S]

Geranium rotundifolium L.
Geranium à feuilles rondes.
Commun. [S]

Geranium divaricatum Ehrh.
Geranium divariqué.
Pyrénées-Orientales (rare). [S]

Geranium dissectum L.
Geranium disséqué.
Commun. [S]

Geranium columbinum L.
Geranium colombin.
Commun. [S]

Geranium molle L.
Geranium mou.
Commun. [S]

Geranium pusillum L.
Geranium à tiges grêles.
Commun. [S]

Geranium phaeum L.
Geranium livide.
Jura, Alpes, Auvergne, Pyrénées. [S]

Geranium macrorrhizum L.
Geranium à long rhizome.
Alpes méridionales (rare). [S] sub.

Série 3 (suite)

⊕ Plante glanduleuse dü sommet; darpelles couvertes de poils glanduleux; pétales ciliés à leur base SI, PR; fleurs pouvant avoir jusqu'à 3 c. de largeur. (Parfois feuilles à nervures vertes et non d'un vert blanchâtre en dessous, pétales poilus à la face supérieure : *G. silvaticum* L.)
[Prairies, bois; fl. lilas ou roses; 3-12 d.; v.]

⊕
✕ Plante non glandu-leuse au sommet.

✕ Fleurs blanches veinées de pourpre; pédoncules des fruits dressés;

= Feuilles non en lobes étroits; pétales ar-rondis au sommet PA;
AC

= Feuilles découpées en lobes étroits →

pétales comme coupés au sommet AC. [Endroits humides; 2-4 d.; j.-a.; v.]

plante ordinairement à poils raides et renversés; pédoncules-dressés lorsque le fruit est mûr : *G. Endressi* (Gay). [Parfois pédoncules-dressés fl. d'un rose pourpre ou lilas; 3-6 d.; jl.-a.; v.] [Endroits humides.]

plante couverte de longs poils glanduleux vers le sommet; feuilles toutes opposées. [Près, bois; fl. d'un violet pourpre, presque bleu; 1-4 d.; m.-j.; v.]

Voyez *G. sanguineum*, p. 58.

✕ Fleurs ordinairement rosées; pédoncules des fruits renver-sés.

△ Pétales à peu près égaux aux sépales B;

△ Pétales ayant environ 2 fois la longueur des sépales PY;

▽ Limbe des feuilles à lobes princi-paux réunis ensemble par la base au moins jusqu'au quart de leur longueur.

▽ Limbe des feuilles à lobes principaux séparés jusqu'à la base.

carpelles ayant une ride en travers au sommet. [Endroits humides; fl. lilas, striées; 2-6 d.; j.-at.; v.]
NO

pétales en cœur PY. [Chemins, talus, prés, bois; fl. roses lilas, parfois blanches; 2-3 d.; m.-x.; v.]
PY

⊕ Tige souterraine à tubercules T;

△ Pétales ayant environ 2 fois la longueur des sépales PY;

▽ Feuilles à lobes prin-cipaux très aigus au sommet N;

Feuilles à lobes princi-paux non aigus au sommet P; carpelles sans rides;

+ Pas de tu-bercules.

feuilles velontées à nombreux poils très courts; pétioles des feuilles et tiges plus minces à la base. [Près, bois; fl. d'un violet pourpre; 3-6 d.; av.-m.; r.]

⊕ Tige souterraine à tubercules T;

+ Feuilles ordinairement d'un vert clair ou blanchâtre en dessous; rameaux fleuris naissant de la tige souterraine; sépales poilus AR, AG, à pointes poilues. (Parfois feuilles d'un vert clair et non d'un blanc d'argent à poils AR.) : *G. cinereum* (Cav.). [Rochers, pelouses; fl. rougeâtres ou d'un rose clair; 4-15 c.; j.-at.; v.]
AR
AG

pédoncules des fruits renversés; rameaux fleuris naissant de l'aisselle des feuilles aériennes; sépales à pointe sans poils. [Coteaux, bois; fl. d'un rose pourpré; 1-4 d.; j.-s.; v.]

2. ERODIUM. *ERODIUM.* —

○ Pédoncule commun portant en général 5 à 9 fleurs; feuilles à limbe en cœur à la base, à dents arrondies MAL, ML;
MAL

○ Pédoncule commun portant de moins de 5 fleurs.

⊕ Feuilles à limbe plus ou moins ovale, ovale, denté, crenelé ou à lobes peu pro-fondément sé-parés.

✶ Fleurs roses ou blanches; fruits mûrs d'environ 10 mm. de longueur [M, grandeur naturelle];
ML

✶ Fleurs violettes, rarement blan-ches; fruits mûrs d'environ 30 à 40 mm. de longueur [L, grandeur naturelle];
L

pédoncules des fruits plus ou moins renversés. (Par-fois pédoncules et sépales sans poils glanduleux : *E. Chium* (Willd.). [Endroits incultes, champs; fl. lilacées; 1-5 d., j.-jt.; v.]

fleurs ouvertes d'environ 5 mm. de largeur. [Bord de la mer; 5-12 c.]

fleurs ouvertes d'environ 12 mm. de largeur. m.-j.; v.] [Bord de la mer; 1-4 d.; m.-j.; v.]

Geranium phæense L..
Géranium des prés.
Montagnes; Nord-Est (très rare), [S]

Geranium aconitifolium L'Hér.
Géranium à feuilles d'aconit.
Alpes de la Savoie et du Dauphiné. [S]

Geranium palustre L..
Géranium des marais.
Nord-Est, Est, Pyrénées (rare). [S]

Geranium bohemicum L..
Géranium de Bohême.
Dép's du Var et des Alpes-Mari-times (rare). [S]

Geranium nodosum L..
Géranium noueux (manque dans les Vosges). [S]

Geranium pyrenaicum L..
Géranium des Pyrénées.
Assez commun, surtout dans les montagnes (manque dans l'Ouest). [S]

Geranium tuberosum L..
Géranium tubéreux.
Région méditerranéenne. [S]

Geranium argenteum L..
Géranium argenté.
Alpes du Dauphiné et méridio-nales, Pyrénées. [S]

Geranium sanguineum L..
Géranium sanguin.
Assez commun, sauf dans le Nord.

Erodium malacoides Willd..
Erodium Fausse-Mauve.
Littoral.

Erodium maritimum Sm..
Erodium maritime
Littoral de l'Océan.

Erodium littoreum Léman.
Erodium du littoral.
Littoral de la Méditerranée (rare).

☐•Feuilles *composées de folioles ou profondément divisées.*

⊕ Tige souterraine *non développée* en général.

= Feuilles à folioles larges et dentées MAN;

+ Filets des étamines sans cils ; fruit mûr de moins de 7 c. de longueur, en général.

★ Bractées *ovales ou ovales-aiguës* B.

⊕ Tige souterraine non développée.

= Feuilles plusieurs fois divisées en lobes étroits P;

+ Filets des étamines cilié ; fruits mûrs de 7 à 10 c. de longueur [c. grandeur naturelle] ; fleurs ne dépassant pas ordinairement 2 c. de largeur. [Endroits incultes ; fl. roses ou lilas ; 1-7 d.; m.-j.; α.]

★ Bractées, à la base des pédoncules, *tout à fait obtuses* LA; feuilles de la base non divisées en folioles distinctes, même à la base de la feuille. [Sables maritimes ; fl. d'un rose pourpré ou lilas ; 1-5 d.; m.-j.; α.]

— Foliolés à *folioles dont les divisions sont peu profondes et sont rapprochées* MO;

— Feuilles à *folioles dont les divisions sont profondes et écartées,* en coin, à la base.

— Foliolés à divisions *n'atteignant pas la nervure du fruit* avec une ride au sommet ; forte odeur de musc. [Sables ; fl. roses ; parfois blanches ; 1-4 d.; m.-j.; α.]

— Foliolés à divisions *atteignant ordinairement la nervure du fruit non ridé* ; fruits mûrs de moins de 5 c. de longueur en général, la plus caractéristique est l'E. *novanna* Willd. à *tige souterraine vivace* d'où partent le pédoncule et les feuilles. [Endroits incultes ; fl. roses, lilas ou blanches ; 1-60 c.; av.-s.; α., b. ou v.]

⊙ Fleurs *sans écailles* H;

⊙ Fleurs à petites écailles colorées G, en dedans des pétales EP;

fruit mûr de plus de 4 c. de longueur, en général.
[Rochers ; fl. d'un rose pourpré ou lilas, rarement blanches ; 1-4 d.; j.-jt.; v.]

fruit mûr de moins de 4 c. de longueur, en général. (Parfois pétales séparés les uns des autres, et terminés par une pointe courte :
E. *glandulosum* Willd.)
[Rochers ; fl. roses ou blanches ; 5-20 c.; j.-jt.; v.]

carpelles du fruit non ridés; folioles plus ou moins ovales arrondies ;

Erodium Manescavi Coss.
Erodium de Manescot.
Pyrénées (rare).

Erodium petraeum Willd.
Pyrénées, Basses-Cévennes (rare).

Erodium ciconium Willd.
Erodium Bec-de-Cigogne.
Région méditerranéenne (rare). [S]
Erodium laciniatum Cav. sub.

Erodium lacinié. [S]
Dép's du Var et des Alpes-Maritimes (rare).

Erodium moschatum L'Hérit.
Erodium musqué.
Nord-Ouest, Ouest, Midi. [S]

Erodium Botrys L'Hérit.
Nord-Ouest, Ouest (très rare). [S]

Erodium cicutarium L'Hérit.
Provence (rare).
Erodium à feuilles de Ciguë (Cicutaire).
Très commun. [S]

HYPÉRICINÉES

△ Étamines réunies par leurs bases de façon à former 3 groupes H, EP ; *fruit sec* s'ouvrant par 3 valves;

△ Étamines réunies par leurs bases de façon à former 5 groupes A; *fruit charnu;* feuilles de plus de 4 c. de longueur, en général.

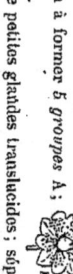

⌐ Plante velue ; feuilles toutes pourvues de petites glandes translucides ; sépales aigus et à cils glanduleux.

1. HYPERICUM. MILLEPERTUIS. — ⌐ Plante *non velue.*

* Tiges ayant dans sa longueur 2 à 4 bandes saillantes très nettes PE, T ou 2 à 4 angles Q. [PE, T, Q, tige coupée en travers]

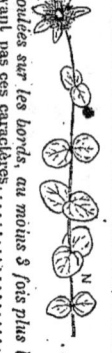

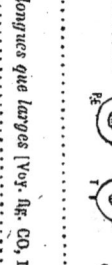

* Tiges sans lignes saillantes ni à quatre angles.

* Feuilles ovales arrondies N;

* Feuilles non arrondies.

: Feuilles enroulées sur les bords, au moins 3 fois plus longues que larges [Voy. fig. CO, HY, LI, p. 00.]; ::Feuilles ovales arrondies N;
× Feuilles n'ayant pas ces caractères.

étamines en nombre indéterminé,......

les petites écailles *g* sont placées dans l'intervalle des groupes d'étamines ; en général, 15 étamines.

1. HYPERICUM → p. 59.
MILLEPERTUIS [14 esp.].

2. ANDROSÆMUM → p. 61.
ANDROSÈME [2 esp.].

3. ÉLODES → p. 61.
ÉLODÈS [1 esp.].

......**Série 4 →** p. 60.

.........**Série 3 →** p. 60.

......**Série 2 →** p. 60.

......**Série 1 →** p. 60.

......**Série 5 →** p. 60.

Série 1

• Feuilles peu velues, amincies à la base en un très court pétiole HI;

△ Tige ayant dans sa longueur 4 bandes des plus ou moins saillantes [exemple : T, Q, coupes de tiges en travers];

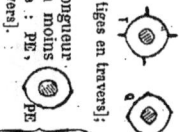

tiges ayant souvent deux lignes rougeâtres opposées, non saillantes.
Hypericum hirsutum L.
Millepertuis hérissé.
Assez commun, sauf dans la région méditerranéenne. **[S]**

Hypericum tomentosum L.
Millepertuis tomenteux.
Région méditerranéenne.

Série 2

• Feuilles très velues, amincies à la base en un très court pétiole HI;

• Feuilles ayant dans sa longueur 4 bandes des plus ou moins saillantes ; embrassant la tige par leur base TO;

feuilles et sépales ayant sur leurs bords ou sur leur face des petites glandes noires ; il en est de même des pétales Hg, TE. [Parfois tiges à quatre bandes très saillantes presque en forme d'ailes : **H. tetrapterum** Fries.]

tiges fleuries, souvent couchées sur le sol, à leur base.
[Endroits humides ; fl. jaunes ; 4-10 d. ; j.-al. ; v.]
Hypericum quadrangulum L.
Millepertuis à 4 angles.
Commun. **[S]**

[Bois, endroits humides ; fl. jaunes ; 2-4 d. ; j.-al. ; v.]
Hypericum perforatum L.
Commun. **[S]**

Série 3 : Tiges grêles couchées sur le sol ou pendantes et redressées ; feuilles sans glandes translucides ; fleurs d'environ 2 à 3 c. de largeur, quand elles sont ouvertes. [Rochers ; fl. jaunes ; 1-4 d. ; jt.-o. ; v.]

= Tiges fleuries, raides et dressées, à fleurs nombreuses ; feuilles toutes à glandes translucides ; fruit ayant sur chaque valve 2 bandes en long. [Endroits incultes ; fl. jaunes ; 2-8 d. ; m.-s. ; v.]
Hypericum humifusum L.
Millepertuis couché.
Assez commun. **[S]**

= Tiges couchées sur le sol, grêles et à 1-5 fleurs HU; feuilles inférieures sans glandes translucides ; fruit ayant sur chaque valve de nombreuses bandes en long.
[Endroits sablonneux ou humides ; fl. jaunes ; 5-25 c. ; jt.-s. ; v.]
Hypericum nummularium L.
Millepertuis Nummulaire.
Alpes, Pyrénées.

★ Feuilles verticillées par 3 ou 4 CO, étroites, glauques en dessous;

fleurs ordinairement disposées en grappe étalée. [Endroits incultes ; fl. jaunes avec des stries rouges ; 1-3 d. ; jt.-o. ; v.]
Hypericum coris L.
Millepertuis Coris.
Provence. **[S]**

★ Feuilles opposées, portant à leur aisselle de petits rameaux à feuilles très étroites HY;

fleurs ordinairement disposées en grappe allongée.
[Bois, coteaux ; fl. d'un jaune clair ; 2-6 d. ; j.-jt. ; v.]
Hypericum hyssopifolium Vill.
Millepertuis à feuilles d'Hyssope.
Alpes du Dauphiné et méridionales, Cévennes ; Rég. méditer.

Série 4

□ Feuilles n'ayant pas de petites glandes translucides, ovales allongées ou très étroites LI; sépales aigus ; feuilles du milieu embrassant en général la tige par leur base;

tiges ordinairement couchées à la base.
[Bois, coteaux ; fl. jaunes ; 1-4 d. ; j.-jt. ; v.]
Hypericum linearifolium Vahl.
Millepertuis à feuilles linéaires.
Ardennes, Nord, Est, Ouest, Plateau Central.

□ Feuilles ayant de petites glandes translucides ; en dessous;

★ Sépales entiers AU ou à quelques dents glanduleuses;

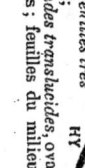

fruit muni de petites bandes en long; anthères arrondies et ayant, en général, une petite glande rouge. [Rochers ; fl. jaunes ; striées de rouge ; 1-3 d. ; m.-j. ; v.]
Hypericum australe Ten.
Millepertuis australe.
Provence.

★ Sépales frangés R ou cilié glanduleux BU;

fruit couvert de petites glandes en forme de taches noires ou brunes. (Parfois sépales aigus mais sans pointe au sommet, seulement ciliés BU;
[Près humides ; fl. jaunes ; 2-4 d. ; j.-al. ; v.]
H. Burseri Spach.
Hypericum Richeri Vill.
Millepertuis de Richer.
Jura, Alpes ; Plateau Central (rare). **[S]**

Série 5

△ Tige ayant dans sa longueur 4 bandes des plus ou moins saillantes [exemple : T, Q, coupes de tiges en travers];

△ Tige ayant dans sa longueur 2 bandes plus ou moins saillantes [exemple : PE, coupe de tige en travers];

feuilles inférieures sans glandes translucides, toutes sans pétiole et embrassant la tige MO;

feuilles ayant, en général, plus de 1 c. de largeur; sépales aigus M. [Bois ; fl. jaunes ; 2-9 d. ; j.-al. ; v.]
Hypericum montanum L.
Millepertuis des montagnes.
Assez rare. **[S]**

✕ Sépales obtus, bordés de glandes sans cils P;

feuilles moyennes de moins de 1 c. de largeur, en général. [Bois, endroits sablonneux ; fl. jaunes ; 2-8 d. ; j.-s. ; v.]
Hypericum pulchrum L.
Millepertuis élégant.
Commun ; très rare dans la région méditerranéenne. **[S]**

✕ Sépales aigus et bordés de cils glanduleux Cl;

feuilles moyennes de plus de 1 c. de largeur, en général.
[Bord de la mer ; fl. jaunes ; 2-5 d. ; m.-j. ; v.]
Hypericum ciliatum Lam.
Millepertuis cilié.
Provence.

○ Feuilles toutes à glandes translucides ;

○ Feuilles, au moins les supérieures, ayant de petites glandes translucides.

2. ANDROSÆMUM. ANDROSÈME. —

⊙ Sépales aigus F; rameaux à 4 angles; plante à odeur fétide; styles plus longs que les pétales. [Endroits humides; fl. jaunes; 6-14 d.; m.-j.; v.]

> **Androsæmum fœtidum** Cast.
> *Androsème fétide.*
> Sud-Ouest (rare et subspontané).

⊙ Sépales obtus O; rameaux à 2 bandes saillantes; plante sans odeur fétide; styles beaucoup plus courts que les pétales. [Endroits humides, bois; fl. jaunes; 6-12 d.; j.-jt.; v.]

> **Androsæmum officinale** All.
> *Androsème officinal.*
> Assez rare. Manque dans le nord-Est. **[S]**

3. ELODES. ÉLODÈS. — (→ Voyez fig. EP, p. 39)

Plante velue tomenteuse, à feuilles sans pétiole, celles de la base plus petites; sépales bordés de cils glanduleux et pourprés. [Marais, prairies tourbeuses; fl. jaunes; 1-3 d.; j.-at.; v.]

> **Elodes palustris** Spach.
> *Élodès des marais.*
> Assez commun surtout dans le Centre et l'Ouest. Manque dans les Alpes et la région méditerranéenne.

ACÉRINÉES

ACER. ÉRABLE. —

Face inférieure des feuilles verte et plus ou moins luisante; groupe de fleurs dressées.

* Feuilles à lobes principaux dentés et séparés par des intervalles très aigus AP; fruit à ailes dressées et beaucoup plus larges au sommet qu'à la base. [Bois; taille variable; fl. d'un jaune verdâtre; m.-j.; v.]

* Feuilles à 3 à 5 lobes principaux à dents arrondies AC; fruit à ailes opposées en ligne droite C; jeunes rameaux à liège très rugueux. [Bois; coteaux: fl. d'un vert jaunâtre; 2-15 m.; m.-j.; v.]

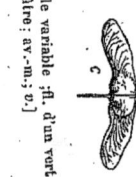

* Feuilles à 5 lobes principaux, jeunes rameaux à écorce lisse.

Face inférieure des feuilles mate et presque blanchâtre; groupe de fleurs pendantes.

✱ Feuilles à lobes principaux peu ou pas dentés et séparés par des intervalles non très aigus O; fruit à ailes plus ou moins écartées et non brusquement rétrécies à la base [OP, moitié du fruit]. [Bois; fl. d'un jaune verdâtre; 8-9 m.; ma.-av.; v.]

✱ Feuilles à lobes principaux dentés et séparés par des intervalles non très aigus O; fruit à ailes dressées, rapprochées l'une de l'autre et brusquement rétrécies à la base [M, moitié du fruit]. [Rochers; fl. d'un jaune verdâtre; moins de 15 m.; av.-m.; v.]

> **Acer campestre** L.
> *Érable champêtre* (Bois de poule).
> Commun. **[S]**
>
> **Acer platanoïdes** L.
> *Érable Platane* (Plane).
> Montagnes (et planté). **[S]**
>
> **Acer Pseudo-Platanus** L.
> *Érable Faux-Platane* (Sycomore).
> Assez commun (et planté). **[S]**
>
> **Acer opulifolium** Vill.
> *Érable à feuilles d'Obier.*
> Montagnes. **[S]**
>
> **Acer monspessulanum** L.
> *Érable de Montpellier.*
> Ouest (rare); Midi; Plateau Central, Jura (très rare); Alpes, Pyrénées. **[S]**

AMPÉLIDÉES

VITIS. VIGNE. —

Arbrisseau grimpant par des vrilles; feuilles longuement pétiolées, à limbe en cœur à la base; fleurs petites, odorantes, en groupes formant des sortes de grappes composées. [Cultivé; fl. verdâtres; taille variable; m.-j.; v.]

> **Vitis vinifera** L.
> *Vigne vini(fère).*
> Cultivé et subspontané. **[S]**

HIPPOCASTANÉES

ÆSCULUS. MARRONNIER. —

Arbre à feuilles opposées, formées par un long pétiole qui porte à son sommet 5 ou 7 folioles en coin à leur base; bourgeons visqueux. [Promenade, bois; fl. blanches tachées de rouge et de jaune; taille variable; av.-m.; v.]

> **Æsculus Hippocastanum** L.
> *Marronnier Faux-Châtaignier.*
> Planté. **[S]**

MÉLIA. *MÉLIA.* —

Arbre dont les rameaux se terminent par des bouquets de feuilles deux fois divisées; fleurs à longs pédoncules; fruit vert devenant jaune à sa maturité complète.
[Coteaux, bois; fl. violettes; 10-15 m.; m.-j.; v.]

Melia Azedarach L.
Mélia Azédarac.
Naturalisé dans la région méditerranéenne.

BALSAMINÉES

IMPATIENS. *IMPATIENTE.* —

Plante sans poils, d'un vert clair, à tiges presque charnues et renflées aux nœuds; feuilles pétiolées, ovales, irrégulièrement dentées; fleurs suspendues à des pédoncules courbés.
[Montagnes, bois; fl. jaunes ou à pétales avortés; 1-7 d.; jt.-at.; a.]

Impatiens Noli-tangere L.
Impatiente N'y-touchez-pas.
Montagnes et çà et là. [S]

OXALIDÉES

OXALIS. *OXALIS.* —

⚘ Fleurs *blanches* ou *rosées*, isolées O; feuilles toutes à la base; pétales ayant 3 à 5 fois la longueur des sépales.
[Bois humides; 2-8 c.; av.-j.; v.]

Oxalis Acetosella L.
Oxalis Petite-Oseille (Pain de coucou).
Commun, sauf dans la région méditerranéenne. [S]

⚘ Fleurs *jaunes*, groupées S; feuilles tout le long de la tige; pétales ayant environ 2 fois la longueur des sépales. (Parfois tige souterraine développée et à ramifications charnues, pédoncules des fruits non renversés : *O. stricta* L.)
[Champs, murs, chemins; 8-18 c.; j.-o.; v.]

Oxalis corniculata L.
Oxalis corniculée.
Commun. [S]

ZYGOPHYLLÉES

TRIBULUS. *TRIBULE.* —

Plante blanchâtre, à tiges couchées sur le sol; feuilles à 2 rangs de folioles ovales sans folioles terminales; fruit portant 4 épines, 2 grandes et 2 petites.
[Endroits incultes; fl. jaunes; 1-8 d.; j.-o.; a.]

Tribulus terrestris L.
Tribule terrestre.
Ouest (rare), *Midi.*

HESPÉRIDÉES

CITRUS. *CITRONNIER.* —

Fleurs en général à 20 étamines; fruit globuleux.

○ Feuilles à pétiole *largement ailé*; fruit mûr à jus amer. [Cultivé; fl. blanches; 1-8 m.; ms.-o.; v.]
Citrus vulgaris Risso.
Citronnier vulgaire.
Cultivé dans la rég. méditerranéenne.

○ Feuilles à pétiole *très peu ailé*; fruit mûr à jus sucré ou aigrelet, mais non amer. [Cultivé; fl. blanches; 1-12 m.; ms.-o.; v.]
Citrus Aurantium Risso.
Citronnier Oranger.
Cultivé dans la rég. méditerranéenne.

Fleurs à 30-40 étamines; fruit ovale ou en forme de poire.

• Feuilles à pétiole *presque ailé*; fruit à écorce très fine. [Cultivé; fl. d'un blanc rosé; taille variable; ms.-o.; v.]
Citrus Limonium Risso.
Citronnier Limonier.
Cultivé dans la rég. méditerranéenne.

• Feuilles à pétiole *non ailé*; fruit à écorce épaisse ou dure. [Cultivé; fl. blanches ou d'un blanc rosé; taille variable; ms.-o.; v.]
Citrus medica Risso.
Citronnier de Médie.
Cultivé dans la rég. méditerranéenne.

Fleurs régulières; feuilles *très divisées*.............................. **1. RUTA** → p. 63.
RUTA [3 esp.].

Fleurs *irrégulières* D; [D] feuilles à folioles *non divisées*; les feuilles inférieures entières. **2. DICTAMNUS** → p. 63.
DICTAMNE [1 esp.].

1. RUTA. *RUE.* —

Feuilles *toutes en lanières étroites* M, à divisions obtuses au sommet; [M] sépales longuement en pointe; pétales *non bordés de franges.* [Coteaux, endroits secs; fl. jaunes; 2-4 d.; ji.-at.; v.]
Ruta montana *Clus.* *Rue des montagnes. Région méditerranéenne, Pyrénées* (rare).

Feuilles à divisions pour la plupart plates et ovales.
⊙ Pétales frangés A; [A] fruit à *lobes aigus* AN; [AN] sépales obtus au sommet. (Quelquefois bractées beaucoup plus larges que la tige sur laquelle elles sont: **R. bracteosa** DC.) [Coteaux, endroits secs; fl. jaunes; 3-4 d.; j.-ji.; v.]
Ruta angustifolia *Pers.* *Rue à feuilles étroites.* *Région méditerranéenne.*

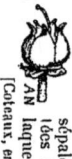

⊙ Pétales non frangés G; [G] fruit à *lobes arrondis* GR; [GR] sépales aigus au sommet. [Coteaux, endroits secs; fl. jaunes; 4-7 d.; j.-ji.; v.]
Ruta graveolens *L.* *Rue fétide. Midi, Sud-Est, dans le Nord-Ouest, le Centre et l'Auvergne.* [S]

2. DICTAMNUS. *DICTAMNE.* —
Plante à tige dressée, à nombreuses feuilles; étamines inégales, velues à la base. [Coteaux incultes, rochers; fl. roses, striées; 5-12 d.; m.-j.; v.]
Dictamnus albus *L.* *Dictamne blanc. Midi et Sud-Est; Dépt de la Côte-d'Or* (très rare). [S]

CÉLASTRINÉES

EVONYMUS. *FUSAIN.* —
Arbrisseau à feuilles ovales aiguës, à court pétiole, d'un vert mat. (Parfois fleurs ordinairement à 5 pétales et généralement groupées par 7 à 20: [Haies, bois, coteaux; fl. verdâtres à odeur désagréable; 1-7 m.; av.-m.; v.]
Evonymus europaeus *L.* *Fusain d'Europe. Commun.* [S]

CORIARIÉES

CORIARIA. *CORROYÈRE.* —
Arbrisseau sans poils, à feuilles ovales en pointe, entières; fleurs de moins de 4 mm. de largeur, en grappes dressées; fruit d'abord vert, puis noir et luisant; fleurs vertes. [Coteaux, bord des routes; fl. vertes; ½-2 m.; j.-ji., v.]
Coriaria myrtifolia *L.* *Corroyère à feuilles de Myrte. Midi.*

STAPHYLÉACÉES

STAPHYLEA. *STAPHYLIER.* —
Arbrisseau à feuilles opposées, pétiolées, ayant 5 à 7 folioles ovales aiguës; fleurs en grappes à long pédoncule commun, souvent pendantes. [Forêts, bois; fl. blanches ou un peu rosées en dehors; 2-5 m., m.-j.; v.]
Staphylea pinnata *L.* *Staphylier penné. Alsace, Jura* (rare et subspontané). [s]

ILICINÉES

ILEX. *HOUX.* —
Arbuste à feuilles ovales aiguës, luisantes, souvent à dents épineuses; fleurs isolées ou par petites grappes à courts pédoncules; fruit rouge à la maturité. [Forêts, bois, montagnes; fl. blanches; taille variable; m.-j.; v.]
Ilex aquifolium *L.* *Houx à feuilles épineuses. Assez commun.* [S]

□ Pas de pétales ou pétales non roulés en dedans F, RC, R ; ovaire non adhérent au calice P ;

□ Pétales roulés en dedans ; ovaire presque complètement adhérent au calice.

⊕ Feuilles non coriaces, ne persistant pas pendant l'hiver.

⊖ Feuilles coriaces, persistant pendant l'hiver.

* Fleurs à pédoncules bien plus longs que le calice P ;

* Fleurs à pédoncules à peine plus longs que le calice Z ;

△ Plus de 4 nervures secondaires de chaque côté de la feuille en général : FR, ALP, P.

△ Pas plus de 4 nervures secondaires de chaque côté de la feuille en général : CA, I.

= Feuilles à bords membraneux et dentés A ; rameaux non épineux ;

= Feuilles à bords non membraneux et non dentés O ; rameaux épineux ;

× Feuilles en coin à la base FR, entières ou presque entières, sépales dressées F.

× Feuilles arrondies ou en cœur à la base ALP, finement dentées.

• Tiges couchées ; feuilles à 8 nervures principales de chaque côté P ;

• Feuilles CA, d'environ 2-3 c. de largeur, à nervures secondaires de largeur, à nervures secondaires de la nervure principale.

• Feuille I, d'environ 8-15 mm. de largeur, à nervures secondaires bien moins nettes que la nervure principale ;

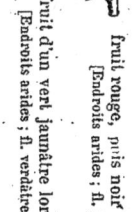

1. ZIZYPHUS, JUJUBIER. — (→ Voyez ci-dessus fig. Z).
Arbre à rameaux, les uns tortueux, les autres allongés ; feuilles ovales à court pétiole ; stipules formant de petites épines.
(Cultivé ; fl. jaunâtres ; taille variable ; av.-m.; v.)

2. PALIURUS. PALIURE. — (→ Voyez ci-dessus fig. P, PA).
Arbrisseaux à rameaux grêles ; feuilles ovales sans poils ; stipules formant de fortes épines.
[Endroits incultes, bois ; fl. jaunâtres ; 2-5 m., jt.-at.; v.]

3. RHAMNUS. NERPRUN. —

fruit charnu à noyaux distincts....................**3. RHAMNUS → p. 64. NERPRUN [7 esp.].**

fruit charnu à noyaux soudés ensemble Zl.........**1. ZIZYPHUS → p. 64. JUJUBIER [1 esp.].**

fruit sec, en forme de disque renflé au milieu PA ;..........**2. PALIURUS → p. 64. PALIURE [1 esp.].**

fruit d'un vert jaunâtre lorsqu'il est mûr.
[Endroits arides ; fl. verdâtres ou jaunâtres ; moins de 1 m.; m.-j.; v.]

fruit rouge, puis noir lorsqu'il est mûr.
[Endroits arides ; fl. jaunâtres ; taille variable ; ms.-av.; v.]

fruit charnu à court pétiole ; fruit mûr, coriace, d'un rouge brun.

arbrisseau aplati sur les rochers.
[Rochers ; fl. d'un jaune-verdâtre ; 5-15 c.; j.-jt.; v.]

partie libre des sépales environ de la même longueur que le tube du calice R, RC. [Bois ; fl. jaunâtres ou d'un jaune-verdâtre ; 2-8 m.; m.-j.; v.]

partie libre des sépales plus longue que le tube du calice. (Parfois partie libre des sépales presque égale à la partie soudée ; fruit mûr noir et non brun ; R. saxatilis L.) [Rochers ; fl. jaunâtres ; 3-15 d.; m.-j.; v.]

[Haies, bois ; fl. blanchâtres ; 2-7 m.; av.-jt.; v.]

[Bois, rochers ; fl. d'un jaune-verdâtre ; 1-3 m.; m.-j.; v.]

Zizyphus vulgaris Lam.
Jujubier commun.
   Région méditerranéenne (cultivé et subspontané). [S] sub.
Paliurus australis R. et S.
Paliure austral.
   Région méditerranéenne. [S] sub.
Rhamnus Alaternus L. [S] sub.
Nerprun Alaterne.
   Midi ; Ouest (rare) ; Alpes du Dau-
   phiné et Pyrénées. L.
Rhamnus oleoides L.
Nerprun Faux-Olivier.
   Pyrénées (très rare).
Rhamnus Frangula L.
Nerprun Bourdaine.
   Commun, sauf dans la région médi-
   terranéenne.
Rhamnus alpina L.
Nerprun des Alpes.
   Montagnes (manque dans les Vosges).[S]
Rhamnus pumila L.
Nerprun nain.
   Jura (très rare), Alpes, Pyrénées
   (région alpine). [S]
Rhamnus cathartica L.
Nerprun purgatif.
   Assez commun. [S]
Rhamnus infectoria L.
Nerprun fétide.
   Région méditerranéenne, Cor-

⊙ Fleurs sans pétales; feuilles composées (Voyez ci-dessous fig. L, T); fleurs staminées et fleurs pistillées sur des pieds différents.......... **1. PISTACIA** → p. 65.
PISTACHIER [3 esp.].

  { + 5 étamines, fruits non ailés.
   + 10 étamines, fruits munis d'une aile à chaque extrémité.....
   fleurs ayant toutes à la fois étamines et pistil.....

⊙ Fleurs à 5 pétales; feuilles simples ou composées; fleurs staminées, pistillées ou stamino-pistillées. ... **3. RHUS** → p. 65.
SUMAC [2 esp.].

⊙ Fleurs à 3-4 pétales; feuilles simples C; ... **4. AILANTUS** → 65.
AILANTE [1 esp.].
2. CNEORUM → p. 65.
CAMÉLÉE [1 esp.].

1. PISTACIA. PISTACHIER. —

△ Feuilles persistant pendant l'hiver, en général, sans foliole au sommet L;

  pétiole bordé d'une aile verte de chaque côté; fruit presque sec, rouge, puis noir. [Endroits secs; fl. verdâtres; 1-4 m.; av.-m.; v.]

△ Feuilles ne persistant pas pendant l'hiver, ayant une foliole au sommet.

  ✕ Feuilles les plus grandes ayant 7-11 folioles T;

    fruit de la grosseur d'un pois; feuilles luisantes presque coriaces, sans polis. [Endroits secs; rochers; fl. brunâtres; 2-6 m.; av.-m., v.]

  ✕ Feuilles les plus grandes ayant 1 à 7 folioles; fruit de la grosseur d'une olive, feuilles à pétioles couverts de poils courts.
[Cultivé; fl. brunâtres; 6-10 m.; m.-j.; v.]

2. CNEORUM. CAMÉLÉE. —

(→ Voyez ci-dessus fig. C). Arbrisseau n'ayant pas en général plus de 1 m. de hauteur; feuilles beaucoup plus longues que larges, à bords enroulés en dessous; fruits d'un vert noirâtre. [Endroits arides; fl. jaunes; 1-10 d., m.-jt.; v.]

3. RHUS. SUMAC. —

⟋ Feuilles simples et entières COT;

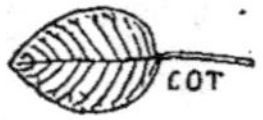

  feuilles sans poils, ovales, glauques; inflorescence devenant plumeuse CO. [Rochers, bois; fl. jaunâtres; 1-4 m.; j.-jt.; v.]

⟋ Feuilles composées de 7 à 15 folioles dentées CJR;

  feuilles velues ainsi que les rameaux. [Coteaux secs; fl. d'un blanc verdâtre; 1-4 m.; j.-jt.; v.]

4. AILANTUS. AILANTE. —

Arbre à feuilles de 4 à 5 d., composées de 25 à 31 folioles dentées; fruits d'abord verts, puis jaunes, d'un rouge plus ou moins vif. [Bords des chemins; fl. verdâtres; taille variable; m.-j.; v.]

PAPILIONACÉES

⊙ Feuilles non terminées par une vrille ou par un filet.

  ⊖ Feuilles à 0,1, 2 ou 3 folioles (sans compter les stipules).

    ✱ Pas de stipules ou stipules de moins de 3 mm. de longueur ou stipules transformées en épines. **1er GROUPE** → p. 66.

    ✱ Stipules de plus de 3 mm. de longueur et non transformées en épines.

      ✱✱ Stipules très différentes des folioles...... **3e GROUPE** → p. 67.

      ✱✱✱ Stipules assez semblables aux folioles.... **2e GROUPE** → p. 66.

  ⊖ Feuilles à plus de 3 folioles (sans compter les stipules)..... **4e GROUPE** → p. 67.

⊡ Feuilles terminées par une vrille ou par un filet, quelquefois très court..... **5e GROUPE** → p. 69.

Pistacia Lentiscus L.
Pistachier Lentisque.
Région méditerranéenne.
Pistacia Terebinthus L.
Pistachier Térébinthe.
Midi, Sud-Est.
Pistacia vera L.
Pistachier vrai.
Région méditerranéenne (cultivé et subspontané).
Cneorum tricoccum L.
Camélée à 3 coques.
Région méditerranéenne.

Rhus Cotinus L.
Sumac Fustet.
Région méditerranéenne, Sud-Est. [S]
Rhus coriaria L.
Sumac des corroyeurs.
Midi.
Ailantus glandulosa Desf.
Ailante glanduleux (Vernis du Japon).
Planté çà et là. [S]

□ *Plante n'ayant pas d'épines.*

★ *Calice non membraneux.*

⊙ Calice en apparence à 2 sépales par la réunion complète des sépales.

□ Plante ayant des épines.

⊙ Calice en apparence sans dents S ; le calice du très jeune bouton a 5 petites dents et se fend en travers quand le bouton s'ouvre ;

• Fleurs *violacées* ; calice se renflant et entourant le fruit mûr P ;

• Fleurs *jaunes* ; calice à 5 dents dont 2 d'un côté et 3 de l'autre, ne se renflant pas autour du fruit mûr. → Voyez 7. Genista, p. 70.

feuilles à 3 folioles SP.

pétales étroits, surtout vers leur base.

.... 2. **ULEX** → p. 69. *AJONC* [a esp.].

.... 4. **CALYCOTOME** → p. 69. *CALYCOTOME* [1 esp.] ;

.... 3. **ERINACEA** → p. 69. *ERINACÉE* [1 esp.].

★ Calice *membraneux* et ne se fendant pas en travers.

⊙ Calice à 5 dents

+ Calice formé d'une seule partie J ;

+ Calice formé de 2 parties S; feuilles, au moins les inférieures, à 3 folioles ;

× feuilles *toutes simples*, carène à 2 pétales soudés entre eux.

× carène à 2 pétales soudés non réunis entre eux.

.... 5. **SPARTIUM** → p. 69. *SPARTIER* [1 esp.].

.... 6. **SAROTHAMNUS** → p. 69. *SAROTHAMNE* [3 esp.].

Calice à 2 lèvres [G, AN]. C, SU].

+ Calice dont la lèvre supérieure a deux dents qui sont profondément séparées l'une de l'autre. [exemples : G. AN]

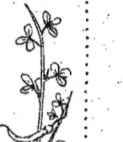

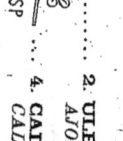

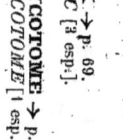

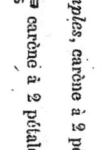

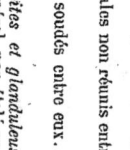

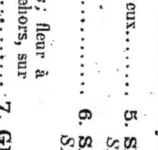

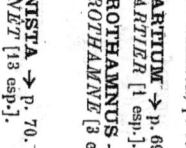

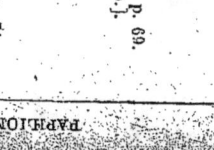

+ Calice dont la lèvre supérieure a deux parties séparées l'une de l'autre [exemples : CS, C. SU] étendard comme redressé en arrière.

× Fruit *non couvert d'excroissances étroites et glanduleuses ;* fleur à carène presque droite à étendard, en général, non étalé en dehors, sur les côtés.

× Fruit *couvert d'excroissances étroites et glanduleuses* GR ;

.... 7. **GENISTA** → p. 70. *GENÊT* [13 esp.].

— Feuilles à foliole terminale bien plus grande, les deux autres arrondies et rapprochées de la feuille SC ; fruit divisé en 3 à 8 parties successives → Voyez 39. Scorpioïdes, p. 90.

— Feuilles à foliole unique ; fleur à carène courbée et à étendard étalé en dehors, sur les côtés.

.... 8. **CYTISUS** → p. 71. *CYTISE* [8 esp.].

.... 10. **ADENOCARPUS** → p. 71 *ADÉNOCARPE* [2 esp.].

△ Calice à 5 dents et à tube plus ou moins renflé A, T;

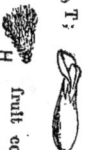

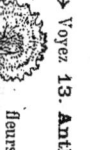

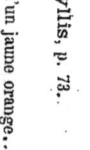

⊕ Fruit renfermé dans le calice ; calice à base H ;

△ Calice à 5 dents presque séparés jusqu'à la base H ;

H fruit courbé et aplati Y; → Voyez 13. **Anthyllis**, p. 73.

fleurs d'un jaune orange. → 14. **HYMENOCARPUS** → p. 73. *HYMENOCARPE* [1 esp.].

⊕ Fruit renfermé dans le calice ; calice à 5 dents plus courtes que le reste du calice qui est plus ou moins renflé → Voyez 13. **Anthyllis**, p. 73.

⊕ Fruit *plus long* que le calice ; calice à tube non renflé.

⊙ Fleurs non épanouies, blanchâtres, rosées ou bleuâtres ou à carène noirâtre ; tiges ligneuses à la base.

= Carène à *court bec* SU, bleue ou d'un bleu noirâtre ; aïles soudées entre elles......... 20. **DORYCNIUM** → p. 81. *DORYCNIUM* [1 esp.].

= Carène *sans bec* HI, pourpre noirâtre; aïles soudées entre elles......... 21. **BONJEANIA** → p. 81. *BONJEANIE* [2 esp.].

⊙ Fleurs non épanouies, jaunes, pourpres ou orangées.

○ Fruit *sans aïles* (exemple : LC). aïles rapprochées, mais non soudées......... 23. **LOTUS** → p. 81. *LOTIER* [9 esp.].

○ Fruit *à 4 aïles membraneuses* TE, P. .... 22. **TETRAGONOLOBUS** → p. 81. *TETRAGONOLOBE* [2 esp.].

⊙ Fleurs à carène contournée sur elle-même P ainsi que les étamines et le style ;

⊙ Fleurs à carène non contournée sur elle-même et à corolle non persistante et ne s'accroissant pas après la floraison.

⊙ Fleurs à corolle persistante, s'accroissant et devenant membraneuse après la floraison ; fruit ne dépassant pas ou dépassant à peine le calice ; stipules soudées au pétiole ; fleurs en capitule ou en grappe serrée..... plante grimpant par sa tige enroulée et par ses pétioles ; stipules libres.......... **33. PHASEOLUS → p. 84.** HARICOT [1 esp.].

□ Carène en bec aigu au sommet (exemples : N, SU).

□ Carène obtuse ou peu courbée, au moins 3 fois plus long que large F, G.

□ Carène formée de 2 pétales libres plus grande que l'étendard AN ;

= Calice à 3 dents d'un côté et à 2 divisions profondes de l'autre AR ;

= Calice à 5 divisions 3 fois plus long que large F, G.

= Carène obtuse au sommet, formée de 2 pétales soudés, plus courte que l'étendard.

= Calice à 5 dents, peu iné- gales.

✗ Fruit non courbé ou moins de 3 fois plus long que large F, G.

✗ Fruit droit ou peu courbé, au moins 3 fois plus long que large.

✗ Toutes les étamines réunies ensemble par leurs filets ; fruit droit et non divisé en parties successives ; feuilles à 3 folioles, rarement simples ;

✗ 9 étamines réunies ensemble par leurs filets, la 10e étamine restant libre ; fruit courbé sur lui-même et divisé en parties successives ; feuilles simples.......... **38. SCORPIURUS → p. 90.** SCORPIURE [3 esp.].

étamines libres entre elles jusqu'à la base ; arbuste à odeur fétide............ **1. ANAGYRIS → p. 69.** ANAGYRE [1 esp.].

○ Fruit non courbé 18s

○ Fleurs jaunes ou blanches, fleur en grappe allongée......... **17. MELILOTUS → p. 76.** MÉLILOT [9 esp.].

○ Fleurs violettes, en capitule entouré d'un involucre BI

○ Fruit plus ou moins enroulé sur lui-même, moins de 3 fois plus long que large (Voyez les figures, p. 73)......... **15. MEDICAGO → p. 73.** LUZERNE [27 esp.].

○ Fleurs jaunes à calice couvert de poils noirs, à carène comme coupée au sommet.........

plante argentée soyeuse ainsi que les fruits........... **9. ARGYROLOBIUM → p. 71.** ARGYROLOBE [1 esp.].

.... **16. TRIGONELLA → p. 76.** TRIGONELLE [6 esp.].

.... **18. TRIFOLIUM → p. 77.** TRÈFLE [45 esp.].

.... **12. ONONIS → p. 72.** ONONIS [13 esp.].

4° GROUPE :

△ Arbre à stipules transformées en épines RO ; fleurs blanches, en grappe .... **29. ROBINIA → p. 84.** ROBINIER [1 esp.].

△ Arbuste à fruits renflés en vessie C ; .... **28. COLUTEA → p. 84.** BAGUENAUDIER [1 esp.].

△ Arbrisseau ou plante her- bacée n'ayant pas les carac- tères précé- dents.

⊕ Fleurs en capitule.

⊕ Fleurs isolées par 1, 2 ou 5, ou en grappe ou en couronne (→ Voyez la suite à la page suivante).

Feuilles à 5 folioles portant toutes du même point ;

Feuilles à folioles ne portant pas toutes du même point.

Calice à 5 sépales séparés presque jusqu'à la base H ; fleurs d'un jaune orange ; .... → Voyez **14. Hymenocarpus, p. 73.**

Calice à 5 dents.

Fleurs de moins de 5 mm., en général ; capitules portés sur des rameaux très allongés DU ; stipules non soudées au pétiole ; fleurs roses ; 9 étamines réunies par leurs filets et 1 étamine libre.......... **13. DORYCNOPSIS → p. 80.** DORYCNOPSIS [1 esp.].

Fleurs de plus de 7 mm. en général ; étamines toutes les 10 réunies par leurs filets.......... **19. ANTHYLLIS → p. 73.** ANTHYLLIS [5 esp.].

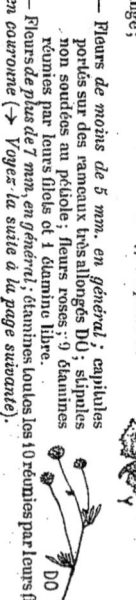

fruit courbé et aplati Y. → Voyez **20. Dorycnium. p. 81.**

.... **32. PSORALEA → p. 84.** PSORALÉE [1 esp.].

Suite du 4e groupe :

☐ Feuilles non à folioles en éventail.

☐ Feuilles à folioles disposées en éventail [exemple : H] ;

⚊ Fruit séparé en 2 loges dans sa longueur, plus ou moins complètement. [Cela se voit même sur le fruit jeune.] (Voyez les fig. CAM, GLY, AS).

⚊ Fruit divisé en parties successives. [exemples : O, CP, PP, HC, U, SE].

⚊ Fruit ni divisé en long ni à parties successives. s'ouvrant par 2 valvules.

✕ Fruit aplati et bordé de dents P ;

✕ Fruit n'étant pas aplati et bordé de dents.

★ Fleur à carène en pointe au sommet [exemple : CA] ;

★ Fleur à carène non en pointe au sommet [exemple : GL].

= Carène comme coupée obliquement au sommet OB ;

= Carène arrondie au sommet OB; fleurs ovales ou arrondies.

+ Fruit terminé par un long bec recourbé et à parties successives contiguës SE.

+ Fruit creusé par des échancrures arrondies [exemples : HC, U] ;

+ Fruit sans échancrure et sans long bec.

⚊ Carène plus ou moins aiguë; fruit sans crêtes saillantes ni épines, s'ouvrant par 2 valvules.

⚊ Carène comme coupée obliquement au sommet et ayant des crêtes saillantes SA ou même épineuses CG.

△ Folioles terminées brusquement par une pointe GA ;

△ Folioles terminées brusquement au sommet.

⊙ Folioles non brusquement terminées par une pointe.

⊙ Folioles entières

★ Folioles ovales obtuses GL ;

★ Folioles allongées AR ;

⊙ Folioles dentées en scie [exemple : A].

plantes herbacées à stipules soudées au pétiole.............. fleurs blanches ou bleuâtres, en grappes serrées.

fruit divisé incomplètement en 2 loges par un repli de la face supérieure [exemple : fruit coupé en travers CAM].

fruit divisé complètement en 2 loges par le repli de la face intérieure du carpelle [exemple : fruit coupé en travers GLY].

Fruit épaissi intérieurement à sa face inférieure et à face extérieure plus ou moins repliée en dedans, formant une cloison incomplète [exemple : fruit coupé en travers AS].

fruit divisé par des étranglements O, CP.

fruit divisé en moins de 8 mm. de longueur ; fruit à parties successives.

Feuilles supérieures à 9 folioles, celle du milieu beaucoup plus grande que les autres...............

— Feuilles supérieures n'ayant pas ces caractères.............

grappes de fleurs plus longues que les feuilles voisines.............

grappes de fleurs plus courtes que les feuilles voisines.............

grappes de fleurs terminant la tige principale → Voyez Vicia argentea, p. 86.

Fleurs rougeâtres ou roses ; graines anguleuses avec une sorte de pointe. → Voyez Vicia argentea, p. 86.

Fleurs jaunes striées de rouge, 5 à 7 folioles → Voyez Ononis Natrix, p. 73.

11. LUPINUS → p. 71. LUPIN [4 esp.].

27. BISERRULA → p. 84. BISERRULA [1 esp.].

25. OXYTROPIS → p. 83. OXYTROPIS [6 esp.].

24. ASTRAGALUS → p. 82. ASTRAGALE [20 esp.].

26. PHACA → p. 84. PHACA [4 esp.].

44. HEDYSARUM → p. 91. HEDYSARUM [4 esp.].

43. SECURIGERA → p. 91. SÉCURIGÈRA [1 esp.].

42. HIPPOCREPIS → p. 91. HIPPOCRÉPIS [3 esp.].

41. ORNITHOPUS → p. 91. ORNITHOPE [4 esp.].

40. CORONILLA → p. 90. CORONILLE [7 esp.].

39. SCORPIOIDES → p. 90. SCORPIOÏDES [1 esp.].

45. ONOBRYCHIS → p. 92. ONOBRYCHIS [4 esp.].

30. GALEGA → p. 84. GALÉGA [1 esp.].

31. GLYCYRRHIZA → p. 84. RÉGLISSE [1 esp.].

35. CICER → p. 87. CICER [1 esp.].

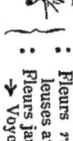

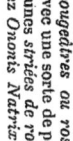

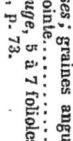

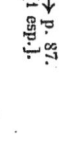

5° GROUPE:

⊙ Stipules *plus grandes que les foliodes P ou que la moitié des foliodes M; fleurs non jaunes;*

× Foliodes à nervures principales qui s'écartent un peu en éventail *partant du bas de la foliode* [exemple : LA];

en général, étamines à filets soudés en un tube qui est coupé très obliquement...............**34.** **ANAGYRIS** → p. 85.

Anagyris foetida L.
Anagyre fétide (Bois puant).
Région méditerranéenne.

× Foliodes à nervures principales secondaires *partant de la nervure du milieu de la foliode* [exemple : P];

foliodes dont les nervures principales partent de la nervure du milieu de la foliode.........**36.** **PISUM** → p. 87. *POIS* [2 esp.].

en général, étamines à filets soudés en un tube qui est comme coupé en tra-vers............................**37.** **LATHYRUS** → p. 87. *GESSE* [33 esp.].

.....................**35.** **VICIA** → p. 85. *VICIA* [25 esp.].

⊙ Stipules *plus petites que la moitié des foliodes ou feuilles sans foliodes.*

1. ANAGYRIS. *ANAGYRE.* — (→ Voyez fig. AN, p. 67).
Feuilles à 3 foliodes d'un vert grisâtre presque glauque, sans poils en dessus. [Coteaux arides ; fl. jaunes à étendard taché de noir ; 2-4 m.; fév.-ms.; v.]

2. ULEX. *AJONC.* —
△ Fleurs ayant environ *11 à 16 mm.* de longueur, ailes plus longues que la carène P, N.

△ Épines d'environ *1 mm.* de largeur, d'un vert cendré ; étendard sans stries rouges.

au-dessous du calice, se trouvent deux très petites bractées ovales qui sont plus larges que le pédoncule UE. [Landes, chemins ; fl. d'un jaune clair; 1-2 m.; jv.-d.; v.]

Ulex europaeus L.
Ajonc d'Europe (Landier, Jonc marin).
Communes, sauf dans l'Est, le Sud-Est et le Midi. [S]

Ulex parviflorus Pourr.
Ajonc à petites fleurs.
Région méditerranéenne.

3. ERINACEA. *ÉRINACÉE.* — (→ Voyez fig. E, p. 66).
Arbrisseau qui forme de petits buissons garnis de longues épines; feuilles entières et opposées, sauf les supérieures; calice poilu; fruits mûrs d'environ 15-20 mm. de longueur.

Erinacea pungens Boiss.
Érinacée piquante.
Basse-Provence, Pyrénées-Orientales.

△ Épines de moins de *1 mm.* de largeur, d'un vert brillant; étendard ordinairement strié de rouge. [Endroits incultes ; fl. jaunes ; 2-6 d.; j.-n.; v.]

Ajonc natin.
Est (rare). *Centre, Ouest, Plateau Central, Pyrénées.*

Ajonc nanus L.
[Endroits stériles ; fl. jaunes ; 4-10 d.; av.-m.; v.]

4. CALYCOTOME. *CALYCOTOME* — (→ Voyez fig. S, SP, p. 66).
Arbuste à foliodes ayant de courts poils en dessous ; bractée au-dessus de la fleur profondément divisée en trois; fleurs isolées, ou par 2 à 5. [Bois, endroits incultes ; fl. jaunes ; 5-20 d.; m.-ji.; v.]

Calycotome spinosa Link.
Calycotome épineux.
Région méditerranéenne.

5. SPARTIUM. *SPARTIER.* — (→ Voyez fig. J, p. 66).
Arbrisseau à rameaux allongés, cylindriques, compressibles, portant peu de feuilles, glauques; fleurs en grappe. [Endroits secs ; fl. jaunes ; 2-4 m.;

Spartium junceum L.
Spartier à tiges de jonc (Genêt d'Espagne).
Midi.

6. SAROTHAMNUS. *SAROTHAMNE.* —
* Feuilles *inférieures* à 3 foliodes, les *supérieures entières* ; arbrisseau d'un gris verdâtre ; fleurs isolées ou par deux S, ayant environ 2 c. de longueur; carène pendante à la base de la fleur à la fin de la floraison. [Bois, endroits incultes ; fl. jaunes ; 2-4 m.; m.-ji.; v.]

arbrisseau à rameaux sillonnés, verts sur les côtés, grisâtres et poilus dans les sillons; fleurs de 15-17 mm. de longueur. [Coteaux, rochers ; fl. jaunes ; 2-5 m.; m.-ji.; v.]

Sarothamnus scoparius Koch.
Sarothamne à balai (Genêt à balai).
Communs, sauf dans la région méditerranéenne. [S]

Sarothamnus arboreus Webb.
Sarothamne arborescent.
Pyrénées-Orientales.

* Feuilles ordi-nairement toutes à 3 foliodes.

= Feuilles *pétiolées* à 3 foliodes, même celles qui sont sous les fleurs;

= Feuilles *sans pétiole* à 3 foliodes, sauf 2 ou 3 bractées qui sont sous les fleurs;

sous-arbrisseau à rameaux très rapprochés ; feuilles relativement très petites; fleurs de 12-14 mm. de longueur. [Coteaux, rochers ; fl. jaunes ; 4-8 d.; m.-ji.; v.]

Sarothamnus purgatif.
Pyrénées.

Sarothamnus purgans GG.
Plateau Central, Pyrénées.

□ Plante épineuse.

= Feuilles à 3 folioles très étroites HO; plante en buisson serré, très épineux, d'un vert blanchâtre; feuilles ordinairement opposées, à stipules transformées en épines. [Endroits incultes; fl. jaunes; 1-2 d.; j.-jt.; v.] → **Genista horrida** DC. *Genêt très épineux.* Dép. du *Rhône* et de l'*Aveyron* (très rare).

= Feuilles entières.

⊕ Étendard plus ou moins velu.

  + Fleurs ou fruits groupés par 1 à 4 AS; arbrisseau très rameux, tortueux, formant buisson; rameaux portant des renflements sur les côtés. [Endroits incultes; fl. jaunes; 1-5 d.; j.-jt.; v.] → **Genista aspalathoides** Lam. *Genêt Faux-Aspalath.*

  + Fleurs ou fruits en grappes GG; arbrisseau à rameaux de deux sortes, les uns sans feuilles et épineux, les autres non épineux à feuilles aiguës GG. [Bois et endroits incultes; fl. jaunes; 3-9 d; m.-j.; v.] → **Genista germanica** L. *Genêt d'Allemagne.* Région méditerranéenne (rare). Rare. Manque dans le Nord, l'Ouest et les Pyrénées. [S]

  petit arbrisseau à rameaux les uns sans feuilles et épineux, les autres feuillés souvent épineux. [Bois et endroits incultes; fl. jaunes; 1-2 d.; m.-j.; v.] → **Genista hispanica** L. *Genêt d'Espagne.* Région méditerranéenne, Alpes du Dauphiné, Cévennes, Pyrénées. [S]

⊕ Étendard sans poils ou presque sans poils.

  * Feuilles très velues HI; fleurs presque en capitule;

  * Feuilles sans poils ou à quelques poils appliqués; fruit sans poils; fleurs en grappe.

    × Fleurs sur des rameaux non épineux GA; feuilles sans stipules épineuses; fruit mûr ordinairement de moins de 2 c. de longueur. [Endroits incultes; fl. jaunes; 4-10 d.; av.-j.; v.] → **Genista anglica** L. *Genêt d'Angleterre.* Assez commun, sauf la région méditerranéenne. Manque dans les Vosges et Jura.

    × Fleurs sur des rameaux épineux SC; feuilles relativement petites, à 2 stipules épineuses; fruit ordinairement de 2 à 4 c. [Endroits incultes; fl. jaunes; 8-25 d.; m.-jt.; v.] → **Genista Scorpius** DC. *Genêt Scorpion.* Région méditerranéenne, Pyrénées (rare).

□ Plante *non épineuse*.

❄ Feuilles *entières*.

  × Fleurs très velues HI; fruit velu, d'un brun verdâtre à la maturité. [Endroits incultes; fl. jaunes; 1-3 m.; av.-m.; v.] → **Genista candicans** L. *Genêt blanchâtre.* Région méditerranéenne.

  ⊙ Tige à feuilles nombreuses; folioles à bords enroulés en dessous Ll, d'environ 2-3 c. de longueur; très poilu. [Endroits incultes; fl. jaunes; 2-5 d.; ms.-av.; v.] fruit de 5 mm. de longueur environ. [Rochers; fl. jaunes; m.-j.; v.] → **Genista linifolia** L. *Genêt à feuilles de Lin.* Littoral du dép. du *Var* (rare).

  ⊙ Tige à feuilles peu nombreuses et dont les folioles étroites R *tombent facilement*; quand les folioles sont tombées, les pétioles persistent en devenant très durs; fruit de 20-25 mm. de longueur, sans poils; feuilles plus de 2 fois plus longues que larges. [Bois, coteaux, chemins; fl. jaunes; 3-10 d.; m.-jt.; v.] → **Genista radiata** Scop. *Genêt radié.* Alpes du Dauphiné (rare).

❇ Feuilles à *3 folioles*.

  * Feuilles à *folioles* étroites ou à folioles *allongées* Ll, R.

  * Feuilles à *folioles ovales arrondies*;
    plante presque complètement herbacée, sauf à la base; fleurs en grappes serrées, presque en épi GS; stipules très petites CAN; fleurs d'environ 12-14 mm. de longueur; fruit de 5 mm. de longueur environ. [Bois, coteaux; fl. jaunes; 1-3 d.; m.-j.; v.] → **Genista sagittalis** L. *Genêt sagitté.* Assez commun. [S]

  △ Tiges ailées GS;
    ⊙ Étendard *sans poils*; étendard et carène très écartés l'un de l'autre quand la fleur est ouverte Gl; → **Genista tinctoria** L. *Genêt des teinturiers.* Commun. [S]

  △ Tiges *non ailées*.
    ⊙ Étendard *velu* Cl, GP.
      — Tiges peu *feuillées*, dressées; étendard à poils appliqués et à peu près de même longueur que la carène Cl. [Endroits incultes; fl. jaunes; 3-10 d.; m.-j.; v.] → **Genista cinerea** DC. *Genêt cendré.* Provence, Sud-Est et Pyrénées (rare).

      — Tiges *feuillées*, couchées sur le sol à leur base; étendard velu et plus long que la carène GP. [Bois, coteaux, landes; fl. jaunes; 1-6 d.; m.-jt.; v.] → **Genista pilosa** L. *Genêt poilu.* Assez commun, sauf dans le N. et l'O. [S]

8. CYTISUS. CYTISE. —

□ Calice évasé, presque aussi large que long.

⊕ Fleurs en grappes pendantes LA, beaucoup plus longues que larges;

  ★ Fleurs en grappes, non entremêlées de feuilles LA, ges;

    × Fruit velu; grappus plus ou moins allongées N.

    × Fruit sans poils; grappes courtes S.

  ✶ Fleurs en grappes dressées N, S.

⊕ Calice cylindrique environ 2 fois plus long que large H, C, S;

  + Calice ayant les 2 dents supérieures obtuses H;

  + Calice ayant toutes les dents aiguës C;

⊘ Feuilles à 3 folioles T, A.

  ✶✶ Arbrisseau de moins de 5 d., en général, couvert de poils blancs; feuilles plus petites que les fleurs A.

  ✶ Arbrisseau de 1-2 m., couvert de poils roux; feuilles plus grandes que les fleurs T.
    [Endroits incultes; fl. jaunes; 1-2 m.; av.-m.; v.]

    [Montagnes; fl. jaunes; 30-40 c.; av.-m.; v.]

⊘ Feuilles entières; étendard un peu plus long que la carène D; calice à dents aiguës CD; tiges couchées.
p. 387.

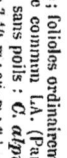

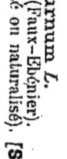

  [Coteaux, endroits incultes; fl. jaunes; 1-2 d.; m.-ji.; v.]

  + pédoncules sans petite bractée H; fleurs ne terminant pas les rameaux principaux. (Parfois arbrisseau de 1 m. à 1 m. 50, à tiges et feuilles couvertes de poils appliqués : C. elongatus W. et K.)

  + pédoncules les plus extérieurs avec une petite bractée C; fleurs terminant ordinairement les rameaux principaux; calice plus ou moins velu C. (Parfois fleurs orangées réunies en grappe de 2 à 4, et tiges couchées sur le sol : C. supinus L.).
  [Bois, endroits arides; fl. jaunes; 3-6 d.; m.-ji.; v.]

  [Bois, endroits arides; fl. jaunes; 3-15 d.; av.-ji.; v.]

arbre à écorce lisse; folioles ordinairement de 2 à 5 c. de longueur, sur un long pétiole commun LA. (Parfois feuilles vertes sur les deux faces et fruit sans poils : C. alpinus Mill.)
[Bois; fl. jaunes; 3-10 m.; av.-ji.; v.]

[Coteaux secs, rochers; fl. d'un jaune d'or; 1-2 m.; v.]

[Coteaux, endroits secs, bois; fl. jaunes; 2-12 d.; m.-ji.; c.]

9. ARGYROLOBIUM. ARGYROLOBE. — (→ Voyez fig. AR, p. 67)
Plantes à étendard dont le limbe est arrondi et étalé en dehors; style au sommet du fruit, aussi long que la largeur du fruit et courbé en arc; pétioles des feuilles, en général, au moins aussi longs que les folioles.
[Endroits arides; fl. jaunes; 1-4 d.; m.-ji.; v.]

10. ADENOCARPUS. ADÉNOCARPE. —

△ Fleurs par 1 à 4 au sommet des rameaux, presque en ombelle G;
  folioles presque aussi larges que longues G; rameaux nombreux et étalés; calice sans tubercules glanduleux.
  [Endroits arides; fl. jaunes; 1-3 d.; m.-ji.; v.]

△ Fleurs en grappes Ti;
  folioles bien plus longues que larges Ti, souvent plissées en long; rameaux grêles. (Parfois calice couvert d'excroissances glanduleuses C et grappes allongées : A. complicatus Gay.)
  [Endroits arides; fl. jaunes; 4-6 d.; av.-ji.; v.]

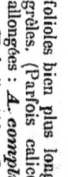

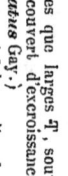

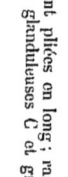

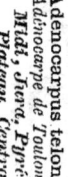

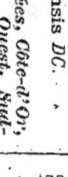

11. LUPINUS. LUPIN. —

✻ Fleurs blanches, non réunies en groupes; plante très velue; graines blanches. [Cultivé; fl. blanches; 3-5 d.; m.-ji.; a.]

✻ Fleurs jaunes, comme verticillées, odorantes; plante velue à feuilles en coin au sommet. [Cultivé; fl. jaunes; 3-5 d.; j.-at.; a.]

✻ Fleurs ni blanches ni jaunes (→ Voir la suite à la page suivante).

Cytisus Laburnum L.
Cytise Aubour (Faux-Ébénier),
Est (et planté ou naturalisé). [S]

Cytisus nigricans L.
Cytise noircissant.
Provence (très rare).

Cytisus sessilifolius L.
Cytise à feuilles sessiles.
Région méditerranéenne, Alpes,
Cévennes, Pyrénées.

Cytisus triflorus L'Hérit.
Cytise à 3 fleurs.
Région méditerranéenne.

Cytisus hirsutus L.
Cytise hérissé.

Cytisus Ardoini Eug. Fournier.
Cytise d'Ardoino.
Alpes-Maritimes (rare).

Cytisus decumbens Walpers.
Cytise rampant.
Est, Aveeyrgne (très rare). [S]

Cytisus Maritimes (rare). [S]
Depuis l'Ardèche et des Alpes-
Maritimes (rare). [S]

Cytisus capitatus Jacq.
Cytise en tête.
Jura, Bourgogne, Alpes de la
Savoie et du Dauphiné, Pyré-
nées. [S]

Argyrolobium linnaeanum Walpers.
Argyrolobe de Linné.
Midi, Sud-Est.

Adenocarpus grandiflorus Boiss.
Adénocarpe à grandes fleurs.
Région méditerranéenne.

Adenocarpus telonensis DC.
Adénocarpe de Toulon.
Midi, Jura, Pyrénées, Côte-d'Or,
Plateau Central, Ouest, Sud-
Est (rare).

Lupinus albus L.
Lupin blanc.
Lupin blanc.
Cultivé dans le Midi et l'Auvergne. [S]

Lupinus luteus L.
Lupin jaune.
Cultivé dans le Midi. [S] sub.

Suite du genre Lupinus :

○ Feuilles ordinairement à 5-7 folioles *assez larges* H, (plus de 3 mm. de largeur);

pétioles ayant des poils d'environ 1-3 mm. de longueur. (Parfois calice à lèvre supérieure peu ou pas divisée en deux, graines blanches : ***L. Termis*** Forsk.) [Champs; fl. bleues; 3-4 d.; m.-j.; *a.*]

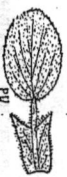

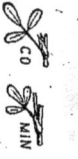

Lupinus hirsutus *L.*
Lupin hérissé.
Région méditerranéenne.

○ Feuilles ordinairement à 7-9 folioles *très étroites* A (en général, moins de 3 mm. de largeur);

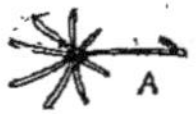

pétioles ayant des poils d'environ 1/4 à 1/2 mm. de longueur. (Parfois graines marquées de lignes noires en réseau : ***L. reticulatus*** Desv.) [Champs; fl. bleues; 2-5 d.; m.-jt.; *a.*]

Lupinus angustifolius *L.*
Lupin à feuilles étroites.
Centre, Ouest, Midi, Plateau Central. [S]

12. ONONIS. *ONONIS.* —

Fleurs *roses ou rougeâtres.*
— Fruit mûr *2 à 6 fois plus long* que le calice, en général (Voyez les fig. R, CE, ci-dessous) .... ***Série 1*** → p. 72.
Série 2 → p. 72.
— Fruit mûr *dépassant peu le calice ou plus court* que le calice (Voy. fig. RE et S, ci-dessous) .... ***Série 3*** → p. 72.

Fleurs *jaunes ou blanches.*
× Fruit mûr dépassant *à peine* le calice ou plus court que le calice .... ***Série 4*** → p. 73.
× Fruit mûr dépassant *beaucoup* le calice.

Série 1

★ Feuilles à folioles *arrondies*, presque aussi larges que longues RO et velues glanduleuses;

fruit beaucoup plus long que le calice R; fleurs par 2 à 3 sur des pédoncules communs, à l'aisselle des feuilles. [Rochers; fl. roses; 2-5 d.; m.-jt.; *v.*]

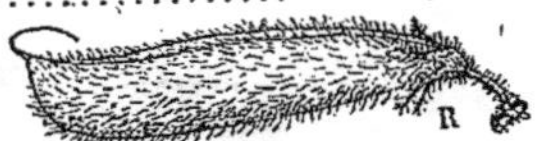

Ononis rotundifolia *L.*
Ononis à feuilles rondes.
Alpes, Cévennes, Pyrénées. [S]

★ Feuilles à folioles *beaucoup plus longues que larges* [exemple : F], sans poils ou presque sans poils.

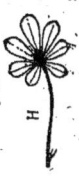

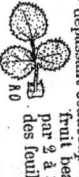

• Fleurs *rapprochées en grappes;* feuilles à folioles environ 3-4 fois plus longues que larges F;

fruit beaucoup plus long que le calice. [Rochers; fl. purpurines; 2-5 d.; j.-at.; *v.*]

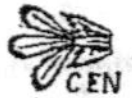

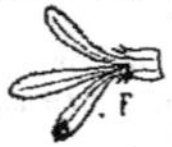

Ononis fruticosa *L.*
Ononis ligneux.
Alpes, Cévennes et Pyrénées (rare).

• Fleurs *isolées les unes des autres;* feuilles à folioles environ 2 fois plus longues que larges CEN;

fruit assez court CE ou plus long que sur la figure. [Rochers; fl. purpurines rayées de blanc; 5-25 c.; j.-at.; *v.*]

Ononis cenisia *L.*
Ononis du Mont-Cenis.
Alpes.

Série 2

△ Plante *ligneuse, à tiges souterraines développées,* vivace, souvent épineuse; fleurs entremêlées de feuilles. (Fruit mûr moins long que le calice RE, à tige velue sur toute sa surface : ***O. procurrens*** Wallr. — Fruit mûr au moins aussi long que le calice S, et tige n'ayant qu'une ligne de poils : ***O. campestris*** K et Z. — Tige couverte de poils courts et glanduleux sur toute sa surface : ***O. antiquorum*** L.) [Endroits incultes; fl. roses, veinées, rarement blanches; 3-8 d.; j.-at.; *v.*]

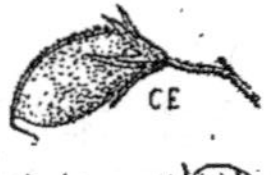

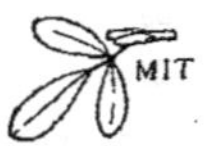

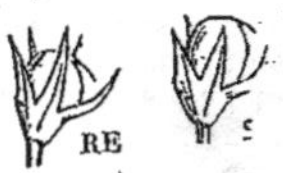

Ononis repens *L.*
Ononis rampant.
Commun. [S]

△ Plante *herbacée,* annuelle *à racines grêles* non épineuses.

⊕ Fleurs *en grappes très serrées,* à bractées *très différentes* des feuilles ordinaires; stipules plus ou moins membraneuses MIT;

feuilles parsemées de petits poils blancs et cornés. [Endroits incultes; fl. purpurines; 1-6 d.; m.-j.; *a.*]

Ononis mitissima *L.*
Ononis sans épines.
Région méditerranéenne (rare).

⊕ Fleurs *non en grappes très serrées,* à bractées assez semblables aux folioles RE;

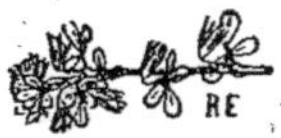

calice devenant renversé RE; folioles dentées au sommet. [Sables; fl. purpurines; 1-2 d.; m.-j.; *a.*]

Ononis reclinata *L.*
Ononis renversé.
Région méditerranéenne, littoral du Sud-Ouest et de l'Ouest.

Série 3

□ Corolle ayant environ 2 fois la longueur du calice; folioles *aussi larges ou plus larges que longues* AR;

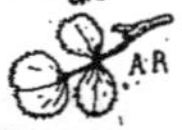

tiges ligneuses tortueuses à la base. [Rochers; fl. jaunes; 1-2 d.; jt.-at.; *v.*]

Ononis aragonensis *Asso.*
Ononis d'Aragon.
Pyrénées (très rare).

□ Corolle n'étant pas 2 fois plus longue que le calice ST, C; folioles *plus longues que larges* MIN, CO.

⊙ Feuilles inférieures *réduites à une seule foliole* PU;

plante à longs poils étalés et à poils glanduleux. [Endroits arides; fl. jaunes; 1-3 d.; m.-j.; *a.*]

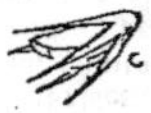

Ononis pubescens *L.*
Ononis pubescent.
Région méditerranéenne.

⊙ Feuilles inférieures *à 3 folioles* CO, MIN.

= Corolle *de même longueur que le calice* ou plus courte C;

tiges aériennes dressées dès la base; stipules plus ou moins longues CO, MIN. (Parfois stipules plus longues que le pétiole et folioles presque sans pétioles : ***O. minutissima*** L.) [Coteaux, rochers; fl. jaunes; 1-3 d.; av.-s.; *v.*]

Ononis Columnæ *All.*
Ononis de Columna.
Assez rare, sauf dans la région méditerranéenne et le Plateau Central. Manque dans les Vosges et le Jura. [S]

= Corolle, *en général, plus longue que le calice* ST;

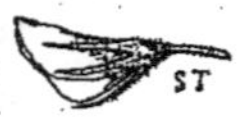

tiges aériennes couchées à la base. [Endroits arides; fl. jaunes; 5-15 c.; j.-jt.; *v.*]

Ononis striata *Gouan*
Ononis strié.
Centre, Ouest (rare); ***Midi, Cévennes et Pyrénées.***

⊕ Fruit courbé sur *plus d'un seul tour* SUF, O, TU, LA, LAP, CI, etc.

□ Fruit *épineux ou tuberculeux* (Voyez les figures).

13. ANTHYLLIS. *ANTHYLLIS.* —

△ Fleurs *en grappe allongée* CY;

▷ Fleurs *groupées en grappes arrondies, pressées, ou en capitules.*

✕ Calice *renflé* A, T; feuilles de 1 à 13 fo- lioles avec la foliole terminale plus grande (exemple : AV).

△ Calice *non ren- flé*; feuilles ayant de 5 à 30 folioles, pres- que égales B, M.

= Arbuste de plus de 20 c. à *tiges dressées*; pétioles persistants; rameaux fleuris blanchâtres. [Rochers; fl. jaunes; 3-14 d.; m.-j.; v.]

= Plante de moins de 20 c. à *tiges ligneuses couchées*, émettant des rameaux fleuris verts et herbacés. [Endroits incultes; fl. d'un rose pourpre; 1.2 d.; j.-a.; v.]

:: Dents du calice *très inégales* A;

:: Dents du calice *pres- que égales* T;

⊙ Feuilles *presque toutes réduites à une seule foliole*; sépales soudés entre eux environ jusqu'à la moitié VA;

✕ Fleurs jaunes, souvent striées de rose, sans tache pourpre au sommet de l'étendard qui a ordinairement plus de 2 fois la longueur du calice N; *plante vivace à tiges souter- raines développées*. [Parfois tiges portant de nombreux rameaux étroits et rapprochés; fl. d'un rose pourpre; 1-5 d.; j.-a.; v.]

○ *O. symosissima* Desf. [Endroits incultes; 1-5 d.; j.-al.; v.]

✕ Fleurs jaunes ordinairement avec une tache pourpre au sommet de l'étendard qui a environ 1 fois 1/2 la longueur du calice VI; *plante annuelle à racines grêles.* [Parfois corolle plus courte que le calice et pédoncules n'étant pas plus longs que les feuilles : *O. brevisflora* DC.): [Champs; 2-5 d.; al.; a.]

⊙ Feuilles *moyennes à 3 folioles*; sépales soudés entre eux seule- ment à la base N, VI.

[:] Dents ou épines *plus longues que la dis- tance qui sépare 2 dents ou épines successives.*

14. HYMENOCARPUS. *HYMÉNOCARPE.* — (→ Voyez fig. H, Y, p. 66). plus grande; feuilles inférieures entières; fruit veiné en réseau sur les faces. [Endroits incultes; fl. orangées 1-5 d.; m.-j.; a.]

15. MEDICAGO. *LUZERNE.* —

★ Fruit *sans épines ni tubercules* SUF, O, S, TU.

★ Dents ou épines *plus courtes ou aussi longues que la distance qui sépare 2 dents successives*; dents ou épines ayant au plus 1 mm. 1/2, en général [exemples : TB, SP, MU, RE].

+ Fruit de *moins de 5 mm.* de largeur, sans compter les épines [exemples : TB, SP, MU, RE].

+ Fruit de *5 à 8 mm.* de largeur, sans compter les épines [exemples : LA, LI, CO].

+ Fruit de *10 mm.* de largeur ou plus, sans compter les épines [exemple : CI].

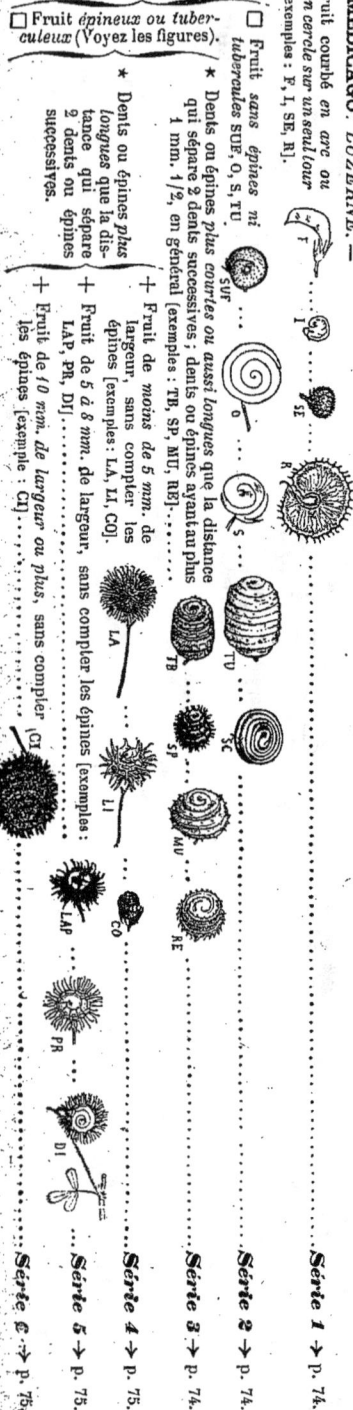

tiges couchées, au moins à la base. [Sables ; fl. jaunes mêlées de rouge; 1-4 d.; av.-m.; a.]

feuilles à foliole du milieu bien plus grande que les autres, parfois à une seule foliole CY. [Endroits incultes; fl. d'un jaune vif; 2-6 d.; m.-jl.; v.]

feuilles simples ou à 3 à 5 fo- lioles AN, rarement plus. (Nombreuses formes.) [Prés, endroits incultes; fl. jaunes, blanches ou d'un rouge plus ou moins vif; m.-at.; b. ou v.]

feuilles à 3 à 4 folioles en général; fleurs par 2 à 8 en général. [Champs, coteaux; fl. blanches à stries roses; 1-6 d.; m.-jl.; a.]

Ononis variegata L.
Ononis ponacié.
Iles d'Hyères, Cannes (?) ... *Série 1 → p. 74.*

Ononis Natrix L.
Ononis Natrix (Coquesigrue).
Assez commun, sauf dans le Nord, l'Est et le Plateau Central. [S] ... *Série 2 → p. 74.*

Ononis viscosa L.
Ononis visqueux.
Région méditerranéenne. ... *Série 3 → p. 74.*

Anthyllis cytisoides L.
Anthyllis Faux-Cytise.
Région méditerranéenne (rare).

Anthyllis Barba-Jovis L.
Anthyllis Barbe-de-Jupiter.
Littoral de la Méditerranée. ... *Série 4 → p. 75.*

Anthyllis montana L.
Anthyllis des montagnes.
Montagnes (manque dans les Vosges et l'Auvergne). [S] ... *Série 5 → p. 75.*

Anthyllis Vulneraria L.
Anthyllis Vulnéraire.
Commune. [S]

Anthyllis tetraphylla L.
Anthyllis à 4 folioles.
Région méditerranéenne. ... *Série 6 → p. 75.*

Hymenocarpus circinnatus Savi.
Hymenocarpe bouclé.
Région méditerranéenne (rare).

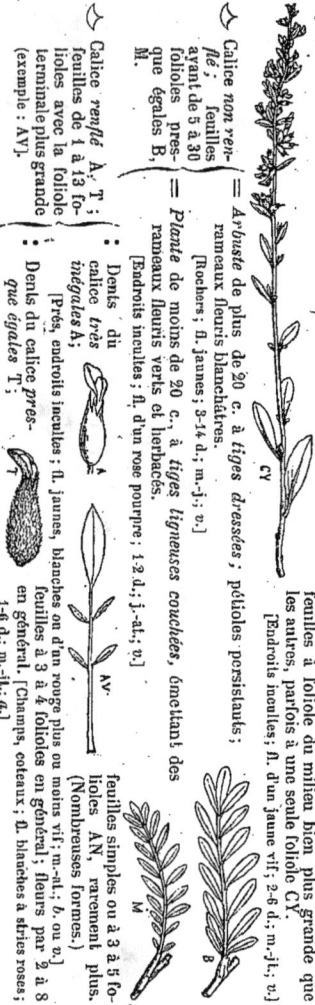

Série 1

Série 3

○ Fruit épineux sur les bords R. ondulé, de 10-25 mm. d'environ mètre;
— folioles dentées dans leur moitié supérieure, en coin à la base et très peu poilues. [Endroits incultes; fl. jaunes; l.-3 d., jl.-s.; a.] .... **Medicago radiata L.** Luzerne rayonnante. Région méditerranéenne.

○ Fruit non épineux AR, de moins de 15 mm. de diamètre;
— folioles à peine dentées, fortement velues sur les 2 faces longuement en coin à la base. [Champs; fl. jaunes; taille variable; m.-j.; v.] .... **Medicago arborea L.** Luzerne arborescente. Alpes-Maritimes (rare et subspont.).

✶ Bord extérieur du fruit mûr sur un cercle de 6 à 10 mm. de diamètre; fruit courbé en arc F, ou même un peu tordu.
— folioles ordinairement 3-4 fois plus longues que larges. (Parfois fruit courbé en spirale et faisant un tour complet; *M. media* Pers.) En général, folioles au plus 2 fois plus longues que larges. [3-7 d.; m.-j.; v.] .... **Medicago falcata L.** Luzerne en faucille. Commune, sauf dans le Nord et l'Ouest. [S]

✶ Bord extérieur du fruit mûr sur un cercle de 2 à 4 mm. de diamètre; fruit sans poils à réseau pen saillant SE;
= Stipules dentées SCT;
— fruit velu à nervures très saillantes et en réseau; fleurs relativement jaunes, quelquefois verdâtres ou violettes; ordinairement jaunes, quelquefois verdâtres ou violettes; *M. secundiflora* Durieu.) par 3 à 10, racine très grêle, plante annuelle: *M. secundiflora* Durieu.) [Champs, chemins, prés; fl. jaunes; 1-4 d.; m.-j.; v.] .... **Medicago lupulina L.** Luzerne Lupuline (Minette). Très commune (et cultivé). [S]

= Stipules profondément divisées OR;
— fruit enroulé sur un à trois tours 5; folioles allongées, avec quelques dents au sommet. [Champs, chemins; fl. violettes ou bleuâtres; 3-6 d.; j.-o.; v.] .... **Medicago sativa L.** Luzerne cultivée. Cultivé et subspontané. [S]

Fleurs violettes, bleues ou bleuâtres, à pédoncule plus court que la bractée SA;
✕ Fruit formant 6 tours d'hélice environ TU;
— pédoncules à 1-2 fleurs; stipules dentées; plante finement velue. [Sables; fl. jaunes; 1-3 d.; m.-j.; a.] .... **Medicago marina L.** Luzerne marine. Littoral.

✕ Fruit formant 5 tours d'hélice SO, SU;
.. Sépales soudés entre eux seulement dans leur tiers inférieur SO;
— folioles arrondies ou un peu en coin au sommet. [Moissons, lieux incultes; fl. d'un jaune orangé; 2-4 d.; m.-j.; v.] .... **Medicago scutellata All.** Luzerne à écussons. Région méditerranéenne (et rarement introduit ailleurs).

.. Sépales soudés entre eux dans plus de leur tiers inférieur SU;
— folioles à contour triangulaire. (Parfois fruit à tours d'hélice écartés les uns des autres et noircissant à la maturité : *M. marginata* Wild.) [Champs, endroits incultes; fl. jaunes; 2-3 d., m.-j.; a.] .... **Medicago orbicularis All.** Luzerne orbiculaire. Centre, Ouest, Midi, Sud-Est, Plateau Central, Pyrénées. [S] sub.

= Stipules dentées SCT;
fruit à 5-6 tours d'hélice, emboîtés les uns dans les autres SC;
— plante annuelle sens tige souterraine développée. → Voy. *M. striata*, p. 75.

= Stipules profondément divisées SL;
× Stipules profondément dentées SIR;
× Stipules à dents peu profondes SU;
fruit à 3-5 tours d'hélice, non emboîtés les uns dans les autres O;
— plante vivace à tige souterraine développée. [Rochers; fl. jaunes; 5-20 c.; j.-jt.; v.] .... **Medicago suffruticosa Ram.** Luzerne sous-ligneuse. Pyrénées.

Fleurs jaunes.
□ Stipules très divisées SPH;
— Sépales soudés entre eux dans plus de leur tiers inférieur ST;
fruit sans poils, chagriné SO. [Lieux incultes; fl. jaunes; 6-15 c.; j.-jt.; v.] .... **Medicago sphaerocarpa Bertol.** Luzerne à fruit arrondi. Littoral de la Provence.

□ Stipules plus ou moins dentées [exemple : TUB].
— épines presque égales à la distance qui les sépare SP;
— Fruit à tubercules arrondis TB; pédoncule terminé par une fine arête. [Champs, chemins; fl. jaunes; 2-4 d., m.-jt.; a.] .... **Medicago tuberculata Willd.** Luzerne à fruit tuberculeux. Provence (raré). [S] sub.

— Fruit muni d'épines poin-tues MU;
pédoncule non terminé par une fine arête. [Champs, chemins; fl. jaunes; 1-4 d.; m.-j.; a.] .... **Medicago muricata Benth.** Luzerne à fruit épineux. Provence (rare).

▷ Bord extérieur du fruit mûr sur un cercle de 11 à 18 mm. de diamètre; en général.
= Stipules dentées SCT;
⋈ Fleurs jaunes.
✕ Fruit formant 6 tours d'hélice SO, SU;

▷ Bord extérieur du fruit mûr sur un cercle de 4 à 8 mm. de diamètre, en général.
⊕ Fruit globuleux à 4 à 9 tours d'hélice; SP, TB.
□ Stipules très divisées SPH;
□ Stipules plus ou moins dentées [exemple : TUB].

⊕ Fruit plus ou moins aplati.
⊜ Plante entièrement velue blanchâtre;
— fruit à épines développées ou réduites à des tubercules; fleurs d'environ à la base. [Sables; fl. jaunes; 1-4 d.; m.-jt.; v.] .... **Medicago marina L.** Luzerne marine. Littoral.
⊜ Plante non velue blanchâtre. (→ Voir la suite à la page suivante.)

(→ Voir la suite à la page suivante.)

□ Fruit à épines de moins de 1 mm. de longueur, en général.

✱ Stipules profondément divisées KT ;

corolle à ailes plus longues que la carène ; fruit mûr à 3-4 tours, do-venant cylindrique RE. [Champs, chemins ; fl. jaunes ; 2-4 d. ; m.-j. ; a.]

Medicago reticulata Benth.
Luzerne réticulée.
Cordières, Pyrénées-Orientales (rare).

✱ Stipules dentées KT ;

corolle à ailes plus courtes que la carène ; fruit à 3-4 tours, plante velue.
[Sables ; fl. d'un jaune vif ; 2-4 d. ; m.-j. ; a.]

Medicago striata DC.
Luzerne striée.
Littoral de l'Océan.

□ Fruit à épines ayant au moins 1 mm. de longueur.

✱ Stipules profondément divisées SIR ;

stipules profondément divisées. → Voyez M. littoralis, p. 75.

○ Fruit à épines coniques, seulement au sommet BR ;

stipules dentées. [Parfois pédoncules ne portant jamais plus de deux fleurs et fruits très peu velus : M. agrestis Ten.)
[Champs ; fl. d'un jaune plus ou moins vif ; 1-4 d. ; m.-j. ; a.]

Medicago minima Lam.
Commun. [S]

○ Fruit à épines crochues depuis la base G, ordinairement velu ;

Medicago Gerardi Willd.
Luzerne de Gérard.
Assez rare, surtout vers le Nord et l'Ouest (manque dans l'Est).

Série 4

⊕ Stipules dentées.

: Fruit globuleux, à 3-5 tours d'hélice, peu velu Mi ;

tiges anguleuses. [Champs, chemins, endroits incultes ; fl. jaunes ; 5-20 c. ; m.-jh. ; a.]

Medicago littoralis Lois.
Luzerne des rivages.
Littoral de la Méditerranée et de l'Océan.

: Fruit en disque, à 1-2 tours d'hélice, velu CO ;

tiges non anguleuses. [Champs, chemins ; fl. jaunes ; 1-3 d. ; m.-j. ; a.]

Medicago laciniata All.
Région méditerranéenne.

⊕ Stipules profondément divisées.

✱ Fruit globuleux LA ;

tiges sans poils ; folioles sans poils ou presque sans poils ; calice à dents triangulaires ayant la moitié de la longueur du tube du calice.
[Champs, chemins ; fl. jaunes ; 1-3 d. ; m.-j. ; a.]

Medicago coronata Lam.
Luzerne en couronne.
Région méditerranéenne.

✱ Fruit aplati LI, BR ;

tiges plus ou moins velues ; folioles poilues ; calice à dents très étroites et aussi longues ou plus longues que le tube du calice. (Quelquefois fruit à épines droites, seulement cro-chues au sommet : M. Tornabeni G. G.) [Chemins ; fl. d'un jaune orangé vif ; 1-3 d. ; m.-j. ; a.]

Medicago disciformis DC.
Luzerne en disque.
Région méditerranéenne (rare).

✱ Fruit plus ou moins aplati A ;

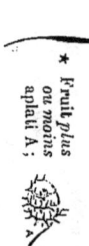

tiges sans poils ; calice à dents étroites et aussi longues ou plus longues que le tube du calice. (Parfois fruit aplati : A épines dirigées dans tous les sens et à graines en forme de rein : M. polycarpa Willd.)
[Champs, chemins ; fl. jaunes ; 1-5 d. ; m.-j. ; a.]

Medicago hispida Gærtn.
Assez commun. [S]

Série 5

△ Stipules profondément divisées.

⊗ Fruit presque globuleux LAP ;

corolle à carène plus courte que les ailes ; fruit ordinairement couvert de petits poils.
[Lieux incultes, bois ; fl. jaunes ; 1-2 d. ; m.-j. ; a.]

Medicago praecox DC.
Luzerne précoce.
Région méditerranéenne.

⊗ Fruit aplati PR ;

corolle à carène plus longue que les ailes ; fruit presque sans poils. [Prés, chemins ; fl. jaunes ; 1-6 d. ; m.-j. ; a.]

Medicago tenoreana DC.
Luzerne de Tenore.
Dép. du Var (rare).

✕ Fruit presque cylindrique ; pédoncule plus court que la feuille TE ;

plante peu velue. [Champs, chemins ; fl. jaunes ; 1-3 d. ; m.-j. ; a.]

Medicago maculata Willd.
Luzerne tachée.
Commun, sauf dans l'Est et çà et là. [S]

✕ Fruit aplati DI ; la feuille DI ;

tiges velues et glanduleuses ; calice à dents glanduleuses. [Champs, chemins ; fl. jaunes ; 1-3 d. ; m.-j. ; a.]

Medicago ciliaris Willd.
Région méditerranéenne (rare et introduit). [S] sub.

Série 6 :

✕ Fruit presque globuleux MA ; pédoncule ordinairement plus long que la feuille.

plante sans poils ou presque sans poils.

Fruit à 5-10 tours, ovale-globuleux, faces veinées en réseau ; stipules profondément den-tées. [Parfois fruit non velu E ; M. echinus DC.)
[Champs, chemins ; fl. jaunes ; 2-4 d. ; m.-j. ; q.]

16. TRIGONELLA. *TRIGONELLE.* —

□ Fleurs ou fruits *à l'aisselle des feuilles.*

⊙ Fleurs ou fruits par 1 ou 2 à l'aisselle des feuilles; fruit (Voy. fig. F et G, p. 67), d'environ *4 à 5 mm.* de largeur, *à long bec.* (Parfois bec égal au fruit : ***T. gladiata*** Stev.) [Champs, endroits arides; fl. blanchâtres; 2-5 d.; j.-jt.; *a.*] — **Trigonella Fœnum-græcum** *L.* *Trigonelle Fenu-grec.* ***Midi*** (et cultivé). **[S]** sub.

⊙ Fleurs ou fruits par 1 à 15 à l'aisselle des feuilles; fruit de *2 mm.* de largeur ou moins.

× Fleurs *jaunes;* fruit mûr de 1-4 c. de longueur M, P.

= Fleurs ou fruits ordinairement groupés par 4-15 T;

fruits mûrs M, de *moins de 15 mm. de longueur.* [Endroits incultes; fl. jaunes; 1-3 d.; j.-jt.; *a.*] — **Trigonella monspeliaca** *L.* *Trigonelle de Montpellier.* ***Sud-Est, Plateau Central, Centre, Ouest*** (rare). **[S]**

= Fleurs ou fruits groupés par 1 à 5 P;

fruits mûrs de *plus de 2 à 5 mm. de longueur.* [Endroits incultes; fl. jaunes; 1-2 d.; j.-jt.; *a.*] — **Trigonella polycerata** *L.* *Trigonelle à nombreuses cornes.* ***Région méditerranéenne*** (rare).

× Fleurs d'un *jaune rougeâtre;* fruit mûr de moins de 1 c. de longueur; fleurs entourées par les stipules membraneuses. [Prés, coteaux; fl. rougeâtres; 5-25 c.; m.-j.; *a.*]

— **Trigonella ornithopioides** *DC.* *Trigonelle Faux-Ornithope.* ***Midi, Pyrénées.***

□ Fleurs ou fruits *en grappes.*

⌓ Fleurs *nombreuses.*

: Calice *sans poils,* tiges dressées;

grappe à long pédoncule commun C; folioles dentées;

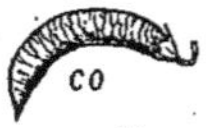

fruit ridé en travers CO. Endroits incultes; fl. jaunes; 1-5 d.; m.-j.; *a.*] — **Trigonella corniculata** *L.* *Trigonelle cornue.* ***Région méditerranéenne*** (rare). **[S]** sub.

: Calice *velu;* tiges couchées à la base F.

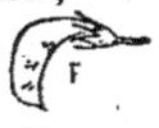

→ Voyez *Medicago falcata*, p 74.

⌓ Fleurs par *1 à 6* H;

fruit à nervures en réseau HY; folioles presque entières H;

calice velu à dents toutes à peu près égales. [Endroits incultes; fl. jaunes; 1-4 d.; m.-j.; *v.*] — **Trigonella hybrida** *Pourr.* *Trigonelle hybride.* ***Corbières, Pyrénées.***

17. MELILOTUS. *MÉLILOT.* —

⊕ Fruit à *stries concentriques* MES, SUL.

+ Fruit *ovale-aigu* MES;

étendard à peu près de la même longueur que la carène [MS, grandeur naturelle].

grappe plus courte que la feuille ME. [Champs; fl. jaunes; 1-4 d.; av.-m.; *a.*]

— **Melilotus messanensis** *Desf.* *Mélilot de Messine.* ***Région méditerranéenne*** (rare).

+ Fruit *arrondi au sommet* SUL;

étendard dépassé par la carène [SL, grandeur naturelle].

grappe plus longue que la feuille SU.

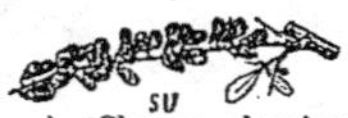

(Parfois calice à tube plus court que son pédicelle et à dents inférieures plus courtes que les autres : ***M. infesta*** Guss.). [Champs, chemins; fl. jaunes; 2-6 d.; av.-m.; *a.*] — **Melilotus sulcata** *Desf.* *Mélilot sillonné.* ***Midi*** (et introduit çà et là). **[S]** sub.

18s, p. 367.

⊕ *Fruit à nervures en réseau* MA, N, L.

★ Fleurs de *plus de 7 mm. de longueur* en général [IT, grandeur naturelle;]

fruit à nervures en réseau irrégulier I; calice à dents à peu près égales;

grappes de fleurs dépassant les feuilles d'où elles partent. [Champs, chemins; fl. jaunes; 2-6 d.; av.-m.; *a.*] — **Melilotus italica** *Lam.* *Mélilot d'Italie.* ***Région méditerranéenne*** (introduit)!

★ Fleurs de *moins de 7 mm.* de longueur.

△ Étendard *à peu près égal* aux autres pétales E.

○ Fruits mûrs *noirs* et *poilus, même lorsqu'ils sont mûrs* MA;

fleurs jaunes, odorantes; grappes de fleurs dépassant beaucoup les feuilles d'où elles partent; racine principale grosse et allongée. [Prés, bord des rivières; fl. jaunes; 8-16 d.; j.-s.; *b.* ou *v.*] — **Melilotus macrorhiza** *Pers.* *Mélilot à grosse racine.* ***Assez commun.*** **[S]**

○ Fruit *d'un gris jaunâtre* et sans poils lorsqu'ils sont tout à fait mûrs.

— Partie persistante du style sur le fruit mûr *très courte* EG;

fruit ovale, en général, à réseau dont les mailles sont surtout dirigées en travers. [Prés; fl. jaunes; 2-6 d.; m.-j.; *v.*] — **Melilotus elegans** *Salzm.* *Mélilot élégant.* ***Littoral de la Provence.***

— Partie persistante du style, *égalant environ le quart du fruit mûr* N;

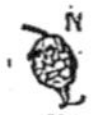

fruit presque globuleux N. [Sables; fl. d'un jaune pâle; 1-4 d.; m.-j.; *a.*] — **Melilotus neapolitana** *Ten.* *Mélilot de Naples.* ***Région méditerranéenne***, Sud-Est.

△ Étendard *plus long* que les autres pétales [exemple : AL].

= Fleurs de *2 à 3 mm. de longueur;* corolle à étendard dépassant un peu les ailes et la carène. [Prés; fl. jaunes; 1-4 d.; m.-j.; *a.*] Fig. PA.

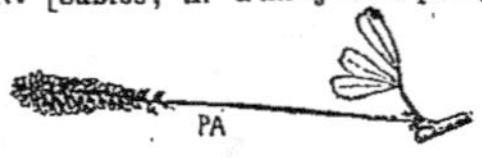

— **Melilotus parviflora** *Desf.* *Mélilot à petites fleurs.* ***Ouest, Midi*** et çà et là. **[S]**

= Fleurs de *4 à 5. mm de longueur.*

: Fleurs *odorantes*, jaunes, rarement blanches;

fruit ovale OF, verdâtre quand il est mûr. [Champs, terrains vagues; 2-10 d.; j.-s.; *b.*] — **Melilotus officinalis** *Lam.* *Mélilot officinal.* ***Assez commun.*** **[S]**

: Fleurs *inodores, blanches;* fruit ovale, brun quand il est mûr. [Prés, talus, chemins; 2-14; j.-s.; *b.*] — **Melilotus alba** *Lam.* *Mélilot blanc.* ***Assez rare.*** **[S]**

18. TRIFOLIUM. TRÈFLE. —

⊕ Fleurs *jaunes*, parfois devenant brunes ou blanches, et *dents du calice sans poils*.

⊕ Fleurs *roses*, *blanches*, *rosées ou jaunâtres* (jamais à la fois jaunes et à dents du calice sans poils).

△ Calice devenant très renflé, épaissi [exemples : RE, FR] .... *Série 1* → p. 77.

△ Calice et dents du calice sans poils.

    — Feuilles toutes à la base .... *Série 2* → p. 78.
    — Feuilles le long de la tige .... *Série 3* → p. 78.
                               Série 4 → p. 78.

◊ Capitules très rapprochés des feuilles, qui les dépassent ; capitules se trouvant en même temps au sommet des tiges et sur leurs côtés [exemples : BC, STR, SU, SV]. .... *Série 5* → p. 79.

Calice jeune ayant au moins les dents ou le sommet du tube du calice velu.

◊ Capitules non à la fois très rapprochés des feuilles et sur leurs côtés des tiges.

✳ Stipules à partie libre obtuse et dentée TI, STR.

capitules très allongés ; calice couvert, de poils roux .... *Série 6* → p. 79.

⊙ Folioles *non très étroites*.

   ✳ Folioles très étroites et aiguës (exemple : AN) .... *Série 7* → p. 79.

✳ Stipules à partie libre aiguë.

   ✳ Calice plus long que la corolle ou au moins égalant la corolle [exemples : A, CH, HI, PAR] .... *Série 8* → p. 80.

   ✳ Calice plus court que la corolle.

    ✕ Calice à 1 dent bien plus longue que les autres [exemples : ME, PH, RU] .... *Série 9* → p. 80.

    ✕ Calice à dents peu inégales [exemple : MA] .... *Série 10* → p. 80.

     — Calice comme fermé au sommet par 2 lèvres dures et épaisses [exemple : MA].

     — Calice n'ayant pas 2 lèvres dures et épaisses .... *Série 11* → p. 80.

☐ Grappes de fleurs passées, ayant ordinairement plus de 1 c. de largeur ; fleurs devenant d'un brun foncé ; toutes les feuilles à 3 folioles attachées au même point.

   = Foliloles dentées vers le haut BA, feuilles supérieures souvent opposées ; tiges souterraines développées. (Parfois grappe très serrée, plus longue que large, lorsque les fleurs sont passées ; fleurs à pédoncule beaucoup plus court que le tube du calice : *T. spadiceum* L.) [Prés ; 1-3 d. ; j.-at. ; v.].

   = Folioles dentées non plus de leur moitié supérieure AU, TA ; feuilles supérieures non opposées, en général souterraines non développées. [Prés, bois ; 2-3 d. ; j.-jt. ; a.]

☐ Grappes des fleurs passées, ayant environ 1 c. de largeur, ou moins de 1 c. de largeur, fleurs *devenant d'un brun clair ou blanches.*

  ○ Fleurs d'un *jaune doré* ; style presque de même longueur que le reste du fruit mûr. [Prés ; 2-6 d. ; j.-at. ; a.] (Fig. P, PA.)

  ○ Fleur d'un *jaune clair*, style égalant au plus le quart du reste du fruit mûr TF.

   ✕ Fleurs groupées par 20 ou plus ; étendard fortement strié et courbé en cuiller au sommet, en grappe d'environ 1 c. de largeur. [Champs ; 2-5 ç. ; m.-n. ; a.]

   ✕ Fleurs groupées par 2-16 ; étendard plié en long presque jusqu'au sommet ; fleurs en grappe d'environ 4-7 mm. de largeur. (Étendard tout à fait lisse, pédoncules des fleurs à peu près égaux aux tubes du calice : *T. microanthum* Viv. — Étendard très finement strié, pédoncules des fleurs plus courts que le tube du calice : *T. minus* Relb.) [Prés, sables ; 5-30 c. ; m.-n. ; a.]

Trifolium badium Schreb.
Trèfle bai.
Montagnes (manque dans les Vosges).

Trifolium aureum Poll.
Trèfle doré
Montagnes ; et çà et là. **[S]**

Trifolium patens Schreb.
Trèfle étalé.
Nord, Centre, Ouest, Midi. **[S]**

Trifolium campestre Schreb.
Trèfle des champs.
Commun. **[S]**

Trifolium filiforme L.
Trèfle filiforme.
Commun. **[S]**

Série 2

□ Calice entourant le fruit, sans poils et à 5 dents presque égales SP ; feuilles supérieures opposées ; folioles dentées tout autour. [Coteaux, endroits incultes ; fl. rougeâtres ; m.-j.; a.]

◇ Dents du calice saillantes FR, RB.

  + Calice plus large au sommet FR ;
  + Calice plus large à la base RE ;

FR fl. roses, rarement blanches ; j.-4 d.; j.-o.; v.]
RE de 1 c. de longueur et fleurs à pédoncules distincts ; l'étendard semble inférieur RES. (Parfois grappes ayant un en général moins distinctes : T. Clusii (G. G.)

◇ Dents du calice cachées dans les poils TO ;

TO capitules tout le long de la plante, devenant globuleux et très velus ; tiges et folioles sans poils ou presque sans poils. [Prés, bois ; fl. roses ; 5-20 c.; av.-m.; a.]

bractées des fleurs inférieures presque égales au calice ; capitules devenant globuleux F ; [Prés, chemins ; fl. roses, rarement blanches ; j.-s.; v.]

fleurs devenant renversées ; calice à dents égalant environ 4 fois la longueur du reste du calice.

fleurs toujours dressées ; calice à dents égalant environ 2 à 4 fois la longueur du reste du calice. [Pelouses, rochers ; fl. rouges, rarement blanchea ; 10-15 c.; j.-at.; v.]

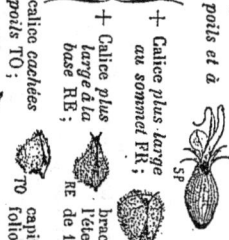

feuilles d'un vert clair, à folioles dentées presque tout autour, fruit ovale TS. [Prés ; fl. roses ; 1-4 d.; m.-j.; a.]

stipules ayant une pointe au sommet PE. [Prés, endroits incultes ; fl. rosées ; 10-20 c.; m.-j.; a.]

Série 3

★ Folioles moins de 3 fois plus longues que larges AL ;

★ Folioles 5-7 fois plus longues que larges TH ;

= Grappe de fleurs sur pédoncule commun développé G ;
= Grappe de fleurs ayant un pédoncule commun très peu développé TH ;

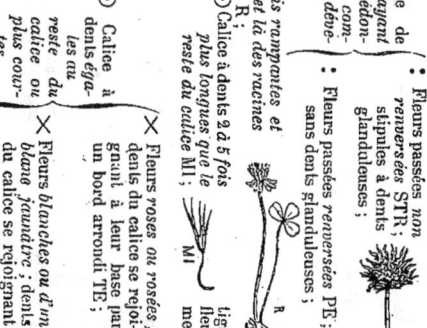

• Fleurs passées non renversées STR, stipules à dents glanduleuses ;
• Fleurs passées renversées PE ; sans dents glanduleuses ;

stipules obtuses ST ; [Prés ; fl. roses ; 1-4 d.; m.-j.; a.]

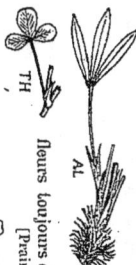

feuilles en cœur renversé, sans poils ; stipules en pointe ; fleurs passées renversées. [Prés, chemins ; fl. blanches ou rosées ; 5-15 c.; m.-n.; v.]

tiges dressées, creuses en dedans ; stipules entières. (Parfois grappes de fleurs de moins de 1 c. de largeur sur un pédoncule commun ordinairement plus long que la feuille, l'étendard très aigu : T. angulatum DC.)

[Prés ; fl. rosées, rarement blanches ; 2-5 d.; j.-jl.; a.]
stipules terminées par une longue pointe E ; fruit non bosselé TE ; folioles presque tout autour. (Parfois fleurs d'abord blanchâtres, puis rosées : T. hybridum L.)

Série 4

⊕ Grappes serrées, de moins de 1 c. de largeur, en général, fleurs de moins de 5 mm. de longueur.

△ Tiges dressées ou couchées à la base, mais ne portant pas de racines adventives R ;

○ Calice à dents égalant le reste du calice ou plus courtes ;

✕ Fleurs roses ou rosées ; dents du calice se rejoignant à leur base par un bord arrondi MI ;
✕ Fleurs blanches ou d'un blanc jaunâtre ; dents du calice se rejoignant par un bord aigu NI.

[Prés, bois ; 2-5 d.; j.-s.; c.]
fleurs blanches ; fruit bosselé NIG.

Calice à dents les plus longues égalant environ 1-5 d.; m.-jl.; a.] fleurs d'un blanc jaunâtre ; fruit non bosselé PAL.

⊕ Grappes serrées, de 1 c. de largeur, en général, fleurs de 5 mm. de longueur ou de plus de 5 mm.

△ Tiges à la fois rampantes et portant çà et là des racines adventives R ;

Calice à dents les plus longues égalant environ le reste du calice ou plus courtes NI ; [Prés, chemins ; 1-5 d.; m.-jl.; a.]

Calice à dents les plus longues, dépassant le reste du calice PA ; [Rochers, prés ; 1-2 d.; jl.-s.; v.]

Trifolium spumosum L. *Trèfle écumeux.* Région méditerranéenne (très rare et introduit).

Trifolium fragiferum L. *Trèfle porte-fraise.* Commun. [S]

Trifolium resupinatum L. *Trèfle renversé.* Midi, Ouest et çà et là. [S]

Trifolium tomentosum L. *Trèfle cotonneux.* Région méditerranéenne. Dép. des Basses-Pyrénées et de la Gironde. [S] sub.

Trifolium alpinum L. *Trèfle des Alpes.* Alpes, Plateau Central, Pyrénées. [S]

Trifolium caespitosum Reyn. *Trèfle gazonnant.* Jura, Alpes, Pyrénées. [S]

Trifolium glomeratum L. *Trèfle aggloméré.* Ouest, Midi, mais manque dans les Vosges et le Jura, rare ailleurs. [S]

Trifolium strictum W. et K. *Trèfle raide.* Centre, Ouest, Midi. [S]

Trifolium Perreymondii Gren. *Trèfle de Perreymond.* Midi (rare), manque en Provence.

Trifolium repens L. (*Trèfle blanc*). Très commun. [S]

Trifolium Michelianum DC. *Trèfle de Micheli.* Centre, Ouest, Sud-Ouest. [S] sub.

Trifolium elegans Savi. *Trèfle élégant.* Assez rare (et introduit). [S]

Trifolium nigrescens Viv. *Trèfle noircissant.* Région méditerranéenne. [S] sub.

Trifolium pallescens Schreb. *Trèfle pâlissant.* Alpes, de la Savoie et du Dau-phiné, Auvergne. [S]

Série 5

⊕ Fleurs *groupées par plus de 2.*

□ Fleurs *roses* ou *rosées.*

⊛ Fleurs par *1* ou *2* : calice à dents presque égales, bien plus courtes que le reste du calice SAV ;

foliotes aussi larges que longues, en général, SV ; plantes en touffes serrées. [Digues, endroits incultes ; fl. rouges ou blanches ; 2-8 c. ; m.-j. ; v.]

SAV

SV

plante à poils appliqués ; calice velu. [Endroits secs ; 1-2 d. ; m.-j. ; v.]

* Foliotes à nervures *très saillantes* et courbées en arc en dehors SC ;

SC

groupes de fleurs *écartés les uns des autres* ; foliotes 2 ou 3 fois plus longues que larges, échancrées au sommet. [Sables, rochers ; 4-12 c. ; jt.-s. ; v.]

* Foliotes à nervures non courbées en arc en dehors.

* Foliotes à nervures velu THY ;

THY

groupes de fleurs, tous à la base de la plante SU ;

SU

foliotes en triangle. [Prés secs ; 2-6 c. ; av.-m. ; α.]

* Calice *presque sans* poils SUF ;

SUF

groupes de fleurs, tous à la base de la plante SU ;

— Stipules à partie libre *étroite de la base* au sommet et en pointe longue BO ;

calice enfermé le fruit à dents étalées en étoile à la maturité ; base des dents aussi large que le tube du calice ;

BO

foliotes couvertes de poils, même sur les faces. (Parfois fleurs en grappe serrée beaucoup plus longue que large et calice enfermant le fruit fermé au-dessus des dents comme par deux lèvres épaisses : *T. dalmaticum* Vis.). [Prés ; fl. rosées ; 1-3 d. ; jt.-jt. ; α.]

STR

foliotes denticulées vers le haut. [Sables, champs ; fl. blanches-rosées ; 1-2 d. ; j.-s. ; α.]

Stipule à partie libre *très large* à la base, puis brusquement terminée en pointe fine STT ;

STT

calice à dents très étalées en étoile à la maturité ; base des dents comme par deux lèvres épaisses : *T. dalmaticum* Vis.

calice à dents étalées en étoile à la maturité ; base des dents bordées tout

BC

calice à dents peu étalées, en étoile à la maturité ; base des dents moins large que le tube du calice. [Prés, endroits secs ; fl. roses ou blanches ; 1-2 d. ; av.-jt. ; α.]

Série 6

⊛ Fleurs en grappe serrée *plus longue* que large Tij ; plante couverte de poils appliqués ;

TIJ

groupes de fleurs *globuleux* ; feuilles d'un vert peu foncé, à nervures saillantes, bordées tout autour de petites dents pointues. [Champs, près ; fl. rouges ou blanches ; 2-4 d. ; j.-jt. ; α.]

⊛ Fleurs en grappes serrées *globuleuses* ; plante couverte de poils étalés STE ;

STE

groupes de fleurs plus longs que larges A ; calice à dents égales AR ;

AR

groupes de fleurs formant des capitules un peu plus larges que longs CH ; plante très velue. [Sables, rochers ; fl. blanchâtres ; 6-15 c. ; j.-jt. ; α.]

Série 7

△ Foliotes *pointues.*   ✕ Foliotes, en général, 3 à 6 fois plus longues que larges A ;

A

groupes de fleurs ayant à leur base 3 ou 4 *larges bractées* formées par les stipules CH ;

CH

calice à un peu velu LIG. [Sables, près secs ; fl. roses ; 1-3 d. ; m.-j. ; α.]

+ Calice à 10 *nervures* principales LIG ; corolle de 2-4 mm. de longueur ;

LIG

calice à tube un peu velu LIG.

+ Calice à 20 *nervures* principales LAP ; corolle de 5-7 mm. de longueur ;

LAP

calice à tube sans poils en dehors LAP. [Champs ; fl. rosées ou blanches ; 1-3 d. ; m.-j. ; α.]

△ Foliotes, en général, moins de 3 fois plus longues que larges ;

□ Fleurs *blanches.*

PAR

⊛ Fleurs sans poils ; calice à dents très inégales PAR ;

PAR

groupes de fleurs couverts de poils, même sur les faces.

Trifolium Savianum *Guss.*
Trèfle de Savi.
Dépt. des **Bouches-du-Rhône** (très rare : Cassis).

Trifolium scabrum *L.*
Trèfle scabre.
Assez commun, sauf dans le Nord et l'Est. [S]

Trifolium thymiflorum *Vill.*
Trèfle à fleurs de thym.
Alpes de la Savoie et du Dauphiné, Pyrénées-Orientales. [S]

Trifolium suffocatum *L.*
Trèfle étouffé.
Midi, Ouest, Centre, env. de Lyon.

Trifolium Bocconi *Savi.*
Trèfle de Boccone.
Ouest (rare), **Midi.**

Trifolium stellatum *L.*
Trèfle étoilé.
Midi.

Trifolium striatum *L.*
Trèfle strié.
Assez commun. [S]

Trifolium incarnatum *L.*
Trèfle incarnat.
Cultivé et subspontané. [S]

Trifolium parviflorum *Ehrh.*
Trèfle à petites fleurs.
Plateau Central, Pyrénées-Orientales (rare).

Trifolium arvense *L.*
Trèfle des champs (Pied de lièvre).
Très commun. [S]

Trifolium Cherleri *L.*
Trèfle de Cherler.
Région **méditerranéenne.**

Trifolium ligusticum *Balb.*
Trèfle de Ligurie.
Région **méditerranéenne** (rare).

Trifolium lappaceum *L.*
Trèfle fausse-Bardane.
Ouest, Midi. [S] sub.

Série 8

✱ Calice à **dents peu inégales** ANG et dont le tube est fermé à la maturité comme par 2 lèvres épaisses ;

✱ Calice ayant **1 dent presque 2 fois plus longue que les autres** PU et à tube ouvert à la maturité ;

○ Plante *sans poils ou presque sans poils* ; folioles nettement dentées RUB ;

● Plante *velue* ; folioles à dents très fines, à peine visibles à l'œil nu ALP ;

Série 9

○ Calice à **20 nervures** principales.

○ Calice à **10 nervures** principales.

⊕ Stipules *sans poils*, en général, TP, *sauf* un fasceau de poils au sommet qui un peu velu en dehors PR. (Espèce très variable.) [Bois ; fl. rouges : 1-3 d. ; m.-s. ; ℞.]

⊕ Stipules *plus ou moins poilues sur toute leur surface.*

✻ Folioles *finement dentées* ; calice entourant le fruit, ouvert à la maturité ; stipules à partie libre allongée TM. [Bois ; fl. rouges : 1-4 d. ; j.-jt. ; v.]

✻ Folioles *entières* OC ; calice enlourant le fruit, fermé comme par deux lèvres épaisses à la maturité ; près ; fl. d'un blanc jaunâtre, rarement roses : 1-4 d. ; j.-jt. ; v.]

Série 10

⊕ Groupe de fleurs en tête globuleuse ; stipules *larges à la base et en pointe fine* LRU.

⊕ Groupe de fleurs en tête *un peu allongée, plus large à la base ; stipules à partie libre étroite de la base au sommet* MAR. (Parfois corolle à peu près de même longueur que la plus longue dent du calice qui est très resserré sous les dents à la maturité : **T. panormitanum** Presl.)

plante velue ; groupes de fleurs globuleux ; stipules terminées par une longue pointe étroite. [Champs, chemins ; fl. roses ; 1-3 d. ; m.-j. ; a.]

plante très velue à poils souvent roux ; groupes de fleurs allongés cylindriques ; stipules environ 2 fois plus longues que larges. [Sables ; fl. rouges ; 5-20 d. ; m.-j. ; a.] LAG.

Série 11

☐ Dents du calice ayant **2-3 fois la longueur** du reste du calice HI ;

☐ Dents du calice **égalant le reste** du calice *ou plus courtes* ;

△ Calice velu *sur toute sa surface* LAG ;

△ Calice presque *sans poils dans sa moitié inférieure.*

✸ Tiges *dressées ou redressées* ; folioles *ovales allongées* M ; dents du calice en triangle allongé. [Bois, prés ; fl. blanches, rarement rouges ; 1-3 d. ; m.-jt. ; v.]

✸ Tiges *couchées en cercle sur le sol* ; folioles en cœur renversé SU ; dents du calice en forme de fil. [Prés, bois ; fl. blanches ; 1-3 d. ; av.-m. ; a.]

19. DORYCNOPSIS. *DORYCNOPSIS.* — (→ Voyez fig. DO, p. 67.)

Plante herbacée ; feuilles à 5-9 folioles, en général ; fleurs relativement petites, en capitules ; folioles ayant le plus souvent environ 1 mm. de largeur ; stipules très petites. [Sables, rochers ; fl. roses ; 2-8 d. ; av.-jt. ; v.]

étendard échancré ou comme coupé au sommet. [Endroits incultes, chemins ; fl. rouges ; 1-4 d. ; j.-jt. ; a.]

étendard aigu au sommet. [Endroits incultes, chemins ; fl. d'un rouge pourpre ; 1-4 d. ; j.-at. ; a.]

groupes de fleurs allongés ; calice à tube sans poils en dehors RU. [Bois, prés ; fl. roses : 3-5 d. ; j.-at. ; v.]

groupes de fleurs arrondis ou ovales. [Bois, prés ; fl. roses, rarement blanches ; 1-3 d. ; j.-s. ; v.]

[Sables, rochers ; fl. blanchâtres ; 1-3 d. ; m.-j. ; a.]

[Prés, fl. rosées ou blanches ; 1-4 d. ; m.-jt. ; a.]

Trifolium angustifolium L.
Trèfle à feuilles étroites.
Ouest, Midi. [S] sub.

Trifolium purpureum Lois.
Trèfle pourpré.
Région méditerranéenne (rare).
[S] sub.

Trifolium rubens L.
Trèfle rougeâtre.
Assez commun, sauf dans le Nord et l'Ouest. [S]

Trifolium alpestre L.
Trèfle alpestre.
Montagnes. [S]

Trifolium pratense L.
Trèfle des prés.
Très commun. [S]

Trifolium medium L.
Trèfle intermédiaire.
Assez commun. [S]

Trifolium ochroleucum L.
Trèfle jaunâtre.
Assez commun. [S]

Trifolium leucanthum M. Bieb.
Trèfle hérissé.
Région méditerranéenne. [S] sub.

Trifolium leucanthum M. Bieb.
Trèfle à fleurs blanches.
Cévennes (Dépt du Gard : très rare).

Trifolium maritimum Huds.
Trèfle maritime.
Littoral et çà et là dans le Centre et le Midi. [S] sub.

Trifolium hirtum All.
Trèfle hérissé.
Région méditerranéenne. [S] sub.

Trifolium Lagopus Pourr.
Trèfle Pied-de-Lièvre.
Région méditerranéenne, Dép. de l'Ardèche et du Rhône. [S]

Trifolium montanum L.
Trèfle des montagnes.
Montagnes et çà et là dans le Centre. [S]

Trifolium subterraneum L.
Trèfle souterrain.
Ouest et Centre, plus rare ailleurs (manque dans l'Est). [S] sub.

Dorycnopsis Gerardi Boiss.
Dorycnopsis de Gérard.
Littoral de la Méditerranée.

□ Calice à *dents égales ou peu inégales* P, AN, H, CN, C, U, E.

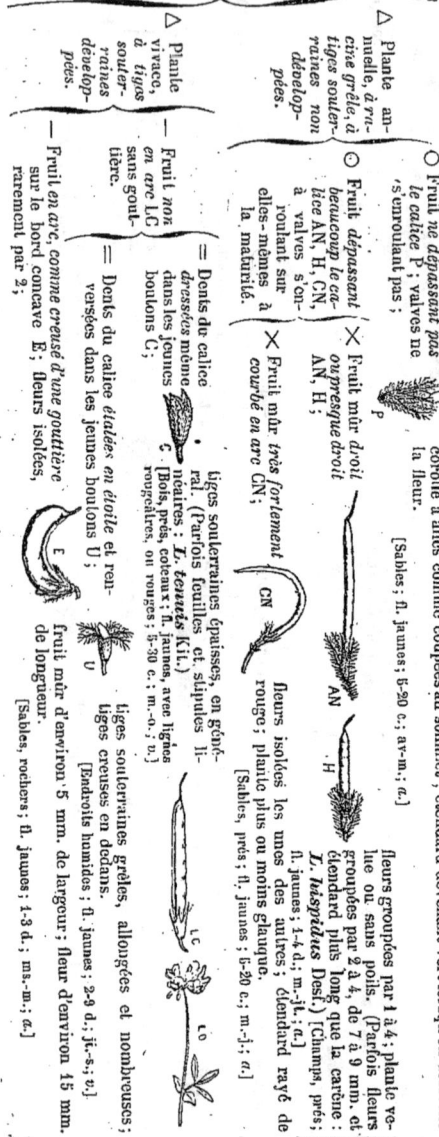

20. DORYCNIUM. DORYCNIE. — (→ Voyez fig. SU, P. 66).
Plante plus ou moins ligneuse à la base; feuilles à 5 folioles sans pétiole; plante velue. (Parfois folioles moyennes plus de 3 fois plus longues que larges, et étendard ayant une petite pointe au sommet : *D. herbaceum* Vill.) [Sables, rochers; fl. blanches, un peu bleuâtres ou noirâtres; 2-8 d.; j-l.; v.].

21. BONJEANIA. BONJÉANIE.

○ Stipules des feuilles moyennes, moins de 2 fois plus longues que le pétiole RE;

○ Stipules des feuilles moyennes *plus de 2 fois plus longues* que le pétiole HIR;

22. TETRAGONOLOBUS. TÉTRAGONOLOBE. —

△ Sépales soudés entre eux *sur moins de la moitié de leur longueur* P; fruit à ailes presque aussi larges que le reste du fruit P; valves ne s'enroulant pas; [Sables; fl. jaunes; 1-5 d.; m-j.; α.]

△ Sépales soudés entre eux *jusqu'à plus de la moitié de leur longueur* TE; fruit à ailes plus étroites que le reste du fruit TE. [Endroits humides; fl. jaunes; 1-4 d.; m-j.; v.]

23. LOTUS. LOTIER. —

✳ Stipules plus de 2 fois plus longues que le pétiole CR;
   ∴ Fruits éc-rtés très les uns des autres A L;
   ∴ Fruits rapprochés les uns des autres O;

✳ Stipules moins de 2 fois plus longues que le pétiole RE;

○ Fruit ne dépassant pas le calice P; valves ne s'enroulant pas;
   ✕ Fruit dépassant le calice AN, H, CN, à valves s'enroulant sur elles-mêmes à la maturité.
   ✕ Fruit mûr droit ou presque droit AN, H;
   ✕ Fruit mûr très fortement courbé en arc CN;

○ Fruit *non* en arc LC sans goutière.
   = Dents du calice dressées même dans les jeunes boutons C;
   = Dents du calice étalées en étoile et renversées dans les jeunes boutons U;

△ Plante annuelle, à racine grêle, à tiges souterraines non développées. [exemple: A.]

△ Plante vivace, à tiges souterraines développées.
   — Fruit en arc LC sans goutière.
   — Fruit *en arc*, comme creusé d'une goutière sur le bord concave E; fleurs isolées, rarement par 2;

plante couverte de poils appliqués; fruits droits ou presque droits. [Sables, rochers; fl. jaunes; 1-3 d.; av.-m ; v.]

plante à tige souterraine et à racine ligneuse à la base; folioles souvent arrondies au sommet. [Sables, rochers; fl. jaunes; 1-3 d.; av.-m.; v.]

plante sans tige souterraine développée, à racine grêle; folioles souvent en coin au sommet. [Champs; fl. jaunes; 1-3 d.; av.-m.; α.]

corolle à ailes comme coupées au sommet; étendard devenant vert lorsqu'on dessèche la fleur. [Sables; fl. jaunes; 6-20 c.; av-m ; α.]

fleurs groupées par 1 à 4; plante velue ou sans poils. (Parfois fleurs groupées par 2 à 4, de 7 à 9 mm. et étendard plus long que la carène : *L. hispidus* Desf.) [Champs, prés; fl. jaunes; 1-4 d.; m-jl.; α.]

fleurs isolées les unes des autres; étendard rayé de rouge; plante plus ou moins glauque. [Sables, prés; fl. jaunes; 6-20 c.; m-j.; α.]

tiges souterraines épaisses, en général. (Parfois feuilles et stipules linéaires: *L. tenuis* Kit.) [Bois, prés, coteaux; fl. jaunes, avec lignes rougeâtres, ou rouges; 5-30 c.; m.-o.; v.]

tiges souterraines grêles, allongées et nombreuses; tiges creuses en dedans. [Endroits humides; fl. jaunes; 2-9 d.; ju-s.; v.]

fruit mûr d'environ 5 mm. de largeur; fleur d'environ 15 mm. de longueur. [Sables, rochers; fl. jaunes; 1-3 d.; ma-m.; α.]

fruits plus de 4 fois plus longs que larges, se roulant sur eux-mêmes à la maturité. [Endroits humides; fl. blanches ou rosées, avec étendard rouge noirâtre; 4-10 d.; m-j.; v.]

fruits moins de 4 fois plus longs que larges, ne s'enroulant pas à la maturité. [Endroits secs; fl. blanches rosées avec étendard rouge-noir; 3-6 d.; m.-jl.; v.]

Dorycnium pentaphyllium Scop.
Midi, Sud-Est. [S]
Dorycnium à 5 folioles.

Dorycnium herbaceum Vill.
Région méditerranéenne, Dép' des Basses-Pyrénées, très rare : Biarritz.
Bonjeania recta, licbb.

Bonjeania recta Rcbb.
Bonjeania droite.

Région méditerranéenne. [S]
Bonjeania hirsuta licbb.
Bonjeania hérissée.

Tetragonolobus purpureus Mench.
Assez rare. [S]
Tétragonolobe pourpre.

Tetragonolobus siliquosus Rth.
Région méditerranéenne. [S] sub.
Tétragonolobe siliqueux.

Lotus creticus L.
Ouest, Provence (rare). [S] sub.
Lotier de Crète.

Lotus Allionii Desv.
Marseille (rare).
Lotier d'Allioni.

Lotus ornithopoides L.
Littoral de la Méditerranée.
Lotier Pied-d'Oiseau.

Lotus parviflorus Desf.
Ouest, Provence (rare).
Lotier à petites fleurs.

Lotus angustissimus L.
Ouest, Midi, Plateau Central, rare dans le Centre et le Sud-Est.
Lotier très étroit.

Lotus conimbricensis Brot.
Région méditerranéenne (rare).
Lotier de Coïmbre.

Lotus corniculatus L.
Très commun. [S]
Lotier corniculé.

Lotus uliginosus L.
Lotier des marais.

Lotus edulis L.
Commun. [S]
Lotier comestible.

Lotus hispidus Desf.
Littoral de la Provence.

24. ASTRAGALUS. ASTRAGALE. —

⊙ Plante à pétioles persistants et transformés en épines ; tiges presque recouvertes par la base des feuilles.. **Série 1** → p. 82.

⊙ Plante à pé- { ✱ Pédoncules des grappes partant de la base de la plante ; pas de tiges aériennes feuilles développées....... **Série 2** → p. 82.

tioles non { ✱ Pédoncules des grappes par- { ┼ Fleurs blanchâtres, jaunes ou d'un jaune verdâtre........................ **Série 3** → p. 82.

transformés tant des tiges aériennes { ┼ Fleurs bleues, violettes, { — Calice à dents égalant le reste du calice ou plus longues...... **Série 4** → p. 83.

en épines. feuilles développées. { roses ou pourprées. { — Calice à dents plus courtes que le reste du calice............... **Série 5** → p. 83.

Série 1

△ Sépales soudés entre eux jusqu'aux trois quarts de leur longueur TR ;

△ Sépales soudés entre eux environ jusqu'à la moitié de leur longueur AR ;

fruit plus long que le calice ; calice à poils courts TR.
[Sables ; fl. blanches ; 2-3 d. ; m.-j. ; v.]
.... **Astragalus Tragacantha L.**
Astragale Adragant.
Littoral de la Méditerranée (rare).

✱ fruit renfermé dans le calice ; calice à longs poils laineux AR.
[Lieux secs, graviers ; fl. blanches ou roses ; 1-3 d. ; m-j. ; v.]
.... **Astragalus aristatus L'Hérit.**
Astragale aristé.
Alpes, *Pyrénées.* **[S]**

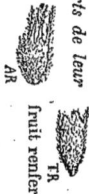

Série 2

✱ Feuilles ayant, en général, 21 à 43 folioles ; fruit mûr souvent courbé M, de plus de 22 mm. en
.... **Astragalus monspessulanus L.**
Astragale de Montpellier.
Sud-Est, Plateau Central, Ouest, Midi. **[S]**

19₅, p. 387.

✱ Feuilles ayant, { = Sépales soudés entre eux environ en général, { jusqu'aux trois quarts de leur 11 à 25 fo- { longueur I ;
lioles blan- {
châtres ar- { = Sépales soudés entre eux jusqu'à gentées. { la moitié ou jusqu'au deux tiers de leur longueur DE ;

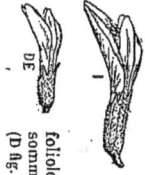

foliole, en général, fl. blanchâtres ; 5-30 c. ; m.-j. ; v.]
.... **Astragalus incanus L.**
Astragale blanchâtre.
Région Méditer., Sud-Est (rare).

foliole arrondies au sommet ou terminées par une petite pointe ; stipules longuement aiguës.
[Endroits incultes ; fl. blanchâtres ou rosées ; 1-2 d. ;
av.-m. ; v.]
.... **Astragalus depressus L.**
Astragale nain.
Alpes, Pyrénées (rare). **[S]**

foliole obtuses ou échancrées au sommet ; stipules plus ou moins aiguës
(D fig. du fruit).[Rochers, prés ; fl. blanchâtres ; 5-20, c ; m.-j. ; v.]
.... **Astragalus glycyphyllos L.**
Astragale à feuilles de Réglisse.
Assez commun. **[S]**

Série 3

✧ Fleurs { Folioles ne { ⊕ Fleurs sur un pédoncule
jaunes { dépassant { commun très court ;
ou d'un { pas ortii-
jaune { nairement
verdâtre. { 10 mm. de
{ largeur.

foliole, en général, échancrées ou comme coupées au sommet.
[Rochers ; fl. blanchâtres ; 2-7 d. ; av.-j. ; a.]
.... **Astragalus alopecuroides L.**
Astragale Queue-de-Renard.
Dép¹ des H¹⁰⁵, Alpes, Corbières (rare).

⊕ Fleurs sur } ⨯ Fruit ovale ou arron-
un pé- } di C, de 8-17 mm.
doncule } de longueur envi-
commun } ron ;
de 8-12 c. }
environ. } ⨯ Fruit allongé B, d'au moins
30 mm. de longueur ;

foliole, en général, poinlues au sommet.
[Endroits incultes ; fl. jaunes ; 5-12 d. ; jl.-s. ; v.]
.... **Astragalus Cicer L.**
Astragale Pois-Chiche.
Est, Sud-Est. **[S]**

tiges couchées ; folioles à nervures formant en dessous un réseau visible ; stipules devenant.ren-versées.
[Endroits incultes ; fl. d'un jaune pâle ; 3-7 d. ; j.-a ; v.]
.... **Astragalus boeticus L.**
Astragale d'Andalousie.
Littoral des Alpes-Maritimes
(très rare).

✧ Fleurs { Folioles } ⊕ Fleurs sur un pédoncule
jaunes { sur orbi- } commun très court ;
ou d'un { culaire- }
jaune { ment }
verdâtre. { 10 mm. de }
{ largeur. }

⊡ Folioles d'environ 15 à 25 mm. de largeur, obtuses, presque sans poils ; fruits mûrs en arc G;
grappes de fleurs plus courtes que la feuille d'où elles partent.
[Bois, endroits incultes ; fl. jaunâtres ; 6-10 d. ; m.-at. ; v.]

feuille ayant ordinairement 21 à 41 folioles ; grappes de fleurs en boule et
serrées et très velues. (Parfois grappes de fleurs en boule et
fruits arrondis à trois angles ; *A. narbonensis* Gouan.)
[Endroits incultes ; fl. jaunes ; 5-12 d. ; jl.-s. ; v.]
.... **Astragalus hamosus L.**
Astragale à hameçon. Auvergne, Région
Ouest (rare), *méditerranéenne.*

.... **Astragalus epiglottis L.**
Astragale epiglotte.
Dép¹⁵ du Var (très rare : Toulon).

☀ Fleurs sur un pédoncule commun très court SE,
de moins de 3 mm.

✱ Fleurs sur un pédoncule commun de plus de 10 mm., en général.

☽ Fruits déhiscés en étoile ST; fleurs en grappes non arrondies.

⊙ Feuilles ayant en général de 15 à 23 folioles P; plante annuelle sans tiges souterraines développées. [Endroits incultes, coteaux; fl. pourpres ou rosées; 1-3 d.; m.-j.; a.]

⊙ Feuilles ayant en général 25 à 31 folioles; plante vivace à tiges souterraines développées. [Endroits incultes; fl. pourpres ou rosées; 2-3 d.; j.-jt.; v.]

[Endroits incultes; fl. bleuâtres ou violacées; 1-3 d.; m.-j.; a.]

⌒ Fruits massés compacte; fleurs en grappes arrondies P. [Champs; fl. bleuâtres ou pourprées; 1-3 d.; m.-j.; a.]

: Grappes de 4 à 10 fleurs serrées V; stipules libres;

⊖ Plante velue-blanchâtre; fruit 2 à 3 fois plus long que large BA; foliolés à bords un peu recourbés, souvent aigus au sommet. [Sables; fl. bleuâtres; 2-5 d., m.-j.; v.]

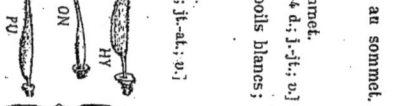

⊖ Plante verte, presque sans poils; fruit à 6 fois plus long que large AU; foliolés plates échancrées ou comme coupées au sommet. [Rochers, endroits incultes; fl. bleuâtres ou violacées; 2-4 d.; j.-jt.; v.]

:: Grappes de 10 à 20 fleurs serrées les unes contre les autres; stipules soudées entre elles.

— Foliolés sans poils en dessus; fruits 1/2 mm.) L. calice devenant renflé en vessie; fruit couvert de longs poils blancs. [Rochers; fl. violacées; 1-2 d.; m.-j.; v.]

— Foliolés poilues en dessus; fruit velu laineux O couvert de poils assez longs (de plus de 1 mm. de longueur); ovaire sur un pied plus ou moins long HY, ON, PU. [Rochers; fl. bleuâtres; 5-15 c., jt.-at.; v.]

(Parfois ovaire ayant à peu près 2 fois la longueur du pied qui le porte dans le calice HY et fleurs violettes: *A. Hypoglottis* L.; — ou ovaire ayant à peu près 5 à 6 fois la longueur du pied qui le porte dans le calice PU et fleurs pourprées ou rosées: *A. purpureus* L.) [Endroits incultes; fl. violacées, pourprées ou rosées; 1-4 d.; m.-jt.; v.]

= Foliolés ayant, en général, de moins de 2 mm. de largeur, les plus longues ayant les bords presque parallèles.

= Foliolés ayant, en général, plus de 2 mm. de largeur, à contour plus ou moins ovale.

25. OXYTROPIS. OXYTROPIS. —

✛ Plante visqueuse; feuilles de 31 à 41 folioles, en général; fruit glanduleux 4-5 fois plus long que large P; [Rochers, prés, fl. jaunâtres; 1-3 d.; jt.-at.; v.]

✛ Plante non visqueuse; feuilles ayant 15 à 31 folioles en général;

⊙ Fleurs jaunes ou jaunes avec la carène violette, calice à poils courts (de moins de 1 mm.); fruit C ayant surtout de petits poils noirs. [Prés, rochers; fl. jaunâtres ou blanchâtres; 1-2 d., jt.-at.; v.]

⊙ Fleurs poilues en dessus; fruit velu laineux O couvert [Rochers; fl. violacées; 1-2 d.; m.-j.; v.]

⊙ Fleurs lilas avec la carène violette; fruit H ayant surtout de longs poils blancs; calice à poils longs (de plus de 1 mm); foliolés à longs poils blancs. [Prés; fl. lilacées; 5-20 c.; j.-jt.; v.]

☐ Calice se déchirant à la maturité du fruit [exemples: F, C]; fleurs ayant 15 mm. ou plus de longueur.

☐ Calice ne se déchirant pas à la maturité du fruit; fleurs ayant le plus souvent moins de 15 mm. de longueur. (→ *Voyez la suite à la page suivante*.)

Espèces

Astragalus sesameus L.
Astragale Faux-Sésame.
Région méditerranéenne.

Astragalus Stella Gouan.
Astragale Étoile.
Région méditerranéenne.

Astragalus pentaglottis L.
Astragale à 5 gousses.
Région méditerranéenne (rare).

Astragalus Glaux L.
Astragale Glaux.
Région méditerranéenne (rare).

Dép. des Hautes et des Basses-Alpes (très rare).
Alpes (région alpine, très rare).
Astragalus austriacus Jacq.
Astragale d'Autriche.
Dép. des Hautes-Alpes (très rare). [S]

Astragalus vesicarius L.
Astragale vésiculeux.
Alpes (rare).

Astragalus baionensis Lois.
Astragale de Bayonne.
Littoral de l'Océan.

Astragalus Onobrychis L.
Astragale Sainfoin.
Alpes, Midi. [S]

Astragalus Leontinus Jacq.
Astragale du Lenzbourg.
Alpes (rare).

Oxytropis fetida DC.
Oxytropis fétide.
Alpes (région alpine; rare). [S]

Oxytropis campestris DC.
Oxytropis des champs.
Alpes de la Savoie et du Dauphiné, Pyrénées. [S]

Oxytropis Halleri Bunge.
Oxytropis de Haller.
Alpes, Pyrénées (rare). [S]

⊙ Fleurs bleues ou violettes ; grappes en fleurs peu nombreuses ;

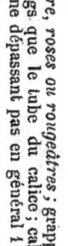

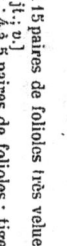

⊙ Fleurs d'un pourpre bleuâtre, roses ou rougeâtres ; grappes à fleurs peu nombreuses M ; fruits mûrs dressés sur des pédoncules plus longs que les feuilles et fleurs ne dépassant pas en général 1 c. de longueur : **O. lapponica** Gaud.)
[Prés ; 5-20 c. ; jl.-at. ; v.]

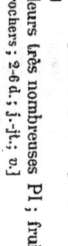

fruits mûrs plus ou moins renversés, sur des pédoncules égalant environ la moitié du tube du calice. (Parfois étendard ne dépassant guère la carène que du quart de la longueur de l'étendard PY : **O. pyrenaica** GG.)
[Prés, rochers ; 10-15 c., jl.-at.; v.]

⊙ Fleurs jaunes ; grappes à fleurs très nombreuses Pl.; calice couvert de longs poils blancs ; plante très velue. [Prés, rochers ; 2-6 d.; jl.-jt.; v.]

26. PHACA. PHACA. —

△ Fleurs d'un beau jaune ; 9 à 15 paires de folioles très velues en dessous ; tige simple, parfois rameuse au sommet ; fruit terminé en pointe.
[Prés, rochers ; 3-5 d.; jl.; v.]

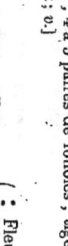

△ Fleurs d'un blanc jaunâtre ; 4 à 5 paires de folioles ; tige simple, parfois rameuse au sommet ; fruit terminé en pointe.
[Pelouses ; 2-3 d.; jl-at.; v.]

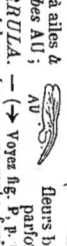

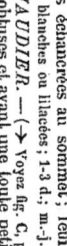

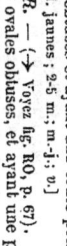

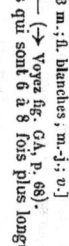

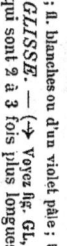

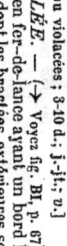

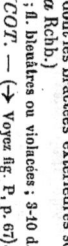

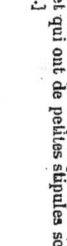

△ Fleurs jamais complètement blanches ni jaunes, mélangées d'autres couleurs.

❋ Corolle à ailes entières AS.

❋ Corolle à ailes à 2 lobes AU ;

∴ Fleurs en grappe arrondie ; fruit couvert de poils noirs.
[Prés, rochers ; fl. panachées de bleu, de blanc et de violet ; 1-3 d.; jl.-at.; v.]

∴ Fleurs en grappe ovale, repliées d'un côté ; fruit devenant sans poils à la maturité ; fleurs blanchâtres à carène foncée, planté jeune poilue, puis sans poils (*P. Gerardi* Vill.)
fleurs blanchâtres à carène rouge au sommet ; parfois violacées dans leur partie supérieure. [Prés, rochers ; 1-2 d.; jl.-at.; v.] ....

27. BISERRULA. BISERRULA. — (→ Voyez fig. P, p. 68).
Feuilles ayant 15 à 33 folioles échancrées au sommet ; feuilles ordinairement plus longues que les grappes ; fleurs de 5 à 6 mm. de longueur, en général. [Endroits incultes ; fl. blanches ou lilacées ; m.-ji.; v.]

28. COLUTEA. BAGUENAUDIER. — (→ Voyez fig. C, p. 67).
Feuilles ayant 7 à 11 folioles obtuses et ayant une toute petite pointe au sommet ; fruits d'environ 1 à 2 c. de longueur ; parois translucides.

29. ROBINIA. ROBINIER. — (→ Voyez fig. RO, p. 67).
Feuilles ayant 11 à 23 folioles ovales obtuses, et ayant une petite pointe au sommet ; fleurs odorantes, en grappes pendantes.

30. GALEGA. GALÉGA. — (→ Voyez fig. GA, p. 68).
Feuilles ayant 11 à 19 folioles qui sont 6 à 8 fois plus longues que larges ; stipules très aiguës, écartées ou renversées ; fleurs en grappes très allongées, retombantes.
[Bois, coteaux, talus ; fl. jaunes ; 2-5 m.; m.-ji.; v.]

31. GLYCYRRHIZA. RÉGLISSE. — (→ Voyez fig. GL, p. 68).
Feuilles ayant 9 à 15 folioles qui sont 2 à 3 fois plus longues que larges ; un peu visqueuses en dessous ; tiges souterraines épaisses.
[Bois, talus, routes ; 2-3 m.; fl. blanches ; m.-ji.; v.]

32. PSORALEA. PSORALÉE. — (→ Voyez fig. BI, p. 67).
Feuilles à 3 folioles pointues en fer-de-lance ayant un bord blanchâtre formé par des poils nombreux ; plante à odeur de bitume. (Rarement fleurs entourées par un involucre dont les bractées extérieures sont plus longues que le tube du calice des fleurs voisines de l'involucre et tige plus ou moins creuse : *P. plumosa* Rchb.)
[Bois, endroits incultes ; fl. bleuâtres ou violacées ; 3-10 d.; av.-at.; v.]

33. PHASEOLUS. HARICOT. — (→ Voyez fig. P, p. 68).
Feuilles à 3 folioles pointues et qui ont de petites stipules secondaires à leur base ; tiges anguleuses s'enroulant. [Champs ; taille variable ; fl. de couleurs variées ; jl-s.; a.]

Oxytropis Gaudini Bunge.
Oxytropis de Gaudin.
Alpes (rare). [S]

Oxytropis montana DC.
Oxytropis des montagnes.
Jura, Alpes (région alpine). [s]

Oxytropis pilosa DC.
Oxytropis poilu.
Alpes de la Savoie et du Dauphiné.

Phaca frigida L.
Phaca des frimas.
Alpes de la Savoie (très rare). [S] ;

Phaca astragalina DC.
Phaca faux-Astragale.
Alpes, Pyrénées (région alpine, rare). [S]

Phaca australis L.
Phaca australe.
Alpes, Pyrénées (région alpine). [s]

Biserrula Pelecinus L.
Biserrula l'élécine.
Littoral de la Méditerranée (rare).

Colutea arborescens L.
Baguenaudier arborescent.
Planté, subspontané et naturalisé.
Est, Sud-Est, Centre, Plat. Central.

Robinia Pseudacacia L.
Robinier Faux-Acacia.
Planté, subspontané ou subspontané). [S]

Galega officinalis L.
Galéga officinal.
Médit. (et planté ou subspontané). [S]

Glycyrrhiza glabra L.
Réglisse glabre.
Cultivé dans la région méditerranéenne.
et rarement naturalisé. [S]

Psoralea bituminosa L.
Psoralée bitumineuse.
Midi, Sud-Est.

Phaseolus vulgaris L.
Haricot commun.
Cultivé et subspontané. [S]

34. VICIA. *VESCE*. —

✠ Pédoncule, partant de l'aisselle d'une feuille portant 1 ou plusieurs fleurs, *plus court* que la longueur d'une fleur ou égal à cette longueur [Voyez plus bas les figures S, P, AM, p. 85].
- △ 1 à 2 paires de folioles *obtuses* N de plus de 15 mm. de longueur, en général ;

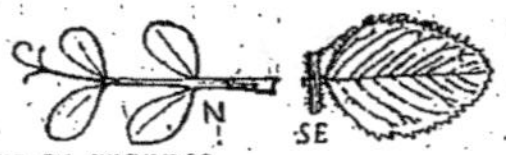

feuilles inférieures sans vrilles et à 2 folioles ; les supérieures à 4 ou 6 folioles, folioles entières N ou dentées SE .... ***Série 1*** → p. 85.

- △ Plante n'ayant pas ces caractères.
  - — Fleurs *en grappes* .... ***Série 2*** → p. 85.
  - — Fleurs *par 1 ou 2*.
    - • Fleurs *jaunes* ou d'un jaune mêlé de pourpre ; fruit très velu .... ***Série 3*** → p. 85.
    - • Fleurs *violettes, roses, bleuâtres ou blanches* .... ***Série 4*** → p. 85.

✠ Pédoncule, partant de l'aisselle d'une feuille, portant 1 ou plusieurs fleurs, *plus long* que la longueur d'une fleur.
- ★ Fleurs *de plus de 9 mm. de longueur*.
  - = Folioles les plus larges *de 1 à 2 c. de largeur*, en général .... ***Série 5*** → p. 86.
  - = Folioles les plus larges *de moins de 1 c. de largeur*, en général .... ***Série 6*** → p. 86.
- ★ Fleurs de *moins de 9 mm. de longueur* .... ***Série 7*** → p. 87.

Série 1 : Fleurs groupées par 1 à 5 ; calice à dents très inégales et dentées ; stipules beaucoup plus larges que la tige, à deux pointes opposées ; fruit ayant excroissances poilues ; fleurs roses. [Champs ; fl. pourprées ou roses ; 2-6 d. ; m.-j. ; *a.*]

Vicia narbonensis *L.*
Vesce de Narbonne.
Centre, Ouest, Plateau Central, Midi (rare). **[S]**

Série 2

□ Fleurs d'environ 25 mm. de longueur, *blanches avec des taches noires sur les ailes* F ;

feuilles à *2-6 folioles ; sans vrilles rameuses*. [Champs ; 5-14 d. ; m.-at. ; *a.*]

Vicia Faba *L.*
Vesce Fève.
Cultivé et subspontané. **[S]**

□ Fleurs de 20 mm. *ou moins de longueur ;* feuilles *à vrilles rameuses*.
- ★ Étendard *sans poils ;* fruit *sans poils ;* fleurs dressées ou étalées S ; plante à tiges souterraines développées. [Bois, prés, haies ; fl. bleuâtres, violacées, rarement blanchâtres ou jaunes ; 5-10 d. ; av.-n. ; *v.*]

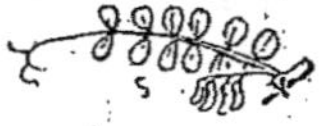

Vicia sepium *L.*
Vesce des haies.
Commun, sauf dans la plaine méditerranéenne. **[S]**

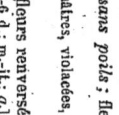

- ★ Étendard *velu ;* fruit *velu ;* fleurs renversées P ; plante sans tiges souterraines développées. [Champs ; fl. pourprées ; 3-6 d. ; m.-jt. ; *a.*]

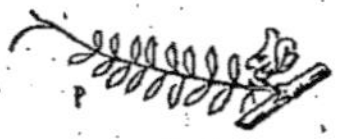

Vicia pannonica *Jacq.*
Vesce de Hongrie.
Auvergne, Région méditerranéenne et ***çà et là***. **[S]** sub.

Série 3 : Fruit velu L, à poils tuberculeux à leur base LU ; ou sans tubercules H ; fleurs d'environ 20 mm. de longueur. (Parfois étendard velu ; fruit à poils sans renflement à leur base H ; stipules non tachées : ***V. hybrida*** L.)

[Champs ; fl. jaunes ou jaunes pourprées ; 2-6 d. ; m.-j. ; *a.*]

Vicia lutea *L.*
Vesce jaune.
Commun, sauf dans le Nord, l'Est et le Nord-Est. **[S]**

Série 4

✠ Fleurs ayant *moins de 8 mm. de longueur ;* feuilles ayant 4 à 8 folioles, en général, VL ; stipules souvent non tachées LA. (Parfois fruit mûr d'un jaune verdâtre, graines lisses et un peu aplaties : ***V. cuneata*** Guss.) [Sables, prés, bois ; fl. violettes ou roses, parfois blanches ; 5-20 c. ; av.-j. ; *a.*]

Vicia lathyroides *L.*
Vesce Fausse-Gesse.
Assez rare. **[S]**

✠ Fleurs ayant, en général, *plus de 9 mm. de longueur.*
- ⊙ Fleurs *de 2 sortes*, les unes d'au moins 2 c. de longueur, avec corolle sur les rameaux supérieurs, les autres sans corolle sur les rameaux inférieurs ; fruits *de 2 sortes* AM, A ; la plupart des folioles fortement échancrées au sommet, avec une petite pointe. [Endroits incultes ; fl. violettes ; 1-4 d. ; av.-m. ; *a.*]

Vicia amphicarpa *Dorth.*
Vesce à fruits enterrants.
Région méditerranéenne.

- ⊙ Fleurs et fruits *d'une seule sorte*.
  - Feuilles à *2 ou 4 folioles* B ;

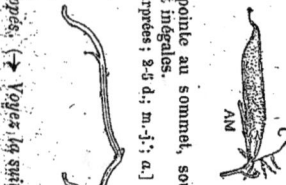

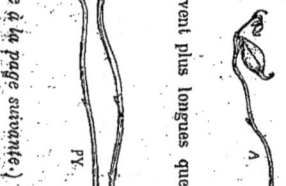

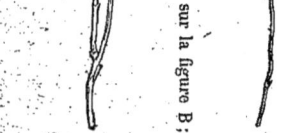

folioles avec une petite pointe au sommet, souvent plus longues que sur la figure B ; stipules à dents fortes et inégales. Prés, champs ; fl. pourprées ; 2-5 d. ; m.-j. ; *a.*]

Vicia bithynica *L.*
Vesce de Bithynie.
Ouest, Midi. **[S]**

  - Feuilles ayant *6 à 16 folioles*.
    - ⊖ Plante à *rameaux souterrains développés*, jaunâtres et portant de petites écailles PY ; fleurs souvent d'environ 2 c. de longueur ; folioles à dents très courtes. [Prés ; fl. violacées ; 3-20 c. ; m.-at. ; *v.*]

Vicia pyrenaica *Pourr.*
Vesce des Pyrénées.
Dép^t des ***Hautes-Alpes*** (très rare), ***Pyrénées***.

    - ⊖ Plante *sans rameaux souterrains développés*. (→ *Voyez la suite à la page suivante.*)

8

Suite de la série 4:

⊕ Feuilles *terminées par une vrille.*

✠ Folioles ayant souvent 3 dents
au sommet PE;

✠ Folioles n'ayant pas 3 dents au sommet V; calice à dents presque égales; stipules ayant ordinairement une tache noire ou brune SA. (Parfois grains tout à fait globuleuses, même lorsqu'elles sont
mûres et fleurs ne dépassant pas 17 mm. de longueur ; 2-7 d.; m.-jl.; α.)

[Champs, bois ; fl. violettes, roses ou bleues ; 2-7 d.; m.-jl.; α.]

PE [illustration] calice à dents très inégales; stipules ayant sans lacres. [Champs ; fl. pourprées ou roses ; 2-6 d.; m.-jl.; α.]

Série 5

△ Feuilles sans vrilles rameuses; stipules ayant environ 2 c. de longueur. → Voyez *Lathyrus montanus*, p. 89.

△ Feuilles sans vrilles rameuses; stipules sans lacres.

◇ Feuilles
sans vrilles
rameuses.
┌ ✦ Feuilles à
│ folioles 5 à 7 fois plus longues que larges.
│
│ ✦ Feuilles terminées par un
│ petit filet; folioles 3 à 4 fois
│ plus longues que larges.
└

◇ Feuilles à folioles inférieures
= Les deux folioles inférieures
de la feuille *non tout à fait*
à la base du pétiole DU;

= Les deux folioles inférieures
de la feuille *tout à
fait à la base du pétiole* PI;

□ Plante couverte de poils blancs; fleurs d'environ 2 c. de longueur.
[Rochers, près; fl. blanches à veines violacées; 1-2 d.; jl.-a.; v.]

□ Plante *velue*; feuilles à folioles rapprochées sur la tige.→ Voy. *Vicia cassubica*, p. 86.

□ Plante *sans poils*; feuilles à folioles inférieures non rapprochées de la tige; folioles glan-
ques en dessous. → Voyez *Lathyrus niger*, p. 89.

fleurs non serrées les unes contre les autres.

fleurs serrées les unés contre les
autres.
[Bois ; fl. jaunâtres ; 8-22 d.;
m.-j.; v.]

folioles environ 6 à 8 fois plus longues
que larges.
[Champs, endroits incultes; fl. violacées;
4-13 d.; m.-si; v.]

□ Style fortement poilu sous le
stigmate ON; fruit longuement aigu à la base ON.

□ Style non for-
tement poilu
sous le stig-
mate; fruit
non longue-
ment aigu à
la base.
(exemple: SIL;)

:• Stipules entières
peu
denticées
OR;

:• Stipules profon-
dément divi-
sées SIL;

◇ Style
aplati
sur les
côtés.

✧ *Les 2 sti-*
pules à
peu près
sem bla-
bles.

+ Etendard à
limbe ré-
tréci au de-
là de son
milieu VI
[étendant vu
de face et
étalé].

+ Etendard à
limbe ré-
tréci au milieu C ou
en deçà de son milieu
T [étendard vu de face
et étalé].

fruit mûr jaunâtre; fleurs serrées les unes contre les autres, (Souvent grappes des fleurs plus longues que la feuille qui est terminée
par une pointe courte : **V. Orobus** L.)

fruit mûr noirâtre SIL;
fleurs non serrées. [Bois,
3-16 d.; j.-a.; v.]

(Assez souvent éten-
dard resserré vers son
tiers inférieur, et tige à
poils appliqués : **V. tenuifolia** Roth.;—
ou étendard resserré vers

◇ Style
aplati.

⊡ Une stipule entière et l'autre
profondément divisée MO ;

le milieu et tiges à poils étalés : **V. Gerardii** Vill.)
[Champs, bois; fl. violettes lilas, parfois blanches; 4-15 d.; m.-a.; v.]

folioles à bord presque parallèles, très souvent à 3 dents au sommet,
foliolés à bord presque parallèles, très souvent à 3 dents au sommet.
[Champs, prés; fl. d'un blanc bleuâtre à carène tachée de noir; 3-7 d.;
av.-j.; α.]

fleurs ordinairement pendantes : **V. villosa** Roth.;—
fleurs ordinairement dressées : **V. pseudocracca** Bertol.;—
jeunes fleurs étalées on un peu dressées : **V. atro-
purpurea** Desf.) [Champs ; fl. violettes lilas, pourprées, parfois blanches.]

[Tantôt corolle à ailes
ni jaunes ni d'un pour-
pre noir et fleurs jau-
nes,—ou corolle à ailes jaunes et
pourpre noir vers le haut et jeunes fleurs étalées un peu dressées [fruit AT] : **V. atro-**

Vicia peregrina L.
Vesce voyageuse.
Midi. Rare dans le Centre, l'Ouest et
le Sud-Est. [S]

Vicia sativa L.
Vesce cultivée.
Cultivé et subspontané. [S]

Vicia dumetorum L.
Vesce des buissons.
Est, Sud-Est, Pyrénées. [S]

Vicia pisiformis L.
Vesce à feuilles de Pois.
Nord-Est, Côte-d'Or (rare). [S]

Vicia argentea *Lap.*
Vesce argentée.
Pyrénées (rare).

Vicia onobrychoides L.
Vesce Faux-Sainfoin. Très rare
dans la plaine méridionale et les Pyr-
Alpes, Plateau Central.

Vicia cassubica L.
Vesce de Poméranie.
Centre et Ouest (rare), *Sud-Ouest*,
Plateau Central, Pyrénées. [S]

Vicia silvatica L.
Vesce des forêts.
Alpes (région alpine). [S]

Vicia Cracca L.
Vesce Cracca.
Très commun. [S]

Vicia unguiculata *Clavaud.*
Vesce onguiculée.
Assez commun.

Vicia monanthos Desf.
Vesce à fleurs isolées.
*Centre, Région méditerranéenne;
Alpes* (très rare); *Plateau Central,
Pyrénées.*

35. CICER. CICER. — (→ Voyez fig. A, p. 68).

36. PISUM. POIS. —

37. LATHYRUS. GESSE. —

□ Calice à sé-pales sou-dés jusqu'au tiers ou jus-qu'à plus de la moitié [exemples : PU, DIS, ER], en général plus court que la corolle.

⊙ Style sans poils HI;

   Fruit velu H; rarement sans poils, à 2 graines; calice à dents longues et étroites, [Champs; fl. bleuâtres ou blanches; 2-5 d.; av.-at.; α.] calice à dents très inégales DIS.
   Vicia hirsuta Koch. *Vesce hérissée.* Commun. [S]
   Vicia disperma DC. *Vesce à 2 graines. Région méditerranéenne.*

⊙ Style plus ou moins poilu au sommet DI;

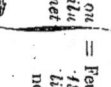

   = Feuilles ayant 13 à 25 fo-lioles en gé-néral.

   • Fruit à 2 graines DIS; calice à dents très inégales DIS. [Sables, champs; fl. bleuâtres; 2-5 d.; av-m.; v.]

   • Fruit à 3-6 graines ER; calice à dents peu inégales ER. [Champs; fl. rosées ou violacées; 2-3 d.; j.-at.; α.]
   Vicia Ervilia Willd. *Vesce Ervilia. Centre, Plateau Central, Midi et çà et là (et cultivé ou subspontané).* [S]

   = Feuilles ayant 5 à 11 folioles en général TE, GR; fruit à 3-6 graines G. (Souvent fleurs sur un pédoncule commun bien plus long que la feuille GR et fruit ordinairement à 4-6 grains G :
   Vicia tetrasperma Mœnch. *Vesce à 4 graines. Commun.* [S]

   Lois.;—ou parfois tige et feuilles d'un vert pâle, très poilues et dents du calice plus longues que le tube du calice : **V. gracilis** Lois.;—ou parfois à pédoncule n'ayant qu'un filet non enroulé NI au sommet : **V. nigricans** Coss. et Germ.
   Vicia Lens Coss. et Germ. *Vesce Lentille. Cultivé et subspontané et région méditerranéenne (rare).* [S]

   [Champs, prés; fl. lilas, bleuâtres ou violacées; 1-6 d.; m.-jt.; α.]

□ Calice divisé presque jusqu'à la base et à stipules or-dinairement entières ou divisées en deux.

   feuilles ayant une vrille simple LE. (Parfois feuille sans vrille, n'ayant le tube du calice : **V. pubescens** N.)
   [Champs, sables; fl. blanches veinées de violet, ou bleuâtres;1-4 d.; av.-jt.; α.]

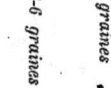

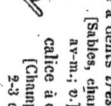

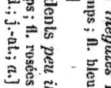

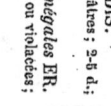

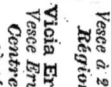

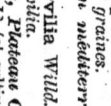

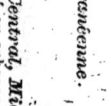

Cicer arietinum L. *Pois-chiche.* Cultivé et subspontané, principale-ment en Provence. [S]

= Feuilles ayant 13 à 25 fo-lioles en gé-néral.

style aplati sur les côtés, plante sans tiges souterraines développées. — (Feuilles à 4-6 folioles, en général, et fleur d'environ 30 à 40 mm. de longueur : **P. sativum** L.; — feuilles à 2-4 folioles et fleurs de 15-20 mm. de longueur et pédoncule commun ayant 2 à 4 fois la longueur de la feuille : **P. elatius** Bieb.) [Champs; fl. de couleurs variées; 3-15 d.; av.-jt.; v.]
Pisum commune Clavaud. *Pois commun.*

style aplati d'avant en arrière; plante à tiges souterraines développées.
[Sables, rochers ; fl. pourpres à ailes bleuâtres ; 1-5 d.; j.-at.; v.]
Pisum maritimum L. *Pois maritime.* Littoral du dépt de la Somme (très rare).

△ Stipules à contour ar-rondi P, ordinaire-ment plus grandes que les folioles;

△ Stipule en forme de fer de flèche M, ordinairement plus petite que les folioles ;

⊕ Vrille s'enrou-lant, au moins celles des feuilles supérieures.

⊕ Vrille réduite à un filet simple qui ne s'enroule pas, en général.

✿ Feuilles réduites à 1 vrille et stipules très développées A.
   .... **Série 1** → :p. 87.

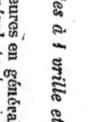

✿ Feuilles supérieures en général à plus d'une paire de folioles.
   .... **Série 2** → p. 88.

✿ Feuilles, en général, toutes à une seule paire de folioles.
   .... **Série 3** → p. 88.

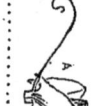

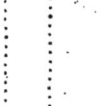

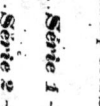

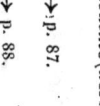

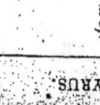

   = Feuilles réduites et à pétiole aplati NI.
   .... **Série 4** → p. 89.

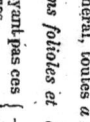

   = Fleurs isolées..............
   .... **Série 5** → p. 89.

   = Fleurs groupées par 2 ou plus..
   .... **Série 6** → p. 89.

   = Plante n'ayant pas ces caractères.
   ....

Lathyrus Aphaca L. *Gesse Aphaca. Commun.* [S]

Série 1 : Calice à sépales soudés entre eux seulement dans leur quart inférieur; fleurs isolées. [Champs; fl. jaunes; 1-6 d.; m-jt.-;a.]

✿ Feuilles inférieures au moins quelques-unes, sans folioles réduites à leur pétiole aplati comme un timbe O,AR, CL.

• Fleurs jaunes ; feuilles toutes réduites à leur pétiole aplati formant comme un limbe

○ Fleurs jaunes ; feuilles toutes réduites à leur pétiole aplati formant comme un limbe.
[Endroits incultes ; 2-10 d.; m.-j.; a.]

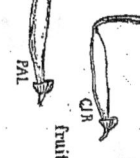

Lathyrus Ochrus DC.
Gesse Ochre.
Région méditerranéenne.

Lathyrus Clymenum L.
Gesse Clymène.
Région méditerranéenne.

• Fleurs pourprées, roses ou bleuâtres ; feuilles supérieures à 2-8 folioles CL; les folioles inférieures réduites à un pétiole aplati et allongé AR.
[Champs ; 2-7 d.; av.-m.; a.]

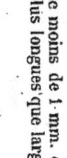

Lathyrus Cirrhosus *Sering.*
Gesse à vrilles.
Pyrénées-Orientales, Cévennes (rare).

✿ Feuilles toutes à folioles développées.

⊕ Fleurs non jaunes; stipules en demi-fer de flèche PA.

∴ Style tordu sur lui-même ClR;
fruit à 3 côtes en long, dont celle du milieu est tranchante; fl. d'un rouge pourpre; 10-18 d.; jl.-at.; v.]
[Endroits incultes ; fl. d'un rouge pourpre ; 10-18 d.; jl.-at.; v.]

Lathyrus palustris L.
Gesse des marais.
Nord, Est, Sud-Est, Centre, Ouest, Sud-Ouest (rare). [S]

⊕ Fleurs jaunes ; stipules en demi-fer de flèche PA.

∴ Style droit PAL;
fruit sans côtes tranchantes.
[Endroits incultes ; 2-10 d.; m.-j.; a.]

Lathyrus annuus L.
Gesse annuelle.
Midi. [S] sub.

∴ Style droit PAL;
fruit à 3 côtes tranchantes.
[Champs ; fl. d'un rouge pourpre, puis bleuâtres ; 3-7 d.; jl.-at.; v.]

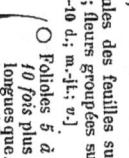

Lathyrus hirsutus L.
Gesse hérissée.
Assez commun, sauf dans le Nord et la région méditerranéenne. [S]

= Fleurs solitaires sur un pédoncule plus court que la feuille Cl;
calice ; fruit sans poils. (Parfois fruit mûr ayant deux ailes membraneuses disposées en long : *L. sativus* L.)
[Champs ; fl. de couleur variée ; 2-10 d.; m.-j.; a.]

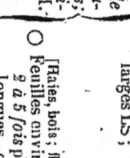

Lathyrus Cicera L.
Gesse Chiche (Jarosse).
Région méditerranéenne et gâtée (et cultivé ou subspontané?) [S]

= Fleurs par 1 à 3 sur un pédoncule bien plus long que la feuille Cl;
calice à dents à peu près égales au reste du calice ;
fruit velu. [Champs ; fl. violet-tas, bleuâtres ; 3-10 d.; m.-jl.; b.]

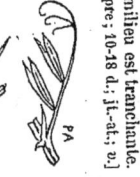

★ Fleurs jaunes ; stipules des feuilles supérieures en fer de flèche L; tiges à 4 angles saillants ; fleurs groupées sur un pédoncule commun allongé.
[Prés, bois ; 3-10 d.; m.-jl.; v.]

calice à dents ayant 2 ou 3 fois la longueur du reste du calice ; fruit sans poils.
calice à dents à peu près égales au reste du calice ;

Lathyrus pratensis L.
Gesse des prés.
Commun. [S]

☐ Fleurs ordinairement de plus de 10 mm. de longueur; folioles des feuilles supérieures ayant en général plus de 2 mm. de largeur.

◁ Fleurs groupées 4 à 12.

★ Fleurs d'azure couleur.

+ Pas de tubercules; tiges ailées SL;
[Haies, bois ; fl. rouges, roses ou un peu violettes ; 5-20 d.; jl.-at.; v.] — feuilles supérieures à 2 folioles tas L;

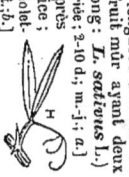

fleurs à bractées fines et allongées ; calice à 5 nervures principales. (Parfois pétioles à ailes presque aussi larges que les ailes de la tige. En ce cas on distingue : feuilles supérieures 4 folioles : *L. heterophyll-tà* L.)
feuilles supérieures à 2 folioles : *L. latifolius* L.

Lathyrus silvestris. L.
Gesse sauvage.
Assez commun. [S]

+ Foliolés 5 à 10 fois plus longuescaue larges LS;
fleurs à bractées réduites à une petite dent; calice à 15 nervures principales environ [Endroits incultes ; fl. rouges ou roses;

Lathyrus tingitanus L.
Gesse du Maroc.
Ile de Porquerolles (très rare).

★ Fleurs isolées ou par 2 à 3;
plante annuelle.

+ Racines à gros tubercules TU, tiges non ailées;
feuilles environ 2 à 5 fois plus longues que larges TI,
fleurs à bractées réduites à 15 nervures principales environ [Endroits incultes ; fl. roses ; 5-12 d.; j.-at.; v.]

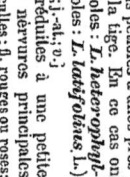

folioles ovales LT. [Champs ; fl. roses ; 5-12 d.; j.-at.; v.]

Lathyrus tuberosus. L.
Gesse tubéreuse.
Assez rare, commun, dans l'Est, le Centre et le Plateau Central. [S]

☐ Fleurs ne dépassant pas 10 mm. de longueur, en général; folioles des feuilles supérieures ne dépassant pas 2 mm. de largeur. (→ Voyez la suite à la page suivante.)

△ Vrille développée ; fleurs bleuâ-tres, roses ou rouge-pourpré ; graines tubercu-leuses.

⊕ Fruit mûr allongé AG, de moins de 4 mm. de largeur ;
* Fruit mûr assez court, SE, de plus de 8 mm. de largeur ;

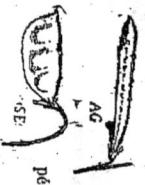

Fruit mûr allongé AG, pédoncule terminé par une arête AG.
[Champs ; fl. d'un rouge pourpre ; 2-4 d. ; m.-j. ; a.]

pédoncule sans arête SE.
[Endroits incultes ; fl. d'un rouge pourpre ; 1-3 d. ; av.-j. ;]

△ Vrille développée seulement sur les feuilles supérieures ; les inférieures n'ayant qu'un seul filet SP ;
fleurs d'un rouge brillant, graines lisses. [Champs ; fl. rougeâtres ; 1-6 d. ; m.-j. ; a.]

Série 4 : Stipules très réduites et fines ; fleurs isolées ou par 2, pourpres ou roses. [Champs ; fl. d'un rouge pourpre ; 3-12 d. ; m.-jl. ; a.]

⊕ Folioles des feuilles inférieures à 3 dents et en coin à la base C ;
* Folioles des feuilles infé-rieures non à 3 dents I ;

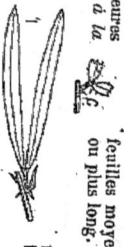

feuilles moyennes à 4 ou 6 folioles ; pédoncule égal au pétiole de la feuille voisine
ou plus long. [Endroits incultes ; fl. pleurâtres ; 10-15 c. ; m.-jl. ; a.]

feuilles moyennes à 2 folioles ; pédoncule plus court que le pétiole de la
feuille voisine. [Champs ; fl. lilas ; 1-4 d. ; j.-jlt. ; a.]

Série 5

⊕ Folioles terminées par une longue pointe V ;

⊕ Tiges souterraines à tubercules déve-loppés TU ;

= Tiges souterraines à tubercules dévelop-pés TU ;

calice à dents très inégales ; pétiole sans ailes T ; fo-lioles aiguës OT.
[Bois ; fl. bleues ; 2-3 d. ; av.-j. ; v.]

tiges plus ou moins ailées T ; fo-lioles aiguës OT ;

calice à dents très inégales ; pétiole sans ailes ; feuilles à 4-8 folioles.
[Bois ; fl. rouges bleuâtres ; 2-4 d. ; av.-m. ; v.]

= Fleurs jaunes, à la fin d'un jaune foncé ; folioles à nervures secondaires saillantes, partant de la nervure principale MO.

⊕ Folioles sans longue pointe et plante sans tuber-cules visibles.

= Fleurs roses, bleuâtres ou d'un blanc jaunâtre ; tiges angu-leuses ON.

Feuilles ayant ordinairement 8-12 folioles obtuses, à nervures très ramifiées NG.
[Bois ; fl. d'un rouge bleuâtre ; 2-10 d. ; m.-jl. ; v.]

Feuilles à 12-28 folioles → Voyez V. cassubica, p. 86.

Feuilles ayant ordinairement 4-5 folioles aiguës, à nervures presque pa-rallèles CA. (Parfois racines renflées, épaissies et lame terminant le pétiole beaucoup plus longue que les stipules : V. asphodeloides IG.)
[Prés ; fl. bleues ou mélangées de blanc, de bleu ou de jaune ; 2-6 d. ; av.-j. ; v.]

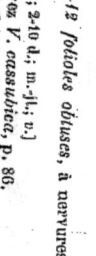

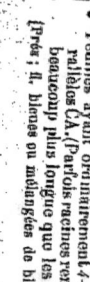

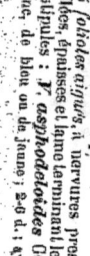

[Bois ; fl. jaunes ; 2-5 d. ; m.-jl. ; v.]

Lathyrus angulatus L.
Gesse angulause.
Centre, Ouest, Sud-Ouest, Plateau Central ; (manque dans le Nord ; rare ailleurs).

Lathyrus setifolius L.
Gesse à fines feuilles.
Région méditerranéenne.

Lathyrus sphæricus Retz.
Gesse à graines sphériques.
Centre, Ouest, Midi ; manque dans le Nord ; rare ailleurs. [S]

Lathyrus ciliatus Guss.
Gesse ciliée.
Région méditerranéenne (rare).

Lathyrus Nissolia L.
Gesse Nissole.
Assez rare. [S]

Lathyrus inconspicuus L.
Gesse à petites fleurs.
Région méditerranéenne ; très rare dans le Sud-Est. [S] sub.

Lathyrus venus Wimmer.
Gesse du printemps.
Montagnes. [S]

Lathyrus macrorhizus Wimmer.
Gesse à tiges renflées.
Assez commun (rare dans la région méditerranéenne). [S]

Lathyrus montanus G. G.
Gesse des montagnes.
Jura (rare), Alpes, Pyrénées. [S]

Lathyrus niger Wimmer.
Gesse noire.
Assez rare (manque dans le Nord). [S]

Lathyrus canescens G. G.
Gesse blanchâtre.
Jura, Alpes du Dauphiné et mé-ridionales ; Cévennes, Pyrénées ; çà et là dans Centre, Ouest, Midi. [S]

☐ *Fleurs jaunes.*

38. SCORPIURUS. SCORPIURE. —

✳ Fruits couverts de tubercules non *pointus*;
— ✔ à plusieurs rangées de tubercules; fleurs isolées, rarement par 2;

plante velue; calice à dents à peu près égales au reste du calice; fleurs parfois tachées de pourpre.
[Champs; fl. jaunes ou rougeâtres; 1-6 d.; m-j.; a.]

⊙ Fruit couvert de tubercules SB, SL.

⊙ Plante velue; fruit mûr très *irrégulièrement* contourné sur lui-même SB;

feuilles de la base, en général aiguës au sommet.
[Champs; fl. jaunes ou pourprées; 1-5 d.; m-j.; a.]

⊙ Plante presque sans poils; fruit mûr *régulièrement* enroulé SL;

feuilles de la base, en général arrondies au sommet.
[Endroits incultes; fl. jaunes; 1-5 d.; m.-jt.; a.]

39. SCORPIOÏDES. SCORPIOÏDE. — (→ Voyez fig. SC, SCA, p. 66).

Plante glauque, sans poils; fruits arqués; calice à dents très courtes; feuilles glauques, presque toutes à 3 folioles. [Champs; fl. jaunes; 1-4 d.; m-j.; a.]

40. CORONILLA. CORONILLE. —

☐ Fleurs *roses* ou *lilas*, mêlées de *blanc*, par 10 à 16, en couronne, sur un long pédoncule commun V;

✦ Tiges aériennes *herbacées* jusqu'à la base, ou li- gneuses à la base; stipu- les soudées entre elles, membraneu- ses MO, V, MN.

⊕ Plante *herba- cée*, ou li- gneuse à la base; stipu- les soudées entre elles, membraneu- ses MO, V, MN;

✦ Tiges aériennes herbacées jusqu'à la base, foliole terminale très arrondie au sommet; fleurs groupées en général par plus de 12.
folioles inférieures rappro- chées de la tige MO;
[Endroits incultes; fl. jaunes; 1-4 d.; m-j.; a.]

✦ Tiges aériennes ligneuses dans leur partie in/é- rieure, fleurs par 12 ou moins M.

• Feuilles à *folioles* inf é- rieures écartées de la tige V;
foliole terminale très arrondie au sommet;
[Bois, taillis, coteaux; 2-8 d.; m.-jt.; v.]

• Feuilles à *folioles* inférieures *rapprochées* de la tige et sem- blant être des stipules MN;

✳ Fleurs groupées par moins de 4, en général, CE;

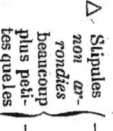

⊕ Fleurs groupées par plus de 4, en général.

△ Arbris- seau; stipules libres entre elles.

calice à dents courtes CV;
fruit allongé VA.
[Bois, talus, coteaux; 2-8 d.; m.-jt.; v.]

fleurs ayant environ 1 c. dans sa plus grande largeur; folioles à nervure principale très marquée.
[Bois, coteaux; fl. jaunes souvent mêlées de rouge; 5-15 d.; av.-jt.; v.]

△ Stipules *non ar- rondies* à la base;

— Folioles *ovales* G, ayant en général plus de 5 mm. de longueur;
feuilles généralement plus longues que les entre- nœuds.
[Bois, bord des rivières; fl. jaunes; 5-10 d.; j.-jt.; v.]

— Folioles *allongées* J ayant en général moins de 5 mm. de largeur;
feuilles généralement plus courtes que les entre- nœuds.
[Endroits incultes; fl. jaunes; 6-10 d.; m.-jt.; v.]

△ Stipules *arrondies* tombant facilement; fruit de 2 à 3 c. de longueur, en général. [Rochers; fl. jaunes; 4-8 d.; av.-j.; v.]

△ Stipules libres entre elles.
fruit à 6 angles dont 4 presque ailés; fl. jaunes; 5-20 d.; j.-jt.; v.]
fruit à 4 angles un peu ailés. [Endroits secs; fl. jaunes; 5-20 d.; av.-jt.; v.]

Scorpiurus vermiculata L. Scorpiure Chenille. **Région méditerranéenne** (très rare).

Scorpiurus subvillosa L. Scorpiure poilu. *Région méditerranéenne.* [S] sub...

Scorpiurus sulcata L. *Région méditerranéenne.* [S]
Scorpiurus sillonné. *Provence* (très rare).

Scorpioïdes Matthioli Dod.; Scorpioïde de Matthiole. *Ouest, Midi,* çà et là dans l'Est, le Sud-Est, le Centre et le Midi. [S] sub...

Coronilla varia L. Coronille variée (Faucille). *Assez commune,* sauf dans le Nord, le Nord-Ouest et le Midi. [S]

Coronilla montana Scop. Coronille des montagnes. *Jura, Bourgogne, Alpes de la Savoie et du Dauphiné* (rare). [S]
Coronilla vaginalis Lam. Coronille à gaine. *Jura, Alpes de la Savoie et du Dauphiné.* [S]
Coronilla minima L. Coronille minime. *Centre, Plateau Central, Sud-Est, Midi,* rare ailleurs. [S]
Coronilla Emerus L. *Est, Plateau Central, Midi;* très rare dans lé Centre et le Nord-Ouest
Coronilla glauca L. Coronille glauque. *Région méditerranéenne* (rare). [S]
Coronilla juncea L. Coronille à branches de jonc. *Provence.*
Coronilla valentina L. Coronille de Valence. *Dépt des Alpes-Maritimes* (très rare).

41. ORNITHOPUS. ORNITHOPE. —

△ Calice sans poils ou presque sans poils à sépales soudés entre eux jusqu'aux 9/10 de leur longueur environ E; — fruit en arc; feuilles toutes pétiolées, à moins de 15 foliloles en général. [Endroits sablonneux ; fl. jaunes rougeâtres ; 1-6 av.-m.; a.] — **Ornithopus ebracteatus** Brot. *Ornithope sans bractées. Centre, Ouest, Midi.*

△ Calice velu

⊙ Fleurs roses, dépassant ordinairement 6 mm. de largeur ; fruit droit ou presque droit S; foliloles pointues et velues ; celles des feuilles supérieures rapprochées les unes des autres. [Endroits sablonneux ; fl. roses ; 1-4 d.; m.-jl.; a.] — **Ornithopus sativus** Brot. *Ornithope cultivé. Ouest, Sud-Ouest.*

⊕ = Fleurs jaunes ou blanchâtres veinées de rose ayant ordinairement moins de 6 mm. de longueur. = Fleurs blanchâtres veinées de rose ; fruit non très courbé au sommet PP; foliloles ordinairement arrondies au sommet OP. [Champs, sables, prés secs ; fl. rosées ; 9-30 c.; m.-ıl.; a.] — **Ornithopus perpusillus** L. *Ornithope délicat (Pied d'oiseau). Assez commun, sauf dans la région méditerranéenne.* [S]

= Fleurs jaunes ; fruit souvent très courbé en arc au sommet C; foliloles ordinairement pointues au sommet. [Champs, sables ; fl. jaunes; 1-4 d.; av.-m.; a.] — **Ornithopus compressus** L. *Ornithope comprimé. Centre, Ouest, Midi.*

42 HIPPOCREPIS. HIPPOCRÉPIS. —

⊙ Fleurs isolées ou par 2, dressées UN; fruit droit ou peu courbé à échancrures formant un cercle complet U; tiges couchées ou redressées. [Endroits incultes ; fl. jaunes ; 6-15 c.; m.-jı.; a.] — **Hippocrepis unisiliquosa** L. *Hippocrépis à fruits isolés. Région méditerranéenne.*

⊙ Fleurs par 2 à 15, non dressées.

• Fruit à échancrures formant une partie de cercle HC; plante vivace à tiges souterraines développées ; foliloles des feuilles supérieures pointues, en général. (Parfois pédoncule commun des fleurs 1 à 3 fois plus long que la feuille et fruit mûr de moins de 2 mm. de largeur : **H. glauca** Ten.) [Prés, bois ; fl. jaunes, parfois veinées de rouge ; 1-3 d.; av.-jl.; v.] — **Hippocrepis comosa** L. *Hippocrépis à toupet (Fer-à-cheval). Commun.* [S]

• Fruit à échancrures formant un cercle presque complet Cl ; plante annuelle sans tiges souterraines développées ; foliloles des feuilles supérieures comme coupées au sommet CL. [Endroits incultes ; fl. jaunes;1-3 d., av.-m.;a.] — **Hippocrepis ciliata** Willd. *Hippocrépis cilié. Région méditerranéenne.*

43. SECURIGERA. SECURIGÈRE. — (→ Voyez fig. SE, p. 68.)

Tiges striées en long; feuilles ayant en général 11 à 17 foliloles comme coupées au sommet; pédoncules communs des fleurs bien plus longs que les feuilles. [Sables, rochers ; fl. jaunes ; 2-4 d.; jl.-al.; a.] — **Securigera Coronilla** L. *Sécurigère Coronille. Dép. des Alpes-Maritimes (rare).*

44. HEDYSARUM. HEDYSARUM. —

▢ Fleurs ordinairement par 2 à 10, presque en capitules CA; fruit un peu cotonneux couvert de pointes crochues au sommet CP; foliloles d'environ 2-3 mm. de longueur. [Endroits incultes ; fl. roses ;2-5 d., m.-j.; a.] — **Hedysarum capitatum** Desf. *Hédysarum en tête. Région méditerranéenne.*

▢ Fleurs en grappes souvent par plus de 10.

= Foliloles étroites HU, n'ayant pas, en général, plus de 2 mm. de largeur ; stipules soudées en une seule opposée à la feuille HU, ou non; fruit plus ou moins poilu avec des pointes H, ou non; foliloles arrondies au sommet ; les plus grandes ont environ 1 c. de largeur. [Rochers ; fl. violacées ou blanchées ;2-4 d; jl.-al.; v.] — **Hedysarum humile** L. *Hédysarum humble. Région méditerranéenne (rare).*

= Foliloles ayant, en général, plus de 3 mm. de largeur.

— Fruit lisse O, feuilles ayant, en général, 12-24 foliloles ; foliloles les plus grandes d'environ 2 mm. de largeur ; fleurs dressées. [Champs ; fl. rouges ; 3-5 d., jl-al.; v.] — **Hedysarum obscurum** L. *Hédysarum obscur. Alpes ; Pyrénées (très rare). Hautes régions.* [S]

— Fruit couvert de tubercules CO, feuilles ayant, en général, 7-11 foliloles; — **Hedysarum coronarium** L. *Hédysarum à bouquets (Sainfoin d'Esp.) Provence, très rarement cultivé ou subspontané.*

45. ONOBRYCHIS. SAINFOIN. —

⊕ Fruit couvert de longues épines [exemple : CG].

• Fruit à épines sensiblement égales ; pédoncules communs des fleurs ayant 4 ou 5 fois la longueur de la feuille.

  Onobrychis cristagalli Desv.
  Sainfoin de Crète.
  Dépt des *Bouches-du-Rhône* (très rare : Camoins, près Marseille).

  Onobrychis Caput-galli Lam.
  Sainfoin Tête-de-Coq.
  Région méditerranéenne.

• Fruit à épines très aiguës CG ; folioles sur de courts pétioles secondaires.

[Endroits incultes, champs ; fl. roses ; 2-5 d ; j.-j., b.]

⊕ Fruit non couvert de longues épines :

  Onobrychis saxatilis All.
  Sainfoin des rochers.
  Alpes du Dauphiné et méridionales, Région méditerranéenne.

+ Ailes de la corolle *plus courtes* que les dents du calice ; fleurs nombreuses OS.

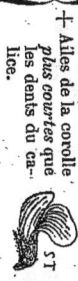

[Rochers, endroits incultes ; fl. jaunâtres veinées de rouge ; 1-4 d ; j.-s., v.]

  Onobrychis sativa Lam.
  Sainfoin cultivé, partout ; spontané dans les montagnes (sauf les Vosges) et dans la *Région méditerranéenne.* [S]

+ Ailes de la corolle *plus courtes que* les dents du calice.

(Parfois fleurs d'un beau rouge et feuilles ayant 11 à 15 folioles : *O. montana* DC.;—ou fleurs d'un blanc rosé et calice à dents plus longues que la corolle quand la fleurs est en bouton ; feuilles à 15-25 folioles :
O. supina DC.)
[Champs, endroits incultes, rochers ; fl. roses ou rouges ; 1-7 d ; m.-a.t, v.]

△ Feuilles *simples* arrondies CS ;

  fleurs à corolle rose ; 10 étamines....................

  △ *Rameaux non épineux* ; feuille n'ayant que 6 à 10 folioles.

    1. **CERCIS →**
    GAINIER [1 esp.].
    Cercis Siliquastrum L.

CÉSALPINIÉES

△ Feuilles *composées* CA ; *fleurs sans corolle.*

  △ Arbre à feuilles simples, pétiolées, en cœur à la base, sans poils ; fruit aplati, de fleurs à 6-10 étamines..................

    2. **CERATONIA →**
    CAROUBIER. [1 esp.].
    Ceratonia Siliqua L.

1. **CERCIS.** *GAINIER.* (→ Voyez fig. CS, ci-dessus). — Arbre à feuilles coriaces et luisantes en dessus, ondulées ; à nervure principale saillante [Rochers ; fl. rougeâtres ; 6-12 m ; at-s., v.]

  ✶ *Rameaux épineux* ; feuilles à folioles petites et nombreuses ; fruits d'un rouge brun,

2. **CERATONIA.** *CAROUBIER.* (→ Voyez fig. CA, ci-dessus). — Arbre à feuilles coriaces et luisantes en dessus, ondulées ; à nervure principale saillante.

    3. **GLEDITSCHIA →**
    FÉVIER [1 esp.].
    Gleditschia triacanthos L.
    Fénier à trois pointes.
    Planté, surtout dans la région méditerranéenne.

3. **GLEDITSCHIA.** *FÉVIER.* — Arbre à rameaux munis de fortes épines ; feuilles à folioles petites et nombreuses ; fruits d'un rouge brun, allongés et aplatis, avec graines ressemblant à des fèves.
[Bords des chemins ; fl. verdâtres ; taille variable ; j.-jt., v.]

ROSACÉES

  °• *Fleurs blanches ou rosées, solitaires ;* fruit couvert de petits poils et à

    1. **AMYGDALUS →** p. 94.
    AMANDIER [1 esp.].

☐ Ovaire à *un seul carpelle* libre au milieu de la fleur P.

  △ Feuilles *jeunes pliées* deux, suivant leur longueur.

    ✶ *Fleurs se développant avant les feuilles ;* fruit dont le noyau est plus souvent couvert de sillons.

    °• *Fleurs blanches ou rosées, solitaires ;* ordinairement solitaires ; fruit le noyau *marqué de sillons étroits.*..........

      2. **PERSICA →** p. 94.
      PÊCHER [1 esp.].

    ✶ *Fleurs se développant ordinairement en même temps que les feuilles ;* fleurs blanches groupées souvent par plus de 5 ; fruits sans poils, à noyau lisse...........

  △ Feuilles *jeunes roulées,* suivant leur longueur ; fruit

    •: *Fleurs, en général, d'un rouge vif ;* ordinairement solitaires ; fruit couvert de petits poils et à noyau creusé irrégulièrement....2.

      3. **CERASUS →** p. 96.
      CERISIER [3 esp.].
      4. **ARMENIACA →** p. 93.
      ABRICOTIER [1 esp.].

    •: *Fleurs blanches,* à pédoncules très courts, cachés par les bractées ; fruit couvert de petits poils..5.
    •= *Fleurs blanches,* à pédoncules *allongés et visibles* ; fruit sans poils, couvert d'une poussière glauque...5.

      5. **PRUNUS →** p. 96.
      PRUNIER [2 esp.].

✱ *Arbre ou arbrisseau ou plante herbacée*

□ Ovaire à *plusieurs carpelles libres*, saillants HP, RU, ou placés dans une sorte de bouteille située au-dessous des pétales KO.

⊖ 2 à 5 *carpelles* HP ;

feuilles entières. Voyez → 6. Spiræa, p. 95.

⊖ *Carpelles nombreux: feuilles à folioles distinctes.*

+ Carpelles placés sur un *réceptacle saillant* RU; fruit à plusieurs parties charnues.

HP

+ Carpelles placés sur un *réceptacle creux* RO; fruit formé de carpelles secs dans un réceptacle charnu.

.... 14. ROSA → p. 100. ROSIER [12 esp.].

+ Carpelles placés dans un *réceptacle saillant* RU;

fruit globuleux à 1 ou 2 noyaux.............. 13. RUBUS → p. 100. RONCE [3 esp.].

★ Arbrisseau *épineux à feuilles profondément divisées* CR;

fruit globuleux à 1 ou 2 noyaux.............. 20. CRATÆGUS → p. 102. AUBÉPINE [2 esp.].

○ Pétales étroits, beaucoup plus longs que larges AV;
CR
arbrisseau à feuilles simples et dentées.......... 27. AMELANCHIER → p.103. AMELANCHIER [1 esp.].

○ Feuilles entières sans dents ni crénelures CO, sans poils en dessus et velues en dessous,
AV
ovales et arrondies à la base CO.

CO
.... 21. COTONEASTER → p.102. COTONEASTER [3 esp.].

● Arbre ou arbrisseau *épineux*; sépales aigus M; feuilles allongées MG.
M
.... 19. MESPILUS → p. 102. NÉFLIER [1 esp.].

● Arbre *non épineux*; sépales ressemblant à des feuilles.
.... 22. CYDONIA → p. 102. COGNASSIER [1 esp.].

O *Feuilles n'ayant pas à la fois* tous ces caractères.

⊕ Fleurs à 3, 4 ou 5 styles.

⊕ Fleurs non divisées en folioles distinctes.

= Feuilles non divisées; feuilles coriaces, crénelées PY......
PY
Voyez → 21. Cotoneaster, p. 102.

= Fleurs groupées en corymbes composés; feuilles coriaces, crénelées PY......

Fleurs ordinairement isolées (de plus de 3 c.

Fleurs. groupées en corymbe simple ou en grappe simple P,M.

Fleurs composées en corymbe;
P
Anthères pourpres ou roses; styles libres jusqu'en bas; fleurs en corymbe P.......... 23. PIRUS → p. 103. POIRIER [2 esp.].

Anthères blanchâtres ou jaunâtres; styles soudés à la base; fleurs souvent presque en ombelle M.
M
.... 24. MALUS → p. 103. POMMIER [1 esp.].

⊕ Pétales ovales ou arrondis.

★ Arbre, arbrisseau ou arbuste n'étant pas à la fois épineux et à feuilles profondément divisées.

= Feuilles divisées, au moins en partie, en folioles distinctes; fleurs en corymbe composé.......... 26. SORBUS → p. 103. SORBIER [2 esp.].

= Feuilles divisées; arbre ou arbuste à feuilles non divisées en folioles distinctes,
SA
à fleurs en corymbe composé SA.......... 25. ARIA → p. 103. ALISIER [4 esp.].

✱ *Plante herbacée et sans aiguillons.* (→ *Voyez la suite à la page suivante*.)

□ Fleur ayant *calice et corolle.*

△ Fleurs à 5 étamines, 5 à 10 carpelles sur un réceptacle non charnu, feuilles presque à trois folioles SI; fleurs verdâtres. .....9. SIBBALDIA → p. 96. *SIBBALDIE* [1 esp.].

O Calice doublé d'un calicule [exemple: PJ].

△ Fleurs à étamines nombreuses.

= Réceptacle non renflé-charnu [exemples: G, PRI], plus ou moins poilu.

⊙ Styles très longs UB, placés au sommet des carpelles; → UB .....8. GEUM → p. 96. *BENOITE* [0 esp.].

⊙ Styles courts RE placés sur le côté des carpelles. → RE

★ Feuilles à 3 folioles FV; → FV

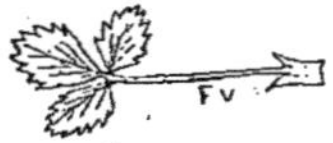

★ Feuilles à 5-7 folioles CP; → CP

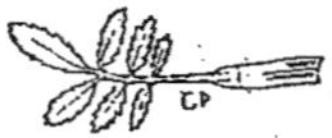

.....10. POTENTILLA → p. 97. *POTENTILLE* [29 esp.].

= Réceptacle renflé-charnu [exemples: F, CI] sans poils.

★ pétales *aigus* C; fleurs d'un rouge pourpre foncé. → CI .....12. COMARUM → p. 100. *COMARET* [1 esp.].

★ pétales *non aigus* F; fleurs blanches. → F .....11. FRAGARIA → P. 100. *FRAISIER* [1 esp.].

O Calice *sans calicule.*

⊙ Fleurs *blanches* ou roses.

× Styles *plumeux*; feuilles dentées DR; → DR .....7. DRYAS → p. 96. *DRYADE* [1 esp.].

× Styles *non plumeux*; feuilles très divisées; fleurs en grappes ramifiées. .....6. SPIRÆA → p. 95. *SPIRÉE* [5 esp.].

⊙ Fleurs *jaunes* ou roses.

△ réceptacle plus ou moins globuleux PR → PR .....10. POTENTILLA → p. 97. *POTENTILLE* [29 esp.].

réceptacle plus ou moins globuleux PR, G. → G

□ Fleurs *sans corolle.*

⊕ Fleurs à foliotes sur 2 rangs, avec une foliole terminale.

• 15 à 30 étamines, à la fin pendantes PS; fleurs de différentes sortes. .....16. POTERIUM → p. 102. *PIMPRENELLE* [1 esp.].

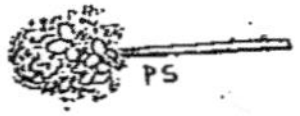

• 4 étamines dressées S, fleurs ayant toutes à la fois étamines et pistil. .....17. SANGUISORBA → p. 102. *SANGUISORBE* [1 esp.].

Fleurs jaunes, en épi AF; 1-2 carpelles entourés par le calice A. → AF, A .....15. AGRIMONIA → p. 102. *AIGREMOINE* [1 esp.].

⊕ Feuilles plus ou moins divisées ou à foliotes disposées en éventail; 1 à 4 étamines. .....18. ALCHIMILLA → p. 102. *ALCHÉMILLE* [4 esp.].

---

1. AMYGDALUS. AMANDIER. —
Arbre dont les fleurs paraissent avant les feuilles; feuilles pétiolées à nervure principale très saillante, dentées, 5 à 7 fois plus longues que larges. [Champs, vergers; fl. blanches ou roses; 5-12 m, f.-ms.; v.]

Amygdalus communis L.
Amandier commun.
Cultivé et subspontané. [S]

2. PERSICA. PÊCHER. —
Arbre dont les fleurs paraissent avant les feuilles, feuilles pétiolées, à nervure principale saillante, presque doublement dentées, ordinairement 5 à 6 fois plus longues que larges. (Parfois fruit sans poils : P. lævis DC. [Brugnon].) [Champs, vergers; fl. d'un rose vif; 3-6 m, f.-ms.; v.]

Persica vulgaris. Mill.
Pêcher commun.
Cultivé et subspontané. [S]

3. CERASUS. CERISIER. —

✳ Fleurs presque en ombelle AV; nectaires g sur le pétiole des feuilles A;

✳ Fleurs en corymbe M, ou presque en ombelle AV.

✳ Fleurs en corymbe M; pas de nectaires sur le pétiole MA;

✳ Fleurs en grappes allongées PA;

feuilles doublement dentées. (Parfois feuilles femelles et luisantes, et fruit acide : *C. acida* Gaertn.)
[Bois; fl. blanches; 5-15 m; av.-m.; v.]
Cerasus avium *DC.*
Cerisier des oiseaux.
Commun (et cultivé). [S]

feuilles simplement dentées.
[Bois, haies; fl. blanches; 1-5 m; m.-j.; v.]
Cerasus Mahaleb *Mill.*
Cerisier Mahaleb. (Bois de Ste-Lucie)
Assez commun, sauf dans le Nord,
l'Ouest et le Sud-Ouest. [S]

feuilles très finement dentées en scie et pointues au sommet, pétioles ayant 2 nectaires au sommet. [Bois; fl. blanches; 2-10 m. m.-j.; v.]
Cerasus Padus *DC.*
Cerisier Putiet (Cerisier à grappes),
Montagnes (et cultivé ou naturalisé)

4. ARMENIACA. ABRICOTIER. —

Arbre dont les fleurs paraissent avant les feuilles; feuilles doublement dentées, luisantes et coriaces; à pétiole glanduleux. [Champs, vergers;
Armeniaca vulgaris *Lam.*
Abricotier commun.
Cultivé et rarement subspontané
[S]

5. PRUNUS. PRUNIER. —

⊙ Fleurs groupées par 2 à 5; feuilles à dents très aiguës B;

⊙ Fleurs ordinairement groupées par 2; feuilles à dents peu aiguës D;

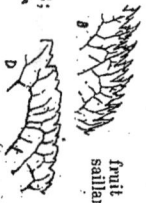

fruit mûr globuleux, jaunâtre; feuilles à nervures secondaires saillantes en dessous : (*P. brigantiaca* Vill.) ....
Prunus domestica *L.*
Prunier domestique.
Cultivé, subspontané et spontané
çà et là. [S]

fruit mûr ovale, ordinairement rouge,rougeâtre ou violacé, feuilles à nervures secondaires (*P. insititia* L.) ....
[Bois, champs, vergers; fl. blanches; 1-7 m; ms.-av.; v.]

☐ Jeunes pousses sans poils ou presque sans poils.

☐ Jeunes pousses poilues.

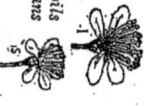

feuilles à nervures secondaires non saillantes, velues en dessous même lorsqu'elles sont âgées

feuilles à nervures secondaires plus ou moins saillantes, sans poils lorsqu'elles sont âgées; rameaux souvent épineux SP.
[Haies, bois, coteaux; fl. blanches; ms.-av.; v.]
Prunus spinosa *L.*
Prunier épineux (Epine noire),
Très commun. [S]

6. SPIRÆA. SPIRÉE. →

⊕ Feuilles arrondies au sommet, dentées vers le haut ou entières H;

⊕ Feuilles aiguës au sommet, dentées tout autour SA;

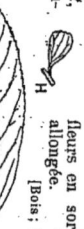

⊕ Arbuste ou arbrisseau à feuilles simples.

⊕ Plante herbacée à feuilles composées. (→ *Voyez la suite à la page suivante.*)

fleurs en sorte d'ombelles, non serrées, formant une inflorescence allongée.
[Bois; fl. blanches; 5-11 d.; m.-j.; v.]
Spiraea hypericifolia *L.*
Spirée à feuilles de Millepertuis.
Centre, Plateau Central, Sud-
Ouest (et naturalisé). [S] sub.

fleurs en grappes serrées.
[Bois; fl. d'un blanc rosé; 4-10 d.; m.-j.; v.]
Spiraea salicifolia *L.*
Spirée à feuilles de Saule.
Subspontané et naturalisé.

Suite de l'analyse des Spiræa.

= Feuilles à divisions très étroites F qui ont moins de 5 mm. de largeur, en général ;

= Feuilles à divisions larges ayant, en général, plus de 8 mm. de largeur ;

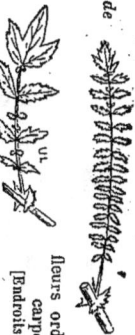

7. DRYAS. DRIADE. — (→ Voyez fig. DR, p. 94.)

Feuilles blanches cotonneuses en dessous et enroulées sur les bords ; dents du calice ciliées sur les bords et ayant environ 2 fois la longueur du tube.

[Rochers, prés ; fl. blanches ; 5-20 c. ; jl.-at. ; v.]

— Feuilles à stipules développées Ul. ;

— Feuilles sans stipules développées AR ;

8. GEUM. BENOÎTE. —

★ Style recourbé et comme articulé [exemple : UR].

□ Feuilles dont le lobe terminal est à dents aiguës et plus ou moins profondément divisé UR ;

□ Feuilles dont le lobe terminal est à dents presque obtuses et sans divisions profondes S ;

ensemble des carpelles porté sur une sorte de pied SI. (Parfois ensemble des carpelles non placé sur une sorte de pied P, et carpelles mûrs avec le style, ne dépassant pas, en général, 15 mm. de longueur : *G. pyrenaïcum* Wild. — ou ensemble des carpelles non placé sur une sorte de pied, et carpelles mûrs avec le style, dépassant, en général, 2 mm. de largeur : *G. inclinatum* Schleich.)

[Prés, bois, endroits humides ; fl. jaunes ; 2-8 d. ; j.-at. ; v.]

∷ Sépales renversés après la floraison U.

∷ Sépales dressés après la floraison R.

∷ Pas de tiges rampantes ; feuilles à lobe terminal plus de 4 fois plus large que les lobes de côté situés au-dessous ; réceptacle peu velu M.

∷ Longues tiges rampantes ; feuilles à lobe terminal moins de 4 fois plus large que les lobes de côté situés au-dessous ; réceptacle très velu R.

★ Style non recourbé ni articulé [exemples : M, R].

✳ Pétales plus longs que les sépales.

✳ Pétales ayant environ la moitié de la longueur des sépales ; carpelles groupés en étoile ; un seul carpelle à la base du réceptacle.

9. SIBBALDIA. SIBBALDIE. — (→ Voyez fig. SI, p. 94.) Feuilles à 3 folioles qui ont 3 dents au sommet ; pétales plus courts que le calice ; carpelles luisants ; tiges couchées sur le sol. [Rochers, prés ; fl. verdâtres ; 3-10 c. ; jl.-at. ; v.]

5 à 12 carpelles poilus SF.
[Bois, prés ; fl. blanches ou rosées ; 2-6 d. ; j.-at. ; v.]

fleurs ordinairement à étamines et à pistil ; 5 à 9 carpelles sans poils S.
[Endroits humides ; fl. blanches ; 3-8 d. ; j.-at. ; v.]

fleurs ordinairement toutes staminées ou bien toutes pistillées.
[Bois, rochers ; fl. blanches ; 6-14 d. ; j.-jl. ; v.]

[Bois, haies ; fl. jaunes ; 3-9 d. ; jl.-at. ; v.]

[Prés ; fl. d'un jaune rougeâtre ; 2-8 d. ; m.-j. ; v.]

[Prés, rochers ; fl. jaunes ; 1-4 d. ; jl.-at. ; v.]

[Prés, rochers ; fl. jaunes ; 1-3 d. ; jl.-at. ; v.]

Spiræa Filipendula L. Spirée Filipendule. Assez rare. [S]

Spiræa Ulmaria L. Spirée Ulmaire (Reine des prés). Commune, sauf dans la région méditerranéenne. [S]

Spiræa Aruncus L. Spirée Aruncus (Barbe de bouc). Vosges, Jura, Alpes, Pyrénées. [S]

Dryas octopetala L. Dryade à 8 pétales. Jura, Alpes, Pyrénées. [S]

Geum urbanum L. Benoîte commune. Commune. [S]

Geum rivale L. Benoîte des ruisseaux. Montagnes et, çà et là. [S]

Geum montanum L. Benoîte des montagnes. Jura (très rare) ; Alpes, Auvergne, Pyrénées (Htes régions). [S]

Geum silvaticum Pourr. Benoîte des forêts. Région méditerranéenne, Cévennes, Pyrénées.

Geum reptans L. Benoîte rampante. Alpes (Htes régions). [S]

Geum heterocarpum Boiss. Benoîte à fruits de 2 sortes. Dépt des Hautes-Alpes (très rare ; Mt Sense).

Sibbaldia procumbens L. Sibbaldie couchée. Vosges et Jura (rare) ; Alpes, Pyrénées (Htes régions) [S]

‖ La plupart des feuilles de la base à divisions non insérées au même point RU.

= Toutes les feuilles de la base à divisions insérées au même point, disposées en éventail [exemple : PF].

✻ Feuilles à divisions insérées.

⊕ Fleurs jaunes.

✻ Feuilles à divisions insérées toutes au même point.

✱ Feuilles à 3 folioles, au moins pour la plupart des feuilles inférieures.

✱ Feuilles à plus de 3 folioles, ayant des racines adventives ; carpelles lisses, rudes ou inégaux.

✻ Feuilles à divisions non insérées au même point.

⊙ Fleurs toutes non insérées au sommet ; carpelles plus ou moins velus.

✱ Feuilles toutes à 3 folioles.

⊙ Tiges rampantes, à racines adventives RE ; carpelles tuberculeux R.

• Pas de tiges rampantes ayant des racines adventives ; carpelles lisses, rudes ou inégaux.

• Feuilles blanches en dessous, mais non en dessus PA.

= Carpelles entourés d'un rebord plat membraneux, comme ailés RE.

= Feuilles de la base dentées tout autour (plante en gé-néral à tiges dressées et raides, souvent de 2 à 4 d.).

— Carpelles sans rebord plat membraneux.

— Feuilles supérieures seulement dentées dans les deux tiers supérieurs ou moins.

— Feuilles dentées dans leur deux tiers supérieurs PF ; carpelles sans poils.

= Pétales plus courts que les sépales.........Série 3 → p. 97.
= Pétales plus longs que les sépales.........Série 4 → p. 97.

+ Feuilles dentées dans la moitié ou le quart supérieur ou à 3-7 dents.........Série 2 → p. 97.

⊙ Tiges dressées portant un petit nombre de feuilles, sauf à leur base ; plante glanduleuse vers le haut ; calice très poilu-glanduleux ;........Série 5 → p. 98.

Série 1 : Tiges dressées portant un petit nombre de feuilles, sauf à leur base. [Prés, bois ; fl. blanches ; 2-4 d. ; j.-jt. ; v.]

Série 2 : Feuilles de la base bien plus grandes que les autres ; calicules à sépales plus petits que ceux du calice M : P. micrantha Ramond.) [Parfois sépales du calicule presque égaux à ceux du calice M : P. micrantha Ramond.) 20s, p. 388. ....Série 6 → p. 98.

nervures secondaires non saillantes en dessous ; feuilles supérieures ayant sur le bord des poils qui ont au moins 1 mm. ....Série 7 → p. 98.
[Rochers ; fl. blanches ; 1-5 d. ; jl.-ot. ; v.]

nervures secondaires un peu saillantes en dessous ; feuilles supérieures ayant sur le bord des poils à peine débordants. ....Série 8 → p. 99.
[Rochers ; fl. blanches ; 1-5 d. ; j.-at., v.]

feuilles inférieures dont les folioles ont des nervures saillantes en dessous et dentées dans leur quart supérieur ; feuilles supérieures souvent à 3 dents. ....Série 9 → p. 99.
[Rochers ; fl. blanches ou légèrement rosées ; 1-4 d. ; j.-jt. ; v.]

Série 3 :
□ Folioles dentées environ dans leur quart supé-rieur NS ;
[Bois ; fl. blanches ; 5-20 c. ; av.-m.; v.]

209, p. 388.
□ Folioles dentées environ dans leur moitié su-périeure VL ;

Série 4 :
— Étamines à filets velus CA ;
— Étamines à filets sans poils ou presque sans poils. (→ Voir la suite à la page suivante.) ....Série 10 → p. 99.
.........Série 11 → p. 99.
.........Série 12 → p. 100.

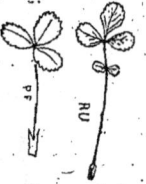

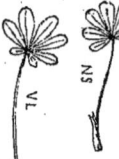
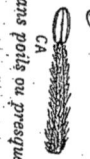

Potentilla rupestris L.
Potentille des rochers.

Montagnes (parse dans Vosges et Jura). [S]
Potentilla Fragariastrum Ehrh.
Potentille Faux-Fraisier.

Commune, sauf dans la région médi-... [S]
Potentilla nivalis Lap.
Potentille des neiges.

Alpes du Dauphiné, Pyrénées (htes régions).

Potentilla Valderia L.
Potentille de Valderi.
Dép¹ des Alpes-Maritimes (région alpine).

Potentilla caulescens L.
Potentille ascendante.
Jura (très rare) ; Alpes, Cévennes, Pyrénées (rare). [S]

Suite de la série 4 :

○ Carpelles velus seulement à leur point d'attache S.

= Feuilles finement poilués en dessus, celles de la base souvent à 3 foliolés SP ;

— foliolés 2 à 3 fois plus longues que larges.
[Bois ; fl. blanches ; 5-20 c. ; m.-j. ; v.]
Potentilla splendens Ramond. Potentille brillante. Nord et Centre (rare) ; Ouest, Sud-Ouest, Pyrénées.

= Feuilles sans poils en dessus, celles de la base souvent à 5 foliolés AB ;

— foliolés 4 à 5 fois plus longues que larges.
[Rochers ; fl. blanches ; 5-20 c. ; j.-at. ; v.]
Potentilla alba L. Potentille blanche. Jura, Alpes (rare). [S]

○ Carpelles entièrement velus.

: Feuilles vertes et presque sans poils en dessus, comme au-dessous.

— calicule à divisions plus courtes que les sépales.
[Rochers ; fl. blanches, quelquefois rosées ; 5-15 c. ; jt.-at. ; v.]
Potentilla nitida L. Potentille luisante. Alpes de la Savoie et du Dauphiné (H[tes] régions).

: Feuilles de la base ordinairement à 7 foliolés AC.

[Rochers ; fl. blanches ; 1-4 d. ; jt.-at. ; v.]
Potentilla alchimilloides Lap. Potentille Fausse-Alchémille. Pyrénées.

: Feuilles d'un blanc argenté sur les deux faces ayant 3 dents au sommet NI ;

• Feuilles de la base très étroites MF, de moins de 9 mm.

— foliolés à 5 foliolés, à 3 dents au sommet dont celle du milieu plus courte SX.
[Rochers ; fl. blanches ; 1-3 d. ; jt.-at. ; v.]
Potentilla saxifraga Ardoino. Potentille saxifrage. Dép[t] des Alpes-Maritimes.

• Feuilles principaux des feuilles F, de plus de 4 mm.

— carpelles très velus ;
[Rochers ; fl. jaunes ; 5-20 c. ;]
Potentilla multifida L. Potentille multifide. Alpes de la Savoie et du Dau-phiné (rare). [S]

✻ Feuilles à lobes principaux non dentés MF, F.

○ Lobes principaux des feuilles très étroites, en général ; à bords enroulés en dessous ;

— carpelles lisses.
[Rochers ; fl. jaunes ; 5-20 c. ;]
Potentilla frutticosa L. Potentille ligneuse. Alpes méridionales (très rare) ; Pyrénées.

= Lobes principaux des feuilles F, de largeur, en général ;

○ Feuilles ayant plus de 10 foliolés AN ;

— foliolés soyeuses argentées sur les deux faces, au moins en dessous ; tiges rampantes, avec des rejets portant des racines.
[Prés, chemins ; taille variable ; fl. jaunes ; m.-jt. ; v.]
Potentilla Anserina L. Potentille Ansérine. Commun, sauf dans la région méditerranéenne.

○ Feuilles ayant moins de 10 foliolés.

• Stipules presque aussi larges que longues, écartées de la tige SU ;

— tiges couchées.
[Endroits incultes, bord des cours d'eau ; fl. jaunes ; 2-5 d. ; j.-s. ; v.]
Potentilla supina L. Potentille couchée. Est, Centre, Ouest, Plateau Cen-tral, Région méditerranéenne. [S]

• Stipules beaucoup plus longues que larges, appliquées contre la tige P ;

— tiges dressées.
[Rochers ; fl. jaunes ; 2-5 d. ; j-jt. ; v.]
Potentilla pensylvanica L. Potentille de Pensylvanie. Dép[t] de l'Isère (très rare ; près de Saint-Christophe en Oisans).

Série 6 : Foliolés 3, rarement 5, légèrement velus, à dents aiguës et profondes ; feuilles ses-siles TO ou pétiolées PR ; stipules va-riables.

(Parfois stipules entières ou à 2-3 dents et fruits rugueux ou comme couverts de petits tubercules : **P. procumbens** Sibth.)
[Bois, prés ; fl. jaunes ; 5-50 c. ; j.-jt. ; v.]
Potentilla Tormentilla L. Potentille Tormentille. Commun. [S]

Série 7 : Foliolés dentées presque depuis la base ; feuilles ordinairement à 5-7 foliolés.
[Chemins, fossés, prés ; fl. jaunes ; longueur variable : j.-at. ; v.]
Potentilla reptans L. Potentille rampante. Commun. [S]

Ⓐ Feuilles à limbe *très profondément et irrégulièrement divisé* PA; pétioles couverts de poils serrés, cotonneux. (Parfois feuilles plates, non enroulées sur les bords, à longs poils étalés sur les bords et sur les nervures principales; *P. collina* Wib.)
[Prés, rochers, chemins ; fl. jaunes ; 2-6 d.; j.-jt.; v.]

Potentilla argentea L.
Potentille argentée.
Assez commune, sauf dans le Nord, l'Est et le Midi. [S]

Ⓑ Feuilles *régulièrement dentées tout autour* IC; pétioles à poils longs et étalés. [Endroits incultes, rochers ; fl. jaunes ; 2-3 d.; jt.-jt.; v.]

Potentilla inclinata Vill.
Potentille inclinée.
Est, Alpes, Dép¹ de l'Hérault (rare). [S]

✖ Stipules *profondément divisées* RC; feuilles de la base à folioles dentées presque tout autour ;

pétales non dorés; plante peu poilue.
[Rochers, endroits incultes ; fl. jaunes ; 3-5 d., j.-jt.; v.]

Potentilla recta L.
Potentille droite.
Est, Sud-Est, Région méditerranéenne (et rarement naturalisée).

✖ Stipules *à peine dentées* HI; feuilles de la base or-dinairement à 3-5 dents au sommet HI;

pétales d'un jaune doré ; plante couverte de longs poils blancs.
[Rochers, endroits incultes ; fl. jaunes ; 1-3 d.; j.-jt.; v.]

Potentilla hirta L.
Potentille hérissée.
Région méditerranéenne. [S]

Ⓐ Feuilles de la base à long pétiole, à 5-9 folioles; carpelles plus ou moins rugueux. (Feuilles vertes sur les 2 faces à poils appliqués; tiges non courbées à la base et stipules longuement en pointe : *P. delphinensis* G., G.; — feuilles poilues grisâtres en des-sous; tiges courbées à la base, à poils étalés et carpelles presque lisses (fig. IT) : *P. inclinata* Vill.) [Rochers ; fl. jaunes ; 3-6 d.;

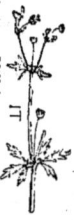

pétales d'un jaune doré; plante couverte de longs poils blancs.

Potentilla intermedia L.
Potentille intermédiaire.
Juva (très rare) ; *Alpes de la Savoie et du Dauphiné.* [S]

Ⓐ Feuilles *à divisions presque égales aux sépales* AU; sépales argentés sur les bords ;

feuilles dentées au sommet.
[Rochers, prés ; fl. jaunes ; 1-2 d.; jt.-at.; v.]

Potentilla aurea L.
Potentille dorée.
Jura, Alpes, Plateau Central; rare dans les Pyrénées. [S]

Ⓐ Feuilles *d'un vert noirâtre et à poils glanduleux* sur les deux faces → Voyez *P. frigida*, p. 100.

feuilles de la base à large pétiole.
[Rochers, prés ; fl. jaunes ; 1-4 d.; jt.-s.; v.]

Potentilla pyrenaica Ramond.
Potentille des Pyrénées.
Pyrénées.

Ⓐ Feuilles, en général, *cotonneuses sur les 2 faces* ; calicule à divisions plus ou courtes que les sépales CI;

pétioles à poils étalés : (*P. cinerea* Chaix.) → Voyez *P. subacaulis* L., p. 100.

Potentilla verna L.
Potentille printanière.
Commune. [S]

Ⓐ Feuilles *argentées sur les bords et sur les nervures de la face inférieure* ; calicule à divisions presque égales aux sépales AU; sépales argentés sur les bords;

Ⓑ Tiges *à poils presque appliqués*; stipules des feuilles moyennes soudées au pétiole dans presque toute leur longueur PY;

feuilles de la base à 5 folioles, à pétales ordi-nairement tachés d'orange et à stipules ovales AP : *P. alpestris* Hall.)

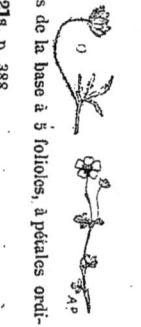

Potentilla verna L.
Potentille printanière.
Commune. [S]

Ⓐ Feuilles *vertes sur les deux faces, non argentées.*

Ⓑ Tiges *à poils étalés* ; stipules des feuilles moyennes non soudées au pétiole ou presque toute leur longueur V. (Parfois pé-doncules des fruits minces et ordinaire-ment recourbés. O et carpelles ridés : *P. opaca* L.; — parfois feuilles de la base à 5 folioles, à pétales ordi-nairement tachés d'orange et à stipules ovales AP : *P. alpestris* Hall.)
[Endroits incultes, prés, rochers ; fl. jaunes ; 1-3 d.; av.-at.; v.]

21s, p. 388.

○ Fleurs ayant, en général, plus de 16 mm. de largeur, calicule à divisions de même forme que les sépales, toutes aiguës, G;

  ⊕ Plante d'un vert blanchâtre, toute couverte de poils serrés; feuilles à dents obtuses dans leur partie supérieure SB;

    = Feuilles d'un blanc argenté en dessous, à folioles dentées presque tout autour NA, à dents rapprochées les unes des autres.

○ Fleurs ayant, en général, moins de 16 mm. de largeur; calicule à divisions différentes des sépales.

○ Feuilles vertes ou d'un noir verdâtre en dessus, ayant au moins l'une des faces couverte de poils relativement longs (1 à 2 mm.).

215, p. 388.

11. COMARUM. COMARET. — (→ Voyez CP, C, p. 94.)
Feuilles à folioles glauques en dessous, à nervures saillantes, à dents pointues; pétiole engainant.
[Endroits humides et tourbeux; fl. pourpre foncé; 3-6 d.; jl.-at.; v.]

12. FRAGARIA. FRAISIER. —
Feuilles plus ou moins argentées, feuilles vertes ou d'un noir verdâtre en dessus;

  = Feuilles vertes ou d'un noir verdâtre en dessous sans poils glanduleux et à poils raides sur les nervures du dessous des folioles; tiges ordinairement à une seule fleur MN. *P. ménénéa* Hall.]
[Rochers; fl. jaunes; 2-20 c.; jl.-at.; v.]

13. RUBUS. RONCE. — (Il est impossible de résumer les descriptions des sous-espèces de ce genre; voir les travaux spéciaux sur les *Rubus*.)
Pédoncules à poils étalés E, calice étalé ou renversé sur le fruit mûr C et, fruit sans carpelles à la base: *F. elatior* Thuill. —
maturité FV, étalé E ou appliqué C;
Pédoncules à poils plus ou moins appliqués, calice redressé sur le fruit mûr C, fruit mûr devenant ordinairement bleu ou noir;

  ⊕ Feuilles inférieures ayant 3 à 5 folioles; fruit mûr devenant ordinairement bleu ou noir;

  ⊙ Feuilles inférieures ayant 5 à 7 folioles I; fruit mûr rouge;

14. ROSA. ROSIER. — (Il est impossible de résumer les descriptions des sous-espèces de ce genre; voir les travaux spéciaux sur les *Rosa*.)

⊕ Stipules soudées au pétiole, tiges aériennes devenant ligneuses.

  feuilles à dents souvent moins longues que larges.
[Bois, rochers; fl. blanches; 3-8 d.; m.-jl.; v.]

⊕ Stipules non soudées au pétiole; tiges aériennes restant herbacées; calice à sépales renversés, au-dessous du fruit S;

  calice étalé ou appliqué sur le fruit RC. (**R. caesius** L.)
[Bois, haies; fl. blanches ou roses; 1-4 m.; j.-at.; v.]

  • Styles libres entre eux CN.
  • Styles soudés en colonne [exemple : RP].

△ Aiguillons droits ou presque droits ou pas d'aiguillons [exemples : P, Tj].
  ★ Stipules des rameaux fleuris et stipules des rameaux sans fleurs, semblables.
  ★ Stipules des rameaux fleuris plus larges que les stipules des rameaux sans fleurs

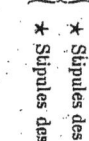

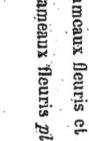

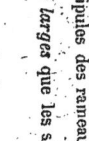

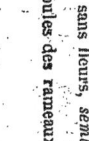

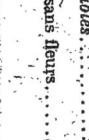

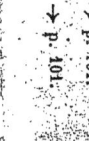

△ Aiguillons fortement recourbés en crochet C.
  ★ Stipules des rameaux fleuris et stipules des rameaux sans fleurs, semblables.

Potentilla grandiflora L.
Potentille à grandes fleurs.
Alpes; très rare dans les Pyrénées
(Htes régions). [S]
Potentilla subacaulis L.
Potentille presque sans tiges.
Alsace, Sud-Est, Région méditerranéenne. [S]
Potentilla nivea L.
Potentille blanc-de-neige.
Alpes de la Savoie et du Dauphiné. [Htes régions; très rare.] [S]
Potentilla frigida Vill.
Potentille des régions froides.
Jura (très rare); Alpes, Pyrénées.
[S]

feuille couverte de poils mous.
[Prés, rochers; fl. jaunes; 1-5 d.; jt.-at.; v.]
divisions du calicule arrondies au sommet
et sépales aigus au sommet.
[Endroits incultes; fl. jaunes; 1-2 d., av.-jt.; v.]

Comarum palustre L.
Comaret des marais.
Nord, Est, Centre, Ouest, Plateau
Central. [S]

Fragaria vesca L.
Fraisier comestible.
Très commun. [S]

Rubus idaeus L.
Ronce du mont Ida (Framboisier).
Assez commun, surtout dans les
montagnes. [S]
Rubus fruticosus L.
Ronce arbrisseau.
Très commun. [S]

Rubus saxatilis L.
Ronce des rochers.
Montagnes. [S]

Série 1 → p 101.
Série 2 → p. 101.
Série 3 → p. 101.
Série 4 → p. 101.

Série 1

□ Feuilles *non glanduleuses* [exemple : CA] si ce n'est quelquefois sur les nervures seulement;

□ Feuilles *fortement glanduleuses en dessous et même sur les dents* RG, RU, odorantes.

calice à sépales profondément divisés RC.
[Bois, haies ; fl. roses ou blanc rosé ; 2-3 m.; j.-jt.; v.]
— **Rosa canina *L.*** *Rosier des chiens* (Eglantier). *Commun.* [S]

[Bois, haies; fl. d'un rose vif; 5-15 d.; jt.-at.; v.]
— **Rosa rubiginosa *L.*** *Rosier rubigineux. Commun.* [S]

Série 2

○ Stipules *toutes semblables*; sépales peu ou pas divisés RA.

= Colonne des styles sans poils RP; feuilles *non persistantes*;
RG

= Colonne des styles *velue* SV; feuilles *persistantes*;

feuilles mates en dessous.
[Bois, haies, coteaux ; fl. blanches; 2-8 d.; j.-jt.; v.]
— **Rosa repens *Scop.*** *Rosier rampant. Commun.* [S]

feuilles brillantes en dessous.
[Bois, haies; fl. blanches; 5-15 d.; j.-jt.; v.]
— **Rosa sempervirens *L.*** *Rosier toujours vert. Littoral de l'Ouest, Midi.*

Série 3

✱ Stipules des feuilles des rameaux fleuris, *plus larges* que celles des rameaux sans fleurs; sépales profondément divisés ST; styles soudés en colonne sans poils; aiguillons courbés en demi-cercle.
[Bois, haies; 1-5 m., fl. blanches ou rosées; m.-jt.; v]

'fruit mûr rouge; presque pas d'aiguillons sur les vieilles tiges. ST
[Haies, bois; fl. d'un rose pourpre; 5-15 d.; m.-j., v.]
— **Rosa stylosa *Desv.*** *Rosier à longs styles. Centre et çà et là.* [S]

✱ Feuilles *doublement dentées, glanduleuses* G; fleurs pourprées;
G

fruit mûr devenant noir; aiguillons très inégaux P. [Endroits incultes, roses ou jaunâtres; 5-25 d.; m.-jt.; v.]
— **Rosa gallica *L.*** *Rosier de France* (Rose de Provins). *Assez rare,* manque dans le Nord [S]

✱ Feuilles *simplement dentées* SP;
SP

Série 4

○ *Pas d'aiguillons droits*; ou aiguillons droits; fruits penchés.

○ Aiguillons un peu *arqués*; fruits *dressés*; plante glauque. [Endroits incultes, haies ; fl. d'un rose vif ; 3-15 d.; j-jt.; v.]
— **Rosa spinosissima *L.*** *Rosier à nombreuses épines. Montagnes; Littoral de l'Océan et çà et là.* [S]

= Feuilles *simplement dentées* CN, dont les 2 *faces sont de teintes très différentes.*
CN

= Feuilles *doublement dentées* RT, dont les 2 *faces sont presque de la même teinte.*
T

[Endroits incultes; fl. d'un rose pourpré; 5-15 d.;j.-jt., v.]
— **Rosa alpina *L.*** *Rosier des Alpes. Montagnes.* [S]

fleurs d'un blanc rosé; aiguillons un peu courbés, élargis et aplatis dans leur moitié inférieure.
[Bois, haies; fl. roses; 1-2 m.; j-jt; v.]
— **Rosa rubrifolia *Vill.*** *Rosier à feuilles rouges. Montagnes.* [S]

— **Rosa cinnamonea *L.*** *Rosier cannelle. Naturalisé çà et là dans l'Est et le Centre.* [S]

○ Feuilles *non velues-cotonneuses.*

○ Feuilles *plus ou moins velues-cotonneuses au moins en dessous.*

= Fleurs d'un rose vif; aiguillons droits, très peu élargis à leur base V.
V

[Bois; fl. roses; j.-at.; v.]
— **Rosa tomentosa *Smith.*** *Rosier tomenteux. Montagnes et çà et là.* [S]

[Bois; fl. roses; 5-20 d.; j.-al.; v.]
— **Rosa villosa *L.*** *Rosier velu. Montagnes et çà et là.* [S]

15. AGRIMONIA. AIGREMOINE. — (→ Voyez fig. AE, A, p. 94.)
Feuilles composées de grandes et de très petites folioles dentées et velues. (Parfois calice aussi large que long O et feuilles glanduleuses en dessous : *A. odorata* Mill.);

Agrimonia Eupatoria *L.*
Aigremoine Eupatoire.
Très commune. [S]

16. POTERIUM. PIMPRENELLE. — (→ Voyez fig. PS, p. 94.)
Feuilles à nombreuses folioles; fleurs réunies en un capitule globuleux. (Fruit à angles aigus MU : *P. mari-catum* Spach.; fruit à angles épais et crénelés MG : *P. Magnoltii* Spach.)
[Prés, bois; fl. verdâtres ou roses; 4-10 d.; j.-s.; v.]

fleurs en grappe allongée.
[Chemins, bois; fl. jaunes; 2-8 d.; j.-at.; v.]

Poterium Sanguisorba *L.*
Pimprenelle Sanguisorbe.
Commune. [S]

Sanguisorba officinalis *L.*
Sanguisorbe officinale.
Montagnes et çà et là, surtout dans le Centre et l'Ouest. **[S]**

17. SANGUISORBA. SANGUISORBE. — (→ Voyez fig. S, p. 94.)
Feuilles à 5-13 folioles, en cœur à la base; fleurs en épi cylindrique; plante sans poils, [Endroits humides; fl. roses ou pourpre foncé; 4-12 d.; j-j1.; v.]

18. ALCHIMILLA. ALCHÉMILLE. —

△ 4 ou 2 *étamines*; feuilles découpées AA;

feuilles toutes à peu près de la même grandeur; pas de tiges souterraines développées;

Alchimilla arvensis *Scop.*
Alchémille des champs.
Commune, sauf en Provence. **[S]**
Alchimilla pentaphyllea *L.*
Alchémille à 5 folioles.
Alpes, Pyrénées (rare). (H^{tes} régions). **[S]**

tiges rampantes portant des racines.
[Prés, rochers; fl. d'un vert jaunâtre; 5-10 c;
jt.-at.; v.]

△ 4 *étamines*.

Ⓞ Feuilles à limbe divisé presque jusqu'à la base P, AL.

Feuilles en général non soyeuses en dessous, à folioles profondément dentées P;
[Prés, rochers; fl. d'un vert jaunâtre; 1-3 d.; j.-at.; v.]

Alchimilla alpina *L.*
Alchémille des Alpes.
Montagnes. **[S]**
Alchimilla vulgaris *L.*
Alchémille vulgaire.
Montagnes et çà et là dans le Nord et le Centre. **[S]**

Ⓞ Feuilles à limbe peu profondément divisé V;

Feuilles soyeuses et comme argentées en dessous, à folioles faiblement dentées au sommet AL.
[Prés, endroits humides; fl. d'un vert jaunâtre; 4-4 d.; m.-at.; v.]

feuilles divisées en lobes presque jusqu'à la moitié du limbe : *A. pyrenaica.*
feuilles en corymbes élargis; tiges dressées. (Parfois stipules étroites et en pointe; feuilles divisées en lobes presque jusqu'à la moitié du limbe : *A. pyrenaica.*

20. CRATAEGUS. AUBÉPINE. —
★ Feuilles luisantes et vertes, presque sans poils lorsqu'elles sont complètement développées; fruit ovale O ou globuleux; jeunes rameaux non cotonneux; fleurs sur des pédoncules sans poils. (Parfois un seul style; fruit à un seul noyau; feuilles ordinairement à 3 lobes au sommet et à nervures convergentes : *C. monogyna* Jacq.)
[Bois, haies; fl. blanches ou rosées; 2-12 m.; m.-j.; v.]

Crataegus Azarolus *L.*
Azérolier (Épine d'Espagne),
Région méditerranéenne (et planté).

Crataegus Oxyacantha *L.*
Aubépine épineuse (Épine blanche)
Commune. [S]

19. MESPILUS. NÉFLIER. — (→ Voyez fig. M, MG, p. 93.)
★ Fleurs isolées, blanches; fruit couvert de poils; arbre peu élevé; feuilles à fines dentelures dans leur moitié supérieure. [Bois, coteaux, haies; fl. blanches; parfois rosées; 4-8 m.; m.-j.; v.]

racine grêle.
[Champs; fl. d'un vert jaunâtre; 5-20 c; m.-jt.; v.]

Mespilus germanica *L.*
Néflier d'Allemagne.
Assez rare (et cultivé ou subspontané). **[S]**

21. COTONEASTER. COTONÉASTER. —
☐ Feuilles *sans poils* PY;

fleurs en corymbe composé.
[Bois, haies; fl. blanches; 1-3 m.; m.-j.; v.]

Cotoneaster Pyracantha *Spach.*
Cotonéaster Buisson-Ardent.
Midi (rare et subspontané).

☐ Feuilles velues en dessous, persistantes, luisantes; *arbrisseau épi-neux* PY;

arbrisseau non épineux; calice et pédoncules velus-cotonneux : *C. tomentosa* Lindl.)
[Bois, rochers; fl. roses ou blanches; 5-20 d.;

Cotoneaster vulgaris *Lindl.*
Cotonéaster commun.
Montagnes. **[S]**
Cotoneaster cotonneux,
Montagnes. **[S]**

☐ Feuilles velues en dessous entières CO, non persistantes; *arbrisseau non épineux;* fleurs sur des pédoncules velus-cotonneux : *C. tomentosa* Lindl.)

[Bois, haies; fl. blanches ou rosées; 9-10 m.; m.-j.; v.]

fleurs en corymbe composé.
[Bois, haies; fl. blanches; 1-3 m.; m.-j.; v.]

22. CYDONIA. COGNASSIER. —
☐ Arbre à feuilles ayant un court pétiole, sans poils en dessus; cotonneuses en dessous; pétales échancrés. [Haies; fl. blanches ou rosées; 4-8 m.; m.-j.; v.]

Cydonia vulgaris *Pers.*
Cognassier commun.
Cultivé et subspontané. **[S]**

23. PIRUS. POIRIER. —

⊕ Feuilles à pétiole presque aussi long que le limbe ou égal aux deux tiers du limbe C;

feuilles n'étant pas plus que 2 ou 3 fois plus longues que larges. [Bois, champs; fl. blanches ou un peu rosées; 5-15 m.; av.-m.; v.]

⊕ Feuilles à pétiole beaucoup plus court que le limbe S;

feuilles ordinairement 4 à 6 fois plus longues que larges. (Parfois arbre sans épines dont les feuilles, même complètement développées, sont velues-cotonneuses en-dessous : *P. salvifolia* DC.) [Bois, haies, endroits incultes; fl. blanches ou un peu rosées; 4-8 m.; av.-m.; e.]

24. MALUS. POMMIER. — (→ Voyez fig. M, p. 93.)

Φ qu'elles sont complètement développées, et arbre épineux à fruits très âpres : *M. acerba* Mérat.)

Fruit déprimé en haut et en bas; feuilles pétiolées, presque doublement dentées, pointues au sommet. (Parfois feuilles sans poils lors- [Bois, champs; fl. rosées ou blanches; 4-12 m.; m.-j.; v.]

25. ARIA. ALISIER. —

△ Arbrisseau à fleurs roses et à pétales dressés CH; pétales velus vers leur base; feuilles comme en rosette autour des fleurs. (Parfois feuilles fortement velues-cotonneuses en dessous et d'un vert mat en dessus; fleurs d'un blanc rosé : *A. Hostii* Host.);

⊙ Styles soudés jusqu'aux deux tiers; feuilles sans poils, ou presque sans poils quand elles sont développées, divisées en lobes finement dentés ST.

· Feuilles très blanches en dessous; pédoncules et calices blancs-cotonneux; feuilles dentées. N. ou à lobes dont les plus petits sont en bas. [Bois; fl. blanches; 6-18 m.; m.-j.; v.]

·· Feuilles en coin à la base SG, à pétiole égalant environ le quart ou la sixième du limbe; fruit rouge et acide (*A. scandica* Dene.)

·· Feuilles arrondies ou comme coupées à la base L, à pétiole égalant environ le quart du limbe; fruit brun ou rouge-brun et sucré. [Bois; fl. blanches; 5-16 m.; m.-j.; v.]

· feuilles peu ou pas dentées vers la base. [Rochers; fl. rose ou d'un blanc rosé; 5-30 d.; j.-jl.; v.]

△ Arbre à fleurs blanches et à pétales.

⊙ Styles libres entre eux; feuilles velues-cotonneuses en dessous.

·· Feuilles grises en dessous.

26. SORBUS. SORBIER. —

★ Feuilles n'ayant de folioles qu'à la base H : *S. hybrida* L.

★ Feuilles divisées en folioles distinctes AU.

◇ Bourgeons velus; fruits rouges, globuleux A;
folioles dentées presque jusqu'en bas. [Bois; fl. blanches; 5-15 m.; m.-j.; v.]

◇ Bourgeons sans poils et visqueux; fruits bruns, en poire D;
folioles dentées seulement dans leurs deux tiers supérieurs. [Bois; fl. blanches; 10-20 m.; m.-j.; v.]

27. AMELANCHIER. AMÉLANCHIER. — (→ Voyez fig. AV, p. 93.)

Feuilles ovales ordinairement obtuses, mates et vertes en dessus; arbrisseau non épineux; fruit noir globuleux, surmonté par les dents aigus du calice. [Bois, rochers; fl. blanches; 1-3 m.; av.-m.; v.]

GRANATÉES

PUNICA. PUNICA. —

Arbuste à feuilles, simples, pointues au sommet, luisantes; fruit globuleux à nombreuses graines charnues. [Haies, rocailles, champs; fl. d'un rouge vif; 2-5 m.; j.-jl.; v.]

Pirus communis L.
Poirier commun.
Assez commun (cultivé et subspor-
tané). [S]

Pirus amygdaliformis Vill.
Poirier Faux-Amandier.
Centre et Plateau Central (rare; cul-
tivé). [S]
Région méditerranéenne (et cul-
tivé). [S]

Malus communis Poir.
Pommier commun.
Assez commun (cultivé et subspon-
tané). [S]

Aria Chamaemespilus Host.
Alisier Petit-Néflier.
Hte montagnes. [S]

Aria torminalis N.
Alisier torminal.
Montagnes, Centre, Ouest et çà et
là. [S]

Aria latifolia Spach.
Alisier à larges feuilles (Alisier de Fon-
tainebleau).
Vosges, Centre et dépt du Ver (très
rare). [S]

Aria nivea Host.
Alisier blanc-le-neige (Allouchier).
Montagnes et çà et là. [S]

Sorbus aucuparia L.
Sorbier des oiseleurs.
Montagnes et çà et là, surtout dans
le Nord, le Centre et l'Ouest. [S]

Sorbus domestica L.
Sorbier-domestique (Cormier).
Çà et là (et cultivé). [S]

Amelanchier vulgaris Mœnch.
Amélanchier commun.
Montagnes; assez rare ailleurs, sur-
tout dans le Nord et l'Ouest. [S]

Punica Granatum L.
Punica Grenadier.
Région méditerranéenne [cultivé
et naturalisé]. [S] sub.

ONAGRARIÉES

△ *2 étamines, 2 pétales*; fleurs blanches ou rosées en grappe C; feuilles opposées, aiguës CL............................ 4. **CIRCÆA** → p. 105. / CIRCÉE [2 esp.].

△ *4 étamines, pas de pétales* l; fleurs verdâtres; feuilles opposées l, sans poils.................. 3. **ISNARDIA** → p. 105. / *ISNARDIE* [1 esp.].

△ *8 étamines, 4 pétales.*
  = Fleurs *jaunes*; graines sans aigrette B. .... 2. **ŒNOTHERA** → p. 105. / *ONAGRE* [1 esp.].
  = Fleurs *roses*; graines portant une aigrette E. .... 1. **EPILOBIUM** → p. 104. / *ÉPILOBE* [10 esp.].

△ *10 étamines, 5 pétales*, plante aquatique, fleurs jaunes................ 5. **JUSSIÆA** → p. 105. / *JUSSIE* [1 esp.].

✠ Fleurs plus ou moins *irrégulières* ES. — étamines et style rejetés d'un côté................ **Série 1** → p. 104.

✠ Fleurs *régulières.*
  ○ Tiges *sans lignes saillantes* ou avec nombreuses petites lignes en long.............. **Série 2** → p. 104.
  ○ Fruit mûr presque sans poils; feuilles moyennes n'étant pas ordinairement plus de 2 fois 1/2 plus longues que larges. **Série 4** → p. 105.
  ○ Tiges *avec 2, 3 ou 4 lignes* plus ou moins saillantes.
  ○ Fruit mûr *velu*; feuilles moyennes étant ordinairement plus de 2 fois 1/2 plus longues que larges. **Série 3** → p. 105.

1. EPILOBIUM. ÉPILOBE. —

Série 1

★ Feuilles *étroites-allongées* R, ayant pour la plupart moins de 5 mm. de largeur;

★ Feuilles *ovales oblongues* SP; ayant pour la plupart plus de 10 mm. de largeur;

  feuilles à nervures secondaires presque perpendiculaires à la nervure principale.
  feuilles se rétrécissant vers le haut et dont l'extrême sommet est arrondi, entières [Bois; fl. d'un beau rose, rarement blanches; 4-15 d.; jl.-s.; v.] ...... Epilobium spicatum *Lam.* / Épilobe en épi.

SP: feuille à nervures secondaires non perpendiculaires à la nervure principale. (Parfois style plus court que les étamines et devenant très recourbé R: *E. Fleischeri* Hochst.) [Rochers, torrents; fl. roses; 1-6 d.; jl.-at.; v.] ...... Epilobium palustre L. / Épilobe des marais. [S]

Montagnes et çà et là. [S]

Montagnes (manque dans les Alpes méridionales. Rare dans les plaines. [S]

Epilobium rosmarinifolium *Haenk.* / Épilobe à feuilles de Romarin. *Jura, Alpes, Plateau Central* et çà et là dans l'Est et la région méditerranéenne. [S]

Série 2

★ Stigmates *non étalés* en croix P, même quand la fleur est épanouie.

  ○ Fleurs de *plus de 10 mm.* de largeur, en général; tiges couvertes de longs poils (de plus de 1 mm. 1/2 de longueur). [Endroits humides; fl. d'un pourpre rosé; 6-15 d.; jl.-at.; v.] ...... Epilobium hirsutum L. / Épilobe hérissé.

  ○ Fleurs de *moins de 5 mm.* de largeur, en général; tiges EP couvertes de courts poils (de moins de 1 mm. 1/2 de longueur). [Endroits humides; fl. roses; i-10 d.; j.-at.; v.] ...... Epilobium parviflorum *Schreb.* / Épilobe à petites fleurs. [S]

★ Stigmates *étalés* en croix PV quand la fleur est épanouie.

  ○ Tige *très velue* et feuilles moyennes *sans* pétiole EP. ...... Epilobium montanum L. / Épilobe des montagnes. Connnnn, sauf dans la région méditerranéenne. [S]

  ○ Tige à poils très *petits ou sans* poils; feuilles moyennes ayant un pétiole, parfois très court, M, LC, D.. à la base et peu pétiolées D: *E. Dunier* Gay) [Bois, prés; fl. roses; 5-60 c.; j.-at.; v.]

(Parfois feuilles à dents très écartées, et pétiolées LC.: *E. lanceolatum* S. et M.; parfois feuilles arrondies Connnnn. [S]

✵ Fleurs d'environ 6 à 12 mm. de largeur [AS, grandeur naturelle];

✵ Fleurs d'environ 3 à 5 mm. de largeur [AL, grandeur naturelle];

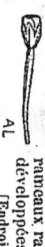

✻ Pas de pousses de feuilles sans pétiole en rosette à la base des tiges fleuries; graines lisses ou presque lisses.

☐ Pousses de feuilles sans pétioles en rosette à la base des tiges fleuries; graines couvertes de très fins tubercules (visibles avec une forte loupe);

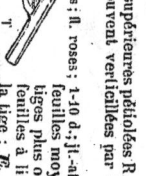

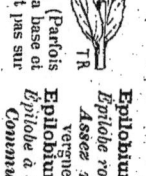

feuilles moyennes et supérieures pétiolées R. (Parfois feuilles non pétiolées TR, souvent verticillées par 3 ou 4 : E. tri- / goneum Schrank.)
[Endroits humides; fl. roses; 1-10 d.; jt.-at.; v.]
feuilles moyennes sans pétiole T. (Parfois tiges plus ou moins couchées à la base et feuilles à limbe ne se prolongeant pas sur la tige : E. virgatum Fries.)
[Endroits humides; fl. d'un rose pourpré; 2-8 d.; j.-at.; v.]

rameaux souterrains jaunâtres à feuilles réduites à des écailles AF. [Endroits humides; fl. d'un rose pourpré; 18-35 c.; jt.-s.; v.]

rameaux rampants à la base des tiges fleuries et portant des feuilles développées AP.
[Endroits humides; fl. roses, rarement blanches; 3-15 c.; jt.-s.; v.]

2. **ŒNOTHERA** ONAGRE. — (→ Voyez fig. B, p. 104.) Pétales en forme de cœur; feuilles alternes, à pétiole court, peu ou pas dentées. (Parfois pétales ne dépassant pas sensiblement les étamines et feuilles de la tige dressée, ayant des poils qui sortent de petits tubercules. [Endroits incultes; fl. jaunes; 3-12 d.; j.-at.; v.]

3. **ISNARDIA** ISNARDIE. — (→ Voyez fig. I, p. 104) Plante sans poils, à feuilles brusquement rétrécies en pétiole, assez épaisses et luisantes; tige à 4 angles et portant des racines. [Ruisseaux, fossés, marais; fl. verdâtres; t-4 d.; jt.-at.;

4. **CIRCÆA** CIRCÉE. — Pédoncules sans bractées à leur base; pétales arrondis à la base; fruit à longs poils en crochet LT; feuilles faiblement dentées CL. [Bois; fl. blanches ou rosées; 3-6 d.; j.-at.; v.]

Pédoncules ayant de petites bractées à leur base; fruit couvert de poils fins à A; feuilles très étroites à leur base (b. fig. IX). [Bois; fl. blanches ou rosées; i-i d.; j.-at.; v.]

pétales en coin à la base; fruit couvert de poils fins à A; feuilles fortement dentées INT. [Parfois pétiole en gouttière et presque globuleux : C. intermedia Ehrh.]

5. **JUSSIÆA** JUSSIE. — Tige creuse; feuilles de formes variées, les inférieures ovales en spatule, les supérieures allongées.

MYRIOPHYLLÉES

★ Feuilles flottantes dentées et à long pétiole TR; 4 étamines; style allongé.

★ Feuilles toutes profondément divisées; 8 étamines; 4 stigmates sans style développé (Voyez les fig. V, S, AL)..................

1. **MYRIOPHYLLUM.** MYRIOPHYLLE. — Plante à tiges submergées dont la partie fleurie vient au-dessus de la surface de l'eau. (Groupes supérieurs de fleurs espacés au sommet et non alternes S : M. spicatum L.; — groupes supérieurs de fleurs alternes AL; M. alterniflorum DC.)
[Eaux; fl. blanches ou rosées; taille variable; j.-jt.; v.]

2. **TRAPA.** MÂCRE. — Feuilles supérieures développées; les autres réduites à de petites écailles; racines vertes et rameuses ressemblant à des feuilles submergées. [Marais, étangs, fossés; fl. blanches; j.-jt.; v.]

HIPPURIDÉES

HIPPURIS. HIPPURIS. — Fleurs très petites, isolées à l'aisselle des feuilles; plante à aspect variable suivant qu'elle est dans l'eau ou hors de l'eau. [Marais, rivières, fossés fl. verdâtres; jt.-s.; v.]

Epilobium roseum Schreb.
Épilobe rosé.
Assez rare, sauf dans l'Est et l'Auvergne. Manque dans l'Ouest. [S]

Epilobium tetragonum L.
Épilobe à 4 angles.
Commun, sauf en Provence. [S]

Epilobium alsinæfolium Vill.
Épilobe à feuilles d'Alsine.
Jura (rare) Alpes; Plateau Central.
Pyrénées. [S]

Epilobium alpinum L.
Épilobe des Alpes.
H[tes] montagnes. [S]

Œnothera biennis L.
Onagre bisannuelle.
Çà et là (naturalisé et subspontané). [S]

Isnardia palustris L.
Isnardie des marais.
Est, Centre, Ouest; rare ailleurs. [S]

Circæa lutetiana L.
Circée de Paris.
Commun, sauf dans la région médine.
Montagnes. [S]

Circæa alpina L.
Circée les Alpes.

Trapa natans L.
Mâcre nageante.
Centre, Ouest et çà et là. [S]

Jussiæa grandiflora Michx.
Juste à grandes fleurs.
Région méditerranéenne (naturalisée).

Myriophyllum verticillatum L.
Myriophylle verticillé.
Commun. [S]

1. **MYRIOPHYLLUM → p. 105.**
MYRIOPHYLLE [1 esp.]

2. **TRAPA → p. 105.**
MÂCRE [1 esp.].

Hippuris vulgaris L.
Hippuris commun.
Assez commun, rare dans le Midi [S].

CALLITRICHINÉES

CALLITRICHE. *CALLITRICHE.* — Feuilles ovales ou étroites H, P, à forme variable suivant qu'elles sont flottantes ou submergées; fleurs très petites, isolées; fruit sans pédoncule H ou pédonculé P; (Styles non persistants;

✻ fruit à 4 angles rapprochés 2 par 2 : **C. vernalis** Kütz.; — feuilles dentées entières;
✻ fruits à 4 angles presque obtus : **C. platycarpa** Kütz.; — feuilles dentées entières;
styles persistants et fruits à 4 angles aigus : **C. stagnalis** Scop.; — feuilles infé-
rieures divisées en deux, supé- styles persistants et fruits à 4 angles aigus : **C. hamulata** Kütz.; — feuilles toutes divisées en deux et fruits à angles
ailés : **C. autumnalis** L.)
[Marais, ruisseaux; fl. verdâtres; m.-s.; v.]

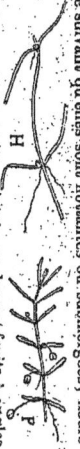

Callitriche aquatica Huds.
Callitriche aquatica.
Commun. [S]

CÉRATOPHYLLÉES

CÉRATOPHYLLUM. *CÉRATOPHYLLE.* —

✻ Fruit ayant vers la base 2 épines renversées D ou au moins 2 tubercules.
(Parfois fruits à ailes très développées, à épines imitées vers le sommet du fruit.: **C. platyacanthum** Cham.)

feuilles à lobes à peine denticulés. [Rivières, fossés, marais; fl.d'un vert rougeâtre; j.-s.; v.]

Ceratophyllum submersum L
Cératophylle submergé.
Çà et là. [S]

○ Fruit ayant sans épines ni tubercules vers la base S;

feuilles à lobes fortement dentés épineux.
[Rivières, fossés, marais; j.-s.; v.]

Ceratophyllum demersum L.
Cératophylle émergé.
Commun. [S]

LYTHRARIÉES

1. LYTHRUM. *LYTHRUM.* —

✻ Fleur ayant, en général, 6 mm: de
plus de
largeur:

① Calice à dents extérieures en
forme de filets dressés SL;

plante plus ou moins potelée; fleurs par groupes rapprochés au sommet des tiges fleuries IS.
[Endroits humides; fl. d'un rose foncé; 5-10 d.; j.-s.; v.]

..................**1. LYTHRUM** → p. 106.
LYTHRUM [3 esp.].
Commun. [S]

① Calice à dents extérieures presque
aussi larges que longues G et un
peu étalées;

plante sans poils, fleurs isolées à l'aisselle des feuilles.
[Endroits humides; fl. d'un beau rose; 2-7 d.; j.-s.; v.]

..................**2. PEPLIS** → p. 106.
PÉPLIS [2 esp.].

○ Étamines se détachant au-dessous du milieu du calice; calice allongé (voyez ci-dessous SL, G, HS, T).

Lythrum Salicaria L.
Lythrum Salicaire.
Commun. [S]

Lythrum Graefferi Ten.
Lythrum de Graeffer.
Littoral du **Sud-Ouest** et de la **Pro-**
vence (rare). [S] sub.

Lythrum hyssopifolia L.
Lythrum à feuilles d'Hysope.
Centre, Ouest, Midi; assez rare ail-
leurs, surtout dans le Nord. [S]

2. PEPLIS. *PÉPLIS.* —

△ Tube du calice plus court que le fruit dont on voit le sommet
entre les dents P; calice de la fleur en forme d'entonnoir;

feuilles toutes opposées PP et lisses.
[Endroits humides; fl. rosées; 5-25 c.;
j.-s.; v.]

jeunes feuilles toujours
rapprochées au sommet
des tiges fleuries LH.
[Endroits humides, sables; fl. roses; 1-4 d.; m.-s.; v.]

Peplis Portula L.
Peplis Pourpier.
Commun. sauf dans la Région médi-
terranéenne. [S]

Peplis erecta Requien.
Peplis dressé.
Dépt. de l'**Ain** et du **Rhône, Ouest,**
Région méditerranéenne (rare).

△ Tube du calice plus long que le fruit mûr; calice de la fleur en forme de cloche; feuilles supérieures alternes et écartées les unes des
autres ou toutes alternes et rapprochées; feuilles plus ou moins rudes.
[Endroits humides; fl. rosées; 5-30 d.; j.-j.; v.]

Lythrum thymifolia Lf.

PHILADELPHÉES

PHILADELPHUS. *PHILADELPHE.* — Arbrisseau à feuilles opposées, ovales-aiguës, à fleurs odorantes disposées en grappes courtes.
[Haies, bois; fl. blanches; 2-3 m.; m.-j.; v.]

Philadelphus coronarius L.
Philadelphe en couronne (Seringat).
Çà et là (subspontané). [S]

TAMARISCINÉES

= 3 stigmates distincts portés sur *3 styles* (Voyez ci-dessous fig. AG. GL); pétales *obtus*........................ 1. **TAMARIX** → p. 107. *TAMARIS* [2 esp.].

= Stigmates réunis en un seul; *pas de style développé* M; M pétales *aigus* MY. MY .... 2. **MYRICARIA** → p. 107. *MYRICAIRE* [1 esp.].

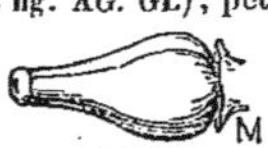

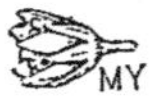

1. TAMARIX. *TAMARIS.* —

⊕ Feuilles *translucides sur les bords;* fleurs d'environ *2 mm. de largeur ou plus* AF grappes ayant environ 4 à 6 mm. de longueur. [Rochers, sables, endroits incultes; 2-4 m.; av.-at.; *v.*] [AF, grandeur naturelle]; — **Tamarix africana** *Poir.* *Tamaris d'Afrique.* ***Littoral de la Méditerranée.***

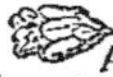

⊕ Feuilles *non translucides sur les bords;* fleurs de moins de 2 mm. de largeur (G, grandeur naturelle); G grappes ayant environ 2 à 3 mm. de largeur. (Parfois étamines séparées les unes des autres par un angle aigu AG et plantes à rameaux dressés: ***T. anglica*** Webb.) AG GL [Rochers, sables, endroits incultes; fl. rosées; 1-10 m.; j.-at.; *v.*] — **Tamarix gallica** *L.* *Tamaris de France.* ***Littoral;*** bassin du Rhône.

2. MYRICARIA. *MYRICAIRE.* — (→ Voyez fig. M et MY, ci-dessus).
Tiges fleuries ayant une grappe principale au sommet. [Graviers des torrents; fl. blanches ou rosées; 1-2 m.; j.-jt.; *v.*] — **Myricaria germanica** *Desv.* *Myricaire d'Allemagne.* ***Alpes*** et ***Pyrénées,*** vallées du Rhin, du Rhône et de l'Ariège. [S]

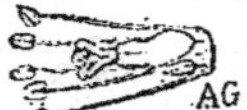

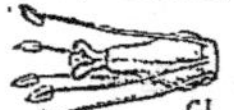

MYRTACÉES

MYRTUS. *MYRTE.* —
Arbuste à feuilles persistantes coriaces, entières, un peu enroulées sur les bords; fruit charnu globuleux d'un bleu noirâtre. [Endroits incultes, bois, haies; fl. blanches; 2-3 m.; m.-j.; *v.*] — **Myrtus communis** *L.* *Myrte commun.* ***Région méditerranéenne,*** principalement sur le littoral.

CUCURBITACÉES

△ Plante *munie de vrilles* BR; BR fruit globuleux; fleurs d'un blanc verdâtre ou d'un blanc jaunâtre........................ 1. **BRYONIA** → p. 107. *BRYONE* [1 esp.].

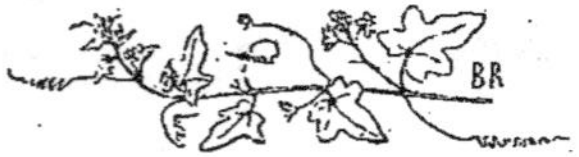

△ Plante *sans vrilles;* fruit allongé; fleurs jaunes EC........ EC .... 2. **ECBALLIUM** → p. 107. *ECBALIE* [1 esp.].

1. BRYONIA. *BRYONE.* — (→ Voyez fig. BR, ci-dessus).
Toutes les fleurs staminées sur un pied, toutes les fleurs pistillées sur un autre pied; fleurs staminées à 2 étamines et une 1/2 étamine; fleurs pistillées à 3 stigmates; fruit mûr rouge. [Endroits incultes, haies; fl. d'un jaune verdâtre; 2-5 m.; m.-jt.; *v.*] 22s, p. 388. — **Bryonia dioica** *Jacq.* *Bryone dioïque.* ***Commun,*** sauf en Provence. [S]

2. ECBALLIUM. *ECBALIE.* — (→ Voyez fig. EC, ci-dessus).
Fleurs staminées et fleurs pistillées sur la même plante; feuilles en triangle et en cœur à la base, à dents arrondies, cotonneuses en dessous; fruit mûr d'un jaune verdâtre. [Endroits incultes, décombres; fl. jaunes, veinées de vert; 2-6 d.; m.-at.; *v.*] — **Ecballium Elaterium** *Rich.* *Ecbalie Elatère.* ***Région méditerranéenne*** et ***çà et là*** dans le bassin du Rhône, le Centre, le Plateau Central et le Sud-Ouest. [S] sub.

PORTULACÉES

☐ Fleurs *jaunes;* calice *adhérent à l'ovaire;* en général 6 à 15 étamines, rarement moins; fruit *s'ouvrant en travers;* feuilles en rosette autour des fleurs, opposées ou non O........ O .... 1. **PORTULACA.** → p. 107. *POURPIER.* [1 esp.].

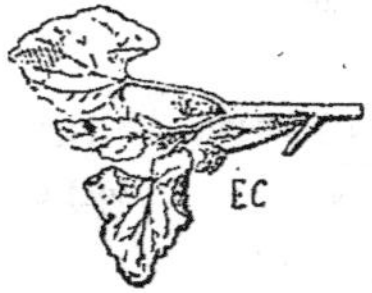

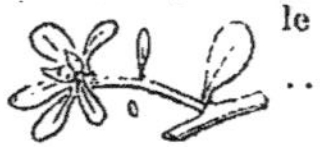

☐ Fleurs *blanches;* calice *non adhérent à l'ovaire;* en général 3 étamines, parfois 1 à 2 ou 4 à 5; fruit *s'ouvrant par 3 valves;* feuilles opposées F........ F .... 2. **MONTIA.** → p. 107. *MONTIA.* [1 esp.].

1. PORTULACA. *POURPIER.* — (→ Voyez fig. O, ci-dessus).
Tiges couchées, souvent rougeâtres; feuilles très épaisses, portant des poils courts à leur aisselle; fleurs jaunes, sans pédoncules. [Décombres, vignes; fl. jaunes; 1-4 d.; m.-s.; *a.*] — **Portulaca oleracea** *L.* *Pourpier potager.* ***Commun*** (cultivé et naturalisé). [S]

2. MONTIA. *MONTIA.* — (→ Voyez fig. F, ci-dessus).
Feuilles entières épaisses, sans poils; pétales soudés en un tube fendu d'un côté; tiges à feuilles plus rapprochées vers le haut. [Endroits humides, sables: fl. blanches; 2-15 c.; av.-s.; *a.*] — **Montia fontana** *L.* *Montia des fontaines.* ***Commun,*** sauf dans la Région médne. [S]

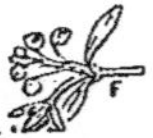

1. POLYCARPON. *POLYCARPON.* — Bractées nombreuses, argentées; sépales aigus au sommet T. (Parfois sépales arrondis au sommet P et plante vivace à tiges souterraines développées : *P. peploides* DC.); feuilles ovales ou arrondies, rétrécies en pétiole; fleurs blanches. [Sables, rochers; fl. blanc-verdâtre; 1-2 d.; m.-jt.; v.]

2. LOEFLINGIA. *LŒFLINGIE.* — (Voyez fig. LF, ci-dessus.) Fleurs par petits groupes serrés; feuilles très pointues, presque en alène, très rapprochées les unes des autres; tiges rameuses dressées. [Sables, rochers; fl. verdâtres; 2-7 c.; m.-ji.; a.]

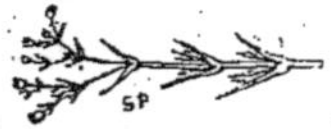

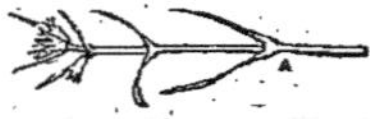

3. TELEPHIUM. *TÉLÉPHIUM.* — (Voyez fig. TEL ci-dessus). Feuilles diminuant progressivement de grandeur du sommet à la base des tiges, à court pétiole, glauques, couvertes de très petites rugosités blanchâtres; fleurs en groupes serrés. [Rochers; sables; fl. blanches; 2-5 d.; jt.-at.; v.]

4. PARONYCHIA. *PARONIQUE.* —

✻ Fleurs entourées de bractées argentées; sépales n'ayant pas une pointe aussi longue que le reste du sépale. (→ *Voir la suite à la page suivante.*)

✻ Fleurs entourées de bractées non argentées; sépales à pointe terminale en une longue pointe presque aussi longue que le reste du sépale, EC.

★ Feuilles allongées CY, ayant, en général, moins de 2 mm. de largeur; sépales à pointes ou moins en crochet C; groupes de fleurs non mêlés aux feuilles CY. [Endroits incultes; fl. blanches; 5-15 c.; j.-jt.; a.]

★ Feuilles ovales E, ayant, en général, plus de 3 mm. de largeur; sépales à pointes rejetées en dehors EC; groupes de fleurs mêlés aux feuilles E. [Endroits incultes; fl. blanches; 5-15 c.; j.-ji.; a.]

Polycarpon tetraphyllum L.
Polycarpon à feuilles par 4.
Ouest, *Midi,* rare ou manque ailleurs. [S]

Lœflingia hispanica L. [S]
Lœflingie d'Espagne.

Littoral de la région méditerranéenne, manque en Provence.

Telephium Imperati L.
Télephium d'Imperato.
Jura (très rare); Alpes; Cévennes et Pyrénées (rare); Région méditer.

Paronychia cymosa Lam. [S]
Paronyque en cyme.
Cévennes (rare).

Paronychia echinata Lam.
Paronyque à pointes.
Littoral de la Provence.

△ Feuilles toutes *alternes*; pétales égaux aux sépales.

✻ Feuilles opposées, au moins les inférieures.

○ Feuilles ayant des stipules.

⊕ Calice à 5 sépales égaux ou presque égaux.

○ Feuilles sans stipules soudées deux à deux à la base TEL; fruit pierreux, ne s'ouvrant pas, à une seule graine.

△ Fleurs d'environ 1 mm. de longueur; feuilles sans pédoncules CL; fruit s'ouvrant par 3 ou 4 valves, à plusieurs graines.

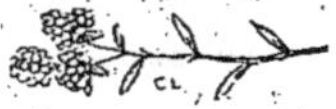

△ Fleurs de 4 à 6 mm. de longueur; feuilles presque pédoncelées TEL; fruit pierreux, ne s'ouvrant pas, à une seule graine.

⊕ Calice à 5 sépales dont 3 plus larges; sépales tous terminés par une longue pointe ciliée et ayant chacun 2 prolongements membraneux LF;

✻ Sépales non en capuchon au sommet et sans arête dure au sommet, verts en dehors, souvent jaunâtres en dedans; 2 stigmates sur des styles à peine distincts; feuilles opposées, ou alternes sur les rameaux HH.

✻ Sépales en capuchon au sommet ou à arête dure au sommet.

• Sépales épais et d'un beau blanc; 2 stigmates sans styles développés; groupes de 3 à 6 fleurs le long de la tige I.

• Sépales non d'un beau blanc; 2 stigmates portés sur des styles développés, nombreuses, entourés de bractées verdâtres, blanches ou membraneuses (voyez les fig. CY, E, ci-dessous, et CP, PL, AR, NV, p. 109)........

⊙ ⊙ 2 stigmates; tiges plus ou moins aplaties sur le sol.

⊙ 3 stigmates; feuilles moyennes ordinairement verticillées; sépales verts au milieu et blanc sur les bords; feuilles supérieures opposées TE;

2 styles; sépales longuement réunis entre eux et formant un tube 8. **SCLERANTHUS** → p.109. SCLERANTHE [2 esp.].

2 styles; sépales longuement réunis entre eux............2. **LOEFLINGIA** → p. 108. LŒFLINGIE [1 esp.].

tiges dressées; 3 stigmates..........3. **TELEPHIUM** → p. 108. TÉLÉPHIUM [1 esp.].

........7. **CORRIGIOLA** → p. 109. CORRIGIOLA [1 esp.].

✚ Pas de bractées blanches autour des fleurs...........6. **HERNIARIA** → p. 109. HERNIAIRE [2 esp.].

✚ Fleurs entourées de bractées blanches → Voyez 4. Paronychia → 4.

........5. **ILLECEBRUM** → p. 109. ILLECEBRE [1 esp.].

tiges plus ou moins dressées........2. **LOEFLINGIA** → p. 108. LŒFLINGIE [1 esp.].

........4. **PARONYCHIA** → p. 108. PARONYQUE [6 esp.].

........1. **POLYCARPON** → p. 108. POLYCARPON [1 esp.].

Suite du genre *Paronychia*;

✳ Bractées blanches *arrondies* (sauf une petite pointe) ou très *obtuses* au sommet, larges de 3 à 4 mm. en général naturelle); [C, grandeur naturelle];

☐ Bractées de moins de *1* mm. *1/2* de largeur, en général [P, grandeur naturelle];

✳ Bractées blanches, aiguës au sommet P, AG, N.

☐ Bractées de plus de *1* mm. *1/2* de largeur, en général [AG, N, grandeur naturelle];

○ Sépales *égaux*, membraneux sur les bords A;

○ Sépales *inégaux* membraneux sur les bords NI;

sépales obtus, sans pointe CA;

tiges couvertes de feuilles très rapprochées et terminées par des touffes de bractées blanches. [Rochers; fl. blanches; 5-15 c.; m.-j.; v.]

5. ILLECEBRUM. *ILLECEBRE.* — (Voyez fig. I, p. 108).
Tiges couchées, très minces; feuilles arrondies; fleurs sans pédoncule. [Endroits humides, sables; fl. blanches; 5-20 c.; jl.-s.]

6. HERNIARIA. *HERNIAIRE.* —

△ Tiges peu ou pas ligneuses; fleurs ayant, en général, moins de 1 mm. de longueur, à pédoncule peu distinct, *sépales seuls non termines par un poil* plus long HR.

calice à très petits poils courts; fleurs en groupes que les entre-nœuds AR. [Rochers, sables; fl. blanches; 2-3 d.; m.-j.; r.]

feuilles souvent plus longues que les entre-nœuds NV. [Rochers, sables; fl. blanches; 5-15 c.; m.-j.; v.]

(Plante ordinairement sans poils GL, G : *H. glabra* L., ou velue et à poils du calice plus courts que la largeur des sépales HR, HH : *H. hirsuta* L. ; — ou à poils courts A : *H. latifolia* Lapeyr.); — parfois fleurs par 1 à 3 et calice à poils courts A : *H. alpina* Vill.]
[Champs, sables; fl. verdâtres; 5-30 c.; jl.-a.; v.]

△ Tiges plus ou moins ligneuses; fleurs très velues, ayant, en général, plus de 1 mm. de longueur, à pédoncule distinct; *sépales velus et non terminés* par un poil plus long L, A;

(Plante feuilles peu velues sur les faces LA et fleurs par 3 à 8, calice velu L : *H. incana* Lam. [Rochers; fl. blanches; 5-30 c.; jl.-a.; v.]

plante velue LA, I : (Parfois feuilles souvent plus courtes que la largeur des sépales PO : *S. polycarpos* DC.) [Champs; fl. vertes; 5-15 c.; m.-j.; a.]

7. CORRIGIOLA. *CORRIGIOLA.* — (Voyez fig. C1, p. 108),
Feuilles étroites ou ovales; tiges appliquées sur le sol; fleurs groupées au sommet des rameaux. [Sables, surtout au bord des cours d'eau; fl. blanches; 1-4 d.; j.-o.; a.]

plante annuelle à racines grêles; souvent quelques fleurs à l'aisselle des feuilles A. (Parfois calice d'environ 2 mm. de longueur à sépales dressés PO :

8. SCLERANTHUS. *SCLERANTHE.* —
✳ Sépales à peine bordés de blanc et aigus, écartés les uns des autres après la floraison AN, ou dressés PO;

AN plante vivace, à tiges souterraines développées, toutes les fleurs au sommet des rameaux SP; [Rochers, sables; fl. blanc-verdâtre; 5-15 c.; j.-o.; v.]

☒ Sépales à large bordure blanche et obtuse, *rapprochés* les uns des autres après la floraison PR; PO plante vivace, à tiges souterraines développées, toutes les fleurs au sommet des rameaux. [Rochers, sables; fl. blanc-verdâtre; 5-15 c.; j.-o.; v.]

Paronychia capitata *Lam.*
Paronychie en tête.
Alpes, Pyrénées, Région méditerranéenne.

Paronychia polygonifolia DC.
Paronychie à feuilles de Renouée.
Alpes, Plateau Central, Pyrénées.

Paronychia argentea *Lam.*
Paronychie argentée.
Littoral de la Méditerranée.

Paronychia nivea DC.
Paronychie blanc-de-neige.
Littoral de la Méditerranée.

Illecebrum verticillatum *L.*
Illécèbre verticillé.
Centre, Ouest, Plateau Central et çà et là. [S]

Herniaria vulgaris *N.*
Herniaire vulgaire.
Commun. [S]

Herniaria incana *Lam.*
Herniaire blanchâtre.
Alpes, Cévennes, Pyrénées, Région méditerranéenne. [S]

Corrigiola littoralis *L.*
Corrigiola des grèves.
Centre, Ouest, l'Plateau Central et çà et là. [S]

Scleranthus annuus *L.*
Scléranthe annuel.
Commun, sauf dans la Région méditerranéenne. [S]

Scleranthus perennis *L.*
Scléranthe vivace.
Assez commun, surtout dans les régions montagneuses. [S]

Série 1

228, p. 388.

- ⊙ Fleurs à 5 pétales, en général, et ayant, le plus souvent étamines et pistil.
  - ⊡ Feuilles les plus grandes ayant, en général, moins de 10 mm. de largeur.
    = Feuilles plus ou moins dentées au sommet, plus ou moins en spatule S;
    = Feuilles entières, plus ou moins en spatule S;

△ 3 à 4 étamines ; plante très petite (ordinairement moins de 6 c.)
  ✶ Fleurs blanches, sans pédoncules TN; carpelles rétrécis en travers T.
  ✶ Fleurs roses, avec pédoncules B; carpelles non rétrécis BV.

△ 5 étamines ou plus (plante ayant ordinairement plus de 6 c.)
  ⊡ Pétales libres ou très peu soudées entre eux.
    ○ Corolle à 6-20 pétales dentées ST; écailles de la base des carpelles dentées ;
    ○ Corolle à 5 pétales, rarement 4, 6 ou 8, écailles de la base des carpelles entières ou fendues ; fleurs roses, blanches
  ⊡ Pétales soudées en tube, 10 étamines soudées avec la corolle

1. **TILLÆA. TILLÉE.** — (→ Voyez fig. T et TN, ci-dessus). Feuilles petites, réunies 2 par 2 à leur base; fleurs peu visibles; plante à tiges rougeâtres, souvent aplaties sur le sol. [Sables; fl. blanches; 2-8 c.; j-at.; α.]

2. **BULLIARDA. BULLIARDE.** — (→ Voyez fig. BV et B, ci-dessus). Feuilles opposées, assez épaisses, réunies entre elles par leur base. [Mares sablonneuses ; fl. blanc-rose ; 2-6 c.; j-at.; α.]

3. **SEDUM. SEDUM.** —
  △ Feuilles plates
  △ Feuilles cylindriques, demi-cylindriques ou globuleuses.
    • Plantes sans rejets rampants, annuelles ou bisannuelles.
    | — Fleurs jaunes ou jaunâtres
    | — Fleurs blanches, roses ou blanchâtres
    • Plantes à rejets rampants, vivaces. ⎰ | — Fleurs jaunes ou jaunâtres
    ⎱ | — Fleurs blanches, roses ou blanchâtres

Fleurs cylindriques, demi-cylindriques ou globuleuses:

fleurs en masse serrée; feuilles rapprochées les unes des autres, à dents inégales, étalées et aiguës; [Rochers; fl. roses ou jaunâtres; 2-3 d.; jl-at.; v.]

(Parfois feuilles embrassant la tige M et presque aussi larges que longues : *S. maximum* Sutter; feuilles rétrécies en pétiole à la base et inflorescence à rameaux courts et serrés : *S. Fabaria* Koch.) [Bois, rochers; fl. roses, rarement blanches; 2-4 d.; jl-at.; v.]

Fleurs roses, très serrées les unes contre les autres au sommet des tiges fleuries A;
Fleurs blanches ou d'un blanc rosé; écartées les unes des autres et disposées le long des tiges fleuries CE;  plante glanduleuse au sommet; feuilles souvent par 2 ou 4, C.

plante sans poils; feuilles alternes.
[Rochers; 1-2 c.; jl-at.; v.]

carpelles étalés en étoile ST; fleurs à pédoncules courts.
[Rochers, sables; fl. roses; 6-15 c.; j-at.; α.]

Fleurs roses, avec pédoncules B; carpelles rétrécis

fleurs roses striées ou jaunâtres

fleurs roses striées ou jaunâtres; fleurs roses, blanches

1. **TILLÆA** → p. 110.
   TILLÉE [1 esp.].

2. **BULLIARDA** → p. 110.
   BULLIARDE [1 esp.].

3. **SEDUM** → p. 110.
   SÉDUM [20 esp.]

4. **SEMPERVIVUM.** →p. 112.
   JOUBARBE [3 esp.].

5. **UMBILICUS** → p. 112.
   OMBILIC [2 esp.]

Tillaea muscosa L.
Tillée mousse.
Nord-Ouest, Ouest, Sud-Ouest. Rare ou manque ailleurs.

Bulliarda Vaillantii DC.
Bulliarde de Vaillant.
Est, Centre, Ouest, Région méditerranéenne (rare).

Assez commune, sauf dans les plaines méridionales. [S]

Sedum Reprise.
Sedum Telephium L.
Vosges, Alpes, Pyrénées (Hos régions). [S]

Sedum Rhodiola.
Sedum Rhodiola DC.

   Série 1 → p. 110.
   Série 2 → p. 111.
   Série 3 → p. 111.
   Série 4 → p. 112.

Sedum Anacampseros L.
Sédum Anacampséros.
Alpes, Pyrénées (Hes régions); du Lot (très rare). [S]

Sedum Cepaea L.
Sédum Pourpier.
Centre, Ouest, Alpes, Plateau Central et çà et là. [S]

Sedum stellatum V.
Sédum étoilé.
Littoral de la Provence (rare).

Série 3

Série 2

☐ Pétales *jaunes ou jaunâtres*, au moins dans les fleurs jeunes; fleurs à pédoncules courts, écartées les unes des autres AN;

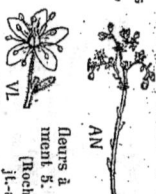

plante sans poils; 10 étamines, rarement rarement 5: (Rarement pétales d'un jaune pâle, puis blancs et carpelles très aigus, anthères d'un vert foncé: *S. littoreum* Guss.) [Rochers, pierres; 3-12 d.; j.-at.; v.]
→ **Sedum annuum** L. *Sédum annuel.* *Hautes montagnes* (manqué dans le Jura); dép. de la Vendée, et des Bouches-du-Rhône. [S]

★ Plante *poilue glanduleuse et fleurs à pédoncules allongés* VL, V;

fleurs à 10 étamines VL, très rarement 5. [Rochers, sables; fl. roses; 5-30 c.; jl.-at.; b.]
→ **Sedum villosum** L. *Sédum velu.* *Montagnes* et çà et là, dans l'Est, le Centre, l'Ouest et le Midi. [S]

★ Plante n'ayant pas à la fois ces deux caractères.

○ Fleurs à 10 étamines, en masse compacte AT, très rare; [Rochers; fl. roses; 5-20 c.]

plante sans poils; pétales verts au milieu, blanc-verdâtre; 3-8 c.; [Rochers; fl. d'un blanc-verdâtre; jl.-s.; a. ou b.]
→ **Sedum atratum** L. *Sédum noirâtre.* Assez commun, Jura, Alpes, Pyrénées (H^tes régions). [S]

○ Fleurs à 5 étamines RU; fleurs écartées plus ou moins les unes des autres fois carpelles écartés les uns des autres et plissés en long CS: *S. cræspitosum* DC.; — ou carpelles dressés presque obtus au sommet AD et fleurs pédonculées: *S. andegavense* DC.) [Champs, endroits humides; fl. roses, rarement blanchâtres; 3-15 c.; m.-jt.; a.]

fleurs en groupes serrés; feuilles se prolongeant très peu à la base.

‖ Sépales non prolongés à la base BO et feuilles ordinairement plus ou moins prolongées à la base SB: *S. bolonlense* Lois.) [Champs, murs, sables, rochers; fl. jaunes; 5-15 c.; m.-at.; v.]
→ **Sedum rubens** L. *Sédum rougeâtre.* Assez commun, sauf dans le Nord, le Nord-Est et la région méditerranéenne. [S]

○ Pétales *dressés et non aigus au sommet* AL; [Rochers; fl. jaunâtres; 5-10 c.; j.-at.; v.]

‖ 2 à 6 fleurs au sommet des tiges fleuries, presque sans pédoncules. [Rochers; fl. jaunes; 5-25 c.; j.-at.; v.]
→ **Sedum alpestre** Vill. *Sédum alpestre.* Vosges (très rare); *Alpes, Plateau Central, Pyrénées.* [S]

○ Pétales *étalés* et *très aigus au sommet* A.C.

‖ feuilles de la tige de plus en plus écartées de la base au sommet. [Rochers; fl. jaunâtres; 1-4 d.; jl.-s., v.]
→ **Sedum amplexicaule** DC. *Sé..un à feuilles embrassantes.* Dép. de *Vaucluse:* mont Ventoux, Cévennes (rare).

‖ Sépales égalant environ la moitié des pétales longuement aigus AN. [Rochers; fl. jaune pâle; 1-4 d.; jl.-s., v.]
→ **Sedum altissimum** Poir. *Sédum élevé.* *Alpes, Pyrénées, Région méditerranéenne.* [S]

○ Étamines *ayant des poils à la base* AT;

‖ Sépales égalant environ la tiers des pétales longuement aigus AN. [Rochers; fl. jaune pâle; 1-6 d.; jl.-s., v.]
→ **Sedum anopetalum** DC. *Sédum à pétales droits.* Centre (rare), *Jura, Alpes, Plateau Central, Midi.* [S]

○ Étamines *sans poils.*

= Sépales égalant environ la moitié des pétales longuement aigus AN.
→ **Sedum acre** L. *Sédum âcre.* Commun. [S]

✠ Feuilles à *sommet arrondi et obtus* AC, SB; fruit à carpelles *étalés* et s'écartant beaucoup les uns des autres.

+ Rameaux non fleuris à feuilles embrassant la tige par un large bord membraneux AM;

= Sépales élargi; environ le tiers des pétales RF. (Parfois feuilles aphales ayant ordinairement une petite tache rouge près du sommet et rameaux non fleuris en cône renversé E: *S. elegans* Le j.; — ou fleurs d'un jaune pâle et rameaux peu ou pas recourbés: *S. aldescens* Haw.) [Rochers, pierres, sables; fl. jaunes ou jaunâtres; 1-9 d.; j.-at.; v.]
→ **Sedum reflexum** L. *Sédum réfléchi.* Assez commun, sauf dans la région méditerranéenne. [S]

✠ Feuilles à *sommet pointu* carpelles du fruit *dressés* et non très écartés les uns des autres.

+ Rameaux non fleuris à feuilles n'embrassant pas la tige par un large bord membraneux.

Série 4

⊕ Feuilles pour la plupart opposées ou verticillées par 4, sur les tiges fleuries.

⊕ Feuilles alternes sur les tiges fleuries.

• Feuilles aplaties sur leur face supérieure et ordinairement verticillées par 4, CR.

•• Feuilles arrondies et la plupart ordinairement opposées D.

4. SEMPERVIVUM. JOUBARBE.

△ Fleurs jaunâtres; pétales frangés H1;

△ Fleurs rosées.

□ Feuilles des roselles de la base sans poils blancs nombreux les reliant les uns aux autres; pétales souvent bien plus grands que les sépales M;

□ Feuilles des roselles de la base couvertes de poils blancs qui se relient les uns aux autres; pétales ayant environ 2 fois la longueur des sépales A;

× Pétales non terminés par une petite arête AB;

× Pétales terminés par une petite arête H, AG.

× Plante très poilue; pétales environ 2 fois plus longs que larges H;

× Plante sans poils ou presque sans poils; pétales environ 3 fois plus longs que larges AG;

plante sans poils; inflorescence très rameuse AL; feuilles non prolongées à la base. [Rochers; fl. blanches; 5-15 c.; j.-at.; v.]

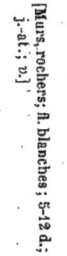

plante entièrement glanduleuse; 6 sépales, 6 pétales. [Rochers; fl. jaunâtres; 1-3 d.; jl.-at.; v.]

sépales non prolongés à la base; fleurs à pédoncules nets H. [Rochers, sables; fl. blanches ou blanc-rosé; 5-10 c.; j.-jl.; v.]

pétales poilus glanduleux sur toute leur surface. (Parfois feuilles uniformément couvertes de poils glanduleux: *S. montanum* L.) [Murs, rochers; fl. roses; 6-60 c.; jl.-s.; v.]

sépales prolongés à la base; fleurs presque sans pédoncules. [Rochers; fl. blanc-rosé; 5-12 c.; j.-at.; v.]

5. UMBILICUS. OMBILIC. —

⊕ Fleurs très nombreuses et pédonculées P, pendantes;

⊕ Fleurs par 2 à 4, sans pédoncules S, non pendantes;

calice et corolle à 5 divisions; feuilles non en forme de rein. [Rochers; fl. roses ou rosées, rarement blanches; 2-8 c.; at.-s.; α.]

calice et corolle à 5 divisions; feuilles de la base en forme de rein. [Murs, rochers; fl. jaunâtres, verdâtres ou un peu rougeâtres; 1-6 d.; m.-jl.; v.]

CACTÉES.

CACTUS. CIERGE. — Plante grasse, à rameaux aplatis el, ou violacé, charnu. [Terrains vagues, haies; fl. jaunes; 1-4 m.; m.-j.; v.]

pétales à peine poilus au sommet. [Rochers; fl. roses; 5-20 c.; jl.-s.; v.]

les uns aux autres superposés les uns aux autres; de 5 à 6 c. de largeur; fruit rougeâtre.

FICOÏDÉES

MESEMBRYANTHEMUM. FICOÏDE.

✻ Feuilles de la base cylindriques sans pétiole N; pétales plus courts que les sépales. [Sables; fl. blanc-jaunâtre; 1-4 d.; m.-j.; v.]

✻ Feuilles de la base plates, avec un pétiole large C, pétales plus longs que les sépales. [Falaises, sables; fl. blanches; 2-7 d.; av.-j.; α.]

Sedum cruciatum *Desf.*
Sédum en croix.
Alpes méridionales (très rare).

Sedum dasyphyllum *L.*
Sédum à feuilles épaisses.
Alpes, Pyrénées, Région méridionale; rare ou manque aill[rs]. [S]

Sedum album *L.*
Conuman. [S]

Sedum hirsutum *L.*
Sédum hérissé.
Centre, Sud-Est (rare); Plateau Central, Pyrénées.

Sedum album *L.*
Sédum blanc.

Sedum anglicum *Huds.*
Sédum d'Angleterre.
Centre (rare); Nord-Ouest, Ouest;

Sempervivum hirtum *L.*
Joubarbe hérissée.
Cévennes (rare); Pyrénées.

Sempervivum hirtum.
Joubarbe hérissée.
Alpes méridionales (rare) (H[tes] régions).

Sempervivum tectorum *L.*
Joubarbe des toits.
Montagnes et çà et là (souv[t] planté). [S]

Sempervivum arachnoideum *L.*
Joubarbe à toile d'araignée.
Alpes, Plateau Central, Pyrénées.

Umbilicus pendulinus *DC.*
Ombilic à fleurs pendantes.
Sud-Est, Centre (çà et là); Plateau Central, Nord-Ouest, Ouest, Midi.

Umbilicus sedoides *DC.*
Ombilic Faux-Sédum.
Pyrénées (H[tes] régions).

Cactus Opuntia *L.*
Cierge Oponce (Cactus raquette).
Ouest, Midi (Naturalisé çà et là, surtout sur le littoral de la Provence). [S]

Mesembryanthemum nodiflorum *L.*
Ficoïde à fleurs nodales.
Littoral de la Provence (rare).

Mesembryanthemum crystallinum *L.*
Ficoïde à cristaux.
Très rare: Cette, Narbonne. [S]

RIBES. *GROSEILLIER.* —

✿ Plante épineuse; épines à 2 ou 3 pointes; calice velu; U;
  feuilles sur des rameaux courts situés le long de rameaux allongés; fleurs verdâtres ou rougeâtres.
  [Bois, haies; fl. verdâtres ou rougeâtres; 5-12 d.; ms.-av.; v.] .... **Ribes Uva-crispa** *L.*
  Groseillier; Reisin Crépu (Groseillier épineux). *Assez commune, souvent planté ou subspontané.* [S]

✿ Plante non épineuse.

  ↘ Feuilles parsemées en dessous de glandes jaunes à odeur forte; calice très velu N;
    feuilles à pétiole allongé; fleurs rougeâtres en dedans, verdâtres en dehors; fruits noirs.
    [Bois, champs; fl. rougeâtres; 5-14 d.; av.-m.; v.] .... **Ribes nigrum** *L.*
    Groseillier noir (Cassis). *Cultivé et subspontané; naturalisé dans l'Est.* [S]

  ↘ Feuilles non odorantes; calice sans poils R, P; fruits rouges.

    = Fleurs verdâtres.

      •• Grappes de fleurs et de fruits *pendantes* RB;
        fleurs ayant étamines et pistil R.
        [Bois, haies; fl. verdâtres ou jaunâtres; 3-10 d.; av.-m.; v.] .... **Ribes rubrum** *L.*
        Groseillier rouge. *Çà et là et naturalisé.* [S]

      •• Grappes de fleurs et de fruits *dressées* A;
        fleurs toutes staminées ou toutes pistillées.
        [Bois; fl. verdâtres; 9-10 d.; m.-j.; v.] .... **Ribes alpinum** *L.*
        Groseillier des Alpes. *Montagnes et subspontané.* [S]

    = Fleurs *rougeâtres* ou *d'un rouge brun*, dressées avant la formation des fruits, à étamines presque aussi longues que les pétales P;
        fruits sans goût acide;
        rameau de la grappe très velu et raide; calice à sépales dressés.
        [Bois, haies; fl. rougeâtres ou noirâtres; 9-12 d.; av.-j.; v.] .... **Ribes petraeum** *Wulf.*
        Groseillier des rochers. *Hautes montagnes.* [S]

SAXIFRAGÉES

□ *Corolle à 5 pétales*; calice à 5 divisions.; 10 étamines; fruit divisé en 2 loges;
  .... **1. SAXIFRAGA** → p. 113. *SAXIFRAGE* [35 esp.].

□ *Pas de corolle*; calice jaunâtre, à 4 divisions CH, rarement 5;
  ordinairement 8 étamines; fruit non divisé en 2 loges;
  .... **2. CHRYSOSPLENIUM** → p. 116. *DORINE* [2 esp.].

1. SAXIFRAGA. *SAXIFRAGE.* —

✶ Feuilles opposées; fleurs roses ou violettes, rarement blanches.
  ⊙ Pétales très courts que le calice qui est d'un noir rougeâtre. .... **Série 1** → p. 114.
  ⊙ Pétales roses, plus courts que le calice. .... **Série 2** → p. 114.

✶ Feuilles de la base ayant un bord cartilagineux très net, et, en même temps entières ou très finement denticulées
  — on à cils n'ayant pas le dixième de la plus grande largeur de la feuille.
  ⊙ Pas à la fois ces caractères;
    •• Feuilles, en général, de plus de 10 centimètres. .... **Série 3** → p. 114.
    •• Feuilles, en général, de moins de 4 mm. de largeur et de moins de 1 c. de longueur; plante ordinairement de moins de 10 centimètres. .... **Série 4** → p. 115.

✶ Pas de feuilles sur la tige fleurie,
  ou à peine quelques bractées entières environ 20 fois plus petites que les feuilles de la base. .... **Série 5** → p. 115.
  ⊕ Plante *annuelle*; .... **Série 6** → p. 115.

✶ Feuilles de la base n'étant pas à la fois à bord cartilagineux et entières; — ou ayant des cils qui dépassent le sixième de la plus grande largeur de la feuille.

  ⊕ Tige fleurie portant des feuilles plus ou moins réduites.
    ⊙ Plante vivace à tiges souterraines développées, et sans bulbilles.
      Plante ayant à la fois les sépales réunis à la base, au moins jusqu'au cinquième de leur longueur, et les feuilles entières ou quelques-unes à 2 ou 3 dents au sommet. .... **Série 7** → p. 135.
    ⊙ Feuilles entières ou quelques-unes à 2 ou 3 dents au sommet. .... **Série 8** → p. 135.

    ⊙ Pas à la fois ces caractères;
      •• Pétales dont la moitié inférieure est en coin aigu (exemple : G). .... **Série 9** → p. 116.
      •• Pétales ovales arrondis à la base et au sommet. .... **Série 10** → p. 116.

  ⊕ Plante n'ayant pas à la fois ces caractères.
    ↘ Feuilles nettement divisées. .... □ Tiges non régulièrement feuillées sur toute leur longueur; feuilles bien guttérement plus longues que le calice. □ Étamines à peu près de la longueur du calice.

    ↘ Tige non régulièrement feuillées sur toute leur longueur [exemples: LI, MJ.].

Série 1

Série 3

□ Tube du calice *sans poils* OP;

○ Calice entièrement *poilu-glanduleux* B; [Ne pas confondre les sépales avec les bractées supérieures.]

□ Tube du calice à *poils glanduleux* B, R.

○ Calice dont la partie libre des sépales est *sans poils* R; étamines plus grandes que les pétales R;
[Rochers; fl. roses; 5-20 c.; j.-jt.; v.]

△ Pétales *plus courts* que les sépales; tiges fleuries partant d'une touffe de feuilles ME, plus larges que les supérieures qui sont couvertes de poils glanduleux; fleurs paraissant d'un roux rougeâtre à cause du calice plus grand que les pétales roses.
[Rochers; fl. roses; 5-20 c.; j.-jt.; v.]

△ Pétales *plus longs* que les sépales.

✠ Pétales d'un *jaune-orange*; feuilles de la base à sommet presque en forme de demi-cercle MT;

✠ Pétales d'un *rose violacé*; feuilles en spatule allongée et avec une pointe au sommet F;

⊕ Feuilles bordées de vraies petites dents aiguës et pierreuses CO;

⊕ Feuilles bordées de poils glanduleux CO;

✠ Pétales *blancs* ou d'un *blanc verdâtre*,

⊕ Feuilles bordées de longues glandes pierreuses ressemblant à des dents [exemple : A].

✠ Fleurs *jaunes*; pétales à petites dents AR;

✠ Fleurs *blanches*; pétales entiers C.E, V.L, D. (Parfois calice noirâtre et fleurs ordinairement groupées par 7 à 10 au sommet des tiges; *S. valdensis* DC.; — calice à peine glanduleux C.E, et tiges de moins d'un demi-mm. de diamètre; *S. cæsia* L.)
[Rochers; fl. blanches; 3-12 c.; jt.-s.; v.]

feuilles se recouvrant les unes les autres sur 4 rangs O, ayant une glande pierreuse au sommet, et à cils dirigés vers le bas. [Rochers; fl. roses, devenant violacées, rarement blanches; 6-15 c.; m.-at.; v.]

tiges fleuries à feuilles plates, peu serrées. 24s, p. 388.
[Rochers; fl. violettes, rosées ou blanches; 5-40 c.; j.-at.; v.]

tiges fleuries à feuilles recourbées, brusquement au sommet qui est aplati.
[Rochers; fl. roses; 3-10 c.; jt.-at.; v.]

plante à fleurs en longues grappes, à longs pédoncules et feuillées; feuilles ciliées MT.
[Rochers; 2-5 d.; j.-jt.; v.]

tiges fleuries presque de la base au sommet et sortant d'une grande rosette de feuilles serrées.
[Rochers; 2-5 d.; at.; j.-at.; v.]

feuilles de la base assez allongées C, bien, plus grandes que celles de la tige; peu serrées; inflorescence en grappe très rameuse.
[Rochers; fl. blanches ou pourprées vers la base; 2-9 d.; j.-at.; v.]

Tige fleurie à rameaux portant ordinairement 1 à 3 fleurs AO, d'un blanc verdâtre;

Tiges fleuries à rameaux portant ordinairement *plus de 4 fleurs* LIN blanches; pétales variables Li, LO. (Parfois plante presque sans poils, tige grisâtre et pétales plus de 2 fois plus longs que larges Li, feuille LO; *S. lingulata* Bell; — rarement tige brune et feuilles peu aiguës au sommet LAN : *S. lantoscana* Boiss. et Reut.)

feuilles de la base assez larges AI, en rosette blanchâtres, et couvertes de glandes pierreuses. [Rochers; fl. blanches; 1-3 d.; j.-at.; v.]

feuilles de la base nombreuses.

feuilles renflées vers le haut, poilues glanduleuses, sauf celles de la base qui sont presque sans poils.
[Rochers; fl. jaunes; 3-10 c.; j.-jt.; v.]

feuilles blanches souvent à points pourprés; 2-8 d.; j.-at.; v.]

Saxifraga oppositifolia L.
Saxifrage à feuilles opposées.
Jura, (très rare); Alpes; Auvergne
(très rare); Pyrénées (H^es régions). [S]

Saxifraga biflora All.
Saxifrage à deux fleurs.
Alpes (H^es régions). [S]

Saxifraga retusa Gouan.
Saxifrage retusée.
Alpes, Pyrénées (rare), (H^es régions). [S]

Saxifraga media Gouan.
Saxifrage intermédiaire,
Pyrénées. [S]

Saxifraga mutata L.
Saxifrage changée.
Alpes de la Savoie et du Dauphiné,
Pyrénées (rare). [S]

Saxifraga florulenta Moretti.
Saxifrage à fleurs nombreuses.
Dépt des Alpes-Maritimes (région
alpine; rare). [S]

Saxifraga Cotyledon L.
Saxifrage Cotylédon.
Alpes de la Savoie, Pyrénées (rare).

Saxifraga Aizoon L.
Saxifrage Aizoon.
Montagnes. [S]

Saxifraga longifolia Lap.
Saxifrage à longues feuilles.
Alpes du Dauphiné (très rare) et
méridionales, Pyrénées.

Saxifraga aretioides Lap.
Saxifrage Arétie.
Pyrénées.

Saxifraga diapensoides Bell.
Saxifrage Diapensie.
Alpes, Pyrénées, (H^es régions). [S]

Série 4

(Parfois, 3 pétales seuls tachés d'orange, plus grands que les deux autres et feuilles de la base très allongées : *S. Clusii* Gouan.)
[Endroits humides ; fl. blanchâtres, souvent à taches orangées ; 1-2 d. ; ji.-al. ; v.]

⚹ Feuilles sans bordure membraneuse au bord ST, CL ; feuilles dentées vers le sommet, souvent allongées.

○ Feuilles ayant une bordure membraneuse U, CN, G, HT ;
  ⊕ Limbe ne se prolongeant pas sur le pétiole HT, G ;

  ⊖ Limbe se prolongeant sur le pétiole CN, U.

feuilles presque sans poils ou très poilues HT ; arrondies ou en cœur à la base.
[Endroits humides ; fl. blanches ; 1-4 d. ; j.-al. ; v.]

(Parfois feuilles à limbe arrondi et à pétiole cilié U : *S. umbrosa* L.)
[Endroits humides ; fl. blanches tachées de jaune ou de rouge ; 1-4 c. ; j.-al. ; v.]

feuilles de la base en cœur renversé G. (Parfois feuilles toutes pétiolées et fleurs penchées presque en ombelle : *S. penduliflora* Bast.)
[Bois, pâturages ; fl. blanches ; 2-6 d. ; av.-j. ; v.]

feuilles non en cœur renversé, souvent divisées en trois lobes TR. (Parfois tiges d'un vert presque noir et calice tout à fait en coin à la base : *S. petræa* L.)
[Murs, champs, sables ; fl. blanches ; 2-15 c. ; ms.-m. ; a.]

Série 5

⚹ Plante vivace ayant à la base de nombreuses bulbilles G ;

⊙ Plante annuelle à racine grêle, sans bulbilles à la base TR ;

tige feuillée de la base au sommet, creuse en dedans, à feuilles longuement pétiolées ;
fleurs blanches à points rouges et jaunes.
[Endroits humides ; fl. blanches ; 2-6 d. ; j.-al. ; v.]

tige à poils roux vers le sommet ; feuilles ayant quelques cils à la base.
[Marais tourbeux ; fl. jaunes avec points orangés à la base ; 1-3 d. ; ji.-o. ; v.]

Série 6

⊙ Feuilles arrondies, à larges dents R ;

⊙ Feuilles étroites et allongées AS, B, cils raides ; tiges feuillées ; sépales rapprochées des pétales AS, B. (Parfois feuilles en rosettes très compactes : *S. bryoides* L.)

feuilles non en cœur renversé, souvent divisées en trois lobes TR.

tige feuillée de la base au sommet ...

feuilles bien plus longues que larges, serrées le long de la tige, à cils raides ; tiges longuement courbées.
[Rochers ; fl. plus ou moins laineuses vers le haut.]

Série 7

⊕ Calice à sépales étalés AZ, presque aussi longs que les pétales ;

⊕ Calice à sépales renversés HC ; pétales ayant 3 à 4 fois la longueur des sépales ;

△ Fleurs verdâtres ou d'un rose verdâtre, au moins 4 fois moins longues que la largeur des feuilles de la base. —

△ Fleurs blanches, — □ Pétales plus étroits et un peu plus courts que les sépales / feuilles longuement pédonculées.
[Rochers ; fl. d'un jaune clair ; 5-15 d. ; j.-al. ; v.]

□ Pétales plus longs que les sépales ;
• Fleurs blanches ;
[Rochers humides ; fl. blanches ; 5-19 c. ; jl.-al. ; v.]

✻ Plante verdâtre ... — ○ Fleurs blanches ou jaunâtres, n'étant pas 6 fois moins longues que la largeur des feuilles de la base.

□ Fleurs jaunes ou orangées. — ⊕ Fleurs blanches ou jaunâtres ;

feuilles toutes à la base ; fleurs en grappes par poils groupés assez serrés ; tiges finement laineuses vers le haut.
[Rochers ; fl. plus ou moins laineuses vers le haut.]

✱ Feuilles entières S ou à quelque → Voyez *S. muscoides*, p. 116.
✱ Feuilles à 5-11 nervures principales visibles →
[Rochers humides ; fl. blanches ; 5-12 c. ; jl.-al. ; v.]

✱ Feuilles à 5-11 nervures principales → Voyez *S. muscoides*, p. 116.
✱ Feuilles à 3 nervures principales quand elles sont sèches AD.
[Rochers humides ; fl. blanches ; 2-5 c. ; jl.-al. ; v.]

Fleurs blanches ou jaunâtres, n'étant pas 6 fois moins longues que la largeur des feuilles de la base.

Saxifraga hirsuta L.
Saxifrage velue.
Pyrénées.

Saxifraga stellaris L.
Saxifrage en étoile.
Montagnes ; manque dans le Jura. [S]

Saxifraga cuneifolia L.
Saxifrage à feuilles en coin.
Alpes, Pyrénées. [S]

Saxifraga granulata L.
Saxifrage granulée.
Assez commune, sauf dans le Nord, l'Est, l'Ouest et les plaines méridionales. [S]

Saxifraga tridactylites L.
Saxifrage à 3 doigts.
Très commun. [S]

Saxifraga rotundifolia L.
Saxifrage à feuilles rondes.
Jura, Alpes, Plateau Central ;
Pyrénées. [S]

Saxifraga aspera L.
Saxifrage rude (rare).
Alpes, Auvergne, Pyrénées. [S]

Saxifraga aizoides L.
Saxifrage Faux-Aizoon.
Jura (rare). Alpes, Pyrénées. [S]

Saxifraga Hirculus L.
Saxifrage Œil-de-bouc.
Jura. [S]

Saxifraga hieracifolia W. et K.
Saxifrage à feuilles d'Epervière,
Dépt du Cantal (très rare : Pas-de-Koland). [s]

Saxifraga sedoides L.
Saxifrage sédoïde.

Saxifraga orientales
Saxifrage orientales (très rare).

Saxifraga Faux-Androsace.
Saxifrage Faux-Androsace.
Alpes ; dépt du Cantal (très rare).

Saxifraga androsacea L.
Saxifrage androsacée.
Pyrénées (Htes régions). [S]

Saxifraga planifolia Lap.
Saxifrage à feuilles planes.
Alpes, Pyrénées (rare).(Htesrégn.) [S]

Série 8 : Bractées de la même forme que les feuilles ; fleurs souvent de plus de 1 c. de longueur. (Parfois pétioles à plusieurs nervures principales J, PM et à lobes assez étroits, plus ou moins nombreux : *S. pedatifida* Sm.)

⚘ Fleurs terminant les tiges princi-pales AD ;
[Rochers ; pâturages ; fl. blanches ; 1-3 d. ; j.-s. ; v.]

⚘ Fleurs sur des rameaux situés sur le côté AJ ; étamines-presque égales aux pétales AF ;
[Rochers humides ; fl. blanches ; 1-3 d. ; jt-at. ; v.]

① Plante ayant à la fois les sépales réguliè-rement aigus et les pétales marqués en dehors de 3 ner-vures vertes ou ver-dâtres H ;

feuilles tantôt presque toutes aiguës HP, SC, tantôt presque toutes obtuses, divisées en 3 ou 5 lobes. (Feuilles tiges rampantes, entrelacées, terminées par une pointe et sans bourgeons compacts : *S. luppuoides* L. — feuilles presque toutes à lobes aigus et tiges rampantes sans bourgeons compacts : *S. spoontenaca* Gmel. — feuilles presque toutes obtuses et sans pointes : *S. decipiens* Ehrh. [Rochers ; fl. blanches ; 1-2 d. ; jt.-at. ; v.]

= Fleurs non blanches et feuilles lisses, sans nervures visibles MS ;

feuilles à 3 à 5 lobes, rarement entières MS ; sépales obtus, dont la longueur est environ les deux tiers de celle des pétales.

étamines égalant environ les deux tiers des pétales A ;

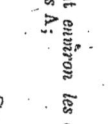

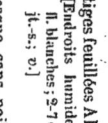

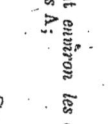

✕ Feuilles sans nervures marquées sur les feuil-les fraîches et à très fines nervures sur les feuilles desséchées G.

MS

G

fl. jaunes, rarement roses ou pourpres ; 9-14 c. ; jt-at. ; v.]
(Parfois tiges souterraines ayant jusqu'à 1 à 2 c. de lon-gueur, nettement ligneuses et feuilles d'un vert clair : *S. pentadactylis* Lap. — tiges semblables aux pré-cédentes et feuilles d'un vert foncé : *S. obscura* GG.)
[Rochers ; fl. blanches ; 2-12 c. ; j.-at. ; v.]

Série 10

① Plante n'ayant pas à la fois les deux caractères précédents.

= Plante n'ayant pas à la fois les fleurs blanches et les feuilles sans nervures visibles.

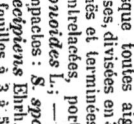

✕ Feuilles à 3-5nervures principales visi-bles sur les feuilles fraîches et deve-nant très saillantes sur les feuilles des-séchées E ; fleurs à pétales dépassant beaucoup les sépales I, EX, N (Calice des fleurs ouvertes ayant, en général, environ 5 mm. de longueur et feuilles de la base presque toutes de plus de 1 c. de longueur : *S. exarata* Vill. — calice des fleurs ouvertes ayant, en général, moins de 5 mm. de longueur et feuilles de la base presque toutes de plus de 1 c. de longueur et feuilles de la base ayant, en général, moins de 1 c. de longueur : *S. intricata* Lap. — feuilles de la base à long pétiole ; pétales souvent à stries rouges : *S. pubescens* Pourr.)
[Rochers ; fl. blanches ou blanc-jaunâtre ; 6-15 c. ; j.-at. ; a.]

I

EX

N

tige à 4 angles ; feuilles à dents, peu marquées ; sommet de la plante jaunâtre.
[Endroits humides ; fl. jaunes ; 1-2 d. ; ms.-j. ; v.]

tige à 8 angles ; feuilles à dents larges et à limbe en cœur à la base ; sommet de la plante jaunâtre.
[Endroits humides ; fl. jaunes ; 1-2 d. ; ms.-j. ; v.]

2. CHRYSOSPLENIUM. DORINE.—
= Feuilles *opposées* O, celle de la base à court pétiole ;

= Feuilles *alternes* A, celle de la base à long pétiole ;

Right column species:

Saxifraga geranioides L.
Saxifrage Faux-Géranium.
Alpes méridionales. (Cévennes ; [S]

Saxifraga ascendens L.
Saxifrage redressée.
Pyrénées (Htes régions).

Saxifraga ajugaefolia L.
Saxifrage à feuilles de Bugle.
Pyrénées (Htes régions).

Saxifraga muscoides Wulf.
Saxifrage Fausse-Mousse.
Jura, Alpes, Pyrénées (Htes régions). [S]

Saxifraga groenlandica L.
Saxifrage du Groënland. [S]

Saxifraga nervosa Lap.
Saxifrage à nervures saillantes.
Alpes, Plateau Central, Pyrénées. [S]

Saxifraga caespitosa L.
Saxifrage cespiteuse.
Vosges, Jura (rare) ; Alpes du Dau-phiné et méridionales, plateau Central, Pyrénées orientales. [S] sub.

Chrysosplenium oppositifolium L.
Dorine à feuilles opposées.
Çà et là, manque dans la plaine médi-terranéenne. [S]

Chrysosplenium alternifolium L.
Dorine à feuilles alternes.
Çà et là, manque dans l'Ouest et les plaines méridionales. [S]

OMBELLIFÈRES

✠ Feuilles épineuses ou bien feuilles entières ou presque entières [exemples : F, H, R, E, EC].

  ⊙ Fruit velu ou couvert de pointes [exemples : P, M, AY, D, T, CC].

    ☐ Fleurs de couleur jaune, jaunâtre, d'un jaune-verdâtre ou d'un blanc-verdâtre.

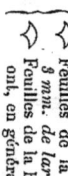

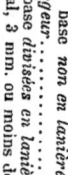

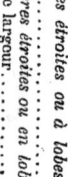

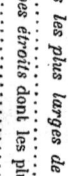

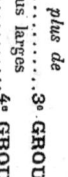

      × Feuilles de la base une fois complètement divisées [exemples : L, V, F, SPH] ou non divisées jusqu'à la nervure du milieu [exemple : SE].

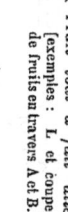

      × Feuilles de la base au moins deux fois complètement divisées [exemples : PE, M, G].

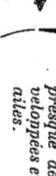

. . . . . **1er GROUPE**, → p. 117.

. . . . . **2e GROUPE**, → p. 118.

✠ Feuilles *ni épineuses ni entières.*

  ⊙ Fruit *ni velu ni couvert de pointes.*

    ☐ Fleurs *blanches, rosées ou rougeâtres.*

⟨ Feuilles de la base non en lanières étroites ou à lobes les plus larges on, en général, 3 mm. ou moins de largeur.

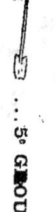

⟨ Feuilles de la base divisées en lanières étroites ou en lobes étroits dont les plus larges . . . . . **3e GROUPE**, → p. 118.

. . . . . **4e GROUPE**, → p. 119.

. . . . . **5e GROUPE**, → p. 120.

✶ Fruit *tout à fait ailé* [exemples : L, et coupes de fruits en travers A et B].

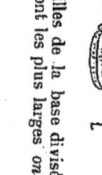

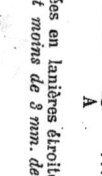

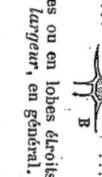

✶ Fruit *non ailé* ou muni de côtes plates presque développées en ailes.

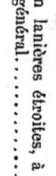

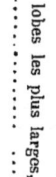

✶ Feuilles de la base divisées en lanières étroites ou en lobes étroits dont les plus larges ont moins de 3 mm. de largeur, en général.

✶ Feuilles de la base non en lanières étroites, à lobes les plus larges, de plus de 3 mm. en général.

. . . . . **6e GROUPE**, → p. 121.

. . . . . **7e GROUPE**, → p. 122.

. . . . . **8e GROUPE**, → p. 123.

1er GROUPE :

⟨ Feuilles *épineuses.*

⟨ Feuilles *entières ou presque entières.*

  = Fleurs en *capitules* [exemples : E, B].

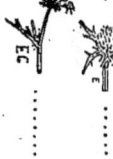

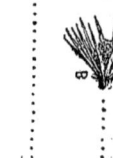

  = Fleurs en ombelles composées EC.

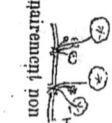

. . . . . **67. ERYNGIUM** *PANICAUT* [6 esp.] → p. 135.

. . . . . **65. ECHINOPHORA** *ECHINOPHORE* [1 esp.] → p. 135.

  :: Feuilles *arrondies et crénelées* H, à pétiole s'attachant au milieu du limbe;

  : Feuilles entières; fleurs *jaunes*; plante ordinairement non aquatique.

  :: Feuilles *entières ou presque entières.*

fleurs *blanches*, plante aquatique.

. . . . . **61. HYDROCOTYLE** *HYDROCOTYLE* [1 esp.].

. . . . . **38. BUPLEVRUM** *BUPLÈVRE* [14 esp.].

2° GROUPE :

+ Fruit prolongé en un long bec P; .... 52. SCANDIX → p. 134. SCANDIX [2 esp.].

+ Fruit sans long bec.

⊕ Fruit velu.

⊕ Fruit entouré d'un rebord plus pâle MX, AP;
  — Fruit aplati; fleurs du pourtour des ombelles à pétales plus développés vers l'extérieur; feuilles de la base n'étant pas 2 fois complètement divisées → Voyez 19. Heracleum, p. 128.
  — .... feuilles velues, celles de la base une fois complètement divisées, à 5-7 divisions .... 21. TORDYLIUM → p. 128. TORDYLE [2 esp.].

⊕ Fruit sans rebord plus pâle.
  — Fruit ovale ou allongé M, CR; feuilles de la base 2 fois complètement divisées.
    ★ Ombelle à rayons très poilus; fruits à poils courts; styles très étalés ou renversés M. .... 28. ATHAMANTHA → p. 129. ATHAMANTHE [1 esp.].
    ★ Ombelle à rayons peu poilus ou sans poils; fruits à poils ou sans poils; styles très courts, plus ou moins dressés.
      ★ Involucre à 0-4 bractées; dents du calice courtes, mais persistant sur le fruit. 33. SESELI → p. 129. SESELI [3 esp.].
      ★ Involucre à plus de 4 bractées; dents du calice allongées, mais tombant tôt. 34. LIBANOTIS → p. 130. LIBANOTIS [1 esp.].

⊕ Fruit couvert de pointes raides plus ou moins dressées à la base.

⟩ Feuilles non en éventail.

○ Fruit sans côtes, terminé en bec pointu et lisse AV. .... 53. ANTHRISCUS → p. 134. ANTHRISQUE [1 esp.].

○ Fruit sans bec pointu.

△ Fleurs jaunes; feuilles divisées en fines lanières; fruit mûr de 7 à 12 mm. de longueur couvert ça et là de pointes assez courtes CC. .... 64. CACHRYS → p. 135. CACHRYS [1 esp.].

△ Fleurs blanches ou roses.
  • Fruit à pointes disposées en lignes régulières du haut en bas du fruit [exemple : C].
    •• Involucre à bractées profondément divisées DC; fruit à pointes raidis [exemple : D] .... 1. DAUCUS → p. 124. DAUCUS [6 esp.].
    •• Involucre à bractées entières ou sans bractées; fruit à pointes disposées en lignes régulières du haut [exemple : C]. .... 2. CAUCALIS → p. 124. CAUCALIS [5 esp.].
  • Fruit à pointes irrégulièrement disposées [exemple : TA]. .... 3. TORILIS → p. 125. TORILIS [3 esp.].

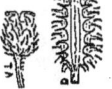

⟩ Feuilles à nervures disposées en éventail SE; inflorescence irrégulière S. .... 68. SANICULA → p. 136. SANICLE [1 esp.].

3° GROUPE :

★ Feuilles de la base une fois complètement divisée.
  • Feuilles poilues; fleurs jaunes. .... 18. PASTINACA → p. 128. PANAIS [1 esp.].
  • Feuilles sans poils; fleurs d'un blanc-verdâtre → Voyez 47 Helosciadium, p. 133.

★ Feuilles de la base au moins deux fois complètement divisées. (→ Voir la suite de l'analyse à la page suivante.)

Suite du 3e groupe : -

✕ Fruit à ailes nettes séparées les unes des autres TH, LE;
  = Feuilles velues à folioles dentelées THA;

 fruit à 4 ailes à peu près égales [TH, coupe du fruit en travers]. TH .... **6. THAPSIA →** p. 125. *THAPSIA* [1 esp.].

  = Feuilles sans poils.

✕ Fruit à côtes tranchantes CRI;

○ Fruit plus de 4 fois plus long que large; CR
  • Fruit à 10 ailes inégales [LE, coupe du fruit en travers]; folioles souvent en losange; fortement dentés au sommet LEV.
  • Fruit à ailes égales; folioles dentées régulièrement sur leur pourtour → Voyez 29. Trochiscanthes, p. 139.

LEV → **9. LEVISTICUM →** p. 126. *LÉVISTIQUE* [1 esp.].

LE .... feuilles charnues divisées en larges lanières CRI; fleurs d'un blanc-verdâtre
  CRI involucre et involucelles à nombreuses folioles ...... **17. OPOPONAX →** p. 128. *OPOPONAX* [1 esp.].

feuilles larges; folioles dentées tout autour ...... **35. BRIGNOLIA →** p. 130. *BRIGNOLIA* [1 esp.].

...... **23. CRITHMUM →** p. 128. *CRITHME* [1 esp.].

○ Fruit moins de 3 fois plus long que large.

✕ Fruit non ailé ou à bordure plate; feuilles non charnues.
  — Feuilles plus ou moins poilues; tiges très poilues à la base.
    • Folioles irrégulièrement dentées ou divisées FLA. → Voyez *Heracleum flavescens*, p. 126.
    • Feuilles régulièrement dentées tout autour 0;

⊙ Plante dont les feuilles ont l'odeur bien connue du persil; fruit à 2 moitiés distinctes PE. ...... **49. PETROSELINUM →** p. 133. *PERSIL* [1 esp.].

⊙ Feuilles à folioles en pointe allongée TR, et à dents terminées par une petite pointe; TR ombelles disposées en grappe composée ...... **29. TROCHISCANTHES →** p. 139. *TROCHISCANTHES* [1 esp.].

FLA → Voyez *Heracleum flavescens*, p. 126.

PAS feuilles larges; folioles dentées tout autour

  — Feuilles et tiges sans poils.
  ⟨ Plante sans odeur de persil.
    ⊕ Feuilles à folioles non à la fois dentées, divisées, de moins de 2 c. de largeur en général.
      + Racines non tubéreuses; feuilles moyennes et non en lanières.
      + Racines renflées en tubercules; feuilles moyennes en lanières étroites → Voyez Œnanthe pimpinelloides, p. 130.

• Fruit aplati et à bordure plate AL; involucre à bractées nombreuses.
• Fruit non aplati et sans bordure; involucre à 1 ou 2 bractées SI...

AL → Voyez *Peucedanum alsaticum*, p. 127.

26. SILAUS → p. 129. *SILAÜS* [2 esp.].

  ⟨ Folioles des feuilles de la base p^r/o^r ordinairement divisées; feuilles moyennes de 2 c. de largeur en général.

  ⟨ Fleurs à folioles non à la fois dentées et allongée et à dents terminées par une petite pointe.

4e GROUPE :

☐ Fleurs franchement jaunes.
  ☐ Calice à 5 dents courtes; pétales aigus souvent à pointe recourbée en dedans; fruit entouré d'une bordure plate, à côtes fines, non aiguës F,N.

⊕ Foliole dentées 0 ou feuilles simples P, en général de plus de 2 c. de largeur. P ...... **62. SMYRNIUM →** p. 135. *SMYRNIUM* [2 esp.].

  ☐ Calice sans dents visibles; pétales comme coupés au sommet, parfois courbés en dedans; fruit entouré d'une bordure plate ou non, à côtes aiguës ou saillantes SG, GRA, FN.

SG ...... **16. FERULA →** p. 127. *FERULA* [2 esp.].

GRA ......

FN ...... **12. ANETHUM →** p. 126. *ANETH* [3 esp.].

☐ Fleurs jaunâtres ou verdâtres, d'un jaune-verdâtre ou d'un blanc-verdâtre. (→ Voir la suite à la page suivante.)

Suite du 4ᵉ groupe :

✱ Feuilles inférieures à folioles disposées en croix CH;
fruit ovale à bords plats; ombelles à 5-15 rayons.......... **15.** PALIMBIA → p. 127.
PALIMBIA [1 esp.].

★ Plante n'ayant pas ces caractères.

  ✱ Feuilles inférieures à folioles très allongées, plus élargies dans leur partie moyenne O;
  fruit aplati, *citadel*, p. 127.
  fruit aplati, entouré d'une bordure plate; fleurs jaunâtres → Voyez Peucedanum offi-cinale, p. 127.
  tiges feuillées à nombreuses ombelles → Voyez Sitaus virescens, p. 129.

  ✱ Feuilles inférieures à lobes non disposés en croix.

    ⊕ Calice à 5 dents développées.
    △ Folioles en lanières presque aussi larges que longues X;.......... **32.** XATARTIA → p. 129. *XATARTIA* [1 esp.].
    △ Folioles non en lanières, plus longues que larges V;

    ⊖ Calice sans dents développées.
    △ Folioles charnues, en lanières de 2 à 4 mm. de largeur environ → Voyez Crithmum maritimum, p. 128.

= Plante poilue et fruit très aplati (exemple : HJ).
  == Feuilles de la base ordinairement de moins de 10 c. .... **47.** HELOSCIADIUM → p. 133. *HELOSCIADIE* [2 esp.].
  == Feuilles de la base de plus de 10 c. .... **39.** SIUM → p. 132. *BERLE* [2 esp.].

5ᵉ GROUPE :

★ Plante aquatique à tiges rampantes ou souterraines allongées et portant çà et là des racines, à tiges plongées dans l'eau.

★ Plante n'ayant pas ces caractères.

• Fleurs du pourtour de l'ombelle à pétales extérieurs bien plus grands que les autres; fruit en boule CO.
• Fleurs du pourtour non à pétales bien plus grands; fruit allongé ou ovale HE, IN.
  == Pétales entiers, ovales en pointe → Voyez 24. Endressia, p. 128.......... **19.** HERACLEUM → p. 128. *BERCE* [2 esp.].
  ×× Pétales en forme de cœur → Voyez 46. Ptychotis, p. 133.
  × Pétales entiers, ovales en pointe.......... **5.** CORIANDRUM → p. 125. *CORIANDRE* [1 esp.].

○ Calice à 5 dents (au moins dans les fleurs stamino-pistillées).
||
○ Plante n'ayant pas à la fois ces deux caractères.
○ Calice à dents non visibles.

•• Ombelle ayant moins de 11 rayons, en général.
• Ombelle terminale ayant 11 rayons, en général.

• Feuilles à nervures en éventail; involucre plus grand que les fleurs FR.
• Feuilles à divisions MA, MI.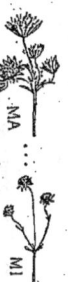
  ⊕ Feuilles ayant plus larges que larges MA;.......... **66.** ASTRANTIA → p. 135. *ASTRANTIE* [1 esp.].
  ⊕ Feuilles à divisions 6 à 10 fois plus longues que larges FR; pistil ou étamines souvent ovales.......... **45.** FALCARIA → p. 133. *FALCAIRE* [1 esp.].
  ⊕ Feuilles très divisées EN; fruit ovale à côtes saillantes, à styles allongés.......... **24.** ENDRESSIA → p. 128. *ENDRESSIE* [1 esp.].

involucre à nombreuses bractées → Voy. **41.** Ca-
Fum., p. 132.

× Lanières disposées presque perpendiculairement et comme verticillées V; ombelle sans involucre; feuilles à lobes assez courts et écartés les uns
× Lanières des feuilles non disposées comme fig. V → Voyez **40.** Pimpinella, p. 132.
× Lanières disposées latéralement et comme verticillées V;
× Lanières des autres → Voyez **40.** Pimpinella, p. 132.

— Feuilles de la base divisées en lobes étroits, qui ont moins de 3 mm. de largeur → Voyez **40.** Pimpinella, p. 132.
— Feuilles de la base à lobes larges, de plus de 3 mm. de largeur.
(→ Voir la suite à la page suivante.)

Suite du 5e groupe :

✷ (Feuilles de la base à folioles dentées dans la partie supérieure GR.

(Feuilles de la base à folioles dentées, souvent pétiolées, en coin à la base ; tige creuse, à profonds sillons ;

pétales entiers AG. .... **50.** APIUM → p. 133. *CÉLERI* [1 esp.].

.... **44.** SISON → p. 133. *SISON* [2 esp.].

✷ Feuilles de la base à folioles dentées presque tout autour SA, PS, PM. P; pétales plus ou moins échancrés.

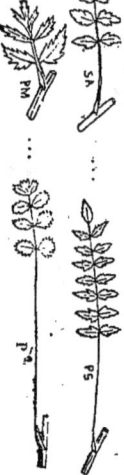

⌢ Involucre et involucelles à 1-3 bractées ; ombelle à rayons très inégaux.

.... **40.** PIMPINELLA → p. 132. *BOUCAGE* [3 esp.].

⌣ Ombelle sans involucre et sans involucelles, à rayons peu inégaux.

6° GROUPE :

★ Fruit à 8 ailes développées [L, coupe d'un fruit ; G, exemple de fruit] :

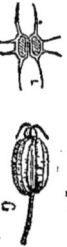

involucre et involucelles à nombreuses bractées....... **7.** LASERPITIUM → p. 125. *LASER* [6 esp.].

★ Fruit à 6 ailes développées et 4 petites Cl ;

involucre ayant 6 à 9 bractées inégales....... **59.** MOLOPOSPERMUM → p.134. *MOLOPOSPERME* [1 esp.].

Calice à 5 dents.

★ Fruit à 10 ailes peu développées.

• Feuilles de la base à lobes les plus petits de plus de 4 mm. de largeur, poilues çà et là sur les nervures et sur les bords ;

fruit à côtes crénelées AU....... **58.** PLEUROSPERMUM → p.134. *PLEUROSPERME* [1 esp.].

•• Feuilles de la base à lobes les plus petits, de 2 mm. au moins de largeur, sans poils.

= Feuilles de la base à lobes écartés les uns des autres TE ;

= Feuilles de la base à lobes peu écartés les uns des autres FE ;

involucre à bractées non divisées ou non développées....... **31.** DETHAWIA → p. 129. *DETHAWIE* [1 esp.].

involucre à bractées divisées → Voyez **27.** Ligusticum, p. 129.

✷ Fruit à 2 ailes développées OR ;

⌢ involucre à environ 30 à 40 rayons, sans involucre....... **14.** IMPERATORIA → p. 127. *IMPÉRATOIRE* [1 esp.].

⌣ involucre à bractées peu nombreuses ou sans bractées....... **10.** ANGELICA → p. 126. *ANGÉLIQUE* [3 esp.].

✷ Fruit à 4 ailes développées, [exemple : A];

⌢ lobes des feuilles peu divisés CA. → Voyez **25.** Meum, p. 198.

⌣ lobes des feuilles divisés SC. → Voyez **27.** Ligusticum, p. 129.

Calice à dents non visibles.

◐ Ombelle à plus de 25 rayons, en général ; fruit à 10 ailes peu développées CN ; 239. p. 288.

◔ Fruit à 10 ailes égales ou inégales. [exemple : CN, S].

□ Fruit de plus de 4 mm. de longueur.

△ Fruit dont 2 ailes sont plus développées que les autres S ;

— Pétales échancrés au sommet → Voyez **27.** Ligusticum, p. 129.

— Pétales aigus au sommet → Voyez **25.** Meum, p. 198.

□ Fruit de moins de 4 mm. de largeur.

△ Fruit à 4 ailes égales.

11. SELINUM → p. 126. *SÉLIN* [1 esp.].

— Ombelle en fleur à involucre à bractées presque aussi longues que les rayons SIM et bordées de blanc.

...**22.** GAYA → p. 198. *GAYA* [1 esp.].

◔ Ombelle à moins de 25 rayons, en général.

□ Fruit à 10 ailes égales.

— Ombelle sans involucre ou involucre à quelques bractées n'ayant pas les caractères précédents....... **25.** MEUM → p. 128. *MEUM* [2 esp.].

⊕ Calice à *dents non visibles.*   ⊕ Calice à *5 dents.*

⟡ Fruit à 10 côtes plates, presque développées en ailes.

⟡ Feuilles de la base à lobes écartés les uns des autres TE; ✱ Feuilles de la base à lobes peu écartés les uns des autres FE;

☉ Plante complètement plongée dans l'eau à feuilles toutes en lanières très fines H.

involucre à bractées *non divisées ou non développées* → Voyez 31. Dethawia, p. 199.

involucre *à bractées divisées* ....27. LIGUSTICUM → p. 129.
LIGUSTIQUE [2 esp.].

✱ Fruit à côtes non plates ni presque développées en aile, parfois entouré d'un bord plat.

☉ Plante non complètement plongée dans l'eau.

• Fruit entouré d'un rebord plat; ombelle à 6-50 rayons.............→ Voyez 47. Helosciadium, p. 133.

• Fruit non entouré d'un rebord plat; ombelle à 3 à 5 rayons MI......20. WENDTIA → p. 198.
WENDTIA [1 esp.].

☉ Fruit complètement aplati.

• Pétales profondément divisés en deux HET.

⊖ Dents du calice s'accroissant avec le fruit [exemples : L, PEU]......13. PEUCEDANUM → p. 196.
PEUCEDAN [8 esp.]

⊖ Dents du calice ne s'accroissant pas avec le fruit → Voyez 46. Ptychotis, p. 133.

☉ Fruit ovale, non complètement aplati.

•• Pétales peu échancrés.

⊖ Involucelle ayant 3 à 12 bractées.............37. ŒNANTHE → p. 139.
ŒNANTHE [7 esp.].

⊖ Involucelle ayant 0 à 3 bractées; feuilles en lanières étroites à bords parallèles TR.............55. Seseli, p. 159.
CONOPODIUM → p. 134.
CONOPODE [1 esp.].
41. CARUM → p. 132.
CARUM [3 esp.].
48. TRINIA → p. 133.
TRINIA [1 esp.].

◻ Fruit à styles dressés DE;
◻ Fruit à styles écartés l'un de l'autre ou renversés BB;

Plante ayant à la base un, ou plusieurs bulbes arrondis.

△ Fleurs toutes sans étamines ou toutes sans pistil, feuilles en lanières étroites à bords parallèles TR.............48. TRINIA → p. 133.

△ Fleurs ayant à la base à la fois étamines et pistil.

⊖ Involucre à bractées divisées; pétales très profondément divisés; ombelle à rayons très nombreux M.

⊖ Involucre à bractées divisées ; pétales très profondément divisés; ombelle à rayons très nombreux M.

✱ Fruit très aplati, avec une bordure plate [exemples : PL, PA].

Involucelle à 3 bractées renversées CY, et plus longues que l'ombelle;

— Ombelle ayant 2 à 7 rayons; fruit doublement globuleux Dl.............4. BIFORA → p. 135.
BIFORA [1 esp.].

Plante sans bulbes arrondis.

⊖ Involucre à bractées non divisées.

✗ Fruit très aplati.

✗ Involucelle non à 3 bractées renversées.

— Ombelle à 7 rayons, en général.

• Feuilles de la base à lobes très étroits et comme verticillés V.
+ Racine non épaissie en fuseau : pétales ....36. ÆTHUSA → p. 130.
ÆTHUSE [1 esp.].

• Feuilles de la base à lobes très divisés, sans apparence de verticilles ;
+ Racine épaissie en fuseau ayant une ligne brune sur le dos...
+ Racine non épaissie en fuseau; pétales sans ligne brune sur le dos → Voyez 41. Carum, p. 132.

fruit ovale renflé, à côtes arrondies.............43. AMMI → p. 133.
AMMI [2 esp.].

fruit ovale renflé, à côtes arrondies → Voyez 13. Peucedanum, p. 126.

✗ Fruit non aplati.

298, p. 388.

→ Voyez Ligusticum pyrenaicum, p. 129.

8ᵉ GROUPE :

✠ Calice à 5 dents.

○ Pétales entiers ; ombelle ayant 14 à 25 rayons ; styles très allongés → Voyez 24. Endressia, p. 128.

○ Pétales plus ou moins échancrés.

△ Fruit non très plat.

= Involucre à 0-2 bractées.

— Feuilles n'ayant pas ces carac- tères ; calice persistant au sommet du fruit.

⊙ Pétales profondément divisés HET; ombelle à 3-10 rayons ;

□ Feuilles de la base à foliotes d'environ 3-5 c. de largeur à peu près aussi larges que longues, arrondies au som- met TR ;

plante d'environ 8 à 16 décimètres; ombelle involucellée à bractées en filets étroits. **8. SILER →** p. 126. *SILER* [1 esp.].

TR

□ Feuilles de la base à foliotes irrégulièrement divisées ou en- → Voyez 37. Œnanthe, p. 130.

involucelle à bractées en filets étroits. **46.** **PTYCHOTIS →** p. 133. *PTYCHOTIS* [1 esp.].

⊙ Pétales peu pro- fondément di- visés ; plante aquatique.

HET

plante d'environ 8 à 16 décimètres ; ombelle involucelle à 15-25 rayons.

□ Feuilles de la base à foliotes régulie- rement dentées CV, et de 2 à 6 c. de longueur, en général... **51. CICUTA →** p. 133. *CICUTAIRE* [1 esp.]

cv

⊙ Pétales profondément divisés HET, HET

— Ombelle ayant 25 à 40 rayons, en général ; coupe du fruit montrant les graines non courbées vers la cloison MON.

MON

→ Voyez 34. Libanotis, p. 130.

— Ombelle ayant 10 à 24 rayons, en général ; coupe du fruit montrant les graines courbées vers la cloison AO......

AO

60 PHYSOSPERMUM → p. 134. *PHYSOSPERME* [1 esp.].

= Involucre à plus de 2 bractées.

⊕ Involucre à bractées divisées ; ombelle à rayons nombreux V.

V

→ Voyez 43. Ammi, p. 133.

• Plante ayant l'odeur bien connue du cerfeuil ; presque sans pédoncules comme opposées aux feuilles.

• Plante ayant une odeur d'anis ; fruit de 18 à 25 mm. de longueur, ovale, allongé MY.

MY

54. CEREFOLIUM → p. 134. *CERFEUIL* [1 esp.].

57. MYRRHIS → p. 134. *MYRRHE* [1 esp.].

• Plante ni à odeur de cerfeuil ni à odeur d'anis ; fruit allongé, de moins de 18 mm. de longueur ; [exemples : AS, HIR]

AS

HIR

59. CHÆROPHYLLUM → p.134. *CHÉROPHYLLE* [5 esp.].

⊕ Involucre à bractées non divisées.

⊕ Involucelle et involucelle à 3 bractées renversées et plus longues que l'ombellule → Voyez 36. Æthusa, p. 130.

= Ombelle à 2-7 rayons et fruit doublement globuleux DI.

DI

cu

→ Voyez 4. Bifora, p. 125.

⊕ Involucre et involucelle à bractées renversées CM; fruit à côtes onduleés...... **63. CONIUM →** p. 135. *CIGUË* [1 esp.].

⊕ Ombelle n'ayant pas à la fois les invo- lucres et les invo- lucelles à bractées renversées ;

• Foliotes des feuilles de la base régulie- rement dentées Æ. **42. ÆGOPODIUM →** p. 133. *ÉGOPODE* [1 esp.].

Æ

• Foliotes des feuilles de la base irrégulièrement divisées →Voy. 40.Pimpinella,p.132.

✠ Calice à dents non visibles.

△ Fruit très aplati :

{ • Plante sans poils ; fruit entouré d'une bordure plate → Voyez 13. Peucedanum, p. 126.
{ • Plante poilue ; fruit sans bordure plate → Voyez 19. Heracleum, p. 128.

△ Fruit non très plat.

⟨ Fruit non terminé en bec au sommet, ou allongé et rétréci au sommet. [exemples : CE, MY, AS, HIR].

⟨ Fruit terminé en bec au sommet, ou allongé et rétréci au sommet. [exemples : CE, MY, AS, HIR].

⟨ Fruit non terminé en bec au sommet ni allongé ni rétréci.

⟨ Fruit non terminé en bec au sommet ni allongé ni rétréci.

⟨ Fruit très aplati et entouré d'une bordure plate.

⊕ Involucelle à bractées.
⊕ Involucelle à bractées.

⊕ Involucelle n'ayant pas à la fois ces deux caractères.

⊕ Involucelle à la fois ces deux caractères.

= Plante n'ayant pas à la fois ces deux caractères.

= Plante n'ayant pas à la fois ces deux caractères.

1. DAUCUS. *DAUCUS.* —

Fruit mûr de plus de 10 mm. de longueur ; fleur du centre de l'ombelle non pourprée ; plante annuelle. [Endroits incultes ; fl. blanches ; 3-5 d. ; a.]

Ombelle *pouvant avoir jusqu'à 15 c. de diamètre* ; fleurs du pourtour très grandes ; ombelle très dilatée à la base des rayons ; fruit allongé MX à aiguillons blanchâtres ou pourprés. [Endroits incultes ; fl. blanches ; 8-15 d. ; av.-j. ; a.]

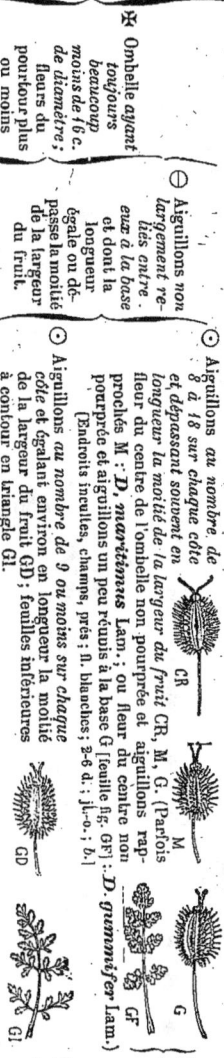

Fruit mûr de *moins de 10 mm.* de longueur.

Ombelle *ayant toujours beaucoup moins de 16 c. de diamètre*, fleurs du pourtour plus ou moins grandes ; plante de 2-10 d.

Aiguillons non largement reliés entre eux à la base et dont la longueur égale ou dépasse la moitié de la largeur du fruit.

Aiguillons au nombre de 8 à 18 sur chaque côté et dépassant souvent en longueur la moitié de la largeur du fruit du centre non pourprée et aiguillons un peu réunis à la base G [feuille fig. GF] : *D. gummifer* Lam.
[Endroits incultes, champs, prés ; fl. blanches ; 3-6 d. ; ju.-o. ; b.]

Aiguillons au nombre de 9 ou moins sur chaque côté et égalant environ en longueur la moitié de la largeur du fruit GD ; feuilles inférieures à contour en triangle Gl. [Endroits incultes ; fl. blanches ; 3-10 d. ; j.-jt. ; b.]

Aiguillons *largement réunis entre eux à la base.*

Fruit dont les aiguillons sont *tous réduits à de simples dents* (10 à 20 dents sur chaque côté) ; fruit ovale elliptique. [Endroits incultes ; fl. blanches ; 3-4 d. ; j.-jt. ; b.]

Fruit *de 2 sortes,* les uns (au nombre de 8-9 par côté) dont la longueur est environ la moitié de la largeur du fruit, les autres (au nombre de 10-14 par côté) réduits à de simples dents ; ombelles petites étalées S. [Endroits incultes, rochers ; fl. blanchâtres ; 5-10 d. ; m.-j. ; b.]

Daucus muricatus L.
Littoral de la Prov.... (rare).

Daucus épineux.

Daucus maximus Desf.
Dép⁼ du Var et des Alpes-Mari-times.

Daucus Carota L.
Daucus Carote (Carotte).
Très commun. [S]

Daucus Gingidium L.
Littoral de la Méditerranée (rare).

Daucus dentatus Pers.
Dép⁴ des Bouches-du-Rhône (très rare : Marseille).

Daucus siculus Ten.
Daucus de Sicile.
Littoral de la Provence.

2. CAUCALIS. *CAUCALIS* —

Fleurs du pourtour à pétales *les extérieurs bien plus grands que les autres* [exemple : CG] ; bractées de l'involucre membraneuses sur les bords GA ; aiguillons sans étoile au sommet GR.

Involucre à bractées *non membraneuses MR* ;

Ombelle à *moins de 4 rayons P*; pétales externes des fleurs extérieures moins de 5 fois plus longs que ceux des fleurs du centre ; feuilles toutes assez semblables ; fruits souvent roussâtres. [Champs ; fl. blanches ou roses ; 2-4 d. ; j.-jt. ; a.]

Ombelle à *4 rayons ou plus* CG ; pétales extérieurs des fleurs extérieures environ 10 fois plus longs que ceux des fleurs du centre ; fruit à aiguillons plus ou moins crochus GR, souvent d'un jaune clair. [Champs ; fl. blanches ; 1-4 d. ; j.-jt. ; a.]

Fleurs du pourtour à pétales *à peu près de la même grandeur que les autres* ; fruit à aiguillons sans étoile au sommet GR.

Involucre sans bractées ou à bractées membraneuses ; fruit à aiguillons allongés [exemple : L].

plante d'un aspect cendré, très velue, à divisions des feuilles très rapprochées ; fruit souvent roussâtre. [Sables ; fl. blanches ou roses ; 5-20 c. ; m.-jt. ; a.]

Involucre à bractées triangulaires et terminées par de très petites pointes en étoile Mj ;

Ombelle ayant *2 à 4 bractées* ; feuilles *2 fois divisées* L ; (Parfois fruits à aiguillons couverts de petites aspérités dures, droits et en pointe au sommet ; *C. leptophylla* L.)
[Champs ; fl. blanches ou rougeâtres ; 1-4 d. ; j.-jt. ; a. ou b.]

Caucalis platycarpos L.
Caucalis à fruits plats.
Midi.

Caucalis grandiflora L.
Caucalis à grandes fleurs.
Midi ; plus rare ailleurs, surtout vers le Nord. [S]

Caucalis maritima Gouan.
Caucalis maritime.
Littoral de la Méditerranée.

Caucalis latifolia L.
Caucalis à larges feuilles.
Assez commun, sauf dans le Nord.
[Rst. et le Sud-Est. [S]

Caucalis daucoides L.
Caucalis Faux-Daucus.
Assez commun. [S]

3. TORILIS. *TORILIS.* —

□ Ombelle sur des rameaux *plus courts* que l'ombelle, TN ;

involucelles à bractées dépassant les fleurs ; plante à poils appliqués.
[Champs ; fl. blanches ou rosées ; 1-4 d. ; av.-j. ; *a.*]

TN

□ Ombelle sur des
rameaux *plus
longs* que l'om-
belle.

△ Fruit couvert d'*aiguillons courbes* terminés par une pointe TA ; involucre à 4-6 bractées ; styles sans
poils ; feuilles de la base à divisions très découpées et étalées.
[Bois, haies, chemins ; fl. blanches ou rougeâtres ; 2-8 d. ; m.-jt. ; *b.*]

△ Fruit couvert d'*aiguillons droits* ; crochus au sommet ; involucre ayant,
en général, 0 à 4 bractées. (Parfois fruit n'ayant d'aiguillons presque que
d'un côté et feuilles supérieures, en général, simples et entières H ; **T. heterophylla** Guss.) [Endroits incultes ; fl. blanches ; 1-5 d. ; m.-at. ; *a.* ou *b.*]

4. BIFORA. *BIFORA.* —
fleurs extérieures à pétales bien plus grands **R** : **B. radians** Bab.)

(→ Voyez fig. DI, p. 122). Feuilles toutes presque semblables ; fruit plus ou moins chagriné. (Parfois
[Champs ; fl. blanches ; 1-4 d. ; av.-j. ; *a.*]

5. CORIANDRUM. *CORIANDRE.* —
assez semblables ; plante à odeur forte. [Champs, chemins ; fl. blanches, rosées ou rougeâtres ; 1-4 d. ; j.-jt. ; *a.*]

(→ Voyez fig. CO, p. 130). Fruit à côtes bien marquées ; styles recourbés sur le fruit ; feuilles toutes

H

TR

R

6. THAPSIA. *THAPSIA.* —
de 1 à 3 dixièmes de mm. de largeur.

(→ Voyez fig. THA, TH, p. 119). Feuilles supérieures n'ayant que les gaines développées ; ombellules à rayons
[Endroits incultes ; fl. jaunes ; 5-10 d. ; jt.-at. ; *v.*]

7. LASERPITIUM. *LASER.* —

◇ Feuilles à *folioles entières* S ;

foliolcs à nervure principale saillante ; nervures les plus fines en réseau translucide.
[Bois, prés ; fl. blanches ; 4-14 d. ; jt.-at. ; *v.*]

S

◇ Feuilles à *folioles
dentées* ou à 3
lobes au sommet.

⊙ Involucre à *nombreuses bractées persistantes* ;
fruit à ailes souvent ondulées L ;

folioles, en général, de plus
de 38 mm. de largeur, dentelées LL.
[Bois ; fl. blanches ; 5-15 d. ; jt.-at. ; *v.*]

⊙ Involucre à *1 à 8 bractées tombant
tôt* ; fruit à ailes plates N ;

foliolcs,
terminales en coin à la base.
[Bois ; fl. blanches ; 5-13 d. ; jt.-at. ; *v.*]

folioles, en général, de moins de 35 mm. de largeur, les

L

N

295, p 288.

◇ Feuilles à *fo-
lioles pro-
fondément
divisées.*

⊕ Foliolcs à di-
visions de
plus de 2 mm.
de largeur,
en général.

⊙ Foliolcs à di-
visions de
3-8 d. j.-jt. ; *v.*]
[Rochers, coteaux ;

ombelle, en général,
de 38 mm. de largeur,
diamètre, en général ;
PA.

styles recourbés horizontalement. [Prés ; fl. blanches ; 2-6 d. ;
j.-at. ; *v.*]

⊕ Foliolcs à divisions très étroites PA, de
moins de 2 mm. de largeur ;

PA

L

GL

⊕ Foliolcs à di-
visions de
plus de 2 mm.,
de largeur,
en général.

⊙ Foliolcs à di-
visions de

= Fruit *sans poils*
entre les ailes G ;

ombelle des fruits mûrs de plus de 8 c. de
diamètre, en général. fl. blanches ou rosées ;
[Rochers, coteaux ;
3-8 d. j.-jt. ; *v.*]

= Fruit *poilu entre*
les ailes PR ;

ombelle des fruits mûrs de moins de 8 c. de
diamètre, en général.
[Prairies, bois ; fl. blanches ; 5-12 d. j.-at. ; *v.*]

G

PR

8. SILER. *SILER.* — (→ Voyez fig. TR, p. 123). Feuilles glauques en dessous, à pétiole aplati; plante ayant 15 à 30 rayons.

✕ Feuilles très divisées en segments étroits P; plante ordinairement de moins de 4 décimètres;
    ombelle à 3-10 rayons inégaux, sans poils. [Prairies.; fl. blanches; 4-3 d.; jt.-s.; v.]
    Siler trilobum *Scop.*
    Siler à 3 lobes.
    Lorraine; dép.¹ des Basses-Alpes (très rare).

9. LEVISTICUM. *LÉVISTIQUE.* — (→ Voyez fig. LEV, LE, p. 119). Involucre et involucelle à bractées renversées; tige creuse à rameaux souvent opposés.
    [Bois, prés; fl. jaunes; 10-20 d.; jt.-s.; v.]
    Levisticum officinale *Koch.*
    Lévistique officinale.
    Cultivé et rarement subspontané. [S]

10. ANGELICA. *ANGÉLIQUE.* —

✕ Feuilles très divisées en segments étroits P; plante ordinairement de moins de 4 décimètres;

  ☐ Ombelle principale ayant moins de 35 rayons, en général; feuilles inférieures à divisions nettement séparées AS.
    [Bois, prés; fl. blanches; 5-16 d.; jt.-at.; v.]
    Angelica silvestris *L.*
    Angélique sauvage.
    Commun, sauf dans la région méditerranéenne. [S]

  ☐ Ombelle principale ayant plus de 35 rayons, en général; feuilles inférieures à divisions se rejoignant à la base R.
    [Prés; fl. roses, devenant souvent blanches; 5-11 d.; jt.-at.; v.]
    Angelica Razulii *Gouan.*
    Angélique de Razouls.
    Pyrénées.

Feuilles non divisées en segments étroits; plante ordinairement de plus de 4 décimètres.
    Angelica pyrenaea *Spreng.*
    Angélique des Pyrénées.
    Vosges, Plateau Central, Pyrénées.

11. SELINUM. *SÉLIN.* — (→ Voyez fig. S, SC, p. 121). Involucre à 0-4 bractées; involucelle à nombreuses folioles; tige à angles amincis et translucides.
    [Bois, prés; fl. blanches; 5-19 d.; jl.-s.; v.]
    Selinum carvifolia *L.*
    Sélin à feuilles de Carvi.
    Assez rare; manque dans le Sud-Ouest et la région méditerranéenne. [S]

12. ANETHUM. *ANETH.* —

✾ Pétales échancrés SE.
    SE ⬡ fruit SG aplati perpendiculairement à la séparation des carpelles;
    SG feuilles supérieures sur une gaine souvent plus courte que le reste de la feuille.
    [Endroits incultes; fl. blanches ou rosées; 5-15 d.; jl.-at.; a.]
    Anethum graveolens *L.*
    Aneth odorant.
    Centre, Ouest, Midi (et cultivé). [S]

  ☐ Fruit aplati parallèlement à la séparation des scarpelles [GRA, GR, coupe du fruit en travers];
    GRA feuilles supérieures sur une gaine souvent plus longue que le reste de la feuille.
    [Endroits incultes, champs; fl. jaunes; 3-11 d.; jt.-at.; a.]
    Anethum Foeniculum *L.*
    Aneth Fenouil (Fenouil).
    Assez commun (souvent subspontané ou naturalisé et cultivé). [S]

✾ Pétales entiers.
    △ Fruit non aplati [FN, coupe du fruit en travers]; FN ⬤
    Anethum segetum *L.*
    Aneth des moissons.
    Région méditerranéenne (rare).

13. PEUCEDANUM. *PEUCÉDAN.* —

◯ Feuilles de la base divisées en lanières étroites .... *Série 1* → p. 127.

◯ Feuilles de la base non en lanières étroites, à divisions principales écartées les unes des autres .... *Série 2* → p. 127.

— Fleurs jaunâtres; ombelle principale ayant, en général, 12 à 24 rayons plus ou moins inégaux; feuilles divisées en folioles nombreuses (O, fragment de feuille); rameaux supérieurs souvent opposés. [Prés; fl. jaunâtres; 5-12 d.; jt.-s.; v.]

△ Fleurs jaunâtres; involucre de l'ombelle étalé; plante d'un vert foncé.
[Prés secs, coteaux; fl. jaunâtres; 5-15 d.; jt.-at.; v.]

— Fleurs blanches.

✱ Fruit mûr égal au pédoncule ou un peu plus court Pa.;

✱ Fruit mûr plus de 2 fois plus court que le pédoncule Pl;

○ ombelles principales souvent à moins de 20 rayons.
[Bois, prés secs fl. blanches; 7-12 d.; jt.-s.; v.]

○ ombelle principale souvent à plus de 20 rayons.
[Endroits humides; fl. blanches; 8-12 d.; jt.-s.; v.]

○ Involucre à bractées, en général, ciliées; feuilles à folioles profondément divisées; styles très courts sur le fruit AL;
[Bois, prés; fl. blanches; 5-10 d.; at.-s.; v.]

273, p. 388.

○ Involucre à bractées, en général, caduques; feuilles à folioles profondément divisées; feuilles souvent nombreuses sur une inflorescence générale allongée.

△ Fleurs blanches.

○ Involucre à bractées nombreuses.

= Feuilles de la base à pétiole commun formant une ligne brisée OR;

= Feuilles de la base à pétiole commun droit.

✱ Folioles ovales, dentées C, à dents terminées par une pointe fine.
[Prés, bois; fl. jaunâtres; 5-15 d.; jt.-at.; v.]

✱ Folioles profondément divisées AUS, non dentées.
[Prés; fl. blanches; 5-15 d.; jt.-s.; v.]

288, p. 388.

fruit presque circulaire; feuilles vertes en dessous et en dessus.
[Bois, prés; fl. blanches; 3-12 d.; at.-s.; v.]

14. IMPERATORIA, IMPÉRATOIRE. — (→ Voyez fig. OR, p. 121). Feuilles de la base à folioles pédonculées et ayant, en général, 5 à 10 c. de largeur, dentelées, d'un vert clair; fruit bien moins long que le pédoncule.
[Prés; fl. blanches ou rougeâtres; 4-12 d.; j.-at.; v.]

15. PALIMBIA, PALIMBIE. — (→ Voyez fig. CH, p. 120). Involucre à folioles peu nombreuses et inégales; fruit plus long que le pédoncule; feuilles à divisions étroites et allongées.
[Prés humides; fl. d'un blanc jaunâtre ou verdâtre; 3-9 d.; jt.-s.; v.]

16. FERULA, FÉRULE.

✱ Involucre non développé; ombelle du centre ayant 20 à 40 rayons; fruit gros [N, grandeur naturelle].

(Parfois fruits plus gros que fig. N, et feuilles glauques en dessous, à segments assez larges G:
F. glauca L.)
[Endroits incultes; fl. jaunes; 5-20 d.; jt.-at.; v.]

✱ Involucre développé; ombelle, du centre ayant 5 à 12 rayons; fruit assez petit.
[F, grandeur naturelle].

[Rochers, sables; fl. jaunes; 3-8 d.; jt.-at.; v.]

Peucedanum officinale L.
Peucedan officinal.
Çà et là; manque dans le Nord et l'Est.
[S]

Peucedanum parisiense DC.
Peucedan de Paris.
Nord (rare). Centre, Plateau Central. Ouest, Sud-Ouest (rare).
[S]

Peucedanum palustre Mœnch.
Peucedan des marais.
Çà et là; manque dans le Midi. [S]

Peucedanum alsaticum L.
Alsace; Centre, Ouest (très rare),
Plateau Central, Sud-Est. [S]

Peucedanum Cervaria Lap.
Peucedan Herbe-aux-Cerfs.
Montagnes et çà et là, surtout dans le Midi. [S]

Peucedanum venetum Koch.
Peucedan de Vénétie.
Région méditerranéenne (rare).

Peucedanum Oreoselinum Mœnch.
Peucedan Oréosélin.
Assez commun, sauf dans le Nord, l'Ouest et le Midi. [S]

Peucedanum austriacum Koch.
Peucedan d'Autriche.
Dépt de la Haute-Savoie (rare). [S]

Imperatoria Ostrutium L.
Impératoire Ostrutium.
Montagnes (manque dans le Jura). [S]

Palimbia Chabræi DC.
Palimbie de Chabrey.
Est, Centre; rare ou manque ailleurs.
[S]

Ferula nodiflora L.
férule à fleurs nodales.
Région méditerranéenne.
Ferula Ferulago L.
férule Férulago.
Dépt du Var et des Alpes-Marit.
(rare).

17. OPOPONAX. *OPOPONAX*. — (→ Voyez fig. O, p. 119). Folioles crénelées sur les bords et pétiolées de 2 à 4 c. de largeur, en général ;
ombelles sur des rameaux allongés et verticillés vers le haut.
[Rochers, sables ; fl. jaunes ; 6-12 d.; j.-at.; v.]

Opoponax Chironium *Koch.*
Opoponax de Chiron.
Région méditerranéenne.

18. PASTINACA. *PANAIS*. — (→ Voyez fig. PA, p. 118). Feuilles à folioles très distinctes, ovales, dentelées tout autour et lobées,
(Parfois tige arrondie et ombelles toutes presque égales : **P. urens** Requien.)
[Prés, endroits incultes, champs et jardins ; fl. jaune ou d'un jaune verdâtre ; 6-12 d.; jt.-at.; b.]

Pastinaca sativa L.
Panais cultivé.
Communn. [S]

19. HERACLEUM. *BERCE*. —

⊕ Fleurs d'un jaune verdâtre, à fleurs extérieures presque
semblables aux autres ; pétales peu échancrés FL ;
[Rochers, prés ; fl. blanches ; 1-3 d.; j.-at.; v.]

feuilles à lobes larges ou rarement très étroits, dentelées ; ombelle à
8-16 rayons, en général.
[Prés ; fl. d'un jaune verdâtre ; 8-12 d.; j.-at.; b.]

Heracleum flavescens *DC*
Berce jaunâtre.
Plateau Central.

⊕ Fleurs blanchâtres, à fleurs extérieures dont les pétales externes
sont bien plus grands que les
autres ; pétales très échancrés SH;
[Prés ; fl. blanches ou d'un blanc verdâtre ;
8-15 d.; j.-o.; b. ou v.]

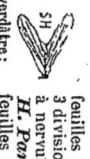

feuilles très variables, à 5 divisions principales SPH ; à
3 divisions principales ou toutes réunies A. (Parfois feuilles
à nervures en éventail et pétales extérieurs très distincts :
H. Panaces L. ; — parfois feuilles inférieures simples, et
feuilles velues. en dessous : **H. pyrenaicum** Lam. ; — rarement feuilles
inférieures simples A, presque sans poils : **H. alpinum L.**)

Heracleum Spondylium L.
Berce Spondyle.
Communn, sauf dans le Plateau Central
et le Midi. [S]

20. WENDTIA. *WENDTIA*. — (→ Voyez.fig. MI, p. 132). Feuilles de la base très longuement pétiolées, à folioles pétiolées, d'un vert clair ;
tiges plus ou moins couchées sur le sol.

Wendtia minima *N.*
Wendtia minime.
Alpes du Dauphiné et méridio-
nales (Hautes régions) (rare).

21. TORDYLIUM. *TORDYLE*. —

□ Fruit à rebord *très peu crénelé* MX;

feuilles à foliole terminale souvent bien plus longue que large. [Endroits incultes, champs ;
fl. blanches, les extérieures rougeâtres en dessus ; 3-10 d., jt.-at.; a.]

Tordylium maximum L.
Tordyle élevé.
Assez commun, sauf dans le Nord et
l'Est. [S]

□ Fruit à rebord *fortement crénelé* AP;

feuilles à foliole terminale ovale, peu allongée. [Endroits incultes, champs ; fl. blanches ; 1-7 d.;
m.-j.; a.]

Tordylium apulum L.
Tordyle d'Apulie.
Région méditerranéenne(très rare).

22. GAYA. *GAYA*. — (→ Voyez fig. SIM, p. 131). Feuilles de la base à longs pédoncules et à lobes très divisés ; une seule feuille, ou aucune
feuille au-dessus des feuilles de la base. [Prés ; fl. blanches ou pourprées ; 5-10 c.; jt.-s.; v.]

Gaya simplex *Gaud.*
Gaya simple.
Alpes (Htes régions). [S]

23. CRITHMUM. *CRITHMUM*. — (→ Voyez fig. CR, CRI, p. 119). Plante charnue, glauque, sans poils ; ombelle souvent à plus de 10 rayons.
[Sables, rochers ; fl. d'un blanc verdâtre ; 1-3 d.; jt-s.; v.]

Crithmum maritimum L.
Crithme maritime.
Littoral de l'Océan et de la
Méditerranée.

24. ENDRESSIA. *ENDRESSIE*. — (→ Voyez fig. EN, p. 130). Fleurs en ombelle dense ; feuilles presque toutes à la base ; plante sans poils ;
ombelle à nombreux rayons. [Prés ; fl. blanches ; 3-30 c.; at.-s.; v.]

Endressia pyrenaica *Gay.*
Endressie des Pyrénées.
Pyrénées orientales.

25. MEUM. *MEUM*. —

≡ Feuilles de la base à dernières divisions *étroites*,
et fines de la base au sommet AT;

ombelle à rayons très inégaux. [Prés ; fl. blanches ; 1-4 d., jt.-at.; v.]

Meum athamanticum *Jacq.*
Méum Faux-Athamanthe (Fenouil des
Montagnes.
Montagnes. [S]

≡ Feuilles de la base à dernières divisions
aplaties, ovales en pointe MU ;

ombelle à rayons peu inégaux. [Prés ; fl. blanches ou roses ; 1-3 d.; jt.-at.; v.]

Meum Mutellina *Gærtn.*
Méum Mutelline.
Alpes, Auvergne (Htes régions). [S]

26. SILAUS. SILAÜS. —

— Involucre à 1 ou 2 bractées; feuilles de la base à divisions non très étroites V, de plus de 2 mm. de longueur.
[Prés humides; fl. jaunâtre; 5-10 d.; jt-at.; v.]

— Involucre à 5-9 bractées; feuille de la base à divisions très étroites V, de moins de 2 mm. de longueur, en général.
[Prés; fl. verdâtres; 4-10 d.; j.-at.; v.]

27. LIGUSTICUM. LIGUSTIQUE. —

: Involucre à 1-5 bractées pour la plupart profondément divisées FER;
29s, p. 388.

· Involucre à nombreuses bractées entières PY;

28. ATHAMANTHA. ATHAMANTHE. — (→ Voyez fig. CR, p. 118). ... général est presque en triangle, à divisions très veinées; fleurs ne donnant pas de fruit, pour la plupart,
[Prés, rochers; fl. blanches; 10-15 d.; at.-s.; v.]

feuilles à dernières divisions écartées les unes des autres, presque à angle droit.
FER [Prés, rochers; fl. blanches; 1-4 d.; j.-jt.; v.]

PY feuilles à dernières divisions rapprochées les unes des autres.
[Prés, rochers; fl. blanches; 2-7 d.; j.-at.; v.]

feuilles à dernières divisions rapprochées les unes des autres.

29. TROCHISCANTHES. TROCHISCANTHE. — (→ Voyez fig. TR, p. 119). Feuilles à folioles de côté prolongées sur le pétiole commun, veinées; fleurs no donnant pas de fruit, pour la plupart. [Rochers, prés; fl. d'un blanc verdâtre; 8-30 d.; jt.-at.; v.]

30. CNIDIUM. CNIDE. — (→ Voyez fig. CN, CA, p. 121). Pétales échancrés; feuilles d'un vert clair, les supérieures à pétiole entièrement dilaté en gaine. [Rochers, prés; fl. blanches; 8-12 d.; jt.-at.; v.]

31. DETHAWIA. DETHAWIE. — (→ Voyez fig. TE, p. 121). Involucre à 1-3 bractées; feuilles de la base très nombreuses, au dessus des débris des feuilles de l'année précédente; feuilles luisantes. [Rochers; fl. blanches; 1-5 d.; jt.-s.; v.]

32. XATARTIA. XATARTIE. — (→ Voyez fig. X, p. 190). Tige courte et grosse, creuse à l'intérieur; ombelle à 12-40 rayons très inégaux; fruit non aplati. [Rochers, éboulis; fl. d'un jaune verdâtre; 1-3 d.; at.-s.; v.]

33. SESELI. SÉSÉLI. —

△ Feuilles à lobes en fines lanières E, sans sillon en dessus;

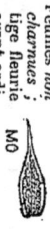

× Feuilles charnues, tige fleurie, très rameuse dès la base, et ombelles ayant plus de 10 rayons; feuilles supérieures simples, réduites à une seule lanière; ombelles de 3-7 rayons; tige divisée en rameaux dès la base.
[Endroits incultes; fl. blanchâtres; 3-6 d.; at.-s.; v.]

× Feuilles non charnues; tige fleurie ayant ordinairement chacune moins de 10 ombelles; involucelle à bractées plus ou moins membraneuses avec une étroite bande verte au milieu CL, et feuilles à divisions étalées CO: S. car-

feuille moyenne sur une gaine très large [Rochers, endroits incultes; fl. blanchâtres; 2-5 d.; jt-at.; v.]

△ Feuilles à lobes ou moins plus aplati ayant, en général, en dessus un sillon en dessus (exemple: MN).

Silaus pratensis Bess.
Silaüs des prés (Cumin des prés).
Commun, sauf dans le Nord.[S]

Silaus virescens Boiss.
Silaüs verdâtre.
Côte-d'Or, Auvergne (rare).

Ligusticum ferulaceum All.
Ligustique Fausse-Férule.
Nueva, Alpes du Dauphiné et méridionales (H^{tes} régions).[S]

Ligusticum pyrenaeum Gouan.
Ligustique des Pyrénées,
Pyrénées.

Athamantha cretensis L.
Athamanthe de Crète.
Côte-d'Or, Nueva; Alpes, Cévennes, [S]

Trochiscanthes nodiflorus Koch.
Trochiscanthes à fleurs nodales.
Alpes (rare). [S]

Cnidium apioides Spreng.
Cnide Fausse-Ache.

Dethawia tenuifolia Endl.
Dethawie à feuilles fines.
Pyrénées centrales.

Xatartia scabra Meissn.
Xatartie scabre,
Pyrénées orientales (rare).

Seseli montanum L.
Séséli des montagnes.
Commun, sauf dans le Nord et le Nord-Ouest. [S]

Seseli tortuosum L.
Séséli tortueux.
Région méditerranéenne.

Seseli elatum L.
Séséli élevé.
Région méditerranéenne.

34. LIBANOTIS. *LIBANOTIS.* — Feuilles d'un vert foncé; ombelle à rayons plus ou moins poilus; fruit assez souvent couvert de petits poils Bl. (Parfois involucre dont les bractées sont tombées quand les fruits sont mûrs et fruits ayant quelques petits poils; tiges anguleuses : *L. athamantoides* DC; — parfois involucre comme le précédent et fruit sans poils C; tige presque arrondie : *L. Candollei* Lange). [Bois, rochers; fl. blanches; 1-12 d.; jl.-at.; b.]

35. BRIGNOLIA. *BRIGNOLIA.* — (→ Voyez fig. CV, p. 122).

36. ÆTHUSA. *ÆTHUSE.* — (→ Voyez fig. CV, p. 119). Folioles les plus grandes de plus de 1 c. de largeur; fruits sur des pédoncules aussi longs ou presque aussi longs que leur involucre qui a les bractées nombreuses et allongées. [Endroits secs; fl. jaunes; 3-7 d.; m.-j.; v.]
ombelle à 5-10 rayons inégaux. [Bois, champs, haies; fl. blanches; 1-12 d.; jl.-j.; v.]

37. ŒNANTHE. *ŒNANTHE.* —

Série 1

✳ Plus de 3 ombellules, par ombelle, donnant des fruits.

✳ 2 ou 3 ombellules seulement, par ombelle, donnant des fruits.

Fleurs d'un blanc jaunâtre; dents du calice sur le fruit mûr plus ou moins repliées en dehors Pl;

• Style environ 9 fois plus court que le reste du fruit mûr PHE

• Style égalant au moins le tiers du reste du fruit mûr [Voyez les figures Pl, CR, L, PEU, S, ci-dessous).
ombelle à nombreuses ombellules PlH
dont toutes les fleurs sont pédonculées; feuilles très divisées P.

Feuilles moyennes à divisions non en lanières Pl;

Feuilles moyennes à divisions en lanières LC, PE.

Tige pleine; styles, en général, moins longs que la moitié du fruit mûr L;

Tige creuse; styles, en général, plus longs que la moitié du fruit mûr PEU, S;

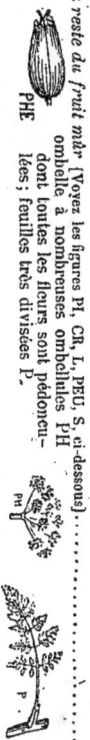

racines renflées en tubercule vers la base PlM; ombelle à 3-12 rayons. [Prés; fl. d'un blanc jaunâtre; 3-7 d.; m.-j.; v.]

racine contenant un suc jaune orangé; styles presque aussi longs que le fruit mûr CR. [Endroits humides; fl. blanches; 8-12 d.; j.-jt.; v.]

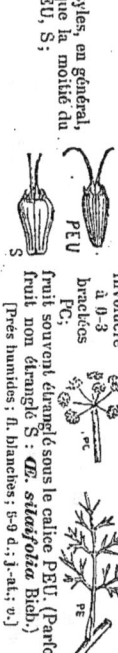

feuilles supérieures à lanières aiguës LC. [Endroits humides, prés; fl. blanches; 5-10 d.; j.-jt.; v.]

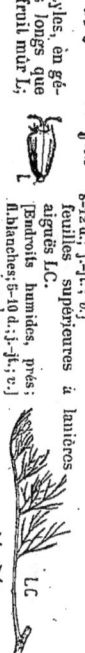

à 0-3 bractées PC; involucre

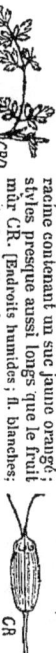

fruit souvent étranglé sous le calice PEU. (Parfois fruit non étranglé S : Œ. silaifolia Bieb.) [Prés humides; fl. blanches; 5-9 d.; j.-at.; v.]

Série 2 : Plante très rameuse, à ombelles ordinairement nombreuses; ombelle sans involucre, ombelle à 7-20 rayons; feuilles toutes de forme assez semblable. [Endroits humides; 5-15 d.; j.-at.; v.]

Fleurs blanches; dents du calice non repliées en dehors [exemples : L, PEU, S].

Styles plus longs que le fruit mûr Fl;

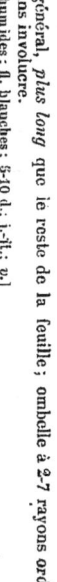

Feuilles moyennes à lanières en divisions CRO;

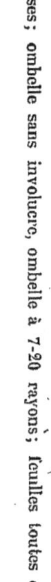

pétiole, en général, plus long que le reste de la feuille; ombelle à 2-7 rayons ordinairement sans involucre. [Endroits humides; fl. blanches; 5-10 d.; j.-jt.; v.]

Série 3

Styles plus courts que le fruit mûr GL;

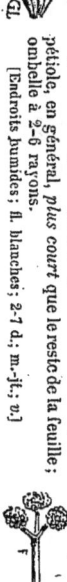

pétiole, en général, plus court que le reste de la feuille; ombelle à 2-6 rayons. [Endroits humides; fl. blanches; 2-7 d.; m.-jt.; v.]

Libanotis montana All.
Libanotis des montagnes.
Montagnes (manque dans les Alpes de la Savoie) et çà et là, sauf dans les plaines méridionales. [S]

Brignolia pastinacæfolia Bertol.
Brignolia à feuilles de Panais.
Dép. du Var (Toulon?)

Æthusa Cynapium L.
Æthuse Ciguë (Petite Ciguë).
Commun, sauf dans la région méditerranéenne. [S]

Série 1 → p. 130.

…Série 2 → p. 130

Série 3 → p. 130.

Œnanthe pimpinelloides L.
Œnanthe Faux-Boucage.
Centre, Nord-Ouest (rare); Ouest, Midi. [S] sub.

Œnanthe crocata L.
Œnanthe safranée.
Nord-Ouest, Ouest, Sud-Ouest.

Œnanthe Lachenalii Gmel.
Œnanthe de La Chenal.
Centre, Ouest et çà et là. [S]

Œnanthe peucedanifolia Poll.
Œnanthe à feuilles de Peucédan.
Assez commun, sauf dans l'Est et la région méditerranéenne. [S]

Œnanthe Phellandrium Lam.
Œnanthe Phellandre.
Commune, sauf dans le Sud-Est, le Plateau Central et la région médiane.

Œnanthe fistulosa L.
Commun, sauf dans les montagnes. [S]

Œnanthe globulosa L.
Œnanthe globuleuse,
Région méditerranéenne.

38. BUPLÈVRUM. BUPLÈVRE. —

⊙ Feuilles à limbe entourant complètement la tige qui semble la traverser R; .... ombelle sans involucre. .... **Série 1** → p. 131.

⊙ Feuilles à limbe n'en-
tourant pas, comp-
lètement la tige; om-
belle ayant un invo-
lucre qui tombe par-
fois après la floraison.

{
— Plante ayant à la fois les caractères suivants : plante vivace à tige souterraine épaisse, bractées de plus de 2 mm. de
  largeur et tiges fleuries peu ou pas rameuses. .... **Série 2** → p. 131.
— Plante n'ayant
  pas à la fois
  ces caractè-
  res.

{
• Plante annuelle, sans tige souterraine développée, ordinairement à racine grêle. .... **Série 3** → p. 131.
• Plante vivace. {
  • Feuilles sur la tige, au-dessus de celles de la base, de moins de 10 mm. de largeur. .... **Série 4** → p. 132.
  • Feuilles sur la tige, au-dessus de la base, de 10 à 30 mm. de largeur. .... **Série 5** → p. 132.

Série 1 : Ombelle à 2-8 rayons; involucelles à bractées terminées en pointe aiguë et plus longues que les fruits. (Parfois à 2-3 rayons, involucelles à bractées très étalées et fruit couvert souvent de petits tubercules : **B. protractum** Link.) [Champs; fl. jaunes; 3-7 d.; j.-jt.; a.]

△ Involucelle à bractées soudées entre elles ST;
.... tige sans feuilles au-dessus des feuilles de la base, et quelques feuilles dans le haut; ombelle
à 3-7 rayons. [Rochers, prairies; fl. jaunes; 1-5 d.; jt.-a.; v.]

△ Involucelle à
bractées
non sou-
dées entre
elles.

{
□ Feuilles à 1 ner-
  vure princi-
  pale, bien
  marquée de
  la base au
  sommet L.

{
• Feuilles du bas de la tige à limbe environ 2 à 4 fois plus
  long que large L; involucelles à bractées terminées par
  une petite pointe. [Rochers, prairies; fl. jaunes; 3-7 d.;
  jt.-at.; v.]
• Feuilles du bas de la tige à limbe environ
  8 à 12 fois plus long que large AN;
  involucelle à bractées échancrées au
  sommet. [Rochers, prairies; 1-5 d.; jt.-at.; v.]

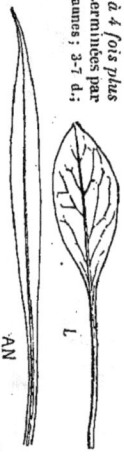

□ Feuilles à
  plusieurs
  nervures
  principa-
  les, bien
  marquées
  RA, P.

{
★ Tiges feuillées sur toute la longueur; feuilles supérieures embrassant presque
  entièrement la tige RA. [Rochers, prairies; fl. jaunes; 1-5 d.; jt.-s.; v.]
★ Tiges, en général, sans feuilles dans plus de la moitié
  inférieure au-dessus des feuilles de la base; feuilles
  supérieures embrassant la tige à moitié P.
  [Rochers, prairies; fl. jaunes; 1-5 d.; jl.-at.; v.]

Série 2

★ Fruit couvert
de petits tu-
bercules
TE, GL.

{
□ Fruit acôles
  saillantes
  TE;
  ombelles sur des rameaux souvent longs T. (Parfois
  ombelles sur des rameaux courts : **B. Columnae**
  Guss.) [Endroits incultes; fl. jaunes; 1-4 d.; jt.-at.; a.]
□ Fruits sans côtes mar-
  quées GL.; .... ombelles souvent rapprochées les unes des autres.
  [Endroits incultes, sables; fl. jaunes; 8-20 c.; m.-j.; a.]

★ Fruit non tuber-
culeux
[exem-
ple: JU].

{
— Bractées de l'involucre les plus grandes
  de plus de 2 mm. de largeur à plusieurs nervures principales A; ....
  involucre à bractées égalant
  presque ou dépas-
  sant les fleurs.
  [Champs, endroits
  incultes; fl. jau-
  nes; 3-10 d.;
  jl.-at.; a.]
— Bractées de l'involucre
  les plus grandes de
  2 mm. au moins de
  largeur, à 0 ou 1 ner-
  vure principale J,
  très rarement 3;
  [Endroits incultes, rochers; fl. jaunes; 5-25 c.; jl.-at.; a.]
  {
  fruit lisse JU. (Parfois involucelle à
  bractées ordinairement plus longues que les rayons de l'ombelle
  G, et fruit mûr à côtes non tran-
  chantes, ayant à peu près la même longueur que le pédoncule; rameaux étalés : **B. Gerardi** Jacq.; — ou involucelle et fruit comme le précédent AF; rameaux dressés :
  B. affine Sadler.)

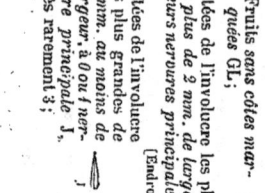

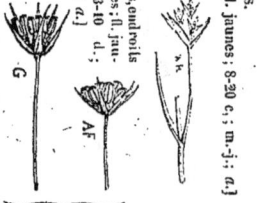

Série 2

Série 3

Key to species (right column)

- **Bupleurum rotundifolium L.** Buplèvre à feuilles rondes (Perce-feuille). Assez commun, sauf dans le Nord; manque çà et là. [S] ..... **Série 1** → p. 131.
- Buplèvre étoilé. Buplèvre stellatum L. Alpes (Hles régions). [S]
- Buplèvre longifolium L. Buplèvre à longues feuilles. Vosges (rare) ; Jura, Alpes de la Savoie et du Dauphiné ; Auvergne (rare). [S]
- Bupleurum angulosum L. Buplèvre anguleux.
- Bupleurum ranunculoides L. Buplèvre fausse-Renoncule. Jura, Alpes, Plateau Central (rare) ; Pyrénées. [S]
- Buplèvre des pierres. Bupleurum petraeum L. Alpes du Dauphiné et méridionales (Hles régions).
- Bupleurum tenuissimum L. Buplèvre très menu. Littoral, Centre et çà et là ; rare dans l'Est.
- Bupleurum glaucum Rob. et Cast. Buplèvre glauque. Littoral de la Méditerranée.
- Bupleurum aristatum Bartling. Buplèvre aristé. Littoral de l'Océan, Région méditerranéenne ; peu commun ailleurs, surtout dans le Nord et l'Est.
- Bupleurum junceum L. Buplèvre à branches de jonc. Sud-Est, Centre, Ouest (rare) ; Plateau Central, Midi.

Série 4

* Involucre à 1-3 bractées F; involucelle à 2-6 bractées FC, GRA. (Parfois fleurs franchement
jaunes; feuilles de la base d'un vert clair et
tiges souvent penchées vers le haut; fruits souvent sur des pédoncules plus longs qu'eux GRA.
GR : **B. graminifolium** Vill.)
[Endroits incultes, fl. jaunes; 4-10 d.; j.-s.; v.]

**** Plante ligneuse, au moins à la base, à feuilles persistantes; rayons de l'ombelle souvent grèles FR.
(Parfois rayons de l'ombelle raides S et devenant épineux → Voyez **B. spinosum** Gouan.)
[Endroits incultes, fl. jaunes; 4-10 d.; j.-s.; v.]

* Plante herbacée.
    * : Involucre à 1-3 bractées F; involucelle à 3-6 brac-
tées FC, GRA.

Série 5

⊕ Arbuste; feuilles à une seule nervure principale saillante F; ombelle à 6-35 rayons.
    — Feuilles coriaces; ombelle à 3-10 rayons → Voyez *B. falcatum*, p. 132.
    — Feuilles non coriaces; ombelle à 2-5 rayons.
[Endroits incultes; fl. jaunes; 3-7 d.; jl.-at.; v.]

* Plante herbacée.
⊕ Plante herbacée.

30. — **SIUM. BERLE. —**
⊖ Feuilles supérieures régulièrement dentées L;
    bractées de l'involucre ordinairement entières; styles étroits. [Ruisseaux, marais,
    fossés; fl. blanches; 5-18 d.; jl.-s.; v.]
⊕ Feuilles supérieures profondément
et irrégulièrement divisées A;
    bractées de l'involucre souvent divisées; styles élargis à la base. [Ruisseaux,
    marais, fossés; fl. blanches; 5-12 d.; jl.-s.; v.]

40. — **PIMPINELLA. BOUCAGE. —**
× Fruits sans poils MA;
styles écartés ou
renversés.
    ⊕ Fruit couvert de poils très étalés, en
    général, roux ou grisâtres; styles dressés P;
    (Souvent foliolés PM et tiges
    creusées de sillons : **P. medyna** L.;
    parfois feuilles très découpées, deux
    fois divisées : **P. dissecta** Retz.)
    [Prés, rochers; fl. blanches ou rosées; 4-10 d.; m.-at.; v.]
    ⊕ Fruit couvert de poils blancs, presque appliqués; styles
    écartés l'un de l'autre et rejetés en dehors T;
    feuilles inférieures à folioles arrondies et en cœur,
    feuilles supérieures à folioles ovales en cœur ou en coin.
    [Rochers; fl. blanches; 4-4 d.; j.-l.; v.]

41. CARUM. CARUM. —
❁ Fruit velu P, T.
    ⊖ Feuilles inférieures divisées en lanières qui sont
    comme verticillées autour du pétiole V;
    tiges ligneuses à la base; feuilles inférieures
    à folioles ovales en cœur ou en coin.
    [Endroits humides, bois; fl. blanches; 3-7 d.; j.-s.; v.]
    ⊕ Fruit allongé; tige peu feuillée vers le haut;
    feuilles supérieures ayant souvent à la base de la gaine
    deux petits lobes divisés. [Bois, prés; fl. blanches; 3-7 d.;
    av.-m.; ë.]
❁ Bulbe nettement développé; feuilles inférieures à divisions presque
étalées dans un même plan C;
    feuilles inférieures à divisions presque
    étalées dans un même plan C;
⟋ Pas de
bulbe
net.
⟋ Bulbe nettement développé; feuilles inférieures à contour en triangle B;
tige peu feuillée au-dessus des feuilles de la base.
    [Champs; fl. blanches; 4-5 d.; j.-ji.; v.]

Buplevrum falcatum L.
Buplevrum en faux.
Commun, sauf dans le Nord, l'Ouest,
et la région méditerranéenne. [S]

Buplevrum fruticescens L.
Buplevrum sous-ligneux.
Dépt de l'**Aude** (très rare).

Buplevrum rigidum L.
Buplevrum raide.
Région méditerranéenne.

Buplevrum fruticosum L.
Buplevrum ligneux.
Région méditerranéenne (et sub-
spontané).

Sium latifolium L.
Berle à larges feuilles.
Rare, sauf dans le Nord, l'Ouest, l'Al-
sace et aux environs de Lyon. [S]

Sium angustifolium L.
Berle à feuilles étroites.
Commun. [S]

Pimpinella saxifraga L.
Boucage saxifrage.
Commun. [S]

Pimpinella peregrina L.
Boucage voyageur.
Région méditerranéenne (rare).

Pimpinella Tragium Vill.
Boucage Tragium.
Région méditerranéenne.

Carum verticillatum Koch.
Carum verticillé.
*Centre, Nord-Ouest, Ouest, Sud-
Ouest, Pl. C., Pyr.* (très rare ailleurs).

Carum Carvi L. (Cumin des prés).
Montagnes; çà et là dans l'Est et Centre. [S]

Carum bulbocastanum Koch.
Carum Noix-de-terre (Terre-noix).
Assez commun, sauf Jura et Ouest. [S]

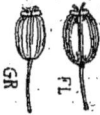

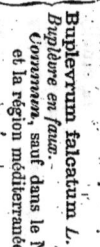

42. ÆGOPODIUM. ÆGOPODE. — (→ Voyez fig. E, p. 123). Feuilles d'un vert clair, à folioles à dents pointues; ombelles latérales ne
formant pas de fruits mûrs.
Près, bois, endroits humides; fl. blanches, parfois rougeâtres; 5-8 d.; m.-jt.; v.] —

43. AMMI. AMMI. —

— Ombelle à rayons peu épais au sommet et non rapprochés
lorsque les fruits sont mûrs M;

— Ombelle à rayons très épais au sommet et formant, à la maturité comme
de petits plateaux de plus de 2 mm. de largeur à la base de l'ombellule;
rayons de l'ombelle très rapprochés lorsque les fruits sont mûrs V;

44. SISON. SISON. —
Feuilles de la base à 5-9 folioles SA; foliole
terminale ordinairement à 3 pointes principales;

★ Feuilles de la base à plus de 9 folioles PS; foliole
terminale ordinairement à 1 pointe principale;

47. HELOSCIADIUM. HÉLOSCIADIE. —

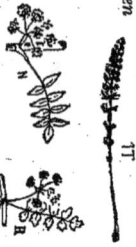

⊕ Feuilles aériennes divisées en
lanières étroites IT;

⊕ Feuilles aériennes non
divisées en lanières
étroites N; pétales
entiers HN.

46. PTYCHOTIS. PTYCHOTIS. — (→ Voyez fig. HET, p. 123). Feuilles très variables, tantôt à lobes dentés, tantôt très divisées en lanières;
ombelles à 5-15 rayons très grêles et sans poils; styles reinversés; tige très rameuse.
[Endroits incultes; fl. blanches; 1-5 d.; jt.-at.; b.]

45. FALCARIA. FALCAIRE. — (→ Voyez fig. FR, p. 120). Plante glauque; ombelle à 7-15 rayons très grêles et lisses; feuilles de la base
entières ou divisées en 3 grandes lobes; feuilles dentées en scie et à bordure membraneuse.
[Champs; fl. blanches; 3-10 d.; jt-at.; v.]

48. TRINIA. TRINIA. — (→ Voyez fig. TR, p. 122). Feuilles supérieures à divisions peu nombreuses; racine épaisse; tige entourée à la base
par les débris des anciennes feuilles. [Endroits secs; fl. blanches; 1-4 d.; av.-j.; b.]

49. PETROSELINUM. PERSIL. — (→ Voyez fig. PE, p. 119). Feuilles de la base à foliolés et dont les dents sont arrondies au
sommet, les supérieures à 3 lobes; ombelle à rayons nombreux. [Champs; fl. d'un jaune verdâtre; 3-10 d.; j.-at.; b.]

50. APIUM. CÉLERI. — (→ Voyez fig. GR, AG, p. 123). Feuilles luisantes à divisions larges; ombelle à pédoncules souvent courts, à 3-12 rayons.
[Endroits salés et champs; feuilles supérieures à gaine bordée de blanc et à 2 lobes; feuilles fins; 2-6 d.; jt.-s.; b.]

51. CICUTA. CICUTAIRE. — (→ Voyez fig. CV, p. 123). Ombelle à 10-25 rayons, ombellules à 20-40 rayons; ombelles sans involucre et invo-
luelles à bractées nombreuses. [Marais, fossés, fl. blanches; 8-14 d.; jt.-s.; v.]

feuilles souvent d'un vert assez clair ou d'un vert glauque.
[Endroits incultes, champs; fl. blanches; 4-9 d.; j.-at.; a.]

pétales profondément divisées en deux. [Endroits humides, haies; fl. blanches; 5-10 d.; jt.-at.; b.]

pétales entiers ou à peine échancrés.
fl. blanches ou rougeâtres; 4-7 d.; jt.-at.; a.]

feuilles d'un vert foncé. [Endroits incultes,
champs; fl. blanches; 4-9 d.; j.-jt.; a.]

calice à dents pointues et souvent courbées en dehors; pétales échancrés.
[Endroits humides; fl. blanches; 6-90 c.; av.-s.; v.]

(Feuilles de la base à folioles un
peu arrondies P, à feuilles souvent à 9 folioles; **H. repens**
Koch; — feuilles inférieures en
lanières HI et ombelles à 2-3 rayons; **H. inundatum** Koch)
[Marais, endroits humides; fl. blanche ou d'un blanc verdâtre; 1-12 d.; jt.-s.; v.]

Ægopodium Podagraria L.
Ægopode Podagraire.
Commun, sauf dans le Centre, l'Ouest
et le Midi. [S]

Ammi majus L.
Ammi élevé.
Ouest, Midi; rare ailleurs. [S]

Ammi Visnaga Lam.
Ammi Visnage.
Midi.

Sison Amomum L.
Sison Amome.
Centre, Ouest; rare ou manque ailleurs. [S]

Sison segetum L.
Sison des moissons.
Centre, Ouest, Sud-Ouest; rare ail-
leurs, surtout dans l'Est et le Sud-Est.

Falcaria Rivini Host.
Falcaire de Rivin.
Centre, Ouest, Sud-Ouest; rare ail-
leurs, surtout dans le Nord. [S]

Ptychotis heterophylla Koch.
Ptychotis à feuilles variées.
Est, Centre, Sud-Est, Midi. [S]

Trinia vulgaris DC.
Trinia vulgaire.
Plateau Central, Sud-Est, Midi;
rare ou manque ailleurs. [S]

Petroselinum sativum Hoffm.
Persil cultivé.
Cultivé et subspontané. [S]

Apium graveolens L.
Céleri odorant.
Littoral, Endroits salés (et cultivé). [S]

Cicuta virosa L.
Cicutaire vénéneuse. (Ciguë aquatique).
Rare; manque dans la région médit. [S]

Helosciadium intermedium DC.
Héloscladie intermédiaire.
Dép. de la Gironde, des Landes et
des Basses-Pyrénées.

Helosciadium nodiflorum Koch.
Héloscladie à feuilles nodales.
Commun. [S]

52. SCANDIX. SCANDIX. —

✗ Fruit dont le bec est 3 ou 4 fois plus long que le reste du fruit PV, H et est aplati parallèlement à la séparation des deux carpelles. [Parfois involucelle à bractées entières et fruit à bec 3 fois plus long que le reste du fruit. H : *S. hispanica* Boiss.] [Champs; fl. blanches; 1-3 d.; m.-j.; v.]

✗ Fruit dont le bec est environ 2 fois plus long que le reste du fruit A ;

bec du fruit aplati perpendiculairement à la séparation des carpelles; involucelle à bractées ayant une large bordure membraneuse. [Champs; fl. blanches; 1-2 d.; m.-j.; a.]

53. ANTHRISCUS. ANTHRISQUE. — (→ Voyez fig AV, p. 118). Ombelles à 3-8 rayons, sur des rameaux très courts; feuilles molles, velues. [Endroits incultes; fl. blanches; 1-4 d.; m.-jt.; a.]

54. CEREFOLIUM. CERFEUIL. — (→ Voyez fig. CE, p. 121). Ombelles à 3-6 rayons poilus, appliquées sur la tige, opposées aux feuilles; tige striée. [Champs; fl. blanches; 3-8 d.; m.-jt.; a.]

55. CONOPODIUM. CONOPODE. — (→ Voyez fig. DE, p. 122). Ombelles à 8-12 rayons; feuilles inférieures ayant ordinairement disparu quand la plante fleurit; fruit un peu plus large à la base qu'au milieu. [Endroits secs; fl. blanches; 1-4 d.; j.-jt.; v.]

56. CHÆROPHYLLUM. CHÉROPHYLLE. — Fruit ayant à la base un anneau de petits poils AS, lisse, luisant, brun à la maturité complète;

✻ Fruit *sans anneau de poils* à la base.

= Pétales ciliés; 30s, p. 388.

= Pétales sans poils.

= Involucre à bractées ciliées.

Involucre à bractées non ciliées B;

Involucelle à bractées peu ou pas membraneuses sur les bords T;

Involucelle à bractées membraneuses et blanches sur les bords A;

Involucelle à bractées très membraneuses et blanches sur les bords H;

racine renflée en tubercule; fruit fortement rétréci au sommet, à styles renversés BU. [Endroits incultes; fl. blanches; 8-20 d.; j.-jt.; b.]

feuilles poilues à folioles ovales CH; fruit souvent mat, allongé TE, plante bisannuelle. [Endroits in-cultes; fl. blanches; 3-10 d.; j.-jt.; b.]

feuilles à lobe terminal long, pointu et profondément denté; plante vivace. [Bois; fl. blanches ou rosées; 5-12 d.; j.-jt.; v.]

fruit allongé à axe se divisant au som- visant souvent au som- net, seulement HIR. [Parfois fruit se divisant complètement V : C. Villarsii Koch. [Bois, prés; fl. blanches ou rosées; 3-10 d.; j.-at.; v.]

feuilles ciliées surtout sur les nervures, luisantes. [Bois, prés; fl. blan-

57. MYRRHIS. MYRRHIS. — (→ Voyez fig. MY, p. 123). Fruit luisant et comme verni; plante ayant l'odeur de l'anis; feuilles d'un vert

58. PLEUROSPERMUM. PLEUROSPERME. — (→ Voyez fig. AU, p. 121). Styles renversés sur le fruit; ombelle ayant 13 à 45 rayons clair, poilues. [Prairies; fl. blanches; 6-12 d.; j.-jt.; v.]

59. MOLOPOSPERMUM. MOLOSPERME. — (→ Voyez fig. CI, p. 121). Feuilles d'un vert clair, très grandes; involucre à folioles inégales; tige creuse; racine épaisse. [Bois, rochers; fl. blanches; 9-25 d.; jt.-at.; v.]

60. PHYSOSPERMUM. PHYSOSPERME. — (→ Voyez fig. AQ, p. 123). Feuilles d'un vert clair, à divisions en coin à la base et fortement dentées au sommet; involucre et involucelles à nombreuses folioles.

Scandix Pecten-Veneris L.
Scandix Peigne-de-Vénus.
Très commun. [S]

Scandix australis L.
Région méditerranéenne.

Anthriscus vulgaris Pers.
Anthrisque vulgaire (Persil sauvage).
Assez commun, sauf dans le Nord-Est, l'Est et la région méditerranéenne. [S]

Cerefolium sativum Bess.
Cerfeuil cultivé.
Cultivé et subspontané. [S]

Conopodium denudatum Koch.
Conopode dénudé.
Nord-Ouest, Ouest, Plateau Central, Pyrénées; rare ailleurs. [S]

Chaerophyllum silvestre L.
Chérophylle sauvage (Cerfeuil sauvage).
Commun. [S]

Chaerophyllum bulbosum L.
Chérophylle bulbeux.
Lorraine, Alsace (rare). [S] sub.

Chaerophyllum temulum L.
Chérophylle penché.
Très commun, sauf dans la région méditerranéenne. [S]

Chaerophyllum aureum L.
Chérophylle doré.
Montagnes; manque dans les Vosges. [S]

Chaerophyllum hirsutum L.
Chérophylle hérissé.
Montagnes. [S]

Myrrhis odorata Scop.
Myrrhis odorante (Cerfeuil musqué).

Pleurospermum austriacum Hoffm.
Pleurosperme d'Autriche.
Alpes (rare). [S]

Molospermum cicutarium DC.
Molosperme Fausse-Ciguë.
Alpes méridionales, Cévennes, Pyrénées (rare). [S]

Physospermum aquilegifolium Koch.
Physosperme à feuilles d'Ancolie.
Mont Viso (très rare).

61. **ECHINOPHORA.** ÉCHINOPHORE. — (→ Voyez fig. EC, p. 117). Feuilles épaisses et glauques, à lobes souvent courbés; calice à dents épineuses; fruit enfoncé dans le réceptacle. [Sables, rochers, coteaux; fl. blanches; 1-5 d.; jt-o.; v.]
→ **Echinophora spinosa L.** *Échinophore épineuse.* *Littoral de la Méditerranée.* [S]

62. **SMYRNIUM.** *SMYRNIUM.* —

▷ Feuilles supérieures divisées en pétioles distinctes O;
ombelle à 5-20 rayons sans poils; feuilles inférieures très divisées; styles renversés sur le fruit. [Près; fl. d'un jaune verdâtre; 3-12 d.; av.-j.; b.]
→ **Smyrnium Olusatrum L.** *Smyrnium Maceron.* *Ouest, Midi.* [S] sub. *Centre, Nord-Ouest* (très rare)

Feuilles supérieures simples et semblant être traversées par la tige R, P;
feuilles supérieures souvent crénelées P; ombelle à 4-12 rayons. (Parfois feuilles supérieures entières R, et feuilles inférieures à gaîne arrondie au sommet: *S. rotundifolium* DC.) [Endroits incultes; fl. d'un jaune verdâtre; 3-7 d.; av.-m.; b.]
→ **Smyrnium perfoliatum L.** *Smyrnium perfolié.* *Dépt du Var et des Alpes-Mar.* [S] sub.

63. **CONIUM.** *CIGUË.* — (→ Voyez fig. CM, p. 123). Tiges ordinairement tachées de pourpre vers le bas; feuilles très divisées, luisantes, molles; tige creuse en dedans. [Endroits incultes; fl. blanches; 5-85 d.; jl.-at.; b.]
→ **Conium maculatum L.** *Ciguë tachée (Grande Ciguë).* *Assez commune, sauf dans le Sud-Est, l'Auvergne et la région méditerranéenne.*

64. **CACHRYS.** *AMARINTHE.* — (→ Voyez fig. CC, p. 118). Feuilles à divisions terminées par une petite pointe; styles allongés et étalés; fruits mûrs jaunâtres. [Endroits incultes; fl. jaunes; 5-12 d.; m.-j.; v.]
→ **Cachrys laevigata Lam.** *Amarinthe lisse.* *Région méditerranéenne.* [S]

65. **HYDROCOTYLE.** *HYDROCOTYLE.* — (→ Voyez fig. H, p.117). Tiges grêles rampantes, rameuses, à racines adventives; fleurs groupées par 3 à 6. [Endroits humides; fl. blanches ou rosées; longueur variable; j.-s.; v.]
→ **Hydrocotyle vulgaris L.** *Hydrocotyle vulgaire (Écuelle d'eau).* *Commun, sauf dans l'Est, le Sud-Est, le Plateau Central et le Midi.* [S]

66. **ASTRANTIA.** *ASTRANTIE.* — Involucres et involucelles à bractées blanches ou roses, presque aussi longs que les fleurs MA, MI; plante sans poils à feuilles luisantes. (Parfois ombelles plus grêles MI et dents du calice obtuses: *A. minor* L.) [Prés, bois; fl. blanches ou pourprées; j.-at.; v.]
→ **Astrantia major L.** *Astrantie grande (Radiaire).* *Montagnes; manque dans les Vosges.*

67. **ERYNGIUM.** *PANICAUT.* —

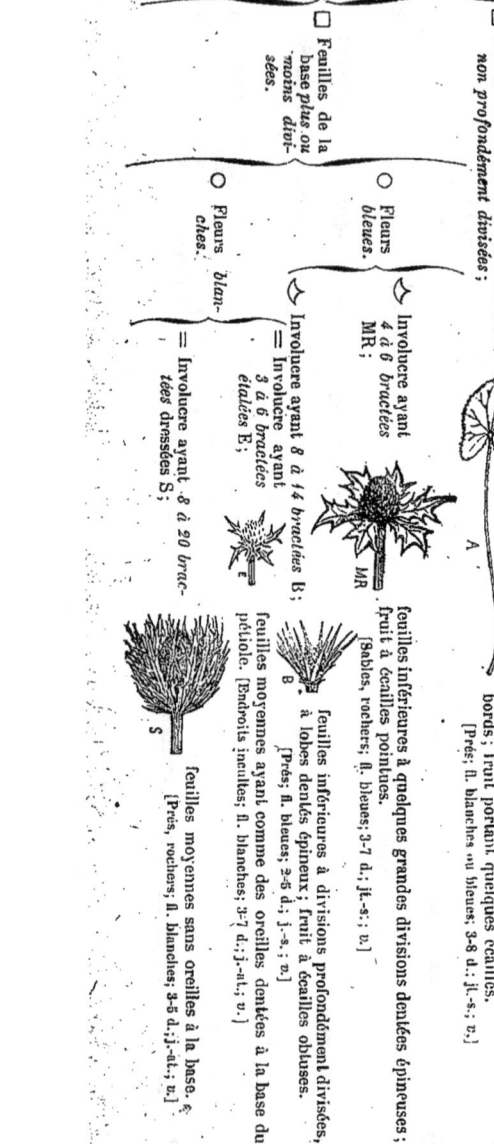

▷ Plante de 3 à 12 centimètres, à capitules nombreux et renfermant peu de fleurs V;
plante d'un vert bleuâtre; feuilles de la base en rosette; fruit arrondi. [Endroits humides; fl. bleues; 3-12 c.; jl.-o.; v.]
→ **Eryngium viviparum Gay.** *Panicaut vivipare.* *Dépt du Morbihan* (rare). [S]

▷ Plante de *2 à 6 décimètres*, en général.

Feuilles de la base en cœur renversé A, non profondément divisées;
{ Fleurs bleues.

Involucre ayant 4 à 6 bractées MR;
involucré à bractées d'un beau bleu, dentées sur les bords; fruit portant quelques écailles. [Près; fl. blanches ou bleues; 3-8 d.; jl.-s.; v.]
→ **Eryngium alpinum L.** *Panicaut des Alpes.* *Jura, Alpes* (rare). [S]

Involucre ayant 3 à 6 bractées étalées E;
involucre à bractées à quelques grandes divisions dentées épineuses; fruit à écailles pointues. [Sables, rochers; fl. bleues; 3-7 d.; jl.-s.; v.]
→ **Eryngium maritimum L.** *Panicaut maritime.* *Littoral de l'Océan et de la Méditerranée.*

Feuilles de la base plus ou moins divisées;
{ Fleurs blanches.

Involucre ayant 8 à 14 bractées B;
feuilles inférieures à divisions profondément divisées, à lobes dentés épineux; fruit à écailles obtuses. [Prés; fl. blanches; 2-5 d.; j.-s.; v.]
→ **Eryngium Bourgati Gouan.** *Panicaut de Bourgat.* *Pyrénées.*

Involucre ayant 8 à 20 bractées dressées S;
feuilles moyennes ayant comme des oreilles dentées à la base du pétiole. [Endroits incultes; fl. blanches; 3-7 d.; j.-at.; v.]
→ **Eryngium campestre L.** *Panicaut champêtre (Chardon Roland).* *Très commun, sauf sur les montagnes.* [S]

feuilles moyennes sans oreilles dentées à la base. [Prés, rochers; fl. blanches; 3-5 d.; j.-at.; v.]
→ **Eryngium Spina-alba Vill.** *Panicaut Épine-blanche.* *Alpes.*

68. SANICULA. SANICLE. — (→ Voyez fig. SE, 5, p. 115). Feuilles toutes ou presque toutes à la base, à lobes en coin. [Bois, fl. d'un blanc rosé.]
en général; 2-6 d.; m.-j.; v.]

Sanicula europaea L.
Sanicle d'Europe.
Assez commun, sauf dans la région méditerranéenne. [S]

HEDERA. LIERRE. — Arbrisseau à feuilles alternes, persistantes, luisantes, grimpant par des racines, transformées en crampons; fleurs en ombelles; fruits noirs. [Rochers, bois; fl. d'un jaune verdâtre; longueur variable; s.-o.; v.]

Hedera Helix L.
Lierre grimpant.
Très commun. [S]

CORNÉES

CORNUS. CORNOUILLER. —

✱ Fleurs paraissant *avant* les feuilles; fruits rouges;

Cornus mas L.
Cornouiller mâle.
Assez rare. [S]

✱ Fleurs paraissant *après* les feuilles; fruits rouges, puis noirs;

Cornus sanguinea L.
Cornouiller sanguin.
Commun. [S]

O Feuilles *développées, à nervures saillantes*, plates, d'environ 5 à 10 c. de largeur; tiges en grandes touffes lâches V, VI.

fleurs en une sorte de grappe composée, sans involucre S. [Bois, haies, fl. blanches;
Cornouiller sanguin.

fleurs en ombelle avec un involucre M. [Bois, haies; fl. jaunes; 5-50 d.; ms.-av.; v.]

LORANTHACÉES

✱ Fleurs paraissant *après* les feuilles;
fruits rouges, puis noirs;

fleurs en une sorte de grappe composée, sans involucre S. [Bois, haies, fl. blanches;

1. VISCUM. GUI. — Feuilles épaisses, arrondies au sommet, opposées; fruits blancs, charnus. [Parasite sur les arbres; fl. jaunâtres; 3-6 d.; ms.-m.; v.]

Viscum album L.
Gui blanc.
Commun; manque çà et là. [S]

1. VISCUM → p. 136.
GUI [1 esp.]

O Feuilles *réduites à de petites écailles* d'environ 1 à 2 mm. de largeur; tiges en petites touffes très serrées A R.

2. ARCEUTHOBIUM. ARCEUTOBE. — Feuilles épaisses, opposées, petites; tiges réunies en touffes très denses.
[Parasite sur le Genévrier; 2-10 c.; s.-o.; v.]

Arceuthobium Oxycedri Bieb.
Arceutobe de l'Oxycèdre.
Provence (rare).

2. ARCEUTHOBIUM → p. 136.
ARCEUTOBE [1 esp.].

CAPRIFOLIACÉES

✼ Feuilles *arrondies et un peu dentelées* BO et tige rampante, ne dépassant pas 1 c. de diamètre.

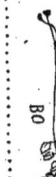

5. LINNÆA → p. 138.
LINNÉE [1 esp.].

✼ Feuilles *simples* ou *dentées.*

 → Feuilles *dentées tout autour ou coriaces et luisantes*; fleurs à tube court.
 3. VIBURNUM → p. 137.
 VIORNE [3 esp.]

 → Feuilles *plus longues que larges.*
 • Feuilles *entières ou rarement à grands lobes arrondis, non coriaces*; fleurs à tube allongé.
 4. LONICERA → p. 137.
 LONICÈRE [8 esp.].

✼ Feuilles *composées de folioles distinctes.*

 — Feuilles à *3 divisions*; fleurs en tête globuleuse A. 
 1. ADOXA → p. 136.
 ADOXA [1 esp.].

 — Feuilles à *folioles nombreuses*; fleurs pédonculées, en inflorescence rameuse.
 2. SAMBUCUS → p. 137.
 SUREAU [3 esp.].

1. ADOXA. ADOXA. — (→ Voyez fig. A, ci-dessus). Feuilles de la base à long pétiole; filets des étamines divisés en deux jusqu'à la base; feuilles à divisions arrondies et terminées par une petite pointe; plante à odeur de musc.
[Endroits frais, fl. verdâtres; 8-15 c; ms.-av.; v.]

Adoxa Moschatellina L.
Adoxa Moschatelline (Herbe musquée)
Assez commun, sauf dans le Sud-Est et surtout le Midi. [S]

2. SAMBUCUS. SUREAU. —

= Plante herbacée ; stipules larges et vertes B ;

feuilles à 5-11 divisions ; feuilles à odeur d'amande amère ; fruits noirs.
[Endroits incultes ; fl. blanches ou rougeâtres ; 8-15 d.; j.-at.; v.]

Sambucus Ebulus L.
Sureau Yèble (Petit Sureau).
Assez commun. [S]

= Arbre ou arbrisseau ; stipules petites N, ou non développées.

• Fleurs disposées en une sorte de corymbe SN et venant s'ouvrir presque en même plan, paraissant après les feuilles; fruit mûr noir.

[Haies, villages; fl. blanches; 1-5 m.; j.-jt.; v.]

Sambucus nigra L.
Sureau noir.
Commun. [S]

• Fleurs disposées en une sorte de grappe composée R, non sur un même plan, paraissant avant ou avec les feuilles; fruit mûr rouge.

Sambucus racemosa L.
Sureau rameux.
Montagnes; planté ou subspontané çà et là. [S]

3. VIBURNUM. VIORNE. —

△ Feuilles entières T, brillantes, persistant pendant l'hiver.

[Endroits incultes; fl. blanches ou rosées en dehors; 1-3 m.; fév.-jt.; v.]

Viburnum Tinus L.
Viorne Tin.
Région méditerranéenne.

△ Feuilles dentées L;

○ Feuilles, finement dentées L; rameaux velus laineux;

fleurs à pétales à peu près égaux; fruit aplati vert, puis rouge, puis noir quand il est mûr.
[Bois, coteaux; fl. blanches; 1-3 m.; m.-j.; v.]

Viburnum Lantana L.
Viorne Lantane (Mancienne).
Commun, sauf dans la plaine méditerranéenne.

○ Feuilles profondément divisées O; rameaux sans poils.

fleurs à pétales inégaux, les fleurs extérieures plus grandes; fruit globuleux, rouge quand il est mûr.
[Bois; fl. blanches; 1-5 m.; j.-jt.; v.]

Viburnum Opulus L.
Viorne Obier (Boule-de-neige).
Commun; rare dans la région méditerranéenne. [S]

4. LONICERA. LONICÉRA. —

□ Feuilles dentées ou divisées, non persistantes.

□ Fleurs groupées ; tiges pouvant s'enrouler autour des arbres ou des arbrisseaux.......................... **Série 1** → p. 137.

□ Fleurs par deux ; tiges dressées, ne s'enroulant pas.......................... **Série 2** → p. 138.

Série 1

◇ Feuilles supérieures situées près des fleurs, toujours libres entre elles P;

feuilles aiguës, allongées; corolle munie de petits poils. [Bois; fl. d'un jaune rosé; longueur variable; j.-at.; v.]

Lonicera etrusca Sant.
Lonicera d'Etrurie.
Sud-Est, Plateau Central, Midi. [S]

○ Groupes de fleurs distants des fleurs supérieures B;

corolle sans poils. [Bois, coteaux; fl. rosées ou jaunâtres; j.-at.; v.]

Lonicera Periclymenum L.
Lonicera Périclymène.
Commun; manque dans la plaine méditerranéenne. [S]

○ Groupes de fleurs placés exactement contre les fleurs supérieures C. (Parfois feuilles coriaces et persistantes et tiges sans poils : *L. implexa* Ait.)

◇ Feuilles supérieures soudées entre elles par leur base.

= Groupes de fleurs placés exactement contre les fleurs supérieures C.

[Bois; fl. rosées ou d'un blanc jaunâtre; longueur variable; m.-j.; v.]

Lonicera Caprifolium L.
Lonicera Chèvrefeuille (Chèvrefeuille des jardins).
Vosges, Pyrénées, Région méditerranéenne. [S]

Série 2

★ Fleurs 3 à 6 fois plus longues que leur pédoncule commun ;

fleurs à pétales presque égaux C ; les deux fruits réunis en un seul, d'un noir bleuâtre. [Bois, broussailles ; fl. jaunâtres ; 5-10 d. ; qv.-c. ; v.]

C

Lonicera cærulea L.
Lonicéra bleu.
Jura, Alpes de la Savoie et du Dauphiné, Pyrénées. [S]

Lonicera pyrenaica L.
Lonicéra des Pyrénées.

⊕ Pédoncule commun à peine plus long que les fleurs P ;

fruits des 2 fleurs soudées par la base, et rouges. [Broussailles ; fl. blanches un peu rosées ; 5-13 d. ; j.-jt. ; v.]

P

Lonicera Pyrenaica L.
Lonicéra des Pyrénées.

★ Fleurs égalant environ leur pédoncule commun ou plus courtes.

⊕ Pédoncule commun des 2 fleurs peu long X ;

feuilles les plus grandes terminées par une pointe aiguë : N ;

fruits des 2 fleurs soudés, en un seul fruit rouge. [Bois, broussailles ; fl. d'un blanc rosé ; 5-15 d. ; m.-j. ; v.]

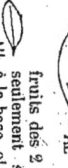

XY

Lonicera alpigena L.
Lonicéra des Alpes.
Montagnes ; manque dans les Vosges. [S]

⊕ Pédoncule commun des 2 fleurs vélu XY ;

feuilles les plus grandes ; sans pointe aiguë N1 ;

fruits des 2 fleurs seulement soudés à la base, et noirs. [Bois, rochers ; fl. d'un blanc rosé ; 6-15 d. ; m.-ji. ; v.]

N

Lonicera nigra L.
Lonicéra noir.
Montagnes. [S]

5. LINNÆA. LINNÉE. — (→ Voyez fig. BO, p. 136).

⊕ Calice à 6 sépales ; corolle à tube allongé S ; fleurs blanches, roses ou violacées ;

⊕ Calice à 4 sépales ; fruits réunis 3 par 3 et formant comme un seul fruit à 3 cornes ; fleurs blanchâtres ou jaunâtres........

fleurs entourées par des feuilles qui forment comme un involucre SA.

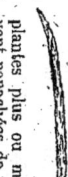

SA

6. CRUCIANELLA → p. 144.
CRUCIANELLE [3 esp.].

5. SHERARDIA → p. 143.
SHÉRARDIE [1 esp.].

3. VAILLANTIA → p. 142.
VAILLANTIE [2 esp.].

moins poilue. [Bois ; fl. blanches striées de rose ; longueur variable ; m.-jt. ; v.]

Calice à sépales distincts ; fruit surmonté par le calice persistantes.

⊕ Calice à sépales distincts ; corolle allongée S ; fleurs blanches, roses ou violacées ;

Feuilles pédonculées ayant quelques dents vers leur partie inférieure ; plante plus ou

feuilles ovales X, molles, d'un vert blanchâtre en dessous. [Bois, haies ; fl. d'un blanc jaunâtre ; 1-2 m. ; m.-ji. ; v.]

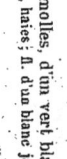

Linnæa borealis L.
Linnée boréale.
Dép. de la Haute-Savoie (très rare). [S]

Lonicera Xylosteum L.
Lonicéra Camérisier.
Commun ; rare ou manque dans le Nord, l'Ouest, et les plaines méridionales. [S]

RUBIACÉES

Calice à sépales non distincts ; fruit non surmonté par les dents du calice.

⊖ Fleurs disposées en épis [exemples : MA, LA] ; chaque fleur entourée de 2 ou 3 bractées ; corolle à tube développé ;

— Corolle nettement en tube à la base AC ; rare.

plantes plus ou moins glauques, à bractées souvent panachées de vert et de blanc...

MA

LA

4. ASPERULA → p. 143.
ASPÉRULE [9 esp.].

6. CRUCIANELLA → p. 144.
CRUCIANELLE [3 esp.].

1. RUBIA. GARANCE. — (→ Voyez fig. RP, ci-dessus). Feuilles à nervures peu saillantes en dessous ; persistantes ; anthères arrondies. (Parfois feuilles dont les nervures forment un réseau saillant en dessous : *R. tinctorum* L.)
[Rochers, bois ; fl. jaunâtres ; 3-12 d. ; j.-at. ; v.]

⊖ Calice à sépales distincts ; dents du calice persistantes.

⊖ Plante n'ayant pas à la fois les fleurs disposées en épis étendu de 2 ou 3 bractées.

— Corolle non nettement en tube à la base [exemple : CS].

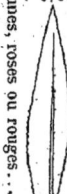

• Fruit charnu, feuilles membraneuses ; plante vivace à fleurs jaunâtres ; feuilles bordées de dents épineuses RP.

• Fruit non charnu, fleurs blanches, jaunes, roses ou rouges.....

1. RUBIA → p. 138.
GARANCE [1 esp.].

2. GALIUM → p. 139.
GAILLET [30 esp.].

RP

Rubia peregrina L.
Garance voyageuse.
Ouest, Midi et çà et là. [S]

2. GALILUM. GAILLET. —

⊙ Feuilles à 1 *nervure principale*, verticillées par 4 ou non.

⊙ Feuilles à 3 *nervures principales*, au moins celles du milieu, verticillées par 4 (exemples : VE, BO, RO).

Série 1

⊕⊕ Fleurs jaunes ou jaunâtres.

⊕⊕ Fleurs rouges.

⚫ Tige, avec poils, mais *sans aiguillons renversés*.

⚫⚫ Tige plus ou moins pourvue d'*aiguillons renversés* sur les angles qui sont rudes au toucher AP.

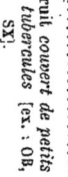

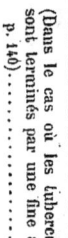

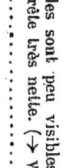

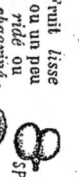

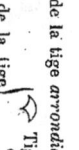

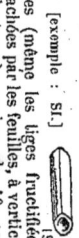

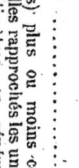

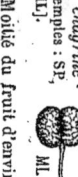

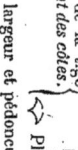

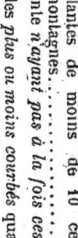

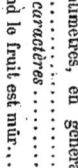

+ Fleurs blanches ou blanchâtres.

+ Fruit couvert de petits tubercules [ex. : OB, SX].

+ Fruit lisse ou un peu ridé ou chagriné [exemples : SP, ML].

△ Moitié du fruit d'environ 3 mm. de largeur et pédoncules *plus ou moins courbés quand le fruit est mûr.*

△ Moitié du fruit de moins de 3 mm. de largeur.

☐ Tiges (même les tiges fructifiées) plus ou moins complétement cachées par les feuilles, à verticilles rapprochés les uns des autres; plantes de moins de 10 centimètres, en général, dans les montagnes.

☐ Base de la tige *arrondie* [exemple : SI.]

☐ Base de la tige ayant des côtes.

(Dans le cas où les tubercules sont peu visibles, les pétales sont terminés par une fine arête très nette. (→ Voyez fig. OBL, p. 140.)

✕ Plante ayant à la fois les tiges fleuries très peu ramifiées (VTI, MR) et les feuilles de moins de 8 mm. de longueur.

✕ Plante n'ayant pas à la fois ces caractères...... **Série 11** → p. 142.

△ Plante n'ayant pas à la fois ces caractères......

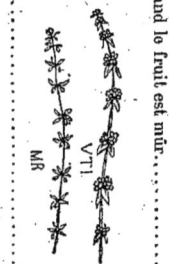

Série 2

△ Pédoncules ayant de petites bractées CR; feuilles ovales et ordinairement ciliées GC;

△ Pédoncules *sans* bractées.

⚫⚫ Plante vivace à tiges souterraines développées ; feuilles arrondies au sommet VE, velues ou plus souvent sans poils.

⚫⚫ Plante annuelle à *racine grêle*, sans tiges souterraines développées ; tige et feuilles velues P; plante d'un vert jaunâtre. [Lieux arides ; fl. jaunâtres ; 6-25 c.; m.-j.; v.]

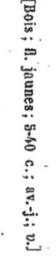

△ Feuilles moyennes 2 à 3 fois plus longues que larges RO;

△ Feuilles moyennes 4 à 5 fois plus longues que larges B, RO ;

⊕ Fleurs jaunes ou jaunâtres ; fleurs parfois sans étamines ou sans pistil......

⊕ Fleurs blanches......

feuilles *souterraines développées* ; feuilles ovales et ordinairement ciliées GC ;

plante d'un vert clair ou jaunâtre. [Bois, prés; fl. jaunes ; 5-90 c.; av.-m.; v.]

fleurs en groupes *peu serrés* et sur des rameaux très fins RO. (Parfois plante couverte de poils : *G. elliptioieum* Willd.) [Bois; fl. blanches; 3-25 d.; m.-jt.; v.]

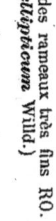

fleurs en groupes *serrés*. [Prés ; fl. blanches; 2-5 d.; jt.-a.; v.]

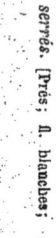

Galium Cruciata Scop.
Gaillet Croisette.

Gaillet du printemps.
Galium vernum Scop.

Commun, sauf dans la plaine méditerranéenne. [S]

Gaillet du printemps.

Alpes, Dauphiné et méridionales, Cévennes (rare) ; *Pyrénées*, Sud-Ouest. [S]

Gaillet du Piémont.
Galium pedemontanum All.
Dép.[ts] de l'Isère, du Var et du Gard (très rare). [S]

Galium rotundifolium L.
Gaillet à feuilles rondes.

Montagnes (manque en Auvergne). [S]

Galium boreale L.
Gaillet boréal.

Montagnes, Côte-d'Or, Sud-Ouest. [S]

Série 1 → p. 139.
Série 2 → p. 139.
Série 3 → p. 140.
Série 4 → p. 140.

Série 5 → p. 140.

Série 6 → p. 140.

Série 7 → p. 141.
Série 8 → p. 141.

Série 9 → p. 142.

Série 10 → p. 142.

✕ Feuilles *charnues, de moins* { ═ *Fleurs tout à fait jaunes* ; feuilles, pour la plupart, un peu enroulées en dessous par les bords,
de 6 mm. de longueur ; { 3 à 4 fois plus longues que larges. (Sables ; fl. jaunes ; 1-2 d.; j-s.; v.]
fruit mûr d'environ 2 mm. {
de largeur. { ═ Fleurs d'un blanc jaunâtre, à feuilles plates ; plante des hautes montagnes → Voyez *G. helveticum*, p. 141.

Galium arenarium Lois.
Gaillet des sables.
Littoral de l'Océan.

Galium verum L.
Gaillet vrai (Caille-lait jaune).
Commun. [S]

✕ Feuilles *non charnues* ayant le { • Fleurs *tout à fait jaunes* ; feuilles, à tige arrondie ou à peine anguleuse ; feuilles 10 à 30 fois
plus souvent plus de 6 mm. { plus longues que larges. V. [Prés ; fl. jaune foncé ; 5-50 c.; j.-o.; v.]
de longueur ; fruit mûr de {
moins de 2 mm. de largeur. { • Fleurs *jaunâtres ou d'un* { — Feuilles verticillées par 6 à 10 → Voyez *G. Mollugo*, p. 141.
{ *jaune très clair* ; tige {
{ nettement à 4 angles. { — Feuilles verticillées par 4 → Voyez *G. pedemontanum*, p. 139.

⊙ Fruit *couvert de longs poils*
MA ;

MA plante d'un aspect gris, toute couverte de longs poils, à rameaux nombreux
portant des fleurs en dessous par les bords.
[Endroits incultes ; fl. rouges ; 2-7 d.; jt.-at.; v.]

Galium maritimum L.
Gaillet maritime.
Région méditerranéenne (rare).

⊙ Fruit
sans
poils.

✿ Feuilles *non charnues*. (Rarement fleurs de moins { ✱ Feuilles *non charnues*, fleurs de moins
2 mm. de largeur, en général ; fruits { de 3 mm. de largeur et fruit brun : *G. corsicum*
sur des rameaux très écartés les uns { Spreng.) [Endroits incultes ; fl. rouges ou rougeâtres ;
des autres. { 1-3 d.; j-at.; v.]

Galium rubrum L.
Gaillet rouge.
Région méditerranéenne. [S]

✿ Feuilles les plus larges ayant plus de { ✱ Feuilles *charnues* ; fleurs blanches en dehors et rosées extérieurement
2 mm. de largeur, en général ; fruits { → Voyez *G. megalospermum*, p. 141.
sur des rameaux très écartés les uns {
des autres. {

RU

✿ Feuilles les plus larges de *moins de 1 mm. de largeur* ; fruits sur des rameaux plus ou
moins dressés PU ; pédoncules des fleurs penchés ou courbés.
[Rochers, endroits incultes ; fl. rouges ; 1-4. d.; at.-s.; v.]

PU

Galium purpureum L.
Gaillet pourpre.
Provence (rare). [S]

○ Pétales aigus SA, mais *non terminés par*
une pointe distincte en arête fine ;

SA

fruit SX couvert de tubercules
très visibles ;

SX

feuilles par 6 ou par
4 GS. [Rochers, prés ; fl.
blanches ; 1-3 d.; j.-at.; v.]

Galium saxatile L.
Gaillet des rochers.
Montagnes (manque dans les Alpes).
Centre, Nord-Ouest, Ouest. [S]

○ Pétales aigus *et terminés par une pointe*
distincte, en arête fine OBL ;

OBL

fruit OB à tubercules parfois
peu visibles ;

OB

[Rochers, prés ; fl. blanches ; 2-7 d.;
jt.-at.; v.]

Galium obliquum Vill.
Gaillet oblique.
*Jura, Alpes, Cévennes, Région
méditerranéenne.*

Série 6 : Plante d'un vert glauque, à pédoncules très fins et longs, écartés les uns des autres ;
tige creuse SI; fruit chagriné SI. (Parfois feuilles 10 à 15 fois plus longues que larges Li ;
G. lævigatum L.) [Bois ; fl. blanches ; 3-11 d.; j.-at.; v.]

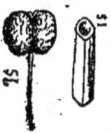

SI

Li

Galium silvaticum L.
Gaillet des forêts.
Montagnes (manque dans le Plateau
Central) ; çà et là dans l'Est et le Midi.
[S]

★ **Fleurs blanchâtres ou d'un blanc sale.**

⊙ Feuilles les plus larges ovales, les allongées n'étant pas plus de 5 fois plus longues que larges MG, E, N, pétales terminés par une pointe GM; tige ayant, en général, plus de 3 d.

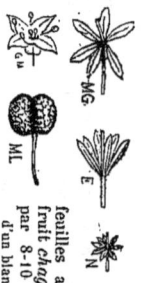

(Parfois fruits sur des rameaux écartés MO et feuilles assez larges : **G. elatum**, Thuill.; — ou fruits sur des rameaux dressés ER et feuilles allongées, E : **G. erectum**, Huds.; feuilles par 6 (MG, E) ou par 8-10 (N). [Bois, prés, sables; fl. blanches ou d'un blanc sale ou jaunâtre; 3-15 d.; m.-at.; v.]

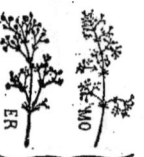

Galium Mollugo L.
Gaillet Mollugine (Caille-lait blanc).
Très commun. [S]

⊕ Feuilles obtuses au sommet et verticillées par 4 à 6 → Voyez **G. palustre**, p. 142.

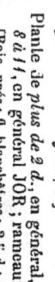

⊕ Feuilles aiguës au sommet et verticillées par 5 à 10 MO, AN; fruit un peu chagriné SIL; pétales aigus GS. [Fleurs tantôt peu nombreuses LA; (Fleurs tantôt à fleurs écartées MO : **G. montanum** Jord.; — tantôt rapprochées AN : **G. anisophyllum** Vill.) (Parfois feuilles couvertes de petites papilles d'un blanc luisant : **G. papillosum** Lap.)
[Prés, rochers, bois; fl. blanches; 1-3 d.; j.-at.; v.]

• Plante de moins de 2 d., d'un vert un peu pâle; hautes régions des Pyrénées.

Galium megalospermum Vill.
Gaillet à gros fruits.
Alpes, Pyrénées.

• Plante de plus de 2 d., en général, feuilles par 8 à 11, en général JOR; rameaux étalés JO. [Bois, prés; fl. blanchâtres; 2-5 d.; j.-jl.; v.]

Galium silvestre Poll.
Gaillet sauvage.
Commun. [S]

⊙ Plante n'ayant pas à la fois les caractères précédents.

= Feuilles verticillées par 6, en général LC;

Galium lucidum All.
Gaillet luisant.
Sud-Est, Région méditerra-
néenne. [S]

= Feuilles verticillées par 7 à 11, en général JOR; fruits sur des pédoncules étalés. [exemple : JO.]

Galium Jordani Loret.
Sud-Est, Médit.

★ **Fleurs blanchâtres, jaunâtre ou rouge
en dehors.**

⊖ Corolle blan-
châtre, jau-
nâtre ou
rouge
en dehors.

○ Feuilles
charnues.

• Corolle jaunâtre; fleurs groupées en ombelles à peine plus longues que les feuilles situées au-dessous HE; feuilles souvent à quelques cils raides HB; tiges sans poils. [Rochers; fl. d'un blanc jaunâtre; 3-12 c.; jl.-s.; v.]

Galium helveticum Weigg.
Gaillet de Suisse.
Alpes, Pyrénées (très rare). [S]

• Corolle rose en dehors, très odorante → Voyez **G. megalospermum**, p. 141.

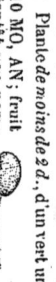

○ Feuilles non charnues; corolle blanchâtre → Voyez **G. silvestre**, p. 141.

⊖ Corolle
nettement
blanchâtre.

□ Fruit mûr de 2 mm.
ou moins de lar-
geur; corolle de
1 à 3 mm. de
largeur.

△ Anthères
presque
blanches → **G. saxatile**, p. 140.

△ Anthères
jaunes.

✳ Fruit mûr noir; fleurs peu nombreuses dépassant à peine les feuilles; feuilles supérieures
semblables aux inférieures CS, PY.
[Rochers; fl. blanches; 3-8 c.; jl.-s.; v.]

Galium pyrenaicum Gouan.
Gaillet des Pyrénées.
Pyrénées (Hautes régions).

✳ Fruit mûr rose ou brun-vert;
feuilles supérieures et inférieures plus petites que les
moyennes; aspect variable TE, PU, AR.
(Tige sans poils et feuilles à très petites
glandes brillantes : **G. argenteum**
Vill.— tige à rameaux inégaux et feuilles... [Rochers; fl. blanches; 3-15 c.; j.-s.; v.]

Galium argenteum Vill.

□ Fruit mûr plus gros MEG, ayant environ
3 mm. de largeur; corolle de 3 à
4 mm. de largeur.

△ Anthères jaunes → (Parfois feuilles obtuses CO :
G. connexiverticion Lap.
[Rochers, pâturages; fl. blan-
ches; 5-15 c.; jl.-s.; v.]

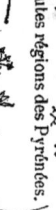

Galium pusillum L.
Gaillet num. Jura (Alpes, rare), Alpes, Région
méditerranéenne. [S]

⊖ Rameaux fleuris, en génⁱ.al, *plus longs que les feuilles* au-dessus desquelles ils naissent; fruit poilu GA, ou non SP. (Parfois moitié du fruit mûr de moins de 2 mm. de largeur SP : *G. spurium* L.)
[Baies, bois; fl. blanches ou verdâtres; 3-4 d.; j.-s.; a.]

⊕ Rameaux fleuris égalant *à peu près les feuilles*, ou plus courts; fruit couvert de tubercules GT, SAC.

  = Fleurs *blanches, stamino-pistillées*; fruit à petits tubercules GT; feuilles à petits aiguillons dirigés vers le haut.
[Champs; fl. blanches; 1-4 d.; j.-s.; a.]

  = Fleurs *blanchâtres*, par trois, celle du milieu stamino-pistillée, les deux autres à étamines seulement; fruit à tubercules gros et coniques SAC; feuilles à petits aiguillons dirigés vers le haut.
[Champs; fl. blanches; 1-3 d.; m.-j.; a.]

    •• Feuilles *non terminées par une petite pointe* P, EL, DE; anthères généralement rose pourpre. (Parfois feuilles grandes (2 à 4 c.) : *G. elongatum* Presl.; — ou très étroites DE : *G. debile* Desv.) [Endroits humides, marais; fl. blanches; 2-4 d.; m.-at.; v.]

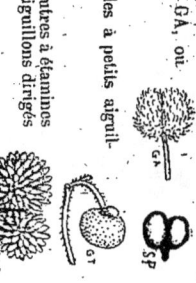

    •• Feuilles *terminées par une petite pointe raide*; anthères jaunes; feuilles d'un vert clair; fleurs en petites grappes. [Endroits humides, marais; fl. blanches; 3-5 d.; m.-at.; v.]

     — Moitié du fruit ayant, en général, *plus de 1 mm.* de largeur et rameaux fleuris ne dépassant guère la longueur des entre-nœuds → Voyez *G. Aparine*, p. 142.

     — Moitié du fruit ayant, *1 mm. ou moins* de largeur; rameaux fleuris, en général, plus longs que les entre-nœuds,

✕ Plante *annuelle* ne croissant pas, en général, dans les endroits humides.

✕ Plante *vivace* croissant dans les endroits humides.

   — Moitié du fruit ayant, *1 mm. ou moins* de largeur; rameaux fleuris, en général, plus longs que les entre-nœuds,

    • Bractées ne dépassant pas les fleurs ANG, DI; feuilles devenant étalées DI ou renversées A. (Parfois rameaux fleuris allongés et très écartés les uns des autres DI : *G. divaricatum* Lam.)
[Champs; fl. blanches à bords rougeâtres; 1-3 d.; av.-jt.; v.]

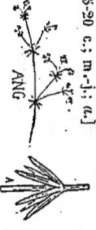

      [Endroits incultes; fl. jaunâtres; av.-m.; d. ou v.]

      fruit à poils parfois crochus MIN; 2-20 c.; av.-j.; a.]
[Endroits incultes; fl. jaunâtres; 2-20 c.; av.-j.; a.]

    • Bractées *dépassant les fleurs* SE;
[Endroits incultes; fl. jaunâtres; 5-20 c.; m.-j.; a.]

    feuilles moyennes à bords presque parallèles et très allongées; fruit couvert de longs poils; fl. rougeâtres;
[Endroits incultes; 5-20 c.; m.-j.; a.]

3.

☐ Fruit poilu au sommet MU;

☐ Fruit *entièrement poilu* MIN, VT;

△ Fruit *sans poils* MUR;

△ Fruit *couvert de poils blancs* HI;

VAILLANTIA. VAILLANTIE.

   fleurs par 1, 2 et 3 à chaque groupe MR.

   fleurs ordinairement nombreuses par groupes VT;

   feuilles arrondies au sommet; tige à aiguillons peu nombreux, au moins vers le haut.
[Endroits incultes; fl. d'un vert jaunâtre; 5-15 c.; j.-jt.; a.]

   feuilles pour la plupart pointues au sommet; tige à aiguillons nombreux et droits.
[Endroits incultes; fl. blanchâtres; 5-15 c.; j.-jt.; a.]

Galium Aparine L.
Gaillet Gratteron.
Très commun. [S]

Galium tricorne With.
Gaillet à 3 cornes.
Assez commun. [S]

Galium saccharatum All,
Gaillet sucré.
Littoral de la Provence. [S]

Galium palustre L.
Gaillet des marais.
Commun. [S]

Galium uliginosum L.
Gaillet fangeux.
Montagnes, Centre et çà et là, sauf dans la plaine méditerranéenne. [S]

Galium setaceum Lam.
Gaillet sétacé.
Région méditerranéenne.

Galium murale All.
Gaillet des murs.
Région méditerranéenne.

Galium anglicum Huds.
Gaillet d'Angleterre.
Centre, Plateau Central, Région méditerranéenne.

Galium Verticillatum Danth.
Gaillet verticillé.
Région méditerranéenne.

Vaillantia muralis L.
Vaillantie des murailles.
Région des murailles.

Vaillantia hispida L.
Vaillantie hérissée.
Dépt des Alpes-Maritimes (très rare).

4. ASPÉRULA. ASPÉRULE. —

✴ Feuilles 2 à 3 fois plus longues que larges, en général, ovales ou ovales pointues .... **Série 1 →** p. 143.

✳ Feuilles 5 à 20 fois plus longues que larges, en général.

  ⎰ Fleurs blanches ou rosées .... **Série 2 →** p. 143.

  ⎱ Fleurs bleues, en capitule entouré d'un involucre de bractées A, dépassant les fleurs .... **Série 3 →** p. 143.

Série 1

⊙ **Fruit couvert de poils raides OD;**

  ⎰ feuilles verticillées par 6 à 8 AO, ayant une petite pointe au sommet; plante odorante lorsqu'elle est desséchée.
    [Bois; fl. blanches; 1-5 d.; m.-j.; v.]

    fleurs staminées; et staminino-pistillées, rapprochées en une sorte de capitule entouré d'un involucre TAU; fleurs odorantes.
    [Prés, rochers,fl.; blanches; 3-5 d.; av.-j.; v.]

⊙ **Fruit sans poils.**

  ⟨ Feuilles aiguës au sommet TAU;

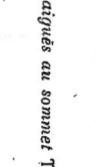

  ⟨ Feuilles obtuses au sommet LV;

    fleurs toutes staminino-pistillées, en général, non rapprochées en capitule; tiges sans poils.
    [Endroits incultes; fl. blanches; 3-5 d.; j.-jt.; v.]

Série 2

✳ **Corolle à tube presque aussi court que la largeur du calice G;**

    corolle s'étalant; plante glauque à feuilles enroulées sur les bords, à petits aiguillons.
    [Endroits incultes; fl. blanches; 3-7 d.; jt.-at.; v.]

⊕ Feuilles très poilues sur les bords et sur les nervures HR;

    fleurs presque en capitule entouré d'un involucre; feuilles par 6, en général. [Rochers; fl. d'un blanc rosé;
    7-12 c.; j.-at.; v.]

✠ **Corolle à tube bien plus long que la largeur du calice (excem-ples : AC, AT);**

  ⊕ Feuilles supérieures verticillées par 2 à 4; corolle
    (Rarement corolle non ruguause en dehors AC: *A.longiflora* W. et K.).
    [Rochers, pelouses, bois; fl. blanches, rosées en dehors; 1-4 d.; j.-at.; v.]

  ⊕ Feuilles sans poils ou presque sans poils.

  ⟨ Fruit à surface lisse AT,[Bois, pelouses, rochers; fl. blanches, rosées en dehors; 1-4 d.; j.-jt.; v.]

  ⟨ Fruit rugueux ou tuber-culeux à la surface C.

    • Feuilles supé-rieures ver-ticillées par 6 à 7 HE;
    [example : T.]
    fleurs à tube très allongé, presque en capitules; fl. d'un blanc rosé; 1-3 d.; j.-jt.; v.]
    [Endroits incultes;

Série 3 : Bractées munies de longs poils raides; plante annuelle à racine grêle; feuilles le plus souvent obtuses, les inférieures opposées.
[Champs; fl. bleues; 1-3 d.; m.-j.; a.]

5. SHÉRARDIA. *SHÉRARDIE.* **— (→** Voyez fig. S, SA, p. 138).

Bractées de l'involucre bordées de très petites pointes raides; feuilles sans poils en dessous et à poils raides en dessus; feuilles moyennes verticil-lées par 4 ou 5. [Champs, prés; fl. lilas, roses ou blanches; 1-5 d.; j.-s.; a. ou b.]

Asperula odorata L.
Aspérule odorante (Reine des bois).
Assez commun, sauf dans l'Ouest et le Midi. **[S]**

Asperula taurina L.
Aspérule de Turin.
Jura méridional, Alpes du Dau-phiné et méridionales (rare). **[S]**

Asperula laevigata L.
Aspérule lisse. Provence. Corbières (rare).

Asperula galioides M. B.
Aspérule Faux-Caillet.
Çà et là; manque dans le Nord, Nord-Est, presque tout l'Ouest et Sud-Ouest. **[S]**

Asperula hirta Ram.

Asperula hexaphylla.
Aspérule hérissée.
Pyrénées (hautes régions).

Asperula cynanchica L.
Aspérule à l'esquinancie.
Commun. **[S]**

Asperula tinctoria L.
Aspérule des teinturiers.
Environs de Paris, Est, Cévennes, Pyrénées (rare). **[S]**

Asperula hexaphylla All.
Aspérule à feuilles par 6.
Dépt des Alpes-Maritimes (rare).

Asperula arvensis L.
Aspérule des champs.
Assez commun, sauf dans le Nord, l'Est et l'Ouest. **[S]**

Sherardia arvensis L.
Shérardie des champs.
Commun. **[S]**

6. CRUCIANELLA. CRUCIANELLE. —

✕ Feuilles à bordure blanche membraneuse; plante vivace, ligneuse à la base; tiges souvent fleuries de la base au sommet. [Rochers, sables; fl. jaunes ou jaunâtres: 1-3 d.; j.-jt.; v.].

✕ Feuilles sans bordure blanche membraneuse; plante annuelle à tiges non ligneuses.

  ┼ Fleurs en épi de moins de 3 mm. de largeur, à bractées soudées et dont les feuilles inférieures peuvent avoir jusqu'à 5 mm. ou plus de largeur. [Endroits incultes; fl. jaunâtres; 2-4 d.; j.-jt.; a.]

  ┼ Fleurs en épi de plus de 3 mm. de largeur; bractées non soudées; feuilles inférieures ayant moins de 5 mm. de largeur. [Endroits incultes; fl. jaunâtres; 1-4 d.; j.-jt.; v.].

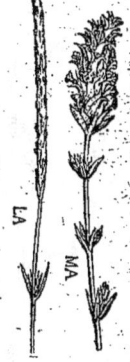

VALÉRIANÉES

✶ Fleurs à 1, 2 ou 3 étamines et sans éperon.

  ○ Calice en bourrelet ou à peine visible CAL; fruit sans aigrette; plante annuelle:

    △ Corolle à lobes presque égaux et à court tube CA.

    △ Corolle à lobes inégaux et à long tube COR.

  ○ Calice non en bourrelet ou à bourrelet formant une aigrette qui surmonte le fruit;

    plante vivace à fleurs roses, rougeâtres ou blanches.......

    fruit surmonté d'une aigrette.......

✶ Fleurs à une seule étamine et ayant un éperon à la base long C ou court CAL;

1. CENTRANTHUS. CENTRANTHE. —

✶ Feuilles moyennes profondément divisées; corolle à éperon court situé au-dessus de la base de la base C.
CAL

⊕ Feuilles moyennes entières ou finement dentées; corolle à long éperon à la base C.

○ Feuilles moyennes profondément divisées; corolle à éperon court situé au-dessus de la base CAL;

fleurs entourées de feuilles très divisées, plus longues que les fleurs; feuilles de la base peu divisées. [Rochers, pierres; fl. roses ou blanches; 1-3 d.; m.-j.; v.]
CAL
R

△ Feuilles moyennes entières et bien plus longues que larges, en général, ou pas de feuilles vers le milieu de la tige.
AG

△ Feuilles moyennes entières et un peu plus longues que larges; feuilles de la base peu divisées.

(Parfois feuilles moyennes 7 à 12 fois plus longues que larges AG: *C. angustifolius* DC.)

bractées membraneuses sur les bords et ciliées; tige creusée de sillons; feuilles les plus grandes, ayant 15 à 23 divisions; [Endroits humides; fl. roses, rosées ou blanches; 6-17 d.; jt.-s.; v.]
(Vieux murs, rochers; fl. rouges, roses ou blanches; 3-8 d.; m-ai.; v.)

2. VALERIANA. VALÉRIANE —

⊕ Fleurs ayant toutes à la fois étamines et pistil.

⊕ Fleurs, au moins un certain nombre, sans étamines ou sans pistil.

⊕ Feuilles toutes profondément divisées, presque en folioles distinctes OF, O;
OF
O

⊕ Feuilles supérieures très profondément divisées, celles de la base peu divisées PH ou entières; feuilles moyennes ayant 5 à 7 divisions qui se prolongent d'un côté sur le pétiole; tige lisse. [Endroits incultes; fl. jaunâtres; fl. roses ou blanches; 6-12 d.; m.-jt.; v.]
PH

⊕ Feuilles supérieures dentées tout autour et en cœur à la base; feuilles moyennes à 3 divisions, celle du milieu bien plus grande PY.
FY

[Rochers, ruisseaux; fl. roses ou pourprées; 5-12 d.; j.-jt.; v.]

c
o'
COR
LA
MA
AN
CAL

1. CENTRANTHUS → p. 144.
CENTRANTHE [2 esp.].

2. VALERIANA → p. 144.
VALÉRIANE [9 esp.].

3. VALERIANELLA → p. 145.
VALÉRIANELLE [11 esp.].

4. FEDIA → p. 146.
FÉDIA [1 esp.].

Cruciunella maritima L.
Crucianelle maritime.
Littoral de la Méditerranée.
Crucianella latifolia L.
Crucianelle à larges feuilles.
Région méditerranéenne; remonte rarement dans la vallée du Rhône.
Crucianella angustifolia L.
Crucianelle à feuilles étroites.
Centre, Plateau Central, Sud, Est, Midi.

Centranthus Calcitrapa Duf.
Centranthe Chausse-trappe.
Plateau Central, Sud-Est, Midi.
Centranthus ruber DC. **Midi. [S]**
Centranthe rouge (Valériane rouge).
Côte-d'Or, Jura, Alpes, Cévennes, Pyrénées, Provence et subspontané ou naturalisé. **[S]**

Valeriana officinalis L.
Commune, sauf dans la plaine méditerranéenne. **[S]**
Valeriana Phu L.
Cultivé et rarement subspontané ou naturalisé. **[S]** sub-
Valeriana pyrenaica L.
Valériane des Pyrénées.
Pyrénées.

Série 1 → p. 144.
Série 3 → p. 145.
Série 2 → p. 145.

= Racine renflée, tuberculeuse TU ;
fruit couvert de poils ;

•• feuilles de la base pétiolées et entières TU.
[Endroits incultes ; fl. roses ; 1-3 d.;
m.-j.; v.]

Valeriana tuberosa L.
Valériane tubéreuse.
*Côte-d'Or, Alpes du Dauphiné et
méridionales, Cévennes, Pyrénées,
Région méditerranéenne.*

•• Fleurs les unes stamino-pistillées, les autres staminées ou pistillées, sur
la même plante; division terminale des feuilles beaucoup plus grande
que les autres. [Rochers, prés ; fl. roses ; 1-3 d.; j.-at.; v.] 31s, p. 388.

Valeriana globulariaefolia *Lam.*
Valériane à feuilles de Globulaire.
Pyrénées (Hautes régions).

== Racine non tuberculeuse ;
fruit sans poils ou pres-
que sans poils ;
33a, p. 389.

•• Fleurs ordinairement toutes staminées ou toutes
pistillées sur la même plante ; division terminale des
feuilles plus large que les autres D.
[Endroits humides ; fl. roses ou rosées ; 1-4 d.; m.-jt.; v.]

Valeriana dioica L.
Valériane dioique.
Commune, sauf dans les plaines de
l'Ouest et du Midi; manque en Provence. [S]

⤳ Feuilles de la base à la fois fortement dentées et en cœur renversé ;
feuilles tantôt simples M, tantôt presque à 3 folioles TR. (Parfois
plante d'un vert glauque et non luisant : **V. Tripteris** L.)

petites bractées ordinairement non ciliées. [Rochers ; prés ; fl. jaunâtres, rougeâtres en
dehors ; 5-15 c.; jt.-at.; v.]

[Rochers, endroits humides ;
1-3 d.; m.-jt.; v.]

Valeriana montana L.
Valériane des montagnes.
Montagnes. [S]

Valeriana celtica L.
Valériane Nard-Celtique.
Dép[t] de la Savoie (très rare : région
alpine). [S]

Valeriana saliunca Ail.
Valériane à feuilles de Saule.
Alpes. [S]

⤳ Fleurs jaunâtres, en inflorescence
allongée CE ;

petites bractées ciliées sur les bords. [Rochers, prés ; fl. roses ;
5-15 c.; jt.-at.; v.]

× Fleurs roses, serrées presque en capitule SL ;
33s, p. 389.

Série 3 → p. 146.

Série 3

X Feuilles de la base à la
fois fortement dentées et en
cœur renversé.

== Racine non tuberculeuse ;
fruit sans poils ;

Série 2 → p. 146.

Série 2

⤳ Fleurs jaunâtres, en inflorescence

Série 1 → p. 145.

3. VALERIANELLA. VALÉRIANELLE.

| Fruit surmonté de 3 à 6 dents plus longues que la moitié du reste du fruit. (Voyez plus bas les fig. EC, VC) .... **Série 1 →** p. 145.

| Fruit non surmonté de 3 à 6 dents plus longues
que la moitié du reste du fruit.

• Fruit mûr d'au moins 1 millimètre et demi de largeur .... **Série 2 →** p. 146.

• Fruit mûr de moins de 1 millimètre et demi de largeur .... **Série 3 →** p. 146.

Série 1

★ Calice terminé par 6 pointes
crochues VC;

tige non renflée au sommet CO, à courts poils raides ; feuilles
à cils raides. [Champs ; fl. rosées ; 1-4 d.; j.-at.; a.]

Valerianella coronata DC:
Valérianelle à couronne.
*Région méditerranéenne et çà et
là,* sauf dans l'Est.

★ Calice terminé par trois pointes dont
une plus grande que les autres EC;

tige lisse très renflée au sommet E; plante sans
poils. [Champs ; fl. roses ; 1-3 d.; av.-m.; a. ou b.]

Valerianella echinata DC.
Valérianelle à piquants.
Région méditerranéenne.

⊙ Fruit nettement plus long que large, terminé en pointe VA ;

⊙ Fruit presque aussi large que long VO, PM.

△ Fruit n'ayant pas au sommet une partie creuse, terminé par 1 ou 2 pointes courtes VO ;

△ Fruit ayant au sommet une partie creuse PMl, PM, entourée de 3 pointes nettes ; feuilles supérieures et moyennes souvent dentées ou même divisées.

Calice ne formant pas un rebord visible au sommet du fruit VC, VM.

＋ Calice formant un rebord visible au sommet du fruit, PM.

● Fruit allongé et creusé d'un côté VC ;

● Fruit mûr arrondi et comme comprimé VM.

＝ Fruit mûr ayant plus de 1 mm. de longueur.

＝ Fruit mûr de 1 mm. ou moins de longueur PB ;

＋ Calice formant un plus de longueur.

ʃ Partie libre du calice non resserrée vers le milieu et presque en pointe VM, Ml.

ʃ Partie libre du calice resserrée vers le milieu TR, VE et à contour presque en forme de 8.

⌒ Fruit à côtes peu marquées VM ; rameaux résistant très minces ....

⌒ Fruit à côtes saillantes Ml ; rameaux s'épaississant au sommet. [Champs ; coteaux ; fl. rosées ; 1-4 d. ; av.-m. ; a ou al.]

⌒ Partie libre du calice interrompue d'un côté TR ;

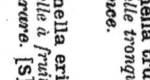

⌒ Partie libre du calice formant une couronne complète VE ;

feuilles à poils raides sur les bords et sur la nervure principale. [Champs ; fl. bleuâtres rarement blanches ; 1-4 d. ; av.-m. ; a.]

feuilles à cils courts. [Champs ; fl. rosées ; 1-3 d. ; av.-m. ; a.]

feuilles non ciliées ; tiges sans poils ou presque sans poils, à rameaux s'épaississant au sommet. (V. pubérula DC.)

plante, en général, très rameuse dès la base. [Champs ; fl. bleuâtres rarement blanches ; 5-20 c. ; av.-m. ; a.]

feuilles ciliées, surtout au sommet ; bractées très étroites et à bords presque parallèles. [Champs ; fl. roses ; 1-3 d. ; j.-at. ; a.]

feuilles entières un peu dentées OL. [Champs ; fl. bleuâtres, rarement blanches ; 5-20 c. ; a.]

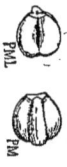

Valerianella olitoria Poll. *Valérianelle potagère* (Mâche, Doucette). **Commun.** [S]

Valerianella pumila DC. *Valérianelle naine.* **Sud-Est, Midi.**

Valerianella auricula DC. *Valérianelle à oreilles.* **Assez commun,** sauf dans la région méditerranéenne. [S]

Valerianella carinata Lois. *Valérianelle à carène.* **Assez commun,** sauf dans le Nord-Est et la Provence. [S]

Valerianella Morisonii DC. *Valérianelle de Morison.* **Assez commun,** sauf dans le Centre et la région méditerranéenne. [S]

Valerianella microcarpa Lois. *Valérianelle à petits fruits.* **Sud-Est, Région méditerra- néenne** (rare).

Valerianella truncata DC. *Valérianelle tronquée.* **Provence.**

Valerianella eriocarpa Desv. *Valérianelle à fruits velus.* **Assez rare.** [S]

→ Voyez V. microcarpa, p. 146.

Fedia Cornucopiae Gærtn. *Fédia Corne d'abondance.* **Provence** (rare et subspontané).

4. FEDIA. FÉDIA. — Feuilles obtuses, souvent un peu dentées dans le bas ; fleurs rapprochées par groupes presque en capitules.
[Champs ; fl. roses ou lilacées ; 5-20 c. ; av.-m. ; a.]

⊙ Fruit mûr ayant au sommet une partie creuse, terminé par un petit creux PB ;

DIPSACÉES

□ Capitule dont les écailles placées entre les fleurs sont *piquantes*. ...... { + Tige plus ou moins pourvue d'aiguillons piquantes ......
+ Tige sans aiguillons ....

□ Capitule dont les écailles entre les fleurs ne sont pas piquantes. ......

□ Pas d'écailles entre les fleurs ....

1. DIPSACUS. CARDÈRE. —

✠ Involucre à bractées *plus longues* que les écailles situées entre les fleurs DS;

✠ Involucre à bractées *à peu près de la même longueur* que les écailles situées entre les fleurs DP;

2. CEPHALARIA. CÉPHALAIRE. —

☉ Fleurs bleues ou lilacées. { = Involucre à bractées élargies SY;
= Involucre à bractées allongées TR;

☉ Fleurs *jaunes*; involucre à bractées très allongées AL;

3. KNAUTIA. KNAUTIA. —

— Fruit terminé par 2 à 5 arêtes HY;

— Fruit terminé par 8 arêtes K.

capitules *toujours dressés*. (Parfois feuilles bordées de cils non piquants: **D. laciniatus** L.; — ou bractées de l'involucre non piquantes: **D. fullonum** Mill. [Chardon à foulons].) [Endroits incultes, champs; fl. violacées rarement blanchâtres; 5-15 d.; jl.-s.; a.]

capitules *penchés au moment où s'ouvrent les fleurs, puis dressés*. [Endroits frais; fl. blanches; 5-15 d.; jl.-s.; a.]

calice surmonté de 4 à 8 dents *inégales et allongées* S; feuilles de la base, en général, entières. [Champs; fl. bleuâtres; 2-4 d.; j.-jl.; v.]

calice portant 4 à 8 petites dents *très courtes* T; feuilles de la base dentées. [Champs; fl. d'un bleu clair; 2-5 d.; s.-o.; a.]

feuilles moyennes divisées en folioles dentées avec une foliole terminale plus grande; capitule d'environ 2 c. de largeur, très velu. [Bois, rochers; fl. jaunes; 8-15 d.; jl.-at.; v.]

plante annuelle à racine grêle; partie inférieure de la tige à poils dirigés vers le bas. [Champs; fl. roses ou rosées; 2-5 d.; m.-j.; a.]

(Parfois feuilles d'un vert clair, dentées et fleurs presque égales: **K. silvatica** Duby; — ou feuilles allongées, luisantes et d'un vert foncé: **K. longifolia** Koch) [Champs, prés, bois; fl. lilas ou roses rarement blanches; 2-12 d.; m.-s.; b. ou v.] 348 et 385, p. 389)

...... **1. DIPSACUS →** p. 147.
CARDÈRE [2 esp.].

...... **2. CEPHALARIA →** p. 147.
CÉPHALAIRE [3 esp.].

4. SCABIOSA → p. 148.
SCABIEUSE [7 esp.].

...... **3. KNAUTIA →** p. 147.
KNAUTIA [2 esp.].

Dipsacus silvestris L.
Cardère sauvage.
Commun. [S]

Dipsacus pilosus L.
Cardère poilue.
Assez rare. Manque dans la région méditerranéenne. [S]

Cephalaria syriaca Schrad.
Céphalaire de Syrie.
Région méditerranéenne (très rare). [S] sub.

Cephalaria transylvanica Schrad.
Céphalaire de Transylvanie.
Provence (rare). [S] sub.

Cephalaria alpina Schrad.
Céphalaire des Alpes.
Jura, Alpes; Pyrénées (très rare). [S]

Cephalaria alpina Schrad.

Knautia hybrida Coult.
Knautia hybride.
Région méditerranéenne.

Knautia arvensis Coult.
Knautia des champs (Oreille d'âne)
Commun. [S]

4. SCABIOSA. SCABIEUSE. —

◇ Feuilles de la base entières...*Série 1* → p. 148.

◇ Feuilles de la base au moins dentées, souvent profondément divisées...................*Série 2* → p. 148.

Série 1

★ Feuilles moyennes non profondément divisées.

　× Corolle à 4 lobes SU;

　　feuilles inférieures entières rétrécies vers la base SS. [Endroits humides, bois; fl. violettes, rarement roses ou blanches; 1-7 d.; at.-o.; v.]

　　Scabiosa Succisa L. *Scabieuse Succise* (Bâton-du-diable). **Commun.** [S]

　× Corolle à 5 lobes GR;

　　fleurs extérieures bien plus grandes G.

　　[Prés, rochers; fl. lilacées; 1-3 d.; ji.-s.; v.]

　　Scabiosa graminifolia L. *Scabieuse à feuilles de graminée.* **Alpes.** [S]

★ Feuilles moyennes *profondément divisées* SU;

　corolles à pétales très inégaux, les extérieures plus grandes; fleurs odorantes (**S. suaveolens** Desf.) → *Voyez S. Columbaria*, p. 148.

Série 2

⊕ Fruit surmonté comme par une sorte de touffe de poils LEU;

　feuilles dentées; tige lisse et cannelée; anthères blanches. [Endroits incultes; fl. blanchâtres; 2-6 d.; jl-s.; v.]

　Scabiosa leucantha L. *Scabieuse à fleurs blanches.* **Midi.**

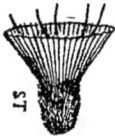

⊕ Fruit surmonté comme par une très grande collerette de 6 à 8 mm. de longueur ST;

　involucre à bractées renversées à la maturité; plante velue laineuse. [Endroits incultes; fl. bleuâtres; 5-50 c.; m.-j.; a.]

　Scabiosa stellata L. *Scabieuse étoilée.* **Région méditerranéenne.**

⊕ Fruit surmonté comme par une collerette de 1 à 3 mm. de longueur.

　◇ Fruit *n'ayant pas à la fois* la collerette repliée vers l'intérieur et les arêtes portées sur un petit pied commun allongé [exemple: S];

　　feuilles souvent très divisées CO. (Parfois feuilles luisantes et fruit à arêtes un peu élargies à la base: **S. lucida** Vill. — parfois fruit ayant moins de 2 fois la longueur de la collerette: **S. gramuntia** L.]

　　[Bois, prés, endroits incultes, fl. lilacées; 2-8 d.; j.-s.; v.]

　　Scabiosa columbaria L. *Scabieuse colombaire.* **Commun.** [S]

　◇ Fruit ayant à la fois la collerette *recourbée* vers l'intérieur et les arêtes portées sur un petit pied commun allongé MA;

　　feuilles moyennes à lobe terminal plus grand. [Endroits incultes; fl. roses, blanches ou pourprées; 1-12 d.; j.-at.; a.]

　　Scabiosa maritima L. *Scabieuse maritime.* **Midi.**

✠ Fleurs en forme de tube T, au moins celles qui ne sont pas sur le bord du capitule.

[Divers exemples : CY, CS, CH, A, AY, GA].

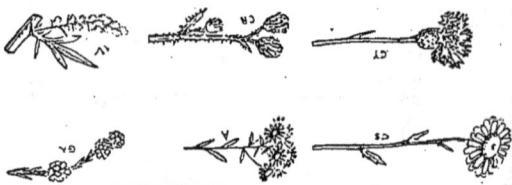

★ Feuilles *ayant des pointes piquantes* [exemples : A, AG, H]. .... **Section A**, → p. 150.

★ Feuilles *sans pointes piquantes*.

⊙ Feuilles *alternes ou toutes à la base.*

‖ Capitule ayant des fleurs *toutes de la même couleur.*

⊕ Involucre à bractées *disposées sur 1 ou 2 rangs*, presque égales entre elles dans le rang principal [exemples : VU, AL, DR, E].

✕ Fruit *sans aigrette* [exemples : AL, VUL, TH]. { Fleurs *toutes en tube*. .... **5e GROUPE**, → p. 151.

Fleurs du pourtour en languette. .... **8e GROUPE**, → p. 153.

✕ Fruit *portant une aigrette*, parfois très courte (au moins les fruits du centre) [exemples : FU, CM, CC].

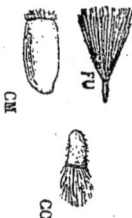

Des écailles ou des touffes de poils, placées entre les fleurs du capitule [exemple : CO, fragment de capitule coupé en long]. .... **9e GROUPE**, → p. 154.

Pas d'écailles entre les fleurs du capitule [exemple I, fragment de capitule coupé en long]. .... **10e GROUPE**, → p. 154.

⊕ Involucre à bractées *inégales sur plusieurs rangs* [exemples : V, ST, PAN, HE].

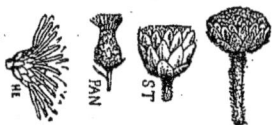

Bractées de l'involucre divisées, ci-liées ou épineuses, au moins un certain nombre. .... **11e GROUPE**, → p. 155.

Bractées de l'involucre toutes entières, sans cils ni épines, parfois crochues. .... **12e GROUPE**, → p. 155.

‖ Capitule ayant des fleurs *de deux couleurs différentes*, les fleurs en tube jaunes, les fleurs en languettes blanches, violettes ou rougeâtres. .... **6e GROUPE**, → p. 152.

Fleurs jaunes ou jaunâtres. .... **7e GROUPE**, → p. 153.

⊙ Feuilles *opposées*, au moins à la base de la tige. { Fleurs roses bleues, pourprées blanches ou blanchâtres. .... **13e GROUPE**, → p. 156.

✠ Pas de fleurs en tube; toutes les fleurs en languette PC. [exemples : CH, X.] .... **Section B**, → p. 156.

[Ne pas confondre avec les fleurs en tube les fleurs en languettes du milieu du capitule quand elles ne sont pas encore épanouies.]

Section A

◇ Involucre à bractées extérieures ressemblant aux feuilles ordinaires [exemples : G, K, et ci-dessous, Hg, CN].......... **1ᵉʳ GROUPE** → p. 150.

◇ Involucre à bractées extérieures réunies com- pactes, différentes des feuilles ordinaires.

:: Fleurs réunies en boules compactes [exemple : E].......... **2ᵉ GROUPE** → p. 150.

:: Fleurs non réunies en boules com- pactes.
— Fruit sans aigrette.......... **3ᵉ GROUPE** → p. 150.
— Fruit ayant une aigrette de poils simples ou denticulés [exemple : S].......... **4ᵉ GROUPE** → p. 151.

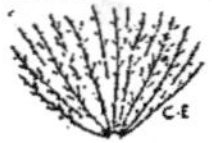

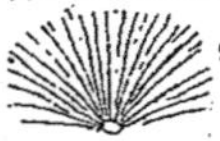

1ᵉʳ GROUPE :

△ Bractées de l'in- volucre termi- nées par une arête à plu- sieurs pointes [exemples : Pl, CNl].

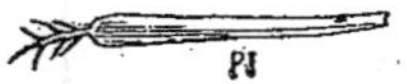

— Feuilles ayant de fortes épines et à limbe longuement pro- longé sur la tige PC.......... **47. PICNOMON** → p. 174. *PICNOMON* [1 esp.].

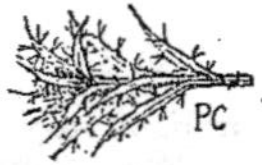

— Feuilles ayant de petites dents épineuses et à limbe à peine prolongé sur la tige CN.......... **55. CNICUS** → p. 181. *CNICAUT* [1 esp.].

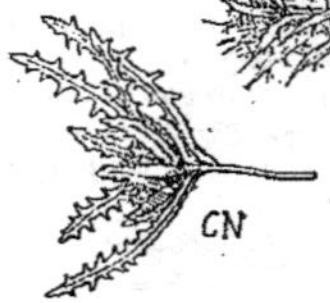

△ Bractées inté- rieures de l'involucre non termi- nées par une arête à plusieurs pointes.

□ Bractées extérieures de l'involucre étalées et disposées en rayons au moins par un temps sec [exemple : CO]..........

④ Feuilles luisantes et à veines blanches en dessus; fruit sans poils.... **46 bis. NOTOBASIS** → p. 174. *NOTOBASIS* [1 esp.].

✚ Feuilles sans veines blanches en dessus; fruit très poilu HU.......... **64. CARLINA** → p. 182. *CARLINE* [5 esp.].

□ Bractées exté- rieures de l'involucre non dispo- sées en ra- yons étalés.

⊕ Fleurs roses ou pourprées, rarement bleuâtres; fruits tous à aigrette ayant des poils soudés en anneau à la base [exemple : HU]..........

⊖ Plante n'ayant pas à la fois ces caractères.

◁ Fruits du milieu à aigrette et fruit du bord du capitule sans aigrette; fleurs bleues ou jaunes [exemples : LA, LAN].......... **65. ATRACTYLIS** → p. 182. *ATRACTYLIS* [2 esp.].

◁ Fruits tous semblables, à aigrette tombant facilement; fleurs bleues → Voyez 50. Carduncellus, p. 178.

2ᵉ GROUPE :

✱ Fleurs groupées en boules, bleues, très rarement blanches.......... **41. ECHINOPS** → p. 174. *ECHINOPS* [2 esp.].

✱ Fleurs non groupées en boules.

(Fleurs jaunes; bractées de l'involucre étalées et bien plus longues que les fleurs SP..........  → Voyez 33. Asteriscus, p. 170.

(Fleurs blanches; bractées de l'involucre appliquées et plus courtes que les fleurs en languette → Voyez 24. Cota, p. 168.

3ᵉ GROUPE :

✚ Fleurs bleues; fruit à 4 angles.

□ Bractées extérieures de l'involucre MO divisées et à nombreuses épines; les intérieures membraneuses MSS..........   → Voyez 50. Carduncellus, p. 178.

✚ Fleurs non bleues. (→ Voir la suite de l'analyse à la page suivante.)

□ Bractées toutes terminées par une forte épine CY.......... **46. CYNARA** → p. 174. *ARTICHAUT* [1 esp.].

54. KENTROPHYLLIUM → p.181. *CENTROPHYLLE* [2 esp.].

Suite du 3e Groupe :

✳ Fleurs du pourtour plus grandes et en rayons étalés GA ; feuilles plus ou moins tachetées de blanc en dessous, blanches en dessous ; fruit aplati, à 10 stries fines... → Voyez 47. Picnomon, p. 174.

○ Bractées de l'involucre terminées par une arête à plusieurs pointes PI.

     ⊕ Fruit globuleux presque sans côtes ; des épines groupées 3 par 3 CHA ; feuilles blanches ou rousses en dessous ; bractées de l'involucre à très longue pointe (fig. CH)............. ...63. CHAMÆPEUCE → p. 182. CHAMÆPEUCE [1 esp.].

✳ Plante n'ayant pas ces caractères.

    ○ Bractées de l'involucre non terminées par une arête à plusieurs pointes.

      ⊕ Plante n'ayant pas à la fois les fruits globuleux et les épines des feuilles groupées 3 par 3.

      •. Pas d'écailles entre les fleurs ; aîlés jusqu'au capitule (exemple : O)...... ...45. ONOPORDON → p. 174. ONOPORDON [3 esp.].

      (Des écailles ou des touffes de poils entre les fleurs CO ; ....48. CIRSIUM → p. 175. CIRSIUM [15 esp.].

4e GROUPE :

★ Bractées moyennes de l'involucre brusquement élargies et à pointe beaucoup plus large que les autres SM ....44. SILYBUM → p. 174. SILYBUM [1 esp.].

★ Bractées moyennes de l'involucre non terminées.

  △ Fruit à 4 angles, à aigrette dont les poils sont denticulés vers le haut et non denticulés vers le bas TYR......... ...43. TYRIMNUS → p. 174. TYRIMNUS [1 esp.].

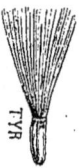

  △ Fruit à aigrette dont les poils sont denticulés du haut en bas ou entièrement lisses.

    — Pas d'écailles entre les fleurs (Voyez un peu plus haut fig. I).

      ≺ Rameaux non ailés jusque sous le capitule (Voyez plus haut fig. GA) → Voyez 42. Galactites, p. 174.

      ≺ Rameaux ailés jusque sous le capitule (Voyez plus haut fig. O) → Voyez 45. Onopordon, p. 174.

    — Des écailles ou des touffes de poils entre les fleurs (Voyez plus haut fig. CO)........... ...49. CARDUUS → p. 177. CARDUON [11 esp.].

5e GROUPE :

⚏ Fleurs rougeâtres ou lilas, en capitules nombreux rapprochés au sommet de la plante EU ; fleurs toutes en tubes............. ...1. EUPATORIUM → p. 160. EUPATOIRE [1 esp.].

⚏ Fleurs jaunes.

  ↪ Feuilles divisées ou dentées.

    ⊕ Feuilles à 3 lobes ou simplement dentées.......... ...30. BIDENS → p. 169. BIDENT [2 esp.].

    ⊕ Feuilles 2 fois divisées KER ; fruit noir très allongé, terminé par 2 ou 3 pointes........ ...31. KERNERIA → p. 170. KERNÉRIE [1 esp.].

  ↪ Feuilles entières AM ;

    ⊕ Capitules de 8 à 20 centimètres de largeur ; tige de 1 à 2 mètres............. ...28. HELIANTHUS → p. 168. HELIANTHE [2 esp.].

    ⊕ Capitules de moins de 3 c. de largeur ; fleurs du pourtour en languettes à 3 dents........... ...14. ARNICA → p. 162. ARNICA [1 esp.].

★ Fleurs du pourtour plus grandes et en rayons étalés GA

....42. GALACTITES → p. 174. GALACTITES [1 esp.].

6° GROUPE :

• Fleurs du pourtour pistillées, disposées sur plusieurs rangs, toutes les extérieures, en languettes ; capitales ne dépassant pas, en général, 13 millimètres de largeur....

: Réceptacle du capitule non bombé ni conique ; feuilles entières ou dentées.

• Fleurs du pourtour pistillées, en languettes, sur un seul rang ; toutes les autres en tube et stamino-pistillées.

✕ Plante n'ayant pas à la fois les bractées de l'involucre bordées de brun ou de noir et les fleurs en languette 3 à 3 fois plus longues que l'involucre et blanches.

ƒ Fleurs blanches ; involucre ayant des bractées presque égales ; feuilles inférieures arrondies au sommet et à dents très écartées ; STE : fruits du milieu à aigrette double, l'extérieure petite ST.
→ **10. STENACTIS** → p. 161. *STENACTIS* [1 esp.].

ƒ Plante n'ayant pas ces caractères réunis..........
→ **9. ÉRIGERON** → p. 161. *ÉRIGÉRON* [4 esp.].

✕ Plante ayant à la fois les bractées de l'involucre bordées de brun ou de noir et les fleurs en languette 3 à 5 fois plus longues que l'involucre et blanches ; capitules, en général, isolés sur chaque tige fleurie.

❋ Feuilles entières ou dentées B, A.

❋ Feuilles profondément découpées.
→ Voyez 20. Leucanthemum, p. 166.

▢ Fruit sans aigrette [exemples : AL, VUL] ; fleurs en languette blanches ou roses.

▢ Fruit ayant une aigrette formée d'écailles qui alternent avec des poils BM ; feuilles en languette souvent entièrement...

⊙ Capitules isolés au sommet des tiges ; fleuries ou feuilles coupées en lanières ; fleurs presque toutes à la base ou vers la base.

: Réceptacle du capitule bombé ou conique [exemples : M, AC, capitules coupées en long].

⌇ Réceptacle du capitule bombé ou conique ; feuilles presque toutes à la base ou vers la base.

Tiges feuillées sur toute leur longueur.

⊙ Feuilles simples.....

⊕ Pas d'écailles entre les fleurs I.

+ Réceptacle un peu bombé à la maturité ; fleurs du milieu en tube aplati ; plante vivace.....
→ **12. bis BELLIS** → p. 162. *PÂQUERETTE* [2 esp.].

+ Réceptacle en cône à la maturité ; plante vivace.....
→ **12. BELLIDIASTRUM** → p. 161. *BELLIDIASTRUM* [1 esp.].

⊕ Des écailles entre les fleurs CO.....

(Réceptacle s'allongeant en cône à la maturité.....
→ **20. LEUCANTHEMUM** → p. 166. *LEUCANTHÈME* [6 esp.].

(Réceptacle non en cône à la maturité.

⊙ Feuilles profondément divisées.

(Réceptacle non en cône ni allongé à la maturité ; Lobes des feuilles développées qui sont plus larges vers le haut et sans côtes visibles → Voyez 25. Anacyclus, p. 168.

(Réceptacle s'allongeant en cône à la maturité.

△ Lobes des feuilles terminées par une sorte de petite coiffe dure et pointue ; fruit à aile très étroite et à 10 côtes fines sur chaque face → Voyez 24. Cota, p. 168.

△ Lobes des feuilles terminés simplement par une pointe ; fruit à ailes développées.....
→ **23. ANTHEMIS** → p. 167. *ANTHÉMIS* [6 esp.].

→ **11. ASTER** → p. 161. *ASTER* [6 esp.].

→ **22. MATRICARIA** → p. 167. *MATRICAIRE* [2 esp.].

7e GROUPE :

⊙ Tiges fleuries paraissant avant les feuilles dé-veloppées et couvertes de feuilles écailleuses F, PV.

  ⊛ Capitules isolés F; fleurs jaunes. .... **5. TUSSILAGO →** p. 160. *TUSSILAGE* [1 esp.].

  ⊗ Capitules groupés en grappe PV ou en corymbe; fleurs blanches, roses ou pourprées. .... **4. PÉTASITES →** p. 160. *PÉTASITES* [2 esp.].

⊕ Fleurs paraissant après les feuilles développées.

  ★ Fleurs blanches, roses ou pour-prées.

    ⊙ Capitule isolé au sommet de la tige fleurie HO; feuilles à limbe arrondi, en cœur. .... **3. HOMOGYNE →** p. 160. *HOMOGYNE* [1 esp.].

    ⊕ Capitules groupés en corymbe; feuilles inférieures à limbe en cœur, à dents aiguës. .... **2. ADENOSTYLES →** p. 160. *ADÉNOSTYLE* [3 esp.].

  ★ Fleurs *jaunes, orangées ou rouges.*

    • Fruits *tous sans aigrette, courbés et à pointes sur le dos* CA; .... feuilles entières ou à peine dentées. .... **40. CALENDULA →** p. 174. *SOUCI* [1 esp.].

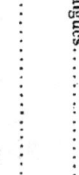

    • Fruits *sans ai-grette et non courbés* Voy. **17. Ar-temisia,** p. 164.

    (Involucre à bractées principales sur un rang les extérieures plus petites ou moins nombreuses [exemple : S, J, F, C, LIG];

      ⊙ Feuilles entières. .... **13. DORONICUM →** p. 162.

      ○ Feuilles *dentées, à limbe en cœur et à long pétiole LI; involucre ayant 2 bractées plus étroites et plus petites que les autres* LIG. .... **16. LIGULARIA →** p. 164. *LIGULAIRE* [1 esp.].

    (Involucre à bractées presque égales sur 2 rangs; feuilles entières ou dentées. .... **15. SENECIO →** p. 162. *SÉNEÇON* [19 esp.].

    • Fruits *allongés ayant une aigrette, au moins ceux du milieu.*

8e GROUPE :

⊙ Fruits de 2 formes, ceux du pourtour à 3 angles; feuilles entières ou rarement profondé-ment divisées.

  ⊛ *Pas d'écailles entre les fleurs* J;

    • Involucre à bractées extérieures *assez semblables aux feuilles moyennes de la plante.* ..... **33. CHRYSANTHEMUM → p. 167.** *CHRYSANTHÈME* [3 esp.]. **ASTERISCUS →** p. 170. *ASTÉROLIDE* [3 esp.]. **BUPHTHALMUM →** p. 170. *BUPHTHALME* [1 esp.].

    • Involucre à bractées *très différentes des feuilles et toutes semblables entre elles.* .... **32.** Voyez **27. Santolina,** p. 168.

  ⊗ *Des écail-les entre les fleurs* CO.

    ○ Feuilles *n'ayant pas cette forme.* .... **21. CHRYSANTHEMUM** plante annuelle sans tige souterraine développée.

⊙ Fruits *tous à peu près sem-blables.*

  § Capitules *globuleux* ou presque globuleux [exemple : CN]; plante ligneuse à feuilles presque charnues.

    × Tige *s'épaississant au sommet; fruits du pourtour à 2 ailes plus larges vers le haut* AN. .... **25. ANACYCLUS →** p. 168. *ANACYCLE* [3 esp.].

    × Tige *non épaissie au sommet; fruits tous à ailes étroites* C. .... **24. COTA →** p. 168. *COTA* [3 esp.].

  § Capitules *non globuleux.*

    ⟍ Feuilles *très divisées.* .... Capitules groupés en corymbe très serré; feuilles moyennes 6 à 11 fois plus longues que largos. .... **29. ACHILLEA →** p. 168. *ACHILLÉE* [14 esp.].

    ⟍ Feuilles *simples, dentées.* ....

Fleurs jaunes.

Fleurs roses, blanches ou blanchâtres.

9° GROUPE :

⊕ Fleurs extérieures presque en languette ; tiges ligneuses à la base ; capitules globuleux ou presque globuleux CN........ **27. SANTOLINA** → p. 168. *SANTOLINE* [1 esp.].

⊕ Capitules isolés.

⠿ Fleurs toutes en tube ; capitules non globuleux.

═ Capitule entouré de feuilles CA ; plante poilue.........CN ...**39. CARPESIUM** → p. 174. *CARPÉSIUM* [1 esp.].

═ Capitule non entouré de feuilles PL ; plante sans poils........CA ...**19. PLAGIUS** → p. 166. *PLAGIUS* [1 esp.].

⊕ Capitules en corymbe DI, TV, ou en corymbe irrégulier.

○ Feuilles entières ou dentées DI;

⚬ Plante entièrement cotonneuse.........PL ...**26. DIOTIS** → p. 168. *DIOTIS* [1 esp.].

═ Réceptacle du capitule non très bombé.........**18. TANACETUM** → p. 166. *TANAISIE* [3 esp.].

═ Réceptacle du capitule très bombé → *Matricaria discoidea*, DC (plante introduite çà et là, surtout dans le nord de la France).

○ Feuilles très divisées [exemple : TV]........DI ...**17. ARTEMISIA** → p. 164. *ARMOISE* [16 esp.].

⊕ Capitules en grappes [exemples : AV, GL, AR, MU].

+ Feuilles profondément divisées........TV

△ Capitule entouré de feuilles nombreuses en rosette PY, CA; bractées intérieures n'enveloppant pas les fruits.........GL ...**38. ÉVAX** → p. 173. *ÉVAX* [2 esp.].

△ Capitule entouré de feuilles peu nombreuses non disposées en rosette, bractées intérieures de l'involucre enveloppant les fruits MI.........**37. MICROPUS** → p. 173. *MICROPE* [1 esp.].

⊕ Capitules en grappes compactes PY, CA, ME.

+ Feuilles entières ou presque entières.

△ Capitule entouré de feuilles nombreuses en rosette PY, CA; bractées intérieures de l'involucre n'enveloppant pas les fruits.........PY

△ Capitule entouré de feuilles peu nombreuses non disposées en rosette, bractées intérieures de l'involucre enveloppant les fruits MI.........CA

10° GROUPE :

□ Plante ayant à la fois des capitules de 3 c. de largeur ou plus et un involucre à appendices brillants et divisés, argentés ou bruns ; capitules isolés au sommet des tiges fleuries.

⚬ Capitules de moins de 4 c. de largeur.

⚬ Capitules de plus de 4 c. de largeur.........MU ...**59. LEUZEA** → p. 181. *LEUZÉE* [1 esp.].

□ Bractées moyennes et supérieures de l'involucre portant un croissant foncé terminé par une pointe MI.........LEU ...**51. RHAPONTICUM** → p. 178. *RHAPONTIQUE* [3 esp.].

♈ Presque toutes les bractées du l'involucre entières et sans épines et feuilles les plus inférieures entières → Voyez 57. *Serratula*, p. 181.

♈ Bractées extérieures de l'involucre ressemblant aux feuilles ordinaires de la partie supérieure.........MI ...**53. MICROLONCHUS** → p. 181. *MICROLONQUE* [1 esp.].

⚹ Bractées extérieures de l'involucre ne ressemblant pas aux feuilles supérieures et n'ayant pas les caractères qui précèdent.........**50. CARDUNCELLUS** → p. 178. *CARDONCELLE* [2 esp.].

□ Plante n'ayant pas à la fois ces caractères.

⊙ Bractées sans croissant foncé terminé par une pointe.

♈ Plante ayant pas à la fois ces caractères.........**52. CENTAUREA** → p. 178. *CENTAURÉE* [21 esp.].

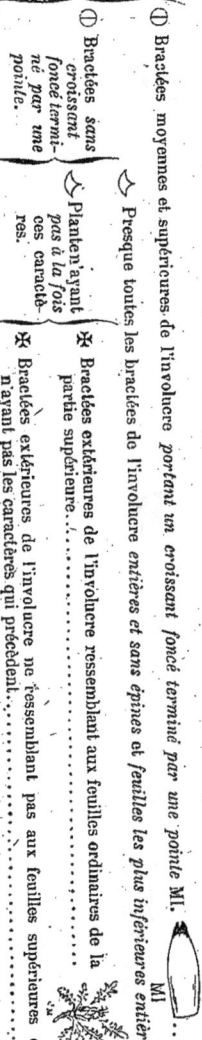

★ Feuilles toutes à la base et capitule isolé sur une tige très courte; feuilles blanches cotonneuses.

⊕ Involucre de 3 c. de largeur ou plus, en général; fleurs blanchâtres; feuilles simples BE dentées, cotonneuses............ 60. **BERARDIA** → p. 181. *BÉRARDIE* [1 esp.].

⊖ Involucre de 9 c. de largeur, en général; fleurs ordinairement roses ou pourpres; feuilles profondément divisées. ....58. **JURINEA** → p. 181. *JURINÉE* [1 esp.].

★ Involucre à bractées terminées par un crochet LA; feuilles pétiolées, blanches, en dessous........66. **LAPPA** → p. 182. *BARDANE* [1 esp.].

✶ Tiges allongées et feuillées.

• Involucre à bractées non en crochet.

⊙ Involucre à bractées non membraneuses ni brillantes; fruit à aigrette........ 62. **STÆHELINA** → p. 182. *STÉHÉLINE* [1 esp.].

⊙ Involucre à bractées non membraneuses et brillantes; fruit portant au sommet 5 à 8 écailles. ....67. **XERANTHEMUM** → p. 182. *XÉRANTHÈME* [2 esp.].

(Feuilles cotonneuses, au moins en dessous.

Plante herbacée.

⊙ Involucre à bractées membraneuses et brillantes, les intérieurs plumeux........ 61. **SAUSSUREA** → p. 181. *SAUSSURÉE* [2 esp.].

(Feuilles non cotonneuses.

⊙ Feuilles profondément divisées ou fortement dentées; involucre ST, N, à bractées d'un brun-rougeâtre ou bordées de brun.....57. **SERRATULA** → p. 181. *SERRATULE* [2 esp.].

⊙ Feuilles de la base entières, les autres une fois complètement divisées, dont les divisions sont à bords presque parallèles, à poils raides ayant un petit renflement au sommet; involucre à bractées verdâtres.......56. **CRUPINA** → p. 181. *CRUPINE* [1 esp.].

Plante ligneuse, très ramifiée; involucre 3 fois plus long que large ST; bractées de l'involucre en partie rougeâtres et en partie cotonneuses.....

12e GROUPE :

— Fleurs extérieures en languettes très étroites, sur plusieurs rangs; involucre de plus de 6 mm. de largeur, en général; tiges ligneuses vers la base; feuilles roulées en dessous.

— Fleurs toutes tubuleuses.

× Involucre étalé en étoile à la maturité........ 8. **PHAGNALON** → p. 160. *PHAGNALON* [2 esp.].

• Fleurs toutes tubuleuses; involucre ne dépassant pas, en général, 6 mm. de largeur.

• Fleurs à la fois pointues au sommet et à la base, non embrassantes; les inférieures, au moins, pétiolées;

⊙ Involucre non étalé en étoile à la maturité.

× Involucre étalé en étoile à la maturité........ 35. **HELYCHRYSUM** → p. 172. *IMMORTELLE* [4 esp.].

36. **GNAPHALIUM** → p. 172. *GNAPHALIUM* [14 esp.].

⊕ Fleurs extérieures en languette.

⊕ Plante blanchâtre ou à feuilles blanches en dessous.

= Planteplus ou moins vélue ou bien visqueuse.

§ Plante blanchâtre ou à feuilles blanches en dessous.

+ Involucre à nombreuses écailles intérieures membraneuses, blanchâtres ou rougeâtres; fruits bruns, plus ou moins poilus sur les côtés........34. **INULA** → p. 170. *INULE* [19 esp.].

+ Involucre sans nombreuses écailles intérieures membraneuses; fruit grisâtre sans poils sur les côtés. → Voyez *Hieracium picroïdes*, p. 193.

§ Plante non blanchâtre ni à feuilles blanches en dessous.

⊕ Fleurs extérieures en languette.

= Plantæ plus étroites; languettes peu nombreuses ou languettes ne dépassant pas les fleurs en tube........ 6. **SOLIDAGO** → p. 160. *SOLIDAGE* [2 esp.].

= Plante pointues au sommet et à la base, non embrassantes; les inférieures, au moins, pétiolées; languettes pou nombreuses ou languettes ne dépassant pas les fleurs en tube........

⊕ Fleurs toutes en tube.

= Plante sans poils, à feuilles très étroites, à fleurs en corymbe LV.... 7. **LINOSYRIS** → p. 160. *LINOSYRIS* [1 esp.].

13e GROUPE :

○ Feuilles à limbe en cœur ou feuilles toutes ou presque toutes à la base.

⌒ Capitules de plus de 3 c. de largeur, en général ; fleurs blanchâtres.

BE

→ Voyez 60. Berardia, p.181.

⌒ Capitules de moins de 2 c. de largeur, sant après les feuilles.

+ Capitules isolés ; fleurs parais- { Fleurs bleues ; feuilles pour la plupart, profondément divisées → Voyez 50. Carduncellus, p. 178.
{ Fleurs roses ou blanches ; feuilles arrondies → Voyez 3. Homogyne, p. 160.

+ Capitules en groupes ; fleurs paraissant avant les feuilles → Voyez 4. Petasites, p. 160.

○ Feuilles allongées et disposées le long de la tige

△ Tous les fruits sans aigrette de poils [exemples : L, CI].

△ Fruits avec aigrette, au moins ceux du capitule. [Voyez les figures à droite de T à CHA].

□ Fruits du milieu du capitule à aigrette non portée sur un bec [exemples : T, HIR, AU, VIR, ASP, BLA].

⊕ Fruits du milieu du capitule à aigrette de poils plumeux [exemples : T, HIR, AU].

→ Voyez 9. Erigeron, p. 161.

...1-4e GROUPE → p. 156.

⊕ Fruits du milieu à aigrette de poils lisses ou finement denticulés [exemples : VIR, ASP, BLA].

T

...15e GROUPE → p. 157.

□ Fruits du milieu du capitule à aigrette portée sur un bec de 1 à 30 mm. [exemples : MA, PR, F, ALB, CHA].

✱ Fruits à aigrette de poils plumeux (au moins ceux du pourtour) [exemples : VIR, ASP, BLA].

VIR   HIR   AU

...16e GROUPE → p. 157.

✱ Fruits à aigrette de poils lisses ou finement denticulés [exemples : MA, PR].

ASP   BLA

...17e GROUPE → p. 158.

MA   PR

...18e GROUPE → p. 159.

ALB   CHA   F

68. CATANANCHE → p. 183.
CATANANCHE [1 esp.].

69. CICHORIUM → p. 183.
CHICORÉE [1 esp.].

14e GROUPE :

★ Fleurs bleues ou blanches.

✱ Involucre arrondi CÆ, à bractées écailleuses et brillantes.

CÆ

✱ Involucre à bractées vertes ; fruit surmonté d'une couronne d'écailles [exemple : CI].

CI

(Fruits mûrs extérieurs étalés en étoile RH.

RH

73. RHAGADIOLUS → p. 183.
RHAGADIOLUS [1 esp.].

(Feuilles tout le long de la tige ; à lobe terminal bien plus grand que les autres LC.

LC

76. LAMPSANA → p. 183.
LAMPSANE [1 esp.].

★ Fleurs jaunes.

⊕ Feuilles non piquantes.

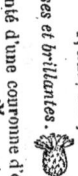

(Fruits non étalés en étoile.

(Feuilles toutes à la base.

⌄ Tiges renflées au sommet AM ;

AM

fruit à 5 angles...

74. ARNOSERIS → p. 183.
ARNOSÉRIS [1 esp.].

⌄ Tiges non renflées au sommet AP ;

AP

fruits ovales......

75. APOSERIS → p. 182.
APOSÉRIS [1 esp.].

⊕ Feuilles piquantes [exemple : H].........

H

105. SCOLYMUS → p. 195.
SCOLYME [3 esp.].

Section B

15° GROUPE :

⊙ Fruit de plus de 8 millimètres de longueur sans compter l'aigrette.

§ Fruit non porté sur un pied ; feuilles divisées ou non......................**85. SCORZONERA →** p. 195.
SCORZONÈRE [6 esp.].

§ Fruit porté sur une sorte de pied creux et presque aussi long que le fruit PO ;

feuilles profondé-ment divisées PL.......**86. PODOSPERMUM →** p. 186.
PODOSPERME [1 esp.].

PO

PL

☉ Fruit de moins de 8 millimètres de longueur, sans compter l'aigrette.

— Feuilles disposées tout le long de la tige ; aigrette tombant facilement quand le fruit est mûr, à poils réunis en un anneau à la base.................**82. PICRIS →** p. 185.
PICRIS [3 esp.].

— Feuilles toutes ou presque toutes à la base.

× Aigrette d'un beau blanc ; fruit lisse AP................**80. APARGIA →** p. 184.
APARGIE [1 esp.].

AP

× Aigrette rousse ou d'un blanc sale ; fruit rugueux ou chagriné..................**81. LEONTODON →** p. 184.
LÉONTODON [5 esp.].

AR

16° GROUPE :

① Involucre à plus de 20 bractées très étroites V, B;

+ Feuilles dentées HE ; fruits extérieurs à couronne membraneuse dentée HED..

× Fruits extérieurs allongés, les intérieurs aplatis [S, R].............**71. HEDYPNOIS →** p. 183.
HÉDIPNOÏS [1 esp.].

HED

S

HE

R

○ Fruits extérieurs complètement enveloppés par les bractées de l'involucre, n'ayant pas 3 à 5 côtes membraneuses du côté extérieur ; feuilles non bordées de petits poils raides............**72. HYOSERIS →** p. 183.
HYOSÉRIS [2 esp.].

V

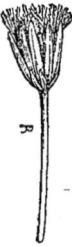
B

.................**70. TOLPIS →** p. 183.
TOLPIS [2 esp.].

+ Feuilles profondément divisées.

◇ Fruits extérieurs fortement bombés en dehors ZA.

◇ Fruits extérieurs ayant 3 à 5 côtes membraneuses du côté exté-rieur ; feuilles bordées de petits poils raides. → Voyez 99. Pterotheca, p. 188.

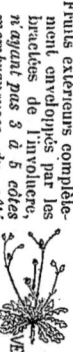
ZA

ZAC

.........**98. ZACINTHA →** p. 188.
ZACINTHE [1 esp.].

⊕ Fruit de deux sortes, ceux du bord du capitule dif-férents de ceux du mi-lieu.

Ⓛ Involucre à 7 à 20 bractées HE, C, R.

⊕ Fruits tous d'une seule sorte. (→ *Voir la suite de l'analyse à la page suivante.*)

• Capitules à 5 fleurs PR: pourprées :

• Capitules à nombreuses fleurs bleues ou blanches :
{ Feuilles moyennes à lobe terminal semblable aux autres; tige non creuse → Voyez Sonchus tenerrimus, p. 187.
{ Feuilles moyennes à lobe terminal bien plus grand que les autres; tige creuse → Voyez Sonchus tenerrimus, p. 187.

94. PRENANTHES → p. 187. *PRENANTHES* [1 esp.].

96. MULGEDIUM → p. 188. *MULGÉDIE* [2 esp.].

17ᵉ GROUPE :

:: Capitules à nombreuses fleurs, jaunes, orangées ou rougeâtres.

○ Tiges non ailées épineuses.

△ Tiges ailées, épineuses → Voyez 105. Scolymus, p. 195.

△ Fruit ovale et plat, au plus 3 fois plus long que large ASP, OLE; feuilles plus ou moins glauques, et à dents épineuses [exemple : SA].

△ Fruit crénelé en travers PI, à 4 angles; plante sans poils et glauque; feuilles de la base à lobes écartés les uns des autres et presque obtus PIC.

△ Fruit ni ovale ni crénelé en travers.

+ Fruit comme coupé en travers au sommet.

+ Fruit plus ou moins aminci au sommet [exemples : P, VIR, BLA]; feuilles souvent à dents en lobes plus ou moins vers le bas.........

△ Fruit comme coupé en travers en haut et en bas GRA, MON; feuilles inférieures à dents ou on unies tournées vers le bas.........

△ Fruit comme coupé en travers au sommet met et plus ou moins aminci vers la base SE.........

□ Réceptacle sans écailles filamenteuses entre les fleurs HI.........

□ Réceptacle portant des écailles filamenteuses entre les fleurs.........

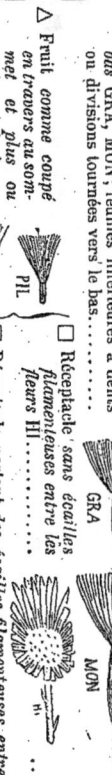

95. SONCHUS → p. 187. *LAITERON* [6 esp.].

97. PICRIDIUM → p. 188. *PICRIDIUM* [1 esp.].

101. CREPIS → p. 189. *CRÉPIS* [14 esp.].

102. SOYERIA → p. 190. *SOYÈRIE* [3 esp.].

103. HIERACIUM → p. 191. *ÉPERVIÈRE* [25 esp.].

104. ANDRYALA → p. 194. *ANDRYALA* [2 esp.].

(Feuilles inférieures *profondément divisées*; involucre à 8 bractées soudées à la base.........

84. UROSPERMUM → p. 185. *UROSPERME* [2 esp.].

(Involucre à bractées en cœur à la base H.........

⊘ Involucre à bractées *non en cœur* à la base SE.........

⊘ Feuilles inférieures entières ou dentées.

• Involucre à bractées (5 à 10 en général) disposées sur un rang ou presque sur un rang [exemples : H, SE].

⊙ Fruits extérieurs à couronne membraneuse [exemple : TH], les autres à aigrette [exemple : T].........

⊙ Fruits tous à aigrette.........

• Involucre à bractées nombreuses disposées sur plusieurs rangs.

⊕ Fruit de moins de 30 mm. de longueur.

⊕ Fruit de plus de 30 mm. de longueur, y compris l'aigrette. (→ *Voir la suite de l'analyse à la page suivante.*)

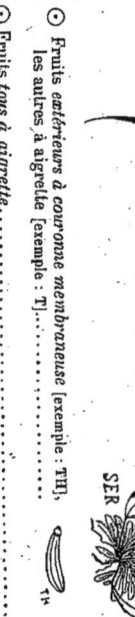

83. HELMINTHIA → p. 185. *HELMINTHIE* [1 esp.].

78. SERIOLA → p. 184. *SÉRIOLE* [1 esp.].

79. THRINCIA → p. 184. *THRINCIE* [2 esp.].

77. HYPOCHÆRIS → p. 184. *PORCELLE* [3 esp.].

Suite du 1er groupe :

★ Fruits tous à poils plumeux :

  ★ Fruits du centre ayant 3 à 5 arêtes dentées, ceux du pourtour à poils plumeux.. **87. TRAGOPOGON →** p. 186. *SALSIFIS* [3 esp.].

  ★ Fruits à 5 fleurs M, jaunes.

    ✠ Feuilles se prolongeant, à la base, sur la tige par deux bandes d'un vert pâle → *Voyez Lactuca viminea* p. 187.

    ✠ Feuilles ne se prolongeant pas à la base, mais embrassant la tige...................................... **88. GEROPOGON →** p. 186. *GEROPOGON* [1 esp.].

§ Capitule à nombreuses fleurs bleues, violettes ou blanches.

    ⫼ — Feuilles à lobe terminal semblable aux autres lobes ; tige non creuse → *Voyez Lactuca*
    ⫼ — Feuilles à lobe terminal beaucoup plus grand que les autres ; tige creuse .... **93. PHŒNOPUS →** p. 187. *PHÉNOPE* [1 esp.].

    • Base de la tige à poils raides et ordinairement dirigés vers le bas ; fruit ayant 5 dents à la base du bec C; feuilles supérieures très étroites CJ......................................

      = Feuilles à lobe terminal semblable aux autres lobes ; tige non creuse → *Voyez Lactuca perennis*, p. 187.
      ✠ Feuilles ne se prolongeant pas à la base, mais embrassant la tige → *Voyez Mulgedium Plumieri*, p. 188.

18e **GROUPE :**

§ Capitule à 5 fleurs M, jaunes.

  ⊕ Fruit à bec entouré de dents épineuses à la base [exemples : C, DL, PRE].

      = Fruit couvert d'écailles DL; tige creuse; feuilles toutes à la base T......................

      •• *Base de la tige sans poils.*

        = Fruit non couvert d'écailles ayant une petite couronne à la base du bec [exemple : PRE]; feuilles n'étant pas ordinairement toutes à la base.........................

  ⊕ Fruit à bec non entouré de dents épineuses.

      ○ Fruits extérieurs non fortement bombés en dehors.

        ↷ Fruits plats et ovales ou ovales très allongés [exemples : P, LS, CHA, T], généralement d'un brun foncé ; involucre ordinairement plus de 2 fois plus long que large......

        ↷ Fruits non plats, très allongés [exemples : P, S]; involucre ordinairement moins de 2 fois plus long que large........

      ○ Fruits extérieurs fortement bombés en dehors NE, ayant 3 à 5 côtes membraneuses, du côté extérieur, les fruits intérieurs plus étroits NEM; feuilles bordées de petits poils raides.....

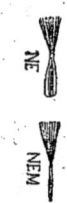

§ Capitule à nombreuses fleurs jaunes.

89. CHONDRILLA → p. 186. *CHONDRILLE* [1 esp.].

90. WILLEMETIA → p. 186. *WILLEMÉTIE* [2 esp.].

91. TARAXACUM → p. 186. *PISSENLIT* [1 esp.].

92. LACTUCA → p. 187. *LAITUE* [5 esp.].

100. BARKHAUSIA → p. 188. *BARKHAUSIE* [7 esp.].

99. PTEROTHECA → p. 188. *PTÉROTHÈQUE* [1 esp.].

1. EUPATORIUM. EUPATOIRE. — (→ Voyez fig. EU, p. 151). Feuilles dentées, souvent à 3 à 5 lobes ; plante poilue à tiges raides dressées ; fruit mûr noir surmonté d'une aigrette plus longue que lui. [Endroits humides ; fl. d'un rouge vineux, rarement blanches ; 6-12 d. ; j.-s. ; v.]

→ Chaque capitule contenant 12 à 25 fleurs, en général L ;

Eupatorium cannabinum L. Eupatoire Chanvrine. Commun. [S]

2. ADÉNOSTYLES. ADÉNOSTYLE. —

involucre à bractées colonneuses L ; feuilles blanches colonneuses sur les deux faces, à dents alternativement inégales. [Rochers ; fl. rougeâtres ou rosées ; 2-8 d. ; jl.-s. ; v.]

Adénostyles leucophylla Rchb. Adénostyle à feuilles blanches Alpes (11es régions). [S]

↻ Chaque capitule contenant 2 à 8 fleurs, en général AL.

△ Feuilles velues, au moins en dessous, à dents alternative-ment inégales ALB ; tige rameuse. [Rochers ; fl. rougeâtres ; 6-12 d. ; jl-s. ; v.]

Adénostyles albifrons Rchb. Adénostyle à tête blanche. Montagnes. [S]

△ Feuilles sans poils, à dents assez peu inégales ALP ; tige peu ramifiée. [Rochers, près ; fl. roses, rarement blanches ; 2-8 d. ; jl.-s. ; v.]

Adenostyles alpina Bl. et Fing. Adénostyle des Alpes. Jura, Alpes. [S]

3. HOMOGYNE. HOMOGYNE. — (→ Voyez fig. HO, p. 153). Involucre à bractées sans poils ou presque sans poils ; tige laineuse sous l'invo-lucre ; feuilles luisantes en dessus ; feuilles supérieures entières. [Près, rochers ; fl. roses ou blanches ; 1-3 d. ; jl.-s. ; v.]

Homogyne alpina Cass. Homogyne des Alpes. Jura, Alpes ; Plateau Central (très rare ; dép. de la Loire). Pyrénées. [S]

4. PÉTASITES. PÉTASITES. —

+ Fleurs pistillées à corolle en languette courte P ; fleurs à odeur de vanille, d'un rose clair. [Endroits humides ; fl. d'un blanc rosé ; 2-4 d. ; d.-ms ; v.]

Petasites fragrans Presl. Pétasites odorant (Héliotrope d'hiver). Naturalisé (rare) et subspontané. [S] sub.

+ Fleurs pistillées à corolle en filet comme coupé obliquement au sommet ; fleurs sans odeur de vanille. (Parfois stigmates des fleurs staminno-pistillées étroits et en pointe aiguë et bord intérieur de l'échancrure de la feuille non bordé par une nervure : P. albus J. Bauhin ; — ou stigmates des fleurs staminno-pistillées ovales allongés et bord intérieur de la feuille bordé par une nervure : P. niveus Baumg.) [Endroits humides ; fl. rougeâtres ou blanches ; 3-6 d. ; ms.-m. ; v.]

Petasites vulgaris Desf. Pétasites vulgaire. Montagnes (rare dans les Pyrénées) et çà et là. [S]

5. TUSSILAGO. TUSSILAGE. — (→ Voyez fig. F, p. 153). Fleurs en languettes étroites ; tige fleurie portant de petites feuilles entières et rapprochées ; feuilles de la base paraissant après les fleurs irrégulièrement dentées. [Endroits humides, talus ; fl jaunes ; 1-2 d. ; ms.-av. ; v.]

Tussilago Farfara L. Tussilage Farfara (Pas-d'âne). Commun. [S]

6. SOLIDAGO. SOLIDAGE. —

= Feuilles poilues, un peu rudes ; capitules formant une sorte de grappe feuillée. [Bois, rochers ; fl. jaunes ; 4-80 c. ; j.-s. ; v.]

Solidago Virga-aurea L. Solidago Verge-d'or. Commun. [S]

= Feuilles sans poils ; capitules formant une grappe souvent courbée, tous tournés d'un même côté. [Endroits incultes ; fl. jaunes ; 1-2 m. ; jl.-s. ; v.]

Solidago glabra Desf. Solidago glabre. Centre, Plateau Central, Bassin du Rhône, Midi. [S]

7. LINOSYRIS. LINOSYRIS. — (→ Voyez fig. LV, p. 156). Feuilles très rapprochées, à sommet dur et pointu ; fruits mûrs blanchâtres. [Coteaux, bois ; fl. jaunes ; 1-5 d. ; at.-s. ; v.]

Linosyris vulgaris DC. Linosyris vulgaire. Çà et là, sauf dans le Nord-Est et l'Est. [S]

8. PHAGNALON. PHAGNALON. —

□ Involucre à bractées toutes appliquées sur le capitule SOR ; feuilles blanches colonneuses sur les deux faces ; capitules solitaires ou groupés. [Rochers ; fl. d'un brun jaunâtre ; 2-4 d. ; m.-j. ; v.]

Phagnalon sordidum DC. Phagnalon sordide. Midi.

□ Involucre à bractées extérieures étalées ou renversées SAX ; feuilles blanches colonneuses en dessous ; capitules toujours solitaires. [Rochers ; fl. jaunes ; 2-4 d. ; j.-at. ; v.]

Phagnalon saxatile Cass. Phagnalon des rochers. Région méditerranéenne. [S]

9. ERIGERON. ERIGERON. —

⊕ Capitules ayant moins de 7 mil- limètres de lon- gueur; fleurs blanches ou blanchâtres.

✱ Involucre à bractées extérieures allongée; presque sans poils CA;

✱ Involucre à bractées extérieures velues CR;

feuilles bordées de cils raides; capitules C en grappe feuillée allongée. [Décembres, talus, chemins; pourtour blanchâtre, centre jaune; 2-10 d., jt.-s.; a.]

feuilles couvertes de poils raides; capitules en corymbe feuillé. [Champs; fl. blanches; 2-5 d.; jt.-at.; a.]

⊖ Capitules ayant plus de 7 millimètres de longueur; fleurs ro- ses, lilas ou blan- ches.

★ Fleurs du pourtour à languettes dressées A, d'un rose plus ou moins lilacé;

tige souvent ramifiée vers le haut, à rameaux por- tant des feuilles plus petites. [Endroits incultes; pour- tour rose lilacé, centre jaunâtre; 1-4 d.; j.-at.; b.]

★ Fleurs du pourtour à lan- guettes étalées en dehors (V, UN), roses, lilas ou blanchâtres. [Rochers, prés; 5-40 c.; jt.-s.; v.]

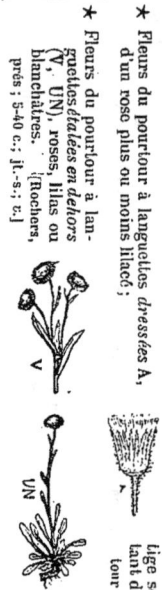

[Parfois poils glanduleux et plusieurs capi- tules V; E. *Villarsii* Bell.; — ou plante sans poils glanduleux à involucre laineux et à 1 seul capitule UN; E. *uniflorus* L.; — ou involucre presque sans poils; E. *gla- bratus* Hoppe.]

Erigeron canadensis L.
Erigéron du Canada.
Commun (naturalisé). [S]

Erigeron crispus Pourr.
Erigéron crépu.
Ouest (rare); Midi.

Erigeron acris L.
Erigéron âcre.
Commun. [S]

Erigeron alpinus L.
Erigéron des Alpes.
Jura, Alpes, Auvergne, Pyrénées
(H^tes régions) [S]

10. STÉNACTIS. STÉNACTIS. — (→ Voyez fig. ST, STE, p. 193.) Feuilles d'un vert clair, rapprochées les unes des autres tout le long de la tige; capitules en corymbe. [Endroits humides; pourtour rose, lilas, rarement blanc, centre jaunâtre; 4-12 d.; jt.-at.; b.]

Stenactis annua Nees.
Stènactis annuelle.
Est, Sud-Est (naturalisé). [S]

11. ASTER. ASTER. —

⊖ Involucre à bractées toutes allongées et aiguës; feuilles moyennes embras- sant la tige NB.

• Capitules ordinairement par plus de 9, formant une sorte de grappe feuillée; involucre à bractées peu ciliées; feuilles lisses. [Endroits humides; pourtour violet, bleuâtre ou blanc, centre jaune; 8-12 d.; j.-at.; v.]

• Capitules isolés ou par 2 à 9 au sommet des tiges fleuries; involucre à bractées glanduleuses et à longs cils PY;

feuilles rudes au toucher. [Rochers, bois; pourtour bleu ou lilas, centre jaune; 4-9 d.; at.-s.; v.]

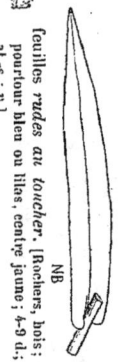

⊖ Involucre à bractées toutes ou pour la plupart arrondies au sommet; feuilles:TR,AM,T; feuil- les moyennes n'em- brassant pas ou presque pas la tige.

(Fleurs en languette à style et stigmates à peine développés, non visibles à l'extérieur TN.

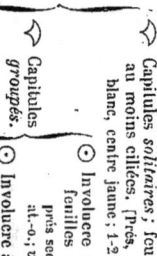

(Capitules souvent velues AL, au moins ciliées. [Très, rochers; pourtour violet ou blanc, centre jaune; 1-2 d.; jt.-s.; v.]

(Parfois feuilles à 3 nervés Desf.) centre jaune; 2-6 d.; [Endroits incultes; pourtour bleu ou lilas, centre jaune; 2-6 d.; jt.-s.; v.]

(Fleurs en languette à style et stigmates développés, visibles à l'extérieur (ex. TP).

⊙ Capitules solitaires; feuilles souvent velues; involucre à bractées recourbées en dehors AM; feuilles non charnues, à poils raides. [Coteaux; pourtour bleu ou blanc, centre jaune; 2-5 d.;]

⊙ Involucre à bractées appliquées T; feuilles charnues, lisses ou presque lisses. [Endroits humides; pourtour blanc ou rosé, centre jaune; 2-7 d.; at.-s.; b ou v.]

(Capitules groupés.

⊙ Capitules solitaires; feuilles à 3 nervures principales: A. tri- nervis Desf.)

Aster Novi-Belgii L.
Aster de la Nouvelle-Belgique.
Est, Sud-Est, Centre (naturalisé).
Quelquefois subspontané.

Aster dere.
Région méditerranéenne.

Aster alpinus L.
Aster des Alpes.
Jura, Alpes, Cévennes, Pyrénées. [S]

Aster Amellus L.
Aster Amelle.
Est, Sud-Est; Centre (rare). Pla- teau Central, Pyrénées orien- tales (et subspontané). [S]

Aster acris L.
Aster âcre.

Aster pyrenaeus DC.
Aster des Pyrénées.
Pyrénées centrales (très rare). [S]

Aster Tripolium L.
Aster Tripolium.
Littoral; marais salants de la Lorraine.

12. BELLIDIASTRUM. BELLIDIASTRUM. — (→ Voyez fig. BM, BD, p. 193.) Involucre à bractées poilues; feuilles à longs pétioles, couvertes de poils courts; fruits mûrs jaunâtres à aigrette blanche. [Endroits frais; pourtour blanc ou rosé, centre jaune; 1-3 d.; j-jt.; v.]

Bellidiastrum Michelii Cass.
Bellidiastrum de Michel.
Jura, Alpes.

12bis. BELLIS. PÂQUERETTE. —

§ Plante annuelle à feuilles développées sur le rameau qui porte le capitule A;

§ Plante vivace sans feuilles développées sur le rameau qui porte le capitule B;
tige à capitules, non ramifiée. [Parfois involucres à bractées presque nulles,
et feuilles insensiblement rétrécies du sommet à la base: *B. silvestris* Cyr.)

tige à capitules, souvent rameuse.
[Endroits incultes, champs; pourtour blanc ou
rougeâtre, centre jaune; 5-45 c.; ms.-j.; a].

[Prés, chemins; pourtour blanc ou rougeâtre,
centre jaune; 1-2 d., jv.-d.; v.]

Bellis annua L.
Pâquerette annuelle. Région méditerranéenne, presque
exclusivement sur le littoral.

Bellis perennis L.
Pâquerette vivace.
Très commun. [S]

13. DORONICUM. DORONIC. —

— Feuilles de la base
à limbe profondé-
ment en cœur PA;

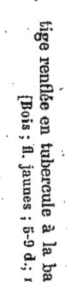

— Feuilles de la base
non en
cœur.

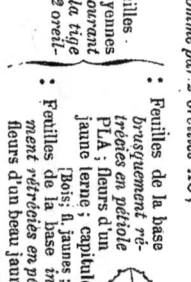

⊕ Feuilles moyennes entourant la tige
comme par 2 oreilles AU;

tige renflée en tubercule à la base; feuilles moyennes embrassant la tige comme par 2 oreilles.
[Bois; fl. jaunes; 5-9 d.; m.-j.; v.]

⊕ Feuilles
moyennes
n'entourant
pas la tige
par 2 oreil-
les.

: Feuilles de la base
brusquement ré-
trécies en pétiole
PLA; fleurs d'un
jaune terne; capitules solitaires; feuilles moyennes à pétiole PL.
[Bois; fl. jaunes; 3-9 d.; av-j.; v.]

:: Feuilles de la base insensiblement rétrécies en pétiole GL;
fleurs d'un beau jaune;

fleur d'un beau jaune d'or.
[Bois; fl. d'un beau jaune; 5-9 d.;
j.-at.; v.]

= Feuilles de la base à limbe fortement denté et insensiblement rétréci en pétiole GR.
[Rochers; fl. jaunes; 1-8 d.; jl.-s.; v.]

= Feuilles de la base à limbe assez fortement denté
et brusquement rétréci en pétiole GR.

tige souvent rameuse. (*D. glaciale* Nym.)

tige souvent rameuse.
[Endroits humides;
fl. jaunes; 1-d d.;
jl.-s.; v.]

Doronicum Pardalianches Willd.
Doronic Pardalianche. Montagnes, surtout sur le Plateau
Central; rare ou manque ailleurs.[S]

Doronicum austriacum Jacq.
Doronic d'Autriche. Alpes méridionales, Pyrénées.
Centre (rare), Plateau Central; (rare).[S] sub.

Doronicum plantagineum L.
Doronic Plantain. Nord, Est, Centre, Ouest.

Doronicum grandiflorum Lam.
Doronic à grandes fleurs. Alpes, Pyrénées (Hautes régions).[S]

Doronicum hirsutum Lam.
Doronic hérissé. Alpes (Hautes régions; rare).[S]

14. ARNICA. ARNICA. — (→ Voyez fig. AM, p. 181).

× Fruits du pourtour
sans aigrette; tige
portant plusieurs
capitules, ou bien
un seul capitule et
alors tige souter-
raine renflée en
tubercule.

× Fruits tous à aigrette;
en général, capitules
solitaires sur la tige et
les rameaux.

→ Feuilles les plus grandes n'étant pas à la fois de
plus de 5 c. de longueur et seulement dentées.
Capitules solitaires terminant la tige ou des rameaux opposés; bractées de l'involucre et haut de la tige couverts de poils glanduleux; fleurs
odorantes. [Prés; fl. jaunes ou orangées; 2-7 d.; j.-at.; v.]

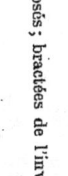

→ Feuilles les plus grandes étant à la fois
de plus de 5 c. de longueur, en général.

++ Feuilles non couvertes de poils cotonneux blancs et épais.....
Involucre du capitule ayant
à la base des bractées
plus petites et distinctes
des autres;
[exemples: S, DR, F].

++ Feuilles couvertes, au moins en dessous, de poils cotonneux blancs et épais.....
Involucre du capitule à bractées toutes assez sembla-
bles, sans bractées plus petites et distinctes à la
base. [exemple: SPA.]

Arnica montana L.
Arnica des montagnes. Montagnes et çà et là dans le
Centre et le *Sud-Ouest.* [S]

15. SENECIO. SÉNÉÇON. —

○ Fleurs toutes sans languette VU ou à languettes très courtes
et roulées en dehors S, VI. C...

○ Capitules ayant des
fleurs à longues
languettes
[ex.: S, DR, F;
SPA].

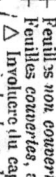

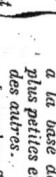

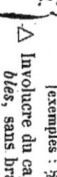

△ Capitules ayant des
fleurs à longues
languettes

..... Série 1 → p. 163.

..... Série 2 → p. 163.

..... Série 3 → p. 164.

..... Série 4 → p. 164.

..... Série 5 → p. 164.

Série 1

⊕ Feuilles toutes ⬜ Feuilles entières et à duvet cotonneux → Voyez Variétés (flosculosus du S. durantiacus, p. 169.
⊕ entières. ⬜⬜ Feuilles finement dentées et non cotonneuses → Voyez S. Cacaliaster, p. 164.
⊕ Feuilles inférieures bien moins divisées que les moyennes; involucre en demi-sphère → Voyez, Variété flosculosus du S. Jacobæa,
p. 163.

⊕ Feuilles inférieu-
res divisées et
assez sembla-
bles aux feuilles
moyennes; in-
volucre cylin-
drique VU, VI,
S.

✱ Toutes les feuilles
ayant leurs divi-
sions principales
de moins de
3 mm. de lar-
geur.

✱ Beaucoup de
feuilles
ayant leurs
divisions
principales
de plus de
3 mm. de
largeur.

✱ En général, 7 à 10 petites
bractées formant une ran-
gée extérieure de l'invo-
lucre VU, VI; fruit mûr
brun ou grisâtre.

✱ En général, 3 à 5 petites bractées formant
une rangée extérieure de l'involucre S;
fruit mûr noir.

(Parfois plante à poils glanduleux et bractées extérieures
de l'involucre dépassant le tiers
des autres VI: S. viscosus.L.)
[Champs, endroits incultes ; fl., jaunes ; 1-3 d.; jv.-d.; a.]

Senecio vulgaris L.
Séneçon vulgaire.
Très commun. [S]

Senecio silvaticus L.
Séneçon des bois.
Assez commun, sauf dans le Sud-Est
et la région méditerranéenne.[S]

⊙ Feuilles moyennes au moins
2 fois complètement divi-
sées A;

⊙ Feuilles complètement divisées GA;
389, JAC]; feuilles
p.389. moyennes très
divisées JA.

⊙ 1 fois complètement di-
visées GA;
389, visées GA.
p. 389.

(Parfois plante à poils glanduleux à odeur d'anis et à
involucre glanduleux.S.Veridus.L.)
[Bois ; fl. jaunes ; 1-5 d.; m.-jl.; a.]

Senecio adonidifolius Lois.
Séneçon à feuilles d'Adonis.
Fréq. (très rare); Centre, Plateau
Central, Pyrénées; Nord-Ouest
(rare).

fruit velu sur les côtés, capitules peu nombreux et écartés les uns
des autres. [Champs ; fl. jaunes ; 1-5 d.; m.-jl.; a.]

Senecio gallicus Chaix.
Séneçon de France.
Sud-Est, Région méditerranéenne.

Feuilles entourant la tige comme
par 2 oreilles entières CR;
feuilles épineuses; plante maritime.

Feuilles entourant
la tige comme par
2 oreilles pro-
fondément divi-
sées
[exemple

(Parfois feuilles moyennes très divisées CR et très charnues :
S. crassifolius Willd.)
[Rochers, sables; fl. jaunes; 1-3 d.; f.-av.; v.]

fruit sans poils sur les côtés ; capitules nombreux
et serrés.
[Bois, rochers; fl. d'un beau jaune; 4-8 d.; jl.-at.; v.]

Senecio leucanthemifolius Poirr.
Séneçon à feuilles de Leucanthème.
Littoral de la Provence (très rare).

(Parfois petites bractées extérieures égalant la moitié des
autres : **S. erucæfolius** L.;
ou bractées extérieures plus petites et feuilles à lobe supérieur
plus grand AQ : **S. aquaticus**
Huds., 275, p. 389.
[Bois, prés; fl. jaunes; 3-8 d.; j.-s.; v.]

Senecio Jacobaea L.
Séneçon Jacobée (Fleur de St-Jacques).
Commun. [S]

Série 3

Capitules isolés au
sommet des tiges
U;

Capitules grou-
pés en co-
rymbe au
sommet des
tiges.

feuilles presque toutes à la base, blanches
divisées.
[Rochers; fl. jaunes; 5-10 c.; jl.-s.; v.]

Senecio uniflorus All.
Séneçon à un capitule.
Alpes (très rare : départements de la
Savoie et des Hautes-Alpes).[S]

Feuilles CI blanches, velues en dessous et couvertes en dessus de quelques poils
formant comme des flocons ; tiges ligneuses à la base.
[Rochers, sables ; fl. jaunes ;3-7 d.; j.-at.; v.]

Feuilles IN, LEU, blanches velues en dessus et en dessous ; tiges non ligneuses à
à la base. (Parfois feuilles supérieures à lobes étroits et à bords parallèles IN :
[Rochers; fl. jaunes ; 3-20 c.; jl.-s., v.] 275, p. 389.
S. incanus L.]

Senecio Cineraria. DC.
Séneçon Cinéraire.
Région méditerranéenne, surtout
sur le littoral.

Senecio leucophyllus DC.
Séneçon à feuilles blanches.
Alpes ; Plateau Central (très rare :
le Mézenc) ; Pyrénées orientales.
[S]

⊙ Feuilles moyennes *en cœur à la base et nettement pétiolées* CO ;

involucre à bractées cotonneuses ; feuilles un peu cotonneuses en dessous.
[Bois, prés ; fl. jaunes ; 5-8 d. ; j.-at. ; v.]

Senecio cordatus *Koch*.
Séneçon à feuilles en cœur.
Alpes de Savoie. [S]

⊙ Feuilles moyennes non en cœur ; involucre de *moins de 8 mm. de largeur au sommet*.

§ Fleurs *toutes tubuleuses* C ; feuilles à dents enrenelées çà et là de dents ;

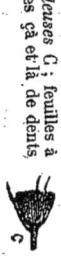

fruit sans poils sur les côtés ; feuilles supérieures embrassant la tige.
[Bois, rochers ; fl. d'un jaune pâle ou blanchâtre ; 7-12 d. ; j.-ji. ; v.]

Senecio Cacaliaster *Lam.*
Séneçon Cacaliaster.
Plateau Central.

§ Capitule ayant au *moins quelques languettes* S, F, DR.

— Feuilles dentées en scie et, à sommet aigu N ; fruits *sans poils sur les côtés* ; involucre à bractées plus ou moins variables F, S.

fruit sans poils sur les côtés ; feuilles à bractées plus ou moins variables F, S.
[Bois, prés ; fl. jaunes ; 8-15 d. ; jt.-at. ; v.].

Senecio Doria *L.*
Séneçon Doria.
Sud-Est, Région méditerranéenne. [S]

× Feuilles moyennes à dents dont les pointes sont le plus souvent *dirigées vers le sommet de la feuille* P.
[Endroits humides ; fl. jaunes ; 6-11 d. ; j.-at. ; v.]

— Feuilles faiblement crénelées et à sommet peu aigu ; fruit *ayant de petits poils dans les sillons* D ; bractées extérieures de l'involucre bien plus courtes que les autres DR.

[Prés ; fl. jaunes, 8-15 d. ; jt.-at. ; v.].

Senecio paludosus *L.*
Séneçon des marais.
Nord-Est, Sud-Est, Centre (çà et là). [S]

× Feuilles moyennes à dents dont les pointes ne sont *pas tournées vers le sommet de la feuille.*

⊕ Feuilles à dents comme cartilagineuses au sommet TO ;
[Prés ; fl. jaunes ; 3-7 d. ; jt.-s. ; v.].

involucre à bractées extérieures bien plus courtes que les autres T.

Senecio Tournefortii *Lap.*
Séneçon de Tournefort.
Pyrénées.

⊕ Feuilles à dents *non cartilagineuses* ; involucre toujours cotonneux à la base, tantôt à bractées extérieures grandes DN, ou bien plus petites que les autres.
[Prés ; fl. jaunes ou orangées ; 3-6 d. ; j.-at. ; v.]

involucre à bractées extérieures bien plus courtes que les autres.

Senecio Doronicum *L.*
Séneçon Doronic.
Montagnes (manque dans les Vosges, et çà et là dans le Midi). [S]

— Bractées de l'involucre *brunes dans toute leur longueur* et peu laineuses AUR ;
fleurs odorantes. [Prés ; fl. rouges, orangées ou jaunes ; 2-4 d. ; j.-at. ; v.]

Senecio palustris *DC.*
Séneçon des marécages.
Nord (rare).

= Bractées de l'involucre *brunes au sommet, ou non brunes et très laineuses* SP ; 3Ss, p. 389.
fleurs peu odorantes. [Bois, prés ; fl. jaunes ou orangées ; 3-6 d. ; m.-j. ; v.]

Senecio aurantiacus *DC.*
Séneçon orangé.
Alpes. [S]

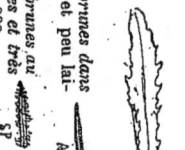

[Marais ; fl. jaunes pâles ; 6-10 d. ; j.-jt. ; v.]

Senecio spathulaefolius *DC.*
Séneçon à feuilles en spathule.
Assez rare, surtout dans l'Est, le Centre, l'Ouest et le Midi. [S]

: Fruit *sans poils sur les côtés* PA ; capitules en corymbe à rameaux ramifiés ;

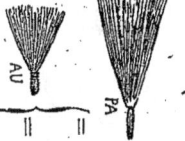

: Fruit *velu sur les côtés* [ex. : AU] ; capitules en corymbe à rameaux simples.

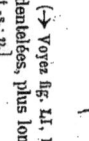

= Bractées de l'involucre régulièrement PL.

feuilles dentées régulièrement PL.
[Prés ; fl. jaunes ou orangées ; 5-8 d. ; j.-at. ; v.]

Ligularia sibirica *Cass.*
Ligulaire de Sibérie.
Côte-d'Or, Plateau Central (rare).

Série 1 → p. 165.
Série 2 → p. 165.

16. LIGULARIA. LIGULAIRE. — [→ Voyez fig. LI, LIG, p. 153.]
Capitules entourés de bractées souvent dentelées, plus longues que les capitules ; feuilles dentées et bordées comme par une sorte de bourrelets,

engaînantes. [Prés ; fl. jaunes, 3-15 d. ; at.-s. ; v.]

17. ARTEMISIA. ARMOISE. —

○ Réceptacle du capitule *poilu* [ex. : ABS]. (Examiner le réceptacle après avoir enlevé toutes les fleurs)
Capitules globuleux, ayant en général *plus de 3 mm. de diamètre.* . . . . **Série 3 →** p. 165.

○ Réceptacle du capitule *sans poils* [ex. : VL].
↶ Capitules ayant, en général, moins de 3 mm. de diamètre. . . . . **Série 4 →** p. 165.

191

+ Involucre à bractées entourées d'une bordure brune.

⊕ Involucre à bractées non entourées d'une bordure brune.

△ Feuilles d'un blanc soyeux.

□ Capitules à *plus de 25 fleurs* GLA disposées en groupes serrés et terminaux GL; fruit ordinairement sans poils sur les côtés.
[Rochers ; fl. jaunâtres ; 5-15 c.; jl.-s. ; v.]

□ Capitules à *moins de 25 fleurs* disposés en une grappe plus allongée MU; fruit ayant quelques poils dans leur partie supérieure.
[Rochers ; fl. jaunâtres ; 5-20 c.; jl.-s.; v.]

△ Feuilles d'un blanc laineux, à divisions étroites ; feuilles supérieures sans pétiole. [Rochers ; fl. jaunes ; 5-20 c.; jl.-at. ; v.]

✻ Tiges fleuries *herbacées* ; plante à odeur d'absinthe par le frottement et à saveur amère ; feuilles à divisions plates et ovales AS. [Rochers, endroits incultes ; fl. jaunes ; 4-8 d.; jl.-at.; v.]

✻ Tiges fleuries *ligneuses* dans leur partie inférieure ; plante à odeur plus ou moins aromatique, camphrée ou de térébenthine ; saveur peu amère.

✻ Fruit sans petites glandes jaunes résineuses; inflorescence très rameuse et très fournie AR. [Rochers ; fl. jaunâtres ; 6-12 d.; jl.-at.; v.]

✻ Fruit couvert de petites glandes jaunes résineuses; inflorescence assez grêle et peu fournie C. [Rochers ; fl. d'un vert rougeâtre ; 5-7 d.; at.-s.; v.]

★ Corolles *velues*.

⊙ Feuilles à division par trois VI, velues, soyeuses;

⊙ Feuilles à divisions elles-mêmes divisées et sur 2 rangs parallèles AT;

Feuilles plusieurs fois complètement divisées CH, en lanières de moins de 1 mm. de largeur;

□ Involucre sans poils N;

★ Corolles sans poils.

40s et 41s, p. 389.

Feuilles à divisions de plus de 1 mm. de largeur.

(Involucre velu IN, SP.

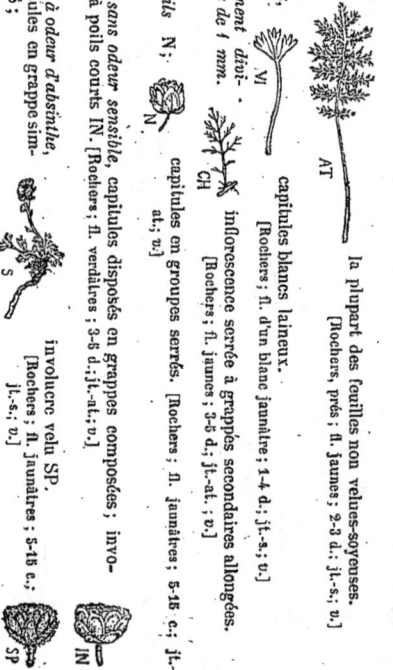

la plupart des feuilles non velues-soyeuses.
[Rochers, prés ; fl. jaunes ; 2-3 d.; jl.-s.; v.]

capitules blancs laineux.
[Rochers ; fl. d'un blanc jaunâtre ; 1-4 d.; jl.-s.; v.]

inflorescence serrée à grappes secondaires allongées.
[Rochers ; fl. jaunes ; 3-5 d.; jl.-at.; v.]

capitules en groupes serrés. [Rochers ; fl. jaunâtres ; 5-15 c.; jl-at.; v.]

Plante *sans odeur* sensible, capitules disposés en grappes composées; involucre à poils courts IN. [Rochers ; fl. verdâtres ; 3-5 d.;jl.-at.; v.]

involucre velu SP.
[Rochers ; fl. jaunâtres ; 5-15 c.; jl-s.; v.]

Plante à odeur d'absinthe, capitules en grappe simple S;

plante à saveur amère.
[Endroits incultes; fl.d'un jaune pâle; 6-12 d.; jl.-s.; v.]

⊙ Feuilles à divisions principales *de plus de 4 mm.* de largeur; à divisions plus petites vers la base VU, blanches, cotonneuses en dessous ; tiges herbacées, souvent d'un brun rougeâtre.

⊙ Feuilles à divisions principales *de 2 mm. ou moins de largeur.* (→ *Voir la suite de l'analyse à la page suivante.*)

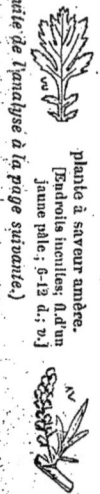

Artemisia glacialis L.
Armoise des glaciers (Genépi).
Alpes, Pyrénées (Genépi). (Htes régions).
Artemisia Mutellina Wild. [S]
Armoise Mutelline.
Alpes, Pyrénées (Hautes régions). [S]
Artemisia pedemontana Balb.
Armoise du Piémont.
Alpes (très rare).
Artemisia Absinthium L.
Armoise Absinthe.
Est, Sud-Est, Plateau Central, Ouest et çà et là (souvent cultivé).
Artemisia arborescens L. [S]
Armoise arborescente.
Littoral du Dép. du Var (très rare).
Artemisia camphorata Wild.
Armoise camphrée.
Est (très rare); Sud-Est, Plateau Central; Centre, Ouest (très rare).

Artemisia atrata Lam.
Armoise noirâtre.
Alpes de la Savoie et du Dauphiné (rare).
Artemisia Villarsii GG.
Armoise de Villars.
Alpes, Pyrénées (Hautes régions).
Artemisia chamaemelifolia Vill.
Armoise à feuilles de Camomille.
Alpes du Dauphiné et mérid.
Artemisia nana Gaud.
Armoise naine.
Alpes (très rare). [S]
Artemisia insipida Vill.
Armoise insipide.
Alpes (Hautes régions). [S]
Artemisia spicata Wulf.
Armoise en épi.
Alpes (Hautes régions). [S]
Artemisia vulgaris L.
Armoise vulgaire (Herbe à cent goûts).
Commune, sauf dans la région médit. [S]

Suite de la série §. —

§ Involucre sans poils

— Feuilles 2 fois divisées, à divisions en lanières AC; CAM;

— Feuilles moyennes et supérieures nё dépassant pas, en général, 6 mm. de longueur; involucre à poils courts AR;

§ Involucre velu AR, MA;

— Feuilles moyennes et supérieures, ayant plus de 6 mm. de longueur; involucre à poils cotonneux MA; **40s et 41s, p. 389.**

18. TANACETUM. *TANAISIE*. —

⊕ Feuilles finement dentées BA; feuilles moyennes et inférieures pétiolées;

⊕ Feuilles profondément divisées AN, VU, TV.

— Feuilles divisées presque en lanières AN, ayant, en général, moins de 5 c. de longueur;

: Feuilles à divisions larges et plates VU, ayant, en général, plus de 5 c. de longueur; fleurs en corymbe large TV.

19. PLAGIUS. *PLAGIE*. — (→ Voyez fig. Pl., p. 164). Feuilles sans poils.

20. LEUCANTHEMUM. *LEUCANTHÈME*. —

○ Feuilles à divisions de 2 à 8 mm. de largeur, en général;

═ Feuilles 2 à 3 fois divisées ou lobées.

○ Feuilles divisées, dentées VU ou ayant plus de 2 mm. de largeur;

═ Feuilles non divisées.

△ Feuilles divisées, dentées VU, à 2 mm. de largeur, en général.

△ Feuilles toutes allongées GR et n'ayant, en général, que 1 ou 2 mm. de largeur, presque en lanières. [Rochers; prés secs; pourtour blanc, centre jaune; 1-4 d.; j-jt.; v.]

□ Fruits noirâtres VUl, bordées de brun PA (*L. pollens* DC.);

□ Fruits grisâtres ou blanchâtres Al, feuilles de la base très divisées et en touffe gazonnante;

— Divisions principales des feuilles non bordées tout autour de dents aiguës PA;

— Divisions principales des feuilles bordées tout autour de dents aiguës CR;

+ Divisions principales des feuilles ne dépassant pas, en général, 6 mm. de longueur et écartées Pl.;

+ Divisions principales des feuilles dépassant, en général, 6 mm. de longueur,..........

feuilles toutes pétiolées; tige ordinairement rameuse dès la base. [Endroits incultes, bord des cours d'eau; pourtour blanc, centre jaune; 3-5 d.; j-al.; v.]

feuilles supérieures sans pétiole. [Rochers, coteaux; pourtour blanc, centre jaune; 4-10 d.; j-al.; v.]

fleurs en tube à corolle coiffant le sommet du fruit. [Prés, rochers; pourtour blanc, centre jaune; 2-8 d.; j-jt.; v.]

tiges ligneuses à la base, conchées à la base. [Rochers, endroits incultes; fl. d'un fauve verdâtre; 3-6 d.; jt-at.; v.]

feuilles à divisions courtes, perdant leur duvet cotonneux en vieillissant. [Rochers; fl. jaunâtres; 1-3 d.; j-s.; u.]

feuilles blanches cotonneuses; inflorescence à rameaux souvent renversés M. [Rochers, sables; fl. jaunâtres; 2-5 d., s.-o.; v.]

bractées inférieures de l'involucre arrondies au sommet; plante odorante. [Endroits incultes, bois; fl. jaunes; 5-12 d.; jt-at.; v.]

bractées intérieures de l'involucre terminées par un appendice membraneux, étalé; tige souterraine non développée. [Sables; fl. jaunes; 2-5 d.; jt.-at.; a.]

toutes bractées de l'involucre arrondies. [Endroits incultes; fl. jaunes; 8-15 d.; jt.-at.; v.]

feuilles inférieures de l'involucre arrondies au sommet; plante comme par 2 oreilles aiguës, à dents terminées

Artemisia campestris *L.*
Armoise champêtre. Assez commun, sauf dans le Nord; l'Est et l'Ouest. **[S]**
Artemisia arragonensis *Lam*
Armoise d'Aragon. Pyrénées. (très rare).
Artemisia maritima *L.*
Armoise maritime. Littoral.
Tanacetum Balsamita *L.*
Tanaisie Balsamite (Herbe-au-coq). Cultivé et rarement subspontané. **[S]** sub.
Tanacetum annuum *L.* **[S]**
Tanaisie annuelle. Région méditerranéenne.
Tanacetum vulgare *L.*
Tanaisie vulgaire (Barbotine). Assez commun, sauf dans le Plateau Central; l'Ouest et le Midi (cultivé). **[S]**
Plagius ageratifolius *L'Hér.* **[S]**
Plagie à feuilles d'Agératum. Pyrénées orientales (très rare).
Leucanthemum Parthenium *G.G.*
Leucanthème Parthénium. Nord, Centre, Plateau Central et çà et là (souvent subspontané). **[S]**
Leucanthemum corymbosum *G.G.* **[S]**
Leucanthème en corymbe. Çà et là (manque dans le Nord et le Nord-Ouest).
Leucanthemum palmatum *Lam*
Leucanthème palmé. Plateau Central, Corbières.
Leucanthemum vulgare *Lam.*
Leucanthème vulgaire (Marguerite). Très commun. **[S]**
Leucanthemum alpinum *Lam.*
Leucanthème des Alpes. Alpes, Pyrénées (H^{tes} régions). **[S]**
Leucanthemum graminifolium Lam.
Leucanthème à feuilles de graminée. Midi.

① Feuilles *non ponctuées.*

21. CHRYSANTHEMUM. CHRYSANTHÈME. —

① Feuilles *toutes profondément divisées; fruits du pourtour prolongés en aile* CO;
fl. jaunes; 3-7 d.; j.-s.; a.]

feuilles semblables de la base au sommet. [Endroits incultes;

Chrysanthemum coronarium L.
Chrysanthème couronné.
Littoral de la Méditerranée. [S]
sub.

① Feuilles *supé-
rieures seu-
lement den-
tées.*

❋ Feuilles moyennes à
sommet arrondi et
dentées tout autour
MY;

fruit portant une couronne membraneuse. [Champs; fl. jaunes; 2-5 d.; jt.-at.; a.]

Chrysanthemum Myconis L.
Chrysanthème Myconis.
Région méditerranéenne.

❋ Feuilles moyennes en pointe au sommet CS
plus ou moins profondément divisées;

fruit sans couronne au sommet SE; pédoncule un peu épaissis sous le capitule.
[Champs; fl. jaunes; 2-5 d.; j.-s.; a.]

Chrysanthemum segetum L.
Chrysanthème des moissons.
Nord-Ouest, Ouest et çà et là. [S]
sub.

22. MATRICARIA. MATRICAIRE. —

❋ Réceptacle du capitule *creux* CH;

feuilles à divisions *sans sillon* MC, CA.
[Champs; pourtour blanc, centre jaune; 1-4 d.;
av.-at.; a.]

Matricaria Chamomilla L.
Matricaire Camomille.
*Assez commun, sauf dans le Sud-Est,
la région méditerranéenne et çà et là.*

❋ Réceptacle du capitule *plein* M;

feuilles à divisions *charnues et réceptacle aussi large
que long :* M. *maritima* L.) [Champs; pourtour
blanc, centre jaune; 1-4 d.; j.-o.; a. ou v.]

feuilles à divisions *ayant un sillon en dessus* I, IN.
(Parfois feuilles charnues et réceptacle aussi large

Matricaria inodora L.
Matricaire inodore.
*Commun, sauf dans la région médi-
terranéenne, où il est très rare.* [S]

23. ANTHEMIS. ANTHÉMIS. —

❋ Feuilles *ponctuées de petits creux* MA;
un peu charnues et à divisions souvent arrondies au sommet;

tiges presque ligneuses à la base; fruit mûr finement chagriné.
couchées et fruit ordinairement noirâtre et tuberculeux : *A. secundiramea* Biv.)
[Sables, rochers; pourtour blanc, centre jaune; 1-3 d.; m.-s.; v.]

(Le *Matricaria discoidea* DC [introduit] se reconnaît à ses fleurs toutes en tubes.)

Anthemis maritima L.
Anthémis maritime.
Littoral de la Méditerranée.

① Feuilles *couvert de tubercules,*
même sur les côtes CO;

écailles entre les fleurs
souvent dépourvues de poils. [Champs; pourtour blanc, centre jaune; 1-4 d.;
m.-s.; a.]

Anthemis Cotula L.
Anthémis Cotule (Camomille des chiens).
Assez commun.

① Fruit mûr *lisse,
ou presque lisse,*
d'environ 1 mm.
de largeur, à cô-
tés *tout autour*
[ex. : AV (AR,
coupe du fruit)].

Écailles entre les fleurs
à pointe raide A;

feuilles deux fois divisées, en général, et à lobes très
aigus. [Champs; pourtour blanc, centre jaune; 1-4 d.; m.-s.; a.]

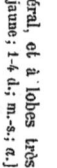

Anthemis arvensis L.
Anthémis des champs (Œil de vache).
Commun. [S]

① Fruit mûr *lisse*
que *lisse,*
1/3 mm. dans leur plus
petite largeur, à 3 côtés
d'un côté [ex. : NOB
(NO, coupe du fruit)].

Écailles entre les fleurs à
pointe courte et denti-
culée autour de la
potale MON;

feuilles une fois divisées MO.
[Rochers, sables; pourtour blanc,
centre jaune; 1-4 d.; al.-o.; v.]

Anthemis montana L.
Anthémis des montagnes.
*Plateau Central, Pyrénées, Pro-
vence.*

① Fruit mûr *lisse ou presque lisse,* d'environ
1/3 mm. dans leur plus
petite largeur, à 3 côtés
d'un côté [ex. : NOB
(NO, coupe du fruit)].

② Fleurs à languette *entièrement blanches;* écailles entre les fleurs obtuses au
sommet N. [Champs, sables; pourtour blanc, centre jaune; 1-3 d.; j.-s.; v.]

Anthemis nobilis L.
Anthémis noble (Camomille romaine).
Centre, Ouest et çà et là. [S] sub.

② Fleurs à languette *jaunes à la base;* écailles entre les fleurs aiguës au sommet MX.
[Champs, sables; pourtour blanc, centre jaune; 1-4 d.; m.-jt.; a.]

Anthemis mixta L.
Anthémis mixte.
Centre, Ouest, Midi. [S] sub.

24. COTA. COTA.

— Fleurs en languette jaunes; fruit mûr blanchâtre; tige épaissie sous le capitule, souvent rameuse vers la base; feuilles à dents poinlues CO.
[Rochers, prés secs; fl. jaunes; 3-6 d.; j.-a.; v.]

Fleurs en languette jaunes; fruit mûr blanchâtre; fruit mûr brun ou jaunâtre.

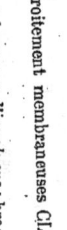

fruit mûr brun; tige épaissie sous le capitule.
[Champs; pourtour blanc, centre jaune; 4-12 d.; m.-at.; a.]
fruit mûr jaunâtre; tige peu épaissie sous le capitule. [Bois; pourtour blanc, centre jaune; 6-12 d.; jl.-s.; v.]

× Écailles entre les fleurs à pointe presque aussi longue que le reste de l'écaille AL;

× Écailles entre les fleurs à pointe courte TR;

25. ANACYCLUS. ANACYCLE. —

⊕ Fleurs du pourtour en languette blanche; involucre à bractées étroitement membraneuses Cl. et plus ou moins velues.
[Endroits incultes; pourtour blanc, centre jaune; 1-4 d.; jl.-s., a.]

⊕ Fleurs du pourtour en languette jaune, par-fois rosée en dessous.

: Fleurs en languettes étalées dépassant beaucoup l'involucre; bractées de l'involucre largement mem-braneuse au sommet RA.
[Endroits incultes; fl. jaunes ou rosées en dessous; 9-6 d.; jl.-s.; a.]

: Fleurs en languettes dépassant peu ou pas l'involucre V;
[Endroits incultes; fl. jaunes; 1-7 d.; jl.-a.; v.]

bractées de l'involucre étroitement membraneuses,

26. DIOTIS. DIOTIS. — (→ Voyez fig. DI, p. 154). Feuilles simples, semblables de la base au sommet, les inférieures renversées; capitules presque globuleux. [Sables, rochers; fl. jaunes; 1-3 d.; j.-jt.; v.]

27. SANTOLINA. SANTOLINE. — (→ Voyez fig. CN, p. 154). Capitules portés sur de longs ra-meaux, non feuillés au sommet; bractées de l'involucre arrivant presque à la même hauteur; feuilles tantôt à lobes disposés sur 4 à 6 rangs serrés C, tantôt allongés et écartés P (S. pec-tinata Lag.) [Endroits incultes; fl. jaunes; 1-7 d.; jl.-a.; v.]

28. HELIANTHUS. HÉLIANTHE. —

═ Capitules dressés; tige souterraine à tubercules; involucre à bractées allongées. [Champs; fl. jaunes; 1-3 m.; at.-o.; v.]

═ Capitules penchés; tige souterraine sans tubercules; involucre à bractées ovales, brusquement en pointe. [Champs; fl. jaunes; 1-2 m.; jl.-s.; v.]

29. ACHILLEA. ACHILLÉE. —

○ Fleurs jaunes.

△ Feuilles dentées AG;

△ Feuilles très divisées TO;

○ Fleurs blanches, roses ou pourprées ou d'un blanc sale ou jau-nâtre.

+ Languette ayant en longueur moins des trois quarts de la longueur de l'involucre, en général.
{ — Feuilles profondé-ment divisées.
{ — Feuilles dentées.

+ Languette ayant en longueur plus des trois quarts de la longueur de l'involucre, en général.

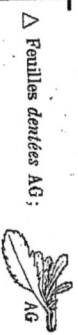

Série 1 [
plante à poils courts ou sans poils. [Endroits incultes; fl. jaunes; 1-5 d.; jl.-s.; v.]
plante couverte de poils cotonneux. [Endroits incultes; fl. jaunes; 1-5 d.; m.-jt.; v.]

CO.

AL.

TR.

Cl.

RA.

V.

CN. P.

C P (S. pec-

Cota tinctoria Gay.
Est, Sud-Est, Région méditerra-néenne (et introduit çà et là). [S]
Cota des teinturiers.
Cota altissima Gay. sub.
Cota élevée.
Média. [S] sub.

Cota Triumfetti Gay.
Cota de Triomfetti.

Anacyclus clavatus Pers.
Anacycle en massue.
Région méditerranéenne. [S]

Anacyclus radiatus Lois.
Anacycle radié.
Région méditerranéenne.

Anacyclus Valentinus L.
Anacycle de Valence.
Dépt des Pyrénées-Orientales.

Diotis candidissima Desf.
Diotis blanc.
Littoral de l'Océan et de la Méditerranée.

Santolina Chamaecyparissus L.
Santoline Petit-Cyprès.
Région méditerranéenne (et planté ou subspontané).

Helianthus tuberosus L.
Hélianthe tubéreux (Topinambour).
Cultivé et subspontané. [S]

Helianthus annuus L.
Hélianthe annuel (Grand Soleil).
Cultivé et subspontané. [S]

Achillea Ageratum L.
Achillée Agératum.
Sud-Est (très rare); Région médi-ranéenne.

Achillea tomentosa L.
Achillée tomenteuse.
Sud-Est. Région méditerra-néenne. [S]

Série 2

⊕ Fleurs en languette, d'un blanc jaunâtre ou d'un blanc sale; feuilles odorantes par le frottement; tiges souterraines allongées et tortueuses O; fruit mûr arrondi au sommet.
[Endroits incultes ; fl. blanchâtres ou jaunâtres ; 1-3 d.; jt.-a.; v.]

⊙ Feuilles 2 fois profondément divisées TA, NB.

⊙ Fleurs en languette blanche ou rosée et plante n'ayant pas à la fois les caractères précédents.

❋ Feuilles à lobes situés dans des plans différents ; feuilles moyennes 7 à 20 fois plus longues que larges AM ; plante plus ou moins poilue. (Parfois feuilles moyennes à divisions inférieures plus longues que les autres et capitules très serrés : *A. compacta* Lam.[Endroits incultes, prés, bois ; fl. blanches ou roses; 3-7 d.; j.-u.; v.]

❋ Feuilles à lobes à peu près tous situés dans un même plan.

* Feuilles une fois complètement divisées, à divisions dentées TA.

* Feuilles deux fois complètement divisées NB.

[Prés, rochers ; fl. roses, rarement blanches ; 5-9 d.; jt.-a.; v.]

[Endroits incultes ; fl. blanches ; 2-6 d.; jt.-a.; v.]

[Rochers ; fl. blanches ; 2-4 d.; jt.-a.; v.]

Série 3

(Feuilles moyennes à lobes principaux de plus de 5 mm. de largeur, en général, à dents aiguës MA ;

(Feuilles moyennes à lobes principaux de moins de 5 mm. de largeur, en général.

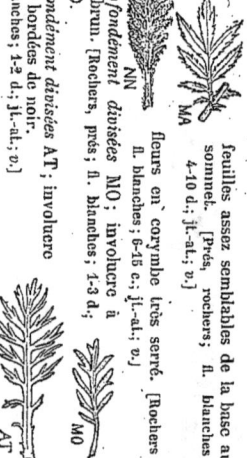

⊙ Feuilles une fois profondément divisées NN ; fl. blanches; 6-15 c.; jt.-al.; v.]

⊙ Feuilles deux fois profondément divisées AT ; involucre à bractées largement bordées de noir. [Rochers, prés ; fl. blanches ; 1-2 d.; jt.-al.; v.]

— Plante très velue-laineuse NN ;

— Plante peu velue ou sans poils.

feuilles en corymbe très serré. [Rochers] fl. blanches; 6-15 c.; jt.-al.; v.]

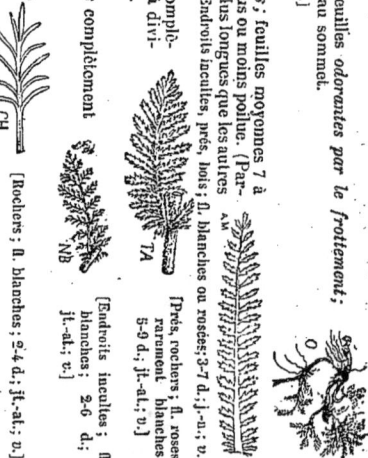

feuilles assez semblables de la base au sommet. [Prés, rochers ; fl. blanches ; 4-10 d.; jt.-al.; v.]

— Feuilles une fois profondément divisées MO ; involucre à bractées bordées de brun. [Rochers, prés ; fl. blanches ; 1-3 d;

involucre velu. (Parfois feuilles ponctuées de petits creux et plante plus ou moins velue : *A. pyrenaicus* Sibth.) [Endroits humides; fl. blanches ; 2-7 d.; j.-s.; v.]

involucre à poils courts. [Prés, rochers; fl. blanches; 1-6 d.; jt.-al.; v.]

Série 4

§ Feuilles en pointe au sommet AP ; feuilles moyennes sans pétiole ;

§ Feuilles arrondies au sommet HR, H ; feuilles moyennes pétiolées ;

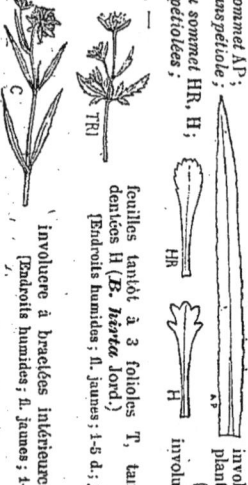

feuilles tantôt à 3 folioles T, tantôt à feuilles, ovales dentées H (**B. hirta** Jord.)
[Endroits humides ; fl. jaunes ; 1-5 d.; j.-s.; a.]

involucre à 3 folioles T, tantôt à feuilles, ovales
[Endroits humides ; fl. jaunes ; 1-8 d.; jt.-o.; a.]

involucre à bractées intérieures veinées de noir ; feuilles dentées ŒE.
[Endroits humides; fl. jaunes; 1-8 d.; jt.-o.; a.]

30. BIDENS. *BIDENT*. —

— Capitules dressés TRI ;

— Capitules penchés C ;

Achillea odorata L.
Achillea odorante.
Sud-Est, Cévennes, *Région méditerranéenne*.

Achillea Millefolium L.
Achillea Millefeuille (Saigne-nez).
Très commune. [S]

Achillea tanacetifolia All.
Achillea à feuilles de Tanaisie.
Alpes, Dépᵗ du Gard (rare). [S]

Achillea nobilis, L.
Achillea noble. [S]
Est, Sud-Est, *Région méditerranéenne.* [S]

Achillea chamaemelifolia Pourr.
Achillea à feuilles de Camomille.
Pyrénées orientales.

Achillea macrophylla L.
Achillea à grandes feuilles.
Alpes. [S]

Achillea nana L.
Achillée naine.
Alpes (Hᵗᵉˢ régions). [S]

Achillea moschata L.
Achillea musquée.
Alpes de la Savoie (rare ; Hᵗᵉ rég.) [S]

Achillea atrata L.
Achillea noirâtre.
Alpes (rare). [S]

Achillea de la Savoie (rare ; Hᵗᵉ régions). [S]

Achillea Ptarmica L.
Achillea sternutatoire (Herbe-à-éternuer).
Assez commune, sauf dans la région méditerranéenne. [S]

Achillea Herba-rota All.
Achillée Herba-rota.
Alpes (rare).

Bidens tripartita L.
Bident tripartit (Chanvre d'eau),
Commun, sauf dans la région méditerranéenne. [S]

Bidens cernua L.
Bident penché.
Assez commun, sauf dans la région méditerranéenne. [S]

Série 2

31. KERNERIA. KERNÉRIE. — (→ Voyez fig. KER, KE, p.151). Involucre à bractées extérieures courtes et plus ou moins renversées, les intérieures veinées de noir et bordées de jaune ; feuilles pétiolées ; tiges ramifiées. [Endroits humides ; fl. jaunes ; 3-6 d. ; s.-o. ; v.]

32. BUPHTHALMUM. BUPHTHALMUM. — Involucre à bractées velues, tiges feuillées, de la base au sommet ; capitules isolés ; fruits du pourtour plus grands. [Parfois fruits du pourtour à angles amincis en ailes : **B. grandiflorum L.**] [Prés, rochers ; fl. jaunes ; 2-6 d. ; jt.-at. ; v.]

33. ASTERISCUS. ASTÉROLIDE. —

✕ Involucre à bractées très piquantes au sommet SP, plante poilue ; tiges ramifiées, les extérieures à bractées assez semblables aux feuilles;

✕ Involucre à bractées peu ou pas piquantes ;

⊕ Feuilles supérieures embrassant la tige par leur base A;

bractées extérieures de l'involucre sans petite pointe au sommet AQ. [Endroits humides ; fl. jaunes ; 1-3 d. ; j.-at. ; a.]

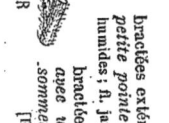

⊕ Feuilles toutes rétrécies en pétiole à leur base MAR;

bractées extérieures de l'involucre avec une petite pointe cornée au sommet. [Rochers, sables ; fl. jaunes ; 8-20 c. ; jt.-s. ; v.]

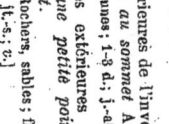

34. INULA. INULE. —

⦁⦁ Feuilles très grandes (6 à 8 c. de largeur), blanches en dessous, dentées, embrassant la tige ; involucre à bractées extérieures ovales HE, très poilues .... **Série 1** → p. 170.

Inula Helenium L.
Inule Aunée.

⦁ Feuilles de moins ⎰ = Fleurs ne dépassant pas l'involucre ou le dépassant très peu ....
de 4 c. de lar ⎱ = Fleurs extérieures dépassant l'involucre
geur, en général. de 3 à 10 millimètres.

Qk et la. [S] .... **Série 2** → p. 170.

Série 1 ; Capitules isolés ; feuilles dentées, épaisses ; fruits bruns, sans poils ; fleurs du pourtour en languettes étroites (Voyez fig. HE ci-dessus).
[Endroits humides ; fl. jaunes ; 1-2 m. ; jt.-at. ; v.]

◇ Involucre CU à poils courts et ciliés ; feuilles supérieures
non embrassant pas la tige CN.

⎰ ○ Fruits velus ....
⎱ ○○ Fruits sans poils .....

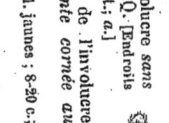

Série 2

◇ Feuilles de la base de plus de 2 c. ar ses, à poils courts et ciliés ; feuilles supérieures
embrassant la tige CN.

[Bois, coteaux ; fl. jaunes ; 3-10 d. ; j.-s. ; b.]

Inula Conyza DC.
Inule Conyze (Œil-de-cheval).
Commun. [S] .... **Série 3** → p. 171.

△ Feuilles de la base de 4 c. de largeur, en général, et de 7 c. de longueur ; aigrette simple.

□ Involucre à bractées extérieures glanduleuses ; feuilles supérieures embrassant la tige par leur base Bl et à limbe se prolongeant sur la tige.

[Bois, coteaux ; fl. jaunes ; 3-10 d. ; jt.-at. ; b.]

Inula bifrons L.
Inule changeante.
Nord du Plateau Central, Sud-Est, Région méditerranéenne.

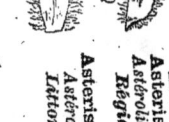

Capitules groupés tout le long de la tige et des rameaux comme en une grappe composée feuillée GR ; capitule entouré à la base de bractées vertes. [Endroits humides ; fl. jaunes ou violacées; 2-6 d.; at.-o.; a.]

Inula graveolens Desf.
Ouest, Midi et çà et là, sauf N. et E. [S] sub.

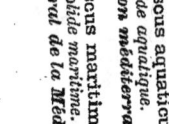

⊖ Feuilles moyennes de moins de 2 mm. de largeur, roulées par les bords Sl; fruits entièrement velus. [Endroits humides ; 2-5 d. ; at.-o. ; a.]

Inula sicula N.
Inule de Sicile.
Région méditerranéenne.

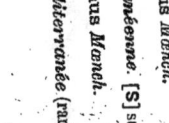

⊖ Feuilles moyennes de plus de 5 mm. de largeur, non roulées par les bords;

fruits velus, sauf au sommet qui est glanduleux G. [Rochers ; fl. jaunes ; 1-4 d.; jt.-at.; v.]

Inula saxatilis Lam.
Inule des rochers.
Provence (rare), Pyrénées.

⊛ Feuilles moyennes arrondies à la base ; tige souterraine non développée. [Endroits humides ; fl. jaunes ; 1-3 d.; j.-s.; a.] → Voyez I. dysenterica, p.171.

◇ Feuilles ondulées sur les bords V; bractées de l'involucre très velues Pl.

[ex.: O.]

Inula Pulicaria L.
Inule Pulicaire.
Assez commune, sauf dans le Nord et la Région méditerranéenne. [S]

* **Tubercules à la base de la plante.**

  ⊕ Feuilles moyennes embrassant la tige comme par 2 oreilles OD ;

  ⊕ Feuilles moyennes non embrassantes TUB ;

* Feuilles ondulées sur les bords et couvertes en dessous de très petites saillies rapprochées les unes des autres sur toute la surface, embrassant la tige DY; fruit à aigrette double, l'extérieure petite D. [Endroits humides ; fl. jaunes ; 1-5 d.; jl.-s.; v.]

  plante velue ; involucre à bractées laineuses. [Rochers, sables ; fl. jaunes ; 2-5 d.; jl.-at.; v.]

  plante glanduleuse ; involucre à bractées ayant des cils raides, souvent très foncés. [Rochers ; fl. jaunes ;

  ⊙ Involucre à bractées extérieures végétatives extérieurement ; capitules non-inégales Vl. [Endroits incultes, bois ; fl. jaunes ; 5-12 d.; at.-o., v.]

  ⊙ Involucre à bractées, groupés comme en une grappe composée ; involucre à bractées inégales Vl.

* **Pas de tubercules à la base de la plante.**

  • Feuilles n'ayant pas ces caractères.

  ↪ Feuilles supérieures embrassant nettement la tige par leur base (ex. B).

  ↪ Feuilles supérieures embrassant nettement la tige par leur base MO.
  CR.

  ⊙ Involucre à bractées externes non visqueuses ; capitules 3-6 d.; j.-at., v.

  S Fleurs en languette velues; involucre poilu BR; feuilles allongées B.

  S Fleurs en languette sans poils ; involucre à bractées [Endroits humides; fl. jaunes; 5-12 d.; at.-o., v.]

  — Feuilles non charnues, couvertes de poils soyeux, denchées MO;

  — Feuilles charnues, sans poils ayant souvent 3 dents au sommet CR ;

§ Fleurs en languette velues ; involucre très latéralement HL. [Endroits incultes ; fl. jaunes ; 3-6 d.; j.-at.; v.] involucre à bractées laineuses [Coteaux, bois ; fl. jaunes ; 1-4 d.; j.-at.; v.]

involucre à bractées sans poils. [Endroits humides ; fl. jaunes ; 4-10 d.; at.-o.; v.]

× Involucre à bractées presque égales HI; tige très velue, dans sa partie supérieure, à poils dressés et assez longs (environ 2 mm.);

× Involucre à bractées très-inégales;

  ⊕ Involucre à bractées ayant de courts poils sur leur surface extérieure V, VA ;

  ⊕ Involucre à bractées sans poils ou presque sans poils sur la surface extérieure, mais pouvant être ciliées SI, SPI.

  : Tige très velue, dans sa partie supérieure ou à poils dressés et assez longs sommet. [Prés ; fl. jaunes ; 3-6 d.; j.-at.; v.]

  : Tige presque cachée par les feuilles dans sa partie supérieure ; capitules SP sur des rameaux courts, serrés les uns contre les autres. [Coteaux, bois ; fl. jaunes ; 4-7 d.; j.-at.; v.]

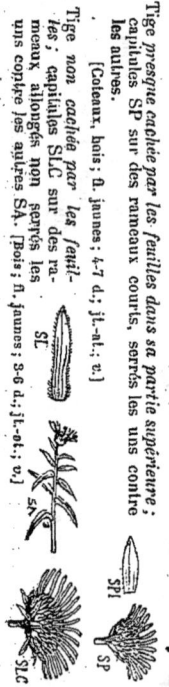

  : Tige non cachée par les feuilles ; capitules SLC sur des rameaux allongés non serrés les uns contre les autres SA. [Bois ; fl. jaunes ; 3-6 d.; jl.-at.; v.]

  • feuilles velues et bordées de cils; tige feuillée de la base au sommet.

  • feuilles cotonneuses en dessous. [Endroits humides ; fl. jaunes ; 4-8 d.; at.-s.; v.]

Inula odora L.
Inule odorante.
Région méditerranéenne (rare).

Inula tuberosa Lam.
Inule tubéreuse.
Région méditerranéenne, sauf la Provence.

Inula dysenterica L.
Conyza. [S]
Inule dysentérique (Herbe-de-St-Roch).

Inula viscosa Ait.
Inule visqueuse.
Région méditerranéenne.

Inula britannica L.
Inule d'Angleterre.
Çà et là. [S]

Inula helenioides DC.
Inule Fausse-Aunée.

Inula montana L.
Région méditerranéenne (rare).
Inule des montagnes.
Sud-Est, Plateau Central, Midi et çà et là dans le Centre et l'Ouest.

Inula crithmoides L.
Inule Faux-Crithmum.
Littoral de l'Océan et la Méditerranée.

Inula hirta L.
Inule hérissée.
Sud-Est et çà et là dans le Centre et la Région méditerranéenne. [S]

Inula Vaillantii Vill.
Inule de Vaillant.
Alpes de la Savoie et du Dauphiné d'où il descend quelquefois dans la vallée du Rhône. [S]

Inula spiræifolia L.
Inule à feuilles de Spirée.
Côte-d'Or, Sud-Est, Plateau Central, région méditerranéenne. [S]

Inula salicina L.
Inule à feuilles de Saule.
Est, Sud-Est, Centre, Ouest, Cévennes et çà et là. [S]

35. HELICHRYSUM. IMMORTELLE.

= Bractées étalées en rayons F; capitules d'environ 10 à 15 mm.;

⊙ Feuilles non roulées en dessous AR, celles de la base ovales allongées;

   ⊙ Feuilles roulées en dessous S, celles de la base presque à bords parallèles.

= Bractées non étalées en rayons; ⊙ capitules en capitules de moins de 6 mm.

feuilles blanches cotonneuses en dessous et sur les bords, rapprochées les unes des autres.
[Landes, sables; capitules d'un jaune pâle; 8-30 d.; s.-o.; v.]

tiges non ligneuses à la base.
[Sables; capitules jaunes; 2-4 d.; jt.-at.; v.]

⊙ Capitule presque 2 fois plus long que large A; feuilles perdant peu à peu leurs poils avec l'âge. [Sables; capitules d'un jaune pâle; 3-5 d.; m.-jt.; v.] ,

△ Capitule presque aussi large que long, arrondi; — ou ovale (H. decumbens Camb.)
[Rochers, coteaux; capitules jaunes; 1-5 d.; m.-jt.; v.]

Helichrysum foetidum Cass. - Immortelle fétide. - Naturalisée sur le littoral de la Manche (rare).

Helichrysum arenarium DC. Immortelle des sables.

Helichrysum angustifolium DC. Immortelle à feuilles étroites, Cévennes, Région méditerr., Est (rare).

Helichrysum Stoechas DC. Immortelle Stoechas. Sud-Ouest, Ouest, Midi,

36. GNAPHALIUM. GNAPHALE. —

□ Capitules disposés en une grappe très allongée, feuillée, ressemblant à un épi composé, serré [ex.: OS].
.... Série 1 → p. 173.

□ Capitules disposés par petits groupes.

   △ Capitules développés longuement dépassés par les feuilles qui les entourent. [ex.: GA, U, NE].

   △ Capitules développés peu ou pas dépassés par les feuilles qui les entourent [ex.: G, MO].

□ Capitule presque aussi large que long, arrondi; — ou ovale (H. decumbens Camb.)

□ Plantes vivaces à tiges souterraines développées .... Série 3 → p. 173.

□ Plantes annuelles sans tiges souterraines développées .... Série 2 → p. 172.

.... Série 4 → p. 173.

Série 1 : Feuilles moyennes à 1 nervure principale, principales: **G. norvegicum** Gunn. fig. NO.)

⊕ Capitules et bractées étalées L; feuilles de 1 à 2 mm. d'épaisseur;
[Bois, prés, rochers; capitules bruns; 1-5 d.; j.-s.; v.]

⊕ Capitules et bractées très cotonneux; bractées étalées L; feuilles de 1 à

   ✻ Feuilles moyennes à 1 nervure principale. (Parfois feuilles à 3 nervures fruits cylindriques à aigrette dont les poils sont soudés en anneau à la base.

   ✻ Feuilles moyennes 4 à 5 fois moins larges à la base que dans leur plus grande largeur, brusquement aiguës au sommet UI.

✻ Capitules longuement dépassés par les feuilles U; involucre à bractées extérieures arrondies au sommet. [Sables, endroits humides; capitules jaunâtres ou bruns; 1-2 d.; jt.-at.; a.]

✻ Capitules peu dépassés par les feuilles; involucre à bractées extérieures aiguës → Voyez G. spathulatum, p. 173.

⊕ Capitules et bractées plus ou moins poilus; feuilles de moins de 1 mm. d'épaisseur, en général.

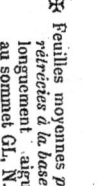

   ✻ Feuilles moyennes peu rétrécies à la base et longuement aiguës au sommet GL, N.

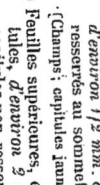

   ⊕ Feuilles supérieures, entourant les capitules; capitules jaunâtres; d'environ 1/2 mm. de largeur; capitules ressserrés au sommet. [Sables, capitules jaunâtres; 1-2 d.; jt.-at.; a.]

⊕ Feuilles supérieures, entourant les capitules; d'environ 2 mm. de largeur; capitules non resserrés au sommet.
[Champs; 1-2 d.; at.-o.; a.]

[Champs; capitules jaunâtres; 1-2 d.; jt.-at.; a.]

Gnaphalium silvaticum L. Gnaphale des bois. Commun, sauf dans les plaines méridionales. [S]

Gnaphalium Leontopodium Scop. Gnaphale Pied-de-lion (Edelweiss). Jura, Alpes, Pyrénées. [S]

Gnaphalium uliginosum L. Gnaphale fangeux. Commun, sauf dans la région méditerranéenne. [S]

Gnaphalium gallicum Huds. Gnaphale de France. Assez commun. [S]

Gnaphalium neglectum Soy.-Will. Gnaphale négligé. Est (rare).

Serie 3

(Feuilles *sans poils au moins sur la face supérieure.*

- Involucre *jaune ou jaunâtre ;* feuilles *non* beaucoup plus larges vers le sommet qu'au milieu UN ;

feuilles se prolongeant sur la tige UN.
Sables, rochers ; capitules d'un [blanc jaunâtre ; 3-5 d.; j.-at.; *a.*]
Gnaphalium undulatum *L.*
Gnaphale ondulé.
Naturalisé dans l'Ouest et le Nord-Ouest.

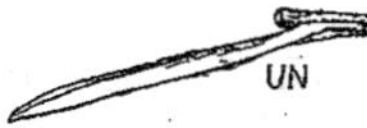

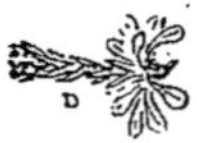

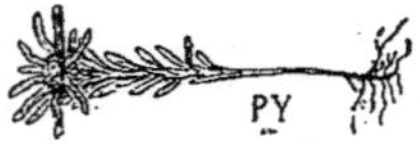

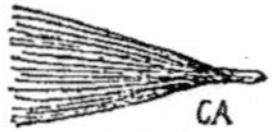

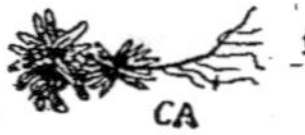

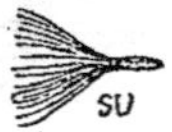

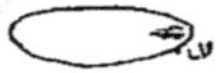

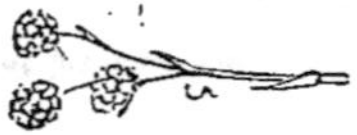

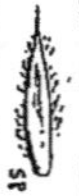

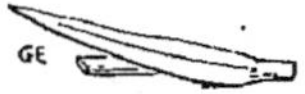

- Involucre *blanchâtre ou rosé ;* feuilles inférieures *bien plus larges vers le sommet* D ;

tige non ramifiée.
[Sables, prés secs ; capitules blancs ou rosés ; 1-2 d.; m.-at.; *v.*]
Gnaphalium dioicum *L.*
Gnaphale dioïque (Pied-de-chat).
Montagnes et ***çà et là*** dans le Nord, l'Est et le Centre. **[S]**

(Feuilles *plus ou moins velues sur les 2 faces.*

- ⊙ Tiges fleuries *dressées ;* plantes les unes à fleurs toutes staminées, les autres à fleurs toutes pistillées; fruit sans poils sur les côtés CA ; feuilles à 3 nervures principales.

[Rochers, prés ; fl. brunes ou jaunâtres ; 5-20 c.; jt-s.; *v.*]
Gnaphalium carpaticum *Wahlenb.*
Gnaphale des Carpathes.
Alpes, Pyrénées (Hautes régions). **[S]**

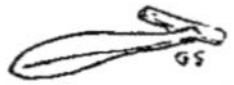

- ⊙ Tiges *plus ou moins couchées ;* plantes à capitules tous semblables ; fruit couvert de très petits poils SU ; feuilles à 1 nervure principale.

[Rochers, prés ; capitules bruns ; 3-10 c.; jt.-s.; *v.*]
Gnaphalium supinum *L.*
Gnaphale couché.
Jura, Auvergne (très rare) ; ***Alpes, Pyrénées.*** **[S]**

Série 4

§ Involucre *à bractées sans poils* LU, presque entièrement membraneuses ;

feuilles moyennes embrassant à moitié la tige ; capitules formant des groupes serrés LA.

[Sables ; fl. d'un jaune pâle ; 2-5 d.; j.-at.; *a.*]
Gnaphalium luteo-album *L.*
Gnaphale jaunâtre.
Assez commun. **[S]**

§ Involucre à bractées *velues ;* fleurs d'un blanc jaunâtre.

— Bractées de l'involucre *à longue pointe*, jaunâtre [ex. : SP] ; capitules groupés, en général, par plus de 9.

× Feuilles *non rétrécies à la base* GE ; capitules non entourés de feuilles plus longues qu'eux GG ;

tige rameuse GG. (Parfois capitules groupés par 40 à 60 et involucre sans angles nets entouré d'abondants poils cotonneux : ***G. eriocephalum*** N.) [Champs ; capitules jaunâtres ou pourprés ; 1-3 d.; jt.-at.; *a.*]

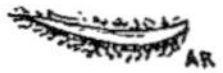

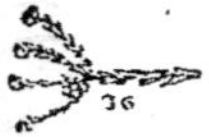

Gnaphalium germanicum *Willd.*
Gnaphale d'Allemagne.
Commun. **[S]**

× Feuilles *rétrécies à la base* GS ; capitules entourés de feuilles ordinairement plus longues qu'eux ;

tige souvent rameuse.
[Champs ; capitules jaunâtres ; 1-3 d.; jt.-at.; *a.*]

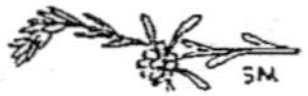

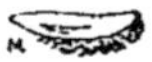

Gnaphalium spathulatum *N.*
Gnaphale en spatule.
Commun. **[S]**

— Bractées de l'involucre *sans longue pointe jaunâtre* AR, M ; capitules en général groupés.

= Bractées de l'involucre *laineuses jusqu'au sommet* AR ;

capitules à 5 angles peu marqués ; tige très rameuse GA. [Champs ; capitules jaunâtres ; 2-4 d.; jt.-at.; *a.*]

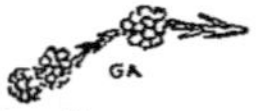

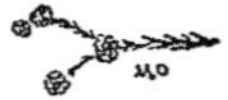

Gnaphalium arvense *Willd.*
Gnaphale des champs.
Assez commun, sauf dans le Nord, l'Ouest et le Midi. **[S]**

= Bractées de l'involucre *non laineuses au sommet* M ;

capitules à 5 angles marqués ; plante à rameaux dressés MO.
[Champs ; capitules jaunâtres ; 1-2 d.; jt.-at.; *a.*]

Gnaphalium minimum *Sm.*
Gnaphale nain.
Assez commun. **[S]**

37. **MICROPUS.** *MICROPE.* — (→ Voyez fig. ME, MI, p. 154).

Capitules entourés de poils laineux ; tige feuillée de la base au sommet ; réceptacle du capitule sans écailles entre les fleurs ; plante laineuse.
[Champs ; 1-2 d.; j.-jt.; *a.*]
Micropus erectus *L.*
Micrope dressé.
Plateau Central et ***çà et là***, sauf dans le Nord et le Nord-Ouest.

38. **EVAX.** *EVAX.* —

✠ Feuilles *arrondies au sommet* PY ;

feuilles entourant les capitules environ 3 fois plus longues que larges et un peu en forme de spatule. (Parfois bractées tout à fait appliquées sur le capitule, et écailles du milieu du capitule non en pointe : ***E. rotundata*** Moris.)
[Champs, sables ; capitules jaunes ; 1-6 c.; j.-jt.; *a.*]
Evax pygmæa *Pers.*
Evax nain.
Littoral de la Méditerranée.

✠ Feuilles *aiguës* CA ;

feuilles entourant les capitules, environ 7 à 8 fois plus longues que larges et très pointues au sommet.
[Champs ; capitules jaunâtres ; 5-12 c.; j.-jt. ; *a.*]
Evax Cavanillesi *Rouy.*
Evax de Cavanilles.
Dép^t^ de la ***Charente-Inférre*** (t. rare).

39. **CARPESIUM. CARPÉSIUM.** — (→ Voyez fig. CA, p. 154). Capitule penché; feuilles à court pétiole, dentées, à poils courts; feuilles inférieures dépassant le capitule. — *Carpesium cernuum L.* — *Carpesium penché.* — Savoie, Dauphiné (rare), [S]

40. **CALENDULA. SOUCI.** — (→ Voyez fig. CA, p. 153). Tige rameuse, feuilles entières un peu dentées; capitules isolés les uns des autres.
[Champs; fl. jaunes; 1-3 d.; j.-s.; α.] — *Calendula arvensis L.* — *Souci des champs.* — Commun, sauf dans le Nord, l'Est et çà et là. [S]

41. **ECHINOPS. ECHINOPS.** —

○ Involucre entourant chaque fleur, à bractées poilues-glanduleuses S;

feuilles supérieures largement dentées et différentes des inférieures; aigrette du fruit à poils longuement soudés en une sorte de coupe,
[Endroits incultes; rochers; fl. bleu clair; 5-12 d.; jt.-at.; v.] — *Echinops sphaerocephalus L.* — *Echinops à tête ronde.* — Alpes, Cévennes, Pyrénées (quelquefois subspontané). [S]

○ Involucre entourant chaque fleur, à bractées sans poils R;

feuilles supérieures très divisées comme les inférieures; aigrette du fruit à poils soudés seulement à la base.
[Endroits incultes; rochers; fl._bleues; 1-5 d.; jt.-at.; v.] — *Echinops Ritro L.* — *Echinops Ritro.* — Sud-Est, Midi.

42. **GALACTITES. GALACTITÉS.** — (→ Voyez fig. GA, p. 151). Involucre à bractées longuement épineuses, à poils cotonneux ainsi que toute la plante; feuilles tachées de blanc perdant leurs poils en vieillissant; feuilles inférieures à divisions perpendiculaires à la nervure principale.
[Endroits incultes, rochers; fl. roses; 2-8 d.; jl.-at.; b.] — *Galactites tomentosa Moench.* — *Galactites cotonneuse.* — Midi.

43. **TYRIMNUS. TYRIMNE.** — (→ Voyez fig. TYR, TY, p. 151). Capitules isolés au sommet des tiges; involucre à bractées inférieures violettes au sommet, les extérieures vertes et cotonneuses; feuilles dentées, cotonneuses en dessous; tige sans feuilles dans sa partie supérieure. [Endroits incultes; fl. roses ou pourprées; 2-5 d.; m.-jt.; b.] — *Tyrimnus leucographus Cass.* — *Tyrimne à taches blanches.* — *Région méditerranéenne.*

44. **SILYBUM. SILYBE.** — (→ Voyez fig. SM, p. 151). Capitules isolés; feuilles veinées de blanc le long des nervures, embrassant la tige par leur base.
[Endroits incultes; rochers; fl. roses ou blanches; 3-15 d.; jt.-s.; b.] — *Silybum Marianum Gærtn.* — *Silybe de Marie (Chardon Marie).* — Çà et là. [S]

45. **ONOPORDON. ONOPORDON.** —

△ Tige fleurie, très courte, dépassée par les feuilles; fruit mûr noir à aigrette environ 6 fois plus longue que le reste du fruit AL;

capitules de moins de 2 c. de largeur, en général.
[Rochers, endroits incultes; fl. blanches; 5-12 c.; jt.-at.; b.] — *Onopordon acaule L.* — *Onopordon à tige courte.* — Pyrénées (rare).

△ Tige fleurie non dépassée par les feuilles; fruit mûr brun ou gris-tacheté.

+ Feuilles de la base très profondément divisées, presque jusqu'au milieu de la feuille; involucre à bractées larges à la base l (**O. Acanthium L.**)

△ Involucre à bractées plus ou moins cotonneuses;
fruit mûr gris-tacheté, à aigrette rousse; involucre à bractées étroites O. [Endroits incultes;
fl. rouges ou blanches; 5-20 d.; j.-at.; b.] — *Onopordon virens DC.* — *Onopordon vert.* — Dépts de l'Hérault et des *Bouches-du-Rhône* (rare et naturalisé).

△ Involucre à bractées blanchâtre.
[Endroits incultes; fl. rouges, roses ou blanches; 3-8 d.; jt.-at.; b.] — *Onopordon Acanthium L.* — *Onopordon Acanthe.* — Commun. [S]

+ Feuilles de la base fortement dentées tout autour.

△ Involucre à bractées divisées, à
aigrette blanchâtre. (**O. illyricum L.**)

46. **CYNARA. ARTICHAUT.** — (→ Voyez fig. CY, p. 156). Tiges sans ailes; capitules très gros; réceptacle du capitule charnu. (Parfois feuilles deux fois divisées et bractées de l'involucre à longue épine. **C. Cardunculus L.**)
[Endroits incultes, champs; fl. bleues; 2-15 d.; jt.-at.; v.] — *Cynara Scolymus L.* — *Artichaut Scolyme (Artichaut).* — Midi (et cultivé). [S] sub.

46 bis. **NOTOBASIS. NOTOBASIS.** — (→ Voyez fig. NC, p. 150). Involucre à bractées jaunâtres; feuilles sans poils, vertes, brillantes, à nervures blanches.
[Bois, endroits incultes; fl. rouges; 3-8 d.; m.-jt.; v.] — *Notobasis syriaca Cass.* — *Notobasis de Syrie.* — Pyrénées (très rare).

47. **PICNOMON. PICNOMON.** — (→ Voyez fig. PC, p. 150). Feuilles à limbe se prolongeant longuement sur la tige, à dents épineuses séparées par de petites épines; tige rameuse, dressée; fleur d'un rose pourpré.
[Endroits incultes; fl. roses ou rouges; 2-6 d.; j.-jt.; α. ou b.] — *Picnomon Acarna Cass.* — *Picnomon Acarne.* — *Région méditerranéenne.*

AL. AT. I. V.

48. CIRSIUM. CIRSE. —

⊙ Feuilles ayant de petites épines sur leur face supérieure [E, représente un fragment de feuille grossi].

⚹ Tige ailée PA; fruits blanchâtres. ....**Série 1 →** p. 175.

⚹ Capitules entourés de feuilles qui les dépassent et feuilles ayant des épines de 6 à 15 mm. de longueur... **Série 2 →** p. 175.

⊕ Feuilles toutes entières ou presque entières. ....**Série 3 →** p. 175.

⊕ Feuilles sans petites épines sur leur face supérieure.

Série 1

⊙ Feuilles dont le limbe se prolonge le long de la tige LA;

⚹ Tige non ailée.

★ Plante n'ayant pas à la fois ces caractères.

(Capitules de moins de 2 c. de largeur; capitules ovales AR; capitules les uns à fleurs pistillées, les autres à fleurs staminées. ....**Série 4 →** p. 175.

⊕ Feuilles plus ou moins profondément décou- pées, au moins celles de la base.

⊖ Feuilles blanches en dessous, au moins lors- 2 c. de largeur; en général.

⟨ Capitules de plus de 2 c. de largeur, qu'elles sont jeunes. ....**Série 5 →** p. 170.

⟨ Feuilles non blanches en dessous. .....**Série 6 →** p. 176.

Série 7 → p. 176.

§ Involucre à bractées extérieures, lisses sur les bords et dont la pointe est plus courte ou aussi longue que le reste de la bractée EC;

§ Involucre à bractées extérieures rudes sur les bords et dont la pointe est beaucoup plus lon- gue que le reste de la bractée FE, ER. — 48s, P. 390.

— Bractées moyennes de l'involucre FE à pointe terminée par une épine de plus de 5 mm. de longueur, en général;

— Bractées moyennes de l'involucre ER à pointe terminée par une épine de moins de 3 mm. de longueur, en général;

Série 2 : Capitules ayant, en général, moins de 1 c. de largeur; bractées ayant une tache noirâtre au sommet et terminées par une pointe raide; ailes de la tige munies de longues pointes. [Endroits humides; fl. rouges, rarement blanches; 2-15 d.; j.-at.; é.]

Série 3

★ Feuilles entourant la tige comme par 2 oreilles SP;

★ Feuilles n'entourant pas la tige comme par 2 oreilles GL;

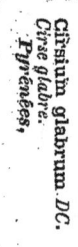

involucre ovale; fleurs d'un rose foncé; fruits jaunâtres, très rarement bruns. (Parfois involucre à bractées rejetées en dehors et fruits mûrs bruns : *C. eri- sithum,* Boiss.)
[Endroits incultes; fl. rouges, parfois blanches; 8-15 d.; j.-s.; b.]

feuilles couvertes en dessus de fortes épines (Voyez plus haut, fig. E).
[Endroits incultes; fl. rouges; 2-4 d.; j.-s.; n., bou v.]

feuilles de la base à lobes souvent dentés ou épineux. [Endroits incultes; fl. blanches, rarement roses; 5-12 d.; j.-at.; b.]

feuilles de la base à lobes non dentés, en général, à peu d'épines; brac- tées extérieures terminées en spatule ER.

tige veloue; bractées de l'involucre à épine jaunâtre, noire à la base; fl. rouges, rarement blanches; 2-15 d.; j.-at.; é.]
[Endroits humides; fl. rouges; longue que le reste de l'écaille.

tige sans poils ou presque sans poils; bractées de l'involucre à épine jaunâtre, noire à la base, plus courte que le reste de l'écaille;
[Endroits humides; fl. blanchâtres; 1-4 d.; j.-at.; v.]

Cirsium lanceolatum Scop.
Cirse lancéolé.
Commun. [S]

Cirsium echinatum *DC.*
Cirse en hérisson.
Dép¹ de l'Aude (rare).

Cirsium ferox *DC.*
Cirse féroce.
Sud.- Est, Région méditerra- néenne.

Cirsium spinosissimum *Scop.*
Cirse très épineux.
Alpes. [S]

Cirsium eriophorum *Scop.*
Cirse laineux (Chardon des ânes),
Assez commun, sauf dans la région méditerranéenne. [S]

Cirsium palustre *Scop.*
Cirse des marais.
Commun, sauf dans la région méditer- ranéenne. [S]

Cirsium glabrum. *DC.*
Cirse glabre.
Pyrénées.

⊕ Capitules de *moins de 2° c. de largeur*, en général.; involucre à *bractées ayant une tache noire allongée*, au sommet; feuilles à limbe se prolongeant sur la tige MO.
[Endroits humides; fl. rouges, rarement blanches; 5-15 d.; jl-s.; v.]

Cirsium monspessulanum All. *Cirse de Montpellier.* **Sud-Est, Midi.**

⊕ Capitules ayant, en général plus de 2° c. de largeur; involucre à *bractées brunes au sommet.*
involucre à *bractées ayant une tache*

{ ✶ Feuilles embrassant la tige comme par 2 oreilles → Voyez *C. bulbosum*, p. 176.
{ ✶ Feuilles embrassant à moitié la tige → Voyez *C. heterophyllum*, p. 176.

Série 5 : Involucre à bractées terminées par une épine souvent croche; tige très rameuse; feuilles vertes en dessus et souvent blanchâtres en dessous, plus ou moins profondément divisées.
[Champs, endroits incultes; fl. d'un rose pâle ou blanches; 5-12 d.; jl-s.; v.]

Cirsium arvense Scop. *Cirse des champs.* **Très commun. [S]**

= Racines *renflées en tubercules* BÜ; pas de rameaux souterrains allongés;

= Racines *non renflées en tubercules*; rameaux souterrains allongés.

capitules isolés; bractées de l'involucre *sans épine piquante au sommet*; rameaux allongés et portant peu de feuilles.
[Prés; fl. rouges; 5-6 d.; jl-at.; v.]

Cirsium heterophyllum All. *Cirse à feuilles variées.* **Alpes, Pyrénées (rare). [S]**

○ Capitules ayant, en général, *moins de 3° c. de largeur*; involucre à bractées moyennes ayant *au moins quelques poils* ANG, en forme de fils d'araignée; feuilles à peu près perpendiculaires à la nervure du milieu AG (*C. anglicum*. Lob.)

○ Capitules ayant, en général, *plus de 3° c. de largeur*; involucre à bractées *sans poils* HE; feuilles à divisions principales ou à dents dirigées vers le haut de la feuille.

Cirsium bulbosum DC. *Cirse bulbeux.* **Assez commun,** sauf dans le Nord-Est, l'Est et le Sud-Est. **[S]**

feuilles entourant la tige comme par 2 oreilles, bordées de petites épines.
[Bois; fl. jaunes, rarement roses; 5-8 d.; jl-at.; v.]

Cirsium Erisithales Scop. *Cirse Brisitalis.* **Montagnes,** sauf les Vosges. **[S]**

+ Capitules *entourés par les feuilles supérieures* O qui les dépassent ordinairement; feuilles moyennes embrassant la tige par leur base;
[Endroits humides; fl. d'un blanc jaunâtre, rarement roses; 8-15 d.; j.-s.; v.]

Cirsium oleraceum Scop. *Cirse des endroits cultivés.* **Nord, Est et çà et là** dans le Centre, le Nord-Ouest et au nord du bassin du Rhône. **[S]**

Involucre à bractées moyennes *portant au sommet une tache noire glanduleuse* ES. (Parfois racines non renflées et involucre à bractées appliquées : *C. rivulare* Link.);

+ Capitules *non entourés et non dépassés par les feuilles supérieures.*

△ Feuilles *couvertes de poils roux*; feuilles moyennes plus petites à divisions en filets RU;

△ Feuilles *non couvertes de poils roux*; feuilles supérieures non à divisions en filets; feuilles à lobes disposés dans des plans différents A.
[Endroits incultes, prés; fl. rouges, rarement blanches; 5-20 c.; j-at.; v.]

Cirsium rufescens Ram. *Cirse roussâtre.* **Pyrénées (très rare).**

Cirsium acaule All. *Cirse à tige courte.* **Commun. [S]**

⋔ Involucre à bractées moyennes *ne portant pas au sommet une tache noire glanduleuse.*

⋔ Involucre à bractées moyennes *portant au sommet une tache noire glanduleuse*.

feuilles moyennes simples, presque sans poils, denlées sur les bords.
[Prés, endroits humides; fl. rouges ou blanches; 7-12 d.; jt-at.; v.]

Cirsium rivulare Link. ...

Série 6

Série 7

49. CARDUS, CHARDON. —

⊖ Extrémité des tiges en général *non ailées*, ainsi que la partie de la tige qui sépare les deux feuilles supérieures..............................**Série 1** → p. 177

⊖ Tiges *ailées depuis la feuille supérieure jusqu'à la base*.

Série 1

✷ Involucre à bractées internes plates et plus larges que les externes CA, ou bien les externes plus grandes que les autres AU (plante des hautes montagnes).

✷ Involucre à bractées internes plates et plus larges que les externes CA, ou bien les externes plus grandes que les autres AU (plante des hautes montagnes).

⊙ Bractées de l'involucre *toutes renversées au dehors dans leur partie supérieure* → Voyez *C. nigrescens.* p. 178.

⊙ Bractées de l'involucre non toutes renversées.

⊖ Feuilles *sans poils ou presque sans poils*; bractées de l'involucre plus ou moins étalées; extrémité de la tige non très cotonneuse au-dessous de l'involucre. (Parfois feuilles moyennes non glauques en dessous et à épines d'environ 5 mm. : *C. carlinæfolius* Lam.) [Bois, prés, rochers; fl. rouges, rarement blanches; 3-4 d.; j.-at.; o.]

⊖ Feuilles velues sur les deux faces; bractées de l'involucre dressées AC; extrémité de la tige très cotonneuse, au-dessous de l'involucre; feuilles inférieures à lobes ordinairement peu nombreux (*C. acicularis* Bert.).

✶ Capitules les plus gros à involucre de 2 c. ou moins de largeur \
✶ Capitules les plus gros à involucre de 2 c. 1/2 ou plus de largeur

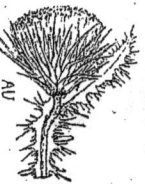

feuilles vertes sur les deux faces. [Prés, rochers; fl. blanches, roses ou rouges; 1-3 d.; j.-at.; b. ou v.]

feuilles blanches cotonneuses en dessous. [Prés, rochers; 2-8 d.; j.-at.; v.]

→ Voyez *C. Sancta-Balma*, p. 177.

Carduus defloratus *L.*
Chardon décapité.
Sueva, Alpes, Pyrénées. [S]
................**Série 3** → p. 177.
................**Série 4** → p. 178.
................**Série 2** → p. 177

Carduus aurosicus *Vill.*
Chardon du mont Aurouse.
Dép. des *Hautes-Alpes* (Hautes, région); très rare).

Carduus carlinoïdes *Gouan.*
Chardon Fuasse-Carline.
Pyrénées.

Carduus tenuiflorus *Curt.*
Chardon à petits capitules.
Commun, sauf dans le Nord-Est, l'Est et le Centre. [S]

Carduus crispus *L.*
Chardon crépu.
Nord, Est; rare ailleurs, surtout dans le Midi; manque dans l'Ouest. [S]

Carduus Sanctæ-Balmæ *Lois.*
Chardon de la Sainte-Baume.
Provence.

Voyez *C. acicularis,* p. 177.

Carduus Personata *Jacq.*
Chardon Bardane.
Sueva, Alpes, Auvergne. [S]

Série 2

⤳ Involucre dont la plupart des bractées extérieures sont *plus longues que les bractées internes* qui ne sont pas plus larges AU;

⤳ Involucre ayant à l'extérieur de *petites glandes d'un jaune brillant*; capitules se détachant très facilement, réunis en groupe TR. (Parfois involucre à écailles intérieures moins longues que les fleurs et capitules ordinairement de plus de 2 c. de longueur : *C. pycnocephalus* L.).

tiges ailées jusqu'au sommet CR. fl. rouges ou blanches; 5-12 d.; jt.-o.; b.]

feuilles inférieures à lobes souvent aussi larges que longs. [Endroits incultes; fl. roses ou blanches; 3-10 d.; j.-s.; a. ou b.]

Carduus pteranthus *Grisb.* [S]

Série 3

⊙ Involucre à bractées *sans glandes ; les internes plus larges*, molles, membraneuses et souvent roses;

⊙ Involucre à bractées dont les pointes sont plates CR1; feuilles toutes profondément divisées;

§ Feuilles supérieures *profondément divisées et raides.*

§ Feuilles supérieures *doublement dentées ou molles*; feuilles inférieures profondément divisées;

— Involucre à bractées dont les pointes sont à 3 angles SB ou à 3 fortes nervures;

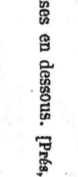

— Toutes les tiges *ailées jusqu'au sommet*; fleurs d'un rose vif. [Rochers, endroits incultes; fl. d'un rose vif; 4-6 d.; j.-t.; b.]

• La plupart des tiges *non ailées au sommet*

capitules presque globuleux; tige très rameuse. [Endroits humides; fl. rouges; 8-20 d.; jt.-at.; v.]

Fosges, Sueva, Alpes, Auvergne. [S]

Série 4

⊙ Involucre à bractées non
    épineuses.

{ • Fleurs non bleues.

(4) On désigne ici sous le nom d'appendice, la partie étalée de l'écaille généralement entourée de franges ou de cils ordinairement colorés.

50. CARDUNCELLUS. CARDONCELLE. —

⊕ Bractées extérieures de l'involucre
    peu ou pas piquantes MT; feuilles
    à épines presque molles;

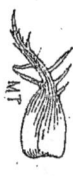

✱ Bractées de l'involucre intérieure non renversées en dehors; fruits mûrs d'un brun foncé; feuilles pour la plu-
    part profondément divisées. (Parfois involucre à bractées extérieures étalées ou dressées : *C. Ixamnstostus*
    Ehrh). [Endroits incultes; fl. rouges ou blanches; 2-6 d.; j.-at.; v.]

feuilles inférieures ordinairement à lobe termi-
nal plus grand CM.

Carduncellus mitissimus. DC.
Cardoncelle molle.
Çà et là, sauf dans le Nord-Ouest; le
    Nord, l'Est et le Sud-Est.

feuilles inférieures ordinairement à lobe termi-
nal à peu près de la
grandeur des autres.

Carduncellus monspeliensium All.
Cardoncelle de Montpellier.
Sud-Est, Région méditerranéenne. .... **Série 1 →** p. 179.

⊕ Bractées extérieures de l'involucre *piquantes* MO; feuilles à épines dures;

bractées du 2e ou 3e rang
    à cils raides MON;

[Coteaux; fl. bleues; b-8 c.; j.-at.; v.]

bractées de 2e et 3e rang
    à peine ciliées MSS;

[Coteaux; fl. rouges; 8-15 d.; at.-s.; v.]

51. RHAPONTICUM. RHAPONTIQUE. —

: Feuilles *profondément divisées* CY;

== Bractées de l'involucre comme élargies
    dès la base en une membrane sca-
    rieuse et blanchâtre HE;

feuilles moyennes environ 3 fois plus longues que larges, en général.
[Rochers; fl. rouges; 8-15 d.; jl.-s.; v.]

Rhaponticum helenifolium GG.
Rhapontique à feuilles d'Aunée.
**Alpes du Dauphiné et méridio-
    nales** (rare). [S]

== Bractées de l'involucre comme élargies
    au sommet en une membrane bru-
    nâtre SC;

feuilles moyennes, environ 5 à 7 fois plus longues que larges, en
    général.
[Rochers; fl. rouges; 4-8 d.; jt.-at.; v.]

Rhaponticum scariosum Lam.
Rhapontique scarieuse.
Alpes (rare). .... **Série 3 →** p. 179.

: Feuilles
    dentées

bractées de l'involucre brunes, étroites, longues, blanchos argentées et frangées sur
    les bords.
[Rochers; fl. rouges; b-8 c.; j.-at.; v.]

Rhaponticum cynaroides Less.
Rhapontique l'aux-Artichaut.
Pyrénées.

52. CENTAUREA. CENTAURÉE. —

⊙ Involucre à bractées *épineuses et piquantes* CA, SOL, MF, DIF.

• Involucre à bractées *épineuses* et piquantes CA, SOL, MF, DIF.

Fleurs bleues ou d'un violet foncé.

+ Involucre de *plus de 2 centimètres de largeur*; écailles
    non renversées et frangées SCA;

feuilles profondément
    divisées S.

.... **Série 6 →** p. 180.

+ Invólu-
    cre de
    moins
    de
    2 c. de
    largeur.

△ Appendice (1) des écailles moyennes de l'involucre non ciliées
    mais *frangées ou entières et plus larges que l'écaille*
    [ex.: JA, AM, NG].

.... **Série 7 →** p. 180.

△ Appendice des écailles
    moyennes de l'involu-
    cre non *frangées mais
    ciliées.*

□ Appendice des écailles moyennes de l'involucre
    arrondi ou ovale IN, SE;

□ Appendice en triangle court ou très allongé. (→ *Voir la suite de l'analyse à la page suivante.*)

.... **Série 4 →** p. 180.

.... **Série 5 →** p. 180.

Cardnus nigrescens Vill.
Chardon noircissant.
**Sud-Est, Plateau Central, Région
    méditerranéenne.**
Carduus nutans L.
Chardon penché.
Commun. [S]

□ Appendice *plumeux, renversé, très allongé et très pointu* PR, N, PE, de plus de 3 mm. en comptant la courbure, à 15-50 cils qui sont plus longs que la largeur du bas de la bractée.

□ Appendice *en triangle court* CIN, MA, CÆ, de moins de 3 mm. de longueur ; cils en général plus courts que la largeur du bas de la bractée.

⊕ Fleurs jaunes.

✠ Fleurs roses ou pourprées, rarement blanches.

✠ Capitules de plus de 12 mm. de largeur, en général ; feuilles à limbe ne se prolongeant pas sur la tige COL ;

✠ Capitule de moins de 12 mm. de largeur, sans compter les épines ; feuilles à limbe se prolongeant sur la tige qui est ailée SO.

* Fleurs glanduleuses ; involucre ME à épines, les plus longues de moins de 12 mm. de longueur, en général.

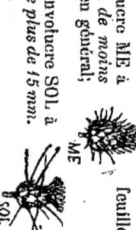

* Fleurs non glanduleuses ; involucre SOL à épines les plus longues de plus de 15 mm. de longueur, en général ;

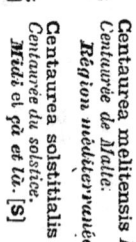

◇ Involucre à épines, les plus grandes ne dépassant pas, en général, 7 mm. de largeur.

◇ Involucre à épines, les plus grandes plates à la base où elles ont plus d'un mm.

● Involucre DIF, à épines, les plus grandes de plus de 4 mm. de longueur et non plates à la base ;

● Involucre de 8 mm. de largeur, bien plus long que large. [ex. : DIF.]

→ Voyez C. paniculata, p. 179.

→ Voyez C. cærulescens, p. 179.

(Involucre à épines les plus grandes dépassant, en général, 7 mm. de longueur ; feuilles à limbe ne se prolongeant pas sur la tige CA ;

× Divisions principales des plus grandes feuilles M, ayant en général moins de 3 mm. de largeur ; feuilles vertes ou d'un vert blanchâtre ; fruit mûr gris ou noir.

× Division principale des plus grandes feuilles CI, ayant de 3 à 6 mm. de largeur, en général ; feuilles toutes blanches-cendrées ; fruit, mûr blanchâtre. [Endroits incultes ; fl. roses, rarement blanches ; 2-6 d. ; j.-at. ; v.]

§ Feuilles roulées par les bords, au moins celles de la partie supérieure.

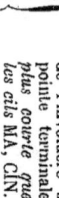

— Bractées moyennes de l'involucre à pointe terminale plus courte que les cils MA, CIN.

— Bractées moyennes de l'involucre à pointe terminale dépassant plus ou moins les cils en longueur PA ;

§ Feuilles plates, non roulées par les bords.

⊕ Bractées de l'involucre à pointe terminale terminée par une pointe C.Æ, et à cils fins.

⊕ Bractées de l'involucre sans pointe nette et bordée de dents → Voyez C. Cyanus, p. 180.

fruits mûrs noirs ; tiges à angles marqués,
[Champs ; endroits incultes ; fl. jaunes ; 3-7 d. ; jt.-at. ; v.]

feuilles vertes ou moins poilues.
[Champs, endroits incultes ; fl. jaunes ; 1-12 d. ; jt.-s. ; a.]

feuilles blanchâtres-velues.
[Champs, endroits incultes ; fl. jaunes ; 1-5 d. ; jt.-s. ; a.]

tige rameuse dès la base, jaunes ; 1-5 d. ; jt.-at. ; (a. ou b.]

Centaurea collina L.
Centaurée des collines.
Région méditerranéenne.

Centaurea melitensis L.
Centaurée de Malte.
Région méditerranéenne. [S] sub.

Centaurea solstitialis L.
Midi et çà et là. [S]

Centaurea diffusa Lam.
Provence (rare et introduit).

Centaurea aspera L.
Centaurée rude.
Sud-Est, Ouest, Midi.

Centaurea Calcitrapa L.
Centaurée Chausse-trape (Chardon étoilé).
Commun. [S]

Centaurea maculosa Lam.
Plateau Central et çà et là dans l'Est, le Sud-Est, le Centre et la Région méditerranéenne. [S]

Centaurea cinerea Lam.
Dép[t] des Alpes-Maritimes (très rare).

Centaurea paniculata Lam.
Sud-Est, Midi ; rarement introduit dans le Centre.

Centaurea caerulescens Willd.
Centaurée bleuâtre.
Alpes du Dauphiné et méridionales, Région méditerranéenne.

Série 3

:: Bractées de l'involucre non entourées de noir SE, IN.

= Feuilles inférieures très profondément divisées INT; sans petits poils raides et blancs;

bractées moyennes de l'involucre à cils-longs SE. [Rochers ; fl. rouges ; s-s d.; jt-at.; v.]

bractées moyennes de l'involucre à cils courts IN. [Rochers ; fl. rouges, parfois blanches ; 3-10 d.; jt-at.; v.]

Feuilles inférieures en forme de fer en hallebarde, parsemées de petits poils raides et blancs (feuille moyenne : fig. SEM);

Bractées de l'involucre à appendice fendu AM : **C. nigra** L.;

appendice très grand NG; **C. nigra** L. 44s et 45s, p. 390. [Prés, endroits incultes ; fl. rouges ou roses, rarement blanches; j-10 d.; m.-o.; v.]

Série 4 : (Bractées de l'involucre à appendice profondément divisées d'une bordure noire → Voyez C. pullata, p. 180.

Bractées de l'involucre à appendice très grand NG; **C. nigra** L. 44s et 45s, p. 390.

Série 6 : Feuilles de la base très profondément divisées, à divisions dentées; pas de feuilles juste au-dessous des capitules. (Parfois partie verte des écailles complètement cachée en-dessous des feuilles peu dentées : **C. Kotschyana** Heuff). [Endroits incultes ; fl. rouges ou roses ; 2-10 d.; j.-at.; v.]

Feuilles supérieures vêtues et embrassant complètement la tige PRO, PEC, qui est ramense ; involucre de moins de 15 mm. de largeur.

Feuilles supérieures non embrassant peu ou pas la tige qui est or-dinairement peu ou pas ramense (ex. UN).

Feuilles supérieures très cotonneuses blanches ;

Feuilles supérieures lé-gèrement cotonneuses ;

Bractées de l'involucre à longue pointe, à cils courbes N; involucre de plus de 15 mm. de largeur. (Parfois feuilles vert gris dentées. **C. nervosa**, Willd., 16s. et Tn. p. 390.) [Prés, rochers; fl. rouges, rarement blanches; j-s d.; j-jt.; v.]

Bractées de l'involucre à cils raides. (Voyez ci-dessous fig. VA.) → Voyez **C. variegata** Lam., p. 180.

bractées moyennes de l'involucre à ap-pendice en triangle assez large à la base PR. [Endroits incultes ; fl. rouges ; 1-3 d.; j.-jt.; v.]

bractées moyennes de l'involucre à appendice très étroit PE. [Endroits incultes ; fl. rouges ; 1-5 d.; jt.-at.; v.] → Voyez **C. variegata** Lam., p. 180.

Feuilles supérieures et moyennes à limbe se prolongeant longue-ment sur la tige MON; fruit à aigrette courte AX : **C. axillaris** Willd. [Bois, prés; fl. bleues ou violacées ; 2-5 d.; j.-at.; v.]

Bractées moyennes de l'involucre à cils plus longs que la lar-geur de la bractée VA.

Bractées moyennes de l'involucre à cils plus courts que la lar-geur de la bractée CYA.

Involucre à bractées infé-rieures presque entière-ment entourées d'une bordure noire PUL;

bractées inférieures de l'involucre portant 4 à 10 cils PUL, brillants, qui ont 3 à 5 mm. de longueur ; tige pohhue; feuilles d'un vert cendre, celles de la base souvent très divisées. [Endroits incultes ; fl. bleues, pourprées ou blanches ; 5-25 c.; m.-jt.; b.]

Involucre à bractées in-férieures ne présentant pas à la fois tous les ca-ractères pré-cédens.

Feuilles supé-rieures et moyennes à limbe se pro-longeant peu ou pas sur la tige VAR.

Feuilles moyennes et supé-rieures à cils plus courts que la lar-geur de la bractée CYA.

Bractées moyennes de l'involucre à cils plus courts que le reste de la bractée CC.

fruit à aigrette courte (comme CM). [Prés, rochers; fl. bleues ou blanches ; 1-3 d.; j.-at.; v.]

fruit à aigrette aussi longue ou moins lon-gue que le reste du fruit CC. [Champs ; fl. bleues, par-fois blanches ou rougeâtres ; 2-10 d. j.-jt.; a. ou.b.]

Centaurea sempervirens L. Centaurée toujours verte. Dépt du Var (très rare : Toulon). Na-turalisé à Marseille et Cassis (Dépt des Bouches-du-Rhône).

Centaurea Intybacea Lam. Centaurée Fausse-Chicorée. Littoral de la Méditerranée (rare).

Centaurea Jacea L. Centaurée Jacée (Tête de moineau). Commun. [S]

Centaurea procumbens Balb. Centaurée couchée. Dépt des Alpes-Maritimes (rare).

Centaurea pectinata L. Centaurée en peigne. Plateau Central (à l'Est et au Sud). Région méditerranéenne.

Centaurea uniflora L. Centaurée à un capitule. Alpes. [S]

Centaurea Scabiosa L. Centaurée Scabieuse. Commun. [S]

Centaurea pullata L. Centaurée bordée de noir. Région méditerranéenne.

Centaurea montana L. Centaurée des montagnes (Grand bleuet). Montagnes et çà et là dans la Région méditerranéenne. [S]

Centaurea variegata Lam. Centaurée variée. Alpes du Dauphiné et méridio-nales, Provence (rare). [S]

Centaurea Cyanus L. Centaurée Bleuet (Casse-lunettes). Commun. [S]

53. MICROLONCHUS. MICROLONQUE. — (→ Voyez fig. MI, p. 154).
Capitules isolés les uns des autres ; feuilles d'un vert cendré, les inférieures à long pétiole. [Endroits incultes ; fl. rouges, roses ou blanches ; 1-10 d.; ji-at.; v. ou v.]

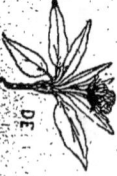

Microlonchus salmanticus DC.
Microlonque de Salamanque.
Région méditerranéenne. [S] subl

54. KENTROPHYLLUM. CENTROPHYLLE. —
✻ Fleurs jaunes ; feuilles visqueuses ; involucre à bractées extérieures étalées ; feuilles inférieures profon-dément divisées LA.
[Endroits incultes ; fl. jaunes ; 2-6 d., jt.-at.; a. ou b.]

Kentrophyllum lanatum DC.
Centrophylle laineuse.
Centre, Ouest, Midi et çà et là.

Kentrophyllum caeruleum GG.
Centrophylle bleue.
Littoral de la Provence (rare).

55. CNICUS. CNICAUT. — (Voyez fig. CN, p. 150).
✻ Fleurs bleues ; feuilles non visqueuses ; involucre à bractées extérieures appliquées sur les autres ; feuilles infé-rieures dentées CE.
[Endroits incultes ; fl. bleues ; 2-6 d.; j.-jt.; v.]

Cnicus benedictus L.
Cnicaut béni (Chardon béni).
Région méditerranéenne. [S] subl

56. CRUPINA. CRUPINA. —
Feuilles toutes couvertes de nervures blanches en forme de réseau, les inférieures assez profondément divisées ; tige velue laineuse, dressée et rameuse.
[Chaumes, endroits incultes ; fl. jaunes ; 2-5 d.; m.-jt.; a.]

Crupina vulgaris Cass.
Crupina vulgaire.
Sud-Est, Ouest (rare) : *Midi.* [S]

57. SERRATULA. SERRATULE. —
* Capitules ordinairement plusieurs par tige ; involucre ne dépassant pas en général 1 c. de largeur ; fleurs toutes staminées ou toutes pistillées ; feuilles moyennes à lobe terminal plus grand A. Involucre étroit ST ou élargi A.
[Bois, prés ; fl. rouges ou roses ; 1-8 d.; j.-at.; v.]

Serratula tinctoria L.
Serratule des teinturiers.
Assez commun. [S]

Serratula heterophylla Desf.
Serratule à feuilles variées.
Alpes, Cévennes, Provence (rare).

58. JURINEA. JURINÉE. — (→ Voyez fig. JU, p. 155).
* Capitules ordinairement isolés H, N ; involucre ayant, en général, plus de 1 c. de largeur ; fleurs toutes staminno-pistillées ; feuilles moyennes sans lobe terminal très grand (Parfois bractées de l'involucre toutes très pointues N et feuilles de la base entières : *S. nudicaulis* DC.)
[Prés, rochers ; fl. rouges ; 3-5 d.; j.-jt.; v.]

Jurinea Bocconi Guss.
Jurinée de Boccone.
Cévennes, Pyrénées, Provence (rare)

59. LEUZEA. LEUZÉE. — (→ Voyez fig. LEU, p. 154).
Feuilles toutes divisées ; celles de la base velue cotonneuse ; involucre sans poils. [Endroits incultes, prés secs ; fl. roses ; 3-10 c.; jt.-at.; v.]

Leuzea conifera DC.
Leuzée à cônes.
Dép. du Cantal (très rare) ; *Sud-Est.*

60. BERARDIA. BÉRARDIE. — (→ Voyez fig. BE, p. 155).
Feuilles toutes ou presque toutes à la base, pétiolées, à dents obtuses, cotonneuses, surtout en dessous ; bractées de l'involucre bordées de brun. [Rochers ; fl. d'un bleu rougeâtre ; 1-5 d.; jt.-at.; v.]

Berardia subacaulis Vill.
Bérardie à tige courte.
Alpes du Dauphiné et méridio-nales (Hautes régions, rare).

61. SAUSSUREA. SAUSSURÉE. — (→ Voyez fig. SU, p. 155).
Feuilles inférieures ou presque sans poils en dessus, très blanches, cotonneuses en dessous ; peu prolongées sur la tige ; feuilles supérieures beaucoup plus petites que les autres ; bractées de l'involucre cotonneuses ; fruits mûrs jaunâtres.
[Rochers ; fl. blanchâtres ; 1-15 c.; jt.-at.; v.]

⊕ Feuilles inférieures longuement aiguës à la base et au sommet DE ; blanches en dessous, plus ou moins velues en dessus et se prolongeant plus ou moins sur la tige ; feuilles tantôt très étroites, tantôt assez larges. (Parfois feuilles inférieures arrondies à la base et brusquement en un pétiole ailé : *S. depressa* GG.)

Saussurea discolor DC.
Saussurée à deux couleurs.
Alpes de la Savoie et du Dau-phiné (Hautes régions ; très rare).[S]

⊕ Feuilles inférieures à limbe en cœur DI ou comme coupé à la base ; feuilles vertes et presque sans poils en dessus, très blanches, cotonneuses en dessous ; peu prolongées sur la tige ; feuilles supérieures beaucoup plus

Saussurea alpina DC.
Saussurée des Alpes.
Alpes, Pyrénées. (Hautes régions ; rare). [S]

62. STAEHELINA. STÉHÉLINE. — (→ Voyez fig. ST, p. 155). Feuilles presque entières, blanches en dessous; plante très rameuse, à rameaux dressés; capitules par 1 ou 2, au sommet des rameaux.
[Endroits incultes; fl. roses; 2-4 d.; j-jt.; ʋ.]

63. CHAMAEPEUCE. CHAMÉPEUCE. — (→ Voyez fig. CHA, CH, p. 151). Capitules disposés en une longue grappe; feuilles blanches ou roussâtres en dessous, à nervure principale cylindrique et faisant une saillie très marquée, très épineuse.
[Endroits incultes; fl. roses; 4-9 d.; j-at.; ʋ.]

64. CARLINA. CARLINE. —

(Involucre à bractées internes *roses sur les deux faces*; feuilles plus ou moins cotonneuses;

⋀ Involucre à bractées internes *n'étant pas roses sur les deux faces.*

⨀ Involucre à bractées internes, qui sont étalées en rayons *jaunes*; fruit couvert de tout petits poils d'un jaune brillant; bractées externes serrées au sommet, à épines ne dépassant pas les rayons.
[Endroits incultes; fl. jaunes; 1-8 d.; jt.-at.; ʋ.]

⨀ Involucre à bractées internes, qui sont étalées en rayons *d'un blanc jaunâtre pâle*; fruit couvert de tout petits poils blancs. (Parfois bractées à épines dé-passant les rayons et aigrette très longue : *C. longifolia* Rchb.)

§ Épines des bractées moyennes de l'involucre *très ramifiées* ACl; feuilles à lobes presque distincts, jusqu'à la base : parfois tige allongée.
[Près, rochers; fl. blanchâtres; 5-30 c.; jt.-s.; ʋ.]

§ Épines des bractées moyennes de l'involucre *peu ou pas ramifiées* ACt; feuilles à lobes se réunissant large-ment à la base.
[Près, rochers; fl. blanches ou jaunes; 5-8 c.; jt.-s.; ʋ.]

65. ATRACTYLIS. ATRACTYLE. —

⎰ Plante annuelle à racine grêle; feuilles *assez molles* et à dents terminées par de fines épines C;

⎱ Plante vivace à tige souterraine épaisse et ligneuse; feuilles *très coriaces*, dures, *profondément divisées* et bordées de fortes épines H;

involucre de moins de 7 mm. de largeur, en général.
[Endroits incultes; fl. roses; 1-2 d.; j-jt.; ʋ.]

involucre de plus de 12 mm de largeur, en général.
[Endroits incultes; fl. roses; 1-3 d.; j-jt.; ʋ.]

66. LAPPA. BARDANE. — (→ Voyez fig. LA, p. 155). Feuilles à poils courts, les inférieures en cœur à la base; capitules presque globuleux; tige anguleuse.
[Endroits incultes; fl. roses; 7-15 d.; j.-at.; ʋ.]

67. XERANTHEMUM. XÉRANTHÈME. —

✕ Involucre à bractées *finement velues et coton-neuses* sur leur face extérieure C;

✕ Involucre à bractées *sans poils* sur leur face extérieure A;

moins de 20 fleurs en général dans chaque capitule; aigrette formée de 8 à 10 poils raides. [Endroits incultes; fl. roses; 2-6 d.; m.-j.; ʋ.]

plus de 20 fleurs dans chaque capitule; aigrette formée de 5 poils raides. (Souvent fruit mûr à aigrette plus longue que le reste du fruit : **X. inapertum** Willd.)
[Endroits incultes; fl. roses; 1-6 d.; j-jl.; ʋ.]

Staehelina dubia L.
Stéhéline douteuse.
Sud-Est (rare); *Région méditer-ranéenne.*

Chamaepeuce Casabona DC.
Chamépeuce de Casabona.
Iles d'Hyères.

Carlina lanata L.
Carline laineuse.
Région méditerranéenne.

Carlina corymbosa L.
Carline en corymbe.
Midi.

Carlina vulgaris L.
Carline vulgaire.
Commune. [S]

Carlina acaulis L.
Carline à tiges courtes.
Vosges (très rare); *Jura, Alpes, Pyrénées.* [S]

Carlina acanthifolia All.
Carline à feuilles d'Acanthe.
Alpes, Plateau Central, Pyrénées; Provence.

Atractylis cancellata L.
Atractyle en treillis.
Littoral du Dép. des *Alpes-Maritimes* (rare).

Atractylis humilis L.
Atractyle humble.
Sud-Ouest de la *Région méditer-ranéenne* (rare).

Lappa communis L.
Bardane commune.

Xeranthemum cylindraceum Sibth. et Sm.
Xéranthème cylindrique.
Centre, Ouest (rare); *Plateau Central, Midi* (sauf la Provence). [S]

Xeranthemum annuum L.
Xéranthème annuel.
Sud-Est, Plateau Central, Midi (très rare dans le Sud-Ouest). [S]

68. CATANANCHE. CATANANCHE. — (→ Voyez fig. CZE, p. 156). Feuilles supérieures très petites, membraneuses, semblables aux bractées de l'involucre; feuilles inférieures très allongées, velues.
[Rochers, endroits incultes; fl. bleues, rarement blanches; 4-8 d.; jl.-j.-jt.; v.]

Catananche caerulea L.
Catananche bleue (Cupidone).
Sud-Est, Midi.

69. CICHORIUM. *CHICORÉE.* — (→ Voyez fig. C, p. 156). Feuilles très poilues sur les nervures principales; tige à rameaux étalés; capitules au sommet et à l'aisselle des rameaux. (Parfois bractées inférieures de l'involucre à cils non glanduleux : *O. divaricatum* Schousb.)
[Endroits incultes; fl. bleues, rarement roses ou blanches; 4-10 d.; jl.-s.; a., b. ou v.]

Cichorium Intybus L.
Chicorée Intybe.
Commun. [S]

⊕ Involucre à bractées extérieures *plus longues* que les bractées intérieures B;
fruits du pourtour ayant une *aigrette formant une petite couronne*; fleurs du centre brunes, les autres jaunes. [Endroits incultes; fl. du pourtour jaunes, celles du centre brunes; 1-4 d.; m.-jl.; a. ou b.]

Tolpis barbata Willd.
Trépane barbue.
Ouest, Midi.

70. TOLPIS. *TRÉPANE.* —

⊕ Involucre à bractées extérieures *plus courtes* que les bractées inférieures V;
fruits du pourtour ayant une *aigrette de 4 à 5 poils* comme les autres. [Endroits incultes; fl. jaunes; 3-5 d; j.-s.; b.]

Tolpis virgata Bertol.
Trépane effilée.
Littoral de la Provence.

71. HEDYPNOIS. *HÉDIPNOÏS.* — (→ Voyez fig. HED, HE, p. 157). Plante d'aspect très variable; feuilles dentées ou profondément divisées; tiges renflées ou non au sommet; fruits mûrs chagrinés. [Endroits incultes; fl. jaunes; 1-6 d.; m.-jl.; a. ou b.]

Hedypnois polymorpha DC.
Hédipnoïs polymorphe.
Sud-Est (rare); *Midi* (presque exclusivement dans la Région méditerranéenne). [S] sub.

72. HYOSÉRIS. *HYOSÉRIS.* —

• Capitule ayant *8 à 15 fleurs*; tige *aussi large au sommet que la base du capitule*, à la maturité S;
involucre ayant 7 à 10 bractées, en général. [Endroits incultes, fl. jaunes; 5-15 c.; m.-j.; a.]

Hyoseris scabra L.
Hyoséris scabre.
Provence (rare).

° Capitule ayant *20 à 120 fleurs*; tige *moins large au sommet que la base du capitule*, à la maturité R;
involucre ayant 9 à 20 bractées, en général. [Endroits incultes; fl. jaunes; 1-3 d.; m.-j.; v.]

Hyoseris radiata L.
Hyoséris rayonnante.
Provence, Roussillon, presque exclusivement sur le littoral. [S] sub.

73. RHAGADIOLUS. *RHAGADIOLE.* — (→ Voyez fig. RH, p. 156). Capitules éloignés les uns des autres; involucre à bractées les plus extérieures formant comme une collerette à folioles triangulaires, souvent poilues; feuilles de formes très variables. [Endroits incultes; fl. jaunes; 1-3 d.; m.-j.; v.]

Rhagadiolus stellatus DC.
Rhagadiole étoilé.
Sud-Est; Midi. [S] sub.

74. ARNOSERIS. *ARNOSÉRIS.* — (→ Voyez fig. AM, p. 156). Feuilles toutes à la base, à dents aiguës; tige creuse épaissie au sommet.
[Endroits incultes; champs; fl. d'un jaune pâle; 1-3 d.; jl.-at.; a.]

Arnoseris minima Koch.
Arnoséris minime.
Assez commun, sauf dans le Nord et le Sud-Est; manque dans la plaine méditerranéenne. [S]

75. APOSERIS. *APOSÉRIS.* — (→ Voyez fig. AP, p. 156). Feuilles toutes à la base, à lobe terminal plus grand, les autres lobes perpendiculaires à la nervure principale; tiges à un seul capitule.
[Rochers, bois; fl. jaunes; 1-2 d.; jl.-at.; v.]

Aposeris foetida Less.
Aposéris fétide.
Alpes de la Savoie et du Dauphiné. [S]

76. LAMPSANA. *LAMPSANE.* — (→ Voyez fig. LC, p. 156). Feuilles inférieures à division terminale très grande; plante presque sans poils ou poilue vers la base; feuilles moyennes se prolongeant à leur base sur la tige. [Bois, champs; fl. jaunes; 2-8 d.; jl.-s.; a.]

Lampsana communis L.
Lampsane commune (Poule grasse).
Commun. [S]

77. HYPOCHŒRIS. PORCELLE. —

Capitules ayant, en général, plus de 25 mm. de largeur; involucre à bractées velues sur leur face extérieure HM; aigrette du fruit entièrement formée de poils plumeux MA.

(Parfois capitules isolés sur des tiges très renflées au sommet, U: **H. uniflora**, Vill.)
[Prés, bois, rochers; fl. jaunes; 2-5 d.; j.-at.; v.]

= Capitules ayant, en général, moins de 25 mm. de largeur; involucre à bractées sans poils ou n'ayant de poils qu'au milieu de leur face extérieure; aigrette du fruit à dents entourant les poils plumeux RA.

78. SÉRIOLA. SÉRIOLE. — (→ Voyez fig. SE, SER, p. 158). Capitules ayant, en général, moins de 25 mm. de largeur; involucre portant des poils raides. [Endroits incultes; fl. jaunes; 1-4 d.; jl.; a.]

79. THRINCIA. THRINCIE. Plante à racines renflées; bec du fruit mûr égalant environ le reste du fruit HR.

80. APARGIA. APARGIE. — (→ Voyez fig. AP, AR, p. 157). Plante à racines non renflées; bec du fruit mûr égalant environ le tiers du reste du fruit TU.

Plante à racines renflées; bec du fruit mûr égalant environ le reste du...

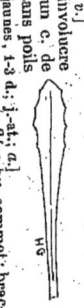
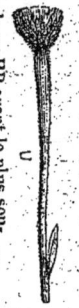

○ Plante vivace à racines épaisses; involucre HR ayant le plus souvent plus d'un c. de largeur; feuilles à poils blancs et raides.
[Prés; fl. jaunes; 1-6 d.; j.-at.; v.]

○ Plante annuelle à racines grêles; involucre ayant le plus souvent moins d'un c. de largeur; feuilles ordinairement sans poils HG. [Champs, endroits incultes; fl. jaunes, 1-3 d.; j.-at.; a.]

[Champs, endroits incultes; fl. jaunes; 1-4 d.; j.-s.; a., b. ou v.]

○ Plante à poils (la plupart de 1 mm. et plus) simples ou rarement terminés par 2 dents au sommet; feuilles à lobes ordinairement per-pendiculaires à la nervure principale LA. [Prés; fl. jaunes; 1-4 d.; jl.-o.; v.]

81. LEONTODON. LÉONTODON. — (→ Voyez fig. LÉONTODON. —)
Capitules ordinairement dressés avant la floraison; aigrette de la même longueur que le reste du fruit AU, à poils tous sur un seul rang et plumeux; feuilles à lobes ordinairement per-

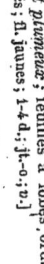 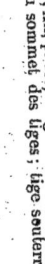

△ Feuilles et tiges toutes couvertes de poils qui sont pour la plupart étoilés au sommet à 4 ou 5 branches CRI; feuilles plus ou moins divisées C; tige-souterraine renflée. [Rochers, bois; fl. jaunes; 5-10 c.; j.-s.; v.]

+ Capitules penchés avant la floraison; aigrette à poils sur 2 rangs, les extérieurs courts et non plumeux.

+ Capitules dressés...

△ Feuilles et tiges sans poils ou à poils simples ou qui parfois portent 2 à 3 dents au sommet.

△ Feuilles et tiges sans poils ou à poils sur 2 rangs...

○ Feuilles sans poils ou à poils simples; réceptacle sans petites fibres entre les fleurs V. [Endroits incultes; fl. d'un jaune pâle; 1-3 d.; jl.-at.; v.]

○ Plante n'ayant pas à la fois les caractères précédents.

□ Feuilles à poils PR, AL, qui sont souvent à 2 ou 3 dents au sommet. (Parfois feuilles peu divisées AL et tige renflée au sommet: **L. alpinus** 48s, p. 390.

□ Feuilles plus ou moins couvertes de poils PR, AL, qui sont ou non divisées C; fruits à long bec CR; tige-souterraine renflée.

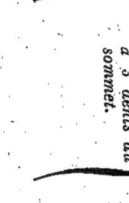 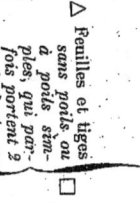
 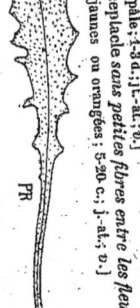

Hypochoeris maculata L.
Porcelle tachée.
Montagnes (rare dans les Vosges) et... çà et là surtout dans le Centre. [S]

Hypochœris radicata L.
Porcelle enracinée.
Très commun. [S]

Hypochœris glabra L.
Porcelle glabre.
Çà et là. [S]

Seriola aetnensis L.
Sériole de l'Etna.
Littoral de la Provence.

Thrincia hirta Roth.
Thrincie hérissée.
Commun. [S]

Thrincia hispida Roth.
Thrincie hispide.
Région méditerranéenne.

Apargia Taraxaci Willd.
Apargie Faux-Pissenlit.
Alpes (rare); Pyrénées?(H[tes] régions). [S]

Leontodon autumnalis L.
Léontodon d'automne.
Commun (manque dans la plaine méditerranéenne). [S]

Leontodon crispus Vill.
Léontodon crépu.
Sud-Est, Cévennes, Région méditerranéenne (peu commun); Pyrénées (très rare). [S]

Leontodon Villarsii Lois.
Léontodon de Villars.
Sud-Est, Région méditerranéenne. [S]

Leontodon pyrenaicus Gouan.
Léontodon des Pyrénées.
Montagnes (manque dans le Midi). [S]

Leontodon proteiformis Vill.
Léontodon changeant.
Commun, sauf çà et là dans l'Ouest et le Midi. [S]

82. PICRIS. *PICRIS.* —

✳ Plante annuelle à racine assez grêle ; fruit mûr *fortement courbé en arc très plissé en travers*, comme formé d'anneaux successifs, visibles sans loupe SPR, PAU.

  ✳ Capitule d'environ 5 à 8 mm. de largeur sur 8 à 11 mm. de longueur S; feuilles d'un vert clair ; fruit SPR.
[Endroits incultes ; fl. jaunes ; 2-4 d. ; j.-jt. ; a.]

→ **Picris Sprengeriana** *Lam.*
Picris de Sprenger.
Littoral de la Provence (rare). [S] sub.

  ✕ Capitule d'environ 9 à 11 mm. de largeur P sur 14 à 17 mm. de longueur ; feuilles d'un vert foncé.
[Endroits incultes ; fl. jaunes ; 2-4 d. ; j.-jt. ; a.]

→ **Picris pauciflora** *Willd.*
Picris à fleurs peu nombreuses.
Région méditerranéenne (rare). [S] sub.

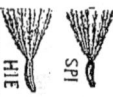

✳ Plante vivace ou bisannuelle SPI; fruit *peu courbé* HIE, *presque droit, lisse ou finement ridé*
involucre étalé H à la maturité des fruits, souvent à foliotes renversées en dehors. (Parfois involucre resserré au-dessous du sommet SP : *L. spinulosa* Bertol.)

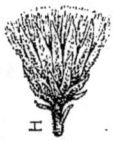

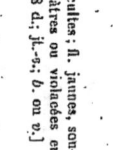

→ **Picris hieracioides** *L.*
Picris Fausse-Épervière.
Commun. [S]
[Endroits incultes ; fl. jaunes, souvent rougeâtres ou violacées en dessous ; 2-8 d. ; jt.-s.; b. ou v.]

83. HELMINTHIA. *HELMINTHIE.* — (→ Voyez fig. H, p. 188). Bractées de l'involucre roulées en dehors par les bords, et à poils raides ; feuilles moyennes embrassant la tige ; celles de la base plus grandes. [Endroits incultes, champs ; fl. jaunes; 4-10 d.; jt.-o.; a.]

→ **Helminthia echioides** *Gærtn.*
Helminthie Fausse-Vipérine.
Midi et çà et là surtout sur les bords de l'Océan et de la Manche. [S]

84. UROSPERMUM. *UROSPERME.* —

Ⓖ Involucre à bractées D, fontes couvertes de poils cotonneux dont les plus longs n'ont pas 2 mm. de longueur, en général ;
feuilles de la base à divisions de plus en plus grandes de la base au sommet ; tige souterraine développée, noirâtre. [Endroits incultes ; fl. d'un jaune clair ; 1-3 d. ; j.-jt. ; v.]

→ **Urospermum Dalechampii** *Desf,*
Urosperme de Dalechamp.
Midi.

Ⓖ Involucre à bractées, couvertes de poils raides, dont les plus larges dégassent 2 mm. en général ; feuilles de la base irrégulièrement divisées, denticulées ; racine renflée. [Endroits incultes ; fl. d'un jaune d'or ; 1-4 d. ; j.-jt. ; a.]

→ **Urospermum picroides** *Desf.*
Urosperme Faux-Picris.
Région méditerranéenne ; Dépt de la *Gironde* (très rare).

85. SCORZONERA. *SCORZONÈRE.* —

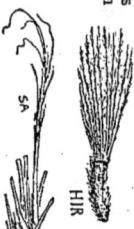

✳ Fruit velu HIR; feuilles très étroites (moins de 2 mm. de longueur, en général);
Base de la tige entourée des débris des anciennes feuilles dont les nervures en réseau sont à peu près seules conservées SA.

→ **Scorzonera hirsuta** *L.*
Scorzonère hérissée.
Sud-Est, dépts de la *Charente-infér"* et des *Deux-Sèvres, Région médne.*

✕ Fleurs *pourprées* ; involucre de moins de 1 c. de largeur, en général ; feuilles inférieures de moins de 4 mm. de largeur.
[Endroits incultes, bois ; 2-3 d. ; m.-j.; v.]

→ **Scorzonera purpurea** *L.*
Scorzonère pourprée.
Cévennes (très rare).

✕ Fleurs *jaunes* ; involucre de plus de 1 c. de largeur, en général ; feuilles inférieures de plus de 6 mm. de largeur.
[Endroits incultes, prés ; 1-4 d.; m.-j.; v.]

Ⓖ Involucre à bractées intérieures relativement très grandes et peu nombreuses HIS;
fruit mûr de plus de 9 mm. de longueur, en général, sur environ 2 mm. de largeur.
[Prés; fl. jaunes; 4-12 d.; j.-jt.; v.]

→ **Scorzonera humilis** *L.*
Scorzonère humble.
Assez commune.

§ Involucre à bractées intérieures peu différentes des autres HIS; fruit mûr de moins de 9 mm. de longueur sur environ 1 mm. de largeur.

§ Involucre à bractées intérieures plus courtes que les autres HUM;

— Involucre à bractées extérieures bien plus courtes que les autres HUM;
[Endroits incultes, prés; 1-3 d.; m.-j.; v.]

→ **Scorzonera austriaca** *Willd.*
Scorzonère d'Autriche.
Centre (très rare) ; *Sud-Est.* [S]

— Involucre à bractées extérieures presque aussi longues que les autres AR;

→ **Scorzonera aristata** *Ram.*
Scorzonère à arêtes.
Pyrénées.

↕ Fruit sans poils.

⊙ Base de la tige non entourée des débris en réseau des anciennes feuilles HU.

— fruits du pourtour presque lisses, tige creuse. [Endroits incultes]

→ **Scorzonera hispanica** *L.*
Scorzonère d'Espagne.
Sud-Est, Midi (et cultivé). [S]

fruits du pourtour couverts de petits tubercules; tige pleine. [Endroits incultes, rochers; fl. jaunes; 1-4 d.; j.-jt.; v.]

86. **PODOSPERMUM.** *PODOSPERME.* — (→ Voyez fig. P0, P1, p. 187).

Plante d'un vert très clair ; capitules isolés les uns des autres ; involucre à bractées très inégales mais poils ou à poils très courts.

[Endroits incultes ; fl. d'un jaune clair ; 1-4 d. ; j.-at. ; b.]

87. **TRAGOPOGON.** *SALSIFIS.* —

✠ Fleurs toutes jaunes.

= Fruit à bec renflé au sommet, puis comme étranglé sous l'aigrette ORJ ;

= Fruit à bec plus ou moins renflé au sommet mais non nettement étranglé sous l'aigrette PR;
MaJ ; involucre à bractées ordinairement aussi longues ou plus longues que les fleurs.

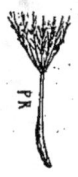

• Fruit à bec plus ou moins renflé au sommet mais non nettement étranglé sous l'aigrette PR; MaJ ; involucre à bractées ordinairement aussi longues ou plus longues que les fleurs.

• Fruit à bec est à peu près égal au même longueur que le reste du fruit PR ;

• Fruit dont le bec est à environ 1 fois 3/4 ou 1 fois 1/2 la longueur du reste du fruit MaJ ;

✠ Fleurs non toutes jaunes ; fleurs d'un violet lilas ou d'un violet noir. (Parfois fleurs du pourtour d'un violet rouge et celles du centre jaune : **T. crocifolius** L.) [Endroits secs ; 2-10 d. ; jn-jt. ; a. ou b.]

88. **GEROPOGON.** *GÉROPOGON.* —

Involucre à bractées dépassant un peu les fleurs, en général ; feuilles étroites et allongées. [Endroits incultes ; fl. d'un rose lilacé ; 2-6 d. ; m-j; a. ou b.]

89. **CHONDRILLA.** *CHONDRILLE.* — (→ Voyez fig. G, Cf, p. 189).

Tige couverte dans sa partie inférieure de poils durs et recourbés ; fruit ayant 5 dents autour du bec qui porte l'aigrette. [Endroits sableux, rivières ; fl. jaunes ; 6-12 d. ; j.-s.; b.]

90. **WILLEMETIA.** *WILLEMÉTIE.* —

◯ Involucre à bractées couvertes de poils étalés et noirs AS;

◯ Involucre à bractées sans poils PR ;

91. **TARAXACUM.** *PISSENLIT.* — (→ Voyez fig. Dt, T, p. 189).

Feuilles étalées en rosette, à lobes triangulaires. (Parfois feuilles peu dentées P. et involucre à bractées extérieures appliquées sur les autres : **T. palustre** DC.) ; — ou feuilles aplaties sur le sol, à limbe élargi ◯ : **T. obovatum** DC.)

[Endroits incultes, bois, champs, chemins ; fl. jaunes ; 8-30 c.; ms.-s.; b.]

involucre à bractées ordinairement plus courtes que les fleurs (**T. orientalis** L.) ....

involucre à bractées ordinairement plus courtes que les fleurs (**T. orientalis** L.)

involucre en général à 8 bractées à peu près de même longueur que les fleurs. [Prés ; fl. jaunes ; 3-9 d.; m.-at.; b.]

involucre ordinairement à 10-12 bractées plus longues que les fleurs TM. [Prés ; fl. jaunes ; 8-9 d.; m.-jt.; b.]

plante ayant, en général moins de 5 capitules. [Endroits incultes, rochers ; fl. jaunes ; 1-3 d.; jt.-at.; v.]

plante rameuse dès la base, ayant en général de nombreux capitules. [Endroits incultes ; fl. jaunes ; 10-15 c.; jt.-at.; v.]

Podospermum laciniatum *DC.*
Podosperme en lanières.
Plateau Central, Midi et çà et là. [S]

Tragopogon pratensis *L.*
Salsifis des prés (Barbe de bouc).
commun. [S]

Tragopogon major *Jacq.*
Salsifis majeur.
Çà et là, sauf dans le Nord-Est et l'Est. [S]

Tragopogon porrifolius *L.*
Salsifis à feuilles de Poireau.
Sud-Est, Plateau Central, Ouest, Midi (et cultivé). [S] sub.

Geropogon glabrum *L.*
Géropogon glabre.
Provence (rare).

Chondrilla juncea *L.*
Chondrille à tige de jonc.
Commun, sauf dans le Nord, l'Est et l'Ouest. [S]

Willemetia apargioides *Cass.*
Willemétie Fausse-Apargie.
Pyrénées orientales (rare).

Willemetia prenanthoides *GG.*
Willemétie Faux-Prenanthès.
Dép. du Var (Fréjus) ? [S]

Taraxacum Dens-leonis *Desf.*
Pissenlit Dent-de-lion.
Très commun. [S]

92. LACTUCA. LAITUE. —

+ Feuilles dont le limbe se prolonge le long de la tige CHO;

  feuilles de la base très profondément divisées à lobes fortement dentés; fleurs jaunes, parfois lilacées en dessous. [Endroits incultes; fl. jaunes; 2-10 d.; jl-at.; b.]

  ☐ Feuilles lisses sur les bords SA; tige presque sans poils au sommet. [Endroits incultes; fl. jaunes; 8-25 d.; jl.-at.; b.]

  ☐ Feuilles ordinairement à petites dents épineuses sur les bords SC; tige ayant des aiguillons nombreux dans la partie inférieure; fruit mûr très poilu au sommet, parfois sans poils (L. virosa L.); parfois feuilles embrassant la tige (L. sativa L.). [Endroits incultes; fl. jaunes ou jaunâtres; 8-22 d.; jl.-at.; b.]

+ Feuilles dont le limbe ne se prolonge pas le long de la tige.

  Fleurs jaunes, parfois violacées ou rougeâtres en dehors.

  △ Fruit dont le bec a environ la longueur du reste du fruit (ex.: SAL).

  △ Fruit dont le bec est plus court que le reste du fruit CHA;

    racine renflée; feuilles supérieures à très longues nœuds (très rare).

    [Bois; fl. jaunes, souvent rougeâtres en dehors; 6-20 d.; jl.-at.; b.]
    (Parfois aigrette jaunâtre et capitules en fleurs ayant moins de 2 c. 1/2 de largeur, en général: **L. tenerrima** Pourr.) [Coteaux secs, champs; fl. bleu violacé, lilas ou blanches; 2-5 d.; n.-at.; v.]

  Fleurs bleues-violacées, lilas ou blanches; fruit terminé par un bec plus ou moins long P, TEN; feuilles inférieures une fois divisées, à lobes aigus.

93. PHÉNOPUS. PHÉNOPE. — (→ Voyez fig. M, p. 152)

Feuilles profondément divisées, à lobes souvent entremêlés de lobes plus petits, irrégulièrement et largement dentées; feuilles glauques en dessous. [Endroits incultes, bois; fl. jaunes; 3-10 d.; jl.-s.; d.]

94. PRÉNANTHÈS. PRÉNANTHÈS. — (→ Voyez fig. PR, p. 158)

Feuilles un peu rétrécies au-dessus de leur base, molles, glauques en dessous; fruits mûrs gris; tiges grêles; fleurs sur des pédoncules très minces et penchés. [Bois, prés; fl. rouges ou roses; 6-15 d.; jl.-s.; v.]

95. SONCHUS. LAITERON. —

✱ Feuilles moyennes embrassant la tige par 2 lobes arrondis AR; fruit mûr brun;

✱ Feuilles moyennes embrassant la tige par 2 lobes aigus PA; fruit mûr jaunâtre;

  ⊕ Fruit mûr 4 à 5 fois plus long que large, presque cylindrique TE;

    feuilles pétiolées, à lobes peu ou pas dentés. [Endroits incultes; fl. jaunes; 2-4 d.; j.-jl.; a.]

    fruits arrondis. [Champs; fl. jaunes; 8-16 d.; jl.-s.; v.]

  ⊕ Fruit mûr environ 2 fois plus long que large, de forme ovale OLE, ASP; feuilles sans pétiole.

    ⊕ Fruit mûr à peine ridé en travers, ou lisse ASP, feuilles embrassant la tige par 2 lobes à dents très épineuses rapprochées. [Champs; fl. jaunes; 2-8 d.; j.-d.; a.]

    ⊕ Feuilles embrassant la tige par 2 lobes non en hélice MA; feuilles à dents très éloignées les unes des autres. [Endroits marécageux, bords de la mer; fl. jaunes; 5-12 d.; jl.-at.; v.]

  ⊕ Feuilles embrassant la tige par 2 lobes contournés en hélice AS; feuilles à dents épineuses rapprochées. [Champs; fl. jaunes; 2-8 d.; j.-d.; a.]

    fruits à 4 angles. [Endroits humides; fl. jaunes; 8-30 d.; jl.-at.; v.]

⊕ Capitules très larges, à poils à poils gluants-doux.

⊕ Capitules à bractées sans poils ou seulement un peu cotonneuses.

Lactuca viminea Link.
Laitue des vignes. Côte-d'Or, Sud-Est, Plateau Central, Midi. [S]

Lactuca saligna L.
Laitue à feuilles de Saule. Assez commune, sauf dans le Nord, l'Est et le Nord-Est. [S]

Lactuca Scariola L.
Laitue Scariole. Commune, sauf dans le Nord (et cultivée). [S]

Lactuca Chaixi Vill.
Laitue de Chaix. Alpes du Dauphiné et méridio...

Lactuca perennis L.
Laitue vivace. Assez commune. [S]

Phœnopus muralis Coss. et Germ.
Phénope des murs. Assez commun. [S]

Prenanthès purpurea L.
Prénanthès pourpré. Montagnes. [S]

Sonchus arvensis L.
Laiteron des champs. Commun, sauf dans le Midi. [S]

Sonchus palustris L.
Laiteron des marais. Nord-Ouest, Sud-Ouest (rare). [S]

Sonchus tenerrimus L.
Laiteron délicat. Région méditerranéenne. [S]

Sonchus oleraceus L.
Laiteron des champs. Très commun. [S]

Sonchus asper Vill.
Laiteron âpre. Commun. [S]

Sonchus maritimus L.
Laiteron maritime. Ouest, Midi, presque exclusivement sur le littoral.

96. MULGEDIUM. MULGEDIE. —

⤓ Bractées de l'involucre sans poils PL; fruit cylindrique;   PL   fruit mûri sans bec, comme coupé au sommet. [Bois, prés, rochers; fl. bleues; 8-22 d.; jl.-a.; v.]

⤓ Bractées de l'involucre pointues glanduleuses AL; fruit ovale;   AL

Mulgedium alpinum Less. Mulgédie des Alpes. [S]
Hæc es Montagnes. [S]

Mulgedium Plumieri DC. Mulgédie de Plumier. (manque dans le Jura). [S]
Montagnes.

97. PICRIDIUM. PICRIDE. — (→ Voyez fig. PL, PIC, p. 158).
Bractées extérieures de l'involucre ayant comme 2 oreilles membraneuses sur les bords; feuilles de la base à lobes arrondis au sommet.
[Endroits incultes, champs; fl. jaunes; 1-4 d.; m.-jl.; a.]

*Picridium vulgare Desf.
Picridia vulgaire:
Sud-Est, Région méditerranéenne.*

98. ZACINTHA. ZACINTHE. — (→ Voyez fig. VE, ZA, ZAC, p. 157).
Feuilles presque toutes à la base à lobes triangulaires, le lobe terminal très grand; capitules logés dans la bifurcation des rameaux.
[Endroits incultes; fl. jaunes; 1-3 d.; m.-ji.; a.]

*Zacintha verrucosa Gærtn.
Zacinthe verruqueuse.
Région méditerranéenne.*

99. PTEROTHECA. PTÉROTHÈQUE. — (→ Voyez fig. NE, NEM, NM, p. 159).
Involucre à bractées portant des lignes de poils noirs glanduleux sur le dos; fruits du pourtour 3 à 4 fois plus gros que les autres.
[Endroits incultes; fl. jaunes; 1-4 d.; m.-ji.; a.]

*Pterotheca nemausensis Cass.
Ptérothèque de Nîmes.
Midi et çà et là dans le Sud-Est, le Plateau Central et l'Ouest.* [S] sub-

100. BARKHAUSIA. BARKHAUSIE. —

⊙ Fruits du centre du capitule d'environ 5 à 6 millimètres de longueur (y compris le bec) [ex.: TAR, ER, grandeur naturelle];   TAR   ER   stigmates jaunes............ **Série 3 → p. 199.**

⊙ Fruits du centre du capitule d'environ 3 millimètres de longueur (y compris le bec) [ex.: ALB, grandeur naturelle];   ALB   stigmates d'un brun livide ou noirâtre............ **Série 2 → p. 188.**

⊙ Fruits du centre du capitule d'environ 10 millimètres de longueur (y compris le bec) [ex.: S grandeur naturelle];   S   stigmates jaunes............ **Série 1 → p. 188.**

Série 1 : Involucre à bractées étroitement membraneuses sur les bords et couvertes de petits poils glanduleux; feuilles de la base profondément divisées, terminées par un lobe plus grand et obtus.

— Involucre ayant sur le dos des soies raides et étalées SE, ordinairement de couleur fauve et bien plus longues que la largeur des bractées;   SE
[Sables, endroits incultes; fl. jaunes; 5-19 c.; m.-ji.; c.]

*Barkhausia setosa DC.
Barkhausie à soies.
Çà et là.* [S]

— Involucre à brac-
tées / plus ou
moins velues,
mais sans longs
poils raides.

⊕ Fruit dont le bec égale environ le reste du fruit ou à bec plus court [ex.: TAR].   TAR
[Champs, prés.; fl. jaunes, rougeâtres en dessous; 2-6 d.; m.-jl.; v.]

⊕ Capitules peu nombreux sur des rameaux grêles LE; bractées de l'involucre peu poi-lues; feuilles sans poils ou presque sans poils.   LB
[Endroits incultes; fl. jaunes; 1-5 d.; m.-jl.; a.]

*Barkhausia taraxacifolia DC.
Barkhausie à feuilles de Pissenlit.
Commune.* [S]

*Barkhausia leontodontoides DC.
Barkhausie Faux-Léontodon.
Littoral, Alpes des Bouches-du-
Rhône et du Var (rare).*

⊙ Fruit à bec, assez court S; feuilles supérieures embrassant la tige comme par 2 oreilles aiguës.   TA
[Champs; fl. jaunes; 3-10 d.; jl.-a.; a.]

⊙ Capitules en corymbe nombreux; bractées de l'involucre très poilues TA; feuilles à poils raides.
[Champs en rosette à la base, à dents comme cornées.

*Barkhausia Suffreniana Lloyd.
Barkhausie de Suffren.
Ouest, Midi (rare).*

*Barkhausia erucæfolia GG.
Barkhausie à feuilles de Roquette.
Provence.*

Série 2 → p. 188.

101. CREPIS. *CRÊPIS.* —

; Feuilles *toutes à la base,* ou à peine quelques feuilles très réduites à la base des rameaux..............

= Plante ayant en général *moins de 15 c.* de hauteur, à feuilles presque toutes à la base; plante de hautes montagnes PY, J.

○ Bractées de l'involucre *complètement dépourvues de poils* [exemple : PUL, bractée de l'involucre vue par l'intérieur]...............

○ Bractées intérieures de l'involucre *poilues en dedans* [exemple : TEC, bractée de l'involucre vue par l'intérieur].

○ Bractées intérieures de l'involucre *sans poils à l'intérieur,* mais poilues *extérieurement* [exemple : B, bractée de l'involucre vue par l'intérieur]...............

Série 1 → p. 189.

feuilles sans poils,
[Prés; fl. orangées; 1-3 d.; jt.-at.; v.]

50s, p. 390.

feuilles sans poils, un peu charnues; [Sables; fl. jaunes; 1-2 d.; m.-ji; v.]

Série 2 → p. 190.

○ Bractées de l'involucre vue par l'intérieur]...............

Série 3 → p. 190.

PY

PUL .....

TEC .....

J

B

Crepis bulbosa Cass.
Crépis bulbeux.
Littoral de la Méditerranée et de l'Océan.

Crepis aurea Cass.
Crépis doré. — Jura, Alpes, Pyrénées (Hautes régions; rare). **[S]**

Crepis rougé.
Est; Savoie (très rare). **[S]**

Crepis praemorsa Tausch.
Crepis pygmaea L.
Alpes, Pyrénées. **[S]**

Crepis nana.
Alpes de la Savoie (Hautes régions; très rare). **[S]**

Crepis jubata. Koch.
Crepis chevelu.

= Plante ayant en général plus de 15 c. de hauteur.

△ Bractées de l'involucre à aigrette plus courte que le reste du fruit;

△ Capitules isolés sur le fruit; feuilles à poils très courts, [Bois, prés; fl. jaunes; 2-5 d.; m.-ji; v.]

△ Capitules *en grappes* PR; fruit à aigrette en général plus longue que le reste du fruit; feuilles à poils très courts,

□ Capitules *teolés* AU; fruit à aigrette plus courte que le reste du fruit;

AU

BU

PR

□ Feuilles pétiolées (voyer plus haut fig. PY), les inférieures en cœur à la base, cotonneuses. [Rochers, éboulis; fl. jaunes; 5-15 c.; jt.-at.; v.]

49s, p. 390.

□ Feuilles sans pétiole net (voyer plus haut fig. J), à limbe allongé, plissées en long à la base, poilues. [Rochers, prés; fl. jaunes; 3-10 c.; jt-at.; v.]

§ Involucre à bractées *très membraneuses sur les bords* A L;

§ Involucre à bractées non membraneuses sur les bords FŒ;

= Feuilles le long de la tige.

◇ Racines *sans tubercule à leur extrémité.*

◇ Racines *renflées en tubercule à leur extrémité;* plante à tige rampante BU; capitules isolés;

+ Bractées de l'involucre *sans poils sur les bords,*

+ Bractées de l'involucre *très velues sur les bords;* plante de hautes montagnes et ayant de 3 à 15 c., en général.

fruits ALB, tous à peu près de même longueur; capitules de plus de 10 mm. de diamètre, en général. [Endroits incultes; fl. d'un beau jaune; 1-4 d.; jt.-at.; v.]

AL

fruits du centre plus longs que ceux du pourtour F; capitules de moins de 10 mm. de diamètre, en général. [Endroits incultes; fl. jaunes, rougeâtres en dessous; 1-4 d.; j.-at.; a.]

FŒ

ALB

Barkhausia albida Cass
*Barkhausie blanchâtre.
Alpes, Cévennes, Pyrénées, Haute-Provence.*

Barkhausia foetida DC.
*Barkhausie fétide.
Commun.* **[S]**

Série 3

Feuilles moyennes presque en forme de violon LA; celles de la base profondément divisées et terminées par un lobe bien plus grand que les autres; involucre à bractées longuement en pointe et couvertes de poils glanduleux.
[Prés, rochers ; fl. jaunes; 3-6 d.; jt.-at.; v.]

⊙ Fruit mûr BLA dont l'aigrette a, en général, 12 à 15 mm. de longueur ; feuilles moyennes embrassant la tige comme par 2 oreilles BLj.

involucre à bractées couvertes de poils au moins 2 fois plus longs que la largeur de la bractée.
[Prés, rochers, bois ; fl. jaunes; 2-5 d.; j.-at.; v.]

Feuilles de la base entières ou à dents à peine indiquées SU; involucre à bractées noirâtres et poilues glanduleuses. [Bois, prés ; fl. jaunes; 2-5 d.; jt.-at.; v.]

508, p. 390...

⊙ Involucre de 3 à 5 mm. de largeur, à bractées vertes ou verdâtres; feuilles peu poilues, celles de la base souvent profondément divisées VI [Prés, champs; fl. jaunes; 1-5 d.; j-o ; a.]

§ Bractées de l'involucre à longs poils GR; feuilles à longs poils et à poils granuleux courts, visqueux. [Prés ; fl. jaunes; 2-5 d.; jt.-at.; v.]

Fruit mûr VIR dont l'aigrette a, en général, 10 mm. ou moins de longueur.

Feuilles de la base très dentées ou profondément divisées.

⊙ Involucre de 7 à 15 mm. de largeur, en général, à bractées noirâtres.

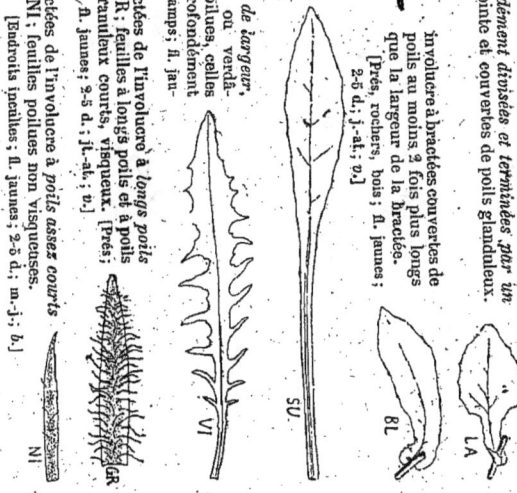

§ Bractées de l'involucre à poils assez courts Nl; feuilles poilues non visqueuses. [Endroits incultes; fl. jaunes; 2-5 d.; jt.-ak.; v.]

Série 2

⊙ Bractées de l'involucre sans poils sur leur face extérieure; involucre cylindrique,PU; feuilles supérieures.
[Champs, coteaux ; fl. jaunes; 3-8 d.; m.-ji.; a.]

Feuilles moyennes plus ou moins capitées, profondément divisées; stigmates jaunes involucre à bractées extérieures étalées, B; feuilles de la base à bractées ordinairement dirigées vers le bas, sauf le terminal qui est plus grand.
[Prés, endroits incultes; fl. jaunes; 4-8 d.; m-ji.; b.]

⊙ Bractées de l'involucre plus ou moins poilues sur leur face extérieure.

Feuilles moyennes roulées en long sur elles-mêmes, peu ou pas divisées; feuilles moyennes ayant comme 2 oreilles pointues T; stigmates bruns. [champs, endroits incultes ; fl. jaunes; 2-6 d.; j.-at.; a.]

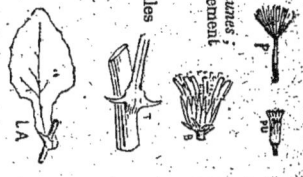

⊙ Feuilles moyennes non en forme de violon; celles de la base non terminées par un grand lobe.

Feuilles moyennes sans poils sur la base ; celles de la base à bractées à la base à bractées assez longtemps dentées.
[Prés, rochers ; fl. jaunes; 3-8 d.; m.-ji.; a.]

102. SOYERIA. SOYÉRIE. —

Involucre à bractées dont les poils ne sont pas glanduleux ; feuilles moyennes embrassant plus ou moins la tige MO; feuilles ciliées et plus ou moins poilues ; capitules isolés.
[Prés, rochers ; fl. jaunes; 2-5 d.; jt.-at.; v.]

Involucre à bractées dont les poils sont glanduleux ; feuilles moyennes embrassant la tige comme par 2 oreilles dentées PAL; feuilles sans poils ; capitules en corymbe. [Endroits humides; fl. jaunes; 3-6 d.-j.-at.; v.]

Crepis pulchra L.
Crépis élégant.
Midi et çà et là. [S] subr.

Crepis biennis L.
Crépis bisannuel.
Assez commun, sauf dans l'Ouest et le Midi. [S]

Crepis tectorum L.
Crépis des toits.
Çà et là dans le Nord, l'Est, le Centre et les Pyrénées. [S]

Crepis lampsanoides Froël.
Crépis Fausse-Lampsane.
Dépt du Cantal, Pyrénées. [S] subr.

Crepis blattarioides Vill.
Crepis Fausse-Blattaire.
Vosges (très rare) ; *Jura, Alpes, Pyrénées.* [S]

Crepis virens Vill.
Crepis verdâtre.
Commun. [S]

Crepis succisifolia Tausch.
Crepis à feuilles de Succise.
Jura, Alpes de la Savoie (rare) *Plateau Central ; Pyrénées* (rare) [S]

Crepis grandiflora Tausch.
Crepis à grandes fleurs.
Alpes, Plateau Central, Pyrénées. [S]

Crepis nicaeensis Balb.
Crepis de Nice.
Çà et là, sauf dans le Nord et une grande partie de l'Ouest. [S]

Soyeria montana Monn.
Soyérie des montagnes.
Jura, Alpes (H^tes régions). [S]

Soyeria paludosa God.
Soyérie des marais.
Montagnes. [S]

— (Il est impossible de résumer les descriptions des sous-espèces de ce genre ; voir les travaux spéciaux sur les *Hieracium*.)

⊕ Fruit mûr de *moins de 2 mm.* de longueur.

✖ Feuilles ayant des poils glanduleux, au moins sur les bords, souvent entremêlés d'autres poils... Série 1 → p. 191.

⊕ Fruit mûr de *moins de 2 mm.* de longueur.

   ⊕ Tige portant un seul capitule.....

   ⊕ Tige portant *2 ou plusieurs* capitules.
     { : Styles bruns..................................... Série 2 → p. 191.
     { : Styles jaunes.................................... Série 3 → p. 192.

✖ Feuilles *sans poils glanduleux* entremêlés d'autres poils.

⊕ Fruit mûr de 3 à 4 mm. de longueur.

O Poils des feuilles ayant des feuilles *ramifiés*, comme plumeux.............................. Série 4 → p. 192.

LA

O Poils des feuilles *non ramifiés-plumeux*.

  ✧ Feuilles de la base, souvent détruites ; pas de nouvelles ro- settes de feuilles ap- paraissant à la fin de la saison.

    + Feuilles ayant sur les bords des poils glanduleux........................... Série 5 → p. 192.

    + Feuilles sans poils glanduleux sur les bords.

       △ Feuilles embrassantes ou à moitié embrassantes [examples : EL, VLD, PRE]..................... Série 6 → p. 193.

       △ Feuilles *non embrassantes.*

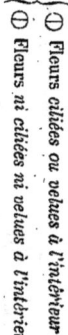
EL   VLD   PRE

  ✧ Feuilles de la base per- sistant souvent ; souvent, nouvelles rosettes de feuilles ap- paraissant à la fin de la saison.

    + Bractées de l'involucre à poils très courts GLC, ST, blancs ou étoilés; tiges et feuilles presque sans poils.
      { ⊕ Fleurs citées ou velues à l'intérieur........... Série 7 → p. 193.
      { ⊕ Fleurs ni citées ni velues à l'intérieur.......... Série 8 → p. 193.

GLC   ST

    + Bractées de l'involucre à longs poils blancs ou fauves, sans poils glanduleux................ Série 9 → p. 193.

    □ Bractées de l'involucre à poils glanduleux entremêlés de poils non glanduleux........... Série 10 → p. 194.

    □ Bractées de l'involucre souvent couvertes de poils noirs; fleurs du pourtour souvent rougeâtres en dehors ; tiges rampant sur le sol............... Série 11 → p. 194.
    [Prés, endroits incultes ; fl. jaunes ; 5-20 c.; m.-a.; v.]   **Hieracium Pilosella L.** *Épervière Piloselle.* **Commun. [S]**

Série 1

  ✖ Feuilles couvertes en dessous de poils serrés et fins, sou- vent entremêlés de poils plus longs, tige poilue Pl;.. Série 12 → p. 194.

AU

Série 2 : feuilles ayant quelques poils çà et là ; tige peu poilue. → *Voyez H. Auricula,* p. 192.]

Hieracium aurantiacum L.
Épervière orangée.
Montagnes. [S]

Série 2 : feuilles d'un vert clair, portant de longs poils ; le haut de la plante est garni de poils noirs glanduleux.
[Prés, rochers ; fl. orangées, au moins les extérieures ; 1-5 d.; j.-a.; v.] (fig. AU).

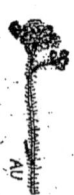

Série 3

* Plante ayant des tiges rampantes sur le sol et allongées AU ;

feuilles ayant çà et là quelques longs poils ; sommet de la tige et capitules poilus-cotonneux. (Parfois capitules nombreux et feuilles très poilues : **H. pratense** Tausch.).
[Prés, bois, coteaux ; fl. jaunes ; 1-3 d.; j.-at.; v.]

Hieracium Auricula L.
Épervière Auricule.
Assez commun, sauf dans la Région -méditerranéenne. [S]

* Pas de tiges rampantes et rampant sur le sol.

Ⓘ Feuilles *obtuses au sommet* PU, couvertes de longs poils qui dépassent les bords et le sommet de la feuille ;

partie supérieure de la tige colonneuse et couverte de petits poils glanduleux noirs.
[Rochers, prés ; fl. jaunes ; 5-15 c.; at.-o.; v.]

Hieracium pumilum Lap.
Épervière naine.
Pyrénées orientales. [S]

Ⓘ Feuilles pour la plupart *aiguës au sommet* [exemple : GL] ;

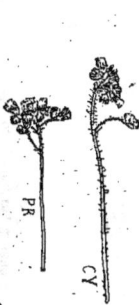

feuilles presque toutes à la base et bien plus grandes que les quelques feuilles de la tige ; capitules à involucre de moins de 8 mm. de largeur, en général. (Parfois capitules de 10 mm. de longueur ou plus, et feuilles à longs poils GL : **H. glaciale** Lach.; — ou tiges presque sans poils PR : **H. præcultum** Vill.)
[Prés, rochers, endroits incultes; fl. jaunes; 2-5 d.; j.-at.; v.]

Hieracium Jacquini Vill.
Épervière de Jacquin.
Côte-d'Or, Jura, Alpes, Pyrénées. [S]

Série 4

(Tige fleurie ne portant, en général, qu'un à deux capitules.

↳ Feuilles à la base *profondément dentées* JAC, et à long pétiole ;

bractées de l'involucre à poils courts vers leur sommet. [Rochers, prés; fl. jaunes; 1-2 d.; j.-at.; v.]

Hieracium cymosum L.
Épervière en cyme.
Montagnes et çà et là. [S]

↳ Feuilles de la base *peu ou pas dentées* AL, sans pétiole net ;

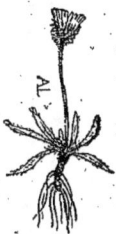

bractées de l'involucre ayant vers le sommet des poils pluslongs que la largeur de la bractée.
[Rochers, prés; fl. jaunes; 1-2 d.; jl.-at.; v.]

Hieracium Halleri Vill.
Épervière de Haller.
Vosges (très rare), *Alpes.* [S]

(Tige fleurie portant, en général, de nombreux capitules.

⊙ Feuilles de la base *fortement dentées* AM, au moins à la base ;

feuilles supérieures ovales, peu aiguës ; plante à poils glanduleux d'un jaune clair.
[Rochers ; fl. jaunes ; 2-4 d.; jl.-at.; v.]

Hieracium Pseudo-Cerinthe Koch.
Épervière Faux-Cerinthe.
Alpes, Cévennes (très rare). [S]

⊙ Feuilles de la base *à peine dentées* PS ;

feuilles supérieures un peu en triangle et aiguës A ; plante à poils glanduleux, souvent bruns ou noirs à leur base.
[Rochers; fl. jaunes; 2-4 d.; jl.-at.; v.]

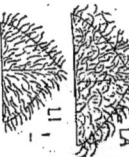

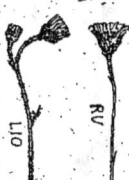

Hieracium amplexicaule L.
Épervière à feuilles embrassantes.
Montagnes (manque dans les Vosges) et çà et là dans le Nord. [S]

Série 5

Plantes à feuilles ordinairement très velues, souvent à poils très serrés et recouvrant complètement la feuille LA. (Parfois poils lâches LI : **H. Liottardi** Vill.; — ou feuilles très dentées RU : **H. rupestre** All.)
[Rochers, prés; fl. jaunes; 5-40 c.; jl.-at.; v.]

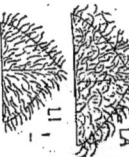

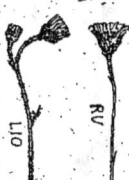

Hieracium lanatum Vill.
Épervière laineuse.
Alpes. [S]

§ Languette des fleurs à dents non ciliées ALB;

tige feuillée dans toute sa longueur ALB; feuilles allongées.
[Rochers, prés; fl. jaunes; 1-2 d.; at.-s.; v.]

Hieracium albidum *Vill.*
Epervière blanchâtre.
Vosges, Alpes (rare). **[S]**

AL

§ Languette des fleurs à dents ciliées PC;

tige sans feuilles au-dessus de la rosette des feuilles de la base, puis portant ensuite quelques feuilles.
[Rochers; fl. jaunes; 4-20 c.; at.-s.; v.]

Hieracium picroides *Vill.*
Epervière Faux-Picris.
Alpes (rare).

ALB

— Feuilles supérieures dont la base embrasse la tige comme par 2 oreilles qui ont ensemble une largeur 7 à 10 fois plus large que la tige. (Parfois feuilles moyennes non rétrécies au-dessus de leur base EL et involucre de 8 à 10 mm. de diamètre : *H. elatum* Fries.) [Prés, bois, rochers; fl. jaunes; 3-10 d.; jt.-at.; v.]

Hieracium prenanthoides *Vill.*
Epervière Faux-Prenanthes.
Montagnes. **[S]**

PRE

— Feuilles supérieures ou rétrécies en un pétiole étroit à la base ou sans pétiole, mais *n'embrassant pas la tige par 2 larges oreilles* (exemples : VLD, CY, PY). [Prés, bois, rochers; fl. jaunes; 3-7 d.; jt.-s.; v.]

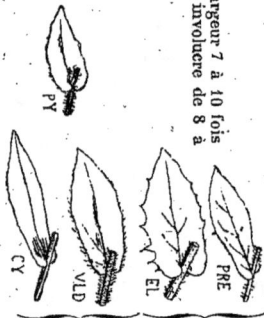

Hieracium cydoniaefolium *Vill.*
Epervière à feuilles de Cognassier.
Alpes, Plateau Central, Pyrénées. **[S]**

EL

VLD

CY

PY

× Tige portant des rameaux fleuris presque do-puis la base et sans feuilles développées le long de la tige VIR;

bractées de l'involucre les plus grandes presque sans poils; feuilles de la base pétiolées à poils peu nombreux.
[Rochers, bois; fl. jaunes; 2-4 d.; j.-at.; v.]

Hieracium Virga-aurea *Coss.*
Epervière Verge-d'or.
Alpes maritimes (rare).

× Tige ne portant pas de rameaux fleuris sur toute la longueur et ayant des feuilles développées le long de la tige VIR.

VIR

⊕ Styles *jaunes*; involucre à bractéos extérieures ayant le sommet recourbé vers l'extérieur; feuilles allongées UM, n'embrassant pas la tige.
[Bois, prés, rochers; fl. jaunes; 2-12 d.; jt.-s.; v.]

Hieracium umbellatum *L.*
Epervière en ombelle.
Commun, sauf dans la Région méditerranéenne. **[S]**

⊕ Styles *bruns*; involucre à bractéos ordinairement appliquées; feuilles inférieures souvent 3 à 4 fois plus longues que larges, les autres plus longues, plus petites vers le haut L.
[Bois, prés, rochers; fl. jaunes; 2-10 d.; jt.-s.; v.]

Hieracium sabaudum *L.*
Epervière de Savoie.
Assez commun. **[S]**

UM

Involucre à bractéos dont le sommet est *très aigu* ST, couvertes de poils blancs cotonneux;

fleurs d'un *jaune de soufre*. [Torrents, rochers; fl. jaunes; 2-4 d.; j.-at.; v.]

Hieracium staticaefolium *Vill.*
Epervière à feuilles de Statice.
Jura, Alpes. **[S]**

ST

Involucre à bractéos dont le sommet est *peu aigu* GLC, couvertes de poils en étoile;

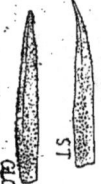

fleurs d'un *jaune d'or*. [Rochers; fl. jaunes; 2-5 d.; j.-at.; v.]

Hieracium glaucum *All.*
Epervière glauque.
Jura, Alpes. **[s]**

GLC

Série 10 : Bractées de l'involucre et sommet de la tige à longs poils MI;

MI

⊙ Stigmates *bruns ou brunâtres;* tige ne portant, en général, qu'un seul capitule AL, GLD à involucres très velus. (Tantôt tige à poils glanduleux noirs CO : **H. glandi-ferum** Hoppe; — tantôt tige à poils non glanduleux Pl.: **H. piliferum** Hoppe.)
[Rochers, rés; fl. jaunes; 1-2 d.; v.]

feuilles entières, très velues presque toutes à la base; tige souter-raine épaisse.
[Rochers; fl. jaunes; 1-2 d.; j.-a.; v.]

Hieracium mixtum *Fries.,*
Epervière intermédiaire.
Pyrénées (rare).

Hieracium alpinum *All.*
Epervière des Alpes.
Alpes. [S]

Hieracium villosum *L.*
Epervière velue.
Jura, Alpes, Pyrénées. [S]

Série 11

⊙ Stigmates *jaunes;* tige plus ou moins feuillée, portant, en général, *plusieurs capitules;* feuilles du milieu de la tige bien développées GLB, VI.
[Rochers, prés; fl. jaunes; 1-4 d.; jl.-s.; v.]

fleurs à languettes ciliées; tige souterraine épaisse et laineuse.
[Rochers; fl. jaunes; 1-2 d.; j.-a.; v.]

Hieracium saxatile *Vil.*
Epervière des rochers.
Alpes, Cévennes, Pyrénées. [S]

✶ Feuilles développées *toutes à la base* et ayant de *nombreux poils* SX, d'au moins 5 mm. de longueur;

✶ Feuilles *ne présentant pas à la fois ces ca-* ractères.

+ Feuilles *moyennes embrassant pas la tige* [exemple : CE]. Parfois tige anguleuse et très poilue GD; involucre à bractées appliquées NE
[Prés, bois, rochers; fl. jaunes; 2-6 d.; jl-s.; v.]

+ Feuilles *moyennes n'embrassant pas la tige* [exemples : SI, M, MU]; 1 seule feuille dévelop-pée sur la tige M, MU (Parfois feuilles nombreuses le long de la tige SI : **H. ves-vicarium** Lam.)
[Prés, bois, rochers; fl. jaunes; 2-10 d.; j.-s.; v.]

Hieracium cerinthoides *L.*
Epervière à forme de Cérinthe.
Alpes, Cévennes, Pyrénées. [S]

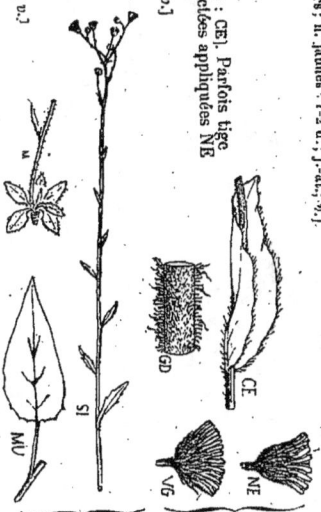

Hieracium murorum *L.*
Epervière des murs.
Communs. [S]

AL GLD Pl CO GLB VI GD CE NE VG MU SI

Série 12

104. ANDRYALA. ANDRYALE. —

△ Aigrette à poils un peu *verdâtres ou roussâtres* ayant *plus de 6 fois* la longueur du reste du fruit mûr SI;

SI
involucre couvert de longs poils et de poils glanduleux. [Rochers, endroits incultes; fl. jaunes; 3-8 d.; jt.-at.; a.]

Andryala sinuata *L.*
Andryale sinueuse.
Sud-Est, Centre, Plateau Central, Ouest, Midi.

△ Aigrette à poils *blancs,* ayant *moins de 6 fois* la lar-geur du reste du fruit mûr RA;

RA
involucre couvert de petits poils cotonneux non glanduleux. [Rochers, torrents; fl. jaunes; 2-4 d.; jl.-a.; v.]

Andryala ragusina *L.*
Andryale de Raguse.
Roussillon.

□ Anthères *brunes*; feuilles *tachetées de blanc*; feuilles supérieures très divisées M;

capitules tous au sommet des tiges M; tiges à ailes larges.
[Champs, endroits incultes; fl. jaunes; 3-10 d.; jt-at.; a.]

Scolymus maculatus L.
Scolyme taché.
Région méditerranéenne (rare).

□ Anthères *jaunes*; feuilles *non tachetées de blanc.*

◐ Feuilles entourant le capitule, de plus de 2 c. de longueur; capitules peu nombreux G.
[Champs, endroits incultes; fl. jaunes; 2-8 d.; j-jt.; v.]

Scolymus grandiflorus Desf.
Scolyme à grandes fleurs.
Roussillon (rare).

◐ Feuilles entourant le capitule, de moins de 2 c. de longueur; capitules formant une grappe allongée H.
[Champs, endroits incultes; fl. jaunes; 2-8 d.; jt-s.; b.]

Scolymus hispanicus L.
Scolyme d'Espagne.
Midi et, çà et là, surtout dans le Sud-Est et l'Ouest.

XANTHIUM. LAMPOURDE. —

★ Tige portant des épines à 3 branches dans le voisinage des feuilles S;

feuilles à 3 à 5 lobes, très blanches cotonneuses en dessous.
[Endroits incultes, décombres; fl. verdâtres; 2-8 d.; j.-at.; a.]

Xanthium spinosum L.
Lampourde épineuse.
Midi et çà et là. [S]

★ Tige *sans épines.*

◯ Capitules à fruits ayant des épines *droites* recourbées seulement au sommet X; capitules mûrs de moins de 2 c. de longueur.
[Endroits incultes, bord des eaux; fl. verdâtres; 2-6 d.; j.-s.; a.]

Xanthium strumarium L.
Lampourde glouteron.
Sud-Est, Ouest, Midi et *çà et là.* [S]

◯ Capitules à fruits ayant des épines *courbées dès la base* MAC; capitules mûrs de 2 c. de longueur ou plus. (Parfois fruit à aiguillons aussi long que la largeur du reste du fruit: **X. italicum** Moretti.)
[Endroits incultes; fl. verdâtres; 2-3 d.; jl-o.; a.]

Xanthium macrocarpum DC.
Lampourde à grands fruits.
Genève (vallée de la Loire et de l'Allier),
Région méditerranéenne; rare ailleurs; manque dans le Nord-Est et l'Est. [S] sub.

AMBROSIACÉES

LOBÉLIACÉES

(Calice de plus de 3 mm. de longueur; corolle à tube comme *fendu en long*; fleurs *en grappes.*..............

1. LOBELIA → p. 195.
LOBÉLIE [2 esp.].

(Calice de moins de 3 mm. de longueur; corolle à tube *non fendu*; fleurs *isolées au sommet des tiges ou des rameaux* LA.

2. LAURENTIA → jl. 195,
LAURENTIE [1 esp.].

1. LOBELIA. LOBÉLIE. —

◖ Feuilles le long de la tige; pédoncule de la fleur à peu près de la même longueur que la bractée UR;

feuilles dentées, les supérieures aiguës. [Bois, endroits humides; fl. d'un bleu clair ou lilacé; 2-8 d.; jt-at.; v.]

Lobelia urens L.
Lobélie brûlante.
Ouest (commun); *Nord-Ouest,
Centre, Plateau Central, S.-O.*

◖ Feuilles *toutes à la base*; pédoncule de la fleur ayant 3 à 5 fois la longueur de la bractée D;

feuilles entières et obtuses. [Endroits humides; fl. bleues; 2-8 d.; jl-at.; v.]

Lobelia Dortmanna L.
Lobélie de Dortmann.
Dépt de la Gironde, des Landes (rare).

2. LAURENTIA. LAURENTIE. — (→ Voyez la fig. LA, ci-dessus). Feuilles du milieu, amincies en pétiole et ordinairement plus grandes que les feuilles de la base. [Endroits incultes; fl. bleues avec une tache blanche; 3-12 c.; m-j.; a.]

Laurentia Michelii DC.
Laurentie de Michelii.
Dépt du Var et des Alpes-Mar. (rare).

⊙ Anthères *réunies par leur base et formant une étoile* MO, figure grossie);

MO [Voyez ci-dessous les figures I, HU].

fruit s'ouvrant au sommet comme par deux petites portes ; fleurs en capitules globuleux, feuilles entières ou ondulées, sans pétiole.............

△ Corolle *divisée jusqu'à la base*, à divisions étroites.

⊙ Anthères *non en étoile* ; fruit s'ouvrant par 2 ou 3 trous ; feuilles souvent pétiolées ou dentées ; fleurs en masse globuleuse ou allongée.

1. JASIONE → p. 196.
JASIONE [2 esp.].

× Feuilles toutes pétiolées à limbe presque aussi large que long W; fruit s'ouvrant par des vaches...

2. PHYTEUMA → p. 196.
RAIPONCE [7 esp.].

△ Corolle *non divisée* jusqu'à la base, à divisions généralement élargies.

⊙ Corolle *en cloche*; ovaire ovale ou en cône renversé.

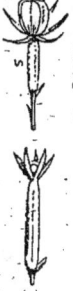

× Plante n'ayant pas à la fois ces caractères ; fruit s'ouvrant par des trous placés sur les côtés... **52a**, p. 390.

fruit s'ouvrant au sommet...

5. WAHLENBERGIA → p. 200.
4. CAMPANULE → p. 197.
CAMPANULE [21 esp.].

⊙ Corolle *non en cloche*; ovaire allongé [Ex.: S, H];

3. SPÉCULARIA → p. 197.
SPÉCULAIRE [3 esp.].

---

1. JASIONE. JASIONE. —

= Plante *ayant des rejets à la base*, vivace;

Jasione pérennis Lam.
Jasione vivace.
Vosges, Côte-d'Or, Plateau Central, Pyrénées.

= Plante *sans rejets à la base*, annuelle ou bisannuelle ; feuilles supérieures seulement un peu plus longues que la distance entre 2 feuilles I. [Bois, coteaux, prés secs; fl. bleues; 1-5 d.; j-o.; a. ou b.]

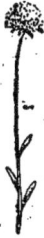

Jasione montana L.
Jasione des montagnes.
Assez commun. [S]

......................**Série 1 → p. 196.**

---

2. PHYTEUMA. RAIPONCE. —

☼ Groupes de fleurs *en tête d'abord ovale* PS, puis cylindrique allongée et 4 à 6 fois plus longues que larges quand les fleurs sont passées..........................

......................**Série 2 → p. 197.**

☼ Groupes de fleurs *en tête arrondie*, /même quand les fleurs sont passées. [Voyez les fig. PAU, HEM, PO, ci-dessous]..........

☐ Bractées de l'involucre, *ovales*, *obtuses* au sommet PA, dont les 2 bords sont toujours convexes ;

⌒ feuilles presque toutes à la base PAU, entières, plus ou moins... [Rochers, prés; fl. bleues; 4-8 c.; at.-s.; v.]

Phyteuma pauciflorum L.
Raiponce à fleurs peu nombreuses
Alpes, Pyrénées (11es régions; rare).

feuilles supérieures ordinairement bien plus longues que la distance entre les feuilles. (Parfois figé de 2-6 centimètres, très feuillée HU, calice laineux sur les bords : *J. humilis* Pers.)

[Bois, rochers, prés; fl. bleues; 2-50 c.; j-s.; v.]

Phyteuma hemisphaericum L.
Raiponce hémisphérique.
Alpes de la Savoie et du Dauphiné, Plateau Central, Pyrénées. [S]

☐ Bractées de l'involucre *10 fois plus longues que larges*, arrondies au sommet, ⌒ feuilles inférieures longuement pétiolées, dentées. [Rochers, prés; fl. bleues; 2-3 d.; jl.-at.; v.]

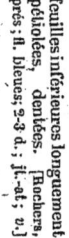

Phyteuma Charmelii Vill.
Raiponce de Charmel.
Alpes ; Cévennes, Pyrénées (rare). [S]

Série 1

☐ Bractées de l'involucre *aiguës au sommet* HB, OR, dont les 2 bords sont concaves ou droits au-dessous du sommet.

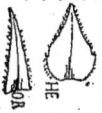

⌒ Bractées de l'involucre, ovales, obtuses au sommet CH ; général CH;

* Feuilles les plus larges ayant en général *moins* de 5 mm. de largeur, entières ou presque entières.

51a, p. 390:
[Rochers, prés; fl. bleues; 2-30 c.; jl.-at.; v.]

Phyteuma orbiculare L.
Raiponce orbiculaire L.
Montagnes et çà et là, sauf dans les plaines méridionales. [S]

⌒ Bractées de l'involucre *plus de 5 fois plus longues* que larges, en

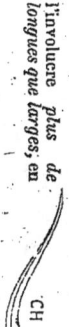

* Feuilles les plus larges ayant en général *plus* de 6 mm. de largeur, crénelées. [Bois, prés, coteaux; fl. bleues; 1-8 d.; j-s.; v.]

15

Série 2

nervure principale des feuilles très visibles; filets des étamines ordinairement ciliés.
[Près; fl. bleues; 2-8 d.; jt.-s.; v.]

Phyteuma scorzonerræfolium Vill. *Raiponce à feuilles de Scorsonère.* Alpes. **[S]**

Phyteuma Halleri All. *Raiponce de Haller.* Alpes, Pyrénées. **[S]**

Phyteuma spicatum L. *Raiponce en épi. Assez commun, sauf dans la Région méditerranéenne.* **[S]**

3. SPECULARIA. *SPÉCULAIRE.* —

△ Feuilles de la base à limbe 15 à 25 fois plus long que large, et non en cœur à la base MI;

✕ Feuilles de la base à limbe presque aussi large que long et fortement denté; étamines ordinairement velues à leur base; tige feuillée dans toute sa longueur. [Près; fl. d'un violet foncé ou bleues; 6-12 d.; jt.-s.; v.]

✕ Feuilles de la base en général à limbe 2 ou 3 fois plus long que large BE, étamines ordinairement à filets sans poils ou presque sans poils; tige peu feuillée vers le sommet. (Parfois bractées plus courtes que les fleurs: *P. betonicæfolium* Vill.) [Bois, prés, rochers; fl. d'un blanc-jaunâtre ou bleues; 4-8 d.; ji.-o.; v.]

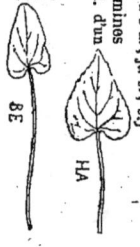

⊙ Corolle dont la longueur est au moins égale à celle des sépales S.

⊙ Corolle beaucoup moins longue que les sépa-les.

✱ Partie libre des sépales ayant à peu près la même lon-gueur que l'ovaire FA;
(Parfois fleurs courbées en arc pour la plupart: **S. pentagonia** Alph. DC.) [Champs; fl. violettes, quelquefois blanches; 1-3 d.; ji.-jt.; a.]

✱ Partie libre des sépales ayant moins de la longueur de l'ovaire H;
[Champs, endroits incultes; fl. d'un bleu-rougeâtre; 1-3 d.; m.-ji.; a.]

• Partie libre des sépales aussi longue ou presque aussi longue que le tube du calice.

• Rarement, partie libre des sépales moins longue que la moitié du tube du calice: **S. Castellana** Lange.

• Partie libre des sépales aussi longue que le tube du calice.

des tiges à aiguillons renversés for-mant des lignes blanches sur les angles. [Champs, endroits incultes; fl. violettes; 1-6 d.; m.-ji.; a.]

base des tiges à poils non en lignes sur les angles.

Specularia falcata Alph. DC. *Spéculaire en faux. Plateau Central (très rare); Région méditerranéenne.*

Specularia Speculum Alph. DC. *Spéculaire Miroir (Miroir-de-Vénus). Commun.* **[S]**

Specularia hybrida Alph. DC. *Spéculaire hybride. Çà et là.* **[S]**

4. CAMPANULA. *CAMPANULE.* —

□ Calice ayant, entre les sépales, des lobes renversés MED. SPE, AL.

⊙ Fleurs sans pédoncule ou presque sans pédoncule...........

⊙ Fleurs ayant la longueur de la fleur ou moins long; fruit plus ou moins penché,

✱ Pédoncule ayant la longueur de la fleur ou moins long; s'ouvrant vers la base...........

□ Calice sans lobes renversés entre les sépales.

⊙ Fleurs nettement pédoncellées.

✱ Fleurs en grappe très allongée, sans rameaux éta-lés; en général, au moins 10 fleurs par tige fleurie.

= Pédoncules ayant 2 à 3 fois la longueur de la fleur RA;
fruit dressé, s'ouvrant vers le milieu ou vers le haut RS;

✕ Dents du calice 2 à 4 fois plus longues que larges, non à bords presque parallèles...........

= Dents du calice plus de 4 fois plus longues que larges, souvent à bords presque parallèles.

✕ Fleurs non en grappe très allongée,

• Fruit mûr dressé; feuilles de la base ovales presque parallèles...........

• Fruit mûr dressé, feuilles de la base ovales allongées...........

• Fruit mûr penché...........

Série 1 → p. 198.
Série 2 → p. 198.
Série 3 → p. 199.
Série 4 → p. 199.
Série 5 → p. 196.
Série 6 → p. 200.
Série 7 → p. 200.
Série 5 → p. 199.

⊙ **5 stigmates MRD :**

　　calice à lobes renversés très ciliés jusqu'au bas du calice; feuilles crénelées ou peu denticulées, les inférieures assez longuement pétiolées; tige couverte de nombreux poils renversés.
　　[Rochers, bois; fl. bleues, rarement blanches; 2-6 d.; ji.-at.; v.]

✴ *Pas de bractée, ou bractée de moins de 8 mm., entre la fleur et la tige principale; fleurs penchées ou renversées BAR; feuilles de la base relativement très grandes.*
　　[Prés, bois; fl. d'un bleu pâle ou blanches; 1-4 d.; jl.-at.; v.]

⊙ **3 stigmates.**

MRD

✴ *Bractées aussi longues ou plus longues que le calice, entre la fleur et la tige principale SPB, AL.*

★ Tige fleurie ayant ordinairement plus de 5 fleurs; lobes renversés du calice dépassant la base du calice SPB.
　　[Prés, rochers; fl. bleues, rarement blanches; 1-6 d.; j.-at.; v.]

★ Tige fleurie ayant ordinairement 1 seule fleur, parfois 2 à 5; lobes renversés du calice courts AL.
　　[Rochers, prés; fl. bleues, rarement blanches; 2-20 c.; jl.-at.; v.]

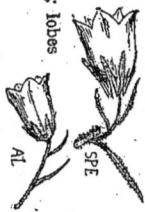

BAR

SPE

AL

Campanula medium L.
Campanule carillon. Sud - Est, Région méditerranéenne. [S] sub.

Campanula barbata L.
Campanule barbue. Alpes. [S]

Campanula speciosa Pourr.
Campanule à belles fleurs. Cévennes, Corbières, Pyrénées.

Campanula Allionii Vill.
Campanule d'Allioni. Alpes (H^tes régions; rare). [S] sub.

Campanula petraea L.
Campanule des pierres. Dép. des Alpes-Maritimes (très rare).

---

§ Fleurs jaunes ou jaunâtres.

　□ Feuilles de la base presque toutes à limbe arrondi à la base et à pétiole net PB;

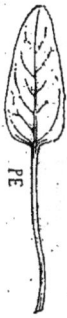

　★ feuilles inférieures à limbe se prolongeant étroitement tout le long des pétioles. [Bois] fl. bleues ou violettes;
　　4-8 d.; jl.-at.; v.]

　□ Feuilles de la base allongées et sans pétiole net TH;

　　feuilles poilues; tige creuse. [Prés, rochers; fl. d'un blanc jaunâtre; 1-3 d.; jl.-s.; v.]

§ Fleurs bleues ou violettes, très rarement blanches.

　⊕ Fleurs en long épi serré SPI;

SPI

PE

TH

　feuilles blanches-laineuses, surtout en dessous. [Rochers; fl. jaunâtres; 3-5 d.; at.-s.; v.]

　⊕ Plante n'ayant pas à la fois les fleurs en long épi serré et les feuilles inférieures non régulièrement crénelées.

　★ Calice à sépales arrondis au sommet G;

　★ Calice à sépales aigus au sommet G;

　feuilles inférieures non régulièrement crénelées, très rapprochées les unes des autres.
　　[Prés; fl. bleues; 2-8 d.; jl.-a.; v.]

　feuilles inférieures à limbe ne se prolongeant pas tout le long des pétioles. [Bois, coteaux, pâturages; fl. bleues ou violettes, parfois blanches; 1-6 d.; j.-at.; v.]

Campanula thyrsoidea L.
Campanule en thyrse. Jura, Alpes. [S]

Campanula spicata L.
Campanule en épi. Alpes (H^tes régions; rare). [S]

Campanula Cervicaria L.
Campanule Cervicaire. Est, Centre, Nord du Plateau Central et du Bassin du Rhône (rare).

Campanula glomerata L.
Campanule agglomérée. Assez commun, sauf dans le Nord-Ouest et la plaine méditerranéenne. [S]

Fleurs disposées en grappe étroite, parfois très rameuse RAS;

RAS

feuilles moyennes presque sans pétiole.
　[Bois, endroits incultes; fl. bleues, violettes ou blanches; 4-9 d.; m.-at.; v.]

Campanula Rapunculus L.
Campanule Raiponce. Commun, sauf dans le Sud-Est et le Sud-Ouest. — Très rare en Auvergne. [S]

Feuilles sans poils ou presque sans poils, en général, lisses et luisantes ; feuilles moyennes sans pétiole → Voyez *C. rotundifolia*, p. 199.

Série 4.

— Corolle *sans poils* ; feuilles velues, blanchâtres en dessous ; fleurs en grappe terminale BO.
[Rochers, prés ; fl. bleues ; 4-7 d. ; jt.-at. ; v.]

Campanula böhoniensis *L.*
Campanule de Bologne.
Alpes (rare). [S]

tige feuillée sur toute sa longueur, à pétiole très court LAT. [Bois, rochers ; fl. bleues, parfois blanches ; 5-12 d. ; j.-at. ; v.;

 BO

fleurs souvent pendantes. [Bois, champs ; fl. bleues, ou blanches 5-12 d. ; jt.-s. ; v.]

 LAT

Campanula rapunculoides *L.*
Campanule Fausse-Raiponce.
Est, Sud-Est et çà et là, sauf dans l'Ouest et presque tout le Midi. [S]

Corolle *ciliée* [exemple RAP] ; feuilles non blanchâtres en dessous ; fleurs ayant, en général, plus de 2 c. de longueur.

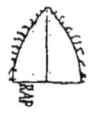

△ Calice *sans poils* LA ;

▢ Sépales *à partie libre renversée en dehors* RO ;

fleurs dressées ou peu penchées. [Bois ; fl. bleues ou blanches : 5-12 d. ; jt-s. ; v.]

Campanula latifolia *L.*
Campanule à larges feuilles.
Vosges, Jura, Alpes, Auvergne, Pyrénées. [S]

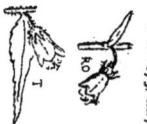

 RAP

 RO

▢ Sépales *non renversée* T ;

partie libre des sépales atteignant, en général, la moitié de la corolle.
[Rochers, prés ; fl. bleues : 1-3 d. ; jt.-at. ; v.]

 T

Campanula pusilla *Hænk.*
Campanule fluette.
Vosges (rare), *Jura, Alpes, Pyrénées.* [S]

╳ Fleur *de 2 c. ou plus de longueur* ; feuilles moyennes allongées SCH ; tiges couchées sur le sol, puis redressées ;

 SCH

Campanula Scheuchzerii *Vill.*
Campanule de Scheuchzer.
Alpes, Pyrénées. [S]

△ Calice *vellu.*

△ Calice *sans poils* LA ;

Feuilles *polilues*, non lisses.

╳ Fleurs *de 15 mm. ou moins de longueur.* (Parfois feuilles inférieures non en cœur EX et calice à sépales renversés : *C. excisa* Schl. — ou plante très petite à corolle relativement allongée J : *C. Jaubertiana* Timb.)
[Rochers, prés ; fl. bleues ou d'un bleu-violet, rarement blanches ; 2-12 c. ; jt.-s. ; v.]

 EX

Campanula excisa *Schl.*
Alpes, Pyrénées. [S]

Série 5.

Fleurs, en général, presque toutes à pédoncule *recourbé avant l'ouverture* de la fleur EX, PU, J.

 PU

Campanula Trachelium *L.*
Campanule Gantelée.
Commun, sauf dans la plaine méditerranéenne. [S]

Fleurs, en général, presque toutes à pédoncule *dressé ou étalé* avant l'ouverture de la fleur [exemples :
LIN, LAN] ; feuilles inférieures ordinairement à limbe en cœur *renversé* ROT, souvent disparues quand la plante est en fleur. (Parfois feuilles nombreuses serrées et allongées LIN : *C. linifolia* Lam. ; — ou ovales LAN : *C. lanceolata* Lap. ; — ou feuilles presque toutes pétiolées : *C. macrorrhiza* Gar. ; — ou tiges raides ou anguleuses ;
feuilles fortement dentées RH : *C. rhomboidalis* L.)
[Bois, prés, rochers ; fl. bleues, rarement blanches ; 1-6 d. ; j.-s. ; v.]

 ROT
 LIN
 LAN
 RH

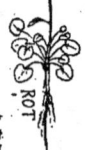

Campanula rotunditolia *L.* (Clochette).
Campanule à feuilles rondes.
Commun, sauf dans les plaines du Centre, de l'Ouest et du Midi. [S]

Série 6.

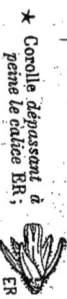

★ Corolle *dépassant à peine le calice* ER; feuilles dentées ERI, poilues; fleurs entourées de larges bractées. [Endroits incultes, champs; fl. d'un bleu pâle; 1-2 d.; av.-j.; *v.*]

Campanula Erinus *L.*
Campanule Erinus.
Sud-Est, Centre (rare); ***Plateau Central*** (manque en Auvergne); ***Ouest, Midi.***

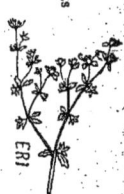

★ Corolle *bien plus longue que le calice* CEN; feuilles entières ou presque entières CEN, en rosette à la base, ciliées ou sans poils. [Prés, rochers; fl. bleues; 2-5 c.; jt.-at.; *v.*] **53s**, p. 391.

Campanula cenisia *L.*
Campanule du mont Cenis.
Alpes de la Savoie et du Dauphiné (H[tes] régions; rare). **[S]**

Série 7

+ Rameaux de l'inflorescence *étalés* et ayant, en général, plus de 3 fois la longueur de la fleur; feuilles inférieures arrondies au sommet PAT; pétales séparés profondément PA. [Bois, prés; fl. bleues, rarement blanches; 3-8 d.; m.-jt.; *b.* ou *v.*]

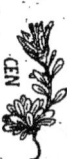

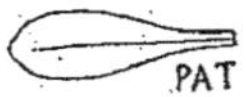

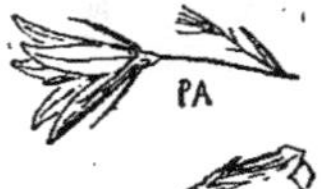

Campanula patula *L.*
Campanule étalée.
Sud-Est, Plateau Central, Sud-Ouest et ***çà et là.*** **[S]**

+ Rameaux de l'inflorescence *non étalés* et ayant moins de 2 fois la longueur de la fleur P; feuilles inférieures aiguës PER. [Bois, prés; fl. bleues, pâles ou blanches; 3-6 d.; jt.-at.; *v.*]

Campanula persicæfolia *L.*
Campanule à feuilles de Pêcher.
Nord-Est, Est, Sud-Est, Plateau Central et ***çà et là.*** **[S]**

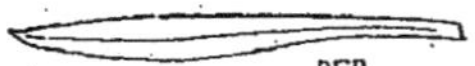

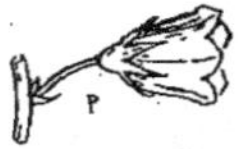

5. **WAHLENBERGIA.** *CAMPANILLE.* — (→ Voyez fig. W, p. 196). Plante sans poils, non raide, étalée; fruit rond; corolle beaucoup plus longue que le calice; fleurs d'un bleu clair. [Prés, bois, talus, fossés, rochers; fl. d'un bleu clair; 1-2 d.; j.-at.; *v.*]

Wahlenbergia hederacea *Rchb.*
Campanille à feuilles de Lierre.
Auvergne, Ouest, Sud-Ouest et ***çà et là,*** sauf dans le Sud-Est et la plaine méditerranéenne.

VACCINIÉES

☐ Corolle *ovale-globuleuse ou en cloche;* tiges dressées; feuilles de plus de 4 mm. de largeur, en général.......... 1. **VACCINIUM** → p. 200. *AIRELLE* [3 esp.].

☐ Corolle *à pétales séparés presque jusqu'en bas* O; feuilles de moins de 4 mm. de largeur.......... 2. **OXYCOCCOS** → p. 200. *CANNEBERGE* [1 esp.].

1. **VACCINIUM.** *AIRELLE.* —

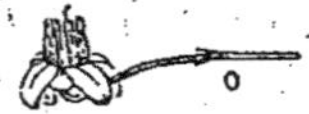

△ Feuilles *persistantes, coriaces, nettement roulées en dessous sur les bords* V; corolle en forme de cloche; feuilles luisantes en dessus; tige poilue V; fruit rouge. [Bois, prés; fl. blanches ou rosées; 1-2 d.; m.-j.; *v.*]

Vaccinium Vitis-idæa *L.*
Airelle Vigne-du-Mont-Ida.
Vosges, Jura, Alpes, Plateau Central, Nord et ***Nord-Ouest*** (rare), ***Pyrénées.*** **[S]**

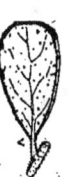

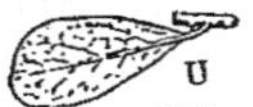

△ Feuilles *non persistantes, peu ou pas roulées en dessous sur les bords;* corolle ovale ou globuleuse.

+ Feuilles *entières,* souvent arrondies au sommet U; fruit d'un bleu noirâtre. [Marais, prés, rochers; fl. rougeâtres ou blanches; 1-8 d.; m.-j.; *v.*]

Vaccinium uliginosum *L.*
Airelle des marais.
Montagnes. **[S]**

+ Feuilles *dentées,* plus ou moins aiguës M; fruit d'un violet noir. [Bois, prés, rochers; fl. blanches ou rosées; 1-7 d.; m.-j.; *v.*]

Vaccinium Myrtillus *L.*
Airelle Myrtille.
Montagnes et ***çà et là,*** sauf dans les plaines méridionales. **[S]**

2. **OXYCOCCOS.** *CANNEBERGE.* — (→ Voyez fig. O, ci-dessus). Feuilles ovales, persistantes, à bords enroulés, brillantes en dessus, blanchâtres en dessous; tiges ligneuses couchées; fleurs penchées. [Marais, tourbières; fl. rosées; 1-3 d.; j.-at.; *v.*]

Oxycoccos vulgaris *Pers.*
Canneberge vulgaire.
Vosges, Jura, Plateau Central (sauf les Cévennes); manque dans le Midi; rare ailleurs. **[S]**

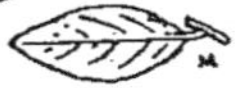

ÉRICINÉES

⌄ Fleurs à 5 étamines ; feuilles pétiolées, arrondies au sommet LO ; fruit à 2 ou 3 loges ; anthères s'ouvrant en long par 2 fentes. ......7. **LOISELEURIA** → p. 203. *LOISELEURIE* [1 esp.].

⌄ Fleurs à 8 étamines ; fruit à 4 loges.

  ⊙ Feuilles les plus grandes de 3 à 4 mm. de largeur, très pointues au sommet DA, blanches en dessous ; anthères en forme de fer de flèche. .....6. **DABOECIA** → p. 202. *DABOÉCIE* [1 esp.].

  ⊙ Feuilles les plus grandes de moins de 2 mm. de largeur, en général.

    = Corolle globuleuse, plus grande que le calice. ....4. **ERICA** → p. 202. *BRUYÈRE* [8 esp.].

    = Calice et corolle profondément divisés en quatre C ; calice coloré plus grand que la corolle. ....3. **CALLUNA** → p. 201. *CALLUNE* [1 esp.].

⌄ Fleurs à 10 étamines ; fruit ordinairement à 5 loges.

  •• Corolle en entonnoir un peu irrégulière ; parties libres des 5 pétales étalés FER ; .....8. **RHODODENDRON** → p. 203. *RHODODENDRON* [1 esp.].

  •• Corolle globuleuse ou en forme d'œuf.

    ⊕ Feuilles 2 à 5 fois plus longues que larges AR, UV, AL, les plus grandes d'au moins 7 mm. de largeur ; fruit charnu. .....1. **ARBUTUS** → p. 201. *ARBOUSIER* [3 esp.].

    ⊕ Feuilles 8 à 11 fois plus longues que larges PH, AN, les plus grandes de moins de 5 mm. de largeur, en général.

      × Feuilles arrondies au sommet PH, non blanches en dessous, de moins de 3 mm. de largeur, en général. .....5. **PHYLLODOCE** → p. 202. *PHYLLODOCE* [1 esp.].

      × Feuilles très aiguës au sommet AN, blanches en dessous, de plus de 2 mm. de largeur, en général. ......2. **ANDROMEDA** → p. 201. *ANDROMÈDE* [1 esp.].

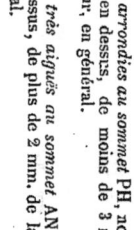

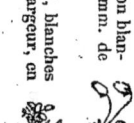

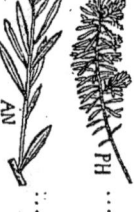

---

1. ARBUTUS. *ARBOUSIER.* —

§ Feuilles les plus grandes d'au moins 5 à 8 c. de longueur, dentées AR, à pétiole net ; fruit globuleux, rouge ; couvert de tubercules ;

  ⊙ Feuilles un peu dentelées, ciliées quand elles sont jeunes AL, non persistantes ; jeunes rameaux sans poils ; fruit d'un bleu noirâtre. [Rochers, bois, prés ; fl. d'un blanc mêlé de vert ; 2-10 d. ; av.-j. ; v.]
    Arbutus Unedo L. *Arbousier Unédo.* Médi.

  ⊙ Feuilles entières, non ciliées UV, persistantes ; jeunes rameaux couverts d'un fin duvet ; fruit rouge. [Rochers, bois, prés ; fl. roses ; 1-8 d. ; v.]
    Arbutus Uva-Ursi L. *Arbousier Raisin d'Ours.* Côte-d'Or, Jura (rare) ; Alpes, Plateau Central, Pyrénées. [S]

§ Feuilles les plus grandes de moins de 3 c. de longueur.
  Arbutus alpina L. *Arbousier des Alpes.* Jura, Alpes de la Savoie et du Dauphiné, Pyrénées (Htes régions) (rare). [S]

2. ANDROMEDA. *ANDROMÈDE.* — (→ Voyez fig. AN, ci-dessus). Feuilles à nervure principale comme enfoncée par dessus et très saillante en dessous, les autres nervures saillantes en dessus ; corolle en grelot V, à lobes roulés en dehors. [Marais, endroits humides ; fl. rosées ou blanches ; 1-4 d. ; m.-jt. ; v.]
Andromeda polifolia L. *Andromède à feuilles de Polium.* Vosges, Jura, Savoie, Plateau Central, Nord-Est (rare). [S]

3. CALLUNA. *CALLUNE.* — (→ Voyez fig. C, ci-dessus). Feuilles sur 4 rangs ; calice membraneux coloré en rose, corolle très petite, cachée par le calice. [Bois, endroits incultes, landes ; fl. roses, rarement blanches ; 2-10 d. ; j.-o. ; v.]
Calluna vulgaris Salisb. *Calluna vulgaris Salisb.* Commune. [S]

4. ERICA. BRUYÈRE. —

(Sépales longuement cités TE, E.

① Corolle en forme d'œuf/TE ; feuilles allongées T.
[Bois, landes ; fl. roses, parfois blanches ; 3-7 d.; j.-o.; v.]
Erica tetralix L. *Bruyère à 4 angles.* **Nord-Est** (rare) ; **Centre, Nord-Ouest, Ouest, Sud-Ouest,** nord du Plateau Central.

② Corolle en forme de tube E ; feuilles ovales Cl.
[Bois, landes ; fl. roses ; 3-7 d.; jt.-o.; v.]
Erica ciliaris L. *Bruyère ciliée.* **Nord-Ouest, Centre** (rare) ; **Ouest, Sud-Ouest.**

(Sépales sans poils ou à peine cités,

✱ Étamines renfermées dans la corolle.

□ Rameaux velus cotonneux ; rameaux fleuris AR très nombreux ; calice sans poils.
(Parfois rameaux couverts de poils tous simples ; anthères ayant à leur base deux appendices velus aussi longs que le reste de l'anthère : *E. lusitanica* Rudolphi.) [Bois, landes ; fl. blanches, rosées ou roses; i.-4-m.; jv.-m.; v.]
Erica arborea L. *Bruyère arborescente.* **Région méditerranéenne, Cévennes, Pyrénées.**

□ Rameaux sans poils ou à poils très courts non cotonneux.

△ Corolle verdâtre de moins de 3 mm. de longueur, en général ; fleurs nombreuses ES.
[Bois, landes ; fl. verdâtres ; 3-12 d.; m.-j.; v.]
Erica scoparia L. *Bruyère à balai.* **Centre, Ouest, Midi.**

△ Corolle rose, violacée ou blanche, de plus de 3 mm. de longueur.
[Bois, landes ; fl. roses violettes ou blanches ; 2-7 d.; j.-a.; v.]
Erica cinerea L. *Bruyère cendrée.* **Nord, Centre, Plateau Central, Ouest** et çà et là, sauf dans l'Est.

✱ Étamines dépassant la corolle.

✤ Pédoncule, en général, plus court que la corolle ME, CA. (Parfois étamines peu saillantes ; fl. roses ; 2-7 d.; j.-m.; v.)
[Landes, rochers ; fl. roses ; 2-7 d.; j.-m.; v.]
Erica carnea L. *Bruyère couleur de chair.* **Savoie,** Dépt de la **Gironde** (rare). [S]

✤ Pédoncule, en général, plus long que la corolle.

△ Anthères à loges séparées l'une de l'autre dans leur partie supérieure VA ;
fleurs en grappes allongées KV. [Landes, endroits incultes ; fl. roses ; 3-10 d.; m.-j.; v.]
Erica vagans L. *Bruyère vagabonde.* **Ouest, Sud-Ouest** ; manque dans le Nord-Est, l'Est et la région méditerranéenne ; rare ailleurs. [S] sub.

△ Anthères à loges soudées l'une à l'autre dans toute leur longueur MU ;
fleurs sur de longs pédoncules MUL. [Endroits incultes ; fl. roses ; 2-8 d.; s.-m.; v.]
Erica multiflora L. *Bruyère à fleurs nombreuses.* **Région méditerranéenne.**

5. PHYLLODOCE. PHYLLODOCE. — (→ Voyez fig. PH, p. 201).

Feuilles bordées de petites glandes; calice et pédoncule à poils glanduleux ; feuilles très serrées au sommet des rameaux.
[Rochers ; fl. d'un violet-bleu; 1-3 d.; j.-jt.; v.]
Phyllodoce caerulea GG. *Phyllodoce bleue.* **Pyrénées** (rare).

6. DABOECIA. DABOÉCIE. — (→ Voyez fig. DA, p. 201).

Calice et pédoncule à poils glanduleux ; tige peu feuillée au sommet ; feuilles ovales allongées aiguës.
[Bois, rochers, landes : fl. violacées : 2-5 d.; j.-o.; v.]
Daboecia polifolia Don. *Daboécie à feuilles de Polium.* Dépt de **Maine-et-Loire, Ouest, Pyrénées** (rare).

Plante très rameuse ; feuilles sans poils, brillantes, à nervure principale formant comme un sillon en dessus, limbe à bords enroulés un peu en dessous. [Rochers ; prés ; fl. roses ; 1-3 d.; jl.-at.; v.]

Loiseleuria procumbens Desv.
Loiseleurie couchée.
Alpes, Pyrénées (Hautes régions). [S]

8. RHODODENDRON. *RHODODENDRON.* — (→ Voyez fig. FER, p. 201).

Feuilles sans poils FE à face inférieure blanchâtre puis couleur de rouille ;

FE

pédoncules plissés et couverts de petits tubercules.
[Bois, rochers, prés ; fl. d'un beau rouge, rarement blanches ; 3-7 d.; jl.-at.; v.]

Rhododendron ferrugineum L.
Rhododendron ferrugineux.
Jura, Alpes, Pyrénées. [S]

54, p. 391.

PYROLA. *PYROLE.* —

○ Feuilles verticillées, fortement dentées, ovales UMB ; style non développé ; tiges rampantes à la base.

○ Tige terminée par une seule fleur UN ;

UN

calice finement frangé; feuilles à limbe presque rond, dentées dans leur moitié supérieure.
[Bois, rochers ; fl. blanches ; 1-2 d.; j.-jl.; v.]

== Stigmate dépassant beaucoup la corolle R ; calice à dents plus longues que larges.
[Forêts de sapins, bois, prés ; fl. blanches; 1-2 d.; j-jl.; v.]

UMB

PYROLACÉES

Pyrola umbellata L.
Pyrole en ombelle.
Alsace (très rare). [S]

[Bois, rochers ; fl. rosées ; j.-jl.; v.]

Pyrola uniflora L.
Pyrole à une fleur.
Montagnes (rare). [S]

○ Plante n'ayant pas les feuilles verticillées et dont la tige porte plusieurs fleurs.

: Feuilles aiguës au sommet ; fleurs nettement toutes du même côté SE ; style droit, dépassant la corolle.
[Bois, prés ; fl. blanches; 1-3 d.; j.-jl.; v.]

SE

Pyrola secunda L.
Pyrole unilatérale.
Montagnes. [S]

: Feuilles, en général, obtuses ; fleurs non nettement toutes d'un même côté.

:: Stigmates étalés en étoile Ml. (Parfois sépales recourbés au sommet et stigmate finissant par dépasser la corolle : F.
[Bois, prés ; fl. blanches ; 1-2 d.; j-jl.; v.]

Ml

Pyrola rotundifolia L.
Pyrole à feuilles rondes.
Montagnes et çà et là dans le Nord,
l'Est, le Centre et le Nord-Ouest. [S]

:: Stigmates dépassant un peu ou pas la corolle [ex.: Ml.] ; calice à dents presque aussi larges que longues.

:. Stigmates dressés surmontant une sorte d'anneau (CH, grossi) ; feuilles de moins de 3 c. de largeur, en général.
[Bois, rochers ; fl. d'un blanc-verdâtre ou jaunâtre: 10-15 c.; j-jl.; v.]

CH

== Stigmates dépassant beaucoup la corolle R ; calice à dents plus longues que larges.
medio Swartz.
[Bois, prés ; fl. blanches; 1-2 d.; j-jl.; v.]

Pyrola minor L.
Pyrole mineure.
Montagnes et çà et là dans le Nord,
l'Est et le Nord-Ouest. [S]

Pyrola chlorantha Swartz.
Pyrole verdâtre.
Alpes, Plateau Central (manque
en Auvergne). [S]

MONOTROPA. *MONOTROPA.* — Feuilles d'un blanc-jaunâtre, très rarement blanches, en forme d'écailles; inflorescence recourbée, puis dressée; fleurs pédonculées. [Sur les racines des arbres; fl. d'un blanc-jaunâtre, très rarement d'un beau blanc; 1-3 d.; jl.-at.; v.]

Monotropa Hypopitys L.
Monotropa Suceprin.
Assez rare. [S]

LENTIBULARIÉES

× Feuilles toutes à la base, entières P; calice à 5 sépales distincts au sommet.............................. **1. PINGUICULA → p. 204. GRASSETTE [3 esp.].**

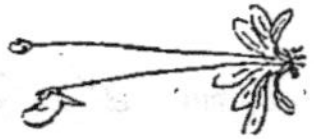

× Feuilles le long des rameaux et très divisées. (Voyez les fig. V et UM, ci-dessous); calice à 2 lobes.............................. **2. UTRICULARIA → p. 204. UTRICULAIRE [3 esp.].**

1. PINGUICULA. GRASSETTE. —

§ Fleurs *jaunes* à tube roux et rayé de pourpre; éperon un peu renflé au sommet, dirigé obliquement et de côté LU; fruit rond; — tige très fine. [Tourbières, endroits humides; fl. jaunes; 5-15 c.; m.-jl.; v.]

Pinguicula lusitanica L.
Grassette de Portugal.
Littoral de l'Océan, de Bayonne à l'embouchure de la Seine.

§ Fleurs *violettes, roses ou blanches.*

⊙ Éperon de moins de 4 mm. de longueur, en général, presque aussi large ou plus large que long; — corolle à peu près aussi large que longue AL. [Tourbières, endroits humides; fl. blanchâtres à taches jaunes; 6-12 c.; jt.-at.; v.]

Pinguicula alpina L.
Grassette des Alpes.

⊙ Éperon de plus de 4 mm. de longueur, en général; fleurs de forme variable. (Par-
  ⊘ fois corolle à peu près aussi large que longue (sans compter l'éperon) et éperon presque aussi long que la corolle GR;

Pinguicula vulgaris L.
Grassette vulgaire. (Hautes régions; rare). [S]

  ⊘ 3 fois plus petite que le reste de la corolle et très peu plus longue que large LE: **P. grandiflora Lam.**; — ou corolle 2 ou 3 fois plus petite que le reste de la corolle et très peu plus longue que large LE: **P. leptoceras Rchb.**) [Tourbières, endroits humides; fl. bleues, violettes, roses ou blanches; 8-15 c.; m.-at.; v.]

Pinguicula vulgaris L...
Grassette vulgaire et çà et là dans le Centre, le Nord-Ouest, l'Ouest et le Sud-Ouest. [S]

2. UTRICULARIA. UTRICULAIRE. —

✳ Feuilles à divisions principales disposées des 2 côtés de la feuille V; 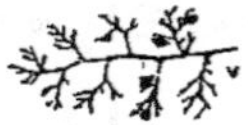
  ① Divisions des feuilles à très petites dents épineuses; corolle à éperon très aigu UI. [Tourbières, mares; fl. jaunes à lignes orangées; rameau fleuri de 1-3 d.; j.-at.; v.]

Utricularia vulgaris L.
Assez commun. [S]

  ① Divisions des feuilles à petites dents *non épineuses*; corolle à éperon arrondi M. [Tourbières, mares; fl. d'un jaune clair à lignes couleur de rouille; rameaux fleuris de 5-15 c.; j.-at.; v.] **558, p. 391.**

Utricularia intermedia Hayne.
Utricularia intermédiaire.
Nord-Est, Est, Centre, Ouest, Sud-Ouest (rare). [S]

✳ Feuilles à divisions principales disposées en éventail [ex.: UM];
  ① corolle à éperon arrondi au sommet UV. (Parfois anthères libres et lèvre supérieure de la corolle ayant 2 à 3 fois la longueur du rebord arrondi qui est à la lèvre inférieure: **U. neglecta Lehm.**) [Tourbières, mares; fl. jaunes; fl. d'un jaune clair à lignes pourprées; rameau fleuri de 1-3 d.; jl.-at.; v.]

Utricularia vulgaris L.
Ouest (rare). [S]

Utricularia minor L.
Utricularia mineure.
Centre, Ouest et çà et là. [S]

PRIMULACÉES

✱ Feuilles toutes à la base en rosette ou comme empilées en colonne [ex.: R, RE, CO].

  ❋ Feuilles à long pétiole et à limbe arrondi ou en cœur à la base [ex.: R, RE, CO].

    ⊕ Lobes de la corolle renversés N; plante à tubercules; feuilles à limbe en cœur à la base R, RE. .... **5. CYCLAMEN** → p. 209. *CYCLAMEN* [2 esp.].

    ⊖ Lobes de la corolle non renversés.
      □ Pétales non divisés, feuilles divisées en lobes sur les bords CO .... **7. SOLDANELLA** → p. 200. *SOLDANELLE* [1 esp.].
      □ Pétales très divisés en lobes étroits; feuilles entières ou presque entières .... **6. CORTUSA** → p. 209; *CORTUSE* [1 esp.].

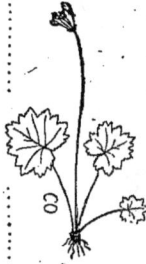

  ❋ Feuilles sans pétiole ou bien à limbe non arrondi ni en cœur à la base.

    ⊖ Corolle à tube plus court que le calice .... **4. ANDROSACE** → p. 207. *ANDROSACE* [10 esp.].

    △ Corolle à tube plus long que le calice.
      + Feuilles de moins de 4 mm. de largeur; tiges allongées, couchées sur le sol et ramifiées GR; calice et feuilles couverts de poils en étoile .... **3. GREGORIA** → p. 207. *GRÉGORIE* [1 esp.].
      + Feuilles de plus de 4 mm. de largeur, en général .... **2. PRIMULA** → p. 206. *PRIMEVÈRE* [9 esp.].

✱ Feuilles non toutes à la base et non empilées en colonne.

  ⟨ Corolle plus petite que le calice ou pas de corolle.

    ⊕ Feuilles non charnues; plante annuelle à racine grêle AS, CM.
      ⊙ Fleurs d'un blanc-rosé; fruit s'ouvrant par un couvercle... .... **13. CENTUNCULUS** → p. 210. *CENTENILLE* [1 esp.].
      ⊙ Fleurs d'un blanc verdâtre, fruit s'ouvrant par 5 valves... .... **9. ASTEROLINUM** → p. 209. *ASTÉROLINE* [1 esp.].

    ⊖ Feuilles un peu charnues, plante maritime, fleurs sans pédoncule; GL; plante vivace ayant des tiges souterraines... .... **8. GLAUX** → p. 209. *GLAUX* [1 esp.].

  ⟨ Corolle plus grande que le calice.

    ⟨ Corolle étalée ou en coupe, à tube très court.

      ⊕ Feuilles non très divisées.
        • Fleurs à 5 pétales.
          ⊙ Fleurs rouges, bleues ou roses; fruit s'ouvrant par un couvercle... .... **14. ANAGALLIS** → p. 210. *MOURON* [3 esp.].
          ⊙ Fleurs jaunes ou blanches; ovaire à 1/2 adhérent au calice SA; ovaire s'ouvrant par des valves... .... **15. SAMOLUS** → p. 210. *SAMOLE* [1 esp.].
          ⊙ Feuilles opposées ou verticillées; ovaire libre... .... **10. LYSIMACHIA** → p. 209. *LYSIMAQUE* [5 esp.].

        • Fleurs presque toutes à 6 ou 7 pétales; feuilles groupées et comme verticillées TR. .... **11. TRIENTALIS** → p. 210. *TRIENTALE* [1 esp.].

      ⊕ Feuilles très divisées H; plante d'eau; fleurs roses ou violacées... .... **1. HOTTONIA** → p. 206. *HOTTONIE* [1 esp.].

    ⟨ Corolle à tube allongé, irrégulière et à 2 lèvres; feuilles étroites, entières COR. .... **12. CORIS** → p. 210. *CORIS* [1 esp.].

1. HOTTONIA. HOTTONIE. — (→ Voyez fig. H, p. 206). Fleurs verticillées; feuilles verticillées; sépales très étroits; fruit, sec, arrondi.

[Marais, fossés; fl. jaunes ou violacées, jaunes à la gorge; rameau fleuri de 1 à 3 d.; m.-j.; v.]

Hottonia palustris L.
Hottonie des marais. Manque dans la région méditerranéenne. Assez rare. [s]

2. PRIMULA. PRIMEVÈRE. —

⊙ Fleurs roses, violettes ou pourpres.

⊙ Fleurs jaunes ou souvent à taches orangées.

⊙ Fleurs jaunes ou souvent à taches orangées.

⊖ Calice aussi long ou presque aussi long que le tube de la corolle OG.

● Calice non renflé G;

□ Feuilles à limbe brusquement rétréci en pétiole F. [Endroits humides, prés; fl. jaunes; 1-3 d.; ms.-at.; v.]

corolle à partie supérieure creusée en coupe, ordinairement d'un beau jaune; feuilles brusquement rétrécies en pétiole. [Bois, prés; fl. jaunes; 1-3 d.; ms.-j.; v.]

Primula officinalis Jacq.
Primevère officinale (Coucou). Commune, sauf dans la Région méditerranéenne. [s]

□ Feuilles à limbe peu à peu rétréci en pétiole PG; fleurs ordinairement sur une tige très courte. [Bois, prés; fl. jaunes; 8-12 c.; ms.-j.; v.]

Primula elatior Jacq.
Primevère élevée. Assez commun, manque dans l'Ouest et la Région méditerranéenne. [s]

● Calice renflé G;

Primula grandiflora Lam.
Primevère à grandes fleurs. Nord-Ouest, Ouest, Bassin du Rhône, rare ailleurs. [s]

⊙ Fleurs roses, violettes ou pourpres.

⊖ Calice 3 à 4 fois plus court que le tube de la corolle AU; feuilles un peu ondulées AUR, à bords portant des cils membraneuses et obtuses. [Prés, bois; fl. jaunes; 5-15 c.; m.-j.; v.]

ombelle de fleurs porté par une tige allongée.

pétales à 2 lobes F, LO'. (Parfois corolle bien plus longue que le calice LO.) [Prés, endroits humides; fl. roses ou violacées; 5-20 c.; m.-s.; v.]

Primula auricula L.
Primevère auricule (Oreille d'ours). Jura, Alpes de la Savoie et du Dauphiné. [S]

★ Feuilles non farineuses en dessous, et bractées n'ayant pas les caractères précédents.

✱ Feuilles fortement dentées ou fortement onduleés MAR; VI.

⊖ Feuilles comme couche de poudre blanche MAR;

⊖ Feuilles non bordées d'une couche de poudre blanche; feuilles visqueuses. (Parfois calice à dents 'tens Hcg.) [Rochers; fl. violettes ou pourprées; 5-20 c.; m.-j.; v.]

56s et **57s**, p. 391.

[Rochers, prés; fl. roses violacées; 8-15 c.; mds.-mai; v.]

Primula marginata Curt.
Primevère marginée. Alpes du Dauphiné et méridionales (H^tes régions).

Primula farinosa L.
Primevère farineuse. Jura, Alpes, Pyrénées. [S]

Primula longiflora All.

★ Feuilles comme farineuses en dessous, et bractées de l'involucre prolongées en dessous de leur attache et renflées;

✱ Feuilles fortement ou fortement onduleés MAR;

□ Feuilles à limbe peu à peu rétréci en pétiole PG; corolle en général, clair, en général.

□ Feuilles PED bordées de poils qui sont terminés par des glandes rouges; feuilles épaisses (P. pedemontana Thom.).

△ Feuilles visqueuses, complètement couvertes de poils serrés.

□ Feuilles non bordées de poils serrés, courtes GR, plante peu visqueuse : P. graeco-'tens Hcg.

Primula viscosa Vill.
Primevère visqueuse. Alpes, Pyrénées (H^tes régions). [S]

◉ Feuilles entiè- res ou à peine dentées PED, AL. IN.

△ Feuilles non visqueuses, ayant sur- tout des poils sur les bords. [Rochers, prés; fl. roses; 4-8 c.; m.-jt.; v.]

△ Feuilles non bordées de poils à glandes rouges. [Rochers, prés; fl. roses ou violacées; 2-5 c.; m.-jt.; v.]

Primula Allionii Lois.
Primevère d'Allioni. Alpes maritimes (très rare).

Primula integrifolia L.
Primevère à feuilles entières. Pyrénées. [S]

3. GREGORIA. GRÉGORIA. — (Voy. fig. GR, p. 206).

Calice à dents aiguës; corolle environ 2 fois plus longue que le calice; feuilles étroites en rosettes successives; fruit un peu plus court que le calice; pétales entiers ou un peu divisés en 2 lobes.

[Rochers, prés; fl. jaune; 3-7 c.; jl.-at.; v.]

Grégoria de Vital.
Alpes, Pyrénées (H^tes régions). [S]

Gregoria Vitaliana *Dub.*

4. ANDROSACE. ANDROSACE. —

En général, 1 seule fleur au sommet de chaque tige; plantes velues [exemples: fig. IMB, PYR, ALP, CY, PUB, HE]............ **Série 1 → p. 207.**

En général, plusieurs fleurs au { ○ Plantes annuelles ou bisannuelles sans tige souterraine développée......... **Série 3 → p. 208.**

sommet de chaque tige. { ⊗ Plantes vivaces à tige souterraine développée............ **Série 2 → p. 208.**

Série 1

✳ Feuilles *non à la fois* blanches cotonneuses et à poils en étoile.

✱ Feuilles à la fois *cotonneuses très blanches* et à poils en étoile ainsi que le calice IM; sépales arrondis au sommet; fleurs blanches à tube d'un rouge pourpre.
[Rochers; fl. blanches à gorge pourprée; 1-5 c.; j.-at.-jl.; v.]

Androsace imbricata *Lam.*
Androsace imbriquée.
Alpes du Dauphiné et méridionales, Pyrénées (H^tes régions; rare). [S]

⊕ Feuilles ayant juste au-dessous du calice et à poils en étoile PY; pédoncules bien plus longs que les feuilles courbées au sommet.
[Rochers; fl. blanches; 1-5 c.; j.-at.; v.]

Androsace pyrenaica *Lam.*
Androsace des Pyrénées.
Pyrénées (H^tes régions).

58s, p. 391.

⊕ Feuilles ayant à la fois au sommet du calice 2 à 3 bractées aiguës PY; pédoncules plus courts que les feuilles A, ALP.
[Rochers; fl. blanches ou roses violacées, à gorge jaune; 1-5 c.; j.-at.; v.]

Androsace alpina *Lam.*
Androsace des Alpes.
Alpes de la Savoie et du Dauphiné (H^tes régions; rare). [S]

Fleurs sans bractées au-dessus du calice.

⊕ Feuilles ayant des poils simples ou à 2 branches. PU.

✕ Fleurs passées sur des pédoncules assez allongés CY, qui sont un peu renflés d'un côté sous la fleur; feuilles à poils à 2 branches ou simples PU. (Parfois feuilles très arrondies au sommet et formant une colonne allongée CY: *A. cylindrica DC.*)
[Rochers; fl. blanches à gorge jaunâtre; 1-5 c.; jl.-at.; v.]

Androsace pubescens *DC.*
Androsace pubescente.
Alpes de la Savoie et du Dauphiné, Pyrénées (Hautes régions; rare). [S]

✕ Fleurs passées presque sans pédoncules; feuilles à poils tous simples, très rapprochées, souvent de moins de 1 mm.
[Rochers; fl. blanches à gorge jaune; 1-3 c.; at.-jl.; v.]

Androsace helvetica *Gaud.*
Androsace de Suisse.
Alpes de la Savoie et du Dauphiné.
(Hautes régions). [S]

✕ Fleurs sur une tige très allongée; feuilles presque sans poils sur les faces → Voyez *A. carnea*, p. 208.

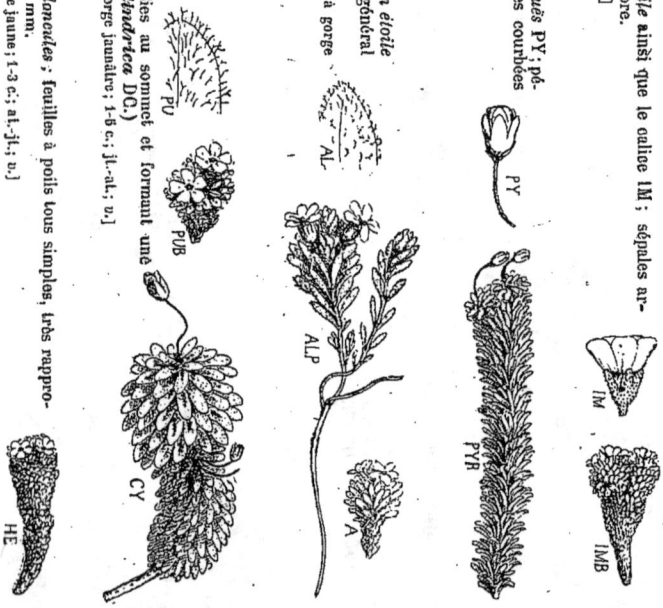

① Calice poilu MA, ayant jusqu'à 7 à 11 mm. de longueur quand le fruit est mûr ;

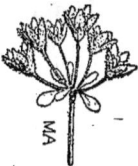

MA

corolle plus courte que le calice ; fleurs sur des pédoncules peu inégaux. [Rochers, endroits incultes ; fl. blanches ou roses à gorge jaune ; 4-20 c. ; av.-m.; a.]

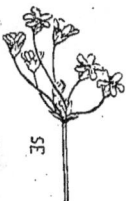

Androsace maxima L.
Androsace à grands calices.
Nord-Est, Sud-Est, Centre, Ouest (rare) ; *Plateau Central, Provence.* [S]

① Calice sans poils SE, ne dépassant pas ordinairement 7 mm. de longueur, quand le fruit est mûr ;

SE

corolle plus longue que le calice ; fleurs sur des pédoncules très inégaux SE, surtout quand la plante est en fruits. (Parfois fleurs roses ayant 2 à 3 fois la longueur du calice : *A. Chaixii* (GG.) [Rochers ; fl. blanches ou roses à gorge jaune ou pourprée ; av.-j.; 7-30 c.; a. ou b.]

Androsace septentrionalis L.
Androsace septentrionale.
Alpes (rare). [S]

§ Pédoncules velus, à poils, en général, beaucoupplus courts que la largeur des pédoncules [ex.: CA, LAG].

(Fleurs *en ombelle* CA, LAG ; feuilles bien plus longues que larges, aiguës, parfois obtuses (*A. obtusifolia* All.) [Rochers, prés ; fl. blanches ou roses à gorge jaune ; 2-12 c.; j.-at.; v.]

CAR

CA

LAG

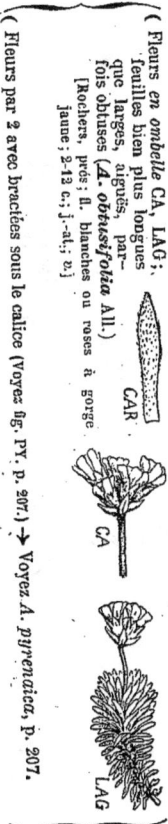

Androsace carnea L. *couleur de chair.* *Vosges* (très rare) ; *Alpes, Auvergne, Pyrénées.* [S]

(Fleurs *par 2* avec bractées sous le calice (voyez fig. PY, p. 207.) → Voyez *A. pyrenaica*, p. 207.

§ Pédoncules velus à poils, en général, *plus longs* que la largeur du pédoncule [ex.: VI]; feuilles très poilues sur les bords et sur les faces VII.

VII

[Rochers, prés ; fl. blanches ou rosées à gorge jaunâtre ou pourprée ; 2-8 c. ; j.-jt.; v.]

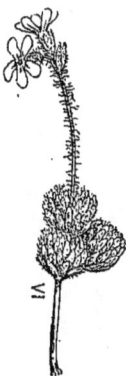

VI

Androsace villosa L.
Androsace velue.
Jura (très rare) ; *Alpes, Pyrénées.* [S]

§ Pédoncules sans poils ou presque sans poils LA ;

LAC

feuilles étroites LAC ; pétales en forme de coeur LA ; calice sans poils. [Rochers ; fl. d'un beau blanc à gorge jaune ; 5-20 c.; j.-jt.; v.]

LA

Androsace lactea L.
Androsace couleur de lait.
Jura, Alpes du Dauphiné (rare). [S]

509, p. 391.

5. CYCLAMEN. CYCLAMEN. —

★ Corolle à gorge entière K;

feuilles à limbe arrondi. (Parfois feuilles à limbe denté R, RE, et fleurs violettes: *C. repandum* Sibth. et Smith.)
[Bois, rochers; fl. rouges, violettes, roses, rarement blanches; 1-3 d.; av.-o.; v.]

★ Corolle à gorge ayant dix dents N;

style dépassant peu ou pas la gorge de la corolle; tubercule portant de nombreuses racines.
[Bois, rochers; fl. roses lachées de violet; 1-2 d.; s.-o.; v.]

Cyclamen europæum L.
Cyclamen d'Europe.
Jura, Alpes; Région méditerranéenne (très rare). [S]

Cyclamen neapolitanum Ten.
Cyclamen de Naples.
Savoie, Centre, Ouest, Sud-Ouest (très rare). [S]

6. CORTUSA. CORTUSA. — (→ Voyez fig. CO, p. 205).

Fleurs en ombelle; calice à dents en triangle; bractées de l'involucre irrégulièrement divisées; feuilles à limbe en cœur à la base et à lobes irréguliers dont les dents ont une petite pointe.
[Rochers, endroits humides; fl. roses; 15-25 c.; j.-jt.; v.]

Cortusa Matthioli L.
Cortusa de Mathiole.
Dépt de la **Savoie** (Htes régions; rare). [S]

7. SOLDANELLA. SOLDANELLE. —

Calice à sépales obtus et à bords parallèles; feuilles plus larges que longues et à longs pétioles, sans poils, épaisses et un peu coriaces; fleur sur des pédoncules inégaux.
[Rochers, prés; fl. violettes, rarement blanches; 1-2 d.; jt.-at.; v.]

Soldanella alpina L.
Soldanelle des Alpes.
Jura, Alpes, Auvergne, Pyrénées. [S]

8. GLAUX. GLAUX. — (→ Voyez fig. GL, p. 205).

Fleurs 2 à 4 fois plus courtes que les feuilles; sépales obtus; feuilles opposées entières, sans poils et d'une teinte glauque.
[Endroits incultes; fl. d'un blanc rosé; 4-20 c.; j.-jt.; v.]

Glaux maritima L.
Glaux maritime.
Littoral (rare sur la Méditerranée); terrains salés de l'Auvergne. [S]

9. ASTÉROLINUM. ASTÉROLINE. — (→ Voyez fig. AS, p. 205).

Tige feuillée sur presque toute sa longueur; fleurs longuement pédonculées; sépales très aigus; tige sillonnée; plante sans poils.
[Endroits incultes, champs; fl. d'un blanc verdâtre; 5-15 c.; av.-m.; v.]

Astérolinum stellatum Link.
Astéroline en étoile.
Région méditerranéenne; littoral de l'Ouest.

10. LYSIMACHIA. LYSIMAQUE. —

⚥ Feuilles environ 4 à 7 fois plus longues que larges; tiges dressées;

① Fleurs blanches ou violacées en grappe étroite et allongée E; sépales obtus; feuilles sans poils à limbe se prolongeant sur la tige. [Endroits incultes;

Lysimachia Ephemerum L.
Lysimaque Éphémère.
Pyrénées (rare). [S] sub.

① Fleurs jaunes;

☐ Feuilles à court pétiole, n'embrassant pas la tige; calice à sépales ciliés LV, et bordés de rouge; étamines plus courtes que les pétales.
[Endroits humides; fl. jaunes; 3-10 d.; j.-jt.; v.]

Lysimachia vulgaris L.
Lysimaque vulgaire.
Commun. [S]

☐ Feuilles sans pétiole T, embrassant la tige par leur base; étamines aussi longues ou plus longues que les pétales.

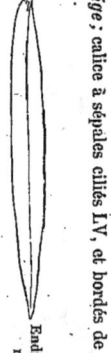

Lysimachia thyrsiflora L.
Lysimaque à fleurs en thyrse.
Dépt de l'Aisne (très rare). [S]

⚥ Feuilles, en général, moins de 2 fois plus longues que larges (ex.: N, NM); tiges couchées sur le sol.

△ Sépales en cœur renversé LN; feuilles plus ou moins arrondies NM; étamines soudées entre elles à la base.
[Endroits humides; longueur variable; fl. jaunes; j.-jt.; v.]

Lysimachia Nummularia L.
Lysimaque Nummulaire.
Commun, sauf dans la Région méditerranéenne. [S]

△ Sépales non en cœur renversé NE; feuilles ovales N; étamines non soudées entre elles.
[Bois, endroits frais; fl. jaunes; longueur variable; j.-jt.; v.]

Lysimachia nemorum L.
Lysimaque des bois.
Montagnes (sauf les Alpes méridionales) et çà et là, surtout dans le Nord. Manque dans les plaines du Sud-Est et méditerranéenne. [S]

11. **TRIENTALIS.** *TRIENTALE.* — (→ Voyez fig. TR, p. 205). Calice à sépales terminés par une petite pointe ; fleurs sur de larges pédoncules ; feuilles sans poils presque entières, à nervures saillantes.
[Bois ; fl. blanches, avec un anneau jaune parfois rose en dessus ; m.-ji.; v.]

Trientalis europaea *L.*
Trientalis d'Europe
Ardennes (très rare) ; Savoie (très rare). [S]

12. **CORIS.** *CORIS.* — (→ Voyez fig. COR, p. 205) Calice à dents piquantes et irrégulières, renflé après la floraison, à tacbes noires ; étamines inégales ; fleurs en grappes serrées au sommet des rameaux.
[Endroits incultes ; fl. d'un rose violacé ou blanches ; 8-20 c.; a v.-m.; b. ou v.]

Coris monspeliensis *L.*
Coris de Montpellier.
Région méditerranéenne. [S]

13. **CENTUNCULUS.** *CENTENILLE* — (→ Voyez fig. CM, p. 205). Feuilles entières, aiguës, les supérieures ordinairement plus grandes ; fleurs isolées les unes des autres, presque sans pédoncule.
[Bois, endroits humides, sables ; fl. blanchâtres ou rosées ; 1-6 c.; j.-ji.; a.]

Centunculus minimus *L.*
Centenille minime.
Çà et là. Très rare dans la Région méditerranéenne. [S]

14. **ANAGALLIS.** *MOURON.* —

+ Feuilles *alternes* CR, à court pétiole ;

tiges rampantes et à racines adventives ; feuilles très arrondies au sommet. [Endroits incultes ;
fl. blanches ; longueur variable ; j.-ji.; v.]

Anagallis crassifolia *Thore.*
Mouron à feuilles épaisses,
Littoral du **Sud-Ouest** (rare).

+ Feuilles *opposées.*

Feuilles *ovales sans pétiole* A ;

tiges très rameuses, pédoncule se recourbant après la floraison.
[Champs, chemins ; fl. rouges ou bleues, parfois blanches ; 1-3 d.;
j.-n.; a.]

Anagallis arvensis *L.*
Mouron des champs,
Commune. [S]

Feuilles *arrondies à court pétiole* T ;

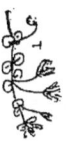

tiges rampantes à la base ; sépales non membraneux sur les bords.
[Champs, bois ; fl. roses ; 5-25 c.; j.-at.; a.]

Anagallis tenella *t.*
Mouron délicat.
Çà et là, surtout dans le Centre, l'Ouest et le Plateau Central. [S]

15. **SAMOLUS.** *SAMOLE* — (→ Voyez fig. SA, p. 205). Feuilles entières, sans poils ; ovaire soudé avec le calice ; corolle portant 5 écailles ; fleurs en grappe. [Endroits humides, marais ; fl. blanches ; 1-5 d.; j.-at.; v.]

Samolus Valerandi *L.*
Samole de Valérand.
Région méditerranéenne, littoral de l'Océan et çà et là. [S]

ÉBÉNACÉES

DIOSPYROS. *PLAQUEMINIER.* — Feuilles pétiolées, entières, blanchâtres en dessous ; sépales ciliés, épais, devenant plus grand après la floraison ; fruit charnu, glauque.
[Cultivé ; fl. blanches ; 8-20 m.; m.-ji.; v.]

Diospyros Lotus *L.*
Plaqueminier Lotier.
Région méditerranéenne (cultivé et rarement subspontané). [S] sub.

STYRACÉES

STYRAX. *ALIBOUFIER.* — Calice à dents très courtes ; 12 étamines ; style allongé ; feuilles pétiolées, entières, blanches en dessous, à poils étalés, très visibles sur les nervures.
[Bois ; fl. blanches ; 4-7 m.; m.-j.; v.]

Styrax officinale *L.*
Aliboufier officinal.
Provence (rare).

OLÉINÉES

○ Feuilles composées [exemple : F] ;

fruit allongé [exemple : E] ; fleurs les unes staminées, les autres pistillées ou stamino-pistillées.............

○ Feuilles simples.

✻ Feuilles blanches en dessous.

✻ Feuilles argentées en dessous, ponctuées de blanc en dessus ; fleurs blanches ; fruit charnu ; arbre...............

•• Feuilles pétiolées S, à la fois en croix ou arrondies à la base et non coriaces ; corolle à long tube ; fruit s'ouvrant par 2 valves.............

⊕ Corolle à long tube ; étamines non saillantes ; feuilles tombant surtout en automne.............

✼ Feuilles non blanches en dessous.

•• Feuilles sans pétiole ou à pétiole court.

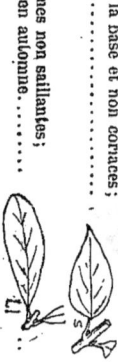

⊕ Corolle presque sans tube ; étamines saillantes PH ; feuilles persistant pendant l'hiver.............

1. FRAXINUS. FRÊNE. —

§ Fleurs sans calice ni corolle ; étamines à filets allongés ; feuilles ayant 7 à 9 folioles dentées plus pâles en dessous ; fleurs paraissant en même temps que les feuilles ;

✗ Fleurs ayant une corolle blanche et un calice OR ; étamines à filets allongés ; feuilles ayant 9 à 15 folioles, en général ; fleurs paraissant avant les feuilles.

§ Bourgeons noirs, comme veloutés ; feuilles ayant 9 à 15 folioles, en général ; fleurs paraissant avant les feuilles.
[Bois, haies, montagnes ; fl. rougeâtres ; 8-25 m.; av.-m.; v.]

§ Bourgeons bruns sans poils ; folioles dentées sauf dans le quart inférieur OX ; arbre à bourgeons d'un brun jaunâtre.
[Bois, endroits incultes ; fl. brunâtres ; 4-12 m., av.-m., v.]

fruit déhiscent au sommet ; fleurs à corolle divisée en lobes allongés et étroits OR.
[Bois, haies ; fl. blanches ; 6-8 m.; m.-j.; v.]

2. SYRINGA. LILAS. — (→ Voyez fig. S, ci-dessus). Feuilles lisses, pointues au sommet ; fleurs odorantes. [Bois, baies ; fl. lilas, parfois blanches ou rougeâtres ; 3-6 m.; av.-m.; v.]

3. OLEA. OLIVIER. — (→ Voyez fig. OL, ci-dessus). Feuilles à nervure principale très visible, un peu écailleuse en dessous ; corolle à 4 pétales arrondis, séparés seulement au sommet ; fruit vert, puis noir. [Champs, coteaux ; fl. blanches ; 4-16 m. ; av.-m.; v.]

4. PHILLIREA. PHILARIA. — (→ Voyez fig. PH, ci-dessus). Fleurs ayant le calice à 4 sépales et la corolle à 4 pétales ; feuilles à nervure principale seule très visible. (Parfois feuilles ovales : P. média L.) [Bois, haies ; fl. blanchâtres ; 1-2 m.; av.-m.; v.]

5. LIGUSTRUM. TROËNE. — (→ Voyez fig. LI, ci-dessus). Fleurs odorantes, fruits noirs, persistant pendant l'hiver. [Bois, baies ; fl. blanchâtres ; 1-3 m.; m.-j.; v.]

JASMINÉES

JASMINUM. JASMIN. — Arbrisseau à feuilles alternes, ayant 1 à 3 folioles, entières, luisantes ; fleurs odorantes ; fruit charnu d'un noir pourpré. [Bois, rochers ; fl. jaunes ; 3-20 d.; m.-j.; v.]

○ ...1. FRAXINUS → p. 241.
FRÊNE [4 esp.].

Fraxinus excelsior L.
Frêne élevé.
Commun. [S]

Fraxinus oxyphylla Bieb.
Frêne à feuilles aiguës.
Région méditerranéenne.

Fraxinus Ornus L.
Frêne Orne (Frêne fleuri)
Planté et rarement subspontané.

Syringa vulgaris L.
Lilas vulgaire.
Cultivé et quelquefois subspont.

⊙ ...2. SYRINGA → p. 241.
LILAS [1 esp.].

✻ ...3. OLEA → p. 241.
OLIVIER [1 esp.].

Olea europaea L.
Olivier d'Europe.
Région méditerranéenne (cult.)-[S]

Phyllirea angustifolia L.
Philaria à feuilles étroites.
Littoral de l'Ouest (très rare) ; Midi.
Commun. [S]

•• ...4. PHILLIREA → p. 241.
♣ PHILARIA [1 esp.].

⊕ ...5. LIGUSTRUM → p. 241.
TROËNE [1 esp.].

Ligustrum vulgare L.
Troène vulgaire.
Commun.

Jasminum fruticans L.
Jasmin arbrisseau.
Sud-Est (rare).[Région méditerranéana et subspontané ça et là. [S] sub.

APOCYNÉES

(*Plante herbacée à fleurs bleues ou blanches sans écailles à la gorge.* .... **1. VINCA** → p. 212.
PERVENCHE [1 esp.].

(*Arbrisseau à fleurs roses ayant 5 écailles divisées à la gorge* NE. .... **2. NERIUM** → p. 212.
NÉRION [1 esp.].

1. VINCA. *PERVENCHE.* — Fleurs à tube assez large MI, M, MA ; feuilles entières, pétiolées, opposées ;
tiges non fleuries, rampantes. (Parfois sépales ciliés et plus grands que la moitié du tube de la corolle MA ;
V. major L.; — parfois pétales aigus : *V. media* Link. et Hoffm.
[Bois, endroits frais ; fl. bleues, violettes ou blanches ; tiges fleuries de ⅓-3 d.; mr-j.; v.]

2. NERIUM. *NÉRION.* — (→ Voyez fig. NE, ci-dessus). Arbrisseau à feuilles sans poils, disposées par 2 ou par 3, à nervure principale très
saillante et à nervures secondaires parallèles ; fleurs en corymbe ; fruit 5 à 8 fois plus long que large. [Coteaux, rochers, endroits incultes ;
fl. roses, souvent blanches ; 2-3 m.; v.]

Vinca minor L.
Pervenche mineure,
Commun. [S]

NE.

Vinca major L. M.

Nerium Oleander L.
Nérion Laurier-rose.
Provence (cultivé et subspontané).

M.

ASCLÉPIADÉES

⊕ *Plante ayant à la fois les tiges grimpantes et les feuilles très profondément en cœur à la base CY.* ....

⊖ *Plante n'ayant
pas à la fois
ces deux ca-
ractères.*

{ ✴ Feuilles *obtuses*
au sommet A;

✴ Feuilles *aiguës*
au sommet.

{ ✱ Feuilles aiguës à la base GO ; fruits couverts d'épines
plus ou moins renversées. ....

✱ Feuilles *non aiguës à la base* V; fleurs roses ou presque blanches, en ombelle. ....

fruits lisses.

CY

GO

1. CYNANCHUM. *CYNANQUE.* — (→ Voyez fig. CY, ci-dessus). Fleurs par petits groupes à l'aisselle des feuilles ; feuilles pétiolées et opposées ;
calice couvert d'un léger duvet. [Rochers, endroits incultes ; fl. blanches ou rosées ; longueur variable ; jt-at; v.]

2. VINCETOXICUM. *DOMPTE-VENIN.* —

⊖ Fleurs d'un noir pourpré ; feuilles non en cœur à la base NI;

NI
tiges dressées. [Bois, rochers, coteaux ; 3-8 d.; j.-at; v.]

⊕ Fleurs *blanches* ou *jaunâtres* ; feuilles
'en cœur à la base OF ;

OF
tiges dressées ou grimpantes.
longueur variable ; m.-jt.; v.]

1. CYNANCHUM → p. 212.
CYNANQUE [1 esp.].

Cynanchum acutum L.
Cynanque aigu.
Littoral de l'Océan et de la Mée (rare)

2. VINCETOXICUM → p. 212.
DOMPTE-VENIN [2 esp.].

Vincetoxicum officinale *Mœnch.*
Dompte-venin officinal.
Communau, sauf dans le Nord et le N.-O.

Vincetoxicum nigrum *Mœnch.*
Dompte-venin noir.
Région méditerranéenne. [S] sub

3. ASCLEPIAS. *ASCLÉPIADE.* — (→ Voyez fig. A, ci-dessus). Feuilles à court pétiole et dont la nervure principale est large et développée,
à limbe peu poilu en dessus et laineux en dessous ; fleurs odorantes. [Près des jardins ; fl. roses ; 8-14 d.; j.-at.; v.]

3. ASCLEPIAS → p. 212.
ASCLÉPIADE [1 esp.].

Asclepias Cornuti *Decne.*
Asclépiade de Cornuti [Herbe à la ouate].
Cultivé et naturalisé çà et là.

4. GOMPHOCARPUS. *GOMPHOCARPE.* — (→ Voyez fig. GO, ci-dessus). Fleurs en ombelle ; calice poilu laineux ; tiges couvertes de petits poils
très courts ; feuilles 8 à 12 fois plus longues que larges, presque sans poils. [Près des torrents et des ruisseaux ; fl. blanches ; 5-22 d.; j.-at.; v.]

4. GOMPHOCARPUS → p. 212.
GOMPHOCARPE [1 esp.].

Gomphocarpus fruticosus R. br.
Gomphocarpe fruticuleux.
Région méditerranéenne (très rare).

16

GENTIANÉES

- Feuilles à 3 divisions T; corolle rosée ou blanche à nombreux cils crépus........ **8. MENYANTHES** [1 esp.]. *MÉNYANTHE* [1 esp.].

- Feuilles nageant à la surface de l'eau, arrondies L; corolle jaune, barbue en dedans........ **7. LIMNANTHEMUM →** p. 216. *LIMNANTHÈME* [1 esp.].

- Feuilles ni à 3 divisions ni nageantes.
  - Plante ayant à la fois les *fleurs jaunes* et le calice à 4 sépales IM, SER ... corolle jaune de 6 à 8 sépales .... **3. CHLORA →** p. 214. *CHLORA* [2 esp.].
  - Plante ayant à la fois les *fleurs jaunes non bleues* et le calice à 4 sépales PL, F; ... tige grêles (exemple : C). .... **2. CICENDIA →** p. 214. *CICENDIE* [2 esp.].
  - Plante n'ayant pas les caractères précédents.
    - Corolle étalée en étoile dès sa base S. .... **5. SWERTIA →** p. 216. *SWERTIE* [1 esp.].
      - + Anthères mûres contournées en spirale CEN; fleurs roses, rarement blanches....... **1. ERYTHRAEA →** p. 213. *ERYTHRÉE* [5 esp.].
    - Corolle à tube allongé.
      - + Anthères mûres non contournées en spirale; fleurs non roses .... **4. GENTIANA →** p. 214. *GENTIANE* [17 esp.].

- fleurs a longs pédoncules, isolées les unes des autres ; feuilles obtuses, sans poils. (Sables, rochers ; fl. jaunes ; 2-25 c. ; j.-jt. ; a.) .... **Erythraea maritima** Pers. *Érythrée maritime.* Littoral de l'Ouest, du Sud-Ouest et de la Méditerranée.

- feuilles moyennes 4 a 6 fois plus longues que larges. (Endroits incultes ; fl. roses, rarement blanches ; 6-20 c. ; jt.-a. ; a.) .... **Erythraea tenuifolia** Griseb. *Érythrée à feuille étroites.* Région méditerranéenne (rare).

- fleurs a la fois les *feuilles moyennes aiguës* et les *feuilles écartées dès les unes des autres* EP ; tige rameuse souvent dès la base; fleurs pédonculées. (Prés, endroits humides ; fl. roses, rarement blanches ; 8-30 c.; al.-s.; a. ou b.) .... **Erythraea spicata** Pers. *Érythrée en épi.* Littoral de l'Océan (jusqu'à la Loire) et de la Méditerranée.

- Plante ayant à la fois les *fleurs écartées les unes des* autres EP ; fleurs sans pédoncule. (Sables, rochers ; fl. roses, rarement blanches ; 2-30 c. ; jt.-s. ; a. ou b.) .... **Erythraea pulchella** Horn. *Érythrée élégante.* Assez commun. [s]

- Plante n'ayant pas à la fois ces caractères.
  - Fleurs disposées en épi très allongé SP ; feuilles inférieures obtuses, les supérieu-res aiguës.
  - Fleurs non en épi allongé.
    - Plante à la tige arrondie et groupées DI ; et feuilles très étroites *sa* Woods ; — parfois feuilles très étroites L : *E. linarifolia* Pers.; — parfois calice presque aussi long que le tube de la corolle LAT : *E. latifolia* Sm.) .... **Erythraea Centaurium** Pers. *Érythrée Petite-Centaurée* (Herbe à la fièvre). **Commun.** [s]

1 ERYTHRAEA *ÉRYTHRÉE.* —

- Plante couverte, ainsi que le calice TE, de poils laineux et très courts;
- Plante *sans poils.*
  - Fleurs *roses,* rarement blanches.
  - Fleurs *jaunes* ; stigmates profondément séparés l'un de l'autre MA;

2. CICENDIA. CICENDIE. —

☐ Calice à sépales séparés seulement au sommet F;

tige à rameaux dressés ou sans rameaux. [Bois, endroits humides; fl. jaunes; 3-12 c.;

Cicendia filiformis Delarb.
Cicendie filiforme.
Rare, sauf dans le Centre, l'Ouest et le littoral du Sud-Ouest.

☐ Calice à sépales séparés presque jusqu'en bas PÜ;

tige ordinairement à rameaux nombreux et étalés. [Bois, endroits humides; fl. jaunâtres, roses ou blanches; 1-12 c.; j.-o.; a.]

Cicendia pusilla Griseb.
Cicendie naine.
Centre, Ouest; littoral du Sud-Ouest; rare ailleurs. Manque dans le Nord-Est.

3. CHLORA. CHLORA. —

△ Feuilles non soudées à la base; calice à 6 sépales soudés jusqu'au 1/4 ou au 1/3 de leur longueur IM;

feuilles ovales, aiguës. [Endroits incultes; fl. jaunes; 1-4 d.; jl.-at.; a.]

Chlora imperfoliata L.
Chlora non-perfoliée.
Littoral de l'Ouest (et çà et là à l'intérieur jusque dans le Centre), du Sud-Ouest et de la Méditerranée (rare).

△ Feuilles moyennes rétrécies du côté de la tige SE;

+ Feuilles moyennes rétrécies du côté de la tige SE;

pétales aigus; sépales pointus SER : *C. serotina* Koch......

+ Feuilles moyennes non rétrécies du côté de la tige PE, P;

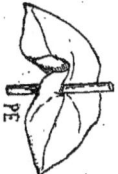

pétales presque obtus. [Endroits incultes ou humides; fl. jaunes ou orangées; 2-7 d.; j.-s.; a.]

Chlora perfoliata L.
Chlora perfoliée.
Assez commun, sauf dans le Nord-Est et l'Est. [S]

4. GENTIANA. GENTIANE. —

⬙ Fleurs jaunes, pourpres, rougeâtres ou violacées; feuilles de la base ayant au moins 5 grosses nervures principales....... **Série 1 →** p. 214.

⬙ Fleurs bleues, bleues-violettes ou blanches.

* Corolle frangée soit sur le bord des pétales CL, soit vers le haut du tube P. .... **Série 2 →** p. 215.

** Corolle non frangée. .... **Série 3 →** p. 216.

Série 1

○ Corolles à pétales séparés presque jusqu'à leur base L et étalés;

fleurs à pédoncules assez allongés L; fleurs en groupes tout le long de la tige LU. [Prés; fl. jaunes; 5-15 d., jl.-a.; v.]

feuilles de la base ordinairement obtuses. [Prés; fl. jaunes avec des taches brunes; 2-6 d., jl.-s., v.] **Gls, p. 391.**

Gentiana lutea L.
Gentiane jaune (Grande Gentiane).
Montagnes, Plateau de Langres, Côte-d'Or. [S]

○ Corolles à pétales soudés sur une grande longueur PUN, PUR, BU.

= Calice non fendu jusqu'à la base ayant 5 à 6 dents PUN;

⊕ Fleurs pourprées au sommet ou violacées; calices à dents développées. [Prés; fl. jaunes avec des taches brunes; 2-6 d., jl.-s., v.]

⊕ Fleurs jaunes au sommet ou violacées 1 ou 2 groupes de fleurs. [Prés; 2-4 d., jl.-s.; v.]

Gentiana punctata L.
Gentiane ponctuée.
Alpes, Pyrénées (Htes régions). [S]

= Calice fendu jusqu'à la base PUR, BR.

⊕ Fleurs jaunes ou jaunes avec des taches brunes; calices à dents peu marquées; souvent plus de deux groupes de fleurs (*G. Burseri* Lap.)

Gentiana purpurea L.
Gentiane pourprée.
Alpes de la Savoie. [S]

→ Voyez *G. punctata*, p. 214.

☐ Feuilles de la base *peu ou pas engainantes.*

☐ Feuilles de la base *entourant la tige par une gaine* CRU, *d'au moins 10 mm. de longueur ;*

fleurs sans pédoncules CR ; feuilles supérieures bien plus longues que les fleurs. [Bois, coteaux ; fl. d'un bleu verdâtre à l'extérieur et d'un beau bleu en dedans ; 1-4 d. ; jt.-s. ; v.]

CRU

Gentiana cruciata L.
Gentiane Croisette.
Nord, Est, Sud-Est, Centre, Plateau Central. [S]

⊙ Tige ayant beaucoup de feuilles, de la base au sommet, PN, AS.

(Feuilles obtuses au sommet et repliées en dessous sur les bords ; fleurs plus larges que les feuilles PN. [Prés humides, marais ; fl. bleues, rarement blanches ; 1-5 d. ; jt.-o. ; v.]

PN / CR

Gentiana Pneumonanthe L.
Gentiane Pneumonanthe.
Centre, Auvergne, Ouest et çà et là. [S]

(Feuilles aiguës AS à bords un peu concaves dans la partie supérieure ; fleurs plus étroites que les feuilles.

[Prés humides, bois ; fl. d'un beau bleu ; 2-5 d.; at.-s.; v.]

Gentiana asclepiadea L.
Gentiane à feuilles d'Asclépiade.
Alpes. [S]

⊙ Tige n'ayant que quelques paires de feuilles vers la base AC ; fleurs isolées sur chaque tige, plus grandes que ces feuilles ;

corolle à pétales finement denticulées ; feuilles de la base obtuses. [Prés humides ; fl. bleues ; 3-9 d. ; m.-jt. ; a.]

AC

A.

calice à 5 sépales soudés au delà du milieu, denticulés, aigus. (Parfois tige souterraine à nombreuses ramifications et feuilles comme vernies en dessus : *G. angustifolia* Vill.) [Prés, rochers ; fl. d'un bleu foncé, 3-10 c. ; m.-jt. ; v.]

Gentiana acaulis L.
Gentiane à tige courte.
Jura, Alpes, Pyrénées. [S]

---

§ Tube de la corolle ayant, au sommet, 6 à 12mm. de largeur environ.

⊕ Calice renflé à 5 pièces en forme d'ailes UT, plus grand que les feuilles ;

UT

Gentiana utriculosa L.
Gentiane à calice renflé.
Alsace, Savoie (très rare). [S]

⊕ Calice non renflé et sans ailes développées.

★ Plante annuelle à racine grêle NIV ; lobes de la corolle ayant une longueur moindre que les dents du calice ;

★ Lobes placés entre les pétales presque aussi longs que la partie libre des pétales PYR ;

PYR

feuilles étroites et à bords presque parallèles. [Prés ; fl. bleues ; 3-9 c. ; j-s. ; v.]

Gentiana pyrenaica L.
Gentiane des Pyrénées.
Pyrénées (rare). [S]

✕ Lobes placés entre les pétales NIV ; lobes de la corolle ayant une longueur moindre que les dents du calice ;

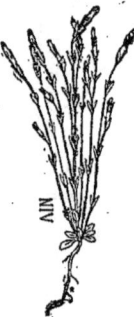

NIV

feuilles supérieures aiguës, les inférieures obtuses. [Prés, rochers ; fl. bleues, blanches en dedans ; 3-20 c. ; jt.-at. ; a.]

Gentiana nivalis L.
Gentiane des neiges.
Jura (très rare); Alpes, Pyrénées. [S]

---

§ Plante vivacée à tiges souterraines développées.

★ Lobes entre les pétales 4 à 6 fois moins longs que la partie libre des pétales [ex: VER];

Ⓥ Tube de la corolle environ 2 fois plus long que le calice V ; fertil-les rapprochées, les unes des autres, aiguës et obtuses; [Prés, rochers ; fl. d'un bleu vif, à gorge blanche ;1-12 c.; m.-at.; v.]

V

VER

Gentiana verna L.
Gentiane printanière.
Jura, Alpes, Auvergne, Pyrénées. [S]

Ⓑ Tube de la corolle un peu plus long que le calice BA ; feuilles toutes obtuses. [Prés, rochers ; fl. bleues ; j-15 c.; jt.-s.; v.]

BA

Gentiana bavarica L.
Gentiane de Bavière.
Alpes. [S]

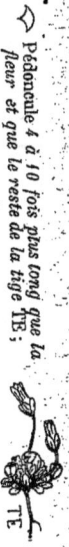

4 ou 5 sépales séparés presque jusqu'à la base.
[Prés, rochers; fl. bleues; 2-12 c.; jt.-s.; a.]

◇ Pédoncule 4 à 10 fois plus long que la fleur et que le reste de la tige TE;

◇ Pédoncule 4 fois plus long que la fleur et que le reste de la tige.

□ Calice à 4 sépales.

□ Calice à 5 sépales soudés environ jusqu'au milieu G. (Parfois fleur d'environ 1 c. de longueur : G. amarella L.);

△ Sépales séparés jusqu'à la base P; les 2 extérieurs plus larges;

△ Sépales séparés environ jusqu'au milieu CIL; pétales frangés;

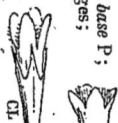

P; feuilles environ 2 à 3 fois plus longues que larges. [Prés; fl. d'un violet vineux, parfois blanches; 3-30 c.; jt.-s.; a.]

feuilles environ 4 à 12 fois plus longues que larges CIL. [Prés, ruisseaux; fl. bleues, rarement blanches; 5-30 c.; j.-s.; a.]

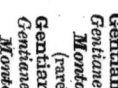

feuilles ovales aiguës. [Endroits incultes, bois; fl. d'un lilas violacé; 5-30 c.; at.-s.; a.]

5. SWERTIA. SWERTIE. — (→ Voyez fig. S, p. 213).
Sépales presque complètement séparés; corolle à 10 fossettes bordées de cils à la base des pétales; feuilles de la base pétiolées; fleurs groupées dans la partie supérieure des tiges.
[Endroits humides; fl. d'un bleu plus ou moins foncé, rarement blanches; 2-5 d.; jt.-s.; v.]

POLÉMONIACÉES.

POLÉMONIUM. POLÉMOINE. —
Feuilles complètement divisées; fleurs nombreuses disposées en corymbe. [Rochers, murs; fl. bleues ou blanches; 2-5 d.; m.-j.; v.]

CONVOLVULACÉES.

6. MENYANTHES. MÉNYANTHE. — (→ Voyez fig. M, p. 213).
Feuilles à longs pétioles et à gaines membraneuses; fleurs en grappes; styles longs; fruit arrondi; plante sans poils. [Marais; fl. rosées; 2-6 d.; av.-m.; v.]

7. LIMNANTHEMUM. LIMNANTHÈME. — (→ Voyez fig. L, p. 213).
Fleurs d'environ 25 à 30 mm. de largeur, à longs pédoncules; calice à sépales presque libres entre eux; fruit ovale en pointe. [Cours d'eau; longueur variable; fl. jaunes; jt.-s.; v.]

1. CONVOLVULUS. LISERON.—

◇ Feuilles de 4 à 7 millimètres de longueur, serrées et rapprochées CR......

◇ Feuilles de beaucoup plus de 7 millimètres de longueur, ni serrées ni rapprochées......

+ Feuilles à pétiole net, à limbe concave à la base et généralement pas beaucoup plus long que large......**Série 1** → p. 217.

+ Feuilles sans pétiole net, limbe non concave à la base et beaucoup plus long que large.

◇ Fleurs n'ayant pas de bleu sur la corolle; { ○ Feuilles à pétiole net, à limbe concave à la base et généralement pas beaucoup plus long que large.
plante vivace. { ○ Feuilles sans pétiole net, limbe non concave à la base et beaucoup plus long que large......**Série 2** → p. 217.

◇ Fleurs bleues ou ayant du bleu sur la corolle......**Série 3** → p. 218.

Gentiana tenella Rottbel.
Gentiane délicate
Alpes, Pyrénées (H^tes régions; rare). [S]

Gentiana campestris L.
Gentiane champêtre
Montagnes; Nord-Ouest, Ouest (rare). [S]

Gentiana ciliata L.
Gentiane ciliée.
Montagnes et çà et là dans le Nord-Est et le Centre. [S]

Gentiana germanica Willd.
Gentiane d'Allemagne.

Swertia perennis L.
Vosges, Jura, Alpes (rare) et çà et là, sauf dans l'Ouest et le Midi. [S]

Menyanthes trifoliata L.
Ményanthe trifolié (Trèfle d'eau).
Assez commun, sauf dans le Midi. Manque en Provence. [S]

Limnanthemum nymphoides
Hoffm. et Link.
Limnanthème Faux-Nénufar.
Ouest et çà et là.

Polemonium caeruleum L.
Polémoine bleue.
Jura, nord du Plateau Central (rare); Pyrénées (et cultivé). [S]

1. CONVOLVULUS → p. 216.
LISERON [10 esp.];

2. CRESSA → p. 218.
CRESSA [1 esp.].

Série 1

○ Feuilles plus ou moins profondément divisées, au moins celles du sommet ALT, A. (Parfois feuilles velues argentées : C. argyreus DC.);

  = Corolle jaunâtre, portant en dehors des lignes de poils TO;

    : Bractées distantes de la fleur A ;

      tiges et feuilles couvertes de poils roussâtres ; sépales aigus.
[Haies, champs ; fl. jaunâtres ; longueur variable ; j.-jt.; v.]

      boutons velus à l'extrémité ; brac-tées distantes de la fleur. [Haies, sables ; fl. oses ; longueur variable ; j. ; t. ; v.]

      corolle blanche ou rose souvent tachetée de pourpre ; feuilles en fer de flèche.
[Haies, champs ; fl. blanches ou roses ; longueur variable ; j.-jt.; v.]

  = Corolle blan-che, rose ou pourprée.

    ·· Bractées tou-chant la fleur [ex.; S].

      × Feuilles plus longues que larges SB ; fleurs blan-ches ;

      bractées aiguës, tiges s'enroulant.
[Haies, bois ; fl. blanches ; lon-gueur variable ; j.-o.; v.]

      × Feuilles plus larges que longues SL ; terre.

      bractées obtuses ; tige couchée sur la terre.
[Sables, rochers ; fl. roses ; j-3 d.; jt.-at.; v.]

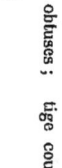

Série 2

○ Groupes de fleurs, en général, plus courts que les feuilles Ll ; corolle blanche, rayée de rose ;

  feuilles rétrécies en haut et en bas ; fruit cilié.
[Endroits incultes ; fl. blanches rayées de rose ; 1-3 d.; v.]

  ○ Feuilles non di-visées.

    × Fleurs nombreuses groupées en capitules LA ;

      feuilles inférieures plus petites ; plante couverte de poils roux, rarement velue argentée (C. lineais DC.).
[Endroits incultes ; fl. roses ; 1-3 d.; j.-jt.; v.]

  ○ Groupes de fleurs, en général, plus longs que les feuilles ; corolle rose.

    × Fleurs non en capitules, pédonculées CA ;

      feuilles ovales aiguës ; fruit velu.
[Endroits incultes ; fl. roses ou blanches ; 2-4 d.; j.-jt.; v.]

Convolvulus althaeoides L.
Liseron Pavasse-Guimauve. Région méditerranéenne, surtout sur le littoral.

Convolvulus tomentosus Choisy.
Liseron cotonneux. Dép¹ du Var (très rare : La Garde).

Convolvulus arvensis L.
Liseron des champs. Très commun. [S]

Convolvulus sepium L.
Liseron des haies (Manchette de la Vierge). Commun. [S]

Convolvulus Soldanella L.
Liseron Soldanelle. Littoral.

Convolvulus lineatus L.
Liseron rayé. Auvergne, littoral de l'Ouest (très rare) ; Région méditerranéenne.

Convolvulus lanuginosus Desr.
Liseron laineux. Roussillon, Provence (rare).

Convolvulus Cantabrica L.
Liseron de Biscaye. Sud-Est, Centre (rare) ; Plateau Central, Midi.

⊕ Feuilles pétiolées SI ;

corolle bleue ayant 2 fois environ la longueur du calice ; bractées touchant la fleur. [Rochers, endroits incultes ; fl. bleues ; 1-4 d.; m.-j.; a.]

Convolvulus siculus L.
Liseron de Sicile.
Provence (très rare). [S] sub.

Convolvulus tricolor L.
Liseron tricolore.
Provence (naturalisé et subspontané; très rare). [S] sub.

Série 3

⊕ Feuilles sans pétiole TR ;

corolle bleue avec blanc ou jaune, ayant 3 fois environ la longueur du calice ; bractées distantes de la fleur. [Rochers, endroits incultes ; fl. bleues, blanches ou jaunes au milieu ; 1-4 d.; m.-j.; a.]

Cressa cretica L.
Cressa de Crète.
Littoral de la Méditerranée (rare).

2. CRESSA. CRESSA. — (→ Voyez fig. Ch, p. 216). Tige très divisée, portant de nombreux rameaux fleuris, formant comme un petit buisson ; fruit à 2 valves. [Sables, rochers ; fl. jaunes ; 8-15 c.; al.-s.; a.]

CUSCUTACÉES

CUSCUTA. CUSCUTE. —

△ *1 style* MO; fleurs presque sans pédoncule ;

tige d'environ 1 à 2 mm. d'épaisseur [MON, grandeur naturelle]. [Parasite surtout sur la Vigne ; longueur variable ; fl. roses ; jt.-a.; a.]

Cuscuta monogyna Vall.
Cuscute à un style.
Région méditerranéenne (rare).

▽ *2 styles* ; fleurs plus ou moins pédonculées R ;

tige d'environ 1/5 de mm. d'épaisseur ; fleurs blanches, odorantes. [Parasite sur la Luzerne cultivée et quelques Papilionacées; longueur variable ; fl. blanches ; jt.-s.; a.]

Cuscuta suaveolens Ser.
Cuscute odorante.
Çà et là, mais rare.

□ Stigmate globuleux [exemple : MO];

+ Fleurs sans bractées à la base ; corolle large, globuleuse D;

étamines renfermées dans la corolle. [Parasite sur le Lin; longueur variable ; fl. blanches ; jt.-at.; a.]

Cuscuta densiflora Soy.-Will.
Cuscute à fleurs serrées.
Çà et là, sauf dans le Sud-Est et le Midi. [S]

+ Fleurs avec bractées à la base, de la fleur M;

Sépales comme prolongés en un tube au-dessous de la fleur M;

sépales arrondis au sommet; étamines dans la corolle. [Parasite sur l'Ortie, le Chanvre et le Houblon; longueur variable; fl. blan-châtres; jt.-at.; a.]

Cuscuta major C. Bauhin.
Cuscute majeure.
Çà et là, surtout dans l'Est, le Sud-Est, le Centre et le Plateau Central. [S]

□ Stigmate allongé.

+ Sépales non prolongés à la base E;

sépales aigus, parfois obtus (*C. alba* Presl.). [Parasite sur le Serpolet, la Luzerne, les Trèfles, etc.; longueur variable; fl. blanches, d'un blanc rosé ou rougeâtre ; jt-s.; a.]

Cuscuta epithymum Murray.
Cuscute du Thym.
Commun. [S]

RAMONDIACÉES

RAMONDIA. RAMONDIE. — Feuilles toutes à la base, ayant en dessous de longs poils roux, comme articulés ; dents des feuilles arrondies ; fleurs isolées ou par 2 à 4 [Rochers ; fl. violacées ; 8-16 c.; j.-jt.; v.]

Ramondia pyrenaica Rich.
Ramondia des Pyrénées.
Pyrénées.

☉ Corolle n'ayant pas le tube fermé par 5 lobes intérieurs développés..................... **1ᵉʳ GROUPE** → p. 219.

☉ Corolle ayant le tube presque fermé par 5 lobes intérieurs développés [exemples : B, P.]..................... **2ᵉ GROUPE** → p. 219.

1ᵉʳ GROUPE :

☐ Fleurs sans pédoncules et sans bractées, disposées en longs épis [exemples : H, C]; corolle à 5 plis; fruit formé de 4 parties entièrement réunies vers le centre du fruit;

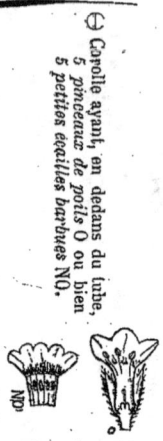

○ feuilles de la base pétiolées ou amincies en pétiole. **18. HÉLIOTROPIUM** → p. 226. *HÉLIOTROPE* [3 esp.].

○ Tiges sans poils dans sa partie moyenne; feuilles moyennes et supérieures embrassant la tige comme par 2 oreillettes CE;

• fleurs jaunes ou jaunes tachées de pourpre............. **1. CERINTHE** → p. 220. *MÉLINET* [2 esp.].

• Fleurs bleues, violettes ou roses ; corolle ayant en dedans 5 pinceaux de poils O. **11. PULMONARIA** → p. 223. *PULMONAIRE* [1 esp.].

☐ Fleurs n'*étant pas à la fois* sans pédoncules et sans bractées.

○ *Tige couverte de poils longs ou raides.*

① Corolle ayant, en dedans du tube, 5 pinceaux de poils O ou bien 5 petites écailles barbues NO.

• Fleurs blanches, brunes ou d'un violet noir de moins de 5 mm.; corolle ayant en dedans 5 petites écailles barbues NO............. **6. NONNEA** → p. 221. *NONNEE* [2 esp.].

① Corolle n'ayant ni écailles barbues ni pinceaux de poils en dedans du tube, parfois à 5 renflements sans poils ou bien à 5 plis (poilus ou non).

★ Corolle *irrégulière* [exemple : EV]; étamines inégales............. **10. ECHIUM** → p. 223. *VIPÉRINE* [6 esp.].

★ Corolle *régulière.*

✤ Corolle presque sans lobes ON; corolle ayant en dedans du tube 5 excroissances sans poils............. **8. ONOSMA** → p. 221. *ONOSMA* [1 esp.].

✤ Corolle à 5 lobes bien nets,

⊕ Chaque quart du fruit porté sur un petit pied L; fleurs d'un jaune clair, d'environ 2 c. de longueur, en général............. **7. ALKANNA** → p. 221. *ORCANETTE* [2 esp.].

⊕ Chaque quart du fruit *plat à sa base*; corolle ayant en dedans du tube 5 lignes de poils LA, 5 plis ou 5 petits lobes............. **9. LITHOSPERMUM** → p. 222. *GRÉMIL* [8 esp.].

2ᵉ GROUPE :

☐ Corolle en cloche S à tube large et plus de 10 fois plus long que les lobes de la corolle;

fleurs sans bractées S; feuilles ovales ou ovales en pointe............. **3. SYMPHYTUM** → p. 220. *CONSOUDE* [3 esp.].

☐ Corolle très étalée et à pétales pointus B;

étamines soudées par leurs anthères B; lobes intérieurs de la corolle sans poils; fruit lisse. **2. BORRAGO** → p. 220. *BOURRACHE* [1 esp.].

✧ Corolle à tube courbé à la base AR;

lobes intérieurs de la corolle poilus; fruit rugueux............. **5. LYCOPSIS** → p. 221. *LYCOPSIS* [1 esp.].

✧ Corolle à tube droit. (→ *Voyez la suite de l'analyse à la page suivante.*)

Suite de l'analyse des genres des Borraginées.

☐ Fruit couvert d'aiguillons Et, C;

△ Fruits à aiguillons allongés et disposés en rangées et terminés par une petite étoile de pointes Et;

△ Fruits à aiguillons courts sur tout l'extérieur des quatre parties du fruit C;

☐ Fruit dont chacune des 4 parties est bordée par une membrane portant des poils ou de petits aiguillons crochus (exemples : V, L);

☐ Fruit sans aiguillons ni membranes.

◯ Feuilles supérieures non rapprochées par 2 ou 4.

✳ Corolle à pétales étalés (exemple : P); calice de moins de 2 mm. de longueur, en général; fruits lisses.

✳ Corolle plus ou moins en entonnoir; fruit rugueux; calice de 3 à 7 mm. de longueur environ; fleurs avec bractées (exemples : V, L);

+ Fleurs sans bractées B; en général;

+ Fleurs avec bractées;

◯ Feuilles supérieures rapprochées par 2 ou 4 A;

tige à aiguillons.

1. CERINTHE. MÉLINET. —
◇ Corolle ayant 5 dents recourbées en dehors AS.
◇ Corolle ayant 5 dents en longues pointes droites M;

2. BORRAGO. BOURRACHE. —(→ Voyez fig. B, p. 219). Feuilles irrégulièrement dentées, les inférieures largement pétiolées; fleurs à longs pédoncules, à corolle étalée en étoile, renversées. [Champs, chemins; fl. bleues, blanches, rarement roses; 2-4 d.; j.-s.; a.]

3. SYMPHYTUM. CONSOUDE. —
= Lobes de la corolle recourbés en dehors.
= Lobes de la corolle dressés BU;
= Lobes de la corolle dressés BU;

• Fruits lisses OR et brillants; fleurs blanches, blanchâtres, roses ou verdâtres;
• Fruits couverts de petits tubercules TU; fleurs jaunâtres;

calice bordé de très petites dents; fleurs, ne dépassant pas 1 c. de longueur, en général.

feuilles moyennes à limbe prolongé longuement le long de la tige. [Endroits humides; 3-7 d.; m.-jt.; v.]
feuilles moyennes à limbe se prolongeant à peine le long de la tige. [Prés, bois; 2-4 d.; av.-jt.; v.]

étamines ayant leurs anthères de longueur à peu près égale aux filets; tige souterraine renflée, en chapelet formé par des tubercules arrondis. [Endroits humides; fl. d'un blanc-jaunâtre; av.-m.; v.]

(Parfois sépales non bordés de petites dents : C. alpina Kit.) [Champs, endroits incultes; fl. jaunes ou pourprées; 2-6 d.; j.-jt.; a., b. ou v.]

EL. feuilles étroites Et; ayant, en général, moins de 1 centimètre de largeur.
C. plante ayant des feuilles qui ont, en général, plus de 15 centimètres de largeur.......

tiges presque sans poils......

feuilles inférieures n'ayant pas des poils aussi longs que la largeur de la feuille.......
feuilles inférieures ayant des poils blancs aussi longs que la largeur de la feuille; plante des hautes montagnes......

17. ASPERUGO → p. 236.
RAPETTE [1 esp.].

Cerinthe aspera Roth.
Mélinet rude.
Jura, Alpes, Pyrénées (très rare).
Région méditerranéenne. [S]
Mélinet à petites fleurs.
Cerinthe minor L.
Alpes. [S] sub.
Borrago officinalis L.
Bourrache officinale.
Assez commun (cultivé et naturalisé)

Symphytum officinale L.
Consoude officinale.
Commun, sauf dans le Midi. [S]

Symphytum tuberosum L.
Consoude tubéreuse.
Plateau Central, Midi et çà et là dans le Sud-Est, le Centre et l'Ouest. [S]

Symphytum bulbosum Schimp.
Consoude bulbeuse.
Dép¹ des Alpes-Maritimes. [S]

16. OMPHALODES → p. 225.
OMPHALODES [3 esp.].

15. CYNOGLOSSUM → p. 225.
CYNOGLOSSE [5 esp.].

14. ECHINOSPERMUM → p. 225.
ECHINOSPERME [2 esp.].

4. ANCHUSA → p. 221.
BUGLOSSE [4 esp.].

12. MYOSOTIS → p. 223.
MYOSOTIS [9 esp.].

13. ERITRICHIUM → p. 224.
ERITRICHIUM [1 esp.].

⊕ Feuilles ondulées *irrégulièrement* et *s'orientant sur les bords* U;

✱ Petits lobes intérieurs de la corolle à poils presque aussi longs que ces lobes IT;

petits lobes intérieurs de la corolle ciliés et poilus au sommet; calice plus long que les bractées. [Rochers, endroits incultes; fl. bleuâtres ou roses; 2-4 d.; j.-jt.; b.]

⊕ Feuilles à pétiole *ondulées.*

✖ Petits lobes intérieurs de la corolle à poils courts S; poils du milieu de la tige de moins de 3 mm. de longueur;

poils de la partie moyenne de la tige ayant 3 à 4 mm. de longueur; corolle à tube un peu plus court que les sépales. [Champs, endroits incultes; fl. bleues ou roses; 2-7 d.; m.-at.; b.]

↗ Feuilles *toutes ovales* à poils courts SB un peu cotonneuses en dessous;

feuilles inférieures à pétiole net. [Endroits incultes; fl. bleues; 2-7 d.; m.-jt.; v.]

↘ Feuilles *allongées très velues* OF, non cotonneuses en dessous;

feuilles inférieures rétrécies en pétiole. [Endroits incultes;fl. bleuâtres ou roses;2-6 d.;j.-at.;b. ou v.]

5. LYCOPSIS. LYCOPSIS. — (→ Voyez fig. AR, p. 219). Feuilles allongées, ondulées, les supérieures embrassant à moitié la tige. [Champs, endroits incultes; fl. bleues, rarement blanches; 1-5 d.; m.-at.; c.]

6. NONNEA. NONNÉE. —

○ Fleurs *blanches ou rarement d'un violet noir*, à peine plus longues que le calice; tige peu rameuse A.

[Endroits incultes; 1-3 d.; m.-j.; v.]

C Fleurs *brunes*; dépassant le calice; tige très rameuse P. [Endroits incultes; 1-3 d.; m.-jt.; v.]

7. ALKANNA. ORCANETTE. —

≡ Fleurs *jaunes*; fruits couverts d'un léger réseau saillant L;

feuilles inférieures à court pétiole. [Endroits incultes; 2-4 d.; m.-j.; v.]

≡ Fleurs *bleues*; fruits couverts de tubercules irréguliers T;

feuilles inférieures longuement rétrécies en pétiole. [Endroits incultes; 1-2 d.; m.-j.; v.]

8. ONOSMA. ONOSMA. — (→ Voyez fig. ON, p. 219). Poils des feuilles sortant de tubercules, non en 2 lobes E;

feuilles peu ou pas enroulées sur les bords. (Parfois anthères saillantes et stigmate non en 2 lobes: **O. arenarium** W. et K.) [Endroits incultes; 1-2 d.; j.-jt.; v.] 625, p. 391.

Poils des feuilles sortant de tubercules à 2 lobes E;

Anchusa undulata L. Buglosse ondulée. *Région méditerranéenne*(très rare).

Anchusa italica L. Buglosse d'Italie (Langue-de-boeuf). *Assez commun, sauf dans le Nord et l'Est.* [S]

Anchusa sempervirens L. Buglosse toujours verte. *Nord-Ouest, Ouest, Dépt du Gard* (rare).

Anchusa officinalis L. Buglosse officinale. *Alsace, Sud-Est, Ouest, Midi* (très rare). [S]

Lycopsis arvensis L. Lycopsis des champs (Face-de-loup). *Commun, sauf dans la Région méditerranéenne.* [S]

Nonnea alba DC. Nonnéa blanche. *Région méditerranéenne.*

Nonnea pulla DC. Nonnéa brune. *Pyrénées orientales* (très rare). [S] sub.

Alkanna lutea DC. Orcanette jaune. *Littoral de la Méditerranée* (très rare). [S]

Alkanna tinctoria Tausch. Orcanette tinctoriale. *Sud-Est, Région méditerranéenne.*

Onosma echioides L. Onosma Fausse-Vipérine. *Sud-Est, Midi* (rare). [S]

9. LITHOSPERMUM. GRÉMIL. —

⊙ **Fleurs d'un blanc jaunâtre ; fruits blancs et lisses ; feuilles à plusieurs nervures saillantes** LO.
[Bois ; fl. d'un blanc jaunâtre ; 2-7 d. ; m.-at. ; v.]
Lithospermum officinale L. Grémil officinal. Assez commun. [S]

⊕ **Fleurs blanches ou jaunes.**

⊙ Fleurs blanches ; feuilles allongées AV à petits poils ; haut du tube de la corolle sans poils en dedans.
[Champs ; fl. blanches, rarement bleues ; 1-4 d. ; av.-j. ; a.]
Lithospermum arvense L. Grémil des champs. [S]

⊛ Fleurs blanchâtres ou jaunes ; feuilles à 1 seule nervure saillante AV, AP ; fruits brunâtres et couverts de petits tubercules.

✱ Fleurs jaunes ; feuilles allongées à longs poils étalés AP ; haut du tube de la corolle velu en dedans.
[Champs, endroits incultes ; fl. jaunes ; ½-15 c. ; m.-j. ; a.]
Lithospermum apulum Vahl. Dépt. de la Charente-Inférieure, Région méditerranéenne.

⊕ **Fleurs bleues, *roses ou violacées***

⊙ **Plante ligneuse.**

✱ Feuilles non blanchâtres en dessous et plus roulées par les bords FR, PR.

⊙ Corolle sans poils " dessous des feuilles à. poils de deux sortes FR ;
étamines partant presque du haut du tube.
[Endroits incultes ; fl. bleues ; 1-2 d. ; m.-j. ; v.]
Lithospermum fruticosum L. Grémil ligneux. Région méditerranéenne.

⊙ Corolle poilue en dehors et au sommet du tube ; tiges plus ou moins couchées ; dessous des feuilles à poils tous semblables PR; 
[Endroits incultes ; fl. d'un bleu pourpré ; tiges de 1-6 d. ; m.-j. ; v.]
Lithospermum prostratum Lois. Grémil couché. Littoral de l'Ouest (rare) et du Sud-Ouest.

✱ Feuilles blanchâtres et soyeuses en dessous et non roulées sur les bords, élargies dans leur partie supérieure O ;
tiges ordinairement dressées.
[Endroits incultes ; fl. d'un bleu pourpré ; 1-3 d. ; m.-j. ; v.]
Lithospermum oleaefolium Lap. Grémil à feuilles d'Olivier. Pyrénées Orientales (rare).

⊙ **Plante herbacée.**

✱ Bractées supérieures presque aussi grandes que les feuilles et bien plus longues que les fleurs GAS ;
fruits jaunâtres brillants.
[Endroits incultes ; fl. bleues ; 2-4 d. ; jt.-at. ; v.]
Lithospermum Gastoni Benth. Grémil de Gaston. Pyrénées (rare).

✱ Bractées supérieures dépassant peu ou pas les fleurs [ex.; PUR].

⊙ Fleur ayant environ 1 c. de longueur PC ; 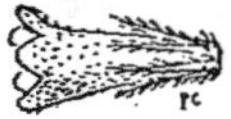
fleurs groupées au sommet des tiges PUR ; fruits lisses.
[Bois ; fl. violettes, puis bleues ; 3-6 d. ; m.-j. ; v.] 
Lithospermum purpureo-caeruleum L. Grémil rouge-bleu. Assez commun, sauf dans le Nord, le Nord-Est et le Nord-Ouest. [S]

⊙ Fleur ayant, en général, moins de 5 mm. de longueur; fruits couverts de petits tubercules
(*L. incrassatum* Guss.). → Voyez *L. arvense*, p. 222.

□ Feuilles inférieures à nervures secondaires nettement visibles (ex. : CR).

CR

♀ Feuilles moyennes *élargies à la base* PL ; corolle à poils épars sur les nervures ; fl. violettes à stries blanches, rarement blanches ; 9-7 d.; jl-ak.; b.]

PL

Echium plantagineum L.
Vipérine Faux-Plantain.
Littoral de l'Ouest (très rare) ; **Midi.**
[S] sub.

♀ Feuilles moyennes *rétrécies à la base* CRE ; corolle à poils sur les nervures et à moins poils sur la surface. [Endroits incultes ; fl. rougeâtres, puis violettes ; 2-7 d.; j.-jl.; b.]

CRE

Echium creticum L.
Vipérine de Crête.
Provence (rare).

△ En général, 1 à 4 grappes de fleurs par tige fleurie ; étamines dépassant peu ou pas la corolle.

= Corolle peu élargie au sommet CA ;

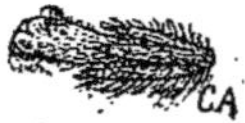

♀ Feuilles moyennes arrondies au sommet ; [Sables, rochers ; fl. bleues, rarement blanches ; 1-3 d.; a.-m.; f. ou b.]

CA

Echium calycinum Vip.
Vipérine à long calice.
Littoral de la Provence.

♀ Feuilles moyennes aiguës. [Rochers, sables ; fl. violacées ; 1-3 d.; m.-j.; b.]

MA

Echium maritimum Willd,
Vipérine maritime;
Littoral du Dépt du **Var** (très rare).

= Corolle très élargie au sommet MA :

☀ Tige couverte de poils *très serrés* IT et de plus en plus serrés dans la partie supérieure. [Endroits incultes ; 3-10 d.; m.-jl.; b.]

IT

Echium italicum L.
Vipérine d'Italie.
Littoral de l'Ouest (rare) ; **Midi.** [S]

△ En général, beaucoup de grappes de fleurs ; étamines saillantes.

☀ Tige couverte de poils assez espacés, même dans la partie supérieure de la tige VU ; corolle à tube de la longueur du calice. [Endroits incultes ; fl. bleues ou roses, rarement blanches ; 2-10 d.; m.-jl.; b.]

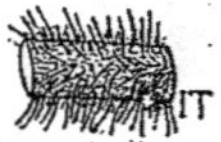

VU

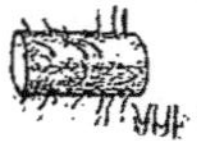

Echium vulgare L.
Vipérine vulgaire.
Très commun. [S]

□ Feuilles inférieures à nervures secondaires non visibles.

11. PULMONARIA. PULMONAIRE. — (→ Voyez fig. O, p. 219.)

⊙ Feuilles allongées, les inférieures pétiolées ou presque pétiolées. (Parfois feuilles des tiges non florifères en coin à la base : *P. angusti-folia L.*) .... *Série 2* → P. 224.

Pulmonaria officinalis L.
Pulmonaire officinale.
Commun, sauf dans le Nord et la Région méditerranéenne. [S]

[Bois, près ; fl. d'abord roses ou violettes ou bleues ; 1-5 d.; av.-j.; v.]

12. MYOSOTIS. MYOSOTIS. —

⊙ Calice à poils appliqués et sans crochet PA. .... *Série 2* → P. 224.

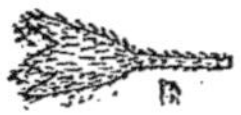

PA

⊙ Calice à poils en crochet MI ou bien à poils très étalés. .... *Série 1* → p. 224.

MI

× Pédoncules du milieu de la grappe *au moins aussi longs que le calice* PAL, Sl. (Parfois tige ne dépassant pas les divisions de l'ovaire : **M. lingulata** Lehm.; — ou pédoncules environ de la longueur du calice : **M. sicula** Guss.)
[Endroits incultes; fl. bleues, roses ou blanches; 1-7 d.; m.-jt.; a., b. ou v.]

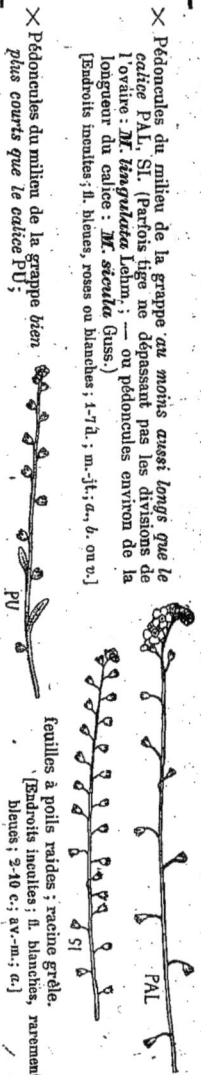

PAL — Myosotis palustris *With.*
Myosotis des marais.
Commun. [S]

× Pédoncules du milieu de la grappe *bien plus courts que le calice* PU;

PU — Myosotis pusilla *Lois.*
Myosotis nain.
Provence (rare).

§ Corolle à lobes *étalés dans un* plan Sl.;

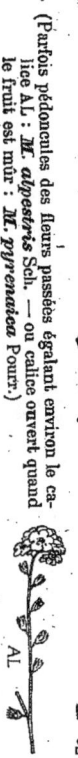

(Parfois pédoncules des fleurs passées égalant environ le calice A.I : **M. alpestris** Sch.; — ou calice ouvert quand le fruit est mûr : **M. pyrenaica** Pourr.)

(Pédoncules des fleurs passées ayant 2 à 3 *fois la longueur du calice* I. (Parfois fleurs d'un blanc jaunâtre : **M. Lebelii** GG.)

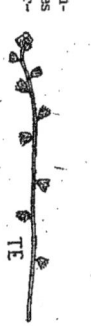

feuilles inférieures arrondies au sommet.

feuilles à poils raides; racine grêle.
[Endroits incultes; fl. blanches, rarement bleues; 3-10 c.; av-m.; a.]

SLV — Myosotis silvatica *Hoffm.*
Myosotis des bois.
Montagnes et çà et là, sauf dans le Nord-Ouest et la plaine méditerranéenne. [S]

§ Corolle à lobes dont l'ensemble est en forme de coupe.

(Pédoncules des fleurs passées ayant environ la longueur du calice 2 mm. ou plus de largeur.

★ Calice des fleurs passées inférieures *dressé* S; feuilles souvent avec poils en crochet;
[Endroits incultes; fl. bleues; 2-10 c.; av.-j.; a.]

Calice des fleurs passées pas plus écarté de la tige.

Myosotis intermedia *Link.*
Myosotis intermédiaire.
Commun. [S]

(Pédoncules des fleurs passées ayant environ 2 mm. de largeur.

Calice des fleurs passées plus ou moins écarté de la tige.

Calice des fleurs passées de 1 mm. 1/2 de largeur environ; pédoncules bien plus courts que le calice; feuilles les unes arrondies au sommet, les autres aigus; tige d'environ 1/4 de mm. de largeur.

calice à la fin fermé; feuilles de la base peu à peu rétrécies TT.
[Endroits incultes; fl. bleues; 2-6 d.; av.-o.; a.]

TT — Myosotis tenella *Marcilly.*
Myosotis délicat.
Alpes maritimes (très rare).

✖ Corolle jaune, puis blanchâtre, peu rougeâtre, puis bleue à tube *bien plus long que le calice* (c., fig. V).
[Endroits sablonneux; fl. de nuances variées; 5-40 c.; m.-j.; a.]

TE — Myosotis versicolor *Pers.*
Myosotis versicolore.
Assez commun. [S]

✖ Corolle bleue à tube *à peine plus long que le calice* H.
[Endroits incultes; fl. bleues; 1-3 d.; m.-j.; a.]

tiges fleuries presque dès la base.
Myosotis roide.
[Endroits sablonneux; fl. bleues; 5-20 c.; av.-m.; a.]

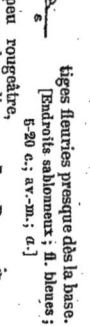

Sl — Myosotis stricta *Link.*
Myosotis roide.
Est, Centre, Plateau Central et çà et là. [S]

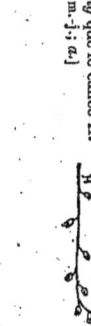

H — Myosotis hispida *Schlecht.*
Myosotis hérissé.
Commun. [S]

[Bois, prés, rochers; fl. bleues; 3-7 d.; m.-at.; b. ou v.]

13. ERITRICHIUM. ERITRICHIUM. — (Voyez fig. ER, p. 230).
Corolle d'environ 5 à 7 mm. de largeur; fleurs en grappes courtes; feuilles nombreuses à la base, en touffes, arrondies au sommet.
[Rochers; fl. bleues; 2-9 c.; jt.-a.; v.]

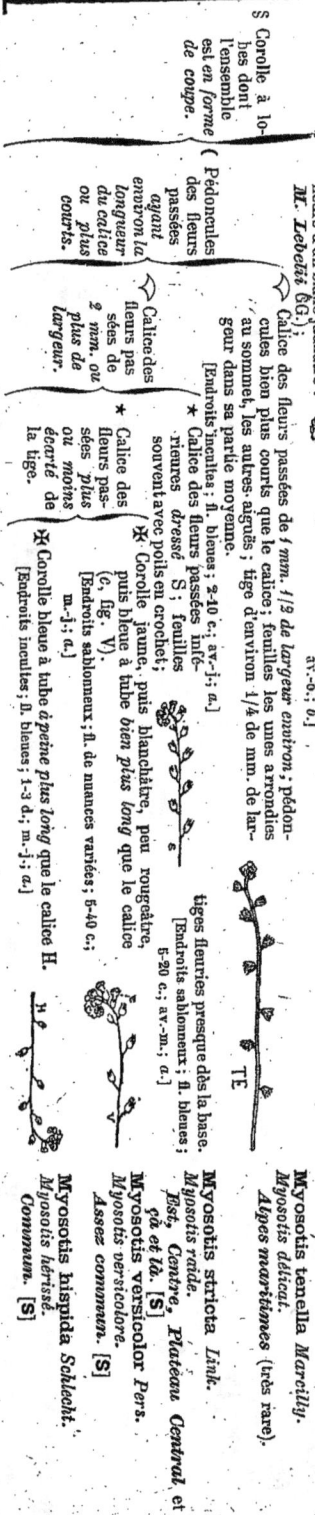

ER — Eritrichium nanum *Schrad.*
Eritrichium nain.
Alpes (Hautes régions; rare). [S]

14. ECHINOSPERMUM. ÉCHINOSPERME. —

↯ Sépales aussi longs ou plus longs que le fruit et courbés vers le haut LAP; aiguillons serrés LAP;

↯ Sépales un peu plus courts que le fruit et étalés DE; aiguillons sur des rangées distantes les unes des autres DE;

tiges portant souvent des rameaux courts à feuilles serrées. [Endroits incultes; fl. bleuâtres; 9-5 d.; j.-a.t.; a. ou b.]

Echinospermum Lappula Lehm.
Échinosperme Bardanette.
Peu commun, surtout dans le Nord, et l'Est. [S]

tiges ordinairement sans rameaux courts à feuilles serrées. [Endroits pierreux et ombragés; fl. bleues; 2-7 d.; m.-j.; b.]

Echinospermum deflexum Lehm.
Échinosperme réfléchi.
Alpes de la Savoie et du Dauphiné (très rare). [S]

15. CYNOGLOSSUM. CYNOGLOSSE. —

□ Feuilles presque sans poils sur leur face supérieure; calice à poils peu nombreux M;

 DE

pédoncule du fruit plus long que le calice. [Forêts; fl. bleues ou violacées; 4-10 d.; j.-ji.; b.]

Cynoglossum montanum Lam.
Cynoglosse des montagnes, Côte-d'Or, Nord-Ouest. [S]

△ Fruit couvert d'aiguillons entremêlés de tubercules et ne laissant pas voir d'intervalles entre les aiguillons ou les tubercules DI, PI.

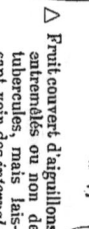

+ Pédoncules des fruits renversés PIC. [Endroits incultes; fl. rosees, puis d'un bleu pâle ou d'un blanc veiné; 3-10 d.; m.-j.; a. ou b.]

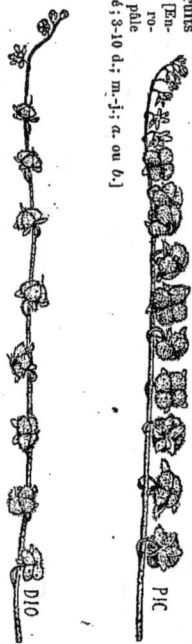

Cynoglossum pictum Ait.
Cynoglosse rayé.
Plateau Central, Midi et çà et là dans le Sud-Est, le Centre et l'Ouest. [S] sub.

□ Feuilles poilues sur les deux faces; calice à poils nombreux O.

 DI PI

+ Pédoncules des fruits non renversés DIO. [Endroits incultes; fl. d'abord rougeâtres, puis bleues; 3-9 d.; m.-ji.; a. ou b.]

Cynoglossum officinale L.
Cynoglosse officinal.
Assez commun; manque dans la plaine méditerranéenne. [S]

△ Fruit couvert d'aiguillons entremêlés ou non de tubercules, mais laissant voir des intervalles les entre les aiguillons ou les tubercules OF, CH.

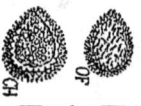

+ Feuilles à poils rudes; fruit à aiguillons non entremêlés de tubercules. [Endroits incultes; fl. d'un rouge vineux ou violacé; 3-10 d.; m.-ji.; a. ou b.]

Cynoglossum cheirifolium L.
Cynoglosse à feuilles de Giroflée.
Région méditerranéenne.

 OF

 CH

+ Feuilles à poils serrés, courts, cotonneux; fruit à aiguillons entremêlés de tubercules. [Endroits incultes; fl. rougeâtres, puis d'un bleu pourpré; 1-6 d.; m.-j.; a.]

Cynoglossum Dioscoridis Vill.
Cynoglosse de Dioscoride.
Côte-d'Or, Alpes de la Savoie et du Dauphiné.

 PIC

 DIO

16. OMPHALODES. OMPHALODÈS. —

✠ Feuilles de la base à long pétiole, à limbe ovale ou en cœur renversé VE;

 VE

fleurs ordinairement d'un beau bleu; calice couvert de poils très serrés. [Endroits frais; fl. bleues; 5-15 c.; av.-m.; v.]

Omphalodes verna Mœnch.
Omphalodès du printemps.
Cultivé, et très rarement subspontané. [s] sub.

✠ Feuilles de la base à court pétiole, à limbe arrondi.

□ Feuilles de la base n'ayant pas un long pétiole et un limbe ar-rondi.

= Grappes ayant des bractées LIT;

fleurs d'environ 3 à 5 mm. de largeur. [Sables; fl. blanches; 3-15 c.; m.-j.; a.]

Omphalodes littoralis Lehm.
Omphalodès du littoral.
Littoral de l'Océan (rare).

 LIT

= Grappes sans bractées LIN;

fleurs d'environ 7 à 10 mm. de longueur. [Endroits incultes; fl. blanches ou bleues; ms.-ji.; a.]

Omphalodes linifolia Mœnch.
Omphalodès à feuilles de Lin.
Cultivé et rarement subspontané.

 LIN

17. ASPERUGO. RAPETTE. — (→ Voyez fig. A, p. 230.) Fleurs par petits groupes serrés; pédoncules des fruits courbés; feuilles terminées par une pointe dure.
[Endroits incultes, chemins; fl. bleues, parfois blanches; 2-7 d.; m.-j.; a.]

Asperugo procumbens L.
Rapette couchée.
Çà et là, surtout dans le Midi. [S]

18. HELIOTROPIUM. HÉLIOTROPE. —

⊕ Feuilles s'amincissant à la base C;

tige et feuilles glauques et sans poils; rameaux à feuilles serrées; sépales appliqués sur le fruit.
[Sables; fl. blanches; 3-6 d.; j.-jt.; v.]

Heliotropium curassavicum L.
Héliotrope de Curaçao.
Littoral de la Méditerranée (rare et naturalisé).

☿ Feuilles à pétiole net, tiges et feuilles poilues.

× Calice ouvert quand le fruit est mûr EU;

feuilles pointues vertes, même en dessous, les supérieures un peu pointues au sommet.
[Champs; fl. blanches; 1-4 d.; jt.-s.; a.]

Heliotropium europaeum L.
Héliotrope d'Europe.
Assez commun, sauf dans le Nord et l'Est. [S]

× Calice fermé quand le fruit est mûr SU;

feuilles cotonneuses blanchâtres, surtout en dessous, les supérieures arrondies au sommet.
[Sables; fl. blanches; 1-4 d.; jt.-at.; a.]

Heliotropium supinum L.
Héliotrope couché.
Région méditerranéenne (rare).

SOLANÉES

★ Plante herbacée.

○ Corolle à tube allongé ou en cloche.

⬦ Arbrisseau épineux; corolle en entonnoir; fleurs un peu irrégulières L.

fruit charnu, noir à la maturité......**1. LYCIUM** → p. 297.
LYCIET [3 esp.].

⬦ Fleurs jaunâtres souvent veinées de violet;

fruit en forme de boîte arrondie, s'ouvrant par un couvercle dans le calice persistant et élargi à la base HY;

corolle à 5 lobes arrondis et un peu inégaux......**6. HYOSCYAMUS** → p. 297.
JUSQUIAME [2 esp.].

☐ Corolle pliée en long; feuille à dents pointues D;

fruit couvert d'épines et s'ouvrant par 4 valves DS...**5. DATURA** → p. 297.
DATURA [1 esp.].

Fleurs non toutes rejetées d'un côté; fruit ne s'ouvrant pas par un couvercle.

☐ Corolle non pliée en long; feuilles non à dents pointues.

△ Corolle en tube plus ou moins allongé R,T;

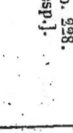

fruit s'ouvrant par 2 valves.....**7. NICOTIANA** → p. 298.
NICOTIANE [3 esp.].

△ Corolle en cloches à 5 dents très courtes; feuilles aiguës B;

fruit charnu, noir à la maturité......**4. ATROPA** → p. 297.
ATROPA [1 esp.].

○ Corolle étalée N ou en coupe A.

+ Calice devenant très grand après la floraison P et renfermant le fruit; fleurs blanchâtres, verdâtres en dedans; corolle en coupe A.

3. PHYSALIS → p. 297.
COQUERET [1 esp.].

+ Calice ne devenant pas très grand après la floraison; corolle étalée N; anthères réunies.

2. SOLANUM → p. 297.
MORELLE [3 esp.].

1. LYCIUM. LYCIET. —

⊕ Étamines renfermées complètement dans la corolle A;

corolle 5 à 6 fois plus longue que le calice; feuilles allongées, en gouttière. [Haies; fl. pourprées, livides; 1-2 m.; m.-j.; v.] — **Lycium afrum L.** *Lyciet d'Afrique.* Dép. des **Pyrénées-Orientales** (très rare).

⊕ Étamines saillantes.

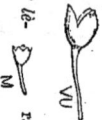

X Calice à 2 lèvres VU; ou lilas; 1-5 m.; j.-a.; v.] rameaux épineux allongés (2 à 8 c.); fruit ovale allongé. [Endroits incultes, haies, fl. violacées — **Lycium barbarum L.** *Centre, Plateau Central, Midi,* littoral de l'Ouest et du Nord et çà et là. [S]

X Calice non à 2 lèvres M; rameaux épineux, épais et courts, ne dépassant pas, en général, 2 c.; fruit globuleux. [Endroits incultes, haies; fl. blanches ou rosées; 1-3 m; m.-j.; v.] — **Lycium europaeum L.** *Lyciet d'Europe.* **Région méditerranéenne.** [S]

2. SOLANUM. MORELLE. —

§ Feuilles profondément divisées, à plus de 3 divisions; fruit jaunâtre; branches souterraines à renflements tuberculeux. [Champs; fl. blanches ou violettes; 3-6 d.; j.-s.; v.] — **Solanum tuberosum L.** *Morelle tubéreuse* (Pomme de terre). Cultivé. [S]

§ Feuilles entières ou à 3 divisions.

⦿ Fleurs *violettes*; feuilles un peu en cœur à la base, les supérieures souvent à 3 divisions DU; fruit ovale. — **Solanum Dulcamara L.** *Morelle Douce-amère* (Vigne de Judée). Commun. [S]

⦿ Fleurs *blanches*; feuilles entières ou un peu dentées; fruit globuleux. (Parfois corolle 3 à 4 fois plus longue que le calice: *S. villosum* Lam.) — **Solanum nigrum L.** *Morelle noire* (Tue-chien). Très commun. [S]

3. PHYSALIS. COQUERET. — (→ Voyez fig. A, P, p. 226). Feuilles ovales; fleurs isolées; fruit charnu, rouge, luisant, entouré par le calice agrandi qui devient rouge. [Décombres, cultures; fl. blanchâtres à centre verdâtre; 3-6 d.; j.-s.; v.] — **Physalis Alkekengi L.** *Coqueret Alkékenge.* çà et là, surtout dans les vignes. [S]

4. ATROPA. ATROPA. — (→ Voyez fig. B, p. 226). Feuilles ovales en pointe dont les bords sont concaves vers le haut; feuilles les plus grandes d'au moins 6 centimètres de largeur; fruit charnu, globuleux, noir à la maturité. [Bois, rochers; fl. brunes; 3-20 d.; j.-a.; b. ou.v.] — **Atropa Belladona L.** *Atropa Belladone* (Herbe empoisonnée). Montagnes et çà et là. [S]

5. DATURA. DATURA. — (→ Voyez fig. D, DS, p. 226). Feuilles ovales à pointe dont les bords sont concaves vers le haut; feuilles sans poils ou presque sans poils; calice à long tube. (Plante parfois violacée: D. Tatula L.) [Décombres, chemins; fl. blanches, rarement violettes; 3-10 d.; jt-s.; v.] — **Datura Stramonium L.** *Datura Stramoine* (Pomme épineuse). çà et là. [S]

6. HYOSCYAMUS. JUSQUIAME. —

| Feuilles moyennes sans pétiole N; corolle jaunâtre veinée de violet ou de brun, rarement tout à fait jaune. [Décombres, chemins; 3-8 d.; m.-j.; a. ou b.] — **Hyoscyamus niger L.** *Jusquiame noire* (Potelée). Assez commun, sauf dans la Région méditerranéenne. [S]

(Feuilles moyennes pétiolées A; corolle jaune à tube verdâtre, rarement à tube pourpre ainsi que les filets des étamines (*H. major* Mill.) [Endroits incultes; 2-5 d.; m.-a.; a. ou b.] — **Hyoscyamus albus L.** *Jusquiame blanche.* Dép. de la Hte-Loire (très rare); Région méditerranéenne.

7. NICOTIANA. NICOTIANA. —

• Feuilles sans poils, glauques, à nervure principale bordée en dessous par de aux petits bourrelets. [Champs; fl. vertes ou jaunes; g-10 d.; j-a.; a.]

◉ Fleurs jaunâtres ou verdâtres à tube court R; fruit presque globuleux. [Champs; 3-10 d.; j-a.; d.]

Nicotiana rustica L.
Nicotiana rustique.
Cultivé et subspontané. [S]

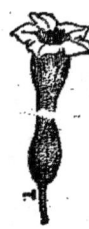

◉ Fleurs rouges ou rosées à tube très allongé T; fruit ovale. [Champs; 3-15 d.; j-a.; a.]

Nicotiana Tabacum L.
Nicotiana Tabac.
Cultivé et quelquefois *subspontané.* [S]

• Feuilles n'ayant pas ces caractères.

Nicotiana glauca Crab.
Nicotiana glauque.
Cultivé et rarement subspontané dans la Région méditerranéenne. [S]

VERBASCÉES

VERBASCUM. MOLÈNE. —

* Étamines sans poils ou ayant des poils blancs. . . . . **Série 1 → p. 228.**

* Étamines ayant des poils violets. . . . . **Série 2 → p. 228.**

Série 1

→ Feuilles à limbe non prolongé sur la tige PV, LC:

□ Tige ronde, même en haut PV; pédoncule du fruit égalant le calice PU; feuilles à poils cotonneux qui se détachent par flocons. [Endroits incultes; fl. jaunes; 8-14 d.; j-s.; b.]

Verbascum floccosum W. et K.
Molène floconneuse.
Assez commun, sauf dans le Nord et l'Est. [S]

□ Tige anguleuse vers le haut LC; pédoncule du fruit plus long que le calice LY; feuilles poilues, à poils en étoile.

Verbascum Lychnitis L.
Molène Lychnite.
Commun, sauf dans la Région méditerranéenne. [S]

→ Feuilles à limbe prolongé sur la tige:

△ Stigmates presque globuleux I, ne se prolongeant pas sur le style; corolle en forme de coupe.
[Endroits incultes; fl. jaunes ou blanches; 8-12 d.; j-s.; a. ou b.]

(Parfois feuilles ne se prolongeant pas jusqu'à la feuille suivante: **V. montanum** Schrad.)
[Endroits incultes; fl. jaunes; 8-30 d.; jl-s.; a. ou b.]

Verbascum Thapsus L.
Molène Thapsus (Bouillon blanc).
Commun. [S]

△ Stigmates non globuleux PH et se prolongeant longuement sur le style; corolle à lobes étalés.

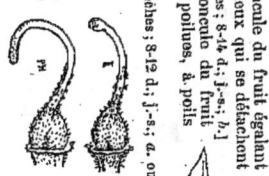

(Parfois feuilles se prolongeant jusqu'à la feuille suivante: **V. austriacum** Schrad.)
[Endroits incultes; fl. jaunes; 8-15 d.; jl-s.; a. ou b.]

Verbascum phlomoides L.
Molène Faux-Phlomis.
Assez commun, sauf dans la Région méditerranéenne. [S]

Série 2

+ Feuilles inférieures à dents arrondies et inégales; les dents les plus grandes ayant plus de 1 c.; inflorescence très grande, à rameaux écartés SN;

□ Pédoncules plus longs que le calice BTA.

□ Pédoncules plus courts que le calice BLS.

feuilles presque sans poils BL. [Endroits incultes; fl. jaunes tachées de violet; 3-10 d.; jl-s.; b.]

feuilles à nervures poilues (**V. blattarioides**)

Verbascum sinuatum L.
Molène sinuée.
Sud-Est (rare); Midi.

Verbascum Blattaria L.
Molène Blattaire.
Assez commun, sauf dans le Nord-Est. [S]

+ Feuilles inférieures à dents à dents de moins d'un demi c., en général.

○ Bractées et sépales à poils glanduleux; feuilles presque sans poils en dehors des nervures.

○ Bractées et sépales sans poils glanduleux; feuilles poilues, même entre les nervures, au moins en dessous.

(→ Voir la suite à la page suivante.)

Suite de l'analyse des Verbascum :

✱ Tige anguleuse ; feuilles arrondies ou en cœur à la base Nl ; stigmate en tête. [Bois, chemins ; fl. jaunes tachées de violet ; 3-12 d.; jt.-o.; b.]

Verbascum nigrum L.
Molène noire.
Assez commune, sauf dans la Région méditerranéenne. **[S]**

✽ Tige arrondie ; stigmate presque globuleux.

✴ Groupes de fleurs disposés en inflorescence rameuse ; feuilles supérieures *non embrassantes* CH. [Endroits incultes ; fl. jaunes tachées de violet; 3-10 d.; jl.-s.; b. ou v.]

Verbascum Chaixii Vill.
Molène de Chaix.
Sud-, Est-, Cévennes, *Région méditerranéenne.* **[S]**

✴ Groupes de fleurs disposés en épi ; feuilles supérieures embrassantes B. [Endroits incultes; fl. jaunes tachées de violet ; 3-10 d.; j.-s.; a. ou b.]

Verbascum Boerhaavii L.
Molène de Boerhaave.
Sud-Est, Plateau Central (rare) ; Région méditerranéenne.

SCROFULARINÉES

⊖ Corolle à tube en bosse à la base ⊖, ou prolongée en éperon SU, ST.

⧫ Corolle à tube en bosse à la base M, OR, ou prolongée en éperon SU, ST.

⬦ 2 étamines et parfois, en outre, 2 filets sans anthères.

□ Une 5ᵉ étamine en forme d'écaille ⊖, fig. S;  plantes à feuilles opposées..........**1ᵉ GROUPE →** p. 229.

□ Pas de 5ᵉ étamine en forme d'écaille.

✴ Feuilles inférieures profondément divisées.

✴ Feuilles inférieures *non* profondément divisées...........**2ᵉ GROUPE →** p. 229.

⬦ 2 étamines à anthères.

⟨ ⬦ Une 5ᵉ étamine en forme d'écaille. ⟩

⊖ Corolle sans bosse à la base ni éperon.

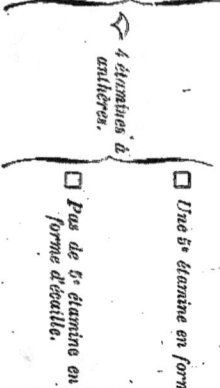

⧫ Corolle à tube en bosse à la base (Voyez plus haut fig. M, OR).....

⟨ — Feuilles alternes ou toutes à la base...........**3ᵉ GROUPE →** p. 230.
— Feuilles opposées, au moins les inférieures...........**4ᵉ GROUPE →** p. 230. ⟩

1ᵉ GROUPE :

⬦ Corolle à tube en bosse à la base (Voyez plus haut fig. M, OR)..... .....**2. ANTIRRHINUM →** p. 232.
MUFLIER [4 esp.].

△ Corolle prolongée en éperon plus ou moins allongé à la base (Voyez plus haut fig. SU, ST)..... **4. LINARIA →** p. 232.
LINAIRE [10 esp.].

△ Corolle de moins de 6 mm. de longueur, à éperon étroit et recourbé contre le tube de la corolle → Voyez 3. **Anarrhinum**, p. 232.

2ᵉ GROUPE :

✚ Feuilles toutes à la base, entières, à long pétiole, plante aquatique → Voyez 9. **Limosella**, p. 237.

✚ Corolle plus courte que le calice, à lèvre supérieure pourpre-rose, à lèvre inférieure jaunâtre; feuilles entières → Voyez 6. **Lindernia**, p. 234.

△ Corolle à tube allongé ; 2 étamines et 2 filets sans anthères G;  fleurs isolées G0.........**5. GRATIOLA →** p. 234.
GRATIOLE [1 esp.].

✚ Plante n'ayant pas ces caractères.

⊜ Corolle à tube très court, ayant seulement 2 étamines, sans 2 filets en plus...... ....**7. VERONICA →** p. 234.
VÉRONIQUE [28 esp.].

① Feuilles *toutes à la base* entières et à long pétiole L₁;

② Feuilles opposées, au moins celles du milieu, et de la base; une 5ᵉ étamine en forme d'écaille S .... plante aquatique à fleurs blanchâtres ou roses .... **9. LIMOSELLA → p. 237. LIMOSELLE [1 esp.].**

Ⓕ Pétiolées, alternes.

★ Fleurs isolées ou en grappes courtes, feuilles obtuses; corolle en apparence presque régulière.

Ⓐ Fleurs en longues grappes; feuilles aiguës; corolle nettement irrégulière.

Ⓞ Fleurs de moins de 6 mm. de longueur ; corolle à 2 lèvres nettes; anthères en forme de rein, à 2 loges réunies en une seule .... **1. SCROFULARIA → p. 231. SCROFULAIRE [8 esp.].**

Ⓕ Fleurs de plus de 10 mm. de longueur; corolle à lobes courts; fleurs pendantes (exemple : Dj; anthères à 2 loges distinctes .... **3. ANARRHINUM → p. 232. ANARRHINUM [1 esp.].**

11. DIGITALIS → p. 238. DIGITALE [3 esp.].

▷ Tige grêle, rampante; feuilles arrondies, presque régulière. corolle rosée, rarement blanche, à tube allongé .... **8. SIBTHORPIA → p. 237. SIBTHORPIE [1 esp.].** corolle jaune à tube très court et à lobes très étalés.

▽ Tige non rampante; feuilles en coin à la base (exemple : Dj; feuilles embrassant à moitié la tige TOZ, sans poils; fruit ne renfermant qu'une seule graine .... **10. ERINUS → p. 237. ERINE [1 esp.].**

20. TOZZIA → p. 241. TOZZIE [1 esp.].

corolle rosée, rarement blanche ....

Ll ⟋ feuilles entières et obtuses LIN, à 3 nervures principales .... **6. LINDERNIA → p. 234. LINDERNIE [1 esp.].**

△ Corolle à 5 divisions *presque égales* TO; presque disposées en deux lèvres.

△ Corolle à lèvre inférieure dont les 3 lobes sont plus ou moins échancrés E; corolle jaune, blanche ou d'un violet pâle, souvent .... **12. EUPHRASIA → p. 238. EUPHRAISE [1 esp.].**

△ Corolle à lèvre inférieure à 2 bosses, à lobes peu développés A; fruit à 2 ou 4 graines .... **19. MELAMPYRUM → p. 240. MÉLAMPYRE [5 esp.].**

★ Calice renflé MA; anthères sans pointes RH .... **17. RHINANTHUS → p. 230. RHINANTHE [1 esp.].**

□ Corolle plus petite que le calice, à tube renflé Li;

□ Corolle nettement et à 2 lèvres et à divisions très inégales.

□ Corolle à lèvre inférieure dont les 3 lobes sont en ou pas renflé et anthères à pointes OR. tent pas 2 bosses MA. .... **14. BARTSIA → p. 238. BARTSIE [2 esp.].**

★ Calice peu renflé MA;

╪ Feuilles entières ou dentées. Plante vivace à tiges souterraines développées portant des écailles opposées; plante de hautes montagnes; fleurs violettes; feuilles ovales dentées .... **18. PEDICULARIS → p. 239. PÉDICULAIRE [14 esp.].**

╪ Feuilles *profondément divisées à divisions parallèles* .... Plante vivace à feuilles 1 à 2 fois profondément divisées → Voyez 1. Scrofularia, p. 231. Plante annuelle à racine grêle (→ Voir la suite à la page suivante).

✳ Feuilles *sans poils*

⊙ Plante très rameuse, à fleurs nombreuses ; calice n'étant pas beaucoup plus long que large R

⊙ Plante peu ou pas rameuse, à fleurs en épi simple.

1. SCROFULARIA.

☐ Pédoncule plus court que le calice ; corolle jaune-ver-dâtre ; feuilles aiguës au sommet et doublement dentées V ;

((Calice à dents boutues et larges ; corolle à lèvre inférieure relativement très grande TR

(Calice à dents allongées ; corolle à lèvre inférieure dépassant peu la supérieure VI, LA.

SCROFULAIRE. —

△ Feuilles arrondies au sommet PY;

☐ Pédoncule plus long que le calice ; tige non creuse.

△ Feuilles stipulées au sommet ; tige non creuse.

+ Bractées ayant à peu près la forme de feuilles jusqu'en haut de l'inflorescence SC. [Endroits incultes ; fl. pourprées livides ; 4–10 d.;]

+ Bractées réduites à de petits filets, sauf les inférieures A.L; [Rochers ; fl. pourprées livides ; 3–10 d.; j.-at.; v.]

corolle jaune-verdâtre à lèvre supérieure plus foncée ; tige creuse. [Rochers ; fl. jaunâtres; 4–4 d.; j.-jl.; v.]

✳ Feuilles plus ou moins velues.

☐ Feuilles ± fois profon-dément divisées CA, H ; sé-pales à large bordure mem-braneuse.

(Plante ligneuse à la base, très rameuse dès sa base ; pédoncules plus longs que le calice R (*S. rubrosissima* Lois.)

△ Feuilles non profonde-ment divisées ; feuilles aiguës au sommet et doublement dentées V ;

⊕ Calice à dents arron-dies ; corolle jaune-ver-dâtre ; fl. d'un jaune verdâtre ; 3–8 d.; m.-jl.; v.

⊕ Calice à dents ar-rondies au som-met [ex : NO].

⊕ Calice à dents ai-gués au som-met ;

★ Tige à 4 angles non tranchants ; corolle ordinairement verdâtre et jaunâtre au sommet ; tige souterraine renflée, tubercu-leuse. [Endroits incultes ; fl. pourprées, livides ; 2–8 d.; m.-j.; a. ou b.]

★ Tige à 4 angles tranchants ou même ailés ; corolle entièrement brune ; feuilles sans pétiole net et à dents aiguës : *S. Ehrharti* Stev. [Endroits humides; fl. brunes ; 5–12 d. j.-s.; v.]

☐ Tige à 4 angles non tranchants ; fl. brillantes ; 5–10 d.; j.-s.; v.]

(Parfois lèvre supérieure de la corolle ayant 2 fois la longueur du tube ; *S. juratensis* Schl. ; — rarement écaille remplaçant la 5e étamine arrondie; *S. lucida* L.) [Endroits incultes ; fl. pourprées ou noirâtres mêlées de blanc ; 1–10 d.; j.-at.; v.]

sépales non membraneux sur les bords, [Endroits humides ; fl. d'un jaune verdâtre; 3–8 d.; m.-jl.; v.]

sépales non membraneux sur les bords. [Endroits incultes ; fl. pourprées, livides ; 3–9 d.; m.-j.; a. ou b.]

13. ODONTITES → p. 238.
ODONTITÈS [4 csp.]

15 TRIXAGO → P. 238.
TRIXAGO [1 esp.]

16 EUFRAGIA → P. 239.
EUFRAGIE [2 esp.]

Scrofularia vernalis L.
Scrofulaire du printemps.
Nord, Est, Sud-Est, Centre, Ouest
(rare et assez souvent naturalisé). [S]

Scrofularia pyrenaica Benth.
Scrofulaire des Pyrénées.
Pyrénées (rare)

Scrofularia Scorodonia L.
Littoral de l'Océan.

Scrofularia alpestris Gay.
Scrofulaire alpestre.
Sud du Plateau Central (rare) ;
Pyrénées.

Scrofularia canina L.
Scrofulaire des chiens.
Sud-Est ; Centre, Ouest, Midi. [S]

Scrofularia Juratensis
Montagnes (sauf dans les Vosges)

Scrofularia peregrina L.
Scrofulaire voyageuse.
littoral de l'Océan (rare); Région méditerranéenne.

Scrofularia nodosa L.
Scrofulaire noueuse.
Commune, manque dans la plaine mé-diterranéenne. [S]

Scrofularia aquatica L.
Scrofulaire aquatique. [S]

2. ANTIRRHINUM. MUFLIER. —

Feuilles environ aussi larges que longues, crénelées et un peu en cœur renversé A;
tiges rampantes ou retombantes, visqueuses. [Rochers ; fl. d'un blanc jaunâtre ou rougeâtre ; 2-7 d. ; j.-jt. ; a.] .... *Antirrhinum Asarina* L. *Muflier Asaret*, Sud du *Plateau Central*, *Pyrénées*. [S] sub.

Feuilles plus longues que larges.

☐ Calice à sépales étroits, presque aussi longs ou plus longs que la corolle A; OR;
feuilles sans poils, sans pétiole ou à pétiole très court. [Champs ; fl. roses, rarement blanches ; 1-5 d. ; jt.-at. ; c.] .... *Antirrhinum Orontium* L. *Muflier rubicond*. *Assez commun*. [S]

Feuilles bien plus longues que larges.

☐ Calice 2 à 5 fois moins long que la corolle.

△ Sépales arrondis au sommet M ; fleurs rouges, jaunes, rarement blanches.
(Parfois tige velue : *A. latifolium* DC. ; — ou feuilles très étroites RU : *A. ruscinonense*. Debeaux.) [Endroits incultes; fl. roses, jaunes ou blanches; 2-6 d.; j.-s.; v.] .... *Antirrhinum majus* L. *Muflier majeur* (Gueule-de-loup). *Assez commun* (souvent naturalisé ou subspontané). [S]

△ Sépales ovales aigus S ; fleurs blanchâtres ou striées de violet.
feuilles persistantes ; tiges retombantes. [Rochers ; fl. blanchâtres ; 1-3 d.; j.-s.; v.] .... *Antirrhinum sempervirens* Lap. *Muflier toujours-vert*, *Pyrénées*.

3. ANARRHINUM. ANARRHINUM. — (→ Voyez fig. AN, p. 290).

Feuilles de la base rapprochées en rosette, à dents aiguës, les autres feuilles allongées et serrées le long de la tige; fleurs en grappe effilée et allongée ; sépales aigus. [Endroits incultes ; fl. violettes ; 1-6 d.; j.-at.; b.] .... *Anarrhinum bellidifolium* Desf. *Anarrhinum à feuilles de Pâquerette*. *Plateau Central et çà et là dans le Centre et le Midi*. [S]

4. LINARIA. LINAIRE. —

☆ Fleurs isolées à l'aisselle des feuilles ; feuilles plus ou moins en cœur renversé ou en fer de flèche à limbe non en coin à la base .... **Série 1 →** p. 232.

☆ Fleurs en grappe au sommet des rameaux ; feuilles en coin à la base, au moins les inférieures. .... **Série 2 →** p. 233.
.... **Série 3 →** p. 233.

○ Feuilles arrondies à 5 lobes peu profonds et à pétioles allongés C;
⊕ Feuilles ovales arrondies S;
calice velu, à sépales presque en cœur à la base. [Champs, décombres ; fl. d'un jaune foncé mêlé de violet; 2-5 d.; j.-o.; a.] .... *Linaria spuria* Mill. *Linaire bâtarde*. *Commun*. [S]

⊕ Feuilles à 2 pointes à la base EL;
calice sans poils.
[Murs ; fl. d'un violet pâle à gorge jaune ; 1-8 d.; jt.-o.; a.] .... *Linaria Cymbalaria* Mill. *Linaire Cymbalaire*. *Çà et là*. [S]

calice velu, à sépales en coin. [Champs ; fl. d'un jaune pâle mêlé de violet 2-6 d.; j.-o.; a.] .... *Linaria Elatine* Desf. *Linaire Elatine* (Velvote), *Commun*. [S]

Série 1

○ Feuilles à pétiole court; S, EL, CO, Cl.
= Corolle jaune à lèvre supérieure violette.
= Feuilles à 2 pointes à la base EL; EL
= Corolle blanchâtre à lèvre supérieure bleutée, à gorge pourprée d'environ 8 à 11 mm. de longueur ; feuilles moyennes moins de 2 fois plus longues que larges, en général CO. [Endroits incultes; 1-3 d.; j.-at.; v.] .... *Linaria graeca* Chav. *Linaire grecque*. *Littoral de l'Ouest*, *Midi* (rare).

= Corolle bleuâtre, ponctuée, d'environ 2 à 4 mm. de longueur ; feuilles moyennes 4 à 5 fois plus longues que larges Cl ; pédoncules s'enroulant parfois comme des vrilles. [Endroits incultes ; 1-3 d.; j.-at.; a.] .... *Linaria cirrhosa* Willd. *Linaire à vrilles*. *Littoral du Sud-Ouest et de la Méditerranée* (très rare).

Série 2

✠ Feuilles moyennes *de plus de 1/2 mm. de largeur.*

✠ Feuilles d'environ 1/2 mm. de largeur, à bords parallèles SP, les moyennes 20 à 30 fois plus longues que larges; 9 stigmates nets. [Champs, endroits incultes; fl. jaunes, orangées à la gorge; 2-5 d.; j.-at.; a.]

△ Feuilles moyennes *ovales, arrondies au sommet et à la base* TR, d'environ 10 à 15 mm. *de largeur.*

+ Pédoncules couverts de poils glanduleux; feuilles moyennes 10 à 20 fois plus longues que larges; fleurs en grappe allongée. [Champs, endroits incultes; fl. d'un jaune soufre, orangé à la gorge; 2-6 d.; jt-s.; u.]

△ Fleurs de 20 à 30 mm. de longueur en comptant l'éperon.

Feuilles moyennes de moins de 10 mm. de largeur, en général.

+ Pédoncules *sans poils;* feuilles moyennes 2 à 5 fois plus larges O; [Sables; 1-2 d.; j.-jt.; a.]

○ Éperon bien plus court que le reste de la corolle ST.

+ Pédoncules *plus courts que le calice;* corolle *jaune;* feuilles 2 à 3 fois plus longues que larges TH.

○ Corolle *jaunâtre ou blanche veinée de violet;* feuilles inférieures verticillées. [Champs, décombres; 2-5 d.; jl.-s.; v.]

• Corolle *jaunâtre* que le calice; corolle *violette* ou d'un rose bleuâtre, à gorge jaune; feuilles 4 à 5 fois plus longues que larges AL. [Sables, rochers; 1-2 d.; jt.-s.; b. ou v.]

• Corolle *d'un violet pâle;* feuilles *non verticillées* (*L. praetermissa* Delastre). → Voyez L. minor, p. 233.

feuilles moyennes et inférieures insérées 3, par 3. [Endroits incultes; fl. jaunes au vio-lacées; 1-4 d.; m.-j.; a.]

Série 3

Feuilles, au moins les supérieures, *poilues.*

○ Corolle bleue ou viola-cée.

○ Corolle *jaune* de 5 à 6 mm. de longueur, un peu plus longue que le calice ARE; feuilles inférieures verticillées par trois; plante très rameuse dès la base.

Éperon *au moins égal* au reste de la corolle PE; corolle *blanche* à éperon plus long que le reste de la corolle CH; graines sans cils. [Endroits incultes; 2-4 d.; av.-m.; a.]

= Corolle *violacée* à gorge striée de blanc; éperon presque égal au reste de la corolle PE; graines bordées de longs cils. [Rochers, endroits incultes; 2-4 d.; m.-s.; a.]

Éperon *obtus* d'en-viron 1 mm. de largeur.

⊕ Feuilles *obtuses,* les moyennes 2 à 4 fois plus longues que larges O; graines ridées, plante vivace. [Murs, endroits incultes; fl. violacées, blanches à leur base; 1-2 d.; av.-jt.; a.]

Éperon *très aigu* RU n'ayant environ que 1/3 de mm. de largeur.

⊕ Feuilles moyennes 10 à 20 fois plus longues que larges; plante annuelle à racine grêle → Voyez L. Minor, p. 233.

Feuilles sans poils ou presque sans poils.

⊙ Pédoncule ayant 3 à 5 fois la longueur du calice MIN, MI; calice à sépales inégaux; corolle velue-glanduleuse, à tube entr'ouvert. [Champs, endroits incultes; fl. d'un violet pâle, jaune à la gorge; 1-4 d.; jt.-o.; a.]

⊙ Pédoncule ayant 1 à 2 fois la longueur du calice (→ Voir la suite à la page suivante et les fig. SU, SI, AR).

Linaria spartea *Hoffm et Link.*
Linaire effilée.
Sud-Ouest.

Linaria triphylla *Mill.*
Linaire à feuilles par trois.
Provence (rare et subspontané).

Linaria vulgaris *Mœnch.*
Linaire vulgaire.
Commune, sauf dans la Région médi-terranéenne. [S]

Linaria thymifolia *DC.*
Littoral du Sud-Ouest.

Linaria alpina *DC.*
Linaire des alpes.
Jura, Alpes, Pyrénées. [S]

Linaria striata *DC.*
Linaire striée.
Commun, sauf dans l'Est. [S]

Linaria Pelligeriana *DC.*
Linaire de Pellicier.
Centre, Plateau Central, Sud-Est, Ouest, Midi.

Linaria Chalepensis *Mill.*
Linaire de Chalep.
Région méditerranéenne (rare).

Linaria arenaria *DC.*
Linaire des sables.
Littoral de l'Océan.

Linaria origanifolia *DC.*
Linaire à feuilles d'Origan.
Sud-Est, Midi. [S] sub.

Linaria rubrifolia *DC.*
Linaire à feuilles rougeâtres.
Région méditerranéenne.

Linaria minor *Desf.*
Linaire mineure.
Commun. [S]

Suite de la série 3 :

§ Éperon égalant environ le reste de la corolle SU; fl. d'environ 20 mm. en comptant l'éperon ;

fleurs en grappes courtes SP. [Champs, rochers; fl. d'un jaune pâle, orangée à la gorge ; 1-4 d.; ms.-s.; α.]

Linaria supina *Desf.*
Linaire couchée.
Centre, Ouest, *Sud-Ouest* et çà et là. [S] sub.

§ Éperon plus court que le reste de la corolle AR; fl. d'environ 5 à 6 mm. [Parfois fleurs inférieures 4 par 4 (fig. SI) : **L. simplex** DC.]
[champs, endroits incultes ; fl. violacées ou jaunes; 2-4 d.; j.-at.; α.]

Linaria arvensis *Desf.*
Linaire des champs
Rare, sauf dans la Région méditerra-néenne. [S]

---

5. GRATIOLA. GRATIOLE. — (→ Voyez fig. G, GO, p. 233.) Feuilles sans pétiole, plus grandes que les fleurs, bordées de petites dents dans leur partie supérieure; tige sans poils; fl. blanches ou rosées ; 2-5 d.; j.-s.; v.]

Gratiola officinalis L.
Gratiole officinale (Herbe-au-pauvre-homme).
Centre, Ouest et çà et là. [S]

6. LINDERNIA. LINDERNIE. — (→ Voyez LI, LIN, p. 230). Pédoncule bien plus long que le calice; feuilles sans pétioles ; plante sans poils. [Endroits humides; fl. jaunâtres et rosées; 1-2 d.; j.-at.; α.]

Lindernia pyxidaria All.
Est, Sud-Est, Plateau Central,
Centre, Ouest, Sud-Ouest (rare). [S]

7. VERONICA. VÉRONIQUE. —

⊙ Corolle à tube plus long que large et à pétales aigus SPI; fleurs en grappes serrées, allongées en cône aigu au sommet S......... **Série 1** → p. 234.

⊙ Corolle à tube plus long que large. .... **Série 2** → p. 234.

Série 1
Corolle à tube plus long que large.

Série 2
Corolle à tube plus large que long.

⊖ Calice à 5 sépales inégaux, dont un très petit T...... **Série 3** → p. 235.

⊕ Calice à ① Pédoncule égal au fruit ou plus court, tige cou-chée sur le sol...... **Série 4** → p. 235.
4 sé-pales. ① Pédoncule bien plus long que le fruit...... **Série 5** → p. 236.

★ Plante vivace, à tige souterraine développée........ **Série 6** → p. 236.

★ Plante annuelle sans tige souterraine développée, à racine grêle. Pédoncules inférieurs plus courts que les fruits............
Pédoncules inférieurs égaux aux fruits ou plus longs que les fruits...... **Série 7** → p. 237.

Veronica spicata L.
Véronique en épi.
Montagnes (sauf les Vosges) et çà et là dans l'Est, le Centre et le Nord-Ouest.

Veronica longifolia L.
Véronique à longues feuilles.
Alsace, Dép. de la *Lozère*. [S] sub.

Veronica Teucrium L.
Véronique Germandrée. [S]
Assez commun. [S]

Série 1 :
Feuilles fortement dentées en scie et très pointues au sommet LO;

Feuilles légèrement dentées ou crénelées et arrondies au sommet S; fruit poilu, au moins au sommet ; sépales presque arrondis au sommet. [Prés, bois sablonneux, coteaux ; fl. bleues; j-5 d.; jl.-o., v.]

Fleurs isolées ou fleurs en grappes terminales avec des bractées passant in-sensiblement aux feuilles [exemple : AG, PR, NU];

Fleurs disposées en grappes simples sans bractées ou à petites bractées, brus-quement très différentes des feuilles [exemples : O, SCU, A, AF];

Série 2 :
Feuilles dentées TR ou entières P; fleurs en grappes sans poils : **V. prostrata** L.; et sépales sans poils : **V. prostrata** L.; [Prés secs, bois; fl. bleues; j-5 d.; j.-at.; v.]

Feuilles dentées TR ou entières P; fleurs en grappes opposées. (Parfois tiges couchées et sépales sans poils : **V. prostrata** L.;
sépales aigus au sommet. [Prés, bois; fl. bleues; 3-9 d.; jl.-at.; v.]

▷ Fruit *couvert de poils ou cilié* CH, UR, MO.

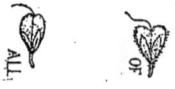

□ Feuilles poilues; fruit en cœur élargi OF;
  feuilles étalées O, comme creusées de rides, ordinairement très dentées.
  [Prés, bois; fl. d'un lilas clair ou bleuâtres ou roses; 1-4 d.; j.-jt.; v.]
  Veronica officinalis L. Véronique officinale (Thé d'Europe). *Commun, sauf dans la plaine méditerranéenne.* [S].

□ Feuilles peu poilues; fruit ovale ALL;
  feuilles coriaces, entières ou à dents très fines, lisses; fleurs d'un bleu foncé et éclatant.
  [Prés; fl. d'un bleu foncé brillant; 1-4 d.; j.; v.]
  Veronica Allionii Vill. Véronique d'Allioni. *Alpes.*

+ Sépales plus longs que le fruit mûr CH;
  Feuilles sans pétiole U;
  feuilles velues, sans pétiole C, fortement dentées à dents arrondies, à nervure en réseau; tige ayant deux lignes de poils opposées; fleurs bleues avec un pétale plus clair.
  [Prés, bois, haies; fl. bleues mêlées de blanc; 2-5 d.; av.-s.; v.]
  Veronica Chamædrys L. Véronique Petit-Chêne (Fausse-Germandrée). *Commun, sauf dans la Région méditerranéenne.* [S]

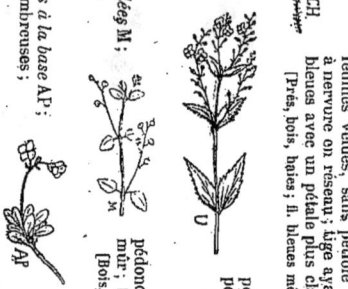

+ Sépales plus courts que le fruit mûr [ex.: UR, MO].
  Feuilles pétiolées M;
  pédoncule courbé quand le fruit est mûr; fruit poilu, sépales étroits UR.
  [Bois, prés; fl. d'un bleu pâle; 2-6 d.; j.-at.; v.]
  Veronica urticæfolia L. Véronique à feuilles d'Ortie. *Jura, Alpes, Auvergne, Pyrénées.* [S]

  Feuilles toutes à la base AP;
  pédoncules peu ou pas courbé quand le fruit est mûr; fruit cilié; sépales élargis MO.
  [Bois, prés; fl. d'un blanc rosé; 1-3 d.; m.-jt.; v.]
  Veronica montana L. Véronique des montagnes. *Assez rare.* [S]

  Feuilles sans pétiole AN;
  feuilles arrondies au sommet, un peu dentées, à poils articulés. [Prés, rochers; fl. bleues; 1-10 c.; jt.-at.; v.]
  Veronica aphylla L. Véronique aphylle. *Jura, Alpes, Pyrénées* (Htes régions). [S].

▷ Fruit sans poils ou n'ayant que quelques poils.

○ Pédoncules étalés ou renversés SC, SCU; fruit mûr ayant environ 2 fois la largeur des sépales;
  Feuilles pétiolées B, arrondies au sommet;
  feuilles moyennes étroites, souvent plus longues que les entre-nœuds. [Endroits humides; fl. d'un blanc rosé; 1-6 d.; ms.-s.; v.]
  Veronica scutellata L. Véronique à écussons. *Assez commun, sauf dans la Région méditerranéenne.* [S]

○ Pédoncules non renversés; fruit mûr dépassant à peine les sépales;
  = Feuilles pétiolées B, arrondies au sommet;
  tige arrondie. [Endroits humides; fl. d'un bleu clair, rarement blanches; 1-6 d.; m.-s.; v.]
  Veronica Beccabunga L. Véronique Beccabonga (Salade de chouette). *Commun.* [S]

  = Feuilles sans pétiole AN; aiguës au sommet;
  tige presque à 4 angles. (Parfois fruit ovale et feuilles étroites. [Endroits humides; fl. d'un bleu pâle, rosées, rarement blanches; 1-8 d.; m.-s.; a., b. ou v.]
  Veronica Anagallis L. Véronique Mouron (Mouron d'eau). *Commun.* [S]

Série 5

✗ Feuilles de la base réunies en rosette ; les autres plus petites par paires écartées BBL, largement arrondies ou obtuses au sommet ; fruit allongé B ;

BE

fleurs en grappe courte couverte de poils glanduleux ; corolle d'un bleu pâle. [Prés ; fl. bleuâtres; 5-15 c.; j.-at.; v.]

Veronica bellidioides L. *Véronique Fausse-Pâquerette. Alpes, Pyrénées* (H^tes régions). **[S]**.

Feuilles à une nervure principale nettement visible; tiges ligneuses dans leur partie inférieure.

○ Fleurs presque sans pédoncules NU ;

NU

sépales ciliés; feuilles obtuses presque arrondies. [Prés, rochers ; fl. bleues ou roses; 5-20 c.; j.-at.; v.]

Veronica nummularia Gouan. *Véronique nummulaire. Pyrénées* (H^tes régions).

○ Fleurs à longs pédoncules FR;

FR

sépales couverts de poils ; feuilles 3 à 5 fois plus longues que larges. [Prés, rochers ; fl. bleues ou roses; 5-20 c.; jt.-s.; v.]

Veronica fruticulosa L. *Véronique ligneuse. Hautes montagnes.* **[S]**

✗ Plantes n'ayant pas ces caractères.

Feuilles à plusieurs nervures principales visibles ;

= Fruit plus large que long SF ;

SF

feuilles lisses, sans poils, ordinairement plus courtes que les entre-nœuds S. [Prés, bois, chemins ; fl. blanchâtres ou d'un bleu clair, à nervures plus foncées; 1-3 d.; m.-o.; v.]

Veronica serpyllifolia L. *Véronique à feuilles de Serpolet. Commun, sauf dans la Région méditerranéenne.* **[S]**

= Fruit plus long que large P, AL.

:: Style plus long que le reste du fruit P;

P

feuilles fortement dentées P0. [Prés, rochers; fl. violacées ou bleues; 2-4 d.; j.-jt.; v.]

P0

Veronica Ponae Gouan. *Véronique de Pona. Pyrénées.*

:: Style plus court que le reste du fruit AL;

AL

feuilles entières ALP ; ou un peu, crénelées AL. [Prés, rochers ; fl. d'un bleu pâle; 5-15 c.; jt.-at.; v.]

ALP

Veronica alpina L. *Véronique des Alpes. Jura, Alpes, Auvergne, Pyrénées* (H^tes régions). **[S]**

Série 6

§ Feuilles du milieu de la tige à 5-7 divisions V; celles de la base très divisées;

fruit velu, très échancré, plus large que haut, plus court que les sépales. [Prés secs, sables ; fl. d'un bleu pâle; 3-15 c.; av.-m.; a.]

Veronica verna L. *Véronique du printemps. Est, Plateau Central ; rare ailleurs, surtout dans l'Ouest et le Midi.* **[S]**

§ Feuilles entières ou dentées.

⊕ Feuilles moyennes arrondies à la base, fortement dentées AR;

AR

plante poilue; sépales plus courts que le fruit mûr ou l'églant. [Champs, chemins ; fl. d'un bleu pâle mêlé de blanc; 5-25 c.; av.-o.; a.]

Veronica arvensis L. *Véronique des champs. Commun.* **[S]**.

⊕ Feuilles moyennes rétrécies à la base, presque entières PE;

PE

plante sans poils; sépales plus longs que le fruit mûr. [Prés, bois, champs; fl. bleues; 1-3 d.; av.-j.; a.]

Veronica peregrina L. *Véronique voyageuse. Très rare* (introduit), **[S]** subh.

⊕ Bractées différentes des feuilles; tiges dressées ou redressées.

✱ Feuilles moyennes à 3-7 lobes TR;

fruit de 5 à 6 mm. de longueur; sépales plus longs que la corolle [Champs; fl. bleues, rarement blanches ou violettes; 5-20 c., av.-m.; α.]

Veronica triphyllos L.
Véronique à trois lobes.
Est, Centre, Nord du **Plateau Central** et çà et là, sauf dans la Région méditerranéenne. [S]

✱ Feuilles moyennes entières, crénelées ou dentées; fruit de moins de 5 mm. de longueur.

✱ Fruit plus large que long, très échancré ACI; fleurs en grappe AC; fl. d'un bleu mêlé de jaune et de blanc; 5-25 c.; av.-m.; α.]

Veronica acinifolia L.
Véronique à feuilles de Thym.
Centre, Ouest et çà et là. [S]

✤ Fruit plus long que large, échancré PRC; fleurs en grappe allongée PR. [Champs; fl. bleues; 5-25 c.; ms.-m.; α.]

Veronica praecox All.
Véronique précoce.
çà et là. [S]

⊕ Feuilles toutes semblables.

§ Sépales en cœur renversé HE;

(Fruit assez arrondi à longs poils CY; corolle blanche;

⊕ Pédoncules des fleurs supérieures bien plus longs que les fleurs PE; fruit plat à style dépassant beaucoup l'échancrure. [Champs; fl. bleues; 1-3 d.; av.-m.; α.]

Veronica hederaefolia L.
Véronique à feuilles de Lierre.
Très commun. [S]

(Fruit élargi à poils courts; corolle bleue ou bleuâtre;

⊕ Pédoncules des fleurs supérieures dépassant peu les feuilles AG; fruit, non plat. (Parfois fleurs d'un bleu vif et feuilles d'un vert foncé : *V. didyma* Ten.; — rarement sépales en forme de spatule et fruit sans poils glanduleux n'ayant que 7 à 8 graines : *V. opaca* Fries). [Champs; fl. bleues; 1-2 d.; ms.-o.; α.]

Veronica cymbalaria Bodard.
Véronique cymbalaire.
Région méditerranéenne, presque exclusivement sur le littoral.

Veronica persica Poir.
Véronique de Perse.
çà et là. [S]

fruit sans poils, renflé; feuilles à lobes du milieu plus grand H. [Champs; fl. d'un bleu pâle ou blanches; 1-3 d.; ms.-j.; α.]

Veronica agrestis L.
Véronique agreste.
Commun. [S]

§ Sépales ovales.

(feuilles arrondies. [Champs; fl. blanches; 1-3 d.; ms.-av.; α.]

Sibthorpia europaea L.
Sibthorpie d'Europe.
Ouest, d'où il s'avance dans les Dép^ts littoraux du Nord-Ouest et du Sud-Ouest et très rarement à l'intérieur.

8. SIBTHORPIA. SIBTHORPIE. — (→ Voyez fig. SI, p. 230). Calice à 5 sépales; fleurs isolées, sur des pédoncules très allongés; 4 étamines de longueurs un peu différentes. [Endroits incultes; fl. jaunes; 8-15 c.; j.-o.; v.]

Limosella aquatica L.
Limoselle aquatique.
çà et là, sauf dans le Sud-Ouest et presque tout le Midi. [S]

9. LIMOSELLA. LIMOSELLE. — (→ Voyez fig. L, p. 230). Tiges souterraines minces, produisant çà et là des feuilles aériennes; fleurs isolées sur des pédoncules allongés. [Endroits humides; fl. roses; 2-9 c.; jt.-at.; α.]

Erinus alpinus L.
Erine des Alpes.
Jura, Alpes, Cévennes, Pyrénées; Dép^ts des Landes (rare). [S]

10. ERINUS. ERINE. — (→ Voyez fig. ER, p. 230). Calice et corolle à petits poils; feuilles plus ou moins velues, dentées au sommet; les inférieures disposées en rosette. [Rochers, prés; fl. d'un rose violacé; 4-14 c.; j.-at.; v.]

11. DIGITALIS. DIGITALE. —

◇ Fleurs jaunes ou d'un blanc jaunâtre;

⊕ Tige sans poils; calice presque sans poils L;
feuilles à poils peu nombreux, [Bois, coteaux, rochers; 3-8 d.; j.-at.; b.]

⊕ Tige velue, glanduleuse, calice velu-glanduleux G;
feuilles très poilues sur les nervures GR. [Prés, rochers, bois; 3-8 d.; j.-at.; b.]

◇ Fleurs d'un rouge pourpre ou d'un jaune rougeâtre; corolle à lobes à peine marqués P.
[Bois, rochers; 4-12 d.; j.-at.; b.]

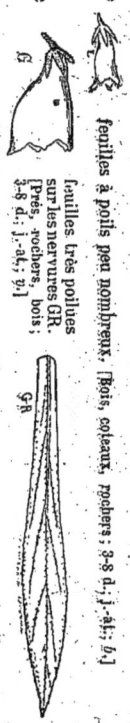

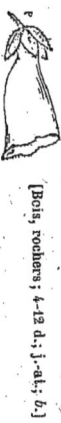

12. EUPHRASIA. EUPHRAISE. — (→ Voyez fig. E, O, p. 230). Feuilles dentées; tige dressée plus ou moins rameuse; plante velue-glanduleuse (Parfois plante sans poils ou peu poilue et calice non glanduleux : *E. nemorosa* Pers.)
[Prés, rochers, bois; fl. blanches ou jaunes, striées; 3-30 c.; j.-s.; fl.]

13. ODONTITES. ODONTITÈS. —

△ Fleurs jaunes,

+ Feuilles à bords presque parallèles, *10 à 20 fois plus longues que larges*,
[Coteaux, bois; 1-8 d.; j.-o.; a.]

+ Feuilles ovales aiguës, toutes dentées, *5 à 9 fois plus longues que larges* (O. lanceolata Rchb.)
[Champs, chemins; 1-4 d.; j.-s.; a.]

△ Fleurs roses, feuilles 5 à 8 fois plus longues que larges; bractées dentées, plus longues que les fleurs.

⌃ Calice velu JA., *sans poils glanduleux*;
feuilles non glanduleuses.
[Coteaux, champs; fl. rougeâtres, panachées ou jaunes; 2-8 d.; at.-o.; a.]

⌃ Calice à poils glanduleux VI;
feuilles glanduleuses très poilues.
[Champs, endroits incultes; fl. d'un jaune pâle; 1-4 d.; at.-o.; a.]

14. BARTSIA. BARTSIE. —

✳ Étamines et style renfermés presque complètement dans la corolle J.

△ Bractées plus longues que le calice AL;

✳ Bractées plus courtes que le calice ou égalant le calice SP;

fruit à peine plus long que le calice.
[Rochers, prés; fl. violettes; 1-3 d.; j1.-at.; v.]

fruit ayant environ deux fois la longueur du calice.
[Rochers, prés; fl. violettes; 1-3 d.; j.-at.; v.]

15. TRIXAGO. TRIXAGO. — (→ Voyez fig. TR, p. 231). Feuilles dentées, à dents non aiguës, à poils glanduleux et non glanduleux; inflorescence serrée, peu allongée; fruit velu.
[Rochers, endroits arides; fl. jaunes, pourprées ou mêlées de blanc; 1-9 d.; j.-at.; a.]

Digitalis lutea L.
Digitale jaune,
Montagnes et çà et là. [S]

Digitalis grandiflora All.
Digitale, à grandes fleurs,
Vosges, Jura, Alpes; Nord du Plateau Central. [S]

Digitalis purpurea L,
Digitale pourpre,
Ardennes, Vosges, Plateau Central, Pyrénées; Centre, Ouest et çà et là. [S]; sub.

Euphrasia officinalis L.
Euphrase officinale (Casse-lunettes).
Commune, sauf dans la plaine méditerranéenne. [S]

Odontites lutea Rchb.
Odontites jaune,
Est, Centre, Ouest (rare), Plateau Central, Sud-Est, Midi. [S]

Odontites viscosa Rchb.
Odontites visqueux,
Sud-Est (rare); Région pyrénéenne. [S]

Odontites rubra Pers.
Odontites rouge,
Commun. [S]

Bartsia Jauberitiana D. Dietr.
Odontites de Jaubert,
Centre; Nord-Ouest (rare); Ouest,
Sud-Ouest (rare).

Bartsia alpina L.
Bartsie des Alpes,
Vosges (rare); Jura, Alpes; Dép. du Cantal, Pyrénées. [S]

Bartsia spicata Ram.
Bartsie en épi,
Pyrénées (rare).

Trixago apula Stev.
Trixago de la Pouille,
Littoral de l'Océan (rare) et de la Méditerranée.

16. EUFRAGIA. EUFRAGIE. —

= Fleurs *jaunes* ; corolle à lèvre inférieure très développée VI;

VI

= Fleurs *d'un rouge pourpre* ; corolle à lèvre inférieure assez courte LA;

LA

— sépales soudés jusqu'aux 2/3 ou jusqu'aux 3/4, LA; feuilles supérieures profondément divisées. [Endroits incultes ; 5-25 c.; av.-n., a.]

Eufragia viscosa Benth.
*Eufragie visqueuse.
Centre, Nord-Ouest, Ouest,
Sud-Ouest, Région méditerranéenne.*

— sépales soudés presqu'au milieu VI; feuilles supérieures dentées. [Endroits incultes ; 1-5 d.; m.-j.; a.]

Eufragia latifolia Griseb.
*Eufragie à larges feuilles.
Ouest (rare). Midi (de préférence sur le littoral).* [S]

17. RHINANTHUS. RHINANTHE. — (→ Voyez fig. MA, RH, p. 230).

Anthères velues ; feuilles dentées. (Parfois corolle à tube droit et bractées vertes : *R. major* Ehrh.; ou corolle ayant 2 petites dents bleuâtres à la lèvre supérieure et plante sans poils : *R. angustifolius* Gmel.)
[Champs, prés, fl. jaunes ; 1-5 d.; m.–at.; a.]

Rhinanthus Crista-Galli *L.*
Rhinanthe Crête-de-coq (Cocriste).
Commun. [S]

18. PEDICULARIS. PÉDICULAIRE. —

⊕ Sépales divisés en lobes ou dentés [Ne pas confondre les sépales avec les bractées]...................................... **Série 1** → p. 239.
⊕ Sépales entiers ou à peine denticulés... **Série 2** → p. 240.

Série 1

× Dents des feuilles terminées par de petites masses dures et blanches Pl;

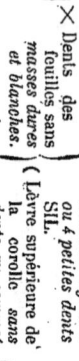

(Lèvre supérieure de la corolle ayant 2 ou 4 petites dents SiL.
(Lèvre supérieure de la corolle sans dents au sommet F;

× Lèvre supérieure de la corolle sans bec très aigu PAL, SiL, F.

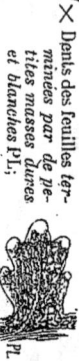

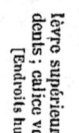

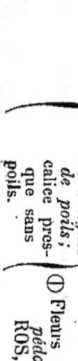

× Dents des feuilles sans masses dures et blanches.

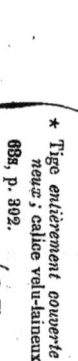

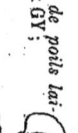

* Tige entièrement couverte de poils laineux ; calice velu-laineux GY ;

lèvre supérieure de la corolle à bec court et à petites dents ; calice velu, sauf sur les bords PAL; tige creuse.
[Endroits humides ; fl. roses ; 1-6 d.; m.-jl.; b. ou v.]

PAL

Pedicularis palustris *L.*
*Pédiculaire des marais.
Assez commune, sauf dans le Midi.* [S]

— Tige centrale dressée, les autres étalées sur le sol ; fleurs assez écartées les unes des autres.
[Endroits humides, bois ; fl. roses; 1-2 d.; m.-at.; b. ou v.]

SiL

Pedicularis silvatica *L.*
*Pédiculaire des bois.
Commun, sauf dans le Sud-Est et la Région méditerranéenne.* [S]

— Tige sans poils ou ayant deux lignes de poils ; calice presque sans poils.

sépales inégaux lobés, calice complètement velu ; feuilles poilues. [Rochers, prés; fl. roses ; 1-3 d.; jl.-s.; v.]

F

Pedicularis atrorubens *Schl.*
*Pédiculaire pourpre noir.
Alpes de la Savoie* (Mt-Cenis)

* Tige sans poils ou ayant deux lignes de poils ;

⊕ Fleurs presque sans pédoncules PY, PYR;

feuilles à pétioles larges et très velus à sa base (**P. cenisia** Gaud.)...............

GY

Pedicularis fasciculata *Bellard.*
*Pédiculaire fasciculée.
Alpes* (Htes régions). [S]

fleurs en grappe serrée PYR; tiges dressées ou redressées. [Rochers, prés; fl. roses ; 1-2 d.; jl.-s.; v.]

PYR

Pedicularis pyrenaica *Gay.*
*Pédiculaire des Pyrénées.
Pyrénées* (Htes régions).

⊕ Fleurs à longs pédoncules ROS, RO.

tiges grêles RO, couchées. [Rochers, prés; fl. roses ; 4-14 c.; jl.-s.; v.]

RO

Pedicularis rostrata *L.*
*Pédiculaire à long bec.
Alpes, Pyrénées.* [S]

⊕ Fleurs roses ou pourprées.

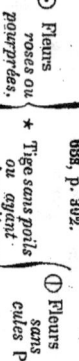

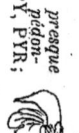

* Tige sans poils ou ayant deux lignes de poils ;
69s, p. 302.

⊕ Fleurs sans pédoncules PY, PYR;

⊕ Fleurs à longs pédoncules ROS, RO.

feuilles presque sans poils à pétiole commun très velu ; racines très épaisses. [Rochers, prés; fl. jaunes ; 1-3 d.; jl.-s.; v.]

ROS

Pedicularis tuberosa *L.*
*Pédiculaire tubéreuse.
Alpes, Pyrénées* (rare) (Htes régions). [S]

⊙ Fleurs *jaunes* ; calice velu TU;

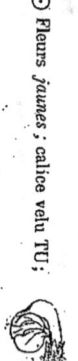

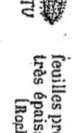

TU

□ Lèvre supérieure de la corolle terminée par un bec très aigu VA, IN.

  △ Fleurs jaunâtres; calice sans poils VA, ou presque sans poils;

    ⋀ fleurs en grappe allongée; tige feuillée dans toute sa longueur.
    [Rochers, prés; fl. d'un jaune blanchâtre; 1-3 d.; jt.-at.; v.]
    Pedicularis Barrelieri *Rchb.*
    Pédiculaire de Barrelier.
    Alpes de la Savoie et du Dauphiné (Htes régions; rare). [S]

    ⋀ feuilles inférieures à long pétiole; tige très feuillée.
    [Prés; fl. roses; 1-4 d.; at.-s.; v.]
    Pedicularis incarnata *Jacq.*
    Pédiculaire incarnat.
    Alpes. [S]

  △ Fleurs roses; calice velu-laineux IN;
  fleurs d'un pourpre ferrugineux; plantes sans poils; feuilles souvent presque toutes
  [Prés; fl. d'un pourpre ferrugineux; 1-3 d.; jt.-s.; v.]
  Pedicularis recutita *L.*
  Pédiculaire tronquée.
  Alpes de la Savoie (Htes régions; rare). [S]

64s, p. 392.

□ Lèvre supérieure de la corolle sans bec très aigu.

  + Calice sans poils RE;

    ⋀ Feuilles supérieures verticillées par 4 VER;
    calice comme renflé, très velu.
    [Prés, rochers; fl. d'un rose foncé; 5-25 c.; jt.-at.; v.]
    Pedicularis verticillata *L.*
    Pédiculaire verticillée.
    Alpes, Dépt du Cantal, Pyrénées. [S]

    ⋀ Feuilles non verticillées.

      ≡ Divisions des feuilles très étroites (environ 1 mm. de largeur); calice à
      [Prés, roches; fl. roses; 8-20 c.; at.-s.; v.]
      Pedicularis rosea *Wulf.*
      Pédiculaire rose.
      Alpes (Htes régions; rare).

      ≡ Divisions des feuilles de 2 à 5 mm. de largeur; calice à dents larges CO, FO, fleurs jaunes, parfois rouges.

        • Lèvre supérieure de la corolle très recourbée, à bec court prolongé en deux dents CO.
        [Prés, rochers; fl. jaunes, parfois rouges (1-4 d.); jt.-at.; v.]
        Pedicularis comosa *L.*
        Pédiculaire à toupet.
        Alpes, Plateau Central, Pyrénées (rare).

        • Lèvre supérieure de la corolle arrondie FO.
        [Prés, rochers; fl. jaunes; 1-4 d.; j.-at.; v.]
        Pedicularis foliosa *L.*
        Pédiculaire feuillée.
        Htes Montagnes. [S]

  + Calice plus ou moins velu.

64s, p. 392.

19. MELAMPYRUM. MÉLAMPYRE. —

⊕ Calice sans poils ou presque sans poils; fleurs disposées par 2.

  ✕ Bractées moyennes à longues dents PR;
  bractées inférieures semblables aux feuilles PR; corolle jaunâtre, blanchâtre ou lilacée.
  [Bois; 2-8 d.; j.-at.; a.]
  Melampyrum silvaticum *L.*
  Mélampyre des forêts.
  Montagnes. [S]

  ✕ Bractées moyennes entières SI ou presque entières;
  calice égal au tube de la corolle ou plus long; corolle jaune.
  [Forêts, prés; 1-4 d.; jl.-s., a.]
  Melampyrum pratense *L.*
  Mélampyre des prés.
  Commun, sauf dans le Sud-Est et la Région méditerranéenne. [S]

⊖ Corolle poilue ou portant au moins une ligne de poils; fleurs en grappes compactes ou par 2 (→ *Voir la suite à la page suivante*).

Suite des Mélampyrum :

§ Bractées à longue pointe recourbée en dehors et brusquement larges à la base C;

§ Bractées n'ayant pas cette forme.
[ex.: AR].

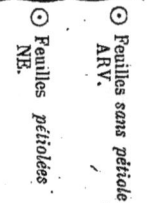

20. TOZZIA. TOZZIE. — (→ Voyez fig. TO, TOZ, p. 230). Corolle d'un beau jaune dont les lobes presque égaux sont disposés en deux lèvres;
feuilles obtuses; tige souterraine à écailles épaisses.
[Rochers, prés; 1-4 d.; j.-at.; v.]

⊕ Fleurs pédonculées RE, SQ;

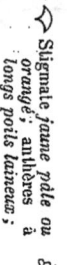

⊕ Fleurs sans pédoncule ou à pédoncule de moins de 5 mm.

⊙ Feuilles sans pétiole
ARV.

⊙ Feuilles pétiolées
NE.

✳ Une seule bractée au-dessous de chaque fleur [exemple : O]....

✳ Trois bractées au-dessous de chaque fleur [exemple : Pj....

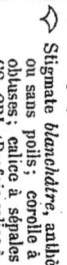

§ Stigmate jaune pâle ou orangé; anthères à longs poils laineux;

§ Stigmate blanchâtre, anthères poilues à la base ou sans poils; corolle à dents aiguës CR ou obtuses; calice à sépales plus ou moins aigus CS, CRI. [Parfois calice à dents non très aigus CS et corolle à dents obtuses : P. cæsia Reut.
[Parasite sur l'Achillea Millefolium et l'Artemisia galtica;
fl. bleues à nervures foncées; 2-4 d.; j.-ft.; v.]

PHÉLIPÉA. PHÉLIPÉE. —

✳ Fleurs sur des pédoncules de 3 à 4 mm. 1/2 [dégager la fleur des bractées pour voir le pédoncule] ; corolle à tube courbé au-dessus du calice LA;

✳ Fleurs sans pédoncules
⊕ Fleurs de 20 mm. de longueur en général; tige fleurie non rameuse.
⊙ Fleurs de plus de 20 mm. de longueur en général; tige souvent rameuse.

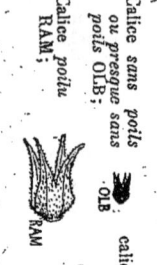

OROBANCHÉES.

bractées supérieures d'un rouge carminé; divisées AR.
[Champs; fl. roses à gorge jaune; 2-5 d.; j.-at.; a.]

bractées supérieures violettes.
[Bois; fl. jaunes à gorge plus foncée; 3-8 d.; jl.s.; a.]

corolle à lobes arrondis A; calice à dents très aiguës.
[Parasite sur l'Artemisia campestris; fl. d'un bleu violet, rarement blanches; 2-4 d.; jl.-s.; v.]

anthères à longs cils; stigmate jaunâtre.
[Parasite sur les Psoralea, Thapsia, etc.; fl. bleuâtres; 2-3 d.; m.-j.; v.]

pistil muni à sa base d'un nectaire saillant en forme de croissant. **3. LATHRÆA →** p. 244.
LATHRÉE [2 esp.]. [S]

calice portant deux lignes de poils; fleurs en une grappe compacte à 4 angles; bractées disposées en forme de crêtes, bien plus longues que les fleurs.
[Coteaux, bois; fl. d'un jaune clair mêlé de pourpre et de jaune; 2-4 d.; j.-at.; a.]

calice sans poils ou presque sans poils OLB;
calice poilu RAM;

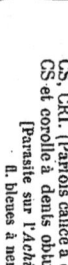

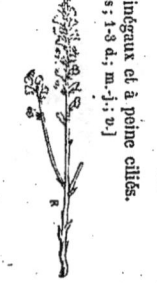

calice à dents ovales aiguës; lobes de la corolle inégaux et à peine ciliés.
[Parasite sur l'Helichrysum, Szechas; fl. bleuâtres; 1-3 d.; m.-j.; v.]

calice à sépales à longues pointes RAM.
[Parasite sur le Cannabis sativa et les Nicotiana; fl. jaunâtres ou violacées; 1-3 d.; jl.-s.; v.]

Melampyrum cristatum L.
Mélampyre à crête.
Çà et là, sauf dans le Nord-Est et la plaine méditerranéenne. [S]

Melampyrum arvense L.
Mélampyre des champs (Queue de renard).
Commun. [S]

Melampyrum nemorosum L.
Mélampyre des bois.
Dépt de l'Ain (très rare); Alpes;
Plateau Central (rare). [S]

Tozzia alpina L.
Tozzie des Alpes.
Jura, Alpes, Dépt du Cantal, Pyrénées (rare). [S]

2. OROBANCHE → p. 242.
OROBANCHE [22 esp.].

1. PHÉLIPÆA → 241.
PHÉLIPÉE [5 esp.].

Phelipæa lavandulacea F. Schultz.
Phélipée Fausse-Lavande.
Provence (rare).

Phelipæa arenaria Walp.
Phélipée des sables.
Çà et là, sauf dans le Nord, l'Est et l'Ouest. [S]

Phelipæa cærulea C. A. Mey.
Phélipée bleue.
Çà et là. [S]

Phelipæa olbiensis Coss.
Phélipée d'Hyères.
Littoral de la Provence (très rare).

Phelipæa ramosa C. A. Mey.
Phélipée rameuse.
Çà et là. [S]

2. OROBANCHE. *OROBANCHE.* —

△ Étamines *attachées en dessous du quart inférieur du tube de la corolle*, le plus souvent presque à la base de la corolle [ex. : RA, G].

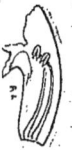

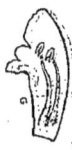

- — Filets des étamines *sans poils à la base*, ayant souvent de courts poils au sommet........ ***Série 1*** → p. 242.
- — Filets des étamines *plus ou moins velus, au moins à la base*........ ***Série 3*** → p. 243.

△ Étamines *attachées au-dessus du quart inférieur du tube de la corolle*. [ex.: H.]

- = Stigmate *blanchâtre ou jaune*.
  - • Filets des étamines *sans poils ou un peu poilus vers la base*........ ***Série 2*** → p. 242.
  - • Filets des étamines *couverts de poils, parfois ayant des poils dans leur moitié inférieure et des poils glanduleux vers le haut*........ ***Série 4*** → p. 243.
- = Stigmate *pourpre ou violacé*........ ***Série 5*** → p. 244.

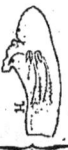

Série 1

✻ Stigmate *jaune-citron*; corolle d'un jaune rosé, ou d'un rouge clair; lobes de la corolle peu dentelés RAP (→ Voyez ci-dessus : RA). [Parasite sur les *Sarothamnus*; 2-7 d.; m.-jt.; *v.*].

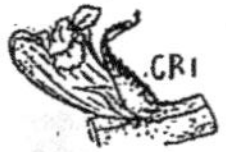

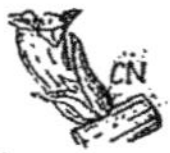

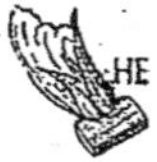

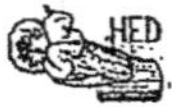

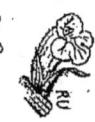

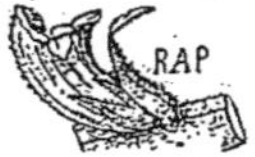

Orobanche Rapum *Thuill.*
Orobanche Rave.
Assez commun; sauf dans la Région méditerranéenne. [S]

✻ Stigmate *rouge-pourpre*; corolle à gorge d'un rouge foncé; lobes de la corolle nettement dentelés CRI.

[Parasite sur les *Lotus*; 1-3 d.; m.-j.; *v*]

Orobanche crinita *Viv.*
Orobanche chevelue.
Littoral du dép^t du Var (très rare).

Série 2

⊕ Corolle *sans poils* ou à quelques poils glanduleux CN, HED, HE.

- × Corolle *bleue*; bractée *plus courte* que le tube de la corolle CN;

stigmate *blanchâtre*; styles presque sans poils. [Parasite sur les *Artemisia* et *Lactuca*; 1-3 d.; j.-jt.; *v.*]

Orobanche cernua *Læfl.*
Orobanche penchée.
Région méditerranéenne.

- × Corolle *jaune violacé*; bractée *plus longue* que le tube de la corolle HE;

stigmate *jaune*; style à petits poils glanduleux. [Parasite sur l'*Hedera Helix*; 1-4 d.; j.-jt.; *v.*]

Orobanche Hederæ *Vauch.*
Orobanche du Lierre.
Ouest, Sud-Ouest et ***çà et là***, sauf dans le Nord-Est. [S]

⊕ Corolle *toute couverte de petits poils glanduleux* RU, CER, CE.

- ⊙ Corolle *rouge-brun*; bractée un peu plus longue que le tube de la corolle RU;

stigmate jaune. [Parasite sur les *Medicago*; 2-4 d.; m.-j.; *v.*]

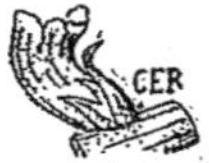

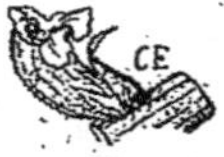

Orobanche rubens *Wallr.*
Orobanche rouge.
Est; Sud-Est; Centre; Nord-Ouest; Région méditerranéenne (rare). [S]

- ⊙ Corolle *jaunâtre violacée*; bractée plus courte que le tube de la corolle CER, CE;

stigmate jaune. [Parasite sur le *Peucedanum Cervaria*; 2-4 d.; j.-jt.; *v.*]

Orobanche Cervariæ *Suard.*
Orobanche de l'Herbe-aux-Cerfs.
Nord-Est, Est, Côte-d'Or, Sud-Est (rare). [S]

- ⊙ Corolle *entièrement jaunâtre*, plante parasite sur les *Daucus* et *Orlaya* → Voy. *O. minor*, p. 244.

Série 4.

68s, p. 392.

✱ *Stigmate jaune entouré d'une ligne pourpre ; étamines à filets velus C, ayant au sommet des poils glanduleux ; corolle rougeâtre ou jaune.*
[Parasite sur les Papilionacées ; 1-3 d. ; j.-jt. ; v.]

✱ *Stigmate jaune.*

★ *Fleurs d'environ 15 mm. de longueur ; plante entièrement jaune.*

★ *Fleurs d'environ 30 mm. de longueur ; corolle un peu plus longue que la bractée, à lobes denticulés VA ;*

✱ *Stigmate d'un violet clair ; corolle blanche avec des veines violacées ou bleues, denticulée SP ; calice formant deux parties séparées jusqu'à la base SP ;*

⊕ Corolle d'un blanc jaunâtre ou rougeâtre, à la base E ; épi de 3 à 12 fleurs.
[Parasite sur les *Thymus* et *Satureia* ; 1-2 d. ; j.-jt. ; v.]

⊕ Corolle d'un rouge pâle parfois avec teinte violette ; étamines très velues dans la moitié inférieure des filets G ; plante ayant un peu l'odeur de l'essence de girofle.
[Parasite sur les *Galium*, l'*Achillea Millefolium*, les *Ligustrum* ; 3-6 d. ; j.-jt. ; v.]

⊕ Corolle d'un rouge brique ; stigmate d'un pourpre noirâtre, bractées dépassant un peu la corolle et sépales aussi longs que le tube de la corolle SC ;
[Parasite sur divers *Cirsium* ; 2-5 d. ; j.-jt. ; v.]

Série 3.

✱ *Stigmate d'un pour-pre foncé.*

⊕ ... étamines à filets larges, et velus vers la base.
[Parasite sur les *Coronilla, Genista, Sarothamnus*, etc. ; fl. jaunes en dehors, pourprées en dedans ; 2-8 d. ; m.-j. ; v.]

⊕ Corolle à lobes ciliés glanduleux C.........

• Corolle à lobes non ciliés CO ; étamines très velues à la base.
[Parasite sur le *Scabiosa Columbaria*, les *Chœrophyllum, Mentha*, etc. ; fl. jaune paille ; 2-4 d. ; j.-jt. ; v.]

étamines à filets ayant de courts poils à la base.
[Parasite sur les *Vicia Faba, Pisum sativum, Lens*, etc. ; 2-5 d. ; m.-j. ; v.]

étamines à filets ayant de petits poils.
[Parasite sur les *Thymus* et *Satureia* ; ...]

étamines très poilues dans presque toute la longueur.
[Parasite sur le *Centaurea Scabiosa* ; 3-6 d. ; j.-jt. ; v.]

étamines à poils courts dans leur moitié inférieure avec quelques poils glanduleux plus haut.
[Parasite sur le *Salvia glutinosa* ; 2-4 d. ; j.-jt. ; v.]

étamines à poils courts vers leur base.

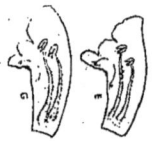

△ Lèvre inférieure de la corolle à lobe moyen plus grand que les deux autre LS ;

★ Bractée dépassant la fleur MAJ ; corolle jaunâtre ou d'un violet mêlé d'une teinte rouille.

• Bractée plus courte que la fleur SA ; corolle presque égale MAJ ;
673, p. 392. blanc jaunâtre ;

étamines à filets renflés à leur base, en avant ; tige très renflée à la base ; corolle d'un violet fauve à poils glanduleux d'un jaune rouge.
[Parasite sur le *Laserpitium Siler* ; 4-8 d. ; jt.-at. ; v.]

△ Lèvre inférieure de la corolle à trois lobes presque égaux MAJ ;
SA.

○ Orobanche cruenta *Bertel.*
Orobanche sanguine.
Assez commune, sauf dans le Nord-Est et çà et là. [S]

○ Orobanche Columbariæ *Vauch.*
Orobanche Colombaire.
Provence (rare).

○ Orobanche variegata *Walli.*
Orobanche panachée.
Région méditerranéenne.

○ Orobanche speciosa *DC.*
Orobanche spécieuse.
Région méditerranéenne.

○ Orobanche epithymum *DC.* —
Orobanche du Thym.
Assez commune, sauf dans le Nord-Ouest, l'Ouest et le Sud-Ouest. [S]

Orobanche Galii *Vauch.*
Orobanche du Gaillet.
Est, Sud-Est, Centre, littoral de l'Océan et çà et là. [S]

Orobanche Scabiosæ *Koch.*
Orobanche de la Scabieuse.
Jura, Alpes du Dauphiné et méridionales, Plateau Central, Pyrénées (rare). [S]

Orobanche major *L.*
Orobanche majeure.
Est, Sud-Est, **Côte-d'Or, Auvergne, Région méditerranéenne** (rare). [S]

Orobanche Salviæ *F. Schultz.*
Orobanche de la Sauge.
Alpes du Dauphiné et méridionales, Pyrénées (très rare). [S]

Orobanche Laserpitii-Sileris *Rapin.*
Orobanche du Laser Siler.
Jura, Alpes de la Savoie et du Dauphiné (rare). [S]

□ Lèvre supérieure de la corolle entière.

△ Corolle blanchâtre ou jaunâtre..

✱ Stigmate rougeâtre; bractée en général plus courte que la fleur CR, C;

sépales à 3-5 nervures principales; tige à poils courts glanduleux. [Parasite sur les Crithmum, Rubia, Eryngium, Carlina.] (O. Crithmi, Vauch.) → Voyez O. minor, p. 244.

Orobanche Ploridis Vauch. Orobanche du Picris. Rare. [S].

✱ Stigmate violacé; bractée presque aussi longue que la fleur Pl;

sépales à 1-2 nervures principales; tige à poils nombreux et frisés. [Parasite sur les Picris; 2-4 d.; j.-jt.; a.]

Orobanche pubescens d'Urv. Orobanche pubescente (très rare). Provence (très rare).

△ Corolle rouge brun ou brun violacé.

↷ Calice plus long que le tube de la corolle PU; corolle non rétrécie au milieu;

étamines attachées vers le 1/3 inférieur du tube, toutes velues inférieurement. [Parasite sur le Crepis bulbosa; 5-15 c.; j.-jt.; v.]

Orobanche Teucrii Schultz. Orobanche de la Germandrée. Est, Sud-Est et çà et là. [S].

↷ Calice bien plus court que le tube de la corolle TE; corolle rétrécie au milieu;

étamines attachées à 3-4mm. au-dessus de la base de la corolle T, les extérieures velues inférieurement. [Parasite sur les Teucrium, Thymus, Bromus 1-2 d.; j.-jt.; v.]

Orobanche amethystea Thuil. Orobanche améthyste. Çà et là, surtout dans le centre et sur le. littoral.

□ Lèvre supérieure plus ou moins échancrée.

○ Corolle à tube non brusquement coudé M; LA; AR.

≡ Corolle blanchâtre à veines violacées, très poilue glanduleuse M; [Parasite sur les Trifolium, Daucus, Orlaya; 1-5 d.; j.-jt.; a.]

bractées dépassant beaucoup les fleurs; corolle blanchâtre, lilacée ou violette; stigmate brun, pourpre ou violet. [Parasite sur les Eryngium et le Chrysanthemum Myconis; 2-5 d.; j.-jt.; v.]

Orobanche minor Sutton. Orobanche mineure. Sud-Est, Nord-Ouest, Ouest, Midi et çà et là. [S]

≡ Corolle jaunâtre, mêlée de pourpre, peu glanduleuse LA; [Parasite sur le Laurus.] (O. laurina C. Bonap.) → Voyez O. Hederæ, p. 242.

bractées presque sans poils. [Parasite sur le

Orobanche Teucrii Schultz. Orobanche de la Germandrée. Est, Sud-Est et çà et là. [S].

≡ Corolle jaunâtre à veines rougeâtres, pas glanduleuse AR; [Parasite sur l'Artemisia campestris; 2-4 d.; j.-jt.; v.]

bractées à petits poils glanduleux.

Orobanche Artemisiæ Vauch. Orobanche de l'Armoise. Sud-Est, Plateau Central, Midi (rare). [S]

○ Corolle à tube brusquement coudé AM; lèvre inférieure de la corolle à lobe du milieu plus grand;

bractées à petits poils laineux.

Orobanche amethystea Thuil.

? LATHRÆA. LATHRÉE. —

⊕ Pédoncule plus court que le calice SQ; fleur d'un blanc mêlé de pourpre;

fleurs toutes tournées du même côté; calice velu SQ; tige souterraine à nombreuses écailles. [Bois, coteaux; 6-20 c.; ms.-av.; v.]

Lathraea squamaria L. Lathrée écailleuse. Rare; manque dans presque tout le Midi. [S]

⊕ Pédoncule au moins égal au calice RE; fleurs violacées.

calice sans poils; tige très courte. [Bois, endroits humides; 3-10 c.; ms.-j.; v.]

Lathraea Clandestina L. Lathrée Clandestine. Plateau Central, Ouest, Sud-Ouest; manque dans le nord, l'Est et le Sud. Est; rare ailleurs.

LABIÉES

✷ Corolle *nettement à 2 lèvres.*

✤ Corolle non nettement à 2 lèvres, fleurs presque régulière L, M... **1er GROUPE → p. 245.**

✤ Corolle à une seule lèvre ou avec lèvre supérieure très courte A, T.

§ Fleurs à 2 étamines (parfois avec 2 autres petites étamines non développées et sans pollen); corolle à lèvre supérieure courbée.

⊙ Calice irrégulier à 5 dents inégales, 3 d'un côté et 2 de l'autre.................. **2e GROUPE → p. 245.**

⊙ Calice sans dents, ayant une bosse sur le dos G................. **3e GROUPE → p. 245.**

§ Fleurs ayant ordinairement toutes 4 étamines.

⊙ Calice n'ayant pas 3 dents d'un côté et 2 de l'autre, sans bosse sur le dos.

(Calice à dents épineuses ou à 10-20 dents crochues.................. **4e GROUPE → p. 246.**

(Calice à dents ni épineuses ni crochues.

⊝ Étamines à filets *s'écartant les uns des autres* [exemple : 1.]................. **5e GROUPE → p. 246.**

⊝ Étamines à filets *rapprochés et placés sous la lèvre supérieure* [exemple : 2.]................. **6e GROUPE → p. 247.**

⊝ Étamines *très courbées en dedans, se rapprochant les unes des autres* [exemple : 3.]................. **7e GROUPE → p. 247.**

⊝ Étamines *dont deux viennent s'appuyer sur la lèvre inférieure de la corolle* [exemple : 4.]................. **8e GROUPE → p. 247.**

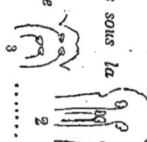

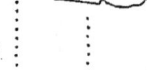

1er GROUPE :

✷ 2 étamines (Voy. en haut de la page, fig. L); fleurs blanches, tachées de rouge; feuilles très dentées LY............. **4. LYCOPUS → p. 249. LYCOPE [1 esp.].**

✤ 4 étamines (Voy. en haut de la page, fig. M); fleurs roses, lilas, bleuâtres ou blanches.

(Calice à 5 dents sans arête au-dessus du sommet.............. **2. MENTHA → p. 248. MENTHE [5 esp.].**

(Calice à 5 dents, ayant chacune une arête au-dessus du sommet PR.............. **3. PRESLIA → p. 248. PRESLIE [1 esp.].**

2e GROUPE :

✷ Lèvre inférieure de la corolle à trois lobes [exemple : A]; lèvre supérieure de la corolle très courte ou parfois à peine marquée................ **30. AJUGA → p. 256. BUGLE [4 esp.].**

✤ Lèvre inférieure de la corolle à cinq lobes (la corolle semble ne pas avoir de lèvre supérieure, car les deux lobes qui correspondent à celle lèvre sont comme rejetés à droite et à gauche, au-dessous des étamines)................ **31. TEUCRIUM → p. 256. GERMANDRÉE [15 esp.].**

3e GROUPE :

✤ Étamines *ayant une petite dent vers leur base*; plante ligneuse à feuilles persistantes sans pétiole RO; lèvre supérieure de la corolle profondément divisée ROS.............. **13. ROSMARINUS → p. 250. ROMARIN [1 esp.].**

✤ Étamines *divisées en deux*, l'une des moitiés portant une seule loge de l'anthère; lèvre supérieure de la corolle entière ou échancrée................ **14. SALVIA → p. 250. SAUGE [9 esp.].**

4° GROUPE:

□ Calice sans dents, bossu; tube de la corolle dépassant beaucoup le calice; lèvre inférieure de la corolle peu ou pas divisée.................................28. SCUTELLARIA → P. 255.
SCUTELLAIRE [4 esp.]

□ Calice à 5 dents et non bossu.

△ Étamines à peu près parallèles [exemple : 2];

△ Étamines à filets s'écartant les uns des autres [exemple : 1];

   feuilles sans dents; fleurs roses, parfois blanches ....

    fleurs violettes ou blanches en épi serré, entremêlées de bractées plus larges que longues...............................29. BRUNELLA → P. 255.
BRUNELLE [2 esp.]
    6. THYMUS → p. 248.
THYM [2 esp.]

* Feuilles presque tontes à la base; feuilles de la base à long pétiole à dents arrondies HO..............12. HORMINUM → p. 250.
HORMINELLE [1 esp.]

•• Feuilles deve- { blanches, feuilles loppées le } dentées M.
long de la tige.

* Tube de la corolle courbé; fleurs blanches, feuilles grossièrement dentées M..............11. MELISSA → p. 250.
MÉLISSE [1 esp.]

* Tube de la corolle droit; fleurs roses ou bleuâtres; rarement blanches..............10. CALAMINTHA → p. 249.
CALAMENT [5 esp.]

5° GROUPE:

= Calice ayant 10 à 20 dents crochues MA;

= Calice régulièrement plié en long du haut en bas SPI, FD;

⊕ Étamines peu allongées, complètement renfermées dans la corolle [exemples : H, R];

   MA corolle blanche à tube un peu rétréci au-dessus du milieu.................26. MARRUBIUM → p. 255.
MARRUBE [1 esp.]

   SPI feuilles à larges dents arrondies.................25. SIDERITIS → p. 254.
CRAPAUDINE [2 esp.]

   FD ....23. BALLOTA → p. 254.
BALLOTE [2 esp.]

× Corolle à la lèvre supérieure en forme de casque recourbé FR.
   lèvre supérieure de la corolle un peu voûtée.................24. PHLOMIS → p. 254.
PHLOMIS [3 esp.]

FR ....20. GALEOPSIS → p. 252.
GALÉOPSIS [5 esp.]

× Corolle à lèvre inférieure portant deux plis saillants en forme de dents [exemple : G];

⊙ Ovaires et fruits plats en dessus L, LE.................19. LEONURUS → p. 252.
AGRIPAUME [2 esp.]

G
   ✻ Anthères à 2 loges oppo- sées bout à bout S; étamines rejetées en dehors quand la fleur est lantée.................21. STACHYS → p. 253.
ÉPIAIRE [10 esp.]

⊕ Étamines faisant saillie au-dessus du tube de la corolle.

× Corolle à lèvre supérieure ni voûtée ni en casque, sans plis en forme de dents sur la lèvre infé- rieure.

⊙ Ovaires et fruits arrondis A.
   ✻ Anthères à 2 loges presque parallèles B; étamines non rejetées quand la fleur est lantée; groupes de fleurs terminant les tiges arrondis au sommet.................22. BETONICA → p. 254.
BÉTOINE [3 esp.]

= Calice sans dents et non régu- lièrement plié en long.

⊕ Étamines très courbées en dedans, se rappro- chant les unes des au- tres par le haut [fig. 3];

•• feuilles dentées.

6° GROUPE :

* Fleurs toutes rejetées d'un côté HY;

  △ Fleurs en groupes arrondis O;

    feuilles moins de 3 fois plus longues que larges OR.  .... **7. HYSSOPUS → p. 249.** *HYSOPE* [1 esp.].

    feuilles 7 à 10 fois plus longues que larges. .... **5. ORIGANUM → p. 248.** *ORIGAN* [1 esp.].

7° GROUPE :

 ☐ Ovaires et fruits plats en dessus B;    calice à dents allongées (exemple : LA);  .... **18. LAMIUM → p. 251.** *LAMIER* [8 esp.].

  △ Calice plié régulièrement du haut en bas FD.    → Voyez 23. Ballota, p. 254.

 ☐ Ovaires et fruits arrondis A.

✱ Calice *non très large* et membraneux.

  △ Anthères disposées en croix G dans les fleurs jeunes; feuilles arrondies GH;
    : Fleurs jeunes; feuilles à nervures saillantes en réseau. → Voyez 24. Phlomis, p. 254. ... **16. DRACOCEPHALUM → p. 251.** *DRACOCÉPHALE* [2 esp.].

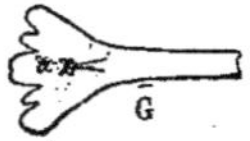

  △ Plante n'ayant pas les caractères précédents.

    ◇ Lèvre supérieure de la corolle en casque recourbé.
    : Fleurs bleues ou violettes; feuilles à nervures non saillantes en réseau; .... **17. GLECHOMA → p. 251.** *GLÉCHOMA* [1 esp.].
    tiges rampantes et redressées; fleurs violettes; ....

    ◇ Lèvre supérieure de la corolle non courbée (exemples : N, LAT).  
    : Fleurs jeunes; feuilles à nervures saillantes en réseau .... **15. NEPETA → p. 251.** *NÉPÉTA* [4 esp.].

8° GROUPE :

* Deux des 4 étamines appuyées sur la lèvre inférieure de la corolle LB;

  rameaux velus blanchâtres; calice velu-laineux...............

    Fleurs grandes, blanchâtres, groupées per 2-3 ou isolées ME......... **27. MELITTIS → p. 255.** *MÉLITTE* [1 esp.].

* Étamines sous la lèvre supérieure de la corolle.

  ① Calice ayant nettement 13 à 17 fins sillons en long JU, tout autour.

  ① Calice n'ayant pas 13 à 17 fins sillons (exemple : MO). .... **9. MICROMERIA → p. 249.** *MICROMÉRIE* [1 esp.].
     8. SATUREIA → p. 249. *SARIETTE* [2 esp.].

  △ Calice très large MM et membraneux; .... **1. LAVANDULA → p. 247.** *LAVANDE* [2 esp.].

1. LAVANDULA. *LAVANDE.* —

 ◇ Épi de fleurs terminé par de grandes bractées violacées ST; fleurs d'un noir pourpré, par-fois blanches;

  tiges feuillées jusqu'en haut. [Endroits incultes, rochers; 2-4 d; r2-j; v.] **Lavandula Stœchas L.** *Lavande Stéchas.* **Région méditerranéenne.**

 ◇ Épi de fleurs non terminé par de grandes bractées SP; fleurs bleues; tiges non feuillées dans le haut.

  (Parfois bractées assez semblables aux feuilles : *L. latifolia* Vill.) [Endroits incultes, rochers; 2-6 d; j.-a.; v.] **Lavandula spica L.** *Lavande Spic (Aspic).* **Jura, Sud-Est, Midi.** [S]

2. MENTHA. MENTHE. — (Il est impossible de résumer les descriptions des sous-espèces de ce genre ; voir les travaux spéciaux sur les *Mentha*.)

① Calice très velu en dedans, à la base des dents PU [on a enlevé deux dents du calice sur la figure]. :

⊕ Tiges ordinairement terminées, par des *feuilles dépassant les fleurs* S, A ; dents du calice n'étant pas plus longues que larges SA, AR.
[Endroits humides, champs ; fl. roses ; 1-8 d. ; jt.-s. ; v.]

Mentha Puleghium L.
Menthe Pouliot (Herbe de St-Laurent).
,Commun, sauf dans le Nord. [S]

[Endroits humides ; fl. roses, rarement blanches ; 2-5 d. ; jt.-o. ; v.]

Mentha arvensis L.
Menthe des champs.
Commun, sauf dans la Région méditerranéenne. [S]

② Calice non très velu en de- dans.

□ Tiges terminées par des groupes de fleurs A,O. RON.

+ Feuilles à pétiole assez long, même les supérieures AO ; groupes de fleurs
[Endroits humides ; fl. roses ; 3-8 d. ; j.-s. ; v.]

↳ Feuilles à pétiole assez long, même les supérieures AQ ; groupes de fleurs

Mentha rotundifolia L.
Menthe à feuilles rondes (Baume sauvage).
Commun. [S]

Mentha aquatica L.
Menthe aquatique (Menthe rouge).
Commun. [S]

+ Feuilles peu ou pas pétio- lées ; grou- pes de fleurs très allongés [exemple : B].

↳ Feuilles aiguës au sommet SI ; bractées étroites ; calice à dents étroites SI.
[Endroits humides, bois ; fl. roses ou blanches ; 4-6 d. ; jt.-s. ; v.]

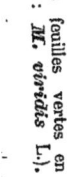

Mentha silvestris L.
Menthe silvestre.
Peu commun, sauf dans l'Est, le Sud-Est et le Plateau Central. [S]

↳ Feuilles arrondies au sommet RON ; bractées ovales ; calice à dents en triangle RO.
[Endroits humides ; fl. blanches ou roses ; 2-6 d. ;]

(Parfois feuilles vertes en dessous : ***M. viridis*** L.)

Mentha viridis L.

3. PRESLIA. PRESLIE. — (→ Voyez fig. PR, p. 245). Feuilles voisines des fleurs plus grandes que les groupes de fleurs ; fleurs en groupes serrés ; tige très feuillée ; feuilles environ 8 à 15 fois plus longues que larges.
[Endroits humides ; fl. roses ; 1-5 d. ; jt.-at. ; v.]

Preslia cervina Fresen.
Preslie des cerfs.
Région méditerranéenne.

4. LYCOPUS. LYCOPE. — (→ Voyez fig. LY, p. 245). Fleurs groupées à l'aisselle des feuilles ; calice à dents un peu épineuses ; plante presque sans odeur.
[Endroits humides ; fl. blanches ou rosées, souvent à points rougeâtres ; 4-10 d. ; jt.-s. ; v.]

Lycopus europaeus L.
Lycope d'Europe (Pied-de-loup).
Commun. [S]

5. ORIGANUM. ORIGAN. — (→ Voyez fig. OR, p. 246). Feuilles toutes pétiolées ; bractées souvent pourprées ; fleurs roses, rarement blanches. (Parfois corolle à tube égalant les sépales et feuilles en coin à la base : **O. virens** Link et Hoffm.)
[Bois, pâturages, chemins ; fl. roses, rarement blanches ; 2-8 d. ; jt.-at. ; v.]

Origanum vulgare L.
Origan commun (Marjolaine sauvage).
Très commun. [S]

6. THYMUS. THYM. —

★ Feuilles enroulées en dessous par les bords VL ;

tiges dressées, rameuses, formant un petit buisson. (Endroits secs ; fl. roses, rarement blanches ; 1-2 d. ; j.-jt. ; v.)

Thymus vulgaris L.
Thym vulgaire (Farigoule).
Sud-Est (rare). **Midi.** [S]

★ Feuilles non enroulées en dessous par les bords S ; tiges couchées et portant çà et là des racines adventives. (Parfois rameaux à deux lignes de poils bien marquées : **T. Chamaedrys** Fries).
[Endroits secs ; fl. roses, rarement blanches : 1-3 d. ; jt.-s. ; v.]

68s, p. 392.

Thymus Serpyllum L.
Thym Serpolet.
Commun. [S]

7. HYSSOPUS. HYSOPE. — (→ Voyez fig. HY, p. 247). Inflorescence allongée ; étamines très saillantes ; tige ligneuse dans sa partie inférieure.
[Endroits secs ; fl. d'un beau bleu, rarement blanches ; 2-6 d.; jl.-at.; v.]

Hyssopus officinalis L.
Hysope officinal.
Sud-Est, Région méditerranéen-
ne et naturalisé çà et là ou cultivé. [S]

8. SATUREIA. SARRIETTE. —

❋ Feuilles couvertes de poils rudes, à bords presque parallèles H ; tiges herbacées ; feuilles non luisantes et non coriaces.
[Champs, endroits secs ; fl. roses ou blanches ; 1-2 d.; jl.-o.; a.]

Satureia hortensis L.
Sarriette des jardins.
Sud-Est, Midi et çà et là cultivé ou spontané. [S]

❋ Feuilles presque sans poils avec quelques cils sur les bords ; les moyennes et les inférieures ovales, les supérieures un peu plus allongées M ; tiges ligneuses à la base ; feuilles luisantes et coriaces.
[Endroits secs, rochers ; fl. roses ou blanches ; 1-4 d.; jl.-at.; v.]

Satureia montana L.
Sarriette des montagnes.
Sud-Est (rare) ; Région méditer-
ranéenne, Pyrénées.

9. MICROMERIA. MICROMÉRIE. — (→ Voyez fig. JU P, p. 247). Corolle ayant plus de 2 fois la longueur du calice ; feuilles inférieures arrondies, les autres ovales, assez coriaces ; feuilles à nervures saillantes.
[Endroits secs ; fl. roses ; 1-2 d.; j.-at.; v.]
69s, p. 39s.

Micromeria piperella Benth.
Micromérie poivrée.
Dép. des Alpes-Maritimes (rare).

10. CALAMINTHA. CALAMENT. —

Calice à tube *courbé d'un côté* [exemples : ACI, AL].

△ Fleurs par 2 à 5 à l'aisselle des feuilles AC ; feuilles de moins de 1 c. de largeur, en général ;
[Champs, endroits incultes, rochers ; fl. pourprées, roses ou violacées ; 7-30 c.; j.-at.; v.]

fleur à lèvre supérieure peu étalée ACI ou très étalée AL (*C. alpina* Lam.).

Calamintha Acinos Clairville.
Calament Acinos.
Commun. [S]

△ Fleurs *nombreuses, par groupes serrés* au sommet des tiges et des rameaux CC ; feuilles de plus de 2 c. de largeur en général ;

fleurs entourées de nombreuses bractées pointues, à longs cils.
[Bois, coteaux ; fl. roses, rarement blanches ; 2-8 d.; jl.-o.; v.]

Calamintha Clinopodium Benth.
Calament Clinopode (Pied-de-lit).
Commun. [S]

Calice à *tube droit* G, OP ; fleurs à longs pédoncules C.

+ Fleurs *de plus de 2 centimètres de longueur*, à tube brusquement plus large vers le sommet [fig. G, grandeur naturelle] ;

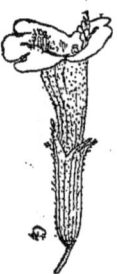

dents du calice ayant environ un quart de la longueur totale du calice ; tiges dressées peu rameuses, ou tout à fait simples ; feuilles minces et d'un vert clair.
[Bois ; fl. roses ; 2-5 d.; jl.-at.; v.]

Calamintha grandiflora Mœnch.
Calament à grandes fleurs.
Assez commun, sauf dans le Nord et la Région méditerranéenne. [S]

+ Fleurs *de moins de 2 centimètres de longueur*, OP, grandeur naturelle] ;

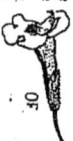

Calice à dents *très longuement ciliées* C, ayant un anneau de poils situé en dedans, au dessous des dents O. (Parfois feuilles à dents peu saillantes et fleurs blanchâtres ou lilas pâle : *C. menthæfolia* Host.)
[Bois, coteaux ; fl. roses, blanchâtres ou lilacées ; 3-7 d.; jl.-s.; v.]

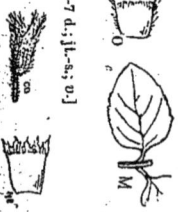

Calamintha officinalis Mœnch.
Calament officinal.
Assez commun à grandes fleurs.
Alpes, Plateau Central, Pyrénées (rare). [S]

Calice à dents *peu ciliées* CO, ayant un anneau de poils à la base même des dents NE.
[Endroits secs, rochers ; fl. d'un bleu clair, lilacées ou roses ; 4-7 d.; jl.-s.; v.]

Calamintha Nepeta Clairville.
Calament Nepeta.
Midi et çà et là. [S]

11. **MELISSA. MÉLISSE.** — (Voyez fig. M, p. 246). Feuilles beaucoup plus grandes que les groupes de fleurs; calice du fruit renversé; pé-
doncules velus; fruits à longs pétioles. [Bord des chemins, murs, champs; fl. jaunâtres, puis blanches; calice de rose; 3-9 d.; j.-at.; v.] .... **Melissa officinalis** L., Mélisse officinale (Piment des Abeilles). Cultivé et subsp. ou naturalisé çà et là. [S]

12. **HORMINUM. HORMINELLE.** — (→ Voyez fig. HO; p. 246). Corolle ayant 2 à 3 fois la longueur du calice; calice du fruit renversé, à tube
violacé. [Pâturages; fl. violacées; 8-25 c.; j.-jt.; v.] .... **Horminum pyrenaicum** L. Horminelle des Pyrénées. Pyrénées. [S]

13. **ROSMARINUS. ROMARIN.** — (→ Voyez fig. RO, ROS, p. 245). — Calice velu-laineux à dents bordées de blanc; feuilles coriaces 15 à
30 fois plus longues que larges, roulées en dessous. [Endroits secs; fl. bleues, rarement blanches; 6-12 d.; ms.-m.; v.] .... **Rosmarinus officinalis** L. Romarin officinal. Midi, et parfois cultivé. [S]

14. **SALVIA. SAUGE.** .... **Série 2** → p. 250.

◉ Corolle n'ayant pas d'anneau de poils en dedans .... **Série 1** → p. 250.

Série 1

◉ Corolle ayant un anneau de poils en-dedans, en travers du tube [ex.: T] .... **Salvia officinalis** L. Sauge officinale. Région méditerranéenne et cultivé, quelquefois subspontané. [S]

◉ Fleurs groupées par 2 à 4, en général. OP; corolle de plus de 2 c. de longueur en général; feuilles
chagrinées rugueuses, non en cœur; tiges ligneuses à la base, rarement
blanches; 2-4 d.; jt.; v.]

* Bractées couvertes de laine blanche Æ; sépales terminés en épines; feuilles de plus

⊙ Fleurs groupées en grand nombre VRT; corolle de moins de 1 c. de longueur; feuilles de
3 c. de largeur, en général, en cœur à la base, crénelées; tiges non ligneuses à la base.
[Endroits incultes; fl. violettes; 4-7 d.; jt.-at.; v.] .... **Salvia verticillata** L. Sauge verticillée. Naturalisé et subspontané: çà et là. [S]

corolle beaucoup plus grande que le calice; feuilles laineuses en dessous, inégu-
lièrement divisées ou dentées; tige rameuse vers le haut. [Endroits incultes; fl. blanches; 3-6 d.; jt.; v.] .... **Salvia Sclarea** L. Sauge Sclarée (Toute-bonne). Çà et là, dans le Plateau Central et le Midi. [S]

* Bractées complètement membraneuses
et violacées au sommet, ciliées et
plus longues que le calice SS;

denticées, les inférieures obtuses. [Endroits secs; fl. d'un blanc violacé; 4-8 d.; j.-jt.; v.] .... **Salvia Æthiopis** L. Sauge d'Éthiopie. Sud-Est, Plateau Central. [S] sub.

* Bractées colorées
en violet, en
rouge vif ou en
rose.

⊙ Calice à dents presque
égales SI, poilu;

feuilles moyennes sans pétiole, pointues, 5 à 6 fois plus longues que larges.
[Endroits incultes; fl. 5-10 d.; j.-jt.; v.] .... **Salvia silvestris** L. Sauge sauvage. Provence (rare). [S] sub.

⊙ Calice à dents très inégales et à poils raides sur les côtés; feuilles pétiolées, crénelées, arrondies au sommet, 2 à 3 fois plus longues que larges VRD.
[Endroits incultes; fl. roses; 3-5 d.; j.-at.; v.] .... **Salvia viridis** L. Sauge verte. Provence (très rare).

Série 2

* Bractées
herba-
cées.

⊙ Calice à lèvre supérieure entière; corolle d'un blanc jaunâtre ayant 3 ou 4 fois la longueur du
calice; feuilles à longue pointe, à bords de la partie supérieure concaves G; plante très glandu-
leuse au sommet. [Forêts, bois; fl. jaunâtres; 6-9 d.; j.-at.; v.] .... **Salvia glutinosa** L. Sauge glutineuse. Jura (rare); Alpes, Sud du Plateau Central. [S]

⊙ Calice dont la
lèvre supé-
rieure a 3
dents.

⊙ Corolle ayant ordinairement
plus de 2 fois la longueur
du calice P;

feuilles inférieures plus, ou moins en cœur à la base,
irrégulièrement dentées; fruits mûrs à la fois bruns
et lisses. [Prés, endroits incultes; fl. bleues violacées, parfois
blanches; 2-8 d.; m.-s.; v.] .... **Salvia pratensis** L. Sauge des prés. Commune (manque çà et là. [S]

⊙ Corolle ayant moins de 2 fois la longueur du calice; feuilles inférieures à lobes plus ou moins
profonds, les autres à pétiole court ou nul, simplement dentées VRB, VB; fruits mûrs bruns
ponctués ou fruits noirs. (Parfois lèvre supérieure de la corolle comme aplatie sur les côtés:
S. horminoides Pourr.) [Endroits secs; fl. roses ou bleuâtres; 5-7 d.; m.-s.; v.] .... **Salvia verbenaca** L. Sauge Fausse-Verveine. Littoral de l'Océan, Midi, et çà et là, sauf dans le Nord-Est et l'Est. [S]

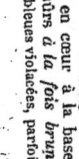

⊕ Feuilles supérieures *sessiles sans pétiole* ; calice à dents égales ou presque égales NU, LAT.

(Tige à entre-noeuds *presque sans poils* ; fleurs par groupes de 10 à 20 à l'aisselle de deux feuilles opposées.
[Endroits arides, rochers, fl. bleues, d'un bleu-violacé ou parfois rougeâtre ; 8-12 d.; al.-s.; v.]

(Tige à entre-noeuds *poilus* ; fleurs par groupe de plus de 20 fleurs à l'aisselle de deux feuilles opposées.

Nepeta nuda L.
Népéta dénudé.
Alpes du Dauphiné et méridio-
nales (rare). [S]

Nepeta latifolia L.
Népéta à larges feuilles.
Pyrénées orientales.

⊕ Feuilles toutes plus ou moins pétiolées LNC, CT, NT ; calice à dents plus ou moins inégales.

○ Feuilles supérieures *en coeur à la base* CT ; les moyennes environ 2 fois plus longues que larges ;

corolle à tube dépassant peu le calice N, blanche avec des taches rouges.
[Chemins, endroits incultes; fl. blanches, souvent à taches rougeâtres ; 4-8 d.; j.-al.; v.]

Nepeta Cataria L.
Népéta Chataire (Herbe-aux-chats).
Çà et là. [S]

○ Feuilles supérieures *non en coeur à la base* LNC ; les moyennes 3 à 6 fois plus longues que larges ;

groupes de fleurs rapprochés LN et fleurs ordinairement blanches. (Parfois groupes de fleurs écartés NT et rougeâtres ; **N. Nepetella L.**)
[Endroits incultes, rochers; fl. blanches; 3-5 d.; jt.-al.; v.]

Nepeta lanceolata Lam.
Népéta à feuilles lancéolées.
Alpes; Région méditerranéenne,
Pyrénées (rare). [S] sub.

---

16. DRACOCEPHALUM. *DRACOCÉPHALE.* —

◇ Feuilles *toutes entières* R;

bractées entières ; feuilles sans petite pointe nette au sommet ; corolle à tube presque droit.
[Pâturages, rochers ; fl. bleues ; 1-3 d.; jt.-a.; v.]

Dracocephalum Ruyschiana L.
Dracocéphale de Ruysch.
Alpes ; Pyrénées (très rare). [S]

◇ Feuilles moyennes *profondément divisées* A;

bractées à 3 divisions ; feuilles ou lobes des feuilles terminés par une petite pointe nette ; corolle à tube courbé.
[Pâturages, rochers ; fl. violacées ; 2-3 d.; m.-j.; v.]

Dracocephalum austriacum L.
Dracocéphale d'Autriche.
Alpes du Dauphiné et méridio-
nales (très rare). [S]

17. GLECHOMA. *GLÉCHOMA.* — (→ Voyez fig. G, GH, p. 247). Fleurs par 2 ou 3, tournées d'un même côté ; feuilles pétiolées, à nervures en réseau, à limbe en coeur renversé.
[Haies, bois, prés ; fl. violettes, lilas, rarement blanches; 1-4 d.; av.-j.; v.]

Glechoma hederacea L.
Gléchoma Lierre-terrestre (Courroie de Saint-Jean.)
Très commun, sauf dans la Région méditerranéenne. [S]

18. LAMIUM. *LAMIER.* —

△ Fleurs *jaunes* ; tiges les unes dressées, les autres couchées ; corolle à lèvre inférieure dont le lobe moyen est entier LU.
[Bois, endroits humides ; fl. jaunes; 3-7 d.; m.-j.; v.]

Lamium Galeobdolon Crantz.
Lamier Galéobdolon (Ortie jaune).
Assez commun, sauf dans la Région méditerranéenne. [S]

△ Fleurs *blanches* ; tiges flexueuses FL. et retombantes ; corolle à lèvre inférieure dont le lobe moyen est entier et les deux autres portant une dent.
[Haies, bois ; fl. blanches; 2-6 d.; av.-j.; v.]

Lamium flexuosum Ten.
Lamier flexueux.
Région méditerranéenne (très rare, manque en Provence).

□ Anthères *sans poils*, fleurs jaunes ou blanches ; corolle blanchâtre ayant un anneau de poils en travers, en dedans du tube et vers sa base; feuilles pétiolées LU, FL.

□ Anthères *poilues* ; fleurs roses ou blanches (→ *Voir la suite à la page suivante*).

Suite du genre *Lamium* :

△ Corolle ayant un anneau de poils en dedans du tube, en travers PR.

  + Corolle à lèvre supérieure non plise et non relevée sur les bords; tige, sans feuilles sur une grande longueur; feuilles moyennes longuement pétiolées, à dents arrondies PU.
    [Endroits incultes; fl. roses, rarement blanches; 1-3 d.; ms.-o.; α.]
    fleurs ordinairement 10 à 20 par groupe. — **Lamium purpureum L.** *Très commun.* [S] *Lamier pourpre.* [S]

  + Corolle à lèvre supérieure portant deux plis saillants s'écartant l'un de l'autre, tige régulièrement feuillée.
    fleurs ordinairement 6 à 10 par groupe. [Endroits incultes; fl. roses, rarement blanches; 2-6 d.; av.-o.; v.] — **Lamium album L.** *Lamier blanc* (Ortie blanche). *Commun,* - sauf dans l'Ouest, et le Midi. [S]

◯ Feuilles supérieures sans pétiole embrassant la tige AM;
  △ Corolle blanche, à tube renversé en arrière A;
     groupes de fleurs disposés le long de la tige. [Rochers, endroits arides; fl. roses, rarement blanches; 2-7 d.; j.-jt.; v.] — **Lamium maculatum L.** *Lamier tacheté* (Ortie rouge). Est, Sud-Est, Centre, et çà et là, sauf dans le Nord-Ouest. [S]

△ Corolle sans anneau de poils à l'intérieur du tube.
  ◯ Feuilles supérieures pétiolées.
    △ Corolle rose, parfois blanche, à tube non renversé M;
     tube de la corolle allongé et mince LA. [Endroits incultes, murs; fl. roses; 1-2 d.; ms.-o.; α.] — **Lamium amplexicaule L.** *Lamier amplexicaule.* Commun. [S]

= Fleurs de plus de 25 mm. de longueur L;
    tube de la corolle ayant un anneau de poils en dedans. [Chemins, murs, haies; fl. roses; 5-12 d.; j. blanchâtres; 5-12 d.] — **Lamium longiflorum Ten.** *Lamier à longues fleurs.* Alpes du Dauphiné et méridionales; Cévennes (très rare). [S] sub...

= Fleurs de moins de 12 mm. de longueur l;
    tube de la corolle sans anneau de poils en dedans. [Champs, chemins; fl. roses 1-2 d.; av.-j.; v.] — **Lamium hybridum L.** *Lamier hybride.* Çà et là. [S]

19. LEONURUS. *AGRIPAUME.* — (→Voyez fig. L, LE, p. 246).

✕ Feuilles profondément divisées LC;
    groupes de fleurs serrés, au sommet des tiges; feuilles inférieures profondément divisées. [Champs, chemins : fl. roses 1-2 d.; av.-j.; v.] — **Leonurus Cardiaca L.** *Agripaume Cardiaque.* Çà et là. [S]

✕ Feuilles dentées M;
     [Bois, endroits humides; 2-6 d.; jt.-s.; α.] — **Leonurus Marrubiastrum L.** *Agripaume Faux-Marrube.* Est, Centre, Auvergne, Ouest. (rare). [S]

20. GALEOPSIS. *GALÉOPSIS.* —

✕ Fleurs jaunes ou en partie jaunes; calice peu velu, à dents étroites VR.
     [Bois, champs, haies; 2-6 d.; at.-s.; α.] — **Galeopsis versicolor Curt.** *Galéopsis à fleurs variées.* Sud-Est, Ouest (rare). [S]

✕ Fleurs roses ou blanches non ou à peine mêlées de jaune; calice très poilu au sommet, à dents étroites et longues TI.
  • Calice très velu à dents en triangle D; bractées ne dépassant pas les calices. [Champs; 1-4 d.; jt.-at.; α.] → Voyez **G. versicolor**, p. 252.
  • Calice peu velu à dents étroites → Voyez **G. versicolor**, p. 252. — **Galeopsis Tetrahit L.** *Galéopsis Tétrahit* (Ortie royale). Commun, sauf dans le Midi. [S]

⊕ Tiges ayant de longs poils piquants sur les nœuds.
  ✶ Fleurs jaunes ou jaunâtres,
    les supérieures très étroites. (Parfois bractées plus courtes que les calices : *G. intermedia* Vill.) — **Galeopsis dubia Leers.** *Galéopsis douteux.* Çà et là. [S]

⊕ Tiges n'ayant pas de longs poils piquants sur les nœuds.
  ✶ Fleurs roses ou blanches.
    ➢ Feuilles moyennes 5 à 7 fois plus longues que larges LD, les supérieures très étroites. [Champs, endroits incultes; 2-4 d.; jt.-s.; α.] — **Galeopsis Ladanum L.** *Galéopsis Ladanum.* Commun. [S]
    ➢ Feuilles moyennes 2 à 3 fois plus longues que larges, même les supérieures PY. [Rochers; 1-5 d.; at.-s.; α.] — **Galeopsis pyrenaica Bartl.** *Galéopsis des Pyrénées.* Pyrénées orientales.

70s. p. 392.

✠ Fleurs *ni jaunes ni jaunâtres.*

✠ Fleurs *jaunes ou jaunâtres.*

□ Feuilles moyennes et inférieures à limbe en cœur renversé Hi;

△ Calice à dents *non* ciliées sur l'épine qui la termine [HE, fig. grossie].-

calice très poilu, à dents terminées par une longue épine ciliée; feuilles arrondies au sommet, à dents obtuses. [Rochers, endroits arides; ll. jaunâtres; t-5 d.; m.-j.; a.]

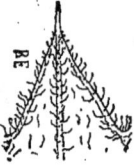

Stachys hirta L.!
Épiaire hérissée, Littoral de la Méditerranée et du dép¹ des *Basses-Pyrénées* (très rare).

feuilles inférieures presque sans pétiole ou à pétiole très court; corolle jaunâtre avec des taches brunes. [Endroits arides, rochers; ll. jaunâtres; 2-5 d.; j.-a¹; v.]

Stachys recta L.
Épiaire droite. Commun, sauf dans le Nord-Ouest. [S]

△ Calice à dents ciliées sur l'é- pine qui la ter- mine ANN.

[Champs; ll. d'un blanc jaunâtre ou d'un jaune clair; 1-3 d.; m.-s.; a. ou v.]

Stachys annua L.
Épiaire annuelle. Commun. [S]

○ Calice couvert de poils laineux très serrés dépassant le sommet des dents et laissant à peine voir la forme du calice; toute la plante est couverte de poils soyeux GE; fleurs groupées par 12 à 20, en général. 7Is, p. 392.
[Endroits secs; ll. roses; 3-20 d.; jl.-a¹; b.]

(Parfois feuilles velues, obtuses M, et plante vivace à tiges plus ou moins couchées : *S. maritima L.*)

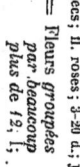

feuilles couvertes en dessous de poils épais qui em- pêchent de voir les nervures. [Endroits secs; 5-15 d.; m.-jl.; v.]

Stachys germanica L.
Épiaire d'Allemagne. Assez rare. [S]

Stachys italica Mill.
Épiaire d'Italie. Provence (rare), [S] sub.

○ Calice plus ou moins velu, mais à poils laissant voir la forme du calice; dents du calice moins poilues que le reste.

= Fleurs groupées par beaucoup plus de 12; I.

= Fleurs groupées par 6 à 12 ALP; feuilles bien plus longues que les fleurs. [Bois, coteaux; ll. roses à taches blanches; 5-7 d.; jl.-a¹; v.]

Stachys alpina L.
Épiaire des Alpes. Montagnes et çà et là, sauf dans la plaine méditerranéenne. [S]

= Fleurs groupées par 3 à 5 HE; pétioles ayant des poils plus longs que la longueur du pétiole. [Endroits secs; ll. roses; 2-3 d.; j.-jl.; v.]

feuilles moyennes 3 à 4 fois plus longues que larges. [Endroits humides; ll. roses, tachées de blanc; 4-12 d.; j.-s.; v.]

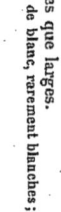

Stachys palustris L.
Épiaire des marais (Ortie morte). Commun, sauf dans la Région méditerranéenne. [S]

Stachys heraclea All.
Épiaire d'Héraclée. Centre, Auvergne, Ouest, Midi (rare).

□ Feuilles *non* en cœur.

△ Petites bractées aussi lon- gues ou presque aussi lon- gues que le calice [exemple: AL].

△ Petites bractées très petites ou non développées.

⊕ Feuilles pé- tiolées ST; S.

× Feuilles arrondies au sommet ST; corolle rougeâtre, dé- passant peu le calice. [Champs; 1-5 d.; j.-s.; v.]

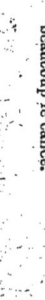

Stachys arvensis L.
Épiaire des champs. Commun, sauf dans le Sud-Est et la Région méditerranéenne. [S]

× Feuilles pointues au sommet S; co- rolle d'un rouge foncé, dépassant beaucoup le calice. [Bois, haies; à stries blanches; 3-9 d.; jl.-a¹; v.]

Stachys silvatica L.
Épiaire des bois (Ortie puante). Commun, sauf dans la plaine méditer- ranéenne. [S]

⊕ Feuilles sans pétiole SP;

22. BETONICA. BÉTOINE. —

⊙ Fleurs jaunes ; calice velu, à nervures très visibles AN, ayant en dedans du tube un anneau de poils ;

• Calice à nervures très apparentes et couvert de poils H ;

lèvre supérieure de la corolle à 2 lobes. [Prés, rochers ; 2-5 d.; jt.-a.; v.]
→ **Betonica Alopecuros** *L.* *Bétoine Queue-de-renard.* *Alpes du Dauphiné, Pyrénées.* [S]

corolle de plus de 15 mm. de longueur ; plante couverte de poils jaunâtres. [Prés, rochers ; 1-3 d.; jt.-at.; v.]
→ **Betonica hirsuta** *L.* *Bétoine hérissée.* *Alpes, Pyrénées.* [S]

⊙ Fleurs roses ou blanches.

• Calice à nervures peu apparentes et velu au sommet BET ;

corolle de moins de 15 mm. de longueur à lèvre supérieure entière BE. [Bois, prés; 2-6 d.; j-s.; v.]
→ **Betonica officinalis** *L.* *Bétoine officinale.* *Commun.* [S]

23. BALLOTA. BALLOTE. —

⊕ Bractées épineuses SP ; calice terminé par de fortes épines ; fleurs par 2 à 4 à l'aisselle des feuilles SP. [Endroits incultes ; fl. blanches; t-3 d.; j-jt.; v.]
→ **Ballota spinosa** *Link.* *Ballote épineuse.* *Provence* (rare).

⊖ Bractées non épineuses FŒ ; calice terminé par de faibles épines F ; fleurs nombreuses à l'aisselle des feuilles FŒ. [Décombres, chemins ; fl. roses, rarement blanches ; 3-6 d.; j.-at.; v.]
→ **Ballota foetida** *Lam.* *Ballote fétide.* *Très commun.* [S]

24. PHLOMIS. PHLOMIS. —

★ Fleurs jaunes,

Feuilles moyennes 2 à 6 fois plus longues que larges ; feuilles supérieures FR de même forme que les autres ;

calice à dents 30 à 40 fois moins longues que le reste du calice qui est couvert de poils étoilés. [Endroits arides ; 2-4 d.; m.-j.; v.]
→ **Phlomis fruticosa** *L.* *Phlomis ligneux.* *Îles d'Hyères,* très rare et naturalisé.

Feuilles moyennes 8 à 15 fois plus longues que larges ; feuilles à gaines très larges et brusquement terminées en pointe L. [Coteaux, endroits arides ; 2-5 d.; m.-j.; v.]

calice à dents 30 à 40 fois moins longues que le reste du calice qui est couvert de poils étoilés. [Endroits arides ; 2-4 d.; m.-j.; v.]
→ **Phlomis Lychnitis** *L.* *Phlomis Lychnite.* *Région méditerranéenne.*

★ Fleurs roses, pourprées ou blanches ; feuilles supérieures HV dépassant beaucoup les fleurs HV ;

calice à dents épineuses et ciliées. [Endroits arides ; 2-6 d.; m-j.; v.]
→ **Phlomis Herba-Venti** *L.* *Sud-Est* (rare). *Région méditerranéenne.*

25. SIDERITIS. CRAPAUDINE. —

✴ Plantes annuelles, sans tiges souterraines développées.

□ Calice ayant une dent plus grande que les autres K ;

fleurs jaunes, tachetées ; corolle plus courte que le calice. [Champs, endroits secs; 5-35 c.; jt.-at.; α.]
→ **Sideritis romana** *L.* *Crapaudine romaine.* Dép¹ de la Charente-Inférieure (très rare). *Région méditⁿᵉ*

□ Calice ayant les 5 dents presque égales M ;

fleurs blanches ou roses ; corolle dépassant un peu le calice. [Champs, endroits secs ; 5-35 c.; jt.-a.; b. ou v.]
→ **Sideritis montana** *L.* *Crapaudine des montagnes.* *Lorruyane, Provence* (très rare et introduit). [S]

✴ Plantes vivaces à tiges souterraines développées.

△ Corolle entièrement blanche ou rose et calice à dents très inégales → Voyez S. romana, p. 284.

△ Corolle à lèvre supérieure blanche, l'intérieur jaune ; calice très velu à dents dressées H ;

feuilles, fortement dentées tout autour HI. [Endroits incultes; h. mêlées de jaune et de blanc ; 1-4 d.; jt.-at.; v.]
→ **Sideritis hirsuta** *L.* *Crapaudine hérissée.* *Sud-Est, Région méditerranéenne* (rare).

△ Corolle d'un jaune pâle; calice à dents d'abord dressées, puis étalées. (→ *Voir la suite à la page suivante.*)

Suite du genre Sideritis :

⊙ Feuilles *très velues, dentées tout autour* SC; calice très velu. [Coteaux, endroits secs ; fl. d'un jaune pâle ; 1+ d.; j.-jt.; v.]

⊙ Feuilles *presque sans poils, peu ou pas dentées* HY; calice presque sans poils. [Rochers, endroits incultes ; fl. d'un jaune pâle ; 1-3 d.; jt.-a.; v.]

26. MARRUBIUM. MARRUBE. — (→ Voyez fig. MA, p. 246).

Calice à 10 dents crochues MA; feuilles ayant un réseau saillant de nervures, velues ; [Bois; fl. blanches, souvent tachetées de pourpre ou de lilas ; 2-4 d.; j.-at.; v.]

27. MELITTIS. MÉLITTE. — (→ Voyez fig. MM, ME, p. 247). Fleurs toutes tournées, du même côté de la plante; feuilles pétiolées, ovales, dentées, à odeur forte lorsqu'on les froisse; fleurs blanches ou tachetées de pourpre.

28. SCUTELLARIA. SCUTELLAIRE. —

□ Feuilles *en forme de fer de hallebarde* H; feuilles sans poils ou presque sans poils; fleurs toutes tournées du même côté. [Endroits humides ; fl. violettes ; 1-3 d.; jt.-at.; v.]

□ Feuilles *ovales ou ovales-aiguës.*

  △ Fleurs *isolées à l'aisselle des feuilles* (ex.: GA); fleurs violettes et feuilles à dents espacées; [Parfois entières ou avec 1-2 petites dents Ml: *S. minor* L.] [Endroits humides ; fl. d'un rose bleuâtre; 1-4 d.; j.-s.; v.]

  △ Fleurs *en grappe terminale* AL, CO; feuilles fortement dentées. [Coteaux, rochers; fl. rose ou lilacées; 1-2 d.; jt.-at.; v.]

    ✳ Bractées plus ou moins *membraneuses* et retombantes.

    ✳ Bractées *vertes*; tiges dressées; feuilles régulièrement dentées, à longs pétioles CO. [Bois; fl. roses ou pourprées; 4-7 d.; j.-jt.; v.]

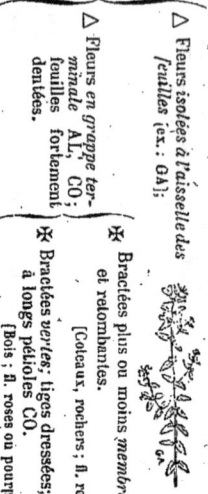

29. BRUNELLA. BRUNELLE. —

≡ Feuilles *sans pétiole net, entières* HY, avec des poils raides et courts sur les bords; feuilles 10 à 20 fois plus longues que larges. [Endroits arides, rochers ; fl. violettes ; 2-5 d.; m.-at.; v.]

≡ Feuilles *pétiolées.*

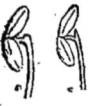

  • Étamines à filets portant une pointe aiguë V; lèvre supérieure du calice à 3 dents presque égales L. [Parfois fleurs blanchâtres et pointes des filets courbées: *B. alba* Pallas.) [Bois, prairies; fl. violettes ou blanchâtres; 1-3 d.; j.-s.; v.]

  • Étamines à filets arrondis, sans pointe G; lèvre supérieure du calice à 3 dents dont celle du milieu plus courte. [*B. grandiflora* Jacq.)...

Sideritis scordioides L.
Crapaudine Faux-Scordium.
Région méditerranéenne.

Sideritis hyssopifolia L.
Crapaudine, à feuilles d'Hysope.
Jura, Alpes de la Savoie et du Dauphiné, Pyrénées et çà et là aux environs de Lyon et à l'Ouest du Plateau Central jusqu'à l'Océan. [S]

Marrubium vulgare L.
Marrube vulgaire.
Commun. [S]

Melittis melissophyllum L.
Mélitte à feuilles de Mélisse.
Çà et là. [S]

Scutellaria hastifolia L.
Scutellaire à feuilles hastées.
Nord de la *Vallée du Rhône*, Centre, Ouest (rare).

Scutellaria galericulata L.
Scutellaire à casque (Toque bleue).
Commun, sauf dans la Région méditerranéenne. [S]

Scutellaria alpina L.
Scutellaire des Alpes.
Côte-d'Or (rare); *Alpes*, Dépt de la Lozère, *Pyrénées.* [S]

Scutellaria Columnæ All.
Scutellaire de Columna.
Environs de Paris (rare et naturalisé). [S] sub.

Brunella vulgaris L.
Brunelle vulgaire (Charbonnière).
Très commun. [S]

Brunella hyssopifolia L.
Brunelle à feuilles d'Hysope.
Sud-Est (rare) ; *Midi.*

30. AJUGA. BUGLE. —

✿ Feuilles à 3 divisions assez étroites C;

tiges couchées; feuilles velues visqueuses, les inférieures entières,
[Champs; fl. jaunes; 5-20 c.; m.-ai.; a.] .... **Ajuga Chamaepitys** *Schreb.* *Bugle Petit-Pin.* Commun, sauf dans le Nord. [S]

tige un peu ligneuse à la base; feuilles in-férieures ayant quelques dents. [Endroits arides; fl. roses ou jaunes; 5-20 c.; m.-ji.; v.] .... **Ajuga Iva** *Schreb.* *Bugle Iva.* Région méditerranéenne.

✿ Feuilles non di-visés.

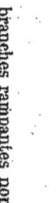

⊕ Tige velue sur les 4 faces G.

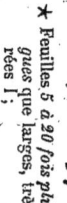

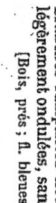

　✱ Feuilles 5 à 20 fois plus lon-gues que larges, très ser-rées I;

feuilles supérieures dépassant les fleurs PY; (Parfois d'un bleu clair, li-lacé ou rose; 5-30 c.; m.-ji.; v.] .... **Ajuga genevensis** *L.* *Bugle de Genève.* Assez commun, sauf dans la Région méditerranéenne. [S]

　✱ Feuilles 2 à 4 fois plus longues que larges, ondulées ou courbées sur les bords. [Bois, prés secs; fl. d'un bleu clair, li-lacé ou rose; 5-30 c.; m.-ji.; v.] **A. pyramidalis** *L.*

⊕ Tige velue sur 2 faces RE;

branches rampantes nombreuses R, portant des racines adventives; feuilles légèrement onduleuses, sans pétiole ou à pétiole court. [Bois, prés; fl. bleues, rarement roses ou blanches; 1-4 d.; m.-ji.; v.] .... **Ajuga reptans** *L.* *Bugle rampante.* Commun. [S]

31. TEUCRIUM. GERMANDRÉE. —

△ Calice irrégulier, à 1 grande dent d'un côté et 4 de l'autre SA;

⊙ Feuilles dont le limbe est divisé au delà du milieu PS, BO.

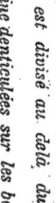

⊙ Feuilles entières ou à peine denticulées sur les bords

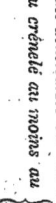

△ Calice n'ayant pas ces ca-ractères.

⊙ Feuilles à limbe denté ou crénelé au moins au sommet.

: Corolle jaunâtre; calice à poils court SCA;

fleurs en grappes terminales [exemple; S].

Tiges couvertes de poils cotonneux qui les rendent blanches; feuilles colon-neuses sur les deux faces; groupes de fleurs couverts de poils colonneux .... **Série 5 → p. 257.**

Tiges avec ou sans poils, mais non assez velues pour être blanches ....

bractées supérieures ne dépassant guère le pédoncule des fleurs SCA; .... **Série 1 → p. 256.**
Teucrium Scorodonia *L.* *Germandrée Scorodoine* (Sauge des bois). Très commun, sauf dans la Région méditerranéenne. [S]

: Corolle rose; calice à poils glanduleux M;

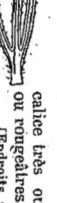

bractées supérieures dépassant beaucoup le pédoncule des fleurs. [Endroits incultes; 2-5 d.; j.-ji.; v.] .... **Série 2 → p. 256.**
Teucrium massiliense *L.* *Germandrée de Marseille.* Îles d'Hyères (très rare).

Série 1

✕ Feuilles à divi-sions étroites et roulées en des-sous par les bords PS, PC;

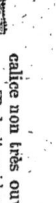

calice très ouvert; fleurs blanches ou rougeâtres. [Endroits arides; 1-3 d.; m.-j.; v.] .... **Série 3 → p. 257.**
Teucrium Pseudo-Chamaepitys *L.* *Germandrée faux-Petit-Pin.* Provence (très rare).

✕ Feuilles à divi-sions lobées non roulées en des-sous BO, BOT;

calice non très ouvert; fleurs lilacées. [Endroits arides, champs: 1-3 d.; jt.-s.; a.] .... **Série 4 → p. 257.**
Teucrium Botrys *L.* *Germandrée Botryde.* Assez commun, sauf dans la Région...

Série 2

□ Fleurs *bleues* ; feuilles FR, *luisantes en dessus*, velues, blanchâtres ou jaunâtres en dessous ; calice très velu, laineux ; tige *ligneuse*. [Endroits arides ;
8-15 d. ; m.-j. ; v.]

Teucrium fruticans L.
Germandrée ligneuse.
Littoral du Roussillon (très rare).

Série 3

□ Fleurs *roses* ; calice *velu-laineux* MRM; MR.

feuilles 2 à 4 fois plus longues que larges
[Endroits arides ; 3-5 d. ; j.-jl. ; v.]

Teucrium Marum L.
Germandrée Marum.
Iles d'Hyères et parfois cultivé.

□ Fleurs d'un *blanc-jaunâtre* ; calice *peu poilu* MN;

feuilles 8 à 15 fois plus longues que larges M.
[Coteaux, rochers ; 8-10 c. ; j.-at. ; v.]

Teucrium montanum L.
Germandrée des montagnes.
Est, Sud-Est, Midi et çà et là. [S]

⊕ Étamines *se roulant sur elles-mêmes* après *floraison*; calice à dents courtes, obtuses C;

⊙ Calice à *longs poils* AU;

fleurs ayant, en général, moins de 6 mm. de longueur, roses ou blanches.
[Endroits arides, rochers ; 2-4 d. ; j.-at. ; v.]

Teucrium capitatum L.
Germandrée capitée.
H^tes Pyrénées (très rare).

⊙ Calice à *poils courts* PO;

poils cachant complètement les nervures des feuilles
[Endroits arides ; fl. jaunes ou blanches ; 1-2 d. ; j.-at. ; v.]

Teucrium pyrenaicum L.
Germandrée des Pyrénées.
Pyrénées; Dépt des Landes et de l'Isère (rare).

Série 4

⊕ Étamines *ne se roulant pas sur elles-mêmes* ; calice à dents plus ou moins aiguës AU, PO.

AUR.

poils laissant voir les nervures des feuilles.
[Endroits arides ; fl. roses ou blanches ; 1-3 d. ; j.-at. ; v.]

Teucrium aureum Schreb.
Germandrée dorée.
Sud-Est, Cévennes, Pyrénées.
Région méditerranéenne.

Teucrium Polium L.
Germandrée Polium.
Midi, Vallée du Rhône.

◁ Feuilles *arrondies* PY; fleurs *presque en épi*, tube ;

fleurs d'un *blanc-jaunâtre* ; tiges couchées à la base.
[Rochers, pâturages, bois ; 6-20 c. ; j.-jl. ; v.]

Teucrium flavum L.
Germandrée jaune.
Région méditerranéenne.

△ Fleurs *d'un jaune-verdâtre* feuilles pétiolées PY;

PY calice à *poils glanduleux* ; rameaux gris.
[Endroits arides, rochers ; 2-4 d. ; jl.-at. ; v.]

Teucrium lucidum L.
Germandrée lisse.
Alpes méridionales.

Série 5

◁ Feuilles *non arrondies*, inflorescence allongée [ex. : L, SC].

FL

calice à *poils sans poils* ; v.]
[Endroits arides, rochers ; 2-4 d. ; jl.-at. ; v.]

✳ Tiges et feuilles *sans poils* ou *presque sans poils* ; feuilles supérieures sans dents.
[Endroits arides ; 2-5 d. ; jl.-at. ; v.]

Teucrium Scordium L.
Germandrée Scordium.

△ Fleurs *roses*, *lilas*, ou *blanches*.

○ Fleurs *lilas*, feuilles *sans pétiole* SC; fleurs par 2 à 3.
(Parfois feuilles en cœur à la base ; **T. scordioides** Schreb.) [Endroits humides ; 1-2 d. ; j.-at. ; v.]

Teucrium Scordium L.
Centre, Ouest et çà et là. [S]

✱ Tiges et feuilles *velues*.

○ Fleurs *roses*, *rarement blanches*; feuilles *presque sans pétiole* TC;

feuilles en coin à la base très dentées ; calice souvent rougeâtre.
[Bois, endroits arides ; 1-2 d. ; j.-s. ; v.]

Teucrium Chamaedrys L.
Germandrée Petit-Chêne (Chênette).
Commun.. [S]

ACANTHACÉES

ACANTHUS. *ACANTHE.* — Fleurs sans pédoncule, en épi allongé ; corolle blanche de 3 à 4 c.; bractées épineuses; feuilles sans poils de 20 à 60 c. de longueur.
[Endroits arides; fl. blanches; 3-7 d.; m.-ji.; v.]

Acanthus mollis L.
Acanthe mou.
Région méditerranéenne (rare,
naturalisé et subspontané). (rare.

VERBÉNACÉES

Arbrisseau à feuilles ayant 3 à 7 folioles VI. —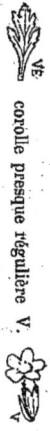

3. VITEX → p. 258.
GATTELIER [1 esp.].

Plante herbacée.
○ Fleurs en épi allongé ; feuilles plus ou moins divisées VE;  corolle presque régulière V.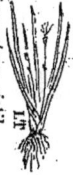
○ Fleurs en capitules ovales L.

1. VERBENA → p. 258.
VERVEINE → p. 258.

2. LIPPIA → p. 258.
LIPPIA [1 esp.].

1. **VERBENA.** *VERVEINE.* — (→ Voyez fig. VE, V, ci-dessus).
entonnoir; feuilles moyennes divisées
[L'endroits incultes; fl. lilas clair; 4-8 d.; j.-o.; v.]

Verbena officinalis L.
Verveine officinale.
Très commune. [s]

2. **LIPPIA.** *LIPPIA.* — (→ Voyez fig. L, ci-dessus). Feuilles longuement en coin à la base, dentées dans leur partie supérieure; tige sillonnée;
feuilles couvertes de petits poils appliqués.
[Marais, fossés; 1-3 d.; j.-o.; v.]

Lippia rampante.
Lippia repens Spreng.
Littoral de la Méditerr. (très rare).

3. **VITEX.** *GATTELIER.* — (→ Voyez fig. VI, ci-dessus). Folioles entières, blanchâtres en dessous; fleurs en grappes; jeunes rameaux
cotonneux et à 4 angles.
[Endroits arides, haies; fl. violettes, parfois blanches; 1-3 m.; j.-ji.; v.]

Vitex Agnus-Castus L.
Gattelier Agneau-chaste (Petit Poivre)
Littoral de la Méditerranée.

PLANTAGINÉES

Tiges fleuries dépassant les feuilles; fleurs ayant en même temps des étamines et un pistil.

1. PLANTAGO → p. 258.
PLANTAIN [20 esp.].

Feuilles très étroites et toutes à la base *plus longues que les fleurs* LT;
fleurs les unes staminées, les autres pistillées;
plante aquatique.

2. LITTORELLA → p. 260.
LITTORELLE [1 esp.].

1. **PLANTAGO.** *PLANTAIN.* —
Tige feuillée du haut en bas [exemple : A].
...............**Série 1** → p. 259.

Feuilles 2 à 3 fois plus longues que larges.
...............**Série 2** → p. 259.

⊕ Feuilles qui, vers la base, sont 3 à 15 fois moins larges que la plus grande largeur de la feuille [exemples: LA, C, BE]; feuilles ordinairement de plus de 5 mm. dans leur plus grande largeur.
Épi de fleurs globuleux ou 2 fois plus long que large..............**Série 3** → p. 260.

⊕ Feuilles qui, vers la base, sont à peu près de la même largeur que le milieu de la feuille [ex.: MR, SB]; feuilles ordinairement de moins de 5 mm. dans leur plus grande largeur.
Épi de fleurs allongé..............
que large..............**Série 4** → p. 260.

BE

= Feuilles toutes à la base.
= Feuilles beaucoup plus longues que larges.

MR

SB

Épi de fleurs allongé, au moins 4 fois plus long que large..............**Série 5** → p. 260.

Série 1

⊙ Tige ligneuse ; bractées inférieures bien plus grandes que les autres et à longues pointes CY ;

(Bractées inférieures à longue pointe dépassant les fleurs AR, les supérieures obtuses ;

bractées supérieures terminées brusquement par une petite pointe. [Endroits incultes ; 1-4 d.; j.-jl.; v.]
Plantago Cynops L.
Plantain Cynops.
Obée-d'Or (rare); *Sud-Est, Midi.* [S]

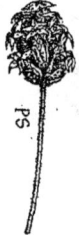

calice à sépales les uns obtus, les autres aigus, sablonneux ; 1-4 d.; jl.-at.; v.]
Plantago arenaria W. et K.
Plantain des sables.
Plateau Central, Sud-Est, Région méditerranéenne et çà et là. [S]

(Bractées inférieures assez semblables aux autres ne dépassant pas les fleurs PS ;

calice à sépales très aigus. [Endroits arides; 1-4 d.; jl.-at.; v.]
Plantago Psyllium L.
Sud-Est (très rare); *Région méditerranéenne.* [S] sub.

⊙ Tige herbacée.

Série 2

★ Feuilles ayant çà et là à leur surface comme de petites ampoules CT ;

△ Feuilles à 3-5 nervures principales l ; tige fleurie dépassant peu les feuilles, en général. (Parfois pétales aigus et feuilles molles : **P. intermedia** Gilibert.) [Endroits incultes ; fl. blanchâtres ; 3-10 c.; j.-o.; v.]

pétales aigus ; fruit presque à 4 loges ; feuilles charnues, sans poils, luisantes. [Endroits maritimes ; 2-6 d.; jl.-at.; v.]
Plantago Coronopus L. (Pied-de-Corbeau).
Nord-Ouest (littoral), *Ouest, Midi* et çà et là. [S] sub.

△ Feuilles à 7-9 nervures principales ; à limbe en coin à la base et à pétiole court ; tige fleurie bien plus longue que les feuilles MF. [Prés, berges ; fl. blanchâtres ; 1-3 d.; m.-j.; v.]
Plantago Cornuti Gouan.
Plantain de Cornuti.
Littoral du Languedoc.

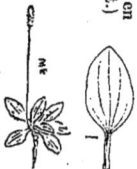

★ Feuilles n'ayant pas çà et là de petites ampoules à leur surface ; feuilles plus ou moins poilues.

Série 3

✲ Plante couverte de poils roux ; racine grêle BE ;

feuilles à 3 nervures ; plante ne dépassant pas, en général, 10 centimètres. [Endroits sablonneux ; fl. blanchâtres ; 3-10 c.; m.-j.; a.]
Plantago Bellardi All...
Plantain de Bellardi.
Région méditerranéenne, surtout sur le littoral.

✲ Plante couverte de poils blancs ou presque sans poils.

⊕ Feuilles entières.

= Épi défleuri ayant au milieu une bande verte et velue; feuilles presque entièrement couvertes de longs poils brillants; plante ne dépassant pas, en général, 10 c. [Endroits humides; fl. blanchâtres;3-10.c.; jl.-at.; v.]

tige sans sillon, épi allongé. [Endroits sablonneux ; fl. jaunâtres; 3-35 c.; j.-s.; a. ou b.]
Plantago major L.
Plantain majeur.
Très commun. [S]

= Épi défleuri de plus de 1 c. de longueur;

tige non striée au-dessous de l'épi. [Endroits incultes; fl. blanchâtres; 2-4 d.; m.-j.; v.]
Plantago media L.
Plantain moyen (Langue d'agneau).
Commun, sauf dans la plaine méditerranéenne. [S]

tige striée au-dessous de l'épi. MS. [Endroits incultes; fl. jaunâtres; 3-35 c.; j.-s.; a. ou b.]
Plantago monosperma Pourr.
Plantain à une graine.
Pyrénées.

= Feuilles fortement dentées, souvent profondément divisées C;

Épi vélu à poils colonneux étalés ALB, de 2-3 mm. de longueur;
Plantago albicans L.
Plantain blanchâtre.
Région méditerranéenne (rare).

Épi sans poils, même sur le dos des bractées AG. (Parfois plante d'un vert sombre et anthères d'un jaune blanchâtre; fleurs jaunâtres : **P. fuscescens** Jord.) ;

tige striée au-dessous de l'épi. [Prés; fl. blanchâtres, parfois roussâtres ; 2-4 d.; j.-at.; v.]
Plantago argentea Chaix.
Plantain argenté.
Alpes du Dauphiné et méridionales, Cévennes, Provence (rare).

Épi poilu seulement sur le dos des bractées ; tige striée → Voyez **P. lanceolata**, p. 260.

Série 4

+ Tige non striée et à petits poils.

+ Tige non striée MOT, à longs poils appliqués ; feuilles couvertes de poils blancs → Voyez P. montospermæ, p. 259.

MOT

LG

+ Tige plus ou moins striée LG, LG; bractées ne cachant pas les fleurs.

⊕ Épi velu LG; bractées ayant de longs poils au sommet; plante à racine allongée, sans rejets à la base.
[Endroits incultes; fl. blanchâtres; 1-3 d.; m-j.; v.]

⊕⊕ Épi presque sans poils LG, sauf sur le dos des bractées; plante à tige souterraine courte, souvent avec rejets.
[Prés, endroits incultes; fl. blanchâtres; 1-4 d.; av.-o.; v.]

Série 5

§ Plante couverte de longs poils roux; à racine grêle (Voyez p. 259, fig. BE) → Voy. P. Bellardi, p. 259.

⊕ Feuilles de moins de 1 mm. de largeur, en général, à 3 angles au moins au sommet; plante ordinairement de 2 à 15 c.

□ Feuilles à 3 angles ayant une forte nervure saillante sur le dos; épi allongé CA.
[Rochers, endroits arides; fl. blanchâtres; 2-15 c.; jl-s.; v.]

□ Feuilles à 3 angles seulement au sommet [SU, coupe de la feuille vers le milieu];
bractées d'un brun clair, plus larges que longues CR;
[Sables, rochers; fl. blanchâtres; 1-3 d.; jt-at.; v.]

CA

SU

CR

feuilles demi-cylindriques, épaisses, souvent presque aussi longues que les tiges fleuries ou même plus longues.

* Feuilles coriaces, glauques, à 3 nervures, dont celles du côté étant au milieu du bord et de la nervure du milieu; tige souterraine et racine allongée SP. [Rochers, torrents; fl. d'un blanc verdâtre; 1-4 d.; jl-at.; v.]

* Feuilles molles, à 3 nervures dont celles rapprochées du bord AL.
bractées inférieures sans nervure saillante sur le dos [Rochers; fl. blanchâtres; 5-15 c.; m-j.; v.]

SB

SP

§ Plante couverte de longs poils roux.

§§ Plante non couverte de longs poils roux.

⊕ Feuilles de plus de 1 mm. de largeur, en général, à 3 angles; feuilles à 3 nervures principales. (regarder les feuilles desséchées).

⟨ Bractées vertes, plus longues que larges SE, AL, MR.

= Bractées moyennes 4 à 5 fois plus longues que larges SE, AL; feuilles non charnues; tige souterraine ligneuse.
[Prés; fl. blanchâtres; 4-20 c.; jt-at.; v.]

== Bractées moyennes 2 à 3 fois plus longues que larges MR; feuilles pliées en gouttières, charnues; tige souterraine charnue. [Sables; fl. blanchâtres; 2-4 d.; j-s.; v.]

ALP

SE

MR

2. LITTORELLA. LITTORELLE. — (→ Voyez fig. LN p. 258). Fleurs staminées très visibles; étamines à filets très longs par rapport à la corolle; fleurs pistillées cachées par la base des feuilles.
[Étangs, lacs; fl. blanches; 5-10 c.; j.-s.; v.]

LC

Plantago montana Lam.
Plantain des montagnes.
Jura, Alpes de la Savoie et du Dauphiné (H^tes régions). [S]

Plantago Lagopus L.
Plantain Pied-de-Lièvre.
Région méditerranéenne. [S] sub.

Plantago lanceolata L. (Herbe à 5 côtes),
Commun. [S]

Plantago carinata Schrad.
Plantain en carène.
Sud-Est, Centre, Plateau Central,
Ouest, Midi.

Plantago subulata L.
Plantain en alène.
Littoral de la Méditerranée.

Plantago crassifolia Forsk.
Plantain à feuilles épaisses.
Littoral de la Méditerranée.

Plantago serpentina Vill.
Plantain serpentin.
Jura, Sud-Est, Plateau Central,
Midi. [S]

Plantago alpina L.
Plantain des Alpes.
Jura (rare), Alpes, Auvergne,
Pyrénées (H^tes régions). [S]

Plantago maritima L.
Plantain maritime.
Littoral, marais salés du Plateau
Central. [S] sub.

Littorella lacustris L.
Littorelle des étangs.
Centre, Auvergne, Ouest çà et là.
[S]

49

⊙ Tige ayant des rameaux portant des feuilles développées.

✱ Feuilles moyennes embrassant la tige comme par deux oreilles PL;

✱ Feuilles moyennes rétré-cies à la base LIM;

calice à 5 angles PLU. ....4. **PLOMBAGO** → p. 264. *PLOMBAGO* [1 esp.].

calice non à 5 angles MO. ...3. **LIMONIASTRUM** → p. 264. *LIMONIASTRUM* [1 esp.].

⊙ Tige sans rameaux feuillés.

— Fleurs groupées en une inflorescence globuleuse, comme en capitule arrondi............

— Fleurs en grappes ou en corymbe, non en capitule.

1. **ARMERIA** → p. 261.
   ARMÉRIA [7 esp.].

2. **STATICE** p. 262.
   STATICE [16 esp.].

1. **ARMERIA. ARMÉRIA.** —

⊕ Feuilles extérieures à *1 seule nervure principale GU*, de moins de 1 mm. de largeur; capitule fleuri de moins de 1 c. de largeur, en général; involucre à bractées membraneuses; feuilles extérieures de 1 à 3 mm. de largeur → Voyez *A. ma-*

⊕ Feuilles de deux sortes, les ex-térieures pla-tes GU, les inté-rieures pliées en gouttière J.

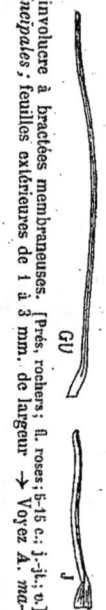

⊕ Feuilles extérieures à *3 nervures principales*; feuilles extérieures à *3 nervures principales*; *jellensis, p. 261.*

△ Feuilles à *3 nervu-res principales*, courts poilus sur les nervures. (Parfois feuilles sans poils sur les ner-vures: *A. cantabrica Boiss.*) [Rochers, prés; fl. blanches; 9-d.; jl.-jt.; v.]

★ Feuilles à *3 nervu-res principales, et aigues* PB;

involucre à bractées peu membraneuses, verdâtres; feuilles ayant de

★ Feuilles de *2 à 5 mm. de lar-geur*, très obtuses AL; ca-pitule globuleux A. [Prés, rochers; fl. rose, parfois blanches; 8-20 c.; jl.-at.; v.]

⊖ Feuilles à *1 nervure principale et obtuses au sommet AL*,

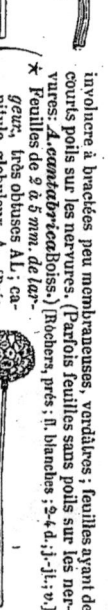

△ Feuilles toutes pliées en gout-tière RU, à 1 nervure prin-cipale;

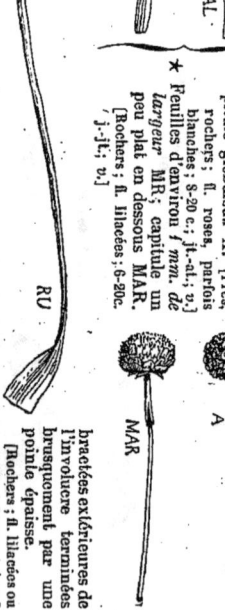

★ Feuilles d'environ *1 mm. de largeur* MR; capitule un peu plat en dessous MAR. [Rochers; fl. lilacéa; 6-20c. ; j.-jl.; v.]

△ Feuilles toutes pliées.

bractées extérieures de l'involucre terminées brusquement par une pointe épaisse.
[Rochers; fl. lilacées ou roses; 6-20 c.; m.-ji.; v.]

= Feuilles toutes semblables;

capitule globuleux PL; fleurs roses. (Parfois fleurs blanches et involucre à bractées toutes plus courtes que les fleurs : *A. bupleuroides* GG.) [Endroits sablonneux, rochers; fl. roses; 2-5 d.; jl.-at.; v.]

△ La gaine, au-dessous du capitule a moins de 2 fois et demie la longueur du capitule [ex. : A, MAR].

□ La gaine, au-dessous du capitule, a 2 à 3 fois la longueur du capitule [ex. : PL].

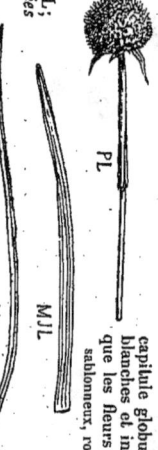

= Feuilles extérieures *plates* MJL; les feuilles intérieures *pliées* en gouttière MJ.

= Feuilles extérieures *plates* MJL; les feuilles intérieures *pliées* en gouttière MJL.

capitules un peu aplatis en dessous [Rochers; fl. roses; 1-2 d.; jl.-at.; v.].

*Armeria juncea Girard.
Arméria Faux-Jonc.
Cévennes (rare).*

*Armeria pubinervis Boiss.
Arméria à nervures poilues.
Pyrénées occidentales. (très rare).*

*Armeria alpina Willd.
Arméria des Alpes.
Alpes. Pyrénées.* [s]

*Armeria maritima Willd.
Arméria maritime.
Littoral de la Manche et de l'Océan (et cultivé).*

*Armeria ruscinonensis Girard.
Arméria du Roussillon.
Littoral du Roussillon (rare).*

*Armeria plantaginea Willd.
Arméria Faux-Plantain.
Centre, Plateau Central et çà et là, sauf dans le Nord-Est et l'Est.* [s]

*Armeria majellensis Boiss.
Arméria de Majellen.
Pyrénées (très rare).*

MR · RB · 1L · J · LIM · PL · GU · A · MAR · PL · RU · MJL · MJ · PLU · MO

2. STATICE, STATICE. —

☐ Lobes du calice prolongés en une pointe fine ou crochue E, FE, DIF... **Série 1 →** p. 262.

☐ Lobes du calice non prolongés en une pointe fine ou crochue.

   ○ Nervures secondaires des feuilles se détachant sur les côtés de la nervure principale.. **Série 2 →** p. 262.

   { ○ Nervures secondaires des feuilles partant de la base de la nervure principale ou bien pas de nervures secondaires. }
     = Au-dessous de la fleur, la bractée intérieure est brune, l'extérieure est plus ou mòins verte................................... **Série 3 →** p. 263.
     = Au-dessus de la fleur, la bractée intérieure est verte, l'extérieure est verte ou parfois membraneuse.......................... **Série 4 →** p. 263.

Série 1

★ Calice terminé par 6 arêtes en crochet E ;

  ⊙ Nervures secondaires des feuilles *partant de la* base de la nervure principale ou bien pas de nervures secondaires.

  bractée extérieure 4 à 5 fois plus petite que la bractée intérieure qui est tuberculeuse sur le dos.
  [Rochers, sables ; fl. lilacées ; 5-35 c. ; m.-j. ; a.]
     Statice echioïdes L.
     Statice l'aussie-Vipérine.
     Région méditerranéenne, littoral
     et çà et là.

★ Calice terminé par des arêtes droites (voyez plus haut fig. FE, DIF) ;

  ⊙ Fleurs réunies par groupes compacts F ;

  au-dessous de la fleur, bractée intérieure verte.
  [Sables, rochers ; fl. roses ; 1-4 d. at.-a. ; v.]
     Statice ferulacea L.
     Statice Fenn-Férula.
     Littoral des départements de l'*Hérault*
     et de l'*Aude.*

  ⊙ Fleurs écartées les unes des autres DIF ;

  au-dessous de la fleur, bractée intérieure d'un brun jaunâtre.
  [Sables, rochers ; fl. roses ; 1-3 d., jl.-a. ; v.]
     Statice diffusa Pourr.
     Statice diffuse.
     Littoral du département de l'*Aude.*

Série 2

✲ Feuilles *profondément divisées* SI ;

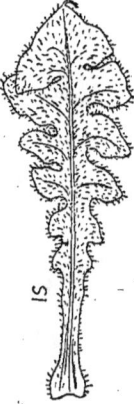

  bractée extérieure presque aussi large que longue BH ; feuilles plus ou moins coriaces ne dépassant pas ordinairement 1 c. de largeur.
  [Sables, rochers ; fl. violacées ; 1-2 d. ; jl.-s. ; v.]
     Statice sinuata L.
     Statice sinuée.
     Iles d'Hyères (rare).

✲ Feuilles *non divisées*, fleurs lilacées.

  ・ Calice velu sur toutes les nervures BH ;

  au-dessous de la fleur, bractée intérieure verte ; plante couverte de poils ayant des tubercules à leur base ; fleurs d'environ 1 c. de longueur.
  [Sables, rochers ; fl. bleues ou d'un bleu violacé, à pétales jaunes ; 1-4 d., m.-j. ; v.]
     Statice bahusiensis Fries.
     Statice de Bohuslän.
     Littoral de la Bretagne (très rare).

  ・・ Calice velu sur deux nervures LM ;

  bractée extérieure bien plus longue que large LM (Parfois feuilles coriaces et rameaux très étalés : *S. serotina* Rchb.).
  [Sables, rochers ; fl. lilacées ; 1-6 d. ; jt.-s ; v.]
     Statice Limonium L.
     Statice Limonium.
     Littoral.

△ Feuilles un peu bombées en dessous, à 3-7 nervures principales LY; fleurs très serrées OV. [Sables, rochers; fl. lilacées; 1-5 d.; jt.-s.; v.]

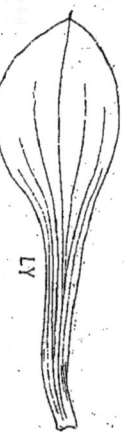

□ Peu ou pas de rameaux sans fleurs [ex.; OV, CF].

△ Feuilles plates à 1 nervure principale DUR, ou à 3 nervures CFS peu marquées; fleurs peu serrées [ex.; CR. DU].

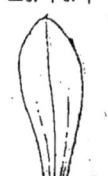

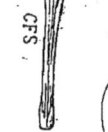

+ Feuilles plates à rameaux assez peu étalés CF; feuilles à 3 nervures peu visibles CFS. [Sables, rochers; fl. lilacées; 2-5 d.; jt.-at.; v.]

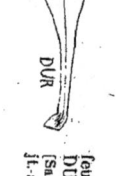

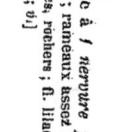

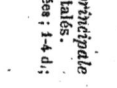

+ Base de la feuille un peu pliée en gouttière DUR;

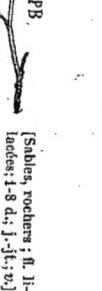

△ Rameaux moyens et inférieurs sans fleurs [ex.; PB] Plante couverte de petits poils; feuilles obtuses et souvent échancrées; fleurs très serrées au sommet des tiges PB.

+ Base de la feuille plate; rameaux très écartés des groupes de fleurs serrées B. (Parfois, bractée extérieure aiguë: S. Dubyei GG). [Sables, rochers; fl. lilacées; 8-40 c.; j.-ji.; v.]

feuille à 1 nervure principale DUR; rameaux assez étalés [Sables, rochers; fl. lilacées; 1-4 d.; jt.-at.; v.]

rameaux très écartés les uns des autres terminés par des groupes de fleurs serrées B.

feuilles très roulées en dessous et à 1 nervure saillante Ml. [Sables, rochers; fl. lilacées; 5-15 c.; jt.-at.; v.]

[Sables, rochers; fl. lilacées; 1-8 d.; j.-jt.; v.]

OV

CFS

LY

CF

DUR

DU

PB

B

Ml

Statice ovalifolia Poir.
Statice à feuilles ovales.
Littoral (très rare sur la Manche et la Méditerranée).

Statice cointusa GG.
Statice confondue.
Littoral de la Méditerranée (rare).

Statice durituscula Girard.
Statice dure.
Littoral de la Méditerranée (rare).

Statice pubescens DC.
Statice pubescente.
Littoral de la Provence.

Statice bellidifolia Gouan.
Statice à feuilles de Pâquerette.
Littoral du Sud-Ouest et de la Méditerranée.

Statice minuta L.
Statice naine.
Littoral de la Provence.

Statice virgata Willd.
Statice raide.
Littoral de la Méditerranée.

Série 4

□ Bractées extérieures et inférieures de la fleur, entièrement membraneuses et blanches Bl;

⊙ Bractées extérieures herbacées.

× Rameaux moyens ou inférieurs sans fleurs;

(Feuilles serrées les unes contre les autres sur une assez grande largeur MIN;

(Feuilles toutes à la base; calice à tube arqué VR, V; feuilles plates. [Sables, rochers; fl. lilacées; i-4 d.; jt.-at.; v.]

× Peu ou pas de rameaux sans fleurs. (→ Voir la suite à la page suivante.)

Bl

MIN

VR

V

× Feuilles à pétiole long et étroit GL;

fleurs écartées les unes des autres. [Sables, rochers ; fl. lilacées; 2-5 d.; v.]

GL

× Feuilles à pétiole plat plus ou moins élargi; fleurs très serrées DO, G.

§ Groupes de fleurs allongés DO ;

rameaux sur presque toute la longueur de la tige. (Parfois inflorescence occupant toute la longueur de la tige et feuilles presque aiguës : **S. occidentalis** Lloyd). [Sables, rochers; fl. lilacées; 1-4 d.; jt-s.; v.]

DO

§ Groupes de fleurs peu allongés en général G ;

rameaux, environ sur la moitié supérieure seulement de la tige.
[Sables, rochers ; fl. lilacées; 1-2 d.; jt-at.; v.]

G

3. **LIMONIASTRUM.** *LIMONIASTRUM.* — (→ Voyez LIM, MO, p. 261). Fleurs par 1 ou 2, distantes les unes des autres sur des rameaux qui sont comme creusés à l'endroit où les fleurs s'attachent; feuilles d'un vert blanchâtre, charnues.

4. **PLUMBAGO.** *PLUMBAGO.* — (→ Voyez fig. Pl, PLU, p. 261.) Fleurs groupées au sommet des rameaux ; calice ayant des poils glanduleux ; feuilles vertes. [Endroits incultes ; fl. violettes; 2-13 d.; jt-at.; v.]

V

N

GLOBULARIÉES

GLOBULARIA. *GLOBULAIRE.* —

⊙ Tige herbacée.

= Involucre du capitule à bractées *velues* V;

réceptacle du capitule couvert de poils ; feuilles développées le long de la tige fleurie.
[Endroits arides, coteaux ; fl. bleues, parfois blanches; 1-3 d.; av.-j.; v.]

= Involucre du capitule à bractées *sans poils* N;

réceptacle du capitule sans poils ; pas de feuilles ou 1 à 2 très petites feuilles au-dessus de la rosette de feuilles. [Endroits arides, rochers; fl. bleues; 1-3 d.; j.-jt.-at.; v.]

⊙ Tige *ligneuse*

⌒ Tiges *rampantes* à racines adventives C ;

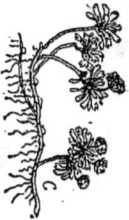

réceptacle du capitule sans poils ; feuilles obtuses souvent échancrées au sommet.
[Endroits arides, rochers ; longueur variable ; fl. d'un bleu grisâtre; m.-jt.; v.]

⌒ Tiges *dressées* A ;

réceptacle du capitule poilu, feuilles aiguës et terminées par une petite pointe. [Endroits arides; fl. bleues; 2-5 d.; av.-j.; v.]

A   C

Statice globulariaefolia *Desf.*
Statice à feuilles de Globulaire.
Littoral de la Méditerranée (très rare).

Statice Dodartii *Girard.*
Statice de Dodart.
Littoral (rare sur la Manche et la Méditerranée).

Statice Girardiana *Guss.*
Statice de Girard.
Littoral de la Méditerranée.

Limoniastrum monopetalum *Boiss.*
Limoniastrum monopétale.
Littoral du département de l'Aude (rare).

Plumbago europaea *L.*
Plumbago d'Europe.
Région méditerranéenne (et cultivé).

Globularia vulgaris *L.*
Globulaire vulgaire.
Assez commun. [S]

Globularia nudicaulis *L.*
Globulaire à tige nue.
Alpes, Pyrénées. [S]

Globularia cordifolia *L.*
Globulaire à feuilles en cœur.
Jura, Alpes, département de la Lozère, **Pyrénées, Hte-Provence.** [S]

Globularia Alypum *L.*
Globulaire Alypum.
Région méditerranéenne.

PHYTOLACCA. *PHYTOLAQUE.* — Fleurs en grappes ; calice coloré, comme une corolle, en jaune ou en rose pourpre ; feuilles simples; tige sans poils. [Endroits incultes, champs ; fl. jaunâtres ou rose pourpre ; 8-25 d.; at.-s.; v.] ..... Phytolacca decandra L. *Phytolaque à 10 étamines. Naturalisé dans le Midi et çà et là (et cultivé).* [S]

↻ Feuilles ovales, pétiolées (voyez ci-dessous fig. AL, B, V) ; étamines à filets libres jusqu'à la base ; un style peu allongé .... **AMARANTACÉES**

↻ Feuilles très étroites, sans pétiole P; étamines à filets soudés à la base ; 2 styles .... 2° POLYCNEMUM → p. 265. *POLYCNÈME* [1 esp.].

1. AMARANTUS. *AMARANTE.* — .... 1. AMARANTUS → p. 265. *AMARANTE* [5 esp.].

✖ Tiges et rameaux poilus.

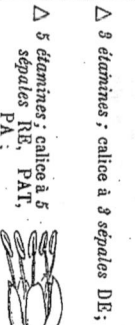

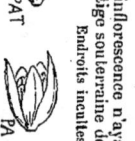

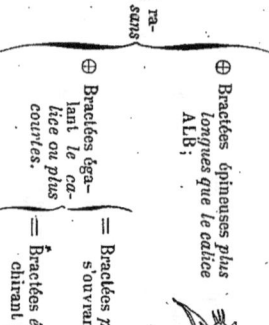

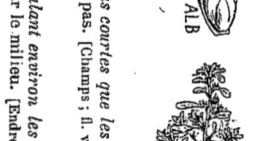

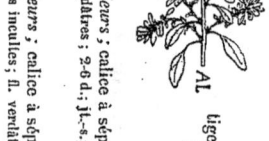

　△ 3 étamines ; calice à 3 sépales DE; — inflorescence n'ayant pas de feuilles ordinaires au milieu des fleurs ; tige souterraine développée et rameuse. [Endroits incultes; fl. verdâtres ; 3-8 d.; jl.-s ; v.] ..... Amarantus deflexus L. *Amarante couchée. Ouest, Midi et çà et là dans le Centre, Midi et le bassin du Rhône et le Nord-Ouest.* [S]

　△ 5 étamines ; calice à 5 sépales RE, PAT, PA ;

　　⊕ Bractées épineuses plus longues que le calice ALB; — tige et rameaux très blancs. [Endroits incultes; fl. d'un vert clair; 2-8 d.; at.-o ; a.] .... Amarantus albus L. *Amarante blanche. Midi ; rare ailleurs.* [S] sub.

　　⊕ Bractées égalant le calice ou plus courtes.

　　　= Bractées plus courtes que les fleurs ; calice à sépales ovales, aigus ; fruit ne s'ouvrant pas. [Champs ; fl. verdâtres ; 2-6 d., jl.-s.; a.] — inflorescence à fleurs mêlées de feuilles ordinaires. (Parfois grappe terminale plus grande que les autres grappes ; *A. patulus* Bertol.) [Endroits incultes; fl. verdâtres; 2-8 d.; jl.-o.; a.] .... Amarantus retroflexus L. *Amarante réfléchie. Çà et là.* [S]

　　　= Bractées égalant environ les fleurs ; calice à sépales très étroits ; fruit se déchirant par le milieu. [Endroits incultes; fl. verdâtres; 2-6 d.; jl.-s.; a.] .... Amarantus Blitum L. *Amarante Blite. Commun, sauf dans le Nord.* [S]

Amarantus viridis L. *Amarante verte. Commun, sauf dans le Nord et l'Est.* [S]

2. POLYCNEMUM. *POLYCNÈME.* — (→ Voyez fig. P, ci-dessus). Feuilles presque piquantes à 3 angles; sépales membraneux, aigus A.M. (Parfois fleurs allongées entourées de deux bractées ne dépassant pas les sépales A ; le plus souvent bractées plus allongées M : *P. majus* A. Br.) [Champs ; fl. verdâtres ; 1-4 d; jl.-s.; a.] .... Polycnemum arvense L. *Polycnème des champs. Assez commun, sauf dans le Nord.* [S]

SALSOLACÉES

↻ Feuilles les plus grandes ayant plus de 3 millimètres dans leur plus grande largeur et sans pointe piquante..................1er GROUPE → p. 266.

↻ Feuilles les plus petites ayant moins de 3 millimètres dans leur plus grande largeur ou bien *feuilles piquantes*...............2° GROUPE → p. 266.

1er GROUPE :

☐ Calice s'accroissant, beaucoup après la floraison, devenant, plus, en losange, en triangle, ou arrondi ou en cœur [ex.: CSS, H, R].

✕ Feuilles à la fois entières et d'un blanc argenté sur les deux faces;

• Feuilles les plus larges à nervures secondaires aussi visibles que la nervure principale ; .... **1. ATRIPLEX →** p. 267. *ARROCHE* [7 esp.].

• Feuilles les plus larges à nervures secondaires peu ou pas visibles. .... **2. OBIONE →** p. 267. *OBIONE* [2 esp.].

✕ Fleurs en général toutes à étamines ou toutes à pistil; les fleurs de deux sortes sont très différentes ; fleurs à étamines ayant 4 ou 5 étamines à filets allongés ; celles à pistil, surmontées de 4 styles longs......................, **3. SPINACIA →** p. 267. *ÉPINARD* [2 esp.].

☐ Calice n'ayant pas ces caractères.

✕ Feuilles n'ayant pas à la fois ces deux caractères.

⚹ Fleurs toutes sensiblement semblables, et en général à stamino-pistillées.

↶ Sépales se soudant les plus grandes pour envelopper le fruit. ..... Feuilles plus ou moins en coin à la base ; fruit devenant dur comme du bois. .... **4. BETA →** p. 268. *BETTE* [2 esp.]. –

Feuilles en fer de hallebarde non divisées C ou divisées V ; fruit devenant charnu. .... **5. CHENOPODIUM →** p. 268. *CHÉNOPODE* [12 esp.].

↷ Sépales les plus grandes non complètement divisées.

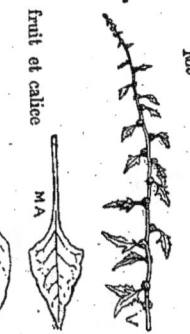

•• Feuilles en forme de fer de hallebarde non divisées C ou divisées V ; fruit devenant charnu.

•• Feuilles les plus grandes complètement divisées ROU. .... **6. BLITUM →** p. 269. *BLITE* [1 esp.].

✕ Sépales restant libres autour du fruit. ....

↶ Feuilles les plus grandes en épi serré entières [O]; .... **7. ROUBIEVA →** p. 269. *ROUBIÉVA* [1 esp.].

↷ Feuilles les plus grandes ca et là quelques dents → Voyez 1. Atriplex, p. 267.

2e GROUPE :

↶ Rameaux formés d'articles successifs, sans feuilles développées ; fleurs en épi serré [exemple: SA].

§ Plante ayant depuis la base de courts rameaux, garnis de feuilles serrées CAM ; rameaux cotonneux ; 4 étamines ; 2 à 3 styles........... **9. CAMPHOROSMA →** p. 270. *CAMPHORINE* [1 esp.].

§ Plante n'ayant pas ces caractères. .... **8. KOCHIA →** p. 269. *KOCHIA* [3 esp.].

☐ Rameaux formés d'articles successifs, sans feuilles développées ; fleurs en épi serré [exemple: SA].

△ Feuilles terminées par une pointe épineuse. .... **10. CORISPERMUM →** p. 270. *CORISPERMUM* [1 esp.].

△ Feuilles les plus grandes ayant à la base une gaine élargie d'environ 5 millimètres de largeur. .... **11. SALICORNIA →** p. 270. *SALICORNE* [3 esp.].

☐ Rameaux n'ayant pas ces caractères.

△ Feuilles n'ayant pas ces caractères.

⚹ Plante n'ayant pas ces caractères.

✱ Feuilles les plus grandes d'environ 2 mm. de largeur; plates et non charnues. .... **12. SUEDA →** p. 270. *SUÉDA* [2 esp.].

✱ Feuilles charnues, non plates, ... **13. SALSOLA →** p. 270. *SALSOLA* [3 esp.].

☐ Jeunes pousses poilues.

Plante sans poils ; fleurs à 5 étamines ; style développé, fruit sans pointe ni ailes. ....

Feuilles charnues, ou bien feuilles les plus grandes de moins de 2 mm. de largeur...........

☐ Plante annuelle à tige herbacée.

1. ATRIPLEX. ARROCHE. —

☐ Arbuste de 8 à 25 décimètres; feuilles entières, en général HL;

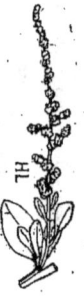

✱ Calice entourant le fruit, de forme *arrondie ou ovale* (exemple : H); feuilles moyennes à limbe en triangle.

+ Feuilles *allongées non en triangle ni en losange* (ex. : AP); sépales en losange, entiers, encore verts lorsque le fruit est unir.
{ (Parfois feuilles farineuses en dessous et fruits farineux; feuilles moyennes plus ou moins on coin à la base (fig. Ml).:
A. microtheca Mog.)
[Jardins, endroits incultes; fl. verdâtres; 8-25 d.; at.-s.; a.]

+ Feuilles allongées non en triangle ni en *losange* (ex. : AP); sépales en losange, entiers, encore verts lorsque le fruit est unir. (Parfois feuilles 20 à 30 fois plus longues que larges et rameaux dressés;
A. littoralis L.)
[Champs, chemins, sables; fl. verdâtres; 1-8 d.; jt.-at.; a.]

⊙ Calice restant *vert* autour du fruit mûr; tige ordinairement striée de blanc et de vert. (Parfois feuilles farineuses et chlaznues; variété *salina* Wallr.)
[Endroits incultes, décombres, sables; fl. verdâtres; 2-8 d.; j.-s.; a.]

= Tiges couchées sur le sol puis redressées; feuilles charnues, blanches argentées, en triangle ou en losange CSS.
[Sables, rochers; taille variable; at.-s.; a.]

feuilles blanches sur les deux faces.
[Sables, rochers; fl. d'un blanc verdâtre; 8-25 d.; at.-s.; v.]

+ Feuilles à limbe en triangle ou en losange [ex.: US, CHA].

⊙ Calice blanc argenté.

•• Rameaux fleuris serrés, et vers le sommet de la plante LAC;
[Sables, rochers; fl. d'un blanc verdâtre; 5-15 d.; jt.-s.; a.]

•• Rameaux fleuris tout le long de la plante, peu serrés et très étalés RO;
fruit à 4 angles LA.
[Endroits incultes; fl. d'un blanc verdâtre; 3-10 d.;]

fruit presque en triangle R.
[Sables, rochers; fl. d'un blanc verdâtre; 3-10 d.;]

HL

Ml   AP

HS

CRA

CSS   LA   R

LAC

RO

Atriplex Halimus L.
Arroche Halime.
Littoral de la Méditerranée et planté dans le Nord-Ouest, l'Ouest et le Midi.

Atriplex hortensis L.
Arroche des jardins (Bonne dame).
Subspontané. [S]

Atriplex patula L.
Arroche étalée.
Commun. [S]

Atriplex hastata L.
Arroche hastée.
Commun. [S]

Atriplex crassifolia C. A. Mey.
Arroche à feuilles épaisses.
Littoral.

Atriplex laciniata L.
Arroche laciniée.
Littoral de la Méditerranée et çà et là dans le Midi.

Atriplex rosea L.
Arroche rosée.
Isnagne, Midi (rare, sauf sur le littoral de la Provence).

2. OBIONE. OBIONE. —

✱ Calice entourant le fruit, porté sur un long pérdoncule PE; tiges dressées.
[Sables, rochers; fl. blanchâtres; 2-5 d.;]
→ feuilles *opposées* POR; tiges couchées à la base.

+ Calice entourant le fruit, sans pédoncule; feuilles *alternes* PD.

PE   feuilles alternes PD.

POR   PD

Obione pedunculata Moq.
Obione pédonculée.
Pas-de-Calais et du *Nord* (rare).

Obione portulacoides Moq.
Obione Pourpier.
Littoral.

3. SPINACIA. ÉPINARD. —

✱ Calice *sans épines*, globuleux G;
→ feuilles en triangle dont le limbe a, à sa base, deux pointes étalées. [Champs, chemins; fl. verdâtres; 3-8 d.; j.-s.; a.]

✦ Calice *ayant 2-3 ou 4 épines* O, OL;
→ feuilles en triangle dont le limbe a, à sa base, deux pointes tournées vers le bas. [Champs, chemins; fl. verdâtres; 3-8 d.; j.-s.; a.]

G   OL   O

Spinacia inermis Mœnch.
Épinard sans épines.
Cultivé et subspontané. [S]

Spinacia spinosa Mœnch.
Épinard à épines.
Cultivé et subspontané. [S]

4. BETA. *BETTE.* —

☐ Feuilles *ovales* VI.; tiges dressées; racine principale renflée, très développée.

[Champs; fl. verdâtres ou rougeâtres; 8-12 d.; jl.-s.; a. ou b.]

Beta vulgaris *L.*
Bette vulgaire (Betterave).
Cultivé et parfois subspontané. [S]

☐ Feuilles *un peu en triangle*, aiguës MA; tiges couchées; racine principale non renflée, très rameuse.

[Sables, rochers; fl. verdâtres ou rougeâtres; 4-8 d., j.-jl., v.]

Beta maritima *L.*
Bette maritime.
Littoral.

5. CHENOPODIUM. *CHÉNOPODE.* —

⊙ Plante couverte de poils glanduleux, au moins au-dessous des feuilles... **Série 1** → p. 268.

⊙ Plante non couverte de { ⊖ — Feuilles développées non farineuses................. **Série 2** → p. 268.
poils glanduleux.   { ⊏ — Feuilles développées farineuses, au moins sur une face.......... **Série 3** → p. 269.

Série 1

⊕ Feuilles moyennes *profondément divisées*; calice très glanduleux; feuilles de l'inflorescence 2 à 4 fois plus longues que larges BO.
[Endroits incultes, berges, torrents; fl. blanchâtres; 2-7 d., jl.-s., a.]

BO

Chenopodium Botrys *L.*
Chénopode Botrys.
Midi; rare ailleurs. [S]

⊕ Feuilles moyennes *peu dentées*; calice peu glanduleux; feuilles du milieu de l'inflorescence 5 à 7 fois plus longues que larges AM.
[Endroits incultes; fl. verdâtres ou rougeâtres; 4-8 d., al.-s.; a.]

AM

Chenopodium ambrosioides *L.*
Chénopode Fausse-Ambroisie (Thé du Mexique).
Midi; très rare ailleurs (subspontané).

Série 2

✱ Feuilles *entières*, ovales;

fleurs entremêlées de feuilles; graines noires, luisantes; tige très rameuse dès la base.
[Champs; fl. vertes; 1-8 d.; jl.-s.; a.]

Chenopodium polyspermum *L.*
Chénopode polysperme.
Assez commun, sauf dans la Région méditerranéenne. [S]

✱ Feuilles *dentées*

{ ✕ Feuilles *jeunes non farineuses*; feuilles *irrégulièrement* dentées, les plus grandes en général 20 dents ou plus M; feuilles développées vertes et luisantes; graines finement rugueuses.
[Décombres, champs; fl. d'un vert foncé; 2-7 d., jl.-s., a.]

M

Chenopodium murale *L.*
Chénopode des murs (Patte d'oie des murs).
Commun. [S]

Série 2

✱ Feuilles *dentées*

{ ✕ Feuilles *jeunes farineuses*; feuilles les plus grandes en général 20 dents ayant en général moins de 20 dents.

○ Rameaux fleuris, au sommet des tiges, *sans feuilles à leur base*; graines rugueuses.
[Décombres, murs, chemins; fl. vertes; 4-10 d.; jl.-s.; a.]

Chenopodium hybridum *L.*
Chénopode hybride.
Commun, sauf dans le Nord, l'Ouest et le Midi. [S]

○ Rameaux fleuris, au sommet des tiges, *avec feuilles à leur base*; graines presque lisses.
[Décombres, murs, chemins; fl. vertes puis rougeâtres; 1-8 d.; jl.-s.; a.]

Chenopodium rubrum *L.*
Chénopode rouge (Patte d'oie rouge).
Littoral et çà et là. [S]

✹ Feuilles en fer de flèche à 2 pointes, dirigées vers le bas BH;

⊕ Feuilles toutes semblables, entières, ovales O; plante à très mauvaise odeur ;

graines sans grandes feuilles; graines brunes et lisses.
[Décombres, chemins ; fl. vertes ; 1-8 d.; jl.-a.; o.]

Chenopodium Bonus-Henricus L. Chénopode Bon-Henri (Épinard sauvage). *Commun, sauf dans le Nord, l'Ouest et les plaines méridionales.* **[S]**

feuilles blanchâtres sur les deux faces; tiges rameuses, couchées.
[Décombres, chemins, murs; fl. blanchâtres ;2-5 d.; jl.-o.;α.]

Chenopodium oildum Curt. *Commun.* **[S]**

⊙ Feuilles moyen-
nes, au plus 2
fois plus longues
que larges.

⊙ Feuilles moyennes à
limbe en
triangle UR;

grappes de fleurs serrées contre la tige.
[Décombres, murs; fl. verdâtres ; 2-8 d.; jl.-s.; α.]

Chenopodium urbicum L. Chénopode des villages. *Çà et là.* **[S]**

Feuilles moyennes en coin à la base; très fortement dentées.
→ Voy. *C. murale*, p. 268.

= Graines
non
lisses
[ex. : U].

⊙ Feuilles supérieu-
res plus longues que larges, en général, étroites,
entières ou
presque entières;

graines très tuberculeuses.
[Endroits humides; fl. d'un vert glauque ; 2-5 d.; j.-jl.; α.]

Chenopodium ficifolium Sm, Chénopode à feuilles de Figuier. *Rare.* **[S]**

• Feuilles moyennes 6 à 10 fois plus longues que larges, en général de vert. [Décombres, murs ; fl. blanchâtres ; 2-5 d.; jl.-s.; α.]

Chenopodium album L. *Très commun.* **[S]**

• Feuilles moyennes au moins 2 fois plus longues que larges, en général GL.
[Décombres, murs ; fl. vertes ; 1-4 d.; jl.-s.; α.]

Chenopodium blanc. *Très commun.* **[S]**

⊕ Plantes
n'ayant
pas les
carac-
tères
précé-
dents.

= Graines lisses
ou presque lisses
[ex. : G].

(Feuilles supérieu-
res moins de
6 fois plus lon-
gues que larges,
en général.

: Feuilles moyennes presque aussi larges que longues OP ; tige striée de blanc et de vert. [Décombres, murs, berges ; fl. blanchâtres ; 2-5 d.; jl.-s.; α.]

Chenopodium opulifolium Schrad. Chénopode à feuilles d'Obier. *Midi et çà et là.* **[S]**

: Feuilles moyennes OP ;

Chenopodium glaucum L. Chénopode glauque. *Centre, Ouest et çà et là, sauf dans le Sud-Est et la Région méditerra-néenne.* **[S]**

✱ Feuilles non en
fer de
flèche.

6. **BLITUM.** *BLITE.* — (→ Voyez fig. C, V, p. 266). Fleurs en groupes serrés à l'aisselle des feuilles ; feuilles luisantes et épaisses; plante sans poils ; 2 styles (Parfois feuilles profondément divisées : *B. capitatum* L.)) [Décombres, chemins, berges ; fl. blanchâtres, puis rouges ; 2-6 d.; jl.-at.; α.]

Bitum virgatum L. Blite effilée. *Rare.* **[S]**

7. **ROUBIEVA.** *ROUBIÈVA.* — (→ Voyez fig. ROU, p. 266). Groupes de fleurs disposées tout le long de la tige et entremêlés de feuilles ; fruit non charnu ; plante couverte de petits poils, à odeur agréable. [Endroits incultes; fl. verdâtres, 2-5 d.; at.-o.; v.]

Roubieva multifida Moq. Roubièva multifide. *Région méditerranéenne* (très rare, naturalisé).

8. **KOCHIA.** *KOCHIA.* —

✱ Feuilles d'environ 2 mm. de largeur, charnues, presque cylindriques ; fruits à l'aisselle des feuilles H, ayant des épines qui, au premier abord, semblent être des pointes renversées à la base des feuilles.
[Sables, rochers; fl. verdâtres; 1-3 d.; at.-s.; α.]

Kochia hirsuta Nolte. Kochia hérissée. *Littoral de la Méditerranée.*

✱ Feuilles de moins
de 2 mm., non
charnues,; non
sans épines.

⟶ Groupes de fleurs à poils très courts ; feuilles plates, à bords non parallèles P.

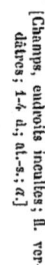

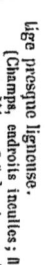

tige herbacée.
[Champs, endroits incultes; fl. ver-dâtres ; 1-4 d.; at.-s.; α.]

Kochia arenaria Roth. Kochia des sables. *Vallée du Rhône* (très rare).

⟶ Groupes de fleurs entourés de longs poils feuilles à bords parallèles A;

tige presque ligneuse.
[Champs, endroits incultes; fl. verdâtres ; 2-5 d.; at.-s.; v.]

Kochia prostrata Schrad. Kochia couchée. *Région méditerranéenne* (rare).

9. CAMPHOROSMA. CAMPHORINE. — (→ Voyez fig. CAM, p. 266.) Tiges ligneuses, les unes sans fleurs, étalées sur le sol, les autres fleuries, et dressées; feuilles très étroites, en alène.
[Endroits incultes; fl. blanchâtres; 9-4 d.; at.-n., v.]

Camphorosma monspeliaca L.
Camphorine de Montpellier.
Région méditerranéenne.

10. CORISPERMUM. CORISPERME. — (→ Voyez fig. CO, p. 266.) Fleurs en épi; feuilles à 1 nervure principale très saillante, terminées par une très petite pointe; tige blanchâtre ou rougeâtre; racine allongée.
[Endroits incultes; fl. blanchâtres; 1-9 d.; jt.-at.; α.]

Corispermum hyssopifolium L.
Corisperme à feuilles d'Hysope.
Vallée du Rhône, Région médit-
terranéenne (rare).

11. SALICORNIA. SALICORNE. —

× Jeunes rameaux à articles *bien plus longs que larges*;
  ○ Sépales ayant, à la maturité du fruit, *une aile en travers*; plante annuelle
    [Endroits salés; fl. verdâtres ou blanchâtres; 2-3 d.; at.-s.; α.]

Salicornia herbacea L.
Salicorne herbacée (rare).
Littoral, marais salés de la *Lorraine*.

  ○ Sépales *sans aile en travers*; plante vivace à racine très ligneuse. (Parfois tiges couchées, à racines adventives : *S. radicans* Sm.)
    [Endroits salés; 2-6 d.; jt.-at.; α.]

Salicornia fruticosa L.
Salicorne ligneuse.
Littoral (rare sur la Manche).

× Jeunes rameaux à articles *aussi larges que longs*; épis de 3 à 4 mm.
  ○ [Endroits salés; fl. verdâtres ou blanchâtres; 2-9 d.; jt.-s.; α.]

Salicornia macrostachya Moric.
Salicornia de gros épis.
Littoral de la Méditerranée.

12. SUÆDA. SUÉDA. —

★ Tige *très ligneuse*, blanchâtre, de 4 à 14 décimètres en général, à rameaux inférieurs non fleuris; feuilles les plus grandes ne dépassant pas 1 mm. de largeur.
  [Sables, rochers; fl. d'un blanc verdâtre; 4-14 d.; m.-jt.; v.]

Sueda fruticosa Forsk.
Suéda ligneuse.
Littoral (très rare sur la Manche).

★ Tige *plus ou moins herbacée*, de 1 à 5 décimètres en général, ayant presque tous les rameaux fleuris; feuilles les plus grandes de plus de 1 mm. de largeur. (Parfois feuilles translucides, et feuilles âgées s'amincissant au sommet : *S. setigera* Moq.) [Sables, rochers; fl. verdâtres; 2-5 d.; jt.-s.; α.]

Sueda maritima Dumont.
Suéda maritime.
Littoral. [S] sub.

13. SALSOLA. SALSOLE. —

⊕ Feuilles *terminées par une épine* KL;

fleurs très rapprochées les unes des autres. [Sables, rochers, décombres; fl. verdâtres, blanchâtres ou roussâtres; 1-4 d.; at.-s.; α.]

Salsola Kali L.
Salsola Kali.
Littoral et çà et là dans la vallée du Rhône et le Midi. [S] sub.

⊠ Feuilles *terminées par un poil non piquant* SS;

fleurs écartées les unes des autres. [Sables, rochers; fl. blanchâtres ou verdâtres; 2-6 d.; at.-s.; α.]

Salsola Soda L.
Salsola Soda (Herbe au verre).
Littoral, rare sur la Manche.

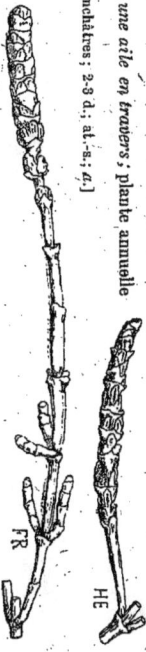

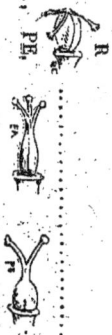

POLYGONÉES

✠ Feuilles *en forme de rein* OX;

calice à 4 sépales dont 2 plus grands, 2 stigmates .... **1. OXYRIA** → p. 274.
OXYRIA [1 esp.].

⊕ Plante n'ayant pas ces caractères.
  = Calice à 6 sépales C; stigmates en pinceau [exemple ; R] .... **2. RUMEX** → p. 271.
    RUMEX [15 esp.].
  = Calice à moins de 6 sépales F; stigmates arrondis FA, PE, ... **3. POLYGONUM** → p. 279.
    RENOUÉE [16 esp.].

1. **OXYRIA.** *OXYRIA.* — (→ Voyez fig. OX, p. 270). Feuilles presque toutes à la base, à pétiole allongé; inflorescence à rameaux dressés; fruit entouré d'une aile très large. [Rochers, pâturages; fl. verdâtres ou rosées; 1-2 d.; jt-â.; v.] .... *Oxyria digyna* Campd. *Oxyria* à 2 carpelles. *Alpes*, *Pyrénées* (Htes régions). **[S]**

2. **RUMEX.** *RUMEX.* —

✳ Fleurs *toutes sans étamines ou toutes sans pistil.*

✳ Feuilles à limbe en forme de *fer de flèche* ou en forme de *fer de hallebarde* (Voyez ci-dessous lés fig. AL, A, IN, ARl, Tl, S)....... **Série 1 →** p. 271.

✳ Feuilles à limbe ni en *fer de flèche* ni en *fer de hallebarde.*

⊕ Racines *épaisses, charnues* TU, souvent même plus que sur cette figure; sépales entourant le fruit presque ronds;

    ◯ Sépales entourant le fruit ayant sur les côtés des dents allongées ou des pointes longues [exemples : O, M, PA].

       feuilles moyennes à limbe dont les pointes inférieures sont écartées l'une de l'autre. [Prés; fl. verdâtres ou rougeâtre; 2-6 d.; av.-j.; v.] .... **Rumex tuberosus L.** *Rumex tubéreux.* *Dépt des Alpes-Maritimes* (très rare).

    ◯ Sépales entourant le fruit entiers ou faiblement dentés [exemples : NF, C, CO]. .... **Série 3 →** p. 272.

⊕ Racines *non épaisses et charnues;* sépales ovales;

.... **Série 2 →** p. 272.

    ↘ Sépales extérieurs au-dessous du fruit *étalés* ou *redressés* AL. [Bois, endroits sableux; fl. rougeâtres, parfois verdâtres; 1-5 d.; m.-j.; v.]

        = Feuilles ayant, en général, *moins de 3 c. de largeur;* lobes inférieurs du limbe presque parallèles au pétiole (parfois étroits, et écartés IV; **R. tridentatus DC.** [Prés; fl. rougeâtres ou verdâtres; 6-10 d.; m.-j.; v.] .... **Rumex Acetosella L.** *Rumex Petite-Oseille* (Oseille de brebis). *Commun, sauf dans la Région méditerranéenne.* **[S]**

    ↘ Sépales extérieurs au-dessous du fruit renversés

    [ex. : ACE].

IN

        = Feuilles ayant, en général, *3 à 6 de largeur;* lobes inférieurs du limbe non parallèles au pétiole ARl. (Parfois gaines des feuilles inférieures sont écartées AR : **R. amplexicaulis** Lap.). [Bois, prés; fl. verdâtres ou rougeâtres; 5-12 d.; jl.-s.; v.] .... **Rumex Acetosa L.** *Rumex Oseille* (Surelle). *Commun.* **[S]**

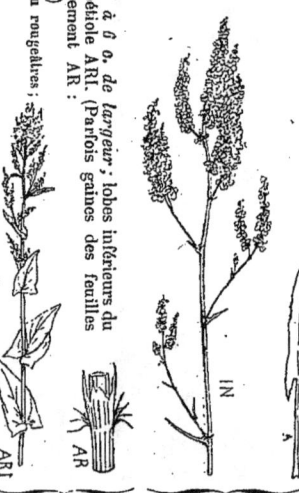
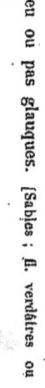
AR
ARl
A
AL

⊕ Fleurs *toutes ou en grand nombre staminées ou en grand nombre pistillées;*

    ✕ Feuilles *comme sur les bords* Tl;

        tiges dressées; feuilles peu ou pas glauques. [Sables; fl. verdâtres ou rougeâtres; 2-6 d.; m.-jl.; v.] .... **Rumex tingitanus L.** *Rumex de Tanger.* *Littoral de la méditerranée* (rare).

    ✕ Feuilles *non fripées sur les bords* S;

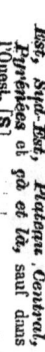
Tl

        tiges couchées à la base et redressées; feuilles très glauques. (Parfois feuilles plus allongées que fig. S et rétrécies au-dessus des lobes inférieurs : **R. pyrenaicus** Pourr.). [Rochers, prés, champs; fl. rougeâtres, blanchâtres, rarement vertes; 2-4 d.; m.-s.; v.] .... **Rumex scutatus L.** *Rumex à écussons* (Oseille ronde). *Est, Sud-Est, Plateau Central, Pyrénées et çà et là, sauf dans*

        = Feuilles ayant, en général, *5 à 6 de largeur;* lobes inférieurs du limbe terminées par un prolongement AR : **Rumex arifolius L.** *Rumex à feuilles de Gouet.* *Montagnes.* **[S]**

Série 3

Série 2

⊕ Feuilles de la base *n'ayant pas cette disposition ni cette forme*.

↤ Feuilles de la base *rapprochées en rosette et comme en forme de violon* PU ;

+ Feuilles *développées jusqu'au sommet des rameaux fleuris*. (Parfois sépales inférieurs, entourant le fruit, à dents plus longues que la largeur du sépale M : **R. maritimus** L.)

+ Inflorescence *non feuillée jusqu'au sommet*.

= Feuilles inférieures à limbe plus ou moins en cœur à la base.

:: Feuilles 2 à 3 fois plus longues que larges CB ; dents des sépales allongées O.

:: Feuilles 4 à 6 fois plus longues que larges ; dents des sépales peu prononcées N.

= Feuilles inférieures à limbe en coin aigu à la base ; fleurs groupées par 2 ou 3, RU ; pédoncules recourbés à la maturité.
[Endroits frais, chemins ; fl. verdâtres ou rougeâtres à la maturité.]

* Feuilles supérieures sans pétiole (→ **R. Hippolapathum** Fries).............

* Feuilles supérieures, au-dessous des fleurs, pétiolées AL.

* Pétiole en goutière (ALP, coupe en travers du pétiole) ;

feuilles presque toutes en cœur à la base AL.

* Pétiole non en goutière (D, coupe en travers du pétiole).

AL

ALP

D

(→ **R. domesticus** Harim) ....

→ Voyez *R. nemorosus*, p. 272.

Rumex bucephalophorus L.
Rumex Tête de bœuf.
Ouest, Sud-Ouest (rare) ; *Région méditerranéenne* (de préférence sur le Littoral). [S]

Rumex aquaticus DC.
Rumex aquatique (Parelle).
Assez commun, sauf dans le Midi. [S]

Rumex alpinus L.
Rumex des Alpes.
Vosges, Alpes, Nord du Central, Pyrénées. [S] *Plateau*

= Feuilles 2 à 3 fois plus longues que la largeur du sépale M : **R. maritimus** L.

↤ Feuilles de la base à limbe en coin à la base : **R. Hydrolapathum** Huds. ; — ou feuilles presque arrondies à la base : **R. maximus** Schreb. ; — sépales presque arrondies C ;
[Endroits incultes, rochers ; fl. verdâtres ; 5-10 d. ; j.-s. ; v.]

× Feuilles de 30 à 80 c. de longueur ; groupes supérieurs de fleurs sans bractées A().
(Parfois feuilles de la base en coin à la base en cœur à la base ; 8-25 d. ; jt.-s. ; v.)

× Sépales entourant le fruit, portant chacun, ou au moins l'un d'eux, un épaississement dur, bien marqué [exemple:HD].

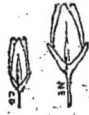
HD

× Feuilles de moins de 25 c. de longueur.

↤ Sépales entourant le fruit ; ne portant pas d'épaississement bien marqué.

⊕ Sépales enveloppant le fruit, non en cœur NE, CO.

⊕ Sépales, entourant le fruit, en cœur reversé C ; en cœur renversé C ;

Un seul pétiole ayant un épaississement bien marqué ; sépales ovales allongés.
[Parfois tiges et nervures des feuilles d'un rouge de sang : **R. sanguineus** L. ; v.] [Sang de Dragon.] [Bois, endroits humides ; fl. verdâtres ou rouges ; 4-10 d. ; jt.-at. ; v.]

Les 3 sépales à épaississement bien marqué ; sépales étroitement allongés R :
[Parfois rameaux dressés R : **R. rupestris** Le.Gall.]
[Endroits humides, rochers ; fl. verdâtres ; 4-10 d. ; j.-s. ; v.]

R

feuilles crépues, rarement plates.
[Prés, chemins, champs ; fl. verdâtres ; 5-10 d. ; jt.-at.; v.]

CG

Rumex orispus L.
Rumex crépu.
Commun. [S]

Rumex nemorosus Schred.
Rumex des bois.
Assez commun, sauf dans le Nord, l'Ouest et le Midi. [S]

Rumex conglomeratus Murr.
Rumex aggloméré.
Commun. [S]

groupes de fleurs munis d'une petite bractée ; inflorescence à rameaux très écartés de la tige principale.
[Endroits incultes ; 3-8 d. ; fl. verdâtres ; j.-at.; b. ou v.]

Rumex pulcher L.
Commun, élégant.
Commun, sauf dans le Nord et l'Est. [S]

OB

[Endroits humides ; fl. verdâtres on jaunâtres ; 2-6 d. ; jt.-s.; a. ou v.]

Rumex palustris Sm.
Rumex des marais.
Çà et là ; très rare dans le Midi. [S]

Rumex obtusifolius DC.
Rumex à feuilles obtuses (Patience sauvage)
Commun. [S]

3. POLYGONUM. RENOUÉE. —

☐ Feuilles à limbe en cœur renversé ou en fer de flèche [Voyez ci-dessous les fig. CO, FG] .... **Série 1 →** p. 273.

△ Fleurs disposées en un seul épi qui termine la tige; gaines des feuilles non ciliées .... **Série 2 →** p. 273.

— Plante ayant des groupes de fleurs tout le long de la tige, depuis la base jusqu'au sommet .... **Série 3 →** p. 274.

— Plante fleurie seulement vers le haut; fleurs nettement groupées en épis ou en grappes rameuses .... **Série 4 →** p. 274.

☐ Feuilles à limbe non en cœur renversé ni en fer de flèche.

Série 1

✛ Tiges couchées ou s'enroulant autour des autres plantes; 1 style à 3 stigmates.

○ Sépales extérieurs, autour du fruit, ayant des ailes aplaties D;

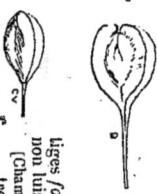

tiges arrondies peu striées; fruits luisants.
[Bois, buissons; fl. blanchâtres; 2-15 d.; jl.-s.; a.]

Polygonum dumetorum L.
Renouée des buissons.
Assez commune, sauf dans le Nord et la Région méditerranéenne. [S]

○ Sépales extérieurs, autour du fruit, sans ailes aplaties CV;

tiges fortement striées; fruits non luisants.
[Champs, chemins; fl. blanchâtres; 3-20 d.; j.-s.; a.]

Polygonum Convolvulus L.
Renouée Liseron (Vrillée sauvage).
Commune. [S]

✛ Tiges dressées; 3 styles.

○ Fruit lisse F; fleurs blanches ou d'un blanc rosé, d'environ 4 mm. de longueur;

grappes serrées du sommet venant se terminer à peu près sur un même plan FG.
[Champs; fl. blanches ou rosées; 3-6 d.; jl.-o.; a.]

Polygonum Fagopyrum L.
Renouée Sarrasin.
Cultivé et subspontané. [S]

○ Fruit rugueux T; fleurs verdâtres, d'environ 2 mm. de longueur;

grappes disposées elles-mêmes en grappes, rosées; 3-8 d.; jl.-o.; a.]
[Champs; fl. blanches ou rosées;

Polygonum tataricum L.
Renouée de Tartarie.
Cultivé et subspontané. [S]

Série 2

⊕ Feuilles moyennes plates et à limbe se prolongeant B; feuilles inférieures non en cœur à la base; tige souterraine épaisse et contournée. [Prés; fl. roses; 2-6 d.; m.-jl.; v.]

Polygonum Bistorta L.
Renouée Bistorte (Serpentaire).
Montagnes et çà et là, sauf dans les plaines méridionales. [S]

⊕ Feuilles moyennes roulées sur les bords en dessous; feuilles inférieures en cœur à la base V; épi de fleurs 4 à 6 fois plus long que large, en général; tige souterraine plus ou moins contournée. [Prés, pâturages; fl. blanches ou rosées; 1-3 d.; j.-at.; v.]

Polygonum viviparum L.
Renouée vivipare.
Jura, Alpes; Auvergne (rare);
Pyrénées. [S]

⊕ Feuilles à limbe très aigu à la base et au sommet → Voyez P. amphibium, p. 274.

□ Plante ayant
des feuilles
ordinaires
jusqu'au
sommet des
rameaux
fleuris

△ Feuilles roulées en dessous par les bords M;
gaines des feuilles des rameaux fleuris très
rapprochées, les unes des autres; plante
d'un gris bleuâtre (parfois verte ou annuelle):
P. littorale Link.) [Sables; fl. roses ou
blanches; 1-5 d.; av.-o.; u., o ou a.]

△ Feuilles non
roulées en
dessous par
les bords.

○ Tiges gardant leurs feuilles jusqu'à la base. [Endroits incultes, champs, chemins; fl. blanchâtres ou rougeâtres; 1-6 d.;
j.-o.; a.]

○ Tiges perdant leurs feuilles, sauf au sommet,
très grêles et très allongées FL. (Parfois fruits
luisants : *P. Roberti* Lois.) [Sables; fl. rosées
ou blanches; 4-12 d.; j.-a.; u.]

(ex: AV),
FL, MA);
tiges ordi-
nairement
étalées sur
le sol.

□ Plante ayant au som-
met des rameaux
fleuris des bractées
beaucoup plus petites
que les feuilles ordi-
naires BE, PU; tiges
dressées ou retom-
bantes.

= Rameaux dressés.

= Rameaux retombants ou étalés; fleurs isolées ou par 2; feuilles tombant facilement. [Sables; fl. blanches ou roses; 1-4 d.; at.-s.; a.]

(*P. Bellardii* All.) → Voyez *P. aviculare*, p. 274.

□ Plante ayant des rameaux terminés par un épi de fleurs serrés → Voyez *P. mite*, p. 275.

⊕ Plante à fleurs en grappes composées AL); vivace, à tige dressée; feuilles
ciliées, à nervures saillantes, à gaines courtes et poilues.
[Prés, rochers; fl. d'un blanc rougeâtre; 3-6 d.; at.-s.; v.]

⊕ Plante à tiges souterraines vivaces et rampantes, à tiges aériennes, flottant
sur l'eau, dressées ou étalées sur le sol; fleurs à 5 *étamines saillantes*
AM; feuilles à limbe brusquement terminé à la base A. [Rivières, étangs, endroits humides; longueur variable; fl. roses; jl.-a.; v.]

⊕ Plante annuelle, sans tige souterraine développée et n'ayant pas les caractères précédents (→ *Voy. la suite de l'analyse*
à la page suivante).

Polygonum maritimum L.
Renouée maritime.
Littoral (rare sur la Manche).

Polygonum aviculare L.
Renouée des oiseaux.
Très commun. **[S]**

Polygonum flagellare Spreng.
Renouée effilée.
Littoral de la Méditerranée (rare).

Polygonum arenarium W. et K.
Renouée des sables.
Région méditerranéenne (très
rare).

Polygonum alpinum All.
Renouée des Alpes.
*Alpes du Dauphiné et méridio-
nales, Pyrénées* (rare).

Polygonum amphibium L.
Renouée amphibie.
Assez commun. **[S]**

× Gaine des feuilles sans cils ou à cils très courts L;

⊙ Plante ayant le goût de poivre et à sépales glanduleux HY;

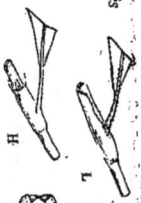

    * Fleurs en épis très compactes et dressés PC;

× Gaine des feuilles à longs cils.

⊙ Plante n'ayant pas le goût de poivre et à sépales non glanduleux [ex.: P].

    * Fleurs en épis peu compacts, étroits et allongés SE, MI.

❀ Fleurs roses ou blanches; style très court, fruit charnu, tiges ligneuses............ 1. DAPHNÉ. DAPHNE. —

✱ Fleurs verdâtres, jaunâtres ou jaunes.
)|= Feuilles de 15 à 35 mm. de largeur, tiges ligneuses.
)|= Feuilles de moins de 10 mm. de largeur;

⊙ Tube du calice sans poils et strié ST;

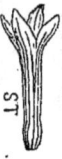

  □ Écorce des vieux bois à ponctuations d'un brun foncé;

⊙ Tube du calice poilu.

  □ Écorce des vieux bois sans ponctuations foncées;

◐ Fleurs blanches et poilues; fruit mûr rouge.

◐ Fleurs vertes sans poils, feuilles de 15 à 35 mm. de largeur, devenant coriaces, groupées vers le haut des tiges fleuries L. (Parfois fleurs d'environ 4 mm. de longueur, ne dépassant pas les bractées; fruit mûr noir: D. Philippi GG.) [Bois, rochers;

◑ Fleurs roses ou d'un blanc rosé.

△ Feuilles velues; fleurs dépassées par les feuilles Al; feuilles non terminées par une pointe piquante. [Rochers; fl. blanches; 1-3 d.; av.-m.; v.]

△ Feuilles sans poils; groupe de fleurs dépassant les feuilles au sommet des tiges C; feuilles terminées par une petite pointe piquante. [Bois, rochers, endroits incultes;

sépales portant quelques glandes et à 3 nervures principales. [Endroits humides; fl. d'un blanc verdâtre ou rougeâtre; 8-9 d.; j.-s.; a.]

gaines des feuilles à longs cils mêlées de cils très courts H. [Endroits humides; fl. blanchâtres ou verdâtres; 3-10 d.; jl.-o.; u.]

gaine à longs cils PE. [Endroits humides; fl. roses ou blanchâtres; 1-9 d.; jl.-s.; a.]

(Parfois styles libres entre eux presque jusqu'à la base : P. serrulatum Lag.). [Endroits humides; fl. roses; 1-9 d.; jt.-s.; a].

DAPHNOÏDÉES

Écorce des vieux bois à ponctuations d'un brun foncé; fleurs et fruits disposés le long de la tige ME; feuilles développées de plus de 1 c. de largeur, en général; fruits mûrs rouges. [Bois; fl. roses, parfois blanches; 3-10 d.; fév.-av.; v.]

Écorce des vieux bois sans ponctuations foncées; fleurs et fruits groupés au sommet des rameaux; feuilles développées de moins de 6 mm. de largeur, en général; fruits mûrs jaunâtres ou bruns. (Parfois sépales d'un rose vif sur les deux faces et feuilles d'un vert foncé: D. Verlôtii GG.) [Bois, rochers; fl. roses; 2-4 d.; m.-jt.; v.]

feuilles sans poils, et coriaces; tige et rameaux sans poils; fruit brun allongé (D. striata. Tratt.). → Voyez D. Cneorum, p. 275.

fl. vertes; 3-10 d.; fév.-m.; v.]

fl. blanches; 5-12 d.; jl.-o.; v.]

Polygonum lapathifolium L. Renouée à feuilles de Patience. Comenun. [S].

Polygonum Hydropiper L. Renouée Poivre d'eau. (Herbe de Saint-Innocent). [S].

Polygonum Persicaria L. Renouée Persicaire (Pied rouge). Comenun. [S]

Polygonum mite Schrank. Renouée douce. Assez commun, sauf dans le Nord, l'Est et la Région méditerranéenne. [S]

1. DAPHNÉ [6 esp.]. DAPHNÉ → p. 275.

2. PASSÉRINE [7 esp.]. PASSÉRINE → p. 276.

Daphne Mezereum L. Daphné Morillon (Bois-joli). Montagnes et çà et là, dans le Nord, l'Est et le Centre. [S]

Daphne Cneorum L. Daphné Camélée (Thymélée). Est, Côte-d'Or, Jura, Alpes, Cévennes (très rare). Pyrénées, Sud-Ouest. [S]

Daphne alpina L. Daphné des Alpes. Côte-d'Or, Jura, Alpes, Cévennes. [S].

Daphne Laureola L. Daphné Lauréole. Montagnes et çà et là. [S]

Daphne Gnidium L. Daphné Gnidium (Saint-bois), Littoral de l'Océan, Région méditerranéenne. [S].

2. PASSERINA. PASSÉRINE. —

+ Fleurs et jeu-
nes rameaux
couverts de
poils coton-
neux.

   ⚭ Feuilles couvertes sur les deux faces de poils soyeux, de 3 à 4 mm. de largeur, en général; fleurs bien plus courtes que les feuilles TA. [Sables, rochers; fl. jaunes; 1-6 d.; av.-m.; v.]   Passerina Tarton-raira DC. — *Passerina Tarton-raira.* — Littoral de la Provence (rare).

   ⚭ Feuilles sans poils, d'un vert très foncé, de 1 à 2 mm. de largeur, en général; fleurs groupées sur de petits rameaux H. [Sables, rochers; fl. jaunes; 2-14 d.; o.-av.; v.]   Passerina hirsuta L. — *Passerine hérissée.* — Littoral de la Méditerranée (rare).

⊙ Plante herbacée à racine grêle, annuelle; tiges fleuries de la base au sommet, à feuilles bien longues que les fleurs P; calice ayant des poils appliqués. [Champs; fl. verdâtres; 2-5 d.; ji.-o.; ⊙.]   Passerina annua Spreng. — *Passerine annuelle (Langue-de-moineau).* — Assez commun, sauf N. et N.-O. [S]

    fleurs sans bractées; tiges pour ramifiées et droites; feuilles épaisses et luisantes. [Endroits incultes et droits; d'un jaune verdâtre; 1-3 d.; j.-jt.; v.]   Passerina Thymelea L. — *Passerine Thymélea L.* — Région méditerranéenne.

+ Fleurs
et jeunes
rameaux
poils sans
poils,
au moins
à la base,
vivace.

○ Plante
ligneuse,

    Passerina tinctoria Pourr. — *Passerine des Teinturiers.* — Dép! du Gard (très rare).

= Feuilles
tout le
long de la
tige TH;

    ⚬ Feuilles couvertes de petits poils gris, à limbe comme creusé en cuiller, obtuses TI; tiges dressées. [Rochers, endroits incultes; fl. jaunâtres; 1-3 d.; m.-j.; v.]   Passerina dioica Lap. — *Passerine dioïque.* — Alpes méridionales (très rare); Pyrénées.

= Feuilles
sans poils
vers le
haut des
rameaux TI,
D; tiges ra-
meuses et
plus ou
moins con-
tournées;
fleurs entou-
rées de pe-
tites brac-
tées.

    ⊕ Fleur allongée, de 8 à 10 mm. de longueur [D, grandeur naturelle]; feuilles sans cils. [Rochers; fl. jaunâtres; 1-3 d.; m.-j.; v.]   Passerina calycina Pourr. — *Passerine à large calice.* — Pyrénées (rare).

    ⊕ Fleur courte, de 3 à 4 mm. de longueur [C, grandeur naturelle]; feuilles ciliées sur les bords. [Rochers; fl. d'un jaune verdâtre; 1-3 d.; j.-s.; v.]

Feuilles
sans
poils ou
presque
sans
poils;
tiges
couchées.

LAURINÉES

LAURUS. LAURIER. — Fleurs de deux sortes, disposées en ombelle; feuilles persistantes, coriaces, à court pétiole, luisantes en dessus, non dentées. [Endroits incultes, bois; fl. jaunâtres ou jaunes; v.]   Laurus nobilis L. — *Laurier noble (Laurier sauce).* — Littoral de l'Océan (rare). Région méditerranéenne et cultivé. [S]

SANTALACÉES

⊙ Plante herbacée; fleurs ayant à la fois étamines et pistil, pou serrées; fruit sec .....   1. THESIUM → P. 276.

⊙ Petit arbrisseau à fleurs toutes à étamines, ou toutes à pistil, en groupes assez serrés OS;   fruit charnu OSY, devenant dur.....   2. OSYRIS → p. 277.

        ...... 2. OSYRIS, OSYRIS [1 esp.].

1. THESIUM. THÉSIUM. —

(Calice à partie libre, à peu
près égale au fruit PR; [PR]

(Calice à par-
tie libre,
plus courte
que le fruit
HM; bractées
ne dépassant
pas le fruit.

   ⊕ Feuilles à 3 nervures
principales IN;
74s, p. 393.   Thesium alpinum L. — *Thesium des Alpes.* — Montagnes, Est, Côte-d'Or. [S]

   ⊕ Feuilles à 1 nervure principale. (Parfois tiges dures, fermes, ligneuses à la base; 1-5 d.; ji.-a.; v.] taum jan.) (Coteaux, prés, bois; endroits incultes; fl. blanchâtres ou jaunâtres; 1-5 d.; ji.-a.; v.]   Thesium intermedium Schrad. — *Thesium intermédiaire.* — Vosges, Alpes, Dép! du Gard (rare). [S]

fruits bien plus courts que les bractées. Fleurs tournées toutes du même côté AL, ou non (T. tenuifolium Sauter), ou grappes en zigzag (T. pratense
Ehrh.; [Prés, pâturages; fl. blanchâtres ou jaunâtres;
1-5 d.; j.-a.; v.] 73s, p. 393.   Thesium humifusum DC. — *Thesium couché.* — Çà et là. [S]

raneaux inférieurs aplatis sur le sol et à racines adventives.
[Prés, rochers, bois; fl. blanchâtres ou jaunâtres; 1-5 d.; ji.-s.; v.]

2. OSYRIS. *OSYRIS.* — Fruit mûr rouge; feuilles persistantes, coriaces, entières. [Endroits incultes; fl. d'un blanc jaunâtre; 5-15 d.; av.-j.; v.]

Osyris alba L.
Osyris blanc (Rouve).
Sud-Est, Midi.

ÉLÉAGNÉES

□ Calice à 2 divisions H, HP;　　fleurs ayant à la fois étamines et pistil ....**1. HIPPOPHAE** → p. 277.
　　　　　　　　　　　　　　　　　　　　　　　　　　　　　　　　　　　　ARGOUSIER [1 esp.].

□ Calice à 4 divisions EL;　　fleurs toutes à étamines H, ou toutes à pistil HP..............**2. ELÉAGNUS** → p. 277.
　　　　　　　　　　　　　　　　　　　　　　　　　　　　　　　　　　　　CHALEF [1 esp.].

1. HIPPOPHAE. *ARGOUSIER.* — Fleurs d'un jaune verdâtre; fruit mûr de 5 à 7 mm. de diamètre, d'un jaune orange, à goût acide; feuilles allongées HI, à une seule nervure saillante, argentées en dessous avec des écailles couleur de rouille; [Bords des eaux, sables, fl. verdâtres; 1-3 m.; av.-m.; v.]

Hippophae rhamnoides L.
Argousier Faux-Nerprun.
Littoral de la Manche, vallées du Rhône et du Sud-Est. [S]

2. ELÉAGNUS. *CHALEF.* — Fleurs jaunes, comme argentées en dehors, odorantes; fruit mûr ovale de 15 à 20 mm. de longueur, jaunâtre ou rougeâtre, sans goût acide; feuilles à court pétiole, grisâtres en dessus, argentées en dessous. [Endroits incultes; fl. jaunes en dedans; 2-8 m.; m.-j.; v.]

Eleagnus angustifolius L.
Chalef à feuilles étroites (Olivier de Bohème).
Cultivé et parfois subspontané en Provence.

CYTINÉES

△ 12 étamines; calice en cloche E; .... tiges souterraines allongées.....................

△ 6 étamines; calice globuleux à la base [exemple: CL], en entonnoir au-dessus.

CYTINUS. *CYTINET.* — Feuilles en forme d'écailles, charnues, se recouvrant les unes les autres; plante jaune ou rougeâtre; fleurs de deux sortes. [Parasite sur les Cistes; fl. jaunes ou rougeâtres; 4-10 c.; av.-m.; v.]

Cytinus Hypocistis L.
Cytinet Hypociste.
Littoral du Sud-Ouest, Région méditerranéenne (rare).

ARISTOLOCHIÉES

◉ Fleurs isolées ou jaunâtres. ✳ Fleurs supérieures groupées par 3 à 6, CM;

1. ASARUM *ASARET.* — (→ Voyez fig. E, ci-dessus). Feuilles opposées à long pétiole; fleurs isolées, d'un rouge noirâtre; plante à odeur de poivre. [Bois humides; fl. pourpres ou noirâtres; pédoncules d'environ 1 c.; av.-m.; v.]

1. ASARUM → p. 277.
ASARET [1 esp.].

Asarum europaeum L.
Asaret d'Europe (Oreille d'homme).
Est, Jura, Alpes, Auvergne (rare); çà et là dans le Nord et le Centre.

2. ARISTOLOCHIA. *ARISTOLOCHE.* — .... **2 ARISTOLOCHIA** → p. 277.
　　　　　　　　　　　　　　　　　　　　　　　　　　　　　　　　　　　　ARISTOLOCHE [4 esp.].

◉ Fleurs jaunes ou jaunâtres.
✳ Fleurs supérieures isolées les unes des autres PA;

✿ Feuilles bordées de petites dents PI, à surface très rugueuse;
　feuilles moins longues que les fleurs; racines groupées. [Endroits incultes; fl. d'un brun noirâtre; 2-5 d.; av.-m.; v.]

Aristolochia Pistolochia L.
Aristoloche Pistolochia.
Région méditerranéenne. [S]

✿ Feuilles entières L, R;
　feuilles plus longues que les fleurs; feuilles d'un vert clair; racine non tuberculeuse. [Bois, haies, berges; fl. jaunâtres; 2-8 d.; m.-s.; v.]

Aristolochia Clematitis (Sarrasine).
Centre, Plateau Central, Vallée du Rhône, Midi et çà et là. [S]

↗ Fleurs pourpres ou roses.
　racine tuberculeuse. [Endroits incultes; fl. jaunâtres; taille variable; av.-m.; v.]

Aristolochia pallida Willd.
Aristoloche pâle.
Provence (très rare).

↗ Feuilles entières L, R;
　racine tuberculeuse.(Parfois feuilles pétiolées: *A. longa* L.) [Endroits incultes; fl. jaunâtres rayée de pourpre; 2-5 d.; av.-m.; v.]

Aristolochia rotunda L.
Aristoloche ronde.
Ouest (rare); Midi. [S]

EMPETRUM. CAMARINE. — Petit arbrisseau à feuilles coriaces, d'un vert foncé avec une ligne blanche sur le dos ; fleurs petites, roses ou blanches à l'aisselle des feuilles ; fruit mûr charnu, noir.
[Tourbières, bois, pâturages ; fl. verdâtres ou rosées ; 5-15 c.; av.-m.; v.]

Empetrum nigrum L.
Camarine noire.
Hautes montagnes. [S]

EUPHORBIACÉES

⊕ Plante à *suc laiteux, blanc*, qui s'écoule lorsqu'on brise la tige ; fleurs à pistil porté sur un prolongement P, E; ..... fleurs souvent disposées en ombelle...... **1. EUPHORBIA →** p. 278. *EUPHORBE* [35 esp.].

⊕ Plante *sans suc laiteux.*

= Feuilles opposées.
(Arbuste à fleurs staminées et pistillées sur la même plante ; feuilles ovales BV, coriaces...... **4. BUXUS →** p. 283. *BUIS* [1 esp.].

(Plante *herbacée*, en général, à fleurs toutes staminées (ex.: A.), ou toutes pistillées [ex.: M.]; parfois à fleurs de deux sortes sur le même pied.

= Feuilles *alternes* ; fleurs staminées et fleurs pistillées sur la même plante CR...... **3. CROTON →** p. 283. *CROTON* [1 esp.].

2. MERCURIALIS → p. 282. *MERCURIALE* [4 esp.].

1. EUPHORBIA. EUPHORBE. —

* Feuilles opposées.

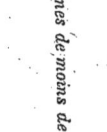

⇒ Sépalos bruns, rougos ou orangos, au moins après la floraison........... **Série 1 →** p. 278.
Série 2 → p. 279.

⇒ Bractées placées au-dessus de l'involucre, soudées par paire au moins jusqu'au milieu CR..... **Série 2 →** p. 279.

* Feuilles alternes.

✶ Sépales non *échancrés*, non en forme de croissant [exemples : ll, PP]

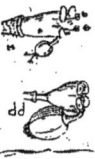

⇒ Bractées placées au-dessus de l'involucre, soudées par paire au moins jusqu'au milieu SI, CHB........ **Série 3 →** p. 279.

⇒ Tiges ligneuses............ **Série 4 →** p. 279.

Sépales ou jaunes jaunâtres.
⦿ Feuilles toutes entières............ **Série 5 →** p. 280.
⦿ Feuilles dentelées, au moins au sommet........... **Série 6 →** p. 280.

✳ Sépales *échancrés* ou en forme de croissant [exemples : P, E, CY]

△ Sépales en arc LA.

⦿ Plante vivace, à tiges souterraines
⦿ Tiges herbacées développées.
⦿ Plante *annuelle*, à racine grêle en général.

feuilles sans pétiole, environ 6 à 10 fois plus longues que larges ; fruit lisse ; involucre à 4 bractées en croix L. [Villages, vignes, champs ; fl. jaunes ou verdâtres ; 8-13 d.; j.-jt.; b.] ...... **Série 7 →** p. 281.

.... **Série 8 →** p. 282.

Euphorbia Lathyris L.
Euphorbe Épurge.
[ẞ et ll. [S]

△ Sépales non en arc [exemple : PP] ; feuilles pétiolées, 2 à 3 fois plus longues que larges CAl, PPS.

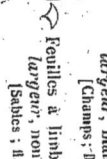

Euphorbia Peplis L.
Euphorbe Peplis.
Littoral (rare sur la Manche).

Feuilles à limbe non courbé CAl ; graines d'environ 2 mm. de largeur, blanchâtres, ridées.
[Champs ; fl. rougeâtres ; 4-35 c.; j.-jt.; α.]

Euphorbia Chamaesyce L.

Feuilles à limbe comme courbé PPS ; graines de moins de 1 mm. de largeur, non blanchâtres, lisses.
[Sables ; fl. verdâtres ; 5-35 c.; jt.-at.; α.]

Euphorbe Petit-Figuier.
Région méditerranéenne et rarement naturalisé ailleurs.

Série 1

Série 2

☐ Fruit n'ayant de tubercules que sur les côtés CHB ;
plante ne dépassant pas 12 c. en général ;

sépales rouges ; ombelle souvent à 2 ou 3 rayons.
[Rochers ; fl. rouges ; 6-12 c.; al.-s.; v.]

Euphorbia Chamaebuxus Bernard,
L'euphorbe Petit-Buis.
Pyrénées (rare).

CHB

△ Sépales d'un rouge foncé, ou d'abord jaunes ; feuilles amincies à la base, presque
pétiolées D ; ombelle souvent à 5 rayons. (Parfois sépales d'abord jaunes et tiges
anguleuses vers le haut ; *E. angulata* Jacq.)
[Bois ; fl. pourpres, rarement jaunes ; 3-5 d.; m.-jt.; v.]

◯ Ombelle à *plus de 5 rayons* PA ;
feuilles les plus grandes 8 à
9 fois plus longues que larges ;
fruits à petits tubercules inégaux PAL ;

tiges très rameuses.
[Endroits humides ; fl. jaunes
ou brunes ; 8-12 d.; m.-jt.; v.]

Euphorbia palustris L.
Euphorbe des marais.
Peu commun. [S]

PA

◯ Ombelle en général à 5 rayons ; feuilles les plus
grandes 3 à 4 fois plus longues que larges ;
fruit à gros tubercules cylindriques HY ;

tiges peu rameuses.
[Endroits frais ; fl. brunes ;
3-6 d.; j.-jt.; v.]

Euphorbia hyberna L.
Euphorbe d'Irlande.
*Centre, Plateau Central, Ouest,
Midi.*

PAL

HY

Série 3

◉ Feuilles les plus grandes environ 10 fois plus longues que larges CHC, presque sans pétiole ; fruit
velu ; bractées presque plates SI.
[Bois ; fl. jaunâtres ; 3-9 d.; av.-j.; v.]

bractées de l'involucre semblables aux feuilles ; fruit
ayant de petits points blancs.
[Rochers, sables, endroits incultes ; fl. jaunâtres ; 3-16 d.;
m.-j.; v.]

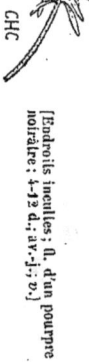

Euphorbia Characias L.
Euphorbe Characias.
Région méditerranéenne.

CHC

SI

◉ Feuilles les plus grandes ovales, 5 à 7 fois plus longues que larges S ;
fruit sans poils ; bractées presque plates SI.
[Bois ; fl. jaunâtres ; 3-6 d.; av.-j.; v.]

feuilles terminées par une pointe
fine.
[Sables ; fl. jaunes ; 1-5 d.; j.-al.; v.]

Euphorbia silvatica L.
Euphorbe des bois.
Commun. [S]

Euphorbia dendroides L.
Euphorbe arborescent.
Littoral de la Provence (rare).

S

☐ Fruit complètement
couvert de tuber-
cules (ex. : PAL, HY) ;
plante ayant, en
général, plus de
12 c.

△ Sépales
bruns
ou
jaunes.

feuilles non terminées
par une pointe fine P.
[Sables ; fl. jaunes ; 3-6 d.;
j.-at.; v.]

Euphorbia Pithyusa L.
Euphorbe Sapinette.
Littoral de la Méditerranée.

P

Série 4

✳ Branches s'écartant les unes des autres DD, et feuillées seulement à leur extrémité ;

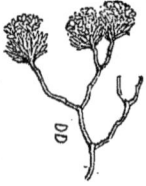

⚹ Feuilles inférieures renversées PY ;

Euphorbia Paralias L.
Euphorbe Paralias.
Littoral.

DD

PY

✳ Branches n'ayant pas
ces caractères.

⚹ Feuilles inférieures dressées
ou étalées PAR ;

[Endroits incultes ; fl. d'un pourpre
noirâtre ; 4-12 d.; av.-jt.; v.]

PAR

Euphorbia dulcis L.
Euphorbe doux.
Assez commun, sauf dans le Nord,
l'Ouest et la Région méditerranéenne.
[S]

× Ombelle ayant 3 à 5 rayons SP. 758, p. 393.

× Ombelle à plus de 5 rayons G;

tiges formant un buisson ligneux ; vieux rameaux devenant des épines.
[Rochers ; fl. jaunes ; 1-2 d.; av.-j.; v.]
Euphorbia spinosa L.
Euphorbe épineuse.
Provence. [S]

tiges peu ou pas rameuses ; feuilles rapprochées, terminées en pointe aiguë.
[Champs, chemins, bois ; fl. jaunâtres ; 1-5 d.; j-a.; v.]
Euphorbia Gerardiana Jacq.
Euphorbe de Gérard.
Peu commun. [S]

★ Plante annuelle ou bisannuelle sans tige souterraine développée.

⊙ Fruit lisse HL, ou presque lisse;

feuilles arrondies au sommet HCL, HE. [Champs ; fl. verdâtres ou jaunâtres ; 1-5 d.; ms-n.; a.]
graines brunes, ayant de petits creux à la surface.
HB
Euphorbia helioscopia L.
Euphorbe de Réveil-matin.
Très commun. [S].

(Parfois fruit à sillons profonds et à tubercules très saillants :
E. stricta L.
[Champs, bois, chemins ; fl. verdâtres ou jaunâtres ; j.-s; (c. ou b.)]

fl. verdâtres ou jaunâtres ; 3-14 d.;
Euphorbia platyphyllos L.
Euphorbe à feuilles plates.
Assez commun. [S]

⊙ Fruit couvert de tubercules PL, ST.

⚘ Bractées terminées par une petite pointe très nette ST;

bractées, au-dessus de l'involucre, plus larges que longues; rameaux fleuris au-dessus de l'ombelle ; tige souterraine à branches allongées. [Bois ; fl. orangées ; 2-4 d.; j-ji; v.]
Euphorbia papillosa de Pouzolz.
Euphorbe à papilles.
Cévennes.

⚘ Bractées de l'involucre terminées par une petite pointe PU;

fruit plus ou moins velu PB;
ombelle en général à 5 rayons. [Endroits incultes ; fl. jaunes; 3-7 d.; j.-ji.; v.]
Euphorbia pubescens Desf.
Euphorbe pubescente.
Littoral du Sud-Ouest, Région méditerranéenne.

★ Plante vivace à tige souterraine développée.

⊕ Fruit à tubercules ni ondulés ni dentés.

• Feuilles poilues sur les deux faces;
fruit velu PL ou non. [Endroits humides des bois ; fl. jaunâtres ; 3-6 d.; j.-ji.; v.]
Euphorbia pilosa L.
Euphorbe poilue.
Centre, Plateau Central (rare), Ouest, Midi.

• Feuilles non terminées par une petite pointe nette [exemple : PIL.].

• Feuilles sans poils ou poilues en dessous seulement ; fruit sans poils V. (Parfois ombelles à rayons courts FL de moins de 2 c.; tiges ligneuses : *E. flavicoma DC.*) [Prés, bois, coteaux ; fl. jaunes ; 2-7 d.; m-j; v.]
Euphorbia verrucosa L.
Euphorbe verruqueuse.
Assez commun, sauf dans le Nord et l'Ouest. [S]

⊕ Fruit couvert de tubercules allongés, ondulés ou dentés (PLL, double de la grandeur naturelle);

Série 7

□ Feuilles *entières ou un peu denticulées.*

□ Feuilles *dentées tout autour* (souvent plus que dans la figure SE);

sépales bruns; feuilles supérieures bien plus larges que les inférieures; graines lisses.
[C'amps, chemins; fl. jaunâtres; 2-4 d.; m.-jt.; v.]

Euphorbia serrata L.
Euphorbe denté.
Sud-Est, Sud-Ouest (rare); **Région méditerranéenne.**

△ Sépales à pointes courtes [ex.: CY.]

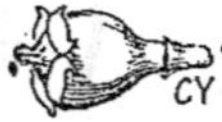

⊙ La plupart des rameaux au-dessous de l'ombelle *ne portant pas des fleurs* C;

feuilles inférieures 10 à 15 fois plus longues que larges.
[Endroits incultes; fl. jaunes ou orangées; 2-5 d.; m.-s.; v.] 78s, p. 393.

Euphorbia Cyparissias L.
Euphorbe Petit-Cyprès (Rhubarbe des paysans).
Commun, sauf dans le Nord et l'Ouest. [S]

⊙ La plupart des rameaux au-dessous de l'ombelle *portant des fleurs* ES;

feuilles inférieures 4 à 7 fois plus longues que larges.
[Berges, coteaux; fl. d'un jaune verdâtre; 3-8 d., m.-j.; v.]

Euphorbia Esula L.
Euphorbe Ésule.
Çà et là.

✱ Feuilles *non coriaces; fruit à 3 angles.*

✱ Feuilles *coriaces; fruit globuleux* N.

tiges rougeâtres; perdant ses feuilles dans le [Endroits arides; fl. jaunâtres; 3-6 d.; j.-j.; v.]

Euphorbia niceensis All.
Euphorbe de Nice.
Région méditerranéenne.

souvent 2 ombelles l'une au-dessus de l'autre BIU.
[Endroits incultes; fl. verdâtres ou jaunâtres; 4-9 d.; m.-j.; v.]

Euphorbia biumbellata Poir.
Euphorbe à 2 ombelles.
Région méditerranéenne.

△ Sépales à pointes allongées. [exemple: Bl.]

⌐ Ombelle principale ayant 2 à 7 rayons.

⌐ Ombelles à *rayons nombreux* BIU; s'épales à pointes longues terminées par une petite boule Bl;

(Graines *ayant de petits creux* PO; feuilles plus ou moins étalées ou renversées PN, POR. (Parfois feuilles pointues POR et fruit à 3 parties non arrondies sur le dos: *E. portlandica* L.) [Rochers, sables; fl. d'un jaune verdâtre; av.-jt.; v.]

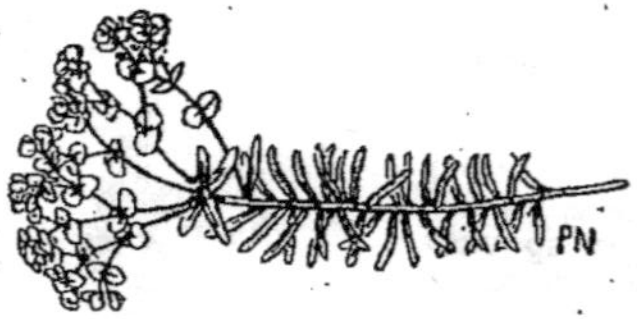

Euphorbia pinea L.
Euphorbe Faux-Pin.
Littoral (rare sur la Manche).

(Graines *lisses* TE; feuilles dressées TE; TEN, TER.

✶ Feuilles *aiguës, très étroites* TEN, en gouttière en dessous.
[Endroits arides; fl. verdâtres; 2-3 d.; m.-j.; v.]

Euphorbia tenuifolia Lam.
Euphorbe à feuilles étroites.
Sud-Est méditerranéen.

✶ Feuilles *obtuses* TER, souvent denticulées dans leur partie supérieure.
[Rochers, sables; fl. verdâtres; 1-5 d.; m.-s.1 v.]

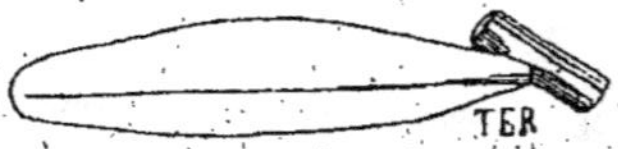

Euphorbia provincialis Willd.
Euphorbe de Provence.
Littoral de la Méditerranée.

Série 8

Tige perdant ses feuilles dans le bas et ayant vers le haut des feuilles très serrées et très étroites, de moins de 2 mm. de largeur, très longues; bractées 10 à 15 fois plus larges que les feuilles AL. [Endroits incultes; fl. jaunes; 1-4 d.; j.-jt.; ⊙.]

AL

□ Feuilles pétiolées environ 2 fois plus longues que larges PB; feuilles plus larges vers le haut; fruit lisse ayant 6 ailes peu accentuées. (Parfois feuilles presque en losange et graines ayant des lignes de trous.: E. peploides Gouan.) [Champs, chemins; fl. verdâtres; 1-3 d.; ms.-o.; ⊙.]

graines à 4 faces striées en travers. [Champs; fl. jaunâtres; 1-3 d.; j.-o.; ⊙.]

FA

Euphorbia aleppica L.
Euphorbe d'Alep.
Provence (très rare).

Euphorbia Peplus L.
Euphorbe Peplus (Esule ronde)
Commun. [S]

△ Bractées au-dessus de l'involucre finement dentelées et terminées par une pointe FAL;

FAL

feuilles à 3 nervures principales FA;

feuilles du haut plus grandes que celles du bas; ombelle à peu de rayons TR. [Champs; fl. d'un jaune verdâtre; 1-3 d.; m.-jt.; ⊙.]

TR

Euphorbia falcata L.
Euphorbe en faux.
Midi et çà et là, sauf dans le Nord-Ouest. [S]

□ Plante n'ayant pas ces caractères.

+ Sépales jaunes.

◇ Sépales à pointes longues.

▷ Sépales à pointes très courtes TAU;

TAU

feuilles d'environ 1 à 3 mm. de largeur. [Champs; fl. verdâtres; 5-20 c.; m.-o.; ⊙.]

Euphorbia taurinensis All.
Euphorbe de Turin.
Sud-Est, Provence (rare).

◇ Bractées de l'involucre étroites allongées EX;

EX

feuilles d'environ 3 à 8 mm. de largeur; [Champs; fl. d'un vert jaunâtre; 2-3 d.; j.-jt.; ⊙.]

Euphorbia exigua L.
Euphorbe exigu.
Commun. [S]

△ Bractées entières.

+ Sépales rouges, à pointes plus pâles; feuilles comme coupées à angle droit SU.

SU

tige fleurie non rameuse dès la base. [Bois; fl. verdâtre; 2-4 d.; ms.-m.; ⚥.]

Euphorbia segetalis L.
Euphorbe des moissons.
Est, Sud-Est (très rare); Région méditerranéenne. [S]

○ Bractées de l'involucre ovales PES;

PES

feuilles dentelées pétiolées. [Champs; fl. d'un rouge foncé; 4-10 c.; av.-m.; ⊙.]

Euphorbia sulcata Delens.
Euphorbe sillonné.
Région méditerranéenne (rare).

---

2. MERCURIALIS. MERCURIALE. —

□ Plante vivace, à tiges souterraines allongées; fleurs pistillées sur un long pédoncule M;

✻ Fleurs toutes staminées ou toutes pistillées.

== Plante annuelle sans tige souterraine développée; fleurs pistillées presque sans pédoncule ANN; tige fleurie, souvent rameuse dès la base.

ANN

[Champs, endroits incultes; fl. verdâtres; 2-7 d.; toute l'année; ⊙.]

Mercurialis perennis L.
Mercuriale vivace (Chou de chien).
Commun, sauf dans la Région méditerranéenne. [S]

Mercurialis annua L.
Mercuriale annuelle.
Très commun. [S]

○ Plante herbacée.

✻ Fleurs staminées et pistillées mêlées, par 3 à 6 sur des pédoncules très courts MB;

MB

feuilles entières ou ayant quelques dents au sommet, sans pétiole. [Endroits incultes; fl. verdâtres; 2-5 d.; av.-jt.; ♃.]

Mercurialis ambigua L.
Mercuriale ambigue.
Région méditerranéenne.

○ Plante ligneuse; feuilles velues-cotonneuses; fleurs toutes staminées ou bien toutes pistillées;

Mercurialis tomentosa L.
Mercuriale tomenteuse.
Région méditerranéenne.

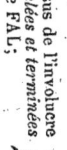

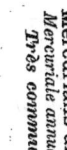

3. CROTON. *CROTON.* — (→ Voyez fig. CR, p. 278). Fleurs staminées sur des pédoncules courts; fleurs pistillées placées au-dessous des autres sur des pédoncules larges; fruit à 3 carpelles soudés, arrondis. [Champs; fl. d'un blanc jaunâtre; 1-4 d.; j.-jt.; α.]

Croton tinctorum L.
Croton des teinturiers (Tournesol).
Région méditerranéenne.

4. BUXUS. *BUIS.* — (→ Voyez fig. BV, p. 278). Feuilles luisantes en dessous; fleurs par groupes; 4 sépales; 3 styles. [Bois, coteaux, montagnes; fl. blanches ou d'un jaune verdâtre; 3-40 d.; ms.-av., v.]

Buxus sempervirens L.
Buis toujours vert.
Montagnes et çà et là, sauf dans le Nord (et cultivé ou naturalisé). [S]

MORUS. *MÛRIER.* —

MORÉES

⊕ Feuilles d'un vert *clair*, à nervures peu poilues; sépales *sans poils sur les bords* A;

fruits mûrs, blancs, rosés ou noirs, sur des pédoncules allongés. [Cultivé; fl. verdâtres ou jaunâtres; 3-18 m.; a.v.-m.; v.]

Morus alba L.
Mûrier blanc.
Cultivé, surtout dans le Midi. [S]

⊕ Feuilles d'un vert *foncé*, à nervures très poilues; sépales *poilus sur les bords* N;

fruits noirs, sur des pédoncules courts. [Cultivé; fl. verdâtres ou jaunâtres; 3-18 m.; a.v.-m.; v.]

Morus nigra L.
Mûrier noir.
Cultivé. [S]

FICUS. *FIGUIER.* — Arbre ou arbrisseau à écorce grisâtre; fruit ovale ou en forme de poire; feuilles épaisses, à courts poils, divisées en lobes, pétiolées. [Champs, rochers, endroits incultes; fl. rouges ou blanches; 1-6 m.; ms.-av., v.]

FICACÉES

Ficus carica L.
Figuier de Carie.
Cultivé et **subspontané**, dans le Midi et rarement dans l'Ouest et le Centre. [S]

CELTIS. *MICOCOULIER.* — Feuilles pétiolées, alternes, à longue pointe, plus dentées d'un côté que de l'autre; fleurs isolées, à longs pédoncules; fruit mûr brun, globuleux. [Coteaux, bois, planté; fl. d'un blanc verdâtre; 3-20 m.; ms.-av., v.]

CELTIDÉES

fruit *bordé de cils*; fleurs pendantes; arbre à branches étalées, irrégulières. [Bois; fl. verdâtres ou rougeâtres; 3-30 m.; ms.-av.; v.]

Celtis australis L.
Micocoulier austral.
Région méditerranéenne (et planté ou subspontané). [S]

ULMUS. *ORME.* —

ULMACÉES

✕ Fleurs ou fruits *pédoncules* P;

fruit *bordé de cils*; ...

Ulmus pedunculata Foug.
Orme pédonculé.
Çà et là (planté et parfois subspontané). [S]

✕ Fleurs ou fruits *sans pédoncules*; fruit *non bordé de cils* C; fruit M et rameaux peu réguliers: *U. montana* Sm.) [Bois, haies, coteaux; fl. rougeâtres ou verdâtres; 2-40 m.; ms.-av.; v.]

Ulmus campestris L.
Orme champêtre (Ormeau).
Commun (souvent planté). [S]

URTICÉES

fleurs staminées à 12-20 étamines TH.

⊙ Feuilles *sans poils ou presque sans poils*, à pétioles allongés THB;

(Feuilles *opposées, dentées*; plante à poils piquants.....

1. **URTICA** → p. 284.
ORTIE [4 esp.].

2. **PARIETARIA** → p. 284.
PARIÉTAIRE [2 esp.].

⊙ Feuilles *poilues*; fleurs à 4-5 étamines.

(Feuilles *alternes, presque entières*; plante sans poils piquants......

3. **THELIGONUM** → p. 284.
THÉLIGONUM [1 esp.].

1. URTICA. ORTIE.

⊙ Fleurs en grappes *allongées et ramifiées* D, *toutes staminées ou bien toutes pistillées*; tige souterraine développée; feuilles moyennes en cœur à la base.
[Endroits incultes, décombres, villages; fl. verdâtres; 2-14 d.; j.-s.; v.]

Urtica dioica L.
Ortie dioïque (Grande Ortie).
Très commun. [S]

⊕ Fleurs staminées
et pistillées
sur la même
plante.

★ 4 *stipules à
chaque paire
de feuilles
supérieures.*

Fleurs pistillées *en groupes
globuleux* Pl.;
feuilles à dents très profondes Pl.; [Endroits incultes;
fl. verdâtres; 2-10 d.; jt.-o.; b. ou pl.]

Urtica pilulifera L.
Midi; rare dans le Centre, le Nord-
Ouest et l'Ouest.

Fleurs pistillées et staminées sur le
mêmes groupes allongées UR;
[Décombres, champs; fl. verda-
tres; 1-5 d.; m.-o.; a.]

Urtica urens L.
Ortie brûlante.
Très commun. [S]

★ *2 stipules à chaque paire de feuilles supérieures;
fleurs sur des grappes très longues et non rameuses M;* sommet des grappes de fleurs staminées étalant [MR, fig. grossie].

Urtica membranacea Poir.
Midi; (surtout sur le littoral méditerranéen), Dép' du Finistère (rare).

2. PARIETARIA. PARIÉTAIRE. —

plante annuelle à racine grêle, à tiges couchées sur le sol; feuilles à pétiole extrêmement mince.
[Endroits incultes; fl. verdâtres; 3-25 c.; m.-j.; a.]

Parietaria lusitanica L.
Pariétaire du Portugal.
Région méditerranéenne (rare).

Bractées *profondément
divisées* LU;

Bractées *entières* E;

plante vivace. (Parfois tiges dressées, feuilles allongées en pointe et bractées
libres : P. erecta M. K.)
[Murs, chemins, endroits incultes; 2-8 d.; j.-o.; v.]

Parietaria officinalis DC.
Pariétaire officinale.
Commun, sauf dans l'Est. [S]

3. THELIGONUM. THÉLIGONUM. — Fleurs staminées et fleurs pistillées sur la même plante; feuilles pétiolées, un peu raides sur les
bords, tiges arrondies, à rameaux nombreux étalés.
[Endroits incultes; fl. verdâtres; 5-35 c.; m.-j.; a.]

Theligonum Cynocrambe L.
Theligonum Cynocrambe.
Région méditerranéenne.

CANNABINÉES

☐ Tige *droite, non grimpante*; feuilles en éventail C, à limbe divisé presque jusqu'au pétiole.

1. CANNABIS → p. 284.
CHANVRE [1 esp.]

☐ Tige *grimpante, s'envoulant*; feuilles plus ou moins divisées H.

2. HUMULUS → p. 284.
HOUBLON [1 esp.]

1. CANNABIS. CHANVRE. — Fleurs staminées et pistillées sur des pieds différents; feuilles données; plante à odeur forte.
[Champs; fl. verdâtres; 5-20 d.; j.-s.; a.]

Cannabis sativa L.
Chanvre cultivé.
Cultivé et parfois subspontané. [S]

2. HUMULUS. HOUBLON. — Fleurs staminées et pistillées sur des pieds différents; fruits et sépales les avoisinant ayant des glandes
jaunes odorantes.
[Haies, bois; longueur variable; fl. verdâtres; jt.-s.; v.]

Humulus Lupulus L.
Houblon Lupulin.
Assez commun (et cultivé ou sub-
spontané). [S]

JUGLANDÉES

JUGLANS. NOYER. — Feuilles, alternes, composées de folioles séparées, sans poils, à odeur forte; fleurs staminées en épis pendants, serrées,
[Champs, haies, jardins; grand arbre; fl. verdâtres; av.-m.; v.]

Juglans regia L.
Noyer royal.
Cultivé. [S]

✠ Feuilles profondément divisées en lobes plus ou moins inégaux (fig. O, TZZ, ci-dessous).

✠ Feuilles poilues grisâtres ou poitres-blanches en dessous ....

✠ Feuilles terminées par une petite épine ou bordées de dents épineuses, plus ou moins coriaces [exemple : fig. COC, p. 286, en haut]..........

□ Feuilles n'ayant pas de petites dents aiguës régulièrement placées tout autour, souvent peu ou pas dentées F;

△ Feuilles sans poils lorsqu'elles sont tout à fait développées ; feuilles paraissant après les feuilles ; 1 à 3 fruits dans un involucre épineux..........

☒ Feuilles ayant régulièrement tout autour de petites dents aiguës.

△ Feuilles plus ou moins poilues; fleurs paraissant avec ou avant les feuilles; les involucre non épineux.

+ Fleurs paraissant avant les feuilles ; feuilles poilues à pétiole glanduleux; fruit entouré par un involucre à lobes verts et irréguliers..........

+ Fleurs paraissant avec les feuilles ; feuilles poilues sur les nervures, ovales B.

☐ un fruit dans un involucre d'une seule pièce, formé par un grand nombre de petites écailles soudées entre elles (fig. P, T, CR, PS, ci-dessous); fleurs terminées en épis pendants, peu serrées.

☐ fleurs staminées rapprochées en épis globuleux; 1 à 3 fruits dans un involucre à 4 feuilles épineuses..........

◇ Dessous de la feuille sans petites nervures en réseau CA ; involucre à 3 lobes CB..........

◇ Dessous de la feuille à petites nervures en réseau très visibles OST; involucre renflé OS..........

1. FAGUS. HÊTRE. — (→ Voyez fig. F, S, ci-dessus). Fleurs staminées à 8-12 étamines; stipules devenant brunes et pendantes; feuilles ciliées sur les bords dans leur jeunesse, minces et coriaces, d'un vert clair et brillant. [Bois, forêts; fl. jaunâtres, verdâtres ou blanchâtres; 3-35 m.; av.-m.; v.]

2. CASTANEA. CHÂTAIGNIER. — (→ Voyez fig. CV, ci-dessus). Fleurs staminées en épi allongé, 7 à 15 étamines par fleurs; feuilles ayant, en général, 15 à 20 nervures secondaires de chaque côté. [Bois, forêts; fl. jaunâtres; 5-30 m.; j.-jt.; v.]

3. QUERCUS. CHÊNE. —

§ Feuilles ne durant qu'une saison, tombant soit en automne, soit au printemps, divisées en lobes ou crénelées .....

§ Feuilles persistantes, restant vertes pendant 2 ou 3 ans, coriaces, entières ou à dents épineuses.....

(Feuilles développées n'ayant pas de poils en dessus. (Parfois feuilles sans poils en dessous et fruits pendants : Q. pedunculata, Ehrh.). Feuilles plus ou moins lobées O. [Bois; fl. jaunâtres; 6-45 m.; av.-m.; v.]

(Feuilles développées ayant en dessus des poils étoilés, velues-cotonneuses en dessous; feuilles lobées, souvent profondément. TZZ

★ Feuilles plus ou moins divisées CRR, coriaces et vertes sur les deux faces ; involucre à écailles toutes longues CR.

★ Feuilles dentées PSS, vertes en dessus et blanches en dessous, involucre à écailles supérieures plus longues PS. [Bois; fl. verdâtres ou jaunâtres; 4-20 m.; av.-m.; v.]

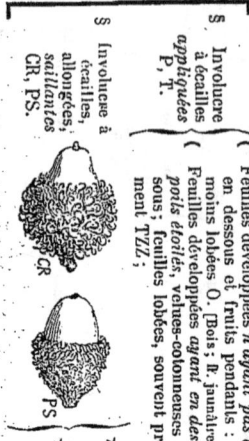

★ les deux faces ; involucre à écailles toutes longues CR. [Bois; fl. verdâtres ou jaunâtres; 4-25 m.; av.-m.; v.]

fruit allongé ou globuleux T. [Bois, haies; fl. jaunâtres; 4-30 m.; v.]

Série 1

§ Involucre à écailles appliquées P, T.

§ Involucre à écailles, allongées, saillantes CR, PS.

....1. FAGUS → p. 285.
HÊTRE [1 esp.].

...2. CASTANEA → p. 285.
CHÂTAIGNIER [1 esp.].

...4. CORYLUS → p. 286.
COUDRIER [1 esp.].

...5. CARPINUS → p. 286.
CHARME [1 esp.].

...6. OSTRYA → p. 286.
OSTRYA [1 esp.].

Fagus silvatica L.
Hêtre des bois (Fayard).
Commun, sauf dans la Région méditerranéenne et le Sud-Ouest. [S]

Castanea vulgaris Lam.
Châtaignier commun.
Commun ou cultivé çà et là. [S]

Série 1 → p. 285.
Série 2 → p. 286.

Quercus Cerris L.
Chêne chevelu.
Istria, Ouest, Provence (rare). [S]

Quercus Pseudo-Suber Rchb.
Chêne Faux-Liège.
Provence (rare).

Quercus Robur L.
Chêne Rouvre.
(Commun). [S]

Quercus Toxza Bosc.
Chêne Tauzin (Chêne angoumois),
Ouest, Sud-Ouest, Pyrénées (rare).

...3. QUERCUS → p. 285.
CHÊNE [7 esp.].

△ Feuilles velues, cotonneuses en dessous.

□ Arbre sans liège développé ; involucre à écailles appliquées IL ;

- feuilles à dents épineuses [et ayant] 12 à 20 nervures secondaires. [Endroits incultes, bois ; fl. verdâtres ou jaunâtres ; 2-18 m.; av.-m.; v.] **Quercus Ilex L.** Chêne Faux-Houx (Yeuse ; Chêne vert). Ouest, Midi et çà et là dans la vallée moyenne du Rhône.
- feuilles entières ou à dents épineuses, à 10-14 nervures secondaires. [Parfois fruits sur les rameaux de 2 ans O : Q. occidentalis Gay].[Bois; fl. jaunâtres ou verdâtres ; 4-20 m.; av.-j.; v.] **Quercus Suber L.** Chêne-Liège. Midi.

□ Arbre à liège très développé ; involucre à écailles supérieures plus longues et dressées ;

△ Feuilles vertes et sans poils sur les deux faces ; à dents épineuses, rarement entières ; fruits sur des pédoncules très courts CO, allongés ou presque globuleux CO. [Endroits secs ; fl. jaunâtres ; 0,50 c. à 7 m., av.-m. ; v] **Quercus coccifera L.** Chêne à cochenille. **Région méditerranéenne.**

4. **CORYLUS. COUDRIER.** — (→ Voyez fig. A, p. 286). Fleurs staminées à épis pendants, déjà formées avant l'hiver ; fleurs pistillées à styles rouges ; jeunes rameaux à poils glanduleux. [Bois, haies, coteaux ; fl. jaunâtres et rougeâtres ; 1-5 m.; jv.-av.; v.] **Corylus Avellana L.** Coudrier Noisetier. Commun, sauf dans la plaine méditerranéenne. [S]

5. **CARPINUS. CHARME.** — (→ Voyez fig. CA, CB, p. 285). Fleurs pistillées en grappes ; feuilles doublement dentées, assez régulièrement plissées, se déplissant à la fin, à nervures secondaires généralement non en fourche. [Bois, haies ; fl. verdâtres ou rougeâtres ; 5-30 m.; av.-m.; v.] **Carpinus Betulus L.** Charme Faux-Bouleau (Charmille). Commun, sauf dans l'Ouest et le Midi. [S]

6. **OSTRYA. OSTRYA.** — (→ Voyez fig. OST, OS, p. 285). Fleurs pistillées en épis serrés ; feuilles doublement dentées, devenant plates, à nervures secondaires parfois en fourche ; fruits en masse serrée. [Rochers ; fl. verdâtres ou blanchâtres ; 3-17 m.; m.-j.; v.] **Ostrya carpinifolia Scop.** Charme-Ostrya à feuilles de Charme. Provence (rare). [S]

△ 8 à 10 étamines AL.; bractées ordinairement dentées ou divisées AL, TR ; enveloppe florale entourant la base du pistil TR. ...... **2. POPULUS** → p. 289. PEUPLIER [3 esp.].

△ 1 à 3 étamines V, PU, T; bractées entières V, Cl; pas d'enveloppe florale.

SALICINÉES

1. **SALIX; SAULE.** —

⊙ Arbre à feuilles régulièrement et finement dentées tout autour, à jeunes rameaux lisses flexibles et effilés ; feuilles non ondulées ni crispées.

⊙ Arbre ou arbuste à tiges plus ou moins dressées et n'ayant pas les caractères précédents réunis.

⊙ Petite plante ligneuse rampante, à tiges souterraines, n'ayant dans l'air que des rameaux fleuris très courts.

⊕ Feuilles âgées lisses et luisantes ou comme polies en dessus (même lorsqu'il y a des poils), 2 étamines libres entre elles, ou 3 ou 5 étamines. .... **Série 1** → p. 287.

= Feuilles âgées à bords plus ou moins enroulés, faiblement ridées ou mates en dessous (si la feuille est velue, elle n'est pas luisante), 2 étamines plus ou moins soudées entre elles, parfois semblant ne former qu'une étamine. .... **Série 2** → p. 287.

⊕ Feuilles âgées à dents arrondies, ondulées irrégulièrement ou crispées. .... **Série 3** → p. 287.

⊕ Feuilles âgées entières ou presque pas dentées (parfois à quelques dents glanduleuses) ni ondulées ni crispées. .... **Série 4** → p. 288.

.... **Série 5** → p. 288.

.... **Série 6** → p. 288.

- **1. SALIX** → p. 286. SAULE [36 esp.].

Série 1

△ Rameaux *tout à fait pendants* ; fruit sans poils ; feuilles allongées, sans poils B:
[Endroits humides ; fl. jaunes ou vertes ; 4-30 m.; ms.-m.; v.]

⚭ Feuilles âgées *comme recouvertes d'un vernis* en dessus, sans aucun poil, très visqueuses lorsqu'elles sont jeunes. — 5 étamines, chatons à étamines pendantes PN.
[Endroits humides; fl. jaunâtres ou verdâtres ; 1-13 m; m.-j.; v.]

∷ Feuilles vertes où *un peu glauques en dessous*, finissant par être sans poils, (parfois rameaux très flexibles, rougeâtres, allongés ; *S. pendula* Ser. [Osier rouge].)
[Endroits humides; fl. jaunâtres ou verdâtres ; 9-13 m., av.-m., v.]

• Feuilles *plus ou moins blanches*, soyeuses surtout en dessous ; fruit sans poils AL.
[Endroits humides ; fl. jaunâtres ou verdâtres ; 4-25 m.; av.-m.; v.]

⬜ Rameaux *sans poussière glauque* ; épis peton-culés.

⚯ Feuilles âgées plus ou moins huisantes; feuilles jeunes non vis-queuses ; 2 ou 3 étamines.

≡ 3 étamines E; jeunes ra-meaux sans profondes can-nelures.
(Parfois ra-meaux luisants effilés et jaunâtres : *S. vitellina* L. [Osier jaune]. [Endroits humides ; fl. jaunâtres ou verdâtres ; 3-5 m.; av.-m., v.]

jeunes rameaux à *profondes canne-lures*, même aux nœuds ; stipules persistantes TR. [Endroits humides, fl. jaunâtres ou verdâtres; 1-7 m.; ms.-av.; v.]

Série 2

△ Rameaux *plus ou moins dressés.*

⚭ Feuilles âgées *cotonneuses* en dessous, enroulées par les bords IN; bourgeons et chatons non opposés;

≡ 3 étamines;

[Endroits frais, bord des eaux ; fl. jaunes ou vertes ; 5-14 m.; fév.-av.; v.]
feuilles *d'un vert foncé et mat* ou vertes ; 5-14 m.; fév.-av.; v.] [Bord des eaux.]

⬜ Feuilles âgées *sans poils*, lisses en dessus; bourgeons et chatons souvent presque opposés P ; étamines souvent soudées complètement PU.
[Bord des eaux.; fl. pourprés ou verdâtres ; 1-4 m.; ms.-av.; v.]

⚬ Feuilles 3 à 10 fois *plus longues que larges* VI, soyeuses en dessous, à nervures secondaires non saillantes ; pisti ou fruit poilu VM; bractées des épis brunes ou noirâtres.

⬤ Bourgeons *sans poils* ; feuilles plissées en long vers leur pointe. (Parfois arbuste ordinairement de moins de 3 m.; feuilles restant grises et poilues quand elles sont développées AU : *S. acutifo* L.)
[Haies, endroits humides, bois ; fl. jaunes ou vertes ; 1-12 m., ms.-av.; v.]

Série 3

⚬ Feuilles n'étant pas 8 à 10 fois plus longues que larges et avec les ner-vures secon-daires très saillantes.

⊕ Feuilles âgées cotonneuses en dessous.

⊙ Bourgeons *très velus* ainsi que leurs jeunes pousses CN; feuilles poilues grisâtres en dessous, rarement pliées en long vers leur pointe.
[Endroits humides, bois ; fl. jaunes ou vertes ; 2-8 m., ms-av.; v.]

⊕ Feuilles âgées non *cotonneuses* tn dessous ; fruit porté sur un pédoncule 5 à 7 fois plus long que la petite graine jaunâtre qui est à la base UR.
[Endroits incultes, bord des torrents ; 7-20 d.; m.-j.; v.]

Salix babylonica L.
Saule de Babylone (Saule pleureur)
Cultivé. [S]

Salix pentandra L.
Saule à 5 étamines (Saule Laurier),
Jura, Alpes; Centre (rare), *Plateau, Central.* [S]

Salix fragilis L.
Saule fragile.
Assez commun, sauf dans l'Ouest et le Midi. [S]

Salix alba L.
Saule blanc.
Commun. [S]

Salix triandra L.
Saule à 3 étamines.
Assez commun. [S]

Salix daphnoides Vill.:
Saule Faux-Daphné.
Alpes de la Savoie et du Dau-phiné; vallée du Rhône. [S]

Salix incana Schrank.
Saule drapé.
Jura, Alpes, Plateau, Central. [S]

Salix cinerea L:
Saule cendré.
Commun. [S]

Salix caprea L.
Saule des chèvres (Marsault),
Commun, sauf dans l'Ouest et le Midi. [S]

Salix purpurea L.
Saule pourpre (Osier rouge).
Commun, sauf dans le Nord et l'Ouest. [S]

Salix viminalis L.
Saule des vanniers (Osier blanc),
Commun, sauf dans le Midi. [S]

Salix grandifolia Ser.
Saule à grandes feuilles.
Jura, Alpes de la Savoie et du Dauphiné, Pyrénées. [S]

Série 4

☐ Bord des feuilles formant une sorte de bourrelet denté Ni;

feuilles noircissant très facilement quand on les dessèche; style ayant 4 à 6 fois la longueur de la petite glande qui est au bas de la fleur. [Endroits marécageux; fl. jaunes ou vertes; 1-3 d.; av.-m.; v.].

Salix nigricans Sm.
Saule noircissant. Vosges (rare); Jura, Alpes. [s]

△ Feuilles du même vert sur les deux faces, ovales MY; écailles des fleurs d'un pourpre noir;

anthères d'un bleu violet; feuilles brillantes. [Endroits tourbeux; fl. jaunâtres ou vertes; 1-4 d.; j.-jt.; v.].

Saule Faux-Myrte. Alpes, Pyrénées (H^les régions; rare).
Salix Myrsinites L.

△ Feuilles n'étant pas de la même couleur sur les 2 faces.

+ Fruit sans poils H;

slipules des forts rameaux grandes et développées. [Prés, rochers; fl. jaunes ou vertes, 4-20 d.; j.-jt.; v.].
Saule hasté. Alpes de la Savoie et du Dau- phiné, Pyrénées (rare). [s]
Salix hastata L.

+ Fruit poilu AR;

(Parfois écailles des fleurs devenant sans poils : **S. glabra** Scop.)
Saule arbuste.
Alpes de la Savoie et du Dau- phiné, Pyrénées (rare). [s]
Salix arbuscula L.

Série 5

☐ Bord des feuilles non en bourrelet denté.

slipules très petites ou non visibles. [Prés, rochers; fl. jaunâtres ou vertes; 3-15 d.; j.-at.; v.]

△ Rameaux grêles et effilés; feuilles ayant au-dessous de l'ouatre; épis arrondis ou peu allongés R. près 2 fois la longueur de la glande située au-dessous de l'ouatre; épis arrondis ou peu allongés R. [Prés, bois, marais; fl. jaunâtres ou vertes; 2-10 d.; av.-m.; v.].

style ayant à peu... Alpes de la Savoie et du Dau- phiné, Pyrénées (rare). [s]

○ Feuilles de- venant sans poils ou presque sans poils.

✻ Feuilles légèrement dentelées; anthères jaunes; fruits pédonculés PH. [Endroits humides; fl. jaunes ou vertes; 6-12 d.; av.-m.; v.].
Saule rampant.
Salix repens L.

✻ Feuilles sans aucune dent; anthères violacées; fruits sans pédoncules CÆ. [Prés, rochers; fl. jaunes, vertes ou violacées; 3-12 d.; jt.-at.; v.].
(sauf Alpes méridiona- les) et çà et là dans le N., le Cent., l'O.
Saule Montaignes.
Salix phylicifolia L. Nord du Plateau Cent., Pyrénées (rare).

○ Feuilles cotonneuses-citées sur les bords PY, devenant glauques en dessous;

anthères jaunes, devenant bruns. [Prés, rochers; fl. jaunes ou vertes; 2-5 d.; j.-jt.; v.].
Saule à feuilles de Phylica.
Salix caesia Vill. Alpes de Sav. et du Dauphiné.

○ Feuilles res- tant poi- lues.

+ Feuilles âgées plus ou moins blanches, co- tonneuses, au moins en des- sous.

✕ En apparence 4 stigmates GL;
mol. [Prés, rochers; fl. jaunâtres ou vertes; 3-7 d.; j.-jt.; v.].
Saule bleudtre. Alpes de Sav. et du Dauphiné.
Salix pyrenaica Gouan. Saule des Pyrénées. Pyrénées (H^les régions).

✕ 2 stigmates LA;

anthères "jaunes"; feuilles souvent recourbées au sommet. [Endroits humides; pâturages; fl. jaunâtres ou vertes; 2-6 d.; m.-j.; v.].
Saule glauque. Alpes de Sav. et du Dauphiné. [s]
Salix glauca L.

Série 6

⊕ Feuilles en spatule ou ovales allongées RS; vert foncé en dessus et vert clair en dessous;

feuilles presque sans pédoncule. [Prés, rochers; fl. jaunes, vertes ou rougeâtres; 1-3 d.; j.-at.; v.]
Saule des Lapons. Alpes de Sav. et du Dauphiné. [s]
Salix Lapponum L.

⊕ Feuilles rondes RC, HE.

= Feuilles glauques et argentées en dessous, d'abord poi- lues, à pétiole assez long RC. [Prés, rochers; fl. jaunâtres, bru- nâtres ou vertes; 1-2 d.; m.-j.; v.].
Saule émousse. Jura, Alpes, Pyrénées. [s]
Salix retusa L.

= Feuilles vertes et luisantes sur les 2 faces, toujours sans poils, presque sans pétiole HE. [Prés; rochers; fl. jaunâtres ou vertes; 3-10 c.; j.-jt.; v.].
Saule à réseau. Jura (rare); Alpes, Pyrénées, H^tes régions. [s]
Salix reticulata L.

Saule herbacé. Alpes, Auvergne (Mt-Dore), Pyré- nées (H^tes régions; rare). [s]
Salix herbacea L. Pyré-

2. POPULUS. PEUPLIER. —

□ Bractées des fleurs sans poils NI; fleurs staminées à 12 étamines ou plus; feuilles finement dentées, terminées par une pointe sans dents N.
[Endroits humides, bois, planté; fl. rougeâtres; 10-30 m.; ms.-av.; r.]

(Parfois rameaux dressés contre la tige : P. *pyramidalis* Rozier, Peuplier d'Italie.)

Populus nigra *L.* (Peuplier noir). Commun. [S]

□ Bractées des fleurs poilues; feuilles ir-régulièrement ou profondément den-tées ou divisées.

△ Bourgeons secs, poilus; feuilles colonneuses en dessous, blanches ou grises, per-dant parfois leurs poils à la fin de l'été; feuilles divisées en lobes A.(Parfois seu-lement dentées CN et à pétiole plat : P. *canescens* Sm. (Grisard).)
[Bord des eaux, bois, planté; fl. verdâtres; 10-30 m.; ms.-av.; v.]

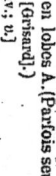

Populus alba *L.* Peuplier blanc (Peuplier blanc). Commun. [S]

△ Bourgeons *visqueux*, à écailles ciliées; feuilles T[sans poils ou un peu poilues en dessous jeunes poussés ni blanches, ni cendrées.
[Bois, haies; fl. grisâtres; 5-25 m.; ms.-av.; v.]

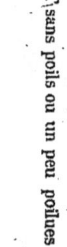

Populus Tremula *L.* Peuplier Tremble (Tremble). Assez commun. [S]

⊙ Épis des fleurs pistillées *pendants* [exemple : Bj], isolés, à écailles à la fin membraneuses...............

PLATANÉES

Platanus vulgaris *Spach.* Platane vulgaire, Planté. [S]

PLATANUS. PLATANE. — Feuilles à 3-7 divisions, dentées, poilues en dessous sur les nervures. (Tantôt feuilles divisées jusqu'à la moitié du limbe et écorce se détachant par larges plaques irrégulières : P. *orientalis* L.; tantôt feuilles moins divisées et écorce se détachant par pe-tites plaques, souvent de moins de 10 c. de largeur : P. *occidentalis* L.)
[Planté; fl. jaunâtres ou verdâtres; 10-40 m.; av.-m.; v.]

⊙ Épis des fleurs pistillées *dressés* [exemple : Gj], réunis par groupes, à écailles à la fin épaissies..............

BÉTULINÉES

1. BETULA. BOULEAU. —
Arbre à feuilles ordinairement pointues BA, P; écorce blanche lorsque l'arbre est assez âgé.

(Parfois feuilles dont la plus grande largeur est vers le milieu et jeunes rameaux poilus : B. *pubescens* Ehrh.)
[Bois; fl. jaunâtres ou verdâtres; 2-25 m.; av.-m.; v.]

..... 1. BETULA → p. 289. BOULEAU [1 esp.].

Betula alba *L.* Bouleau blanc. *Montagnes et assez commun ail-leurs*, sauf dans le Midi. [S]

(Très rarement petit arbrisseau à feuilles arrondies N; et feuilles ordinairement de moins de 1 c. de longueur; écorce d'un pour-pre noirâtre : B. *nana* L. [Jura].)

2. ALNUS. AUNE. —
❊ Épis staminés *non réunis aux épis pistillés*; fruit entouré d'une aile membraneuse V; feuilles poilues sur les nervures, à petites dents irrégu-lières Vj.
[Endroits humides; fl. verdâtres ou rougeâtres; 1-5 m.; av.-j.; r.]

..... 2. ALNUS → p. 289. AUNE [3 esp.]

Alnus viridis *DC.* Aune vert. Alpes. [S]

❊ Épis staminés *mêlés aux épis pistil-lés*; fruit à aile *coriacée et opaque.*

= Feuilles *vertes et peu poilues en dessous*, à 5-9 paires de nervures secondaires, en général AG; obtuses, comme coupées au sommet ou échan-crées, peu poilues en dessous.
[Endroits humides; fl. verdâtres ou rougeâtres; 2-30 m.; f.-ms.; v.]

Alnus glutinosa *Gærtn.* Aune glutineux (Verne). Commun. [S]

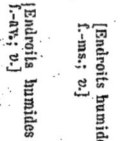

= Feuilles ordinairement *grises ou blanchâtres* en dessous et plus ou moins velutes-colonneuses, à 9-15 paires de nervures secondaires, en géné-ral; ordinairement, la plupart des feuilles aiguës au sommet.
[Endroits humides; fl. verdâtres ou rougeâtres; 1-4 m.; -av.; v.]

Alnus incana *DC.* Aune blanchâtre. *Jura, Alpes*; descend le long des val-lées. [S]

Populus alba *L.* Peuplier blanc (Peuplier blanc). Commun. [S]

Populus Tremula *L.* Peuplier Tremble (Tremble). Assez commun. [S]

MYRICÉES

MYRICA. M'RICA. — Arbrisseau odorant à fleurs staminées et pistillées ordinairement sur des plantes différentes.
[Endroits humides, bois; fl. verdâtres ou jaunâtres; 3-12 d.; av.-m.; v.]

Myrica Gale L.
Myrica Galé (Piment royal).
Nord, Centre (rare); Ouest, Sud.
Ouest.

ALISMACÉES

△ Étamines *nombreuses*; feuilles ordinairement en flèche S; fleurs les unes à étamines, les autres à pistil.............. **3. SAGITTARIA** → p. 290. SAGITTAIRE [1 esp.].

△ *6 étamines*:
  = Carpelles ordinairement nombreux, *libres entre eux* P, R. .... **1. ALISMA** → p. 290. ALISMA [4 esp.].
  = Carpelles 5-8, en étoile D; *soudés entre eux par la base*. .... **2. DAMASONIUM** → p. 290. DAMASONIUM [1 esp.].

1. ALISMA. ALISMA. —

⊙ Plante ordinairement nageante et à tiges submergées N; *6 à 15 carpelles*;
  + Carpelles *de forme pointue*, disposés en tête B; .... feuilles, les unes étroites et allongées, les autres ovales. [Mares, ruisseau; fl. blanches; longueur variable; j.-s.; v.]
    Alisma natans L.
    Alisma nageante.
    Centre, Ouest; rare ou manque ailleurs.

⊙ Plante *n'ayant pas ces caractères*:
  + Carpelles de forme *arrondie* PA, indépendamment du style; tiges à fleurs nombreuses; Pl.
    ⤳ Carpelles mûrs à 3 côtes et à style allongé PA; .... feuilles peu aiguës, en cœur renversé PAR. [Marais; fl. blanches; 2-6 d.; at.-s.; v.]
      Alisma ranunculoides L.
      Alisma Fausse-Renoncule.
      Ouest et çà et là.[S]
    ⤳ Carpelles mûrs non cuidum Michalet.) [Fossés, marais, rivières; fl. roses ou blanches; 2-10 d.; j.-s.; v.]
      feuilles de formes très variables; (Parfois inflorescence à rameaux recourbés: *A. arcuatum* Michalet.) [Fossés, marais, rivières; fl. roses ou blanches; 2-10 d.; j.-s.; v.]
      Alisma parnassifolium L.
      Alisma à feuilles de Parnassie.
      Départements de l'Indre, de l'Ain, de la Savoie et de l'Isère (très rare).
      Alisma Plantago L.
      Alisma Plantain (Plantain d'eau).
      Commun.[S]

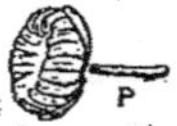

feuilles des fleurs peu nombreux partant du même point ou groupés en deux sortes d'ombelles superposées. [Mares, ruisseau; fl. d'un blanc rosé; 1-5 d.; j.-s.; v.]

2. DAMASONIUM. DAMASONIUM. — (→ Voyez fig. D, ci-dessus). Tiges plus ou moins écartées les unes des autres; feuilles toutes à la base et à 3 nervures principales. [Fossés, marais; fl. rosées ou blanches; 5-40 c.; j.-s.; v.]
Damasonium stellatum Rich.
Damasonium en étoile.
Ouest et çà et là.

3. SAGITTARIA. SAGITTAIRE. — (→ Voyez fig. S, ci-dessus). Feuilles, les unes en flèche, les autres, en cœur et nageantes ou en rubans et submergées; carpelles nombreux, libres entre eux, en tête; tige de longueur variable. [Marais, étang, rivières; fl. blanches, pourprées au centre; longueur variable; j.-at.; v.]
Sagittaria sagittaefolia L.
Sagittaire à feuilles en flèche (Fléchière).
Commun, sauf dans le Plateau Central et le Midi.[S]

BUTOMÉES

BUTOMUS. BUTOME. — Feuilles allongées et étroites; pistil à 6 carpelles; fleurs roses. [Bord des eaux, marais, rivières; fl. d'un rose lilas; 6-10 d.; j.-at.; v.]
Butomus umbellatus L.
Butome en ombelle (Jonc fleuri).
Assez commun.[S]

• Étamines à anthères non dressées, plus courtes que le filet (exemple : CL).

• Étamines à anthères dressées, aussi longues que le filet M ; fleurs à pétales étroits ME.

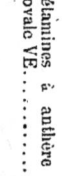

△ 3 styles libres entre eux.

△ Styles soudés en un seul, presque jusqu'au sommet V;

＋ Fleurs ayant une sorte de calicule en dessous TO; fleurs en grappe serrée T.....................

＋ Fleurs n'ayant pas de calicule; fleurs en grappe composée, allongée ALB.....................

□ Fleurs non en grappes, à grappes, à très long tube étroit; plantes bulbeuses.

□ Fleurs en grappes, non à long tube étroit; plante sans bulbe.

1. BULBOCODIUM. BULBOCODIUM. — (→ Voyez fig. V, VE, ci-dessus).
Fleurs à divisions obtuses ayant environ deux fois la longueur des étamines; d'une gaine membraneuse, isolées ou groupées par 2 ou 3.
[Pâturages; fl. d'un lilas pourpré; 5-30 c.; ms.-av.; v.]

2. MÉRENDÉRA. MÉRENDÉRA. — (→ Voyez fig. M, ME, ci-dessus).
Fleurs sans feuilles développées à la base, les fleurs paraissant au printemps suivant, avec les fruits; bulbe de moins de 3 c. de longueur. (Rarement feuilles de 1 à 4 mm. de largeur et pétales presque obtus: **M. filifolia** Cambess.).
[Pâturages; fl. roses; 5-15 c.; al.-s.; v.]

3. COLCHICUM. COLCHIQUE. —

△ Stigmates très recourbés et prolongés sur le style AU; et 3 étamines attachées plus haut que les 3 autres;

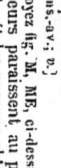

AU — fleurs isolées ou souvent par 2 ou 3.
[Prés; fl. roses ou un peu lilacées; 6-30 c.; al.-o.; v.]

△ Stigmates recourbés et prolongés sur le style AR;

AR — fruit entouré en général par 3 feuilles, mûrissant au printemps suivant.
[Endroits secs; fl. roses; 8-30 c.; s.-n.; v.]

○ Stigmates presque pas recourbés ni prolongés AU; ordinairement plus courts que les étamines.

4b — fruit entouré par 2 feuilles et mûrissant pendant l'année.
[Pâturages, prés; fl. roses; 5-15 c.; jl.-at.; v.]

4. VERATRUM. VÉRÂTRE. —
Bractées vertes dépassant souvent les fleurs ALB.

5. TOFIELDA. TOFIELDIE. — (→ Voyez fig. TO, T, ci-dessus).
Feuilles étroites et allongées, celles de la base les plus grandes; fruit globuleux entouré par le calice et la corolle qui persistent.
[Endroits humides; fl. jaunes ou jaunâtres; 7-20 c.; jl.-at.; v.]

Bractées vertes dépassant souvent les fleurs ALB. [Pâturages; fl. verdâtres ou blanchâtres; 5-15 d.; j.-at.; v.] 77'9, p. 393.

étamines à anthère ovale VE.....................

étamines à anthère ME

• ...3. COLCHICUM → p. 291. COLCHIQUE [3 esp.].

• ...2. MÉRENDÉRA → p. 291. MÉRENDÉRA [1 esp.].

• ...1. BULBOCODIUM → p. 291 BULBOCODIUM [1 esp.].

...5. TOFIELDA → p. 291. TOFIELDIE [1 esp.].

...4. VERATRUM → p. 291. VÉRÂTRE [1 esp.].

Bulbocodium vernum L.
Bulbocodium du printemps.
Alpes (Hautes régions; rare). [S]

Mérendéra Bulbocodium Ram.
Mérendéra Faux-Bulbocodium.
Pyrénées Centrales; Dép. des Bouches-du-Rhône (très rare).

Colchicum autumnale L.
Colchique d'automne.
Communes, sauf dans les Pyrénées et la Région méditerranéene. [S]

Colchicum arenarium W. et K.
Colchique des sables.
Région méditerranéenne.

Colchicum alpinum DC.
Colchique des Alpes.
Alpes (Hautes régions; rare). [S]

Veratrum album L.
Vératre blanc (Ellébore blanc).
Montagnes. [S]

Tofielda calyculata Wlbg.
Tofieldie à calicule.
Jura, Alpes, Pyrénées. [S]

LILIACÉES

1ᵉʳ GROUPE :

= Tige ayant un bulbe à la base.
  - **⊕ Fleurs à divisions soudées entre elles jusqu'au milieu ou jusqu'au delà du milieu.**
    - **⊕ Fleurs à divisions libres entre elles ou soudées seulement à la base.**
      - ☆ Fleurs isolées ou en ombelle ou en capitule .... **1ᵉʳ GROUPE →** p. 292.
      - ☆ Fleurs en grappe ou en corymbe .... **2ᵉ GROUPE →** p. 292.

= Tige sans bulbe à la base.
  - **(Plante herbacée, non grimpante.**
    - **⊕ 6 étamines ; fleurs à 6 divisions.**
      - ✱ Fleurs à divisions libres entre elles ou soudées jusqu'à moins de la moitié .... **3ᵉ GROUPE →** p. 293.
      - ✱ Fleurs à divisions soudées entre elles jusqu'à plus de la moitié, en forme de grelot ou de tube. .... **4ᵉ GROUPE →** p. 293.
    - **⊕ 4 ou 8 étamines, rarement 10 ; fleurs à 4 ou 8 divisions, rarement 10.** .... **5ᵉ GROUPE →** p. 294.
  - **(Plante ligneuse ; petit arbrisseau dressé ou grimpant** .... **6ᵉ GROUPE →** p. 294.
  - .... **7ᵉ GROUPE →** p. 294.

1ᵉʳ GROUPE :

☆ **Fleurs en cloche, à 6 dents courtes [ex. : M] ;**

sépales et pétales presque complètement réunis. .... **15. MUSCARI →** p. 300. *MUSCARI* [2 esp.].

☆ **Fleurs en tube ou en entonnoir O, A, R.**
  - □ Bractées aussi longues ou plus longues que le pédoncule A.

  - △ Fleur à divisions allongées et étalées O. .... **13. HYACINTHUS →** p. 300. *JACINTHE* [2 esp.].

  - □ Bractées beaucoup plus courtes que le pédoncule O, T, R.

  - △ Fleur à divisions allongées et étalées O. .... **14. BELLEVALIA →** p. 300. *BELLEVALIA* [2 esp.].

  - △ Fleur à divisions dressées ou courtes T, R.

2ᵉ GROUPE :

☆ **Fleurs en ombelle ou en presque en capitule.**
  - **⊕ Fleurs n'étant pas à la fois jaunes avec des bandes vertes et de 8 à 12 mm. de longueur.** .... **10. ALLIUM →** p. 297. *AIL* [31 esp.].
  - **⊕ Fleurs étant à la fois jaunes avec des bandes vertes et ayant 8 à 12 mm. de longueur.** .... Voyez **9. Gagea,** p. 296.

  - **= Fleurs jaunes ou d'un jaune mêlé de vert où :**
    - **⊕ Pas de feuilles entre celles de la base et celles qui sont au-dessous des fleurs ; fleurs de moins de 12 c. de longueur.** .... Voyez **3. Lilium,** p. 295.
    - **⊕ Feuilles nombreuses tout le long de la tige ; fleur de plus de 4 c. de longueur.**

  - Fleurs brunes ou d'un brun pourpré, à divisions portant chacune en dedans une fossette nectarifère ; fleur d'abord retombante [ex. : F]. .... **2. FRITILLARIA →** p. 295. *FRITILLAIRE* [2 esp.].

☆ **Fleurs isolées.**
  - **✻ Un style allongé.**
    - **= Fleurs blanches à nervures rosées, ou bleuchâtres ou violettes.** .... ✕ Fleurs de moins de 12 mm. de longueur, à divisions dressées. .... **4. LLOYDIA →** p. 295. *LOÏDIE* [1 esp.].
    - ✕ Fleurs blanches ou d'un jaune mêlé de vert où :
      - ✕ Fleurs de plus de 20 mm. de longueur à divisions renversées ER. .... **11. ERYTHRONIUM →** p. 300. *ERYTHRONE* [1 esp.].

  - **✻ Pas de style ;** anthères attachées aux filets par leur base ; fleur plus ou moins en cloche [ex. : T]. .... **1. TULIPA →** p. 294. *TULIPE* [5 esp.].

21

3° GROUPE :

§ Fleurs d'une longueur totale de 30 à 80 mm.; anthères attachées au filet par leur face interne et un peu au-dessus de leur base..........**3. LILIUM → p. 295.** *LIS* [4 esp.].

(Étamines soudées chacune avec le sépale ou le pétale opposé et sépales libres entre eux jusqu'à la base E;

§ Fleurs de moins de 30 mm. de longueur.

(Fleurs ne présentant pas à la fois ces deux caractères; anthères attachées au filet par leur dos.

⊙ Fleurs bleues, violettes ou d'un jaune orangé, rarement blanches.

(Fleurs d'un jaune orangé; divisions de la fleur soudées environ jusqu'au quart de la longueur de la fleur UR... **...5. UROPETALUM → p. 295.** *UROPÉTALE* [1 esp.].

* Fleurs bleues, violettes ou roses ; divisions de la fleur étalées dès la base...**7.**

fleurs devenant retombantes, en grappe N............**..12. ENDYMION → p. 300.** *ENDYMION* [1 esp.].

...**7. SCILLA → p. 295.** *SCILLE* [6 esp.].

⊙ Fleurs jaunes à bandes vertes ou blanches à bandes vertes ou blanchâtres ou verdâtres.

⊕ Feuilles de 3 à 7 c. de longueur, se développant bien avant les fleurs; bulbe de 7 à 15 c. de diamètre; fleurs en grappe très allongée UG.

• Tige portant seulement 2 feuilles à une certaine hauteur au-dessus de la base. → Voyez 7. Scilla, p. 295.
• Plante n'ayant pas ce caractère. → **8.**

...**6. URGINEA → p. 295.** *URGINÉE* [1 esp.].

⊕ Plante n'ayant pas ces caractères.

⊕ Fleurs blanches, jaunâtres ou d'un jaune pâle, anthères attachées au filet par le dos OU....**8. ORNITHOGALUM → p. 296.** *ORNITHOGALE* [4 esp.].

⊕ Fleurs jaunes ; étamines à anthères attachées au filet par la base GG....**9. GAGEA → p. 296.** *GAGÉA* [4 esp.].

4° GROUPE :

⊞ Fleurs de plus de 3 centimè-tres de lon-gueur.

□ Fleurs jaunâtres, avec bandes vertes; étamines très velues N; fleurs en grappe NA, à divisions s'étalant en étoile.........**..19. NARTHECIUM → p. 301.** *NARTHÉCIUM* [1 esp.].

□ Fleurs jaunes, à divisions soudées à la base en un tube étroit HE; étamines soudées à la division de la fleur..**16. HEMEROCALLIS → p. 300.** *HÉMÉROCALLE* [2 esp.].

□ Fleurs blanches, à divisions libres PA; étamines non soudées aux divisions de la fleur....**17. PARADISIA → p. 300.** *PARADISIE* [1 esp.].

⊞ Fleurs de moins de 3 centi-mètres de lon-gueur.

△ Tiges feuillées; fleurs à divisions recourbées ST....**23. STREPTOPUS → p. 301.** *STREPTOPE* [1 esp.].

△ Fleurs blan-ches ou vei-nées de brun, ou vio-lacées ou roses.

△ Tiges sans feuilles n'ayant que quelques gaines à la base; fleur à divisions dressées AP....**21. APHYLLANTHES → p. 301.** *APHYLLANTE* [1 esp.].

+ Fleurs isolées ou par deux.

+ Fleurs en grappes.

= Tige principale au-dessous des fleurs inférieures, ayant plus de 3 mm. de diamètre, en général; fleurs serrées et nombreuses le long de la tige ou des rameaux AS....**20. ASPHODELUS → p. 301.** *ASPHODÈLE* [2 esp.].

= Tige principale au-dessous des rameaux inférieurs, ayant moins de 3 mm. de diamètre, en général; fleurs non serrées le long de la tige ou des rameaux....**18. PHALANGIUM → p. 301.** *PHALANGIUM* [3 esp.].

5e GROUPE:

⊕ Feuilles réduites à des écailles membraneuses ou à des épines; nombreux petits rameaux verts remplaçant les feuilles [exemples : S, AS].

⊕ Feuilles développées.

  ⊞ Fleurs en grelot C; feuilles à la base de la plante........................ **25. CONVALLARIA →** p. 302. *MUGUET* [1 esp.].

  ✖ Fleurs en tube; feuilles tout le long de la tige......................... **24. POLYGONATUM →** p. 301. *POLYGONATUM* [2 esp.].

.... **27. ASPARAGUS →** p. 302. *ASPERGE* [4 esp.].

6e GROUPE :

  □ 4 étamines (rarement 10); 8 divisions à la fleur (rarement 5), en haut de la tige PA .... **22. PARIS →** p. 301. *PARISETTE* [1 esp.].

  □ 4 étamines, 4 divisions à la fleur; deux feuilles vers le haut de la tige M .... **26. MAIANTHEMUM →** p. 302. *MAIANTHÈME* [1 esp.].

7e GROUPE :

△ Plante grimpante SM; feuilles en cœur à la base.

  + Rameaux aplatis comme des feuilles et portant sur leur partie plate les fleurs ou les fruits R, HY .... **28. RUSCUS →** p. 302. *FRAGON* [2 esp.].

  + Rameaux fins et verts, groupés AC. → Voyez **27. Asparagus**, p. 302. .... **29. SMILAX →** p. 302. *SMILAX* [1 esp.].

△ Plante dressée.

1. TULIPA. TULIPE. —

⤴ Fleurs *roses ou rouges* passant quelquefois au jaune pâle; étamines à filets sans poils ou presque sans poils.

  O Sépales et pétales blancs à l'intérieur; sépales rosés à l'extérieur; étamines ayant presque deux fois la longueur de l'ovaire. [Endroits incultes, champs; fl. rosées; 2-5 d.; av.-m.; v.] ...... *Tulipa Clusiana* DC. *Tulipe de l'Écluse.* **Midi** (rare).

  O Sépales et pétales tous les six aigus OS; fleur ordinairement dépassée par les feuilles. [Endroits incultes; fl. rouges; 2-5 d.; av.-m.; v.] ...... *Tulipa Oculus-Solis* St-Am. *Tulipe Œil-du-Soleil.* **Midi** (rare).

  ⊕ Sépales et pétales non blancs en dedans.

    ⊕ Sépales *aigus et pétales obtus* PR; fleur ordinairement dépassant les feuilles. [Parfois stigmates plus larges que la largeur de l'ovaire : **T. Dédieri, Jord.**] [Endroits incultes; fl. rouges ou rougeâtres; 2-5 d.; av.-m.; v.] ...... *Tulipa praecox* Ten. *Tulipe précoce.* **Sud-Est, Région méditerranéenne** (rare). [S]

⤴ Fleurs *jaunes* ou jaunes teintées de rose en dehors; étamines à filets rose en dehors; étamines à filets sans poils ou presque sans poils.

  = Fleurs *jaunes*, penchées avant la floraison; fruit bien plus long que large Sl. [Champs, bois, coteaux; fl. jaunes; 5-6 d.; av.-m.; v.] ...... *Tulipa silvestris* L. *Tulipe sauvage.* **Rare.** [S]

  = Fleurs jaunes *teintées de rose en dehors*, dressées avant la floraison; fruit presque aussi large que long CE. [Endroits incultes; fl. jaunes mêlées de rose; 2-4 d.; av.-m.; v.] ...... *Tulipa Celsiana* DC. *Tulipe de Celse.* **Sud-Est, Cévennes, Ouest, Région méditerranéenne** (rare). [S]

2. FRITILLARIA. FRITILLAIRE. —

§ Feuilles *pour* la plupart opposées et 2 ou 3 feuilles au-dessous de la fleur 1;

§§ Feuilles *toutes* ou presque toutes alternes

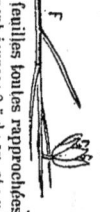

⊙ F, D (très rarement une seule paire opposée). (Parfois fruit allongé PY et pétales plus grands et plus larges que les sépales ; F. *pyrenaica* L. ; parfois feuilles toutes rapprochées de la fleur D et pétales arrondis au sommet : *F. delphinensis* Gren.)
[Prés, bois ; fl. brunâtres ou pourprées, rarement jaunes ; 2-5 d.; av.-nt.; v.]

style divisé en trois ; [Prés, bois ; fl. brunes mêlées de rose et de jaunâtre;

Fritillaria involucrata All.
Fritillaire à involucre.
Provence.

Fritillaria Meleagris L.
Fritillaire Pintade (Cocegrole).
Sud- Est, *Centre*, *Ouest*, *Sud-*
Ouest ; très rare ailleurs. [S]

Fritillaria croceum Chaix.
Lis Faux-Safran.
Jura, Alpes.

3. LILIUM. LIS. —

⊙ Fleurs *dressées*, en entonnoir CR, d'un beau jaune orangé;

pédoncules *velus*; tiges rudes vers le bas; feuilles nombreuses et rapprochées les unes des autres.
[Prés, rochers ; 3-8 d.; j.-jt.; v.] **798**, p. 393.

Lilium croceum Chaix.
Lis Faux-Safran.
Jura, Alpes.

⊙ Fleurs *penchées*

★ Fleurs *roses* tachetées de pourpre; style assez mince M; feuilles inférieures verticillées;

fleurs éloignées des feuilles. [Prés, bois ; 4-12 d.;

Lilium Martagon L.
Lis Martagon.
Montagnes, *Côte-d'Or*; *Est* [S]

à divisions roulées en dehors M, PY, PO.

★ Fleurs *jaunes*; style épais PY; feuilles non verticillées;

fleurs entourées de feuilles. [Prés, bois ; 4-8 d.; j.-jt.; v]

Lilium pyrenaicum Gouan.
Lis des Pyrénées.
Est, *Pyrénées*.

★ Fleurs *d'un rouge vif*; style mince PO;

fleurs éloignées des feuilles. [Endroits incultes, bois ; 2-6 d.; m.-j.; v.]

Lilium Pomponium L.
Lis de l'ampone (Lis turban).
Provence (rare).

4. LLOYDIA. LOÏDIE. — (→ Voyez fig. LL, p. 293).

★ Fleurs *roses* tachetées... fleurs jaunâtres à la base et à stries roses; tige plus courte ou à peine plus longue que les feuilles; bulbe de moins de 10 mm. de largeur. [Prés, rochers ; fl. blanches à base jaunâtre; 5-12 c.; jt.; v.]

Lloydia serotina Rchb.
Loïdie tardive.
Alpes (H[tes] régions). [S]

5. UROPETALUM. UROPÉTALE. — (→ Voyez fig. UP, p. 293). Fleurs par 9 à 12; filets des étamines plus courts que les anthères; feuilles étroites plus courtes que la tige. [Endroits incultes; fl. jaunes ou orangées; 1-3 d.; jt-a.; v.]

Uropetalum serotinum Gawl.
Uropétale tardif.
Région méditerr., *Pyrénées* (rare).

6. URGINEA. URGINÉE. — (→ Voyez fig. UG, p. 293). Grappe de fleurs ayant 25 à 65 centimètres; sépales et pétales obtus et un peu poilus au sommet. [Endroits incultes, rochers ; fl. blanches ou verdâtres; 10-16 d.; at.-o.; v.]

Urginea Scilla Steinh.
Urginée Fausse-Scille.
Provence (très rare)

7. SCILLA. SCILLE. —

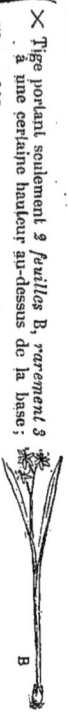

⊕ Tige portant seulement 2 *feuilles* B, rarement 3 à une certaine hauteur au-dessus de la base;

tige dépassant peu les feuilles qui sont en capuchon au sommet.
[Bois, prés ; fl. bleues, violettes, parfois blanches; 5-20 c.; av.-m.; v.]

Scilla bifolia L.
Scille à 2 feuilles.
Est, *Sud-Est*, *Centre*, *Plateau Central*; très rare ailleurs. [S]

⊕ Bractées *très courtes* ou non développées.

⊙ Feuilles *de moins de 4 mm.* de largeur ; bractées non développées;

fleurs beaucoup plus courtes que la tige A. [Prés secs, bois ; fl. violettes ;1-3 d.;

Scilla autumnalis L.
Scille d'automne.
Sud-Est, *Centre*, *Plateau Central*, *Nord-Est*, *Ouest*, *M[di]t.*

⊙ Feuilles de 1 à 2 c. de largeur; bractées très courtes; fleurs en grappe très allongée à trois pédoncules 3 à 4 fois plus longs que les fleurs épanouies.
[Endroits incultes ; fl. d'un bleu gris ; 6-8 d.; av.-m.; v.]

Scilla hyacinthoïdes L.
Scille Fausse-Jacinthe.
Provence (rare).

⊕ Bractées *longues*, plus de la moitié du pédoncule, en général. (→ *Voir la suite à la page suivante*).

Suite de l'analyse des Scilla :

□ Deux bractées par pédoncule I ;

feuilles ne dépassant pas la tige et ayant 5-9 mm. de largeur. [Endroits incultes ; fl. bleuâtres ;
1-3 d. ; av.-m. ; v.]

Scilla italica *L.*
Scilla d'Italie (Jacinthe des jardiniers).
Provence (rare). [S]

□ Une bractée par pédoncule.

△ feuilles ayant 2 à 6 mm. de largeur, en général
[exemple : V] ; fleurs en corymbe.
[Prés, endroits incultes ; fl. bleues ou violacées ; 1-3 d. ; av.-m. ; v.]

Scilla verna *Huds.*
Scille printanière.
Centre (très rare) ; *Ouest*, *Sud-Ouest*, *Pyrénées.*

△ feuilles ayant 8 à 20 mm. de largeur, en général
[exemple : LH] ; fleurs en grappe.
[Prés, endroits incultes ; fl. bleues ou violacées ; 2-4 d. ;
av.-m. ; v.]

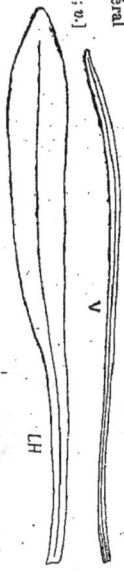

Scilla Lilio-Hyacinthus *L.*
Scille Lis-Jacinthe.
Plateau Central, Pyrénées, Sud-Ouest.

8. ORNITHOGALUM. *ORNITHOGALE.* —

✠ Fleurs en
grappe
[exemple :
PY].

△ Pétales ou sépales de 5 à 6 mm. de largeur ; étamines
à filets ayant 2 pointes au sommet NT ;

feuilles, en général, égalant ou dépassant la tige.
[Endroits incultes ; fl. blanches et vertes ; 2-6 d. ;
ms.-av. ; v.]

Ornithogalum nutans *L.*
Ornithogale penché.
Rare (manque dans l'Ouest et presque
tout le Midi). [S]

△ Pétales ou sépales de 1 à 3 mm. de largeur ; feuilles plus courtes que la tige ; étamines à
filets entiers, au sommet. (Parfois fleurs très blanches et pédoncules étalés pendant la
floraison : *O. narbonense* L.)
[Bois, endroits arides ; fl. jaunâtres ou blanchâtres, à bandes vertes ; 3-10 d. ; m.-j. ; v.]

bractées très élargies à la base (8 à 13 mm.).
[Endroits incultes ; fl. blanches ou jaunâtres ; 2-3 d. ;
av.-m. ; v.]

Ornithogalum arabicum *L.*
Ornithogale d'Arabie.
Provence (très rare).

✠ Fleurs en corymbe
[exemples : U, D].

○ Sépales pointus au sommet U, D ;
bractées non élargies à la base
(2-6 mm.). (Parfois pédoncules toujours dressés : *O. tenuifolium.*
Guss.).

(Parfois fleurs très étalées D,
renversées après la floraison :
O. divergens Bor.).
[Champs, endroits incultes ; fl. blanches et vertes ; 1-3 d. ; av.-j. ; v.]

Ornithogalum umbellatum *L.*
Ornithogale en ombelle (Dame d'onze
heures).
Assez commun. [S]

○ Sépales arrondis au sommet, avec une petite
pointe en triangle au milieu AR ;

feuilles très élargies à la base,
[Endroits incultes ; fl. blanches et
ms.-av. ; v.]

Ornithogalum pyrenaicum *L.*
Ornithogale des Pyrénées.
Assez commun, sauf dans le Nord,
le Sud-Ouest et les Pyrénées. [S]

9. GAGEA. *GAGÉA.* —

= Pédoncules et bases des fleurs *sans poils* ou *très velus*, ordinairement plusieurs tubercules, enveloppés en-
semble par des écailles.

⊕ Bractées *non opposées* ; ordinairement une seule fleur, rarement deux ou trois.
[Endroits incultes,
champs ; fl. jaunes et vertes ; 5-10 c. ; fv.-ms. ; v.] 809, p. 393.

Gagea lutea *Schult.*
Gagéa jaune.
Çà et là, sauf dans le Nord, l'Ouest et
les plaines méridionales. [S]

⊗ Bractées oppo-
sées.

× Feuilles creuses,
[LI, coupe de la feuille
en travers].
[Prés ; fl. jaunes et vertes ; 5-15 c. ; j.-jt. ; v.]

Gagea bohemica *Schult.*
Gagéa de Bohême.
*Centre, Plateau Central, Ouest,
Sud-Est, Région méditte* (rare).

× Feuilles en gouttière AR.
[Champs, bois ; fl. jaunes et vertes ; 5-20 c. ; ms-av.-j. ; v.]

Gagea Liottardi *Schult.*
Gagéa de Liottard.
Alpes, Pyrénées. [S]

= Pédoncules et base de la fleur *poilus*
ou *très velus* ; ordinairement plusieurs tubercules, enveloppés ensemble, par des écailles.

⊕ Bractées *non opposées* ; ordinairement une seule fleur,

Gagea arvensis *Schult.*
Gagéa des champs.
Assez rare. [S]

10. ALLIUM. AIL. —

§ Étamines (au moins les 3 intérieures) à filets portant de chaque côté deux prolongements allongés MU, S, AM; parfois très courts CEP.

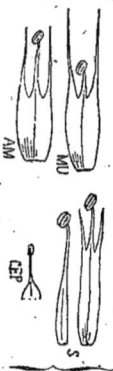

§§ Étamines à filets tous simples.

⊙ Fleurs jeunes *franchement blanches.*

⊙ Fleurs jeunes *franchement jaunes*, d'un jaune doré.

⊙ Fleurs jeunes ni *franchement blanches* ni *franchement jaunes* (blanchâtres, jaunâtres, d'un blanc-verditre, livides, roses, pourpres ou violettes).

★ Filets de 3 étamines à 2 dents plus longues que la partie qui porte l'anthère AM, MU; feuilles ayant, en général, moins de 15 mm. de largeur.

★ Filets de 3 étamines ayant une partie dilatée à la base et à 2 dents obtuses ou très courtes ASC, CEP; feuilles ayant, en général, plus de 15 mm. de largeur.

✱ Anthères jaunes.

✱ Anthères rougeâtres, roses, ou pourpres.

⟨ Étamines intérieures à deux pointes ayant 2 ou 3 fois la longueur de celle qui porte l'anthère M.

⟨ Étamines intérieures à deux pointes qui ne sont pas beaucoup plus longues que celle qui porte l'anthère AM.

⟨ Feuilles de moins de 1 c. de largeur, en général.

⟨ Feuilles de plus de 1 c. de largeur, en général.

✕ Étamines dépassant pas les pétales ou les dépassant à peine AS.

✕ Étamines dépassant beaucoup les pétales CE.

⊕ Étamines dépassant longuement les pétales PO;

⊕ Étamines ne dépassant pas les pétales.

◻ Sépales arrondis au sommet RO;

◻ Sépales aigus au sommet AC.

• Ombelle à fleurs transformées en bulbilles (toutes V, R, ou en partie A).

• Ombelle n'ayant pas de fleurs transformées en bulbilles.

• Ombelle en demi-cylindre ou cylindriques et creuses.

•• Feuilles transformées en bulbilles (ou presque plates).

•• Feuilles plates.

⟨ Bractées sous l'ombelle de fleurs *dépassant l'ombelle* (au moins l'une des deux bractées).

⟨ Bractées *plus courtes que l'ombelle*, en général.

✕ [Champs; fl. roses; 8-10 d.; jl.-a.; v.]

✕ [Champs; fl. verdâtres ou roses; 6-8 d.; jl.-a.; r.]

•• Feuilles de 7 à 15 mm. de largeur; étamines nombreuses saillantes MUL. [Champs, endroits incultes; fl. roses; 1-7 d.; j.-a.; r.]

•• Feuilles de 3 à 4 mm. de largeur; étamines peu saillantes MUL, endroits incultes; fl. roses; 4-6 d.; j.-a.; v.]

•• Feuilles de 3 à 4 mm. de largeur; étamines très saillantes ST. [Prairies; fl. d'un blanc rosé; 2-3 d.; jl.-a.; r.]

style court. [Champs; fl. roses; 5-9 d.; j.-a.; b. ou v.]

ombelle à fleurs inférieures sur des pédoncules courts et renversés; pédoncules inégaux MUL. [Champs, endroits incultes; fl. pourprées; 4-6 d.; j.-a.; v.]

ombelle à fleurs toutes longuement pédonculées; fl. roses; 3-4 d.; j.-jl.; v.]

[Endroits incultes; fl. roses; 3-4 d.; j.-jl.; v.]

• Ombelle à fleurs transformées en bulbilles .... **Série 1** → p. 297.

• .... **Série 2** → p. 298.

•• .... **Série 3** → p. 298.

•• .... **Série 4** → p. 298.

⟨ .... **Série 5** → p. 298.

⟨ .... **Série 6** → p. 299.

✕ .... **Série 7** → p. 299.

✕ .... **Série 8** → p. 299.

Allium ascalonicum L.
Ail d'Ascalon (Échalote).
Cultivé. [S]

Allium Cepa L.
Ail Oignon.
Cultivé. [S]

Allium Ampeloprasum L.
Ail Poan-Poireau (l'oiseau d'été).
Cultivé. [S]

Allium multiflorum DC.
Ail à fleurs nombreuses.
Midi et çà et là dans le Sud-Est, le Centre et l'Ouest.

Allium strictum Schrad.
Ail raide.
Alpes de la Savoie et du Dauphiné (rare). [S]

Allium Porrum L.
Ail Poireau.
Cultivé. [S]

Allium rotundum L.
Ail arrondi.
Est, Sud-Est, Côte-d'Or, Région méditerranéenne (rare). [S]

Allium acutiflorum Lois.
Ail à fleurs aiguës.
Région méditerranéenne (rare).

Série 2

☐ Involucre à une seule bractée dépassant l'ombelle AS; 3 étamines ayant des filets plus larges que les 3 autres.
[Champs; fl. rougeâtres ou blanchâtres; 5-12 d.; jt.-at.; v.]

Allium sativum L.
Ail cultivé.
Cultivé. [S]

☐ Involucre à 1 ou 2 bractées dépassant l'ombelle = plus courtes que l'om= belle.

△ Involucre à 2 bractées distinctes; feuilles finement denticulées SCO.

Allium Scorodoprasum L.
Ail Rocambole.
Cultivé et çà et là. [S]

ombelle ordinairement à bulbilles V. [Champs, vignes; fl. d'un rose clair; 4-8 d.; j.-jt.; v.]

Allium vineale L.
Ail des vignes.
Communes. [S]

Série 3

⊙ Étamines dépassant peu les pétales; les inté= rieures à 2 pointes dépassant l'anthère VI;

△ Involucre à bractée formée d'une seule pièce; feuilles non denticulées sur les bords → Voy. A. ro= tundum, p. 297.

ombelle sans bulbilles SM. [Chianti, vignes; fl. rouges, roses, rare= ment blanches; 4-10 d.; j.-jt.; v.]

Allium sphaerocephalum L.
Ail à tête ronde.
Communes, sauf dans le Nord, l'Est et l'Ouest. [S]

⊙ Étamines ayant environ 2 fois la longueur des pétales; les inférieures à 2 pointes ne dé= passant pas l'anthère S;

○ Fleurs de 3 à 5 mm. de longueur, en général; feuilles à long pétiole U. [Bois, endroits humides; fl. blanches; 1-5 d.; av.-m.; v.]

Allium ursinum L.
Ail des ours (Ail des bois).
Assez commune; manque dans la plaine méditerranéenne. [S]

○ Fleurs de 8 à 10 mm. de longueur, en général; feuilles sans pétiole NE ou amincies à la base. [Endroits incultes; fl. blanches; 3-6 d.; av.-m.; v.]

Allium neapolitanum Cyrill.
Ail de Naples.
Littoral de la Méditerranée.

Série 4

⤴ Feuilles de plus de 15 mm. de largeur, en général.

✴ Feuilles ayant plus de 5 à 6 fois la longueur de l'ombelle CH et ciliées par de longs poils.

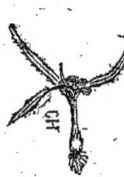

Allium Chamaemoly L.
Ail Petit-Moly.
Région méditerranéenne (rare).

⤴ Feuilles de moins de 15 mm. de largeur.

✴ Feuilles dépassant peu ou pas l'om= belle.

⊕ Feuilles ciliées; fleurs non bien plus longues que larges SU, à divisions éta= lées. [Endroits incultes; fl. d'un blanc mêlé de rose; 2-3 d.; av.-mi.; v.]

Allium subhirsutum L.
Ail cilié.
Provence (rare).

⊕ Feuilles sans poils; fleurs presque deux fois plus longues que larges TR. à divisions non étalées. [Endroits incultes; fl. blanches; 2-4 d.; ms.-m.; v.]

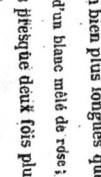

Allium triquetrum L.
Ail à 3 angles.
Littoral de la Méditerranée (rare).

Série 5

(Feuilles de 1 à 3 c. de largeur; bractées de l'involucre plus courtes que l'om= belle MOL.

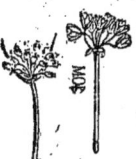

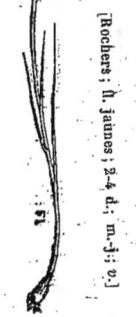

⊕ Feuilles de 1 à 3 c. de largeur; bractées de l'involucre plus courtes que l'om= belle. [Rochers; fl. jaunes; 2-4 d.; m.-j.; v.]

Allium Moly L.
Ail Moly (Ail doré).
Dép. de l'Aude (très rare; Mt Alaric).

(Feuilles de moins d'un c. de largeur; brac= tées de l'involucre dépassant ordinaire= ment l'ombelle FL. [Bois; fl. d'un jaune doré; 3-6 d.; jt.-at.; v.]

Allium flavum L.
Ail jaune.
Sud-Est, Centre, Plateau Central (rare).

Série 6

⊕ Étamines à filets *plus longues* que les pétales CAR ;
[Endroits secs ; fl. roses, violacées ou pourprées ; 2-6 d. ; jl.-at. ; v.]

⊖ Étamines *ne dé-*
passant pas les
pétales (sauf
quelquefois les
anthères seule-
ment).

⊙ Ombelle ayant *beaucoup de bulbil-*
les O ; bractée ordinairement bien
plus longue que l'ombelle.

⊙ Ombelle *ordinairement sans bulbilles,*
souvent étalée PAN ; fleurs roses.

onbelles, portant des bulbilles, parfois sans bubilles (*A. pulchellum* Don.)

Allium carinatum L.
Ail carène.
Çà et là dans le N.-O., la Côte-d'Or, le
Jura, le S.-E. et la Région méditerr.
[s]

⊖ Sépales et pé-
tales *plus ou*
moins aigus
SCH, MOS.

⊘ Sépales ou pé-
tales *plus ou*
nèral [SCH, grandeur naturelle].

⊘ Fleurs *de 5 à 6 mm.* de longueur, en général [MOS, grandeur naturelle].

⊙ Sépales et pétales *obtus* PA.

◎ Feuilles *cylin-*
driques pliées
en gouttière
ou creuses ;
anthères jau-
nes ou brunes.

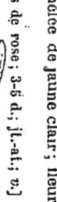

81s, p. 393.

□ Fleurs d'une couleur *jaunâtre*, souvent mêlée de jaune clair ; fleurs en ombelle serrée OCH ; étamines ayant
presque 2 fois la longueur des pétales.
[Endroits arides ; fl. jaunâtres ou teintées de rose ; 3-6 d. ; jl.-at. ; v.]

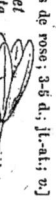

△ Sépales ou pétales *obtus*, et
non terminés par une pointe
RO ;

△ Sépales ou pétales aigus FL ou terminés par une pointe NAR.

◁ Fleurs *de 7 à 12 mm.* de longueur, en général [SCH, grandeur naturelle].

□ Feuilles
pliées ;
anthères
jaunes.

□ Fleurs
roses.

★ Fleurs *de 15 à 18 mm.* de longueur SI ;

○ Étamines *plus longues* que les
pétales VT ;

○ Étamines *plus courtes* que les
pétales NIG ;

→ Voyez *A. paniculatum*, p. 399.

+ Fleurs *de 8 à 13 mm.* de longueur [NAR, grandeur natu-
relle] ; étamines plus courtes
que les pétales.

+ Fleurs *de 3 à 6 mm.* de longueur [FL, grandeur
naturelle] ; tige cannelée F. [Endroits humides ; fl.
roses ou pourprées ; 2-6 d. ; ji-at. ; v.]

involucre en
apparence à plusieurs bractées ; feuilles
très finement denticulées sur les bords.
[Endroits arides ; fl. roses ; 2-4 d. ; m.-j. ; v.]

feuilles de 1 à 2 c. de largeur, à 3 angles.
[Endroits incultes ; fl. rougeâtres mêlées de vert ou blanchâtres ; 7-11 d. ; av.-m. ; v.]

feuilles ovales VR.
[Endroits frais ; fl. d'un blanc
verdâtre ; 4-8 d. ; j.-jl. ; v.]

feuilles finement denticulées et ciliées sur les bords.
[Endroits arides ; fl. rose-violacé ou blanchâtres ; 3-8 d. ;
m.-j. ; v.]

Série 8

[Champs, chemins ; fl. d'un
rose sale ou verdâtre ;
4-8 d. ; jl.-at. ; v.]

[Champs, endroits incultes ; fl. roses ; 3-8 d. ;
j.-at. ; v.]

[Prés, endroits incultes ; fl. roses ;
1-3 d. ; j.-jl. ; v.]

[Endroits incultes, champs ; fl. blanchâtres
mêlés de rose ; 6-20 c ; jl-at.; v.]

Allium oleraceum L.
Ail potager.
Assez commun, sauf dans le Nord. [s]

Allium paniculatum L.
Ail en panicule.
Sud-Est, Ouest, Midi. Très rare
dans le Nord-Ouest, le. Centre. et le
Plateau Central.

Allium Schoenoprasum L.
Ail, Civette (Ciboulette).
Jura, Alpes, Pyrénées. Très
ailleurs et cultivé. [s]

Allium moschatum L.
Ail musqué.
Région méditerranéenne.

Allium ochroleucum W. et K.
Ail jaunâtre.
Ouest, Sud-Ouest, Pyrénées. [s]

Allium roseum L.
Ail rosé.
Ouest (rare) ; *Midi.*

Allium narcissiflorum Vill.
Ail à fleurs de Narcisse.
Alpes du Dauphiné et méridio-
nales.

Allium fallax Don.
Ail douteux.
Montagnes, sauf les Vosges ; descend
parfois dans les plaines. [s]

Allium Victorialis L.
Ail Victoriale (Ail serpentin).
Montagnes. [s]

Allium nigrum L.
Ail noir.
Midi (rare).

Allium sicutum Lindl.
Ail de Sicile.
Dép.' du Var (très rare).

11. ERYTHRONIUM. ÉRYTHRONE. — (→ Voyez fig. ER, p. 292). Fleurs violettes ou blanchâtres; 3 stigmates; anthères d'un bleu violacé; ordinairement deux feuilles ovales.
[Endroits incultes, bois; fl. violettes ou blanches; 1-2 d.; ms.-j.; v.]

12. ENDYMION. ENDYMION. — (→ Voyez fig. E, N, p. 293). Feuilles toutes à la base; fleurs à bractées longues colorées; fleurs bleues rarement blanches, odorantes. (Parfois fleurs sans odeur, à étamines, toutes les six, soudées jusqu'à la moitié avec chaque sépale ou pétale opposé : *E. patulus* GG.)
[Bois, haies; fl. bleues, violettes, parfois blanches; 1-4 d.; av.-m.; v.]

13. HYACINTHUS. JACINTHE. —

(Bractées *très courtes* 0;
anthères ayant environ 2 ou 3 fois la longueur du filet.
[Endroits incultes, bois; fl. bleues ou un peu violacées; 1-4 d.; ms.-av.; v.]

{ Bractées *au moins aussi longues que le pédoncule* A;
anthères ayant plus de 3 fois la longueur du filet.
[Pâturages, rochers; fl. bleues ou un peu violacées; 1-3 d.; j.-jt.; v.]

14. BELLEVALIA. BELLEVALIE. —

Fleurs inférieures à pédoncules *presque aussi longs que la fleur* R ou plus longs;
fleur à divisions soudées environ jusqu'à la moitié R;
en général, 3 feuilles.
[Endroits incultes, bois; fl. violacées et verdâtres; 2-5 d.; 2-3 d.; av.-m.; v.]

Fleurs inférieures à pédoncules *plus courts que la fleur* T; fleur à divisions soudées jusqu'au delà des trois quarts T;
en général, 4 à 5 feuilles.
[Champs, vignes; fl. supérieures violettes, les inférieures brunâtres; 3-6 d.; m.-jt.; v.]

15. MUSCARI. MUSCARI. —

Fleurs en grappe *très allongée* C; fleurs supérieures sans étamines ni pistil bien développé, dressées en houppe.
[Champs, vignes; fl. supérieures violettes, les inférieures brunâtres; 3-6 d.; m.-jt.; v.]

Fleurs en grappe *très courte* R, BO; fleurs supérieures non en houppe dressée. (Parfois feuilles dressées s'élargissant de la base au sommet BO; fleurs bleues, d'un bleu foncé ou noirâtre; 1-3 d.; fv.-m.; v.]
[Champs, prés, vignes; fl. bleues, d'un bleu foncé ou noirâtre; 1-3 d.; fv.-m.; v.]

16. HEMEROCALLIS. HÉMÉROCALLE. —

Pétales à nervures principales *réunies par des nervures secondaires visibles* FU.
[Endroits incultes; fl. d'un jaune un peu pourpré; 6-10 d.;

Pétales à nervures principales *non réunies par des nervures secondaires visibles* FL.
[Endroits incultes; fl. d'un jaune clair; 3-10 d.; m.-jt.; v.]

17. PARADISIA. PARADISIE. — (→ Voyez fig. PA, p. 293). Style incliné; fleurs bien plus longues que le pédoncule; grappe de 2 à 5 fleurs.
[Prés; fl. blanches; 2-4 d.; jt.-a.; v.]

Erythronium Dens-canis L.
Erythrone Dent-de-Chien.
Montagnes, sauf les Vosges; *Sud-Ouest* (rare). [S]

Endymion nutans Dumort.
Endymion penché (Jacinthe des bois).
Nord, Ouest et çà et là. Manque dans presque tout le Midi. [S]

Hyacinthus orientalis L.
Jacinthe d'Orient.
Provence (subspontané).

Hyacinthus amethystinus L.
Jacinthe améthyste.
Pyrénées centrales.

Bellevalia romana Rchb.
Bellevalie à Rome,
Midi.

Bellevalia trifoliata Kunth.
Bellevalie à 3 feuilles.
Littoral du dép. du Var (très rare).

Muscari comosum Mill.
Muscari à toupet (Ail à toupet).
Commun, sauf dans le Nord et l'Est.

Muscari racemosum Mill.
Muscari en grappe,
Commun, sauf dans le Nord, l'Est et l'Ouest. [S]

Hemerocallis flava L.
Hémérocalle jaune (Lis jaune).
Sud-Ouest (très rare) et rarement naturalisé. [S]

Paradisia Liliastrum Bertol.
Paradisie Liliastrum (Lis Saint-Bruno?), *Alpes; Est* du *Plateau Central* (très rare); *Pyrénées.* [S]

Hemerocallis fulva L.
Hémérocalle fauve.
Sud-Ouest et parfois naturalisé. [S]

⊕ Fleurs *rosées* ; pétales à 5-7 nervures B ;   fleurs ayant environ 9 à 11 mm. de longueur, en grappe étalée et rameuse. [Landes, bois, coteaux ; fl. rosées ; 2-5 d.; av.-j.; v.]

⊕ Fleurs *blanches*; pétales à 3 ner- vures R.   → Tige fleurie *simple*; style incliné L;   fleurs souvent aussi longues que la tige fleurie. [Bois, coteaux, prés ; fl. blanches; 4-6 d.; m.-j.; v.]

→ Tige fleurie *rameuse*; style *droit* RA ;   feuilles plus courtes que la tige fleurie. [Bois, coteaux; fl. blanches; t-6 d.; j.-jt.; v.]

19. NARTHECIUM. *NARTHÉCIUM.* — (→ Voyez fig. NA, N, p. 293). Sépales et pétales appliqués sur le fruit qui est environ le double des pétales; feuilles étroites et allongées, d'un vert clair. [Endroits humides; fl. jaunâtres mêlées de vert; 1-3 d.; jt.-at.; v.]

20. ASPHODELUS. *ASPHODÈLE.* —

✻ Fleurs *distantes les unes des autres*, en grappe lâche; tige et feuilles creuses à l'intérieur; racines minces F. [Prés, coteaux, rochers; fl. d'un blanc mêlé de rouge; 3-6 d.; av.-m.; v.]

✻ Fleurs *rapprochées les unes des autres*, en grappe serrée; tige pleine, racines renflées A. (Parfois grappe très rameuse et pédoncules plus longs que les bractées : *A. ramosus* L.; — ou fruit mûr de 5 à 6 mm. de largeur et fleurs blanches à stries rosées, en grappe rameuse : *A. microcarpus* Viv.) [Prés, rochers, bois; fl. d'un blanc mêlé de vert, de rose ou de brun; 8-15 d.; m.-jt.; v.]

21. APHYLLANTHES. *APHYLLANTHE.* — (→ Voyez fig. AP, p. 293). Fleurs entourées de bractées écailleuses et d'un brun roux; tige striée en long. [Endroits arides; fl. violettes, parfois blanches; 1-2 d.; m.-j.; v.]

22. PARIS. *PARISETTE.* — (→ Voyez fig. PA, p. 294). Feuilles ovales, sans pétiole; styles libres entre eux; fruit charnu, d'un noir bleuâtre. [Bois; fl. vertes et jaunâtres; 2-4 d.; av.-m.; v.]

23. STREPTOPUS. *STREPTOPE.* — (→ Voyez fig. ST, p. 293). Feuilles alternes, rapprochées, ovales, en cœur à la base et embrassant la tige; fruit charnu, rouge à la maturité. [Bois, rochers; fl. jaunes ou blanchâtres; 3-5 d.; jt.-at.; v.]

24. POLYGONATUM. *POLYGONATUM.* —

○ Feuilles *verticillées*; fruits violets; tige creuse et anguleuse. [Bois, fl. d'un blanc mêlé de vert; 3-5 d.; av.-m.; v.]   = Tige *anguleuse* V;

○ Feuilles *al-* → fleurs ordinairement, par 1 à 2; étamines à filets sans poils. [Bois; fl. d'un blanc mêlé de vert; 2-5 d.; av.-m.; v.]   = Tige *arrondie* PM;

ternes P. → fleurs ordinairement par 3 à 5; étamines à filets poilus. [Bois; fl. d'un blanc mêlé de vert; 2-5 d.; av.-m.; v.]

Phalangium planifolium *Pers.*
Phalangium à feuilles plates.
Ouest, Sud-Ouest et çà et là dans le Centre, Sud-Ouest, le Plateau Central et le Midi.
Phalangium Liliago *Schreb.*
Phalangium à fleurs de Lis.
Assez rare, surtout dans le Nord et l'Ouest. [S]
Phalangium ramosum *Lam.*
Phalangium rameux (Herbe-à-l'araignée).
Est, Centre et çà et là. [S]

Narthecium ossifragum *Huds.*
Narthécium ossifrage.
Nord-Ouest, Centre, Plateau Central (rare). *Ouest, Sud-Ouest.*

Asphodelus fistulosus *L.*
Asphodèle fistuleux.
Région méditerranéenne.
Asphodelus albus *Willd.*
Asphodèle blanc (Bâton blanc).
Centre, Ouest, Midi, Alpes, Plateau Central ; Pyrénées. [S]

Aphyllanthes monspeliensis *L.*
Aphyllanthe de Montpellier.
Sud-Est, Midi (rare en dehors de la région méditerranéenne).
Paris quadrifolia *L.*
Paris à 4 feuilles (Raisin-de-renard).
Montagnes et çà et là, sauf dans les plaines méridionales. [S]
Streptopus amplexifolius *DC.*
Streptope à feuilles embrassantes.
Hautes montagnes (Peu commun). [S]

Polygonatum verticillatum *All.*
Polygonatum verticillé.
Polygonatum vulgare *Desf.*
Polygonatum vulgaire (Sceau de Salomon).
Polygonatum multiflorum *All.*
Polygonatum multiflore.
Assez commun, sauf dans la Région méditerranéenne. [S]

25. CONVALLARIA. MUGUET. — (→ Voyez fig. C, p. 294). Feuilles ovales allongées ; fleurs à odeur agréable ; fruit charnu, rouge.
[Bois; fl. blanches; 15-30 c.; av.-m.; v.]

Convallaria maialis L.,
Muguet de mai (Lis des vallées).
Assez commun, sauf dans la Région
méditerranéenne. [S]

26. MAIANTHEMUM. MAIANTHÈME. — (→ Voyez fig. M, p. 294). Tige souterraine horizontale; feuilles ovales en cœur renversé, pétio-lées; fruit charnu, rouge. [Bois; fl. blanches; 1-2 d.; m.-j.; v.]

Maianthemum bifolium DC.,
Maianthème à 2 feuilles.
Montagnes (très rare dans les Pyrénées) çà et là, sauf dans l'Ouest
et les plaines méridionales.[S]

27. ASPARAGUS. ASPERGE. —

✿ Feuilles *transformées en épines dures*;

  ＊ Rameaux *étalés ou même renversés* ; petits rameaux verts AC de *19 à 50 mm. de longueur.*

  ＊ Rameaux *dressés* ; petits rameaux verts Ꞩ, de *4 à 9 mm. de longueur.*

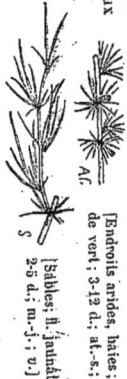

✿ Feuilles *rédui-tes à des écailles, non en épines.*

  ＊ Rameaux *groupés par 19 à 30*, T, de 1 à 3 dixièmes de millimètre de largeur.

  ＊ Rameaux *groupés par 3 à 8*, O, de 1/2 mm. de largeur, environ.

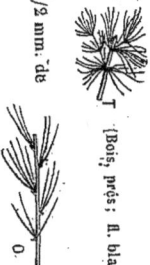

[Endroits arides, haies ; fl. jaunâtres mêlées de vert; 3-12 d.; at.-s.; v.]

[Sables; fl. jaunâtres mêlées de vert ; 2-5 d.; m.-j.; v.]

[Sables, bois; fl. jaunâtres mêlées de vert ;3-15 d.; j.-jt.; v.]

Asparagus acutifolius L.
Asperge à feuilles aiguës.
[Midi.

Asparagus scaber Brign.
Asperge scabre.
Littoral de la Méditerranée.

Asparagus tenuifolius Lam.
Asperge à feuilles étroites.
Alpes de la Savoie et du Dauphiné,
Cévennes (rare).[S]

Asparagus officinalis L.
Asperge officinale.
Littoral, çà et là et cultivée.[S]

28. RUSCUS. FRAGON. —

✕ Tige *très rameuse* ; rameaux aplatis terminés par une épine R;
feuilles réduites à des écailles ayant *3 à 5 nervures principales.*
[Endroits arides ; fl. verdâtres ; 3-10 d.; s.-av.; v.]

✕ Tige *simple ou seulement rameuse à la base* ; rameaux aplatis non terminés par une épine, HY;
feuilles réduites à des écailles ayant *1 nervure principale.*
[Bois, près; fl. blanchâtres mêlées de vert; 3-7 d.; m.-j.; v.]

Ruscus aculeatus L.
Fragon piquant (Petit houx),
Assez commun, sauf dans le Nord et
l'Est. [S]

Ruscus Hypoglossum L.
Fragon Hypoglosse.
Provence (très rare).

29. SMILAX. SMILAX. — Fleurs verdâtres; en grappes de 3 à 12; fruit charnu, rouge; stipules transformées en vrilles; plante épineuse, parfois sans épines. [Endroits arides, haies; fl. d'un blanc jaunâtre; 3-20 d.; at.-s.; v.]

Smilax aspera L.
Smilax rude (liseron épineux).
Littoral du Sud-Ouest, Région
méditerranéenne.

△ Plante non grimpante DI, de moins de 15 c. de hauteur; fruit sec DS.

.... 2. DIOSCORÉA → p. 303.
DIOSCORÉE [1 esp.].

△ Plante grimpante, à tige s'enroulant TA, très longue; fruit élargui..........

.... 1. TAMUS → p. 303.
TAMIER [1 esp.].

1. TAMUS, TAMIER. — (→ Voyez fig. TA, ci-dessus). Feuilles minces, luisantes, à nervures ramifiées; fruit charnu, rouge.

Tamus communis L.
Tamier commun (Herbe aux femmes bat-
tues). [Haies, bois; fl. verdâtres; 1-4 m.; ms.-av.; v.] [S]
Corniaun, sauf dans la Rég°, médit.

2. DIOSCORÉA DIOSCORÉE — (→ Voyez fig. DS, DI ci-dessus). Feuilles à limbe en cœur, pétiolées; fleurs en grappes; fruit à angles aigus.

Dioscoréa pyrenaica Bréb. et Bord.
Dioscorée des Pyrénées.
Dép¹ des Hautes-Pyrénées (très rare;
Gavarnie).

○ Fleurs irrégulières GL; étamines redressées; fleurs roses..........

IRIDÉES

.... 5. GLADIOLUS → p. 305.
GLAIEUL [2 esp.].

○ Fleurs ré-
gulières;

(Stigmates ayant la
forme de pétales)

: Stigmates ayant les deux lèvres profondément divisées;
pétales verdâtres; sépales bruns;
.... 4. HERMODACTYLUS → p. 305.
HERMODACTYLE [1 esp.].

: Stigmates ayant seulement la lèvre supérieure profondément divisée, l'autre entière ou un peu échancrée;
fruit à 3 loges..........
.... 3. IRIS → p. 304.
IRIS [10 esp.].

(Stigmates divisés en lobes
ou en forme d'entonnoir
denté.)

✻ Fleur à tube court terminant la tige qui s'élève
au-dessus du sol ROM, RO.
.... 2. ROMULEA → p. 304.
ROMULÉE [1 esp.].

✻ Fleur à tube long s'enfonçant jusque dans le sol..........
.... 1. CROCUS → p. 303.
SAFRAN [4 esp.].

 ROM

 HE

 RO

fruit à une seule loge..........

1. CROCUS. SAFRAN. —

§ Stigmates divisés en lanières nombreuses et étroites N;
fleurs sans feuilles développées à leur base;

○ Fleur sortant d'une bractée non divisée ou à peine divisée
en 2 au sommet; filets des étamines et base inférieure
des divisions de la fleur finement poilues. [Prés; fl. violettes et blanches ou blanches; 5-20 c.; ms.-av.; v.]
.... feuilles paraissant après les fleurs. [Prés, bois; fl. violettes;
1-2 d.; s.-o.;v.] N

○ Fleurs sortant de deux bractées inégales; filets des
étamines et base intérieure des divisions de la
fleur sans poils. [Prés, bois; fl. mêlées de blanc et de
violet; 1-2 d.; fv.-ms.; v.] .... feuilles un peu rudes sur les bords; stigmates orangés. [Champs; fl. violacées; 1-2 d.; s.-n.; v.] SA

§ Stigmates atteignant en longueur le
sommet de la fleur SA;

 N

 SA

Crocus nudiflorus Sm.
Safran à fleurs nues.
Sud-Ouest, Pyrénées, Cévennes.

Crocus sativus All.
Safran cultivé (Safran du Gâtinais).
Cultivé et parfois subspontané. [S]

✻ Stigmates déntelés ou à divisions larges [ex.:VI]; fleurs
.... (Stigmates plus
courts que
les divisions
de la fleur;)

○ Stigmates dévisés en lanières nombreuses et étroites N;
fleurs sans feuilles développées à leur base;

VI

✻ Stigmates déntelés ou à divisions larges [ex.:VI]; fleurs
ayant des feuilles déve-
loppées à leur base.

Crocus vernus Hll.
Safran printanier (Safran des fleuristes).
Montagnes, sauf les Vosges. [S]

Crocus versicolor Gawl.
Safran changeant.
Dauphiné (très rare); Provence.

 VS

 VN

2. ROMULEA. ROMULÉE. — (→ Voyez fig. ROM, RO, p. 303).

Pétales ayant trois nervures principales d'un rose foncé, sépales un peu plus grands que les pétales; fruit sur un pédoncule courbé. (Souvent étamines dépassant un peu le pistil; stigmates non divisés jusqu'à la base (fig. CU); **Ir. Columnae S. et M**).
[Prés; fl. violettes, liliacées ou d'un bleu pâle; 5-12 c.; f.-st.; v.]

         Romulea Bulbocodium S. et M.
         Romulée Bulbocodium.
         Littoral (très rare sur la Manche).

3. IRIS. IRIS. —

☐ **Plante sans bulbe**, à tige souterraine plus ou moins épaisse.

    △ Sépales et pétales *réunis en un tube plus long que l'ovaire*; sépales barbus en dedans [exemple: O]... ············ **Série 1** → p. 304.

    △ Sépales et pétales *réunis en un tube égal à l'ovaire ou plus court*; sépales sans poils ou à petits poils en dedans... ············ **Série 2** → p. 304.

☐ **Plante à bulbe** [exemple : X]... ············ **Série 3** → p. 305.

Série 1

  △ Tiges ordinairement à 5 *fleurs* ou à plus de 3 fleurs.

    ↙ Fleurs d'un *beau violet*; bractée au-dessous de la fleur OL membraneuse, roussâtre au sommet. [Prés, endroits frais; 4-8 d.; m.-j.; v.] **88s, p. 393.**

    ↙ Fleurs d'un *bleu pâle et clair*; bractée au-dessous de la fleur PL, entièrement blanche et membraneuse. [Rochers; 8-12 d.; m.-j.; v.]

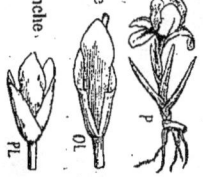

  △ Tiges ordinairement à 1 ou 2 *fleurs*.

    + Fleurs *blanches*; plante ayant en général plus de 30 centimètres; fleurs *très odorantes*. [Prés, endroits humides; 3-6 d.; av.-m.; v.]

    + Fleurs *violettes ou jaunes, rarement blanches*; plante à tiges, en général, courtes par rapport à la grandeur de la fleur P, de 5 à 30 centimètres; fleurs en général *peu odorantes*. [Endroits arides; 5-30 c.; ms.-av.; v.]

88s, p. 393.

Série 2

  ○ Pétales *violets* et sépales violets; feuilles très allongées, à bords longuement parallèles [ex.: GR].

  ⊕ Pétales *jaunes*; feuilles en forme de glaive; fleurs jaunes ou bleuâtres.

    = Fleurs *entièrement jaunes*; tige fleurie, rameuse; pétales plus courts que les lames colorées des stigmates PS. [Endroits humides; 5-10 d.; j.-jt.; v.] **88s, p. 393.**

    = Fleurs à sépales *bleuâtres*; tige fleurie simple; pétales plus longs que les stigmates F. [Bois, coteaux; 4-8 d.; m.-j.; v.]

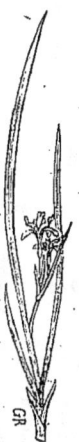

  ⊕ Fleurs *dépassées par les feuilles* GR; fleurs odorantes;

    × Fruit à *longue pointe* SP; fleurs à sépales d'un *blanc jaunâtre, veiné de bleu*. [Endroits humides; 3-8 d.; m.-j.; v.]

  ⊕ Fleurs *dépassant*, en général, les feuilles; pétales plus courts que les lames colorées des stigmates

    × Fruit *presque obtus*; fleurs à sépales *bleus*. [Endroits humides; 3-7 d.; j.-jt.; v.]

Iris florentina L.
Iris de Florence.
Cultivé et rarement subspontané.

Iris pumila Vill.
Iris nain (Petite Flambe), *Sud-Est* (très rare); *Région méditerranéenne*.[S] sub.

Iris germanica L.
Iris d'Allemagne (Flambe).
Çà et là.[S]

Iris pallida Lam.
Dép. de l'Ain (rare et naturalisé); sub.

Iris pseudacorus L.
Iris Faux-Acore (Flambe d'eau).
Commun.[S]

Iris foetidissima L.
Iris fétide.
Ouest, Midi et çà et là.

Iris spuria L.
Iris bâtard.
Ouest, Région méditerranéenne,
de préférence sur le littoral.

Iris graminea L.
Iris à feuilles de graminée.
Çà et là, du littoral du Sud-Ouest à celui du Roussillon.[S]

Iris sibirica L.
Iris de Sibérie.
Alsace, Jura (très rare).[S]

Tiges fleuries ayant ♀ fleurs en général, rarement sépales bien plus longs que les stigmates : **I. Xyphioïdes** Ehrh.) [Prés, fl. d'un bleu intense avec taches jaunes ; 3-7 d., j.-at.; v.]

4. HERMODACTYLUS. HERMODACTYLE. — (→ Voyez fig. HE, p. 303.) Fleurs isolées, à sépales renversés seulement au sommet, bruns ; stigmates verdâtres ; plusieurs tubercules ovales. [Prés, coteaux ; fl. d'un jaune verdâtre ; 3-4 d.; av.-m.; v.]

5. GLADIOLUS. GLAÏEUL.

✕ Anthères plus courtes que les filets CO ;

✕ Anthères plus longues que les filets SG ;

○ Fleur n'ayant une couronne ni tube en dedans des sépales et des pétales.

⌒ Fleur ayant une couronne ou un tube en dedans des sépales et des pétales [ex.: P, PA].

(Fleurs jaunes, dressées ; une seule fleur par tige fleurie ST.....

{ Fleurs blanches renversées G, L.

* Pétales blancs, semblables aux sépales L ;

* Pétales à tache verte, et différents des sépales G ;

⊕ Sépales et pétales plus longs que la couronne PA, verts en dessous ; étamines attachées en dedans sur la couronne ;

⊖ Plante n'ayant pas ces caractères ; étamines attachées au-dessous de la couronne ....

Θ anthères pointues au sommet.

anthères non pointues au sommet.......

couronne blanche ; fleurs en entonnoir ....

AMARYLLIDÉES

1. GALANTHUS → p. 305.
GALANTHE [1 esp.].

2. LEUCOIUM → p. 305,
NIVÉOLE [3 esp.].

3. STERNBERGIA → p. 305.
STERNBERGIE [1 esp.].

4. NARCISSUS → p. 306.
NARCISSE [11 esp.].

5. PANCRATIUM → p. 307.
PANCRATIUM [1 esp.].

Galanthus nivalis L.
Galanthe des neiges (Perce-neige).

(Parfois graines ailées et bractées inférieures souvent plus petites que les fleurs : **G. Bornæi** Ardoino).
[Champs ; fl. roses ou pourprées ; 4-9 d.; m.-j.; v.]

[Parfois fruit à 6 angles peu marqués et stigmates poilus sur toute leur longueur : **G. palustris** Gaud. — ou fleurs étalées tout autour de la tige ; fruit à 6 angles très marqués : **G. illyricus** Koch.] [Endroits humides, prés ; fl. roses ou pourprées ; 3-6 d.; m.-j.; v.]

Iris Xyphium L. (Iris d'Espagne).
Pyrénées, littoral de l'Hérault.
Hermodactyle tubéreux.
Midi (très rare).

Gladiolus segetum Gawl.
Glaïeul des moissons.
Ouest, Midi et çà et là dans le Sud-Est, le Centre et le Plateau Central.
Gladiolus communis L. [S]
Glaïeul commun.
Région méditerranéenne ; très rare ailleurs. [S]

Galanthe des neiges (Perce-neige).

Leucoium aestivum L.
Nivéole d'été.
Centre, Midi. [S]
Leucoium hiemale DC.
Nivéole d'hiver. (rare). [S]
Dépt des Alpes-Maritimes.
Leucoium vernum L.
Nivéole du printemps.
Est, Sud-Est ; très rare dans le Nord et le Centre. [S]
Sternbergia lutea Gawl.
Sternbergie jaune.
Midi (très rare et subspontané).

1. GALANTHUS. GALANTHE. — (→ Voyez fig. G, ci-dessus). Feuilles développées, au nombre de 2 à 3, arrondies au sommet ; sépales arrondis, blancs ; pétales en cœur avec une tache verte. [Bois, prés ; fl. d'un blanc mêlé de vert ; 2-3 d., f.-ms.; v.]

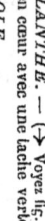

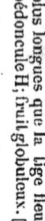

2. LEUCOIUM. NIVÉOLE. —

△ Fleurs ; par 3 à 6, en général A ;

A' tige aphalle ; graines blanchâtres et luisantes. [Bois, prés ; fl. blanches ; 3-6 d.; m.-jl.; v.]

⊕ Feuilles de moins de 3 à 4 mm. de largeur en général, ordinairement plus longues que la tige fleurie H ; bractées plus longues que le pédoncule H, fruit globuleux. [Bois, prés ; fl. blanches ; 2-3 d.; ms.-av.; v.]

△ Fleurs à idées ou par 2 .

⊕ Feuilles de 7 à 12 mm. de largeur, en général, ordinairement plus courtes que la tige fleurie ; bractée à peu près de la longueur du pédoncule V. [Prés, bois ; fl. blanches et vertes ; 2-4 d.; f.-ms.; v.]

3. STERNBERGIA. STERNBERGIE. — (→ Voyez fig. ST, ci-dessus). Fleur de 4 à 5 c, de longueur, en entonnoir arrondi ; feuilles arrondies au sommet ; tige aphalle. [Prés ; fl. jaunes ; 1-4 d.; s.-o.; v.]

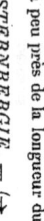

☐ Tube de la couronne de même longueur que les pétales ou plus long........................ **Série 1** → p. 306.
☐ Tube de la couronne plus { + Feuilles en cylindre ou en demi-cylindre............ **Série 2** → p. 306.
☐ court que les pétales. { ++ Feuilles plates ou presque plates..................... **Série 3** → p. 306.
.... **Série 4** → p. 306.

Série 1

△ Sépales et pétales très étroits BB, n'ayant étamines rejetées d'un côté; fleurs jaunes de couleur plus intense à la base. [Endroits incultes; 1-3 d.; ms.-av.; v.] → **Narcissus Bulbocodium L.** Narcisse Bulbocodium (Trompette de Méduse). Sud-Ouest, Pyrénées (rare).

△ Sépales et pétales de 4 à 10 mm. de largeur, environ; étamines non rejetées d'un côté.

⊕ Fleurs jaunes; feuilles ayant, en général, 4 à 15 mm. de largeur; couronne entière PN ou très divisée. [Bois, prés; 2-5 d.; ms.-av.; v.] → **Narcissus Pseudo-Narcissus L.** Narcisse Faux-Narcisse (Bonhomme). Montagnes et çà et là. [S]

⊕ Fleurs blanches; feuilles ayant, en général, de 2 à 5 mm. de largeur; un peu plissées en gouttières. → **Narcissus calathinus L.** Narcisse calathin. Iles Glénans (Dépt. du Finistère).

+ Feuilles de 1 à 4 mm. de largeur; couronne orangée et divisions jaunes.

⤳ Couronne ayant environ le quart ou le cinquième de la largeur des divisions JQ; feuilles de 3 à 4 mm. de largeur, en général. [Endroits incultes; 2-3 d.; ms.-av.; v.] → **Narcissus intermedius Lois.** Narcisse intermédiaire. Sud-Ouest (rare).

⤳ Couronne ayant environ la moitié de la longueur des divisions ou un peu plus; feuilles de 1 à 2 mm. de largeur, en général. [Endroits incultes; 1-3 d.; av.-m.; v.] → **Narcissus Jonquilla L.** Narcisse Jonquille. Très rare et subspontané. [S]

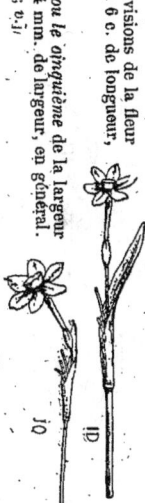

+ Feuilles de 7 à 8 mm. de largeur, en général; couronne et divisions de la fleur presque du même jaune; bractée assez élargie ID, en général. [Endroits incultes; 3-5 d.; ms.-av.; v.] → **Narcissus juncifolius Requien.** Narcisse à feuilles de jonc. Midi.

Série 2

Fleurs blanches ou blanchâtres → Voyez N. Tazetta, p. 306.

+ Fleurs jaunes.

○ Fleurs blanches ou d'un jaune pâle; couronne à lobes peu profonds IC; sépales et pétales se recouvrant sur les bords dans leur tiers inférieur. [Prés, bois; 3-6 d.; av.-m.; v.] → **Narcissus incomparabilis Mill.** Narcisse incomparable. Midi, et parfois subspontané. [S]

○ Couronne bien plus courte que les divisions O, et profondément divisée; fleurs odorantes. → **Narcissus odorus L.** Narcisse odorant. (Grosse Jonquille). Très rare et subspontané.

○ Couronne presque égale aux divisions → Voyez N. Pseudo-Narcissus, p. 306.

Série 3

○ Couronne de 9 à 20 mm. de hauteur.

⋆ Fleurs blanches à couronne ayant une bordure rouge, très rarement jaunâtre; tige un peu aplatie. → **Narcissus poeticus L.** Narcisse des poètes (Herbe à la Vierge). Jura, Alpes, Plateau Central, Pyrénées; çà et là, souvent subspontané. [S]

⋆ Fleurs d'environ 4 c. de largeur, par 2 BF, parfois par 3. → **Narcissus biflorus Curt.** Narcisse à 2 fleurs. Nord-Ouest, Ouest, Centre, Midi (rare et parfois subspontané). [S]

○ Couronne de 2 à 6 mm. de hauteur.

⋆ Fleurs à couronne non bordée de rouge. → **Narcissus Tazetta L.** Narcisse Tazette (Narcisse à bouquets; Région méditerranéenne et parfois subspontané.

⋆ Fleurs ayant, en général, moins de 4 c. de largeur et ordinairement groupées par plus de deux T; (Parfois fleurs blanchâtres à couronne d'un jaune clair et feuilles en demi-cylindre : **N. ochroleucus Lois.**) [Endroits incultes; fl. blanches ou jaunes; 1-9 d.; ms.-av.; v.]

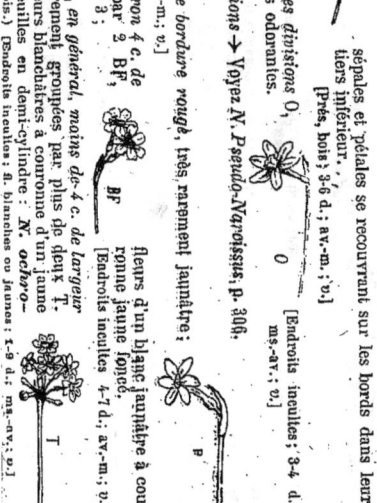

fleurs d'un blanc jaunâtre à couronne jaune foncé. [Endroits incultes; 4-7 d.; av.-m.; v.]

5. PANCRATIUM. *PANCRATIUM.* — (→ Voyez fig. PA, p. 305). Fleurs blanches, très odorantes, à divisions se renversant en dehors; couronne divisée en lobes; feuilles de 7 à 12 mm. de largeur, en général. [Sables; 2-3 d.; ji.-s.; v.] .... **Pancratium maritimum** L. *Pancratium maritime* (Lis mathiole). Littoral de l'Océan et de la Méditerranée.

⟨ Plante à feuilles vertes développées.

⟨ Plante sans feuilles vertes développées, à tige et fleurs brunâtres, jaunâtres ou violacées .... plante à odeur de bouc très prononcée .... **15. LOROGLOSSUM** → p. 310. *LOROGLOSSE* [1 esp.].

Ⓘ Fleurs dont le labelle se termine à la base en éperon long et en tube [exemple : ç, fig. V et LB] ou court et globuleux [exemple : e, fig. CO, PV]. .... **1ᵉʳ GROUPE** → p. 307.

Ⓔ Fleurs sans éperon. .... **2ᵉ GROUPE** → p. 307.

1ᵉʳ GROUPE :

△ Labelle à divisions très longues et enroulées LO; .... **3ᵉ GROUPE** → p. 308.

△ Labelle à divisions très longues et enroulées LO;

2ᵉ GROUPE :

△ Fleur épanouie à labelle situé en bas; anthère complètement soudée avec le stigmate, non mobile. .... **2ᵉ GROUPE** → p. 307.

△ Fleur épanouie à labelle situé en haut; anthère mobile. .... **4ᵉ GROUPE** → p. 308.

⊕ Fleurs en épi très serré, presque en capitule NI; fleurs à divisions presque égales; ovaire non contourné sur lui-même; plante de montagne à odeur de vanille. .... **18. NIGRITELLA** → p. 312. *NIGRITELLE* [1 esp.].

⊕ Plante n'ayant pas ces caractères réunis.

= Tubercules à mo[...] la base de la tige MO, MA.

= Pas de tubercules à la base de la tige. .... **16. ORCHIS** → p. 310. *ORCHIS* [21 esp.].

⊙ Fleurs par 3 à 10 en général LP, à bractée très courte LIP. .... **19. OPHRYS** → p. 312. *OPHRYS* [10 esp.].

⊙ Fleurs d'un jaune verdâtre, en épi lâche MA, LP. .... **11. LIPARIS** → p. 309. *LIPARIS* [1 esp.].

⊙ Fleurs pourprées ou presque noires, en épi serré (Voyez plus haut NI), à odeur de vanille → Voyez 18. Nigritella, p. 312.

⊙ Fleurs nombreuses MA à bractée allongée MAL, MAL. .... **12. MALAXIS** → p. 309. *MALAXIS* [1 esp.].

🟥 Labelle d'un jaune roussâtre à division du milieu fendue A;

labelle plus long que l'ovaire et pendant. .... **14. ACERAS** → p. 310. *ACÉRAS* [1 esp.].

🟥 Labelle non d'un jaune rougeâtre à division du milieu non fendue; fleurs d'un pourpre noir, verdâtres ou blanches.

⁖ Fleurs pourprées ou d'un pourpre noir, en casque LI, O. .... **13. SERAPIAS** → p. 309. *SERAPIAS* [3 esp.].

⁖ Fleurs toutes sur une ligne en spirale; plusieurs tubercules allongés S. .... **2. SPIRANTHES** → p. 308. *SPIRANTHE* [2 esp.].

⁖ Fleurs ver-dâtres ou blanches.

⁘ Sépales dressés.

⁘ Sépales étalés.

✱ Feuilles plus courtes que la tige H; un seul tubercule bien développé. .... **17. HERMINIUM** → p. 312. *HERMINIUM* [1 esp.].

✱ Feuilles égalant ou dépassant la tige; 2, 3, 4 ou 5 tubercules poilus. .... **20. CHAMÆORCHIS** → p 313. *CHAMÆORCHIS* [1 esp.].

3e GROUPE :

□ Fleurs à la fois poilues-glanduleuses et en spirale G ; labelle non divisé ; fleurs blanchâtres..... **3. GOODYERA → 308.**
  GOODYERA [1 esp.].

□ Fleurs non à
  la fois poi-
  lues-glandu-
  leuses et dis-
  posées en
  spirale.

  △ Fleurs à labelle divisé en deux, vertes ou d'un vert jaunâtre ;
    [exemple : OY] ;

      = Labelle muni de 2 bosses (l, fig. E) ; ovaire non contourné..... **5. EPIPACTIS → P. 309.**
        EPIPACTIS [2 esp.].

      = Labelle muni de crêtes jaunes (l, fig. C) ; ovaire à 2 étamines..... **6. LISTERA → p. 309.**
        LISTERA [2 esp.].

  △ Fleurs à labelle non divisé
    en deux, blanches, d'un
    blanc-jaunâtre ou roses,
    ou pourprées, rarement
    verdâtres.

      = Labelle en
        forme de
        sabot CY ;

      ☒ Sépales étalés EG ;

      ☒ Sépales dressés CR ;

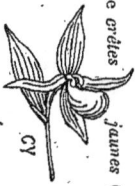

OV plante n'ayant que 2 feuilles développées ..... **4. CEPHALANTHERA→p. 308.**
  CEPHALANTHÈRE [3 esp.].

  ovaire plus ou moins
  contourné sur lui-même..... **1. CYPRIPEDIUM → P. 308.**
  CYPRIPÈDE [1 esp.].

4e GROUPE :

○ Fleur ayant un
  plante violette.

○ Fleur ayant un éperon étroit, L ;

○ Fleur ayant un éperon court
  ou très court ; tige souterraine ramifiée comme
  du corail C, EP ; plante
  jaunâtre ou d'un jaune
  verdâtre.

○ Fleur sans éperon ; plante d'un jaune brunâtre ou brune ; racines agglomérées et non ramifiées N..... **8. LIMODORUM → p. 309.**
  LIMODORUM [1 esp.].

fleurs EP de plus
de 2 c. de lon-
gueur, y compris
le pédoncule.

fleurs C de moins de 1 c.
de longueur, y compris le
pédoncule.

9. EPIPOGIUM → p. 309.
EPIPOGIUM [1 esp.].

10. CORALLORHIZE → p. 309.
CORALLORHIZE [1 esp.].

7. NEOTTIA → p. 309.
NÉOTTIE [1 esp.].

---

1. CYPRIPEDIUM. *CYPRIPÈDIUM.* — (→ Voyez fig. CY, ci-dessus). Une seule fleur par tige fleurie ; fleur à divisions de 3 à 5 c. de lon-
gueur ; labelle jaune-tacheté à raies pourpres ; feuilles ayant souvent 4 à 8 c. de largeur.
[Bois, prés ; fl. d'un brun pourpre mêlé de jaune ; 2-5 d ; m.-j.; v.] Cypripedium Calceolus L. Cypripède Sabot.
  Est, Côte-d'Or, Jura, Alpes. **[S]**

2. SPIRANTHES. *SPIRANTHE.* —
+ Feuilles de la base étroites ; allongées tout autour de la tige fleurie A ; fleurs odorantes.
  [Endroits humides ; fl. blanches ; 5-30 c.; jt.-at.; v.] Spiranthes aestivalis Rich. Spiranthe d'été.
  Pou commun, sauf dans le Nord. **[S]**
+ Feuilles de la base formant une rosette sur le côté de la tige fleurie S ; fleurs à odeur de vanille.
  [Coteaux, prés secs ; fl. blanches ; 5-30 c.; at.-o.; v.] Spiranthes autumnalis Rich. Spiranthe d'automne.
  Assez commun, sauf dans le Nord, l'Est et le Sud-Est. **[S]**

3. GOODYERA *GOODYÈRA.*—(→Voyez fig. G, ci-dessus). Feuilles de la base ovales, étalées ; feuilles supérieures étroites, appliquées contre
  la tige ; fleurs presque sans odeur. [Bois, rochers ; fl. blanches ; 5-30 c.; jl.-s.; v.] Goodyera repens R. Br. Goodyera rampante.
  l'Est et le Sud-Est. **[S]**

4. CEPHALANTHERA. *CÉPHALANTHÈRE.* —
★ Bractée [b, fig. EN] beaucoup
  plus courte que l'ovaire ;

    • Ovaire sans poils ; sépales arrondis ; fleurs blanches ;
      feuilles ovales allongées G.
      [Bois, rochers ; fl. blanches ;
      3-6 d.; m.-j.; v.] Cephalanthera grandiflora Babingt. Céphalanthère à grandes fleurs.
        Est, Sud-Est, Plateau Central et çà et là. **[S]**

    • Ovaire sans poils ; sépales allongées E ;
      sépales très aigus EN.
      [Bois, rochers ; fl. blanches ;
      3-6 d.; m.-j.; v.] Cephalanthera ensifolia Rich. Céphalanthère à feuilles en épée.
        Est, Sud-Est. **[S]**

★ Bractée égalant
  environ l'o-
  vaire [b, fig. R].

    • Ovaire poilu R ; sépales pointus ; fleurs roses ; feuilles
      étroites.
      [Bois, rochers ; fl. roses ; 3-8 d.; j.-jt.; v.] Cephalanthera rubra Rich. Céphalanthère rouge.
        Çà et là, surtout dans le Sud-Est. **[S]**

22

5. EPIPACTIS. *EPIPACTIS*. —

⊙ Labelle égal aux sépales ou plus long [1. fig. PA];

⊙ Labelle plus court que les sépales [4. fig. E];

feuilles toutes allongées EP.
[Bois, prés; fl. verdâtres ou pourprées, rougeâtres à l'intérieur; 2-9 d.; j.-s.; v.]

feuilles inférieures ovales, élargies. (Parfois feuilles plus petites et plus étroites, et fleurs d'un pourpre foncé: *E. atrorubens* Hoffm.) — ou feuilles petites plus courtes que les entre-nœuds: *E. microphylla* Swartz.
[Endroits humides, marais; fl. grisâtres mêlées de rougeâtre; 3-6 d.; j.-jt.; v.]

Epipactis latifolia All.
Epipactis à larges feuilles.
Assez commun. [S]

Epipactis palustris Crantz.
Epipactis des marais.
Nord, Centre, Ouest et çà et là. [S]

6. LISTERA. *LISTERA*. —

❀ Feuilles en cœur à la base CO;

❀ Feuilles non en cœur à la base; fleurs en général nombreuses Ll;

fleurs (y compris l'ovaire et le pédoncule) ayant environ 5 à 6 mm. de longueur. [Prés, bois; fl. d'un vert jaunâtre; 1-3 d.; m.-jt.; v.]

fleur (y compris l'ovaire et le pédoncule) ayant environ [0 à 20 mm. de longueur. [Bois, endroits humides; fl. d'un vert jaunâtre; 4-5 d.; m.-jt.; v.]

Listera en cœur.
Listera ovata R. Br.
Vosges, Jura; Alpes; Nord du Plateau Central, Pyrénées (rare). [S]

Listera ovata R. Br.
Listera cordata R. Br.

7. NÉOTTIA. *NÉOTTIA*. — (→ Voyez fig. N, p. 308). Feuilles réduites à des écailles brunes; bractées d'un blanc brunâtre; fleurs d'un jaune roux; plante vivant sur les débris de feuilles; racines nombreuses Ll;

Néottia Nid-d'oiseau.
Néottia Nidus-avis. Rich.
Commun, sauf dans le Midi. [S]

8. LIMODORUM. *LIMODORUM*. — (→ Voyez fig. L, p. 308). Feuilles violacées, ovales-allongées; fleurs violettes; plante vivant sur les débris de feuilles. [Bois, coteaux; fl. violettes; 4-8 d.; ji.-jt.; v.]

Limodorum abortivum Swartz.
Limodorum à feuilles avortées.
çà et là. [S]

9. EPIPOGIUM. *EPIPOGIUM*. — (→ Voyez fig. EG, EP, p. 308). Fleurs par 1 à 8; labelle blanchâtre avec des lignes pourprées; les autres pétales et les sépales jaunâtres. [Bois; fl. jaunâtres; 1-3 d.; jl.-at.; v.]

Epipogium de Gmelin.
Epipogium Gmelini Rich.
Vosges, Jura; Dépt de la Loire, Alpes (rare). [S]

10. CORALLORHIZA. *CORALLORHIZA*. — (→ Voyez fig. CR, C, p. 308). Fleurs par 3 à 12, pendantes. [Bois; fl. blanchâtres ou verdâtres; 1-3 d.; j.-at.; v.]

Corallorhize parasite.
Corallorhiza innata R. Br.;
Montagnes (rare).

11. LIPARIS. *LIPARIS*. — (→ Voyez fig. LIP, LP, p. 307). Ordinairement deux feuilles développées, d'un vert jaunâtre, pliées; épi de 3 à 10 fleurs environ. [Endroits humides, marais; fl. d'un jaune verdâtre; 1-3 d.; j.-at.; v.]

Liparis de Loesel.
Liparis Loeselii Rich.
Nord, Centre, Est, Sud-Est (rare). [S]

12. MALAXIS. *MALAXIS*. — (→ Voyez fig. MAL, MA, p. 307). Tige à 5 angles ayant 2 à 5 feuilles développées. [Endroits humides, marais; fl. d'un jaune verdâtre; 4-16 c.; ji.-at.; v.]

Malaxis des marais.
Malaxis paludosa Swartz.
Est, Nord-Ouest, Ouest, Sud-Ouest (très rare). [S]

13. SERAPIAS. *SERAPIAS*. —

⊕ Labelle de 2 à 3 mm. environ dans sa plus grande largeur dépassant à peine les autres divisions O.

⊕ Labelle de 8 à 15 mm. dans sa plus grande largeur;

= Partie allongée du labelle bien plus longue que large LG, ayant environ 5 mm. de largeur.

= Partie allongée du labelle assez élargie C, ayant environ 9 à 15 mm. de largeur;

O (*S. occultata* Gay.)
[Prés, bois; fl. pourprées; 1-3 d.; m.-j.; v.]

:: Bractées plus courtes que labelle ayant une bosse à la base.

:: Bractées plus longues que les fleurs LP; labelle ayant deux bosses à la base.
[Prés, bois; fl. pourprées; 3-6 d.; m.-j.; v.]

labelle ayant 2 bosses à la base; bractées souvent un peu plus longues que les fleurs.
[Prés, bois; fl. pourprées; 1-3 d.; av.-j.; v.]

Serapias Lingua L.
Serapias Langue (Helléborine).
Plateau Central, Midi.

Serapias longipetala Poll.
Serapias à long pétale.
Midi. [S]

Serapias cordigera L.
Serapias en cœur.
Ouest, Midi.

14. ACÉRAS. ACERAS. — (→ Voyez fig. A, p. 307). Labelle plus long que l'ovaire, à divisions étroites. [prés, bois ; fl. d'un vert jaunâtre avec des raies brunes ; 2-4 d.; m.-j.; v.]

→ Aceras anthropophora R. Br.
Acéras Homme-pendu.
(Çà et là. [S]

15. LOROGLOSSUM. LOROGLOSSE. — (→ Voyez fig. LO, p. 307). Labelle blanchâtre, ponctué de rouge à divisions crépues ; éperon très court ; fleurs à odeur de bouc. [Prés, coteaux ; fl. verdâtres mêlées de blanchâtre ; 4-8 d.; j.-jt.; v.]

→ Loroglossum hircinum Rich.
Loroglosse à odeur de bouc.
Assez commun, sauf dans le Nord, l'Est et la Région méditerr. [S]

16. ORCHIS. ORCHIS. —

✷ Tubercules divisés (exemple : MA).

⊕ Bractées des fleurs supérieures au moins 8 fois plus courtes que l'ovaire ;
[exemple : PU, b, bractée bien plus courte que l'ovaire o.]

  ↗ Labelle entier ou crénelé........................ **Série 5** → p. 311.

  ↗ Labelle divisé :
    • Lobe moyen du labelle aigu C ou G.......... **Série 4** → p. 311.
    • Lobe moyen du labelle non aigu................ **Série 3** → p. 310.

⊖ Bractées des fleurs supérieures égalant la moitié de l'ovaire ou plus grandes.

  .... **Série 2** → p. 310.

  .... **Série 1** → p. 310.

✷ Tubercules non divisés [exemple : MO].

Série 1 : [Tantôt bractée des fleurs supérieures 6-8 plus courte que l'ovaire PU ; labelle à 3 lobes dont le moyen élargi P ; fleurs d'un pourpré plus ou moins foncé : **O. purpurea** Huds.; — tantôt bractée des fleurs supérieures 3-4 fois plus courte que l'ovaire et fleur ayant le labelle à lobe moyen étroit S : **O. Simia** Lam.; — tantôt bractée comme le précédent et labelle à lobe moyen élargi MI : **O. galeata** DC.] [Prés, bois, coteaux ; fl. roses ou pourprées, tachetées, 4-8 d.; m.-j.; r.]

éperon très court D, d'environ 2 mm.; feuilles ordinairement tachetées de pourpre. [Prés, coteaux, bois ; fl. d'un rose pâle, 1-3 d.; av.-m.; v.]

Orchis intacta Link.
Orchis intact.
Région méditerranéenne.

labelle d'un pourpre foncé. [Coteaux, prés ; fl. pourprées; 1-2 d.; ns.-av.; v.]

Orchis saccata Ten.
Orchis à suc.
Assez commun.
Région méditerranéenne. [S]

labelle ayant des stries plus foncées. [Bois, prés ; fl. roses, écarlates ou violacées ; 4-3 d.; j.-jt.; r.]

Dépt du Var (très rare).
Orchis papilionacea L.
Orchis Papillon.
Sud-Est, Midi (rare). [S]

Série 2

✷ Les sépales et les 2 pétales supérieurs tous réunis en D ; labelle terminé par une partie plus étroite ;

✷ Plante n'ayant pas ces caractères.

= Fleurs roses ou pourprées.

  O Éperon égal à la moitié de l'ovaire SC ;
    Anthère à loges parallèles (a, fig. Bl); éperon droit B, Bl ; fleurs odorantes.
    [Bois, prés ; fl. roses, écarlates ou violacées ; 4-3 d.; j.-jt.; r.]

  O Éperon plus long que la moitié de l'ovaire PL ;
    Anthère à loges s'écartant l'une de l'autre à la base (a, fig. MT) ;
    éperon souvent élargi à l'extrémité MT ; fleurs sans odeur, blanches.
    [Bois, prés ; fl. blanches ou d'un blanc verdâtre ; 3-5 d.; m.-j.; v.]

Orchis bifolia L.
Orchis à 2 feuilles.
Assez commun, sauf dans la Région méditerranéenne. [S]

Orchis montana Schmidt.
Orchis des montagnes.
Çà et là, surtout dans le Nord. [S]

Série 3

= Fleurs blanches ou d'un blanc verdâtre.

⊙ Labelle terminé par une languette étroite G, plus ou moins longue ;

  • Fleurs roses à labelle portant de petits points en grappe globuleuse. [Prés, rochers ; fl. violacées ; 3-5 d.; j.-at.; v.]

  • Fleurs rouges à labelle verdâtre ou bien en grappe allongée ; plante à odeur de punaise. [Prés ; fl. d'un rouge livide, 1-4 d.; m.-j.; v.]

  • Fleurs d'un blanc rosé ou lilas à labelle lilas pâle, à taches rouges. → Voyez O. tridentata, p. 311.

⊙ Labelle non terminé par une languette C ;

Orchis militaris L.
Orchis guerrier.
Assez commun.
médit...

Orchis globosa L.
Orchis globuleux.
Vosges, Jura, Alpes, Auvergne, Pyrénées. [S]

Orchis coriophora L.
Orchis Punaise.
Assez commun. [S]

☐ Plante n'ayant pas ces caractères.

▷ Pétales et sépales (sauf le labelle) relevés et tous terminés par une pointe étroite TR;

— labelle à 2 divisions principales ; éperon un peu plus long que la moitié de la longueur de l'ovaire.

[Prés, coteaux ; fl. d'un rose ou lilas ; 1-3 d. ; m.-j. ; v.]

Orchis tridentata Scop.
Orchis à 3 dents.
Sud-Est, Midi (rare). [S]

✛ Labelle portant en dessus d'un rose clair ; labelle à 3 nervures saillantes PY ;

— éperon allongé ; bractées à fleurs étroites.

[Prés, coteaux ; fl. d'un rose vif ; 3-5 d. ; m.-j. ; v.]

Orchis pyramidalis L.
Orchis pyramidal.
Assez rare. [S]

✛ Bractées supérieures à 3 nervures saillantes LX.

(Parfois bractées plus longues que l'ovaire et labelle à lobe du milieu égal aux 2 autres ou plus grand : *O. palustris* Jacq.)

[Prés, marais ; fl. rouges, rarement roses ; 3-9 d. ; m.-j. ; v.]

Orchis laxiflora Lam.
Orchis à fleurs lâches.
Assez commun, sauf dans le N.-rd, l'Est et le Plateau Central. [S]

◁ Labelle à lobe moyen entier.

▷ Bractées supérieures PV.

(Parfois labelle à 3 lobes assez profonds et éperon allongé PV. *O. provincialis* Balb.)

[Prés, bois, rochers ; fl. jaunes ; 1-3 d. ; av.-j. ; v.]

Orchis pallens L.
Orchis pâle.
Alpes, Pyrénées, Région méditerranéenne. [S]

◁ Sépales étalés ou renversés PA.

⊙ Sépales étalés ou renversés PA.

— labelle pourpre, rose au centre.

[Endroits incultes ; fl. roses ou pourprées ; 2-8 d. ; m.-j. ; v.]

Orchis brevicornis Viv.
Orchis à corne courte.

☒ Feuilles de 4 à 7 c. de largeur en général ; bractées dépassant la fleur LB;

— Fleurs dressées BV ; bractées étroites très aiguës.

[Prés ; fl. roses ; 1-4 d. ; av.-m. ; v.]

Alpes maritimes (très rare).

☒ Feuilles de moins de 3 c. de largeur en général ; bractée plus courte que la fleur U;

— Fleurs étalées OM ; bractées larges.

[Prés, bois ; fl. blanches, ponctuées de pourprées ; 2-3 d. ; m.-j. ; v.]

Orchis Morio L.
Orchis bouffon.
Commun, sauf dans la Région méditerranéenne. [S]

◯ Sépales et pétales dressés, sauf le labelle BR, OM.

= Labelle blanc souvent taché.

(Parfois éperon presque aussi long que l'ovaire et bractées aiguës : *O. picta* Lois.) [Prés, coteaux, bois ; fl. pourprées, roses, lilas ou blanches ; 1-4 d. ; av.-j. ; v.]

⊙ Éperon égalant le 1/4 ou le 1/3 de l'ovaire LB, U.

— labelle souvent taché.

— labelle blanc souvent taché OL.

[Prés, bois ; fl. blanches, ponctuées ou pourprées ; 3-5 d. ; m.-j. ; v.]

Orchis ustulata L.
Orchis brûlé.
Assez rare.

⊙ Éperon égalant la moitié de l'ovaire ou plus MS, OL;

— parfois éperon redressé OL.

[Prés, bois ; fl. d'un pourpre rosé, rarement blanches ; 2-3 d. ; m.-j. ; v.]

Orchis mascula L.
Orchis mâle.
Commun, sauf dans la Région méditerranéenne. [S]

⊙ Labelle plus long que les autres pétales MS, OL;

— labelle d'un vert jaunâtre, parfois rougeâtre ; 1-2 d.;

[Prés, bois ; fl. d'un vert jaunâtre ou blanchâtre ; 1-2 d. ; j.-jt. ; v.]

Orchis viridis All.
Orchis vert.
Montagnes et çà et là. [S]

⊙ Labelle égalant environ les autres pétales A.

— labelle à odeur de vanille ; éperon

[Prés, coteaux ; fl. d'un pourpre rosé, rarement blanches ; 2-8 d. ; m.-j. ; v.]

Orchis albida Scop.
Orchis blanchâtre.

✛ Labelle à 3 divisions étroites.

⊙ Labelle égalant environ les autres pétales A ; à 3 divisions larges.

[Prés, bois ; fl. d'un vert jaunâtre ou blanchâtre ; j.-jt. ; v.]

Orchis conopsea L.
Montagnes. [S]

§ Éperon 2 à 5 fois plus court que l'ovaire V, A.

⊙ Feuilles très étroites, de 2 à 3 mm. de largeur, allongées ; fleurs à odeur de vanille ; éperon droit et allongé OD ;

— (Feuilles ovales allongées du plus de 5 mm. de largeur en général.

— Éperon environ 2 fois la longueur de l'ovaire CO ; bractées à 3 nervures principales visibles.

[Prés, coteaux, marais ; fl. roses ou purpurines ; 3-6 d. ; jt.-jt. ; v.]

Orchis conopsea L.

§ Éperon égalant environ l'ovaire ou plus long OD, CO, LA, MC.

⊙ Éperon environ de la même longueur que l'ovaire LA, MC (Parfois bractées plus longues que la fleur LA ; — rarement bractées égalant à peu près les fleurs et labelle jaune ou jaunâtre : *O. sesquipedalis* L.). [Prés, bois ; fl. blanches, roses, jaunes lilacées ou pourprées ; 3-8 d. ; m.-j. ; v.]

⊙ Éperon ayant environ 2 fois la longueur de l'ovaire CO ; bractées à 3 nervures principales visibles.

O. odoratissima L.

O. latifolia L.

Orchis maculata L.
Orchis tacheté. [S]

Assez commun, sauf dans la Région méditerranéenne. [S]

Commun. [S]

17. HERMINIUM. *HERMÍNIUM.* — (→ Voyez fig. H, p. 306). Labelle dressé à 3 divisions étroites ; 2 à 3 tubercules arrondis.
[Prés, coteaux ; fl. d'un jaune verdâtre ; 1-3 d.; j.-jt., v.]

18. NIGRITELLA. *NIGRITELLE.* — (→ Voyez fig. NI, p. 307). Fleurs nombreuses ; labelle non divisé ou à 3 lobes ; éperon court ; feuilles très finement dentées sur les bords. [Prés ; fl. pourprées ; 1-3 d.; j.-at., v.]

19. OPHRYS. *OPHRYS.* —

★ Labelle presque sans divisions, sans lobes latéraux développés AF, TT, ART, B............

★ Labelle à divisions latérales partant de la base ou du milieu du labelle MS, APF, SCO, BO............

★ Labelle à divisions latérales rapprochées de l'entremité du labelle et formant 8 ou 4 lobes au sommet F,L............

⊙ Les 2 pétales supérieurs (divisions inférieures) non veloutés finement poilus, ciliés ou sans poils.

✳ Sépales (les 3 divisions extérieures) d'un vert-jaunâtre ; labelle brun, ayant 2 ou 4 lignes blanchâtres réunies par des taches AF.

✳ Sépales (les 3 divisions extérieures) roses ou blanchâtres ; labelle d'un violet très foncé, ayant en avant une tache sans poils et luisante B.

⊙ Les 2 pétales supérieurs (divisions inférieures) veloutés.

= Labelle ayant des poils raides vers la base du prolongement recourbé qui le termine ; labelle presque à 2 ou 3 lobes au sommet TT. [Endroits incultes ; fl. pâles ; 1-2 d.; av.-m.; v.]

= Labelle simplement velouté, sans lobes latéraux au sommet A, à 2 bosses en cône vers la base ART. [Prés, coteaux, bois ; fl. mêlées de vert, de rose et de pourpre ; 1-4 d.; m.-j.; v.]

⊕ Les 2 pétales supérieurs (divisions inférieures) en forme de lanières très étroites MF, MU ; labelle à division du milieu divisé en 2 lobes MS. [Prés, coteaux, bois ; fl. verdâtres ; 3-5 d.; m.-j.; v.]

↷ Les 2 pétales supérieurs veloutés en avant ; labelle de forme globuleuse à lobes latéraux recourbés en dessous BO ; [Endroits incultes ; fl. d'un vert pâle ; 5-15 c.; ms.-av.; v.]

↷ Les 3 pétales supérieurs non veloutés → Voyez O. aranifera, p. 319.

⊕ Les 2 pétales supérieurs (divisions inférieures) très étroites MF, MU ; labelle à division en forme de triangle.

↷ labelle globuleux très velouté APF. [Prés, coteaux, bois ; fl. pourprées, roses et vertes ; 2-4 d.; m.-j.; v.]

Série 1

× Sépales (les 3 divisions inférieures) verts, verdâtres ou d'un vert-jaunâtre.

⊙ Ovaire prolongé en bec long AP, AF, APF ;

✳ labelle recourbé en cylindre S, avec une tache brune au centre SCO. [Prés, coteaux, bois ; fl. pourprées, roses et vertes ; 1-2 d., ms.-m.; m.-j.; v.]

Série 2

× Sépales (les 3 divisions extérieures) roses.

⊙ Ovaire prolongé en bec court S.

⊗ Labelle ayant une tache verdâtre vers le milieu → Voyez O. arachnites, p. 319.

Herminium clandestinum *GG.*
Herminium clandestin.
Nord, Est, Centre, Jura, Alpes (rare). **[S]**
Nigritella angustifolia *Rich.*
Nigritella à feuilles étroites.
Jura, Alpes, Plateau Central (rare);
Pyrénées. **[S]**

.... **Série 1 →** p. 312.

.... **Série 2 →** p. 312.

Série 3 → p. 313.

Ophrys aranifera *Huds.*
Ophrys Araignée.
Assez commun, sauf dans le Nord-Est,
l'Est et le plateau Central. **[S]**
Ophrys Bertoloni *Moretti.*
Ophrys de Bertoloni.
Provence.

Ophrys grandiflora *Ten.*
Ophrys à grandes fleurs.
Littoral du Dép.¹ de l'Hérault (très rare).

Ophrys arachnites *Hoffm.*
Ophrys Frelon.
Peu commun. **[S]**
Ophrys muscifera *Huds.*
Ophrys Mouche.
l'Ouest, le Plateau Central et le Midi ;
Dép.¹ des Alpes-Maritimes (rare).

Ophrys apifera *Huds.*
Ophrys Abeille.
Assez commun, sauf dans l'Est. **[S]**

Ophrys scolopax *Cav.*
Ophrys Oiseau.
Auvergne (très rare). *Midi.*

Série 3

□ Labelle velouté ╱ △ Labelle bien plus long que large F̄.
jusqu'aux bords, excepté à la base.
□ Labelle poitu, entouré d'une bordure sans poils et jaune, un peu en coin à la base L.
△ Labelle presque aussi large que long à 3 lobes au sommet → *Voyez, O. grandiflora*, p. 312.

[Prés, coteaux, bois; fl. brunes mêlées de vert jaunâtre; 1-2 d.; m.-j.; v.]

[Prés, coteaux, bois; fl. brunes mêlées de vert jaunâtre; 1-2 d.; av.-m.; v.]

20. CHAMÆORCHIS. CHAMÆORCHIS. — Feuilles étroites allongées; bractée dépassant l'ovaire; labelle jaunâtre, les autres pétales et les sépales verdâtres. [Pâturages; fl. verdâtres; 5-10 c.; jl.-at.; v.]

HYDROCHARIDÉES

fleurs staminées par groupes de 3; fleurs pistillées isolées; 12 étamines ....

+ Feuilles arrondies en cœur H, pétiolées; ⊙ ....

⊘ Feuilles par trois sur la tige E; fleurs pistillées, isolées, à long pédoncule.....

⊘ Feuilles ╱ ⊙ Feuilles molles, translucides, arrondies au sommet V; 2-3 étamines.
allongées, sans pétiole. ╲ ⊙ Feuilles raides, épaisses, aiguës au sommet S; étamines nombreuses.

1. HYDROCHARIS. *HYDROCHARIS.* — (→ Voyez fig. H, ci-dessus). Feuilles souvent flottantes et enroulées en dessus; stipules membraneuses; pétales blancs, jaunes à la base. [Eaux; longueur variable; fl. blanches; jl.-s.; v.]

2. ELODEA. *ÉLODÉA.* — (→ Voyez fig. E, ci-dessus). Plante submergée; feuilles très finement denticulées sur les bords. [Eaux; longueur variable; fl. rougeâtres; jl.-s.; v.] ble; fl. brunâtres ou d'un blanc rosé.-jl.-jt; v.]

3. VALLISNERIA. *VALLISNÉRIE.* — (→ Voyez fig. V, ci-dessus.) Plante submergée; feuilles finement denticulées vers le sommet; fleurs pistillées sur de longs pédoncules s'enroulant; fleurs peu colorées. [Eaux; longueur variable; fl. verdâtres; jl.-s.; v.]

4. STRATIOTES. *STRATIOTES.* — (→ Voyez fig. S, ci-dessus). Feuilles à dents aiguës et raides, épineuses; fleurs blanches.

JONCAGINÉES

⊙ Feuilles toutes à la base, fleurs en longues grappes; anthères attachées au filet par le dos ....

⊙ Feuilles alternes, le long de la tige; fleurs en grappe courte SC; anthères attachées au filet par la base.

✴ 3 stigmates ⟨ = Fruits à 3 carpelles en pointe à la base PAL; rapprochés de la tige TR;
[j.-s.; v.]

✴ 6 stigmates; fruit à 6 côtes M; fruit ovale; grappe très dense; tiges souterraines épaisses et courtes. [Sables, eaux saumâtres; fl. verdâtres; 2-4 d.;
[j.-s.; v.]

1. TRIGLOCHIN. *TROSCART.* — ⟨ = Fruits à 3 carpelles non en pointe, plus large à la base B, écartées de la tige BL; [Eaux saumâtres; fl. verdâtres; 1-3 d.; av.-j.; v.]
tige souterraine renflée en forme de bulbe. [Marais, fossés; fl. verdâtres; 3-6 d.;
[j.-al.; v.]
tige souterraine non renflée en forme de bulbe. [Marais, fossés; fl. verdâtres; 2-4 d.;

PAL
TR
SC
B
BL

Ophrys fusca Link.
Ophrys brun.
Ouest (très rare); *Midi.*
Midi.
Ophrys lutea Cav.
Ophrys jaune.
Midi.
Chamaeorchis alpina Rich.
Chamœorchis des Alpes.
Alpes de la Savoie et du Dauphiné (rare). [S]

.... **1. HYDROCHARIS** → p. 313
HYDROCHARIS [1 esp.].

.... **4. STRATIOTES** → p. 313.
STRATIOTES [1 esp.].

.... **3. VALLISNERIA** → p. 313.
VALLISNÉRIE [1 esp.].

.... **2. ELODEA** → p. 313.
ELODÉA [1 esp.].

Hydrocharis Morsus-ranae L.
Hydrocharis des grenouilles (Morène).
Nord, Centre, Ouest et çà et là [S]
Elodea canadensis Rich.
Elodéa du Canada.
Çà et là. [S]
Vallisneria spiralis L.
Vallisnérie en spirale.
Midi; vallées du Rhône et de la Savoie,
canal de Bourgogne (introduit). [S]
Stratiotes aloïdes L.
Stratiotes Faux-Aloès.
Nord, Ouest (rare).

.... **1. TRIGLOCHIN** → p. 313.
TROSCART [3 esp.].

.... **2. SCHEUCHZERIA** → p. 314.
SCHEUCHZÉRIE [1 esp.].

Triglochin maritimum L.
Troscart maritime.
Littoral et marais salé.
Triglochin palustre L.
Troscart des marais.
Assez rare. [S]
Triglochin Barrelieri Lois.
Troscart de Barrelier.
Littoral de l'Océan (rare).

ORCHIDÉES : CHAMÆORCHIS. — HYDROCHARIDÉES. — JONCAGINÉES. 818

2. SCHEUCHZERIA. SCHEUCHZÉRIE. ÷ (→ Voyez fig. SC, p. 313). Fleurs à pédoncules inégaux, peu nombreuses ; feuilles à limbe en gouttière, élargies à la base.

- [Marais, tourbières ; fl. d'un vert jaunâtre ; 1-2 d. ; m.-j. ; v.]

Scheuchzeria palustris L.
Scheuchzérie des marais.
Hautes montagnes, Côte-d'Or
(rare). [S]

POTAMÉES

Fleurs à pédoncules inégaux, peu nombreuses ; feuilles à limbe en

★ Fleurs groupées en épi, plus ou moins long, ayant un pédoncule commun, 4 étamines à filets très courts ; fleurs se développant hors de l'eau, toutes stamino-pistillées.

.... **1. POTAMOGETON** → p. 314.
POTAMOT [16 esp.].

★ Fleurs peu nombreuses à l'aisselle des feuilles
  ⊙ Fleurs pistillées à ovaire entouré par une enveloppe membraneuse ZN.
  Z, ALT ; 1 étamine ; fleurs staminées, pistillées ou stamino-pistillées ; fleurs se développant sous l'eau, en général.
  ⊙ Fleurs pistillées à ovaire non entouré par une enveloppe membraneuse AL ; plante ne dépassant pas ordinairement 1 décimètre de longueur.

.... **2. ZANICHELLIA** → p. 315.
ZANICHELLIA [1 esp.].

.... **3. ALTHENIA** → p. 315.
ALTHENIA [1 esp.].

1. POTAMOGETON. POTAMOT. —

⚬ Pédoncule de l'épi (p. fig. G) plus gros que la tige t, souvent renflé au sommet.
  ⊙ Feuilles inférieures à court pétiole L ;
    ⊙ Feuilles fortement plissées-crépues sur les bords CR ;

.... **Série 1** → p. 314.

    ⊙ Feuilles non fortement crépues sur les bords.
      = Plus de 10 fleurs par épi.
      = 4 à 10 fleurs par épi.......... feuilles en général toutes submergées.
      [Eaux ; fl. d'un blanc verdâtre ; longueur variable ; j.-at. ; v.]

.... **Série 2** → p. 314.

      = Feuilles ayant bien plus de 3 mm. de largeur ;
      = Feuilles très allongées, d'environ 3 à 10 c. de longueur sur 1 à 3 mm. de largeur ;

Potamogeton lucens L.
Potamot luisant.
Assez commun. [S]

⚬ Pédoncule de l'épi non plus gros que la tige.
  ⊙ Feuilles inférieures sans pétiole GR, R.
    = Feuilles ayant plus de 3 mm. de largeur ;
    = Feuilles très allongées, d'environ 3 à 10 c. de longueur sur 1 à 3 mm. de largeur.

carpelles terminés par un bec recourbé égal environ à la moitié du fruit.
[Eaux ; fl. d'un jaune verdâtre ; longueur variable ; j.-at. ; v.]

flottantes ou non développées.

feuilles supérieures flottantes ou non développées.

feuilles en général toutes submergées.

.... **Série 1** → p. 314.

Potamogeton gramineus L.
Potamot graminée.
Çà et là, sauf à la Région méditerranéenne. [S]

Potamogeton rufus Wolf.
Potamot roux.
Centre, Est (très rare).

Potamogeton compressus L.
Potamot comprimé.
Rare. Manque dans l'Ouest, le Plateau Central et le Midi. [S]

Potamogeton obtusifolius M. et K.
Potamot à feuilles obtuses.
Rare. Manque dans le Sud-Est et la Région méditerranéenne (rare). [S]

Potamogeton marinus L.
Potamot marin.
Rare, Alpes (rare). [S]

Potamogeton pectinatus L.
Potamot pectiné.
Assez commun. [S]

Série 1

★ Pédoncule de l'épi beaucoup plus gros que la tige ; feuilles longuement en pointe au sommet GR ;
  ⚬ Pédoncule de l'épi peu ou pas plus gros que la tige.
    ⊙ Feuilles en longues lanières très étroites.
      → Voyez P. graminæus, p. 314.
    ⊙ Feuilles non en longues lanières très étroites R.
      [Eaux ; fl. verdâtre ; long. var. ; j.-at. ; v.]

.... **Série 3** → p. 315.

Série 2

★ Feuilles inférieures GR, R.
  ⊙ Feuilles inférieures sans pétiole GR, R.
    ★ Pédoncule de l'épi plus gros que la tige ; feuilles longuement en pointe au sommet GR ;
      △ Feuilles plus ou moins obtuses un peu, en général, de largeur, obtuses ou avec une très petite pointe au sommet.
      [Eaux ; fl. verdâtres ; longueur variable ; j.-at. ; v.]
    ★ Feuilles d'environ 2 à 3 mm. de largeur, en général, obtuses un peu, avec une très petite pointe au sommet.

.... **Série 4** → p. 315.

.... **Série 2** → p. 314.

.... **Série 3** → p. 315.

★ Feuilles d'environ 2 à 3 mm. de largeur, longuement terminées en pointe, ou terminées par une pointe.
  □ Feuilles à gaine allongée PC ; feuilles toutes en pointe ; épi souvent interrompu
    △ Carpelles d'environ 2 mm. de largeur sur 2 mm. de largeur [MR, grandeur naturelle].
    △ Carpelles d'environ 4 mm. de largeur [PC, grandeur naturelle].
  □ Feuilles sans gaine allongée, non longuement en pointe ; épi non interrompu → Voy. P. rutilus, p. 314.

★ Feuilles de moins de 2 mm. de largeur, longuement terminées en pointe, ou terminées par une pointe.
  □ Tiges ailées, presque plates CM ;
    ⊙ Feuilles en longues lanières très étroites.
    ⊙ Feuilles non en longues lanières très étroites R.
    [Eaux ; fl. verdâtre ; long. var. ; j.-at. ; v.]
  □ Tiges non ailées OBT ; feuilles terminées par une pointe courte.
    △ OBT variable ; j.-at. ; v.]

L   CR   GR   G   ZN   AL   ALT   Z   R   CM   PC   MR

↳ Feuilles supérieures pétiolées R;

+ Feuilles, au moins les inférieures, sans pétiole.

↳ Feuilles toutes sans pétiole et embrassant la tige PE.

↳ Feuilles supérieures flottant sur l'eau, les inférieures submergées.
Potamogeton rufescens Schrad.
Potamot roussâtre.
Çà et là. [S]

.. Feuilles en cœur à la base PE; carpelles à bord non aigu.
[Eaux; fl. d'un vert jaunâtre; longueur variable; j.-at.; v.]
Potamogeton perfoliatus L.
Potamot perfolié.
Assez commun, sauf dans la Région méditerranéenne. [S]

: Feuilles non en cœur à la base CR, P.

= Feuilles fortement plissées-crépues CR; carpelles terminés par un bec concave égal environ à la moitié du fruit. [Eaux; fl. d'un blanc verdâtre; longueur variable; j.-at.; v.] — Commun. [S]
Potamogeton crispus L.
Potamot crépu.
Commun. [S]

= Feuilles non fortement plissées-crépues P; carpelles à bord aigu, à bec court Pp. [Eaux; fl. d'un vert jaunâtre; longueur variable; j.-at.; v.]
Potamogeton praelongus Wulf.
Potamot allongé.
Assez rare. [S] (très rare)

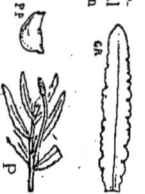

PE

PL

N

+ Feuilles toutes pétiolées.

⊕ Feuilles à limbe sans plis à la base PL;

⊕ Feuilles à limbe ayant 2 plis à la base, à la jonction du pétiole N; feuilles en général de deux formes.

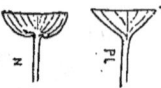

✣ Carpelles d'environ 4 mm. NA; épi de fruits épais, souvent à quelques carpelles avortés; feuilles inférieures détruites après la floraison. [Eaux; longueur variable; j.-at.; v.]
Potamogeton plantagineus Ducros.
Potamot à feuilles de Plantain.
Assez rare. [S]

✣ Carpelles d'environ 2 mm. PU; épi de fruits grêle, compact; feuilles inférieures persistant après la floraison (*P. polygonifolius* Pourr.)............
Potamogeton natans L.
Potamot nageant.
Commun, sauf dans la Région méditerranéenne. [S]

[Parfois feuilles éloignées les unes des autres, ovales en pointe: *P. oppositifolius* DC.)
Potamogeton pusillus L.
Potamot fluet.
Assez commun, sauf dans la Région méditerranéenne. [S]

[Parfois feuilles à une seule nervure et carpelles demi-arrondis Schlecht.) [Eaux; fl. d'un blanc verdâtre; longueur variable; j.-at.; v.]
Potamogeton densus L.
Potamot serré.
Commun. [S]

[Eaux; fl. d'un blanc verdâtre; longueur variable; jl.-s.; v.]
P. trichoides Cham. et Schlecht.)
Potamogeton acutifolius Link.
Potamot à feuilles aiguës.
Çà et là. [S]

CR

ca

P

Pp

NA

PO

2. ZANICHELLIA. ZANICHELLIA. — (→ Voyez fig. ZN. Z, p. 314). Plante submergée; tiges et feuilles étroites; fleurs ordinairement de deux sortes, les unes staminées, les autres pistillées; fruits à long bec. [Eaux douces et salées; fl. verdâtres; longueur variable; m.-jl.; v.]
Zanichellia palustris L.
Zanichellia des marais.
Assez commun. [S]

□ Tiges aplaties C; épis dressés; feuilles étroites, à pointe au sommet C, d'environ 5 à 8 c. de longueur.

△ Pédoncule de l'épi recourbé en crochet D; feuilles ovales aiguës D, opposées.

△ Pédoncule de l'épi droit PU; feuilles très étroites PU (environ 1 mm. de largeur).

□ Tiges arrondies.

C

D

PU

3. ALTHENIA. ALTHENIA. — (→ Voyez fig. AI, ALT, p. 314). Feuilles étroites à stipules membraneuses; styles plus longs que le reste du carpelle; tiges extrêmement étroites. [Eaux saumâtres; fl. verdâtres; 9-10 c.; m.-al.; v.]
Althenia filiformis Petit.
Althénia filiforme.
Littoral de l'Océan et de la Méditerranée (rare) [S]

↷ Feuilles à gaines entières; étamines dont l'anthère à quatre loges et s'ouvre en quatre parties............

↷ Feuilles à gaines ciliées et denticulées; étamines dont l'anthère n'a qu'une seule loge............

2. CAULINIA. *CAULINIE*. — Feuilles étroites MI; dentées, en touffes au sommet des tiges; fleurs staminées et fleurs pistillées sur la même plante;

fruit surmonté de 2 styles MI.
[Eaux; fl. verdâtres; longueur variable; jt.-s.; v.]

2. CAULINIA → p. 316.
CAULINIE [1 esp.].

Caulinia minor. Coss. et Germ.
Caulinie mineure.
Peu commun. [S]

1. NAÏAS. *NAIADE*. — Feuilles assez larges NM, à dents raides et aiguës; fleurs staminées et fleurs pistillées sur des plantes différentes;

fruit surmonté de 3 styles NM.
[Eaux; fl. verdâtres; longueur variable; jl.-s.; v.]

1. NAÏAS → p. 316.
NAIADE [1 esp.].

Naïas major All.
Naïade majeure.
Assez rare. [S]

⊙ Feuilles en longs fils R; 4 carpelles à la fin portés sur des prolongements plus ou moins longs R............

⊙ Feuilles en rubans à bords parallèles.

+ Inflorescence sur une tige qui sort du milieu des feuilles PO;

+ Fleurs renfermées dans la gaine des feuilles; tige souterraine sans nombreux débris écailleux.

ZOSTÉRACÉES

↷ Feuilles entières; fleurs staminées et fleurs pistillées sur la même plante............

↷ Feuilles ayant de très fines dents; fleurs staminées et fleurs pistillées sur des plantes différentes............

fleurs ayant à la fois étamines et pistil; tige souterraine couverte de nombreux débris écailleux............

1. RUPPIA. *RUPPIA*. — (→ Voyez fig. R, ci-dessus). Tiges très grêles; pédoncules devenant très longs et s'enroulant en spirale après la floraison. (Parfois pédoncules ne s'enroulant pas en spirale et ne dépassant pas 4 c. et fruits portés sur un long prolongement: **R. rostellata** Koch); — ou sur un prolongement de la même longueur que le fruit: **R. brachypus** Gay.)
[Eaux salées; fl. verdâtres; longueur variable; at.-o.; v.]

1. RUPPIA → p. 316.
RUPPIA [1 esp.].

Ruppia marina L.
Ruppia marine.
Littoral.

3. POSIDONIA → p. 316.
POSIDONIE [1 esp.].

4. CYMODOCEA → p. 316.
CYMODOCÉE [1 esp.].

2. ZOSTERA. *ZOSTÈRE*. —

⚥ Feuilles de 2 à 8 mm. de largeur [M, grandeur naturelle], à 3-5 nervures [voir par transparence];

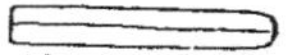

gaine striée. [Eaux salées; fl. verdâtres; longueur variable; j.-at.; v.]

⚥ Feuilles de 1 à 2 mm. de largeur [N, grandeur naturelle], à 1 nervure;

gaine lisse. [Eaux salées; fl. verdâtres; longueur variable; j.-at.; v.]

2. ZOSTERA → p. 316.
ZOSTÈRE [2 esp.].

Zostera marina L.
Zostère marine.
Littoral.

Zostera nana Roth.
Zostère naine.
Littoral (rare sur la Manche).

3. POSIDONIA. *POSIDONIE*. — (→ Voyez fig. PO, ci-dessus) Feuilles ordinairement à 11-13 nervures principales; fleurs groupées par 1 à 3; fruit charnu.
[Sur le fond de la mer; fl. verdâtres; 1-5 d.; s.-n.; v.]

Posidonia oceanica Del.
Posidonie de l'Océan.
Littoral de la Méditerranée.

4. CYMODOCEA. *CYMODOCÉE*. — (→ Voyez fig. CY, ci-dessus), Tige souterraine rampante et allongée; feuilles ordinairement à 5-7 nervures principales.
[Sur le fond de la mer; fl. verdâtres.; 5-25 c.; m.-j.; v.]

Cymodocea aequorea Kön.
Cymodocée de mer.
Littoral du Languedoc et de la Provence.

LEMNACÉES

LEMNA. LENTICULE. —

☐ Lames réunies en croix par 3 ou 2, amincies à l'extrémité T;

△ Plusieurs racines partant d'une même lame arrondie P;

△ Une seule racine partant de chaque lame arrondie M, G.

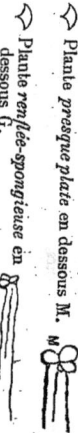

... plante souvent submergée; lames peu épaisses et ovales-allongées.
[Mares, fossés; fl. vertes; av.-m.; v.]

plante rougeâtre en dessous.
[Mares, fossés; fl. vertes; m.-j.; v.]

Lemna trisulca L.
Lenticule à trois lobes. Commun, sauf dans la Région méditerranéenne. [S]

Lemna polyrhiza L.
Lenticule à plusieurs racines. Assez commun, sauf dans le Midi. [S]

☐ Lames non réunies en croix, arrondies; plantes flottables.

☐ Plante de 5-9 d.; fleurs à enveloppe florale; feuilles longues et étroites.

☐ Plante de 1-4 d.; fleurs sans enveloppe florale; feuilles en cœur très divisées ou en fer de flèche M, DR, P.

△ Plante presque plate en dessous M.

△ Plante renflée-spongieuse en dessous G.

[Mares, fossés; fl. vertes; av.-j.; v.]

[Mares, fossés; fl. vertes; m.-j.; v.]

Lemna minor L.
Lenticule mineure (Lentille d'eau). Commun. [S]

Lemna gibba L.
Lenticule bossue. Assez commun, sauf dans le Sud-Est et le Midi. [S]

Lemna arrhiza L.
Lenticule sans racines. Rare.

△ Pas de racines A; plantes très petites, bombées en dessous.

[Mares, fossés; fl. vertes; m.-s.; v.]

AROÏDÉES

⊙ Feuilles en fer de flèche M ou très divisées DR; épi sans fleurs dans sa partie supérieure.

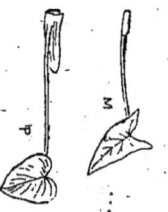

⊙ Feuilles ovales en cœur P; épi entièrement recouvert de fleurs.

épi de fleurs C serré et d'un brun jaunâtre.

...... 2. **ACORUS** → p. 318.
ACORE [1 esp.].

...... 3. **CALLA** → 318.
CALLA [1 esp.].

...... 1. **ARUM** → p. 317.
ARUM [4 esp.].

1. ARUM. ARUM. —

✶ Feuilles profondément divisées DR;

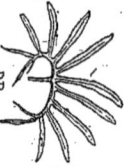

... axe de l'inflorescence aussi long que la bractée violacée en cornet qui l'entoure.
[Bois, endroits incultes; 8-15 d.; m.-j.; v.]

bractée générale pourprée au sommet.
[Endroits incultes; 2-3 d.; av.-m. et o.-n.; v.]

Arum Dracunculus L.
Arum Petit-Dragon (Serpentaire). Provence (très rare). [S]

Arum Arisarum L.
Arum Arisarum (Capuchon). Région méditerranéenne.

✶ Feuilles entières.

⊙ Bractée générale, en-tourant les fleurs, en capuchon au sommet et soudée en tube à la base;

⊙ Bractée générale, enroulant les fleurs, non en capuchon et fendue jusqu'à la base.

(Axe de l'inflorescence à massue pourpre, plus long que la moitié de la bractée en cornet MAC; feuilles assez souvent tachetées de noir.
[Bois, endroits frais; 2-5 d.; av.-m.; v.]

(Axe de l'inflorescence à massue jaunâtre, ne dépassant guère le 1/3 de la bractée en cornet IT; feuilles assez souvent tachetées de rose.
[Bois, endroits incultes; 3-6 d.; av.-m.; v.]

Arum maculatum L.
Arum tacheté (Gouet, Pied-de-Veau). Commun, sauf dans l'Ouest et le Midi. [S]

Arum italicum Mill.
Arum d'Italie. Nord-Ouest, Centre, Plateau Central (rare); Ouest, Midi. [S]

2. ACORUS. ACORE. — (→ Voyez fig. A, C, p. 317). Feuilles de 15 à 20 mm. de largeur, en général ; tige souterraine allongée ; plante aroma-tique ; bractée d'un roux jaunâtre. [Eaux, ruisseaux ; 6-9 d. ; j.-jt. ; v.]
    Acorus Calamus L.
    Acore calame (Acore vraie).
    Est çà et là (naturalisé). [S]

3. CALLA. CALLA. — (→ Voyez fig. P, p. 317). Feuilles toutes à la base, pétiolées, engainantes ; fruits rouges, âcres ; tige souterraine arti-culée ; bractée blanche. [Marais ; 2-9 d. ; j.-jt. ; v.]
    Calla palustris L.
    Calla des marais.
    Est (rare). [S]

□ Fleurs disposées en épis allongés (Voyez fig. L, A, ci-dessous) ....

□ Fleurs disposées en capitules globuleux (Voyez fig. R, S, N, ci-dessous) ....

TYPHACÉES

.... 1. TYPHA → p. 318.
MASSETTE [3 esp.].

.... 2. SPARGANIUM → p. 318.
RUBANIER [4 esp.].

1. TYPHA. MASSETTE. —

△ Épi inférieur de bien plus de 8 c. de lon-gueur ; feuilles de 5 à 10 mm. de largeur, en général.

  { Épi de fleurs staminées, séparé de l'autre par un faible in-tervalle (t, fig. L) ;

stigmates ovales aigus. [Étangs, fossés, rivières ; fl. blanchâtres et d'un brun noirâtre ; 1-2 m.; j.-at.; v.]
    Typha latifolia L.
    Massette à feuilles larges (Roseau des étangs).
    Commun. [S]

  • Épi de fleurs staminées, séparé de l'autre par un assez grand intervalle (t, fig. A) ;

stigmates très étroits. [Étangs, fossés, rivières ; fl. blanchâtres et d'un roux châtain ; 1-2 m. j.-at.; v.]
    Typha angustifolia L.
    Massette à feuilles étroites.
    Assez commun. [S]

Épi inférieur ne dépassant pas 3 c., devenant ovale M; feuilles de 1 à 3 mm. de largeur, en général.

[Étangs, fossés, rivières ; fl. d'un blanc jaunâtre et brunes; 2-8 d.; m.-s.; v.]
    Typha minima Hoppe.
    Massette petite.
    Vallées du Rhône et de ses affluents. [S]

2. SPARGANIUM. RUBANIER. —

○ Un seul capitule sur les rameaux secon-daires S. N.

{ Plusieurs capitules sur les rameaux secondaires R; feuilles à 3 faces, surtout à la base.

Feuilles d'un beau vert; ordinairement 2 à 3 épis globuleux ; fruit non sur un prolongement et à style court M!.
[Bord des eaux ; fl. d'un vert blanchâtre ; 6-10 d.; j.-at.; v.]
    Sparganium ramosum Huds.
    Rubanier rameux (Ruban d'eau).
    Commun. [S]

= Feuilles de la base à 3 faces, à leur partie inférieure ; plante non submergée ; capi-tules souvent nombreux S.
[Bord des eaux; fl. jaunâtres; 4-8 d.; j.-at.; v.]
    Sparganium simplex Huds.
    Rubanier simple.
    Assez commun, sauf dans le Midi. [S]

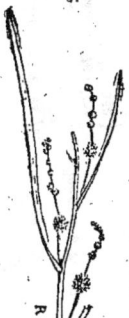

= Feuilles de la base à 2 faces des leur partie inférieure ; plante ordinaire-ment submergée ; capitules souvent peu nombreux N.

  • Feuilles d'un vert pâle, translucides ; ordinaire-ment 1 seul épi globuleux à étamines ; fruit non sur un prolongement et à style court Ml.
[Eaux; fl. d'un blanc jaunâtre ; 4-8 d.; jt.-at.; v.]
    Sparganium minimum Fries.
    Rubanier nain.
    Peu commun. Manque dans la Région méditerranéenne. [S]

fruit porté sur un prolongement et à style allongé AF.
[Lacs; fl. d'un blanc jaunâtre ; 5-20 d.; jt.-at.; v.]
    Sparganium affine Schnizl.
    Rubanier affine.
    Vosges, Alpes de la Savoie et du Dauphiné (rare). [S]

⊙ Feuilles longues et plus ou moins arrondies ou réduites à des écailles sans poids ; fruit à 3 loges.. **1. JUNCUS →** p. 319. *JONC* [22 esp.].

⊙ Feuilles plates, souvent poilues ; fruit à une loge....................................... **2. LUZULA →** p. 321. *LUZULE* [9 esp.].

1. JUNCUS. JONC.—

⊕ Feuilles réduites à quelques écailles brunes entourant la base des tiges [ne pas confondre les feuilles avec les tiges sans fleurs].. **Série 1 →** p. 319.

⊕ Feuilles plus ou moins développées [en outre, il peut y avoir des tiges sans fleurs].

✳ Fleurs *groupées par 3 à 9* ; plante ayant ordinairement 1 à 4 d.

⊖ 2 à 3 bractées très longues, ayant 15 à 25 fois la longueur des fleurs → Voyez J. trifidu, p. 320.

✕ 2 ou 3 bractées très longues, ayant 15 à 25 fois la longueur des fleurs TF, TN.

✕ Bractées n'ayant pas ce caractère.

★ Pas de feuilles entre les feuilles de la base et les bractées qui sont immédiatement au-dessous des fleurs.... **Série 3 →** p. 390.

★ Une ou plusieurs feuilles n'ayant pas ce caractère entre celles de la base et les bractées qui sont immédiatement au-dessous des fleurs.

✳ Fleurs à 9 étamines............. **Série 4 →** p. 320.

✳ Fleurs à 6 étamines.

⊕ Feuilles noueuses ou divisées en articles O, L........ **Série 5 →** p. 321.

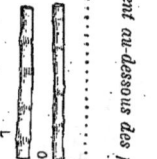

⊕ Feuilles non noueuses ni divisées en articles............. **Série 6 →** p. 321.

⊖ Bractées n'ayant pas ce caractère.

◁ Groupe de fleurs comme porté sur un long pédoncule commun 1C; fruit très allongé. [Endroits humides; 1-3 d.; a4.-s.; v.]

◁ Groupe de fleurs comme porté sur un pédoncule commun 1C; fruit très allongé. [Endroits humides; 1-3 d.; a4.-s.; v.]

: Groupe de fleurs fleuries en général de moins de 1 mm. de largeur, souvent obtus; fruit brun. [Endroits humides; 1-3 d.; j.-l.; v.]

: Groupe de fleurs d'un brun pâle; tiges en général de moins de 1 mm. de largeur, sépales ou pétales aigus FF; fruit brun. [Endroits humides; 1-3 d.; j.-l.; v.]

✶ Groupe de fleurs-fleuries; porté sur un pédoncule commun très court ou non développé F,AR; fruit/presque globuleux [ex. : FF].

✶ Groupe de fleurs "noirâtres; tiges fleuries de"1 mm. ou plus de largeur, en général; sépales aigus; pétales souvent obtus; fruit noir. [Endroits humides; 1-4 d.; a4.-s.; v.]

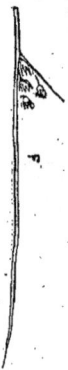

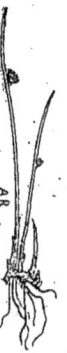

Série 1

✳ Fleurs *groupées par 3 à 9* ; plante ayant ordinairement 1 à 4 d.

⊖ Bractées *n'ayant pas ce caractère.*

✳ Fleurs groupées par plus de 9, en général ; plante ayant ordinairement 5 à 6 d.

+ Écailles *luisantes* ; tige à moelle ordinairement interrompue ; fleurs à 6 étamines ; fleurs sur des pédoncules étroits G.

+ Écailles non luisantes ; tige à moelle continue ; fleurs à 3 étamines. (Tantôt inflorescence étalée : **J. effusus L.**; tantôt inflorescence globuleuse, compacte E : **J. conglomeratus L.**; [Endroits humides; 5-10 d.; j.-a1.; v.]

(Parfois tige à moelle continue et tige non glauque à très fines stries : **J. diffusus** Hoppe.) [Endroits humides; 5-6 d.; j.-a1.; v.]

Juncus Jacquini L. *Jonc de Jacqun.* *Alpes* (H^les *régions ; rare).* [S]

Juncus filiformis L. *Jonc filiforme.* *Montagnes,* sauf le Jura. [S]

Juncus arcticus. Willd. *Jonc arctique.* *Alpes du Dauphiné,* (rare). [S]

Juncus communis E. Mey. *Jonc commun (Jonc à moelle).* *Commun.* [S]

Juncus glaucus Ehrh. *Jonc glauque (Jonc des jardiniers)* *Commun.* [S]

Série 2

□ Fleurs *pédonculées* TN ;   fruit brun. [Endroits humides ; 3-4 d. ; jt.-at. ; v.]
   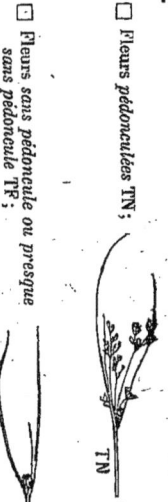
     TN
       Juncus tenuis *Willd.*
       Jonc grêle.
       Est, Ouest, Sud-Ouest (rare). **[S]**

□ Fleurs *sans pédoncule ou presque sans pédoncule* TF ;   fruit d'un brun-jaunâtre pâle. [Rochers, prés ; 1-4 d. ; at.-s. ; v.]
     TF
       Juncus trifidus *L.*
       Jonc trifide.
       Alpes, Pyrénées (H⁰ˢ régions), **[S]**

Série 3

△ Tiges de moins de 3 décimètres, en général ; fleurs par groupes arrondis.

   + Bractées (au moins une) *plus longues* que les fleurs C ;   sépales à longue pointe recourbée. [Sables humides ; 3-15 c. ; m.-jt. ; a.]
    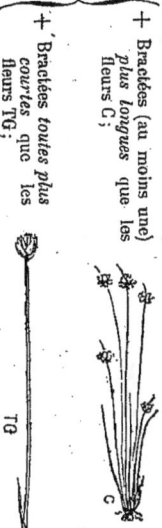
      C
       Juncus capitatus *Weig.*
       Jonc capité.
       Ouest et çà et là. **[S]**

   +' Bractées *toutes plus courtes* que les fleurs TG ;   sépales obtus [Rochers, prés ; 3-15 c. ; at.-s. ; v.]
      TG
       Juncus triglumis *L.*
       Jonc à 3 glumes.
       Alpes, Pyrénées (H⁰ˢ régions). **[S]**

85s × 86s, ρ. 94 ;

△ Tiges de 9 à 10 décimètres, en général ; fleurs ordinairement par groupes non arrondis (exemple : S).

   + Feuilles de la base des tiges fleuries, à gaines d'environ 5 à 8 mm. de largeur ; tige souterraine *longuement rampante* MA ;

      MA
      feuilles piquantes [Endroits humides ; 6-10 d. ; j.-at. ; v.]
       Juncus maritimus *Lam.*
       Jonc maritime.
       Littoral ; remonte çà et là à l'intérieur.

   +' Feuilles de la base des tiges fleuries, d'environ 3 mm. de largeur ; tige souterraine *courte* ; feuilles non piquantes. [Endroits humides, sables ; 2-6 d. ; j.-jt. ; v.]
      S
       Juncus squarrosus *L.*
       Jonc rude.
       Plateau Central et çà et là. **[S]**

Série 4

× Fruit *plus long* que les sépales A ;
    ⟿ fleurs noirâtres, par groupes peu nombreux et dressés AL ;

      AL
       [Endroits humides ; 1-8 d. ; jt.-at. ; v.]
       Juncus alpinus *Vill.*
       Jonc des Alpes.
       Montagnes (sauf les Vosges) ; descend parfois dans les plaines. **[S]**

× Fruit *égalant les sépales ou plus court ;*

   × Fleurs souvent entremêlées de feuilles S ; plante vivace ; fruit égalant environ les sépales. [Endroits humides, sables ; 1-3 d. ; j.-at. ; v.]
    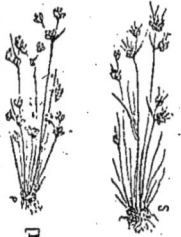
      S
       Juncus supinus *Moench.*
       Jonc couché.
       Nord, Est, Centre, Plateau Central, Ouest ; manque ou rare ailleurs. **[S]**

   × Fleurs non entremêlées de feuilles P ; plante annuelle ; fruit bien plus court que les sépales. [Endroits humides ; 3-15 c. ; m.-at. ; a.]
       Juncus pygmaeus *Thuil.*
       Jonc nain.
       Ouest, Sud-Ouest ; rare ailleurs.

□ Sépales et pétales arrondis au sommet OB ;

❀ Fruit à style persistant formant un bec presque aussi long que le fruit H ;

  fleurs d'un blanc verdâtre ou jaunâtre ; sépales et pétales égalant environ le fruit.
  feuilles de deux sortes, les unes de 4 à 6 mm. de largeur, les autres de 1 à 2 mm. de largeur, plus ou moins noueuses.

Juncus obtusiflorus Ehrh.
Jonc à fleurs obtuses.
Assez commun, sauf dans l'Est. [S]

Juncus heterophyllus L. Dufour.
Jonc à feuilles variées.
Centre, Ouest (rare) ; *Sud-Ouest.*

□ Sépales et pétales (au moins les sépales) très aplatis, surtout vers la base ;

⊖ Sépales aigus et pétales obtus A et, feuilles AN. [Endroits humides ; 3-8 d. ; j.-at. ; v.]

inflorescence dressée

  tiges d'environ 1 à 2 mm. de largeur. [Endroits humides ; 1-6 d., j.-s. ; v.]

Juncus anceps Laharpe.
Jonc à feuilles tranchantes.
Centre, Ouest, Midi (rare).

❀ Fruit n'ayant pas ce caractère.

⊖ Plantes n'ayant pas ces deux caractères réunis. (Tantôt sépales terminés par une arête SL ; — tantôt fruit brillant, brusquement en bec LG : **J. silvaticus** Reich. ; — tantôt fruit non brillant et aigu : **J. lampro-carpus** Ehrh.) [Endroits humides : 1-8 d ; m.-s. ; v.]

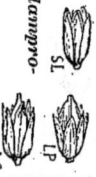

  tiges d'environ 3 à 4 mm. de largeur. [Endroits humides ; 3-7 d. ; m.-j. ; v.]

Juncus bulbosus L.
Jonc bulbeux.
Commun. [S]

Juncus articulatus L.
Jonc articulé.
Très commun. [S]

Juncus multiflorus Desf.
Jonc à fleurs nombreuses.
Région méditerranéenne (rare).

↗ Plante vivace à tige souterraine horizontale développée.

⊖ Sépales terminés par une longue pointe, fruit plus court que les sépales ; **85a et 86b,** p. 394.

  sépales sans longue pointe ; fleurs ordinairement brunes ou brunâtres. (Très rarement, fruit un peu plus court que les sépales et feuilles aussi longues que la tige, à gaine sans oreillettes : **J. acutiflorus** H. Roux.) [Endroits humides, sables ; 5-80 c., j.-at. ; a.]

Juncus tenageia Ehrh.
Jonc des marais.
Assez commun, sauf dans le Nord, l'Est, le Sud-Est, le Plateau Central et la plaine méditerranéenne. [S]

↗ Plante annuelle à racines grêles sans tige souterraine développée.

△ Fruit à peu près égal aux sépales T, ou un peu plus long ;

△ Sépales obtus au sommet BL ; fruit égal aux sépales ou plus long ;

  sépales à longuepointe ; fleurs ordinairement d'un blanc verdâtre. [Endroits humides, sables ;

Juncus bufonius L.
Jonc des crapauds.
Très commun. [S]

△ Fruit bien plus court que les sépales B ;

  sépales plus courts que les sépales B ; 5-30 c. ; m.-at. ; a.]

2. LUZULA. *LUZULE.* —

⊙ Fleurs toutes isolées les unes des autres (Voyez fig. VE, FO, p. 332)..................**Série 1 →** p. 322.

⊙ Fleurs toutes isolées ; au moins quelques-unes groupées par 2 à 3.

⊙ Fleurs non toutes isolées ; au moins quelques-unes groupées par 2 à 3..................**Série 2 →** p. 322.

✠ Plante n'ayant pas à la fois ces deux caractères.

✠

Série 1

+ Tiges souterraines non rampantes, non allongées et sans racines adventives tout le long. (Parfois feuilles de 2 à 5 mm. de largeur F et les pédoncules dressés lorsque les fruits sont mûrs F0 : *L. Forsteri* DC.) [Bois, pâturages ; fl. brunes, parfois mêlées de blanc ; ms.-m.; v.]

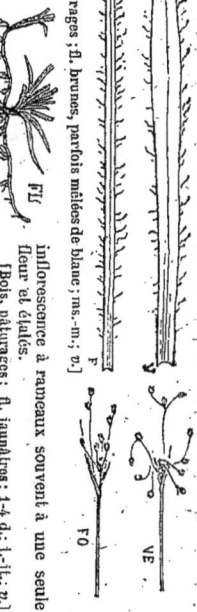

F

F0

+ Tiges souterraines rampantes, allongées et portant tout le long des racines adventives FL;

⊕ inflorescence à rameaux souvent à une seule fleur et étalés. [Bois, pâturages ; fl. jaunâtres ; j.-jt.; v.]

FL

VE

Luzula vernalis DC.
Luzule du printemps.
Commun, sauf dans la Région méditerranéenne. [S].

Luzula flavescens Gaud.
Luzule jaunâtre.
Jura, Alpes, de la Savoie et d.;
Dauphiné ; Pyrénées (rare). [S].

⊕ Feuilles de moins de 3 mm. de largeur, en général ; inflorescence à fleurs très fins SP. [Pâturages ; fl. brunâtres ; 1-4 d.; jt.-at.; v.]

⊕ Feuilles de 3 à 10 mm. de largeur, en général ; inflorescence à fleurs nombreuses NX. [Bois, pâturages ; fl. brunâtres mêlées de blanc ; 4-6 d.;]

[Pâturages ; fl. jaunes ; j.-jt.; v.]

Luzula lutea DC.
Luzule jaune.
Alpes ; Pyrénées (rare). [S].

Luzula maxima DC.
Luzule élevée.
Assez commune, sauf dans la Région méditerranéenne. [S].

○ Fleurs d'un jaune doré et inflorescence dépassant longuement les feuilles supérieures LU.

○ Groupes de fleurs disposés en grappes rameuses.

= Fleurs brunes.

= Fleurs blanches, blanchâtres, jaunâtres ou rosées. (Parfois inflorescence à peu près de même longueur que les feuilles des étamines bien plus courts que les anthères : *L. albida* DC. ; — ou fleurs groupées par 2 à 6 : *L. pedemontana* Boiss. et Reut.) [Bois, pâturages, rochers ; fl. blanchâtres, jaunâtres ou rosées ; 3-6 d., j.-jt.; v.]

NX

SP

NI

Luzula nivea DC.
Luzule blanc de neige.
Montagnes, Nord-Est, Est, Côte-d'Or. [S].

Luzula spadicea DC.
Luzule en spadice.
Vosges, Alpes, Pyrénées. [S].

○ Groupes de fleurs isolés ou disposés en grappes simples ou en ombelle.

× Fleurs réunies en un seul groupe, en forme d'épi.

§ feuilles peu ou pas poilues dans leurs deux tiers supérieurs S ; épi en général 1-3 d.; j.-at.; v.]

§ Feuilles poilues tout le long P ; épi en général plus court que les feuilles supérieures PD. [Pâturages, rochers ; fl. brunes ; 4-6 d.; jt.-at.; v.]

× Inflorescence n'ayant pas ces caractères, de forme variable. CP, CS, CC, ML. [Bois, prés, pâturages, rochers ; fl.

SP

CS

PD

P

ML

Luzula spicata DC.
Luzule en épi.
Montagnes (manque dans les Vosges). [S].

Luzula pediformis DC.
Luzule en forme de pied.
Alpes, Pyrénées.

Luzula campestris DC.
Luzule des champs.
Commun, sauf dans la Région méditerranéenne. [S].

CP

CYPÉRACÉES

☐ Fleurs *de deux sortes*, les unes staminées, les autres pistillées, sur la même plante ou parfois sur des plantes différentes. ....

△ Pistil ou fruit entouré de très longs poils A.

[Voyez les figures des pages 339 à 338.]

A

épis à nombreuses fleurs, formant à la maturité comme des aigrettes blanches. .... •4. **ERIOPHORUM** → p. 325. *LINAIGRETTE* [4 esp.].

8. ELYNA.

•9. **CAREX** → p. 328. *CAREX* [91 esp.]. [Dans le tableau des espèces de ce genre sont comprises celles du genre **8. ELYNA.**]

☐ Fleurs *ayant à la fois étamines et pistil.*

△ Pistil ou fruit entouré de très longs poils A;

+ Épis aplatis, à fleurs régulièrement disposées sur deux rangs opposés DS; Fl, (FV, un épillet); pas de poils à la base du pistil et du fruit. ....

○ Écailles inférieures de chaque épi *plus petites* que les autres; [ne pas confondre les écailles des épis avec les bractées générales qui sont à la base de l'inflorescence.]

DS   Fl

... •1. **CYPERUS** → p. 323. *SOUCHET* [10 esp.].

○ Plante de 8 à 12 d. en général; feuilles denticulées coupantes au bord et au milieu M, d'environ 5 à 9 mm. de largeur; épis à nombreuses fleurs CM.

M

C M

... •3. **CLADIUM** → p. 324. *CLADIUM* [1 esp.].

+ Plante n'ayant pas à la maturité une fois ces caractères.

⬦ Écailles inférieures de chaque épi *égales aux autres ou plus grandes.*

○ Plante dépassant rarement 60 c.; feuilles d'environ ¼ à 3 mm. de largeur.

= Feuilles *raides, piquantes* NI; 2 stigmates, style tombant après la floraison.

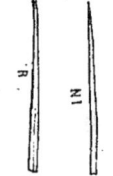

NI

... •2. **SCHŒNUS** → p. 324. *CHOIN* [2 esp.].

≡ Feuilles non piquantes R; 3 stigmates, style persistant après la floraison.

R

... •7. **RHYNCHOSPORA** → p. 328. *RHYNCHOSPORA* [2 esp.].

⊙ Épillets en grappe rameuse F, plus longs que larges, de moins de 2. mm. de largeur; style élargi à la base et persistant Fl (plante des Alpes maritimes).

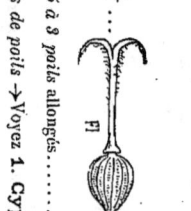

F

Fl

... •6. **FIMBRISTYLIS** → p. 328. *FIMBRISTYLIS* [1 esp.].

⊙ Plante n'ayant pas ces caractères. .... •5. **SCIRPUS** → p. 325. *SCIRPE* [20 esp.].

• Pistil et étamines entourés de 5 à 9 poils allongés. .... →Voyez 1. **Cyperus**, p. 323.

• Pistil et étamines non entourés de poils →Voyez 1. **Cyperus**, p. 323.

---

1. CYPERUS. *SOUCHET.* ◠

⊕ Fleurs à 3 stigmates; fruit à 3 angles en général. .... **Série 1** → p. 324.

⊕ Fleurs à 2 stigmates; fruit aplati. .... **Série 2** → p. 324.

× Tige souterraine rampante en tuber-cules.

§ Écailles des fleurs à nombreuses nervures saillantes AU, uni-ren-flées en tuber-cules. formément brunes ; tubercules blanchâtres ou jaunâtres.

§ Écailles des fleurs à nervures saillantes seulement sur le dos O, brune avec une bande verte sur le dos ; tubercules d'un brun foncé ou noirâtre.

écailles des fleurs à nombreuses nervures saillantes ; tiges arrondies.
[Sables ; fl. brunâtres ; 2-6 d. ; j.-at. ; v.]

AU [Près du littoral ; fl. brunâtres ; 2-4 d. ; at.-n. ; v.]

O [Près du littoral ; fl. jaunâtres ; 2-4 d. ; at.-n. ; v.]

Cyperus aureus Ten. *Souchet doré.* *Provence* (très rare).

Cyperus olivaris Turg. *Souchet en forme d'olive.* *Littoral de la Méditerranée* (rare).

(Tous les épis réunis en un seul groupe compact et arrondi S ;

Écailles des fleurs à plusieurs nervures sur le dos LG, blanches membraneuses sur les bords. (Parfois inflorescence à rameaux écar-tés et plante de 2 à 6 d. : *C. badius* Desf.)
[Endroits humides ; fl. d'un vert jaunâtre ; 2-12 d. ; jt.-s. ; v.]

S

LG

Cyperus schœnoides Griseb. *Souchet Faux-Choin.* *Littoral de la Méditerranée.*

Cyperus longus L. *Souchet long* (Souchet odorant). *Ouest, Midi et çà et là,* sauf dans le Nord-Est. [S]

* Écailles des fleurs brunes ou brunâtres.

** Épillets de 1 mm. à 1 mm. 1/2 de largeur V ; écailles des fleurs arrondies.
[Endroits humides ; fl. brunâtres ; 1-4 d. ; j.-at. ; a.]

*** Épillets de 2 à 3 mm. de largeur V ; écailles de fleurs verdâtres ou jaunâtres.
[Endroits humides ; fl. verdâtres ; 1-6 d. ; jt.-o. ; v.]

* Écailles des fleurs à 1 seule nervure marquée FS, V.

* Écailles des fleurs à nombreuses nervures MT ;

** Épillets de 1 mm. à 1 mm. 1/2 de largeur ; écailles des fleurs brunes ou brunâtres.

FS

V

VE

FU

CL

Cyperus fuscus L. *Souchet brun.* *Assez rare.* [S]

Cyperus vegetus Willd. *Souchet robuste.* *Sud-Ouest* (naturalisé).

Cyperus distachyos All. *Souchet à 2 épis.* *Littoral de la Méditerranée* (très rare).

❋ 2 à 6 épis noirâtres, paraissant placés sur le côté DS ;

⊙ Écailles des fleurs à nombreuses nervures MT ;

⊙ Écailles des fleurs à 1 nervure ou à 3 ner-vures rapprochées ; épis presque sans pédoncules.
[Endroits humides ; fl. jaunâtres ; 4-30 c. ; j.-at. ; a.]

❋ Épis nom-breux.

Plante annuelle ; écailles des fleurs jaunâtres.
[Endroits humides ; fl. jaunâtres ; 5-10 d. ; jt.-at. ; v.]

Plante vivace à tige souterraine courte et horizontale ; écailles des fleurs brunes.
[Endroits humides ; fl. brunâtres ; 1-3 d. ; jt.-o. ; v.]

MT

DS

feuilles presque réduites à des gaines ; tiges d'environ 2 mm. de largeur en général.
[Endroits humides ; fl. noirâtres ; 2-4 d. ; j.-s. ; v.]

épis pédonculés.
[Endroits humides ; fl. jaunâtres ; 5-10 d. ; jt.-at. ; v.]

Cyperus Monti L. *Souchet de Monti.* *Sud-Est, Midi* (rare). [S]

Cyperus flavescens L. *Souchet jaunâtre.* *Assez commun,* sauf dans le Nord et l'Est. [S]

Cyperus globosus All. *Souchet globuleux.* *Littoral de la Méditerranée* (très rare).

2. SCHŒNUS. CHOIN. —

□ Épillets groupés par 1 à 4 ; [F ;

fruit entouré par des poils qui le dépassent.
[Endroits humides, tourbières ; fl. brunâtres ; 1-3 d. ; m.-j. ; v.]

□ Épillets groupés par 3 à 10, C ;

fruit entouré de poils qui sont plus courts que le fruit.
[Sables humides, marais ; fl. brunes ; 2-5 d. ; m.-j. ; v.]

F

C

Schoenus ferrugineus L. *Choin ferrugineux.* *Côte-d'Or ; Jura, Alpes du Dau-phiné* (rare). [S]

Schoenus nigricans L. *Choin noircissant.* *Littoral et çà et là.* [S]

3. CLADIUM. CLADIUM. — (→ Voyez fig. M, CM, p. 323). Épis brunâtres ; tiges robustes, presque cylindriques ; feuilles raides ; fruits bruns.
[Endroits humides ; fl. roussâtres ; 8-12 d. ; j.-at. ; v.]

Cladium Mariscus R. Br. *Cladium noircissant.* *Littoral et çà et là.* [S]

4. ERIOPHORUM. LINAIGRETTE. —

+ Tiges portant un seul groupe de fleurs.

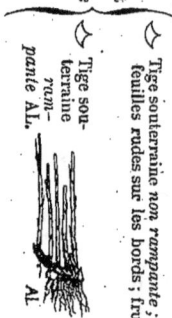

△ Tige souterraine non rampante ; ensemble des fleurs ovales V ; feuilles rudes sur les bords ; fruits bruns.
[Marais, tourbières ; fl. d'un gris noirâtre ; 2-5 d. ; av.-m. ; v.]
Eriophorum vaginatum L. *Linaigrette engainée. Montagnes et çà et là dans l'Est, le Centre et l'Ouest.* [S]

△ Tige souterraine rampante AL.

⊙ Épi allongé A ;
tige à 3 angles rudes. [Marais, tourbières ; fl. roussâtre ; 1-2 d. ; av.-j. ; v.]
Eriophorum alpinum L. *Linaigrette des Alpes. Jura, Alpes, Auvergne.* [S]

⊙ Épi arrondi SC ;
tige arrondie, molle. [Marais, tourbières ; fl. d'un gris-noirâtre ; 1-4 d. ; jl.-at. ; v.]
Eriophorum Scheuchzeri Hoppe. *Linaigrette de Scheuchzer. Alpes, Pyrénées (très rare) (Hautes régions).* [S]

+ Tiges portant *plusieurs groupes de fleurs.* (Tantôt fruits aigus au sommet et pédoncules des épis lisses : **E. angustifolium** Roth ; — tantôt fruits arrondis au sommet G, tantôt fruit arrondi au sommet, pédoncules des épis peu poilus et feuilles aplaties L : **E. latifolium,** Hoppe). [Marais, tourbières ; fl. brunes, rougeâtres ou d'un vert noirâtre ; 2-5 d. ; av.-j. ; v.]
Eriophorum polystachyon L. *Linaigrette à plusieurs épis* (long à duvet). *Assez commun, sauf dans la Région méditerranéenne.* [S]

5. SCIRPUS. SCIRPE. —

(Tige à plusieurs épis.

⊕ Tiges de 3 à 20 décimètres en général.

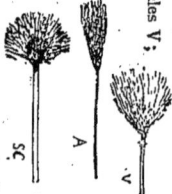

✶ Écailles des fleurs non frangées dans leur partie supérieure MAR, S, ayant parfois quelques dents au sommet............ **Série 1** → p. 325.

✶ Écailles des fleurs finement frangées dans leur partie supérieure LA, T, ... **Série 2** → p. 326.

⊕ Tiges de 3 à 30 centimètres, en général.

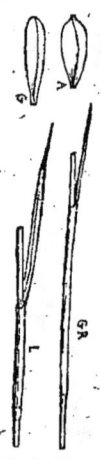

□ Tiges couchées ou flottantes, portant des feuilles développées SF ; écailles des fleurs arrondies au sommet, vertes, blanchâtres au bord ;............ **Série 3** → p. 326.

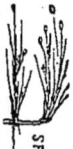

2 stigmates; feuilles très étroites

□ Plante n'ayant pas ces caractères. { • Gaines à court limbe............ **Série 4** → p. 327.
{ •• Gaines sans limbe............ **Série 5** → p. 327.

(Tige à un seul épi (c'est-à-dire les fleurs attachées chacune directement sur la tige).

△ Chacun des épis ayant 2 à 6 mm. de longueur, en général.

⊕ Épis en inflorescence rameuse Si, non groupés en boule ;
feuilles de 8 à 15 mm. de largeur, en général. (Très rarement épis allongés R, et feuilles de moins de 8 mm. de largeur : **S. radicans** Schkuhr). [Endroits humides ; fl. d'un vert noirâtre ; 4-12 d. ; m.-s. ; v.]
Scirpus silvaticus L. *Scirpe des bois. Commun, sauf dans les plaines méridionales.* [S]

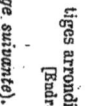

⊕ Épis groupés en boules H ;
tiges arrondies, ayant quelques gaines à la base. [Endroits humides ; fl. brunes ; 4-12 d. ; jl.-at. ; v.]
Scirpus Holoschoenus L. *Scirpe en jonc. Sud-Est, Ouest, Midi, principalement sur le littoral.* [S]

épis ronds ou ovales SV, R ;

△ Chacun des épis ayant 7 à 25 mm. de longueur (→ *Voyez la suite à la page suivante*).

□ Limbe des feuilles *plat*; inflorescence rameuse à 6-25 épis, rarement moins et alors agglomérés : écailles des fleurs à dents séparées par une pointe nette;

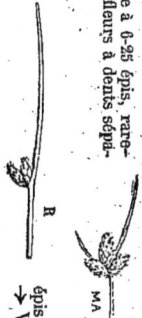

□ Limbe des feuilles *plié* ou à 3 angles

△ 2 à 6 épis placés de côté R;

épis d'environ 2 à 7 mm, de largeur (*S. Rothii* Hoppe)
→ Voyez *S. triqueter*, p. 326.

épis parfois très gros, [MT, grandeur naturelle].
[Endroits humides ; fl. roussâtres ; 4-12 d.; j.-o.; v.]

Scirpus maritimus *L.*
Scirpe maritime.
Assez commun, surtout sur le littoral. [S]

△ Épis nombreux en inflorescence terminale; épis d'environ 3 à 4 mm, de largeur [LT, grandeur naturelle] sur des pédoncules allongés (*S. littoralis* Schrad.) → Voyez *S. triqueter*, p. 326.

Série 2

✖ Écailles des fleurs non plissées en long LA, T.

✖ Écailles plissées en long MU;

↺ Tiges entièrement *arrondies* ou un peu anguleuses vers le haut. (Parfois 2 stigmates: *S. Tabernaemontani* Gmel.; parfois tiges anguleuses dans leur partie supérieure : *S. Duvalii* Hoppe)
[Endroits humides, eaux ; fl. rousses ; 8-30 d.; j.-jt.; v.]

↺ Tiges *nettement à 3 angles* ayant 2 faces plates et la troisième un peu creusée en gouttière.
[Endroits humides; fl. roussâtres; 3-10 d.; jt.-at.; v.]

Scirpus lacustris *L.*
Scirpe des lacs (donc des tonneliers).
Commun. [S]

Scirpus triqueter *L.*
Littoral et çà et là. [S]

Série 3

◯ Tiges à 3 angles vers le haut; 2 stigmates; rarement 3.

= Épis disposés sur 2 rangs C;

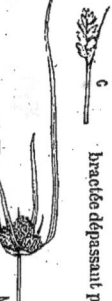

bractée dépassant peu l'ensemble des épis. [Endroits humides; fl. brunes; 1-3 d.; j.-at.; v.]

✖ Écailles des fleurs plissées *en travers* vers le haut, à pointe au sommet P.
→ Voyez *S. triqueter*, p. 326.

= Épis réunis en masse arrondie MI;

MU travers. [Endroits humides; fl. d'un jaune verdâtre; 4-9 d.; jt.-at.; v.]

tige à 3 angles et à faces creuses; fruit plissé en travers.

Scirpus mucronatus *L.*
Scirpe mucroné.
Est, Côte-d'Or, Sud-Est, Sud-Ouest (rare). [S]

Scirpus compressus *Pers.*
Scirpe comprimé.
Peu commun. [S]

◯ Tiges *arrondies* au sommet; 3 stigmates.

⊕ Écailles des fleurs de plus de 1 mm. de longueur.

✖ Écailles des fleurs plissées en long, à pointe très courte SP;

bractée presque aussi longue que le reste de la plante SU. [Endroits humides, sables ; fl. d'un brun verdâtre; 6-30 c.; jt.-at.; a.]

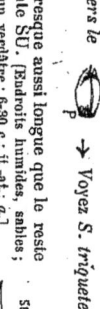

Scirpus Michelianus *L.*
Scirpe de Micheli.
Jura, Nord de la vallée du Rhône, Centre, Ouest, Sud-Ouest (rare).

⊕ Écailles des fleurs de moins de 1 mm. de longueur; tiges ayant, en général, moins de 1/2 mm. de largeur. (Parfois bractées dépassant peu ou pas les épis S, et fruit marqué de petits points : *S. Savii* Seb. et Maur.;—plante à racines grêles, parfois à rejets rampants portant des racines adventives G : *S. gracillimus* Kohts.)
[Endroits humides, sables ; fl. brunâtres ; 3-30 c.; j.-s.; a. ou v.]

× Écailles des fleurs plissées en long, à pointe très courte SP;

bractée dépassant très longuement l'ensemble des épis. [Endroits humides ; fl. verdâtres ; 3-20 c.; jt.-at.; a.]

Scirpus supinus *L.*
Scirpe couché.
Rare. Manque dans le Nord, l'Ouest et presque tout le Midi. [S]

Scirpus setaceus *L.*
Scirpe sétacé.
Assez commun. [S]

⊕ Tiges couchées ou flottantes, portant des feuilles développées SF; stigmates; feuilles très étroites.

⊕ Plante ayant des tiges rampantes allongées, à racines adventives G; tiges de moins de 1/2 mm. de largeur; écailles des fleurs de moins de 1 mm. de longueur.

⊕ Plante n'ayant pas ces caractères.

§ Gaines des feuilles terminées par un limbe vert, au moins la supérieure.

§ Gaines terminées par une pointe courte → Voyez S. setaceus, p. 326.

★ Plante ayant à sa base des tiges rampantes et portant des racines adventives.

★ Plante n'ayant pas de tiges rampantes à sa base.

☀ Épis à 2-5 fleurs, en général.

☀ Épis à 5 fleurs.

❈ Épis à plus de 5 fleurs.

= Épi ovale 0;

= Épi, allongé; 3 stigmates; écailles des fleurs brunes.

⊙ Épis à fleurs nombreuses et de 7 à 10 mm. de longueur.

⊙ Épis à 3 à 7 fleurs et de 3 à 6 mm. de longueur.

⊙ 2 écailles inférieures de l'épi très obtuses à la base et différentes des autres PR; fruit de moins de 1 mm. de longueur et lisse.

⊙ 2 écailles inférieures de l'épi peu différentes des autres (Voyez plus bas fig. PC); fruit d'environ 2 mm. de longueur et marqué de petits points → Voyez S. pauciflorus, p. 327.

(Épis à fleurs nom-breuses et de 7 à 10 mm. de longueur.

(Épis ovales group-queter, p. 326.

: Épis groupés en une masse arrondie → Voyez S. tri-

→ Voyez S. setaceus, p. 326.

→ Voyez S. Holoschœnus,

• Écaille inférieure n'en-veloppant pas l'épillet AL;

• Écaille inférieure enve-loppant l'épillet CS;

: Écailles inférieures de l'épi peu différentes des autres (Voyez plus bas fig. PC); fruit nombreuses AC; 3 stigmates.

: Épis souvent courbés AM, blanchâtres ou verdâtres.

: Épis droits PA, roux ou bruns. (Parfois une seule écaille sans fleur entourant la base de l'épi; S. uniglumis Link.)

△ Épi à 2-7 fleurs PC; fruit blanc-gris, ordinairement avec poils longs PF; écailles des fleurs striées.

△ Épi à fleurs nombreuses; fruit brun-noir ou verdâtre, ordinairement à poils le dépassant peu M; écailles des fleurs non striées.

2 stigmates; écailles des fleurs brunes, avec une ligne verte au milieu; fruits jaunâtres.

[Eaux; fl. brunâtres; longueur variable; j.-s.; v.]

[Marais; fl. d'un brun ver-dâtre; 1-2 d.; jl.-at.; v.]

[Marais; fl. d'un brun ver-dâtre; 1-2 d.; jl.-at.; v.]

fruit sans arêtes.

fruit à 5 à 6 arêtes plus longues que le reste du fruit. [Marais; fl. rousséâtres; 4-10 c; m.-jl.; v.]

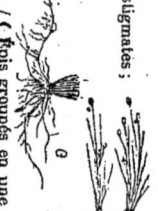

[Endroits humides; 2-5 d.; fl. ver-dâtres; 1-5 d.; j.-s.; v.]

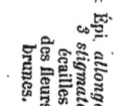

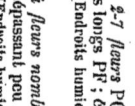

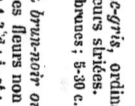

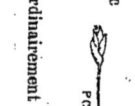

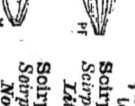

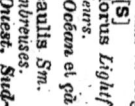

[Endroits humides; sables; fl. rousses; 5-15 c.; j.-s.; a.]

[Endroits humides; fl. d'un brun verdâtre; 3-4 d., jl.-at.; v.]

[Endroits humides, sables; fl. bruces; 5-30 c.; j.-s.; v.]

[Endroits humides; fl. bruces; 1-3 d.; j.-at.; v.]

Scirpus fluitans L. Scirpe flottant. Nord-Ouest, Ouest, Sud-Ouest. Manque dans la Région méditerranéenne; rare ailleurs.

Scirpus alpinus Schl. Scirpe des Alpes. Alpes de la Savoie et du Dau-phiné (rare). [S]

Scirpus cæspitosus L. Scirpe gazonnant. Montagnes et çà et là. [S]

Scirpus parvulus R. et S. Scirpe petit. Littoral de l'Océan (rare), [S]

Scirpus acicularis L. Scirpe épingle. Est, Centre, Ouest et çà et là, sauf presque tout le Midi. [S]

Scirpus amphibius N. Scirpe amphibie. Sud-Ouest.

Scirpus palustris L. Scirpe des marais. Commun. [S]

Scirpus ovatus Roth. Scirpe ovoïde. Çà et là, sauf dans la Région médi-terranéenne. [S]

Scirpus pauciflorus Light. Scirpe à peu de fleurs. Littoral de l'Océan et çà et là. [S]

Scirpus multicaulis Sm. Scirpe à tiges nombreuses. Nord-Ouest, Ouest, Sud-Ouest et çà et là.

6. FIMBRISTYLIS. *FIMBRISTYLIS.* — (→ Voyez fig. F, Fi, p. 333). Feuilles planes, étroites, à gaines couvertes de petits poils ; 15 à 35
petits épis allongés, groupés en inflorescence rameuse.
[Endroits humides, sables ; fl. brunâtres ; 6-15 c.; at.-s.; α.]

Fimbristylis dichotoma. —
Fimbristylis dichotome.
Dép. des *Alpes-Maritimes* (très rare ;
bords du Var). [S]

7. RHYNCHOSPORA. *RHYNCHOSPORA.* —

☐ Épis blanchâtres ; bractée inférieure égalant à peu près le
premier rameau fleuri RA ; fruit entouré de 10-13 poils à
petites dents dirigées vers le bas. —

[Endroits humides, marais tourbeux ; fl. blanchâtres ; 1-5 d.; j.-at.; v.]

Rhynchospora alba Vahl.
Rhynchospora blanc.
Centre, Ouest, Sud-Ouest et çà et
là. [S]

☐ Épis *bruns* ; bractée inférieure *dépassant longuement* le
premier rameau fleuri F; fruit entouré de 5-6 poils à petites
dents dirigées vers le haut.

[Endroits humides, marais tourbeux ; fl. bruns ;
1-4 d.; j.-at.; v.]

Rhynchospora fusca R. et S.
Rhynchospora brun.
Ouest, Sud-Ouest, rare ou manque
ailleurs, [S]

8. ELYNA. *ELYNA.* —

○ Base des tiges (y compris les gaines des feuilles)
SP, 3 à 4 *fois plus grosses* que la partie supérieure des tiges ; inflorescence paraissant en
épi simple SPI.

[Rochers ; fl. bru-
nes et blanches ;
1-2 d.; jt.-at.; v.]

Elyna spicata Schrad.
Elyna en épi.
Alpes, Pyrénées. [S]

○ Base des tiges (y compris les gaines des feuilles) *moins de
2 fois plus grosses* que la partie supérieure des tiges CA;
inflorescence paraissant en épi composé, au moins à la
base CAR.

[Endroits humides ; fl.bru-
nâtres ; 8-25 c.; jt.-at.; v.]

Elyna caricina. M. et K.
Elyna Faux-Carex.
Alpes de la Savoie, H'es Pyré-
nées (très rare). [S]

9. CAREX. *CAREX.* —

★ Un seul épi *simple* au sommet des tiges, c'est-à-
dire fleurs attachées chacune directement sur
la tige [exemples : F, D, DI, PV, PI].

⊕ Tige *rampante* ; fleurs pistillées
à 2 stigmates..**Série 1** → p. 330.

⊕ Tige *non rampante*,

⊖ Fleurs pis-
tillées à 2
stigmates...................................**Série 2** → p. 330.

⊖ Fleurs pistillées à 3 stigmates.

☓ Épi supérieur *couvpoosé en grande partie de fleurs pistillées*, avec quelques fleurs staminées à la base...

= Enveloppe du fruit à longs poils
en pointe et à 2 dents à la fin
écartées [exemples : H, F]..............................**Série 3** → p. 331.

= Enveloppe du fruit *n'ayant
pas à la fois ces carac-
tères*..**Série 4** → p. 331.

☓ Épi supérieur
ou épis supérieurs
entièrement
staminés ; épis
inférieurs en-
tièrement pis-
tillés.

△ Fleurs pis-
tillées à
3 stigmates.

⊕ Enveloppe
du fruit
poilue sur
les deux
faces.

: Tige portant des épis depuis la
base..**Série 5** → p. 331.

: Tige ne portant *pas* des épis
depuis la base..**Série 6** → p. 332.

⊕ Enveloppe du fruit sans poils, parfois un peu poilue sur les angles, très rarement poilue à la partie supérieure
des faces (→ Voyez la suite à la page suivante).

: Tige portant des épis depuis la
base..**Série 7** → p. 333.

: Tige ne portant *pas* des épis
depuis la base..**Série 8** → p. 333.

△ Fleurs pistillées à 2 stigmates.

⊕ Épis ayant tous à la fois
des fleurs staminées et
des fleurs pistillées...

✛ Moins de 12 épis par tige fleurie, en général..............................**Série 9** → p. 333.

✛ Plus de 12 épis, en général..............................**Série 10** → p. 334.

⊕ Épis supérieur
coupvposé.

✛ Écailles des fleurs pistillées vertes ou avec une
nervure verte sur le dos..............................**Série 11** → p. 334.

✛ Écailles des fleurs pistillées entièrement brunes..............

★ *Plusieurs épis
sur chaque
tige, c'est-à-
dire fleurs
réunies en
groupes qui
sont eux-
mêmes
attachées sur la
tige*
[exemples :
DS, YF, D, GLI].

Suite de la clef des séries du Carex :

□ Plusieurs épis de fleurs staminées.. **Série 12** → p. 335.

△ Épi staminé verdâtre ou blanchâtre............

   + La plupart des épis pistillés mûrs étant au moins 5 fois plus longs que larges.

      < Enveloppe du fruit mûr ayant des nervures nettes d'un bout à l'autre [ex.: Pl, Bl]............... **Série 13** → p. 336.

      < Enveloppe du fruit sans nervures nettes d'un bout à l'autre [ex.: G, PN]............... **Série 14** → p. 336.

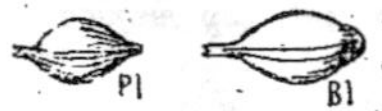

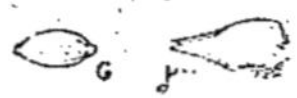

   + La plupart des épis pistillés mûrs étant moins de 5 fois plus longs que larges.

      ○ Enveloppe du fruit ayant de très petites dents sur les bords HSP, SE...............  **Série 15** → p. 337.

      ○ Enveloppe du fruit n'ayant pas de petites dents sur les bords.

         = Enveloppe du fruit sans nervures nettes d'un bout à l'autre [ex.: LIM, PL].... **Série 16** → p. 337.

         = Enveloppe du fruit ayant des nervures nettes d'un bout à l'autre [ex.: FL, DI, O].... **Série 17** → p. 337.

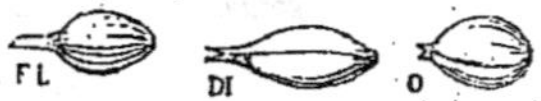

   + Épis très courts dont l'ensemble paraît être un épi simple. .... **Série 18** → p. 338.

△ Épi staminé brun; brunâtre ou d'un roux pâle. → Voyez Elyna spicata, p. 398.

□ Un seul épi de fleurs staminées.

Série 1

① Plante n'ayant que des fleurs staminées..........

   : Tiges lisses, arrondies → Voyez C. dioica, p. 329.

   : Tiges rudes, à 3 angles...........

⊕ Fleurs pistillées à 2 stigmates.

   < Tige à 3 angles et rude au toucher; enveloppe du fruit à bec allongé DA. [Prés marécageux; 1-3 d.; av.-j.; v.]

      § Fleurs toutes pistillées; enveloppe du fruit ovale à bec rude CD. [Prés marécageux; 1-3 d.; av.-j.; v.]

      § Fleurs pistillées et fleurs staminées sur la même plante P; fruits allongés PLC, à bec court, finissant par être renversés. [Prés marécageux; 1-3 d.; m.-j.; v.]

   < Tige arrondie et lisse.

      (Enveloppe du fruit à bec court CD, PLC.

      (Enveloppe du fruit à long bec DC;  fleurs staminées à écailles arrondies au sommet; fruits finissant par être renversés. [Endroits secs; 6-45 c.; jt.-s.; v.]

⊕ Fleurs pistillées à 3 stigmates (→ Voir la suite à la page suivante).

Carex Davalliana Sm.
Carex de Davall.
Est, Sud-Est; Centre (rare); Pyrénées. [S]

Carex dioica L.
Carex dioïque.
Nord, Est, Centre, Sud-Est, Pyrénées (rare). [S] –

Carex pulicaris L.
Carex puce.
Nord-Ouest, Ouest, Sud-Ouest et çà et là, sauf dans la plaine méditerranéenne. [S]

Carex decipiens Gay.
Carex décevant.
Pyrénées.

Suite de la série 1 :

⊕ Épi ayant 3 à 12 *fleurs* ; fruits à la fin renversés [exemple : F].

⊕ Épi ayant *plus de 12 fleurs* ; fruits n'étant pas à la fin renversés.

✕ Enveloppe du fruit ayant en avant une arête qui la dépasse MCR ;

⤬ Enveloppe du fruit non munie d'une arête ; 1 à 2 fleurs staminées F. [Marais, endroits tourbeux ; 6-20 c.; j.-jt.; v.]

4 à 6 fleurs staminées. [Marais, endroits tourbeux ; 1-2 d.; jt.-at.; v.]

MCR — jt.-at.; v.]

Carex microglochin *Wahl.*
Carex à petite arête.
Alpes de la Savoie (très rare). [S]

Carex pauciflora *Lightf.*
Carex à peu de fleurs.
Vosges, Jura, Alpes de la Savoie et du *Dauphiné, Nord* du *Plateau Central* (rare). [S]

✻ Tiges souterraines rampantes; épi montrant les écailles plus longues que les fruits RU;

⊙ Épi ovale, environ 2 fois plus long que large PY;

feuilles toutes attachées directement sur la tige. [Pâturages, rochers ; 6-20 c.; jt.-at.; v.]

PY

Carex rupestris *All.*
Carex des rochers.
Alpes, Pyrénées (rare). [S]

⊙ Épi 3 à 5 fois plus long que large SPl.

feuilles, en général, plus courtes que les tiges fructifiées. [Endroits humides ; 1-3 d.; jt.-at.; v.]

SPl

RU

→ Voyez *Elyna*, p. 328.

Carex pyrenaica *Wahl.*
Carex des Pyrénées.
Pyrénées (H^{tes} régions).

✻ Tiges souterraines non rampantes; feuilles pliées en long.

= Feuilles courbées en gouttière [I, coupe de la feuille en travers] ;

feuilles aussi longues que les tiges ou plus longues JC. [Endroits humides ; 5-8 c.; jt.-at.; v.]

FT

JC

Carex juncifolia *All.*
Carex à feuilles de jonc.
Alpes de la Savoie, Pyrénées (très rare).

= Feuilles plates, un peu pliées [FT, coupe de la feuille en travers];

⟲ Bractée à la base de l'inflorescence finement dentée en scie et dépassant souvent les fleurs ;

✲ Tiges rudes, à 3 angles ; enveloppe du fruit à bec assez long SE (*C. setifolia* Godr.).....

tiges assez lisses, en général; enveloppe du fruit à bec court DV. [Endroits humides, prés secs, sables ; 2-5 d.; av.-jn. v.]

✲ Tiges lisses, arrondies à la base; enveloppe du fruit à bec assez court CH. [Endroits tourbeux ; 2-4 d.; m.-jt.; v.]

SE

DV

CH

Carex foetida *Vill.*
Carex fétide.
Alpes, Pyrénées. [S]

Carex divisa *Huds.*
Carex divisé.
Littoral, Midi et çà et là, sauf dans le Nord-Est et l'Est.

Carex chordorhiza *Ehrh.*
Carex à long rhizome.
Jura, Plateau Central (rare). [S]

✲ Épis réunis en une masse compacte presque aussi large que longue; enveloppe du fruit sans côtes tout autour.

⟲ Bractée plus ou moins membraneuse et courte.

Fleurs staminées au milieu de l'inflorescence ; enveloppe du fruit à bec allongé, et bordé d'une aile étroite DC; 10 à 20 épis DS. [Endroits humides ; 3-6 d.; m.-jt.; v.]

DC

DS

Carex distícha *Huds.*
Carex distique.
Assez commun, sauf dans le Midi. [S]

✲ Épis *plus ou moins séparés;* enveloppe du fruit à côtes tout autour [exemples : DY, SE, CH].

⊙ Bractée plus ou moins membraneuse et courte.

Fleurs staminées au sommet de l'inflorescence.

DY

Série 4

☐ Épis non entourés de très longues bractées.

× Épis réunis en un groupe serré, ovale, entourés de très longues bractées CY;
— enveloppe du fruit verdâtre. [Endroits mis à sec; 2-6 d.; j.-o.; v.]
Carex cyperoides L.
Carex Souchet.
Est, Centre (çà et là surtout dans la Bresse). [S]

△ Enveloppe du fruit fortement striée du haut en bas V, PR.

⊳ Enveloppe du fruit de 4 mm. de largeur environ [moitié de la figure V]; tige à 3 angles très aigus VU.
[Endroits humides; 3-6 d.; m.-ji.; v.]
Carex vulpina L.
Carex des renards.
Commun. [S]

⊲ Enveloppe du fruit de 2 mm. de largeur environ [moitié de la figure PR]; tige à 3 angles non très aigus.
[Endroits humides; 3-8 d.; m.-ji.; v.]
Carex paradoxa Willd.
Carex paradoxal.
Rare. Manque dans l'Ouest et le Midi. [S]

△ Enveloppe du fruit lisse en haut et au milieu, à peine striée en bas PN, T.

⊡ Enveloppe du fruit à bordure membraneuse blanchâtre surtout en haut PN;
— inflorescence non serrée PA; tiges à faces aplaties; tige souterraine verticale. [Endroits humides; 5-8 d.; m.-ji.; v.]
Carex paniculata L.
Carex paniculé.
Assez commun, sauf dans le Midi. [S]

⊟ Enveloppe du fruit sans bordure membraneuse T;
— inflorescence serrée TE; tiges à faces bombées; tige souterraine oblique. [Endroits tourbeux; 3-6 d.; m.-ji.; v.]
Carex teretiuscula Good.
Carex à tige arrondie.
Çà et là, sauf dans la Région méditerranéenne. [S]

Série 3

× Enveloppe du fruit sans bordure membraneuse, tout autour Ml, SC.

§ Enveloppe du fruit allongée Ml;
Ml — tiges fleuries ordinairement plus longues que les feuilles. [Pâturages; 2-3 d.; ji-a.; v.]
Carex microstyla Gay.
Carex à petit style.
Alpes [Dépt de l'Isère; très rare). [S]

§ Enveloppe du fruit presque aussi large que longue SC;
SC — tiges fleuries, souvent moins longues que les feuilles. [Prés, sables; 1-3 d.; av.-m.; v.]
Carex Schreberi Schrank.
Carex de Schreber.
Centre, Auvergne; rare ou manque ailleurs.

× Enveloppe du fruit ayant une bordure membraneuse CY;

⊙ Épis nombreux, d'un brun clair;
— enveloppe du fruit entourée d'une aile qui n'atteint pas la base. (Rarement enveloppe du fruit à bordure membraneuse très étroite Lil : *C. tigeréca* Gay.) [Sables; 1-3 d.; m.-a.; v.]
Carex arenaria L.
Carex des sables (Salsepareille d'Allemagne),
Littoral de la Manche et de l'Océan et parfois à l'intérieur, surtout dans le Centre.

⊙ Épis 5 à 8 B, d'un blanc verdâtre;
— enveloppe du fruit entourée d'une aile tout autour. [Bois, prés humides; 2-4 d.; m.-ji.; v.]
Carex brizoides L.
Carex Fausse-Brize.
Nord-Est, Est, Centre, Auvergne, Sud-Ouest, Pyrénées (rare). [S]

Série 5

□ Fruits *non étalés en étoile à la maturité.*

▷ Bractées *courtes* MU, LP.

△ Bractées *dépassant la tige* R ;
envelope du fruit à long bec ST, aplatie sur une face; écailles des fleurs d'un brun pâle, ST fines.
[Endroits humides, bois; 3-7 d.; m.-jt.; v.]

+ Enveloppe du fruit striée de bas en haut, au moins sur une face M, CA; verdâtre, blanchâtre ou d'un vert-roussâtre.

⊕ Fruit à bec (Voyez p. 331, en bas, fig. T); tiges à faces bombées → Voyez *C. teretiuscula*, p. 331.

⊕ Plante n'ayant pas ces caractères.

·· Enveloppe du fruit lisse M² et striée sur une face M¹ et *striée* sur l'autre;
groupes de fleurs isolés; enveloppe du fruit à 5-7 nervures très fines.
[Endroits humides; 1-3 d.; m.-jt.; v.]

Carex stellulata Good.
Carex en étoile.
Assez commun, sauf dans le Midi. **[S]**

épis ovales MU, assez nombreux.
Carex remota L.
Carex espacé, commun, surtout dans les Montagnes. **[S]**

·· Enveloppe du fruit à petite *strie à la base* CA, à rebords épais;
épis ovales CN; environ 4 à 6.
(Souvent fruits presque dressés, languette de la gaine de la feuille arrondie au sommet : *C. divulsa* Good.)
[Prés, chemins; 2-5 d.; m.-al.; v.]
Carex muricata L.
Carex muriqué. **[S]**

+ Enveloppe du fruit non striée de bas en haut au moins sur une face M, CA; verdâtre, blanchâtre ou d'un vert-roussâtre.

⊖ Enveloppe du fruit entourée d'une bordure membraneuse LEP, à bec fendu;
= Enveloppes des fruits dépassant beaucoup les écailles et longuement aiguës E; épis environ 7 à 12 un peu espacés EL. [Endroits humides; 3-5 d.; m.-jt.; v.]
épis ovales CN; environ 4 à 6.
[Prés humides; 2-5 d.; m.-al.; v.]
Carex canescens L.
Carex blanchâtre.
Peu commun, surtout dans le Midi. **[S]**

= Enveloppes des fruits égalant environ les écailles courtes et à bec court.
épis, environ 4 à 6, rapprochés; fruit égalant environ les écailles.
[Endroits humides; 2-6 d.; m.-jt.; v.]
Carex leporina L.
Carex à lièvres.
Commun, sauf dans le Midi. **[S]**

⊖ Enveloppe du fruit sans bordure membraneuse EL et à bec peu fendu;
⊕ Épis inférieurs *très écartés les uns des autres* VI;
× Tiges d'environ 10 à 15 c.
[Endroits herbeux; 10-15 c.; jt.-at.; v.]
Carex elongata L.
Carex allongé. **[S]**
Çà et là. **[S]**

⊕ Épis inférieurs *non très* écartés.
× Tiges d'environ 2 à 4 d.
[Endroits tourbeux; 2-4 d.; m.-jt.; v.]
Carex Heleonastes Ehrh.
Carex Étoile des marais.
Jura (rare). **[S]**

Série 6

§ Épi terminal de 8 à 13 c. de longueur → Voyez *C. microcarpa.*

§ Épi terminal de moins de 3 c. de longueur.
⊙ Bractée, verte et allongée dépassant l'inflorescence [exemple: LIN].
89s, p. 394.
✶ Enveloppe du fruit LK à une seule côté peu marquée sur chaque face.
[Endroits incultes; 1-4 d.; av.-jt.; v.]
Carex approximata Hoppe.
Carex à épis rapprochés,
Alpes de la Savoie (très rare).

✶ Enveloppe du fruit à côtes *tout autour* AM;
épis, en général, assez rapprochés,
[Endroits secs, bois; 1-3 d.; ms.-m.; v.]
Carex ambigua Link.
Carex ambigu,
Région méditerranéenne.

⊙ Bractée ovale, plus courte que l'inflorescence CUR;
inflorescence compacte. [Rochers, pâturages; 1-3 d.; jt.-at.; v.]
Carex curvula All.
Carex courbé,
Alpes, Pyrénées. **[S]**

Carex Linkii Schk.
Carex de Link.
Région méditerranéenne.

□ Fleurs pistillées à 2 stigmates; écailles des fleurs pistillées obtuses; épis pistillés ayant moins de 15 fleurs en général. BIC

□ Fleurs pistillées à 3 stigmates; écailles des fleurs pistillées aiguës.

△ Épis presque tous réunis en un seul épi composé, très allongé; écailles et fruits d'un brun clair → Voyez Elyna, p. 398.

△ Épis distincts AT, BU, parfois agglomérés.

+ Enveloppes du fruit brunes, noirâtres ou d'un brun fauve; épis assez rapprochés AT. (Parfois épis agglomérés, tous dressés : C. nigra All.)
[Pâturages, rochers; 1-4 d.; jt.-at.; v.]
90s, p. 394.

+ Enveloppes du fruit verdâtres ou blanchâtres; épis souvent assez écartés BU.
[Endroits humides; 3-5 d.; av.-j.; v.]
91s, p. 394.

[Endroits humides; 5-15 c.; jt.-at.; v.]

Carex bicolor All.
Carex à deux couleurs.
Alpes (rare). [S]

Carex atrata L.
Carex en deuil.
Alpes; Auvergne (très rare); Pyrénées. [S]

Carex Buxbaumii Wahl.
Carex de Buxbaum.
Bologne; Alsace, Dépt du Rhône et des H.tes-Alpes (très rare). [S]

BIC AT BU

↷ Enveloppe du fruit non poilue.

△ Enveloppe du fruit ou du pistil poilueMUC;

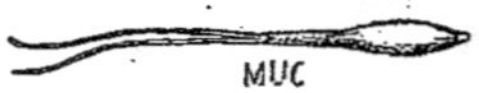

○ Feuilles de la base à gaine se déchirant en filaments C

= Feuilles à gaine ne se déchirant pas en filaments; tige souterraine allongée, horizontale.

= Bractée inférieure plus longue que les tiges; enveloppe du fruit d'environ 1 mm. de largeur. [Endroits humides; 1-6 d.; av.-j.; v.]

= Bractée inférieure plus courte que la tige AT; feuilles du bas plus courtes que les tiges; enveloppe du fruit de 2-3 mm. de largeur.

feuilles rudes au toucher, enroulées sur les bords. [Rochers, pâturages; 1-2 d.; jt.-at.; v.]

tige creuse sur 2 faces et aplatie sur la troisième CA; enveloppe du fruit vert blanchâtre, ovale CP. [Marais, étangs; 5-9 d.; av.-j.; v.] 
92s, p. 394.

• Tiges d'environ 2-4 d., lisses; épis ovales, rapprochés T. [Endroits humides, sables; 2-4 d.; m.-at.; v.]

• Tiges d'environ 5-10 d.; épis allongés T. [Marais, bord des eaux; 1-10 d.; m.-jt.; v.]

Carex mucronata All.
Carex mucroné.
Alpes (très rare). [S]

Carex stricta Good.
Carex raide.
Nord-Ouest, Sud-Ouest, Sud-Est et çà et là. [S]

Carex vulgaris Friès.
Carex vulgaire.
Assez commun, sauf dans le Midi. [S]

Carex acuta L.
Carex aigu.
Commun, sauf dans le Midi. [S]

Carex trinervis Degl.
Carex à 3 nervus.
Littoral de la Manche (rare) et du Sud-Ouest.

MUC C G0 T CA CP G

★ Enveloppe du fruit à pointe longue H;

★ Enveloppe du fruit à pointe courte F;

= gaine des feuilles vetues H1; écailles vertes. [Endroits humides, sables; 1-5 d.; m.-jt.; v.]

= gaine des feuilles sans poils Fl; écailles brunes. [Marais, étangs; 5-10 d.; m.-jt.; v.]

Carex hirta L.
Carex hérissé.
Commun. [S]

Carex filiformis L.
Carex filiforme.
Çà et là, sauf dans le Midi. [S]

F H H1 Fl AT

Série 10

⊕ Bractées générales prolongées en une pointe verte HA.

× Écailles des fleurs pistillées brusquement aiguës BA;

écailles des fleurs pistillées ayant une nervure principale sur le dos. [Bois, coteaux; 1-2 d.; ms.-av.; v.]

Carex basilaris Jord.
Carex à épis dès la base.
Dép¹ des **Alpes-Maritimes.**

× Écailles des fleurs pistillées peu à peu aiguës HAL;

écailles des fleurs pistillées ayant 3 fines nervures rapprochées sur le dos. [Bois, coteaux; 1-2 d.; ms.-av.; v.]

Carex Halleriana Asso.
Carex de Haller.
Plateau Central, Sud-Est, Région méditerranéenne; rare ou manque ailleurs. [S]

⊕ Bractées générales obtuses au sommet HM;

× Écailles des fleurs pistillées brunes sans large bande verte sur le dos, parfois un peu vertes au sommet.

△ Épis pistillés mûrs de 3 à 10 c. de longueur [ex.: HS, grandeur naturelle];

feuilles plus longues que les tiges HU.

[Endroits humides; 2-4 d.; av.-m.; v.]

Carex hispida Willd.
Carex hispide.
Région méditerranéenne (rare).

△ Épis pistillés mûrs de moins de 2 c. de longueur; un seul épi staminé; épis peu nombreux E.

◯ Enveloppe du fruit d'environ 1 mm. [1/2 à 2 mm. de longueur] la figure ER];

tige à 3 angles marqués, un peu rudes au toucher. [Bois, sables, prés secs; 1-4 d.; av.-j.; v.]

Carex ericetorum Poll.
Carex des bruyères.
Rare. Manque dans l'Ouest et le Midi.

◯ Enveloppe du fruit d'environ 3 à 4 mm. de longueur [1/2 de la figure M];

tige à 3 angles peu nets, presque lisses. [Bois, sables, prés secs; 1-4 d.; av.-m.; v.]

Carex montana L.
Carex des montagnes.
Montagnes (sauf les Pyrénées). Rare ou manque ailleurs. [S]

(Épi à étamines finissant par être dépassé par celui qui est au-dessous D. OR; bractées à pointe courte DG; feuilles à gaines rougeâtres. [Parfois épis rapprochés OR, souvent courbés en dehors; **C. ornithopoda** Willd.)

[Bois, coteaux; 1-3 d.; av.-j.; v.]

Carex digitata L.
Carex digité.
Montagnes; Nord-Est. Rare ailleurs, surtout dans l'Ouest et le Midi. [S]

(Enveloppe du fruit d'environ 3 à 5 mm. de largeur [1/2 de la figure BR];

bractée inférieure verte; écailles dépassant les fruits. [Prés; 3-6 d.; j.-j.; v.]

Carex brevicollis DC.
Carex à bec court.
Dép¹⁵ de l'**Ain**, de l'**Aveyron** et de l'**Aude** (très rare).

★ Enveloppe du fruit de 1 à 2 mm. de largeur [1/2 de la fig. PRC]

→ Voyez C. præcox, p. 334.

⊙ Bractée inférieure de l'inflorescence plus courte que l'épi qui est immédiatement au-dessus.

✹ Épis pistillés globuleux PI, ayant environ 10 mm. de longueur; enveloppe du fruit verdâtre; bractées presque sans gaine P.

[Bois, prés; 2-3 d.; av.-j.; v.]

Carex pilulifera L.
Carex à pilules.
Assez commun, sauf dans le Midi. [S]

§ Écailles des fleurs pistillées sans large bande verte sur le dos, parfois un peu vertes au sommet.

⊙ Bractée inférieure égalant ou dépassant l'épi situé au-dessus.

✱ Épis pistillés allongés T, PX.

Bractées toutes de même forme T; épi à étamines étroit T.

[Bois, prés; 2-4 d.; av.-j.; v.]

Carex tomentosa L.
Carex tomenteux.
Assez rare. [S]

§ Écailles des fleurs pistillées avec une large bande verte sur le dos.

Bractée inférieure à limbe allongé TR; les autres à petite pointe verte PC; épi à étamines assez large au sommet PX.

[Bois, près secs; 1-3 d.; ms.-m.; v.]

Carex præcox Jacq.
Carex précoce.
Commun. [S]

feuilles plus longues que les tiges HU. [Marais; 5-12 d.; av.-m.; v.]

en général 2 à 6 épis staminés; feuilles d'environ 5 à 10 mm. de largeur.

Carex humilis Leyss.

△ Épis pistillés de 6 à 18 c. de longueur→ *Voyez C. maxima, p. 337.*

□ Enveloppe du fruit, sans nervures visibles, sauf parfois un peu à la base et sur les côtés.

△ Épis pistillés de 1 à 3 c. de longueur.

+ Enveloppe du fruit presque sans bec C;

feuilles glauques ; bractées vertes allongées GL; épis staminés brunâtres ; épis pistillés à la fin penchés. [Bois, prés ; 1-5 d.; av.-jt.; v.]

Carex glauca, Murr.
Carex glauque.
Commun. [S]

+ Enveloppe du fruit à long bec HO;

épis pistillés mûrs d'environ 6 à 8 mm de largeur. [Endroits humides ; 1-2 d.; m.-jt.; v.]

Carex hordeistichos Vill.
Carex à épis d'orge.
Est, Centre, Plateau Central, Sud-Est.

□ Enveloppe du fruit à bec net et à nervures très marquées A, PA, NU, R, V.

⌃ Enveloppe du fruit à 2 dents peu marquées A, PA, presque globuleuse, de 3-4 mm. de longueur environ [1/2 des fig. A et AP].

○ Tige à angles peu aigus AM; enveloppe du fruit jaunâtre, à pointe étroite A, AP; écailles des fleurs très aiguës. [Endroits humides ; 3-7 d.; m.-jt.; v.]

Carex ampullacea Good.
Carex en ampoule.
Assez commun, sauf dans le Sud-Est et le Midi. [S]

○ Tige à angles très aigus PL; enveloppe du fruit verdâtre, à pointe courte PA, P; écailles des fleurs en général peu aigus. [Endroits humides ; 4-12 d.; m.-jt.; v.]

Carex paludosa Good.
Carex des marais.
· **Commun,** sauf dans la Région méditerranéenne. [S]

⌃ Enveloppe du fruit à 2 dents très marquées C, V, de 6-8mm. de longueur environ [1/2 des fig. R et V].

= Tige souterraine rampante.

= Tige souterraine non rampante.

× Enveloppe du fruit allongée NU ; [Endroits humides ; 4-8 d.; av.-m.; v.]
écailles des fleurs pistillées, à bande verte sur le dos.

Carex riparia Curt.
Carex des rives.
Commun. [S]

× Enveloppe du fruit ovale ; écailles des fleurs pistillées sans *bande verte sur le dos → C. turfosa,* p. 338.

⊙ Enveloppe du fruit à pointe courte R, non renflée, brunâtre ; épis staminés assez longue. [Endroits humides ; 4-12 d.; m.-jt.; v.]

Carex nutans Host.
Carex penché.
Embouchure de la *Loire,* Dépts de la *Côte-d'Or, Saône-et-Loire, Ain, Rhône, Loire* et *Isère* (rare).

⊙ Enveloppe du fruit à pointe longue V renflée, jaunâtre ; épis staminés étroits VE ; écailles des fleurs à pointe courte. [Endroits humides ; 4-0 d.; m.-jt.; v.]

Carex vesicaria L.
Carex vésiculeux.
Assez commun, sauf dans le Midi. [S]

✱ Écailles *non ciliées, 2 à 4 fois plus longues que larges.*

☐ Feuilles *sans poils.*

✿ Écailles des fleurs pistillées au moins *10 fois plus longues que larges* PS, à pointe ciliée; épi staminé, verdâtre; 4-6 épis pistillés pendants PC.
[Endroits humides; 5-10 d.; m.-jt.; v.]

☐ Feuilles *poilues, surtout sur les gaines;* enveloppe du fruit sans pointe, luisante; épis penchés, ovales PA.
[Bois, prés ombreux; 2-5 d.; m.-jt.; v.]

Enveloppe du fruit d'environ 7 mm. de longueur [1/3 de la fig. D]; épi staminé court DE n'ayant que 3-9 fleurs.
[Bois, prés ombreux; 3-7 d.; av.-j.; v.]

Enveloppe du fruit d'environ 2 à 4 mm. de longueur [1/3 des fig S, ST].

⊙ Enveloppe du fruit *allongée* S, sans nervures marquées, vers le haut; épis allongés, pendants Sl.
[Bois humides; 2-5 d.; m.-jt.; v.]

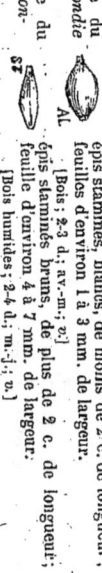

⊙ Enveloppe du fruit *à pointe allongée* AL.j.
[Bois; 2-3 d.; av.-m.; v.]

= Enveloppe du fruit *arrondie* AL.
épis staminés bruns, de plus de 2 c. de longueur;

= Enveloppe du fruit *allongée* ST;
feuille d'environ 4 à 7 mm. de largeur.
[Bois humides; 2-4 d.; m.-jt.; v.]

⊙ Enveloppe du fruit *sans pointe.*

épis staminés, blancs, de moins de 2 c. de longueur; feuilles d'environ 1 à 3 mm. de largeur.

Enveloppe du fruit *presque arrondie et à bec* Pl;

⟩ feuilles ciliées sur les bords. [Bois; 3-4 d.; av.-j.; v.]

Enveloppe du fruit *portant de petites dents* tout autour FER

+ feuilles de 1 à 3. mm. de largeur, en général. [Rochers, pâturages; 3-4 d.; j.-at.; v.]

⊕ Enveloppe du fruit *allongée.*

⊕ Enveloppe du fruit à 2 nervures saillantes sur le dos Bl.
[Landes, prés; 2-5 d.; m.-jt.; v.]

écailles des fleurs pistillées obtuses au sommet, mais avec une petite pointe.

⊕ Gaines des feuilles ayant 2 languettes membraneuses, dont l'une est libre et courte, l'autre allongée et soudée à la gaine L;

enveloppe du fruit allongée LŒ.

⊘ Enveloppe du fruit *non dentelée* tout autour.

+ Enveloppe du fruit à plus de 2 nervures; écailles aiguës et pointues.

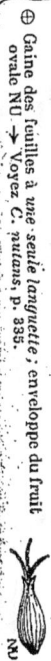

⊕ Gaine des feuilles à une seule languette; enveloppe du fruit ovale NU → Voyez C. nutans p. 335.

Carex pseudo-Cyperus L.
Carex Faux-Souchet.
Peu commun, sauf çà et là dans le Nord, l'Est et l'Ouest [S]

Carex pallescens L.
Carex pâle.
Assez commun, sauf dans la Région méditerranéenne. [S]

Carex depauperata Good.
Carex appauvri.
Rare. [S]

Carex silvatica Huds.
Carex blanc.
Commun, sauf dans la Région méditerranéenne. [S]

Carex alba Scop.
Carex blanc.
Est, Côte-d'Or, Sud-Est, Cévennes, Pyrénées (rare). [S]

Carex strigosa Huds.
Carex maigre.
çà et là, sauf dans le Plateau Central et la Région méditerranéenne. [S]

Carex pilosa Scop.
Carex poilu.
Est, Savoie, Auvergne (rare). [s]

Carex ferruginea Scop.
Carex ferrugineux.
Jura, Alpes (H^{tes} régions). [s]

Carex binervis Sm.
Carex à 2 nervures.
Ouest, et çà et là dans le Nord, le Centre, le Sud-Ouest et les Pyrénées.

Carex lævigata Sm.
Carex lisse.
Ouest, et çà et là dans le Nord, le Centre et le Plateau Central.

□ Épi à étamines ayant 7 à 18 c. de longueur en général.

  △ Enveloppe du fruit à bec court MI ;   ● épis dressés. [Pâturages ; 1-12 d. ; j.-jt. ; v.]

  △ Enveloppe du fruit à bec allongé MX ;   épis devenant pendants. [Endroits humides ; 6-12 d. ; j.-jt. ; v.]

✱ Enveloppe du fruit à bec PN très court et presque lisse PN, G.

  ● Épis dressés ; enveloppes des fruits dépassant les écailles. [Bois, prés, marais ; 2-4 d. ; m.-jt. ; v.]

  ● C. glauca, p. 335.

✱ Enveloppe du fruit à bec aigu.

  ● Épis à la fin penchés ; enveloppes du fruit égalant environ l'écaille → Voyez

  ○ Feuilles de 1 à 2 mm. de largeur, en général ; bractées fines presque sans gaine TE. [Rochers, pâturages ; 2-4 d. ; j.-jt. ; v.]

  ○ Feuilles de 4 à 6 mm. de largeur, en général ; bractées larges et à gaine développée V. [Rochers, pâturages ; 1-3 d. ; j.-jt. ; v.]

    enveloppe du fruit couvert de poîlies pointes. [Rochers, pâturages ; 2-4 d. ; jt.-s. ; v.]

93s, p. 394.

⊕ Tiges rudes au toucher ; tiges souterraines rampantes.

  ✕ Épis dressés HIS ;

  ✕ Épis penchés → Voyez C. ferruginea, p. 336.

⊕ Tiges lisses ; tiges souterraines non rampantes ; enveloppe du fruit à très petites pointes ; écailles des fleurs pistillées sans bandes vertes sur le dos. (Parfois épis staminés bruns, enveloppe du fruit brune ; épis ovales FIR : C. firma Host.) [Pâturages, rochers ; 2-4 d. ; jt.-s. ; v.]

§ Écailles des fleurs pistillées aiguës.

§ Écailles des fleurs pistillées très obtuses, arrondies au sommet CAP ;

  ⊙ Épi à étamines ayant moins de 4 c. de longueur, en général.

  ⊙ Enveloppe du fruit à bec court ou sans bec.

  (Enveloppes des fruits verts et écailles des fleurs pistillées vertes → Voyez C. pallescens, p. 336.

  (Bractée inférieure de l'inflorescence à longue gaine US, brune à la base et terminée par une pointe verte.

  (Enveloppes des fruits bruns et écailles des fleurs pistillées brunes.

  = Bractée inférieure de l'inflorescence presque sans gaine L, ayant à la base comme 2 oreilles. [Marais, tourbières ; 2-3 d. ; m.-jt. ; v.]

feuilles de 1/2 à 2 mm. de largeur environ, plates et rudes au toucher ; épis sur des pédoncules très minces CP.

  FRI   épis devenant penchés ; écailles des fleurs pistillées noirâtres. [Rochers ; 2-4 d. ; j.-jt. ; v.]

HIS

SE

SE

TE

V

FIR

HSP [Rochers, pâturages ; 2-4 d. ; jt.-s. ; v.]

MI

MX

PN

G.

CP

US

L.

LIN

Carex microcarpa Salzm.
Carex à petits fruits.
Provence (très rare).
Carex maxima Scop.
Carex élevé.
Assez rare.[S]
Carex panicea L.
Carex Faux-Panicum.
Commun, sauf dans la Région méditerranéenne.[S]
Carex vaginata Tausch.
Carex engaînant (très rare).[S]
Carex tenuis Host.
Carex grêle.
Jura, Alpes, Cévennes, Pyrénées (Peu commun).[S]
Auvergne (très rare).[S]
Carex hispidula Gaud.
Carex à fruits rudes.
Alpes de la Savoie et du Dauphiné (très rare).[S]
Carex sempervirens Vill.
Carex toujours vert.
Jura, Alpes, Pyrénées.[S]
Carex capillaris L.
Carex capillaire.
Alpes, Pyrénées (H^tes régions).[S]
Carex frigida All.
Carex des régions froides.
Vosges (rare) ; Alpes ; Cévennes (rare) ; Pyrénées.[S]
Carex ustulata Wahlnb.
Carex brûlé.
Alpes de la Savoie et du Dauphiné (H^tes régions ; très rare).[S]
Carex limosa L.
Carex des bourbiers.
Montagnes (sauf dans les Pyrénées), et çà et là (rare), sauf le Midi.[S]

★ Enveloppe du fruit globuleuse ou presque globuleuse O; assez rapprochés OB;

● Enveloppe du fruit allongée [ex.: DI].

⊙ Feuilles non enroulées sur les bords.

✱ Enveloppe du fruit luisante; épis pistillés brunâtres. [Prés secs; 1-3 d.; m.-jt.; v.]

✱ Enveloppe du fruit non luisante; épis pistillés verdâtres. [Prés, coteaux; 2-3 d.; av.-j.; v.]

⊙ Feuilles enroulées sur les bords; les 2 épis pistillés supérieurs très rapprochés E; enveloppe du fruit verdâtre. [Sables; 1-4 d.; j.-jt.; v.]

⊕ Épis jaunâtres très écartés les uns des autres DS; enveloppe du fruit d'environ 2 à 3 mm. de longueur. [Prés humides, bois; 3-6 d.; m.-jt.; v.]

⊕ Plante n'ayant pas à la fois ces caractères.

✕ Épis à 6-19 fruits OL; bractées plus longues que les épis. [Prés secs; 4-6 d.; m.-j.; v.]

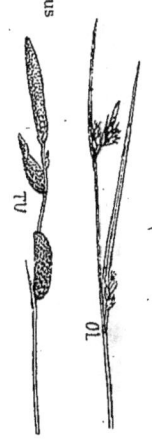

✕ Épis à plus de 20 fruits TU; bractées plus courtes que les épis. [Endroits humides; 3-4 d.; j.-jt.; v.]

★ Enveloppe du fruit à bec court ayant moins du quart du reste du fruit en longueur que la longueur du reste du fruit.

★ Enveloppe du fruit à bec long, ayant plus du quart de la longueur du reste du fruit.

□ Écailles des fleurs citiées au sommet MR;

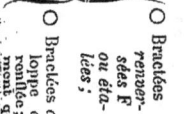

□ Écailles des fleurs non citiées.

○ Bractées renversées F ou étalées;

○ Bractées dressées FU; enveloppe du fruit verdâtre renflée; fruits dressés, rarement, quelques-uns étalés.

épis pistillés dressés, ovales, d'un vert clair; enveloppe du fruit à pointe bordée de cils raides; racines rougeâtres; 3-6 d.

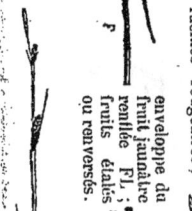

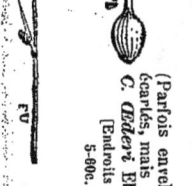

enveloppe du fruit jaunâtre renflée FU; fruits étalés ou renversés.

(Parfois enveloppe des fruits écartés, mais non renversés: C. Hétert Ehrh.) [Endroits humides, sables; 5-80c., m.-jt.; v.]

[Endroits humides; 3-6 d.; m.-jt.; v.]

épis pistillés brunâtres. [Prés secs; 1-3 d.; m.-jt.; v.]

Carex nitida Host. Carex à fruits lustré. ça et là [S]

Carex punctata Gaud. Carex ponctué. Littoral (ça et là) [S]

Carex extensa Good. Carex étiré. Littoral.

Carex distans L. Carex distant. Commun. [S]

Carex olbiensis Jord. Carex d'Hyères. Région méditerranéenne (très rare).

Carex turfosa Fries. Carex des tourbières. Jura (rare).

Carex Mairii Coss. et Germ. Carex de Maire. Environs de Paris; rare ou manque ailleurs.

Carex flava L. Carex jaune. Commun, sauf dans le Midi. [S]

Carex fulva Good. Carex fauve. ça et là [S]

✠ Plante ayant à la fois les feuilles *très larges* (au moins 6 c.); et les *épis de deux sortes*, les uns à fleurs staminées, les autres à fleurs pistillées. ...... **1er GROUPE → p. 341**

✠ Plusieurs épis d'épillets *réunis au même point* ou presque au même point [exemples : A, D, SA, SS]. ...... **2e GROUPE → p. 341.**

✠ Plante *n'ayant pas les caractères précédents.*

* Épillets *sans pédoncules* ou à *pédoncules très courts* [ex. : MO, VL, E, M, A, RE, P, PE, CA, O, OD, VT, PB, RA, COE].

⊙ Épillets *attachés tous directement sur l'axe principal* [ex. : MO, VL, E, M, A, RE, P, PE, CA].

= Épillets *se recouvrant très étroitement les uns les autres* [ex. : MO, VL, E, M, A].

= Épillets *ne se recouvrant pas très étroitement les uns les autres* [ex. : RE, P, PE, CA]. ...... **3e GROUPE → p. 341.**

⊙ Épillets *attachés par groupes sur l'axe principal* ou inflorescence composée de plusieurs épis [ex. : O, OD, VT, PB, RA, COE]. ...... **4e GROUPE → p. 342.**

* Épillets *sur des pédoncules plus ou moins allongés,* au moins ceux du bas de l'inflorescence. ...... **Section B → p. 340.**

...... **Section A → p. 340.**

(1) Les fleurs des Graminées sont toujours groupées en petits épis que l'on nomme *épillets*. Les épillets sont à leur tour groupés en épis, ou en grappes plus ou moins rameuses. Un épillet qui contient plusieurs fleurs est, en général, constitué de la manière suivante (fig. No 1). Sur la tige principale de l'inflorescence ou sur un rameau A, se trouve attaché le pédoncule de l'épillet P, qui porte à la base les deux bractées inférieures de l'épillet; ces deux bractées G et G s'appellent les *glumes*; elles ne portent pas de fleurs à leur aisselle. Au-dessus, insérées aussi sur l'axe Pα de l'épillet, se trouvent d'autres bractées I, I, qui n'ont pas généralement la même forme que les glumes : ce sont les *glumelles inférieures*; elles portent à leur aisselle des fleurs reconnaissables à leurs étamines ou à leurs stigmates plumeux; ce sont les *glumelles inférieures*; chaque fleur I' est ainsi comprise entre une glumelle inférieure I' et une autre bractée S partant de l'axe même de la fleur et qu'on nomme *glumelle supérieure.*

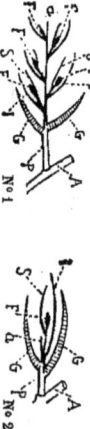

Un épillet peut ne contenir qu'une seule fleur (fig. No 2) avec ou sans la trace d'une seconde fleur avortée α. Les lettres de la figure No 2, correspondant à celles de la fig. No 1 indiquent comment est constitué un tel épillet.

La feuille des Graminées présente ordinairement une petite *languette* membraneuse à la jonction du limbe et de la gaine (fig. CA). Cette languette est souvent importante à considérer pour la détermination.

Section A

△ Inflorescence entièrement velue-cotonneuse, compacte ou rameuse [ex.: IM, O, ER].

5° GROUPE → p. 343.

□ Glumes égales ou presque égales entre elles.

+ Épillets tous réunis en une seule masse compacte [ex.: PA, V, AA, CŒ].

6° GROUPE → p. 343.

△ Inflorescence non cotonneuse.

+ Épillets non tous réunis en une seule masse compacte [ex.: Dl, O, SC].

Glumelles ayant une ou plusieurs arêtes ou épines [ne pas confondre avec les arêtes qui sont parfois attachées à la base même de la fleur] [ex.: T, AO, V, ECH.]

7° GROUPE → p. 344.

Glumelles sans arête, obtuses ou terminées par une pointe courte ou par deux petites pointes.

• Languette de la feuille remplacée par des poils............. **8° GROUPE → p. 344.**

• Languette de la feuille membraneuse.................. **9° GROUPE → p. 345.**

10° GROUPE → p. 345.

Glumes iné-gales.

= Glumelle à arête attachée tout à fait sur le dos [ex.: S, FV] ou un peu au-dessous du sommet [ex.: SE, C].

11° GROUPE → p. 345.

= Glumelle à arête attachée exactement au sommet, ou sans arête.

⊕ Languette de la feuille remplacée par une ligne de poils [exemple : Dj] ....**12 GROUPE → p. 345.**

⊕ Languette de la feuille membraneuse non remplacée par une ligne de poils.......**13° GROUPE → p. 345.**

Section B

☉ Glumes longuement dépassées par l'ensemble des glumelles [ex.: C, AR, M].

☉ Glumes non dépassées ou à peine dépassées par l'ensemble des glumelles, ou rarement pas de glumes.

[Exemple, CA, C, CS, LA, RM.]

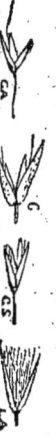

(→ Voyez la suite à la page suivante).

× Glumelle ayant une arête attachée exactement au sommet........... **14e GROUPE** → p. 346.

× Glumelle ayant une arête attachée sur le dos ou un peu au-dessus du sommet............ **15e GROUPE** → p. 347.
[exemples : HL, CA, E].

× Glumelle sans arête.
  § Épillet ne renfermant qu'une seule fleur qui ait à la fois des étamines et un ovaire avec stigmates ; un fruit par épillet [on ne tiendra pas compte des fleurs n'ayant que des étamines ou des fleurs à ovaire avorté]............ **16e GROUPE** → p. 347.
  § Épillet renfermant au moins deux fleurs qui aient à la fois des étamines et un ovaire avec stigmate ; 2 ou plusieurs fruits par épillet en général............ **17e GROUPE** → p. 348.

1er GROUPE → Voyez le genre........... **1. ZEA** → p. 349. *ZEA* [1 esp.].

2e GROUPE :

⊙ Glumes très iné-gales [ex. : S; g, la plus petite de deux glumes]. 
  ⊕ Épillets de 5 à 15 mm. de longueur étroitement appliqués les uns contre les autres SS........... **22. SPARTINA** → p. 353. *SPARTINA* [3 esp.].
  ⊕ Épillets de 1 à 3 mm. de longueur, plus ou moins appliqués [ex. : SA]..... **20. DIGITARIA** → p. 352. *DIGITARIA* [3 esp.].

⊙ Glumes pres-que égales [exemple : C; g. g. 2 glumes].
  ⊕ Épillets do moins de 3 mm. de longueur ;........... **21. CYNODON** → p. 353. *CYNODON* [1 osp.].
  ⊕ Épillets de plus de 4 mm. de lon-gueur ;
    • glumes sans poils D.
    • glumes velues I au moins à la base PR.... **23. ANDROPOGON** → p. 353. *ANDROPOGON* [5 esp.].

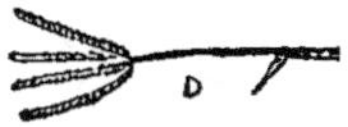

3e GROUPE :

* Glumes larges, ventrues [ex. : VU, TT]; ou comme coupées au sommet TM, VE, CA.
  ⊙ Un seul épillet sur chaque dent de l'axe [ex. : C].
    ⊕ Arêtes les plus longues de 2 à 4 centimètres de longueur, en général.épillets à 2 fleurs développées [fig. C, S]........... **78. SECALE** → p. 370. *SEIGLE* [1 esp.].
    ⊕ Arêtes les plus longues de moins de 2 c. de longueur ; épillets à nombreuses fleurs développées. → Voyez 73. Agropyrum, p. 370.
    ⊘ Glumelle à sommet coupé en biais ; épi allongé A.
    ⊘ Glumelle à sommet sans arête R, comme dent de l'axe au moins dans la moitié supérieure de l'épi [exemple : SE].

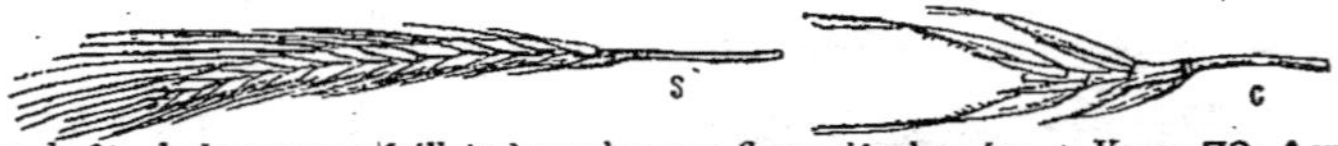

* Glumes à la fois allongées et aiguës au sommet [ex. : C, SE, B].
  ⊙ Glumes étroites, allongées et aiguës au sommet [ex. : C].

..........**68. HORDEUM** → p. 369. *ORGE* [8 esp.].
...**69. ELYMUS** → p. 370. *ÉLYME* [1 esp.].

• Glumes ayant 1 ou 2 angles sur le dos.71.
• Glumes arrondies sur le dos VE,CA.72.

71. TRITICUM → p. 370. *BLÉ* [2 esp.].
72. ÆGYLOPS → p. 370. *ÆGYLOPS* [2 esp.].

Glumelles à longues arêtes.

□ *Deux glumes* à la base de chaque épillet ou plus rarement seulement à l'épillet terminal.

□ *Pas de glume;* épillet à une seule *fleur.* NS, PS.

  △ Épillets peu ou pas plus longs que la distance qui les sépare PS; 1 étamine, 2 stigmates. ..... **79. PSILURUS** → p. 371. *PSILURE* [1 esp.].

  △ Épillets plus longs que la distance qui les sépare NAR; 3 étamines, 1 stigmate. ..... **80. NARDUS** → p. 371. *NARD* [1 esp.].

□ *Une seule glume* [exemples : 9, 9, fig. LP, LT].

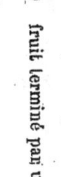

  + Épillets à 2 *fleurs* ; glume bien plus courte que l'épillet, à nervures peu marquées.

    × Feuilles *planes,* de plus de 3 mm. de largeur, en général ..... → Voyez 76. Bromus, p. 367.

    × Feuilles *enroulées,* en long, de moins de 3 mm. de largeur, en général ..... **8. MIBORA** → p. 350. *MIBORA* [1 esp.].

  + Épillets à 3-20 *fleurs;* glume plus courte que la distance qui les sépare PS ; fruit terminé par un prolongement blanc et sans poils. **75. LOLIUM** → p. 371. *IVRAIE* [4 esp.].

□ Feuilles arrondies au sommet MI, MV et épi de moins de 2 mm. de largeur ; plante (fig. M) de 3 à 10 c. ..... → Voyez 76. Bromus, p. 367.

  × Feuilles *plates,* de plus de 2 mm.

□ Épillet ovale, glumelles à arête attachée un peu au-dessous du sommet M.

□ Plante n'ayant pas ces caractères.

  ○ Épillets avec un très court pédoncule au moins les inférieurs.

    ⊕ Glumelle à arête attachée au sommet.

      × Feuilles *enroulées* en long, de moins de 3 mm. de largeur, en général.

      ⊙ Arêtes beaucoup *plus courtes* que la glumelle ..... **74. BRACHYPODIUM** → p. 370. *BRACHYPODE* [4 esp.].

      ⊙ Arêtes les plus longues, d'au moins 10 mm. de longueur, ayant 2 à 4 fois la longueur du reste de la glumelle VR, BR. ..... Voyez 66. Festuca, p. 365.

      ⊙ Arêtes les plus longues *de moins de* 5 mm. de longueur, ayant à peu près la longueur du reste de la glumelle. ..... **77. NARDURUS** → p. 371. *NARDURE* [3 esp.].

    ⊕ Glumelle sans arête → Voyez 58. Scleropoa, p. 364.

  ○ Épillets sans aucun pédoncule.

    ⊕ Glumelles à arête coudée et placée sur le dos de la glumelle G; glumes très inégales. ..... **76. GAUDINIA** → p. 371. *GAUDINIA* [1 esp.].

    ⊕ Glumelles à arête droite et tout à fait au sommet CR, ou glumelles sans arête.

      ⊠ Épillets à fleurs nombreuses [ex.: C, R, RE]. ..... **73. AGROPYRUM** → p. 370. *CHIENDENT* [2 esp.].

      ⊠ Épillets à 1 ou 2 fleurs [exemples : I, C, F]. ..... **78. LEPTURUS** → p. 371. *LEPTURE* [2 esp.].

Épillets *tous semblables* et en général à fleurs peu nombreuses.

▷ Plante *n'ayant pas à la fois* ces caractères.

× Plante *n'ayant pas à la fois* ces caractères.

△ Groupes d'épillets disposés presque sur deux rangs ORF, assez distincts et glumelle inférieure entière au sommet OF.

× L'inflorescence de plus de 1 c. de largeur, en général ; glumes *membraneuses* ou avec des bandes vertes, plus larges vers le haut CAN, TR, PAR..........

× Plante ayant à la fois moins de 6 c. de hauteur et les feuilles supérieures rapprochées des inflorescences CR.

§ Glumes à la fois pointues et ayant une arête fine (de 3 à 7 mm.) MA, L; inflorescence brillante.

⬦ Feuilles su-
périeures
ou pas ve-
lues.

§ Glumes n'ayant
pas ces ca-
ractères.

= Glumelle inférieure ayant une arête fine (de 3 à 7 mm.) MA, L; inflorescence brillante.

= Glumelle inférieure ayant 3 ou 5 dents CR, AG, SPH, quelquefois prolongées en arête ; plante vivace.

= Glumelle inférieure ayant 3 ou 5 dents CR, AG, SPH, quelquefois prolongées en arête ; plante vivace.

= Glumelle infé-
rieure n'ayant
pas ces ca-
ractères.

∴ Glumes séparées l'une de l'autre
jusqu'à la base AS, P; 2 glumelles développées.

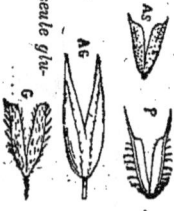

∴ Glumes soudées entre
elles dans leur tiers
inférieur AP, AG,
ou seulement à la base G; une seule glumelle développée.

⬦ Feuilles supérieures à gaines *très velues* → Voyez 48. Kœleria, p. 360.

CR

.... **34. POLYPOGON** → p. 356.
POLYPOGON [3 esp.].

.... **12. SESLERIA** → p. 351.
SESLÉRIE [3 esp.].

.... **11. ALOPECURUS** → p. 351.
VULPIN [6 esp.].

.... **10. PHLEUM** → p. 350.
PHLÉOLE [7 esp.].

6e GROUPE :

☐ Chaque épillet ayant des *fleurs nombreuses, dépassant beaucoup les glumes*; épillets de *deux sortes*, les uns à 2–3 fleurs, les autres à fleurs très nombreuses ; épillets tous tournés vers le même côté de l'inflorescence → Voyez **64. Cynosurus**, p. 365.

↶ Épillets disposés en *inflorescence rameuse ER*; fleurs à 2 étamines ;

ER

planta d'environ 1 m. à 1 m. 50 de hauteur............ **25. ÉRIANTHUS** → p. 353.
ÉRIANTHE [1 esp.].

↶ Épillets réunis en une seule masse compacte IM, O; plante ayant moins de 7 décimètres, en général.

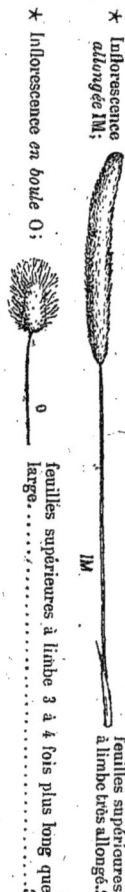

✱ Inflorescence *allongée* IM;

✱ Inflorescence *en boule* O;

IM

feuilles supérieures
à limbe très allongé.26. **IMPERATA** → p. 354.
IMPÉRATA [1 esp.].

✱ Inflorescence *en boule* O; large..........

O

feuilles supérieures à limbe 3 à 4 fois plus long que large.......... **35. LAGURUS** → p. 356.
LAGURE [1 esp.].

OR

.... **13. OREOCHLOA** → p. 351.
OREOCHLOA [1 esp.].

ORF

.... **4. PHALARIS** → p. 349.
PHALARIS [7 esp.].

CAN TR PAR

MA

CR As P AG SPH L

AP AG G

7e GROUPE :

Épis d'épillets allongés, non rameux et complètement distincts les uns des autres DL.

(Groupes d'épillets rameux ou réunis en masse.

(⊙ Plante n'ayant pas ces deux caractères à la fois.

⊕ Épillets de moins de 3 mm. de longueur et arêtes les plus longues de plus de 1 mm. de longueur → Voyez 34. Polypogon, p. 356.

.... **19. PASPALUM** → p. 359. *PASPALUM* [1 esp.]

8e GROUPE :

☐ Glumelles couvertes d'épines crochues TR ou ayant au sommet des épines écartées les unes des autres ECH.

☐ Glumelles sans épines crochues ou écartées.

△ Glumelles à épines crochues TR; glumelles à arête de moins de 5 mm.

+ Épillets à 1 ou 2 fleurs; glumelles à arête de moins de 5 mm.

* Glumes et glumelles pointues mais sans longues arêtes SC, RI; épillets à 5-10 fleurs.

* Glumes, et glumelles à longues arêtes O, CG; épillets à 10 fleurs.

△ Glumelles à épines crochues TR; inflorescence peu serrée RA;

⌇ Glumelles à épines au sommet BCH; inflorescence en boule SE.

△ Chaque épillet de moins de 5 à 10 mm; glumelles à arête de moins de 5 mm. [exemple : I].

◇ Chaque épillet d'environ 1 mm. de largeur; fleurs à 2 étamines,

.... **18. OPLISMENUS** → p. 359. *OPLISMENE* [1 esp.]

58. SCLEROPOA → p. 364. *SCLÉROPOA* [3 esp.]

.... **14. ECHINARIA** → p. 351. *ÉCHINAIRE* [1 esp.]

15. TRAGUS → p. 351. *BARDANETTE* [1 esp.]

RA épillets par 2 à 4...**15.**

→ Voyez 66. Festuca, p. 365.

33. GASTRIDIUM → p. 356. *GASTRIDIUM* [1 esp.]

9e GROUPE :

⊕ Épillets entourés de bractées en forme de fils rudes [exemples : GL, SV].

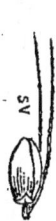

§ Épillets ovales presque complètement logés dans des creux de l'axe ST; tige rampante à gaines épaisses.......

+ Épillets à 2 fleurs dont une stérile; glumes souvent à longue arête; feuilles en général de plus de 5 mm. de largeur → Voyez 18. Oplismenus, p. 352.

.... **7. ANTHOXANTHUM** → p.356. *FLOUVE* [1 esp.]

⊕ Épillets non entourés de fils rudes.

§ Plante n'ayant pas ces caractères.

⊙ Inflorescence ayant, immédiatement au-dessous d'elle, une ou plusieurs feuilles à limbe plus ou moins renversé → Voyez 22. Spartina, p. 353.

.... **16. SETARIA** → p. 352. *SÉTAIRE* [4 esp.]

.... **15 bis. STENOTAPHRUM** → p.351. *STÉNOTAPHRUM* [1 esp.]

⊕ Épillets entourés de fils rudes.

§ Plante n'ayant pas ces caractères.

⊙ Inflorescence n'ayant pas cette disposition.

* Épillets à 5-11 fleurs; groupes d'épillets réunis en une seule inflorescence ÉL.

* Épillets à 1 seule fleur; plusieurs épis distincts → Voyez 22. Spartina, p. 353.

9. CRYPSIS → p. 350. *CRYPSIS* [3 esp.]

59. ÆLUROPUS → p. 364. *ÉLUROPE* [1 esp.]

□ Épillets isolés les uns des autres et devenant presque perpendiculaires à l'axe; glumelle inférieure ayant de longs poils [exemple: CI].

□ Épillets tous tournés d'un même côté; feuilles développées jusque sous l'inflorescence; gaines à feuilles presque sans poils.

□ Plante n'ayant pas les caractères précédents → Voyez 48. Koeleria, p. 360.

→ Voyez 56. Melica, p. 364.

★ Épillets à 5-11 fleurs; glumes presque égales → Voyez 58. Scleropoa, p. 364.
★ Épillets à 3-5 fleurs; glumes très inégales........ **52. SCLEROCHLOA** → p. 362. *SCLÉROCHLOA* [1 esp.].

△ Glumelle à arête attachée un peu au-dessous du sommet [ex.: C, S].

△ Glumelle à arête attachée tout à fait sur le dos [ex.: FV, S, V];

+ Glumes de moins de 4 mm. de longueur [exemple: FV]; fruit sans poils.

+ Glumes de plus de 5 mm. de longueur.

↘ Glumelles à 2 dents au sommet [exemple: S]; fruit velu.

↗ Glumelles entières au sommet V; glumes peu inégales V, A.

.... **67. BROMUS** → p. 367. *BROME* [15 esp.].

.... **46. TRISETUM** → p. 360. *TRISÈTE* [4 esp.].

.... **45. AVENA** → p. 358. *AVOINE* [11 esp.].

.... **44. VENTENATA** → p. 358. *VENTENATA* [1 esp.].

= Glumelle inférieure à trois dents DE, celle du milieu parfois prolongée en arête;

= Glumelle inférieure entière; inflorescence souvent violacée, nombreux épillets C, ER, PL.

Ø Fleurs entourées de longs poils de 1-2 m. à inflorescence en plumet.

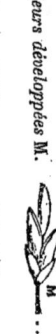

Ø Fleurs non entourées de longs poils.

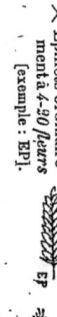

DE inflorescence verte ou verdâtre à épillets peu nombreux [ex.: DD].

× Épillets à 1-3 fleurs développées M.

× Épillets à 2 dents au sommet ment à 4-90 fleurs [exemple: EP].

.... **63. DANTHONIA** → p. 364. *DANTHONIA* [1 esp.].

.... **28. PHRAGMITES** → p. 354. *PHRAGMITES* [1 esp.].

.... **62. MOLINIA** → p. 364. *MOLINIA* [1 esp.].

.... **54. ERAGROSTIS** → p. 363. *ERAGROSTIS* [2 esp.].

★ Glumelles terminées par une arête plus ou moins longue.

★ Épillets disposés en masses compactes ou en une grappe allongée, serrée.

Ø Épillets de deux sortes, les uns ayant beaucoup de fleurs incomplètes, les autres ayant 2 à 5 fleurs complètes; inflorescence allongée CC ou ovale EC.

Ø Épillets ordinaire-

× Glumelles sans arête.

★ Épillets non disposés en masse compacte (ou lorsqu'ils sont en épi serré, à arêtes de plus de 10 mm. de longueur → Voyez Festuca, p. 365.

Ø Épillets tous semblables à 3-5 fleurs; inflorescence rameuse D.

• Inflorescence devenant d'un jaune doré; épillets à fleurs avortées ayant 2 glumes à la base.

• Inflorescence ne devenant pas d'un jaune doré; épillets à fleurs avortées sans glumes à la base.

.... **65. LAMARCKIA** → p. 365. *LAMARCKIA* [1 esp.].

.... **64. CYNOSURUS** → p. 365. *CYNOSURE* [2 esp.].

.... **60. DACTYLIS** → p. 364. *DACTYLE* [1 esp.].

✠ Glumelles ayant une arête de moins de 1 centimètre de longueur.

☐ Feuilles arrondies au sommet CA ;

☐ Épillets plus larges que longs B, ou presque aussi larges que longs MX, très écartés les uns des autres ; glumelles arrondies au sommet.

CA   épillets n'ayant chacun que deux fleurs .... 49. CATABROSA → P. 361. CATABROSA [1 esp.].

☐ Feuilles arrondies au sommet CA ;

△ Feuilles aiguës au sommet.

△ Épillets plus longs que larges.

+ Glumelles sans arête, arrondies sur le dos et au sommet ; 2 glumes membraneuses et très inégales [exemples d'épillets : F, A].

+ Glumelles n'étant pas arrondies à la fois sur le dos et au sommet.

⊘ Glumelles arrondies sur le dos et très pointues ou munies d'une arête au sommet ; glumes inégales. (exemples : O, H, RU, AR, SCH.)

⊘ Glumelles à angle sur le dos et peu pointues, sans arêtes ; glumes peu inégales [exemples : A, PR, AL].

.... 55. BRIZA → p. 363. BRIZE [3 esp.].

.... 50. GLYCERIA → p. 361, GLYCÉRIE [7 esp.].

66. FESTUCA → p. 365. FÉTUQUE [19 esp.].

.... 53. POA → p. 362. PATURIN [13 esp.].

14e GROUPE :

✠ Glumelles ayant une arête de 3 à 30 c. de longueur.

⊖ Glumes ou glumelles entourées de nombreux poils.

△ Arête ayant généralement moins de 5 centimètres et terminant la glumelle inférieure............... → Voyez 23. An-dropogon, p. 353.

✷ Arête ayant de 5 à 30 centimètres et terminant la glumelle inférieure........

✷ Plante de 5 à 10 décimètres ; glumelle à arête courbée en genou AR.

✷ Plante de 1 à 4 mètres ; pas d'arête courbée en genou.

□ Languette de la feuille remplacée par un faisceau de poils → Voyez 25. Erianthus, p. 353.

□ Languette de la feuille courte, membraneuse ; glumelle inférieure à 2 pointes avec une courte arête au milieu ARU.

→ Voyez 29. Calamagrostis, p. 354.

.... 36. STIPA → p. 356. STIPA [4 esp.].

ARU ..... 27. ARUNDO → p. 354. ARUNDO [2 esp.].

⊖ Glumes ou glumelles non entourées de nombreux poils.

△ Feuilles les plus larges de plus de 1 centimètre de largeur, en général.

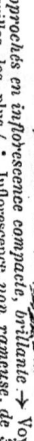

△ Feuilles les plus larges de moins de 1 centimètre de largeur, en général.

+ Épillets très rapprochés en inflorescence compacte, brillante → Voyez 33. Gastridium, p. 356.

+ Épillets les plus longs de plus de 15 c. de longueur.

+ Épillets n'ayant pas ces caractères.

⊘ Inflorescence non rameuse, de 3 à 6 c. de longueur → Voyez 63. Danthonia, p. 364.

⊘ Inflorescence rameuse, quelquefois à rameaux en verticilles, de 8 à 30 c. de longueur.

⊘ Feuilles les plus longues de moins de 15 c. de longueur ; inflorescence à rameaux également écartés de la tige DL.

→ Voyez 33. Gastridium, p. 356.

→ Voyez 34. Sorghum, p. 353.

38. PIPTATHERUM → p. 357. PIPTATHERUM [3 esp.].

61. DIPLACHNE → p. 364. DIPLACHNE [1 esp.].

⊕ Glumelles à arête insérée un peu au-dessous du sommet [exemples: AR, HL, HM].

✕ Épillets étroits, de plus de 7 mm. de longueur en général; feuilles enroulées en long; languette de la feuille presque avortée. .... **37. ARISTELLA** → p. 356. *ARISTELLA* [1 esp.].

✕ Glumelles à arête courbée HL, HM; gaines des feuilles poitues LN; épillets d'environ 3 à 4 mm. de longueur. .... **47. HOLCUS** → p. 360. *HOLQUE* [2 esp.].

✕ Plante n'ayant pas les caractères précédents.
§ Inflorescence compacte; languette de la feuille allongée; languette de la feuille courte, comme coupée au sommet → Voyez 34. Polypogon, p. 356.
§ Inflorescence lâche; languette de la feuille courte → Voyez 38. Pipiatherum.

⊕ Glumelles à arête insérée tout à fait sur le dos.

✕ Glumelles entourées de poils; épillets de 3 à 6 mm. de longueur. P. 357.

✕ Glumelles ayant à la fois une arête sur le dos et 3 à 5 petites arêtes au sommet → Voyez 45. Avena, p. 358.

✕ Glumelles non entourées de poils et ayant seulement une arête sur le dos.
○ Glumes de moins de 5 mm. de longueur.
= Glumelles ayant au plus 2 mm. de longueur.
•• Épillet à 1 seule fleur développée C, I. .... **31. AGROSTIS** → p. 355, *AGROSTIS* [9 esp.].
•• Épillet à 2 fleurs développées CS, CA. .... **43. AIRA** → p. 357, *AÏRA* [8 esp.].
‖ Glumelles ayant plus de 2 millimètres de longueur....... .... **29. CALAMAGROSTIS** → p. 354. *CALAMAGROSTIS* [9 esp.].
○ Glumes de plus de 7 mm. de longueur → Voyez 33. Gastridium, p. 356.

16e GROUPE:

□ Feuilles enroulées en long; raides; plante à tige souterraine très allongée, croissant dans les sables maritimes.
△ Épillets de 10 à 12 mm. de longueur; languette de la feuille allongée; feuilles rapprochées de la tige S. .... **30. PSAMMA** → p. 355, *PSAMMA* [1 esp.].
△ Épillets de 2 à 3 mm. de longueur; languette de la feuille remplacée par des poils; feuilles écartées SPO. .... **32. SPOROBOLUS** → p. 355, *SPOROBOLE* [1 esp.].

□ Feuilles plates, les plus grandes ayant au moins ¼ centimètre de largeur.
+ Épillets sans glumes O; velus; rameaux très tordus L. .... **2. LEERSIA** → p. 349. *LEERSIA* [1 esp.].
+ Épillets ayant des glumes.
✳ Épillets groupés en masses serrées P; glumes très inégales; feuilles sans large nervure blanche au milieu. .... **17. PANICUM** → p. 352, *PANIC* [3 esp.].
✳ Épillets distincts les uns des autres.
• Glumes très inégales P; .... **5. BALDINGERA** → p. 349, *BALDINGÉRA* [1 esp.].
• Glumes presque égales SO. .... **24. SORGHUM** → p. 353. *SORGHO* [2 esp.].

□ Feuilles n'ayant pas les caractères précédents (→ Voir la suite de l'analyse à la page suivante).

◇ Épillets réunis en masses compactes OD ; fleurs à 2 étamines ; glumes très inégales [ọ, ọ, fig. AO] ; racines odorantes. → Voyez 7. **Anthoxanthum**, p. 350.

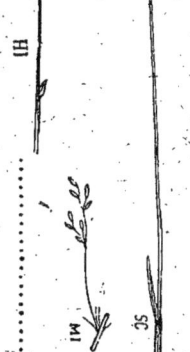

◇ Épillets de plus de 2 mm. de longueur.

○ Épillets séparés les uns des autres MI, HI.

= Épillets à 1 *seule fleur*, n'ayant pas plus de 3 mm. de longueur ; inflorescence à rameaux du milieu régulièrement verticillés. SC [MI, fragment de l'inflorescence]. → 36. **MILIUM** → p. 357. *MILLET* [2 esp.].

= Épillets à 1 *fleur complète et à 2 fleurs* staminées, ayant 3 à 4 mm. de longueur ; inflorescence assez irrégulièrement rameuse HI. → 6. **HIEROCHLOA** → p. 319 *HIEROCHLOA* [1 esp.].

◇ Épillets de 2 mm. de longueur ou moins.

∴ Gaines des feuilles *velues* ; rameaux de l'inflorescence *tordus* → Voyez 45. **Avena**, p. 358.

⊛ Glumelles *entourées de poils* → Voyez 17. **Panicum**, p. 352.

∙ Plante n'ayant pas ces caractères.

⊛ Glumelles *non entourées de poils*.

• Plante de 2 à 3 centimètres COI et épillets *sans glumes* GO. → Voyez 29. **Calamagrostis**, p. 354.

• Plante ordinairement de plus de 3 c. et épillets *à 2 glumes* → Voyez 31. **Agrostis**, p. 355. .... 3. **COLEANTHUS** → p. 349. *COLÉANTHE* [1 esp.].

17ᵉ GROUPE :

※ *Glumes de moins de 6 mm. de longueur.*

⊛ Épillets de plus de 2 mm. de longueur.

⊙ Pédoncules des épillets peu à peu épaissis au-dessous des épillets SP ; glumes très inégales, la plus grande ayant 1 mm. de longueur. .... 57. **SPHENOPUS** → p. 364. *SPHÉNOPE* [1 esp.].

⊙ Pédoncules des épillets non épaissis au-dessous des épillets.

(Épillets à 2 fleurs toutes les deux sans pédoncule → Voyez 43. **Aïra**, p. 357.

⊕ Glumes d'environ 1 mm. de longueur ; plante annuelle sans tiges souterraines, allongées MOL. .... 40. **AIROPSIS** → p. 357. *AIROPSIS* [1 esp.].

(Épillets à 2 fleurs, l'une pédonculée, l'autre sans pédoncule AN, MO.

⊕ Épillets ayant presque toujours une fleur ; plante vivace à longues tiges souterraines rampantes. .... 41. **ANTINORIA** → p. 357. *ANTINORIE* [1 esp.].

⊕ Épillets de 2 mm. de longueur.

§ Glumes de plus de i c. de longueur → Voyez 45. **Avena**, p. 358.

§ Épillets *en forme de boule* AIR ; gaine de la feuille supérieure renflée et souvent rougeâtre AI. .... 42. **MOLINERIA** → p. 357. *MOLINÈRE* [1 esp.].

§ Épillets *non en forme de boule*.

⊕ Pédoncules des épillets relombants → Voyez 45. **Avena**, p. 358.

⊕ Épillets de plus de 2 mm. de longueur.

✱ Plante n'ayant pas ces caractères.

⊕ Languette de la feuille remplacée par des poils ; glumes très aiguës ; feuilles à longs poils, à la fin enroulées ; inflorescence assez serrée SCH. .... 51. **SCHISMUS** → p. 362. *SCHISMUS* [1 esp.].

⊕ Languette de la feuille membraneuse.

◇ Glumelles à angles sur le dos ; épillets toujours dressés et se recouvrant les uns les autres. .... 48. **KOELERIA** → p. 360. *KOELÉRIE* [4 esp.].

◇ Glumelles arrondies sur le dos ; épillets distincts les uns des autres, souvent étalés à angle droit. .... 56. **MELICA** → p. 364. *MÉLIQUE* [3 esp.].

1. ZEA. *ZÉA.* — Inflorescences à étamines vers le haut de la plante; inflorescences à pistil vers le bas, enveloppées par les gaines des feuilles; fruits serrés les uns contre les autres. [Champs; fl. vertes; 8-20 d.; j.-s.; a.]

    Zea Mays L.
    Zéa Maïs (Blé de Turquie),
    Cultivé. [S]

2. LEERSIA. *LÉERSIA.* — (→ Voyez fig. O, L, p. 347). Inflorescence d'un blanc verdâtre; tige velue aux nœuds; feuilles rudes; gaines comprimées. [Endroits humides; 6-12 d.; at.-s.; v.]

    Leersia oryzoides Sw.
    Léersia Faux-Riz.
    Çà et là.

3. COLEANTHUS. *COLÉANTHE.* — (→ Voyez fig. CO, COL, p. 348). Inflorescence peu rameuse; épillets sur des pédoncules poilus; feuilles à gaine enflée ou à languette entière. [Étang; 1-3 c.; j.-at.; a.]

    Coleanthus subtilis Seidel.
    Coléanthe subtil.
    Ouest (rare).

4. PHALARIS. *PHALARIS.* —

C.E.

□ Tiges *ayant des tubercules à la base* C.E.

□ Tiges *sans tubercules à la base.*

  → Glumes ayant une arête PAR, mais en tout cas glumes très allongées PA, PAR;

    ✻ Glumes dont l'aile rejoint la bande verte à environ la moitié de la glume MI.

    ✻ Glumes dont l'aile ne rejoint la bande verte qu'à la base CAN.

    → Glumes ayant une arête PA, très rarement sans arête PAR, mais en tout cas glumes très allongées PA, PAR;

    ✻ Glumes n'ayant pas ces caractères.

    △ Glume dont la carène a une aile profondément et irrégulièrement dentelée, surtout à la base CL. [Endroits humides; fleurs verdâtres, souvent violacées; 1-10 d.; av.-m.; v.]

    △ Glume dont la carène a une aile presque entière NO. [Champs; 4-15 d.; fl. verdâtres, parfois violacées; m.-j.; v.]

gaine de la feuille supérieure entourant la base de l'inflorescence. [Champs; fl. verdâtres; 9-6 d.; av.-m.; a.]

⊕ Glumelle ayant à la base une écaille environ 3 fois plus courte que la glumelle; glumes ovales MI. [Près; fl. verdâtres; 2-6 d.; m.-j.; a.]

⊕ Glumelle ayant à la base une écaille environ 10 fois plus courte que la glumelle; glumes ovales-allongées TR. [Endroits humides; fl. verdâtres; 3-5 d.; m.-j.; v.]

× Glumelle ayant à la base 1 écaille égalant environ la moitié de la glumelle CN. [Endroits incultes; fl. verdâtres; 7-10 d.; av.-j.; a.]

× Glumelle ayant à la base 2 écailles égalant environ le 1/6 ou 1/5 de la glumelle B. [Endroits incultes; fl. verdâtres; 3-5 d.; m.-j.; a.]

CL   NO   MI   TR   CN   B   PA   PAR   CAN

    Phalaris caerulescens Desf.
    Phalaris bleuâtre,
    Région méditerranéenne (rare).

    Phalaris nodosa L.
    Phalaris noueux.
    Région méditerranéenne (rare).

    Phalaris paradoxa L.
    Phalaris paradoxal.
    Ouest (très rare); Midi. [S] sub.

    Phalaris minor Retz.
    Phalaris mineur.
    Ouest, Midi. [S] sub.

    Phalaris truncata Guss.
    Phalaris tronqué.
    Provence (très rare).

    Phalaris canariensis L.
    Phalaris des Canaries.
    Cultivé et parfois subspontané. [S]

    Phalaris brachystachys Link.
    Phalaris à épi court.
    Région méditerranéenne. [S] sub.

5. BALDINGERA. *BALDINGÉRA.* — (→ Voyez fig. P, p. 347). Inflorescence rétrécie en haut et en bas, d'un vert glauque ou violacé; feuilles rudes, très longuement en pointe. [Endroits humides; 7-15 d.; j.-jt.; v.]

    Baldingera arundinacea Dumort.
    Baldingéra Faux-Roseau (Chiendent-ruban).
    Assez commun. [S]

6. HIEROCHLOA. *HIÉROCHLOA.* — (→ Voyez fig. HI, p. 348). Épillets sur des pédoncules très minces et allongés; glumes brillantes mêlées de blanc, de brun et de jaunâtre. [Endroits incultes; fl. brunâtres; 2-4 d.; m.-j.; v.]

    Hierochloa borealis R. et S.
    Hiérochloa boréal.
    Dép. des Basses-Alpes (très rare). [S]

7. ANTHOXANTHUM. FLOUVE. — (→ Voyez fig. OD, p. 34). Feuilles ciliées vers le haut de la gaine ; glumes membraneuses sur les bords. (Parfois plante annuelle ; épillets à fleurs avortées 2 fois plus longues que la fleur développée ; fleur avortée inférieure ayant une arête dépassant la glume supérieure : **A. Puelii Lec. et Lamt.**)
[Bord, prés ; fl. verdâtres ou jaunâtres ; 2-5 d. ; m.-jt. v. ou a.]

Anthoxanthum odoratum L. *Flouve odorante.* *Très commun.* [S]

8. MIBORA. MIBORA. — (→ Voyez fig. MI, MY, M, p. 34). Tiges en petites touffes ; feuilles courtes, pliées en gouttière.
[Endroits sableux ; fl. d'un rouge violacé, parfois vertes ; 3-10 c. ; ms.-m.; a.]

Mibora verna Adans. *Mibora du printemps.* *Centre, Ouest, Midi et çà et là dans l'Est.*

9. CRYPSIS. CRYPSIS. —

= Feuilles en pointe très aiguë, les 2 ou 3 supérieures embrassant l'inflorescence AC ;

fleurs à 2 étamines.
[Endroits humides ; fl. verdâtres ; 5-30 c.; j.-at.; a.]

Crypsis aculeata Ait. *Crypsis piquant.* *Ouest, Midi* (peu commun).

= Feuilles non très aiguës, une seule feuille embrassant l'inflorescence ;

⊕ Inflorescence 4 à 5 fois plus longue que large, en général, AL;

⊕ Inflorescence 2 à 3 fois plus longue que large, en général.

feuille supérieure n'embrassant que la base de l'inflorescence.
[Endroits humides ; fl. violacées ; 4-9 d.; at.-s.; a.]

Crypsis alopecuroides Schrad. *Crypsis Faux-Vulpin.* *Est, Centre, Ouest ; Sud-Ouest, Vallée du Rhône* (rare).

feuille supérieure embrassant environ la moitié de l'inflorescence.
[Endroits humides ; fl. blanchâtres, violacées ; 1-4 d.; jt.-at.; a.]

Crypsis schoenoides Lam. *Crypsis Faux-Choin.* *Ouest, Midi.*

10. PHLEUM. PHLÉOLE. —

✗ Glumes sans longs cils sur le dos et portant de petits tubercules AS, TE.

  * Glumes à pointes écartées AS;

  * Glumes à pointes rapprochées TE;

gaine de la feuille supérieure un peu renflée ; inflorescence allongée PA.
[Coteaux, endroits secs ; fl. d'un vert glauque ; 1-3 d.; av.-m.; a.]

gaine de la feuille supérieure très peu renflée, inflorescence allongée (comme PA).
[Prés ; fl. d'un vert glauque ; 2-4 d.; j.-jt.; a.]

Phleum asperum Jacq. *Flouve rude.* *Est, Auvergne* (rare) ; *Sud-Est.* [S]
Phleum tenue Schrad. *Phléole grêle.* *Provence.*

✗ Glumes brusquement terminées par des arêtes AL, P, PB.

  ⊕ Glumes à pointes AS;

(Arête presque aussi longue que le reste de la glume AL;

inflorescence souvent très obtuse au sommet.
[Prés, rochers ; fl. d'un vert pourpré ; 2-4 d.; j.-s., v.]

Phleum alpinum L. *Phléole des Alpes.* *Jura, Alpes, Auvergne, Pyrénées;*

(Arête égalant le quart ou le tiers du reste de la glume P;

inflorescence souvent pointue au sommet.
[Prés, champs, chemins ; fl. d'un vert pâle ou violacés; 2-6 d.; m.-jt.; b.]

Phleum pratense L. *Phléole des prés* (Marseille). *Très commun.* [S]

(Arête égalant environ le quart du reste de la glume PB;

inflorescence plus ou moins pointue au sommet, souvent allongée B de 6 à 15 c.
[Prés, champs, chemins ; fl. vertes, rosées ou jaunâtres ; 2-5 d.; j.-jt.; v.]

Phleum Boehmeri With. *Phléole de Boehmer.* *Assez commun,* sauf dans le Nord.[S]

✗ Glumes à pointe assez courtes MI;

inflorescence cylindrique, 5 à 10 fois plus longue que large, en général, tige souterraine développée.
[Prés, rochers ; fl. d'un vert pourpré ; 3-5 d.; jt.-s.; v.]

Phleum Michelii All. *Phléole de Michel.* *Jura, Alpes* (Hautes régions).[S]

✗ Glumes insensiblement terminées en pointe MI, ARE.

  ✠ Glumes à pointe assez longue ARE;

inflorescence ovale 2 à 3 fois plus longue que large AR ; pas de tige souterraine développée.
[Chemins, bois ; fl. d'un vert glauque ; 1-2 d.; m.-j.; a.]

Phleum arenarium L. *Phléole des sables.* *Littoral, et çà et là dans le Midi et le Sud-Est.*

11. ALOPECURUS. VULPIN.

☐ Gaines des feuilles supérieures très renflées U ; glumes soudées jusqu'au milieu. [Prés ; fl. d'un blanc verdâtre ou pourpré ; 1-3 d. ; m.-j. ; a.]

☐ Gaines des feuilles supérieures peu renflées G ; glumes libres presque jusqu'à la base. [Prés, rochers ; fl. blanchâtres ; 1-3 d. ; jl.-a. ; v.]

△ Inflorescence ovale ou presque arrondie, au plus 2 fois plus longue que large U, G.

△ Inflorescence très allongée ; 4 à 10 fois plus longue que large GE, PR, AA.

+ Tiges ayant un bulbe à la base ; glumes libres entre elles presque jusqu'à la base.

+ Tiges sans bulbe ; plante aquatique ; glumes obtuses à longs cils G ; tiges couchées puis redressées GE. [Parfois fleurs jaunâtres, arêtes plus courtes que les glumes, gaines très renflées ; A. fulvus Sm.] [Fossés, étangs, cours d'eau ; fl. d'un vert blanchâtre ou violacé ; 2-4 d. ; m.-jl. ; v.]

△ Glumes libres entre elles presque jusqu'à la base.

△ Glumes soudées entre elles jusqu'au quart ou jusqu'à la moitié de leur longueur AP, AG.

△ Glumes à longs cils AP ;

△ Glumes sans longs cils AG ;

inflorescence arrondie aux deux bouts PR. [Prés, chemins ; fl. vertes ou d'un violet foncé ; 2-7 d. ; m.-jl. ; v.]

inflorescence en pointe aux deux bouts AA. [Champs, chemins ; fl. verdâtres ou violacées ; 2-6 d. ; j.-at. ; a.]

12. SESLERIA. SESLÈRIA.

Inflorescence 5 à 8 fois plus longue que large, en général ; tige souterraine à longs rameaux AR ; glumelle inférieure ayant 5 arêtes au sommet. [Endroits incultes ; fl. d'un vert blanchâtre ; 3-6 d. ; m.-jl. ; v.]

= Inflorescence arrondie ou ovale n'étant pas plus de 3 fois plus longue que large, en général, CŒ, SP.

= Inflorescence plus longue que large CŒ ;

= Inflorescence presque aussi large que longue SP ;

feuilles les plus larges ayant 5 à 6 mm. ; glumelle inférieure à dents inégales SC.

feuilles en général de 1 mm. de largeur au moins. [Pâturages ; fl. verdâtres ou jaunâtres ; 5-15 c. ; j.-at. ; v.]

13. OREOCHLOA. OREOCHLOA.

— (→ Voyez fig. OR, ORF, p. 343.) Inflorescence n'étant pas beaucoup plus longue que large ; tiges en touffes. [Parfois feuilles non enroulées ; tiges non en touffes serrées ; O. pedemontana Boiss.) [Pâturages, rochers ; fl. bleuâtres, blanchâtres ou violacées ; 1-4 d. ; jl.-at.; v.]

14. ECHINARIA. ÉCHINAIRE.

— (→ Voyez fig. ECH, SE, p. 344.) Tiges droites sillonnées, feuilles à petits poils courts sur le limbe, presque toutes vers la base. [Prés, coteaux ; fl. blanchâtres ; 5-15 c. ; m.-j. ; v.]

15. TRAGUS. BARDANETTE.

— (→ Voyez fig. TR, RA, p. 344.) Feuilles courtes, bordées de cils raides surtout vers leur base ; tiges ordinairement couchées sur le sol ; gaines des feuilles renflées. [Sables ; fl. vertes ou pourpres ; 2-5 d. ; jl.-o. ; a.]

15bis. STENOTAPHRUM. STÉNOTAPHRUM.

— (→ Voyez fig. ST, p. 344). Tiges rampantes ; épillets à 2 fleurs, tous tournés d'un même côté, enfoncés dans l'axe de l'inflorescence allongée et aplatie. [Sables ; fl. vertes ou jaunâtres ; 1-8 d. ; j.-s. ; v.]

— Species list (right margin):

Alopecurus utriculatus Pers.
Vulpin à vessies.
Nord-Est, Est, Bourgogne, nord
du bassin du Rhône ; très rare
ailleurs et introduit.[S] sub.
Alopecurus Gerardi Vill.
Vulpin de Gérard.
Alpes, Pyrénées.(H^les régions ; rare).
Alopecurus bulbosus L.
Vulpin bulbeux.
Nord-Ouest, Ouest, Midi.[S] sub.
Alopecurus geniculatus L.
Vulpin genouillé.
Assez commun.[S]

Alopecurus fulvus Sm.
[Endroits humides ; fl. verdâtres ; 2-4 d. ; m.-jl. ; v.]

Alopecurus pratensis L.
Vulpin des prés (Vulpine),
Commun, sauf dans le Midi.[S]
Alopecurus agrestis L.
Vulpin des champs.
Très commun.[S]

Sesleria argentea Savi.
Seslèria argentée.
Provence (rare).[S] sub.
Sesleria caerulea Arduin.
Seslèria bleue.
Nord, Est, Alpes, Pyrénées et çà et là.[S]
Sesleria sphaerocephala Arduin.
Seslèria à tête ronde.
Alpes de la Savoie (très rare).[S]
Oreochloa disticha Link.
Oreochloa distique.
Alpes du Dauphiné et méridionales, Pyrénées.[S]
Echinaria capitata Desf.
Échinaire en tête.
Centre, Sud-Est, Ouest, Midi.[S]
Tragus racemosus Hall.
Bardanette rameuse.
Sud-Est, Région méditerranéenne
et çà et là, sauf le Nord et l'Est.[S]
Stenotaphrum americanum.
Sténotaphrum d'Amérique.
Environs de Bayonne (naturalisé).

16. SETARIA. SÉTAIRE. —

⊕ Arêtes ayant les poils dirigés vers le bas VE ;

⊕ Arêtes ayant les poils dirigés vers le haut SV.

X Arêtes d'un jaune roux ; glumelle ridée en travers GL ;

X Arêtes vertes, rougeâtres ou brunes ; glumelle presque lisse SV, I, G.

§ Feuilles de 4 à 7 mm. de largeur, en général ; inflorescence VI ;

§ Feuilles de 9 à 18 mm. de largeur, en général ; inflorescence, très développée ;

glume supérieure plus courte que la glumelle de la fleur développée. [Chemins, champs ; fl. roussâtres ; 1-5 d.; j.-o.; a.]

glume supérieure égalant environ la glumelle de la fleur développée ; feuilles rudes aux bords et en dessus. [Chemins, champs ; fl. vertes ; 1-7 d.; j.-o.; a.]

épi rude au toucher ; glume supérieure égalant environ la glumelle de la fleur développée. [Chemins, champs ; fl. vertes ; 1-7 d.; j.-o.; a.]

arêtes allongées SV. [Chemins, champs ; fl. vertes ou pourprées ; 1-4 d.; j.-o.; a.]

très rarement arêtes allongées G. : S.Ger. macaica P. B.) [Cultures; fl. verdâtres ou jaunâtres ; 5-10 d.; j.-s.; a.]

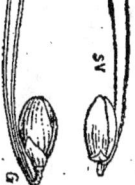

Setaria verticillata P. B. *Sétaire verticillée. Assez commun, sauf dans l'Est.* [S]

Setaria glauca P. B. *Sétaire glauque. Assez commun, sauf dans le Nord et l'Est.* [S]

Setaria viridis P. B. *Sétaire verte. Commun.* [S]

Setaria italica P. B. *Sétaire d'Italie. Cultivé et rarement subspontané.* [S]

17. PANICUM. PANIC. —

* Tige souterraine rampante et renflée en tubercules RE ;

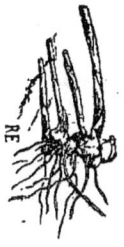

* Tige souterraine non développée ; plante annuelle.

gaines des feuilles non très fortement velues ; épillets de moins de 3 mm. de longueur. [Endroits incultes, champs ; fl. vertes ; 2-6 d.; j.-o.; v.]

✹ Épillets d'environ 2 mm. de longueur ; [CA, double de la grandeur naturelle] ;

✹ Épillets d'environ 4 mm. de longueur [MI, double de la grandeur naturelle] ;

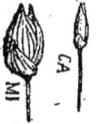

inflorescence à épillets sur des pédoncules très fins, éloignés les uns des autres ; glume inférieure très courte CA. [Champs ; fl. vertes ; 2-5 d.; jl.-s.; a.]

inflorescence à épillets assez rapprochés ; glume inférieure égale environ aux 2/3 de la glume supérieure MI. [Champs ; fl. verdâtres ; 3-12 d.; jl.-s.; a.]

Panicum repens L. *Panic rampant. Provence (très rare).*

Panicum capillare L. *Panic capillaire L. Sud-Ouest, Provence (très rare et introduit).*

Panicum miliaceum L. *Panic Faux-Millet. Cultivé et parfois subspontané* [S]

18. OPLISMENUS. OPLISMÈNE. — (→ Voyez fig. O, CG, p. 344.) Feuilles à gaines aplaties, à limbe souvent rude sur les bords, à languette non développée. 94s, p. 394.

Oplismenus Crus-galli Kunth. *Oplismène Pied-de-Coq (Patte-de-Poule.) Assez commun.* [S]

19. PASPALUM. PASPALE. — (→ Voyez fig. Df, p. 334.) Épillets ovales, tous tournés d'un côté ; feuilles sans poils, rudes sur les bords. [Endroits incultes, bord des eaux ; fl. vertes ; 2-5 d.; j.-o.; v.]

Paspalum dilatatum Poir. *Paspale dilaté. Département du Var (naturalisé ; rare).*

20. DIGITARIA. DIGITAIRE. —

⊕ Feuilles poilues sur les faces et sur la gaine DS ;

⊕ Feuilles poilues seulement au sommet ou sans poils.

glumelle lisse, et glume supérieure moins large que la glumelle S. [Chemins, champs ; fl. violacées ; 1-5 d.; jl.-o.; a.]

§ Épillets de moins de 1 mm. de largeur environ ; plante annuelle à racines grêles. [Champs, chemins ; fl. verdâtres ou violettes ; 2-8 d.; jl.-s.; a. ou b.]

§ Épillets d'environ 1 mm. 1/2 de largeur ; plante vivace à tiges souterraines développées. [Champs, chemins ; fl. vertes ; 3-10 d.; at-n.; v.]

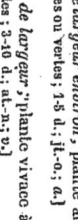

Digitaria sanguinalis Scop. *Digitaire sanguine (Manne terrestre), Commun, sauf dans le Nord et le Nord-Est.* [S]

Digitaria filiformis Kœl. *Digitaire filiforme. Çà et là.* [S]

Digitaria paspaloides Dub. *Digitaire Faux-Paspalum. Ouest, Midi (naturalisé).*

21. CYNODON. CYNODON. — (→ Voyez fig. D, p. 341). Feuilles souvent poilues en dessous ; tiges produisant, vers leur base, des rameaux à écailles courtes ; inflorescence ordinairement violette. [Endroits incultes, grèves, sables ; fl. verdâtres ou violettes ; 2-5 d.; jl.-o.; v.]

Cynodon Dactylon Pers.
Cynodon Dactyle (Chiendent).
Commun, sauf dans le Nord et l'Est.

22. SPARTINA. SPARTINA. —

□ Feuilles à languette égalant environ les 3/4 de la glume supé-rieure, épillets allongés et serrés S. [Endroits humides, sables ; fl. verdâtres ou jaunâtres ; 3-6 d.; al.-o.; v.]

Spartina stricta Roth.
Spartina raide.
Littoral de l'Océan et de la Manche (peu commun). [S]

□ Languette de la feuille remplacée par des poils
△ Épillets serrés V, dont l'ensemble est souvent disposé en spirale.
△ Épillets peu serrés A, alternant les uns avec les autres.

Spartina versicolor Fabre.
Spartina changeant.
Littoral de la Méditerranée. [S]

Spartina alterniflora Lois.
Spartina à fleurs alternes.
Littoral du golfe de Gascogne.

23. ANDROPOGON. ANDROPOGON. —

+ Inflorescence mêlée de feuilles HI ; épillets groupés 2 par 2.

[Sables, prés ; fl. verdâtres, jaunâtres ou violacées ; 8-15 d.; n.-ms; v.]

(Parfois arête ayant 5 à 7 fois la longueur de la glumelle : A. pubescens Vis.) [Endroits incultes ; fl. violacées ; 5-12 d.; j.-s.; v.]

Andropogon hirtum L.
Andropogon hérissé.
Région méditerranéenne.

+ Inflorescence non mêlée de feuilles.

○ Inflorescence à i seul épi serré AL ; feuilles peu poilues.

⟲ Arête 10 à 14 fois plus longues que la glumelle.

⊕ Inflorescence très étalée GR ; feuilles très poilues, à poils étalés.

⊕ Inflorescence à i seul épi serré AL ; feuilles peu poilues.

[Endroits incultes ; fl. verdâtres ou violacées; 4-7 d; al.-o.; v.]

Androgon Allionii DC.
Andropogon d'Allioni.
Littoral du Roussillon et de la Provence (rare). [S]

[Endroits incultes ; fl. jauni-tres, verdâtres ou violacées ; 5-10 d.; j.-jl.; v.]

Androgon Gryllus L.
Andropogon Grillon.
Sud-Est (très rare) ; Région mé-diterranéenne. [S]

⊕ Inflorescence à 2 épis, en général. [Endroits incultes ; fl. verdâtres ou jaunâtres ; j.-s.; v.]

Androgon distachyon L.
Andropogon à 2 épis (Barbon double).
Région méditerranéenne.

Androgon Ischaemum L.
Andropogon Ischème (Chiendent-à-balai.)
Assez commun, sauf dans le Nord, l'Est et l'Ouest.

24. SORGHUM. SORGHO. —

✿ Plante de 5 à 15 décimètres ; à inflorescence peu développée, à épillets tous tournés d'un même côté. [Champs ; fl. vertes et violettes : 20-30 d.; jl.-s.; c.]

⊕ Tige souterraine longuement rampante ; or-dinairement 5 à 10 épis ; arête ayant en-viron 4 fois la longueur de la glumelle I. [Coteaux, champs ; fl. vertes ou pourprées; 4-10 d.; j.-jl.; v.]

⊕ Tige souterraine non rampante ; arête ayant environ 6 fois la longueur de la glumelle DS ;

Sorghum halepense Pers.
Sorgho d'Alep.
Midi. [S] sub.

Sorghum vulgare Pers.
Sorgho vulgaire (Millet à balais).
Centre et Midi (cultivé). [S] sub.

✿ Plante de 20 à 80 décimètres, en général, à inflorescence très développée, de 20 à 30 cm. de longueur. [Champs ; fl. vertes ou pourprées; 4-10 d.; j.-jl.; v.]

25. ERIANTHUS. ÉRIANTHE. — (→ Voyez fig. ER, p. 343). Inflorescence soyeuse de 30 à 50 centimètres de longueur; feuilles pliées en long, ciliées vers la base, rudes. [Sables, cultures; fl. blanchâtres ; 10-18 d.; s.-o.; v.]

Erianthus Ravennae P. B.
Érianthe de Ravenne.
Région méditerranéenne (rare; de préférence sur le littoral).

26. **IMPERATA. *IMPERATA*.** — (→ Voyez fig. IM, p. 349). Inflorescence soyeuse, en cylindre atténué aux deux bouts; feuilles pliées en long, glauques; languette courte, à longs cils. [Sables; fl. blanchâtres; 3-6 d.; jt-at.; v.] .... **Imperata cylindrica *P. B.***
Imperata cylindrique.
Région méditerranéenne, de préférence sur le littoral.

27. **ARUNDO. *ARUNDO*.** —
★ Feuilles *se rétrécissant insensiblement de la base au sommet*; glumes ne dépassant presque pas les poils. [Baies, cultures; fl. verdâtres ou violacées; 2-5 m.; s.-o.; v.] .... **Arundo Donax *L.***
Arundo Donax (Roseau-à-quenouille).
Midi (naturalisé).

★ Feuilles *ayant sur une grande longueur les bords presque parallèles*; glumes dépassant beaucoup les poils. [Baies, cultures; fl. pourprées ou jaunâtres; 2-3 m.; s.-o.; v.] .... **Arundo mauritanica *Desf.***
Arundo de Mauritanie.
Provence (très rare).

28. **PHRAGMITES. *PHRAGMITÈS*.** — (→ Voyez fig. C, p. 345). Inflorescence dont les rameaux sont poilus à leur point d'attache. (Rarement, plante à tige forte, de 3 à 6 m., glumes à 3 dents : **P. gigantea** Gay.) [Fossé, marais, rivières; fl. violacées ou jaunâtres; 8-60 d.; at.-o.; v.] .... **Phragmites communis *Trin.***
Phragmites communis (Roseau-à-balai).
Très commun. [S]

29. **CALAMAGROSTIS. *CALAMAGROSTIS*.**
✴ Poils ayant *le tiers ou le sixième de la longueur des glumes* (Voyez ci-dessous les fig. A et T) .... **Série 1** → p. 354.
✴ Poils ayant *au moins la moitié de la longueur des glumes*. .... **Série 2** → p. 354.

Série 1

Ⓣ Arête de la glumelle *courbée à la base A*; poils ayant un sixième environ de la longueur des glumes;

Ⓐ Arête de la glumelle *droite ou non développée T*; poils ayant un tiers environ de la longueur des glumes.

□ Arête *bien plus longue que les glumes AR*; feuilles enroulées en long, de 1 à 2 mm. de largeur, en général.

□ Arête *dépassant un peu les glumes*; feuilles plates, quand elles sont développées M;

⊕ Glumelle ayant *environ la moitié de la longueur des glumes EG*;

⊕ Glumelle ayant *environ les 2 tiers de la longueur des glumes H*;

feuilles les plus larges de 2 à 4 mm de largeur, en général. [Rochers, pâturages; fl. violacées; 3-8 d.; jt-at.; v.] .... **Calamagrostis arundinacea *Roth.***
Calamagrostis l'oux-Roseau.
Vosges (rare); *Plateau Central*, Pyrénées; dép. de la Vienne (très rare).

feuilles les plus larges de 5 à 8 mm. de largeur, en général. [Bois, forêts; fl. jaunâtres ou violacées; 6-10 d.; jt-at.; v.] .... **Calamagrostis tenella *Host.***
Calamagrostis délicat. [S]
Jura, Alpes (rare). [S]

[Rochers, pâturages; fl. blanchâtres ou jaunâtres; 6-10 d.; j.-at.; v.] .... **Calamagrostis argentea *DC.***
Calamagrostis argenté.
Côte-d'Or (très rare); *Jura, Sud-Est, H^te-Provence, Cévennes, Pyrénées.* [S]

feuilles de 4 à 6 mm. de largeur, en général. [Bois, forêts; fl. jaunâtres ou violacées; 6-10 d.; jt-at.; v.] .... **Calamagrostis montana *DC.***
Calamagrostis des montagnes.
Vosges, Jura, Alpes.

plante glauque. [Bois; fl. jaunâtres ou violacées; 7-12 d.; jt-at.; v.] .... **Calamagrostis Epigeios *Roth.***
Assez commun, sauf dans le Midi. [S]

Série 2

✴ Poils *plus courts que les glumes N*; feuilles toutes enroulées.

○ Arête de la glumelle *droite sur le dos de la glumelle EG, N, LI, LA.*

○ Arête *attachée sur le dos de la glumelle EG, N.*

○ Arête de la glumelle *au sommet de la glumelle LI, LA.*

○ Arête de la glumelle *allongée LI*;

○ Arête de la glu-melle *extrê-mement cour-te LA*;

feuilles non glauques. [Prés humides, marais; fl. violacées; 6-12 d.; jt-at.; v.] .... **Calamagrostis Halleriana *DC.***
Alpes (très rare). [S]

inflorescence étroite et allongée. [Bois, prés; 4-5 d.; jt-at.; v.] .... **Calamagrostis neglecta *Fl. de Wett.***
Calamagrostis négligée.
Jura (très rare : Pontarlier). [S]

feuilles glauques. [Bord des cours d'eau; fl. violacées; 5-10 d.; jt-at.; v.] .... **Calamagrostis littorea *DC.***
Calamagrostis des rivages.
Vallées du Rhône et affluents. [S]

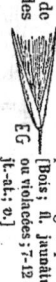

feuilles plus ou moins velues. [Bois, prés; 6-10 d.; jt-at.; v.] .... **Calamagrostis lanceolata *Roth.***
Calamagrostis lancéolée. [S]

30. PSAMMA. *PSAMMA.* — (→ Voyez fig. S, p. 347). Feuilles glauques, enroulées, piquantes; languette de la feuille divisée en deux; inflorescence allongée, presque cylindrique. [Sables; fl. verdâtres ou jaunâtres; 3-10 d.; m.-jt.; v.] .... **Psamma arenaria** R. et S. *Psamma des sables. Littoral.*

31. AGROSTIS. *AGROSTIS.* —

☐ Plante sans tiges souterraines développées, annuelle, facile à déraciner. .... **Série 1** → p. 355.

☐ Plante à tiges souterraines développées, vivace, solidement fixée au sol. .... **Série 2** → p. 355.

Série 1

△ Glumelle sans arête; épillets très écartés les uns des autres E, n'ayant pas plus de 1 mm. de longueur; — feuilles placées en long; rameaux très fins. [Endroits incultes, landes; fl. jaunâtres ou violacées; 3-25 c.; m.-jt.; a.] **Agrostis elegans** Thore. *Agrostis élégant. Sud-Ouest, Provence (rare).*

△ Glumelle avec arête ayant 2 à 5 fois la longueur de l'é-pillet, P; feuilles plates.

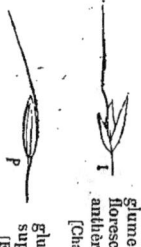

+ Glumelle (sans l'arête), égalant ou dépassant les glumes I; — glume inférieure plus petite que la supérieure. (Parfois inflorescence étroite non étalée, à groupes successifs d'épillets; anthères ovales; fl. jaunâtres ou violacées; 2-10 d.; j.-jt.; a.] **Agrostis Spica-Venti** L. *Assez commun, sauf dans l'Ouest et le Midi.* [S]
[Champs; fl. jaunâtres ou violacées] : *A. interrupta* L.]

+ Glumelle ayant la moitié de la longueur des glumes, P; — glume inférieure plus grande que la supérieure; feuilles supérieures moins étroites que les autres; [Endroits incultes; fl. d'un vert pâle; 1-3 d.; av.-m.; a.] **Agrostis pallida** DC. *Agrostis pâle. Provence (rare).*

⊖ Glume la plus longue atteignant au plus, 2 mm. de longueur;

★ Feuilles toutes planes, lorsqu'elles sont développées; fleur à 2 glumelles, à arête courte AL ou sans arête. (Souvent languette de la feuille très courte et inflorescence très large étalé : *A. vulgaris* With.
— Parfois inflorescence à rameaux serrés et glumelles (égalant seulement la moitié des glumes : *A. verticillata* Vill.) [Prés, chemins, champs; fl. blanchâtres ou violacées; 2-10 d.; j.-s.; v.] **Agrostis alba** L. *Agrostis blanche. Très commun.*

⊕ Rameaux de l'inflorescence des touffes très serrées. [Rochers, pâturages; fl. violettes; 5-15 d.; jt.-s.; v.]

+ Feuilles toutes enroulées en long RUP; plante formant des touffes très serrées.

★ Feuilles plates RB; plante en touffes peu serrées, en général. [Rochers, pâturages ou jaunâtres; 5-20 d.; jt.-s.; v.] **Agrostis rupestris** All. *Agrostis des rochers. Alpes, Auvergne, Pyrénées.* (Il[es] régions). [S]

⊕ Rameaux de l'inflorescence à rameaux dressés ST;

◇ Feuilles glauques; inflorescence à rameaux dressés ST; **Agrostis rubra** L. *Alpes de la Savoie (très rare).*

◇ Feuilles d'un vert franc; inflorescence à rameaux souvent étalés A;

glumelle ayant l'arête attachée au-dessus de sa base. [Endroits incultes, landes; fl. jaunâtres ou violacées; 2-4 d.; jt.-at.; v.] **Agrostis setacea** Curt. *Agrostis à soies. Nord-Ouest, Centre (rare); Ouest, Sud-Ouest.*

glumelle ayant l'arête attachée à la base. [Pâturages, rochers; fl. jaunâtres ou violet-tes; 1-3 d.; jt.-at.; v.] **Agrostis alpina** Scop. *Agrostis des Alpes. Jura, Alpes, Pyrénées.* [S]

Feuilles toutes enroulées, fleurs n'ayant qu'une glumelle développée avec une arête CA, rarement sans arête; inflorescence à rameaux étalés pendant la floraison CN. [Prés, bois, endroits humides; fl. violacées ou rougeâtres; 2-4 d.; j.-s.; v.] **Agrostis canina** L. *Agrostis des chiens. Commun, sauf dans la Région méditerranéenne.* [S]

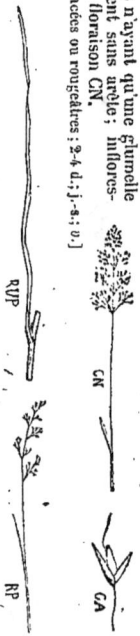

⊖ Glume la plus longue ayant 3 à 4 mm. de largeur.

⊕ Rameaux de l'inflorescence aigu au sommet.

32. SPOROBOLUS. *SPOROBOLE.* — (→ Voyez fig. SPO, p. 347). Feuilles développées beaucoup plus longues que les entre-nœuds, glauques, velues en dessus; inflorescence aiguë au sommet. [Sables; fl. verdâtres; 1-2 d.; jt.-at.; v.] **Sporobolus pungens** Kunth. *Sporobole piquant. Littoral de la Méditerranée.*

+ Arête non plumeuse de moins de 20 c. de longueur.

33. GASTRIDIUM. GASTRIDIUM. —
Inflorescence allongée, aiguë à la base et au sommet; fleurs allongées G, S, brillantes.

(Parfois glumelles peu aiguës et marquées de petits points sur toute leur surface : **G. scabrum** Presl.) [Endroits incultes; sables; fl. d'un vert blanchâtre; i-4 d.; av.-jt.; a.]

Gastridium lendigerum *Gaud.*
Gastridium ventru.
Ouest, Midi, et çà et là, sauf dans le Nord et l'Est. [S] sub.

34. POLYPOGON. POLYPOGON. —

□ Plante vivace à tiges souterraines rampantes et portant des racines aux nœuds; arête des glumes ayant *moins de 3 fois* la longueur des glumes L;

[Sables humides, marais; fl. jaunâtres; 2-4 d.; j.-jt.; v.]

Polypogon littorale *Sm.*
Polypogon des rivages.
Littoral. [S] sub.

□ Plante annuelle *sans* tiges souterraines développées; arête des glumes ayant *3 à 4 fois* la longueur des glumes MA, MO.

⊕ Glumes ayant de petites écailles brillantes MA;
glumes très échancrées au sommet. (Parfois segment supérieur des pédicules des épillets allongé et plus long que le segment inférieur : **P. subspathaceum** Requien.) [Endroits humides; fl. jaunâtres; i-4 d.; m.-j.; a.]

Polypogon maritimum *Willd.*
Polypogon maritime.
Littoral, de l'Océan et de la Méditerranée.

⊕ Glumes ayant des poils MO;
glumes peu ou pas échancrées au sommet. [Endroits humides, sables; fl. jaunâtres; i-4 d.; m.-j.; a.]

Polypogon monspeliense *Desf.*
Polypogon de Montpellier.
Littoral. Région méditerranéenne.

35. LAGURUS. LAGURE. — (→ Voyez fig. O, p. 343). Inflorescence ovale; feuilles poilues, d'un vert clair, languette de la feuille à petits poils; tiges grêles. [Endroits incultes; fl. d'un blanc brillant; i-o d.; m.-j.; a.]

Lagurus ovatus *L.*
Lagure ovale.
Littoral (rare sur l'Océan et la Manche) et parfois introduit. [S] sub.

36. STIPA. STIPA. —

↶ Arête plumeuse, jusqu'au sommet ST, de plus de 20 c. de longueur; feuilles d'un vert glauque, enroulées; [Coteaux, endroits secs et incultes; fl. d'un jaune verdâtre; 3-9 d.; jn.-at.; v.]

Stipa pennata *L.*
Stipa pennée.
Sud - Est, Région méditerranéenne; rare ou manque ailleurs. [S]

↶ Arête n'ayant pas de poils à son extrémité inférieure CP;

arête de plus de 10 c.; glumelle poilue à la base et ayant plusieurs rangées de poils; feuilles glauques, enroulées, avec de petits poils en dessus; languette de la feuille sans poils, divisée ou deux au sommet. [Endroits secs et incultes; fl. blanchâtres; 4-10 d.; m.-jt.; v.]

Stipa capillata *L.*
Stipa capillaire.
Sud-Est, Région méditerranéenne. [S]

= Feuilles à languette très allongée Ji; arête d'environ 7 à 10 c. de longueur.

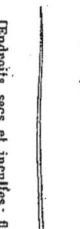

glumes à pointe plus longue que le reste de la glume.

Stipa juncea *L.*
Stipa faux-jonc.
Région méditerranéenne.

↶ Arête poilue jusqu'à l'extrémité inférieure [exemple : T]

= Feuilles à languette très courte TO;

arête tordue de 4à5 c. T glumes à pointe plus courte que le reste de la glume. [Endroits incultes; fl. blanchâtres; 2-4 d.;av.-m.; a.]

Stipa tortilis *Desf.*
Stipa tortillé.
Région méditerranéenne.

37. ARISTELLA. ARISTELLA. — (→ Voyez fig. AR, ARI, p. 347). Glumes à 3 nervures bien marquées; glumelles à arête de 10 à 18 mm.; feuilles très étroites. [Endroits incultes; fl. verdâtres; v-10 d.; jn.-jt.; v.]

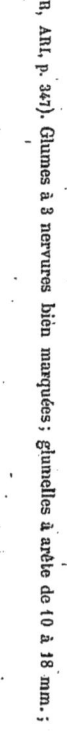

Aristella bromoides *Bertol.*
Aristella faux-Brome.
Région méditerranéenne.

38. PIPTATHERUM. PIPTATHERUM. —

○ Arête plus courte que la glumelle C; | languette de la feuille bien plus longue que large. [Endroits arides; fl. verdâtres, bleuâtres ou ...] Région méditerranéenne.
→ Piptatherum caerulescens P. B.
Piptatherum bleuâtre.

○ Arête plus longue que la glumelle, languette de la feuille très courte.

* Épillet ayant 8 à 15 mm. de longueur, y compris l'arête (P. grandeur naturelle); glumes égales ou presque égales; rameaux groupés par 2 à 4. [Endroits arides; fl. verdâtres; 4-10 d.; m.-j.; v.]
→ Piptatherum paradoxum P. B.
Piptatherum paradoxal.
Région méditerranéenne.

* Épillet ayant moins de 8 mm. de longueur, y compris l'arête (M. grandeur naturelle); glumes inégales; rameaux verticillés, parfois sans; épillets. [Endroits arides; fl. verdâtres ou violacées; 5-12 d.; j.-o.; v.]
→ Piptatherum multiflorum P. B.
Piptatherum à fleurs nombreuses.
Région méditerranéenne.

39. MILIUM. MILLET. —

= Glumes lisses; inflorescence à rameaux étalés (MI, un rameau de l'inflorescence); feuilles les plus grandes de 5 à 16 mm. de lageur, en général. [Bois frais; 5-12 d.; fl. verdâtres ou violacées; m.-at.; v.]
→ Milium effusum L.
Millet étalé.
Série 1 → p. 357.

= Glumes rudes, comme couvertes de petits tubercules; rameaux de l'inflorescence étalés-dressés ou dressés SC; feuilles les plus grandes de 2 mm. de largeur, en général. [Bois frais; fl. verdâtres; 1-4 d.; av.-j.; a.]
→ Milium scabrum Rich.
Millet rude.
Centre, Ouest, Midi (rare).

40. AIROPSIS. AIROPSIS. — (→ Voyez fig. AIR, AI, p. 348). Inflorescence assez serrée, à rameaux extrêmement fins; épillets luisants; feuilles moyennes en gouttière. [Sables; fl. blanchâtres; 5-20 c.; av.-m.; v.]
→ Airopsis globosa Desv.
Airopsis globuleux.
Midi, (rare).

41. ANTINORIA. ANTINORIE. — (→ Voyez fig. AN, ANT, p. 348). Plante aquatique; glumes ou glumelles, sans poils; épillets aplatis à longs pédoncules, éloignés les uns des autres; feuilles à nervures sinueuses AA. [Eaux, endroits humides; fl. vertes ou violacées, souvent panachées; 1-3 d.; j.-at.; v.]
→ Antinoria agrostidea Parl.
Antinorie. Faux-Agrostis.
Centre, Ouest.

42. MOLINERIA. MOLINÉRIE. — (→ Voyez fig. MO, MOL, p. 348). Inflorescence à rameaux très écartés les uns des autres et très divisés; racines grêles; feuilles d'un vert clair s'enroulant lorsqu'elles sont desséchées. [Sables; fl. panachées; 3-15 c.; ms.-m.; a.]
→ Molineria minuta Parl.
Molinérie naine.
Dép. des Alpes-Maritimes (très rare).

43. AIRA. AÏRA. —

△ Arête portant un anneau vers le milieu CN.

⊕ Épillet ayant 2 fleurs qui sont sans pédoncule dans l'épillet. ....
Série 2 → p. 358.

⊕ Épillet ayant 2 ou 3 fleurs dont l'inférieure est sans pédoncule dans l'épillet; les autres pédonculées. ....
Série 3 → p. 358.

△ Arête sans anneau.

+ Plante vivace à feuilles de la base nombreuses, en touffe; la plupart des rameaux principaux de l'inflorescence portant des épillets jusque vers lo bas C. [Sables; fl. panachées; 1-4 d.; j.-at.; v.]
→ Aira canescens L.
Aira blanchâtre.
Centre, Plateau-Central, Littoral et çà et là.

+ Plante annuelle à feuilles de la base peu nombreuses A; la plupart des rameaux principaux de l'inflorescence, ne portant des épillets que vers le haut. [Sables; fl. panachées; 2-4 d.; av.-m.; a.]
→ Aira articulata Desf.
Aira articulé.
Littoral de la Méditerranée.

Série 1

Série 2

○ Inflorescence compacte, sans longs rameaux P; glumes très aiguës; gaines des feuilles striées en long;

languette de la feuille divisée.
[Sables, endroits arides; fl. brunâtres ou jaunâtres; 2-30 c.; av.-j.; a.]

Aira praecox L.
Aira précoce.
Assez commun, sauf dans l'Est, le Sud-Est et le Midi. [S]

○ Inflorescence compacte, ayant de longs ra- meaux.

⚹ Glumes non pointues, comme cou- pées au sommet CP;
Guss.

⚹ Glumes très pointues MU; glumelles poilues à la base; épillets dressés ML;

glumelles sans poils à la base: **A. crupeanum**

Aira caryophyllea L.
Aira caryophyllée.
Commun. [S]

= Inflorescence ayant en général moins de 50 épillets par tige fleurie; glumes régulièrement aiguës
[Endroits secs ou sablonneux; fl. jaunâtres, violacées ou brunâtres; 5-80 c.; av.-jl.; a.]

glumelles sans poils à la base; **A. multiculmis** Dumort.

Aira multiculmis Dumort.

= Inflorescence ayant un nombre considérable d'épillets par tige fleurie; glumes obtuses au sommet ou glumes obtuses puis brusquement en pointe. [Parfois glumelles sans poils à la base et glumes sans pointes: **A. Tenorii** Guss.]
[Endroits sablonneux; fl. jaunâtres ou brunâtres; 1-3 d., m.-j.; a.]

Épillets isolés les uns des autres.

Aira capillaris Host.
Aira capillaire.
Vallée du Rhône, Région médi- terranéenne.

Épillets disposés par groupes.

Série 3

⊕ Arêtes beaucoup plus longues que les glumes;

+ Languette de la feuille allongée, aiguë; pédoncules des épillets presque droits T; fleur supérieure de l'épillet sur un petit pédoncule égalant sa moitié.
[Endroits humides et tourbeux; fl. panachées ou jaunâtres; 3-8 d.; jl.-s.; v.]

+ Languette de la feuille très courte, non aiguë F; fleur supérieure presque sans pédoncule.
[Bois, rochers; fl. panachées, violacées ou jaunâtres; 3-8 d., j.-s.; v.]

Aira discolor Thuill.
Aira discolore.
Nord-Ouest, Centre, Ouest.

Aira flexuosa L.
Aira flexueuse.
Commun.

⊕ Arêtes dépassant peu ou pas les glumes; à languette divisée au sommet CE; glumes inégales CS, AC; arête sans anneau.
[Bois, prés; fl. panachées; 4-12 d.; j.-at., v.]

Aira caespitosa L.
Aira gazonnante.
Commun. [S]

44. VENTENATA. *VENTÉNATA.* — (→ Voyez fig. V. A. p. 345). Inflorescence dressée ou étalée, non serrée; rameaux ayant 2 à 6 épillets; languette de la feuille aiguë allongée; feuilles à courts poils en dessus, rudes au toucher sur les bords.
[Endroits arides; fl. verdâtres devenant jaunâtres; 2-6 d.; j.-jl., a.]

Ventenata avenacea Kœl.
Venténata fausse-Avoine.
Çà et là.

45. AVENA. *AVOINE.* —

△ Glumes de 20 à 35 mm. de longueur; feuilles plates et inflorescence à épillets penchés ou retombants; plante annuelle. **Série 1** → p. 359.

△ Glumes de moins de 15 mm. de longueur; feuilles plates ou penchés; plante { non; inflorescence à épillets dressés ou penchés; plante vivace.

— Languette de la feuille courte et comme coupée au sommet. **Série 2** → p. 359.

— Languette de la feuille allongée et aiguë. **Série 3** → p. 359.

Série 1

Glumelle inférieure sans poils;

↳ (Parfois glumes à 9-11 nervures δ et arête non tordue, ou plante ayant à la fois des glumes à 7-9 nervures, côté et arête tordue ; *A. strigosa* Schreb.,
[Champs et endroits arides ; fl. jaunâtres, brunâtres ou verdâtres ; 3-12 d.; j.-at.; a.]

↳ Glumelle inférieure *velue* complètement ou non ;
[Champs et endroits incultes; fl. jaunâtres ou brunâtres ; 3-12 d.; j.-at.; a.]

⊛ Épillets n'ayant qu'une fleur à arête développée ou à arête ayant au moins 4 fois la longueur de celle des autres fleurs de l'épillet [exemple: F].

⊛ Épillets ayant des fleurs à arêtes à peu près égales, ou à arête la plus longue ayant moins de 3 fois la longueur de la plus courte.

aucune fleur n'est articulée sur l'axe de l'épillet et ne se détache à la maturité.
→ **Avena sativa** L. *Avoine cultivée.* Cultivé et subspontané. [S].

la fleur inférieure au moins est articulée sur l'axe de l'épillet, et se détache à la maturité. (Souvent inflorescence étalée de tous les côtés et axe de l'épillet velu sur toute sa longueur: *A. fatua* L.)
→ **Avena sterilis** L. *Avoine stérile.* Assez commun. [S].

Série 2

⊖ Feuilles *plates* ou *pliées* en deux.

⊖ Feuilles enroulées en long sur elles-mêmes.

⊙ Glume inférieure à nervures TH ;
[Prés, champs, bois ; fl. verdâtres ; 3-30 d.; j.-at.; v.]
→ **Avena Thorei** Dub. *Avoine de Thore.* Nord-Ouest, Ouest (rare) ; Sud-Ouest.

⊙ Glume inférieure à feuilles. toujours plates.

⊙ Glume inférieure à 9 nervures TH ; feuilles devenant enroulées ; glumelle portant l'arête au milieu ou un peu au-dessus.

= Glumes à 7-9 nervures BR;
[Sables ; fl. verdâtres ; 5-12 d.; j.-jl.; v.]
épillets ordinairement à 2 fleurs, tournés vers le même côté ;
[Champs ; fl. jaunâtres ; 4-9 d., jl.-at.; v.]
feuilles les plus larges d'environ 5 à 7 mm. de largeur.
→ **Avena brevis** Roth. *Avoine courte.* Parfois cultivé et subspontané. Sud.

— Épillets de 3 mm. environ de longueur, sans compter l'arête → Voy. *Trisetum neglectum*, p. 369.

= Glumes à 1-3 nervures MO;
Épillets d'environ 1 c. de longueur, sans compter l'arête ; glumelle inférieure rude.
[Prés, rochers, bois ; fl. panachées ; 2-8 d.; jl.-at.; v.]
→ **Avena montana** Vill. *Avoine des montagnes.* Alpes. *Auvergne, Pyrénées* (H^tes régions).

: Glumes de 6 à 7 mm. de largeur → Voy. *A. Thorei*, p. 359.

: Glumes de 9 à 11 mm. de nervures SE;
épillets très luisants ; glumelle à 2 petites dents au sommet SE.
[Prés, rochers ; fl. panachées ; 2-8 d., jl.-at.; v.]

△ Glumelle presque sans nervures SE;
épillets très luisants ; glumelle à 2 petites dents au sommet.
→ **Avena sempervirens** Vill. *Avoine toujours verte.* Alpes.

△ Glumelle à nervures FI;
épillets non luisants ; glumelle frangée au sommet ; planta en touffes épaisses.
[Prés, rochers; fl. panachées; 8-16 d., jl.-at.; v.]
→ **Avena setacea** Vill. *Avoine sétacée.* Alpes.

Série 3

× Glume inférieure à une seule nervure.

× Glume inférieure à 3 nervures P.

+ Feuilles enroulées sur elles-mêmes en long ; poils sous la glumelle ayant environ le 1/4 de la longueur de la glumelle: *A. Hostii* Boiss. . . . .
[Prés, bois, rochers ; fl. panachées ; 2-7 d.; m.-at.; v.]

+ Feuilles enroulées ; poils sous la glumelle *allongés* PU.
[Prés, champs, bois ; fl. panachées ; 2-7 d.; m.-at.; v.]

⊕ Glumelle *profondément fendue* au sommet SU.
(Parfois épillets supérieurs sans pédoncules : *A. sub-ovata* Gay.)
[Prés, rochers, sables ; fl. panachées ; 1-10 d.; m.-s.; v.]
→ **Avena pubescens** L. *Avoine pubescente.* Assez commun, sauf dans la Région méditerranéenne. [S]

⊕ Glumelle *comme coupée* et *lacérée* au sommet PRA.
(Parfois épillets à 6-10 fleurs, feuilles lisses en dessus : *A. bromoïdes* Gouan.)
[Bois, endroits incultes; fl. panachées; 4-9 d.; j.-jl.; v.]
→ **Avena pratensis** L. *Avoine des prés.* Assez commun. [S]

→ **Avena Scheuchzeri** All. *Avoine de Scheuchzer.* Alpes, Auvergne, Pyrénées, Centre, Ouest (rare) ; Sud-Ouest. [S]

→ **Avena elatior** L. *Avoine élevée* (Fenasse). Commun. [S].

46. TRISETUM. TRISÈTE. —

✾ Glumelles ayant des poils à leur base, plante vivace ayant des tiges souterraines à rameaux terminés par des rosettes de feuilles.
96s. p. 394.

  ⊙ Tiges non cotonneuses vers sa base F;
    [Prés, bois, coteaux; fl. jaunâtres ou panachées; 2-8 d.; j.-a.; v.]

    Ⓓ Glume inférieure à 1 nervure; glumelle ayant 6 à 7 fois la longueur des poils qui sont à sa base F;

    Ⓓ Glume inférieure à 9 nervures; glumelle ayant 2 fois la longueur des poils qui sont à sa base D.
    95s. p. 394.

  ⊙ Tiges cotonneuses vers le haut, inflorescence très compacte S;

feuilles à sommet arrondi, pliées en gouttière.
[Rochers, pâturages; fl. jaunâtres, brunâtres ou violacées; 3-18 c.; jt-s.; v.]

inflorescence dont les rameaux portent des épillets presque jusqu'à leur base; épillets à 4-7 fleurs.
[Endroits incultes; fl. verdâtres; 1-5 d.; av.-m.; a.]

- Trisetum flavescens P. B. Trisète jaunâtre Commun. [S]
- Trisetum distichophyllum P. B. Trisète à feuilles distiques. Alpes. [S]
- Trisetum subspicatum P. B. Trisète en épi. Alpes de la Savoie et du Dauphiné, Pyrénées (Hautes-régions), rare. [S]
- Trisetum neglectum R. et S. Trisète négligé. Provence (très rare).

= Glumelles sans poils à la base; plante annuelle sans tiges souterraines développées; gaine des feuilles velue N;
96s. p. 394.

47. HOLCUS. HOUQUE. —

= Glumes aiguës HM;

arête de la fleur staminée dépassant longuement les glumes plus ou moins velues;
[Bois, prés, sables; fl. blanchâtres ou purpurines; 3-9 d.; j.-at.; v.]

arête de la fleur staminée dépassant peu. les glumes HM; feuilles plus ou moins velues;

arête de la fleur staminée dépassant peu. les glumes HL; feuilles très velues LN; tiges souterraines courtes.
[Bois, prés, sables; fl. blanchâtres ou purpurines; 3-9 d.; j.-s.; v.]

- Holcus lanatus L. Houque laineuse. Très commun. [S]
- Holcus mollis L. Houque molle. Assez commun, sauf dans le Midi. [S]

48. KOELERIA. KŒLÉRIE. —

⊕ Glumelle à 2 dents au sommet; plante annuelle.

  ⊕ Glumes à cils raides, en dents de peigne VL;
  inflorescence très serrée, ovale V ou ovale allongée.
  [Endroits stériles; fl. panachées; 1-4 d.; m.-j.; a.]

  ⊕ Glumes n'ayant pas de cils raides en dents de peigne; inflorescence allongée P.
  [Endroits incultes; fl. panachées; 1-6 d.; m.-jn.; a.]

△ Glumelle entière au sommet; plante vivace.
p. 395.

  △ Glumes avec ou sans poils, mais non ciliées sur le milieu du dos; gaines des anciennes feuilles ne formant pas une sorte de filet à la base des tiges CR.
  [Prés, coteaux, sables; fl. panachées; 2-5 d.; j.-at.; v.]

  (Parfois feuilles de la base enroulées et inflorescence serrée AL; K. albescens ou violacées; 3-18 c.; jt.-s.; v.]

  △ Glumes ciliées sur le milieu du dos; gaines des anciennes feuilles formant un filet à fils contournés, à la base des feuilles S.
  978 p. 395.

- Koeleria villosa Pers. Kœlérie velue. Littoral de la Méditerranée.
- Koeleria phleoides Pers. Kœlérie Fausse-Phléole. Sud-Est, Ouest (rare). Midi. [S] sub
- Koeleria cristata Pers. Kœlérie à crête. Commun. [S]
- Koeleria valesiaca DC. Kœlérie du Valais. Çà et là, sauf dans le Nord-Est et le Nord-Ouest. [S]

49. CATABROSA. CATABROSA. — (→ Voyez fig. CA, p. 346.) Feuilles d'un vert assez clair; inflorescence très étalée à la maturité; tiges couchées à la base puis redressées; tiges souterraines rameuses.
[Endroits humides, eaux; fl. verdâtres; 2-8 d.; j.-at.; v.]

△ Épillets cylindriques quand ils sont jeunes, de 15 à 20 millimètres de longueur, en général; épillets disposés en grappe simple ou presque simple...... **Série 1** → p. 361.

△ Épillets aplatis quand ils sont jeunes, de moins de 15 millimètres de longueur, en général; épillets disposés en grappe très rameuse...... **Série 2** → p. 361.

⊕ Plante n'ayant pas ces caractères réunis; glumelle à 5 nervures principales PR, DS.

Catabrosa aquatica P. B.
Catabrosa aquatique.
Assez commune, sauf dans la Région méditerranéenne. **[S]**

50. GLYCERIA. GLYCÉRIE —

Série 1

⊙ Épillets *sans pédoncules* F;

⊙ Épillets *sans pédoncules* Lc; gaines des feuilles cylindriques ou redressées présque dès la base;
[Prairies; fl. verdâtres; 3-7 d.; m.-jt.; v.]

gaines des feuilles plus ou moins comprimées; tiges couchées ou flottant sur l'eau, portant des racines adventives.
[Eaux; fl. verdâtres; 5-14 d.; m.-at.; v.]

Glyceria fluitans R. Br.
Glycérie flottante (Herbe de la manne).
Commune. **[S]**

tiges dressées.

Glyceria loliacea Godr.
Glycérie Fausse-Ivraie.
Rare.

Plante de 5 à 20 décimètres de hauteur, en général, à inflorescence très grande; épillets ayant 5 à 9 fleurs A; glumelle à 7 nervures principales NE; feuilles raides brusquement terminées par une fine pointe dont les gaines ont deux taches jaunâtres vers le haut. (Très rarement épillets à 3-5 fleurs N, feuilles de 3 à 6 mm. de largeur environ;
G. nervata Trin.) [Eaux, endroits humides; fl. panachées; 5-20 d.; j.-at.; v.]

Glyceria aquatica Walbg.
Glycérie aquatique.
Commune, sauf dans le Sud-Est, le Plateau Central et la Région méditerranéenne. **[S]**

✳ Feuilles enroulées;

≡ Rameaux de l'inflorescence *très étalés* après la floraison CV;

CV

épillets *se brisant facilement*; glumes obtuses au sommet; glume inférieure dépassant la moitié de la glumelle qui est au-dessus.
[Sables, endroits incultes; fl. verdâtres; 3-4 d.; j.-jt.; v.]

Glyceria convoluta Fries.
Glycérie enroulée.
Littoral. (très rare sur la Manche et l'Océan).

✳ Feuilles enrou-lées en long, par les bords;

= Rameaux ordinairement appliqués contre l'axe de l'inflorescence après la floraison; épillets ne se brisant pas fa-cilement.

△ Plante *ayant à la base des tiges rampantes* M;

M

glume inférieure à sommet arrivant au-dessous de la glumelle qui est au-dessus.
[Sables, endroits incultes; fl. panaa-chées; 1-4 d.; j.-jt.; v.]

Glyceria procumbens Sm.
Glycérie couchée.
Littoral de la Manche et de l'O-céan.

△ Plante *sans tiges rampantes*; glume inférieure à sommet dépassant la moitié de la glu-melle qui est au-dessus (**G. festuceaeformis** Heynhold.)...................

Glyceria maritima Mert.
Glycérie maritime.
Littoral de la Manche et de l'O-céan.

✳ Feuilles *non* enroulées,

△ Glumelle à 5 nervures *peu saillantes* DS;

DS

inflorescence à rameaux *allongés* D; plante vivace. (Parfois inflorescence à rameaux ayant des épillets presque jusqu'à leur base; **G. con-**
ferta Fries.)

Glyceria distans Walbg.
Glycérie à rameaux écartés.
Littoral et terrains salés de l'in-térieur. **[S]**

△ Glumelle à 5 nervures *sail-lantes* PR;

PR

inflorescence à rameaux *peu allongés, rappro-chés et raides* PR0; plante annuelle.
[Sables; fl. verdâtres; 8-20 c.; j.-at.; v.]

PR0

[Endroits salés; fl. panachées ou verdâtres; 2-5 d.; m.-jt.; v.]

51. SCHISMUS. SCHISMUS. — (→ Voyez fig. SCH, p. 348). Feuilles étroites à longs poils; languette de la feuille remplacée par une rangée de poils; glumes membraneuses sur les bords. [Endroits incultes; fl. d'un vert mêlé de blanc; 6-20 c.; m.-jl.; a.]

Schismus marginatus P. B.
Schismus à marges.
Région méditerranéenne (très rare).
Est, Sud-Est, Auvergne, Midi (rare). [S]

52. SCLEROCHLOA. SCLEROCHLOA. — Tiges feuillées jusqu'en haut, à feuilles supérieures dépassant même souvent les inflorescences; glumes très inégales, à bords membraneux. [Chemins, prés, murs; fl. d'un vert mêlé de blanc; 4-12 c.; m.-jl.; a.]

Sclerochloa dura P. B.
Sclerochloa dure.
Est, Sud-Est, Auvergne, Midi (rare). [S]

53. POA. PATURIN. —

△ Tige aplatie dans sa partie inférieure, presque à deux tranchants .... **Série 1** → p. 362.

△ Tige non très aplatie. —

Série 1

* Feuilles moyennes de 4 à 8 mm. de largeur en général; glumelles à 5 nervures saillantes allant jusqu'en haut.

  ○ Languette des feuilles moyennes très courte ou presque avortée [exemple : P] .... **Série 2** → p. 362.

  ○ Languette des feuilles moyennes plus ou moins allongée [exemple : T] .... **Série 3** → p. 362.

* Feuilles moyennes de 1 à 3 mm. de largeur en général; glumelles à nervures peu marquées, disparaissant vers le haut.

(Parfois feuilles longuement en pointe, non en cuiller au sommet : *P. hybrida* Gaud.) [Bois, fl. vertes ou pourprées; 6-10 d.; j.-jl.; v.]

Poa sudetica Hanke.
Paturin de Silésie.
Montagnes, Nord-Est, Côte-d'Or. [S]

[Murs, champs, pâturages; fl. vertes ou violacées; 2-5 d.; j.-at.; v.]

Poa compressa L.
Paturin comprimé.
Assez commun. [S]

Série 2

□ Glumelles dont les nervures de côté sont sans poils.

— Feuilles supérieures à languettes bien développées; plante annuelle → Voyez *P. annua*, p. 363.

— Feuilles toutes à languette courte et déchirée; épillets 8 à 11 fois plus longs que larges → Voyez *Bromus inermis*, p. 367.

— Feuilles supérieures à languettes presque complètement avortées, tiges allongées N. [Bois; fl. verdâtres; 2-8 d.; m.-at.; v.]

Poa nemoralis L.
Paturin des forêts.
— Commun, sauf dans la plaine méditerranéenne. [S]

□ Glumelles dont les nervures de côté sont poilues PRT, CE.

◇ Glumelle inférieure à 5 nervures saillantes PRT; [Prés, chemins, murs; tige souterraine à rameaux rampants. fl. verdâtres ou violacées; 2-8 d.; m.-at.; v.]

Poa pratensis L.
Paturin des prés.
Très commun. [S]

◇ Glumelle inférieure à nervures peu saillantes CE; [Prés, chemins, murs; tige souterraine sans rameaux rampants. fl. mêlés de violet, de jaune, de blanc ou de vert; 2-4 d.; jl.-at.; v.]

Poa caesia Sm.
Paturin bleu.
Alpes (Hautes régions). [S]

Série 3

* Tige épaissie en bulbe à la base BU; languette de la feuille aiguë BL; fleurs étalées PB (souvent transformées en feuilles). [Prés, murs, endroits incultes; fl. verdâtres ou violacées; 1-5 d.; av.-j.; v.] 98s, p. 395.

Poa bulbosa L.
Paturin bulbeux.
Commun. [S]

* Tiges très longuement rampantes; les rameaux sans fleurs, à feuilles rapprochées et étalées CN;
languette de la feuille non aiguë; tiges portant les fleurs sans feuilles dans leur partie supérieure. [Rochers; fl. mêlés de violet, de vert et de blanc; 1-3 d.; jl.-s.; v.]

Poa distichophylla Gaud.
Paturin à feuilles distiques.
Alpes; Pyrénées (rare). [S]

❋ Plante n'ayant pas les caractères précédents (→ *Voyez la suite de l'analyse à la page suivante*).

⊙ Glumelles à 5 nervures saillantes TV;

★ Languette de la feuille arrondie au sommet SR.

— feuilles les plus grandes ayant 4 à 5 mm. de largeur; inflorescence ayant souvent 8 à 15 c. de longueur.
[Endroits frais; fl. verdâtres ou violacées; 4-7 d.; m.; jt.; v.]

Poa trivialis L...
Pâturin commun.
Très commun. [S]

⊙ Glumelles à nervures peu saillantes.

★ Languette de la feuille aiguë au sommet; inflorescence à rameaux isolés ou par deux, en général.

— Plante sans tiges souterraines développées A, ayant en général moins de 3 d.; glume inférieure à 1 seule nervure.
[Champs, rues, chemins; fl. verdâtres mêlées au blanc ou de violet; 5-20 c.; jr.-d.; a. ou b.]

△ Épillets à 2-3 fleurs; glume inférieure à 8 nervures; inflorescence non étalée; feuilles peu raides.
[Endroits humides; fl. verdâtres; 3-9 d.; j.-jl.; a.]

— Plante à partie souterraine développée, ayant en général plus de 3 d.; glume inférieure à 2 nervures.

△ Épillets à 4-6 fleurs.
• Glume inférieure à 1 seule nervure; épillets assez distants les uns des autres MI.
[Rochers, pâturages; fl. mêlées de vert et de violet; 1-2 d.;

•• Glume inférieure à 3 nervures; épillets plus ou moins serrés AL. (Souvent fleurs transformées en feuilles). [Prés, bois, rochers; fl. mêlées de vert et de violet; 1-6 d.; jt-s; v.]

Poa annua L.
Pâturin annuel. [S]

Poa palustris Roth.
Pâturin des marais.
Nord-Ouest, Ouest, Centre, Bresse (rare). [S]

Poa laxa Haenke.
Pâturin à fleurs lâches.
Alpes, Pyrénées (Hautes régions). [S]

Poa alpina L.
Pâturin des Alpes.
Montagnes, Côte-d'Or. [S]

54. ERAGROSTIS. ERAGROSTIS. —

☀ Épillets à courts pédoncules ER;
— rameaux de l'inflorescence non poilus à la base. (Parfois épillets de 1 mm. à 1 mm. 1/2 de largeur : E. pœoides P. B.)
[Champs, sables; bord des rivières; fl. vertes mêlées de violet; 1-3 d.; jt-a.; a.]

☀ Épillets à longs pédoncules PL;
— rameaux de l'inflorescence poilus à la base.
[Champs, sables; fl. pourprées souvent mêlées de vert; 2-4 d.; j-jl.; a.]

Eragrostis vulgaris Coss. et Germ.
Eragrostis vulgaire.
Sud-Est, Midi et çà et là. [S]

Eragrostis pilosa P. B.
Eragrostis poilu.
Midi et çà et là. [S]

55. BRIZA. BRIZA.

= Épillets de 7 à 10 mm. de largeur, rejetés en général d'un même côté; ordinairement peu nombreux MX.
[Endroits incultes; fl. d'un blanc brillant ou roussâtres; 2-5 d.; m.-j.; a.]

= Épillets de 2 à 5 mm. de largeur; épillets très nombreux [ex. ME].

⊕ Languette de la feuille courte; obtuse MD;
— feuilles, en général, de 2-4 mm. de largeur.
[Bois, prés, coteaux; fl. vertes ou pourprées; 2-6 d.; j.-a.; v.]

⊕ Languette de la feuille allongée, plus ou moins aiguë MN;
— feuilles en général, de 4 à 6 mm. de largeur.
[Champs, sables; fl. verdâtres ou pourprées; 3-8 d.; m.-j.; a.]

Briza maxima L.
Briza grande.
Région méditerranéenne. [S] sub.

Briza media L.
Briza intermédiaire. (Langue de femme)
Région méditerranéenne. [S] sub.

Briza minor L.
Briza petite.
Midi et çà et là sauf dans l'Est. [S] sub.

56. MELICA : MÉLIQUE. —

* Glumelles à longs cils sur les bords CI (cils d'environ ¼ mm.) ;

Glumelles sans longs cils.

Glumes inégales ; feuilles souvent finement poilues en dessus. (Parfois feuilles enroulées en long et glumelle non ciliée sur sa partie supérieure : *M. Bouchení* All.) [Endroits arides, rochers ; fl. blanchâtres ou mêlées de pourpre ; 3-10 d. av.-j. ; v.].

Melica ciliata L.
Mélique ciliée.
Nord-Est, Est, Côte-d'Or, Lima-gne, Sud-Est, Midi et çà et là, sauf dans le Nord. [S]

* Glumelles sans longs cils.

Tiges souterraines *rampantes* ; épillets, à 4 fleurs. (Parfois feuilles plates ou en gouttière et languette de la feuille courte avec 2 pointes sur les côtés : *M. major* Sibth. et Sm.) [Endroits arides, verdâtres ou mé-lées de pourpre ; 3-8 d. ; av.-j. ; v.].

Melica ramosa Vill.
Mélique rameuse.
Région méditerranéenne.

Tiges souterraines *non rampantes* ; épillets à 1-3 fleurs. (Souvent languette de la feuille pointue U et épillets à 1 seule fleur développée : *M. uniflora* Retz.) [Bois ; fl. verdâtres : 8-6 d. ; m.-j. ; v.].

Melica nutans L.
Mélique penchée.
Commun. [S]

57. SPHENOPUS. *SPHÉNOPE.* — (→ Voyez fig. SP, p. 348). Inflorescence d'abord serrée, puis très étalée ; feuilles devenant enroulées, en long ; languette de la feuille allongée, pointue. [Bord de la mer ; fl. verdâtres ; 5-25 c. ; av.-m. ; a.].

Sphenopus Gouani Trin.
Sphénope de Gouan.
Littoral de la Méditerranée.

58. SCLEROPOA. *SCLÉROPOA.* —

Épillets tous presque sans pédoncules I.O ;

Un certain nombre d'é-pillets pédon-culés, au moins ceux du haut.

Épillets comme placés dans les bifur-cations de l'inflorescence MA ;

Épillets *non disposés dans* les bifurcations de l'in-florescence RG ;

tiges ayant environ 2 mm. de largeur vers la base et axe de l'inflorescence creusée pour loger les épillets. [Sables ; fl. verdâtres et de vert et de blanc ; 5-20 c. ; m.-j. ; a.].

Scleropoa loliacea GG.
Scléropoa Fausse-Ivraie.
Littoral.

glumelles aiguës, en carène de bateau. [Sables ; fl. verdâtres ; 1-3 d. ; m.-j. ; a.].

Scleropoa maritima Parl.
Scléropoa maritime.
Littoral de la Méditerranée.

glumelles rudes au toucher au-dessous de l'inflorescence et glumelles aiguës au sommet. [Sables, murs, chemins ; fl. verdâtres ; 3-20 d. ; m.-j. ; a.].

Scleropoa rigida Link.
Scléropoa raide.
Commun, sauf dans le Nord, l'Est et le Nord du bassin du Rhône et du Pla-teau Central. [S]

59. ÆLUROPUS. *ÆLUROPE.* — (Voyez fig. ÆL, p. 344). Épillets rejetés d'un même côté ; feuilles glauques ; languette de la feuille rempla-cée par des poils inégaux ; tiges souterraines longuement rampantes. [Endroits humides ; fl. verdâtres ou pourprées ; 3-5 d. ; m.-at. ; v.].

Æluropus littoralis Parl.
Ælurope du littoral.
Littoral de la Méditerran....

60. DACTYLIS. *DACTYLE.* —

Inflorescence à épillets tournés presque tous du même côté.

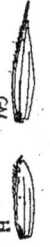

(Parfois glumelles échancrées au sommet H, et feuilles inférieures demeu-rant vertes quand les fleurs sont épanouies : *D. hispanica* Roth.) [Sables ; fl. verdâtres, parfois pourprées ; 2-12 d. ; m.-at. ; v.].

Dactylis glomerata L.
Dactyle aggloméré.
Très commun. [s]

61. DIPLACHNE. *DIPLACHNÉ.* — (→ Voyez fig. DI, p. 346.) Inflorescence peu fournie ; feuilles étalées, devenant enroulées dans leur partie supérieure ; glumelles à 5 nervures. [Endroits arides ; fl. vertes ou violacées ; 2-6 d. ; at.-o. ; v.].

Diplachne serotina Link.
Diplachné tardif.
Sud-Est, Région méditerranéenne. [S]

62. MOLINIA. *MOLINIA.* — (→ Voyez fig. M, p. 345.) Inflorescence à rameaux principaux ordinairement disposés par deux ; tiges dressées n'ayant le plus souvent qu'une à quatre feuilles au-dessus de la base. [Bois, prés, endroits humides ; fl. violettes, bleues ou vertes ; 4-16 d. ; m.-at. ; v.].

Molinia coerulea Mœnch.
Molinia bleue.
Commun. [S]

63. DANTHONIA. *DANTHONIA.* — (→ Voyez fig. DE, DD, p. 345.) Feuilles et gaînes poilues ; épillets assez gros ; tiges ayant ordinairement des feuilles jusqu'au delà de la moitié des tiges. (Parfois glumelle terminée par une arête plus longue qu'elle : *D. provincialis* DC.) [Prés, bois, pâturages ; fl. vertes mêlées de violet ; 1-6 d. ; m.-j. ; v.].

Danthonia decumbens DC.
Danthonie décombante.
Assez commun. [S]

64. CYNOSURUS. *CYNOSURE.* —

□ Inflorescence très allongée CC ;

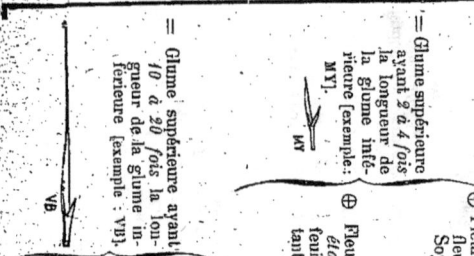

languette de la feuille très courte, plante vivace ; arête plus courte que la glumelle. [Prés, bois ; fl. verdâtres ; 2-6 d. ; j.-at. v.] ... **Cynosurus cristatus L.**
Cynosure à crêtes. Commun. [S]

□ Inflorescence plus ou moins ovale BC ; languette de la feuille ovale allongée ; plante annuelle ; arête environ double de la glumelle. (Parfois feuilles d'environ 1 à 2 mm. de largeur et glumes des épillets à fleurs avortées inégalement disposées ; *C. elegans* Desf.) [Champs, endroits incultes ; fl. verdâtres ou fauves ; 2-6 d. ; m.-j. ; a.] ... **Cynosurus echinatus L.**
Cynosure hérissé. Midi et çà et là, dans le Sud-Est et l'Ouest et même le Nord-Ouest, surtout le littoral. [S]

65. LAMARCKIA. *LAMARCKIA.* — Épillets tournés d'un même côté ; inflorescence à rameaux poilus, arête double de la glumelle ; plante devenant d'un jaune doré.
[Rochers, sables ; fl. verdâtres ou jaunes ; 1-3 d. ; av.-j. ; a.]

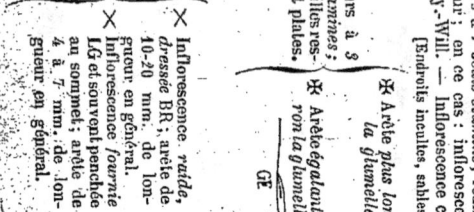

Lamarckia aurea Mœnch.
Lamarckia dorée. Littoral de la Méditerranée. (rare).

66. FESTUCA. *FÉTUQUE.* —

★ Arête plus longue que la glumelle ou égalant la glumelle...........................

★ Arête plus courte que la glumelle ; ou nulle ; feuilles toutes enroulées ou lisses.

= Glume supérieure ayant 2 à 4 fois la longueur de la glume inférieure [exemple : MY].

⊙ Feuilles de la base plates ou au moins d'abord plates et ensuite enroulées.......... **Série 1 → p. 365.**
⊙ Feuille de la base toujours enroulées, ou pas d'arêtes.

⊕ Fleurs à 1 seule étamine ; feuilles devenant d'abord plates et ensuite enroulées. (Parfois glumelles non ciliées et épillet velu sous chaque fleur ; en ce cas ; inflorescence très allongée, très rapprochée de la gaine supérieure : *F. Pseudo-Myuros* Soy-Will. — Inflorescence courte, plus ou moins éloignée de la gaine supérieure : *F. sciuroides* Roth.)
[Endroits incultes, sables ; fl. verdâtres ou jaunâtres ; 2-3 d. ; m.-j. ; a.] .... **Série 2 → p. 366.**

⊛ Feuilles largement membraneuses vers le haut ; languette de la feuille allongée.

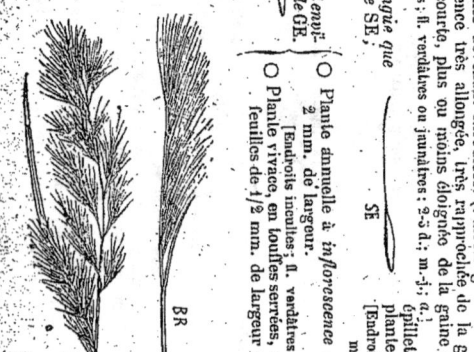

○ Plante annuelle à inflorescence de 5-8 c. de longueur ; feuilles de 1 à 2 mm. de largeur.
[Endroits incultes ; fl. verdâtres ou violacées ; 2-4 d. ; m.-j. ; a.]
Plante vivace.
[Endroits incultes, sables ; fl. verdâtres ou jaunâtres ; 2-3 d. ; m.-j. ; a.]

⊛ Feuilles toutes enroulées ou étroites et pliées en deux.
• Glumelles étroitement membraneuses vers le haut ; languette de la feuille courte ayant comme deux oreilles.

= Glume supérieure ayant 10 à 20 fois la longueur de la glume inférieure [exemple : VB].

× Inflorescence *roide, dressée* BR ; arête de 10-20 mm. de longueur en général.

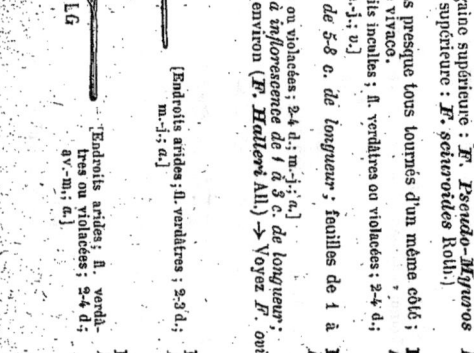

Inflorescence *tournée* LG et souvent penchée au sommet ; arête de 4 à 7 mm. de longueur en général.
[Endroits arides ; fl. verdâtres ou violacées ; 2-4 d. ; av.-m. ; a.]

× Arête plus longue que la glumelle SE ;
⊛ Arête égalant ou environ 2 mm. de largeur.
[Endroits incultes, sables ; fl. verdâtres ou violacées ; 2-4 d. ; m.-j. ; a.]

○ Plante annuelle à inflorescence de 5-8 c. de longueur ; feuilles de 1 à 2 mm. de largeur.
○ Plante vivace, en touffes serrées, à inflorescence de 1/2 mm. de largeur environ (*F. Halleri* All.) → Voyez *F. ovina*, p. 367.
[Endroits arides ; fl. verdâtres ; 2-3 d. ; m.-j. ; a.]

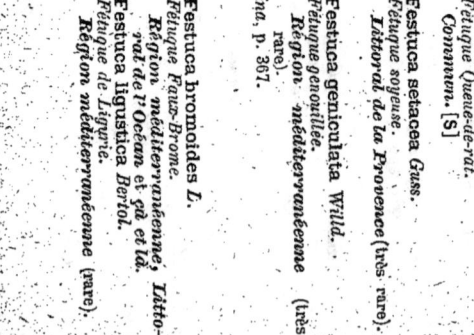

Festuca Myuros L.
Fétuque Queue-de-rat. Commun. [S]

Festuca setacea Guss.
Fétuque soyeuse. Littoral de la Provence (très rare).

Festuca geniculata Willd.
Fétuque genouillée. Région méditerranéenne (très rare).

Festuca bromoides L.
Fétuque Faux-Brome. Région méditerranéenne ; Littoral de l'Océan et çà et là.

Festuca ligustica Bertol.
Fétuque de Ligurie. Région méditerranéenne (rare).

Festuca ovina, p. 367.

Série 1 → p. 365.
Série 2 → p. 366.
Série 3 → p. 366.
Série 4 → p. 366.
Série 5 → p. 367.

Série 4

- ⊕ Arête égalant environ la moitié de la glumelle I, MI;
  - △ Épillets, en général, à plus de 5 fleurs I;
  - △ Épillets, en général, à moins de 5 fleurs MI;

Série 2

★ Languette de la feuille très courte ou non développée AR;

= Épillets à 5-12 fleurs PR et plante de 4-8 d.; **F. pratensis** Huds.; — épillets à 4-6 fleurs, plante de 5-8 d. et inflorescence serrée, interrompue vers la base :
  [Endroits incultes, prés, bords des eaux; fl. vertes ou violacées; 4-20 d.; m.-jt.; v.]

★ Languette de la feuille saillante SC plus ou moins déchirée.

⊙ ⊙ Épillets inférieurs *à longs pédoncules* [ex. : SP, SCH]; plante ordinairement de plus de 20 c.

✶ Feuilles de 6 à 15 mm. de largeur, *très rudes sur les bords* SI;

⊛ Feuilles de 1 à 4 mm. de largeur, lisses ou presque lisses sur les bords.

✶ Feuilles *raides, piquantes*; rameaux de l'inflorescence ayant certains épillets à courts pédoncules SP: languette de la feuille ovale et à 2 lobes.
  [Prés; fl. brunâtres; 4-10 d.; jh.-at.; v.]

⊛ Feuilles, *flexibles, non piquantes*; rameaux de l'inflorescence souvent dirigés d'un même côté à. épillets tous pédonculés SCH; languette de la feuille comme coupée au sommet SC.
  [Pâturages, rochers; fl. violacées; 2-4 d.; jl.-at.; v.]

⊙ ⊙ Épillets inférieurs à pédoncules *très courts*; tiges de 5 à 20 c., en touffes — Voyez **Scleropoa**, p. 364.

△ Épillets, en général, à plus de 5 fleurs I;
  fleurs à trois étamines; épillets d'environ 4 à 5 mm. de longueur.
  [Endroits incultes; fl. vertes mêlées de blanc; 1-3 d.; av.-m.; a.]

fleurs ordinairement à une étamine; épillets d'environ 8 à 10 mm. de longueur.
  [Endroits incultes; fl. verdâtres; 1-3 d.; av.-m.; a.]

ovaire sans poils.

inflorescence devenant penchée; ovaire velu au sommet.
  [Bois; fl. verdâtres; 6-12 d.; j.-at.; v.]

inflorescence souvent penchée; tige souterraine courte.
  [Bois, endroits ombragés; fl. verdâtres, rarement violacées; 5-10 d.; j.-at.; v.]

Série 3

✗ Épillets à 5-10 fleurs R, verts ou violacés; inflorescence dressée RU;
  [Bois, prés, chemins] fl. verdâtres ou violacées; 3-8 d.; m.-j.; v.]

✗ Épillets à 4-5 fleurs H, ordinairement-verts;

  inflorescence souvent penchée; tige souterraine courte.

  tiges ordinairement dressées dès la base; épillets à 3-5 fleurs.
  [Pâturages; fl. mêlées de violet ou de jaune; 10-25 c.; jt.-s.; v.]

⊕ Glumelles les plus grandes de 6 à 9 mm. de longueur, y compris l'arête.
  [Pâturages, bois; fl. mêlées de violet et de jaune ou jaunâtres; 2-4 d.; jl.-s.; v.]

tiges souvent couchées à leur base. (Rarement feuilles molles, très fines et épillets à 3-5 fleurs : **F. flavescens** Bell.)

⊕ Glumelles les plus grandes, de 4 à 5 mm. de longueur, Y compris l'arête;
  [Pâturages; fl. mêlées de violet ou de jaune ou jaunâtres;

Série 4

✗ Épillets à 5-10 fleurs R, verts ou violacés; inflorescence dressée RU;
  tige souterraine allongée.
  [Bois, prés, chemins] fl. verdâtres ou violacées; 3-8 d.; m.-j.; v.]

⊕ Glumelles ayant un faisceau de poils à leur base PL;

□ Glumelles *sans* poils à la base, feuilles toutes enroulées; ovaire poilu au sommet.

  ⊕ Glumelles les plus grandes de 6 poils à la base, feuilles toutes enroulées; ovaire poilu au sommet.

  ⊙ Glumelles les plus grandes, de 4 à 5 mm. de longueur, Y compris l'arête;

□ Glumelles *sans* poils à la base; feuilles moyennes pliées, en long; ovaire sans poils. [Bois, prés; fl. mêlées de violet et de jaune;

Species (right column):

Festuca Micheli Bertol.
Littoral de la Méditerranée et du Dép. de la Charente-Inférieure.

Festuca incra.sata Salzm.
Fétuque épaisse.
Région méditerranéenne (très rare et introduit).

Festuca elatior L.
Fétuque élevée.
Commun. [S]

Festuca silvatica Vill.
Fétuque des bois.
Ardennes, Montagnes (sauf les Cévennes). [S]

Festuca spadicea L.
Fétuque en spadice.
Alpes, Plateau Central, Pyrénées. [S]

Festuca Schenchzeri Gaud.
Fétuque de Scheuchzer.
Jura, Alpes de la Savoie et du Dauphiné (rare). [S]

Festuca rubra L.
Fétuque rouge.
Commun. [S]

Festuca pilosa Hall.
Fétuque poilue.
Alpes, Plateau Central, Pyrénées. [S]

Festuca heterophylla Lam.
Fétuque à feuilles de deux sortes.
Assez commun. [S]

Festuca varia Henk.
Fétuque variée.
Alpes (rare); *Pyrénées.* [S]

Festuca pumila Chaix.
Fétuque naine.
Jura (rare); *Alpes; Pyrénées* (très rare) (Hte régions). [S]

PL — feuilles moyennes pliées, en long

* Tiges longuement rampantes sous le sol A;

* Tiges soulerraines non longuement rampantes.

: Tiges pourpres; glumelles à arêtes violettes, courtes VI; feuilles molles et lisses, toutes très étroites

: Plante n'ayant pas ces caractères réunis. (Feuilles toutes enroulées et glumelles généralement à arête OVI: **F. ovina** Fries; — feuilles toutes enroulées et glumelles sans arête TF ; **F. te-nuifolia** Sibth; —rarement plante de 5 à 12 c. à arêtes courtes AL et ayant les autres caractères de la plante précédente : **F. alpina** Gaud. ; — feuilles pliées en long plutôt qu'enroulées; raides, presque lisses et glumelle presque sans nervures SL.: **F. duriuscula** L.; rarement plante de 5 à 12 c. à feuilles molles et lisses, pliées en long et glumelles à 5 nervures saillantes et à arête souvent aussi longue que le reste de la glumelle HA : **F. Halleri** All.)

[Bois, prés, sables; fl. vertes, jaunâtres ou violacées; 5–60 c.; m.–at.; v.]

glumes très inégales DI; glumelle grisâtre dont l'arête a la moitié de la longueur du reste de la glumelle au moins; feuilles glau-ques couvertes de très petits poils sur la face supérieure; lan-guette de la feuille ayant comme deux oreilles inégales.

[Sables; fl. d'un vert grisâtre; 2–6 d.; j–at.; v.]

Festuca dumetorum L. *Fétuque des broussailles.* Littoral de l'Océan et de la Man-che.

Festuca violacea *Gaud. Fétuque violacée.* Alpes, Pyrénées (rare) (H?? ré-gions), [S]

Festuca ovina L. *Fétuque des moutons (Poil de chien). Très commun.* [S]

---

67. BROMUS. BROME. —

* Glumelles très angu-leuses sur le dos. {
— Arête égalant environ le reste de la glumelle, ou plus courte.
— Arête beaucoup plus longue que le reste de la glumelle.

* Glumelles arrondies sur le dos, sans tenir compte des nervures. {
= Épillets mûrs à glumelles restant rapprochées.
= Arête restant toujours sur le prolongement des glumelles
— Arêtes se dressant en dehors à mesure que les épillets mûrissent

⊕ Arêtes les plus longues ayant, au moins, la moitié de la longueur du reste de la glu-melle. {
— Inflorescence à rameaux dressés; feuilles inférieures plus étroites que les autres; gaines plus ou moins poilues ER.
[Prés, coteaux, bois ; fl. vertes ou violettes; 6–12 d.; m.-jt.; v.]
— Inflorescence à rameaux pendants; feuilles toutes de même forme, étroites; gaines inférieures à poils plus ou moins renversés A.
[Bois, prés; fl. vertes ou violacées; 7–90 d.; j.-at.; v.]

⊕ Arêtes les plus longues L, {
— feuilles toutes plates, formant à partir du milieu un angle très aigu; épillets de 1 à 2 mm. de largeur, en général; tiges souterraines rampantes.
[Endroits incultes; fl. violacées; 5–8 d.; j.–jt.; v.]
X Arêtes se dressant en dehors à mesure que les épillets mûrissent

— inflorescence dressée, au moins lorsque les épillets sont jeunes. (Assez souvent tiges sans poils dans leur partie supérieure et épillets de 8–12 fleurs MD) : **B. madritensis** L.
[Endroits incultes, chemins ; fl. violacées; 1–6 d.; m.-j.; a.]

⊙ Épillets dont les glumelles et les arêtes deviennent à la maturité courbées en dehors pour la plu-part ou à arête rejetée en dehors MD;

⊙ Épillets dont les glumelles et les arêtes, même à la maturité, restent droites ou courbées en dedans [S, MX, en haut de la page suivante]. (→ Voyez la suite à la page suivante).

X Arêtes restant toujours sur le prolongement des glumelles...... Série 1 → p. 367.
X Arêtes se dressant en dehors à mesure que les épillets mûrissent...... Série 2 → p. 367.
[exemple; SR]

X Arêtes écartées les unes des autres SE............ Série 3 → p. 368.

X Arêtes restant toujours sur le prolongement des glumelles...... Série 4 → p. 368.

Série 5 → p. 368.

Bromus erectus Huds. *Brome dressé.*
Commun. [S]

Bromus asper Murr. *livraie rude.*

Bromus commutatus, sauf dans l'Ouest et surtout la Région méditerranéenne [S]

Bromus inermis Leyss. *Brome sans arêtes. Nord, Est, Centre (très rare).* [S]

Bromus rubens L. *Brome rougeâtre. Ouest, Midi; rare sur le littoral de la Manche et dans le Sud-Est.* [S] sub-

Suite de l'analyse de la série 2 :

Rameaux de l'inflorescence lisses mais poilus T; épillets tout à fait pendants TE;

⚐ Rameaux de l'inflorescence rudes.

Série 3 : Glumes presque égales; tiges sans poils au sommet, dures à la base; feuilles rudes, ayant des poils sur la face supérieure.

✶ Tiges *sans poils* au sommet; languette de la feuille courte et déchirée; arêtes souvent courbées S.
[Endroits incultes, champs, chemins; fl. vertes ou violacées; 3-8 d.;
m.-s.; α.]

✶ Tiges *poilues* au sommet; languette de la feuille allongée, saillante; arête presque toutes droites MX.
[Endroits incultes; fl. vertes; 4-12 d.; av.-m.; α.]

⚐ Pédoncules des épillets poilus M;

☆ ⚐ ⚐ ⚐ Épillets sur des pédoncules non très allongés; rameaux de l'inflorescence non floraison.

① Épillets sur des pédoncules non très allongés; rameaux de l'inflorescence non floraison.

(épillets souvent poilus M, rarement sans poils;
glumelles se recouvrant par les bords, même lorsque l'épillet est mûr. (Parfois inflorescence à rameaux penchés). [Champs, prés, chemins; fl. d'un vert grisâtre; 4-5 d.; m.-j.; α.]

M. (Arêtes *plus de 2 fois* plus longues que les glumelles G.

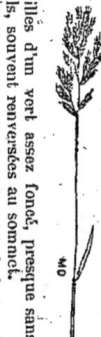

⚐ Arêtes *plus courtes* que les glumelles G.
[Champs, prés, chemins; fl. vertes, ovales C; feuilles

(⚐ Épillets de 4 à 6 mm. de largeur, arêtes courtes que les glumelles.
[Champs, prés, chemins; fl. vertes, rarement violacées; 3-10 d.; m.-j.; b.]

⚐ Épillets de 2 à 3 mm. de largeur, allongés → Voyez F. elatior, p. 360.

Série 4

(feuilles d'un vert assez foncé, presque sans poils, souvent renversées au sommet.
[Endroits ombragés; fl. vertes; 8-20 d.; j.-α.l.; v.]

① Épillets très étalés après la floraison; glumelles membraneuses sur les bords, à 2 pointes au sommet.
[Champs, prés, chemins; fl. verdâtres; 3-8 d.; j.-α.l.; α.]

Série 5

⊙ Pédoncules les plus longs *bien plus longs que l'épillet*, inflorescence devenant penchée (*B. patulus* Parl.)..............

＋ Inflorescence *penchée* SO, à rameaux simples, fins;

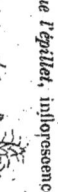

＋ Inflorescence *dressée* (→ Voyez la suite de l'analyse, à la page suivante).

⊙ Pédoncules *les plus longs* moins longs que l'épillet.

(⚐ épillets aigus SB; feuilles molles, à petits poils.
[Endroits incultes, champs; fl. verdâtres ou violacées; 2-5 d.; m.-j.; α. ou b.]

(Chemins, champs, murs, toits; fl. mêlées de violet; 2-7 d.; m.-j.; α.)

glumelles à nervures peu marquées; épillets souvent, velus, parfois sans poils.

Bromus tectorum L.
Brome des toits.
Commun, sauf dans le Nord, l'Est et l'Ouest. [S]

Bromus sterilis L.
Brome stérile.
Très commun. [S]

Bromus maximus Desf.
Brome élevé.
Ouest, Midi et çà et là dans le Sud-Est, le Nord-Ouest, le Centre et le Plateau Central.

Bromus secalinus L.
Brome Faux-Seigle.
Commun, sauf dans la Région méditerranéenne. [S]

Bromus mollis L.
Brome mou.
Très commun. [S]

Bromus giganteus L.
Brome géant.
Assez commun, sauf çà et là, surtout dans la Région méditerranéenne. [S]

Bromus racemosus L.
Brome rameux.
Commun. [S]

Bromus arvensis L.
Brome des champs.
Commun. [S]

Bromus squarrosus L.
Brome raboteux.
Région méditerranéenne et çà et là dans le Centre, le Plateau Central, le Sud-Est et les Pyrénées. [S]

Suite de l'analyse de la série 5 :

Languette de la feuille à peine développée MC ;

Languette de la feuille presque aussi longue que large l ;

68. HORDEUM. ORGE. —

△ Gaines des feuilles vetues, au moins celles des feuilles de la base.

✠ Gaines des feuilles lisses.

☐ Arêtes dressées.

☐ Arêtes plus ou moins courbées en dehors et très longues.

△ Tiges bulbeuses à la base BL ;

△ Pas de bulbe à la base des tiges.

∵ Gaines des feuilles très vetues à la base du limbe, à poils réfléchis EU.

∵ Gaines des feuilles assez uniformément vetues ; épi un peu aplati ; feuilles étroites ; glumes toutes réduites à des soies raides : H. secalinum Schreb.

⊙ Tige couchée à la base puis redressée : glumes inégales ; épi sans angles saillants M.

⊙ Tige dressée, de 6 à 10 d., en général ; glumes égales ; épi à 4 ou 6 angles saillants. (puis V ; HX. [Parfois épis courts, à 6 rangs HX : H. hexastichum L.] (Champs ; fl. vertes ; 6-10 d.; m.-al.; α. ou b.]

✗ Un épillet développé, les 2 autres courts et pédoncules DS ; épi à 6 rangs dont 2 bien plus saillants que les autres. [Champs ; fl. vertes ; 6-10 d.; j.-al.; α.]

✗ 3 épillets développés.

MC

l

━ Feuilles larges de 5 à 8 mm.; tige droite ; épi assez allongé (fig. E, EU) [Bois, près montagneux] ; fl. verdâtres ou roussâtres ; 4-10 d.; j.-al.; v.]

━ Feuilles larges de 3 à 4 mm.; tige couchée et genouillée; épi court, [Sables, endroits incultes ; fl. vertes; 1-3 d., m.-j.; α.]

épillets à arêtes non réfléchies à angle droit IN. [Parfois inflorescence compacte toujours dressée D et tiges à poils fins : [Endroits incultes, sables ; fl. verdâtres ou violacées ; 2-4 d.; m.-j.; α.]

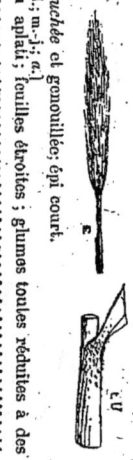

épillets à arêtes réfléchies à angle droit MCR. [Endroits incultes ; fleurs verdâtres ou violacées ; 3-8 d., m.-j.; α.]

B. dévaricatus Lloyd.

E

t. U

IN

MCR

▫ épis comme aplatis, devenant un peu penchés. [Endroits incultes ; fl. verdâtres ; 6-10 d., m.-j.; v.]

axe de l'épi contourné et à bords rudes. [Prés, coteaux ; fl. verdâtres ou roussâtres ; 1-3 d.; m.-j.; α. ou b.]

━ Épi en pyramide Z ; arêtes très étalées dans toutes, [Caillive; fl. vertes ; 5-10 d.; j-al.; α.]

━ Épi allongé ; arêtes devenant écartées les unes des autres, [CM]; épillets par deux, les inférieurs isolés ; glumelles à l.3 nervures ; feuilles molles, poilues sur leur face supérieure, étroites ;

CM

BL

Z

DS

HX

V

M

D

Bromus macrostachys Desf. Brome à grands épillets. **Région méditerranéenne.** [S] sub.

Bromus intermedius Guss. Brome intermédiaire. Littoral de l'Océan (et parfois à l'intérieur) ; **Région méditerranéenne.** [S] sub.

Hordeum europaeum All. Orge d'Europe. Montagnes, Ardennes, Côte-d'Or ; rare ailleurs. [S]

Hordeum maritimum With. Orge maritime. Littoral ; très rare à l'intérieur. [S] sub.

Hordeum murinum L. Orge des rats. Très commun. [S]

Hordeum distichum L. Orge à 2 rangs. Cultivé et subspontané. [S]

Hordeum vulgare L. Orge vulgaire (Escourgeon). Cultivé et subspontané. [S]

Hordeum bulbosum L. Orge bulbeuse. Provence (très rare et introduit).

Hordeum Zeocriton L. Orge Zéocriton (Orge en éventail). Parfois cultivé et subspontané.

Hordeum crinitum Desf. Orge chevelue. **Région méditerranéenne.**

69. ELYMUS. ÉLYME. — (→ Voyez fig. R et A, p. 341). Épi ordinairement de 2 à 4 d.; feuilles allongées, devenant enroulées, à languette ci-liée; tiges souterraines rampantes. [Sables; fl. verdâtres ou jaunâtres; 6-12 d.; j.-jt.; v.]

70. SECALE. SEIGLE. — (→ Voyez fig. O, S; p. 341) Épi souvent penché; glumes étroites, terminées en pointe; glumelles ciliées sur le dos se prolongeant en une longue arête. [Champs; fl. vertes; 6-20 d.; m.-j.; a. ou b.]

71. TRITICUM. BLÉ. —

— Glumes *ayant un seul angle sur le dos*. (Glumes à angle sur le dos peu saillantes VU, VG, TV et tige entièrement creuse: *T. sativum* Lam.: — glumes presque ciliées sur le dos TT et tiges pleines au moins dans le haut: *T. turgidum* L.: — glumes à 3 pointes au sommet, et épi un peu aplati M0: *T. monococcum* L.) [Champs; fl. vertes; 9-15 d.; j.-at.; a. ou b.]

— Glumes *ayant sur le dos 2 angles bordés de groupes de poils blancs* et prolongées en une arête VI;

72. ÆGILOPS. ÉGILOPS. —

✱ Épillets *très rapprochés* OV, portant des arêtes écartées les unes des autres; feuilles supérieures insensiblement rétrécies de la base au sommet.

— Épillets *en inflorescence plus ou moins allongée; chaque glume terminée par 2 ou 3 longues arêtes* TRU; arête du milieu de la glume plus longue; épi de 3 à 8 épillets allongés; feuilles plates, molles, rudes sur les bords et sur la face supérieure. [Endroits arides ou jaunâtres; 2-5 d.; j.-jt.; i v.]

73. AGROPYRUM. CHIENDENT. —

— Tiges souterraines *très longuement rampantes*; glumelles à arêtes plus ou moins développées R, RE.

— Tiges souterraines *non-rampantes*; glumelles à arêtes plus longues que le reste de la glumelle C, CA;

74. BRACHYPODIUM. BRACHYPODE. —

○ Feuilles *enroulées, presque piquantes*; arête bien plus courte que le reste de la glumelle RA; épillets peu nombreux. [Endroits arides; fl. vertes; 2-5 d.; m.-j.; v.]

○ Feuilles *n'ayant pas ces caractères.*

✱ Arête *plus longue* que la glumelle;
= Épillets à fleurs un peu écartées DI, d'environ 4 à 6 mm. de largeur; feuilles d'environ 2 à 4 mm. de largeur. [Endroits incultes, sables; fl. vertes; 1-3 d.; m.-j.; a.]
= Épillets à fleurs rapprochées S d'environ 1 à 3 mm. de largeur;

✱ Arête *plus courte* que le reste de la glumelle;
= Épillets à fleurs dressées; fl. vertes; 3-10 d.; jt.-at.; v.]

(Parfois glumes arrondies ou comme coupées au sommet: *A. junceum* P. B.) [Champs, chemins, sables; fl. vertes ou glauques; 3-10 d.; jt.-at.; v.]

(Parfois épillets inférieurs plus gros et chaque glume ayant 2 à 3 arêtes dressées: *Æ. tristata* Willd.) [Endroits humides; fl. verdâtres; 1-2 d.; m.-j.; v.]

feuilles d'environ 6 à 8 mm. de largeur. [Bois; fl. vertes; 3-10 d.; jt.-at.; v.]

feuilles dressées, d'un vert glauque, à languette ar-rondie. [Endroits incultes, prés; fl. vertes; 3-6 d.; j.-at.; v.]

feuilles ombragés; fl. vertes; 5-10 d.; j.-at.; v.]

feuilles plates, veloues. [Endroits incultes;
fl. verdâtres; 3-8 d.; m.-j.; a. ou b.]

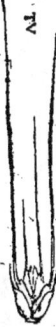

Elymus arenarius L.
Élyme des sables.
Littoral de la Manche (rare).

Secale cereale L.
Seigle céréale.
Cultivé et subspontané. [S]

Triticum villosum P. B.
Blé velu.
Région méditerranéenne (rare). [S] sub.

Triticum vulgare Vill.
Blé commun (Froment).
Cultivé et çà et là. [S] sub.

Ægilops ovata L.
Égilops ovale.
Midi et çà et là surtout dans le Sud-Est et l'Ouest. [S] sub.

Ægilops triuncialis L.
Égilops allongé.
Région méditerranéenne; remonte çà et là jusqu'au Centre. [S] sub.

Agropyrum repens P. B.
Chiendent rampant.
Très commun. [S]

Agropyrum caninum R. et S.
Chiendent des chiens.
Assez commun, sauf Ouest et Midi. [S]

Brachypodium ramosum R. et S.
Brachypode rameux.
Midi (très rare en dehors de la Région méditerranéenne).

Brachypodium distachyon P. B.
Brachypode à 2 rangs.
Midi; Auvergne (rare). [S] sub.

Brachypodium silvaticum R. et S.
Chiendent des bois.
Assez commun. [S]

Brachypodium pinnatum P., B.
Brachypode penné.
Commun. [S]

75. LOLIUM. IVRAIE. —

△ Glume plus longue que l'épillet LT ;

⊙ Épillets ovales Ll ; feuilles plates, les supérieures plus longues, plus larges et plus raides que les inférieures. — [Champs ; fl. vertes ou un peu violacées ; 6-10 d. ; j.-al. ; a.]
Lolium temulentum L. Ivraie enivrante. **Commun.** [S]

△ Glume moins longue que l'épillet.

⊙ Plante annuelle, à feuilles plates.

✻ Épillets ovales Ll ;
= Épillets à 4-9 fleurs Rl ; glume un peu plus courte que l'épillet. [Champs ; fl. vertes ; 2-6 d. ; m.-j. ; a.]
Lolium striotum Presl. Ivraie raide. Midi et çà et là, sauf dans le Nord et l'Est. [S]
= Épillets à 10-20 fleurs MU ; glume ayant le 1/4 ou la 1/3 de la largeur de l'épillet. [Champs, fl. vertes ; 4-10 d. m.-j. ; a.]
Lolium multiflorum Lam. Ivraie à fleurs nombreuses. çà et là. [S] sub.

⊙ Plante vivace à feuilles pliées en long ou enroulées, lorsqu'elles sont jeunes ; épillets non arrondis au sommet LP, EP ; nombreuses tiges souterraines terminées par des feuilles rapprochées (Parfois feuilles enroulées en long lorsqu'elles sont jeunes et épillets s'écartant de la tige à angle droit quand les fleurs s'ouvrent : *L. italicum* Braun). [Prés, chemins ; fl. vertes ou un peu violacées ; 1-5 d. ; n.-o. ; v.]
Lolium perenne L. Ivraie vivace (Ray-grass). **Très commun.** [S]

76. GAUDINIA. GAUDINIE. — (→ Voyez fig. G, p. 342). Feuilles velues. (Chemins, prés, sables ; fl. vertes ou violacées ; 2-6 d. ; m.-ji. ; a.]
Gaudinia fragilis P. B. Gaudinie fragile. Sud-Est, Ouest, Midi et çà et là.

77. NARDURUS. NARDURE.
✻ Épi très étroit et allongé en forme d'alène ; glumes obtuses à une seule nervure. [Endroits incultes ; fl. verdâtres ; 1-2 d. ; m.-j. ; a.]

— Épillets disposés tous d'un même côté TE ; glume supérieure aiguë ; glumelles très aiguës ; parfois inflorescence rameuse. [Sables ; coteaux ; fl. vertes ; 1-3 d. ; m.-ji. ; a.]
Nardurus Salzmanni Boiss. Nardure de Salzmann. Dép. des Bouches-du-Rhône.

— Épillets disposés à droite et à gauche L ;
glume supérieure *obtuse* ; glumelles peu aiguës ; parfois inflorescence rameuse.
[Sables, endroits incultes ; fl. verdâtres ; 1-3 d. ; m.-j. ; a.]
Nardurus tenellus Rchb. Nardure délicat. Midi ; assez rare ailleurs ; le Nord et l'Est.
Nardurus Lachenalii Godr. Nardure de Lachenal. Vosges, Sud-Est, Plateau Central, Midi et çà et là. [S]

78. LEPTURUS. LEPTURE. —

⊕ Épillets latéraux à 1 seule glume C ; languette de la feuille ovale. [Sables ; fl. verdâtres ; 1-4 d. ; m.-j. ; a. ou v.]
Lepturus cylindricus Trin. Lepture cylindrique. Région méditerranéenne, Sud-Ouest ; surtout sur le littoral.

⊕ Épillets tous à 2 glumes C ; languette de la feuille très courte, comme coupée au sommet ; feuilles devenant enroulées. (Souvent glumes n'étant pas plus longues que l'épillet ; épi non courbé : *L. filiformis* Trin.)
Lepturus incurvatus Trin. Lepture courbé. Littoral.

79. PSILURUS. PSILURE. — (→ Voyez fig. PS, p. 342). Épi très allongé ; glumelle dépassant beaucoup la glume ; feuilles étroites enroulées. [Coteaux, endroits incultes ; fl. verdâtres ou violacées ; 2-3 d. ; m.-j. ; a.]
Psilurus nardoides Trin. Psilure faux-Nard. Sud-Est (rare) ; Région méditerranéenne.

80. NARDUS. NARD. — (→ Voyez fig. NAR, NS, NE, p. 342). Tiges raides ; feuilles presque toutes à la base ; plante sans poils ; épillets en épi simple et grêle.
[Pâturages, endroits humides ; fl. bleuâtres ou violacées, parfois vertes ; 1-2 d. ; m.-j. ; b.]
Nardus stricta L. Nard raide. **Montagnes et çà et là.** [S]

❂ Feuilles *groupées par 2*; arbre dont l'écorce se gerce; écorce d'un brun-rouge ou brune.

* Feuilles *réunies par 2 ou par 5 S* (ou ci-dessous, CE), dans une sorte de gaine formée d'écailles; fruit à écailles *épaissies* M.

* Feuilles *toutes isolées*; { P et *rameaux verticillés*.

 ⚬ Feuilles, *les unes isolées* sur des rameaux allongés, *les autres comme groupées en faisceaux* sur des rameaux courts L; rameaux non *verticillés*.

1. PINUS. PIN. —

⊕ Feuilles *groupées par 5* [exemple: CE]; arbre dont l'écorce reste lisse jusqu'à un âge très avancé; écorce d'un gris brun-verdâtre.

+ Feuilles les plus grandes *de 1 mm. ou plus de largeur*, en général; écorce moins coriaces.

 ⊙ Fruits mûrs de 3 à 8 c. de longueur;

 ✶ Fruit dressé ou étalé à la maturité.

+ Feuilles les plus grandes d'environ 1/2 mm. de largeur, molles et d'un vert clair sur les deux faces;

 ⊙ Feuilles les plus grandes de 3 à 8 c. de longueur;

 ⊙ Fruits mûrs de 9 à 18 c. de longueur, en général. (→ *Voyez la suite à la page suivante*).

+ Feuilles *groupées par 5* en général;

□ Feuilles à *3 faces*, de moins de 1 mm. de largeur, 1/4 c. de longueur sur 2 c. 1/2 de largeur. [Bois, rochers; 5-15 m.; m.-j.; v.]

□ Feuilles à *2 faces*, de 1 mm. ou plus de largeur, en général.

 ✶ Fruit renversé à la maturité; graine dont l'aile a environ 2 fois [SV, une écaille du fruit] la longueur du reste de la graine; feuilles non glauques et écailles moyennes du fruit terminées par une pyramide à faces convexes et à petite pointe qui tombe facilement; — *P. montana* Mill.) [Bois, rochers; 2-36 m.; m.-j.; v.] — Arbre de 1 à 2 m. en général, à tige irrégulière; graine dont l'aile a environ 2. fois la longueur du reste de la graine (*P. Pumilio* Henke).

△ Feuilles *plates, non piquantes* A, à 2 raies blanches en dessous [PE, coupe de la feuille en travers]; fruit *dressé* dont les écailles se détachent en tombant, à la maturité.

△ Feuilles à *4 angles, piquantes* E, *sans raies blanches en dessous* [EX], coupe de la feuille en travers]; fruit *pendant*, se détachant tout entier à la maturité EX.

× Feuilles *persistantes, dures et piquantes*; fruit à écailles très larges CED.

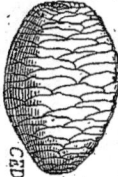

× Feuilles *tombant à l'automne*; molles et non piquantes; fruit à écailles peu élargies LA.

fruit ovale-obtus CEM, de 8 à 10 c. de longueur sur 5 à 6 c. de largeur. [Rochers, bois; 5-25 m.; j.-jt.; v.]

fruit cylindrique et courbé ST, STR, de 10 à 15-40 m.; m.-j.; v.]

(→ Voyez la suite à la page suivante).

1. PINUS → p. 379. PIN [7 esp.].

2. PICEA → p. 373. ÉPICÉA [1 esp.].

3. ABIES → p. 373. SAPIN [1 esp.].

4. CEDRUS → p. 373. CÈDRE [1 esp.].

5. LARIX → p. 373. MÉLÈZE [1 esp.].

Pinus Strobus L. *Pin Weymouth* (Pin du Lord). Ça et là, planté et naturalisé. [S]

Pinus Cembra L. *Pin Cembrot* (Arole, Alviès), Alpes (Htes régions; rare). [S]

Pinus halepensis Mill. *Pin d'Alep* (Pin de Jérusalem, Pin blanc). Région méditerranéenne.

Pinus silvestris L. *Pin silvestre* (Pinasse, Pin rouge). Montagnes et naturalisé. [S]

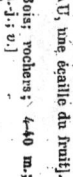

Pinus Laricio Poir. *Pin Laricio* (Pin de Corse). Cévennes, Pyrénées et cultivé. [S] sub.

= Fruit mûr *obtus*, ovale ou presque globuleux PN, large de 8 à 10 c.; graine ayant (sans compter l'aile) 8 à 10 mm. de longueur; feuilles de 8 à 15 c. de longueur,
  [Bois, rochers; 10-30 m.; av.-m.; v.]

Pinus Pinea *L.*
Pin Pignon (Pin parasol).
Région méditerranéenne, Sud-
Littoral de la Méditerranée.

= Fruit mûr *aigu*, bien plus long que large; graine ayant (sans compter l'aile) 16 à 20 mm.

PN

=| Fruit mûr *aigu*, bien plus long que large; graine ayant (sans compter l'aile) 8 à 10 mm. de longueur; feuille de 10-20 c. de longueur.
   [Bois, rochers; 10-30 m.; av.-m.; v.]

Pinus maritima *Lam.*
Pin maritime (Pin pinastre).
Région méditerranéenne, Ouest et planté.

2. PICEA. *EPICEA.* — (→ Voyez fig. E, EXC, EX, p. 372). Fruits de 10 à 15 c. de longueur, en général, rouges ou verts; écailles minces en forme de losange.
   [Forêts, haies; 4-40 m.; m.-j.; v.]

Picea excelsa Link.
Epicéa élevé (Faux-Sapin).
Vosges, Jura, Alpes et planté. [S]

3. ABIES. *SAPIN.* — (→ Voyez fig. A, PE, p. 372). Fruits de 8 à 10 c. de longueur, en général, verts ou d'un vert-brun, mais; bractées membraneuses plus longues que les écailles.
   [Forêts, haies; 4-40 m.; av.-m.; v.]

Abies pectinata DC.
Sapin pectiné (Sapin argenté, Sapin blanc).
Montagnes et planté. [S]

4. CEDRUS. *CÈDRE.* — (→ Voyez fig. CED, p. 372). Fruits de 7 à 12 c. de longueur sur 5 à 7 c. de largeur, en général, pédoncule, pédoncules, bruns lorsqu'ils sont mûrs; écailles se détachant à l'arbre.
   [Bois; 15-40 m.; av.-m.; v.]

Cedrus Libani Barrel.
Cèdre du Liban.
Planté. [S]

5. LARIX. *MÉLÈZE.* — (→ Voyez fig. L, LA, p. 372). Fruits de 3 à 4 c. de longueur en général, d'un gris brun, non pédonculés, restant plusieurs années attachés à l'arbre.
   [Forêts; 5-35 m.; av.-j.; v.]

Larix europaea DC.
Mélèze d'Europe.
Alpes et planté ou naturalisé. [S]

* Rameaux non tout à fait dressés contre la tige;

* Rameaux CP tout à fait dressés contre la tige;

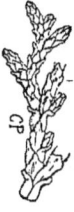

CUPRESSINÉES

* fruit *peu charnu* ayant environ 10 écailles ligneuses

CP

JP

.... 2. JUNIPERUS → p. 373.
  GENÉVRIER [4 esp.].

* fruit *peu charnu* ayant environ 10 écailles ligneuses sur la face externe; fruit de 2 à

CPs

.... 1. CUPRESSUS → p. 373.
  CYPRÈS [1 esp.].

1. CUPRESSUS. *CYPRÈS.* — (→ Voyez fig. CP, CPs, ci-dessus). Feuilles en forme de triangle, glanduleuses sur la face externe; fruit de 2 à 3 c. de diamètre, d'un gris brun; écorce d'un gris rougeâtre.
   [Planté; 10-25 m.; av.-m.; v.]

2. JUNIPERUS. *GENÉVRIER.* —

1. CUPRESSUS.
  CYPRÈS [1 esp.].

Cupressus fastigiata DC.
Cyprès fastigié.
Planté, surtout dans le Midi. [S] subl.

2. JUNIPERUS.
  GENÉVRIER [4 esp.].

⊕ Feuilles toutes piquantes et non prolongées à la base, verticillées par 3, 1 c. disposées sur 6 rangs.

* Feuilles ayant en dessous 2 bandes blanchâtres *presque réunies* CO, fruit d'un *noir bleuâtre*. (Parfois arbrisseau presque appliqué sur le sol à feuilles brusquement rétrécies : *J. alpina* Clus.)
  [Bois, coteaux, rochers ; 4 à 70 d.; av.-m.; v.]

Juniperus communis *L.*
Genévrier commun.
Assez commun. [S]

* Feuilles ayant en dessous 2 bandes blanchâtres *séparées* OX; fruit *rouge*.
  [Bois, coteaux, rochers ; 1-9 m.; av.-m.; v.]

Juniperus Oxycedrus *L.*
Genévrier Oxycèdre (Cèdre piquant).
Région méditerranéenne.

⊕ Feuilles *les unes en forme d'écailles* très étroitement appliquées à leur base qui se prolonge sur la tige PH, SA, disposées sur 4 rangs, *les autres* (*pouvant manquer*) piquantes.

= Feuilles piquantes relativement très peu nombreuses ou pas de feuilles piquantes PH; fruit *rouge et luisant*.
  [Bois, coteaux, rochers; 1-3 m.; av.-m.; v.]

Juniperus phoenicea *L.*
Genévrier de Phénicie.
Région méditerranéenne et çà et là sur les basses montagnes voisines.

= Feuilles écailleuses s'allongeant çà et là en feuilles piquantes; fruit d'un *noir bleuâtre*, glauque.
  [Bois, rochers ; 1-6 m.; m.-j.; v.]

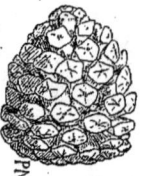

Juniperus Sabina *L.*
Genévrier Sabine.
Alpes, Pyrénées. [S]

CO

OX

PH

SA

26
⊕

TAXINÉES

TAXUS. L'. — Feuilles d'un vert noir en dessus et d'un vert clair en dessous ; fruit rouge, brun lorsqu'il est mûr.

[Bois, haies ; 4-15 m. ; av.-m. ; c.]

Taxus baccata, L.
I/ à baies.
Vosges (rare) ; *Jura, Alpes, Cévennes* (rare) ; *Pyrénées* et, planté.
[S]

GNÉTACÉES

EPHEDRA. ÉPHÉDRA. — Arbuste ou arbrisseau à tige plus ou moins tortueuse, à rameaux grêles Ep., striés ; feuilles réduites à des gaines à lobes arrondis ; fleurs staminées en épis réunis par 2 à 3 : fleurs pistillées en épis isolés ou non. (Tantôt tige ronde dressée, de 1 à 2 d., d'un vert foncé, à gaine évasée vers le haut, à articles d'environ 1 à 2 c. de longueur : *E. nebrodensis* Tineo ; — tantôt tige couchée, de 2 à 3 d., à rameaux d'un vert clair, rudes, à articles d'environ 3 à 5 c. de longueur : *E. helvetica* C. A. Mey. ; — tantôt plante du bord de la mer à tiges de 2 à 5 d., couchées, à rameaux d'un vert glauque, très rugueux, à articles de 3 à 4 c. ; épis de fleurs pistillées sur de longs pédoncules communs : *E. distachya* L.) [Sables maritimes, rochers, vieux murs ; endroits incultes ; 1-5 d. ; m.-j. ; c.]

Ephedra equisetiformis *Webb.*
Ephédra, en forme de Prêle (Raisin de mer).
Littoral de l'Océan et de la Méditerranée et çà et là dans le Sud-Est et la Région méditerranéenne. [S]

EP HE DI

FOUGÈRES

⊙ Feuilles *entières* ou feuilles *dont tous les lobes sont réunis entre eux par leur base* (fig. S, V, O, B, en haut de la page suivante)............**1er GROUPE →** p. 375.

⊙ Feuilles *ayant* à la base du pétiole des *écailles brunes ou jaunâtres qui ont plus de 1/2 mm. de largeur* [exemple : P].

⟨ Feuilles *n'ayant pas* à la base du pétiole des écailles brunes ou jaunâtres qui ont plus 1-1/2 mm. de largeur.

□ Pétiole *entièrement brun-noirâtre, même entre les lobes*...........**4e GROUPE →** p. 376.

⊙ Feuilles à divisions principales séparées jusqu'à la base.

□ Pétiole entièrement brun-noirâtre, même entre les lobes...........**2e GROUPE →** p. 375.

□ Pétiole *vert, verdâtre ou jaunâtre, au moins sur une face, entre les lobes*.......**3e GROUPE →** p. 376.

1er GROUPE :

• Feuilles entières S; groupes de sporanges en lignes allongées.

  ★ Feuilles à limbe comme brusquement coupé à la base V, rarement ovale; .... **14.** SCOLOPENDRIUM → p. 380. *SCOLOPENDRE* [1 esp.].

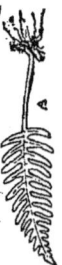

groupes de sporanges arrondis et non recouverts d'une membrane VU.

  ★ Feuilles couvertes en dessous d'écailles arrondies. .... **4.** POLYPODIUM → p. 378. *POLYPODE* [1 esp.].

  = Feuilles couvertes en dessous d'écailles rousses et brillantes O; .... **2.** CETERACH → p. 377. *CETERACH* [1 esp.].

• Feuilles profondément divisées V, O, B.

  ★ Feuilles à lobes à peu près la base O, B.

  ★ Feuilles à lobes diminuant peu à peu vers la base O, B.

  = Feuilles sans écailles rousses en dessous, les unes à divisions planes et sans sporanges B, les autres à divisions très étroites et à sporanges BL.

    • Feuilles 2 à 3 fois complètement divisées; tige souterraine d'environ 1 à 3 mm. de diamètre... .... **20.** TRICHOMANES → p. 381. *TRICHOMANES* [1 esp.].

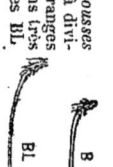

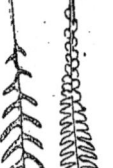

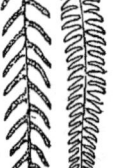

    • Feuilles 1 fois complètement divisées H; tige souterraine de moins de 15 mm. de diamètre. .... **15.** BLECHNUM → p. 381. *BLECHNUM* [1 esp.].

2e GROUPE :

• Feuilles à divisions très translucides; tiges souterraines allongées et rampantes; folioles à sporanges prolongées en une sorte de fil.

  ◇ Lobes principaux des feuilles formant une longue pointe AN. .... **21.** HYMENOPHYLLUM → p. 381. *HYMENOPHYLLUM* [1 esp.].

★ Feuilles à divisions non très translucides.

  ◇ Lobes principaux des feuilles arrondis au sommet.

  ⊙ Feuilles une fois complètement divisées T, MA.

    — Lobes de moins de 1 c. de longueur; nervures non épaissies au sommet. → Voyez Asplenium Trichomanes, p. 379.

    — Lobes de 1 à 3 c. de longueur; nervures un peu épaissies au sommet. → Voyez Asplenium marinum, p. 379.

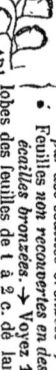

  ⊙ Feuilles 2-fois complètement divisées.

    ✶ Pétiole portant d'étroites écailles brunes; lobes ovales ou arrondis. → Voyez Asplenium Adiantum-nigrum, p. 379.

    ✶ Pétiole sans écailles brunes;

      • Feuilles complètement recouvertes en dessous par des écailles bronzées → Voyez **3.** Nothochlaena, p. 378.

      • Feuilles non recouvertes en dessous par des écailles bronzées → Voyez **19.** Cheilanthes, p. 381.

    lobes des feuilles de 1 à 2 c. de largeur, en général, en coin à la base ADI. .... **7.** ADIANTUM → p. 381. *ADIANTUM* [1 esp.].

3e GROUPE :

□ Lobes princi-paux des feuilles pres-que entiers, très finement dentelés et de 8 à 15 mm. de lar-geur, en gé-néral.

dont le pourtour général est en tri-[exemple : D] et dont le limbe total plus 2 fois plus long que large; pante, grêle, allongée [ex. : DR].

DR

sans poils ou à quel-poils glanduleux; lo-tincls vers le bas, à des divisions princi-DRP, M.

★ Feuilles 2 fois complètement di-visées ; lobes des divisions principales terminant pas dans les échan-crares DRY.

DRY

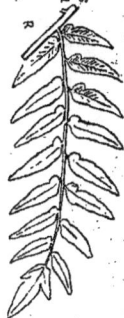

DRP

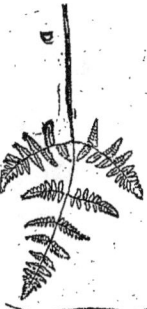

D

□ Lobes principaux des feuilles n'ayant pas à la fois les caractères précé-dents.

4e GROUPE :

△ Lobes peu aigus ou arrondis au sommet R;

△ Lobes des feuilles très longuement aigus C.....

⊕ Feuilles toutes d'une seule sorte.

⊕ Feuilles de deux sortes, celles qui portent les sporanges à lobes bien plus étroits que ceux des autres feuilles. [ex : AC, ACR ou LE].

⊕ Les plus longues divisions princi-pales des feuilles les plus grandes à lobes très nom-breux et ordinai-rement plus ou moins pointus au sommet.

⊕ Les plus grandes divisions principales des feuilles les plus divisées ou à 2-7 lobes peu aigus ou arrondis.....

.. Derniers lobes non dentés; feuilles de 2 à 30 d. de lon-gueur.

.. Derniers lobes plus ou moins dentés.....

× Une seule grande feuille sortant de terre ; lobes du sommet de la feuille presque droits P; sporanges si-tués sous le bord des lobes des feuilles aigus A.

× Plusieurs feuilles en touffe, en général ; sporanges situés par groupes à la face inférieure des feuilles T.

⊙ Lobe ter-minal pointu C;

⊙ Lobe terminal élargi au som-met LE.....

feuilles: nette-ment de deux sortes AC,ACR.

⊙ Feuilles plus ou moins poilues sur les deux faces, et ciliées, mais non glanduleuses ; lobes des divisions principales se confondant avec ceux qui leur sont opposés P, PH......

feuilles supérieures portant les spo-ranges, très différentes des autres RE.

RE

R

C

P

A

T

LE

C

ACR

AC

P.H

P

..... 1. OSMUNDA → p. 377. OSMONDE [1 esp.].

..... 16. PTERIS → p. 381. PTÉRIS [2 esp.].

.....| 12. ASPLENIUM → p. 379. ASPLÉNIUM [9 esp.].

..... 10. ACROSTICHUM → p. 379. ACROSTIC [1 esp.].

.....| 12. ASPLENIUM → p. 379. ASPLÉNIUM [9 esp.].

..... 18. ALLOSORUS → p. 381. ALLOSORE [1 esp.].

..... 6. PHÆGOPTERIS → p. 378. PHÉGOPTERIS [2 esp.].

..... 6. GRAMMITIS → p. 378. GRAMMITIS [1 esp.].

✠ Feuilles *dont le limbe total est beaucoup plus long que large ;*
tiges épaisses, non longuement rampantes.

⊕ Lobes supérieurs *non en forme de faux.*

✠ Feuilles
angle
est au
Tige ram-

⊙ Feuilles
ques
bes dis-
la base
pales D,

★ Feuilles *3 fois complètement divisées ; nervures des lobes se terminant sou-*
vent dans les échancrures MO.

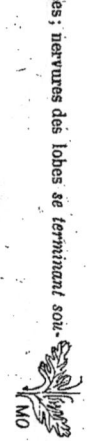

⊕ Lobes supérieurs des feuilles *en forme de faux.*
ACU, 1, AC;

1. OSMUNDA. *OSMONDE.* — (→ Voyez fig. R, RE, p. 376.) Sporanges recouvrant toute la surface de la partie supérieure des feuilles supérieures ; feuilles d'un vert clair réunies en touffe ; pétiole en gouttière. [Bois et landes humides ; 6–15 d.; m–s.; v.]

+ Pétiole
n'étant
pas
brun sur
les deux
faces jus-
qu'au
sommet de
la feuille.
988, p. 395.

+ Pétiole *brun*
sur les deux
faces jus-
qu'au som-
met de la
feuille.

∥ Feuilles dont les lobes FF sont *à la fois profondément dentés* tout
autour et ne portant pas de petites dents qui soient en même FF
temps très fines et terminées par une pointe aiguë.

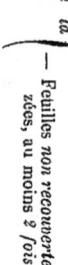

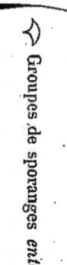

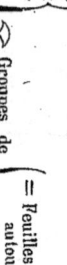

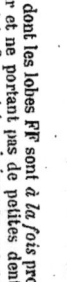

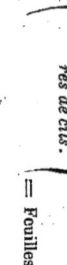

Groupes de
sporanges
non entou-
rés de cils.

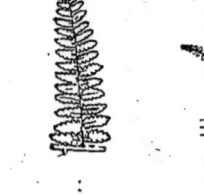

⇗ Groupes de sporanges *entourés de cils* H;

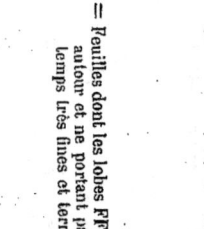

⇗ feuilles de 5 à 20 c. en touffes HY;

∥ Feuilles dont les lobes *n'ont pas à la fois ces caractères*……………

2. CETERACH. *CÉTÉRACH.* — (→ Voyez fig. O, p. 376.) Feuilles nombreuses disposées en touffe ; étroits,
non protégés par une membrane visible. [Rochers, murs ; 6–15 c.; m–o.; v.]

Feuilles *non recouvertes en dessous par des écailles bron-*
zées, au moins *2 fois complètement* divisés CO.

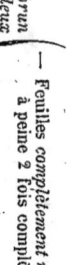

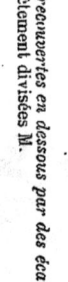

+ Pétiole *brun*
à peine 2 fois complètement divisés M.

+ Feuilles *complètement recouvertes en dessous par des écailles bronzées;*

membrane qui protège
les sporanges jeunes al-
tachée à la feuille par le
milieu AA.

………**9. POLYSTICHUM** → p. 378.
POLYSTIC [5 esp.].

…**13. ATHYRIUM** → p. 380.
ATHYRIUM [1 esp.].

……**7. WOODSIA** → p. 378.
WOODSIA [1 esp.].

…**19. CHEILANTHES** → p. 381.
CHEILANTHES [1 esp.].

…**3. NOTHOCHLÆNA** → p. 378.
NOTHOCHLÆNA [2 esp.].

…**8. ASPIDIUM** → p. 378.
ASPIDIUM [1 esp.].

…**11. CYSTOPTERIS** → p. 379.
CYSTOPTÉRIS [2 esp.].

Ceterach officinarum. *Willd.*
Cétérach offjcinal (Herbe-à-dorer).
Assez commun, sauf dans le Nord,
l'Est et le Nord-Ouest. **[S]**

Osmunda regalis L.
Osmonde royale (Fougère aquatique).
Ouest, Sud-Ouest et çà et là. **[S]**

3. NOTHOCHLÆNA. NOTHOCHLÆNA. —

△ Feuilles à lobes *très poilus en dessus et en dessous*; limbe total de la feuille plus long que le pétiole commun. [Rochers; 5-15 c.; n.-ms.; v.]

  Nothochlæna vellea *Desv.*
  Nothochlæna voilé.
  Pyrénées orientales (très rare).

△ Feuilles *à lobes verts en dessus et ayant en dessous des écailles blanchâtres devenant fauves*; limbe total de la feuille plus court que le pétiole commun. [Rochers, bois; 1-3 d.; av.-m.; v.]

  Nothochlæna Marantæ *R. Br.*
  Nothochlæna de Maranta.
  Plateau Central, Région méditerranéenne (rare). [S]

4. POLYPODIUM. POLYPODE. — (→ Voyez fig. V, VI, VU, p. 376). Tige souterraine peu enfoncée dans le sol, rampante; groupes de sporanges disposés sur 2 rangs par lobe; lobes le plus souvent entiers, parfois ceux de la base divisés eux-mêmes en lobes. [Rochers; murs, talus; 1-5 d.; jv.-d.; v.]

  Polypodium vulgare *L.*
  Polypode vulgaire (Polypode de chêne).
  Commun. [S]

5. PHEGOPTERIS. PHÉGOPTÉRIS. —

⊙ Divisions principales inférieures des feuilles les plus grandes sur les deux faces et *étirées sur les bords* [→ Voyez fig P, PH, p. 376].

  Phaegopteris vulgaris *Mett.*
  Phégoptéris vulgaire.
  Montagnes; Ardennes, Côte-d'Or, Normandie (rare). [S]

⊙ Divisions principales inférieures des feuilles les plus grandes à *6-15 paires de lobes distincts,* les lobes inférieurs à très courts pétioles; feuilles sans poils. (Parfois feuilles d'un vert jaunâtre et pétiolées à poils glanduleux jaunâtres: *F. calcarea* Fée.) (→ Voyez fig. DRY, DRI, D, p. 376.) [Bois et rochers humides; 1-4 d.; j.-s.; v.]

  Phaegopteris Dryopteris *Fée.*
  Phégoptéris Dryoptéris.
  Montagnes et çà et là, sauf dans l'Ouest et les plaines du Midi. [S]

6. GRAMMITIS. GRAMMITIS. — (→ Voyez fig. LE, p. 976). Pétioles luisants, d'un rouge brun; lobes inférieurs pétiolés; groupes de sporanges formant d'abord des lignes droites, puis finissant par occuper toute la surface de la feuille. [Endroits humides; 4-15 c.; ms.-m.; a.]

  Grammitis leptophylla *Sw.*
  Grammitis à feuilles minces;
  Ouest, Plateau Central, Médi (rare); *Savoie* (très rare). [S]

7. WOODSIA. WOODSIA. — (→ Voyez fig. H, HV, p. 377). Lobes principaux plus petits vers la base de la feuille que vers le milieu, à divisions arrondies; feuilles légèrement poilues quand elles sont jeunes. (Rarement feuilles 2 fois complètement divisées et très poilues sur les bords: *W. ilvensis* R. Br.) [rochers; 5-20 c.; jl.-s.; v.]

  Woodsia hyperborea *R. Br.*
  Woodsia du Nord.
  Alpes (de la Savoie et du Dau-phiné (rare); *Dépt du Cantal* (très rare; puy Violent); *Pyrénées* (rare). [S]

8. ASPIDIUM. ASPIDIUM. — (→ Voyez fig. ACU, I, AO, AA, p. 377). Feuilles raides, persistant souvent pendant l'hiver, à pétiole portant de nombreuses écailles rousses; divisions principales du milieu plus grandes que celles du bas et du haut. (Parfois feuilles une fois seulement complètement divisées et groupes de sporanges sur 2 rangées toujours distinctes: *A. Lonchitis* Sw.)

  Aspidium aculeatum *Dœll.*
  Aspidium à cils raides.
  Montagnes, Nord-Ouest, Ouest, Sud-Ouest et çà et là. [S]

= Lobes des feuilles *entiers ou ondulés* PO, OR, O.
  [Bois humides; 3-10 d.; jl-s.; v.]

  Polystichum Oreopteris *DC.*
  Polystic Oréoptéris.
  Montagnes; rare ailleurs. [S]

= Lobes des feuilles *aigués* R, RI.
  [Rochers; 2-6 d.; j.-s.; v.]

  Polystichum rigidum *DC.*
  Polystic raide.
  Jura, Alpes, Pyrénées (rare). [S]

9. POLYSTICHUM. POLYSTIC. —

✻ Feuilles ayant en dessous de *très petites ponctuations d'un jaune doré odorantes* O ou *des poils glanduleux* RI, *jaunâtres et odorants.* (Regarder à la loupe.)

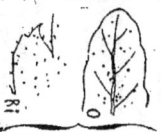

  = Lobes des feuilles *fortement dentés, à dents aigués* R, RI.

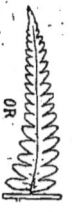

✻ Feuilles *n'ayant pas en dessous de petites glandes ou de petits poils jaunâtres et odorants* (→ *Voyez la suite à la page suivante*).

Suite de l'analyse des Polystichum :

– Feuilles qui portent les sporanges ayant les divisions principales *disposées dans des plans différents*, celles sans sporanges à divisions dans un même plan; lobes largement réunis entre eux par leur base C et à dents non terminées par une pointe très aiguë. [Bois humides; 3-8 d.; j.-at.; v.]

lobes inférieurs à peine réunis entre eux par leur base et à dents terminées par une pointe fine S. [Bois; 3-8 d.; j.-s.; v.]

⊙ Divisions principales les plus inférieures à divisions à divisions op- posées très inégales SPl;

⊙ Divisions principales les plus inférieures à divisions opposées *égales ou pres- qu'égales*; lobes dentés surtout dans leur partie supérieure F, parfois un peu plus bas. [Bois, pâturages humides; 5-12 d.; j.-s.; v.]

– Feuilles *toutes* à divisions inférieures dans un même plan.

10. ACROSTICHUM. *ACROSTIC.* — (→ Voyez fig. T, p. 376). Tige souterraine étroite, allongée; feuilles sans écailles brunes; lobes non dentés, à bords renversés en dessous quand la feuille est aiguë; groupes de sporanges disposés sur deux lignes au-dessous de chaque lobe. [Endroits humides; 3-8 d.; j.-o.; v.]

11. CYSTOPTERIS. *CYSTOPTÉRIS.* —

✳ Contour général de la feuille *ovale-allongé*; groupe de sporanges F d'abord distincts C et se réunissant souvent à la maturité; tige souterraine *épaisse et courte*. (Parfois lobes dentés au sommet et à nervures aboutissant au fond de l'échancrure : C. *regia* Koch; — derniers lobes finement découpés, à dents très étroites et à nervures comme dans le précédent : C. *alpina* Link.) [Rochers et talus ombragés ou humides; 1-4 d.; jl.-at.; v.]

✳ Contour général de la feuille *en triangle*; groupes de sporanges restant distincts à la maturité; lobes souvent échancrés MO ou denticulés au sommet; tige souterraine *très longue et grêle*. [Bois, rochers; 1-3 d.; jl.-s., v.]

12. ASPLÉNIUM. *ASPLÉNIUM.* —

✵ Pétiole *entièrement brun noirâtre, même entre les lobes*..........

✵ Pétiole *vert, verdâtre ou jaunâtre, au moins sur une face entre les lobes*.

⊕ Les plus grandes divisions principales des feuilles les plus grandes non divisées ou à 2-5 lobes peu aigus.**Série 2 →** p. 380.

⊕ Les plus grandes divisions principales des feuilles à *lobes très nombreux* et ordinairement plus ou moins pointus au sommet....................**Série 3 →** p. 380.

⊖ Les plus grandes divisions principales des feuilles brillantes et d'un vert foncé en dessus....................

⊖ Lobes principaux des feuilles *formant une longue pointe* (Voyez fig. AX, p. 376); feuilles brillantes et d'un vert foncé en dessus....................

Série 1

⊖ Lobes principaux des feuilles ar- rondis au som- met.

⊖ Lobes de *moins de 1 c. de longueur*, en général; nervures *non épaissies au sommet*; lobes assez régu- liers à la base (Voyez fig. T, p. 375), [Rochers, murs; 5-20 c.; m.-s.; v.]

⊖ Lobes de *1 à 3 c. de longueur*, en général; nervures *un peu épaissies au sommet*; lobes en coin à la base et dont l'un des côtés, plus grand que l'autre, est rapproché du pétiole général (Voyez fig. MA, p. 375). [Rochers, murs; 1-4 d.; jl.-s.; v.]

Polystichum cristatum *Roth.*
Polystic à crêtes.
Nord., Est, Sud-Est, Centre (très rare). [S]

Polystichum spinulosum *DC.*
Polystic spinuleux.
Assez commun, sauf dans l'Ouest et le Midi. [S]

Polystichum Filix-mas *Roth.*
Polystic Fougère-mâle.
Commun, sauf dans les plaines méri- dionales. [S]

Acrostichum Thelipteris *L.*
Acrostic Thélipteris.
Peu commun. [S]

Cystopteris fragilis *Bernh.*
Cystoptéris fragile.
Montagnes et çà et là. [S]

Cystopteris montana *Bernh.*
Cystoptéris des montagnes.
Jura, Alpes de la Savoie et du Dauphiné, Pyrénées (rare). [S]

Asplenium Adiantum-nigrum *L.*
Asplénium Doradille-noire (Capill. noire).
Assez commun, sauf dans le Nord- Est et l'Est. [S]

Asplenium marinum *L.*
Asplénium marin.
Littoral (rare, sauf dans celui de l'Ouest). [S]

Asplenium Trichomanes *L.*
Asplénium Trichomanès (Capillaire).
Commun. [S]

Série 3

✱ Lobes *presque aussi larges que longs* LE, V, RM.

△ Division des feuilles *très élargies au sommet*, celles du haut réunies entre elles par une lame verte étroite;

△ Divisions des feuilles *arrondies et sur 2 rangs parallèles* V; partie du pétiole sans lobes, bien moins longue que le reste de la feuille. (Parfois pétiole couvert de petits poils : *A. Petrarchæ* DC.)

✱ Divisions des feuilles à lobes *en coin aigu à la base* RM; partie du pétiole sans lobes, aussi longue ou plus longue que le reste de la feuille.
[Murs, rochers; 5-20 c.; jv.-d.; v.]

✱ plante annuelle; groupes de sporanges non recouverts par une membrane → *Voyez Grammitis leptophylla*, p. 378.

Asplenium viride Huds.
Asplenium vert.
Est (rare), Jura, Alpes ; Auvergne (très rare) ; Pyrénées. [S]

Asplenium Ruta-muraria L.
Asplénium Rue-de-muraille (Sauve-vie).
Commun. [S]

✱ Lobes sensiblement *plus longs que larges* AS, G.

△ Plante n'ayant pas ces caractères.

☉ Feuilles d'un vert foncé, ordinairement à 1-4 lobes AS. [Rochers, murs ; 5-15 c.; j.-s.; v.]

☉ Feuilles d'un vert gai, à lobes nombreux G. [Rochers, murs ; 5-18 c.; j.-s.; v.]

derniers lobes ayant au sommet 3 à 5 dents un peu piquantes.
R n° ers humides : 5-30 c.; j.-s.; v.]

Asplenium septentrionale Hoffm.
Asplenium septentrional.
Montagnes, Ardennes, Côte-d'Or; rare ou manque ailleurs. [S]

Asplenium germanicum Weiss.
Asplenium d'Allemagne.
Montagnes; rare ou manque ailleurs, Est, Centre (rare); Sud-Est, H^te. Provence, Plat. Cent., Pyrénées. [S]

△ Divisions des feuilles *très élargies au sommet*, celles du haut réunies entre elles par une lame verte étroite;

☐ Feuilles à divisions principales inférieures *devenant très petites* H;
feuilles d'un vert foncé en dessus, pétiole bordé de 2 ailes étroites entre les divisions principales jusqu'aux divisions inférieures → *Voyez A. Adiantum-nigrum*, p. 379.

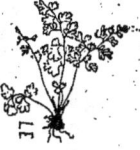
H

☐ Feuilles à divisions principales d'un vert gai ou d'un vert clair en dessus.

✕ Feuilles d'un vert foncé; divisions inférieures les inférieures ne devenant pas très petites.

☐ Lobes des divisions principales inférieures des feuilles *moins de 2 fois plus longs que larges* LN, OB; divisions principales presque obtuses. [Rochers humides ; 1-3 d.; m.-s.; v.]

✕ Feuilles inférieures de la feuille environ 3 fois plus longs que larges; divisions principales très aiguës → *Voyez fig. C, Cystopteris fragilis*, p. 379.

LN

OB

Asplenium Halleri DC. [S]

Asplenium lanceolatum Huds.
Asplénium lancéolé.
Ouest et çà et là (très rare) dans le Nord-Ouest, l'Est, le Centre, le Plateau Central et le Midi.

Athyrium Filix-femina Roth.
Athyrium Fougère-femelle.
Commun, sauf dans les plaines méridionales. [S]

13. ATHYRIUM. *ATHYRIUM.* —
☐ Feuilles à divisions principales inférieures *devenant très petites* H;

14. SCOLOPENDRIUM. *SCOLOPENDRE.* — (→ Voyez fig. FF, p. 377).
Feuilles en touffe, à pétiole vert, à divisions principales très allongées.

○ Feuilles à *lobes inférieurs tournés en dedans* S, ordinairement plus de 3 fois plus longues que larges.
[Bois, rochers ; 3-14 d.; j.-s.; v.]

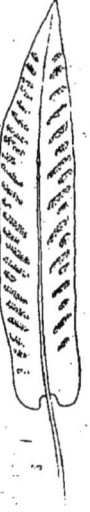
S

○ Feuilles à lobes inférieurs *tournés en dehors et revenant vers l'intérieur près du pétiole* H, HE; feuilles ordinairement 2 à 3 fois plus longues que larges.
[Rochers, murs ; 8-18 c.; av.-m., v.]

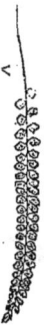
H

HE

Scolopendrium officinale Sw.
Scolopendre officinale (Langue-de-cerf).
Assez commun. [S]

Scolopendrium Hemionitis Sw.
Scolopendre Hémionite.
Littoral de la Provence (rare).

15. **BLECHNUM.** *BLECHNUM.* — (→ Voyez fig. B, BL, p. 375). Feuilles en touffes, persistant pendant l'hiver; feuilles à sporanges ayant les lobes à la fin courbes vers le bas.
[Bois humides; 1-8 d.; j.-a.; v.]

— Blechnum Spicant Roth.
Blechnum Spicant.
Montagnes, Nord-Ouest, Ouest, Sud-Ouest; plus rare ailleurs, surtout dans la Région méditerranéenne. [S]

16. **PTÉRIS.** *PTÉRIS.* —

= Divisions principales de la feuille à *lobes très nombreux* et dont les plus grands ne dépassent pas 2 c. de longueur, en général. (→ Voyez fig. P, A, p. 376). [Bois, pâturages; 5-20 d.; j.-o.; v.]
— Pteris aquilina L. *Commun.* [S]
Pteris aiglé (Aigle impériale).

= Divisions principales de la feuille à *1 ou 2 lobes* de plus de 10 c. de longueur, en général, très finement denticulés. (Voyez fig. C. p. 376). [Rochers; 7-20 c.; av.-m.; v.]
Pteris cretica L.
Pteris de Crète.
Dépt des *Alpes-Maritimes* (très rare). [S]

17. **ADIANTUM.** *ADIANTUM.* — (→ Voyez fig. ADI, p. 375). Feuilles d'un vert clair, au moins 2 fois complètement divisées; folioles, chacune sur un pétiole très mince.
[Rochers humides; 1-3 d.; j.-s.; v.]
Adiantum Capillus-Veneris L.
Adiantum Cheveu-de-Vénus (Capillaire de Montpellier).
Midi et çà et là (rare). [S]

18. **ALLOSORUS.** *ALLOSORE.* — (→ Voyez fig. C, AC, ACR, p. 376). Feuilles sans sporanges plates, celles avec sporanges à lobes roulés en dessous; pétiole général plus long que le limbe.
[Rochers; 1-3 d.; j.-s.; v.]
Allosorus crispus Bernh.
Allosore crispée.
Vosges, Moyenne (très rare; *Alpes, Plateau Central* (peu commun); *Pyrénées.* [S]

19. **CHEILANTES.** *CHEILANTHÈS.* — (→ Voyez fig. CO, p. 377). Lobes de la feuille obtus; divisions principales sur de courts pétioles secondaires; groupes de sporanges disposés vers le bord des lobes.
[Rochers, endroits incultes; 5-10 c.; av.-j.; v.]
Cheilanthes odora Sw.
Cheilanthès odorant.
Région méditerranéenne, Cévennes, Pyrénées (rare).

20. **TRICHOMANES.** *TRICHOMANÈS.* — (→Voyez fig. TRI, p. 375). Pétiole bordé d'ailes; lobes des feuilles obtus; pétiole principal brun jusqu'au sommet; groupes de sporanges renfermés dans une membrane.
[Rochers humides; 1-3 d.; j.-o.; v.]
Trichomanès radicans Sw.
Trichomanès radical.
Pyrénées occidentales (très rare).

21. **HYMENOPHYLLUM.** *HYMÉNOPHYLLUM.* — (→ Voyez fig. H, p. 375). Feuilles très divisées, à nervures brunes; groupes de sporanges renfermés dans une membrane.
[Rochers humides; 2-5 c.; jL.-v.]
Hymenophyllum Tumbridgense Sm.
Hymenophyllum de Tunbridge.
Normandie, dépt du Finistère (rare).

✳ Feuilles *entières* (→ Voyez ci-dessus les fig. LU, O), celle sans sporanges à limbe plat, celle à sporanges cylindrique.............................1. **OPHIOGLOSSUM**→p. 381, OPHIOGLOSSE (1 esp.).

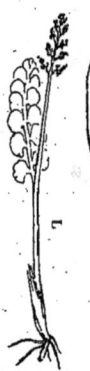

✤ Feuilles *profondément divisées* (→ Voyez ci-dessous les fig. L, BM), celle sans sporanges comme celle à sporanges........................2. **BOTRYCHIUM**→ p. 381. BOTRYCHIUM (2 esp.).

OPHIOGLOSSÉES

1. **OPHIOGLOSSUM.** *OPHIOGLOSSE.* — Feuille sans sporanges à limbe ovale. (Parfois plante de 3 à 8 c. à feuilles longuement rétrécies à la base en pétiole LU : **O. lusitanicum L.**)
[Endroits humides, prés; 3-30 c.; j.-d.; v.]
Ophioglossum vulgatum L.
Ophioglosse vulgaire (Langue de serpent).
Çà et là, surtout dans l'Ouest. [S]

2. **BOTRYCHIUM.** *BOTRYCHIUM.* —

✳ Divisions de la feuille *arrondies* L et *sans nervure principale.*
Botrychium Lunaria. Sw.
Botrychium Lunaire.
Montagnes; rare ou manque ailleurs. [S]
100s et **103s**, p. 395.

✱ Divisions de la feuille *allongées et divisées* BM, à *nervure principale.*

[Pâturages; 5-30 c.; m.-s.; v.]
(Parfois feuilles poilues, au moins lorsqu'elles sont jeunes; tige souterraine courte, et feuille à contour et à triangle : **B. rutœfolium** A. Br.) **103s**, p. 395.
Botrychium matricariæfolium A. Br.
Botrychium à feuilles de Matricaire.
Vosges, Nord-Est du Plateau Central, Savoie (très rare).
[Pâturages; 5-25 c.; jL.; v.]

MARSILIACÉES

= Feuilles à 4 folioles (Voyez ci-dessous les fig. MQ, MP)..........

⊙ Plante à tige allongée, rampant dans le sol; feuilles très allongées et étroites (Voyez ci-dessous les fig. PG, et PM).

⊜ Feuilles développées de 5 à 15 mm. de longueur, 2 par 2, SA.............

≡ Feuilles ⎰ Plante nageant à la ⊙ Feuilles développées de 1 à 3 mm. de longueur, serrées CA.............
entières. ⎱ surface de l'eau ;
feuilles ovales ou
arrondies.
⊝ Feuilles développées de 1 à 3 mm. de longueur, serrées CA.............

1. MARSILIA. *MARSILIA.* —

⊕ Fruits attachés *assez haut sur le pé-* ⊖ Feuilles développées de 5 à 15 mm. de longueur, 2 par 2, SA.............
tiole MQ; pétiole sans poils;
folioles sans poils; même lorsqu'elles sont jeunes ; fruits ovoïdes.
[Étangs, marais; fossés; 5-15 c.; jt.-o.; v.]

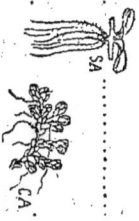

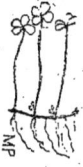

⊜ Fruits attachés *presque à
la base du pétiole* MP; folioles poilues, au moins quand elles sont jeunes ; fruits aplatis;
pétiole poilu; [Étangs, marais, fossés ; 2-10 c.; m.-jt.; v.]

2. PILULARIA. *PILULAIRE.* —

Tige longuement rampante; fruits globuleux.
(Parfois plante de 1 à 4 c., à fruits sur de
fins pétioles [PM, grandeur naturelle] : *P. minuta* Dur.)

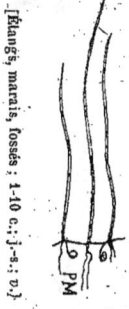

3. SALVINIA. *SALVINIA.* — (→ Voyez fig. SA. ci-dessus.) Plante nageant à la surface de l'eau, à feuilles disposées par trois, dont deux en
forme de feuilles ovales ordinaires et la troisième divisée en filaments jouant le rôle de racines ; fruits réunis par 4-8 en groupes.
[Étangs, marais; fossés; longueur variable ; al.-d.; v.]

4. AZOLLA. *AZOLLA.* —

✠ Tiges à rameaux disposés en fourches CA; petite masse (renfermant les spores les plus petites), avec des poils
articulés (voir avec une forte loupe); feuilles très fortement ponctuées. [Eaux ; étendue variable ; a.]

✠ Tiges à rameaux irréguliers FL; petite masse (renfermant les spores les plus petites) avec poils *non articulés* ; feuilles
faiblement ponctuées. [Eaux ; étendue variable ; v.]

---

1. **MARSILIA** → p. 38².
   MARSILIA [2e esp.].
2. **PILULARIA** → p. 383.
   PILULAIRE [1 esp.].
3. **SALVINIA** → p. 382.
   SALVINIA [1 esp.].
4. **AZOLLA** → p. 38².
   AZOLLA [2 esp.].

Marsilia quadrifolia L.
Marsilia à 4 folioles.
Bresse, nord de la *vallée du Rhône*
et du *Plateau Central*, *Centr*,
Ouest, *Sud-Ouest.* [S]

Marsilia pubescens Ten.
Marsilia pubescente.
Dép¹ de l'Hérault (très rare).

Pilularia globulifera L.
Pilulaire à globules.
Rare, sauf dans l'Ouest. [S]

Salvinia natans Hoffm.
Salvinia naguemie.
Sud-Ouest, *Pyrénées* (très rare).

Azolla caroliniana Willd.
Azolla de la Caroline.
Ouest, *Sud-Ouest* (introduit).

Azolla filiculoides Lam.
Azolla Fausse-Filicule.
Nord-Ouest, *Ouest*, *Sud-Ouest* (in-
troduit).

EQUISETUM. PRÊLE. —

⊕ Gaines les plus grandes de moins de 1 c. de largeur.

⊕ Gaines les plus grandes de plus de 1 c. de largeur [fig. T, grandeur naturelle], ayant 20 à 40 dents aiguës; tiges sans sporanges de 5-20 d. de longueur, blanches ou d'un vert très pâle ;

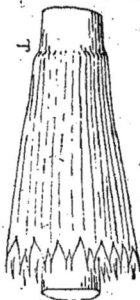

tiges portant les sporanges de 1 à 3 d., d'un blanc roussâtre, paraissant avant les autres, terminées par la masse des écailles à sporanges noirâtre au sommet.
[Bois humides, ruisseaux, fossés; 1-20 d.; ms.-a.; v.]

Equisetum maximum Lam.
Prêle élevée.
Sud-Est, Midi ; assez rare ailleurs. [S]

✠ Dents des gaines de longueur [5, A, grandeur naturelle], assez éloignées de la tige.

△ Gaine à 8-12 dents A; tiges de deux sortes, celles à sporanges AV, celles sans sporanges AR;

tiges de deux sortes, celles sans sporanges à rameaux recourbés vers la base.
[Bois humides, pâturages ; 1-8 d.; av.-j.; v.]

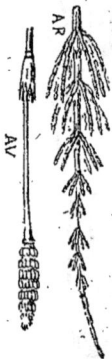

Equisetum silvaticum L.
Prêle des bois.
Montagnes (sauf dans les Alpes méridionales); Nord-Est, Côte-d'Or, Nord-Ouest, Ouest (rare). [S]

△ Gaine de 3 à 6 dents S;

Equisetum arvense L.
Prêle des champs.
Commun. [S]

✻ Dents des gaines de 2 à 3 mm. de longueur, en général [P, grandeur nature relle], plus ou moins rapprochées de la tige.

△ Dents blanches et membraneuses sur les bords; tiges à 6-12 côtes [PR, coupe du rameau en travers: P].

✶ Rameaux ayant 4-5 côtes [PAl, coupe d'un rameau en travers]; tiges à 6-12 côtes

gaines à 6-8 dents P, rarement : tige à côtes peu nombreuses [PA, toutes d'une seule sorte. [Marais, fossés; 3-6 d.; m.-ji.; v.]

Equisetum palustre L.
Prêle des marais.
Commun. [S]

✶ Rameaux ayant 3 côtes [PAl, coupe d'un rameau en travers];

gaines à 10-12 dents ; tiges de deux sortes, celles à sporanges de couleur panachée.
[Bois humides; 1-3 d.; m.-ji.; v.]

Equisetum pratense Ehrh.
Prêle des prés.
Dépt de la IIe Savoie (très rare).
Equisetum limosum L.
Prêle des bourbiers.
Assez commun, sauf dans le Midi. [S]

★ Dents peu ou pas membraneuses, tige à 15-30 côtes peu marquées [L, coupe de la tige en travers];

gaines à 15-30 dents d'un brun luisant; masse des écailles à sporanges arrondio au sommet L1, noirâtre ou jaunâtre.
[Étangs, marais, fossés; 5-12 d.; m.-a.; v.]

Equisetum limosum L.

△ Dents des gaines de 2 à 3 mm. de longueur, en général [P, grandeur naturelle], plus ou moins rapprochées de la tige.

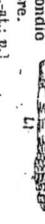

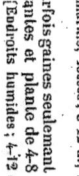

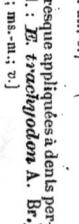

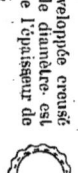

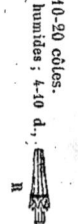

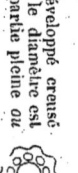

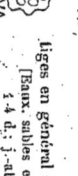

✕ Masse des écailles à sporanges non terminée par une pointe;

✕ Masse des écailles à sporanges terminée par une pointe, surtout vers le haut R, V;

○ Dents appliquées sur la tige, même au sommet H.

(Parfois gaines seulement presque appliquées à dents persistantes et plante de 4-8 d.: **E. trachejodon** A. Br.)
[Endroits humides; 4-12 d.; ms.-m.; v.]

Equisetum hiemale L.
Prêle d'hiver.
Sud-Est ; rare ou manque ailleurs. [S]

○ Gaines appliquées sur la tige,

☐ Milieu de la tige développée creusé d'une cavité dont le diamètre est bien plus grand que l'épaisseur de la partie pleine TR;

tiges en général à 10-20 côtes.
[Eaux; endroits humides ; 4-10 d.; ms.-m.; v.]

Equisetum ramosum Schl.
Prêle rameuse.
Midi et çà et là dans la vallée de la Loire, du Rhône et de leurs affluents.

☐ Gaines un peu élargies, tiges à côtes portant des aspérités rudes.

☐ Milieu de la tige développé creusé d'une cavité dont le diamètre est égal à celui de la partie pleine ou plus petit VA;

tiges en général à 3-9 côtes.
[Eaux; sables et endroits humides; 1-4 d.; j.-a.; v.]

Equisetum variegatum Schl.
Prêle panachée.
Littoral du dépt du Nord (très rare), çà et là dans les vallées de la Loire, de l'Allier, du Rhône et de ses affluents; Pyrénées (rare). [S]

ISOETEES. ISOÉTÉES. —

⊙ Pas d'écailles noires persistantes; plante pouvant être dans l'eau, dans les terrains humides, parfois dans les terrains inondés devenant secs.

⊙ Bases des anciennes feuilles persistantes et formant des écailles noires au-dessous des feuilles développées DR; plante des terrains secs ou frais.

DR

⁘ Plante d'un vert sombre, feuilles les plus grandes ayant 3 à 7 mm. de largeur, dressées LA ; grosses spores couvertes de tubercules irréguliers LAC; sporanges recouverts incomplètement par la membrane de la feuille.
[Fond des lacs, étangs, marais ; 8-15 c.; al.-o.; v.]

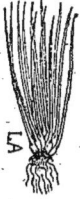

⁘ Plante n'ayant pas ces caractères.

⟨ Grosses spores entièrement recouvertes d'aiguilles fragiles et serrées EC; feuilles les plus grandes de 3 à 18 c. de longueur et de 1 à 2 mm. de largeur; plante d'un vert tendre;
[Fond des lacs, étangs, marais ; 8-18 c.; jk.-o.; v.]

⟨ Grosses spores ayant en travers une arète circulaire presque crénelée, la moitié inférieure de la spore portant de nombreux tubercules TB; feuilles les plus grandes de 9 à 9 c. de longueur et de 1/2 à 1 mm. de largeur; plante d'un vert tendre ;
[Fond des lacs, étangs, marais ; 2-9 c.; ms.-j.; v.]

⟨ Grosses spores simplement garnies de tubercules plus ou moins serrés.

✕ Sporanges recouverts complètement par une membrane BO ;

⊙ Plante d'un vert foncé; grosses spores à faces ornées de réseaux DU.
[Prés, endroits incultes ; 5-10 c.; ms.-m.; v.]

✳ Plante d'un vert foncé ou d'un vert vif; grosses spores à tubercules ovales irréguliers et serrés H, HY.
[Bois secs; 6-15 c.; ms.-j.; v.]

✳ Plante d'un vert foncé ou d'un vert vif; grosses spores à faces ornées de

DU

H HY

Isoetes Duriei Bory.
Isoëtes de Duriei.
Région méditerranéenne (rare).

Isoetes hystrix Duriei et Bory.
Isoëtes épineux.
Ouest, Midi (rare).

⊙ Plante ayant une languette presque aussi longue que le sporange SE;

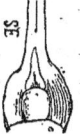

⊙ Feuille ayant une languette qui a presque la moitié de la longueur du sporange VB;
(Parfois sporanges à membrane très courte ; *I. adspersa* A. Br.)

grosses spores couvertes de petits tubercules déprimés et peu serrés SET. [Terrains humides ou inondés devenant très secs; 2-4 d.; j.-s.; v.]

grosses spores à tubercules (rares, peu nombreux VL, VEL.
[Terrains humides,ou inondés,devenant très secs; 2-6 d.; j.-s.; v.]

SE SET

VE VL VEL

Isoetes setacea Delile.
Isoëtes sétacé.
Dép[t] de la *Manche, Région méditerranéenne* (très rare).

Isoetes velata A. Br.
Isoëtes à voile.
Dép[t] de *Loir-et-Cher* (rare).

✕ Sporanges non recouverts d'une membrane ou à membrane très courte ou à membrane très échancrée.

grosses spores couvertes de tubercules saillants, peu serrés et à arètes épaisses et lisses BOR, BR;
[Étangs;d'eau douce ; 10-20 c.; j.-s.; v.]

BO BOR BR

Isoetes Boryana Duriei.
Isoëtes de Bory.
Sud-Ouest (rare).

sporanges recouverts d'une membrane incomplète.

TB

Isoetes tenuissima Bory.
Isoëtes à feuilles ténues.
Dép[t] de la *Haute-Vienne* (très rare).

sporanges recouverts d'une membrane courte.

EC

Isoetes echinospora Duriei.
Isoëtes à spores hérissées.
Vosges, Auvergne, Dép[t] de la *Loire-Inférieure* (très rare). [S]

LA LAC

Isoetes lacustris L.
Isoëtes des étangs.
Vosges, Monts Dore et de l'Auvrac, Pyrénées (rare).

— Tiges les plus grosses de 1 à 4 mm. de diamètre; sporanges ayant des spores toutes d'une seule sorte.........

— Tiges les plus grosses de 1/4 à 1/2 mm. de diamètre; sporanges les uns à quelques grosses spores, les autres à nombreuses petites spores.........

1. **LYCOPODIUM → p. 365.**
   LYCOPODE [6 esp.].

2. **SELAGINELLA → p. 385.**
   SÉLAGINELLE [3 esp.].

□ Les tiges portant des sporanges *ont des écailles différant des feuilles ordinaires; sporanges en groupes compacts.*

1. LYCOPODIUM. *LYCOPODE.* —

□ Les tiges portant les sporanges *ayant dans toute leur longueur des feuilles ordinaires* S. I;

★ Épis 2 à 6 au sommet d'un long pédoncule commun [exemple: CO].

✱ Rameaux *plusieurs fois divisés* S; feuilles toutes, semblables, ayant des sporanges tout le long de la tige; tiges redressées.
[Bois, rochers, pâturages ; 5-30 c.; jt.-o.; v.]

Lycopodium Selago L.
Lycopode Sélagine.
Montagnes; Nord-Ouest, Ouest,
Centre (très rare).[S]

★ Rameaux *simples* I; feuilles à sporanges plus élargies à la base; tiges appliquées sur le sol.
[Endroits humides ; 5-20 c.; jl.-o.; v.]

Lycopodium inundatum L.
Lycopode inondé.
Peu commun, surtout dans le Midi.[S]

○ Feuilles *non terminées par un long poil,* sur 9 ou 4 rangs réguliers C;

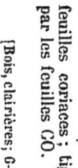

feuilles coriaces; tiges dressées non cachées par les feuilles CO.
[Bois, clairières; 6-8 d.; jl.-o.; v.]

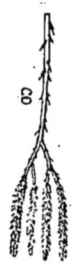

Lycopodium complanatum L.
Lycopode aplati.
Vosges, Alpes méridionales, Pla-
teau Central (rare).[S]

feuilles molles; tiges dressées cachées par les feuilles;
[Bois, coteaux ; 6-9 d.; jl.-o.; v.]

Lycopodium clavatum L.
Lycopode en massue.
Montagnes et çà et là, sauf dans les
plaines méridionales.[S]

○ Feuilles *terminées par un long poil* CL;

feuilles étalées AN, ou renversées, bordées de petites dents fines ; rameaux feuilles jusqu'au-dessous de l'épi AN.
[Bois, coteaux; 6-6 d.; jl.-o.; v.]

Lycopodium annotinum L.
Lycopode à rameaux d'un an.
Vosges, Jura, Alpes, Alpes de la Savoie,
Dép. de la Loire (rare).[S]

✱ Feuilles appliquées contre la tige AL, sans petites dents; rameaux feuilles jusqu'au-dessous de l'épi.

Lycopodium alpinum L.
Lycopode des Alpes.
Vosges, Alpes de la Savoie et du
Dauphiné, Plateau Central, Py-
rénées (rare).[S]

2. SELAGINELLA. *SÉLAGINELLE.* —

① Feuilles *éparses* le long de la tige; feuilles à dents terminées comme par de petites épines très fines SP; brac-tées d'un blanc jaunâtre.
[Pâturages, bois, rochers; 2-12 c.; j.-o.; v.]

Selaginella spinulosa A. Br.
Sélaginelle spinuleuse.
Jura, Alpes, Plateau Central,
Pyrénées (rare).[S]

① Feuilles *disposées sur 4 rangs.*

= Épi comme porté sur un pédoncule ; feuilles ayant de très fines dents à peine visibles.
[Pâturages, rochers; 4-10 c. ; j.-o.; v.]

Selaginella helvetica Spreng.
Sélaginelle de Suisse.
Alpes (rare).[S]

= Épi non porté sur un pédoncule DE; feuilles ayant de petites dents visibles.
[Pâturages, rochers; 4-8 c.; ms.-m. ; v.]

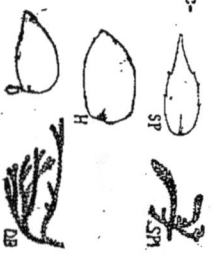

Selaginella denticulata Koch.
Sélaginelle denticulée.
Région méditerranéenne.

PLANTES DE SUISSE QUI NE SE TROUVENT PAS EN FRANCE

COMPLÉMENT DES TABLEAUX ILLUSTRÉS DE DÉTERMINATION

Nota. — Les signes 1s, 2s, 3s, etc., placés à gauche, sont ceux auxquels on est renvoyé par des signes identiques lorsque, dans le cours des déterminations au moyen des tableaux illustrés précédents, on se trouve avoir à déterminer une plante de Suisse qui n'est pas en France.

1s Plante ayant à la fois les feuilles de la base à lobe du milieu non pétiolé et les carpelles à style simplement arqué; feuilles de la base très divisées. **Ranunculus polyanthemos L.**
[Bois; fl. jaunes 4-7 d.; m.-jt.; v.] *Renoncule à fleurs nombreuses.* **Grisons** (rare).

2s Fleurs d'un blanc rosé, isolées ou par deux; fruit à bec à peu près de la même longueur que le reste du fruit; feuilles ordinairement toutes à la base. **Helleborus niger L.**
[Bois, rochers; fl. d'un blanc rosé; 1-6 d.; jv.-av.; v.] *Hellébore noir* [Rose de Noël]. **Tessin** (rare) et subspontané.

3s (Rarement étamines beaucoup plus longues que les pétales en cornet: **Helleborus odorus** W. et K. — Coire, Bregenz).

4s (Rarement stigmates rouges: **Nymphaea candida** Presl. — Cantons de Saint-Gall et de Zurich).

5s (Rarement pétales d'un blanc jaunâtre, foncés vers le haut; graines non luisantes, couvertes de fines granulations: **Corydallis ochroleuca** Koch. — Monte Generoso (Tessin).

6s Fruit à la fois aplati et sur un pédoncule de 1 à 2 millimètres, à trois pointes rapprochées V; toute la plante, y compris les fruits, est couverte de nombreux poils courts, cotonneux. **Matthiola valesiaca Boiss.**
[Rochers, graviers; 1-7 d.; fl. d'un violet livide; m.-jt.; v.] *Matthiole du Valais.* Simplon, Vallées de Binn et Saint-Nicolas.

7s (Rarement fleurs à sépales d'environ 1 c. de longueur; fruit d'environ 7 à 9 c. de longueur; tige ayant souvent de petits rameaux feuillés courts: **Erysimum rhaeticum** DC. — Valteline, Engadine.)

8s Pédoncules des fruits étant à la fois écartés de la tige HA et de moins de 1 c. de longueur; feuilles de la base à lobes arrondis, parfois simples HAL; les autres feuilles plus ou moins divisées. **Arabis Halleri L.**
[Rochers, graviers; 1-5 d.; fl. blanches; j.-at.; v.] *Arabette de Haller.* **Grisons, Engadine.**

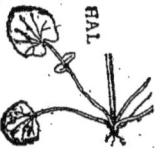

9s Feuilles à 7 ou 9 folioles (et non 5); fleurs d'un blanc plus ou moins jaunâtre; sépales d'environ 7 à 11 mm. de longueur; folioles à pointe allongée et finement dentées. **Dentaria polyphylla W. et K.**
[Forêts, bois; 2-6 d.; fl. blanchâtres ou jaunâtres; av.-j.; v.] *Dentaire à nombreuses folioles.* **Suisse orientale.**

PLANTES DE SUISSE QUI NE SE TROUVENT PAS EN FRANCE (18-A 95).

386

10s (Rarement feuilles à poils étalés, peu serrés ; fruits sans poils lorsqu'ils sont tout à fait mûrs : **Alyssum Wulfenianum** Bernh. — Gemmi).

11s (Rarement style plus court que le dernier article du fruit ; plante vivace : **Rapistrum perenne** All.)

12s (Rarement feuilles non aiguës au sommet ; plusieurs des bractées qui entourent le calice à pointe dépassant le tube du calice : **Dianthus glacialis** Hænke. — Hautes régions des Alpes des Grisons).

13s Feuilles sans nervures distinctes (sur le frais),

★ Pédoncules velus, à peine plus longs que la fleur ou égaux à la longueur de la fleur Di ; feuilles supérieures, plus longues que les entre-nœuds, toutes très serrées.
[Rochers ; fl. blanches ; 1-8 c. ; jl.-s. ; v.]

Di'

Arenaria diantha N.
Sabline à deux fleurs.
Vaud, Valais, Grisons.

★ Pédoncules sans poils, 10 à 30 fois plus longs que la fleur St ; feuilles supérieures plus courtes que les entre-nœuds. → Voyez Arenaria stricta, p. 49.

ST

△ Tiges sans poils glanduleux ; feuilles toutes serrées les unes contre les autres et se recouvrant ;
[Rochers ; fl. verdâtres ; 1-6 c. ; at.-s. ; t.]

AR

fleurs dépassant à peine les feuilles AR, isolées au sommet des rameaux.

Arenaria aretioides N.
Sabline Faux-Aretia.
Valais (hautes régions ; rare).

14s Feuilles les plus larges d'environ 1 mm. de largeur.

△ Tiges à poils glanduleux ; feuilles supérieures en général beaucoup plus courtes que les feuilles, en inflorescence rameuse. (Voyez Ht, n. 50) ; fleurs dépassant beaucoup les feuilles, → Voyez Arénaria hispida, p. 50.

15s (Rarement pétales à peu près de la longueur des sépales ; feuilles non ciliées à la base : **Stellaria Friesiana** Ser. — Engadine).

16s (Rarement plante très velue, blanchâtre, couverte de poils cotonneux : **Cerastium tomentosum** L. — Naturalisé ou subspontané).

17s Arbrisseau à fleurs dont les pédoncules ont plus de 4 fois la longueur du calice ; calice ayant à sa base une petite bractée très étroite G ;
feuilles développées à pétiole presque sans poils et à limbe peu poilu ; fruit mûr sans poils.
[Endroits incultes ; fl. jaunes ; m.-j. ; v.]

Or

Cytisus glabrescens Sartorelli.
Cytise peu velu.
Tessin (rare).

18s Fleurs bleues, odorantes, en grappes courtes et presque globuleuses C, portées sur un pédoncule commun, souvent plus long que la feuille voisine.
[Champs ; fl. bleues ; at.-o. ; a.]

C

Melilotus cærulea Lam.
Mélilot bleu.
Çà et là, subspontané.

19s Fleurs jaunes ou jaunâtres ; feuilles non argentées, couvertes de poils ; 11 à 35 folioles en général ; fruit mûr ovale, moins de 3 fois plus long que large EX.
[Prés, bois ; fl. d'un jaune clair ; 2-8 d. ; m.-j. ; v.]

EX

Astragalus excapus L.
Astragale à tige courte.
Valais.

20s Plante *couverte de poils glanduleux* et *visqueux*; fleurs à pétales 4 à 6 fois plus longs que larges, à styles *rouges*; fruits sans poils.
[Rochers; fl. blanches; 1-2 d.; jl.-s.; v.]
Potentilla grammopetala Moretti.
Potentille à pétales étroits.
Grisons (rare).

21s Fleurs d'environ 16 mm. de largeur et ayant *à la fois les feuilles vertes sur les deux faces et des poils glanduleux*; pétales d'un jaune d'or, nettement plus grands que les sépales.
[Rochers; fl. jaune d'or; 3-5 c.; jl.-at.; v.]
Potentilla Laxescies R. Keller.
Potentille de Lavescia.
Tessin (très rare).

22s Fleurs staminées et fleurs pistillées *sur le même pied*; sépales *aussi longs que les pétales* AL.; fleurs blanches; fruits noirs.
[Endroits incultes; fl. blanches; 2-5 m.; m.-jl.; v.]
Bryonia alba L.
Bryone blanche.
Valais, Grisons (rare).

23s Fleurs en général à 6 *pétales* H.; feuilles allongées et en pointe au sommet; pétales à nervures principales rouges, 3 à 4 fois plus longs que les sépales.
[Murs, chemins; fl. blanches; 5-15 c.; at.-s.; a. ou b.]
Sedum hispanicum L.
Sédum d'Espagne.
Suisse centrale et orientale.

24s (Parfois pétales à 5 nervures, en y comprenant les 2 nervures des bords; fleurs d'environ 1 c. de largeur : **Saxifraga macropetala** Kern.).

25s Fleurs jaunâtres, *à pétales à peine plus longs que les sépales*; feuilles à cils glanduleux, à 5 ou 7 nervures visibles par transparence.
[Rochers humides; fl. jaunâtres; 2-7 c.; at.-s.; v.]
Saxifraga Seguieri Spreng.
Saxifrage de Séguier.
Alpes (hautes régions).

26s Pétales *jaunâtres*, souvent bordés de rouge; feuilles à folioles dentées, parfois divisées en 3 lobes; ombelles à rayons inégaux; pas d'involucre ou involucre ayant 1 à 5 bractées.
[Rochers, bois; fl. jaunâtres; 6-12 d.; s.-o.; v.]
Laserpitium marginatum W. et K.
Laser marginé.
Grisons, Tessin.

27s Fleurs d'un jaune verdâtre; pas d'involucre ou involucre ayant 1 à 2 folioles; folioles fortement dentées VER; styles étroits, allongés, *persistant au sommet du fruit* VE; ombelles souvent groupées d'une manière irrégulière ou sur des rameaux verticillés.
[Prés, bois; fl. d'un jaune verdâtre; 9-20 d.; jl.-s.; v.]

VER

VE

Peucedanum verticillare Koch.
Peucedan verticillé.
Grisons.

28s (Parfois feuilles à folioles très étroites, de moins de 1 mm. et demi de largeur : **Peucedanum rablense** Koch. — Tessin, Grisons).

29s Lobes des feuilles à très nombreuses divisions, les dernières divisions *plus ou moins écartées les unes des autres*; involucre sans bractées ou ayant *1 ou 3 bractées entières*; ombelles ayant 25 à 40 rayons.
[Rochers, bois; fl. blanches; 6-15 d.; at.-s.; v.]
Ligusticum Seguieri Koch.
Ligustique de Séguier.
Tessin (rare).

30s (Rarement fruit se divisant complètement et, de plus, ombelles souvent opposées vers le haut; feuilles légèrement blanchâtres en dessous : **Chaerophyllum elegans** Gaud. — Grand Saint-Bernard).

31s (Parfois feuilles ayant 7 à 11 folioles seulement, et tiges à rejets allongés et rampants : **Valeriana excelsa** Poiret).

32s Feuilles *toutes entières, ciliées*, les inférieures plus ou moins en forme de spatule; fleurs très serrées, presque en capitule SU.
[Rochers, bord des ruisseaux; fl. roses; 3-12 c.; at.-o.; v.]

33s Fleurs *blanches*, et en groupes distincts les uns des autres SAX;

(Rarement tige très velue et feuilles entières ou dentées; velues sur les nervures; fruit à arêtes ayant un tiers ou la moitié de la longueur du fruit; corolle d'un rose rouge. — **Knautia drymeia** Heuffel. — Sud du Tessin; — ou rarement tige sans poils (ou à poils peu nombreux et tombant;tôt) sauf les capitules; ces rameaux portant les capitules sont pourvus de nombreux poils glanduleux; dents du calice presque aussi longues que la moitié du fruit; fruit à longues arêtes : **Knautia sixtina** Briquet. — Valais).

petites bractées non ciliées sur les bords ou à quelques cils..

SAX

[Rochers; fl. blanches; 5-35 c.; jt.-o.; v.]

Valeriana supina L.
Valériane couchée.
Grisons (rare).

SU

Valeriana saxatilis L.
Valériane des rochers.
Grisons, Tessin, Appenzell.

34s
et
35s Fleurs *orangées*; feuilles moyennes 1 ou 2 fois complètement divisées, *à lobes aigus beaucoup plus longs que larges*; fruit sans poils; capitules *rapprochés les uns des autres*, ou un seul capitule par tige; plante à tiges souterraines, ligneuses, allongées.
[Rochers, prés; fl. oranges; 1-4 d.; jt.-s.; v.]

Knautia silvatica Briquet. — Valais).

37s (Rarement feuilles n'entourant pas la tige par deux oreilles et, en même temps, feuilles non cotonneuses ni blanchâtres, au moins les feuilles inférieures; fleurs d'un jaune orangé : **Senecio carniolicus** Willd. — Tessin).

Senecio abrotanifolius L.
Seneçon à feuilles d'Abrotanus.
Grisons, Tessin, Appenzell.

38s Feuilles à 2 oreilles *dentées* et à pétiole commun *denté entre les divisions principales*; plante *annuelle ou bisannuelle*; bractées extérieures de l'involucre noires vers le sommet.
[Rochers, chemins; fl. jaunes; 2-9 d.; jt.-ot.; a ou b.]

Senecio rupestris W. et K.
Seneçon des rochers.
Grisons.

39s (Rarement feuilles de la base à limbe se confondant insensiblement avec le pétiole : **Senecio campestris** DC. — Jura suisse).

✶ Lobes les plus grands des feuilles de la base de moins de *1 mm. de largeur* et allongés, *non ovales*; rameaux les plus longs de l'inflorescence ayant *moins de 2 c. de longueur*, et *toujours dressés* VA; fleurs toutes stamino-pistillées. [Coteaux incultes; fl. jaunâtres; 2-5 d.; at.-o.; v.]

VA

Artemisia valesiaca All.
Armoise du Valais.
Valais.

40s
et
41s

△ Feuilles *blanchâtres, très velues, cotonneuses sur les deux faces.*

❋ Lobes les plus grands des feuilles de la base de *plus de 1 mm. de largeur* et *ovales*; rameaux les plus longs de l'inflorescence *de plus de 2 c. de longueur*, et le plus souvent *renversés ou recourbés au sommet* (Voyez fig. M, p. 166); fleurs du pourtour pistillées. → Voyez *Artemisia maritima*, p. 166.

△ Feuilles *vertes ou verdâtres*, non cotonneuses.

⊙ Capitules les plus gros *de moins de 4 mm. de largeur*; lobes des feuilles aigus mais *non terminés par une petite pointe*; bractées les plus extérieures de l'involucre non membraneuses ou à peine membraneuses au sommet. → Voyez *Artemisia chamaemelifolia*, p. 165.

⊙ Capitules les plus gros *de plus de 5 mm. de largeur*; lobes des feuilles *terminés par une petite pointe*: bractées les plus extérieures de l'involucre membraneuses au sommet. → Voyez *Artemisia pontica*, p. 165.

Artemisia pontica L.
Armoise de Pont.
Subspontané près des vieux châteaux.

42s Feuilles une ou deux fois profondément divisées Cl., à lobes les plus larges de plus de 1 mm. de largeur, et sans pointe au sommet;
— Tessin.)

43s (Rarement bractées de l'involucre arrondies, ciliées-dentelées au bord, brusquement terminées en pointe : *Cirsium spathulatum* Gaud.

feuilles…tuiles couvertes de poils soyeux appliqués; brac-tées de l'involucre bordées de brun.
[Rochers, prés ; fl. blanches; 5-35 c. ; at.-s.; v.]

Achillea Clavennæ L.
Achillée de Chiavenna.
Tessin, au Monte Generoso.

44s et **45s** (Rarement bractées de l'involucre d'un brun clair, à appendices membraneux et d'un blanc argenté ; plante annuelle ou bisannuelle : *Cen-tauraea alba* L. — Sud du Tessin ; — ou rarement bractées à appendice d'un brun foncé ; appendices distants les uns des autres et laissant voir entre eux le reste des bractées : *Centaurea dubia* Sutter. — Sud du Tessin.)

46s et **47s** (Raroment capitules à involucre de 15 millimètres ou moins de largeur ; bractées de l'involucre à appendices d'un blanc clair laissant voir entre eux le reste des bractées : *Centaurea chrrhatta* Rchb. — Grisons ; — ou rarement bractées moyennes et inférieures en général moins de 5 fois plus longues que larges, vertes (et non grises), à tiges portant souvent plusieurs capitules : *Centaurea pseudo-phrygia* C. A. Mey. — Engadine inférieure.)

48s (Parfois feuilles entières ou à courtes dents, à poils laissant voir le fond vert du limbe des feuilles; tiges souterraines plus ou moins verti-cales, noirâtres : *Leontodon incanus* Schrank.)

49s Feuilles pétiolées, à limbe ordinairement profon-dément disité HY ;

HY

capitule d'environ 12 à 16 mm. de largeur, à involucre ayant les bractées noirâtres et membraneuses aux bords.
[Rochers, éboulis ; fl. jaunes; 2-6 c. ; jt.-at. ; v.]

Crepis hyoseridifolia *Tausch.*
Crepis à feuilles de Hyoseris.
Alpes de la Suisse orientale.

50s Feuilles à limbe denté AL, non profondément divisé, 2 à 4 fois plus long que large ; souvent 1 à 4 feuilles plus petites et presque entières, le long de la tige ; on général, un seul capitule ; tige souterraine épaisse, courte et noi-râtre.
[Forêts, bois ; fl. jaunes; 1-3 d. ; jt.-at. ; v.]

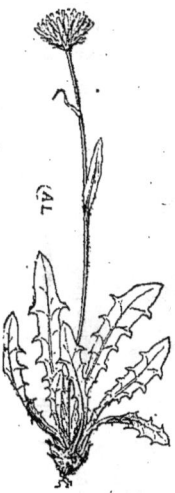

(AL

capitule plus long que la corolle Ll ; feuilles moyennes sans pétiole, plus longues que les entre-nœuds, plus de 2 fois plus lon-gues que larges, dentées LF ; sépales ayant quelques dents glanduleuses.
[Bois, buissons; fl. bleues; 6-10d.; jt.-at.; v.]

Crepis alpestris, *Tausch.*
Crepis alpestre.
Grisons, Tessin.

LF'

Adenophora liliifolia *Bess.*
Adenophora à feuilles de Lis.
Tessin, au Monte San Giorgio.

51s (Parfois bractées de l'involucre aussi longues que les fleurs ou les dépassant : *Phyteuma humile* Schleich. — Zermatt, Bernina.)

style plus long que la corolle Ll ; feuilles moyennes sans pétiole, plus longues que les entre-nœuds, plus de 2 fois plus lon-gues que larges, dentées LF ; sépales ayant quelques dents glanduleuses.

52s Style ayant à la base un anneau glanduleux L (il faut enlever les étamines jusqu'à la base pour voir cet an-neau);

L

L₁

corolle en entonnoir, de 15 à 30 mm. de longueur ; feuilles inférieures pétiolées.

[Prés, rochers ; fl. bleues ou lilas ; 4-10 c. ; jl.-at. ; v.]

Campanula Raineri Perpenti. *Campanule de Rainer.* **Tessin au Monte Generoso.**

53s Feuilles *dentées, non en rosette* RAi ;

RAi

54s Feuilles *fortement ciliées, non enroulées sur les bords*, ayant, en dessous, des glandes régulièrement disposées ; sépales ciliés sur les bords.

[Bois, rochers, prés ; fl. rouges, rarement blanches ; 3-10 d., jl.-at. ; v.]

Rhododendron hirsutum L. *Rhododendron hérissé.* **Valais, Grisons, Engadine.**

55s (Rarement corolle à lèvre supérieure arrondie ; fleur de 6 à 10 mm. de longueur ; lèvre inférieure plate : *Utricularia Bremii* Heer.)

56s (Rarement calice à dents beaucoup plus courtes que le tube ; feuilles couvertes de poils glanduleux rougeâtres ; fruit mûr de la longueur du calice ; fleurs roses ou d'un rouge violacé : **Primula œnensis** Thomas. — Grisons).

57s Plante à *feuilles sans poils visqueux* ; calice à dents de longueur presque égale à celle du tube GL ; fruit mûr plus court que le calice ; fleurs violettes ou d'un bleu sombre, sur des pédoncules extrêmement courts.

[Rochers ; fl. violettes ou d'un bleu sombre ; 5-15 c. ; jl.-at. ; v.]

Primula glutinosa Wulf. *Primevère glutineuse.* **Grisons.**

58s Pédoncules 2 à 5 fois plus longs que les feuilles CP.

pétales arrondis ou légèrement en cœur au sommet ; feuilles ovales et arrondies vers le haut.

[Rochers ; fl. blanches ou roses ; 1-5 c. ; jl.-at. ; v.]

G.L.

Androsace Charpentieri Heer. *Androsace de Charpentier.* **Tessin** (hautes régions ; rare).

59s Pédoncules velus, à poils en général plus longs que la largeur des pédoncules ; feuilles *velues seulement sur les bords* ; les rosettes de feuilles, au lieu de former des masses globuleuses (comme fig. VI, p. 208) sont plus ou moins aplaties CJ.

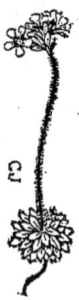

[Rochers ; fl. blanches ou rougeâtres à gorge jaune ; 1-10 c. ; jl.-jt. ; v.]

CJ

Androsace Chamæjasme Host. *Androsace Petit-Jasmin.* **Alpes de Suisse.**

60s Plante de moins de 20 c. de hauteur ; calice à sépales ovales PL ; ovaire sans styles, terminé par 2 stigmates *qui se prolongent chacun par une bande longitudinale sur les carpelles* ;

fleurs isolées les unes des autres et sur des pédoncules relativement très longs PL ; racine grêle.

[Rochers, prés ; fl. bleues, parfois mêlées de blanc ; 3-15 c. ; at.-s. ; a.]

PL

Pleurogyne carinthiaca Grisebach. *Pleurogyne de Carinthie.* **Valais, Glaris, Grisons.**

61s (Parfois calice à dents recourbées en dehors ; corolle pourpre : **Gentiana pannonica** Scop. — Alpes de Suisse.

62s (Parfois plante ayant à la fois le style terminé par deux petits lobes, et les anthères ne dépassant pas la corolle : **Onosma helveticum** Boiss.)

391

PLANTES DE SUISSE QUI NE SE TROUVENT PAS EN FRANCE (53s à 62s).

63s. Tige non laineuse, couverte de poils épais, mais non disposés sur deux lignes ; calice généralement poilu seulement sur les nervures, et à cils courts et serrés sur les denticulations à tube ovoïde JA; pédoncule égalant environ la moitié du calice ; tiges dressées, feuilles plus ou moins velues. [Rochers ; prés ; fl. roses ; 5-12 c. ; jt.-s. ; v.] — **Pedicularis Jacquini Koch.** Pédiculaire de Jacquin. Grisons (rare).

64s. Fleurs roses ; calice velu-laineux ; inflorescence non allongée AS ; feuilles une fois divisées en lobes seulement denlés AS; calice à dents légèrement denticu-lées et recourbées en crochet vers le dehors. [Rochers ; prés ; fl. roses ; 3-10 c. ; jt.-s. ; v.] — **Pedicularis asplenifolia Fleurke.** Pédiculaire à feuilles d'Asplénium. Grisons, à la frontière du Tyrol.

65s. Feuilles une fois complète-ment divisées, à lobes ovales-dentelés OED; — **Pedicularis Oederi Vahl.** Pédiculaire d'Œder. Alpes septentrionales de la Suisse.

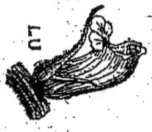

66s. Plante parasite sur les *Berberis* et *Rubus cæsius* ; stigmate d'abord jaune, souvent entouré d'une ligne rouge, puis brun. sépales à 2 nervures LU; corolle d'un jaune brunâtre. [Parasite sur les *Berberis* et *Rubus cæsius* ; 1-3 d. ; jt.-at. ; v.] — **Orobanche lucorum A. Br.** Orobanche des bois. Tessin, Engadine.

67s. Bractée plus courte que la fleur; lèvre supérieure de la fleur à lobes ren-versés au dehors FL; corolle d'un jaune violacé; étamines poilues dans leur moitié inférieure. [Parasite sur les *Petasites*; *Peucedanum* ou sur l'*Aconitum Lycoctonum* ; 1-8 d. ; jt.- at. ; v.] — **Orobanche flava Mart.** Orobanche jaune. Çà et là, en Suisse.

68s. (Parfois tiges couvertes tout autour de poils souvent aussi longs que le diamètre de la tige ; feuilles très velues sur les deux faces : **Thymus pennorinus** All: — Tessin, Valais).

69s. Corolle ayant beaucoup moins de 2 fois la longueur du calice ; feuilles moyennes et supérieures beaucoup plus de 2 fois plus longues que larges. [Rochers ; fl. roses ; 2-5 d. ; j.-s. ; v.] — **Micromeria greca Benth.** Micromérie grecque. Tessin, rochers de la Sandria.

70s. (Parfois tiges renflées aux noeuds, avec de longs poils mous ; tube de la corolle beaucoup plus long que le calice ; fleurs moyennes 2 à 3 fois plus longues que larges ; feuilles non entra…: **Galeopsis pubescens** Bess.).

71s. (Rarement planté à feuilles non en cœur à la base et couvertes de poils très abondants, presque appliquées, et formant un feutrage blanc même sur la face supérieure : **Stachys tomata** Jacq. — Naturalisé sur une colline près de la Sarraz (Vaud).

72s. Feuilles toutes à la base ou 1 à 2 feuilles le long de la tige NI; feuilles non entre-mêlées aux fleurs ; fleurs toutes staminées ou toutes pistillées sur la même plante. ordinairement disposées en inflorescence non ramifiée NI. [Rochers, éboulis ; fl. verdâtres ou rougeâtres ; 6-30 c. ; at.-s. ; v.] — **Rumex nivalis Hegetschw.** Rumex des neiges. Oberland bernois, Suisse, orien-tale.

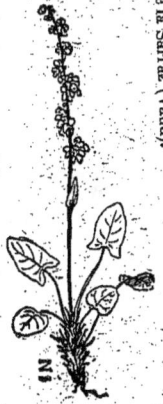

73s Fleurs n'ayant qu'une bractée à leur base RO
(et non 3 bractées) ;

fruit juteux, à peu près de la longueur de la moitié de la bractée.
[Prés, pâturages ; fl. blanchâtres ou jaunâtres ; 2-4 d.; av.-m.; v.]

Thesium bavarum Schranck.
Thésium en bec.
Grisons, Tessin, etc.

Thesium rostratum M. et K.
Thésium en bec.
Çà et là en Suisse (rare).

74s Plante n'ayant pas de rameaux appliqués sur le sol; feuilles d'un vert franc (et, non jaunâtre) à
3 *fortes nervures* BA. et *longuement en pointe au sommet* BA.
[Prés, pâturages ; fl. blanchâtres ou jaunâtres ; 4-8 d.; m.-j.; v.]

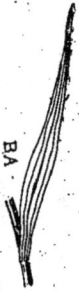

75s Ombelle, ayant 5 rayons principaux qui sont divisés chacun en deux ; bractées de l'involucre *arrondies* et en même temps très velues.
[Endroits incultes ; fl. jaunes ; 5-7 d.: j.-jt.; v.]

Euphorbia carniolica Jacq.
Euphorbe de Carniole.
Basse Engadine.

76s (Rarement feuilles moyennes notablement plus larges vers le milieu et non obtuses au sommet ; bractées de l'involucre ovales ; plante de
3 à 7 d. : **Euphorbia virgata** W. et K. — Lac de Hutten, près de Zurich).

77s Fleurs d'un *rouge foncé*, dont les pédoncules sont à peu près de la même longueur que celle des sépales ou des pétales (et non plus courts).
[Pâturages, fl. d'un rouge foncé ; 6-13 d.; jt.-at.; v.]

Veratrum nigrum L.
Vérâtre noir.
Tessin, à San Giorgio.

78s (Parfois des bulbilles à l'aisselle des fleurs supérieures : **Lilium bulbiferum** L. — Grisons).

79s Feuilles de 7 à 15 mm. de largeur ;
bractées petites mais nettement
développées AM ;

fleurs en grappes de 2 à 5 fleurs ; sépales et pétales d'un bleu ciel *avec
2 lignes à anches à l'intérieur.*
[Voisinage des jardins ; fl. bleues ; 1-3 d.; av.; v.]

Scilla amœna L.
Scille aimée.
Naturalisé ou subspontané.

80s (Parfois ovaire ovale-allongé, à faces convexes (et non concaves) ; pétales et sépales obtus au sommet : **Gagea saxatilis** Koch. — Suisse
méridionale).

Veratrum nigrum L.
Vérâtre noir.
Tessin, à San Giorgio.

81s Fleurs mêlées de pourpre et de *jaune*; anthères pourpres ; étamines plus longues que les pétales ; sépales et pétales
obtus au sommet SU ;
[Endroits humides ; fl. d'un pourpre jaunâtre ; 3-5 d.; jt.-a.; v.]

bractée, au-dessus de la fleur, presque aussi longue que le tube VI.
[Rochers ; fl. d'un blanc jaunâtre ; 2-3 d.; av.-m.; v.]

Iris virescens Redouté.
Iris verdâtre.
Valais, à Sion.

Malaxis monophylla Sm.
Malaxis à une feuille.
Suisse orientale (rare).

82s Fleurs d'un blanc jaunâtre ;
tige plus longue que les
feuilles ;

Allium suaveolens Jacq.
Ail odorant.
Saint-Gall. Thurgovie.

83s (Rarement anthères plus courtes que les filets : **Iris sambucina** L. — Subspontané à Altdorf).

84s Plante n'ayant, en général, qu'une *seule feuille développée*, *rarement deux*; pétales *allongés étroits* (et non ovales) ; les deux tubercules rapprochés l'un de l'autre.
[Endroits humides ; fl. d'un jaune verdâtre ; 8-20 c.; jt.-at.; v.]

Iris sambucina L. — Subspontané à Altdorf.

PLANTES DE SUISSE QUI NE SE TROUVENT PAS EN FRANCE (73s A 84s).

393

85s ⊙ **Sépales bruns aigus CA ;**
pétales à peine plus courts que les sépales et à 3 angles au sommet ; fruit mûr *plus long que les sépales* ; tiges à rejets souterrains ; groupes de fleurs en général de moins de 5 mm. de largeur.
[Prés ; fl. brunes ; 4-3 d. ; jt-at. ; v.]
Juncus castaneus Sm.
Jonc châtaigne, **Grisons.**

et

86s ⊙ **Sépales d'un blanc verdâtre, aigus ; pétales plus courts que les sépales et obtus au sommet ; fruit mûr *plus long que les sépales et à 3 angles ST ;***
tiges sans rejets souterrains ; groupes de fleurs, en général, de moins de 5 mm. de largeur.
[Endroits humides ; fl. d'un blanc verdâtre ; 5-30 c. jt.-at. ; v.]
Juncus stygius L.
Jonc du Styx, Einsiedeln, Zug.

87s *Plante annuelle à racines grêles AT ;*
fruits bruns ou noirâtres, brillants, *plus longs que les poils qui les entourent.*
[Sables humides ; fl. brunes ; 2-6 c. ; at.-s. ; a.]
Scirpus atropurpureus N.
Scirpe noir-pourpré, Bords du lac Léman (rare), entre Saint-Sulpice et Ouchy ; à Villeneuve.

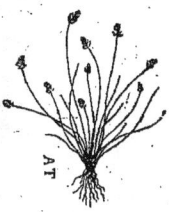

88s *Plusieurs bractées allongées, beaucoup plus longues que l'inflorescence ;* enveloppe du fruit allongée ; ovale, de 3 à 4 mm. de longueur ;
Carex baldensis L.
Carex du mont Baldo, **Grisons** (très rare).

89s (Parfois tige lisse presque jusqu'au sommet ; feuilles d'un vert franc et non grisâtres ; enveloppe du fruit non brusquement rétrécie au sommet ; plante de 5 à 20 c. en général : **Carex lagopina** Vahl.).
inflorescence blanche.
[Endroits pierreux ; 13-35 c. ; j-jt. ; v.]

90s Enveloppe du fruit d'un rouge noir, aminci en bec au sommet ; gaines des feuilles en général d'un jaune brun (et non d'un rouge noir).
[Endroits pierreux ; 2-3 d. ; jt-jt. ; v.]
Carex fuliginosus Schkuhr.
Carex fuligineux, **Valais** (très rare), Gornergrat.

91s (Rarement épis latéraux de 3 à 5 mm. de longueur ; enveloppe du fruit mûr d'un blanc jaunâtre et de 2 mm. de longueur ; tige rude au sommet : **Carex Vahlii** Schk. — Haute Engadine).

92s (Rarement enveloppe du fruit rude, et non lisse, brusquement rétrécie en bec ; gaines des feuilles d'un rouge brun (et non rouges) : **Carex**
refracta Wlld. — Tessin).

93s (Rarement enveloppe du fruit sans nervures visibles ; gaines des feuilles d'un noir rougeâtre : **Carex caespitosa** L.)

94s Feuilles ovales en pointe, *moins de 6 fois plus longues que larges UN ;*
ayant de longs poils, et à gaine très velue ; inflorescence allongée à rameaux courts et espacés UN ; tiges rampantes, à racines adventives.
[Bois, buissons ; fl. violacées ou verdâtres ; 2-4 d. ; jt-at. ; v.]
Oplismenus undulatifolius, P. B.
Oplismène à feuilles ondulées. **Tessin.**

95s (Rarement glumelles ayant 3 à 4 fois la longueur des poils : **Trisetum argenteum** R. et S. — Monte Generoso).

96s Glumelles ayant à leur base des poils *plus longs que la glu-*
melle ;
plante *annuelle* sans tiges souterraines C ; épillets rapprochés en une masse assez compacte ; arête de la glumelle 2 à 3 fois plus longue que l'épillet.
[Sables ; fl. jaunâtres ou verdâtres ; 1-2 d. ; av-m. ; a.]
Trisetum Cavanillesii Trin.
Trisette de Cavanilles. **Valais.**

97s Plante vivace ; glumelle entière au sommet, rarement à 2 dents, avec une arête de 2 mm. ; inflorescence violacée ; tiges velues vers le haut.
[Endroits pierreux ; fl. violacées ; 2-3 d. ;gk-at. ; v.]

Kœleria hirsuta Gaud.
Kœlérie hérissée.
Valais, Grisons, Tessin.

98s (Parfois épillets ayant 6 à 10 fleurs ; plante ayant 5 à 15 c. de hauteur ; fleurs jamais transformées en feuilles : *Poa concinna* Gaud.).

99s Plante à *feuilles de deux sortes différentes* GE et G, les plus intérieures GE à divisions dressées, brunes ou jaunâtres, à divisions secondaires appliquées sur les pétioles secondaires et *entièrement recouvertes de sporanges* ; les feuilles extérieures G sont sans sporanges

GE

et à divisions principales très profondément divisées. (Bois, rochers ; 3-15 d. ; j-at. ; v.]

G

Struthiopteris germanica Willd.
Struthiopteris d'Allemagne.
Tessin, Argovie, Lucerne.

100s
et
101s

★ Partie végétale de la feuille se détachant, vers la base de la feuille S de la partie qui porte les sporanges, et *divisée en folioles arrondies plus ou moins groupées en éventail*, S.
[Pâturages ; 2-12 c. ; m.-j. ; v.]

Botryohium simplex Hitchcock.
Botrychium simple.
Engelberg (très rare).

S

★ Partie végétale de la feuille se détachant assez haut V de la partie qui porte les sporanges, et *deux fois complètement divisée* V, à contour général en triangle, les divisions de troisième ordre étant elles-mêmes profondément divisées.
[Pâturages ; 2-4 d. ; j.-jt. ; v.]

Botryohium virginianum Sw.
Botrychium de Virginie.
Grisons, Claris.

V

102s (Rarement folioles aiguës et dirigées vers le haut de la feuille : *Botrychium lanceolatum* Ångström. — Haute Engadine).

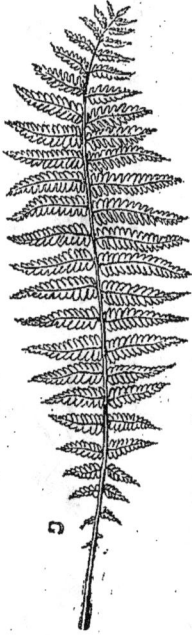

EXPLICATION

A

Adventives (Racines). — On nomme ainsi les racines provenant d'une tige, que la tige soit située dans l'air, dans l'eau, ou sous le sol.

EXEMPLES : 1, racines adventives sur une tige aquatique ; 2, 3, 4, racines adventives sur des tiges souterraines.

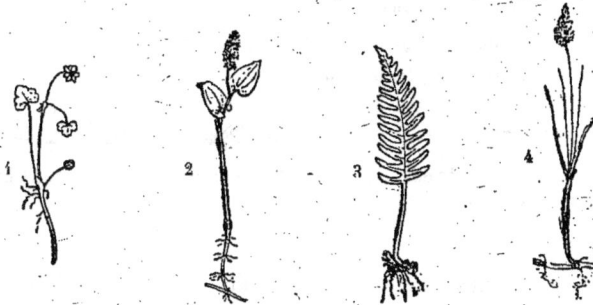

Aérien. — On dit qu'un organe est aérien lorsqu'il est développé dans l'air ; telles sont les tiges *aériennes*, ainsi nommées par opposition aux tiges *souterraines* qui se développent sous le sol.

Aiguillon. — Parties terminées en pointe, situées çà et là sur la tige ou sur d'autres organes.

EXEMPLES : 5, 6, aiguillons sur des tiges ; 7, aiguillons sur un fruit.

Aile. — Partie mince et plate faisant saillie sur un organe.

EXEMPLES : 8, 9, 10, tiges ailées ; 11, coupe en travers d'une tige à quatre ailes ; 12, coupe en travers d'un fruit à quatre ailes ; 13, coupe en travers d'un fruit à huit ailes.

Ailé. — Organe portant des ailes. (Voyez *Aile*.)

Ailes. — On désigne sous ce nom les deux pétales situés à droite et à gauche dans la fleur des plantes de la famille des Papilionacées (*a, a*, fig. 14).

EXEMPLES : 14, fleur de Papilionacée montrant les deux pétales *a a* appelés *ailes* ; 15, pétales séparés de la même fleur, montrant les ailes *a a*.

Alterne. — On appelle feuilles *alternes* des feuilles qui sont attachées isolément sur la tige en des points différents.

EXEMPLES : 16, 17, plante portant des feuilles ou des rameaux alternes.

16   17

Annuel (indiqué en abrégé par la lettre *a*). — Une plante annuelle ne vit que pendant une saison ; elle meurt complètement avant l'hiver. On reconnaît, en général, une plante annuelle à ses racines grêles et surtout à l'absence de tige souterraine développée.

Anthère. — Partie de l'étamine ordinairement renflée et contenant le pollen (*a*, fig. 18).   18   19   L'anthère est le plus souvent divisée en deux parties appelées *loges de l'anthère.*

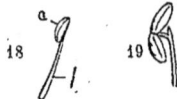

EXEMPLES : 18, étamine avec une anthère (*a*, fig. 18) à deux loges rapprochées, et portée sur un filet *f* ; 19, étamine avec une anthère à deux loges écartées.

Arête. — Fil raide attaché sur le dos ou au sommet d'un organe.

EXEMPLES : 20, 21, arêtes terminales ; 22, arête insérée sur le dos d'une écaille.

20   21   22

Avorté. — Un organe avorté est un organe qui ne s'est pas développé chez une plante à un endroit où il se développe chez des plantes analogues.

B

Bec. — Prolongement plus ou moins étroit d'un fruit.

EXEMPLES : 22, fruit à bec recourbé ; 23, fruit à bec aplati ; 24, fruits à bec allongé et terminé par une aigrette ; 25, 26, fruits ayant un bec à deux dents,

22   23   24   25   26

Bisannuel (indiqué en abrégé par la lettre *b*). — Une plante bisannuelle vit pendant deux saisons successives. En général, elle ne développe qu'une tige courte, des feuilles et des racines pendant la première saison ; elle produit des fleurs et des fruits dans la seconde saison, puis elle meurt.

Bractée. — Feuille située au voisinage immédiat des fleurs, le plus souvent à la base des pédoncules.

EXEMPLES : 27, bractées opposées ; 28, bractée à la base du pédoncule d'une fleur ; 29, bractées formant un involucre à la base d'un capitule ; 30, bractées formant un involucre à la base d'une ombelle ; 31, bractées allongées, à la base d'une inflorescence.

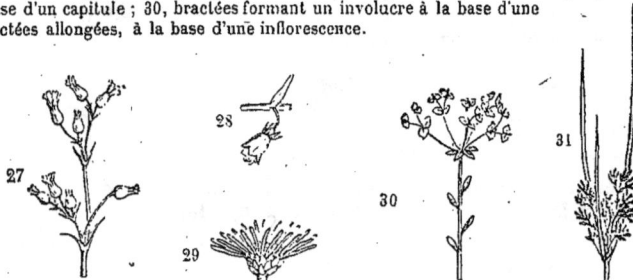

27   28   29   30   31

Bulbe. — Partie renflée formée le plus souvent par la base d'une tige (fig. G) entourée de nombreuses feuilles épaissies en forme d'écailles qui se recouvrent les unes les autres.

C

Calice. — On désigne sous ce nom l'enveloppe la plus extérieure de la fleur, formée par de petites feuilles particulières qu'on appelle *sépales*. Le calice peut être formé par des sépa-les séparés ou plus ou moins soudés entre eux. Le calice peut être aussi plus ou moins soudé aux autres parties de la fleur (Voyez *Ovaire*). Lorsque la fleur n'a qu'une seule enveloppe, on dit encore que c'est un calice. Les sépales sont assez souvent verts; parfois ils sont colorés comme les pétales de la corolle.

EXEMPLES : 32, calice à sépales séparés, au-dessous d'une corolle ; 33, calice à sépales soudés entre eux dans leur moitié inférieure; 34, calice à sépales soudés sauf au sommet; 35, un calice isolé, à sépales soudés sauf au sommet; 36, fleur à calice semblable à la co-rolle; les parties extérieures sont les sépales, les parties intérieures sont les pétales.

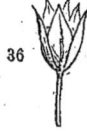

Calicule. — Certaines fleurs ont un calice dont les sépales sont accompagnés de sépales supplémentaires situés en dehors et dans l'intervalle des sépales ordinaires; on dit que ces sépales supplémentaires forment un *calicule* qui double pour ainsi dire le calice.

EXEMPLES : 37, fleur ayant corolle, calice et calicule ; 38, calice et calicule d'une fleur dont on a enlevé les pétales ; les parties les plus petites sont les feuilles du calicule.

Capitule. — C'est une inflorescence dans laquelle toutes les fleurs sont sans pédoncules (*f*, fig. A) et insérées les unes à côté des autres sur une partie élargie qui termine la tige fleurie et qu'on nomme le *réceptacle du capitule* (*r*, fig. A). L'ensemble des fleurs est entouré par une collerette de bractées extérieures appelées *involucre du capitule* (*i*, fig. A). En outre, chaque fleur, à l'intérieur du capitule, peut être accompagnée d'une petite bractée en forme d'écaille qu'on nomme *écaille du capitule*.

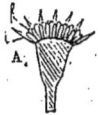

EXEMPLES : 39, 40, capitules de fleurs ; 41, capitule de fleurs sans involucre ; 42, coupé en long d'un capitule, montrant le réceptacle commun arrondi.

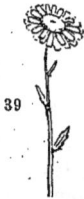

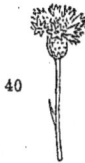

Carène. — On désigne sous ce nom les deux pétales plus ou moins soudés entre eux et formant ensemble comme une carène de bateau, à la partie inférieure des fleurs de la famille des Papilionacées 43 (*cc*, fig. 43).

Carpelle. — Le *pistil*, situé au milieu de la fleur, est formé par un ou plusieurs *carpelles*. Les carpelles sont des feuilles très modifiées.

Le cas le plus facile à comprendre est celui où les carpelles sont libres entres eux, situés à côté le suns des autres, au milieu de la fleur; on voit alors que chaque carpelle se com-pose ordinairement : 1° à la base, d'une partie renflée renfermant un ou plusieurs petits corps blancs arrondis nommés *ovules* (*ov*, fig. B), c'est l'*ovaire* du carpelle (*o*, fig. B); 2° d'une partie plus mince située au-dessus de l'ovaire et qu'on nomme le *style* (*s*, fig. B); 3° d'une petite masse visqueuse placée au sommet et qu'on nomme le *stigmate* (*sg*, fig. B). Le stigmate retient la poussière du pollen qui s'échappe des étamines et qui doit arriver sur le pistil pour que les ovules puissent se transformer en graines lorsque la fleur est passée.

Dans d'autres cas, les carpelles sont réunis seulement par leurs ovaires, et l'on dit que le pistil possède un seul ovaire et plusieurs styles ou au moins plusieurs stigmates

Les carpelles peuvent être aussi complètement soudés de façon que le pistil semble n'avoir qu'un seul ovaire, un seul style et un seul stigmate.

EXEMPLES : 44, pistil formé de nombreux carpelles libres, disposés en tête; 45, coupe d'une fleur montrant le pistil à nombreux carpelles libres; 46, coupe d'une fleur montrant le pistil à plusieurs carpelles libres; 47, pistil à nombreux carpelles disposés en cercle; 48, 49, pistil à deux carpelles soudés et à styles libres entre eux; 50 pistil à deux carpelles complètement soudés en un seul ovaire, un seul style et un seul stigmate; 51, pistil à trois carpelles soudés seulement par leurs ovaires.

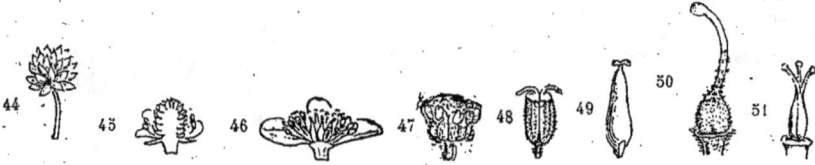

Cilié. — On dit qu'une partie est ciliée lorsqu'elle porte sur le bord des poils disposés en rang.

EXEMPLES : 52, calice ouvert à dents ciliées; 53, feuilles ciliées; 54, écailles ciliées sur le dos; 55, stipule engaînante, ciliée au sommet.

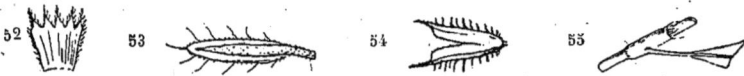

Cils. — Poils disposés en rang sur le bord d'une partie quelconque de la plante.

EXEMPLES : Voyez *Cilié*.

Composée (Feuille). — Feuille complètement divisée en parties tout à fait séparées qui semblent former de petites feuilles (*folioles*).

EXEMPLES : 56, feuille à trois folioles; 57, feuille à folioles disposées sur deux rangs avec une foliole terminale; 58, feuille composée, deux fois divisée; 59, feuille à folioles toutes attachées au même point.

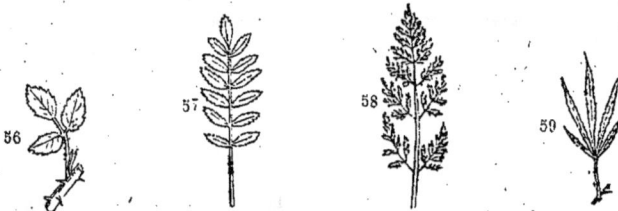

Corolle. — Lorsque la fleur a deux enveloppes différentes, l'une extérieure et l'autre intérieure, l'enveloppe intérieure est appelée *corolle*, tandis que l'extérieur se nomme *calice*. La corolle est formée par un ensemble de feuilles particulières qui se nomment *pétales*. Les pétales peuvent être complètement séparés jusqu'à la base ou plus ou moins soudés entre eux. La corolle peut être soudée avec les différentes autres parties de la fleur sur une longueur plus ou moins grande. La corolle est ordinairement d'une autre couleur et d'une autre consistance que le calice; cependant les pétales peuvent être semblables aux sépales dont ils ne diffèrent alors que par leur position intérieure.

EXEMPLES : 60, 61, corolles à pétales séparés; 62, 63, corolles à pétales soudés à la base; 64, 65, corolles à pétales longuement soudés en tube; 66, corolle à pétales colorés comme les sépales du calice, mais reconnaissables à leur position intérieure.

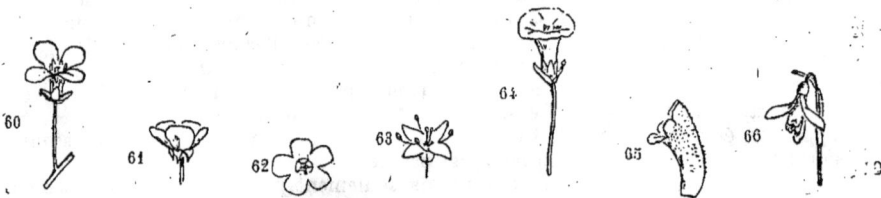

Crénelé. — Bordé de dents arrondies.

EXEMPLES : 67, feuille à larges crénelures ; 68, feuille à petites crénelures.

67

68

E

Écailles. — Petites feuilles ou petites lames situées sur différents points de la plante. On dit par exemple que les tiges souterraines portent des feuilles réduites à des écailles. On désigne aussi sous ce nom les bractées membraneuses qu'on observe dans beaucoup d'inflorescences : entre les fleurs, au milieu d'un capitule, à la base des fleurs dans les épis des Cypéracées, etc.

EXEMPLES : 69, plante ayant les feuilles réduites à des écailles ; 70, écailles sur le pétiole d'une feuille ; 71, écailles entre les fleurs d'un capitule ; 72, écailles sur un épi ; 73, une écaille isolée.

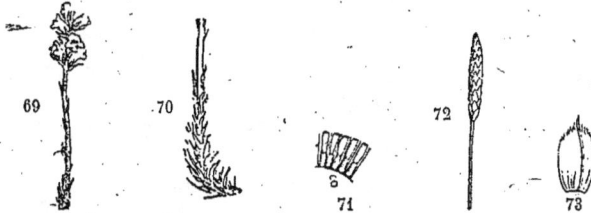

69   70   72

71   73

Engainante. — (Voyez Gaine.)

Entier. — Sans divisions ni dents.

EXEMPLE : 74, feuille entière.

74

Enveloppe florale. — On désigne d'une manière générale sous ce nom le calice ou la corolle.

Éperon. — On appelle ainsi une sorte de cornet ou de tube fermé à son extrémité que l'on observe à la base de certains sépales ou pétales.

EXEMPLES : 75, 76, 77, pétales prolongés en éperon (e, fig. 77).

75   76   77

Épi. — Un *épi simple* est une inflorescence dans laquelle toutes les fleurs sont sans pédoncules et insérées le long d'une tige les unes au-dessus des autres. Un *épi composé* est une inflorescence où des groupes de fleurs sont disposés en épi.

EXEMPLES : 78, épi simple ; 79, épi d'épis ou épi composé.

78   79

Épillet. — (Voyez Graminées, p. 339.)

Épine. — Branche, feuille, stipule ou partie de feuille transformée en un organe allongé et piquant.

EXEMPLE : 80, branche transformée en épine.

80

Étalé. — Écarté du point d'attache et rejeté en dehors.

Étamines. — Organes qui produisent le *pollen*, poussière colorée qui doit arriver sur le stigmate du pistil pour que les ovules se transforment en graines. Une étamine se compose, en général, d'une partie allongée appelée *filet* (f, fig. E) qui se termine par une partie renflée nommée *anthère* (a, fig. E) ; c'est l'anthère qui contient le pollen. Lorsque l'étamine est mûre, l'anthère s'ouvre et laisse échapper au dehors la poussière du pollen. Les étamines sont souvent libres jusqu'à la base et insérées sur l'extrémité de la tige comme les sépales, les pétales et les carpelles. Souvent aussi, les étamines sont soudées aux autres parties de la fleur, au calice ou à la corolle. Les fleurs qui n'ont que des étamines, sans pistil, sont appelées *fleurs staminées.*

EXEMPLE : 81, fleur à quatre étamines situées autour du style.

tendard. — Nom donné au pétale supérieur de la fleur des Papilionacées. L'étendard (e, fig. 82) enveloppe les pétales situés à droite et à gauche (ailes) (a, a, et fig. 82), qui entourent eux-mêmes les deux pétales inférieurs réunis entre eux et formant la carène (c, c, fig. 82).

Exemples : 82, pétales séparés d'une fleur de Papilionacée; 83, corolle de Papilionacée, montrant l'étendard tué à gauche sur la figure; 84, un étendard isolé.

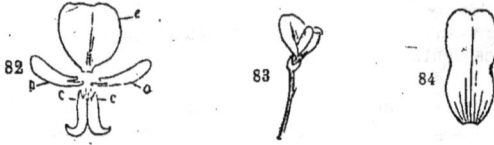

F

euille. — La feuille est l'un des trois membres de la plante. Une feuille est toujours atta-chée sur la tige et porte, en général, un rameau ou un bourgeon juste au-dessus d'elle. La feuille diffère de la tige et de la racine en ce qu'on y reconnaît une droite et une gauche, une face supérieure et une face inférieure.

Exemple : 85, feuille ayant un limbe et un pétiole, portant à son aisselle un petit bourgeon.

ilet de l'étamine. — Partie de l'étamine qui porte l'anthère.

Exemple : 86, étamine à filet allongé portant l'anthère.

leur. — Ensemble de feuilles particulières terminant un rameau. Les parties essen-tielles de la fleur sont les étamines et le pistil. Les fleurs ont pour but de préparer la formation des graines (Voyez Fruit). Les étamines et le pistil sont souvent protégés dans leur développement par une ou plusieurs enveloppes (Voyez Calice et Corolle).

Floraison. — Moment où les fleurs d'une plante sont épanouies.

Foliole. — Lorsque le limbe d'une feuille est très divisé, chaque partie de la feuille semble être une petite feuille secondaire. Ce sont ces divisions qui sont appelées folioles. (Voyez Composée [Feuille].)

Fruit. — Lorsque la fleur est flétrie, si le pollen des étamines est venu sur les stigmates du pistil, la fleur se transforme en un fruit contenant les graines. Le fruit s'ouvre lors-qu'il est mûr pour laisser les graines s'échapper; parfois, il se détache tout entier avec la graine ou les graines qu'il renferme. Quand le fruit est sec et ne contient qu'une seule graine, on le confond souvent avec la graine elle-même; mais on peut, en général, le reconnaître aux traces du style ou des styles qui le surmontent.

G

Gaine. — Quand la base d'une feuille entoure plus ou moins la tige par une partie élargie, on dit que la feuille est engainante. La gaine est cette partie spéciale située à la base de la feuille et qui entoure la tige sur une longueur plus ou moins grande.

Glauque. — D'un vert bleuâtre ou blanchâtre.

Glanduleux (Poils). — Poils ayant au sommet ou à la base une masse arrondie, souvent visqueuse ou odorante. Pour abréger, on dit qu'un organe est glanduleux s'il porte des poils glanduleux ou même si sa surface est couverte de petites masses arrondies.

Exemples : 87, sépale bordé de poils glanduleux; 88, pétale glanduleux sur toute la surface.

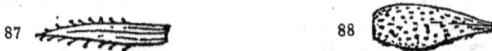

lume. — (Voyez Graminées, p. 339.)

Glumelle. — (Voyez *Graminées*, p. 339.)

Graine. — Lorsque la fleur se transforme en fruit, les ovules du pistil se transforment e
graines. La graine est contenue dans le fruit, sauf chez les plantes *Gymnospermes* (p. 372,
373, 374). La graine se compose d'une ou plusieurs enveloppes renfermant une petit
plantule qui est parfois placée au milieu d'une provision de nourriture (*albumen*). Lorsqu
la graine germe, la plantule se développe et produit une plante semblable à celle qui
formé la graine.

Grappe. — Une *grappe simple* est une inflorescence dans laquelle toutes les fleurs ont un
pédoncule très net et sont attachées le long d'une tige les unes au-dessus des autres. Une
grappe composée est une inflorescence où des groupes de fleurs sont disposés en grappe.

Exemples : 89, grappe simple ; 90, grappe composée.

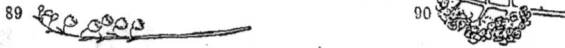

H

Hybride. — Plante issue d'une graine qui provient du pistil d'une espèce dont le stigmate a reçu le pollen d'une autre espèce. Les hybrides présentent ordinairement des caractères intermédiaires entre ceux des deux espèces dont ils sont issus ; leurs fruits sont
souvent mal formés.

I

Inflorescence. — Ensemble de fleurs voisines les unes des autres ou séparées seulement
entre elles par des bractées.

Les principales *inflorescences simples* sont les suivantes : 1º La *grappe* est une inflorescence où la longueur des pédoncules (*d*, fig. G) est à peu près partout la même et à peu

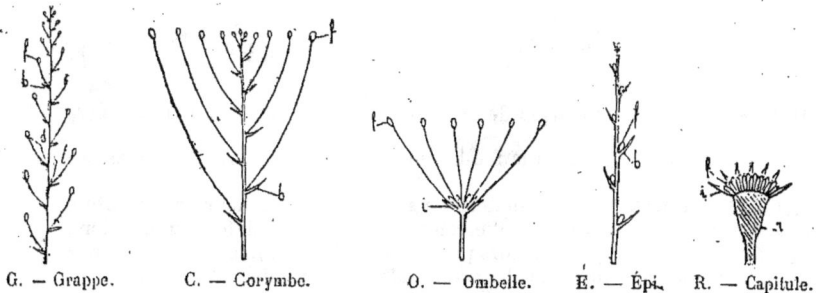

G. — Grappe.   C. — Corymbe.   O. — Ombelle.   E. — Épi.   R. — Capitule.

(*f*, fleur ; *b*, bractée ; *d*, longueur du pédoncule ; *l*, distance entre les pédoncules ; *i*, involucre ; *r*, réceptacle
commun).

près égale à la distance *l* qui sépare deux pédoncules successifs ; le *corymbe* (fig. C) est une
grappe dont les pédoncules sont de plus en plus courts, de telle sorte que les fleurs
viennent s'étaler presque sur un même plan. — 2º L'*ombelle*
(fig. O), inflorescence dans laquelle la distance entre les pédoncules est nulle ; tous les pédoncules sont attachés au même
point et entourés ordinairement à leur base par les bractées
qui forment un involucre (*i*, fig. O). — 3º L'*épi*, dans lequel,
au contraire, les fleurs (*f*, fig. E) sont sans pédoncules, mais
non attachées toutes au même endroit. — 4º Le *capitule*, dans
lequel toutes les fleurs sont insérées les unes à côté des autres
et sans pédoncules (fig. R).

Une inflorescence peut être *composée*, c'est-à-dire présenter
la combinaison de plusieurs inflorescences simples. C'est ainsi
que les fleurs peuvent être groupées en ombelle d'ombelles ou ombelle composée (fig. M),
en grappe de grappes ou grappe composée, en corymbe de capitules, en grappe d'épis, etc

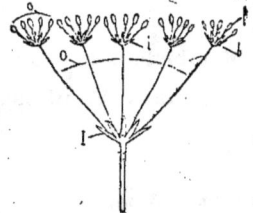

M. — Ombelle composée.

Involucelle. — Ensemble de bractées qui sont à la base d'une ombellule dans une inflorescence en ombelle composée (*i*, fig. M, en bas de la p. 392).

EXEMPLE : Voyez *Involucre*, fig. 94, 95.

Involucre. — Ensemble des bractées qui entourent un capitule ou qui sont à la base d'une ombelle. On désigne aussi sous ce nom un ensemble de bractées spéciales qui se trouvent à la base d'une ou de plusieurs fleurs (Voyez *Ombelle* ou *Capitule*).

EXEMPLES : 91, 92, capitules entourés d'un involucre de bractées ; 93, ombelle avec involucre à la base ; 94, ombelle dont on a coupé les rayons sauf un, avec involucre à la base des rayons et ombellule munie d'un involucelle à la base, sur le rayon qui n'a pas été coupé ; 95, ombelle composée avec involucre et involucelles ; 96, 97, involucres formés par trois feuilles au-dessous d'une fleur.

Irrégulière (Fleur). — Fleur dont on peut distinguer une moitié droite et une moitié gauche, ou fleur ne présentant aucune symétrie.

L

Labelle. — On désigne sous ce nom le pétale d'une fleur d'Orchidée qui diffère beaucoup des autres par sa forme.

EXEMPLES : 98, fleur d'Orchidée montrant le labelle *d* ; 90, fleur d'Orchidée montrant le labelle *l*.

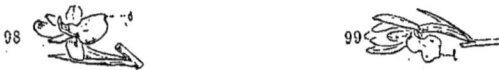

Limbe. — Partie la plus élargie de la feuille, le plus souvent aplatie.

Lobes. — Parties du limbe de la feuille plus ou moins séparées les unes des autres.

Languette (Fleurs en). — On désigne sous ce nom les fleurs du capitule des Composées qui ont une corolle rejetée d'un côté et plate au moins dans sa partie supérieure (fig. 100). Lorsque les fleurs en languette ne sont pas encore développées, on peut les confondre au premier abord avec des fleurs en tube.

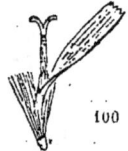

Loges. — Parties principales de l'anthère. (Voyez *Anthère*.) Quand le pistil a plusieurs ovaires soudés, on dit souvent qu'il a *un* ovaire à plusieurs loges.

M

Membraneux. — Mince et ayant un peu la consistance du parchemin.

Moyennes (Feuilles). — Feuilles situées vers le milieu de la tige.

N

Naturalisé. — Une plante *naturalisée* dans une contrée est une plante qui y été introduite par l'homme et qui continue à s'y multiplier.

Nectaire. — Partie renfermant des sucres et qui peut souvent produire à sa surface des gouttelettes de liquide sucré.

EXEMPLES : 101, nectaire recouvert par une écaille *e*, à la base d'un pétale ; 102, nectaire *g*, à la base du limbe d'une feuille ; 103, nectaire à la base d'un pistil.

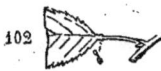

Nœud. — Partie de la tige où s'attache la base d'une feuille. Si la feuille a une longue gaine entourant la tige, le nœud est à la base de cette gaine.

Nervures de la feuille. — Le limbe d'une feuille est ordinairement parcouru par de petits filets qui vont en diminuant d'épaisseur depuis la base de la feuille jusqu'à ses bords et qui font souvent saillie sur la face inférieure, ce sont les nervures ; on les observe facilement, dans la plupart des cas, en regardant la feuille par transparence.

O

Obtus. — On dit qu'un organe est *obtus* lorsqu'au sommet son contour n'est pas aigu.

EXEMPLES : 104, 105, feuilles obtuses au sommet ; 106, écailles obtuses au sommet.

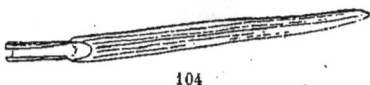

Ombelle. — Une *ombelle simple* (fig. S) est une inflorescence dans laquelle toutes les fleurs ont des pédoncules qui viennent s'attacher sur la tige au même point. Une *ombelle composée* (fig. C) est une ombelle d'ombelles, c'est-à-dire qu'elle est formée de petites ombelles (*ombellules*) (*o*, fig. C) groupées elles-mêmes en ombelle (O, fig. C). Les bractées forment alors souvent une collerette générale à la base de l'ombelle (*involucre*) (I, fig. C), et de petites collerettes à la base des ombellules (*involucelles*) (*i*, fig. C).

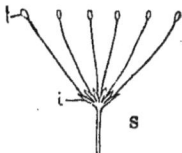

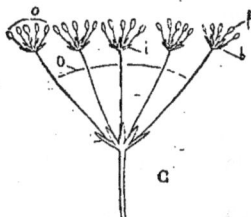

EXEMPLES : 107, ombelle simple ; 108, ombelle composée ; 109, ombelle composée dont on a coupé tous les rayons sauf un.

Ombellule. — (Voyez *Ombelle*.)

Opposé. — Désigne un organe placé en face d'un autre.

Opposées (Feuilles). — Feuilles placées par paire et attachées l'une en face de l'autre, à la même hauteur, sur la tige.

EXEMPLE : 110, feuilles opposées.

Ovaire. — Partie du pistil ou d'un carpelle du pistil qui est close et renferme l'ovule ou les ovules. L'ovaire peut être indépendant des autres parties de la fleur (fig. L, H), on dit

en ce cas que la fleur est à *ovaire libre*. L'ovaire peut être soudé aux autres parties de la
fleur (fig. A, G, C, E), on dit en ce cas que l'ovaire est *adhérent* ou que la fleur est à *ovaire
soudé au calice;* l'ovaire est alors placé en apparence sous la fleur.

Exemples : L, coupe théorique en long d'une fleur à ovaire libre; H, coupe d'une fleur à ovaire libre; A, coupe
théorique en long d'une fleur à ovaire soudé au calice ; G, C, E, coupes de fleurs à ovaire soudé au calice.

Ovules. — Petites masses arrondies, ordinairement blanches, attachées sur les bords
des carpelles et situées dans l'ovaire. Ce sont les ovules qui se transforment en graines
après la floraison.

P

Parasite. — Plante qui se développe aux dépens d'une autre plante vivante.

Pédoncule. — Rameau se terminant par une fleur; c'est ce qu'on nomme
vulgairement : queue de la fleur. Par exemple, la fleur *f* (fig. P) est portée
par un pédoncule *p* qui vient s'attacher sur la tige *t* au-dessus de la bractée *b*.
On désigne sous le nom de pédoncule commun, dans une inflorescence, la
tige qui porte les pédoncules des fleurs.

Pédonculé. — Ayant un pédoncule net.

Persistant. — Prolongeant sa durée au delà de celle des organes analogues chez la plupart
des plantes. Ainsi, les feuilles persistantes sont celles qui ne tombent pas à l'automne.

Pétale. — (Voyez *Corolle*.)

Pétiole. — Partie relativement étroite, située au-dessous du limbe de la feuille; c'est ce
qu'on nomme vulgairement : queue de la feuille.

Pétiolé. — Ayant un pétiole.

Pistil. — Partie de la fleur formée par l'ensemble des carpelles, libres entre eux ou soudés.
Le pistil est situé au milieu de la fleur. A sa base, se trouvent les *ovaires* ou l'*ovaire*
formé par la réunion des ovaires de chaque carpelle. Au-dessus sont souvent des parties
plus allongées formant le *style* ou les *styles ;* au sommet, l'on trouve toujours (excepté
chez les plantes *Gymnospermes* (Abiétinées, Cupressinées et Taxinées), un ou plusieurs
stigmates plus ou moins visqueux. Les stigmates ont pour but de retenir la poussière du
pollen venant des étamines, et c'est seulement lorsque cette partie du pistil a reçu le
pollen que les ovules peuvent se transformer en graines. Les fleurs qui n'ont pas d'étamines et qui ne renferment seulement que le pistil sont nommées *fleurs pistillées*.

Exemples : Voyez *Carpelle*.

Pistillées (Fleurs). — Fleurs n'ayant pas d'étamines et renfermant seulement le pistil.

Pollen. — Poussière renfermée dans l'anthère des étamines et rejetée au dehors quand
l'anthère est mûre. Il est nécessaire que le pollen arrive sur les stigmates du pistil pour
que celui-ci se transforme en fruit et pour que les ovules se transforment en graines.

R

Racine. — La *racine* est l'un des trois membres de la plante. On la distingue de la tige
en ce qu'elle ne porte pas de feuilles, même réduites à des écailles, ni de traces de feuilles
tombées. On la distingue de la feuille en ce qu'on ne peut reconnaître dans la racine ni
droite, ni gauche, ni faces supérieure et inférieure.

Radicelle. — Ramification de la racine.

Rameau ou branche. — Ramification de la tige.

Réceptacle. — Partie terminale du pédoncule d'une fleur. Les diverses parties de la fleur sont insérées sur le réceptacle.

EXEMPLES : 111, 112, fleurs coupées en long pour montrer le réceptacle plat (111), bombé (112), sur lequel sont attachées les diverses parties de la fleur; 113, capitule de fleurs coupé en long, pour montrer le réceptacle commun sur lequel sont insérées les diverses fleurs; 114, capitule dont on a enlevé toutes les fleurs et coupé les bractées de l'involucre pour faire voir le réceptacle commun, de face.

Rosette (Feuilles en). — Feuilles attachées sur la tige en assez grand nombre, très rapprochées les unes des autres et étalées.

EXEMPLE : 115, rosette de feuilles.

S

Sépale. — (Voyez Calice).

Sillonné. — Marqué de sillons, dans le sens de la longueur.

EXEMPLE : 116, fragment de tige sillonnée.

Simple (Feuille). — Feuille n'étant pas découpée en parties complètement séparées.

Sous-arbrisseau. — Arbrisseau très petit.

Spontanée (Plante). — Plante croissant naturellement dans notre région.

Sporanges. — Petits organes renfermant les spores chez les plantes cryptogames.

Spores. — Grains microscopiques qu'on trouve chez les plantes cryptogames, formant une poussière analogue à celle du pollen, mais pouvant germer directement, pour donner une nouvelle plante.

Staminées (Fleurs). — Fleurs n'ayant pas de pistil et ne renfermant qu'une ou plusieurs étamines.

Stamino-pistillées (Fleurs). — Fleurs ayant étamines et pistil.

Stigmate. — Partie plus ou moins visqueuse qui se trouve au sommet des carpelles, ou de tout le pistil quand les carpelles sont soudés, souvent porté par une partie allongée (style). Le stigmate retient à sa surface le pollen provenant des étamines. (Voyez Pistil.)

EXEMPLES : 117, pistil à deux styles terminés chacun par un stigmate renflé; 118, deux stigmates réunis à la base ; 119, pistil à stigmates disposés en rayons sur une sorte de plateau.

Stipule. — Parties de certaines feuilles placées à droite et à gauche à la base de la feuille, à l'endroit où elle se rattache à la tige.

EXEMPLES : 120, feuille composée, avec deux stipules à la base ; 121, l'une de ces deux stipules; 122, 123, feuilles avec deux stipules soudées au pétiole ; 124, base d'une feuille avec stipules dentées ; 125, base d'une feuille avec stipule engainante ; 126, feuille dont les stipules sont très développées et dont le limbe est réduit à un filet.

Strié. — Marqué de très petits sillons, en longueur.

127

EXEMPLE : 127, fruit strié.

Style. — Partie plus ou moins allongée qui porte le stigmate; il y a des fleurs qui n'ont pas de style développé.

EXEMPLES : 128, fleur coupée en long, montrant le style qui est placé chez cette fleur, au milieu du tube de la corolle; 129, fleur montrant le style au milieu des quatre étamines; 130, fleur coupée en long, montrant l'ovaire surmonté de deux styles; 131, fruit surmonté par deux styles persistants; 132, fleur ayant un pistil à cinq styles courts.

128   129   130   131   132

Subspontanée (Plante). — Plante issue d'une graine venant d'une plante cultivée.

T

Tige. — La tige est l'un des trois membres de la plante. On la distingue de la racine à ce qu'elle porte des feuilles ou à ce qu'elle a porté des feuilles dont on voit souvent les traces sur la tige. On la distingue d'une feuille en ce que l'on ne reconnaît ordinairement dans la tige ni droite, ni gauche, et ni face supérieure, ni face inférieure. Suivant le milieu dans lequel elle croît, une tige peut être *aérienne, aquatique* ou *souterraine*.

Tube du calice. — Partie inférieure d'un calice dont les sépales sont soudés, dans laquelle les sépales sont complètement réunis entre eux.

EXEMPLES : 133, calice à sépales réunis en tube à la base; 134, calice fendu et ouvert montrant le tube du calice déroulé.

133   134

Tube de la corolle. — Partie d'une corolle à pétales soudés, dans laquelle les pétales sont tout à fait réunis entre eux.

EXEMPLES : 135, corolle à pétales soudés en tube à la base; 132, corolle à pétales complètement soudés en tube.

135   136

Tube (Fleur en). — Fleurs du capitule des Composées dont la corolle est complètement en forme de tube et non rejetée en languette d'un seul côté.

EXEMPLE : fig. 137.

137

Tubercules. — Partie renflée d'une tige ou d'une racine.

EXEMPLES : 138, tiges souterraines renflées en tubercules; 139, racines renflées en tubercules.

 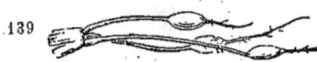

138   139

Tubuleuses (Fleurs). — Voyez *Tube (Fleurs en)*.

V

Valve. — L'une des parties qui s'écartent lorsqu'un fruit s'ouvre.

EXEMPLES : 140, calice entourant un fruit qui s'ouvre par trois valves ; 141, fruit s'ouvrant par quatre valves

140   141

Verticillées (Feuilles). — Feuilles attachées toutes à la même hauteur sur la tige, au nombre de trois ou plus.

EXEMPLES : 142, fleurs verticillées par quatre ; 143, fleurs verticillées par six.

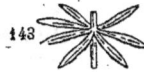

142   143

Vivace (Plante). — Plante qui peut vivre plus de deux ans. Les arbres et les arbustes, les herbes à tiges souterraines développées, sont des plantes vivaces.

Vrille. — Parties d'une tige ou d'une feuille allongées et sensibles, pouvant s'enrouler autour de supports pour soutenir la plante et lui permettre de grimper.

EXEMPLE : 144, feuille à folioles supérieures transformées en vrilles.

144

APERÇU GÉNÉRAL
SUR LA DISTRIBUTION DES PLANTES
EN SUISSE

Les végétaux sont distribués d'une manière très inégale dans les diverses parties de la Suisse. Non seulement leur répartition varie naturellement avec l'altitude, mais, pour une même zone altitudinale, la Flore peut être relativement pauvre ou riche en espèces très variées. C'est ainsi que d'une manière générale, toute la région du Jura et la majeure partie des Alpes au Nord du bassin du Rhône et dans le bassin du Rhin renferme une diversité d'espèces beaucoup moins grande que toute la partie de la Suisse située au Sud. S'il s'agit des flores des plaines, la végétation est beaucoup plus riche et plus variée dans celles de la Suisse italienne que dans les plaines qui s'étendent entre le lac Léman et le lac de Constance.

Les essences forestières dominantes, très développées surtout dans les zones subalpines, sont en rapport avec la différence que nous venons de signaler. En effet, c'est le Hêtre qui domine dans la Suisse septentrionale et dans le Jura, tandis que le Mélèze ou le Châtaignier sont les espèces forestières les plus répandues dans la partie méridionale.

Nous allons citer successivement les caractéristiques des principales régions végétales qu'on peut distinguer en Suisse (1). On trouvera p. 412 et 413 une *Carte des régions de la Suisse*, avec l'indication des zones d'altitude.

1° RÉGION DES LACS SEPTENTRIONAUX.

Cette région s'étend du lac Léman au lac de Constance et comprend toutes les plaines qui séparent ces lacs de ceux de Neuchatel, de Thoune, de Brienz, des Quatre-Cantons, de Zug, de Zurich, etc.

D'une manière générale, on y trouve les plantes des plaines du Centre de l'Europe.

Parmi les espèces caractéristiques de la plaine proprement dite, on peut citer les suivantes :

Eruca sativa.	*Thrincia hirta.*
Trifolium elegans.	*Crepis nicæensis.*
Trifolium scabrum.	*Anarrhinum bellidifolium.*
Vicia lutea.	*Anchusa italica.*
Lathyrus sphæricus.	*Echinospermum Lappula.*
Potentilla alba.	*Erythronium Dens-canis.*
Rosa gallica.	*Allium Scorodoprasum.*
Asperula galioides.	*Gladiolus segetum.*
Micropus erectus.	*Carex nitida.*
Carduus tenuiflorus.	*Festuca tenuifolia.*
Centaurea Calcitrapa.	*Festuca ciliata.*
Helminthia echioides.	*Bromus squarrosus.*
Lactuca virosa.	*Lolium multiflorum.*

Dans les endroits humides ou marécageux, on peut citer les espèces suivantes

Viola elatior.	*Inula Vaillantii.*
Lathyrus palustris.	*Cirsium bulbosum.*
Isnardia palustris.	*Samolus Valerandi.*
Ceratophyllum submersum.	*Mentha Pulegium.*
Helosciadium nodiflorum.	*Gladiolus palustris.*
Œnanthe fistulosa.	*Cladium Mariscus.*

(1) On consultera avec fruit sur ce sujet l'excellent ouvrage de H. Christ intitulé la *Flore de la Suisse et ses origines.* (Traduction française par E. Tièche, nouvelle édition ; librairie Georg et Cⁱᵉ ; Bâle, Genève et Lyon.)

Dans la partie de la plaine qui avoisine le Jura, se trouvent d'autres espèces caractéristiques parmi lesquelles on peut citer :

Helleborus fœtidus.
Glaucium luteum.
Silene gallica.
Prunus Mahaleb.
Rosa spinosissima.
Palimbia Chabræi.
Sium latifolium.
Tordylium maximum.
Trinia vulgaris.
Cornus mas.
Achillea nobilis.
Gnaphalium gallicum.
Hypochœris maculata.

Cyclamen europæum.
Primula grandiflora.
Hottonia palustris.
Lithospermum purpureo-cæruleum.
Heliotropium europæum.
Galeopsis ochroleuca.
Euphorbia palustris.
Orchis laxiflora.
Limodorum abortivum.
Ornithogalum pyrenaicum.
Hemerocallis fulva.
Scirpus maritimus.
Stipa pennata.

Certaines espèces méridionales, peu nombreuses d'ailleurs, semblent avoir remonté la vallée du Rhône et aussi jusqu'au pied du Jura ; telles sont : *Rhus Cotinus, Crupina vulgaris,* etc., dans le bassin du Léman. L'*Opuntia vulgaris* est tout à fait naturalisé sur les rochers des environs de Sion où l'on trouve aussi le *Punica Granatum*

Au pied du Jura on peut trouver : *Jasminum fruticans, Thymus vulgaris, Lavandula vera,* etc.

2° RÉGION DES LACS MÉRIDIONAUX.

Cette région comprend les vallées du Tessin, une grande partie du littoral du lac de Lugano et les bords du lac Majeur dans sa partie tout à fait septentrionale : c'est la région la plus chaude de la Suisse. Ainsi, à Bellinzona, la température moyenne de juillet est de 23°,2 tandis qu'à Bâle elle n'est que de 19°,6 ; et cette douceur du climat se conserve assez loin sur les flancs méridionaux des Alpes. Ce qui caractérise particulièrement ce climat, c'est qu'il est à la fois chaud et humide et que, contrairement à ce qui se produit dans la région méditerranéenne, les pluies y sont fréquentes pendant la saison d'été.

Ces conditions climatériques spéciales font comprendre pourquoi l'on trouve dans cette région beaucoup d'espèces que l'on chercherait vainement dans le reste de la Suisse. Parmi les espèces très spéciales de cette région et qui sont surtout au voisinage des lacs ou dans la plaine, nommons : *Thalictrum exaltatum, Corydallis ochroleuca, Cytisus glabrescens, Laserpitium marginatum, Campanula Raineri, Oplismenus undulatifolius,* etc. D'autres espèces de cette région, plus répandues dans les contrées méridionales, sont les suivantes :

Helleborus niger.
Silene italica.
Bonjeania hirsuta.
Dorycnium herbaceum.
Asperula taurina.
Galium purpureum.

Inula spiræifolia.
Campanula bononiensis.
Serapias longipetala.
Asparagus tenuifolius.
Notochlæna Marantæ.
Pteris cretica.

3° RÉGION DU JURA.

Le Jura forme un massif de chaînes parallèles, orientées du Sud-Ouest au Nord-Est. Les plus hautes altitudes des sommets sont voisines de 1 700 mètres. Les vallées parallèles dont le fond est à une altitude assez élevée sont çà et là coupées de vallées transversales appelées « cluses ».

Jusqu'à environ 700 mètres d'altitude, dans la zone inférieure, se trouvent des cultures de vigne, de céréales et de Noyers, des forêts de Chênes auxquels se mélange le Hêtre. Les *Buxus sempervirens, Prunus Mahaleb, Coronilla Emerus, Bupleurum falcatum, Sesleria cærulea* y sont des espèces très répandues.

Au-dessus de 700 mètres, commence la zone des Sapins, caractérisée par des forêts de *Picea excelsa* mêlé de *Fagus silvatica* ou d'*Abies pectinata*. Parmi les plantes herbacées, le *Ranunculus aconitifolius,* le *Gentiana lutea,* le *Saxifraga Aizoon* et le *Carduus defloratus,* sont très abondants dans cette zone.

Enfin, dans les zones subalpine et alpine, au-dessus de 1.300 mètres d'altitude, l'*Abies pectinata* devient dominant et les forêts disparaissent sur les sommets. On peut citer comme répandues dans cette zone les *Dryas octopetala*, *Androsace lactea*, *Nigritella angustifolia*, *Alchimilla alpina*, *Mulgedium Plumieri*. On peut rencontrer l'Edelweiss (*Gnaphalium Leontopodium*) et le *Salix herbacea* en plusieurs endroits de haute altitude.

Un habitat très remarquable de la région jurassique est constitué par les tourbières dont la végétation forme un contraste frappant avec celle des montagnes calcaires. Les tourbières sont surtout caractérisées par des plantes septentrionales :

Viola palustris.	*Betula nana.*
Arenaria stricta.	*Salix aurita.*
Comarum palustre.	*Sparganium natans.*
Andromeda polifolia.	*Scirpus cæspitosus.*
Calluna vulgaris.	*Eriophorum alpinum.*
Vaccinium uliginosum.	*Carex Heleonastes.*
Gentiana Pneumonanthe.	*Scheuchzeria palustris.*

4° RÉGION DES ALPES DU VALAIS.

Les Alpes du Valais ont une flore relativement très riche par rapport à celle des autres régions alpines de la Suisse.

On peut citer les espèces suivantes dans la zone subalpine : *Matthiola valesiaca*, *Linnæa borealis*, *Bryonia alba*, *Rhododendron hirsutum*, *Trisetum Cavanillesii*, etc.

Dans la région alpine les plantes suivantes sont caractéristiques :

Arenaria aretioides.	*Pleurogyne carinthiaca.*
Arenaria diantha.	*Tofieldia borealis.*
Astragalus exscapus.	*Carex fuliginosa.*
Eritrichium nanum.	*Carex bicolor.*
Phyteuma humile.	*Kœleria hirsuta.*
Thymus pannonicus.	*Festuca pilosa*, etc.

C'est autour de Zermatt que la richesse de la flore est la plus grande ; on peut citer les espèces suivantes :

Anemone Halleri.	*Astragalus Leontinus.*
Ranunculus rutæfolius.	*Senecio uniflorus.*
Alyssum alpestre.	*Artemisia glacialis.*
Silene Vallesia.	*Primula longiflora.*
Trifolium saxatile.	*Androsace tomentosa.*
Oxytropis Gaudini.	*Colchicum alpinum*, etc.

5° RÉGION DES ALPES DU TESSIN.

La partie alpine du Tessin renferme moins d'espèces variées que les Alpes du Valais. Dans la zone la plus basse des montagnes calcaires, dolomitiques et porphyriques, on trouve cependant une flore relativement riche.

Il faut citer en particulier comme très intéressante, dans le Tessin, la localité du Monte Generoso.

D'une manière générale, parmi les espèces caractéristiques des Alpes du Tessin, on peut énumérer les espèces suivantes :

Helleborus niger.	*Orobanche lucorum.*
Cytisus glabrescens.	*Androsace Charpentieri.*
Ligusticum Seguieri.	*Thesium bavarum.*
Laserpitium marginatum.	*Veratrum nigrum.*
Achillea Clavennæ.	*Juncus Hostii.*
Senecio abrotanifolius.	*Carex firma.*
Crepis alpestris.	*Oplismenus undulatifolius.*
Adenophora liliifolia.	*Trisetum argenteum.*
Campanula Raineri.	*Struthiopteris germanica.*
Gentiana purpurea.	(Voir la suite de la description des régions, p. 414.)

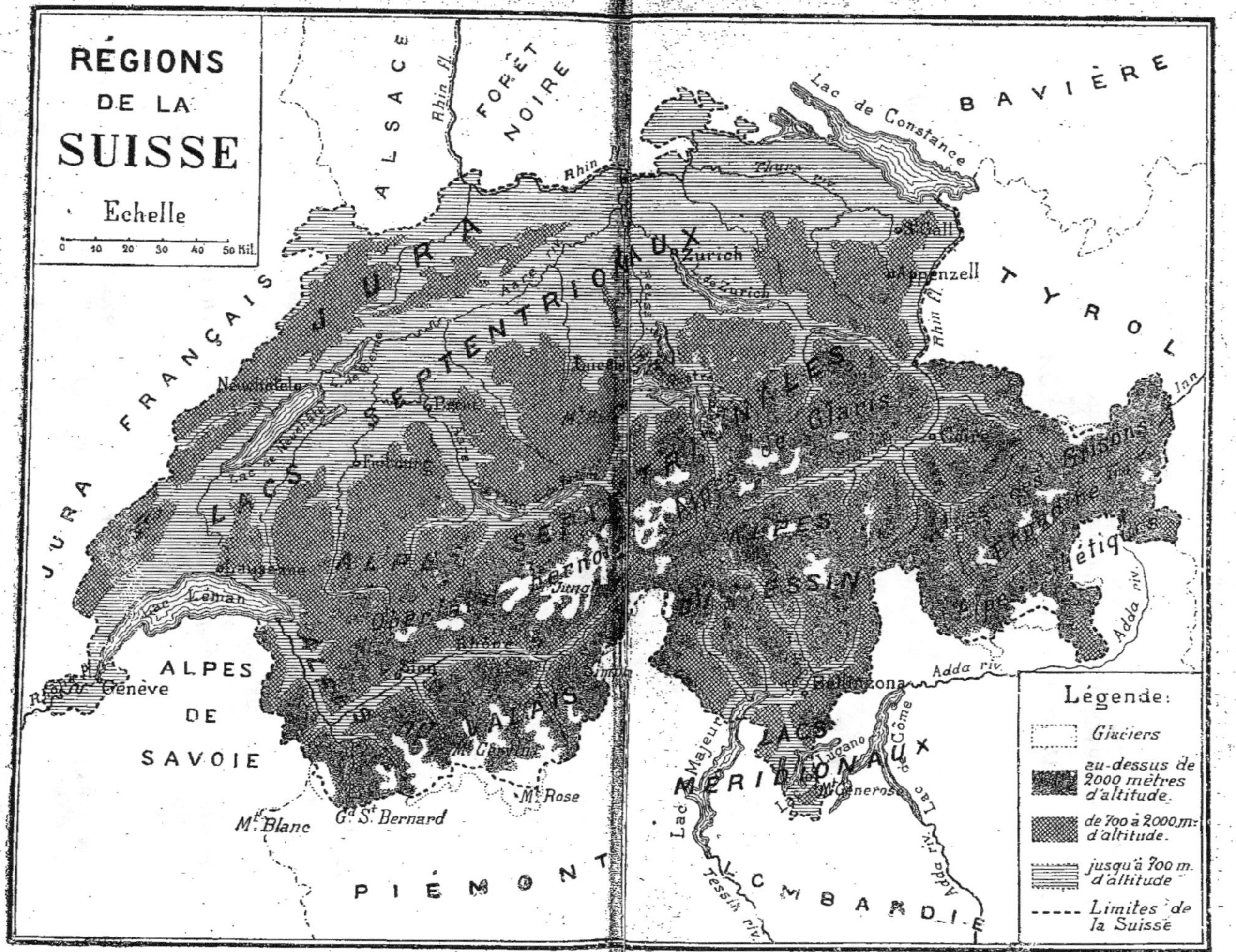

RÉGIONS
DE LA
SUISSE

Echelle

0 10 20 30 40 50 kil.

JURA FRANÇAIS

ALSACE

FORÊT NOIRE

Rhin fl.

Rhin

JURA SEPTENTRIONAUX

Lac de Constance

Appenzell

BAVIÈRE

TYROL

Zurich

ALPES SEPTENTRIONALES

LACS SEPTENTRIONAUX

Lac de Neuchâtel

Léman

Lac de Genève

ALPES DE SAVOIE

Mt Blanc

Gd St Bernard

Mt Rose

PIÉMONT

LOMBARDIE

Adda riv.

Lac de Côme

Lac Majeur

Tessin riv.

LACS MÉRIDIONAUX

ALPES MÉRIDIONALES

Adda riv.

Jura

Rhin fl.

Légende:

Glaciers

au-dessus de
2000 mètres
d'altitude.

de 700 à 2000 m.
d'altitude.

jusqu'à 700 m.
d'altitude.

Limites de
la Suisse

6° RÉGION DES ALPES RHÉTIQUES ET DES GRISONS.

La presque totalité de cette partie des Alpes de la Suisse est occupée par la végétation alpine proprement dite. Cette région comprend l'Engadine dont la haute vallée, sur une étendue de plus de 20 kilomètres, se maintient aux altitudes de 1 500 mètres à 1 800 mètres, et renferme une flore remarquable.

Les arbres les plus répandus dans les Alpes rhétiques sont le *Larix europæa* et le *Pinus Cembra*. On y trouve aussi le *Picea excelsa* et les formes alpines du *Pinus silvestris*.

Les principales espèces répandues dans cette région sont :

Atragene alpina.
Aquilegia alpina.
Viola calcarata.
Geranium aconitifolium.
Prunus Padus.
Achillea moschata.

Aster alpinus.
Hypochœris uniflora.
Gentiana verna.
Pedicularis tuberosa.
Salix lapponum.
Phleum alpinum, etc.

Les plantes spéciales aux Grisons et à l'Engadine sont celles dont les noms suivent :

Ranunculus polyanthemos.
Arabis Halleri.
Dianthus glacialis.
Potentilla grammopetala.
Peucedanum verticillare.
Valeriana supina.
Senecio carniolicus.
Centaurea pseudo-phrygia.
Pedicularis Jacquini.

Pedicularis asplenifolia.
Primula œnensis.
Primula glutinosa.
Euphorbia carniolica.
Lilium bulbiferum.
Juncus castaneus.
Carex baldensis.
Botrychium virginianum.

7° RÉGION DE L'OBERLAND BERNOIS ET DES ALPES DE GLARIS.

L'Oberland bernois, et d'une manière générale les Alpes centrales de la Suisse, ont une flore relativement peu riche en espèces différentes. On peut citer parmi les espèces intéressantes qui y sont répandues :

Delphinium elatum.
Phaca australis.
Gaya simplex.
Achillea macrophylla.

Campanula cenisia.
Juncus Jacquini.
Elynus alpinus.
Poa laxa, etc.

Les Alpes de Glaris ont également une flore très pauvre, moins riche même que celle de l'Oberland bernois ; on y trouve un certain nombre des espèces qui se rencontrent dans la flore des Alpes rhétiques ; on peut citer comme remarquables :

Ranunculus pyrenæus.
Phaca alpina.
Saxifraga biflora.
Primula integrifolia.

Achillea nana.
Pleurogyne carinthiaca.
Rumex nivalis.
Carex lagopina, etc.

8° RÉGION DES ALPES SEPTENTRIONALES

Cette région comprend les chaînes qui s'étendent au Sud et à l'Est de la vallée de Gessneay, à l'Est du lac Léman, la chaîne du Stockhorn, le Pilate, les Chourfirsten, l'Alvier, l'Alpstein, et les Alpes d'Appenzell. Les terrains calcaires dominent dans cette région où manquent la plupart des espèces des Alpes centrales qui croissent presque exclusivement sur les terrains granitiques. On peut citer :

Ranunculus Villarsii.
Papaver alpinum.
Petrocallis pyrenaica.
Linum alpinum.

Cephalaria alpina.
Saussurea depressa.
Betonica hirsuta.
Juncus Hostii, etc.

TABLE DES NOMS DES FAMILLES

TABLE DES NOMS LATINS DES GENRES

TABLE DES NOMS FRANÇAIS DES GENRES

ET DES NOMS VULGAIRES

Nota : Les noms français des genres sont en caractères ordinaires et les noms vulgaires sont en *italiques*.

TABLE DES MATIÈRES

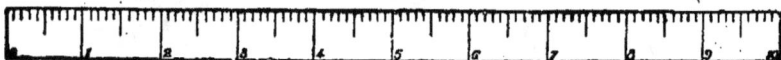

Décimètre.

La Végétation de la France, Suisse et Belgique, 2e Partie

FLORE COMPLÈTE ILLUSTRÉE en COULEURS

de France, Suisse et Belgique

(COMPRENANT LA PLUPART DES ESPÈCES D'EUROPE)

par Gaston BONNIER

Membre de l'Institut (Académie des Sciences)
Professeur de Botanique à la Sorbonne

Ouvrage publié sous les auspices du Ministère de l'Instruction Publique

L'ouvrage paraît par fascicules, comprenant 6 planches 32 × 23 cm (environ 65 figures en couleur ½ grandeur naturelle), avec le texte correspondant, in-4° sur 2 colonnes.

Chaque fascicule peut être acheté séparément
Prix du fascicule : 2 fr. 90

(Franco de port et d'emballage, recommandé par la poste pour la France et l'Étranger : 3 fr. 25)

L'ouvrage complet comprendra environ 120 fascicules; 10 fascicules par an.
(Les vingt premiers fascicules (volumes I et II) sont en vente)

Chaque volume, reliure artistique avec fers spéciaux, texte et 60 planches en couleurs montées sur onglet. **Prix : 33 fr.** (*franco et recommandé, 34 fr.*).

Le grand ouvrage de M. le Professeur Gaston BONNIER, dont le second volume vient de paraître, réalise l'idéal de ce que peut souhaiter toute personne s'intéressant aux plantes, si variées de forme et d'aspect, si décoratives ou si curieuses, qu'on trouve dans nos contrées depuis le bord de la mer jusqu'au sommet des montagnes.

Cette magnifique publication renferme des illustrations en couleurs auxquelles vient s'ajouter la vérité photographique, où toutes les espèces et même les principales sous-espèces, races, variétés et sous-variétés de notre Flore sont représentées à la moitié de leur grandeur naturelle.

D'autre part, le texte qui accompagne ces belles planches, donne une description claire, détaillée et complète de chaque espèce, de telle sorte qu'en joignant ce texte à la représentation de la plante, il ne peut plus subsister aucun doute sur la détermination de l'espèce qu'on a entre les mains.

Ces descriptions contiennent, en outre, un grand nombre de renseignements intéressants qu'on ne rencontre pas ordinairement dans les ouvrages descriptifs : des indications sur le mode de végétation ou de propagation et sur la biologie de la plante ; les divers noms sous lesquels on désigne l'espèce en français, en allemand, en flamand, en italien et en anglais ; les usages et propriétés de la plante ; ses applications à l'Alimentation, l'Agriculture, l'Horticulture, l'Apiculture, l'Industrie, la Sylviculture, la Médecine et la Chimie végétale. Viennent ensuite, pour chaque espèce, sa distribution géographique en France, Suisse, Belgique, puis en Europe et hors Europe, avec son extension en altitude, les habitats et les terrains où la plante croît de préférence.

On trouvera aussi dans ce texte les synonymes importants des noms d'espèces et la description des principales sous-espèces, races, variétés ou sous-variétés.

Tout acheteur de ce nouvel ouvrage se trouvera ainsi posséder non un herbier de plantes sèches, aplaties et décolorées, mais une collection complète des espèces qui apparaissent comme en pleine vie, sous leur coloris naturel, avec ce cachet de vérité que seule peut donner la photographie.

→ *S'adresser à M. E. ORLHAC, éditeur, 1, rue Dante, Paris, pour avoir une planche spécimen, trois pages de texte spécimen et les conditions de souscription à cet ouvrage.*

4902-13. — CORBEIL. Imprimerie CRÉTÉ.

www.ingramcontent.com/pod-product-compliance
Lightning Source LLC
Chambersburg PA
CBHW060953280326
41935CB00009B/706